图1　2003年12月17日王振平在法国蒙彼利埃国际高等农业大学（以下简称"母校"）博士答辩

图2　2003年12月17日王振平博士论文答辩后与Alain DELOIRE（左）和Alain CARBONNEAU（右）两位导师合影留念

图3　王振平在"母校"攻读博士学位所用的实验材料

图4　王振平博士与导师Alain CARBONNEAU教授讨论学术问题

图5　王振平博士在"母校"葡萄实验基地留影

图6　王振平博士在法国攻读葡萄学博士的实验室门前留影纪念

图7　王振平博士在法国蒙彼利埃火车站广场纪念Gaston BAZILLE 教授发明葡萄嫁接苗的纪念碑前留影纪念

图8　2004年8月王振平博士邀请法国导师Alain CARBONNEAU教授考察宁夏葡萄卷叶病毒病危害症状

图9　2005年9月在宁夏大学成功举办首届中法葡萄防灾减灾学术研讨会

图10　王振平博士邀请"母校"葡萄学教授Alain DELOIRE博士来宁夏大学讲学

图11　王振平博士陪同Alain CARBONNEAU教授（左二）和Alain DELOIRE教授（左一）在宁夏调研葡萄病害

图12　2006年王振平博士选派优秀研究生赴法国实习

图13　王振平博士与法国苗木专家在美贺庄园基地（王振平博士协助美贺庄园从法国引进的嫁接苗）

图14　王振平博士与澳大利亚葡萄专家Richard SMART教授探讨葡萄酒酿造问题

图15　王振平博士与"母校"老师在中国宁夏吴忠市重逢（右一：Laurent TORREGROSA教授，欧洲葡萄学硕士负责人；右二：Alain DELOIRE教授；左二：Elena KRAEVA博士）

图16　王振平博士带领国际葡萄专家在云南德钦考察指导

图17　王振平博士与意大利VICR苗木公司总经理探讨葡萄嫁接苗问题

图18　王振平博士与澳大利亚酿酒师Kelly女士在宁夏兰山骄子酒庄酒窖品酒

图19　王振平博士与澳大利亚葡萄专家Richard SMART教授（左一）在国家葡萄产业技术体系水分生理与节水栽培岗位实验基地

图20　王振平博士陪同"母校"葡萄学教授Alain DELOIRE夫妇考察宁夏葡萄基地

图21　2016年8月Alain CARBONNEAU夫妇参观国家葡萄产业技术体系水分生理与节水岗位试验基地（宁夏兰山骄子葡萄酒庄）

图22　王振平博士考察贺兰山东麓葡萄基地土壤剖面（该土壤类型非常适合酿酒葡萄生长）

图23　2013年9月13日王振平博士主持宁夏贺兰山东麓列级酒庄论坛

图24　王振平博士参与葡萄机械化定植

图25　王振平博士指导的机械定植葡萄嫁接苗生长情况（甘肃民勤夏博岚葡萄种植基地）

图26　王振平博士组织团队成员调研葡萄冬季根系冻害

图27　王振平博士在国家葡萄产业水分生理与节水栽培岗位核心试验基地（宁夏兰山骄子酒庄试验基地）

图28　王振平博士研发的矮化倒"L"整形专利技术用于主蔓补空效果，主蔓长度可达6m

图29 王振平博士研发的矮化倒"L"整形专利技术结果状况（750kg/亩）

图30 王振平博士在银川宝实酒庄指导的3年生葡萄"厂"字形整形结果状况

图31 王振平博士展示根域限制栽培葡萄根系发育状况

图32 王振平博士建设的葡萄需水、需肥规律研究试验体系

图33 "母校"葡萄学教授Alain DELOIRE博士考察宁夏酿酒葡萄基地

图34 王振平博士给葡农进行现场技术培训

图35 王振平博士在甘肃天水讲解葡萄晚霜危害补救技术措施

图36 王振平博士调研葡萄雪灾冻害情况

图37　王振平博士指导研究生测定葡萄光合速率

图38　王振平博士指导研究生参与葡萄栽培管理

图39　王振平博士邀请"母校"葡萄学教授Alain CARBONNEAU博士为研究生授课

图40　王振平博士邀请"母校"葡萄学教授Alain DELOIRE博士为研究生授课

图41　王振平博士带领研究生选用粒选工艺酿造葡萄酒（研究生自己种植的酿酒葡萄果实）

图42　王振平博士指导研究生酿造葡萄酒（宁夏兰山骄子酒庄）

图43　王振平博士邀请国际酿酒师指导研究生酿造葡萄酒（宁夏兰山骄子酒庄）

图44　王振平博士邀请国际酿酒师与研究生进行学术交流后合影（宁夏大学农学院）

图45　王振平博士带领研究生品鉴葡萄酒（银川宝实酒庄）

图46　王振平博士每年带领研究生参加成都糖酒会，了解国内外葡萄酒品质与市场

图47　王振平博导指导的张艳霞博士接受央视《发现之旅》节目组采访

图48　王振平博士与毕业研究生合影留念

图49　王振平博士和研究生们在实验基地合影留念（宁夏兰山骄子酒庄）

图50　王振平博士和他的研究生在一起

图51　王振平博士参观国际葡萄酒大赛样品酒库（韩国大田广域市）

图52　王振平博士作为评委在韩国大田广域市参加亚洲葡萄酒大赛

图53　王振平博士作为评委参加柏林葡萄酒大赛

图54　王振平博士作为评委参加亚洲葡萄酒大赛

图55　王振平博士调研酿酒葡萄结果状况

图56 王振平博士研发的不下架埋土防寒栽培专利技术美乐葡萄结果状况（720kg/亩）

图57 王振平博士指导的美贺庄园葡萄基地鸟瞰图，将荒漠变为绿洲

图58 葡萄产业美化了宁夏贺兰山东麓荒漠地区，极大地改变了当地的生态环境（王振平博士指导的银川宝实酒庄葡萄园与酒庄）

# 酿酒葡萄
## 优质高效栽培技术研究

王振平　主编
李栋梅　代红军　李文超　副主编

中国轻工业出版社

图书在版编目（CIP）数据

酿酒葡萄优质高效栽培技术研究 / 王振平主编 . —北京：中国轻工业出版社，2023.9
ISBN 978-7-5184-3776-4

Ⅰ.①酿⋯ Ⅱ.①王⋯ Ⅲ.①葡萄栽培 Ⅳ.①S663.1

中国版本图书馆 CIP 数据核字（2021）第 259661 号

责任编辑：贺　娜　　　　责任终审：唐是雯　整体设计：锋尚设计
策划编辑：巴丽华　江　娟　责任校对：吴大朋　责任监印：张　可

出版发行：中国轻工业出版社（北京东长安街6号，邮编：100740）

印　　刷：三河市国英印务有限公司

经　　销：各地新华书店

版　　次：2023年9月第1版第1次印刷

开　　本：787×1092　1/16　印张：50.5

字　　数：1100千字　插页：8

书　　号：ISBN 978-7-5184-3776-4　定价：280.00元

邮购电话：010-65241695

发行电话：010-85119835　传真：85113293

网　　址：http://www.chlip.com.cn

Email: club@chlip.com.cn

如发现图书残缺请与我社邮购联系调换

211254K6X101HBW

## 本书编写人员

**主　编**　王振平
**副主编**　李栋梅　代红军　李文超

**参　编**

马丹阳　马文婷　冯文华　吕丹桂　李文超　孙　美
刘春艳　刘竞择　刘　璐　张艳霞　张　静　张　燕
范　永　周　兴　柳巧禛　林　聪　胡宏远　席　奔
秦晨亮　校诺雅　高彩琴　谢　岳　董业雯　裴　帅

# 序 一

葡萄是世界上种植最广泛的果树之一，具有较高的经济价值。作为国际葡萄整形专家合作研究会会长，我有幸从2004年始几乎每两年到访宁夏一次，见证了宁夏葡萄栽培技术和葡萄酒品质的稳步提升，业绩令世界惊叹。

2004年8月，受宁夏大学邀请，我有幸考察了宁夏酿酒葡萄基地，品鉴了御马、西夏王等品牌葡萄酒。我的第一印象是这里的葡萄园因冬季冻害而导致原貌不整，所有葡萄园均采用不利于葡萄果实品质形成的直立独龙蔓整形、叶幕密闭、通风透光不良、过度水肥管理、抗逆性差、果实品质欠佳，酿制的葡萄酒仅能达到法国日常饮用酒水准。宁夏回族自治区（以下简称"宁夏"）具有生产优质葡萄酒的潜力，通过科学栽培，应当做得更好。

王振平教授是我培养的第二个来自中国的葡萄学博士，他攻读博士期间创建的"新浆果杯"实验体系是研究葡萄果实糖分卸载和内外因素对葡萄果实糖分积累影响的最佳方法之一，获得国际同行认可。王振平教授2003年12月毕业后回到宁夏大学，结合宁夏立地条件，在葡萄抗寒栽培、水肥管理、整形修剪、水分胁迫以及外源刺激等领域开展技术与理论研究，取得丰硕成果，解决了宁夏葡萄栽培中存在的系列问题。

王振平教授揭示了蛇龙珠的亲缘关系，对中国这一特有酿酒葡萄品种有了新的认识，为国际间学术交流提供了便利条件。同时，他将我们提供的法国培育的马瑟兰在宁夏种植，获得了意想不到的效果，成为宁夏重要的主栽培品种。

王振平教授揭示了造成埋土防寒区酿酒葡萄低产的真正原因是葡萄根系冻害所致，探索出一整套提高酿酒葡萄抗寒能力和产量品质的技术措施，彻底改变了宁夏酿酒葡萄的种植理念，也为国际葡萄抗寒栽培提供了可应用的新技术。

本书系统地研究了不同矮化整形方式对蛇龙珠葡萄果实品质的影响及其调控机制，阐述了不同矮化整形方式对蛇龙珠葡萄栽培生理和果实品质指标的影响，在分子水平上揭示了矮化"厂"字形和矮化倒"L"整形提高蛇龙珠葡萄果实品质的分子机制，获得了可提高埋土防寒区酿酒葡萄品质的简化埋土防寒程序、降低埋土防寒成本的整形技术。

在水肥管理领域，本书系统地研究了酿酒葡萄水肥耦合规律及优质高效水肥管理模式，建立了一整套研究水分胁迫对酿酒葡萄栽培生理和果实品质影响的技术体系，摸清了赤霞珠、霞多丽和玫瑰香三个代表性酿酒葡萄品种的需水、需肥规律；确立了贺兰山东麓冲积扇灰钙土为区域酿酒葡萄品质形成的最佳土壤，为贺兰山东麓大片冲积扇荒漠土地资源开发利用提供了理论依据。

本书在分子水平上揭示了适度水分胁迫提高葡萄果实花色苷和挥发性风味物质积累的分子机制：适度水分胁迫控制葡萄营养生长，诱导叶片糖分向果实转运，提高葡萄抗逆性和果实品质；基于葡萄果实甲氧基吡嗪代谢规律认识，通过水分管理措施降低甲氧基吡嗪含量，进而减少葡萄果实和葡萄酒中的青草异味，提高葡萄果实和葡萄酒的品质。

本书通过系统地研究不同外源刺激对酿酒葡萄果实品质的影响及其调控机理，初步探明了葡萄果实中白藜芦醇的生物合成规律；在分子层面揭示了表油菜素内酯（EBR）、细胞分裂素（6-BA）、芸苔素内酯、乙烯（ETH）和脱落酸（ABA）等植物激素对提升酿酒葡萄果实品质（白藜芦醇、花色苷含量等）的调节机制；明确了灰葡萄孢、乙磷铝、木醋液、生物活性水和酵母多糖等非激素类物质对酿酒葡萄品质提升的作用机制。

《酿酒葡萄优质高效栽培技术研究》的出版真实地记录了王振平教授及其团队的研究历程和取得的成果，充分展示了宁夏葡萄产业的科技进步。本书不仅可供科技工作者参考，对中国广大葡萄栽培业者而言也不失为"良师益友"。

国际葡萄整形合作专家研究会会长<br>
法国蒙彼利埃国际高等农业大学葡萄与葡萄酒高等研究所所长<br>
Alain CARBONNEAU教授<br>
2022.12.8

# 序 二

纪念中国共产党建党100周年（1921—2021）《走近大国崛起的开拓者》。

在2004年8月，当代国际葡萄学大师、国际葡萄整形合作专家研究会会长、法国蒙彼利埃国际高等农业大学葡萄与葡萄酒高等研究所所长Alain CARBONNEAU教授考察宁夏葡萄产业时指出："宁夏贺兰山东麓所有葡萄园管理一般，产出的葡萄酒仅为法国普通日常饮用酒，但宁夏葡萄产区发展潜力巨大，必须在栽培上下功夫，需经过十余年努力，必然会获得良好的效果。"

近年来，宁夏贺兰山东麓产区先后有1000余款葡萄酒获得国际大奖，成为世界认知宁夏的"紫色名片"。宁夏葡萄产业获得如此骄人成绩，离不开宁夏党委政府的大力支持，更离不开一位甘愿扎根西北、不计较荣辱、无私奉献的留法葡萄学博士——国家葡萄产业技术体系岗位科学家，宁夏葡萄产业（栽培）技术体系首席研究员王振平教授。

王振平教授，1965年10月出生于陕西省榆林市绥德县，留法葡萄学博士，研究员，教授，博士生导师，宁夏回族自治区第九届、第十届政协委员会委员，银川市第十五届人大代表，国家葡萄产业技术体系水分生理与节水栽培岗位科学家。王振平教授主要从事葡萄抗逆栽培生理与葡萄酒酿造科研、教学、技术推广等工作，他在宁夏大学的大力支持下，组建成立我国首个葡萄与葡萄酒教育部工程研究中心，该中心成为从事葡萄栽培与酿造的重要创新平台；王振平教授积极组织申请设立"葡萄与葡萄酒学"硕士学位点，使宁夏大学成为我国第二家具有"葡萄酒学"硕士招生资格的高校；王振平教授带领研究生酿造的"兰一""兰山骄子""昊苑宝石红"等品牌葡萄酒获得多项国际大奖，极大地鼓舞了研究生们的学习热情。王振平教授发表学术论文150余篇，出版专著2部，获批国家发明专利8项，主持各类科研项目30余项，其中国家自然基金5项，在葡萄抗寒、水分胁迫、水肥管理、整形修剪、外源刺激等领域开展了系统的研究，极大地提升了宁夏酿酒葡萄栽培技术水平，为宁夏葡萄产业发展做出了应有的贡献！

王振平教授凭借深厚的专业功底，2001年2月获得国际葡萄学大师、国际葡萄整形合作专家研究会会长、法国蒙彼利埃国际高等农业大学葡萄与葡萄酒高等研究所所长Alain CARBONNEAU教授许可，同意在其门下攻读葡萄学博士学位。Alain CARBONNEAU教授认为王振平的研究水平远远超过法国攻读博士学位必备的DEA资格，可直接攻读葡萄学博士学位，这是一般中国硕士研究生难以获得的厚爱和待遇。更为庆幸的是，Alain CARBONNEAU教授邀请该研究所著名葡萄学教授Alain DELOIRE博士作为王振平的副导师（当时全法国只有5名葡萄栽培学教授），两人一起在三年内只培养了他一名博士，这在世界博士培养史上也是极为罕见。

在王振平攻读博士学位期间，他创立的"新浆果杯"实验体系，因其独特的构思和技巧，被Alain CARBONNEAU教授称为"只有中国人才能想到的绝妙方法"，成为研究不同内外因素对葡萄果实糖分积累影响最为简便的方法，也得到国际同行的高度评价及认可。王振平用了不到三年时间完成了相关博士课程和法语博士论文的撰写工作，并发表了2篇高质量的SCI学术论文，这对于一个仅有3个月法语基础的人来说，所付出的艰辛可想而知！

为了实现他的"葡萄梦"，王振平2003年12月17日完成博士毕业论文答辩后，立即回国至宁夏大学工作，并着手组建葡萄与葡萄酒创新平台。在宁夏大学的大力支持下，2004年12月28日在宁夏大学挂牌成立了宁夏大学葡萄工程技术研究中心，2006年6月，该中心被中华人民共和国教育部批准立项组建"葡萄与葡萄酒教育部工程研究中心"。2009年6月，该平台又获得宁夏回族自治区科学技术厅重视，授其"宁夏葡萄与葡萄酒工程技术研究中心"，得到宁夏回族自治区科学技术厅的持续支持。2011年，王振平积极组织申请设立"葡萄与葡萄酒学"硕士学位点，使宁夏大学成为我国第二家具有"葡萄酒学"硕士招生资格的高校，为宁夏葡萄产业健康快速发展培养了一批高层次优秀人才。

王振平教授十分重视"产学研"相结合，2011年他带领研究生酿造的"兰一"牌美乐葡萄酒，在2014年3月8—9日上海举办的"发现中国2014年中国葡萄酒发展峰会"上，是包括杰西斯·罗宾逊在内的三位国际葡萄酒大师共同推荐的七款葡萄酒之一,也是七款推荐葡萄酒中唯一由中国酿酒师酿造的葡萄酒,在该次活动中王振平教授带领研究生酿造的"昊苑宝石红"牌2012赤霞珠干红葡萄酒和"兰山骄子"牌2012蛇龙珠干红葡萄酒也同时被大师推荐。2012年王振平教授带领研究生酿造的"昊苑宝石红"牌赤霞珠干红葡萄酒,在2015年法国波尔多国际葡萄酒挑战赛上获得金奖,在本次大赛中我国仅有3款葡萄酒获得金奖。2013年王振平教授带领研究生所酿造的两款"兰山骄子"葡萄酒在2018年柏林(亚洲)国际葡萄酒大赛上分别获得大金奖和金奖。

王振平教授先后16次邀请Alain CARBONNEAU教授和Alain DELOIRE教授来宁夏实地考察,陪同泰国华侨、贺兰神国际酒庄总裁陈德启先生赴甘肃、新疆、山东及法国进行考察调研,并说服陈德启开发贺兰山东麓冲积扇荒地,从事酿酒葡萄种植和酒庄建设,对陈德启先生最终投巨资开发贺兰山东麓10万亩荒地起到了决定性的作用,此事开启了贺兰山东麓冲积扇酿酒葡萄种植和酒庄群建设的新纪元,使沉睡千万年的贺兰山东麓冲积扇变为优质酿酒葡萄的生产基地。

为了加快宁夏葡萄产业发展,王振平教授通过大量调研,于2010年撰写的《提高宁夏葡萄酒产业经济效益的建议》提案得到宁夏党委政府的高度重视,宁夏成立了我国唯一的省级葡萄酒局,并积极倡导宁夏葡萄产业走"优质酒庄酒"和"工厂化葡萄酒企业"相结合的产业道路,对推动宁夏葡萄产业健康发展起到了积极作用。王振平教授2011年撰写的《关于在宁夏大学组建葡萄酒学院的建议》得到宁夏党委政府和宁夏大学高度重视。继西北农林科技大学葡萄酒学院之后,宁夏大学在2012年组建了我国第二个葡萄酒学院。2012年,受宁夏葡萄产业发展局委托,王振平教授组织编写的《宁夏贺兰山东麓列级酒庄管理制度》成为评选列级酒庄的纲领性文件。2014年王振平教授编写出版的《酿酒葡萄栽培实用技术》一书,成为葡萄栽培技术人员和葡萄种植户必备的技术手册,对提高宁夏产区酿酒葡萄种植水平起到了积极作用。

作为国家葡萄产业技术体系岗位科学家,为了各项破坏性实验完全可控,王振平教授将自己多年的积蓄,全部用于科研教学实习基地建设,供广大科学家和学生使用。王振平教授带领团队成员,紧紧围绕葡萄产业中存在的关键技术问题,开展了葡萄抗寒、水分胁迫、水肥管理、整形修剪、外源刺激等系列研究。同时,王振平教授结合多年研究成果和生产实践经验,优化葡萄品种布局，帮助宁夏政府和企业从欧洲引进适栽脱毒葡萄苗木新品种（系）和抗逆葡萄砧木，极大地提升了宁夏乃至我国酿酒葡萄苗木质量水平！

"让宁夏贺兰山东麓冲积扇变为优质酿酒葡萄种植基地、在宁夏大学组建葡萄酒学院和最终实现宁夏酿酒葡萄不下架免埋土栽培"是王振平教授的三个心愿和奋斗目标，令王振平教授感到欣慰的是已实现了前两个奋斗目标，他目前正带着他的研究团队开展酿酒葡萄不下架免埋土栽培技术攻关，为实现第三个目标而奋斗！

虽已过知天命之年，但王振平教授的人生还有很多目标和方向，他把自己全部的爱和热情都奉献给了一生挚爱的事业，渴望将自己毕生积蓄的知识、经验及技术带给当地老百姓，让他们尽快脱贫致富，为打赢脱贫攻坚战奉献自己的一份力量。怀揣那份惠及于民的最初梦想，王振平教授又踏上征程。

张英

纪念中国共产党建党100周年（1921—2021年）

《走近大国崛起的开拓者》编辑

2022.6.1

# 前 言

2003年12月17日，在法国蒙彼利埃国际高等农业大学进行博士毕业论文答辩时，我的恩师、国际葡萄整形合作专家研究会会长、法国蒙彼利埃国际高等农业大学葡萄与葡萄酒高等研究所所长Alain CARBONNEAU教授给我提的唯一问题是："你毕业后是否回中国宁夏从事葡萄事业？"我坚定地回答："我回中国宁夏一定会从事葡萄科研、教学和推广工作，不会辜负三年来导师团队对我的培养。"每每回忆起当时的场景，我思绪万千，十分担心因何种原因没有做好本职工作，愧对恩师对我的培养和厚爱。

2004年8月，Alain CARBONNEAU教授第一次来宁夏考察后指出："宁夏所有葡萄园管理一般，问题太多，所酿葡萄酒仅为法国日常饮用酒水准，但其发展潜力巨大，必须在冻害预防、整形修剪、水肥管理等方面下功夫，需经十余年不懈努力，方可获得预期成效。"当时我信誓旦旦地承诺："我们一定会按照您的建议逐项解决，努力工作，我会在十年后请您再来宁夏看看贺兰山东麓的葡萄园，再来品鉴宁夏的葡萄美酒！"

为了实现这一目标，本人将多年积蓄用于试验基地建设，以便开展各种破坏性实验和人才培养，并多方筹集资金开展技术研究。非常感谢宁夏回族自治区农业农村厅资助的第一笔15万元研究经费，使我能顺利地完成"酿酒葡萄抗寒优质栽培技术研究"，解决了困扰宁夏乃至北方酿酒葡萄的冻害问题，培养了一批研究队伍。更感谢国家现代农业产业技术体系，使我有机会进入国家葡萄产业技术体系这个大家庭，才有稳定的科研经费支持，我在整形修剪、水肥管理、水分胁迫、外源刺激等方面开展系统研究，解决了制约宁夏葡萄产业发展的关键技术问题，并结合多年研究成果和生产实践经验，优化葡萄品种布局，协助宁夏政府和企业从欧洲引进适栽葡萄新品种（系）和抗逆砧木脱毒苗木，极大地提升了宁夏乃至我国酿酒葡萄苗木的质量水平，完成了我多年的夙愿。2016年9月，当

Alain CARBONNEAU教授第八次来宁夏考察时，看到整形规范的葡萄园，品尝到风味优雅的优质葡萄酒后，感叹不已，他感慨宁夏葡萄产业十年之变化，更不相信由本人带领研究生种植的酿酒葡萄所酿的"兰山骄子""兰一""昊苑宝石红"等优质葡萄酒出自本团队之手，这也算是我对恩师十年前承诺的答复。

2021年6月，笔者将本人团队近十余年的研究成果分门别类，整理归纳完成了《不同矮化整形方式对蛇龙珠葡萄果实品质形成及其调控机理研究》《酿酒葡萄需水需肥规律及优质高效水肥管理技术研究与示范》《水分胁迫对酿酒葡萄栽培生理、果实品质形成及其调控机制的研究》和《外源刺激对酿酒葡萄果实品质形成及其调控机理研究》科技鉴定成果，系统地阐明了宁夏酿酒葡萄在哪里种、如何整形修剪、如何水肥管理、如何利用水分胁迫和如何借助外源刺激等提高酿酒葡萄品质的技术手段和原理，并进行推广示范，为"宁夏国家葡萄及葡萄产业开放发展综合试验区"顺利挂牌做出了应有的贡献。

笔者应广大农民朋友、技术人员、研究人员要求，将本团队十余年的主要研究成果编写出版，供大家参考使用，也使我们的技术成果和理念能在生产上广泛推广应用，提高果农和企业的经济效益，为"宁夏国家葡萄及葡萄产业开放发展综合试验区"建设提供技术支撑。

本书共分八篇四十二章。第一篇研究了抗寒酿酒葡萄新品种引进及蛇龙珠亲缘关系，优选出适合宁夏栽培的抗寒品种，首次研究了马瑟兰在宁夏贺兰山的栽培特性，并揭示了蛇龙珠的亲缘关系，解决了困扰我国100余年的蛇龙珠的来源问题。第二篇系统地研究了葡萄的抗逆性，筛选出有利于提高酿酒葡萄栽培的砧木品种和酿酒葡萄品种供生产使用。第三篇系统地开展了酿酒葡萄抗寒栽培技术研究，研发出埋土防寒区酿酒葡萄不下架埋土栽培技术，揭示了造成埋土防寒区酿酒葡萄低产的真正原因，获得了有利于节水、节肥并提高酿酒葡萄品质的部分根域限制栽培技术，初步探讨了生长调节剂对葡萄抗寒性的影响和提高酿酒葡萄抗寒性的肥力基础与营养调控。第四篇系统地研究了不同矮化整形方式对蛇龙珠葡萄果实品质的影响及其调控机理研究，全面阐述了不同矮化整形方式对蛇龙珠葡萄栽培生理和果实品质指标的影响，并从分子水平上揭示了矮化"厂"字形和矮化倒"L"整形有利于提高蛇龙珠葡萄果实品质的分子机制，获得了可提高埋土防寒区酿酒葡萄品质、简化埋土防寒程序、降低埋土防寒成本的整形方式。第五篇系统地研究了酿酒葡萄需水、需肥规律及优质高效水肥管理技术研究与示范，全面摸清了赤霞珠、霞多丽和玫瑰香三个代表性酿酒葡萄品种的需水、需肥规律；获得了赤霞珠和霞多丽葡萄植株不同器官干物质及各种矿物质元素积累规律；探明了不同灌水量对风沙土矿质元素的淋洗规律；揭示了有利于贺兰山东麓酿酒葡萄品质形成的最佳土壤为贺兰山东麓冲积扇灰钙土土壤，为大力开发贺兰山东麓大片冲积扇荒漠土地资源提供了理论依据；掌握了有利于提高酿酒葡萄品质的水肥管理技术。第六篇通过水分胁迫对酿酒葡萄栽培生理、果实品质形成及其调控机制的研究，从不同层次和方向上研究了水分胁迫对酿酒葡萄栽培生理、果实品质形成规律及其调控机制，全面阐述了水分胁迫对酿酒葡萄栽培生理和果实品质指标的影响；从分子水平上揭示了适当水分胁迫有利于提高酿酒葡萄品质的分子机制并建立了一整套可研究水分胁迫对酿酒葡萄栽培生理和果实品质影响的实验体系；获得了一系列可提高酿酒葡萄品质的水分管理调控技术。第七篇系统地研究了不同外源刺激对酿酒葡萄果实品质的影响及其调控机理，全面阐述了不同外源刺激对酿酒葡萄栽培生理和果实品质指标的影响，从分子水平上揭示了不同外源刺激有利于提高酿酒葡萄果实品质的分子机制，获得了一系列可提高酿酒葡萄品质的外源刺激调控技术。第八篇收集了作者作为政协委员和人大代表就宁夏葡萄产业发展所撰写的提案和议案，部分提案和议案被党委政府采纳使用，对推动宁夏贺兰山东麓葡萄产业发展起到了一定作用，也展示了宁夏葡萄产业的发展理念。

  本书可作为高等学校相关专业教师、研究生和科技工作者参考资料，也可供葡萄生产者阅读参考。书中所有研究结果均在宁夏贺兰山东麓立地条件下获得，并非完全适用于全国各地葡萄产区，实验结论仅供参考。由于本人及团队水平有限，错误、遗漏、不准确等处在所难免，敬请批评指正。

国家葡萄产业技术体系岗位科学家

宁夏大学农学院研究员

王振平博士

2022年8月18日

# 目 录

## 第一篇
## 抗寒酿酒葡萄新品种引进及蛇龙珠亲缘关系的研究

第一章　抗寒酿酒葡萄新品种引进 ................................................................. 2
  第一节　材料与方法 .................................................................................. 2
  第二节　结果与分析 .................................................................................. 6
  第三节　讨论 ............................................................................................ 10
  第四节　小结 ............................................................................................ 11

第二章　酿酒葡萄品种蛇龙珠优选及亲缘关系分析 ................................... 12
  第一节　材料与方法 ................................................................................ 13
  第二节　结果与分析 ................................................................................ 16
  第三节　讨论 ............................................................................................ 33
  第四节　小结 ............................................................................................ 37

## 第二篇
## 葡萄抗逆性研究

第三章　不同葡萄砧木抗寒性比较研究 ......................................................... 40
  第一节　材料与方法 ................................................................................ 40
  第二节　结果与分析 ................................................................................ 44
  第三节　讨论 ............................................................................................ 62

第四节　小结 ... 67

**第四章　葡萄砧木抗抽干能力和抗旱性综合评价研究 ... 68**
　　第一节　材料与方法 ... 68
　　第二节　结果与分析 ... 70
　　第三节　讨论 ... 77
　　第四节　小结 ... 78

**第五章　不同葡萄砧木耐盐性比较研究 ... 79**
　　第一节　材料与方法 ... 79
　　第二节　结果与分析 ... 82
　　第三节　讨论 ... 109
　　第四节　小结 ... 114

**第六章　酿酒葡萄抗寒性研究 ... 115**
　　第一节　材料与方法 ... 115
　　第二节　结果与分析 ... 116
　　第三节　讨论 ... 129
　　第四节　小结 ... 131

# 第三篇
## 酿酒葡萄抗寒栽培技术研究

**第七章　酿酒葡萄不下架埋土与免埋土防寒栽培技术研究 ... 134**
　　第一节　材料与方法 ... 134
　　第二节　结果与分析 ... 137
　　第三节　讨论 ... 141
　　第四节　小结 ... 142

**第八章　酿酒葡萄不同埋土防寒方式效果比较研究 ... 144**
　　第一节　材料与方法 ... 144
　　第二节　结果与分析 ... 146
　　第三节　讨论 ... 152

第四节 小结 ......................................................................................................152

## 第九章 根域限制对酿酒葡萄抗寒性的影响 ......................................154
第一节 材料与方法 ..........................................................................................154
第二节 结果与分析 ..........................................................................................157
第三节 讨论 ......................................................................................................164
第四节 小结 ......................................................................................................167

## 第十章 生长调节剂对赤霞珠葡萄枝条和根系可溶性糖含量的影响 ............168
第一节 材料与方法 ..........................................................................................168
第二节 结果与分析 ..........................................................................................169
第三节 讨论 ......................................................................................................171
第四节 小结 ......................................................................................................171

## 第十一章 乙烯利对赤霞珠葡萄几种抗寒性指标的影响 ...........................172
第一节 材料与方法 ..........................................................................................172
第二节 结果与分析 ..........................................................................................172
第三节 小结 ......................................................................................................175

## 第十二章 宁夏贺兰山东麓酿酒葡萄高产优质栽培的肥力基础与营养调控 ........176
第一节 研究内容与方法 ..................................................................................176
第二节 结果与分析 ..........................................................................................182
第三节 讨论 ......................................................................................................202
第四节 小结 ......................................................................................................210

# 第四篇
## 不同矮化整形方式对蛇龙珠葡萄果实品质形成及其调控机理的研究

## 第十三章 不同矮化整形方式对蛇龙珠葡萄果实品质的影响 .......................214
第一节 材料与方法 ..........................................................................................215
第二节 结果与分析 ..........................................................................................217
第三节 讨论 ......................................................................................................226
第四节 小结 ......................................................................................................227

**第十四章　不同矮化整形方式对蛇龙珠葡萄果实花色苷合成的影响** ............ 229
　　第一节　材料与方法 ............................................................ 229
　　第二节　结果与分析 ............................................................ 234
　　第三节　讨论 .................................................................... 243
　　第四节　小结 .................................................................... 246

**第十五章　不同矮化整形方式对蛇龙珠葡萄果实挥发性风味物质的影响** ........ 247
　　第一节　材料与方法 ............................................................ 247
　　第二节　结果与分析 ............................................................ 249
　　第三节　讨论 .................................................................... 261
　　第四节　小结 .................................................................... 262

# 第五篇
## 酿酒葡萄需水需肥规律及优质高效水肥管理技术研究与示范

**第十六章　赤霞珠和霞多丽葡萄需水需肥规律研究** .................................. 266
　　第一节　材料与方法 ............................................................ 266
　　第二节　结果与分析 ............................................................ 269
　　第三节　讨论 .................................................................... 284
　　第四节　小结 .................................................................... 285

**第十七章　玫瑰香葡萄需水需肥规律研究** .............................................. 287
　　第一节　材料与方法 ............................................................ 287
　　第二节　结果与分析 ............................................................ 289
　　第三节　讨论 .................................................................... 301
　　第四节　小结 .................................................................... 303

**第十八章　宁夏风沙土酿酒葡萄不同生育时期、不同器官干物质和营养元素年积累规律的研究** ............................................................ 305
　　第一节　材料与方法 ............................................................ 305
　　第二节　结果与分析 ............................................................ 307
　　第三节　讨论 .................................................................... 319

第四节 小结 ... 321

## 第十九章 不同灌溉量对风沙土葡萄园土壤营养元素淋洗规律的研究 ... 322
第一节 材料与方法 ... 322
第二节 结果与分析 ... 324
第三节 讨论 ... 342
第四节 小结 ... 345

## 第二十章 宁夏贺兰山东麓不同土壤类型对酿酒葡萄生理及果实品质的影响 ... 346
第一节 材料与方法 ... 346
第二节 结果与分析 ... 349
第三节 讨论 ... 353
第四节 小结 ... 353

## 第二十一章 不同节水灌溉方式对梅鹿辄果实品质及产量的影响 ... 355
第一节 材料与方法 ... 355
第二节 结果与分析 ... 357
第三节 讨论 ... 361
第四节 小结 ... 362

## 第二十二章 不同施肥方式对蛇龙珠葡萄光合性能及品质的影响 ... 363
第一节 材料与方法 ... 363
第二节 结果与分析 ... 365
第三节 讨论 ... 368
第四节 小结 ... 369

## 第二十三章 两种微生物菌肥对土壤特性及赤霞珠葡萄果实品质的影响 ... 370
第一节 材料与方法 ... 370
第二节 结果与分析 ... 374
第三节 讨论 ... 390
第四节 小结 ... 392

## 第二十四章 部分根域限制条件下不同覆盖方式对土壤特性及梅鹿辄葡萄果实品质的影响 ... 394
第一节 材料与方法 ... 394
第二节 结果与分析 ... 397

第三节　讨论 ........................................................................................................ 414
　　第四节　小结 ........................................................................................................ 417

# 第六篇
# 水分胁迫对酿酒葡萄栽培生理、果实品质形成及其调控机制的研究

第二十五章　水分胁迫对美乐葡萄不同组织内源激素及多胺含量的影响 .......... 420
　　第一节　材料与方法 ............................................................................................ 421
　　第二节　结果与分析 ............................................................................................ 423
　　第三节　小结 ........................................................................................................ 454

第二十六章　水分胁迫对赤霞珠葡萄生长、生理及果实品质的影响研究 .......... 455
　　第一节　材料与方法 ............................................................................................ 455
　　第二节　结果与分析 ............................................................................................ 458
　　第三节　讨论 ........................................................................................................ 472
　　第四节　小结 ........................................................................................................ 477

第二十七章　水分胁迫对赤霞珠葡萄不同叶龄叶片光合特性的影响 .................. 478
　　第一节　材料与方法 ............................................................................................ 478
　　第二节　结果与分析 ............................................................................................ 482
　　第三节　讨论 ........................................................................................................ 512
　　第四节　小结 ........................................................................................................ 517

第二十八章　水分胁迫对赤霞珠葡萄果实挥发性风味物质及花色苷合成的影响 ..... 519
　　第一节　材料与方法 ............................................................................................ 519
　　第二节　结果与分析 ............................................................................................ 522
　　第三节　讨论 ........................................................................................................ 540
　　第四节　小结 ........................................................................................................ 543

第二十九章　水分胁迫对赤霞珠葡萄结果枝糖分分配及果实有机酸含量变化
　　　　　　规律的影响 ............................................................................................ 544
　　第一节　材料与方法 ............................................................................................ 544
　　第二节　结果与分析 ............................................................................................ 550

第三节　讨论 .................................................................................................. 570
　　第四节　小结 .................................................................................................. 574
第三十章　水分胁迫对赤霞珠葡萄果实白藜芦醇生物合成的影响 ................. 575
　　第一节　材料与方法 ...................................................................................... 575
　　第二节　结果与分析 ...................................................................................... 578
　　第三节　讨论 .................................................................................................. 586
　　第四节　小结 .................................................................................................. 589
第三十一章　水分胁迫对赤霞珠葡萄果实甲氧基吡嗪含量的影响 ................. 590
　　第一节　材料与方法 ...................................................................................... 590
　　第二节　结果与分析 ...................................................................................... 591
　　第三节　讨论 .................................................................................................. 597
　　第四节　小结 .................................................................................................. 598
第三十二章　水分胁迫对玫瑰香葡萄果实挥发性化合物含量的影响 ............. 599
　　第一节　材料与方法 ...................................................................................... 600
　　第二节　结果与分析 ...................................................................................... 603
　　第三节　讨论 .................................................................................................. 621
　　第四节　小结 .................................................................................................. 624

# 第七篇
## 外源刺激对酿酒葡萄果实品质形成及其调控机理的研究

第三十三章　葡萄果实白藜芦醇合成规律 .......................................................... 626
　　第一节　材料与方法 ...................................................................................... 626
　　第二节　结果与分析 ...................................................................................... 628
　　第三节　讨论 .................................................................................................. 632
　　第四节　小结 .................................................................................................. 633
第三十四章　水杨酸、2,4-表油菜素内酯对赤霞珠葡萄果实白藜芦醇合成的
　　　　　　影响 .................................................................................................. 634
　　第一节　材料与方法 ...................................................................................... 634

第二节　结果与分析 ............................................................................636
　　第三节　讨论 ........................................................................................646
　　第四节　小结 ........................................................................................647

第三十五章　灰葡萄孢及水杨酸对赤霞珠葡萄组培苗白藜芦醇合成的影响........**648**
　　第一节　材料与方法 ............................................................................648
　　第二节　结果与分析 ............................................................................651
　　第三节　讨论 ........................................................................................656
　　第四节　小结 ........................................................................................657

第三十六章　乙烯利、水杨酸和乙磷铝对赤霞珠葡萄果实白藜芦醇合成的影响 ......**658**
　　第一节　材料与方法 ............................................................................658
　　第二节　结果与分析 ............................................................................659
　　第三节　讨论 ........................................................................................668
　　第四节　小结 ........................................................................................671

第三十七章　植物生长调节剂对蛇龙珠葡萄果实品质及花色苷含量的影响........**672**
　　第一节　材料与方法 ............................................................................672
　　第二节　结果与分析 ............................................................................675
　　第三节　讨论 ........................................................................................681
　　第四节　小结 ........................................................................................683

第三十八章　外源6-苄基腺嘌呤（6-BA）对梅鹿辄葡萄果实花色苷含量
　　　　　　及相关基因表达的影响 ................................................................**684**
　　第一节　材料与方法 ............................................................................685
　　第二节　结果与分析 ............................................................................687
　　第三节　讨论 ........................................................................................690
　　第四节　小结 ........................................................................................692

第三十九章　2,4-表油菜素内酯对赤霞珠葡萄品质及蔗糖代谢相关酶活性的
　　　　　　影响 ................................................................................................**693**
　　第一节　材料与方法 ............................................................................693
　　第二节　结果与分析 ............................................................................694
　　第三节　讨论 ........................................................................................696
　　第四节　小结 ........................................................................................697

## 第四十章 木醋液对赤霞珠葡萄果实品质和糖酸等物质积累的影响 ... 698
  第一节 材料与方法 ... 698
  第二节 结果与分析 ... 699
  第三节 讨论 ... 705
  第四节 小结 ... 705

## 第四十一章 生物活性水对蛇龙珠葡萄果实品质和糖酸积累规律的影响 ... 706
  第一节 材料与方法 ... 706
  第二节 结果分析 ... 707
  第三节 小结 ... 711

## 第四十二章 酵母多糖对梅鹿辄和霞多丽葡萄果实品质的影响 ... 713
  第一节 材料与方法 ... 714
  第二节 结果与分析 ... 715
  第三节 讨论 ... 720
  第四节 小结 ... 721

# 第八篇
## 提案与议案

政协提案之一：宁夏葡萄酒产业面临的主要问题及其对策 ... 724
政协提案之二：关于宁夏葡萄种植迫切需要解决的两个问题的建议 ... 728
政协提案之三：规范葡萄苗木繁育体系 促进葡萄产业健康发展 ... 732
政协提案之四：在我区应慎重发展葡萄贝达嫁接苗 ... 736
政协提案之五：放宽酿酒葡萄企业工业用地政策，促进宁夏葡萄产业快速发展 ... 737
政协提案之六：提高宁夏葡萄酒产业经济效益的建议 ... 738
政协提案之七：关于严格控制我区葡萄冰酒生产的建议 ... 743
政协提案之八：关于加快"贺兰山东麓百万亩葡萄长廊"建设的几点建议 ... 744
政协提案之九：关于组建酒庄酒流动灌装线的建议 ... 747
政协提案之十：关于对宁夏葡萄酒产业面临的主要问题及解决措施的建议 ... 748
政协提案之十一：关于将宁夏大学葡萄酒学院迁入宁夏大学校园内办学的建议 ... 751

政协提案之十二：关于加快宁夏恒泰种禽责任有限公司搬迁工作或整改的建议 ...... 752
政协提案之十三：宁夏葡萄产业发展现状，存在问题及解决措施 ................. 753
人大议案一：关于重启贺兰山东麓葡萄酒庄审批程序的议案 ....................... 757
人大议案二：关于将国家葡萄产业技术体系引入中国葡萄酒产业技术研究院的
　　　　　　议案 ............................................................................... 758

# 附录 ................................................................................. 759

附录一　国家葡萄产业技术体系岗位科学家简介
　　　　（排名不分先后） ............................................................... 759
附录二　第二十五章　实验其他相关资料 .................................... 762
附录三　第三十二章　水分胁迫对玫瑰香葡萄果实挥发性化合物
　　　　含量的影响相关实验数据 ................................................... 765

# 参考文献 ......................................................................... 779

第一篇

抗寒酿酒葡萄新品种引进及蛇龙珠亲缘关系的研究

# 第一章　抗寒酿酒葡萄新品种引进

宁夏贺兰山东麓地区因其独特的土质、气候条件，被国内外专家确认为是世界酿酒葡萄生长最佳生态区之一。宁夏回族自治区（以下简称"宁夏"）政府十分重视葡萄产业的发展，在政策、资金上给予大力支持，使得酿酒葡萄栽培面积不断扩大。近年来，随着宁夏葡萄产业的发展和葡萄酒业内人士对宁夏葡萄酒品质认识的不断提高，国内许多葡萄酒知名品牌，如张裕、长城、王朝、丰收和威龙等，除了在宁夏投资购买原料或原酒外，已逐步开始与宁夏企业合作发展葡萄种植基地，以上事件是作为提升企业葡萄酒质量和经济效益的重要措施之一。宁夏贺兰山东麓已迅速成为我国葡萄酒行业投资的一块"热土"。

然而，由于宁夏贺兰山东麓酿酒葡萄主要选用抗寒性较弱的欧洲葡萄，根系极不抗冻（-5℃），冬季葡萄埋土越冬成为必须。冬季埋土造成地表长期裸露，风蚀严重，是加重春天沙尘暴的主要原因之一。加之该地区多为沙壤土和砾质沙土，漏肥漏水严重，保温、保湿、保肥性差，以及葡萄冬季冻害和葡萄水肥管理不当等原因形成大面积低产葡萄园——小老树和缺株现象（开天窗），致使酿酒葡萄产量长期在300～500kg/亩（1亩=666.7$m^2$，余同），有的地块甚至出现绝产，严重影响葡萄产业的经济效益和社会效益，挫伤了农民种植酿酒葡萄的积极性。

随着宁夏酿酒葡萄种植又一次高潮的到来，引进优良抗寒酿酒葡萄新品种，提高葡萄抗寒性就显得尤为重要。本实验通过各种途径，引进了7种国际普遍认为抗寒性较强的酿酒葡萄品种，并从中筛选出适合宁夏贺兰山东麓土质、气候条件且优质、抗寒、高产、稳产的酿酒葡萄品种用于生产实践，可减少冬季冻害和生产成本，增加农民从事酿酒葡萄生产的经济效益，推动宁夏葡萄产业健康发展。

## 第一节　材料与方法

一、实验地点

本实验于2005—2008年在宁夏大学北校区以北2km处宁夏大学葡萄与葡萄酒教育

部工程研究中心教学实验基地进行，该地区年平均气温8.5~9.2℃，年平均日照时数2800~3000h，年平均降水量200mm，风速2.6~14.6m/s，无霜期185d左右。实验园土壤为沙壤土，土中碱解氮8mg/kg，速效磷18mg/kg，速效钾38.3mg/kg，pH=8.4。

## 二、实验材料

2005年春季，在法国蒙彼利埃国际高等农业大学葡萄与葡萄酒研究所所长Alain CARBONNEAU教授的帮助下，从法国引进马瑟兰（Marselan）、佳美娜（Carmenère）、马雷夏尔福煦（Marechal Foch）、里昂米勒（Leon Millot）和Fr1 5个优良抗寒酿酒葡萄品种接穗各15个，其抗性见表1-1。将所引进的部分接穗采用高接（在已形成树冠的大树上进行嫁接的方法，一般在骨干枝的分枝上部20~30cm处用腹接、劈接、切接以及芽接等方法接上若干接穗，嫁接数较多时，称为多头高接）方式嫁接在2年生"贝达"砧木上，以加快所引进葡萄品种的生长发育，缩短观察期。同时，将部分接穗按照常规方式进行扦插。同年，从东北引进优良抗寒新品种"左优红"贝达嫁接苗，定植在同一区域，并以抗寒性优良的蛇龙珠为对照。所用供试品种均选用行距3.5m、株距0.5m定植，采用双主蔓龙干形整枝，即每株留2条主蔓。实验园采取管灌方式灌溉，采用常规技术管理。

另外，2007年，通过中华人民共和国农业农村部（以下简称"农业部"）"948项目"负责人中国农业大学卢江教授，从美国引进拉克罗斯（La Crosse）和芳提娜（Frontenac）等抗寒品种（表1-1）。按照农业部植物引种检疫规定，这些品种统一定植于中国农业大学葡萄基地，待2年观察，发现没有检疫性病虫害后在全国各地实验并推广。

表1-1 所引进的酿酒葡萄与国际优良品种抗逆性指标比较

| 品种 | 抗逆性指标 | | | | | | | | | |
|---|---|---|---|---|---|---|---|---|---|---|
| | WH | BR | DM | PM | Bot | Phom | Eu | CG | ALS | S |
| 艾维拉（Elvira） | 6 | + | ++ | ++ | +++ | + | + | ++ | ++ | 否 |
| 芳提娜（Frontenac） | 6 | ++ | + | ++ | ++ | + | ? | ? | ? | 否 |
| 拉克罗斯（La Crosse） | 5 | ? | + | ++ | +++ | ? | ? | ? | ? | ? |
| 里昂米勒 | 5 | ? | + | ++ | +++ | ? | ? | + | ? | ? |
| 马雷夏尔福煦 | 5 | ++ | + | ++ | + | ? | +++ | ? | + | 是 |
| Fr1 | 5 | + | + | ++ | + | ? | ? | ++ | + | 是 |
| 佳美娜 | 4 | ++ | + | + | + | ? | + | ? | ? | 否 |
| 文森特（Vincent） | 4 | + | + | ++ | + | ? | ? | ? | ? | ? |

续表

| 品种 | 抗逆性指标 | | | | | | | | | |
|---|---|---|---|---|---|---|---|---|---|---|
| | WH | BR | DM | PM | *Bot* | Phom | Eu | CG | ALS | S |
| 马瑟兰 | 3 | + | + | + | + | ? | ? | ? | ? | 否 |
| 品丽珠（Cabernet Franc） | 3 | +++ | +++ | +++ | + | ? | +++ | +++ | ? | 否 |
| 雷司令（Riesling） | 3 | +++ | +++ | +++ | +++ | ++ | ++ | +++ | + | 否 |
| 赤霞珠（Cabernet Sauvignon） | 2 | +++ | +++ | +++ | + | +++ | +++ | +++ | ? | 否 |
| 霞多丽（Chardonnay） | 2 | ++ | +++ | +++ | +++ | ++ | +++ | +++ | ++ | 否 |
| 白皮诺（Pinot Blanc） | 2 | +++ | +++ | +++ | ++ | ? | +++ | +++ | ? | 否 |
| 黑皮诺（Pinot Noir） | 2 | +++ | +++ | +++ | +~+++ | ? | +++ | +++ | + | 否 |
| 赛美蓉（Sémillon） | 2 | +++ | +++ | +++ | ++ | ? | +++ | +++ | ? | 否 |
| 美乐（Merlot） | 1 | ++ | +++ | +++ | +++ | +++ | +++ | +++ | ? | 否 |
| 长相思（Sauvignon Blanc） | 1 | +++ | +++ | +++ | +++ | ? | +++ | +++ | ? | 否 |

注：WH=抗寒性，1=极不抗寒，2=不抗寒，3=微抗寒，4=较抗寒，5=抗寒，6=极抗寒；BR=黑腐病；DM=霜霉病；PM=白粉病；*Bot*=葡萄孢霉；Phom=褐纹病；Eu=葡萄顶枯病；CG=根瘤病；ALS=角斑病；S=对硫敏感性。

+=轻度易感或敏感；++=中度易感或敏感；+++=高度易感或敏感；?=相对易感性或敏感性未确定

## 三、调查与统计分析

2005年上述引入品种在高接后，精心管理，1年后就开始开花结果。2006年开始，连续3年观察所引进品种的物候期（萌芽期、开花期、盛花期、转色期、成熟期等）、结实力（萌芽率、结果枝率和结果系数）、果实经济性状（穗重、粒重、果实含糖量、含酸量）和抗寒性，美国抗寒酿酒葡萄品种的主要特性见表1-2。

表1-2 美国抗寒酿酒葡萄品种的主要特性

| 品种 | 亲本 | 果实特性 | 抗寒性/℃ |
|---|---|---|---|
| 艾维拉 | 从 *Vitis Riparia* 中筛选E.S.6-16-30 | 穗重70~130g，粒重3g，可溶性固形物高于20%（质量分数，余同） | 极抗寒 |
| 拉克罗斯 | E.S.114和Seyval | 穗重100g，粒重中等，可溶性固形物19%~21% | 极抗寒 |

续表

| 品种 | 亲本 | 果实特性 | 抗寒性/℃ |
|---|---|---|---|
| 路易斯文森（Louise Swenson） | E.S.2-3-17和Kay Gray | 白色品种，穗重70~140g，粒重3g，可溶性固形物在20%左右，酒质佳 | -40 |
| 草原之星（Prairie Star） | E.S.2-7-13和E.S.2-8-1 | 黄色品种，穗重120~140g，粒重2.5g，可溶性固形物20%~22%，酒质极佳 | -40 |
| 拉克雷森特（La Crescent） | ES6-8-25和St Pepin | 穗重78g，粒重1.7g，琥珀色 | -38 |
| 芳提娜（Frontenac） | Riparia#89和Landot 4511 | 红色品种，穗重130~200g，粒重1.1g，蓝黑色，可溶性固形物24%~26%，含酸量1.4%~1.8%（质量分数，余同），酒质极佳 | -35 |
| E.S.6-16-30 | 未知 | 穗重60~160g，粒重3g，可溶性固形物含量20%~21%，含酸量1.0% | -35 |
| 萨布莱沃（Sabrevois） | E.S.283和E.S.193 | 穗重60~100g，可溶性固形物20% | -35 |
| 斯文森白（Swenson White） | Edelweiss和E.S.442 | 白色品种，穗重90~230g，粒重4g，可溶性固形物含量高于20%，酒质佳 | -35 |
| 斯文森红（Swenson Red） | Minnesota78和Seibel 11803 | 红色品种，穗粒重中等，风味极佳，酒质优 | -32 |
| 圣派品（Saint Pepin） | E.S.114和Seyval | 穗重70~130g，粒重3g，可溶性固形物20%~26%，含酸量1.0% | -32 |
| 圣克罗（Saint Croix） | E.S.283和E.S193 | 穗粒重中等，可溶性固形物18% | -30 |
| 地平线（Horizon） | Seyval和Schuyler | 穗粒重中等 | -29 |

## 四、果实主要品质分析

### （一）果实中可溶性固形物含量的测定

用手持糖度计测定果实可溶性固形物含量。

## （二）果实中总酸含量的测定

采用NaOH滴定法测定总酸含量（以酒石酸计，g/L）。

## （三）单宁测定

使用标准单宁酸配制浓度为0.2mg/mL的单宁标准溶液，吸取单宁标准溶液0.5、1.0、1.5、2.0、2.5、3.0、3.5mL，加磷钼钨酸（F-D）试剂2.5mL以及饱和碳酸钠溶液5mL，加水稀释至50mL，充分混匀，30min后用721UV/可见光分光光度计在750nm波长处测定吸光度。以吸取的标准溶液体积为横坐标，吸光度为纵坐标制图，得到单宁浓度标准曲线。

取1g葡萄皮放于50mL丙酮-水溶液（体积比1∶1）中，用超声波破碎机处理5min，然后置于60℃的恒温箱中恒温3h，过滤取上清液。反复提取2次，浓缩，合并滤液，3000r/min离心，待测。取1mL试样加F-D试剂2.5mL以及饱和碳酸钠溶液5mL，加水稀释至50mL，充分混匀，30min后在750nm波长处测定吸光度，计算出果皮中单宁含量。

## （四）果皮色度的测定

取2g葡萄皮于研钵中研磨，转入100mL三角瓶中，加入20mL 9%盐酸-50%乙酸溶液（体积分数，余同），置70℃水浴锅中处理1h，冷却至室温后过滤，定容至50mL。

用UV751GD型紫外分光光度计测定波长在420nm，520nm，620nm处的吸光值，然后取三者之和为葡萄果实色度。

# 第二节 结果与分析

## 一、物候期

在宁夏大学葡萄与葡萄酒教育部工程研究中心葡萄实验基地气候条件下栽培，所引品种和蛇龙珠果实都能充分成熟，各品种的物候期如表1-3所示。由表1-3可知，除左优红的萌芽期、开花期、盛花期、坐果期表现相对晚2~3d外，马瑟兰，佳美娜，马雷夏尔福煦、里昂米勒和Fr1 5个品种的表现差异不大，但各品种的转色期和成熟期表现差异较大，其中，Fr1转色和成熟最早，其转色期为7月15~19日，成熟期为8月28日，表现出白色品种普遍成熟较早的特性；马雷夏尔福煦和里昂米勒的转色期和成熟期基本一致，但较Fr1略晚，转色期为7月26~28日，成熟期为9月15~16日；佳美娜和蛇龙珠表现相同的物候期，转色期为8月2~4日，成熟期为9月21日；马瑟兰表现出相对较迟的转色期和成熟期，转色期为8月10~12日，成熟期为9月28日，如控水不当，过量水肥管理，还有进一步贪青的可能，这与它的亲本赤霞珠和歌海娜的特性有关；左优红虽表现出较晚的开花坐果特点，但其转色期和成熟期则较早，分别为8月2~5日和9月18日，这与山葡萄所生长的环境、特性有关。总之，通过3年研究观察，所引品种均可在宁夏贺兰山东麓地区正常成熟。

表1-3 所引品种的物候期　　　　　　　　　　单位：月.日

| | 萌芽期 | 始花期 | 盛花期 | 转色期 | 成熟期 |
|---|---|---|---|---|---|
| 里昂米勒 | 4.25~4.28 | 5.20 | 5.22 | 7.26~7.28 | 9.16 |
| 马雷夏尔福煦 | 4.25~4.28 | 5.21 | 5.23 | 7.26~7.28 | 9.15 |
| Fr1（白色） | 4.25~4.26 | 5.20 | 2.24 | 7.15~7.19 | 8.28 |
| 佳美娜 | 4.26~4.28 | 5.27 | 5.29 | 8.2~8.4 | 9.21 |
| 马瑟兰 | 4.27~4.30 | 5.28 | 5.31 | 8.10~8.12 | 9.28 |
| 左优红 | 4.30~5.1 | 6.1 | 6.3 | 8.2~8.5 | 9.18 |
| 蛇龙珠（对照） | 4.26~4.28 | 5.27 | 5.29 | 8.2~8.4 | 9.21 |

注：4月18日到4月20日，葡萄出土。

## 二、结实力

本研究所引进的酿酒葡萄品种和蛇龙珠（对照）结实力如表1-4所示。里昂米勒、马雷夏尔福煦、马瑟兰和左优红均具有较高的萌芽率，分别为81.2%、86.3%、81.3%和81.4%，结果枝率分别为82.6%、83.5%、87.6%和85.3%，它们的萌芽率和结果枝率均高于80%，表明具有较高的适应性；Fr1（白色）、佳美娜和蛇龙珠的萌芽率和结果枝率相对较低，萌芽率分别为76.8%、78.2%和76.8%，结果枝率分别为77.2%、62.3%和61.6%。从结果系数来看，马瑟兰具有较高的结果系数，为2.5，表现出良好的丰产性。从二次结果性状来看，里昂米勒和马雷夏尔福煦均具有较强的二次结果能力，在生产中应加以控制。

表1-4 所引品种结实力

| 品种 | 萌芽率/% | 结果枝率/% | 结果系数/个 | 二次结果性状 |
|---|---|---|---|---|
| 里昂米勒 | 81.2 | 82.6 | 1.81 | 较强 |
| 马雷夏尔福煦 | 86.3 | 83.5 | 1.78 | 强 |
| Fr1（白色） | 76.8 | 77.2 | 1.65 | 弱 |
| 佳美娜 | 78.2 | 62.3 | 1.24 | 弱 |
| 马瑟兰 | 81.3 | 87.6 | 2.5 | 无 |
| 左优红 | 81.4 | 85.3 | 1.4 | 无 |
| 蛇龙珠（对照） | 76.8 | 61.6 | 1.21 | 弱 |

## 三、果实主要性状

本研究引进的6个酿酒葡萄品种和蛇龙珠（对照）主要果实性状见表1-5和图1-1，由表1-5可以看出，7个酿酒葡萄品种的果穗穗形除里昂米勒和马雷夏尔福煦为圆锥形外，其他品种果穗均为双岐肩圆锥形。里昂米勒和马雷夏尔福煦穗小而紧密，单穗重均为50～60g，百粒重65～67g，即每穗果粒不足100g，每粒果实中含种子2～4粒；Fr1为唯

（1）马瑟兰　　　　　　　　　　　（2）佳美娜

（3）马雷夏尔福照　　　　　　　　（4）里昂米勒

（5）Fr1　　　　　　　　　　　　（6）左优红

图1-1　主要引进的抗寒酿酒葡萄品种生长结实情况

一白色品种，果穗双岐肩圆锥形，穗重161g，百粒重137.09g，为中等穗重，每粒果实中含种子2~4粒；马瑟兰果穗为双岐肩圆锥形，穗较紧，穗重174g，百粒果重89.24g，为中等果穗，每粒果实中含种子3~4粒。

表1-5　酿酒葡萄品种的主要果实性状

| 品种 | 穗形 | 果穗重量/g | 百粒重/g | 种子数/个 |
| --- | --- | --- | --- | --- |
| 里昂米勒 | 圆锥形 | 50 | 64.91 | 2~4 |
| 马雷夏尔福煦 | 圆锥形 | 56 | 66.91 | 2~4 |
| Fr1（白色） | 双岐肩圆锥形 | 161 | 137.09 | 2~4 |
| 佳美娜 | 双岐肩圆锥形 | 212 | 159 | 2~3 |
| 马瑟兰 | 双岐肩圆锥形 | 174 | 89.24 | 3~4 |
| 左优红 | 双岐肩长圆锥形 | 186 | 84.74 | 2~4 |
| 蛇龙珠（对照） | 双岐肩圆锥形 | 210 | 160 | 2~3 |

左优红的果穗为双岐肩长圆锥形，穗形松散细长，穗重186g，百粒重84.74g，中等穗重，每粒果实含2~4个种子；佳美娜和蛇龙珠具有相似性状，果穗为双岐肩圆锥形，穗形紧密，穗重210g左右，百粒重160g左右，为中等穗重，每粒果实含2~4个种子。

## 四、抗寒力

由于在品种引种前已考虑葡萄品种的抗寒性（表1-1），这些品种抗寒性已得到国际权威评价。所以，在实验过程中没有进行抗寒指标的测定，在冬季埋土防寒中只进行适当埋土，以防止春季抽干。在3年实验观察过程中，没有发现枝蔓受冻和自根苗根系受冻问题，所有品种萌芽、开花、结果正常，表明所有品种在休眠期能适应宁夏冬季严寒的气候条件。

## 五、果实主要品质

对所引进的酿酒葡萄品种在果实生理成熟期分别取样测定可溶性固形物、可溶性糖、滴定酸、果皮单宁、果皮色度，结果见表1-6。由表1-6可以看出，所引品种除马雷夏尔福煦具有较低的可溶性固形物含量外，其他品种可溶性固形物含量仅为17.5%，其他品种的可溶性固形物含量均可达到宁夏酿酒葡萄收购时所要求的标准。酸度以左优红最高，为13.1%，充分体现出了山葡萄的高酸特性。从果实单宁含量和色度来看，佳美娜、马瑟兰和左优红表现尤为突出，马瑟兰果皮单宁含量最高，为16.09mg/g，色度为2.071，结合其果实含糖量和含酸量，该品种是酿造优质葡萄酒的最佳原料之一；佳美娜果皮中也含有较高的单宁和色素含量，单宁含量为11.10mg/g，色度为2.639，也是优良酿酒葡萄品种；左优红虽然具有较高的单宁含量（12.94mg/g）和色度（2.858），但因其含酸量较高，难以酿造优质葡萄酒，所以只能作为调配品种使用。

表1-6　酿酒葡萄品种主要果实品质

| 名称 | 可溶性固形物含量/% | 果实酸度/% | 单宁/（mg/g） | 色度 |
| --- | --- | --- | --- | --- |
| 里昂米勒 | 21.5 | 7.5 | 8.01 | 1.427 |
| 马雷夏尔福煦 | 17.5 | 8.5 | 8.21 | 1.562 |
| Fr1 | 20.6 | 7.5 | — | — |
| 佳美娜 | 18.0 | 7.9 | 11.10 | 2.639 |
| 马瑟兰 | 19.5 | 7.7 | 16.09 | 2.071 |
| 左优红 | 19.0 | 13.1 | 12.94 | 2.858 |
| 蛇龙珠（对照） | 19.0 | 6.4 | 9.68 | 2.492 |

## 六、抗病性

由于宁夏大学葡萄与葡萄酒教育部工程中心葡萄基地为相对独立的葡萄基地，周边没有其他葡萄园和农作物，所以不存在交叉感染问题。为了观察所引进品种的抗病性，定植3年来，植株没有喷施任何农药，在3年研究观察中没有发现任何病害发生，表明所有品种均具有良好的抗病性。

## 第三节　讨论

葡萄作为一种世界广适性水果，并以其独特的酿酒特性风靡全球。宁夏贺兰山东麓优质酿酒葡萄基地的优势在我国葡萄酒行业中尤为突出，但该产区冬季冻害问题也显得十分棘手，成为制约葡萄产业发展的主要障碍。通过引进国外优良抗寒品种是一条行之有效的方法。抗寒酿酒品种的引进除考虑其在引种区的适应性，还要综合考虑所引品种的结实力、抗病性和果实品质等要素。本研究表明，所引进的马瑟兰、佳美娜、马雷夏尔福煕、里昂米勒、Fr1和左优红优良抗寒酿酒葡萄品种均能在宁夏正常生长成熟，宁夏的气候条件完全可以满足其生长要求。佳美娜、马雷夏尔福煕、里昂米勒、左优红和Fr1品种的成熟期相对较早，特别是马雷夏尔福煕、里昂米勒、左优红和Fr1成熟更早，在早霜较早来临的贺兰山东麓地区就显得尤为重要，可以保证葡萄采收后有充足的时间进行采后生长，养分回流，使枝蔓和根系积累大量糖分，有利于提高根系抗寒能力。佳美娜的物候期与我国栽培的蛇龙珠相似，它们可能就是同一品种（见第二章），蛇龙珠在宁夏除感染卷叶病毒外，其抗逆性、丰产性、酒质优雅度均表现优良，是我国山东地区葡萄推荐品种，在宁夏贺兰山东麓也具有很大潜力。由于所引进佳美娜是脱毒植株，具有良好的优势，可在宁夏大面积推广应用。从所引进品种的果实品质来看，除马雷夏尔福煕具有较低的含糖量外，其他品种的糖度具有可达到宁夏产区酿酒葡萄收购时所要求的标准。从果实含酸量、果皮单宁含量和色度来看，佳美娜和马瑟兰表现尤为突出，是酿造优质葡萄酒的最佳原料；左优红虽然具有较高的单宁含量（12.94mg/g）和色度（2.858），但因其含酸量较高和品种特性，难以酿造出优质葡萄酒，只能作为调配酒使用，在宁夏贺兰山东麓荒漠地区可作为经济防风生态林适当发展。Fr1可作为抗寒白葡萄品种适当推广应用，其品质与目前推广的霞多丽还有一定差距。

## 第四节 小结

宁夏贺兰山东麓气候条件可满足本研究所引进的6个优良抗寒酿酒品种的正常生长、发育、成熟，并表现出优良的抗逆性。

佳美娜和马瑟兰的综合性状表现突出，特别是马瑟兰表现尤为突出，可在宁夏大面积推广应用，马瑟兰葡萄酒将是宁夏贺兰山东麓未来之星。

马雷夏尔福煕、里昂米勒和左优红虽具有优良的抗寒性，但它们都存在一些不足，只可在宁夏贺兰山东麓地区因地制宜，适当发展。

Fr1可作为优良白色品种在宁夏贺兰山东麓地区因地制宜，适当发展。

# 第二章　酿酒葡萄品种蛇龙珠优选及亲缘关系分析

蛇龙珠（Cabernet Gernischt）是酿造名贵红葡萄酒的优良品种之一，与赤霞珠（Cabernet Sauvignon）、品丽珠（Cabernet Franc）齐名为"三珠"，其单品种酒具有玫瑰香、紫罗兰香、茉莉香、香料辛辣味、矿物味、茴芹香、丁香味、果味等香味。蛇龙珠是1892年由烟台张裕酿酒公司最早从法国引入我国，关于其种源问题，通过葡萄品种叶形结构参数的数值化鉴别分析表明：蛇龙珠可能来源于法国的品丽珠，是经法语-德语-汉语翻译后的音译名；Cabernet Gernischt可能是德文"Gemischet"（混合）的误写，蛇龙珠实际是品丽珠，或可能是经过人工多年选择的品丽珠的新品系（无性系）；蛇龙珠在中国应该是一个独立存在的品种，与品丽珠的遗传距离最近（3.46）；蛇龙珠存在不同的表现型，昌黎、烟台、蓬莱北沟三个不同地区的蛇龙珠在遗传上存在差异（欧氏遗传距离在1.41～1.73），与其他品种相比，三个地区的蛇龙珠都与品丽珠的遗传距离最近（2.45～2.64），但其直接亲本还未确定。2004年8月，国际葡萄整形合作专家研究会会长、法国蒙彼利埃国际高等农业大学葡萄与葡萄酒研究所所长Alain CARBONNEAU教授来宁夏考察，认为蛇龙珠与法国波尔多古老的酿酒品种嘎赫姆奈赫（后证明为佳美娜，Carmenère）生物学特性十分相似，可能是同一品种。

目前，DNA分子标记已在葡萄的分类研究、品种鉴定、系谱分析、遗传图谱构建、基因标记等方面得到广泛应用。随机扩增多态DNA（RAPD）具有方法简单，不需要内切酶、DNA探针及分子杂交和放射自显影等复杂技术以及耗费少、效率高等优点，已成功应用于葡萄品种的鉴别、连锁分子标记的筛选、葡萄属植物亲缘关系、连锁遗传图谱的构建等研究。对葡萄属20个种、4个变种、5个品种及4个不同类型进行RAPD分析，供试材料可分为9类和1个特殊型，起源于我国的东亚类群分属于8个类型，圆叶葡萄单独为1个类型。M.J.Striem以RAPD技术成功地鉴别了葡萄芽变品种及其母株。因此，只要引物选择合适，RAPD技术不仅可以鉴别种内不同品种，还可以鉴别同一品种的不同无性系。由于蛇龙珠优良的表现以及其遗传背景和来源不清，因此，利用RAPD技术鉴定其亲缘关系，对于酿酒葡萄的新品种培育、遗传改良和理论研究都具有重大的意义。

# 第一节　材料与方法

## 一、蛇龙珠优良植株筛选的植物材料

初选蛇龙珠的植物材料：宁夏玉泉营葡萄庄园六队种植的5~6年生、20年生和宁夏某公司酿酒葡萄基地的7~8年生植株，植株为直立独龙蔓整形，约150株，经初选获优良植株16株，并标记编号为1~16号（表2-1）。

复选蛇龙珠的植物材料：对初选的16株蛇龙珠进行复选，获得未表现卷叶病、单株产量≥12kg、可溶性固形物含量≥18.0%、总酸含量≥6.0g/L的植株共7株（表2-2），分别为1号单株产量17.04kg、可溶性固形物含量20.0%、总酸含量8.4g/L；2号单株产量26.56kg、可溶性固形物含量19.1%、总酸含量6.0g/L；4号单株产量17.37kg、可溶性固形物含量20.0%、总酸含量7.5g/L；11号单株产量12.7kg、可溶性固形物含量18.8%、总酸含量7.1g/L；14号单株产量14.98kg、可溶性固形物含量20.9%、总酸含量6.0g/L；15号单株产量13.24kg、可溶性固形物含量20.8%、总酸含量6.0g/L；16号单株产量11.46kg、可溶性固形物含量20.9%、总酸含量6.0g/L（表2-2）。

## 二、蛇龙珠亲缘关系分析的植物材料

蛇龙珠与嘎赫姆奈赫是主要植物学特性和果实的主要酿酒品质特性调查使用的植物材料。

蛇龙珠：宁夏玉泉营葡萄庄园六队种植的20年生，独龙干式栽培，未表现卷叶病植株，冬季修剪期取其枝条，枝条于2005年6月25号在宁夏大学葡萄工程技术研究中心葡萄基地采用高接方式繁育，砧木为2年生的抗寒砧木"贝达"，成活率80%，成活植株20株。

嘎赫姆奈赫：于2005年6月22号从法国蒙彼利埃国际高等农业大学引入，6月25号在宁夏大学葡萄工程技术研究中心葡萄基地采用高接方式繁育，砧木为2年生的抗寒砧木"贝达"，成活率85%，成活植株10株。

品丽珠：宁夏银广夏葡萄品种基地7~8年生，独龙干式栽培的植株，于冬季修剪期取其枝条，枝条于2005年6月25号在宁夏大学葡萄工程技术研究中心葡萄基地采用高接方式繁育，砧木为2年生的抗寒砧木"贝达"，成活率75%，成活植株18株。

## 三、优良酿酒葡萄品种蛇龙珠初选

### （一）田间筛选

通过对宁夏广夏、玉泉营地区和宁夏农林科学院芦花台实验农场1100亩蛇龙珠的整个生长期进行长期观察，得出广夏、玉泉营地区现有栽培的蛇龙珠表现较好。2005年于葡萄成熟期，对广夏、玉泉营地区现有栽培的近150株蛇龙珠进行田间筛选。

首先，对蛇龙珠染病情况和产量做了总体了解，随机选取了6株正常植株作为对照。观察蛇龙珠植株的叶片是否先从基部叶片开始，叶缘是否向下反卷，反卷的叶片是否变脆，叶脉间是否出现坏死斑或叶片是否干枯，叶片是否变成暗红色或仅叶脉仍为绿色，来判断是否染病；然后观察染病植株的长势，并结合单株产量，选择产量相对较好的植株，再用便携式手持折光仪测果实的可溶性固形物含量，对可溶性固形物含量＞17%的植株，挂上标签，并画好其位置图，以便再次标记。

### （二）实验室内果实产量调查和质量指标的测定

对已标记好的植株，从上、中、下不同部位选取三穗果实，实验室内称三穗果实总重，求平均单果穗重，根据单株果穗数来换算单株产量；用托盘天平称3穗果实的总质量，然后用剪刀从每穗果实上不同部位剪取果粒，每小簇上取1粒，共取50粒，称取50粒的总质量；然后把其放入榨汁机中榨汁，用纱布过滤出果汁，搅拌均匀后用便携式手持折光仪测可溶性固形物含量，测3次取平均值；然后用NaOH滴定法测总酸含量，做3个重复，取平均值，做好记录。计算出单果穗重、单果粒重、可溶性固形物含量、总酸含量（以酒石酸计，g/L），对数据进行处理。

### （三）田间标记

已标记好的植株，根据实验室内测得的单株产量、果实的可溶性固形物含量、总酸含量来进行再次选择，选择的植株用蓝色的油漆涂在树干的基部，以便于明年对已选蛇龙珠植株的主要生物学性状和主要果实酿酒品质特性进行调查，再次筛选。

## 四、初选蛇龙珠的主要生物学特性和果实主要酿酒品质特性的调查

2006年葡萄出土后，从萌芽期开始调查已选植株的主要生物学特性和主要酿酒品质特性，进行再次筛选。

### （一）初选蛇龙珠物候期的调查

2006年4月中旬葡萄出土后开始对初选蛇龙珠进行物候期的调查。

## （二）初选蛇龙珠结实力的调查

调查初选蛇龙珠的新梢总数、发育蔓总数、结果蔓总数，结果蔓中分别统计出一穗枝、二穗枝、三穗枝的数量及各自所占的比例。

## （三）初选蛇龙珠产量的调查

于2006年果实成熟期调查单株产量，调查每株平均果穗数，测得单穗重，根据公式：单株产量=平均单穗重×每株平均果穗数，计算单株产量。

## （四）初选蛇龙珠生长势的调查

生长势/（kg/m²）=[0.5×单株修剪的一年生枝条的质量（kg）+0.2×单株产量（kg）/单株占地面积（m²）]。一亩地种植的植株为444株，所以单株占地面积/m²=666.6/444≈1.5m²。

## （五）初选蛇龙珠感染卷叶病情况的调查

于2006年卷叶病表现期调查植株出现症状的时期、感染卷叶病毒的症状、染病严重程度，严重程度按5级标准分级，如下所示。

0级——无症状。

1级——仅在枝条基部的老叶上有轻微的卷叶病症状。

2级——植株上有1/3以下的叶片有卷叶病的症状。

3级——植株上有1/3~1/2的叶片有卷叶病的症状。

4级——植株上有1/2以上的叶片有卷叶病的症状。

## （六）初选蛇龙珠果实主要酿酒品质特性的调查

于2006年果实成熟期，测单果穗重、单果粒重、果粒大小分布，不同分布区域葡萄果实的糖、酸、单宁（果皮和种子）、花色苷（果皮）的含量。

## 五、蛇龙珠亲缘关系分析

### （一）蛇龙珠与嘎赫姆奈赫主要植物学特性调查

2006年葡萄出土后，从萌芽期开始调查蛇龙珠与嘎赫姆奈赫（品丽珠为对照）的主要植物学特征，包括嫩梢颜色、有无绒毛；幼叶大小、颜色、形状、有无绒毛、裂刻数、深浅等；成龄叶片大小、形状、颜色、裂刻数、是否有绒毛、是否翻卷、叶柄洼形状等；果穗形状、有无岐肩、大小、重量等；果粒大小、形状、颜色、果粒重、果霜、紧密度、果粒大小分布整齐度、可溶性固形物含量、总酸含量、口感、香味等。同时进行田间观察并记录、描述和比较。

### （二）蛇龙珠与嘎赫姆奈赫果实的主要酿酒品质特性调查

于2006年果实成熟期，对蛇龙珠与嘎赫姆奈赫（品丽珠为对照）果实的主要酿酒品质特性进行调查，测单果粒重、可溶性固形物、总酸、单宁（果皮和种子）、花色苷（果皮）的含量，进行记录比较。

### （三）蛇龙珠亲缘关系的RAPD分析

本实验选用的引物均是发表过的、在酿酒葡萄上扩增谱带清晰且多态性好的引物。共有14个引物用于蛇龙珠的亲缘关系分析，如表2-1所示。采用十六烷基三甲基溴化铵（CTAB）法提取，稍有改动。利用筛选出的14个引物分别对3个酿酒葡萄品种（蛇龙珠、嘎赫姆奈赫、品丽珠）的基因组DNA进行PCR扩增。每个引物重复3次，以不加模板DNA为对照（CK），取重复性好的DNA谱带用于统计分析。

表2-1  选用的引物序列

| 引物编号 | 序列 | 引物编号 | 序列 |
| --- | --- | --- | --- |
| 1 | TGGTGGCGTT | 2 | ACCCCGCCAA |
| 3 | CCACACGTAG | 4 | TCAGAGCGCC |
| 5 | CCTCTCGACA | 6 | CTGACCAGCC |
| 7 | CCACGGGAAG | 8 | TTCCGAACCC |
| 9 | TACCGTGGCG | 10 | GGATGAGACC |
| 11 | CCCAGTCACT | 12 | TTTGCCGCCC |
| 13 | TCGGCACGCA | 14 | CGCGTTCCTG |

## 第二节  结果与分析

### 一、优良酿酒葡萄品种蛇龙珠的初选

如表2-2所示，通过对宁夏广夏、玉泉营地区和农科院林场1100亩葡萄园的蛇龙珠整个生长期进行长期观察，得出广夏、玉泉营地区现有栽培的蛇龙珠表现较好。调查蛇龙珠感染卷叶病毒的情况、植株长势、单株果穗数，测定单果穗重、单果粒重、可溶性固形物和总酸等多项指标，以植株感染卷叶病情况、单株产量、可溶性固形物含量和总酸含量为主要指标，于葡萄成熟期，对广夏、玉泉营地区现有栽培的近150株蛇龙珠进行田间筛选，筛选出未感染卷叶病毒，单株产量≥12kg，可溶性固形物含量≥18%，总酸含量≥6g/L的植株共7株，分别为1、2、4、11、14、15、16号植株。

表2-2 初选的植株产量、染病情况和果实品质

| 株号 | 染病情况* | 单株果穗数/个 | 单株果穗重/g | 单株产量/kg | 单果粒重/g | 可溶性固形物/% | 总酸/(g/L) |
|---|---|---|---|---|---|---|---|
| 1 | 0 | 120 | 142.0 | 17.04 | 2.04 | 20.0 | 8.4 |
| 2 | 0 | 168 | 158.2 | 26.56 | 2.07 | 19.1 | 6.0 |
| 3 | 0 | 43 | 141.2 | 6.07 | 2.11 | 18.1 | 6.6 |
| 4 | 0 | 150 | 115.8 | 17.37 | 2.26 | 20.0 | 7.5 |
| 5 | 4 | 40 | 160.4 | 6.42 | 2.09 | 17.5 | 6.8 |
| 6 | 3 | 38 | 258.8 | 9.83 | 2.08 | 17.1 | 9.2 |
| 7 | 1 | 40 | 192.0 | 7.68 | 2.20 | 18.0 | 7.7 |
| 8 | 2 | 39 | 159.7 | 6.23 | 2.18 | 18.3 | 8.1 |
| 9 | 3 | 38 | 192.8 | 7.33 | 2.31 | 17.4 | 7.7 |
| 10 | 3 | 41 | 188.0 | 7.71 | 2.35 | 17.2 | 8.4 |
| 11 | 0 | 88 | 144.3 | 12.7 | 2.09 | 18.8 | 7.1 |
| 12 | 4 | 52 | 183.0 | 9.52 | 2.22 | 17.0 | 7.3 |
| 13 | 4 | 39 | 203.3 | 7.93 | 2.04 | 17.5 | 7.3 |
| 14 | 0 | 100 | 149.8 | 14.98 | 2.11 | 20.9 | 6.0 |
| 15 | 0 | 102 | 129.8 | 13.24 | 2.32 | 20.8 | 6.0 |
| 16 | 0 | 100 | 114.5 | 12.46 | 2.10 | 20.9 | 6.0 |

注：0表示未见卷叶病症状；1表示25%叶片表现有卷叶病症状；2表示25%~50%叶片表现有卷叶病症状；3表示50%~75%叶片表现有卷叶病症状；4表示75%~100%叶片表现有卷叶病症状，余同。

## 二、初选蛇龙珠的主要生物学特性和主要酿酒品质特性

### （一）初选蛇龙珠的物候期

如表2-3所示，对宁夏玉泉营地区蛇龙珠物候期的调查表明，宁夏玉泉营地区葡萄4月中下旬出土，4月末到5月初为萌芽期，5月末到6月初为开花期，7月末枝条开始成熟，8月初浆果开始着色，9月中下旬果实成熟。从萌芽到浆果充分成熟的生长天数为150天左右，不同植株物候期基本一致。

表2-3　不同植株物候期的调查　　　　　　　　　　单位：月.日

| 植株标号* | 萌芽期 | | | | 开花期 | | | 枝条成熟期 | 浆果着色期 | 浆果完全成熟期 | 从萌芽到浆果充分成熟 |
|---|---|---|---|---|---|---|---|---|---|---|---|
| | 出土 | 萌发 | 膨大 | 展叶 | 始花 | 盛花 | 终花 | | | | 生长天数/d |
| 1 | 4.24 | 4.26 | 4.28 | 4.30 | 5.27 | 5.29 | 6.3 | 7.20 | 8.4 | 9.21 | 148 |
| 2 | 4.24 | 4.26 | 4.28 | 4.30 | 5.27 | 5.29 | 6.3 | 7.20 | 8.4 | 9.21 | 148 |
| 3 | 4.24 | 4.27 | 4.29 | 5.1 | 5.27 | 5.29 | 6.3 | 7.20 | 8.4 | 9.21 | 147 |
| 4 | 4.24 | 4.26 | 4.28 | 4.30 | 5.27 | 5.29 | 6.3 | 7.20 | 8.4 | 9.21 | 148 |
| 5 | 4.24 | 4.26 | 4.27 | 4.29 | 5.27 | 5.29 | 6.3 | 7.20 | 8.4 | 9.21 | 148 |
| 6 | 4.24 | 4.26 | 4.27 | 4.29 | 5.27 | 5.29 | 6.3 | 7.20 | 8.4 | 9.21 | 148 |
| 7 | 4.24 | 4.26 | 4.27 | 4.29 | 5.27 | 5.29 | 6.3 | 7.20 | 8.4 | 9.21 | 148 |

注：标号1（1），2（2），3（4），4（11），5（14），6（15），7（16），括号内为对应株号，余同。

### （二）初选蛇龙珠的结实力

如表2-4所示，初选蛇龙珠结实力的调查结果表明：不同植株的结果枝平均果穗数相差不大，结果枝以一穗枝为主，二穗枝较少，三穗枝几乎没有，萌芽率均在70%以上，结果蔓比率均在50%以上，3、4、5号结果蔓比率相对较低，1、2、6、7号结果蔓比率相对较高，均在78%以上，最高为7号，达到93.3%，结果枝平均果穗数为1穗。

表2-4　不同植株结实力的调查

| 标号 | 萌芽率/% | 新梢总数/个 | 发育蔓比率/% | 结果蔓比率/% | 不同果穗、果枝比例 | | | 结果枝平均果穗数/个 |
|---|---|---|---|---|---|---|---|---|
| | | | | | 一穗枝/% | 二穗枝/% | 三穗枝/% | |
| 1 | 81.5 | 145 | 21.4 | 78.6 | 80.7 | 19.3 | 0.0 | 1.19 |
| 2 | 70.3 | 142 | 21.1 | 78.9 | 82.1 | 17.9 | 0.0 | 1.18 |
| 3 | 70.6 | 114 | 36.8 | 63.2 | 86.1 | 13.9 | 0.0 | 1.14 |
| 4 | 73.8 | 202 | 40.6 | 59.4 | 83.3 | 16.7 | 0.0 | 1.17 |
| 5 | 73.5 | 120 | 38.3 | 61.7 | 62.2 | 35.1 | 2.7 | 1.41 |
| 6 | 88.3 | 106 | 13.2 | 86.8 | 65.2 | 34.8 | 0.0 | 1.35 |
| 7 | 73.2 | 120 | 6.70 | 93.3 | 92.9 | 7.10 | 0.0 | 1.07 |

（三）初选蛇龙珠的产量

如表2-5所示，初选蛇龙珠产量的调查结果表明，1、2、4、5、6号单株产量相对较高。1、2、4号单株果穗数高于其他，分别为136个、132个、140个；5、6号每结果枝平均果穗数明显高于其他，分别为1.41个、1.35个；1、5、6号平均果穗重高于其他，其中5号最高，为303.71g；1、2、4、5、6号单株产量均高于3、7号，5号最高（30.98kg）。

表2-5　不同植株产量的调查

| 标号 | 单株果穗数/个 | 每结果枝平均果穗数/个 | 平均果穗重/g | 单株产量/kg |
| --- | --- | --- | --- | --- |
| 1 | 136 | 1.19 | 245.83 | 33.43 |
| 2 | 132 | 1.18 | 219.23 | 28.94 |
| 3 | 123 | 1.14 | 189.65 | 23.33 |
| 4 | 140 | 1.17 | 209.85 | 29.38 |
| 5 | 104 | 1.41 | 303.71 | 30.98 |
| 6 | 124 | 1.35 | 234.63 | 29.10 |
| 7 | 120 | 1.07 | 171.97 | 20.64 |

比较2005年与2006年不同植株单株产量表明，不同植株2006年的单株产量都明显高于2005年，存在大小年现象，2号相对比较稳定，如图2-1所示。

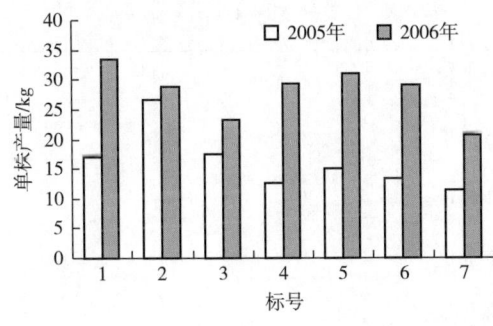

图2-1　2005年、2006年不同植株单株产量比较

（四）初选蛇龙珠的生长势

如表2-6所示，1、2、4、5、6号初选蛇龙珠的生长势相对较大，分别为5.06kg/m²、4.46kg/m²、4.58kg/m²、4.18kg/m²、4.38kg/m²；3、7号相对较小，分别为3.61kg/m²、3.22kg/m²；1号最大，为5.06kg/m²。

表2-6　不同植株生长势的调查

| 标号 | 单株产量/kg | 单株一年生枝条总重/kg | 生长势/（kg/m²） |
| --- | --- | --- | --- |
| 1 | 33.43 | 1.80 | 5.06 |
| 2 | 28.94 | 1.80 | 4.46 |
| 3 | 23.33 | 1.50 | 3.61 |
| 4 | 29.38 | 2.00 | 4.58 |
| 5 | 30.98 | 1.15 | 4.18 |
| 6 | 29.10 | 1.50 | 4.38 |
| 7 | 20.64 | 1.40 | 3.22 |

### （五）初选蛇龙珠感染卷叶病毒情况

如表2-7所示，初选蛇龙珠感染卷叶病毒情况的调查表明，宁夏玉泉营地区卷叶病出现症状的时期为八月中旬左右，感染卷叶病毒的植株叶片上出现紫红色斑点，严重的仅叶脉为绿色，叶片向后翻卷，叶大而脆，但1、2、3、4、5、6、7号初选植株上均未表现有卷叶病症状，染病级数为0级。

表2-7　不同植株感染卷叶病毒情况调查

| 标号 | 感染卷叶病毒的症状 | 染病级数 | | | | |
| --- | --- | --- | --- | --- | --- | --- |
| | | 0 | 1 | 2 | 3 | 4 |
| 1 | 未表现有卷叶病症状 | √ | | | | |
| 2 | 未表现有卷叶病症状 | √ | | | | |
| 3 | 未表现有卷叶病症状 | √ | | | | |
| 4 | 未表现有卷叶病症状 | √ | | | | |
| 5 | 未表现有卷叶病症状 | √ | | | | |
| 6 | 未表现有卷叶病症状 | √ | | | | |
| 7 | 未表现有卷叶病症状 | √ | | | | |

### （六）初选蛇龙珠的果实主要酿酒品质特性

初选蛇龙珠不同植株的果实大小分布调查表明：不同植株的果实大小分布不同。

3、4、5号植株，果实相对较小，没有直径≥1.6cm的果实，直径分布在1.3~1.6cm和≤1.3cm两个区域；3、5号果实直径分布在1.3~1.6cm区域的果实个数多于分布在≤1.3cm区域的；4号果实直径分布在≤1.3cm区域的果实个数多于分布在1.3~1.6cm区域的，果实相对较小；1、2、6、7号果实平均相对较大，直径在≥1.6cm、1.3~1.6cm和≤1.3cm三个区域均有分布；1、2、7号果实直径大小分布主要集中在1.3~1.6cm区域；6号果实直径大小分布主要集中在1.3~1.6cm和≤1.3cm两个区域，如图2-2所示。

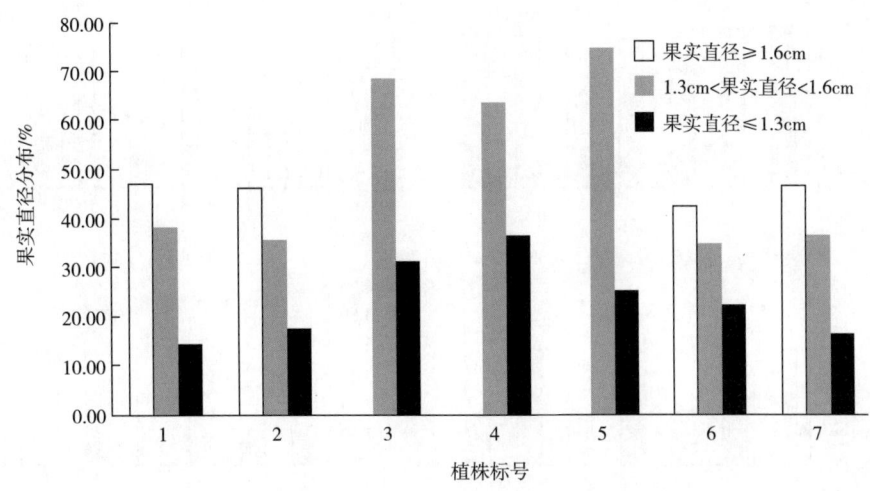

**图2-2 不同标号植株果实大小分布**

如图2-3所示，不同标号植株果实主要酿酒品质特性调查表明，单果粒重均在2.0g以上，3、6号植株较大；可溶性固形物含量均在20%以上，7号最高；1、2、6、7号总酸含量（以酒石酸计，余同）在5g/L以上；皮中单宁含量均在3000mg/kg以上；籽中单宁含量为皮中单宁含量的2倍以上；1、3、4、5、6、7号籽中单宁含量均在11000mg/kg以上，2号相对较低，为9042mg/kg；皮中花色苷（以色价计），均在11以上、近12；pH均在3.30以上，5号植株最高，为3.51，7号植株最低，为3.35。

如图2-4所示，不同直径大小分布区域果实的主要酿酒品质特性指标比较表明，可溶性固形物含量随着果实直径的减小而升高；总酸含量随果实直径的减小而降低，直径大小分布在1.3~1.6cm和≤1.3cm两个区域的总酸含量相等；直径大小分布在1.3~1.6cm区域果实的果皮中单宁含量略高于直径大小分布在≥1.6cm和≤1.3cm两个区域的果实，但相差不大；种籽中单宁含量随果实直径的减小而升高，但直径分布在1.3~1.6cm和≤1.3cm两个区域的果实种籽含量少，每个果实中含种籽0~1个，多数为1个，直径分布在≥1.6cm区域的果实中含种籽1~2个，多数为2个；果实直径分布在≥1.6cm区域的果实的花色苷含量高于直径分布在1.3~1.6cm和≤1.3cm两个区域的果实。

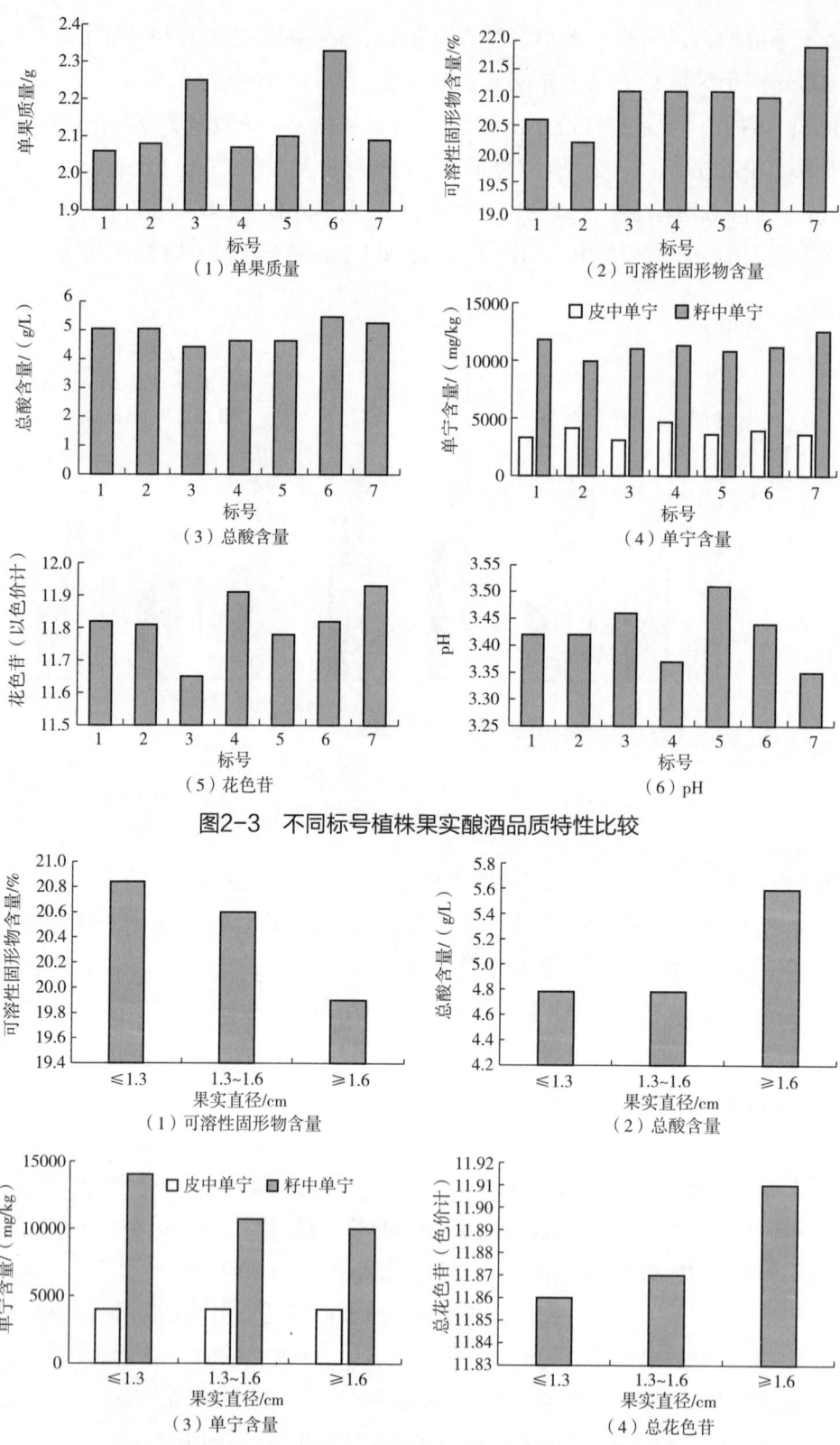

图2-3 不同标号植株果实酿酒品质特性比较

图2-4 不同直径分布区域的果实参数指标比较

如图2-5所示，不同标号植株直径≥1.6cm区域的果实的主要酿酒品质特性比较表明（3、4、5号植株没有直径≥1.6cm的果实）：1、2、6、7号植株直径≥1.6cm的果实质量特性表现为，可溶性固形物含量均在20%以上，1号植株最高，含量为20.5%；1、6、7号植株总酸含量高于2号植株，均在5g/L以上，6号植株最高（5.68g/L），2号植株最低（4.63g/L）；果皮中单宁含量均高于3000mg/kg，其中2、6号植株高于1、7号植株，6号植株最高，含量为4365mg/kg；6、7号植株种籽中单宁含量高于1、2号植株，均在10000mg/kg以上，7号植株最高，达到11432mg/kg；花色苷（以色价计）含量均为11以上，7号植株最高，为12.03。

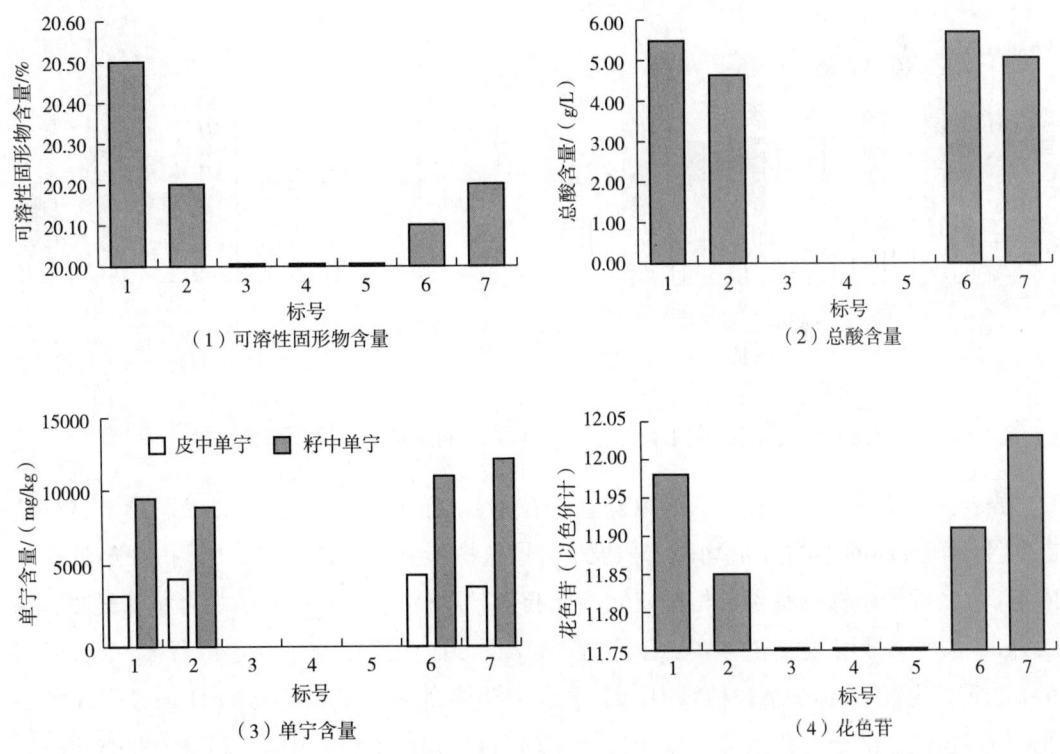

图2-5　不同标号植株直径≥1.6cm的果实酿酒品质特性比较

如图2-6所示，不同标号植株果实直径在1.3~1.6cm区域的主要酿酒品质特性比较表明：可溶性固形物含量均高于20%，3、4、7号植株高于1、2、5、6号植株，7号最高，含量为22.0%；1、6号植株总酸含量相对较高，均高于5g/L，6号植株最高，含量为5.47g/L，2、3号植株最低，含量为4.21g/L；果皮中单宁含量均高于3000mg/kg，2号植株最高，含量为5196mg/kg，3号植株最低，含量为3118mg/kg；7号植株种籽中单宁含量最高，为12679mg/kg，5号植株最低，为8730mg/kg；花色苷（以色价计）均在11.7以上，7号植株最高，为12.03。

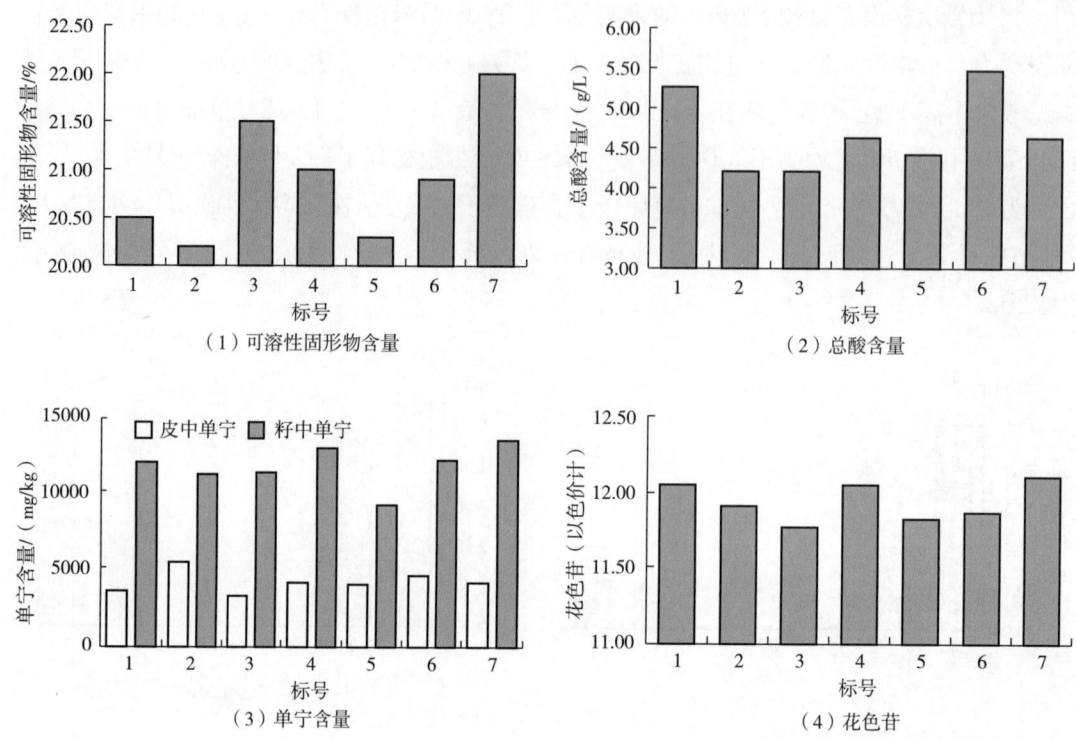

图2-6 不同标号植株直径1.3~1.6cm的果实酿酒品质特性比较

如表2-8及图2-7所示，不同植株直径在≤1.3cm区域的果实主要酿酒品质特性比较表明：可溶性固形物含量均高于20%，7号植株最高，为21.5%，2号植株最低，为20.1%；4、7号植株总酸含量相对较低，最低为7号植株，为4.21g/L，2号植株最高，为5.47g/L；2、6号植株果皮中单宁含量相对较高，最高为2号植株，为4677mg/kg，7号植株最低，为2910mg/kg；种籽中单宁含量7号植株最高，为20543mg/kg，3号植株最低，为11834mg/kg；花色苷（以色价计）均在11.80以上，其中4、7号植株相对较高，3号植株最低。

综合以上对初选蛇龙珠的生物学特征和果实主要酿酒品质特征的调查结果，选出宁夏玉泉营葡萄庄园六队蛇龙珠共三株，分别为1、2、6号植株。3株均未表现有卷叶病，表现为物候期一致，4月中下旬出土、4月末到5月初为萌芽期、5月末到6月初为开花期、7月末枝条开始成熟、8月初浆果开始着色、9月中下旬果实成熟，从萌芽到浆果充分成熟的生长天数为近150天。单株产量均大于28kg，结果蔓所占比率相对较高，生长量相对较大，果实大小整齐、主要集中在直径1.3~1.6cm区域，可溶性固形物含量均大于20%，总酸含量均高于4.5g/L，花色苷（以色价计）均高于11.7，pH均大于3.30，分别为3.42、3.42、3.44。

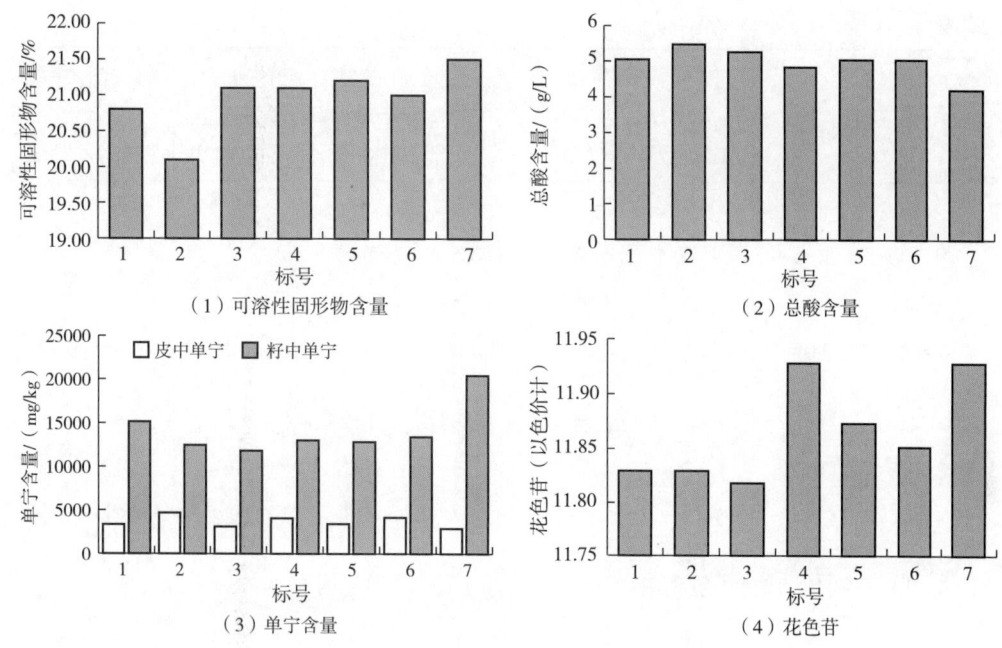

图2-7 不同标号植株直径≤1.3cm的果实酿酒品质特性比较

表2-8 不同标号植株果实质量特性调查

| 标号 | 果实直径/cm | 单果重/g | 可溶性固形物含量/% | 总酸含量/(g/L) | 还原糖/(g/L) | 单宁含量（皮）/(mg/kg) | 单宁含量（种籽）/(mg/kg) | 花色苷（以色价计） | pH |
|---|---|---|---|---|---|---|---|---|---|
| 1 | ≥1.6 | 2.44 | 20.5 | 5.47 | 197.7 | 3118 | 9042 | 11.98 | |
| | 1.3~1.6 | 2.00 | 20.5 | 5.26 | 197.7 | 3430 | 11327 | 11.98 | |
| | ≤1.3 | 0.72 | 20.8 | 5.05 | 201.1 | 3326 | 15133 | 11.83 | |
| | 混合样 | 2.06 | 20.6 | 5.05 | 198.8 | 3326 | 11787 | 11.87 | 3.42 |
| 2 | ≥1.6 | 2.64 | 20.2 | 4.63 | 194.2 | 4157 | 8522 | 11.85 | |
| | 1.3~1.6 | 2.03 | 20.2 | 4.21 | 194.2 | 5196 | 10605 | 11.85 | |
| | ≤1.3 | 1.0 | 20.1 | 5.47 | 193.1 | 4677 | 12471 | 11.83 | |
| | 混合样 | 2.08 | 20.2 | 5.05 | 194.2 | 4157 | 9936 | 11.86 | 3.42 |
| 3 | ≥1.6 | — | — | — | — | — | — | — | |
| | 1.3~1.6 | 1.97 | 21.5 | 4.21 | 209.1 | 3118 | 10707 | 11.72 | |
| | ≤1.3 | 1.09 | 21.1 | 5.26 | 204.5 | 3118 | 11834 | 11.82 | |
| | 混合样 | 2.25 | 21.1 | 4.42 | 204.5 | 3118 | 11012 | 11.70 | 3.46 |

续表

| 标号 | 果实直径/cm | 单果重/g | 可溶性固形物含量/% | 总酸含量/(g/L) | 还原糖/(g/L) | 单宁含量（皮）/(mg/kg) | 单宁含量（种籽）/(mg/kg) | 花色苷（以色价计） | pH |
|---|---|---|---|---|---|---|---|---|---|
| 4 | ≥1.6 | — | — | — | — | — | — | — | |
| | 1.3~1.6 | 1.86 | 21.0 | 4.63 | 203.3 | 3949 | 12189 | 11.98 | |
| | ≤1.3 | 1.04 | 21.1 | 4.84 | 204.5 | 4053 | 13011 | 11.92 | |
| | 混合样 | 2.07 | 21.1 | 4.63 | 204.5 | 4677 | 11324 | 11.96 | 3.37 |
| 5 | ≥1.6 | — | — | — | — | — | — | — | |
| | 1.3~1.6 | 2.09 | 20.3 | 4.42 | 195.3 | 3845 | 8730 | 11.77 | |
| | ≤1.3 | 0.74 | 21.2 | 5.05 | 205.7 | 3430 | 12849 | 11.87 | |
| | 混合样 | 2.10 | 21.1 | 4.63 | 204.5 | 3637 | 10819 | 11.83 | 3.51 |
| 6 | ≥1.6 | 2.43 | 20.1 | 5.68 | 193.1 | 4365 | 10393 | 11.91 | |
| | 1.3~1.6 | 1.96 | 20.9 | 5.47 | 202.2 | 4364 | 11455 | 11.81 | |
| | ≤1.3 | 1.26 | 21.0 | 5.05 | 203.3 | 4157 | 13425 | 11.85 | |
| | 混合样 | 2.33 | 21.0 | 5.47 | 203.3 | 3949 | 11173 | 11.87 | 3.44 |
| 7 | ≥1.6 | 2.41 | 20.2 | 5.05 | 194.2 | 3637 | 11432 | 12.03 | |
| | 1.3~1.6 | 1.89 | 22.0 | 4.63 | 214.8 | 3949 | 12679 | 12.03 | |
| | ≤1.3 | 0.84 | 21.5 | 4.21 | 209.1 | 2910 | 20543 | 11.92 | |
| | 混合样 | 2.09 | 21.9 | 5.26 | 213.6 | 3637 | 12574 | 11.98 | 3.35 |

注：—表示没有此直径的果实；花色苷为果皮部位。

## 三、蛇龙珠亲缘关系分析

### （一）蛇龙珠与嘎赫姆奈赫主要植物学特征比较

如表2-9及图2-8所示，蛇龙珠和嘎赫姆奈赫在植物学特征上存在细微的差别。蛇龙珠和嘎赫姆奈赫均为嫩梢绿色，新梢上绒毛较多，密被绒毛，但品丽珠幼枝上有浅红色条纹。蛇龙珠幼叶为黄绿色，5裂，呈5个圆孔，叶面有光泽，叶背绒毛密，嘎赫姆奈赫则叶背绒毛少，品丽珠不同的是叶缘为粉红色，上下表面密生绒毛。蛇龙珠的成龄叶片为深绿色，中大，近圆形，深5裂，锯齿锐，叶片上表面微凸，下表面绒毛中等密，叶片叶缘部分轻微下卷，常具有深紫红色斑纹，叶背面有绒毛，叶柄洼为椭圆形，易感染卷叶病。嘎赫姆奈赫的成龄叶片比蛇龙珠要大、要厚，现未发现有表现卷叶病的植株；嘎赫姆奈赫比蛇龙珠果穗大且重;蛇龙珠比嘎赫姆奈赫果粒稍大、稍重。蛇龙珠有少量特别小的果粒,嘎赫姆奈赫没有,果粒比较整齐。嘎赫姆奈赫果实入口的青草味比蛇龙珠要浓。

表2-9 蛇龙珠与嘎赫姆奈赫的主要生物学特性比较

| 品种 | 嫩梢 | 幼叶 | 成龄叶片 | 果穗 | 果粒 |
| --- | --- | --- | --- | --- | --- |
| 品丽珠（对照） | 嫩梢绿色,密被绒毛,幼枝上有浅红色条纹 | 幼叶绿色,叶缘粉红色,上下表面密生绒毛,5裂,呈5个圆孔 | 成龄叶片深绿色,中等大,心脏形,5裂,裂刻深,叶缘锯齿锐,叶片上表面粗糙呈小泡状,叶背面绒毛稀,叶缘明显向下翻卷,秋叶暗红色,叶柄洼为拱形 | 果穗中等大或大,岐肩短圆锥形或圆柱形,穗长9～12.5cm,穗宽8.5～10cm,平均果穗重200～450g | 果粒着生紧密,果粒近圆形,紫黑色,小,直径为1.4cm,平均单粒重1.4g,果粉厚,果皮厚,果肉多汁,味酸甜,入口即化,具解百纳香型,每颗果粒中含种子2～3粒,含糖量为19%～21%,含酸量为7～8g/L。大小分布不均匀,有小青粒 |
| 蛇龙珠 | 嫩梢绿色,新梢上绒毛较多 | 幼叶黄绿色,5裂,呈5个圆孔,叶面有光泽,叶背绒毛密 | 成龄叶片深绿色,中大,近圆形,深5裂,锯齿锐,叶片上表面上皱,下表面绒毛中等密,叶片叶缘部分轻微下卷,常具深紫红色斑纹,叶背面有绒毛,叶柄洼为椭圆形,易感染卷叶病 | 果穗中等大,岐肩圆锥形或圆柱形,穗长15～18cm,穗宽11～15cm,平均果穗重193g | 果粒着生紧密,果粒圆形,紫黑色,小,直径为1.6cm,平均单果粒重2.10g,果皮厚,果肉多汁,味酸甜,入口有如果冻一样的块状物,有青草味,每颗果粒中含种子2～3粒,含糖量为18%～21%,含酸量为4.5～7g/L。大小分布较整齐,有少量特别小的果粒 |
| 嘎赫姆奈赫 | 嫩梢绿色,新梢上密被绒毛 | 幼叶黄绿色,5裂,呈5个圆孔,叶面有光泽,叶背绒毛少 | 成龄叶片深绿色,大,厚,近圆形,深5裂,锯齿锐,叶片上表面上皱,下表面绒毛中等密,叶片叶缘部分轻微下卷,常具深紫红色斑纹,叶背面有绒毛,叶柄洼为椭圆形 | 果穗大,圆锥形,有岐肩,穗长18～20cm,穗宽13～16cm,平均果穗重220g | 果粒着生紧密,果粒圆形,紫黑色,小,直径为1.5cm,平均单果粒重2.00g,果皮厚,果肉多汁,味酸甜,入口有如果冻一样的块状物,有浓郁的青草味,每果粒中含种子2～3粒,含糖量为18%～19%,含酸量为5.0～6.0g/L。大小分布整齐,无特别小的果粒 |

（1）蛇龙珠幼嫩叶片　　　　　　　　（2）嘎赫姆奈赫幼嫩叶片

（3）蛇龙珠老叶　　　　　　　　　　（4）嘎赫姆奈赫老叶

（5）蛇龙珠果实　　　　　　　　　　（6）嘎赫姆奈赫果实

图2-8　蛇龙珠与嘎赫姆奈赫的主要生物学特性比较

### （二）蛇龙珠与嘎赫姆奈赫果实主要酿酒品质特性比较

如表2-10及图2-9所示，蛇龙珠和嘎赫姆奈赫果实主要的酿酒品质特性指标测定结果表明，蛇龙珠和嘎赫姆奈赫在果实主要的酿酒品质特性上存在细微的差别。蛇龙珠和嘎赫姆奈赫均表现为单果粒重高于品丽珠，可溶性固形物含量低于品丽珠，总酸含量低于品丽珠，果皮或种籽中的单宁含量均高于品丽珠，花色苷（以色价计）含量则相差不大，嘎赫姆奈赫略高；蛇龙珠与嘎赫姆奈赫相比，蛇龙珠单果粒重高于嘎赫姆奈赫，可溶性固形物含量高于嘎赫姆奈赫，总酸含量低于嘎赫姆奈赫，果皮中单宁含量蛇龙珠高于嘎赫姆奈赫，种籽中单宁含量蛇龙珠低于嘎赫姆奈赫，但总（果皮和种籽）单宁含量相差不大，花色苷含量蛇龙珠低于嘎赫姆奈赫。

表2-10　蛇龙珠与嘎赫姆奈赫果实主要酿酒品质特性比较

| 品种 | 单果粒重/g | 可溶性固形物含量/% | 总酸含量/（g/L） | 单宁含量（皮）/（mg/kg） | 单宁含量（籽）/（mg/kg） | 花色苷（以色价计） |
| --- | --- | --- | --- | --- | --- | --- |
| 品丽珠 | 1.97 | 22.00 | 7.90 | 3050 | 10980 | 11.85 |
| 蛇龙珠 | 2.14 | 20.75 | 4.84 | 3790 | 11060 | 11.86 |
| 嘎赫姆奈赫 | 2.03 | 20.00 | 6.10 | 3330 | 11380 | 11.92 |

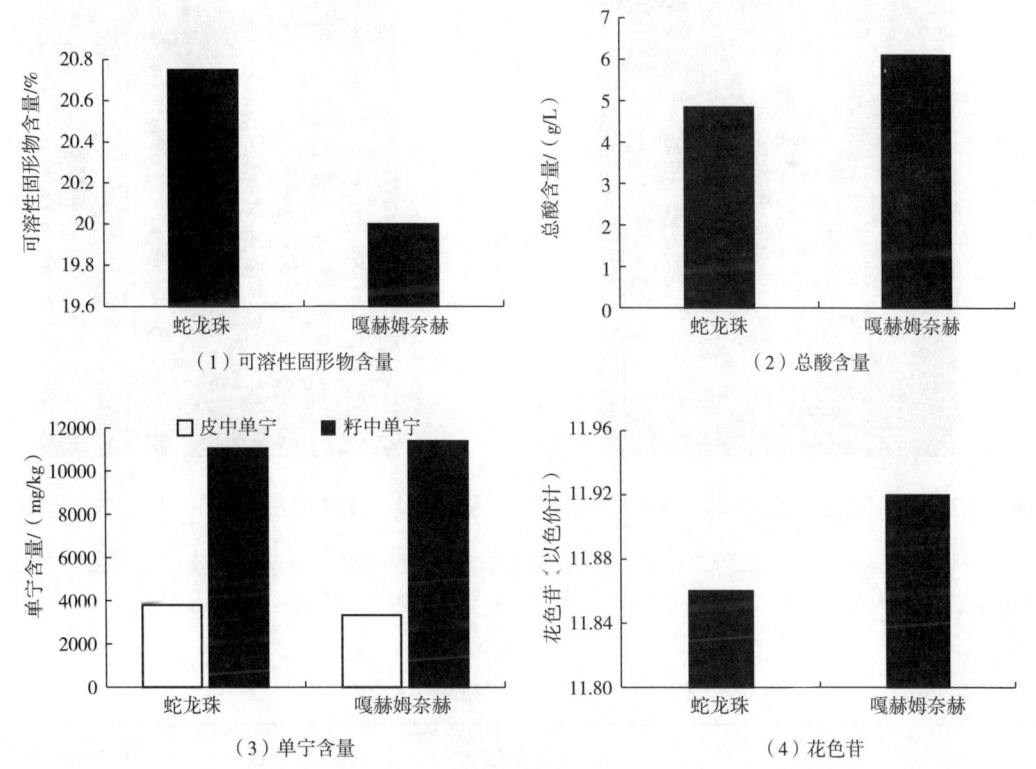

图2-9　蛇龙珠与嘎赫姆奈赫果实的主要酿酒品质特性比较

### （三）基因组DNA的提取

如图2-10、图2-11所示，用CTAB法提取基因组DNA结果表明，提取的基因组DNA片段大小均在20kb以上。因葡萄叶片中蛋白质含量比较高，所以本实验采用每0.3g冷冻的幼嫩叶片加入140μL提取缓冲液，聚乙烯吡咯烷酮（PVP）30g/L，3%（体积分数，余同)β-巯基乙醇,氯仿:异戊醇(24:1,体积比,余同)反复抽提4次以后沉淀效果比较好,有丝状沉淀,可以用枪头挑出,抽提2~3次,需要离心得到沉淀,沉淀呈淡黄色、黄色稍带褐色,有褐化现象。由电泳结果点样孔附近的亮度可以看出混合物中蛋白质含量比较高,提取4次以后获得的DNA,晾干以后为无色透明状,经琼脂糖凝胶电泳后可用于RAPD分析。如图2-10所示,RNase酶的加入可以分解RNA,未加入时DNA电泳跑出条带有拖尾现象(有RNA),加入RNase酶后,拖尾现象消失,获得更好的基因组DNA。

## (四)蛇龙珠亲缘关系的RAPD分析

PCR扩增结果表明,选用的14个引物共扩增出60条DNA带,多态性谱带18条,占条带总数的30%,每个引物可扩增出1~3条多态性带,引物1、6、7、11扩增出的谱带最多,为5条;引物3最少,为3条;多态性谱带最多的为引物4、8,多态性率为50%,如表2-11所示。

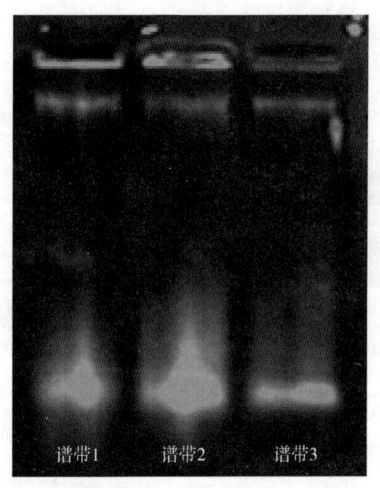 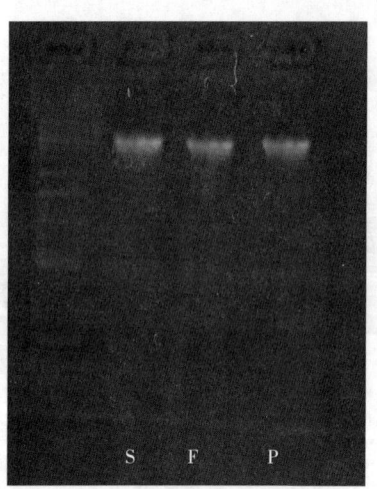

图2-10 CTAB法提取的DNA(未去除RNA)　　图2-11 CTAB法提取的DNA(去除RNA)

注:谱带1为氯仿:异戊醇(24:1)反复抽提2次;谱带2为氯仿:异戊醇(24:1)反复抽提3次;谱带3为氯仿:异戊醇(24:1)反复抽提4次。S:蛇龙珠;F:嘎赫姆奈赫;P:品丽珠。

表2-11　RAPD引物的扩增结果

| 引物 | 序列 | 扩增谱带数 | 多态性谱带数 | 多态性/% |
|---|---|---|---|---|
| 1 | TGGTGGCGTT | 5 | 1 | 20.0 |
| 2 | ACCCCGCCAA | 4 | 1 | 25.0 |
| 3 | CCACACGTAG | 3 | 1 | 33.3 |
| 4 | TCAGAGCGCC | 4 | 2 | 50.0 |

续表

| 引物 | 序列 | 扩增谱带数 | 多态性谱带数 | 多态性/% |
|---|---|---|---|---|
| 5 | CCTCTCGACA | 4 | 1 | 25.0 |
| 6 | CTGACCAGCC | 5 | 1 | 20.0 |
| 7 | CCACGGGAAG | 5 | 1 | 20.0 |
| 8 | TTCCGAACCC | 4 | 2 | 50.0 |
| 9 | TACCGTGGCG | 4 | 1 | 25.0 |
| 10 | GGATGAGACC | 4 | 1 | 25.0 |
| 11 | CCCAGTCACT | 5 | 1 | 20.0 |
| 12 | TTTGCCGCCC | 5 | 2 | 40.0 |
| 13 | TCGGCACGCA | 4 | 3 | 75.0 |
| 14 | CGCGTTCCTG | 4 | 1 | 25.0 |

RAPD扩增结果如图2-12～图2-16所示。

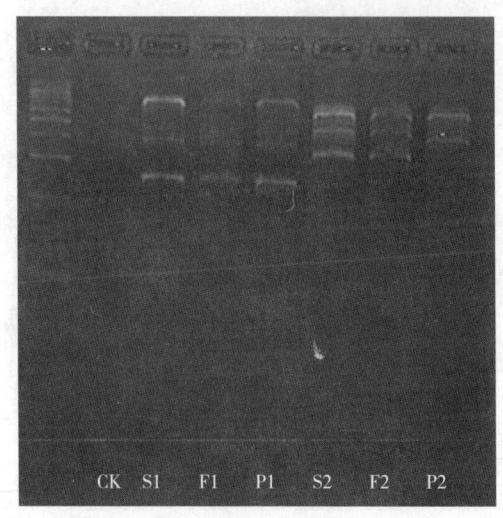 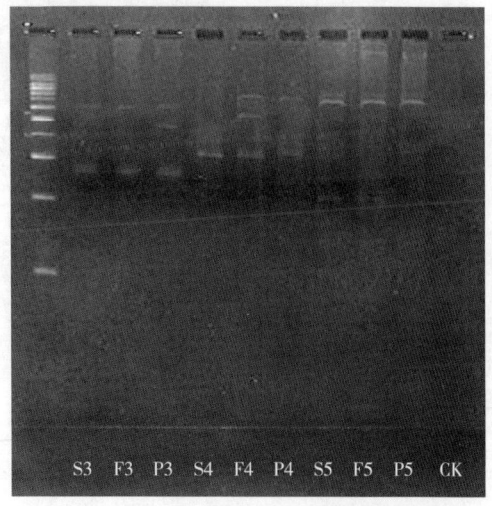

图2-12　引物1、2的扩增结果　　　图2-13　引物3、4、5的扩增结果

注：S：蛇龙珠，F：嘎赫姆奈赫，P：品丽珠，CK为对照，余同。

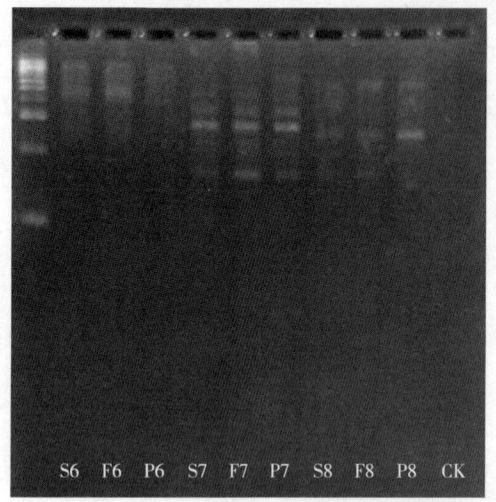

图2-14 引物6、7、8的扩增结果

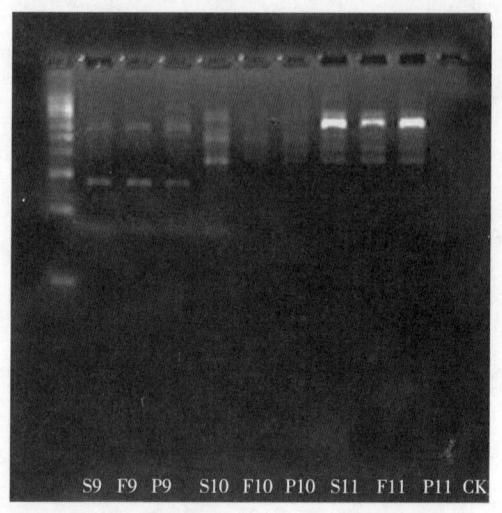

图2-15 引物9、10、11的扩增结果

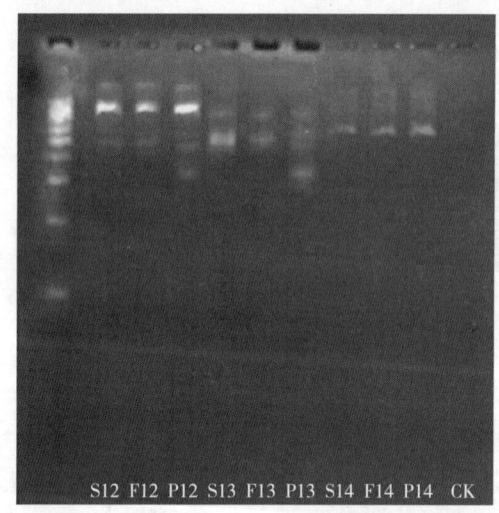

图2-16 引物12、13、14的扩增结果

如表2-12所示,遗传距离分析表明,蛇龙珠与嘎赫姆奈赫的遗传距离为0.15、蛇龙珠与品丽珠的遗传距离为0.33、嘎赫姆奈赫与品丽珠的遗传距离为0.35,可以看出蛇龙珠与嘎赫姆奈赫的遗传距离比蛇龙珠和品丽珠近,蛇龙珠和品丽珠的遗传距离与嘎赫姆奈赫和品丽珠相差不大。

表2-12 蛇龙珠、嘎赫姆奈赫及品丽珠之间的遗传距离

| 品种 | 蛇龙珠 | 嘎赫姆奈赫 | 品丽珠 |
| --- | --- | --- | --- |
| 蛇龙珠 | 0.00 | 0.15 | 0.33 |
| 嘎赫姆奈赫 | 0.15 | 0.00 | 0.35 |
| 品丽珠 | 0.33 | 0.35 | 0.00 |

## 第三节 讨论

### 一、关于蛇龙珠优选意义的探讨

蛇龙珠干红与赤霞珠干红葡萄酒风味感官特征有些类似，以黑茶藨子、堇菜花香和青草香气味为主，同时具有香料、蘑菇、松脂等气味，二者的干红葡萄酒中芳香醇如苯乙醇、4-羟基-苯乙醇含量相对较高，占到峰面积相对含量的10.33%，且香味独特，单品种酒都具有玫瑰香、紫罗兰香、茉莉香、香料辛辣味/矿物味、茴芹香、丁香味、果味等特有香味。在其香气化合物组成上，贺兰山东麓地区蛇龙珠葡萄酒香气成分中分离出32种化学成分，鉴定出29种化合物，其峰面积相对含量占总量的98.06%，主要为脂肪酸、脂肪醇、芳香醇、低级脂肪酸、脂肪酮、杂环类（呋喃类、噻吩类）、醚类等，其中含量较高的以3-甲基丁醇（47.97%）、丁二酸二乙酯（16.487%）、苯乙醇（10.33%）、2-羟基丙酸乙酯（6.41%）、2-甲基丙醇（3.51%）、二氢-3-（2H）-呋喃酮（2.07%）、2,3-丁二醇（1.93%）、四氢-2-甲基噻吩（1.68%）、乙酸乙酯（1.21%）、己醇（0.95%）等为主。芳香醇如苯乙醇、4-羟基-苯乙醇含量相对较高。

关于宁夏贺兰山东麓地区不同酿酒葡萄浆果的化学成分，得出梅尔诺和蛇龙珠的相同成分有26种，梅尔诺特有成分21种，蛇龙珠特有成分25种；赤霞珠和蛇龙珠相同成分25种，赤霞珠特有成分18种，蛇龙珠特有成分25种；霞多丽与赤霞珠、梅尔诺和蛇龙珠分别有相同成分16、13种，赤霞珠、梅尔诺和蛇龙珠分别含有特有成分27、31、38种；霞多丽与赤霞珠、梅尔诺、蛇龙珠相比较，分别含有特有物质65、65、68种。蛇龙珠葡萄浆果的化学特有成分种类较多。从蛇龙珠浆果和干红葡萄酒中的化学成分种类和含量可以看出，其浆果中特有成分种类较多，单品种酒有其特有的香味，有利于开发其单品种酒，增加市场上干红葡萄酒的种类。

但目前栽培中发现卷叶病在蛇龙珠上表现严重，在各个地区栽培中均有发现，该病在宁夏7月中旬表现症状，8月份进入发病高峰期，严重影响其果实的产量和品质，染病植株表现为含糖量下降2~3g/L，含酸量上升3~4g/L；在宁夏玉泉营地区葡萄卷叶病田间自然发病调查及检测中表明，蛇龙珠是酿酒葡萄中得卷叶病最严重的品种之一，所以对蛇龙珠进行优选繁育尤为重要。

### 二、关于蛇龙珠来源的探讨

蛇龙珠是1892年由烟台张裕酿酒公司最早引进我国，关于其来源问题有多种说法。

中国葡萄学家尹克林等根据对葡萄品种叶形结构的多元判断分析结果得出蛇龙珠可能是品丽珠；阿根廷葡萄专家C.梯佐根据植株叶片和果实的基本特征，认为现生产中栽培的蛇龙珠就是品丽珠；蛇龙珠并非一个独立存在的品种，只不过是当初因字母差错而被误译得名。蛇龙珠英文名称Cabernet Gernischet，其"Gernischet"可能是"Gemischet"的误写。"Gemischet"是德文中的动词"Mischen"的过去分词，作形容词是"混合的或混杂的"的意思，即表明蛇龙珠不是单纯的赤霞珠，也不是单纯的品丽珠，而是此两品种的混合体或混杂体。现在栽培的蛇龙珠实际是品丽珠，或可能是人工多年选择的品丽珠新品系（无性系），但其能否成为某个品丽珠新品系的品种名称，有待研究；通过多元判别法和计算机图形分析发现，蛇龙珠可能是一个与"Cabernet"家族亲缘关系十分接近的、独立存在的品种；通过对蛇龙珠、品丽珠、梅鹿辄和赤霞珠4个酿酒葡萄品种的RAPD分析，发现4个品种在遗传基因上存在差异，蛇龙珠在中国应该是一个独立存在的品种，和品丽珠的遗传距离最近，其次是梅鹿辄和赤霞珠；利用36个RAPD引物对14个酿酒葡萄品种基因组DNA扩增，通过聚类分析将其划分为4个类群，其中赤霞珠、品丽珠、美乐和蛇龙珠同属于一个类群。利用SSR技术对该类群（含3个不同地区来源的蛇龙珠）进一步分析，发现4个品种遗传距离最大的是品丽珠和赤霞珠，为3.46；遗传距离最近的是美乐与品丽珠，遗传距离为2.40；3个不同类型的蛇龙珠遗传上存在差异（欧氏遗传距离在1.41~1.73），明显小于其他品种的差异；与其他品种相比，3个不同类型的蛇龙珠都与品丽珠遗传距离最近（2.45~2.64），都与赤霞珠最远（2.83~3.32）。由此可知，蛇龙珠是一个独立存在的品种，在栽培中存在有不同的表现型，现已确定有3种表现型在遗传距离上存在差异。蛇龙珠与其他品种相比，与品丽珠遗传距离最近，但其直接亲本现在还没有确定，有必要进一步研究。根据烟台张裕酿酒公司退休的老工程师冯贻标的回忆，蛇龙珠在引入时就存在多种表现型，后用果穗较大，果粒也较大，丰产性好的品种进行推广繁殖。

宁夏玉泉营地区栽培的蛇龙珠是1982年从烟台张裕酿酒公司引进的，栽培后表现较好，具有果穗较大、果粒也较大、丰产性好的特征。2004年8月，欧美葡萄整形研究会会长、法国蒙彼利埃国际高等农业大学葡萄与葡萄酒研究所所长Alain CARBONNEAU教授来宁夏考察，认为蛇龙珠与法国波尔多古老的酿酒品种"嘎赫姆奈赫"植物学特性十分相似，可能是同一品种。嘎赫姆奈赫品种在法国波尔多有栽培，是一个很古老的品种，后来由于赤霞珠、品丽珠的出现而被人们忽略，现发现其酿出的酒品质很好。为了进一步阐明蛇龙珠的来源和亲缘关系，本实验在Alain CARBONNEAU教授的帮助下，编者于2005年6月22号从法国蒙彼利埃国际高等农业大学引入该品种，6月25号在宁夏大学葡萄工程技术研究中心葡萄基地采用高接方式繁育，砧木为两年生的抗寒砧木"贝达"，植株成活率85%，成活植株10株。以品丽珠为对照，对同种栽培条件下的嘎赫姆奈赫和品丽珠的主要植物学性状和果实主要酿酒品质特性进行比较研究，并采用在酿酒葡萄上扩增谱带清晰且多态性好的14个引物用于RAPD分析，以便进一步探讨蛇龙珠的亲缘关系。

对同种栽培条件下的嘎赫姆奈赫和蛇龙珠的主要植物学性状和果实主要酿酒品质特性进行比较研究得出蛇龙珠和嘎赫姆奈赫幼枝和幼叶无明显区别，嘎赫姆奈赫比蛇龙珠的果穗大且重，果粒要略小，可溶性固形物含量、总酸含量要高，入口的青草味要浓，且嘎赫姆奈赫果粒大小分布均匀、无小粒，蛇龙珠则有少量的小果实。蛇龙珠和嘎赫姆奈赫均表现为单果粒重高于品丽珠，可溶性固形物含量低于品丽珠，总酸含量低于品丽珠，果皮或种籽中的单宁含量均高于品丽珠，花色苷（以色价计）含量则相差不大，嘎赫姆奈赫略高；蛇龙珠与嘎赫姆奈赫相比，蛇龙珠单果粒重大于嘎赫姆奈赫，可溶性固形物含量高于嘎赫姆奈赫，总酸含量低于嘎赫姆奈赫，果皮中单宁含量蛇龙珠高于嘎赫姆奈赫，种籽中单宁含量蛇龙珠低于嘎赫姆奈赫，但总（果皮和种籽）单宁含量相差不大，花色苷含量蛇龙珠低于嘎赫姆奈赫；经RAPD分析表明蛇龙珠与嘎赫姆奈赫的遗传距离为0.15、蛇龙珠与品丽珠的遗传距离为0.33、嘎赫姆奈赫与品丽珠的遗传距离为0.35，可以看出蛇龙珠与嘎赫姆奈赫的遗传距离比蛇龙珠与品丽珠遗传距离更近。由此我们可以推断蛇龙珠与嘎赫姆奈赫可能就是同一品种（系），正如蛇龙珠栽培中存在三种表现型，且遗传距离有差异，所以蛇龙珠与嘎赫姆奈赫之间遗传距离上的差异是100多年来在不同生长环境条件下发生变异的结果。

### 三、关于葡萄基因组DNA提取的探讨

葡萄叶片中含有较多的酚类、多糖及次生物质，提取过程中易发生褐化，本实验采用的是-70℃冷冻的幼嫩叶片，提取过程中更易发生褐化现象。PVP和$\beta$-巯基乙醇用量对褐化影响的研究表明，纯浓度为PVP 30g/L，3%$\beta$-巯基乙醇效果比较好，褐化程度比较轻。经氯仿：异戊醇（24:1）反复抽提4次以后提取出的DNA，离心后晾干得到的沉淀为无色透明状，提取的效果比较好，可以用于RAPD分析。

操作要准确、及时、迅速，材料在CTAB缓冲液中充分研磨，研磨充分程度直接影响到DNA的产量；所取材料的量也要适宜，太多会延长研磨时间和影响破碎程度，并延长了其在空气中暴露的时间，本实验采用每0.3g-70℃冷冻的幼嫩葡萄叶片中加入140μL提取缓冲液；65℃水浴过程，要颠倒或旋转混匀3次左右；取上清液要用剪掉枪头尖的枪一滴一滴地加入氯仿：异戊醇（24:1）的离心管中；脱组织蛋白时，要充分混匀，整个提取过程操作动作要轻柔，避免剧烈振荡，脱组织蛋白时剧烈振荡易引起核酸变性，在用枪头吸取的过程中应避免产生气泡，以免DNA断裂。

## 四、关于RAPD技术用于葡萄品种鉴定可行性的探讨

RAPD利用PCR技术从扩增的DNA片段上分析多态性,由于片段被引物选择性扩增,扩增后的片段能在凝胶上清晰地显现出来,这样就可以通过同种引物扩增条带的多态性反映出模板的多态性。RAPD只需要一个引物,长度为10个核苷酸左右,引物序列是随机的,因而可以在被检对象无任何分子资料的情况下对其基因组进行分析。单引物扩增是通过一个引物在两条DNA互补链上的随机配对来实现的,但基因组DNA分子内可能存在或长或短的、被间隔开的颠倒重复序列,那么在两条单链上就各有一个引物结合的部位,构成单引物PCR扩增的模板分子。如果引物的核苷酸序列很短,退火温度又很低,引物与DNA模板颠倒重复序列的机会就会增多,产生若干条单引物PCR扩增产物,形成该引物的特异图谱。不同DNA中的这种颠倒重复序列数目及间隔长短的不同,扩增的条带就不同,即出现多态性。当引物较短时,很多在染色体相邻且方向相反的引物位点存在于基因组内。PCR技术扫描含有这些颠倒重复序列的基因组而且扩增不同长度的插入的DNA片段。

实验通过RAPD技术进行酿酒葡萄品种的鉴定,通过对蛇龙珠、品丽珠、梅鹿辄和赤霞珠4个酿酒葡萄品种的RAPD分析,发现4个品种在遗传基因上存在差异,蛇龙珠在中国应该是一个独立存在的品种,和品丽珠的遗传距离最近,其次是梅鹿辄和赤霞珠;利用36个RAPD引物对14个酿酒葡萄品种进行基因组DNA扩增,通过聚类分析将其划分为4个类群,其中赤霞珠、品丽珠、美乐和蛇龙珠同属于一个类群。利用SSR技术对该类群(含3个不同地区来源的蛇龙珠)进一步分析,发现4个品种中遗传距离最大的是品丽珠和赤霞珠,为3.46;遗传距离最近的是美乐与品丽珠,遗传距离为2.40;3个不同类型的蛇龙珠遗传上存在差异(欧氏遗传距离在1.41~1.73),明显小于其他品种的差异;与其他品种相比,3个不同类型的蛇龙珠都与品丽珠遗传距离最近(2.45~2.64),都与赤霞珠最远(2.83~3.32)。

本研究选用的引物均是发表过的、在酿酒葡萄上扩增谱带清晰且多态性好的引物,PCR扩增结果表明,选用的14个引物共扩增出60条DNA带,多态性谱带18条,占条带总数的30%,每个引物可扩增出1~3条多态性带,引物1、6、7、11扩增出的谱带最多,为5条;引物3最少,为3条;多态性谱带最多的为引物4、8,多态性率为50%。经过遗传距离分析表明,蛇龙珠与嘎赫姆奈赫的遗传距离为0.15、蛇龙珠与品丽珠的遗传距离为0.33、嘎赫姆奈赫与品丽珠的遗传距离为0.35。蛇龙珠与嘎赫姆奈赫的遗传距离比蛇龙珠与品丽珠近,蛇龙珠和品丽珠的遗传距离与嘎赫姆奈赫和品丽珠相差不大。

RAPD标记技术由于操作简便、快速、省时、省力、DNA用量少,迅速受到人们的重视,并在农、林、医及植物和微生物学的各个领域中得到广泛应用,在基因定位与分

离、连锁和系统演化等各个方面取得了很大的进展。因此，RAPD技术完全适用于葡萄品种的鉴定。

## 第四节　小结

2005年果实成熟期，从广夏、玉泉营地区现有栽培的近150株蛇龙珠中选出宁夏玉泉营葡萄庄园六队未感染卷叶病、单株产量≥12kg、可溶性固形物含量≥18%、总酸含量≥6g/L的植株共7株。

2006年果实成熟期，综合考虑蛇龙珠的生物学特征和果实主要酿酒品质特征，从初选的宁夏玉泉营葡萄庄园六队7株蛇龙珠中复选出蛇龙珠3株。

蛇龙珠和嘎赫姆奈赫在主要植物学特征和果实主要酿酒品质特征上存在细微差别。

蛇龙珠与嘎赫姆奈赫的遗传距离为0.15、蛇龙珠与品丽珠的遗传距离为0.33、嘎赫姆奈赫与品丽珠的遗传距离为0.35。蛇龙珠与嘎赫姆奈赫的遗传距离比蛇龙珠与品丽珠近，蛇龙珠和品丽珠的遗传距离与嘎赫姆奈赫和品丽珠的相差不大。

蛇龙珠与嘎赫姆奈赫的遗传距离比其与品丽珠的遗传距离更近，嘎赫姆奈赫可能是蛇龙珠的另一个表现型，它们很可能就是同一品种（系），其遗传距离上的差异是100多年来在不同生长环境条件下发生变异的结果。

# 第二篇

# 葡萄抗逆性研究

# 第三章 不同葡萄砧木抗寒性比较研究

19世纪中期,法国从美国引种时,将葡萄根瘤蚜从美国东部引入欧洲,1884—1900年,法国被毁灭的葡萄园达到100万$hm^2$,遭受侵染66.45万$hm^2$,造成5000亿法郎(汇率请自行查询)的损失,给法国葡萄产业带来灭顶之灾。

为了探索有效的挽救措施,法国国家科学院成立了专门的根瘤蚜防治研究组织。研究者很快发现,一些美洲野生葡萄对根瘤蚜具有较强抗性,甚至能够较好地生长于被根瘤蚜侵染的地块。1870年,Gaston Bazille提出将欧洲葡萄嫁接在原产于美洲的葡萄上,以抵抗根瘤蚜的危害,采用这种嫁接方法挽救了整个欧洲葡萄业。葡萄优良抗性砧木的选育已成为葡萄生产的重要内容。随之,对葡萄砧木的深入研究,由起初利用砧木防治葡萄根瘤蚜危害逐步延伸到抗旱、抗寒、抗盐碱、抗涝、抗病、抗虫等目的,葡萄抗逆嫁接苗已成为葡萄生产的主流方向。

冬季严寒、夏季干旱是宁夏葡萄种植的主要制约因素,筛选适宜砧木是提高宁夏葡萄抗逆的重要途径和手段。为此,本研究对14个砧木品种的抗逆性进行系统研究,从中优选适宜砧木,供生产推广应用。

## 第一节 材料与方法

### 一、实验材料

选用宁夏大学葡萄基地3年生葡萄植株,定植密度为3.5m×0.5m,采取管灌方式灌溉。品种分别为贝达、101-14Mgt、3309、196-17、5BB、SO4、Ruparia、161-49、402Amgt、44-53Ma、110R、41BMgt、1103Pa、Rupestris。

## 二、实验设计

### （一）砧木抗寒实验设计

所采样品的树势一致，管理水平一致，架式为单篱架，栽植密度3.5m×0.5m。材料取冬剪时一年生枝条，每个品种随机选取10株树，从植株上部取粗度1cm、长度100cm，充分成熟的一年生枝3个，枝条埋土储存备用，埋土厚度为40cm。

实验前，将所有一年生枝条用自来水和蒸馏水冲洗干净。每3~6节剪成一段，每个品种7份，每份5段用塑料袋包好。取其中的一份放在超低温冰箱，降温至目的温度后，保持24h，之后逐步升温至0℃，升降温度速率均为4℃/h。取出后0℃下放置8h，室温下再放置8h，然后测定枝条电导率、可溶性糖含量、脯氨酸含量、丙二醛含量、超氧化物歧化酶活性、过氧化物酶活性、过氧化氢酶活性以及利用恢复生长法评价其抗寒性。

处理设置：对照（室外土藏）、-10℃、-15℃、-20℃、-25℃、-30℃、-35℃。

### （二）砧木抗旱试验设计

实验从2005年7月28日开始，当天在实验中均匀设土壤取样点6个，并做好标记。同时，对所有实验品种选同一高度3片叶的相同部位做标记，供测定使用。下午采取管灌方式将实验葡萄灌足水分，然后分别于7月29日、8月2日、8月6日和8月12日的10：00在标记好的取样点取地表下30~40cm处土样，立即装入不透气的黑色塑料袋中，并封口，然后立即测定标记好的砧木叶片的叶绿素含量，测完后将土样带回实验室测定土壤含水量。

## 三、实验方法

### （一）相对电导率的测定

取葡萄枝条，用去离子水冲洗干净，避开芽眼，剪成3~5mm的薄片，混合均匀，称取2g（每个品种重复3次）。电导率的测定用DDS-11A电导率仪。

$$相对电导率（\%）=（R_1/R_2）\times 100\%$$

式中　$R_1$——初电导率

　　　$R_2$——终电导率

$$伤害度（\%）=[(R-R_{CK})/(100-R_{CK})]\times 100\%$$

式中　$R$——处理样相对电导率

　　　$R_{CK}$——对照相对电导率

$LT_{50}$（半致死温度，℃），$LT_{50}$为50%伤害度时的温度。将所测得的电解质渗出率与处理温度结果配合Logistic方程，$Y=k/(1+ae^{-bx})$，$K=[y_2(y_1+y_3)-2y_1y_2y_3]/(y_2-y_1y_3)$，其中$y_1$，$y_2$，$y_3$分别是3个等距离处理温度下的电解质渗出率。对此方程求二阶导数，并令其等于0，解出方程的$x$（$x=\ln a/b$），$x$即为该曲线的拐点温度，并以$x$为半致死温度（$LT_{50}$），即$LT_{50}=\ln a/b$，其中$a$，$b$为直线回归方程中的参数。

## （二）可溶性糖的测定

取葡萄枝条，用去离子水冲洗干净，避开芽眼，剪成3~5mm的薄片，混合均匀，称取0.5g，每个品种重复3次。可溶性糖含量的测定采用蒽酮法测定。

$$标准曲线回归方程：y=0.0042x+0.0081$$

式中　$y$——630nm下的吸光度值

$x$——糖的量，μg

由标准线性方程求出糖的量（μg），按下式计算测试品的糖含量。

$$可溶性糖含量（\%）=\{[（从回归方程求得的糖的量/吸取样品液的体积）×提取液量×稀释倍数]/样品干重\}×10^6×100\%$$

## （三）脯氨酸含量的测定

取葡萄枝条，用去离子水冲洗干净，避开芽眼，剪成3~5mm的薄片，混合均匀，称取0.5g（每个品种重复3次）。脯氨酸含量的测定采用茚三酮法。

用回归方程计算出2mL液体中脯氨酸的浓度$x$，然后计算样品中脯氨酸含量的百分数，计算公式如下所示。

$$回归方程：y=0.0696x+0.0018$$

式中　$y$——520nm下的吸光度值

$x$——脯氨酸的浓度

$$单位鲜重样品的脯氨酸含量质量分数（\%）=[（21×5x）/样重×10^6]×100\%$$

## （四）丙二醛（MDA）的测定

取葡萄枝条，用去离子水冲洗干净，避开芽眼，剪成3~5mm的薄片并剪碎，混合均匀，称取1g（每个品种重复3次）。丙二醛含量的测定采用硫代巴比妥酸法，计算公式如下所示。

$$MDA的含量/[nmol/(gFW^*)]=[6.45×(OD_{532}-OD_{600})-0.56×OD_{450}]×提取液体积（mL）/组织鲜重（g）$$

式中　OD——在532nm、450nm、600nm的吸光度值

## （五）过氧化物酶（POD）活性的测定

取葡萄枝条，用去离子水冲洗干净，避开芽眼，剪成薄片，混合均匀，取材料2.0g切碎放入研钵中，加适量的磷酸缓冲液研磨成匀浆（每个品种重复3次）。过氧化物酶活性的测定采用愈创木酚法。以每分钟内$A_{470}$变化0.01为一个氧化物酶活性单位（$u$），计算公式如下所示。

---

注：FW为鲜重，用*表示，余同。

$$过氧化物酶活性[U/(g·min)] = (\Delta A_{470} \times V_t)/(w \times V_s \times 0.01 \times t)$$

式中　$\Delta A_{470}$——在470nm下单位反应时间内吸光度的变化

　　　$w$——材料鲜重，g

　　　$t$——反应时间，min

　　　$V_t$——提取酶液总体积，mL

　　　$V_s$——测定时取用酶液体积，mL

### (六) 过氧化氢酶 (CAT) 活性的测定

取葡萄枝条，用去离子水冲洗干净，避开芽眼，剪成薄片，混合均匀，取材料2.0g切碎放入研钵中，加适量的磷酸缓冲液研磨成匀浆（每个品种重复3次）。过氧化氢酶活性的测定采用高锰酸钾滴定法，计算公式如下所示。

$$酶活性[mg(酶分解的H_2O_2)/gFW] = [(A-B) \times V_t/V_1 \times 1.7]/w$$

式中　$A$——对照$KMnO_4$滴定数，mL

　　　1.7——$1cm^3$ $0.1mol/dm^3$（$1/5KMnO_4$）相当于1.7mg $H_2O_2$

　　　$B$——酶反应后$KMnO_4$滴定数，mL

　　　$V_t$——酶液总量，mL

　　　$V_1$——反应所用酶液量，mL

　　　$w$——样品鲜重，g

### (七) 超氧化物歧化酶 (SOD) 活性的测定

取葡萄枝条，用去离子水冲洗干净，避开芽眼，剪成薄片，混合均匀，取材料2.0g切碎放入研钵中，加适量的磷酸缓冲液研磨成匀浆（每个品种重复3次）。超氧化物歧化酶（SOD）活性的测定用氮蓝四唑（NBT）显色法，计算公式如下所示。

$$SOD总活性 = [(A_{CK}-A_E) \times V]/(A_{CK} \times 1/2 \times w \times V_t)$$

$$SOD比活性 = SOD总活性/蛋白质浓度(mg蛋白/g样重)$$

式中　总活性以每克鲜重酶单位表示，比活性单位以酶单位蛋白表示

　　　$A_{CK}$——对照管的光吸收值

　　　$A_E$——样品管的光吸收值

　　　$V$——样液总体积，mL

　　　$V_t$——测定时样品用量，mL

　　　$w$——样重，g

### (八) 恢复生长法

低温处理后的枝条沙藏（8℃）2个月后，将枝条剪成一芽/节的插条，在温室沙培条件下进行扦插实验，一个月后统计生根率及成苗率，计算如下所示。

$$生根率(\%) = (生根数/调查枝条数) \times 100\%$$

$$成苗率（\%）=（成苗数/调查枝条数）\times 100\%$$

酿酒葡萄品种、鲜食葡萄品种和砧木品种的扦插实验在2006年2月20日进行。

### （九）叶片叶绿素含量的测定

利用手持式SPAD-502叶绿素测定仪非破坏性地测定葡萄叶片中叶绿素的相对含量（无量纲）。

### （十）土壤水分含量的测定

采用烘干法测定土壤水分含量。

以上实验所用的仪器：

DS-11A电导率仪测定酿酒葡萄品种的相对电导率，DS-11A数显电导率仪测定鲜食葡萄和砧木品种的相对电导率。

721分光光度计测定酿酒葡萄品种的可溶性糖含量，脯氨酸、丙二醛含量，超氧化物歧化酶、过氧化物酶活性。

UV-2000分光光度计测定鲜食葡萄和砧木品种的可溶性糖含量，脯氨酸、丙二醛含量，超氧化物歧化酶、过氧化物酶活性。

## 四、数据处理

本实验采用Microsoft Excel、SPSS数据处理软件对数据进行处理。

# 第二节　结果与分析

## 一、不同葡萄砧木品种在低温胁迫下抗寒性指标的比较

### （一）葡萄砧木品种一年生枝条在低温处理中的电解质外渗量差异

由图3-1看出，随着处理温度的降低，伤害程度加重，葡萄砧木品种枝条的相对电导率越来越大、呈增加的趋势，说明低温处理使细胞膜受损程度加重。研究发现，12种葡萄砧木品种相对电导率随处理温度的降低呈现"慢-快-慢"的增加趋势。各品种的相对电导率值有较大的差异，贝达、3309、5BB、SO4、1103Pa的相对电导率值一直较低，而101-14Mgt、196-17、Ruparia、161-49、402Amgt、44-53Ma、Rupestris的电导率值一直较高，并且在不同的低温处理下，1103Pa电解质渗出率变化幅度最小，3309、贝达、SO4、5BB的电解质渗出率的变化幅度居中，402Amgt、161-49、44-53Ma次之，Rupestris、196-17、101-14Mgt、Ruparia电解质渗出率变化幅度最大。所以从它们在

各温度下的相对电导率看,它们的抗寒性排序是:1103Pa、贝达、SO4、3309、5BB、161-49、44-53Ma、402Amgt、101-14Mgt、Rupestris、196-17、Ruparia。从它们的电解质渗出率的变化幅度大小看,由小到大的顺序是:1103Pa、贝达、SO4、44-53Ma、402Amgt、101-14Mgt、3309、196-17、161-49、5BB、Rupestris、Ruparia。

葡萄砧木品种的半致死温度(LT50,℃)分别是:贝达(-34℃);5BB(-33℃);SO4(-30℃);1103Pa、3309(-29℃);402Amgt、Rupestris(-28℃);44-53Ma、196-17(-27℃);101-14Mgt、Ruparia(-26℃);161-49(-25℃)。根据半致死温度比较出的葡萄砧木抗寒性强弱顺序是:贝达(-34℃)>5BB(-33℃)>SO4(-30℃)>1103Pa、3309(-29℃)>402Amgt、Rupestris(-28℃)>44-53Ma、196-17(-27℃)>101-14Mgt、Ruparia(-26℃)>161-49(-25℃)。

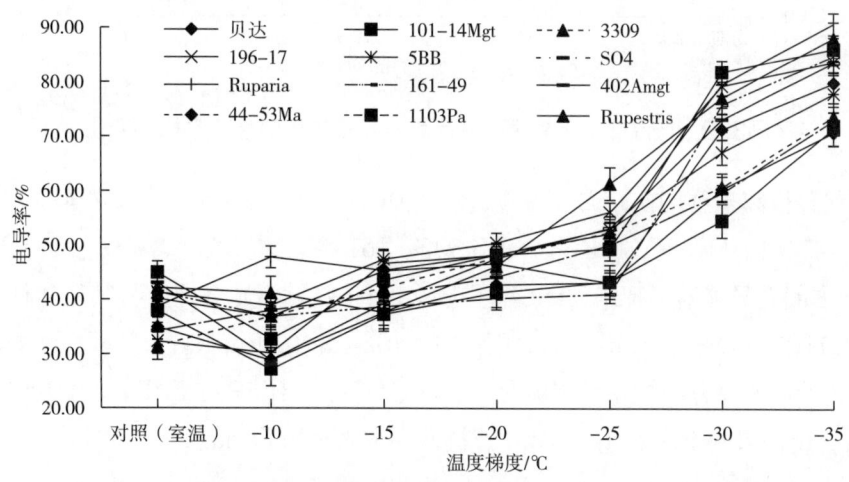

图3-1 低温胁迫对葡萄砧木品种一年生枝的相对电导率的影响

### (二)葡萄砧木品种一年生枝条在低温处理过程中可溶性糖含量的变化

在温度梯度处理的过程中,抗寒性不同的葡萄品种枝条内可溶性糖含量及变化幅度均有差异。从图3-2的可溶性糖含量的变化趋势来看,随着处理温度的降低,葡萄枝条中的可溶性糖含量逐渐增加。不同温度处理可溶性糖的变化趋势呈S形。贝达、SO4、3309的可溶性糖含量在不同低温胁迫中都处于最高水平,5BB、1103Pa、44-53Ma、196-17的可溶性糖含量居中,161-49、402Amgt、101-14Mgt可溶性糖的含量次之,Rupestris、Ruparia的可溶性糖含量一直处于最低水平,且随着处理温度的降低,葡萄砧木的可溶性糖含量增加,但1103Pa、贝达、5BB、SO4、3309可溶性糖含量增加量高,增加的幅度最大。101-14Mgt、161-49、44-53Ma可溶性糖含量增加居中,增加的幅度也居中。Rupestris、402Amgt、Ruparia、196-17可溶性糖含量随着温度的降低也在增加,但是增加的幅度小,从图3-2看出,可溶性糖含量高低的顺序为:贝达>3309>SO4>196-17>5BB>1103Pa>44-53Ma>101-14Mgt>161-49>402Amgt>Ruparia>

Rupestris，它们的可溶性糖含量的增加幅度大小顺序为：1103Pa＞贝达＞5BB＞SO4＞3309＞161-49＞44-53Ma＞402Amgt＞101-14Mgt＞Rupestris＞Ruparia＞196-17。

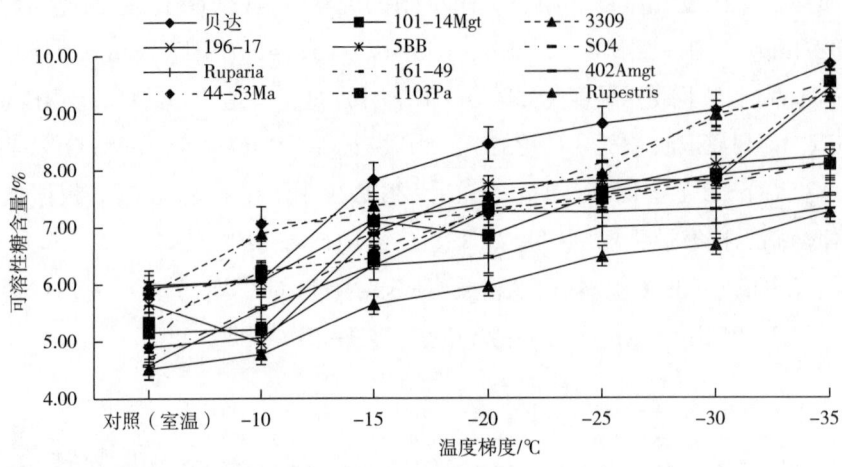

图3-2　低温胁迫下葡萄砧木品种一年生枝可溶性糖含量的变化

经方差分析和多重比较，12个葡萄砧木品种的一年生枝的可溶性糖含量差异显著，贝达与101-14Mgt、1103Pa、5BB、44-53Ma、161-49、402Amgt、196-17、Ruparia、Rupestris之间差异显著，Rupestris除了与Ruparia差异不显著外，与其他品种差异均显著，3309与101-14Mgt、Ruparia、161-49、402Amgt、Rupestris之间差异显著。

所以葡萄砧木品种的抗寒性强弱是：贝达、SO4、1103Pa、5BB、3309抗寒性最强；44-53Ma、161-49、402Amgt、196-17抗寒性次之；Ruparia、101-14Mgt、Rupestris抗寒性最弱。

对12个葡萄砧木品种可溶性糖含量与相对电导率关系进行相关分析，见表3-1。结果表明，葡萄砧木品种一年生枝内可溶性糖含量与相对电导率呈显著性相关，说明可溶性糖含量与葡萄抗寒性密切相关。

表3-1　低温胁迫后葡萄砧木可溶性糖含量与相对电导率的关系

| 品种 | 回归方程 | 相关系数 |
| --- | --- | --- |
| 贝达 | $y=0.0861x+4.0863$ | $R^2=0.7395^*$ |
| 101-14Mgt | $y=0.0456x+4.3203$ | $R^2=0.5863$ |
| 3309 | $y=0.079x+3.7989$ | $R^2=0.9351^*$ |
| 196-17 | $y=0.0449x+4.6762$ | $R^2=0.7887^*$ |
| 5BB | $y=0.0811x+3.0716$ | $R^2=0.8818^*$ |
| SO4 | $y=0.0979x+2.7957$ | $R^2=0.9348^*$ |

续表

| 品种 | 回归方程 | 相关系数 |
| --- | --- | --- |
| Ruparia | $y=0.0362x+4.2198$ | $R^2=0.5379$ |
| 161-49 | $y=-0.0686x+4.8256$ | $R^2=0.7648^*$ |
| 402Amgt | $y=-0.0594x+4.4814$ | $R^2=0.7337^*$ |
| 44-53Ma | $y=-0.039x+5.0785$ | $R^2=0.3874$ |
| 1103Pa | $y=-0.0841x+3.4184$ | $R^2=0.7905^*$ |
| Rupestris | $y=-0.0438x+3.4395$ | $R^2=0.7458^*$ |

注：$y$代表可溶性糖含量，%；$x$代表相对电导率，%；葡萄一年生枝计算$R$的绝对值＞$R0.1=0.7293$为显著相关，用*表示，余同。

**（三）低温胁迫过程中葡萄砧木品种一年生枝条脯氨酸含量的变化**

脯氨酸在植物抗冻中具有重要的作用，低温胁迫往往伴随着脯氨酸含量的增加，其含量的高低与植物的抗冻性密切相关。由图3-3可见，随着处理温度的降低，葡萄砧木枝条内的脯氨酸含量呈明显的增加趋势，贝达、SO4、1103Pa、5BB在各个处理温度中的脯氨酸含量一直较高，说明在低温胁迫下，这几个品种能产生相对较多的脯氨酸来增强抗冻能力。3309、Rupestris、196-17 3个品种的脯氨酸含量次之。402Amgt、161-49、44-53Ma、Ruparia、101-14Mgt在各个处理温度中它们的脯氨酸含量一直较低，说明在低温胁迫下，这几个品种能产生的脯氨酸相对较少，因此，其抗寒力也较低。同时从不同品种的脯氨酸增加幅度可以看出：增加幅度最大的是贝达、SO4、101-14Mgt、5BB、

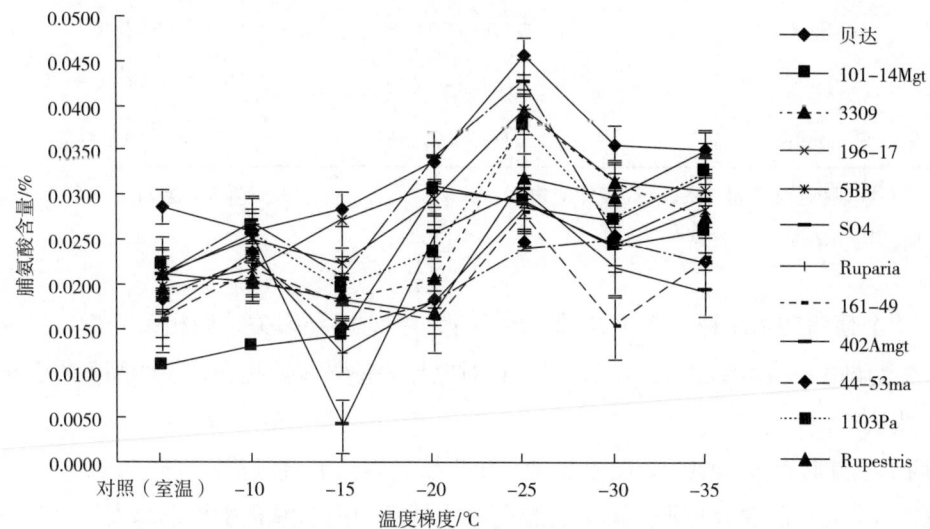

图3-3　低温胁迫下葡萄砧木品种一年生枝脯氨酸含量的变化

1103Pa、3309、44-53Ma、402Amgt、196-17增加幅度最低，161-49、Ruparia、Rupestris增加幅度居中。所以仅从枝条中脯氨酸含量可以看出12个葡萄砧木品种的抗寒性，贝达、SO4、5BB、1103Pa、3309抗寒性最强；Rupestris、196-17、161-49抗寒性居中；44-53Ma、402Amgt、Ruparia、101-14Mgt抗寒性最弱。

经方差分析和多重比较，贝达与5BB、SO4、1103Pa之间差异不显著，而与101-14Mgt、196-17、3309、Ruparia、161-49、44-53Ma、402Amgt、Rupestris之间差异显著。161-49与1103Pa、SO4、5BB、贝达之间差异显著，5BB与101-14Mgt、161-49、44-53Ma、402Amgt之间差异显著（表3-2）。

表3-2 低温胁迫后葡萄砧木一年生枝脯氨酸含量与相对电导率的关系

| 品种 | 回归方程 | 相关系数 |
| --- | --- | --- |
| 贝达 | $y=0.0002x+0.0543$ | $R^2=0.7378^*$ |
| 101-14Mgt | $y=0.0002x+0.0103$ | $R^2=0.2354$ |
| 3309 | $y=0.0003x+0.0102$ | $R^2=0.8309^*$ |
| 196-17 | $y=0.0004x+0.0213$ | $R^2=0.7834^*$ |
| 5BB | $y=0.0003x+0.0183$ | $R^2=0.7941^*$ |
| SO4 | $y=0.0002x+0.0174$ | $R^2=0.1076$ |
| Ruparia | $y=0.0003x+0.0064$ | $R^2=0.7468^*$ |
| 161-49 | $y=-0.0001x+0.0198$ | $R^2=0.0004$ |
| 402Amgt | $y=-0.0003x+0.0195$ | $R^2=0.8146^*$ |
| 44-53Ma | $y=-0.0001x+0.0165$ | $R^2=0.1437$ |
| 1103Pa | $y=-0.0002x+0.0181$ | $R^2=0.2061$ |
| Rupestris | $y=-0.0003x+0.006$ | $R^2=0.8204^*$ |

注：$y$代表脯氨酸含量，%；$x$代表相对电导率，%；葡萄一年生枝计算$R$的绝对值＞$R0.1=0.7293$为显著相关，用*表示。

对12个葡萄砧木品种一年生枝脯氨酸含量与相对电导率关系做相关分析。研究结果表明，葡萄砧木一年生枝内脯氨酸含量与相对电导率呈显著性相关，说明脯氨酸含量与葡萄抗寒性相关。

**（四）低温胁迫过程中葡萄砧木品种一年生枝条丙二醛含量差异**

图3-4表明，随着处理温度降低，葡萄砧木枝条中丙二醛含量越来越大，说明温度的降低对葡萄砧木品种一年生枝的损伤越来越严重。并且随着温度的降低，各品种丙二醛含

量的变化趋势大致一致,在-30℃之前呈增加的趋势,-30℃之后呈下降的趋势,这与酿酒葡萄和鲜食葡萄的变化趋势有所不同。在温度处理中丙二醛含量呈明显的增加趋势,并且各品种增加量明显不同,其中101-14Mgt、402Amgt、196-17、161-49、Ruparia的丙二醛含量在各温度处理中一直最高,且增加的幅度也最大,而贝达、1103Pa、3309的丙二醛含量低且增加的幅度小。葡萄品种在抗寒锻炼期间枝条、叶片内可溶性糖含量随着温度的下降呈递增趋势。丙二醛则恰好相反,随着处理温度的降低,葡萄枝条中丙二醛含量增加且增加的幅度大,则其抗寒性差;反之,丙二醛含量小且增加的幅度小,则其抗寒性强。图3-4表明,它们的抗寒性为:贝达、1103Pa、3309、5BB抗寒性最佳;44-53Ma、Rupestris、SO4抗寒性位于第二梯队;101-14Mgt、161-49抗寒性位于第三梯队;196-17、Ruparia、402Amgt抗寒性最弱。经方差分析和多重比较,3309、5BB、44-53Ma、Rupestris、SO4、101-14Mgt、196-17、Ruparia之间差异不显著,而贝达与161-49、402Amgt之间差异显著,1103Pa与402Amgt、161-49之间差异显著。

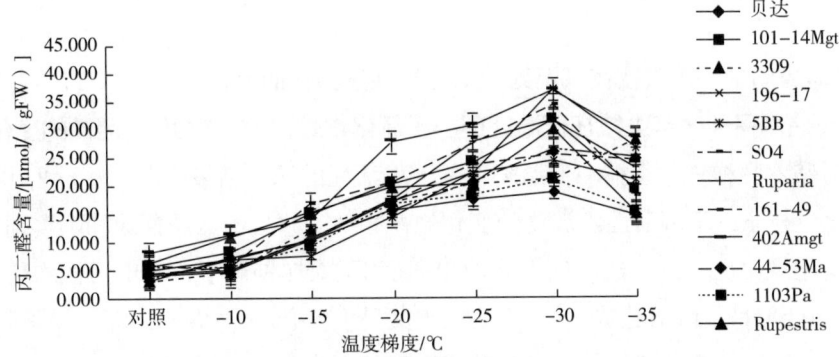

图3-4 低温胁迫下葡萄砧木品种一年生枝丙二醛含量的变化

低温胁迫条件下,葡萄枝条丙二醛含量上升。对葡萄砧木品种一年生枝丙二醛含量与相对电导率关系进行相关分析,见表3-3。研究结果表明,葡萄砧木品种一年生枝内丙二醛含量与相对电导率呈显著性相关,说明丙二醛含量与葡萄抗寒性相关。

表3-3 低温胁迫后葡萄砧木品种一年生枝丙二醛含量与相对电导率的关系

| 品种 | 回归方程 | 相关系数 |
| --- | --- | --- |
| 贝达 | $y=0.2542x+0.9314$ | $R^2=0.4258$ |
| 101-14Mgt | $y=0.291x+1.5971$ | $R^2=0.4379$ |
| 3309 | $y=0.6065x-14.605$ | $R^2=0.9337^*$ |
| 196-17 | $y=0.613x-17.674$ | $R^2=0.8377^*$ |

续表

| 品种 | 回归方程 | 相关系数 |
|---|---|---|
| 5BB | $y=0.4172x-6.3307$ | $R^2=0.7514^*$ |
| SO4 | $y=0.5467x-10.705$ | $R^2=0.7298^*$ |
| Ruparia | $y=0.3868x-5.1407$ | $R^2=0.4893$ |
| 161-49 | $y=-0.2497x+5.3357$ | $R^2=0.2128$ |
| 402Amgt | $y=-0.437x-0.5796$ | $R^2=0.5708$ |
| 44-53Ma | $y=-0.4377x-7.2777$ | $R^2=0.6871$ |
| 1103Pa | $y=-0.2799x+0.1291$ | $R^2=0.3658$ |
| Rupestris | $y=-0.2044x+5.2579$ | $R^2=0.2798$ |

注：$y$代表丙二醛含量（nmol/gFW）；$x$代表相对电导率（%）。葡萄一年生枝计算$R$的绝对值>$R0.1=0.7293$为显著相关，用*表示。

### （五）葡萄砧木一年生枝在低温处理中保护性酶活性的变化

**1. 葡萄砧木品种一年生枝在低温处理中超氧化物歧化酶（SOD）活性的变化**

从葡萄砧木品种一年生枝在低温胁迫下SOD活性的测定结果（图3-5）可以看出，12个品种一年生枝条SOD酶活性随温度的变化规律相似，并且与酿酒葡萄和鲜食葡萄的SOD酶活性的变化规律也一致。12个砧木品种在-15℃至对照处理下，SOD活性均呈上升的趋势，-20~-15℃呈下降的趋势，-25~-20℃又呈上升趋势，-35~-25℃呈下降的趋势。在实验中，SOD酶的活性变化趋势为"升降升降"，有两个高峰，后一个大于前一个。

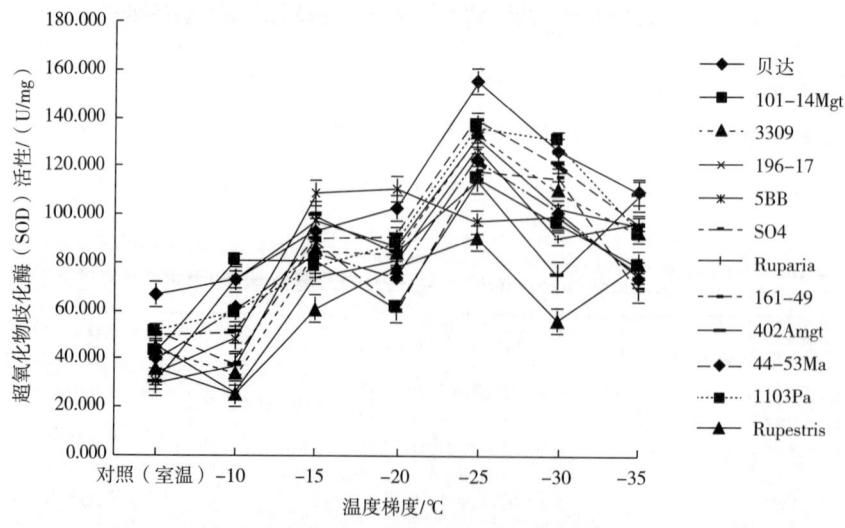

图3-5 低温胁迫下葡萄砧木品种一年生枝超氧化物歧化酶（SOD）活性的变化

抗寒性强的葡萄品种SOD活性高，抗寒性差的葡萄品种酶活性低，抗寒力强的品种酶活性上升幅度高于抗寒力弱的品种。所以从酶的活性看，贝达的超氧化物歧化酶活性一直较高，说明其抗寒性比较强，而Rupestris的活性一直较低，说明它的抗寒性弱。因此，12个葡萄砧木品种的抗寒性强弱可以划分为：贝达、5BB、1103Pa、3309、SO4抗寒性强；44-53Ma、402Amgt、Ruparia抗寒性次之；196-17、Rupestris、101-14Mgt、161-49抗寒性弱。

经方差分析和多重比较，12个葡萄砧木品种一年生枝中超氧化物歧化酶活性存在差异，贝达与101-14Mgt、196-17、Ruparia、161-49、402Amgt、44-53Ma、Rupestris之间差异显著，Rupestris与贝达、3309、5BB、SO4、1103Pa之间差异显著，101-14Mgt、Ruparia、161-49、402Amgt、44-53Ma之间差异不显著（表3-4）。

低温胁迫条件下，葡萄枝条超氧化物歧化酶活性上升。对葡萄砧木品种一年生枝超氧化物歧化酶活性与相对电导率关系做相关分析，见表3-4。结果表明，葡萄砧木一年生

表3-4 低温胁迫后葡萄砧木一年生枝超氧化物歧化酶活性与相对电导率的关系

| 品种 | 回归方程 | 相关系数 |
| --- | --- | --- |
| 贝达 | $y=2.015x+57.64$ | $R^2=0.8242^*$ |
| 101-14Mgt | $y=2.2668x+64.805$ | $R^2=0.8554^*$ |
| 3309 | $y=1.5681x+6.8364$ | $R^2=0.4283$ |
| 196-17 | $y=2.5839x+48.811$ | $R^2=0.9105^*$ |
| 5BB | $y=1.0342x+35.776$ | $R^2=0.3347$ |
| SO4 | $y=2.389x+23.521$ | $R^2=0.8283^*$ |
| Ruparia | $y=0.7681x+33.272$ | $R^2=0.2033$ |
| 161-49 | $y=1.8573x+53.164$ | $R^2=0.7867^*$ |
| 402Amgt | $y=1.8878x+31.509$ | $R^2=0.7936^*$ |
| 44-53Ma | $y=1.365x+60.908$ | $R^2=0.7521^*$ |
| 1103Pa | $y=1.0587x+43.197$ | $R^2=0.2126$ |
| Rupestris | $y=2.5859x+28.099$ | $R^2=0.9355^*$ |

注：$y$代表超氧化物歧化酶活性（U/mg）；$x$代表相对电导率，%；葡萄一年生枝计算$R$的绝对值＞$R0.1=0.7293$为显著相关，用*表示。

枝内超氧化物歧化酶活性与相对电导率呈显著性相关，说明超氧化物歧化酶活性与葡萄抗寒性相关。

**2. 葡萄砧木品种一年生枝条在低温处理中过氧化物酶活性的变化**

随着抗寒锻炼的进行，过氧化物酶活性逐步提高，过氧化物酶与抗寒性的关系密切，抗寒品种的酶活性高于不抗寒品种，并且抗寒性强的品种酶活性的变化幅度大。由图3-6可以看出，在整个降温过程中，枝条中的过氧化物酶活性的总体变化趋势为"升-降-升"，这个变化趋势与酿酒葡萄和鲜食葡萄的过氧化物酶活性的变化趋势是一致的。3309酶活性一直较高，过氧化物酶的活性一直维持在10.000U/（g·min）左右，并且酶活性的变化幅度也大[2.276U/（g·min）]，而161-49酶活性低，最低值在6.023U/（g·min），酶活性的变化幅度也小[0.636U/（g·min）]。所以根据过氧化物酶活性得出的12个葡萄砧木品种的抗寒性强弱与超氧化物歧化酶得出的结果是相近的：3309、SO4、贝达、5BB、1103Pa抗寒性强；44-53Ma，402Amgt、101-14Mgt抗寒性居中；196-17、Rupestris、Ruparia、161-49抗寒性最弱。

经方差分析和多重比较，3309与其他11个品种差异显著；贝达、5BB、SO4、1103Pa之间差异不显著，但与其他品种差异显著；101-14Mgt、196-17、44-53Ma、402Amgt、161-49之间差异不显著，而它们与其他品种之间差异显著（表3-5）。

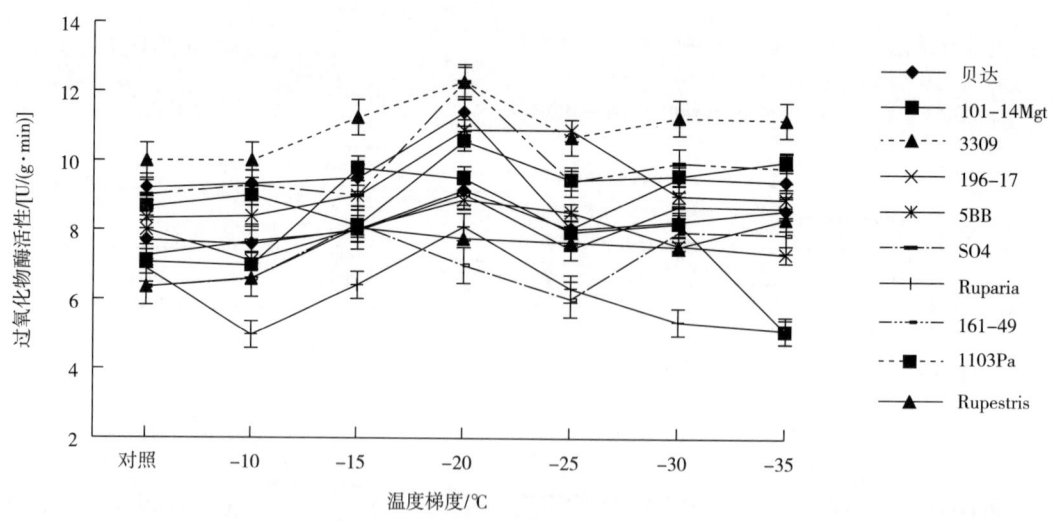

图3-6 低温胁迫下葡萄砧木品种一年生枝过氧化物酶活性的变化

低温胁迫条件下，葡萄枝条过氧化物酶活性上升。对葡萄砧木品种一年生枝过氧化物酶活性与相对电导率关系做相关分析，见表3-5。结果表明，葡萄砧木一年生枝过氧化物酶活性与相对电导率呈显著性相关，说明过氧化物酶活性与葡萄抗寒性相关。

表3-5　低温胁迫后葡萄砧木一年生枝过氧化物酶活性与相对电导率的关系

| 品种 | 回归方程 | 相关系数 |
| --- | --- | --- |
| 贝达 | $y=0.0516x+9.4152$ | $R^2=0.7325^*$ |
| 101-14Mgt | $y=-0.0331x+9.6232$ | $R^2=0.1765$ |
| 3309 | $y=0.0763x+9.6559$ | $R^2=0.8562^*$ |
| 196-17 | $y=-0.0095x+8.4532$ | $R^2=0.0706$ |
| 5BB | $y=0.0123x+8.7195$ | $R^2=0.0379$ |
| SO4 | $y=0.0124x+9.2203$ | $R^2=0.0218$ |
| Ruparia | $y=-0.0627x+8.053$ | $R^2=0.8314^*$ |
| 161-49 | $y=0.0552x+5.8436$ | $R^2=0.7561^*$ |
| 402Amgt | $y=0.0199x+7.0593$ | $R^2=0.3078$ |
| 44-53Ma | $y=0.0148x+7.4191$ | $R^2=0.2085$ |
| 1103Pa | $y=0.0286x+8.0628$ | $R^2=0.2470$ |
| Rupestris | $y=0.0191x+6.395$ | $R^2=0.2666$ |

注：$y$代表过氧化物酶活性[U/（g·min）]；$x$代表相对电导率，%；葡萄一年生枝计算$R$的绝对值>$R0.1=0.7293$为显著相关，用*表示。

### 3. 葡萄砧木品种一年生枝条在低温处理中过氧化氢酶（CAT）活性的变化

虽然从图3-7中看不出12个葡萄砧木品种之间的CAT活性的变化幅度，但从图中可以看出有些品种的CAT活性无论在哪一个温度处理中一直处于很高的水平，而另一些品种的CAT活性一直处于很低的水平，所以可以根据这些品种的CAT活性的高低区分出葡萄砧木品种的抗寒性强弱。如图3-7所示，CAT活性处于最高水平的是3309，它的酶活性最高水平达到13个酶活性单位，它的酶活性最低水平也是10.783个单位，而1103Pa酶活性一直仅略低于3309，但是Ruparia这个品种的酶活性一直处于较低水平。根据酶活性高低就可以比较出12个葡萄砧木品种的抗寒性强弱，3309、1103Pa、5BB、SO4、贝达抗寒性强；196-17、402Amgt、101-14Mgt抗寒性居中；44-53Ma、Rupestris、Ruparia、161-49抗寒性弱。

低温胁迫条件下，葡萄枝条过氧化氢酶活性上升。对葡萄砧木品种一年生枝过氧化氢酶活性与相对电导率关系进行相关分析，见表3-6。结果表明，葡萄砧木一年生枝过氧化氢酶活性与相对电导率呈显著性相关，说明过氧化氢酶活性与葡萄抗寒性相关。

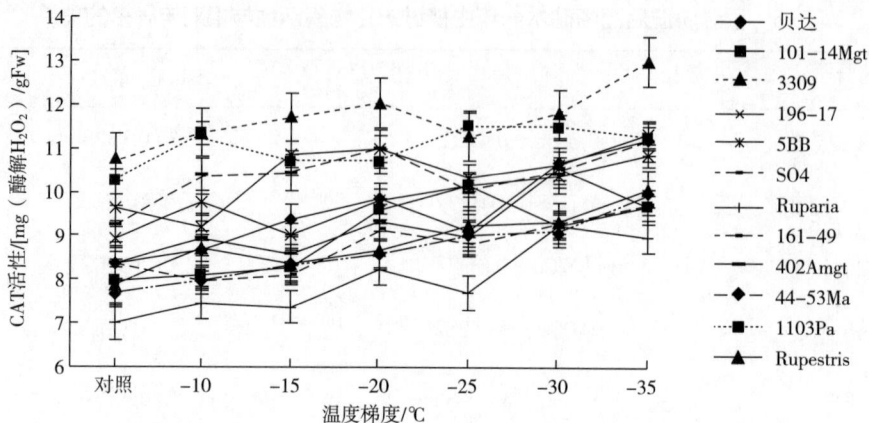

图3-7 低温胁迫下葡萄砧木品种一年生枝CAT活性的变化

表3-6 低温胁迫后葡萄砧木一年生枝过氧化氢酶活性与相对电导率的关系

| 品种 | 回归方程 | 相关系数 |
| --- | --- | --- |
| 贝达 | $y=0.066x+6.6039$ | $R^2=0.8925^*$ |
| 101-14Mgt | $y=0.0221x+7.7785$ | $R^2=0.2709$ |
| 3309 | $y=0.041x+9.6884$ | $R^2=0.7204$ |
| 196-17 | $y=0.0331x+7.9558$ | $R^2=0.7009$ |
| 5BB | $y=0.0357x+8.6115$ | $R^2=0.6516$ |
| SO4 | $y=0.0288x+8.9699$ | $R^2=0.3836$ |
| Ruparia | $y=0.0394x+5.73$ | $R^2=0.8331^*$ |
| 161-49 | $y=0.0267x+7.3735$ | $R^2=0.6489$ |
| 402Amgt | $y=0.0285x+7.7066$ | $R^2=0.556$ |
| 44-53Ma | $y=0.0397x+6.6071$ | $R^2=0.7338^*$ |
| 1103Pa | $y=0.0109x+10.538$ | $R^2=0.0997$ |
| Rupestris | $y=0.0334x+7.0116$ | $R^2=0.8325$ |

注：①$y$代表过氧化氢酶（酶分解$H_2O_2$mg/g的鲜重）；$x$代表相对电导率（%）；②葡萄一年生枝计算$R$的绝对值>$R0.1=0.7293$为显著相关，用*表示。

经方差分析和多重比较，除了101-14Mgt和402Amgt之间差异不显著，5BB和SO4之间差异不显著，44-53Ma和Rupestris之间差异不显著，其他各品种之间差异均显著（表3-7）。

表3-7 葡萄砧木抗寒性指标的方差分析和多重比较

| 品种 | 指标 | | | | | | |
|---|---|---|---|---|---|---|---|
| | 可溶性糖含量 | 脯氨酸含量 | 丙二醛含量 | 超氧化物浓度 | 过氧化物浓度 | 过氧化氢浓度 | 电导率 |
| 贝达 | 8.0007$^A$ | 0.0333$^A$ | 12.492$^C$ | 103.8004$^A$ | 9.4899$^B$ | 9.6061$^{DE}$ | 45.4807$^{DE}$ |
| 101-14Mgt | 6.8419$^{CDE}$ | 0.0212$^{CD}$ | 17.6745$^{BC}$ | 79.5455$^{BC}$ | 7.7934$^C$ | 9.0006$^{EF}$ | 55.2402$^{ABC}$ |
| 3309 | 7.6929$^{AB}$ | 0.0254$^{BCD}$ | 15.278$^{BC}$ | 84.1098$^{AB}$ | 10.9524$^A$ | 11.7089$^A$ | 49.2781$^{BCDE}$ |
| 196-17 | 7.2235$^{BC}$ | 0.0259$^{BCD}$ | 17.1076$^{BC}$ | 81.941$^{BC}$ | 7.9156$^C$ | 9.8341$^{CD}$ | 56.7366$^A$ |
| 5BB | 7.1878$^{BC}$ | 0.0285$^{AB}$ | 14.8448$^{BC}$ | 88.2645$^{AB}$ | 9.3423$^B$ | 10.4213$^C$ | 50.7529$^{ABCDE}$ |
| SO4 | 7.5446$^{AB}$ | 0.0277$^{ABC}$ | 15.8262$^{BC}$ | 90.9304$^{AB}$ | 9.821$^B$ | 10.3654$^C$ | 48.5296$^{CDE}$ |
| Ruparia | 6.3011$^{EF}$ | 0.0226$^{BCD}$ | 17.1029$^{BC}$ | 77.4404$^{BC}$ | 6.1699$^D$ | 7.9963$^G$ | 57.5045$^A$ |
| 161-49 | 6.8031$^{CDE}$ | 0.0196$^D$ | 18.1336$^{AB}$ | 76.5998$^{BC}$ | 7.1369$^{CD}$ | 8.7401$^F$ | 51.2487$^{ABCDE}$ |
| 402Amgt | 6.5535$^{DE}$ | 0.0211$^{CD}$ | 22.4271$^A$ | 78.2491$^{BC}$ | 8.1064$^C$ | 9.2083$^{EF}$ | 52.6496$^{ABCD}$ |
| 44-53Ma | 7.1011$^{BCD}$ | 0.0212$^{CD}$ | 15.4286$^{BC}$ | 79.8418$^{BC}$ | 8.1857$^C$ | 8.6649$^F$ | 51.8718$^{ABCDE}$ |
| 1103Pa | 7.178$^{BC}$ | 0.0271$^{ABC}$ | 12.6408$^C$ | 90.5266$^{AB}$ | 9.3401$^B$ | 11.0239$^B$ | 44.7077$^E$ |
| Rupestris | 5.9034$^F$ | 0.0248$^{BCD}$ | 16.7561$^{BC}$ | 61.0567$^C$ | 7.4686$^C$ | 8.8927$^F$ | 56.2502$^{AB}$ |

注：同一列中不同大写字母表示在0.01水平上显著相关。

将12个葡萄砧木品种抗寒性进行聚类分析，采用最小距离法，结果见图3-8。根据聚类分析结果，12个葡萄砧木品种按抗寒性强弱可划分为5类；抗寒性最强为：贝达；抗寒性强的为：SO4、3309、5BB、1103Pa；抗寒性中等的为：402Amgt、44-53Ma；抗寒性较弱的为：161-49、196-17；抗寒性最弱的为：Rupestris、Ruparia、101-14Mgt。

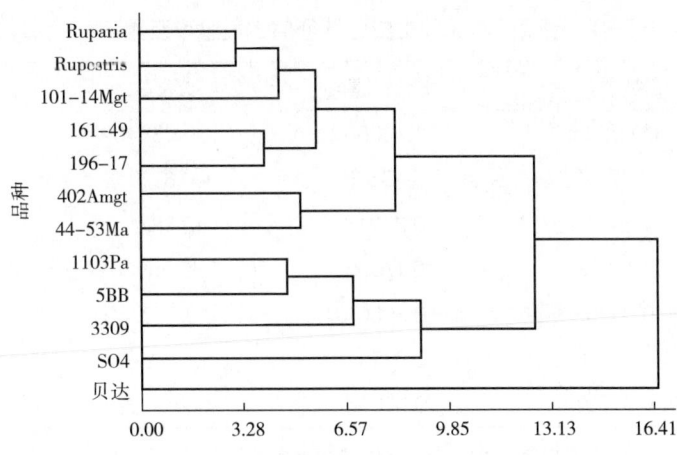

图3-8 聚类分析树形图

## 二、各指标对葡萄砧木品种抗寒性的逐步回归分析

由上述的线性回归分析可以发现指标间存在较强的相关性，为了具体分析每个指标与抗寒性的相关性，比较指标对葡萄砧木品种抗寒性影响的大小，进行逐步回归分析，见下列公式。

当$F_1=F_2=5.12$时，几乎所有指标均引入方程：

$$Y=68.7759-4.3847X_1-221.3041X_2-0.4044X_4-2.3556X_5, R^2=0.8526$$

当$F_1=F_2=7.14$时，有指标$X_1$、$X_4$、$X_5$引入方程：

$$Y=71.042-3.55X_1-0.33X_4-2.03X_5, R^2=0.8107$$

当$F_1=F_2=10.41$时，有指标$X_1$、$X_4$引入方程：

$$Y=80.0071-3.258X_1-0.197X_4, R^2=0.7995$$

$Y$代表葡萄砧木品种一年生枝的相对电导率；$X_1$代表葡萄砧木品种一年生枝的可溶性糖含量；$X_2$代表葡萄砧木品种一年生枝的脯氨酸含量；$X_3$代表葡萄砧木品种一年生枝的丙二醛含量；$X_4$代表葡萄砧木品种一年生枝的超氧化物歧化酶活性；$X_5$代表葡萄砧木品种一年生枝的过氧化物酶活性。

由逐步回归分析结果可见，可溶性糖和超氧化物歧化酶对葡萄的抗寒性影响最大，脯氨酸和过氧化物酶对葡萄的抗寒性影响较大，丙二醛和过氧化氢酶对抗寒性有较小的影响。

### （一）各指标对抗寒性的主成分分析

采用主成分分析法，对12个葡萄砧木品种进行抗寒性指标综合评价。由表3-8可见，各指标在葡萄抗寒能力测定中所起的作用有差异，前5个主成分（分析法中的参数）的累积贡献率达98.64%，即电导率、超氧化物歧化酶含量、可溶性糖含量、脯氨酸含量、丙二醛含量是测定葡萄抗寒性的主要指标，其中任意一个指标都可以单独来比较葡萄的抗寒能力。

表3-8 葡萄砧木品种主成分特征值、贡献率及累积贡献率

| 主成分 | 特征值 | 相邻特征值差 | 贡献率/% | 累积贡献率/% |
|---|---|---|---|---|
| 1 | 3.65246 | 1.72085 | 39.088409 | 39.51125583 |
| 2 | 1.93161 | 0.46579 | 20.671975 | 59.76038356 |
| 5 | 1.46582 | 0.29223 | 15.687118 | 75.44750163 |
| 3 | 1.17359 | 0.17996 | 12.55969 | 88.0071917 |
| 4 | 0.99363 | 0.89365 | 10.633769 | 98.64096061 |
| 6 | 0.09998 | 0.07297 | 1.06998 | 99.71094059 |
| 7 | 0.02701 | 0.00000 | 0.2890594 | 100 |

注：1代表电导率；2代表可溶性糖含量；3代表脯氨酸含量；4代表丙二醛含量；5代表超氧化物歧化酶活性；6代表过氧化物酶活性；7代表过氧化氢酶活性，余同。

表3-9中列出12个葡萄砧木品种的主成分值，根据公式 $\sum_{j=1}^{n} A_j B_j$（$A$：主成分贡献率；$B$：葡萄砧木品种主成分值；$j$：1~7；$n$：12），可求出12个葡萄砧木品种的抗寒性顺序（表3-10）。通过主成分分析得到的12个葡萄砧木品种抗寒性强弱与前面的聚类分析得到的结果是一致的。

表3-9 葡萄砧木品种主成分值

| 品种 | 主成分值 | | | | | | |
|---|---|---|---|---|---|---|---|
| | 1 | 2 | 5 | 3 | 4 | 6 | 7 |
| 贝达 | -3.78040 | -1.88469 | 0.57079 | 0.30262 | -0.39363 | -0.31755 | -0.08645 |
| 101-14Mgt | -0.10074 | 0.09068 | 0.40095 | 0.10554 | 0.48612 | 0.06851 | 0.20955 |
| 3309 | -2.62531 | -0.95963 | -0.46126 | 0.09053 | 0.56011 | -0.14096 | 0.00899 |
| 196-17 | -1.09789 | -0.06606 | -0.16061 | 1.18666 | 0.56448 | 0.30822 | -0.28497 |
| 5BB | -2.14073 | -0.03959 | -0.53624 | 0.41138 | -0.16076 | 0.15287 | 0.16979 |
| SO4 | -3.08641 | 0.36029 | 0.28375 | 0.27026 | -0.20380 | -0.17021 | 0.03812 |
| Ruparia | 1.52101 | -1.33035 | -0.04117 | 0.18293 | 0.12404 | 0.35693 | 0.18106 |
| 161-49 | -0.88785 | 0.09340 | 0.82495 | -0.91531 | 0.08003 | 0.06001 | -0.36367 |
| 402Amgt | -1.1707 | 0.83563 | 1.19278 | 0.31829 | -1.04865 | -0.01472 | 0.07502 |
| 44-53Ma | -1.49728 | -0.05323 | 0.41275 | -0.79817 | 0.74009 | -0.47913 | 0.11358 |
| 1103Pa | -1.85799 | 0.01547 | -0.54328 | -1.14760 | -0.31868 | 0.59706 | 0.00783 |
| Rupestris | 0.97485 | -0.15473 | -1.97193 | -0.08833 | -0.50463 | -0.43859 | -0.09468 |

表3-10 葡萄砧木品种抗寒性排序

| 品种 | 排序号 | 抗寒性 | 品种 | 排序号 | 抗寒性 |
|---|---|---|---|---|---|
| 贝达 | 1 | -3.01251 | Ruparia | 12 | +1.9024 |
| 101-14Mgt | 10 | +0.3759 | 161-49 | 9 | -0.2458 |
| 3309 | 3 | -2.7497 | 402Amgt | 7 | -1.5524 |
| 196-17 | 8 | -1.3791 | 44-53Ma | 6 | -1.6012 |
| 5BB | 4 | -2.3021 | 1103Pa | 5 | -1.98295 |
| SO4 | 2 | -2.86527 | Rupestris | 11 | 1.52865 |

注：数值代表了品种抗寒性排序。

## （二）葡萄砧木品种一年生枝通过低温胁迫后的生根率和发芽率的比较

通过恢复生长法对葡萄砧木不同品种的生根率和成苗率进行统计，发现随着温度的降低，葡萄砧木品种的生根率和成苗率明显不同，且随着低温胁迫的加强，葡萄砧木品种的生根率和成苗率逐渐降低，且各品种的降低趋势也有差异。与酿酒葡萄和鲜食葡萄相似，在对照和-10℃的温度处理中，生根率、成苗率相差不大，表明-10℃的低温对葡萄枝条影响不大，且在这两个处理中，很难区分它们生根率和成苗率的高低。在-15℃处理中，虽然它们的生根率和成苗率区别不是太大，但可以区分，在这个温度处理中，生根率高于75%的有：贝达、3309、196-17、SO4、5BB、44-53Ma、1103Pa，而成苗率高于75%的有贝达、3309、SO4、5BB、44-53Ma、1103Pa。除了Ruparia的成苗率是68%，其他的生根率和成苗率也均高于70%。当用-20℃处理砧木一年生枝时，生根率和成苗率都有下降，各品种之间的差异也越来越明显，贝达的生根率和成苗率明显高于其他品种，高达56%和54%，而Ruparia、Rupestris、101-14Mgt的生根率和成苗率都下降到38%左右。在-25℃，12个葡萄砧木品种的生根率和成苗率都降到了20%左右，并且各品种之间的差异显著，贝达和SO4的生根率和成苗率都为20%，3309和5BB、1103Pa都为18%。Ruparia和Rupestris的生根率为4%，而成苗率为2%，其他几个品种略高于Ruparia和Rupestris。当用-30℃处理时，Ruparia、Rupestris、196-17的枝条已经被冻死，而贝达、3309、SO4、5BB、1103Pa还有少量存活，它们的生根率和成苗率都在8%左右。用-35℃处理时，仅有贝达、SO4有少量的存活枝条，其他几个品种的生根率为零，即枝条全被冻死，成苗率为2%；3309和1103Pa虽然有2%的生根率，但芽眼被冻死，所以成苗率为零（表3-11）。所以砧木品种间的抗寒性的强弱顺序是：贝达、SO4、1103Pa、3309、5BB、402Amgt、44-53Ma、161-49、101-14Mgt、196-17、Ruparia、Rupestris。

表3-11 低温胁迫下葡萄砧木品种硬枝扦插生根率、成苗率

| 品种 | 对照（室温） | | | | | -10℃ | | | | |
|---|---|---|---|---|---|---|---|---|---|---|
| | 插条数/条 | 生根数/条 | 生根率/% | 成苗数/株 | 成苗率/% | 插条数/条 | 生根数/条 | 生根率/% | 成苗数/株 | 成苗率/% |
| 贝达 | 50 | 40 | 80.00 | 37 | 74.00 | 50 | 39 | 78.00 | 38 | 76.00 |
| 101-14Mgt | 50 | 41 | 82.00 | 39 | 78.00 | 50 | 41 | 82.00 | 41 | 82.00 |
| 3309 | 50 | 39 | 78.00 | 39 | 78.00 | 50 | 38 | 76.00 | 37 | 74.00 |
| 196-17 | 50 | 43 | 86.00 | 43 | 86.00 | 50 | 40 | 80.00 | 38 | 76.00 |
| 5BB | 50 | 40 | 80.00 | 38 | 76.00 | 50 | 42 | 84.00 | 41 | 82.00 |

续表

| 品种 | 对照（室温） | | | | | -10℃ | | | | |
|---|---|---|---|---|---|---|---|---|---|---|
| | 插条数/条 | 生根数/条 | 生根率/% | 成苗数/株 | 成苗率/% | 插条数/条 | 生根数/条 | 生根率/% | 成苗数/株 | 成苗率/% |
| SO4 | 50 | 41 | 82.00 | 37 | 74.00 | 50 | 41 | 82.00 | 40 | 80.00 |
| Ruparia | 50 | 42 | 84.00 | 40 | 80.00 | 50 | 39 | 78.00 | 39 | 78.00 |
| 161-49 | 50 | 41 | 82.00 | 39 | 78.00 | 50 | 43 | 86.00 | 41 | 82.00 |
| 402Amgt | 50 | 46 | 92.00 | 43 | 86.00 | 50 | 40 | 80.00 | 39 | 78.00 |
| 44-53Ma | 50 | 43 | 86.00 | 42 | 84.00 | 50 | 41 | 82.00 | 41 | 82.00 |
| 1103Pa | 50 | 42 | 84.00 | 40 | 80.00 | 50 | 43 | 86.00 | 40 | 80.00 |
| Rupestris | 50 | 41 | 82.00 | 38 | 76.00 | 50 | 38 | 76.00 | 37 | 74.00 |

| 品种 | -15℃ | | | | | -20℃ | | | | |
|---|---|---|---|---|---|---|---|---|---|---|
| | 插条数/条 | 生根数/条 | 生根率/% | 成苗数/株 | 成苗率/% | 插条数/条 | 生根数/条 | 生根率/% | 成苗数/株 | 成苗率/% |
| 贝达 | 50 | 38 | 76.00 | 38 | 76.00 | 50 | 28 | 56.00 | 27 | 54.00 |
| 101-14Mgt | 50 | 37 | 74.00 | 36 | 72.00 | 50 | 20 | 40.00 | 19 | 38.00 |
| 3309 | 50 | 39 | 78.00 | 39 | 78.00 | 50 | 25 | 50.00 | 25 | 50.00 |
| 196-17 | 50 | 39 | 78.00 | 37 | 74.00 | 50 | 21 | 42.00 | 20 | 40.00 |
| 5BB | 50 | 40 | 80.00 | 39 | 78.00 | 50 | 27 | 54.00 | 25 | 50.00 |
| SO4 | 50 | 40 | 80.00 | 39 | 78.00 | 50 | 27 | 54.00 | 26 | 52.00 |
| Ruparia | 50 | 35 | 70.00 | 34 | 68.00 | 50 | 19 | 38.00 | 19 | 38.00 |
| 161-49 | 50 | 35 | 70.00 | 35 | 70.00 | 50 | 20 | 40.00 | 20 | 40.00 |
| 402Amgt | 50 | 37 | 74.00 | 36 | 72.00 | 50 | 24 | 48.00 | 23 | 46.00 |
| 44-53Ma | 50 | 39 | 78.00 | 39 | 78.00 | 50 | 25 | 50.00 | 24 | 48.00 |
| 1103Pa | 50 | 40 | 80.00 | 40 | 80.00 | 50 | 27 | 54.00 | 26 | 52.00 |
| Rupestris | 50 | 36 | 72.00 | 35 | 70.00 | 50 | 19 | 38.00 | 18 | 36.00 |

| 品种 | -25℃ | | | | | -30℃ | | | | |
|---|---|---|---|---|---|---|---|---|---|---|
| | 插条数/条 | 生根数/条 | 生根率/% | 成苗数/株 | 成苗率/% | 插条数/条 | 生根数/条 | 生根率/% | 成苗数/株 | 成苗率/% |
| 贝达 | 50 | 10 | 20.00 | 10 | 20.00 | 50 | 5 | 10.00 | 4 | 8.00 |
| 101-14Mgt | 50 | 4 | 8.00 | 3 | 6.00 | 50 | 2 | 4.00 | 1 | 2.00 |
| 3309 | 50 | 9 | 18.00 | 9 | 18.00 | 50 | 4 | 8.00 | 4 | 8.00 |

续表

| 品种 | -25℃ | | | | | -30℃ | | | | |
|---|---|---|---|---|---|---|---|---|---|---|
| | 插条数/条 | 生根数/条 | 生根率/% | 成苗数/株 | 成苗率/% | 插条数/条 | 生根数/条 | 生根率/% | 成苗数/株 | 成苗率/% |
| 196-17 | 50 | 3 | 6.00 | 2 | 4.00 | 50 | 0 | 0.00 | 0 | 0.00 |
| 5BB | 50 | 9 | 18.00 | 8 | 16.00 | 50 | 4 | 8.00 | 3 | 6.00 |
| SO4 | 50 | 10 | 20.00 | 10 | 20.00 | 50 | 5 | 10.00 | 4 | 8.00 |
| Ruparia | 50 | 2 | 4.00 | 1 | 2.00 | 50 | 0 | 0.00 | 0 | 0.00 |
| 161-49 | 50 | 7 | 14.00 | 6 | 12.00 | 50 | 2 | 4.00 | 2 | 4.00 |
| 402Amgt | 50 | 8 | 16.00 | 8 | 16.00 | 50 | 3 | 6.00 | 2 | 4.00 |
| 44-53Ma | 50 | 8 | 16.00 | 7 | 14.00 | 50 | 3 | 6.00 | 3 | 6.00 |
| 1103Pa | 50 | 9 | 18.00 | 9 | 18.00 | 50 | 4 | 8.00 | 3 | 6.00 |
| Rupestris | 50 | 2 | 4.00 | 1 | 2.00 | 50 | 0 | 0.00 | 0 | 0.00 |

| 品种 | -35℃ | | | | |
|---|---|---|---|---|---|
| | 插条数/条 | 生根数/条 | 生根率/% | 成苗数/株 | 成苗率/% |
| 贝达 | 50 | 2 | 4.00 | 1 | 2.00 |
| 101-14Mgt | 50 | 0 | 0.00 | 0 | 0.00 |
| 3309 | 50 | 1 | 2.00 | 0 | 0.00 |
| 196-17 | 50 | 0 | 0.00 | 0 | 0.00 |
| 5BB | 50 | 0 | 0.00 | 0 | 0.00 |
| SO4 | 50 | 1 | 2.00 | 1 | 2.00 |
| Ruparia | 50 | 0 | 0.00 | 0 | 0.00 |
| 161-49 | 50 | 0 | 0.00 | 0 | 0.00 |
| 402Amgt | 50 | 0 | 0.00 | 0 | 0.00 |
| 44-53Ma | 50 | 0 | 0.00 | 0 | 0.00 |
| 1103Pa | 50 | 1 | 2.00 | 0 | 0.00 |
| Rupestris | 50 | 0 | 0.00 | 0 | 0.00 |

恢复生长法比较出的葡萄砧木的抗寒性强弱与前面的几个指标比较出的葡萄砧木品种的抗寒性基本一致。

**（三）葡萄砧木对水分胁迫的反应**

葡萄砧木实验园灌足水后，随之时间的推移，实验园每天10：00取样地表下30～40cm处土壤，其水分含量见图3-9。由图3-9可以看出，从7月29日至8月12日这段时间内，土壤含水量随日期的推移而呈下降趋势，这主要是由于土壤水分蒸发和葡萄生长所需所致，逐步形成水分胁迫条件。

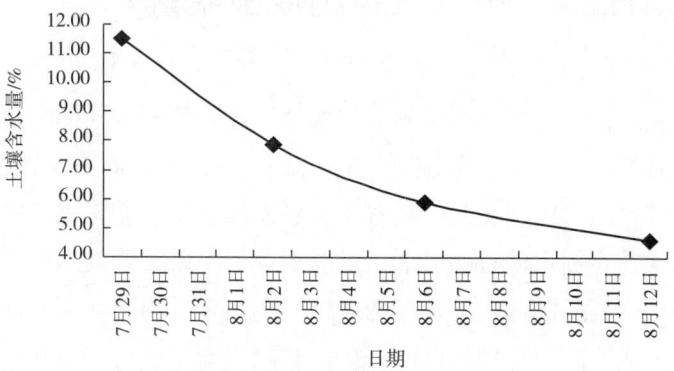

**图3-9 土壤含水量的变化规律**

随着时间的推移和土壤水分含量的下降，10：00时不同砧木叶片叶绿素含量变化如图3-10所示。由图3-10可以看出：7月29日至8月12日期间，14种葡萄砧木叶片叶绿素相对含量上升最明显的是44-53Ma，可见其抗旱性最强；其次是贝达、101-14Mgt、196-17、Ruparia、402Amgt、1103Pa、110R；曲线较平缓的是3309、5BB、161-49。以上表示其对水分要求不严格；曲线有下降趋势的是SO4、Rupestris、41BMgt，下降最明显的是Rupestris，可见该品种抗旱性最弱。

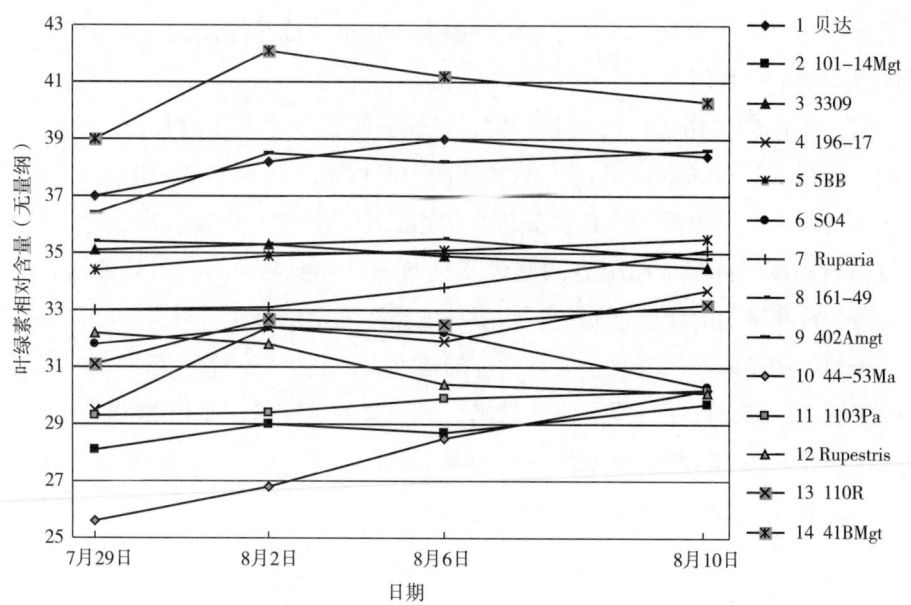

**图3-10 水分胁迫对葡萄不同砧木叶片叶绿素相对含量的影响**

## 第三节 讨论

### 一、低温胁迫对葡萄砧木一年生枝的细胞膜通透性的影响

质膜可能是受冻害和冷害而损伤的原初部位。细胞膜通透性的变化是低温胁迫的关键所在。低温造成膜伤害的结果是膜半透性的改变和丧失,细胞内物质大量向外渗透,并最终引起细胞死亡。可以用细胞在低温下电解质渗出率的变化来反映组织的伤害程度和植物的抗寒性,通常利用低温伤害前后的相对电导率来表示膜内电解质渗出率。本实验通过对葡萄一年生枝不同低温处理后的电导率的测定,得出在所有测定品种中相对电导率的总体变化趋势:随着处理温度的降低,相对电导率变大,且在某一温度时剧烈增加,大多数品种的该温度点为-20℃。本研究结果表明:葡萄枝条的相对电导率随着温度的降低而升高,只是不同品种其相对电导率升高的幅度不一样。随着温度的下降,其细胞膜通透性(相对电导率)的变化有显著差异,说明不同葡萄品种其抗寒性存在着差异。抗寒性较强的细胞膜通透性小,且变化幅度小,抗寒性较弱的细胞膜通透性大,且膜通透性变化幅度大。不同品种的相对电导率有差异,这种差异反映了品种间的抗寒性差异,抗寒性弱的品种的电解质高峰出现得早。从不同砧木的相对电导率来看,砧木品种的抗寒性强弱为:贝达＞5BB＞SO4＞1103Pa、3309＞402Amgt、Rupestris＞44-53Ma、196-17＞101-14Mgt、Ruparia＞161-49。

半致死温度也是评价葡萄抗寒性强弱的重要指标,根据半致死温度的高低可以比较出不同葡萄品种的抗寒性强弱,并且半致死温度比较出的抗寒性强弱与相对电导率比较出的抗寒性强弱基本一致的。

丙二醛为细胞膜受伤害后的最终产物,是膜系统受伤害的重要标志之一。低温处理下葡萄枝条内丙二醛的含量随着温度的降低而不断增加,且升高的幅度不一样。根据酿酒葡萄、鲜食葡萄和砧木品种在低温处理下的丙二醛含量变化可以看出,3个类型的丙二醛的含量随着温度的降低而呈上升的趋势,且同一个类型葡萄的不同品种随着温度的降低,丙二醛含量和增加的幅度不同。丙二醛与电导率变化趋势相一致,均随处理温度的降低而上升,葡萄枝条中丙二醛含量大且增加的幅度大,其抗寒性差;反之,丙二醛含量小且增加的幅度小,则其抗寒性强。由此看出,最抗寒的是贝达,而1103Pa、3309、5BB、44-53Ma、Rupestris、SO4抗寒性次于贝达,101-14Mgt、161-49抗寒性位于第三,196-17、Ruparia、402Amgt抗寒性最弱。

## 二、低温胁迫下葡萄砧木一年生枝的渗透调节物质的变化

在逆境条件下，植物体内各种渗透调节物质大量积累，赋予多种植物渗透调节的能力。渗透调节的关键是在胁迫条件下细胞内溶质的主动积累和由此导致的细胞渗透势的下降。可溶性糖、脯氨酸是植物体内的几种重要渗透调节物质。

除少数植物外，可溶性糖的含量也与植物的抗寒性之间呈正相关，这是一个普遍现象。本研究结果表明，随着温度的下降，不同品种的葡萄在不同处理温度的可溶性糖含量有显著差异，说明枝条可溶性糖含量与抗寒性是有关联的。低温处理能显著提高葡萄枝条可溶性糖含量，且不同品种间的可溶性糖含量的变化不一样，因此可以作为葡萄抗寒指标。

在温度梯度处理的过程中抗寒性不同的葡萄品种枝条内可溶性糖含量及变化均有差异。根据可溶性糖含量和增加幅度比较出砧木品种的抗寒性强弱是：贝达、SO4、1103Pa、5BB、3309抗寒性最强，44-53Ma、161-49、402Amgt、196-17抗寒性次之，Ruparia、101-14Mgt、Rupestris抗寒性最弱。

游离脯氨酸的积累是植物对逆境的一种普遍反应，游离脯氨酸作为诱导调节剂与抗寒性密切相关。脯氨酸在植物抗寒中具有重要作用，低温胁迫往往伴随着脯氨酸含量的增加，其含量高低与植物抗寒性密切相关。越抗寒的品种，其脯氨酸含量越高且随着温度的降低增加幅度大。随着处理温度的降低，葡萄砧木枝条内的脯氨酸含量呈明显的起伏状态。抗寒的品种其脯氨酸含量在不同温度处理中一直处于较高的水平，且越抗寒的品种增加幅度越高。贝达、SO4、1103Pa、5BB在各个处理温度中的脯氨酸含量一直较高，说明在低温胁迫下，这几个品种能产生相对较多的脯氨酸来增强抗冻能力。3309、Rupestris、196-17 3个品种的脯氨酸含量次之。402Amgt、161-49、44-53Ma、Ruparia、101-14Mgt在各个处理温度中的脯氨酸含量一直较低。同时从品种的脯氨酸增加幅度可以看出：增加幅度最大的是贝达、SO4、101-14Mgt、5BB、1103Pa、3309，而44-53Ma、402Amgt、196-17增加幅度最低，161-49、Ruparia、Rupestris增加幅度居中。所以仅从枝条中脯氨酸含量可以看出12个葡萄砧木品种的抗寒性：贝达、SO4、5BB、1103Pa、3309抗寒性最强，Rupestris、196-17、161-49抗寒性居中，44-53Ma、402Amgt、Ruparia、101-14Mgt抗寒性最弱。

## 三、低温胁迫下葡萄砧木一年生枝的保护酶活性与其抗寒性

寒冷胁迫下，植物在正常代谢途径中产生的活性氧（$O^{2-}$、—OH、$H_2O_2$、ROOH、$O_2$）及其清除系统的平衡遭到破坏，尤其是$H_2O_2$可通过哈伯-韦斯反应和芬顿反应形

成—OH，直接攻击细胞内的核酸、蛋白质等大分子，引起严重的破坏后果。活性氧是生物体进行氧化还原反应时发生电子渗漏所产生。酶促和非酶促两大类保护系统赋予植物体清除活性氧的能力，以减轻或避免活性氧对细胞造成的伤害。SOD、过氧化物酶、CAT是清除生物体内活性氧和其他过氧化物自由基的关键酶，其中SOD是抗氧化系统中一种极为重要和在生物体内普遍存在的金属酶，在保护酶系统中处于核心地位。水分胁迫下植物体内SOD活性与植物抗氧化胁迫能力呈正相关。逆境胁迫下，保护酶活性的变化前人已做过许多研究，这方面的报道也较多：受低温胁迫后植物的过氧化物酶、SOD、CAT活性增加，抗寒性强的品种酶活性高，且增加得多。本实验对不同类型的葡萄品种的一年生枝进行低温处理，枝条内的过氧化物酶、SOD、CAT活性的测定结果表明，受低温胁迫后的葡萄一年生枝中过氧化物酶、SOD、CAT活性均增加，且抗寒性强的品种的酶活性一直高于不抗寒的品种。但是这两种酶活性的升高并不是稳定升高，而是呈起伏状态，可能是因为低温胁迫使细胞的保护机制对低温有一个适应过程，其活性也呈起伏变化，但过低的温度会对细胞结构造成严重伤害，导致过氧化物酶、SOD、CAT酶失活，活性下降。

几个类型的超氧化物歧化酶大体上一致，它们都有两个高峰，大高峰都是在-25℃，即都是在-25℃达到高峰，接着又下降，-30℃又开始稍有上升。而砧木品种在-20℃之前还有一个很小的波动，即"降-升-降-升"。

抗寒性强的葡萄品种SOD活性高，随着温度的下降变化缓慢；抗寒性差的葡萄品种酶活性低，随着温度下降变化得激烈，所以根据葡萄品种随着温度的降低酶活性的变化可以看出：12个葡萄砧木品种的抗寒性强弱可以划分为：贝达、5BB、1103Pa、3309、SO4抗寒性最强；44-53Ma、402Amgt、Ruparia抗寒性次之；196-17、Rupestris、101-14Mgt、161-49抗寒性最弱。

葡萄砧木品种的过氧化物酶活性随着低温胁迫的变化趋势基本一致，在整个降温过程中，枝条中的过氧化物酶活性的总体变化趋势为"升-降-升"，即大多数品种在-25℃有一个高峰，-30℃又下降，-35℃又有一个小高峰。在低温处理过程中，过氧化物酶活性的变化趋势是"升-降-升"。过氧化物酶与抗寒性的关系密切，抗寒品种过氧化物酶活性高于不抗寒品种。抗寒能力强的品种，其酶活性一直较高。

根据过氧化物酶活性和增加幅度比较出各葡萄品种之间的抗寒性大小：在砧木品种中，3309、SO4、贝达、5BB、1103Pa抗寒性最强；44-53Ma、402Amgt、101-14Mgt抗寒性居中；196-17、Rupestris、Ruparia、161-49抗寒性最弱。

根据低温胁迫后的过氧化氢酶活性变化可以看出砧木品种抗寒性强弱：3309、1103Pa、5BB、SO4、贝达抗寒性最强；而196-17、402Amgt、101-14Mgt抗寒性居中；44-53Ma、Rupestris、Ruparia、161-49抗寒性最弱。

## 四、低温胁迫下葡萄砧木一年生枝的生根率和成苗率与其抗寒性（恢复生长法）

恢复生长法是鉴定植物抗寒性的一种传统方法，该方法鉴定结果可靠，还可作为其他鉴定方法的参照，因而在抗寒研究工作中广泛应用。为了更准确地比较出葡萄品种的抗寒性，本实验进行了恢复生长法实验，对葡萄一年生枝进行不同的低温处理，低温处理后的枝条沙藏（8℃）约2个月后，将枝条剪成单芽／节的插条，插入用素河沙铺好的温床上进行催根。15d后调查生根率（以基部形成愈伤组织为准），并进行营养袋移栽，25d后调查成苗率。从统计出的生根率和成苗率看出，其他方法与这种方法鉴定出的葡萄品种抗寒性强弱相似，说明其他方法可以用来鉴定葡萄的抗寒性强弱。各个葡萄品种随着处理温度的降低，它们的生根率和成苗率呈下降的趋势，不同砧木品种之间存在着一定差异，有的品种在-25℃就已经全被冻死，有的品种在-30℃才全被冻死，有的品种例如贝达在-35℃才全被冻死。由此可以看出砧木品种的抗寒性强弱顺序是：贝达＞SO4＞1103Pa＞3309＞5BB＞402Amgt＞44-53Ma＞161-49＞101-14Mgt＞196-17＞Ruparia＞Rupestris。

## 五、不同葡萄砧木对干旱的反应

水分胁迫使葡萄生长发育产生生理障碍，降低葡萄产量，影响葡萄浆果品质及酒品质，是制约着葡萄与葡萄酒产业发展的重要环境因子。适度水分胁迫有利于控制葡萄营养生长，促进葡萄糖分积累，有利于果实品质的提高，深度水分胁迫会导致葡萄枝蔓停止生长而枯死，叶片光合作用降低，果实萎缩停长，甚至出现水分从果实向枝蔓倒流，严重水分胁迫会使葡萄叶片焦枯死亡，甚至植株死亡。

叶片是果树外部形态中反应最敏感的器官，叶片通过调整气孔开张度来调整蒸腾量，有利于提高水分利用率。在水分胁迫条件下，叶片细胞的扩大和分裂受抑制，叶面积减小，叶片数量增加缓慢。同时使叶绿素合成速率减少甚至分解，光合速率降低。为了保证葡萄正常生长，在干旱条件下，葡萄通过增加葡萄根系数量、吸收能力、降低蒸腾作用等方式来调节水分亏缺，保证叶片正常的光合作用。因此，可以将在水分胁迫下叶片叶绿素含量作为抗旱指标来衡量葡萄砧木的抗旱性。通过比较不同葡萄砧木水分胁迫下叶绿素含量变化可以看出14种葡萄砧木抗旱性：44-53Ma最强，其次是贝达、101-14Mgt、196-17、Ruparia、402Amgt、1103Pa、110R，然后是3309、5BB、161-49、SO4、Rupestris、41BMgt抗旱性较差，Rupestris的抗旱性最弱。

## 六、葡萄抗寒性评价指标与综合评价

对葡萄抗寒性的各指标测定发现，有些品种在某一指标中属于抗寒的，但在另一指标中，又不属于抗寒品种，所以单一指标很难准确地评价某一品种的抗寒性强弱。因此本研究运用方差分析、线性回归、聚类分析、逐步回归和主成分分析综合评价了3类葡萄的抗寒性强弱顺序，增强了评价的可靠性。

在正常条件下，低温处理后葡萄的相对电导率、半致死温度、可溶性糖含量、脯氨酸含量、丙二醛含量、3种保护性酶活性以及恢复生长法与抗寒性密切相关；各指标在低温处理后的变化趋势与以往研究成果相似或相同。方差分析是比较出每一指标各品种的差异显著性，从方差分析可以看出，各指标品种间差异是显著的，即葡萄品种间的抗寒性是有差异的。把电导率和其他指标进行线性回归，发现抗寒性指标（可溶性糖含量、脯氨酸含量、丙二醛含量，3种保护性酶活性）与电导率呈显著性相关，都可以作为抗寒性指标进行抗寒性研究，用回归分析确定出的指标进行抗寒性评价应该是可行的。聚类分析是根据各个抗寒性指标把不同品种的葡萄抗寒性进行分类，抗寒性相近的分为一类，抗寒性不同的分为另一类。聚类分析得到的结果是：葡萄砧木抗寒性最强为贝达；抗寒性次强的为：SO4、3309、5BB、1103Pa；抗寒性中等的为：402Amgt、44-53Ma；抗寒性较弱的为：161-49、196-17；抗寒性最弱的为：Rupestris、Ruparia、101-14Mgt。从逐步回归分析的结果可以看出：各个抗寒性指标在比较葡萄品种抗寒性研究中的作用大小不同，例如在酿酒葡萄品种抗寒性的研究中发现，除了电导率外，可溶性糖和超氧化物歧化酶对葡萄的抗寒性影响最大，而过氧化氢酶对抗寒性有较小的影响，脯氨酸含量、过氧化物酶活性和丙二醛含量对葡萄的抗寒性影响较大。在鲜食葡萄品种的抗寒性研究中发现，可溶性糖含量和超氧化物歧化酶活性对葡萄的抗寒性影响最大，而丙二醛含量对抗寒性有较小的影响，而脯氨酸含量、过氧化物酶活性和过氧化氢酶活性对葡萄的抗寒性影响较大。在葡萄砧木品种的研究中发现，可溶性糖含量和超氧化物歧化酶活性对葡萄的抗寒性影响最大，而丙二醛含量和过氧化氢酶活性对抗寒性有较小的影响，而脯氨酸含量和过氧化物酶活性对葡萄的抗寒性影响较大。所以从逐步回归分析结果可以看出，除了电导率和生根率（还有成苗率）外，可溶性糖含量和超氧化物歧化酶活性是影响葡萄抗寒性的最大因子，它们单独都可以作为一项指标对葡萄品种的抗寒性进行评价，而对葡萄抗寒性影响最小的是丙二醛含量和过氧化氢酶活性，它们只能作为抗寒性研究的辅助手段。脯氨酸含量和过氧化物酶活性也可以作为评价葡萄抗寒性的指标。

准确地把各指标比较出的各葡萄品种抗寒性综合起来，这样可以比较出葡萄品种的抗寒性大小。通过主成分分析计算出各个葡萄品种的抗寒性大小，具体地比较出各个类型葡萄品种的抗寒性。在抗寒性测定工作中，测定结果除了受实验材料影响外，低温处理方法对结果的影响也不容忽视。低温处理的温度、时间不同，得出的结果就会有差异。因此依据本实验抗寒性指标进行抗寒性评价时，材料处理方法应与本实验方法相同。在研究葡萄砧木抗寒性的同时，了解各砧木的抗旱性也相当重要，缺水少雨是西北优质酿酒葡萄产区普遍存在的问题。由于研究手段的限制，本研究只研究了水分胁迫对砧木叶片中叶绿素含量的影响，其结果可作为衡量葡萄砧木抗旱性一项指标来考虑，供生产参考使用。利用免埋土越冬破坏性实验是筛选优良抗逆砧木最为行之有效的手段，结果准确可信。在实验材料许可情况下，尽量开展田间破坏性实验，将田间破坏性实验与实验室理化测定有机结合，可获得理想结果。

综上所述，为了能更准确地比较出不同葡萄砧木品种间的抗逆性强弱，我们可以运用多个指标综合评价。但是利用可靠性强的单指标进行抗逆性初步评价可以有效地减少工作量，在此基础上进行多指标综合评价可以取得可靠的评价结果。如果品种间抗逆性差异显著，可以挑选单一的可靠性指标进行比较得到其抗逆性；如果品种间抗逆性差异不显著，可以运用多个指标综合比较。

## 第四节 小结

根据低温处理后测定的葡萄一年生枝条电导率、可溶性糖含量、脯氨酸含量、丙二醛含量、超氧化物歧化酶活性、过氧化物酶活性、过氧化氢酶活性数据，采用聚类分析得到葡萄砧木品种抗寒性的强弱可划分为5级，其中抗寒性最强的为：贝达；抗寒性强的为：SO4、3309、5BB、1103Pa；抗寒性中等的为：402Amgt、44-53Ma；抗寒性较弱的为：161-49、196-17；抗寒性最弱的为：Rupestris、Ruparia、101-14Mgt。

恢复生长法研究结果表明，12个葡萄砧木品种间的抗寒性强弱顺序为贝达、SO4、1103Pa、3309、5BB、402Amgt、44-53Ma、161-49、101-14Mgt、196-17、Ruparia、Rupestris。

根据水分胁迫与葡萄砧木叶绿素含量研究结果表明，15种葡萄砧木中，44-53Ma抗旱性最强，其次是贝达、101-14Mgt、196-17、Ruparia、402Amgt、1103Pa、110R，然后是3309、5BB、161-49C、SO4、Rupestris、41BMgt抗旱性较差，Rupestris的抗旱性最弱。

# 第四章 葡萄砧木抗抽干能力和抗旱性综合评价研究

近年来,我国葡萄栽培面积迅速增长,葡萄已成为我国栽培最广的落叶果树之一。我国葡萄的主栽区域集中在西北干旱、半干旱地区,其中宁夏贺兰山东麓葡萄产区因其特殊的风土条件,在国内外崭露头角,成为最优质的葡萄及葡萄酒产区之一。但西北地区水资源匮乏,气候干燥,严重影响了葡萄的产量及品质,制约了葡萄产业的发展。为了应对不利环境所带来的影响,选择抗逆性强的砧木嫁接栽培已成为发展趋势。长期以来,我国葡萄栽培一直采用自根苗定植,在葡萄嫁接苗繁育及栽培上缺乏系统科学的研究,对葡萄砧木的生理特性缺乏了解,致使在葡萄砧木的选择上存在盲目性。

目前,对葡萄砧木嫁接苗的研究已经在抗旱性、抗寒性、抗盐碱等方面进行了深入研究。通过选配适宜的砧木,可提高果实产量并改善果实品质。与自根苗相比,抗性砧木可以提高赤霞珠葡萄中白藜芦醇的含量。而我国针对砧木抗抽干性的研究主要集中在苹果等果树上,对葡萄砧木抗抽干能力的相关研究鲜有报道。因此,本研究选用10种葡萄砧木,在冬季未进行任何修剪及埋土防寒措施,以来年春季枝条萌芽率评价砧木抗抽干能力。夏季进行干旱胁迫处理,测定叶片水势、净光合速率、丙二醛含量、脯氨酸含量、可溶性蛋白含量、超氧化物歧化酶(SOD)活性、过氧化氢酶(CAT)活性7项生理指标,并运用隶属函数法综合评价砧木的抗旱性。通过比较分析,筛选出适宜西北干旱地区栽培的砧木品种,为西北地区葡萄嫁接栽培提供理论依据。

## 第一节 材料与方法

### 一、试验材料及试验区基本情况

试验在宁夏农垦集团有限公司玉泉营农场国家葡萄产业技术体系水分生理与节水栽培岗位试验基地种质资源圃中进行,该地区属于中温带干旱气候区,年均降水量为201.4mm。试验地土壤以风沙土为主,有机质含量0.4%~1%、pH 8.0,葡萄园南北行向,株行距1m×3m。使用的砧木品种为1103P, SO4, Rupestris du Lot, 41bmgt, 196-

17、161-490、110R、Riparia、420Mgt、3309C。

## 二、试验处理与采样

在2016年葡萄生长期内，不对葡萄砧木进行任何胁迫处理，正常水肥管理，待冬季落叶后，每个品种选择3株长势一致的植株，统计一年生枝条和副梢上的芽数，并挂牌标记，所有品种冬季不进行埋土防寒措施。2017年春季调查各品种萌芽数，计算萌芽率，之后全部平茬处理，待生长至2017年8月14日，对其进行干旱胁迫处理，即充分灌溉后，不再进行灌溉。分别在灌溉处理后第0、10、20、30天采样，采集各砧木品种枝条中部的功能叶，液氮速冻后，-80℃冰箱保存备用。

## 三、测定指标与方法

枝条萌芽率统计：2016年冬季记录各品种一年生枝及副梢上的总芽数，2017年春季萌芽后，分别统计各品种一年生枝及副梢的萌芽数并计算萌芽率，萌芽率（%）=（萌芽数/总芽数）×100%。

叶片水势测定：采用压力势法测定。

土壤含水量测定：使用土壤水分测量仪（英国DELTA-T公司生产）测定。

净光合速率测定：使用浙江托普云农科技股份有限公司3051D光合测定仪测定。测定时调整叶室角度，使每组叶片在相对一致的光强下完成光合测定，于晴天上午09:00—11:00进行。

相关生理指标测定如下所示。

脯氨酸含量用酸性茚三酮比色法测定，丙二醛含量用硫代巴比妥酸显色法测定，可溶性蛋白含量用考马斯亮蓝G-250染色法测定。

保护酶活性分别使用总超氧化物歧化酶（T-SOD）测试盒（南京建成生物科技有限公司）、过氧化氢酶（CAT）测试盒（南京建成生物科技有限公司），参照说明书操作并计算酶活性。SOD活性定义为每克湿重组织在1mL反应液中SOD抑制率达50%时所对应的SOD量为一个SOD活性单位（U/g），CAT活性定义为每克湿重组织每秒钟分解1μmol的$H_2O_2$的量为一个酶活性单位。

砧木抗旱性综合评价：采用隶属函数法对干旱胁迫第30天各项生理指标进行抗旱性综合评价，隶属函数值计算公式如下所示。

$$U_{ij} = (X_{ij} - X_{j\min}) / (X_{j\max} - X_{j\min})（正相关）$$

$$U_{ij}=1-(X_{ij}-X_{j\min})/(X_{j\max}-X_{j\min})（负相关）$$

式中　　$X_{ij}$——$i$品种$j$指标的测定值

　　　　$X_{j\min}$——品种中$j$指标的最小值

　　　　$X_{j\max}$——品种中$j$指标的最大值

　　　　$i$——品种

　　　　$j$——指标

按照平均隶属度分为3种抗旱类型：0.00~0.30为抗旱性弱（LDR）；0.31~0.60为抗旱性中等（MDR）；0.61~0.80为抗旱性强（HDR）。

## 四、数据处理

采用Excel和Origin 9软件进行数据整理与绘图，DPS7.05和SPASS17.0软件进行显著性差异与相关性分析。

# 第二节　结果与分析

## 一、不同葡萄砧木萌芽率调查情况

由图4-1可知，2016年11月实验地区开始持续降温，最低气温出现在1月，达-19.2℃，第二年2月气温开始回升。2016年11月至2017年4月，月平均气温分别为4.2℃、-2.8℃、-6.1℃、-1.7℃、3.4℃、12.9℃，月最大风速分别为14.2m/s、12.4m/s、14.5m/s、14.1m/s、15.2m/s、15.7m/s。

萌芽率是衡量植株越冬后是否发生冻害及枝条抽干程度的重要指标。由表4-1可知，各砧木品种越冬后，仅有5种砧木萌芽，其一年生枝条萌芽率大小依次为：3309C＞196-17＞161-490＞420Mgt＞Riparia，其中3309C的一年生枝条萌芽率最高（79.85%），196-17次之（64.02%）。副梢萌芽率大小依次为：161-490＞3309C＞196-17＞420Mgt＞Riparia，161-490的副梢萌芽率最高（75%），3309C次之（72.94%）。1103P、SO4、Rupestris du Lot、41bmgt、110R萌芽率均为0，抗寒、抗抽干能力弱，不能实现免埋土安全越冬。根据枝条萌芽率，可知各砧木抗抽干能力依次为：3309C＞161-490＞196-17＞420Mgt＞Riparia＞1103P、SO4、Rupestris du Lot、41bmgt、110R。

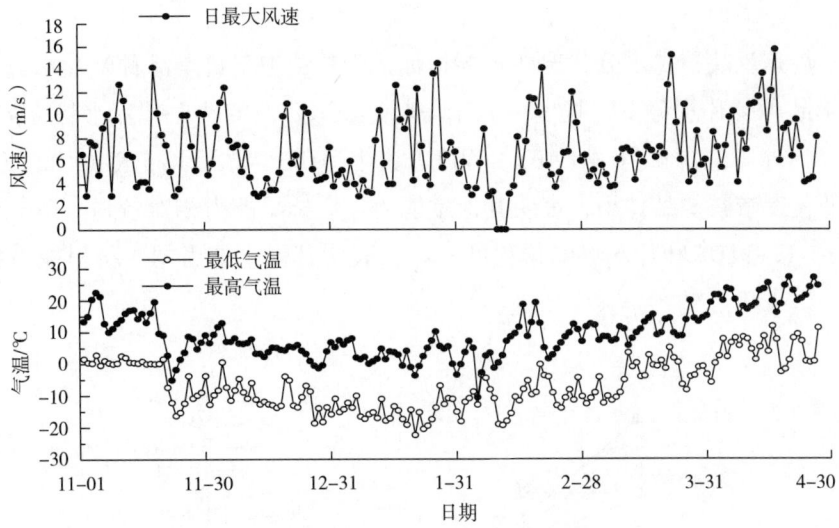

图4-1 玉泉营葡萄基地气象资料（日期：2016年11月至2017年4月）

表4-1 不同葡萄砧木萌芽率调查情况

| 品种 | 一年生枝条萌芽率/% | 副梢萌芽率/% |
| --- | --- | --- |
| 1103P | 0 | 0 |
| SO4 | 0 | 0 |
| Rupestris du Lot | 0 | 0 |
| 41bmgt | 0 | 0 |
| 196-17 | 64.02 | 61.87 |
| 161-490 | 57.35 | 75 |
| 110R | 0 | 0 |
| Riparia | 24.8 | 50 |
| 420Mgt | 47.93 | 52.95 |
| 3309C | 79.85 | 72.94 |

## 二、干旱胁迫下不同葡萄砧木土壤含水量及黎明前叶片水势

土壤含水量反映了土壤水分状况。随着干旱胁迫的持续，各品种土壤含水量持续下降（图4-2），干旱胁迫30d后，各品种土壤含水量下降到10%左右，其中1103P、161-490、Riparia、420Mgt、3309C土壤含水量下降幅度较大，分别下降了62.3%、60%、

70.4%、62.2%、70.1%。

叶片水势是反映植株水分状况的重要指标，干旱胁迫下抗旱品种叶片水势下降程度小，不抗旱品种叶片水势下降程度大。干旱胁迫30d后，各砧木叶片水势（$\psi$）达到中度胁迫（$-0.60\text{MPa} \leq \psi \leq -0.40\text{MPa}$）程度，其中1103P、3309C、Riparia、196-17叶片水势降低程度较其他品种小，表明其保水能力强，抗旱能力相对较强。Rupestris du Lot、41bmgt、110R叶片水势降低程度较大，表明其保水能力弱，抗旱能力相对较弱（图4-3）。

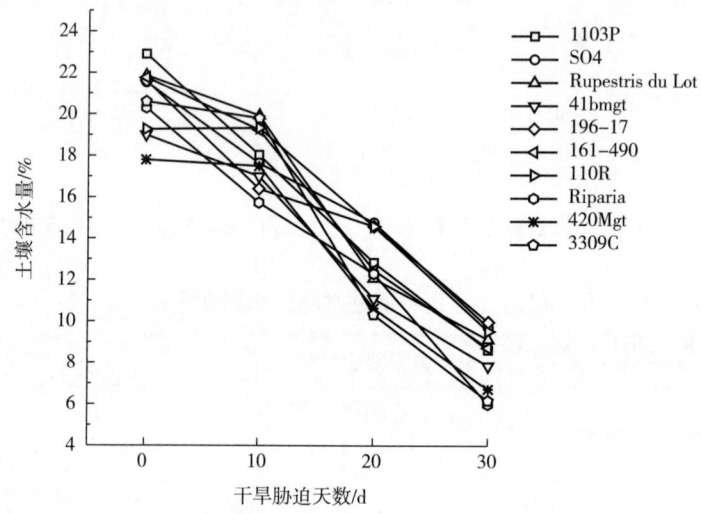

图4-2　干旱胁迫下不同葡萄砧木土壤含水量变化情况

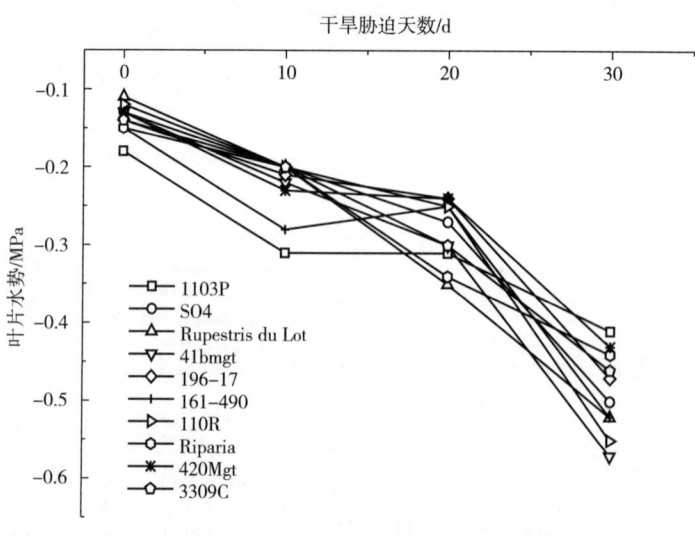

图4-3　干旱胁迫下不同葡萄砧木叶片水势变化情况

## 三、干旱胁迫对不同砧木净光合速率、丙二醛及脯氨酸含量的影响

净光合速率反映了植株光合作用的情况，干旱胁迫通过影响植株的水分吸收及$CO_2$的交换进而影响植株的光合作用。由表4-2可知，随着干旱胁迫的进行，不同葡萄砧木净光合速率总体呈下降趋势。干旱胁迫30d后，3309C净光合速率最大，显著高于其余9个品种，41bmgt品种净光合速率最低。表明3309C的叶片光合作用受到干旱胁迫影响小，而SO4的叶片光合作用受到干旱影响较大。

植物在逆境胁迫条件下会诱发膜脂过氧化，并积累过氧化的最终产物丙二醛，丙二醛含量常作为植物膜系统遭受伤害程度的指标。由表4-2可知，随着干旱胁迫的进行，不同葡萄砧木叶片中丙二醛含量总体呈上升趋势。SO4、Rupestris du Lot、41bmgt丙二醛含量显著高于其余砧木品种，196-17、161-490、Riparia、3309C丙二醛含量相对较低，其中Riparia丙二醛含量最低，表明前3个品种膜脂过氧化程度重，抗旱性较弱，后四个品种抗旱性较强。

脯氨酸可以增强蛋白质水合作用，对细胞结构、细胞运输及渗透压调节等起到维持平衡，避免因水分流失而使细胞遭受伤害。随着干旱胁迫的进行，各砧木品种叶片中脯氨酸含量均有不同程度增加（表4-2）。干旱胁迫30d后，196-17、3309C、110R、161-490脯氨酸含量增加幅度明显，196-17脯氨酸含量最高，表明196-17渗透调节能力最强，抗旱性较强。SO4、Rupestris du Lot、41bmgt、420Mgt 4个品种脯氨酸含量显著低于其余品种，表明渗透调节能力相对较弱，抗旱性较弱。

## 四、干旱胁迫对不同葡萄砧木可溶性蛋白含量和保护酶活性的影响

可溶性蛋白作为重要的一类蛋白质，亲水性很强，具有明显增强细胞持水能力、增加束缚水含量和原生质弹性等功能。随着干旱胁迫的进行，除Rupestris du Lot外，其余砧木品种均有不同程度增加（表4-3）。干旱胁迫30d后，196-17、161-490、420Mgt可溶性蛋白含量相对较高，420Mgt显著高于其余7个品种。SO4、Rupestris du Lot、41bmgt可溶性蛋白含量相对较低，Rupestris du Lot可溶性蛋白含量较胁迫前下降了约2.7%，显著低于其余砧木品种，表明420Mgt抗旱性强，Rupestris du Lot抗旱性弱。

保护酶系统包括超氧化物歧化酶（SOD）、过氧化物酶（POD）、过氧化氢酶（CAT）等，它们协同作用催化植物体内超氧化物自由基、氢氧自由基、单态氧分解成$H_2O_2$和$O_2$，减少活性氧对植物组织的伤害。由表4-3可知随着干旱胁迫加剧，不同葡萄砧木叶片SOD、CAT活性均有不同程度增加。结果表明1103P、Riparia、420Mgt、196-17、3309C 5个品种的SOD活性较高，其中1103P、Riparia显著高于其余品种。

表4-2 干旱胁迫对不同葡萄砧木净光合速率、丙二醛和脯氨酸含量的影响

| 品种 | 净光合速率/[mmol/(m²·s)] | | | | 丙二醛含量/(μmol/g) | | | | 脯氨酸含量/(μg/g) | | | |
| --- | --- | --- | --- | --- | --- | --- | --- | --- | --- | --- | --- | --- |
| | 0d | 10d | 20d | 30d | 0d | 10d | 20d | 30d | 0d | 10d | 20d | 30d |
| 1103P | 8.87[b] | 7.77[abc] | 5.63[c] | 5.54[b] | 3.53[c] | 3.77[cd] | 4.22[cde] | 4.27[abc] | 23.38[bcd] | 26.67[cd] | 31.12[c] | 42.62[cd] |
| SO4 | 9.07[b] | 7.17[bcd] | 6.16[abc] | 5.37[b] | 4.19[a] | 4.44[ab] | 4.97[ab] | 5.17[a] | 24.24[bcd] | 26.05[cd] | 30.37[c] | 35.00[e] |
| Rupestris du Lot | 7.96[bc] | 7.52[abc] | 6.77[ab] | 5.01[bc] | 3.31[c] | 4.39[a] | 4.73[abc] | 5.07[a] | 23.20[bcd] | 24.46[d] | 30.36[c] | 33.88[e] |
| 41bmgt | 7.23[c] | 5.87[e] | 4.04[d] | 4.67[c] | 4.41[a] | 4.92[a] | 5.04[a] | 5.20[a] | 25.85[bc] | 34.73[b] | 35.12[c] | 39.68[de] |
| 196-17 | 10.67[a] | 8.40[a] | 6.82[ab] | 5.61[b] | 3.57[c] | 3.94[bcd] | 3.86[de] | 3.88[bc] | 25.15[bc] | 34.73[b] | 32.98[c] | 56.57[a] |
| 161-490 | 7.18[c] | 7.96[ab] | 6.61[ab] | 5.10[bc] | 3.37[c] | 3.76[cd] | 3.91[de] | 3.95[bc] | 22.14[cd] | 25.77[cd] | 41.55[b] | 52.38[ab] |
| 110R | 8.77[b] | 6.73[cde] | 6.47[abc] | 4.97[bc] | 4.12[ab] | 4.29[bc] | 4.40[bcd] | 4.61[ab] | 19.75[d] | 24.52[d] | 42.89[ab] | 54.89[a] |
| Riparia | 8.17[bc] | 6.30[de] | 5.60[c] | 5.26[b] | 3.44[c] | 3.98[bcd] | 4.13[cde] | 3.52[c] | 27.31[ab] | 34.52[b] | 42.51[ab] | 48.49[bc] |
| 420Mgt | 8.52[bc] | 7.83[abc] | 5.97[bc] | 5.52[b] | 3.72[bc] | 3.90[bcd] | 4.29[cde] | 4.53[ab] | 31.14[a] | 30.96[bc] | 31.82[c] | 36.23[e] |
| 3309C | 8.39[b] | 7.27[abcd] | 6.93[a] | 6.80[a] | 3.38[c] | 3.53[d] | 3.67[e] | 3.69[bc] | 21.68[cd] | 44.23[a] | 46.89[a] | 55.51[a] |

注：同一列中不同小写字母表示差异显著（$p<0.05$）。

表4-3 干旱胁迫对不同葡萄砧木可溶性蛋白含量和保护酶活性的影响

| 品种 | 可溶性蛋白含量(mg/g) | | | | SOD活性/(U/g) | | | | CAT活性（U/g) | | | |
|---|---|---|---|---|---|---|---|---|---|---|---|---|
| | 0d | 10d | 20d | 30d | 0d | 10d | 20d | 30d | 0d | 10d | 20d | 30d |
| 1103P | 2.22$^d$ | 3.27$^c$ | 3.35$^d$ | 6.28$^{bc}$ | 635.36$^{de}$ | 924.86$^{ab}$ | 924.91$^{abc}$ | 1038.86$^a$ | 11.65$^{bc}$ | 34.15$^b$ | 48.78$^a$ | 49.32$^a$ |
| SO4 | 3.49$^c$ | 3.13$^c$ | 6.24$^b$ | 5.16$^d$ | 757.05$^c$ | 704.53$^d$ | 896.68$^{abc}$ | 908.20$^c$ | 11.92$^{bc}$ | 34.15$^b$ | 29.00$^{bcd}$ | 34.15$^b$ |
| Rupestris du Lot | 4.13$^{abc}$ | 4.37$^b$ | 4.86$^c$ | 4.99$^d$ | 726.31$^c$ | 815.98$^c$ | 845.69$^c$ | 881.30$^c$ | 17.07$^{ab}$ | 51.22$^a$ | 28.40$^{bcd}$ | 17.34$^{cd}$ |
| 41bmgt | 4.05$^{abc}$ | 4.79$^b$ | 6.52$^{ab}$ | 5.71$^{cd}$ | 577.2$^e$ | 605.90$^e$ | 872.34$^{bc}$ | 887.71$^c$ | 6.23$^c$ | 18.16$^c$ | 29.27$^{bcd}$ | 7.05$^d$ |
| 196-17 | 4.26$^{abc}$ | 4.37$^b$ | 5.70$^{bc}$ | 6.85$^{ab}$ | 745.52$^c$ | 789.08$^{cd}$ | 947.91$^{ab}$ | 991.47$^{ab}$ | 20.87$^a$ | 34.96$^b$ | 43.63$^{ab}$ | 51.76$^a$ |
| 161-490 | 3.88$^{bc}$ | 4.96$^b$ | 6.09$^b$ | 6.73$^{ab}$ | 693.00$^{cd}$ | 836.47$^{bc}$ | 927.42$^{abc}$ | 938.95$^{bc}$ | 11.65$^{bc}$ | 22.49$^{bc}$ | 33.06$^{abcd}$ | 30.08$^b$ |
| 110R | 4.09$^{abc}$ | 4.83$^b$ | 7.32$^a$ | 6.46$^{bc}$ | 929.98$^a$ | 967.93$^a$ | 981.19$^a$ | 931.26$^{bc}$ | 12.20$^{bc}$ | 24.61$^{bc}$ | 39.02$^{ab}$ | 40.38$^{ab}$ |
| Riparia | 4.51$^{abc}$ | 4.63$^b$ | 5.59$^{bc}$ | 6.46$^{bc}$ | 940.23$^a$ | 943.53$^a$ | 977.74$^a$ | 1014.53$^a$ | 8.94$^c$ | 13.71$^c$ | 20.83$^{cd}$ | 27.91$^{bc}$ |
| 420Mgt | 5.10$^a$ | 5.81$^a$ | 6.22$^b$ | 7.47$^a$ | 839.03$^b$ | 845.34$^{bc}$ | 974.87$^a$ | 999.15$^{ab}$ | 20.32$^a$ | 17.74$^{bc}$ | 20.20$^d$ | 16.53$^{cd}$ |
| 3309C | 4.83$^{ab}$ | 4.86$^b$ | 5.73$^{bc}$ | 6.29$^{bc}$ | 938.95$^a$ | 944.65$^a$ | 960.72$^a$ | 987.62$^{ab}$ | 11.38$^{bc}$ | 26.27$^{bc}$ | 30.93$^{bcd}$ | 36.31$^b$ |

注：同一列中不同小写字母表示差异显著（$p<0.05$）。

SO4、41bmgt、Rupestris du Lot 3个品种SOD活性则相对较低,与其余品种差异达显著水平。196-17、1103P、110R的CAT活性较高,其中196-17、1103P两个品种与其余品种差异达到显著水平,41bmgt的CAT活性最低,与其余品种差异均达到显著水平。

### 五、干旱胁迫下不同砧木各生理指标相关性

由表4-4可知,干旱胁迫30d后,砧木净光合速率与叶片中丙二醛含量呈显著负相关($p<0.05$)。砧木叶片中丙二醛含量与脯氨酸含量及SOD活性均为极显著负相关($p<0.01$),与可溶性蛋白含量呈显著负相关($p<0.05$)。此外,脯氨酸含量与CAT活性呈显著正相关($p<0.05$),可溶性蛋白含量与SOD活性呈显著正相关($p<0.05$)。叶片水势与净光合速率、SOD活性和CAT活性呈正相关,与丙二醛含量、脯氨酸含量和可溶性蛋白含量呈负相关,但不显著。

表4-4 不同砧木各生理指标相关系数

| 品种 | 叶片水势 | 净光合速率 | 丙二醛含量 | 脯氨酸含量 | 可溶性蛋白含量 | SOD活性 | CAT活性 | 平均隶属度 | 抗旱位次 | 抗旱水平 |
|---|---|---|---|---|---|---|---|---|---|---|
| 1103P | 1.00 | 0.41 | 0.56 | 0.39 | 0.52 | 1.00 | 0.95 | 0.688 | 3 | HDR |
| SO4 | 0.32 | 0.33 | 0.02 | 0.86 | 0.07 | 0.17 | 0.61 | 0.222 | 8 | LDR |
| Rupestris du Lot | 0.12 | 0.16 | 0.08 | 0.00 | 0.00 | 0.00 | 0.23 | 0.083 | 10 | LDR |
| 41bmgt | 0.00 | 0.00 | 0.00 | 0.26 | 0.29 | 0.04 | 0.00 | 0.084 | 9 | LDR |
| 196-17 | 0.52 | 0.44 | 0.78 | 1.00 | 0.75 | 0.70 | 1.00 | 0.741 | 2 | HDR |
| 161-490 | 0.33 | 0.20 | 0.74 | 0.82 | 0.70 | 0.37 | 0.52 | 0.525 | 5 | MDR |
| 110R | 0.03 | 0.14 | 0.35 | 0.93 | 0.59 | 0.32 | 0.75 | 0.443 | 7 | MDR |
| Riparia | 0.70 | 0.28 | 1.00 | 0.64 | 0.59 | 0.85 | 0.47 | 0.646 | 4 | HDR |
| 420Mgt | 0.67 | 0.40 | 0.40 | 0.10 | 1.00 | 0.75 | 0.21 | 0.504 | 6 | MDR |
| 3309C | 0.57 | 1.00 | 0.90 | 0.95 | 0.52 | 0.67 | 0.65 | 0.753 | 1 | HDR |

## 六、不同葡萄砧木抗旱性隶属函数值

采用隶属函数法对干旱胁迫第30天各砧木叶片水势、净光合速率、丙二醛含量、脯氨酸含量、可溶性蛋白含量、SOD活性、CAT活性7项生理指标进行抗旱性综合评价（表4-5），根据平均隶属度得出抗旱性强的品种为1103P、196-17、Riparia、3309C；抗旱性中等的品种为110R、420Mgt、161-490；抗旱性弱的品种为SO4、Rupestris du Lot、41bmgt。依据平均隶属度各砧木品种抗旱位次依次为：3309C＞196-17＞1103P＞Riparia＞161-490＞420Mgt＞110R＞SO4＞41bmgt＞Rupestris du Lot。

表4-5　干旱第30d不同葡萄砧木抗旱性隶属值

|       | $X_1$     | $X_2$      | $X_3$     | $X_4$     | $X_5$    | $X_6$ | $X_7$ |
|-------|-----------|------------|-----------|-----------|----------|-------|-------|
| $X_1$ | 1         |            |           |           |          |       |       |
| $X_2$ | -0.556*   | 1          |           |           |          |       |       |
| $X_3$ | 0.368     | -0.745**   | 1         |           |          |       |       |
| $X_4$ | 0.248     | -0.620*    | 0.494     | 1         |          |       |       |
| $X_5$ | 0.541     | -0.757**   | 0.366     | 0.681*    | 1        |       |       |
| $X_6$ | 0.426     | -0.488     | 0.596*    | 0.234     | 0.541    | 1     |       |
| $X_7$ | 0.285     | -0.141     | -0.356    | -0.104    | 0.325    | 0.05  | 1     |

注：*表示相关性显著（$p<0.05$）；**表示相关性极显著（$p<0.01$）。

## 第三节　讨论

西北地区冬春季节气温低，雨雪少，空气干燥且风沙天气较多，是果树枝条抽干的主要因素。枝条抽干主要是因为枝条过度失水引起的。在冬季气候寒冷时植株极易丧失水分，表皮细胞发生质壁分离，从而引起枝条干枯皱死。此外，早春季节土壤解冻迟，气温升高快，地上部分丧失水分较多，而根部不能及时供应树体，也会导致枝干发生抽干现象。葡萄根系是抗寒性最弱的器官，其抗寒性决定了葡萄能否安全越冬，冬季寒冷会直接对植株根系造成损伤并且伤害会持续到次年春季萌芽，使植株根系的吸水能力下降，最终导致植株水分供应不足，上部枝条抽干。通过对桑葚的研究指出，不同品种果桑抗抽干能力存在巨大差异，在栽培过程中选用抗抽干强的砧木，不但可以提高葡萄的抗抽干能力，而且对提高葡萄产量和改善果实品质具有重要的作用。本研究结果表明，3309C的枝条萌芽率最高，说明3309C的根系耐寒性较强且枝条抗抽干能力强，保证了植株次年春季枝条正常萌芽，表明3309C抗抽干及抗寒性强于其余品种。

抗旱性是评价砧木抗逆性的一个重要指标。干旱胁迫下，植株根系是第一个感知和发出缺水信号的器官，从而诱导根系合成渗透调节物质，以应对外界水分的限制。本研究结果表明干旱胁迫下1103P、Riparia、3309C叶片水势较其余品种降低程度小，说明这3个品种在干旱胁迫下，根系吸水及植株保水能力强，抗旱性强。通过相关性分析发现，净光合速率与丙二醛含量呈极显著负相关，表明干旱胁迫下葡萄叶片膜脂过氧化严重，细胞膜生理功能受损，抑制了叶片光合作用的正常进行，砧木叶片中丙二醛含量与其余生理指标之间呈负相关，其中与脯氨酸含量和SOD活性呈极显著相关。说明抗旱性强的品种在干旱胁迫下，保护酶的活性迅速增加以抑制细胞膜内丙二醛的积累，同时体内渗透调节物质游离脯氨酸含量也显著增加。

单一指标评价抗旱性很难符合实际情况，许多研究通常采用多指标与多种方法相结合的方式综合评价植株的抗旱性。本研究利用隶属函数法综合评价各项生理指标，结果表明3309C、196-17、1103P、Riparia抗旱性强，其中3309C位次第一，抗旱性最强，且抗抽干能力也强于其余品种，196-17次之。161-490、110R、420Mgt抗旱性中等。SO4、41bmgt、Rupestris du Lot受到干旱胁迫影响较大，各项指标平均隶属值低于其余品种，抗旱性弱且抗抽干能力也较弱，四种葡萄砧木抗旱性的鉴定表明1103P抗旱性最强，而SO4抗旱性最弱。然而，仍有对部分砧木抗逆性的鉴定与本研究结果不同，这可能是由于实验材料、方法及环境不同引起的。

## 第四节　小结

供试的10种葡萄砧木：

抗抽干性依次为：3309C＞161-490＞196-17＞420Mgt＞Riparia＞1103P、110R、SO4、41bmgt、Rupestris du Lot。

抗旱性依次为：3309C＞196-17＞1103P＞Riparia＞161-490＞420Mgt＞110R＞SO4＞41bmgt＞Rupestris du Lot。

综上，3309C和196-17抗抽干能力及抗旱性均强于其余品种，可作为免埋土葡萄砧木使用，适合在西北地区推广与应用。

# 第五章 不同葡萄砧木耐盐性比较研究

葡萄是落叶藤本植物,是重要的全球性经济果树,分布十分广泛,葡萄也是宁夏最具区域优势的特色产业之一。宁夏贺兰山东麓葡萄产区作为我国重要的葡萄产区,由于引用黄河水灌溉,土壤水分蒸发量大等问题,造成土壤盐渍化也越来越明显,这制约着宁夏葡萄产业的可持续发展。据统计,宁夏灌溉区共有盐渍化土地275万亩,约占全区总面积的21.9%。盐胁迫是限制作物生长的一个重要因素,盐胁迫会限制植物根组织从土壤中吸取水分,造成植物干旱胁迫。若植物外排有毒离子能力差,则会造成植物离子毒害,并且使植物体内产生过量活性氧,引起代谢紊乱,最终造成植株程序性死亡。近年来,随着砧木嫁接栽培技术的发展,选用抗性优良的葡萄砧木不仅可以提高葡萄品种的抗逆性,而且可以提高葡萄果实品质。本研究以13种葡萄砧木(贝达,5BB,101-14,110R,188-08,3309C,140R,Valiant,山河2号,B.R.No.2,Dogridge,香槟尼,5C。)为试材,通过研究对比盐胁迫下13种不同葡萄砧木的生长以及生理生化变化规律,筛选耐盐砧木并对砧木抗盐机理进行初步探讨,为宁夏盐渍化地区选取优良砧木提供理论依据。

## 第一节 材料与方法

### 一、实验材料与处理

本实验于宁夏银川市永宁县玉泉营农场国家葡萄产业体系水分生理与节水栽培岗位实验基地的避雨大棚中进行。实验材料为13种一年生葡萄砧木,砧木由河北省农林科学院昌黎果树研究所(以下简称"昌黎研究所")提供。本实验为盆栽实验,2020年5月9日将供试砧木留两芽修剪,根系剪留5cm左右蘸适量生根粉进行定植,定植于底径200mm,顶径280mm,高200mm的塑料花盆中。定植基质为蛭石、珍珠岩(1:1,体积比),每盆一株,基质含量为8L,花盆底下放置托盘以防溶液外渗,防止污染环境,定植后灌透水,砧木发芽后定期浇灌1/2浓度的霍格兰(Hoagland's)营养液,待砧木长至20片完全展开叶后,选取9株长势一致的苗木进行盐胁迫处理,每3株为一个生物学重复。用含

100mmol/L NaCl的1/2霍格兰营养液浇灌组（SALT），记为实验处理的第一天，随后每三天浇灌一次，每次1L。对照组浇灌相同体积的不含NaCl的1/2霍格兰营养液（CK），持续处理6次。实验期间的平均最低和最高气温分别为24.2℃和37.5℃，平均最低和最高相对湿度分别为32.5%和55.2%，平均日照时间为12.6h。实验结束时，栽培基质基本理化指标如表5-1所示。

表5-1  土壤基质基本指标

| 基质含水量/% | | 基质电导率（EC）/（mS/cm） | | 基质pH | |
|---|---|---|---|---|---|
| CK | $42.75 \pm 1.53^a$ | CK | $1.24 \pm 0.28^b$ | CK | $7.04 \pm 0.07^a$ |
| SALT | $39.51 \pm 0.94^a$ | SALT | $4.89 \pm 0.53^a$ | SALT | $6.89 \pm 0.14^a$ |

注：数据为平均值±标准误（SD），不同小写字母表示差异有显著性（$p<0.05$），余同。

## 二、指标测定与方法

盐害级数测定评级：1级为叶片出现少量褐斑；2级为叶片出现大量褐斑，部分叶尖或叶缘焦萎呈片状褐斑或轻度落叶；3级为大部分叶缘焦萎或出现严重落叶；4级为叶落，枝条枯死，最终死亡，盐害指数计算公式如下所示。

盐害指数（%）=∑（盐害级数×相应盐害级数植株数）/（总株数×盐害最高级数）×100%

耐盐性分级标准见表5-2。

表5-2  耐盐性分级标准

| 级数 | 耐盐性分级 | 盐害指数 |
|---|---|---|
| 1 | 高抗盐 | 0~20 |
| 2 | 抗盐 | 20.1~40 |
| 3 | 中抗盐 | 40.1~60 |
| 4 | 盐敏感 | 60.1~80 |
| 5 | 盐高敏感 | 80.1~100 |

生长量的测定：分别于盐胁迫处理第1天和第20天，用卷尺测量新梢基部至新梢顶端的长度，用游标卡尺测定新梢基部即地上1cm处的粗度，每个指标重复3次。

叶片含水量测定：于实验处理开始的第1、7、15d取各品种砧木相同节位的叶片和根系，洗净擦干，称取并记录鲜重（$W_f$，g），然后放入盛有蒸馏水的自封袋中浸泡，于4℃冰箱中放置24h后，取出擦干，称取并记录其饱和鲜重（$W_t$，g），置于烘箱中105℃杀青15min，于65℃烘干24h后称取其干重（$W_d$，g）。用以下公式计算相对含水量（RWC）。

$$RWC(\%) = (W_f - W_d)/(W_t - W_d) \times 100\%$$

叶片SPAD值：每次胁迫处理时进行测定，使用便携式叶绿素测定仪（SPAD-502）测定各品种叶片的叶绿素含量，并计算相对值（SPAD值）。测定时兼顾叶片中部及边缘部位，每个叶片测6次，重复三次。

光合指标测定：每次胁迫处理时采用3051D型植物光合测定仪（浙江托普云农科技股份有限公司）对各品种进行光合指标的测定，测量时间为上午9：00—11：00，测定时取相同叶位的功能叶，并且测定时各被测叶片位于相对一致的光照条件下。

相对电导率测定方法：于盐胁迫处理的第3、6、9、12、15、18天取各砧木叶片进行叶片相对电导率的测定。取样后用蒸馏水洗净擦干叶片，然后用打孔器打取直径5mm的叶片，注意打孔时避开主脉，每个品种取20片小圆片，将打好的叶片放入有20mL蒸馏水的离心管中，浸泡4h。浸泡结束后用雷磁DDS-307型电导率仪测定溶液的电导率，记为$R_1$。将离心管放入沸水浴中加热15min，待溶液冷却至室温时测定溶液电导率，记为$R_2$，重复3次。相对电导率（RWC）计算公式如下所示。

$$RWC(\%) = R_1/R_2 \times 100\%$$

丙二醛（MDA）测定方法：称取新鲜叶片和根系 0.2g，用3mL 1g/L三氯乙酸研磨成匀浆，定容至10mL。提取液用低温离心机离心，转速为5000r/min，离心10min。吸取1.5mL上清液，加入1.5mL 5g/100mL硫代巴比妥酸溶液，混匀后100℃水浴反应20min后迅速冷却，5000r/min 离心10min 后取上清液分别于450nm、532nm 和600nm下比色，用以下公式计算MDA含量。

$$c(\mu mol/L) = [6.452 \times (OD_{532} - OD_{600}) - 0.559 \times OD_{450}] \times 10/(1.5 \times FW)$$

超氧阴离子浓度$O_2^-$参照高俊凤《植物生理学实验指导》（221~222页）进行测定。过氧化氢浓度参照付晴晴的方法，可溶性蛋白含量参照高俊凤《植物生理学实验指导》（142页）进行测定。

可溶性糖含量的测定方法为蒽酮硫酸法、脯氨酸含量的测定参照M.FOZOUNI、SOD活性用南京建成试剂盒按照说明书进行测定，试剂盒货号A001-1、POD活性参照李成龙等方法进行测定。

$Na^+$，$K^+$，$Ca^{2+}$，$Mg^{2+}$离子采用火焰原子吸收光谱法测定。

$Cl^-$采用试剂盒说明书指示测定，试剂盒购于南京建成生物工程研究所（货号C003-1-1）。

离子选择性运输系数$S_{X, Na^+}$计算公式如下所示。

$$S_{X, Na^+}(根-叶) = X_{Na^+}(叶)/X_{Na^+}(根)$$

式中　X——对应元素的含量（单位依试验确定）

### 三、数据处理

Microsoft excel 2016记录整理数据及绘图，DPS软件进行方差分析，采用LSD方法进行差异显著性检验。

## 第二节　结果与分析

### 一、盐胁迫对13种葡萄砧木生长表现的影响

各品种砧木耐盐性不同。盐胁迫处理20d后，对各砧木进行耐盐性评价，通过盐害指数可以看出：NaCl盐胁迫处理后各砧木品种均表现出不同程度的盐害症状，并且品种间差异显著。其中，110R、101-14盐害指数较小，为高抗盐性品种；5BB、香槟尼、Dogridge为抗盐品种；贝达、B.R.NO.2、5C为中抗盐品种；Valiant、山河2号盐害指数较大，为盐敏感品种；188-08、3309C、140R盐害指数最大，为盐高敏感品种。由砧木外观表现可以看出：各砧木的耐盐性差异明显，直至胁迫处理结束，188-08、3309C、140R、Valiant的处理组叶片近乎完全脱落，且砧木生长受到显著抑制，说明其抗盐性极弱；贝达、5BB、B.R.No.2、Dogridge有少部分叶片脱落，大部分叶片出现褐斑、叶缘卷枯现象，耐盐性较弱。香槟尼、5C有较少的叶片出现叶缘卷枯现象，耐盐性较好。101-14、110R抗盐性最好，除生长量较CK有所减少外，叶枯现象最少，说明其耐盐性较强。各品种葡萄砧木的盐害指数见表5-3。

表5-3　各品种葡萄砧木的盐害指数

| 砧木品种 | 盐害指数 | 盐害分级 |
| --- | --- | --- |
| 贝达 | 0.51 | 3 |
| 5BB | 0.30 | 2 |
| 101-14 | 0.19 | 1 |
| 110R | 0.15 | 1 |
| 188-08 | 0.89 | 5 |
| 3309C | 1.00 | 5 |

续表

| 砧木品种 | 盐害指数 | 盐害分级 |
| --- | --- | --- |
| 140R | 1.00 | 5 |
| Valiant | 0.64 | 4 |
| 山河2号 | 0.75 | 4 |
| B.R.No.2 | 0.57 | 3 |
| Dogridge | 0.28 | 2 |
| 香槟尼 | 0.35 | 2 |
| 5C | 0.47 | 3 |

盐胁迫下葡萄砧木的盐害表现见图5-1。

盐胁迫对葡萄砧木茎粗增加量的影响如图5-2（1）所示。13种葡萄砧木在盐胁迫处理后茎粗增加量差异显著。除B.R.NO.2和香槟尼茎粗增加量略大于CK之外，其余品种茎粗增加量均是CK大于盐胁迫处理。其中101-14、188-08、140R、5C、Dogridge显著低于CK。Valiant在胁迫处理后茎粗增加量最大（0.86cm），山河2号次之（0.76cm）；茎粗增加量最小的是5C（0.12cm）和5BB（0.13cm）。盐胁迫对葡萄砧木梢长增加量的影响如图5-2（3）所示：13种葡萄砧木在盐胁迫处理20d后梢长增加量差异显著，其中CK与品种之间差异均达显著水平。盐胁迫处理显著降低了贝达、5BB、101-14、Valiant、山河2号、B.R.No.2和5C的梢长增加量。110R、188-08、3309C、101-14、140R、香槟尼等梢长增加量较CK减弱较小。NaCl胁迫处理下梢长增加最多的品种是188-08（53.15cm），Dogridge次之（50.41cm）；生长量增加最少的是贝达（12.75cm）和Valiant（28.17cm）。

盐胁迫对葡萄砧木节间增加量的影响如图5-2（2）所示。盐胁迫处理20d后，13种葡萄砧木的节间增加量差异显著。除香槟尼（11节）节间增加量显著大于其CK组之外，其余砧木的节间增加量在盐胁迫下显著降低，其中101-14、188-08和Dogridge节间增加量较CK组差异不显著。盐胁迫下，节间增加量最少的砧木品种是贝达和山河2号（分别为3节和4节），节间增加量最多的品种是香槟尼、3309C和101-14（分别为11节、10节、10节）。盐胁迫对葡萄砧木平均节间长度的影响见图5-2（4）。盐胁迫处理后，各品种砧木的平均节间长度有所不同，盐胁迫降低了大部分葡萄砧木的平均节间长度。盐胁迫下，101-14和5C的平均节间长度较CK分别减少了22.30%、10.43%。贝达、Valiant和188-08的平均节间长度在盐胁迫下增加，较CK分别增加了15.81%、7.33%和6.17%。其余品种在盐胁迫下，平均节间长度较对照均有所下降，降幅在5.37%~6.14%。

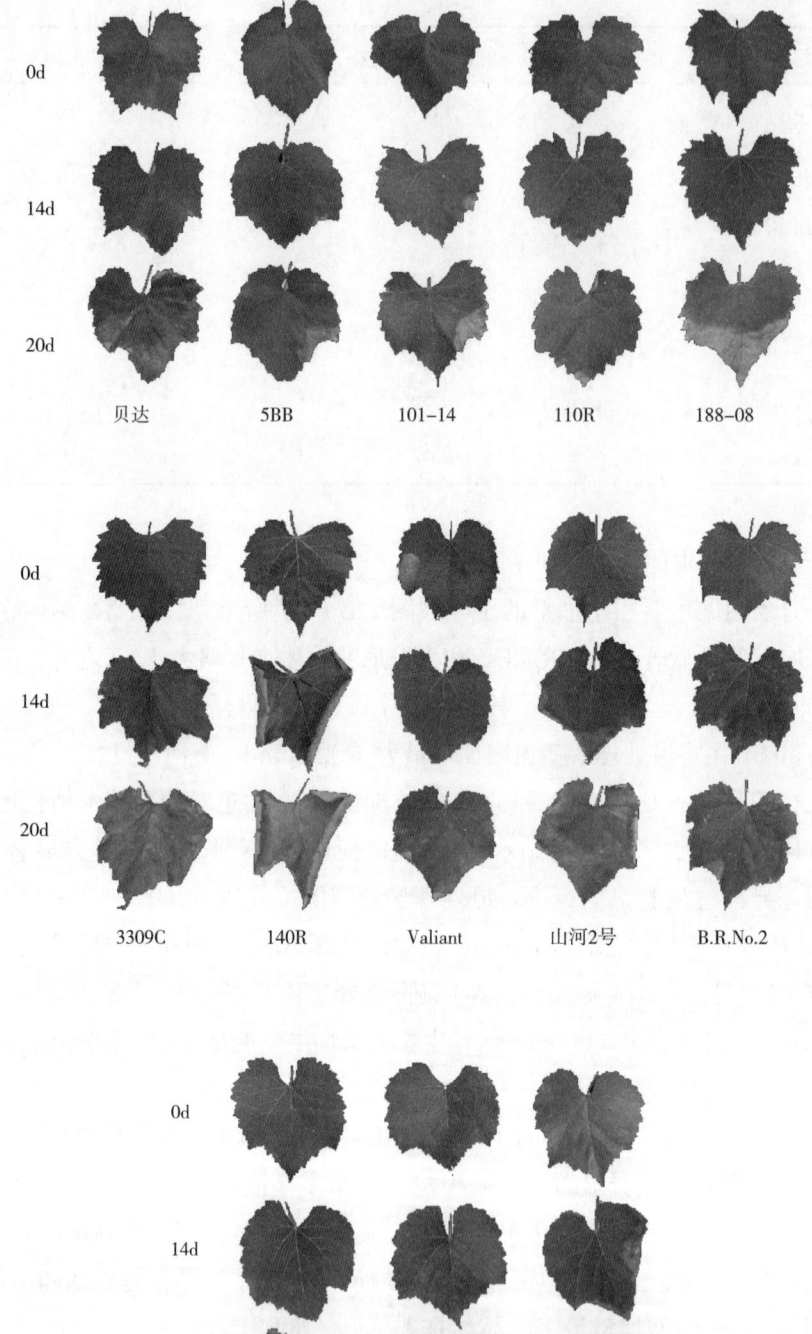

图5-1 盐胁迫下葡萄砧木的盐害表现

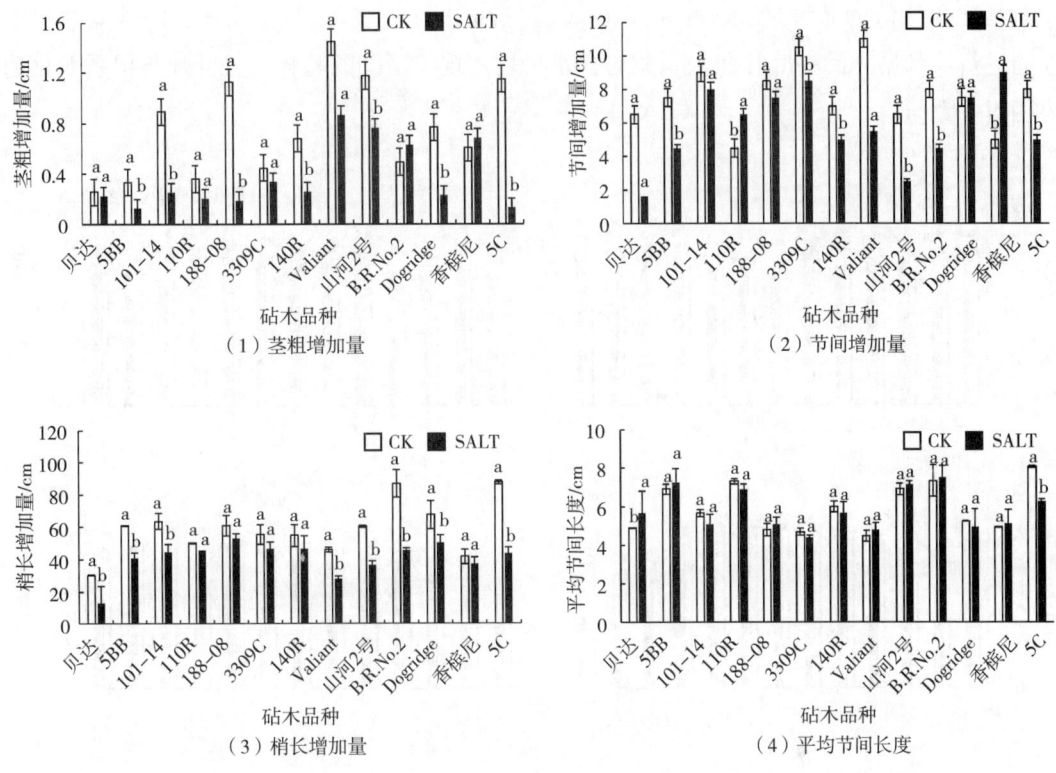

**图5-2 盐胁迫对葡萄砧木生长量的影响**

注：小写字母表示处理与对照相比具有显著性（$p \leq 0.05$），余同。

## 二、盐胁迫对13种葡萄砧木相对含水量的影响

由图5-3可知，随着盐胁迫处理天数的增加，各品种砧木叶片和根系相对含水量显著下降且不同品种间差异显著（$p<0.05$）。盐胁迫处理1d后，香槟尼叶片相对含水量较CK有所下降，而根系相对含水量则与CK差异不显著，且部分品种砧木相对含水量略高于CK。盐胁迫处理7天后，大部分砧木叶片相对含水量显著低于CK，其中山河2号和香槟尼相对含水量下降最为显著，较CK分别下降了9.68%和16.46%；贝达、101-14、Valiant和5C与CK差异不显著。根系与叶片表现出相同的变化趋势，大部分品种根系相对含水量仍保持在较高水平。其中，贝达和5C根系相对含水量显著低于CK（76.1%，81.57%）。盐胁迫处理15d后，贝达、110R、5C叶片相对含水量与CK均维持在较高水平，叶片相对含水量分别为88.16%、86.16%和89.82%；而188-08、3309C和140R叶片相对含水量降幅明显，分别降至78.89%、70.67%、68.05%。此时，根系相对含水量均显著下降，其中，除贝达、山河2号、B.R.No.2相对含水量较高外，其余品种根系相对含水量在81.80%～85.77%，

相对含水量最低的品种是3309C和110R（67.94%和71.61%）。综上所述，随着盐胁迫处理的进行，各砧木品种叶片和根系相对含水量均表现出下降的趋势，且叶片与根系变化趋势相对一致。

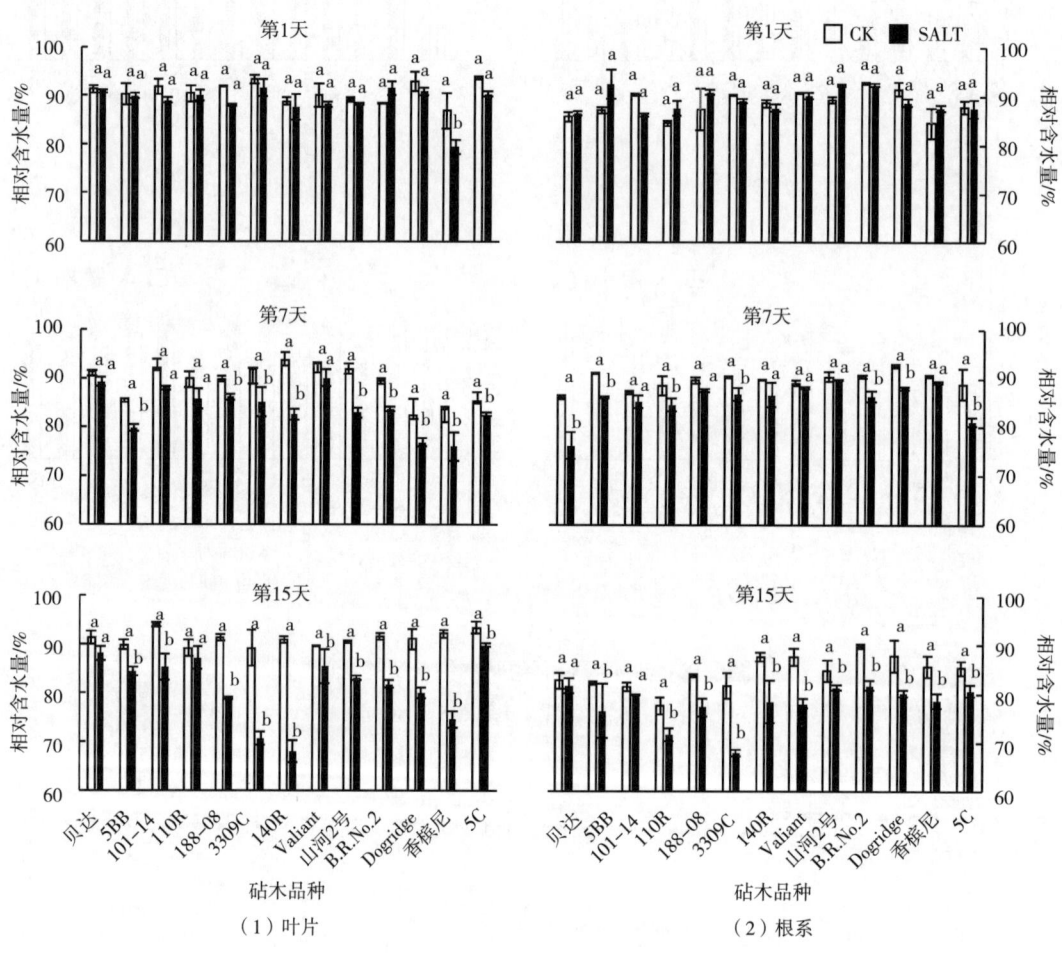

图5-3 盐胁迫对不同葡萄品种砧木叶片和根系相对含水量的影响

## 三、盐胁迫对13种葡萄砧木叶片SPAD值的影响

如图5-4所示，随着盐胁迫处理的进行，CK叶片的SPAD值逐渐增大，而盐胁迫则降低了各葡萄砧木叶片的SPAD值，胁迫处理后期差异显著。盐胁迫处理15d后，188-08、3309C和140R的SPAD值显著降低，较CK降幅在65.10%～69.05%。结果表明，盐胁迫处理严重地抑制了葡萄砧木叶片叶绿素的合成，并加速了叶绿素的降解。

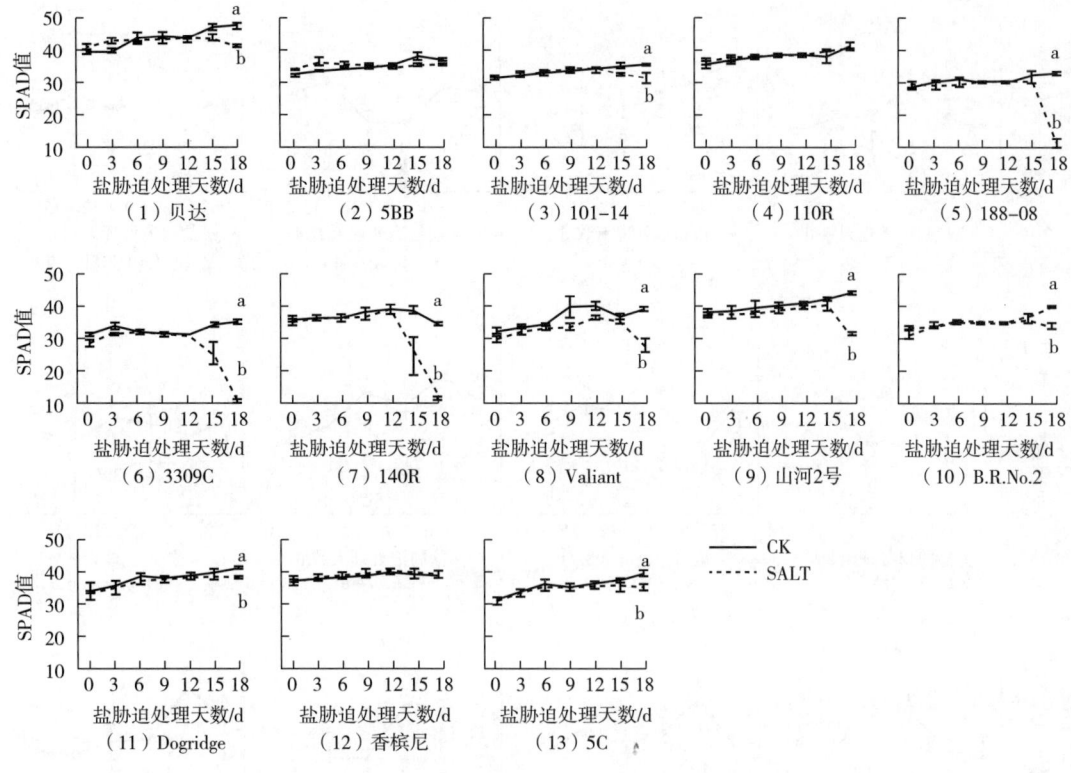

图5-4 盐胁迫对葡萄砧木叶片SPAD值的影响

## 四、盐胁迫对13种葡萄砧木叶片光合参数的影响

如图5-5所示,盐胁迫显著降低了各品种砧木的净光合速率($P_n$),且随着盐胁迫处理时间的增加,抑制作用也随之增强。盐胁迫处理前期贝达和B.R.No.2可维持较高的$P_n$,而其余品种均显著低于CK。随着盐胁迫处理的进行,5BB、3309C、140R、香槟尼等砧木品种$P_n$呈波动下降的变化趋势。直至盐胁迫处理结束,3309C和140R的$P_n$近乎为0μmol $CO_2/(m^2 \cdot s)$。与CK相比$P_n$降幅较大的是5BB、3309C、140R、B.R.No.2,降幅均达90%以上;降幅较小的是110R和Dogridge。

如图5-6所示,在盐胁迫下,各品种砧木的蒸腾速率呈逐渐降低的趋势且13种砧木蒸腾速率显著低于CK。盐胁迫处理6d,5BB、110R、香槟尼的蒸腾速率有上升趋势,说明低盐胁迫可以提高部分品种砧木的蒸腾速率,即耐盐性强的砧木品种可以通过增强叶片蒸腾速率,加强根系吸收水分和养分的能力,提高砧木在低盐胁迫下的生长能力。110R、188-08、Valiant等砧木品种蒸腾速率略高于其他品种,且较CK组降幅较小,但随着盐胁迫处理的进行,后期也降至较低水平。盐胁迫处理18d后,110R和101-14仍有

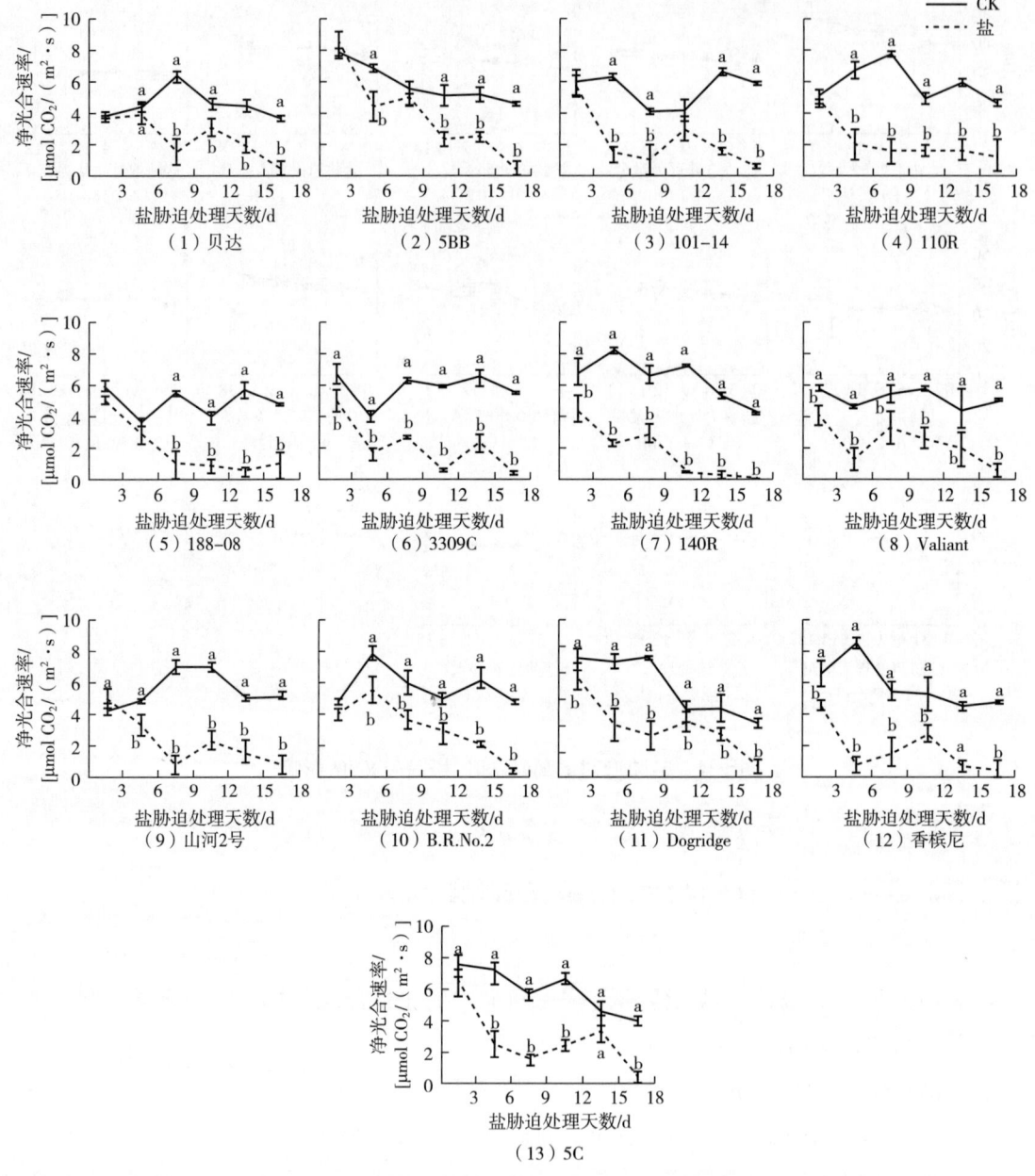

**图5-5 盐胁迫对葡萄砧木净光合速率的影响**

较高的蒸腾速率［分别为0.52mol $H_2O$/($m^2·s$)和0.4mol $H_2O$/($m^2·s$)］,3309C和140R蒸腾速率则降至最低［分别为0.058mol $H_2O$/($m^2·s$)和0.084mol $H_2O$/($m^2·s$)］。结果表明在持续的盐胁迫下，植物通过降低蒸腾速率，减小蒸腾拉力进而减少离子的摄入，保持其在盐渍环境中的生存能力。

如图5-7所示，盐胁迫处理显著降低了各砧木品种的气孔导度，且品种间差异显著。盐胁迫处理前期，110R、3309C、山河2号和香槟尼的气孔导度高于CK，但随

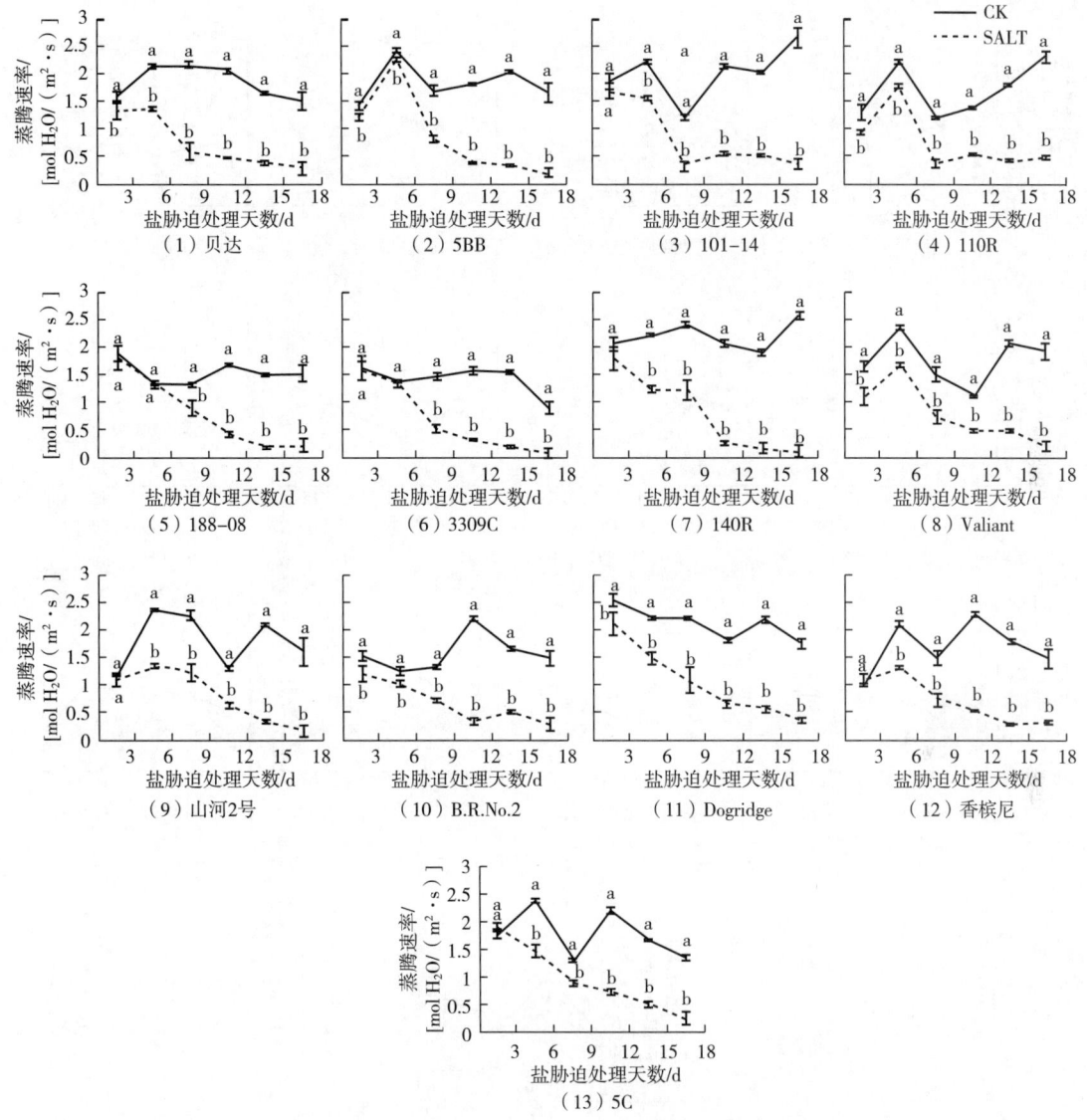

图5-6 盐胁迫对葡萄砧木蒸腾速率的影响

着盐胁迫的进行,各品种气孔导度均显著低于CK,其中3309C、Valiant、山河2号和Dogridge呈波动下降的变化趋势。盐胁迫处理18d后,气孔导度降低最多的品种为140R和5C,较CK分别下降了90.38%和78.64%,此时3309C和140R的气孔导度几乎为0mol $H_2O/(m^2·s)$,表明其受盐胁迫危害较重,耐盐性较差。气孔导度小影响了气体交换,进而影响叶片的光合作用,导致有机物质积累减少。盐胁迫下,气孔导度较CK降幅较小的是贝达和5BB(降幅分别为17.18%和23.03%)。在盐胁迫处理18d后,101-14、贝达、山河2号等仍保持了较高的气孔导度,说明其受盐害影响较小,耐盐性较强。

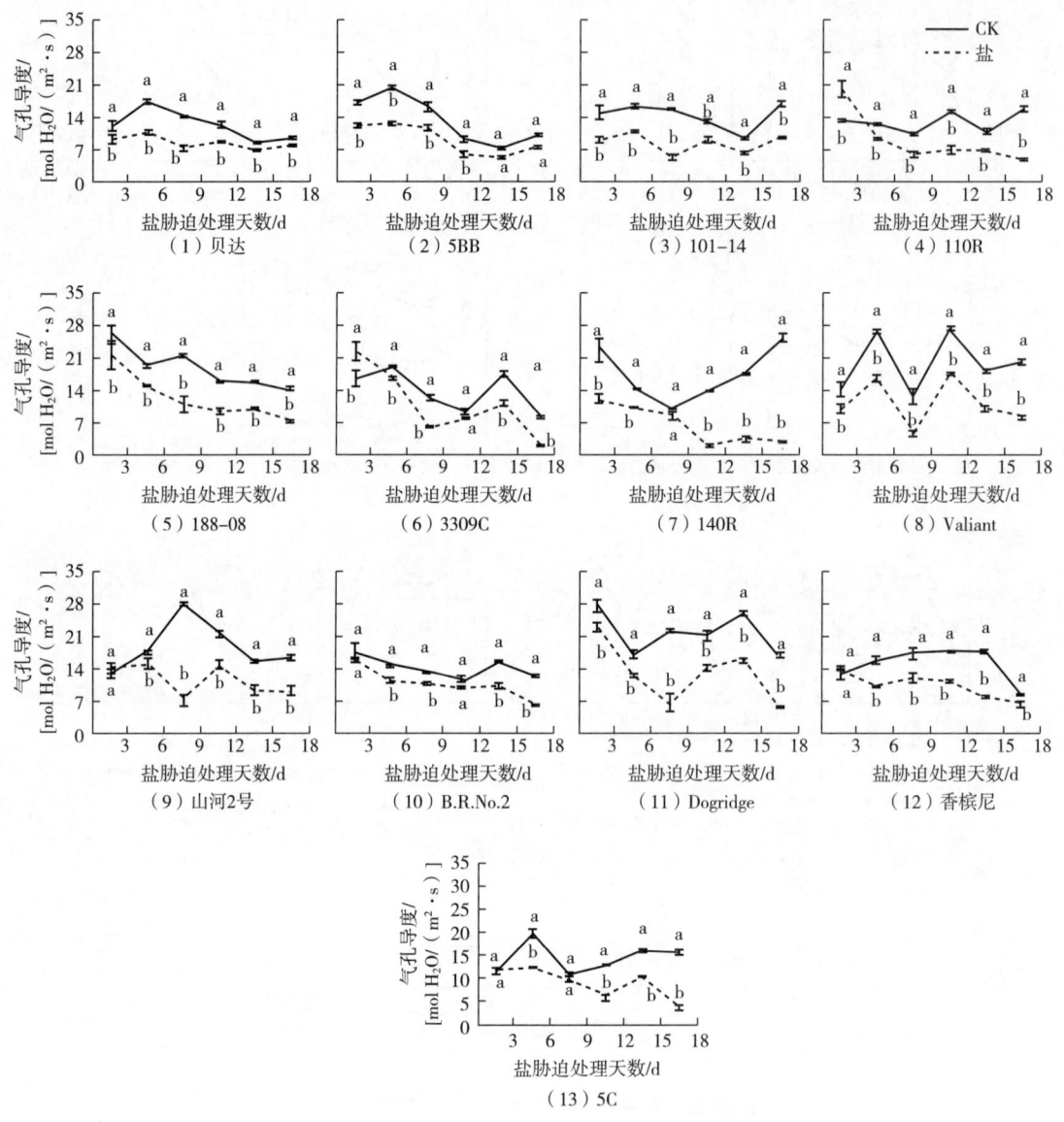

图5-7 盐胁迫对葡萄砧木气孔导度的影响

如图5-8所示,盐胁迫下各品种砧木的水分利用率呈先升高后降低的变化趋势。盐胁迫处理前期,水分利用率较高的品种有贝达、5BB、Valiant和香槟尼。盐胁迫处理后期,110R、188-08、3309C、山河2号和Dogridge的水分利用率有升高趋势,盐胁迫处理结束时,各品种水分利用率均显著低于CK。各品种水分利用率较CK降幅在56.87%~90%。由水分利用率的数据可以看出:低浓度的盐胁迫处理可以提高砧木叶片的水分利用率,但是持续的盐胁迫处理会使植物吸水受阻、受损,叶片光系统受到迫害,水分利用率降低,最终导致光合速率下降。

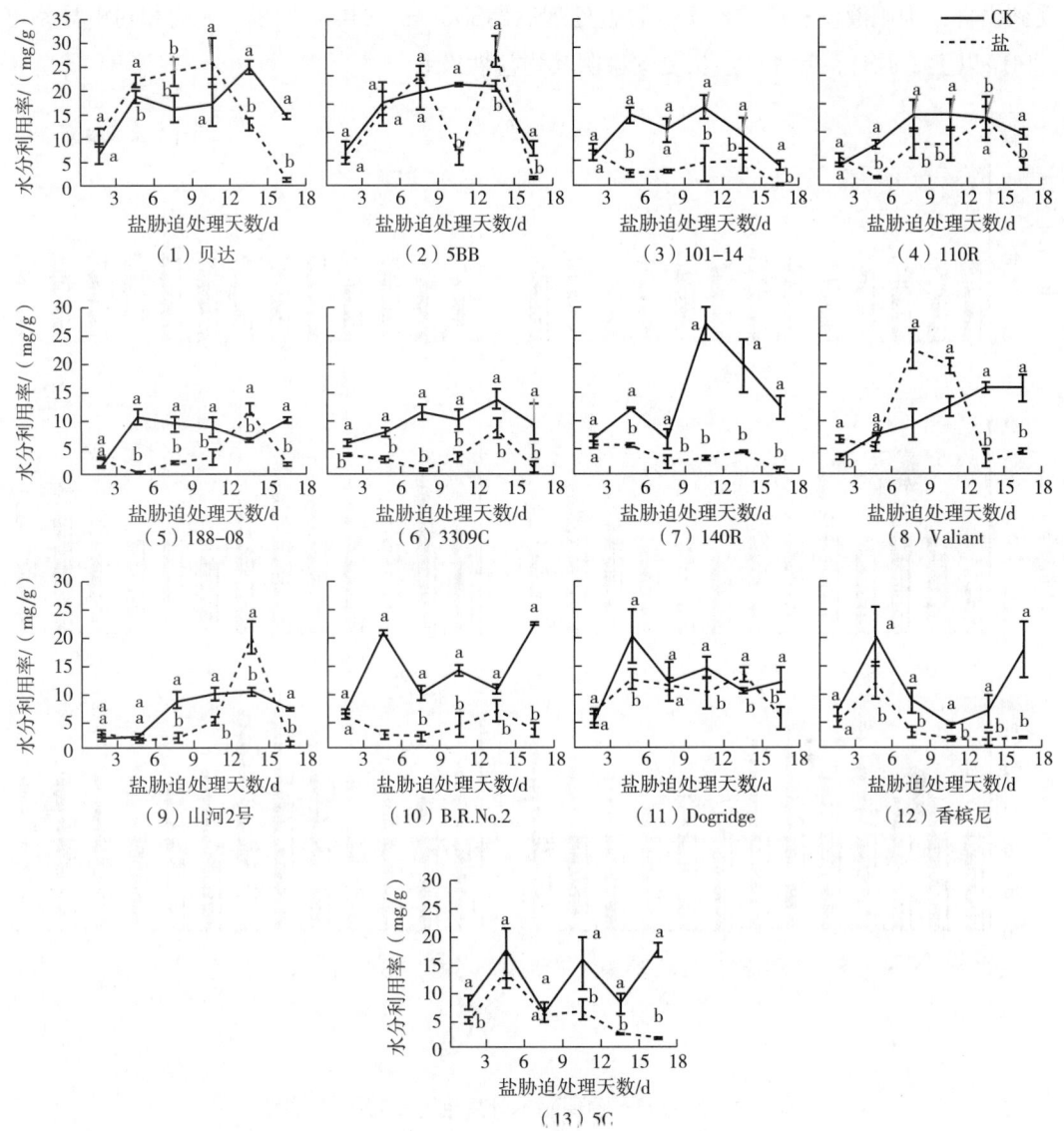

图5-8　盐胁迫对葡萄砧木水分利用率的影响

## 五、盐胁迫对13种葡萄砧木叶片相对电导率的影响

由图5-9可知，盐胁迫处理后，各砧木叶片相对电导率呈逐渐增加的变化趋势。盐胁迫处理前期，叶片相对电导率较高的是的101-14、山河2号和Dogridge，分别为51.17%、47.67%、50.87%。盐胁迫处理中期，除贝达、Valiant外其余品种的叶片相对电导率均显著高于同期CK，且3309C、140R的叶片相对电导率高达80%以上，表明其叶片细胞膜已

受到损害，细胞液渗透严重。至盐胁迫处理后期3309C、140R和188-08的相对电导率已达90%以上。此时，叶片已经枯萎，说明其耐盐性极差。

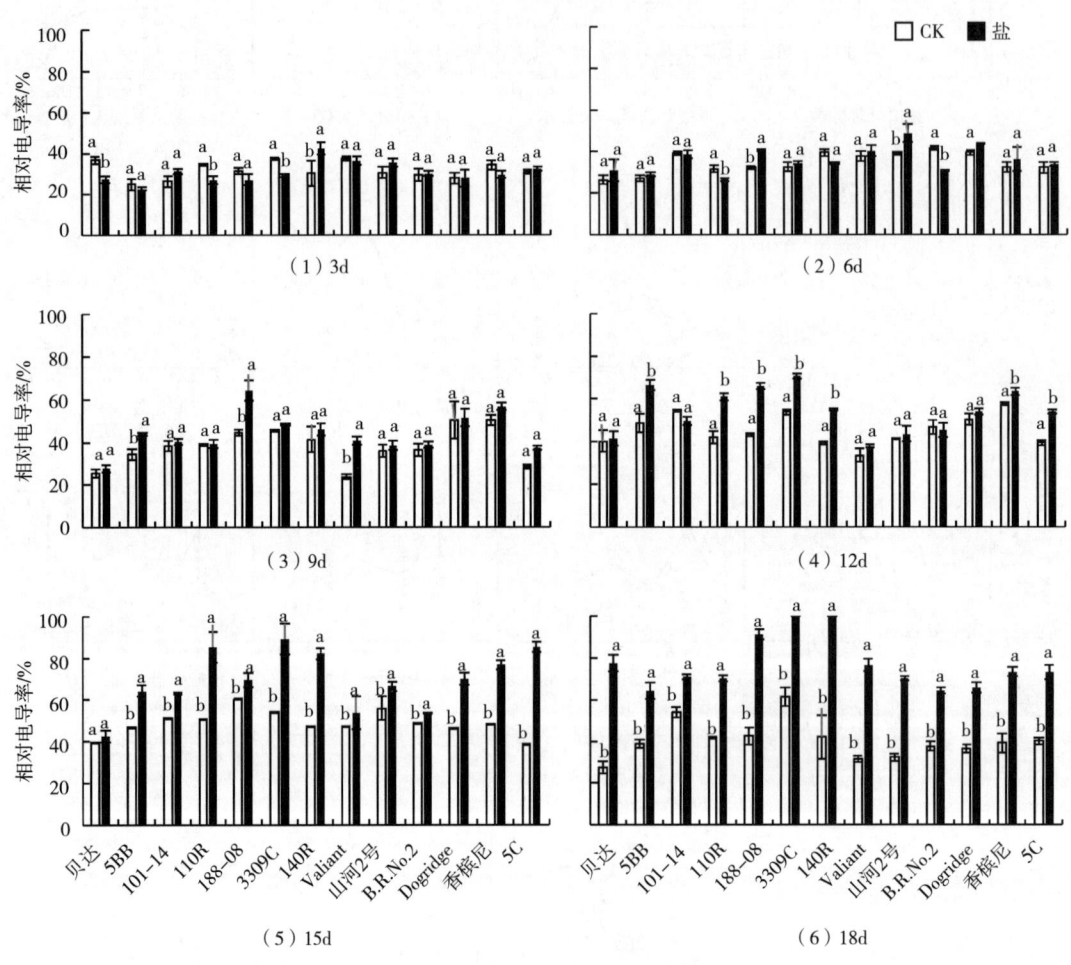

图5-9　盐胁迫对葡萄砧木叶片相对电导率的影响

## 六、盐胁迫对13种葡萄砧木丙二醛（MDA）含量的影响

如图5-10所示，盐胁迫下各品种砧木的丙二醛含量随盐胁迫处理时间的增加逐渐增大，叶片和根系表现出相似的变化规律。盐胁迫处理前期，叶片MDA含量与CK差异不显著，部分砧木品种叶片MDA含量高于CK，如5C、贝达、香槟尼等（较CK分别增加41.03%、32.76%、24.78%）。盐胁迫处理中期，140R、B.R.No.2、贝达等品种，MDA含量显著高于同期CK，增幅在37.50%～68.74%。盐胁迫处理后期B.R.No.2、5C、110R，叶片MDA含量显著增加，较CK分别增加101.12%、65.15%、

52.99%，而5BB、Valiant、Dogridge和香槟尼MDA含量与CK无显著差异。地下部即根系丙二醛含量随盐胁迫处理的进行整体呈现逐渐增加的变化趋势。盐胁迫处理前期，Dogridge、贝达、110R等根系MDA含量较CK有较大增加（增加量分别为142.96%、61.10%、73.63%）。盐胁迫处理中期，各品种根系MDA含量均高于CK，其中Dogridge、香槟尼、5C增幅最明显，增加量分别为141.89%、47.86%、48.15%。盐胁迫处理后期，各品种均有较多的MDA产生，其中188-08、140R、B.R.No.2较同期CK增加显著，增幅分别为113.02%、125.71%、104.97%，而5BB、101-14MDA含量增加较少，增幅仅为11.82%和15.42%。

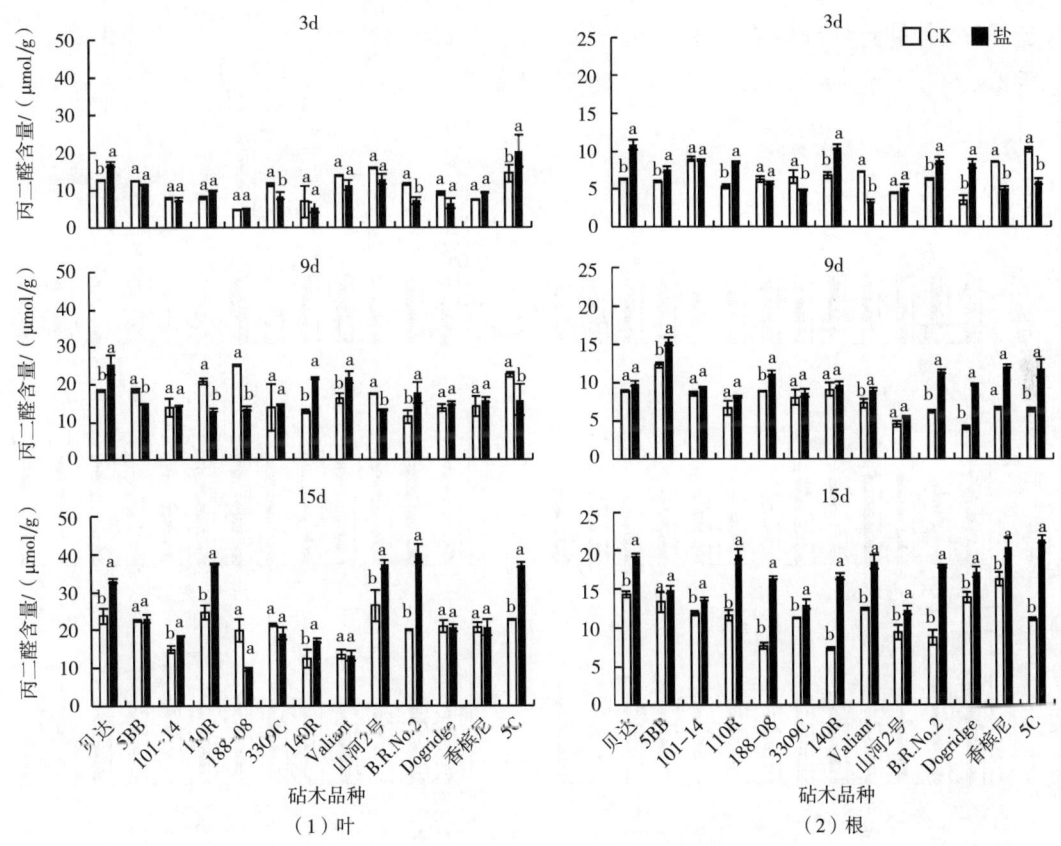

图5-10　盐胁迫对砧木丙二醛含量的影响

## 七、盐胁迫对13种葡萄砧木活性氧的影响

由图5-11可知，盐胁迫下，各葡萄砧木超氧阴离子（$O_2^{\cdot-}$）产生速率较CK逐渐增加，但叶片和根系总体变化趋势不同：叶片$O_2^{\cdot-}$产生速率呈逐渐增加的变化趋势，而根系$O_2^{\cdot-}$

产生速率则呈先增加后降低的变化趋势。盐胁迫处理前期，除香槟尼和5C叶片$O_2^{\cdot-}$的产生速率显著高于CK外（较CK增幅为137.46%和144.50%），其余各砧木叶片$O_2^{\cdot-}$产生速率较同期CK无显著变化，但盐胁迫处理中期，各品种砧木叶片$O_2^{\cdot-}$产生速率均高于CK，直至盐胁迫处理末期，$O_2^{\cdot-}$产生速率最高，其中较CK增加最大的品种是贝达、香槟尼和110R（分别增加71.17%、67.76%、62.14%）；$O_2^{\cdot-}$产生速率较CK增加较小的品种是Dogridge和B.R.No.2（增幅仅为26.10%和30.46%）。

与叶片变化趋势不同，根系$O_2^{\cdot-}$产生速率略低于叶片。盐胁迫处理前期，各品种砧木根系$O_2^{\cdot-}$产生速率较CK无显著差异或略低于CK。盐胁迫处理中期$O_2^{\cdot-}$产生速率显著高于同期CK，且Dogridge、香槟尼和3309C增幅最大，较CK分别增加464.55%、232.45%、193.77%。盐胁迫处理后期，根系$O_2^{\cdot-}$的产生速率明显下降，但仍高于CK，其中101-14和香槟尼$O_2^{\cdot-}$产生速率较小，较CK仅增加32.57%和33.18%。

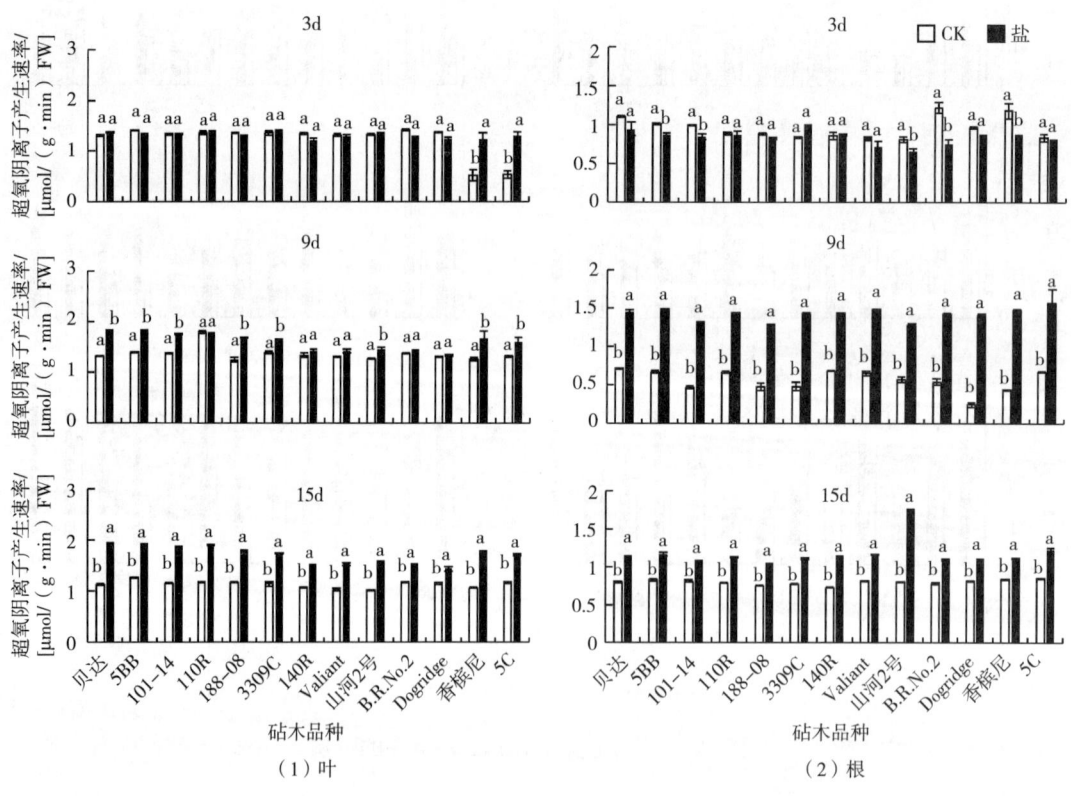

图5-11 盐胁迫对砧木$O_2^{\cdot-}$产生速率的影响

由图5-12可知盐胁迫下各品种砧木$H_2O_2$含量均大于CK，且叶片$H_2O_2$含量大于根系。盐胁迫处理前期，各葡萄砧木品种叶片$H_2O_2$含量较CK增幅较大，其中5C、5BB、101-14增幅最大（分别为122.76%、83.74%、80.95%）；110R、山河2号$H_2O_2$含量较CK增加较小（分别为14.71%、18.23%)。盐胁迫处理中期至盐胁迫处理结束,叶片$H_2O_2$含量均高于前期。

根系$H_2O_2$含量整体呈先升高后降低的变化趋势。盐胁迫处理前期,各品种葡萄砧木根系$H_2O_2$含量显著高于CK,其中,3309C、5BB、山河2号与CK相比增幅较大(分别为146.91%、114.68%、116.09%)。盐胁迫处理后期,各品种砧木表现出不同的变化趋势,101-14、Valiant、5C显著高于同期CK(增幅分别为88.32%、83.75%、74.51%),110R、140R、B.R.No.2略低于或与CK无显著性差异(变化幅度分别为-7.81%、5.04%、5.81%)。$H_2O_2$含量在品种间表现出较强的差异性,个别品种在盐胁迫处理后显著增加,大部分品种中$H_2O_2$含量在相似的水平,表明$H_2O_2$的产生存在品种特异性。

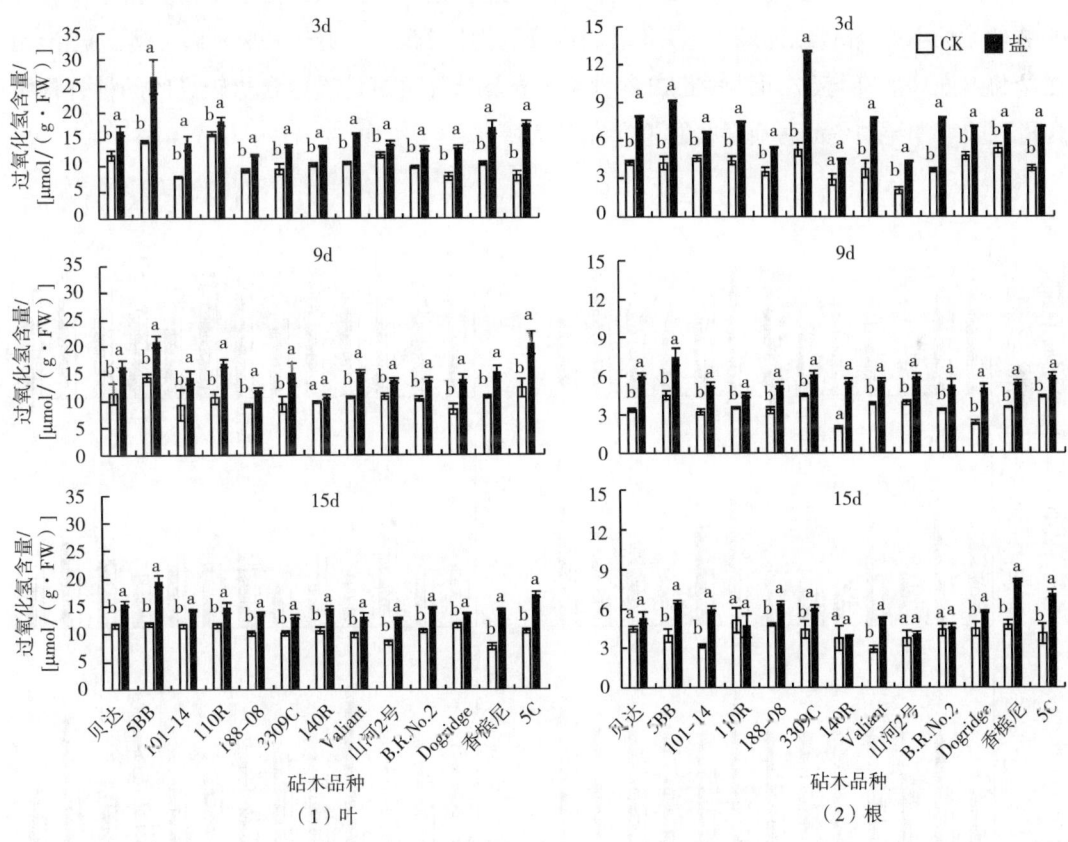

图5-12 盐胁迫对砧木$H_2O_2$含量的影响

## 八、盐胁迫对13种葡萄砧木可溶性蛋白含量的影响

由图5-13可知,盐胁迫处理之后,各砧木品种的可溶性蛋白含量表现出不同的增加趋势。总体来说,叶片可溶性蛋白含量要显著高于同期CK,且随着处理的进行可溶性

蛋白含量增加越多。盐胁迫处理前期，3309C、140R、Valiant叶片的可溶性蛋白含量显著升高，分别较CK升高237.78%、218.84%、193.61%。而101-14、Dogridge、5C可溶性蛋白含量较CK增幅最小，分别为33.67%、26.32%、25.52%。盐胁迫处理后期，188-08、Valiant、香槟尼叶片可溶性蛋白含量较高，分别高于同期CK274.78%、182.26%、176.43%；而Dogridge、5C增加量较少，分别为41.54%、30.94%。

各砧木根系可溶性蛋白含量与叶片变化趋势不同，盐胁迫处理前期，除部分品种的可溶性蛋白含量高于CK外，其余品种与CK差异不显著或低于CK。前期根系可溶性蛋白含量增加较多的品种有贝达、101-14，增幅分别为88.83%、91.47%。低于CK的品种是山河2号和5C，降幅为37.31%和32.52%。盐胁迫处理后期根系可溶性蛋白含量增加较多的品种是188-08和B.R.No.2，较CK增加量分别为154.77%、163.92%。而贝达、Valiant在盐胁迫处理后期与CK可溶性蛋白含量无差异。叶片可溶性蛋白含量较高的品种，根系含量则较少，说明各品种应对盐胁迫存在时空特异性。

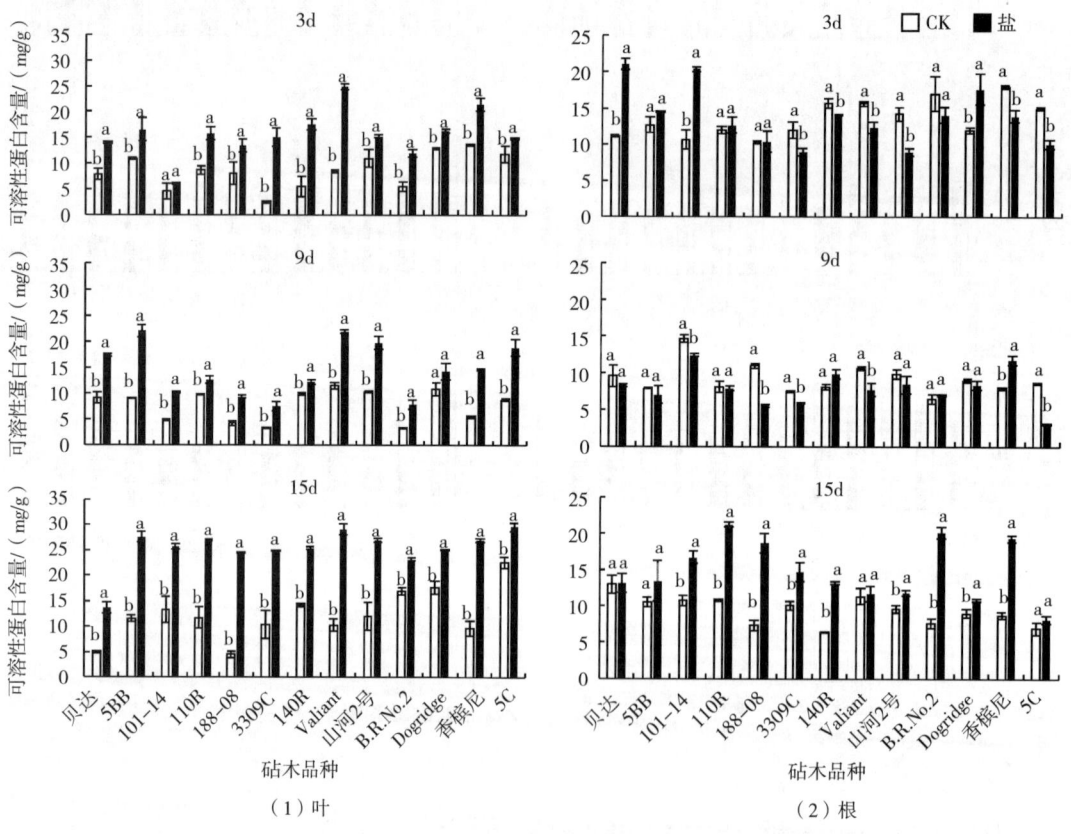

图5-13　盐胁迫对葡萄砧木可溶性蛋白含量的影响

如图5-14所示，随着盐胁迫处理时间的增加，各砧木中可溶性糖含量逐渐高于CK，且叶片和根系表现出不同的变化趋势。盐胁迫处理前期，叶片的可溶性糖含量并没有表现出明显的增加，随着盐胁迫处理天数的增加，叶片可溶性糖含量逐渐升高。盐胁迫处理后期，可溶性糖含量较CK增加较多的品种是5BB、Valiant、山河2号，分别增加61.63%、64.61%、63.95%；增加量较少的品种是5C、Dogridge、贝达，较CK分别增加6.37%、16.82%、17.82%。

各砧木品种根系可溶性糖含量变化不同，贝达、Dogridge表现出逐渐降低的变化趋势，山河2号、B.R.No.2则表现出逐渐增加的变化趋势。盐胁迫处理前期，根系可溶性糖含量较高的品种有贝达、110R、B.R.No.2，较同期CK增加80.16%、136.86%、59.28%；而Valiant、5C则低于同期CK 35.46%、24.52%。盐胁迫处理后期188-08、B.R.No.2可溶性糖含量较高，较CK分别增加65.76%、135.21%；而3309C、5BB则低于CK 42.36%和14.06%。13个品种中只有110R和山河2号叶片与根系表现出相对一致的增加趋势，其余品种的地上部和地下部均有较大的差异性。

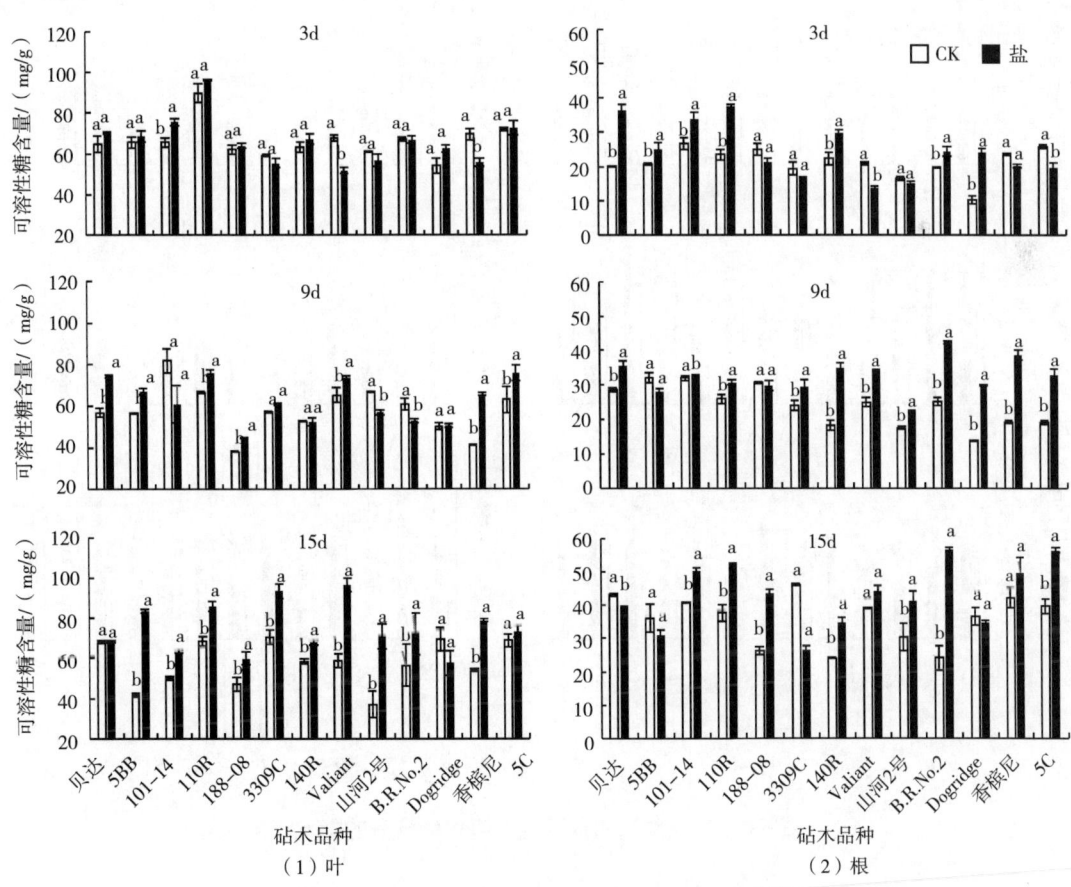

图5-14 盐胁迫对葡萄砧木可溶性糖含量的影响

盐胁迫下各砧木品种的脯氨酸含量变化如图5-15所示。大部分砧木在盐胁迫处理之后，叶片和根系的脯氨酸含量呈增加趋势，少部分砧木则呈现先增加后降低再增加的波动变化趋势。脯氨酸作为重要的渗透调节保护性物质,对植物维持细胞渗透压有重要的作用。盐胁迫处理前期,188-08、山河2号、Valiant叶片脯氨酸含量较其他品种含量增加显著,与同期CK相比增幅分别为:86.31%、37.58%、33.76%。而香槟尼、B.R.No.2则较CK有所降低,降幅为:34.41%、16.87%。盐胁迫处理后期,各品种间仍表现出较大的差异,188-08、5C、140R等显著高于CK,而Dogridge、5BB、110R等则低于CK。

根系与叶片的脯氨酸含量不尽相同,盐胁迫处理前期,根系脯氨酸含量较CK显著增加的有Dogridge、101-14等,分别较CK增加164.76%、40.96%;而5BB、188-08、5C等脯氨酸含量则有所下降,降幅在12.87%~25.96%。盐胁迫处理后期,5BB、140R、B.R.No.2、Dogridge、5C等根系脯氨酸含量显著高于同期CK,增幅在6.61%~155.65%;而山河2号则低于CK,降幅为11.09%。

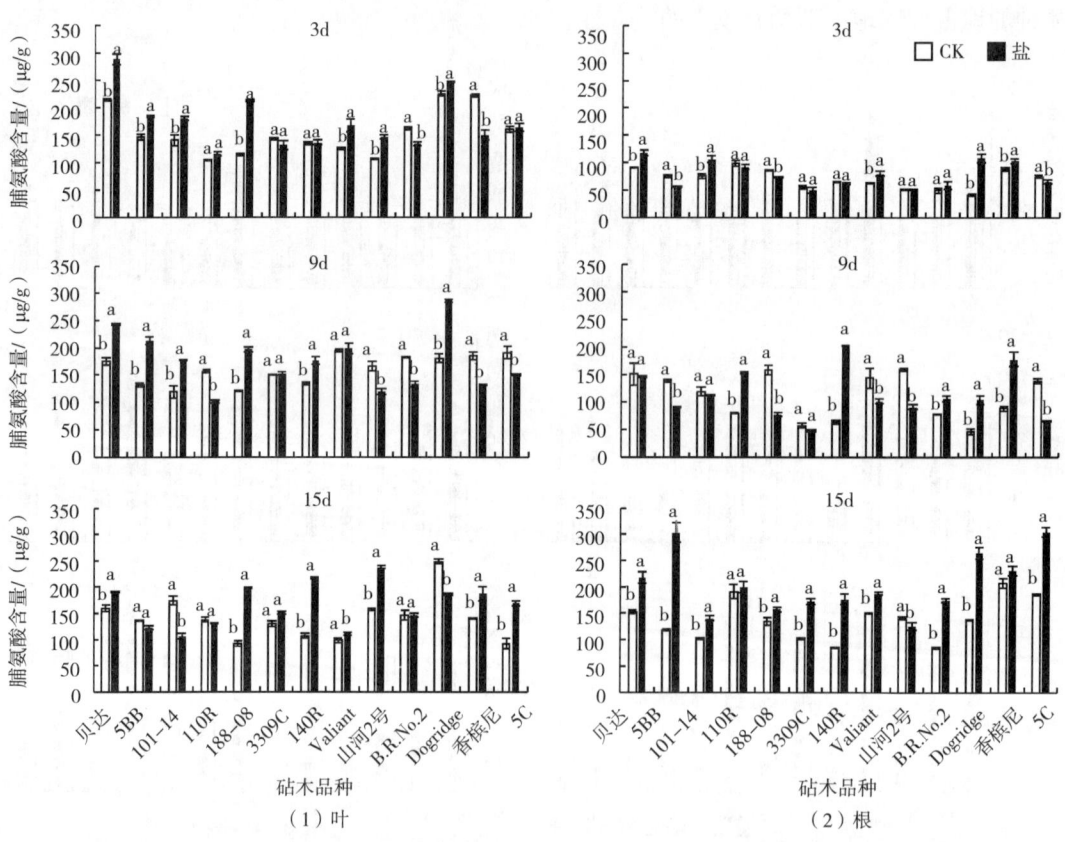

图5-15 盐胁迫对葡萄砧木脯氨酸含量的影响

## 九、盐胁迫对13种葡萄砧木抗氧化酶活性的影响

如图5-16所示,盐胁迫下各品种砧木的SOD活性均高于CK,且整体呈先升高后降低

的趋势，各个品种之间差异不显著。盐胁迫处理前期，砧木叶片SOD活性较高的是5C、B.R.No.2、香槟尼，同期较CK分别增加22.82%、16.26%、14.14%；酶活性增加较低的品种是140R、3309C、Dogridge，增幅分别只有6.06%、9.46%、9.61%。盐胁迫处理中期，各品种砧木的酶活性较CK增加较大，其中与同期对照相比增幅最大的是Valiant和B.R.No.2（增幅分别为41.68%、32.58%），酶活性较低的仍然是3309C和140R，较同期CK增幅只有6.76%和9.40%。盐胁迫处理后期，仅有香槟尼和5C保持了较高的酶活性，其分别高于同期CK48.78%、38.02%，而140R、Valiant、B.R.No.2和山河2号叶片SOD活性均低于同期CK组。

根系与叶片表现出不同的变化趋势，各砧木品种根系的SOD活性均呈逐渐降低的趋势，但是相对于同期CK活性有所增加。在盐胁迫处理后期，110R、3309C、贝达的根系酶活性显著高于CK，较CK分别增加了79.69%、65.90%、44.00%，而101-14和Valiant的酶活性与其余品种砧木相比酶活性较弱，增幅为15.72%、15.50%。盐胁迫处理末期，SOD酶活性下降原因可能是盐胁迫浓度过大，导致酶活性降低。

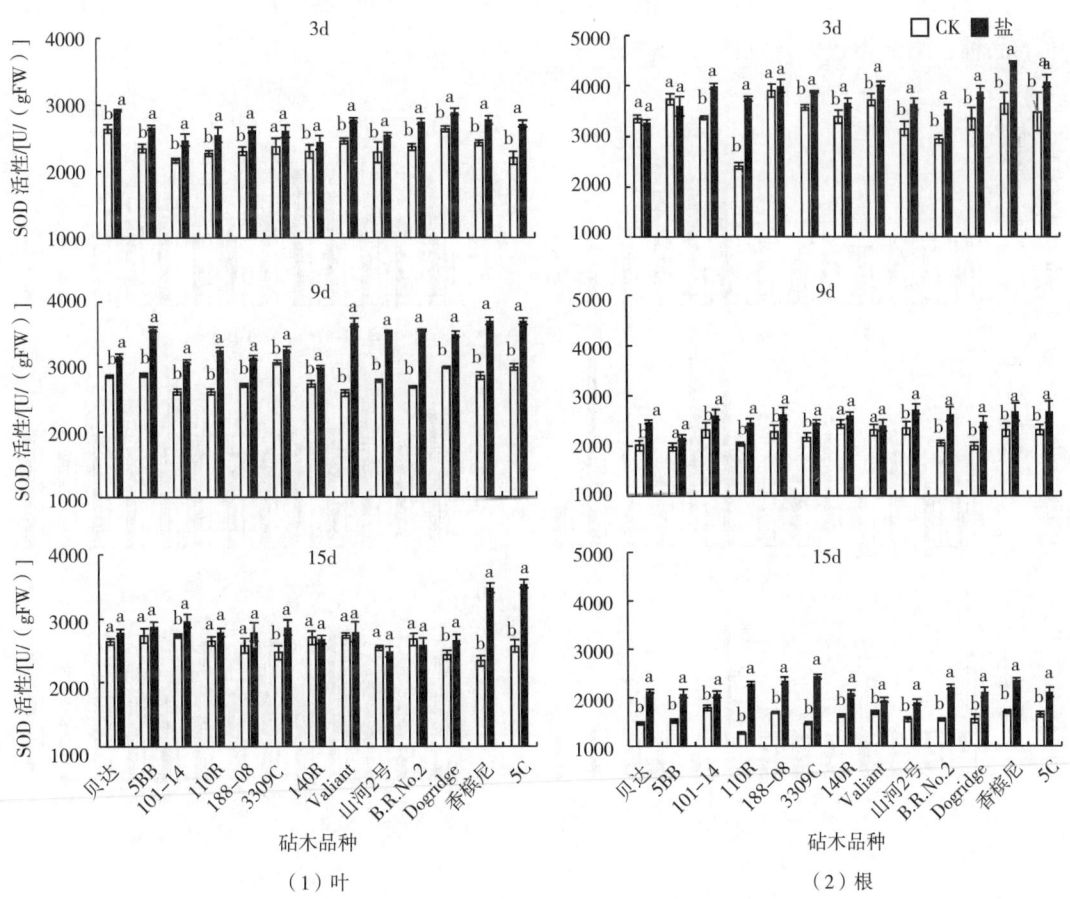

图5-16　盐胁迫对葡萄砧木SOD酶活性的影响

如图5-17所示，与SOD活性变化趋势不同，盐胁迫下各砧木叶片POD活性随盐胁迫时间的增加呈现先增加后降低的变化趋势，且个别品种表现出较高的酶活性水平。香槟尼、Valiant的和101-14的POD活性初始较高，但其酶活性随时间的增加逐渐降低。盐胁迫处理前期，香槟尼、B.R.No.2、Valiant叶片POD活性显著高于同期CK，增幅分别为71.86%、68.65%、64.00%。盐胁迫处理中期，各品种酶活性均有所增加，香槟尼、188-08、Dogridge的POD活性较CK显著增加，且增幅分别为191.80%、173.68%、118.75%。盐胁迫处理后期，除Valiant外，其余各品种砧木的POD活性显著下降，其中山河2号、贝达、110R酶活性较CK下降明显，降幅分别为69.27%、63.63%、51.02%。

与叶片相比，根系POD活性在品种间相对稳定，基本呈先升高后降低的变化趋势。盐胁迫处理前期，大部分品种对盐胁迫均有响应，即根系POD活性升高，其中188-08的酶活性增加明显，增幅为75%。而山河2号和B.R.No.2较同期CK有所下降（降幅分别为19.60%和37.5%）。盐胁迫处理后期，各品种砧木根系POD活性除5BB、110R、5C有所增加外，其余品种酶活性下降，且盐胁迫处理过程中，5BB、101-14、110R根系的POD活性均高于同期CK。结果表明不同品种砧木的耐受性与响应程度存在较大差异，耐盐性较强的品种，酶活性较大且维持时间较长。

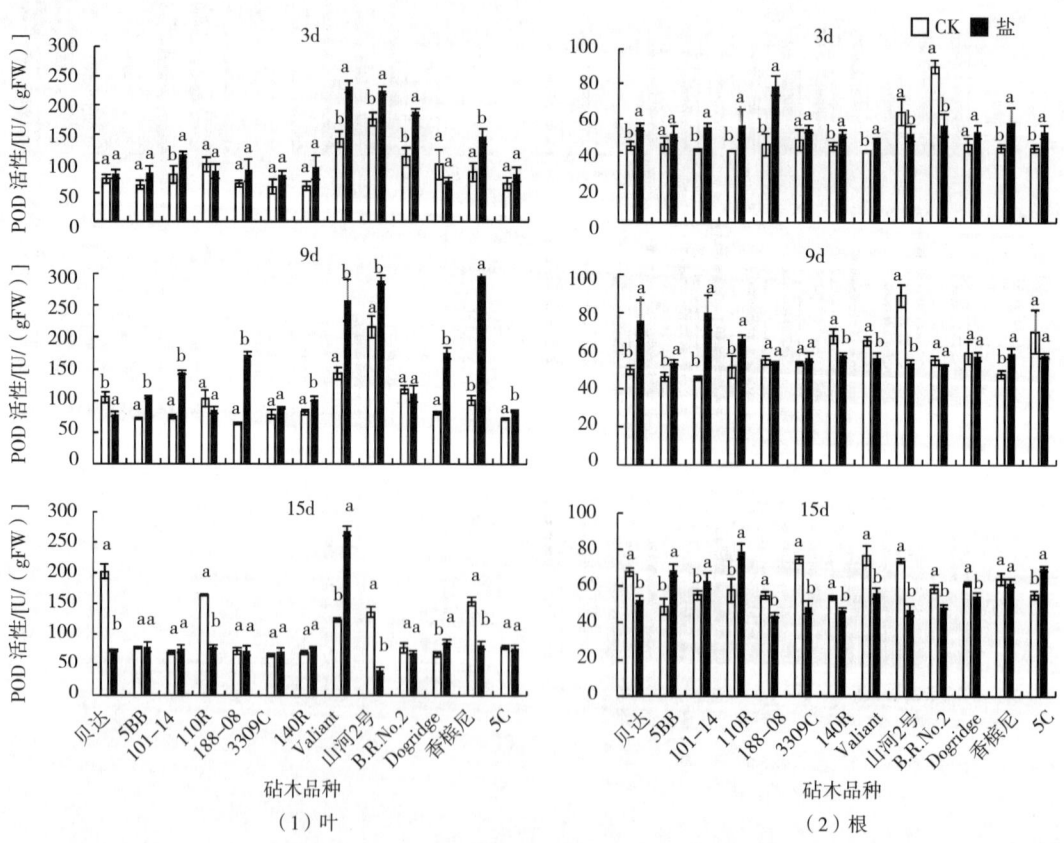

图5-17　盐胁迫对葡萄砧木POD酶活性的影响

## 十、盐胁迫对13种葡萄砧木各离子含量的影响

由图5-18可知，随着盐胁迫处理的进行，各品种葡萄砧木的$Na^+$含量显著升高，地上部分和地下部分表现出相似的增加趋势。盐胁迫处理前期，大部分砧木叶片$Na^+$含量显著高于CK，其中110R、Valiant、188-08的$Na^+$含量较CK增加量较多（增幅分别为98.39%、92.17%、86.31%）。盐胁迫处理中期，5BB和5C的$Na^+$含量增加较多，增幅分别为122.78%和110.15%。盐胁迫处理后期，3309C、山河2号、188-08和香槟尼较CK $Na^+$含量增加量达到峰值，增幅分别为196.95%、195.68%、192.00%和187.62%，其余品种增幅在58.92%~139.15%。而此时101-14、110R的增幅仅为32.03%和47.86%。

根系$Na^+$含量较叶片有所不同，在盐胁迫处理前期，5C、香槟尼根系$Na^+$含量增幅较大，3309C、140R较低。盐胁迫处理中期140R、山河2号、3309C的$Na^+$含量便显著增加，增幅达166.28%、114.05%、99.59%，110R、香槟尼根系$Na^+$含量增幅最小。盐胁迫处理后期，香槟尼、山河2号较同期CK增加较为明显，增加幅度达284.39%、216.29%，其余品种增幅在25%~95.56%。综上可以看出，各品种砧木根$Na^+$选择性吸收能力和截留能力存在较大差异，导致各品种出现盐害时间以及盐害表现有较大差异。

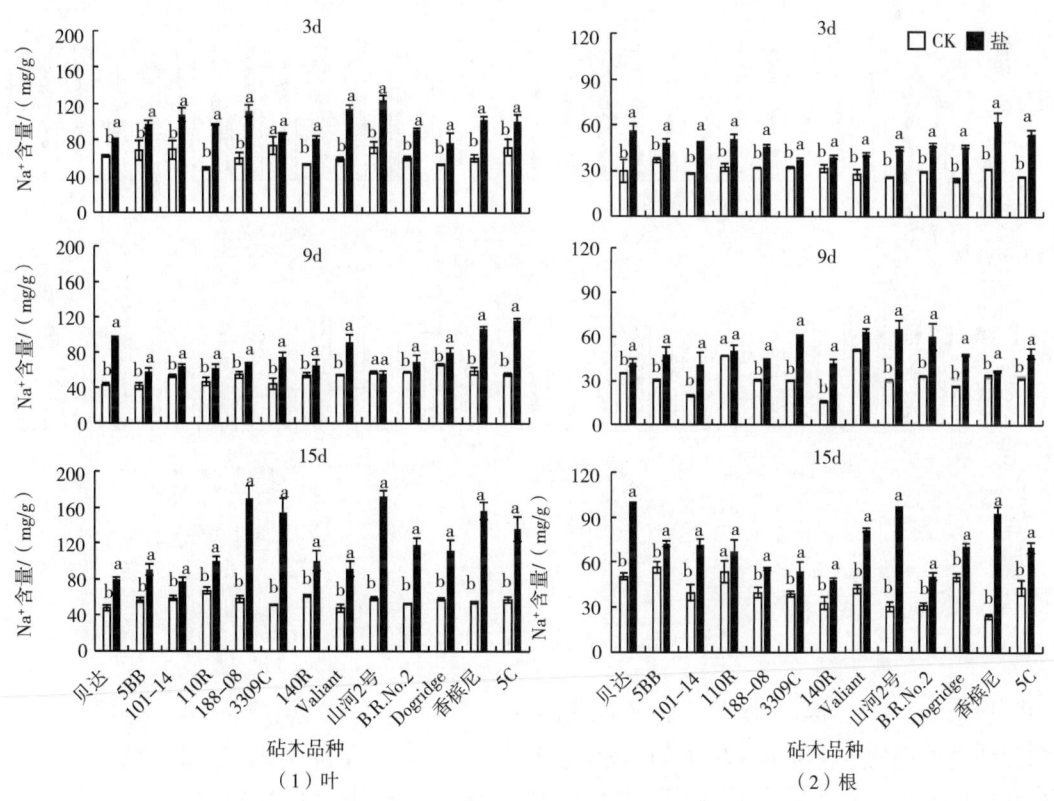

图5-18 盐胁迫对葡萄砧木$Na^+$含量的影响

盐胁迫下各品种葡萄砧木 $K^+$ 含量如图 5-19 所示。随着盐胁迫处理的进行，CK $K^+$ 含量逐渐降低，且葡萄砧木叶片和根系 $K^+$ 含量均显著低于 CK。盐胁迫处理前期，叶片葡萄砧木品种间，处理砧木与 CK 之间 $K^+$ 含量没有显著性变化，但在盐胁迫处理后期，各砧木品种间差异显著。Dogridge、110R、5BB、香槟尼等大部分品种 $K^+$ 含量降幅在 49.96%~67.46%，仅山河 2 号和 3309C 的 $K^+$ 含量较 CK 降幅较小。

根系 $K^+$ 含量与叶片表现出相似的变化规律，在盐胁迫处理后期各品种砧木 $K^+$ 含量较 CK 显著降低，且降幅在 44.19%~83.21%。直至盐胁迫处理结束，各品种砧木处理与 CK 之间的差异均显著，葡萄砧木 $K^+$ 含量显著低于 CK，说明持续的盐胁迫处理会抑制葡萄砧木对 $K^+$ 的吸收，造成 $K^+$ 亏缺。

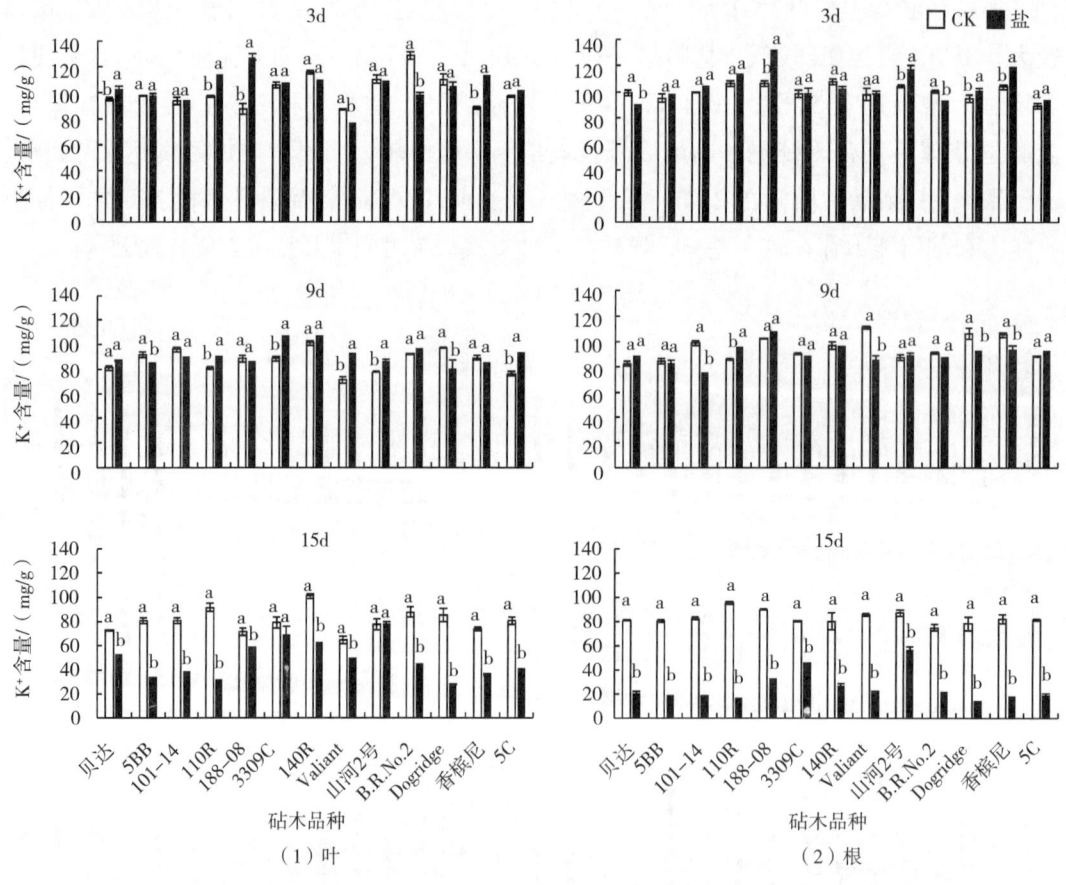

图5-19 盐胁迫对砧木 $K^+$ 含量的影响

由图 5-20 可知，盐胁迫下，各葡萄品种砧木 $Ca^{2+}$ 含量呈逐渐降低的变化趋势，且随盐胁迫处理的进行降低幅度更加明显，砧木地上部分与地下部分表现出相同的变化规律。盐胁迫处理前期，砧木叶片中 $Ca^{2+}$ 含量较 CK 有较明显减少，其中山河 2 号、Dogridge、Valiant 降幅较大，分别较 CK 降低 45.06%、34.91%、39.40%。而 101-14、110R、B.R.No.2

等与 CK 无显著差异。直至盐胁迫处理后期,各品种砧木 $Ca^{2+}$ 含量均显著低于同期 CK,降幅在 30.27%~68.93%。

砧木根系 $Ca^{2+}$ 含量随盐胁迫处理的进行逐渐降低,盐胁迫处理中期至盐胁迫后期,各品种砧木与 CK 有较大差异,较 CK 降低明显,降幅均在 60% 左右,说明根系吸收 $Ca^{2+}$ 受到明显抑制。其中 110R、山河 2 号、3309C 降低较明显,较同期 CK 降幅达 80% 左右。101-14 根系 $Ca^{2+}$ 含量相对较高,与 CK 相比降幅仅为 28.64%,说明持续的盐胁迫会抑制葡萄砧木对 $Ca^{2+}$ 的吸收。

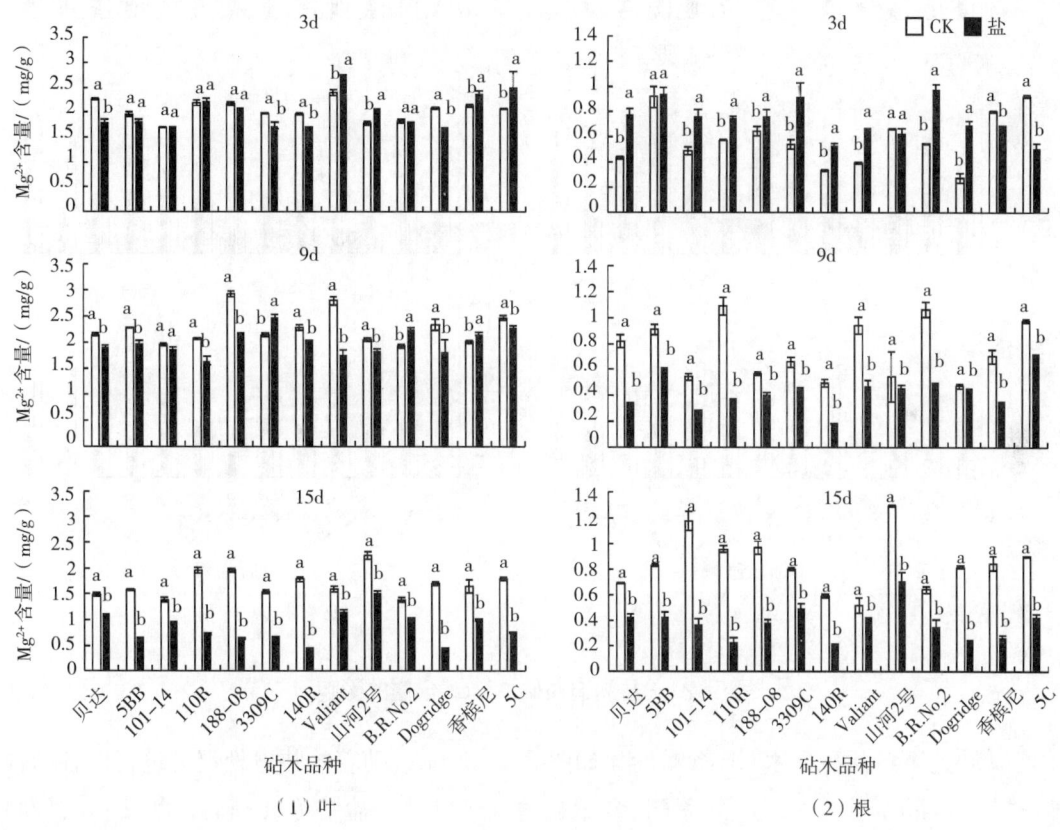

图5-20 盐胁迫对砧木 $Ca^{2+}$ 含量的影响

由图5-21可以看出,随着盐胁迫处理的进行,各品种砧木叶片 $Mg^{2+}$ 含量均呈降低的趋势,根系呈先升高后降低的变化趋势,且地上部分叶片 $Mg^{2+}$ 含量要高于根系。其中,叶片 $Mg^{2+}$ 含量在盐胁迫处理前期较CK差异不显著,而后期降幅明显,140R、188-08、Dogridge等降幅较大,均在50%以上;而贝达、101-14、B.R.No.2降幅仅为30%左右。

盐胁迫处理前期,部分品种根系 $Mg^{2+}$ 含量显著高于CK,增加量高达60%以上,其中增幅较大的砧木品种有Dogridge、Valiant、B.R.No.2。盐胁迫处理中期,各品种砧木

$Mg^{2+}$含量较同期CK显著下降,降幅大于70%。盐胁迫处理后期,根系中$Mg^{2+}$含量降至最少,其中140R、110R、Dogridge等$Mg^{2+}$含量最少。综上,盐胁迫处理后,由于各品种砧木根系$Mg^{2+}$吸收能力减弱,导致叶片中$Mg^{2+}$含量减少。

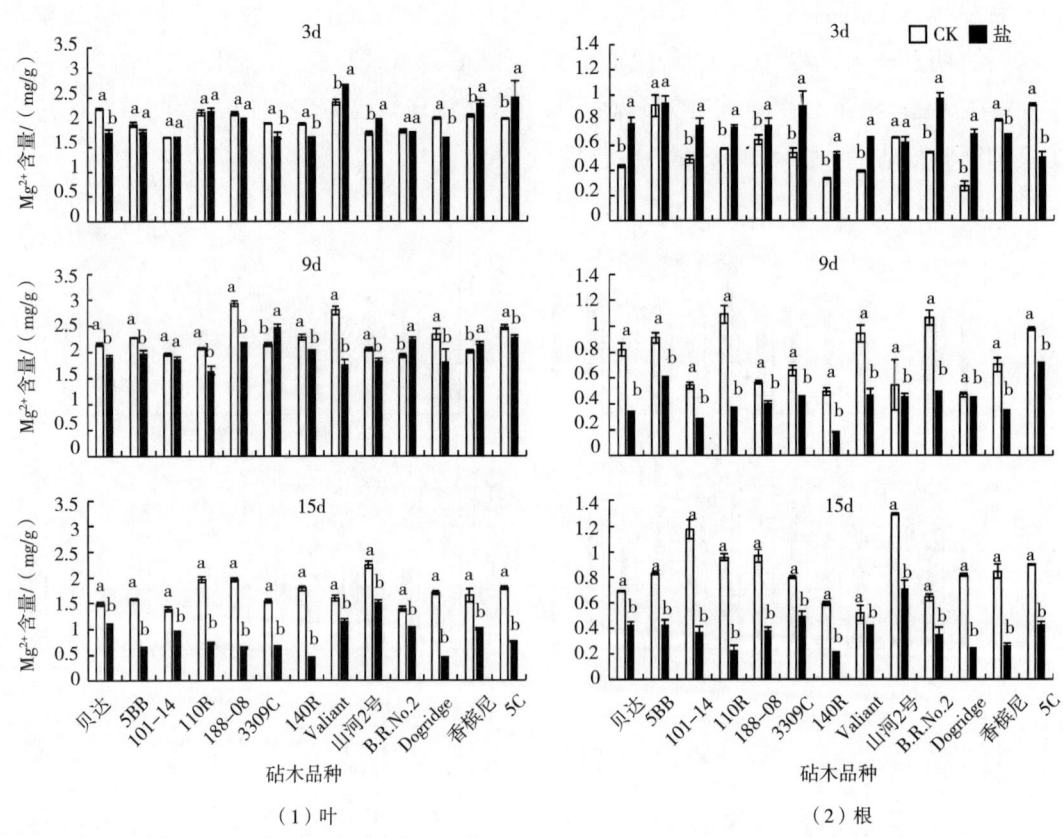

（1）叶　　　　　　　　　　　　　　　（2）根

图5-21　盐胁迫对砧木$Mg^{2+}$含量的影响

盐胁迫下各品种砧木$Cl^-$含量变化如图5-22所示,随着盐胁迫处理的进行,各品种砧木$Cl^-$含量逐渐增加,且根系$Cl^-$含量显著高于叶片。盐胁迫处理后,各砧木品种间$Cl^-$含量差异性较大。盐胁迫处理初期,140R叶片便有极高的$Cl^-$积累,且显著高于同期CK以及其他品种,其较CK增幅为148.68%。随着盐胁迫处理的进行,3309C、140R、Valiant、香槟尼等$Cl^-$含量有较大积累,较CK增幅在108.54%~418.85%。直至盐胁迫处理末期,大部分品种叶片中$Cl^-$含量均显著高于CK,3309C、188-08、140R、Valiant等,较CK增幅高达500%以上,而耐盐性较强的品种101-14、5C等$Cl^-$含量增幅相对较小。

根系$Cl^-$含量随盐胁迫处理呈逐渐增加的变化趋势。盐胁迫处理前期,部分品种砧木便有较高的$Cl^-$积累,其中与CK差异显著的品种有Dogridge、Valiant（分别较CK增加311.10%、124.09%）。盐胁迫处理中期,大部分品种根系$Cl^-$含量增加显著,其中188-08、Dogridge、山河2号、B.R.No.2等增幅高达200%以上。而5C、101-14等增幅仅为 20% 左右。盐胁迫处理末期，仍有大部分砧木根系 $Cl^-$ 含量显著增加，140R、Valiant 的 $Cl^-$ 含量较同期 CK 增幅仍在 300% 以上。结果表明，在盐胁迫处理前期，耐盐性较差的砧木品种 140R、3309C、188-08 在叶片中积累了较多的 $Cl^-$，而其根系 $Cl^-$ 含量显著低于其余品种，说明其选择运输离子的能力较弱；而耐盐性较强的砧木品种，在盐胁迫处理前期，地上部分 $Cl^-$ 含量积累较少而根系 $Cl^-$ 含量相对较多，说明其 $Cl^-$ 选择性运输能力强。

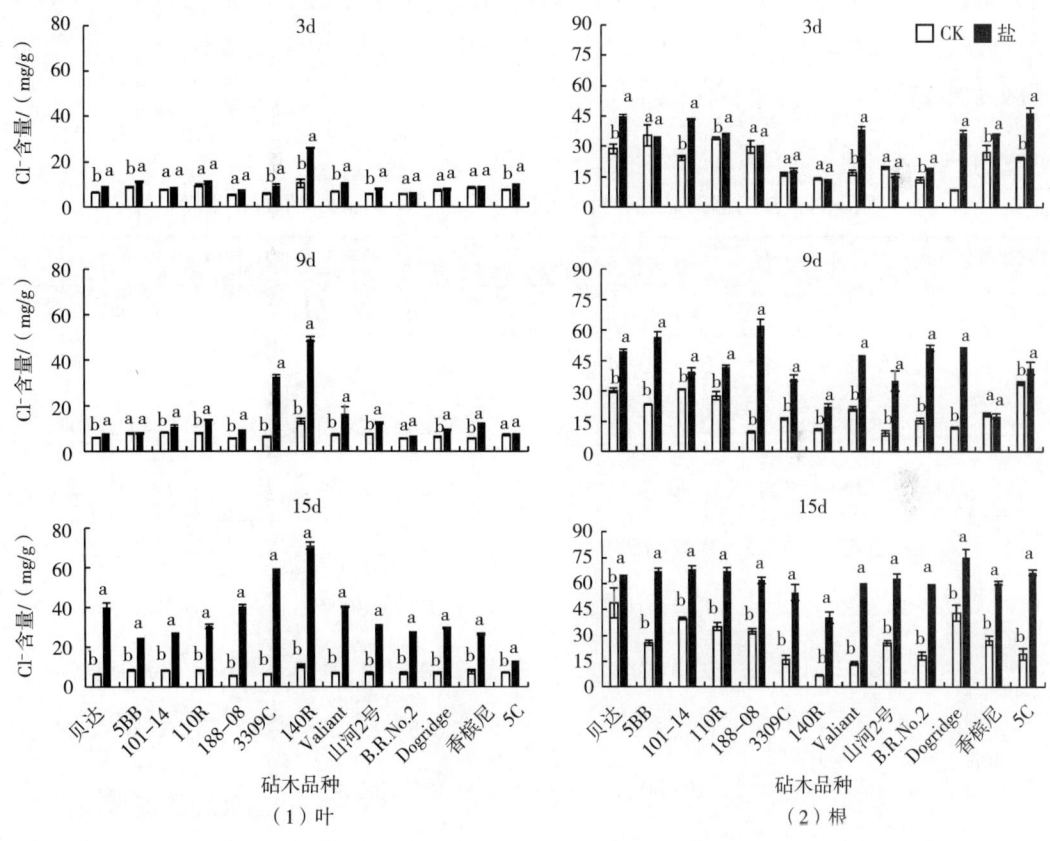

图5-22　盐胁迫对砧木$Cl^-$含量的影响

## 十一、盐胁迫对葡萄砧木离子分配的影响

盐胁迫下各品种砧木的 $K^+/Na^+$、$Ca^{2+}/Na^+$、$Mg^{2+}/Na^+$ 如表5-4、表5-5所示。盐胁迫下，各品种葡萄砧木叶片和根系中 $K^+/Na^+$、$Ca^{2+}/Na^+$、$Mg^{2+}/Na^+$ 与CK相比显著下降，叶片和根系中表现出相同的变化趋势，说明盐胁迫下各品种砧木对 $Na^+$ 的吸收大幅增加，而对于其他营养元素如 $K^+$、$Ca^{2+}$、$Mg^{2+}$ 的吸收能力下降。各品种间不同组织间的 $K^+/Na^+$

的降低幅度不同，其中砧木叶片中$K^+/Na^+$与CK相比降幅大的是Dogridge、110R、5BB等，降幅较小的是188-08、3309C、山河2号等；根系中与CK相比降低较多的是香槟尼、101-14和Dogridge等，降低较小的是140R、188-08等。各品种不同组织间的$Ca^{2+}/Na^+$与CK相比降低幅度不同，其中叶片和根系与CK相比降幅较大的均是110R、Dogridge、5BB等，降幅较小的是140R、3309C、188-08等。$Mg^{2+}/Na^+$在各品种间表现出相似的变化规律，叶片和根系中$Mg^{2+}/Na^+$与CK相比降低较大的是Dogridge、香槟尼等，降幅较小的是贝达、3309C、5BB等。结果表明耐盐性差的品种对离子的吸收能力较弱，且$Na^+$耐受性较弱；耐盐性较好的品种虽然吸收了过多的$Na^+$但仍表现出较好的耐盐性，说明其离子区隔能力较强。

表5-4　盐胁迫对砧木叶片$K^+/Na^+$、$Ca^{2+}/Na^+$和$Mg^{2+}/Na^+$的影响

| 品种 | 处理方式 | 叶片 | | |
| --- | --- | --- | --- | --- |
| | | $K^+/Na^+$ | $Ca^{2+}/Na^+$ | $Mg^{2+}/Na^+$ |
| 贝达 | CK | $0.91 \pm 0.04^a$ | $0.04 \pm 0.001^a$ | $0.018 \pm 0.001^a$ |
| | SALT | $0.65 \pm 0.03^b$ | $0.024 \pm 0.002^b$ | $0.014 \pm 0.001^b$ |
| 5BB | CK | $0.90 \pm 0.11^a$ | $0.039 \pm 0.005^a$ | $0.018 \pm 0.002^a$ |
| | SALT | $0.37 \pm 0.04^b$ | $0.017 \pm 0.003^b$ | $0.007 \pm 0.001^b$ |
| 101-14 | CK | $1.04 \pm 0.07^a$ | $0.051 \pm 0.002^a$ | $0.018 \pm 0.001^a$ |
| | SALT | $0.49 \pm 0.04^b$ | $0.024 \pm 0.002^b$ | $0.009 \pm 0^b$ |
| 110R | CK | $0.92 \pm 0.06^a$ | $0.043 \pm 0.003^a$ | $0.02 \pm 0.002^a$ |
| | SALT | $0.31 \pm 0.03^b$ | $0.013 \pm 0.002^b$ | $0.009 \pm 0^b$ |
| 188-08 | CK | $0.43 \pm 0.07^a$ | $0.022 \pm 0.003^a$ | $0.012 \pm 0.002^a$ |
| | SALT | $0.35 \pm 0.04^b$ | $0.019 \pm 0.003^b$ | $0.008 \pm 0.001^b$ |
| 3309C | CK | $0.53 \pm 0.13^a$ | $0.025 \pm 0.006^a$ | $0.01 \pm 0.002^a$ |
| | SALT | $0.48 \pm 0.35^b$ | $0.017 \pm 0.004^b$ | $0.008 \pm 0.002^b$ |
| 140R | CK | $1.03 \pm 0.17^a$ | $0.038 \pm 0.007^a$ | $0.018 \pm 0.004^a$ |
| | SALT | $0.63 \pm 0.11^b$ | $0.026 \pm 0.004^b$ | $0.012 \pm 0.002^b$ |
| Valiant | CK | $0.72 \pm 0.10^a$ | $0.038 \pm 0.005^a$ | $0.018 \pm 0.003^a$ |
| | SALT | $0.54 \pm 0.07^b$ | $0.029 \pm 0.005^b$ | $0.013 \pm 0.002^b$ |

续表

| 品种 | 处理方式 | 叶片 | | |
|---|---|---|---|---|
| | | $K^+/Na^+$ | $Ca^{2+}/Na^+$ | $Mg^{2+}/Na^+$ |
| 山河2号 | CK | $0.45 \pm 0.04^a$ | $0.023 \pm 0.003^a$ | $0.013 \pm 0.004^a$ |
| | SALT | $0.46 \pm 0.03^b$ | $0.011 \pm 0.001^b$ | $0.009 \pm 0.003^b$ |
| B.R.No.2 | CK | $0.75 \pm 0.1^a$ | $0.028 \pm 0.003^a$ | $0.012 \pm 0.002^a$ |
| | SALT | $0.38 \pm 0.05^b$ | $0.018 \pm 0.003^b$ | $0.009 \pm 0.001^b$ |
| Dogridge | CK | $0.77 \pm 0.15^a$ | $0.036 \pm 0.005^a$ | $0.015 \pm 0.003^a$ |
| | SALT | $0.25 \pm 0.03^b$ | $0.012 \pm 0.002^b$ | $0.004 \pm 0.001^b$ |
| 香槟尼 | CK | $0.48 \pm 0.05^a$ | $0.024 \pm 0.004^a$ | $0.011 \pm 0.003^a$ |
| | SALT | $0.23 \pm 0.03^b$ | $0.011 \pm 0.001^b$ | $0.004 \pm 0.001^b$ |
| 5C | CK | $0.61 \pm 0.14^a$ | $0.025 \pm 0.005^a$ | $0.014 \pm 0.003^a$ |
| | SALT | $0.3 \pm 0.07^b$ | $0.013 \pm 0.003^b$ | $0.006 \pm 0.001^b$ |

注：①不同小写字母表示差异显著（$p<0.05$），余同。②SALT-盐。

表5-5　盐胁迫对砧木根$K^+/Na^+$、$Ca^{2+}/Na^+$和$Mg^{2+}/Na^+$的影响

| 品种 | 处理方式 | 根 | | |
|---|---|---|---|---|
| | | $K^+/Na^+$ | $Ca^{2+}/Na^+$ | $Mg^{2+}/Na^+$ |
| 贝达 | CK | $1.61 \pm 0.13^a$ | $0.055 \pm 0.006^a$ | $0.014 \pm 0.001^a$ |
| | SALT | $0.21 \pm 0.03^b$ | $0.009 \pm 0^b$ | $0.004 \pm 0^b$ |
| 5BB | CK | $1.44 \pm 0.2^a$ | $0.06 \pm 0.022^a$ | $0.015 \pm 0.001^a$ |
| | SALT | $0.26 \pm 0.06^b$ | $0.101 \pm 0.002^b$ | $0.006 \pm 0.002^b$ |
| 101-14 | CK | $2.51 \pm 0.43^a$ | $0.093 \pm 0.024^a$ | $0.031 \pm 0.011^a$ |
| | SALT | $0.26 \pm 0.02^b$ | $0.011 \pm 0.001^b$ | $0.005 \pm 0.001^b$ |
| 110R | CK | $1.81 \pm 0.25^a$ | $0.069 \pm 0.01^a$ | $0.018 \pm 0.002^a$ |
| | SALT | $0.24 \pm 0.04^b$ | $0.008 \pm 0.001^b$ | $0.004 \pm 0.001^b$ |
| 188-08 | CK | $2.32 \pm 0.35^a$ | $0.097 \pm 0.019^a$ | $0.025 \pm 0.001^a$ |
| | SALT | $0.57 \pm 0.02^b$ | $0.02 \pm 0.001^b$ | $0.007 \pm 0.001^b$ |
| 3309C | CK | $2.07 \pm 0.16^a$ | $0.065 \pm 0.012^a$ | $0.015 \pm 0.002^a$ |
| | SALT | $0.86 \pm 0.23^b$ | $0.03 \pm 0.01^b$ | $0.011 \pm 0.002^b$ |

续表

| 品种 | 处理方式 | 根 | | |
|---|---|---|---|---|
| | | $K^+/Na^+$ | $Ca^{2+}/Na^+$ | $Mg^{2+}/Na^+$ |
| 140R | CK | $2.48 \pm 0.16^a$ | $0.054 \pm 0.009^a$ | $0.015 \pm 0.002^a$ |
| | SALT | $0.57 \pm 0.04^b$ | $0.016 \pm 0.003^b$ | $0.004 \pm 0.001^b$ |
| Valiant | CK | $2.03 \pm 0.19^a$ | $0.039 \pm 0.004^a$ | $0.013 \pm 0.004^a$ |
| | SALT | $0.27 \pm 0.03^b$ | $0.009 \pm 0.002^b$ | $0.005 \pm 0^b$ |
| 山河2号 | CK | $2.89 \pm 0.37^a$ | $0.077 \pm 0.018^a$ | $0.042 \pm 0.013^a$ |
| | SALT | $0.59 \pm 0.05^b$ | $0.030 \pm 0.001^b$ | $0.007 \pm 0.001^b$ |
| B.R.No.2 | CK | $2.43 \pm 0.14^a$ | $0.049 \pm 0.004^a$ | $0.021 \pm 0.004^a$ |
| | SALT | $0.43 \pm 0.07^b$ | $0.015 \pm 0.03^b$ | $0.007 \pm 0^b$ |
| Dogridge | CK | $1.57 \pm 0.3^a$ | $0.06 \pm 0.01^a$ | $0.016 \pm 0.001^a$ |
| | SALT | $0.2 \pm 0.03^b$ | $0.007 \pm 0.001^b$ | $0.003 \pm 0^b$ |
| 香槟尼 | CK | $3.44 \pm 0.6^a$ | $0.103 \pm 0.015^a$ | $0.036 \pm 0.009^a$ |
| | SALT | $0.21 \pm 0.07^b$ | $0.009 \pm 0.003^b$ | $0.003 \pm 0.001^b$ |
| 5C | CK | $1.92 \pm 0.35^a$ | $0.045 \pm 0.006^a$ | $0.021 \pm 0.004^a$ |
| | SALT | $0.28 \pm 0.02^b$ | $0.01 \pm 0^b$ | $0.006 \pm 0^b$ |

注：①不同小写字母表示差异显著（$p<0.05$），余同。②SALT-盐。

## 十二、盐胁迫对葡萄砧木离子选择性运输的影响

$S_{X, Na^+}$（下标$X$为$K^+$、$Ca^{2+}$和$Mg^{2+}$的含量）表示盐胁迫下$Na^+$含量对其他营养元素吸收的影响程度，比值越小说明其他矿质营养元素的代谢失衡越严重，盐胁迫的影响程度越重，比值越大则表明植物具有较强的耐盐性。由表5-6可以看出，盐胁迫下$S_{K^+, Na^+}$、$S_{Ca^{2+}, Na^+}$在各品种间有明显的差异性，耐盐性较弱的品种3309C、188-08、山河2号等$S_{K^+, Na^+}$、$S_{Ca^{2+}, Na^+}$值小，说明其根系向叶片转运$K^+$和$Ca^{2+}$的能力弱，离子分配能力较差；101-14、贝达等$S_{K^+, Na^+}$、$S_{Ca^{2+}, Na^+}$值大，表明选择性运输$K^+$、$Ca^{2+}$能力强，盐胁迫下仍维持了较高的$K^+$、$Ca^{2+}$运输。盐胁迫下$S_{Mg^{2+}, Na^+}$表现出不同，$S_{Mg^{2+}, Na^+}$值较小的是3309C、5C、188-08，结果表明它们转运$Mg^{2+}$的能力较弱。$S_{Mg^{2+}, Na^+}$值较大的是贝达、140R，说

明它们选择性运输$Mg^{2+}$的能力较强。

表5-6 盐胁迫对砧木$S_{K^+,\ Na^+}$、$S_{Ca^{2+},\ Na^+}$和$S_{Mg^{2+},\ Na^+}$的影响

| 品种 | 根-叶 | | |
| --- | --- | --- | --- |
| | $S_{K^+,\ Na^+}$ | $S_{Ca^{2+},\ Na^+}$ | $S_{Mg^{2+},\ Na^+}$ |
| 贝达 | 3.12±0.59[a] | 2.77±0.23[ab] | 3.16±0.31[a] |
| 5BB | 1.52±0.54[bcd] | 1.81±0.63[cd] | 1.28±0.53[efg] |
| 101-14 | 1.89±0.30[bc] | 2.17±0.39[bc] | 1.88±0.23[cde] |
| 110R | 1.31±0.24[cde] | 1.64±0.39[cde] | 2.18±0.75[bcd] |
| 188-08 | 0.61±0.07[f] | 0.93±0.11[efg] | 1.10±0.03[fg] |
| 3309C | 0.60±0.53[f] | 0.62±0.33[fg] | 0.75±0.22[g] |
| 140R | 1.12±0.17[def] | 1.61±0.14[cde] | 2.69±0.73[ab] |
| Valiant | 2.07±0.50[b] | 3.44±1.39[a] | 2.56±0.68[abc] |
| 山河2号 | 0.78±0.11[ef] | 0.39±0.02[g] | 1.23±0.44[efg] |
| B.R.No.2 | 0.90±0.08[def] | 1.26±0.08[def] | 1.27±0.19[efg] |
| Dogridge | 1.25±0.18[de] | 1.73±0.25[cde] | 1.17±0.12[efg] |
| 香槟尼 | 1.23±0.50[de] | 1.34±0.48[cdef] | 1.55±0.5[def] |
| 5C | 1.12±0.35[def] | 1.30±0.23[def] | 0.94±0.24[fg] |

注：不同小写字母表示差异显著（$p<0.05$），余同。

## 第三节 讨论

### 一、盐胁迫对葡萄砧木外观表现及生长的影响

盐胁迫对葡萄伤害的首个表观症状是茎尖和叶片边缘卷枯，并且该现象会随着盐胁迫处理时间和浓度的增加而严重。盐胁迫处理后，各砧木出现不同程度的叶缘卷枯现象，本实验中最先表现出现盐胁迫症状的品种是140R和3309C，其次是山河2号和5C，同期其余品种叶片仅出现少量褐斑现象。盐胁迫处理结束时，140R和3309C出现叶片枯黄脱落现象，说明此时的盐浓度可导致植株死亡。贝达、188-08、山河2号、Valiant出现叶片

面积3/4枯黄，说明植株受到严重的盐离子毒害，其余品种盐害症状较轻。耐盐指数是一种直观的品种耐盐性分类评价方法。本试验中，通过计算盐害指数对13种砧木进行耐盐性排序，其结果与当前人研究相似。盐胁迫下植株生长量下降是植物的一个共同现象，且盐胁迫下生长特性是判断植株耐盐性的基本指标之一。盐胁迫显著降低了葡萄砧木的新梢伸长量、平均节间长度，这与M.FOZOUNI等研究结果一致。盐胁迫下植株生长受到抑制的原因可能是高盐度导致的离子效应和渗透胁迫效应，主要是由土壤溶液中高浓度的$Na^+$和$Cl^-$引起的。高盐分会影响植物水分和养分的吸收。在植物受到盐胁迫的几分钟后，植物细胞会出现失水、皱缩等性状；在之后的几个小时中，虽然植物通过自身调节使细胞渗透压恢复，但是进入植物体内的有害离子却使细胞的伸长率减少，进而导致植物伸长减少；盐胁迫几天之后，细胞伸长和细胞分裂受阻，导致最终叶面积减小，而且叶面积的减少要显著于根系。盐胁迫会降低砧木的生长还可能是由于砧木感受到盐处理之后，对水分的吸收减少，植物首先表现出节间变短的缺水症状，即植物遭受干旱胁迫，从而导致植物能量产生减弱，使碳积累较少，生长减少。植物体内水分状态的改变很可能是导致生长减少的初始原因，此后盐胁迫继续抑制细胞分裂和扩张，迫使生长速率减慢，且加速了细胞的死亡。盐处理影响碳同化率、蒸腾速率、水分利用效率等关键生理参数，使光合作用受阻也是导致植物生长量减少的重要原因，这与前人在甜椒、绿豆、石竹等作物上研究结论一致。

渗透耐受性和组织耐受性的提高可以维持植物在盐胁迫下的生长，但幼龄叶和老龄叶表现不同。渗透耐受性的增加主要表现为新叶的生长，而组织耐受性主要表现为老叶伤害。本实验结果表明，葡萄盐胁迫症状如叶缘卷曲、出现枯黄等现象，首先出现在基部老龄叶片上，之后往幼龄叶片方向发展，但是在盐胁迫过程中仍有新叶从顶端生出。这与于畅等在沙棘上的研究结果一致，在接骨木、沙枣、树种、桂花等植物上也有类似的研究结论。综上，盐胁迫会导致葡萄砧木一年生茎长生长减少，即节间变短，但耐盐性强的砧木品种茎顶端仍可维持一定的生长速率，耐盐性弱的品种则会快速出现叶片枯黄、失去生长活性等现象。

## 二、盐胁迫对葡萄砧木光合特性的影响

盐胁迫下，叶片光合色素含量是衡量植物耐盐性的生理指标之一。叶绿素是植物进行光合作用的最主要色素，叶绿素含量的变化在一定程度上能反映植物光合功能的强弱，SPAD值可以较好地反映植物叶绿素含量，且测量过程中不会伤害植物叶片。在本实验中各砧木品种SPAD值随盐胁迫处理逐渐降低。研究表明，随着盐胁迫浓度和时间的增加，外植体叶绿素含量显著降低，本实验结果与之相同。140R，3309C等砧木在盐胁迫处理

后期SPAD值显著下降，外观表现为叶片失绿严重并最终枯萎。

光合指标能够反映植物碳同化能力大小，是维持植物正常生长的基础。盐胁迫下，引起植物叶片光合效率降低的因素主要有气孔因素和非气孔因素两种。在盐胁迫过程中，随着盐胁迫时间的不断延长，光合作用的限制由初期气孔限制逐渐转变为非气孔限制，即盐胁迫初期植物蒸腾作用会下降、气孔导度降低，原因是盐离子在植物的蒸腾拉力下进入根和叶，若植物一直持续较强的蒸腾作用则会导致植物地上部分大量有毒离子的积累，因此通过气孔关闭、减小蒸腾拉力可有效减少毒害离子的吸收；相反，持续的气孔关闭虽然减少了离子向叶的运输，但同时也会显著降低碳同化效率。本实验研究结果发现，在盐胁迫处理前期，净光合速率和气孔导度有较大幅度降低，其他光合指标较同期CK变化不明显，说明气孔导度减小是植物暴露于盐胁迫后的首要反应。盐胁迫下植物叶片水分利用效率呈先升高后降低的变化趋势，持续的盐胁迫可显著降低植物水势，使植物处于水分亏缺状态，这也是盐胁迫下植物光合速率降低的原因之一。随着盐胁迫的进行，植物叶片叶绿素含量降低是植物光合速率降低的另一个原因。在叶绿素和其他色素的作用下固定的碳，最终用于细胞生命活动的代谢，即为生长和发育提供所需能量。叶绿素生物合成、代谢和活性的调节对于光合作用具有重要价值。然而，盐胁迫会不同程度地影响光合色素的生物合成活性。叶绿素的降解和生物合成受阻是影响光合作用正常进行的另一重要原因。

### 三、盐胁迫对葡萄砧木细胞膜通透性的影响

细胞膜是植物细胞重要的保护屏障，对物质运输、能量传递、信号转导有重要作用。细胞膜的选择透过性可调节细胞内的离子平衡，同时满足植物生理活动的需要。氧气是植物生长发育过程中不可缺少的物质之一，它参与新陈代谢、线粒体呼吸和氧化磷酸化等代谢过程并产生能量。然而，氧在代谢过程中可能被激活成活性氧（ROS），活性氧具有很强的氧化能力，可导致细胞质膜损伤、不可逆代谢功能障碍和细胞死亡，因此活性氧含量的变化可以一定程度地表示植物受伤害情况。本实验发现，叶片ROS含量较多的品种耐盐能力差，其有害离子含量也较多，因此离子选择性吸收能力与ROS清除能力具有密切联系，而耐盐性强的品种则有较少ROS产生，其有害离子含量也较少。丙二醛（MDA）是脂质过氧化和细胞膜损伤的指标，是膜脂过氧化的产物，因此，丙二醛含量可指示植物在盐胁迫下的耐盐性。本实验中，盐胁迫下所有砧木MDA含量均有所增加。本实验中，各砧木叶片相对电导率有较大差异，耐盐性弱的砧木品种在盐胁迫前期便表现出较大的相对电导率值，说明盐胁迫破坏了细胞的完整性，且其值随着盐胁迫浓度增大而增大。植物在遭受盐胁迫下产生的这些膜脂过氧化产物通过损伤蛋白质和核酸分子来打破正常的生理代

谢，进而影响植物的正常生长发育。

## 四、盐胁迫对葡萄砧木渗透调节能力的影响

盐胁迫引起的渗透胁迫是限制植物生长的重要原因。盐胁迫条件下，有机渗透保护物质如脯氨酸、可溶性糖及可溶性蛋白质等可以使细胞保持适当的渗透势从而防止脱水，同时对生物大分子的结构和功能起到稳定和保护作用。本实验中砧木叶片可溶性蛋白质含量在盐胁迫处理后期显著增加，这可能是由于盐胁迫造成了膜蛋白水解，从而使可溶性蛋白质含量增加，说明盐胁迫后期细胞膜严重受损。本实验中，188-08、3309C、140R在盐胁迫初期便具有较高的可溶性蛋白质含量，而它们也是最先出现盐胁迫症状并且枯死的品种，说明它们耐盐性较弱。脯氨酸在植物细胞适应盐胁迫过程中起重要作用，脯氨酸的作用表现为细胞内的渗透调节剂、还原剂、能量来源、氮素储藏物质、羟基自由基清除剂、细胞内酶的保护剂以及降低细胞内酸度和调节氧化还原电势等。在植物中，正常条件下鸟氨酸是脯氨酸生物合成的优先前体，但是在盐胁迫条件下，脯氨酸直接由谷氨酸盐合成。谷氨酸是叶绿素和脯氨酸生物合成的共同前体。本实验结果表明，盐胁迫处理下叶绿素含量较高的110R脯氨酸含量较低，叶绿素含量较少的140R，脯氨酸含量较高，猜测盐胁迫条件下砧木叶绿素含量的减少可能是脯氨酸生物合成增加的结果。虽然耐盐性弱的品种积累了较多的脯氨酸，但是其耐盐性仍较差。脯氨酸合成途径中，其前体和产物之间有较强的反馈作用。本实验中，盐胁迫下各品种砧木脯氨酸含量较CK均有显著增加。

## 五、盐胁迫对葡萄砧木抗氧化系统的影响

抗氧化酶可有效清除叶绿体中的ROS，从而缓解盐离子过量带来的伤害。抗氧化酶活性的提高有利于植物适应盐渍环境，SOD是ROS清除的第一道防线，可以催化$O_2^{\cdot-}$发生歧化反应生成$H_2O$和$O_2$，POD则在清除$H_2O_2$过程中发挥重要作用。在本实验中，砧木SOD活性随着盐胁迫处理的加重逐渐减小。盐胁迫初期，各砧木品种SOD活性均较CK明显增加，但盐胁迫后期酶活性下降，其原因可能是在低浓度盐胁迫下，植物可通过提高保护酶活性加强耐盐性，但这种能力是有限的，盐含量超出一定程度后，保护酶活性就会降低，即高盐胁迫下导致叶细胞结构损伤或代谢改变，酶合成受阻。本实验中POD活性在个别品种中较高，可能是POD存在品种特异性，保护酶活性均随盐处理时间的增加而下降。

### 六、盐胁迫对葡萄砧木离子吸收与分配的影响

在盐胁迫下，植物细胞中$Na^+$的净积累是由$Na^+$流入和流出的离子交换活性决定的。$Na^+$进入细胞主要通过离子通道，如高亲和力钾离子转运蛋白HKT和非选择性阳离子通道NSCC，$Na^+$外排由已知的钠离子/氢离子反向转运蛋白SOS1介导。本研究中盐胁迫下各品种砧木$Na^+$含量显著大于CK，且叶片$Na^+$的含量大于根系。耐盐性弱的品种中，如188-08和山河2号，盐胁迫处理初期，叶片中的$Na^+$含量便高于其他品种，含量分别高达112mg/g、124mg/g，但也有耐盐性弱的品种如3309C，其$Na^+$的含量并没有显著高于CK。至盐胁迫处理结束时，耐盐性弱的砧木品种如山河2号，其叶片与根系均含有大量的$Na^+$，说明其吸收了过量的$Na^+$导致整株的代谢紊乱，最终使植物启动程序性死亡。耐盐性较强的砧木品种如101-14、5BB，叶片$Na^+$积累较少，且其根系的$Na^+$含量也并没有表现出大量的积累，原因可能是，其根系对$Na^+$的选择性吸收能力较强，仅有少部分的$Na^+$进入植物体，从而增加了植株盐环境中的生存能力。

$K^+$是许多酶的重要辅助因子，在正常情况下，植物吸收的$K^+$大于$Na^+$，但$Na^+$能够通过$K^+$的传输通道进入细胞，所有当$Na^+$以高浓度存在时会导致细胞内活性氧的积累，并引起脂质膜的损伤。因此，过量的$Na^+$一方面导致$K^+$缺乏，另一方面增加了细胞中电解质的渗漏。高盐环境中，最常见的盐是NaCl，它们可干扰植物对$K^+$、$Ca^{2+}$和$Mg^{2+}$的吸收，降低细胞对必需营养元素的获取能力。本研究发现，持续盐胁迫可导致砧木吸收过多的$Na^+$，从而使$K^+/Na^+$、$Ca^{2+}/Na^+$、$Mg^{2+}/Na^+$下降。高盐胁迫下，$Na^+$和$Cl^-$在叶中大量积聚，显著降低了根对$K^+$、$Ca^{2+}$和$Mg^{2+}$的吸收能力，并且降低了植株从根到叶$K^+$、$Ca^{2+}$和$Mg^{2+}$的整体运输能力，从而破坏了叶片的离子平衡，导致植株离子毒害和生长受阻。耐盐性较强的砧木品种如110R、贝达、101-14等$Ca^{2+}/Na^+$、$Mg^{2+}/Na^+$值高于其他砧木品种，说明其维持离子平衡能力较强，有利于砧木在NaCl环境中生长。

$Cl^-$和$Na^+$对大面积作物减产的原因还没有被完全认知，大部分关于盐胁迫的研究都集中在$Na^+$对植物的影响上，而忽略了$Cl^-$的重要性。在许多关于耐盐性的研究中，无法确定NaCl胁迫对生长的不利影响是由$Cl^-$引起的，还是由两者共同作用引起的。$Cl^-$进入植物根系可能是依靠于植物对水的吸收作用，在盐胁迫后出现严重的叶片黄化和光合作用受限情况是由于高浓度的$Cl^-$导致的。对葡萄进行盐处理后研究发现，盐胁迫处理7d后叶片中有大量$Cl^-$的积累，而$Na^+$在第15天才开始积累。在盐处理过的豆类中发现，组织中高浓度的$Cl^-$是盐诱导生长减少的主要原因。在本实验中，140R叶片在盐胁迫初期便有大量$Cl^-$的积累，叶片表现出失水枯黄的现象，但其根系与CK无显著差异，3309C、188-08、贝达等在中后期也表现出与140R相似的结果。由此可知，耐盐性差的品种可能将根系吸收的$Cl^-$直接运送至地上部分，而耐盐性强的品种则把吸收的有毒离子（$Cl^-$）保存在根系，抑

或是选择外排，从而减少有毒离子往地上部分运输与积累。当盐浓度过大时，根系来不及将吸收的$Cl^-$外排，且根系无法存储较多$Cl^-$时，才将$Cl^-$运送到地上部分，高浓度的$Cl^-$破坏了蛋白质或核酸的活性，从而触发植物程序性死亡。$Cl^-$和$NO_3^-$之间的拮抗作用可导致氮的吸收和储存减少，而氮是蛋白质合成和许多代谢产物的重要来源，在$Cl^-$浓度较高的情况下，氮供应受限可能是其对植物产生毒性的一个原因。在高$Cl^-$存在的情况下，茎中$NO_3^-$与$Cl^-$比率降低与拟南芥中茎生物量的减少显著相关，以及高$Cl^-$含量与SLAH1（慢型阴离子通道SLAC1的同源物）的过表达也有显著的相关性，并且$NO_3^-/Cl^-$可用于耐盐性新指标。

用营养钵基部盐液浸泡法，对21份葡萄砧木进行了耐盐性鉴定。结果表明：101-14、Dogridge耐盐力强，5BB、188-08、140R等耐盐性较弱，101-14中$Na^+$和$Cl^-$的积累量和积累速度均显著低于188-08。在对葡萄组培苗进行50d盐胁迫后发现，组培苗的盐害指数随盐浓度的提高而增加，Dogridge耐盐性较强，而188-08、101-14、SO4等品种耐盐性较弱。

$S_{X\cdot Na^+}$是离子选择性运输系数，其值越大，表示源器官控制$Na^+$且促进$Ca^{2+}$、$K^+$、$Mg^{2+}$向库器官的运输能力越强，即库器官的选择性运输能力越强。本实验中，耐盐性弱的砧木品种离子选择性运输系数显著小于耐盐性强的砧木品种，说明耐盐性弱的砧木品种在盐胁迫环境下对营养离子的选择分配能力弱，使得地上部分出现营养离子亏缺，影响正常的生理代谢进而抑制砧木的生长。盐胁迫下，植物对于离子的吸收和转运以及离子在植物各组织中的分配决定了植物的耐盐性。耐盐性强的植物可以通过根系对盐离子的区隔，减少盐离子向地上部分运输，并且通过增加营养离子的吸收和转运，提高植物的离子选择性吸收能力，从而增加植物的耐盐性。

## 第四节　小结

13种葡萄砧木的耐盐性综合排序为：110R＞101-14＞Dogridge＞5BB＞香槟尼＞5C＞贝达＞B.R.NO.2＞Valiant＞山河2号＞188-08＞3309C=140R。

盐胁迫下，葡萄砧木细胞膜受到严重损害，光合作用大幅下降导致光合产能显著减少，生长受到抑制，最终代谢紊乱造成植株死亡。

耐盐性强的砧木品种对$Na^+$、$Cl^-$等盐离子有较好的截留能力，并且对营养离子有较强的选择性运输能力。

# 第六章　酿酒葡萄抗寒性研究

目前，世界各国所栽种的优良酿酒葡萄均为欧亚种。葡萄是目前世界上栽培面积和产量最大的水果之一，其产量仅次于柑橘，位居第二，其产量的80%用于酿造葡萄酒。葡萄对土壤和气候适应性较强，在干旱、瘠薄的山石坡地和沙荒地上均可生长，并能生产出优质葡萄酒，同时，还对改善生态具有重要作用。酿酒葡萄已成为我国北方地区，特别是在西北地区重要主栽的高效经济树种之一，对调整农业产业结构、改善生态环境发挥了重要作用。

葡萄是一种抗寒性较弱的果树，冻害主要表现为根茎冻害、根系冻害和枝芽冻害3种。根茎冻害主要发生在晚秋（早霜），根系冻害发生在冬季，而枝芽冻害是发生在春末夏初（即晚霜）。晚霜冻害往往会对葡萄当年的产量造成严重损失，甚至绝产。成熟葡萄枝蔓一般只耐受-18℃的低温，根系只抵抗-6～-4℃的低温。我国北方地区葡萄栽培主要通过冬季埋土技术措施来实现安全越冬，葡萄根系低温冻害是造成葡萄低产的主要原因，优选抗寒酿酒葡萄品种是提高葡萄生产的重要技术措施和途径。为此，本研究通过系统研究现有优良酿酒葡萄品种的抗寒性，为选择我区酿酒葡萄品种提供理论基础，现将研究结果总结如下。

## 第一节　材料与方法

### 一、实验材料

供试材料取自御马国际葡萄酒业（宁夏）有限公司葡萄基地，供试植株为六年生酿酒葡萄，品种为西拉、赤霞珠、梅鹿辄、蛇龙珠、玫瑰香。所有枝蔓待葡萄秋季落叶冬剪时获得，枝条修剪后运回宁夏大学埋入土中，测定时取样处理。

## 二、实验设计

所采样品的树势一致，管理水平一致，架式为单篱架，栽植密度3.0m×0.5m。材料取冬剪时一年生枝条，每个品种随机选取10株树，从植株上部取粗度1cm、长度100cm、充分成熟的一年生枝3个，枝条埋土储存备用，埋土厚度为40cm。

## 三、实验方法

参照第三章"三 实验方法"所述方法。

# 第二节 结果与分析

## 一、不同酿酒葡萄品种一年生枝条在低温胁迫下抗寒性指标的测定和比较

### （一）电解质外渗量差异

由于细胞外渗物质的多少，与电解质渗出率成正比，电解质渗出率越高，表明质膜受冻损伤的程度越大，故可用电解质渗出率的高低比较品种抗寒性的大小。抗寒性强的鲜食葡萄品种电导率小，而抗寒性弱的品种电导率大，并且抗寒性强的品种电导率随温度处理变化幅度小，而抗寒性弱的品种随温度处理变化幅度大。由图6-1可以看出，随着处理温度的降低，伤害程度加重，酿酒葡萄品种枝条的相对电导率越来越大，呈增加的趋势，说明低温处理使细胞膜受损程度加重。研究发现，这几个酿酒葡萄品种相对电导率随处理温度的降低呈现"慢-快-慢"的增加趋势。赤霞珠和西拉的相对电导率值一直显著低于其他3个品种，而玫瑰香的相对电导率值一直较高，并且在不同的低温处理下，赤霞珠（41.9%）和西拉（42.1%）电解质渗出率变化幅度最小，梅鹿辄（47.77%）和玫瑰香（46%）电解质渗出率的变化幅度最大，蛇龙珠（44.7%）品种居中。它们电解质渗出率的变化幅度由大到小顺序依次是：梅鹿辄＞玫瑰香＞蛇龙珠＞西拉＞赤霞珠。它们的相对电导率出现较大的差异，在$\alpha=0.01$的水平下，相对电导率差异显著，并且通过方差分析和多重比较可以看出，玫瑰香和其他几个品种差异显著，赤霞珠和梅鹿辄之间差异显著，而西拉、蛇龙珠和梅鹿辄之间的差异不显著，赤霞珠、西拉和蛇龙珠之间的差异不显著。

许多研究也表明，在研究果树的抗寒性时用半致死温度（LT50）也可以有效评价植

物抗寒性。配合Logistic方程，求出5个酿酒品种的半致死温度，分别是：赤霞珠-27℃、西拉-26℃、蛇龙珠-26℃、梅鹿辄-25℃、玫瑰香-24℃。所以从半致死温度可以看出，5个酿酒葡萄品种抗寒性强弱为：赤霞珠最大，西拉和蛇龙珠居中，梅鹿辄次之，玫瑰香最差。相对电导率和半致死温度综合起来比较，赤霞珠抗寒性最强，西拉和蛇龙珠次之，梅鹿辄和玫瑰香最弱。

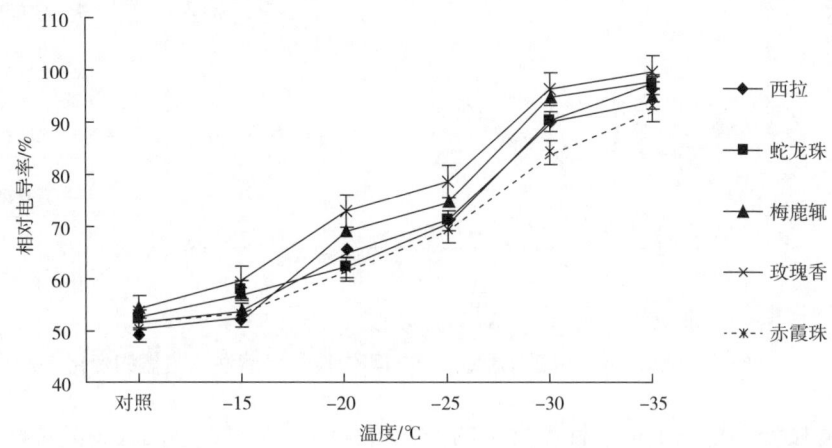

图6-1　低温胁迫对不同酿酒葡萄品种一年生枝条的相对电导率的影响
注：对照为室温，余同。

### （二）可溶性糖含量的变化

植物在越冬前积累的可转化的物质的基本形式是淀粉，这种积累通常在夏季开始，贮藏在根、干、枝的皮层和木质部中，在低温到来之前则转化为糖类和脂肪以及纤维素和其他化合物，从而增强抗逆性，这无疑与抗寒力有关。逆境下植物体内可溶性糖含量增加，一些植物生理学家指出，在低温条件下，可溶性糖含量越高，其相应冰点越低，故抗寒力越高。在温度梯度处理的过程中抗寒性不同的葡萄品种枝条内可溶性糖含量及变化均有差异。从图6-2的可溶性糖含量的变化趋势来看，随着处理温度的降低，葡萄枝条中的可溶性糖含量逐渐增加。但在-20℃处理下，可溶性糖含量的数值与对照相比几乎没有变化，而随后，枝条的可溶性糖含量急剧增加；但在-30℃左右开始，可溶性糖含量变化曲线趋于平缓，即变化趋势呈"S"形，-20℃和-30℃是两个重要的转折温度。赤霞珠的可溶性糖在各温度处理下均高于其他品种，除了在-15℃时的西拉品种。而玫瑰香品种在各温度处理下均低于其他品种，并且各品种之间可溶性糖含量存在着明显的差异。赤霞珠和西拉之间的差异不显著，但是和其他3个品种之间的差异显著，梅鹿辄和玫瑰香之间的差异不显著，但是它和其他3个品种之间的差异显著，蛇龙珠和其他4个品种差异均显著。各品种之间可溶性糖含量的增减幅度也存在一定的差异，且赤霞珠和西拉可溶性糖含量增加量高，增加幅度大。从图6-2可以看出赤霞珠可溶性糖含量高且增加的幅度大

（2.355%），第二是西拉（2.274%），第三是蛇龙珠（2.153%），第四是玫瑰香（1.982%），最后是梅鹿辄（1.973%）。

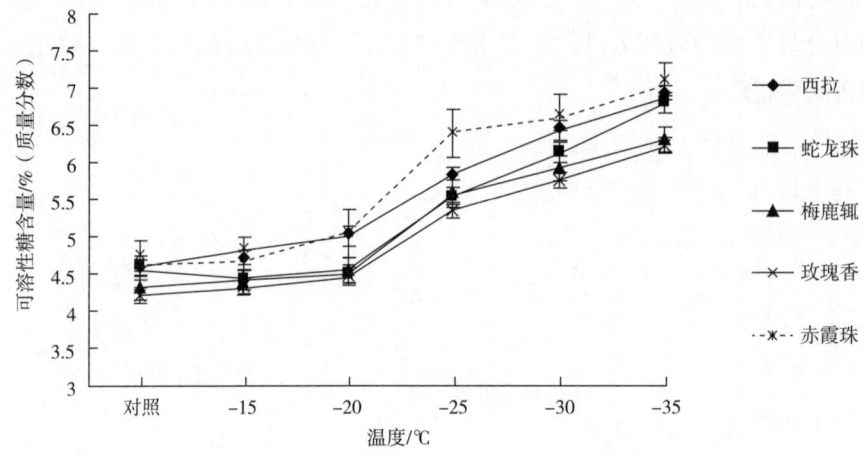

图6-2 低温胁迫下酿酒葡萄品种一年生枝条可溶性糖含量的变化

对葡萄枝条、根系中可溶性糖含量的变化研究结果表明：不同葡萄品种的抗寒性不同，植物组织和细胞可溶性糖含量与其抗寒性密切相关，可溶性糖含量越高，则植物抗寒性越强，并且抗寒性强的品种的可溶性糖含量增加的幅度大，而抗寒性弱的品种的可溶性糖含量增加的幅度小，所以它们的抗寒性强弱是：赤霞珠和西拉最强，蛇龙珠次之，玫瑰香和梅鹿辄最弱。

低温胁迫条件下，葡萄枝条可溶性糖含量上升，而相对电导率是植物抗寒性强弱的基本指标。对5个酿酒葡萄品种可溶性糖含量与相对电导率关系进行相关分析，见表6-1。研究结果表明，酿酒葡萄一年生枝条内可溶性糖含量与相对电导率呈显著性相关，说明可溶性糖含量与葡萄抗寒性相关。

表6-1 低温胁迫后酿酒葡萄可溶性糖含量与相对电导率的关系

| 品种 | 回归方程 | 相关系数 |
| --- | --- | --- |
| 西拉 | $y=0.0514x+1.9349$ | $R^2=0.9563^*$ |
| 蛇龙珠 | $y=0.0507x+1.7038$ | $R^2=0.9182^*$ |
| 梅鹿辄 | $y=0.0409x+2.1908$ | $R^2=0.8756^*$ |
| 玫瑰香 | $y=0.0427x+1.7657$ | $R^2=0.9127^*$ |
| 赤霞珠 | $y=0.0603x+1.5747$ | $R^2=0.9107^*$ |

注：$y$代表可溶性糖含量，%；$x$代表相对电导率，%；葡萄一年生枝条计算$R$的绝对值$>R0.1=0.7293$为显著相关，用*表示。

## （三）脯氨酸含量的变化

一般的情况下，植物体内的游离脯氨酸并不多，经低温胁迫后，游离脯氨酸含量迅速提高。游离脯氨酸具有水溶性、水势高、在细胞内积累无毒性等特点，因而在植物的低温胁迫过程中，能作为防脱水剂从而保护植物。图6-3表明，随着处理温度的降低，酿酒葡萄枝条内的脯氨酸含量增加，赤霞珠和西拉在各个处理温度中脯氨酸含量一直最高，而玫瑰香和梅鹿辄一直低于其他几个品种。不同品种一年生枝条内脯氨酸含量的增加幅度也不同，赤霞珠增加的幅度最大，玫瑰香增加的幅度最小，按增加的幅度大小排序：赤霞珠＞西拉＞蛇龙珠＞梅鹿辄＞玫瑰香。随着处理温度的降低，枝条伤害程度加重，枝条中的脯氨酸含量越来越大，呈明显的增加趋势。越抗寒的品种增加的幅度越高，如赤霞珠的脯氨酸含量增加的幅度最大，而玫瑰香增加的幅度最低。经方差分析和多重比较，玫瑰香除了与梅鹿辄的差异不显著外，与其他3个品种差异均显著，梅鹿辄与西拉、赤霞珠差异显著。从脯氨酸含量高低和低温胁迫后增加的幅度可以区分酿酒葡萄品种的抗寒性强弱，它们的抗寒性强弱依次为：赤霞珠＞西拉＞蛇龙珠＞梅鹿辄＞玫瑰香。低温胁迫条件下，葡萄枝条中脯氨酸含量上升。对5种酿酒葡萄一年生枝条内脯氨酸含量与相对电导率关系进行相关分析，见表6-2。研究结果表明，酿酒葡萄一年生枝条内脯氨酸含量与相对电导率呈显著性相关，说明脯氨酸含量与葡萄抗寒性相关。

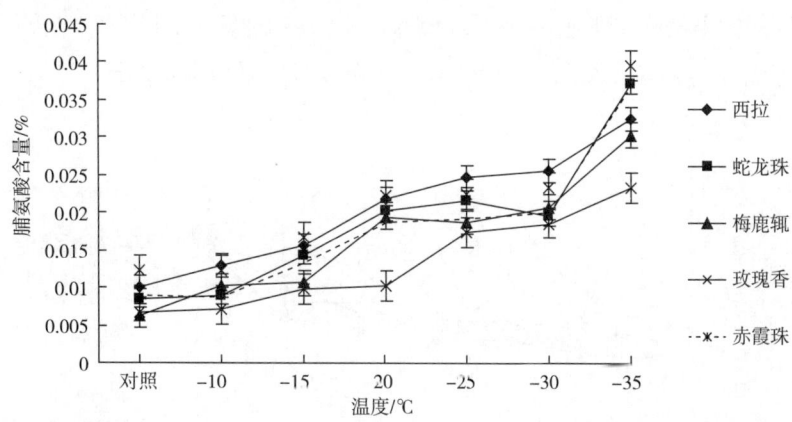

图6-3　低温胁迫下酿酒葡萄品种一年生枝条脯氨酸含量的变化

表6-2　低温胁迫后酿酒葡萄一年生枝条脯氨酸含量与相对电导率的关系

| 品种 | 回归方程 | 相关系数 |
| --- | --- | --- |
| 西拉 | $y=0.0004x-0.0075$ | $R^2=0.8486^*$ |
| 蛇龙珠 | $y=0.0004x-0.0111$ | $R^2=0.692$ |
| 梅鹿辄 | $y=0.0004x-0.0105$ | $R^2=0.8495^*$ |

续表

| 品种 | 回归方程 | 相关系数 |
|---|---|---|
| 玫瑰香 | $y=0.0003x-0.0104$ | $R^2=0.8894^*$ |
| 赤霞珠 | $y=0.0005x-0.011$ | $R^2=0.7921^*$ |

注：$y$代表脯氨酸含量，%；$x$代表相对电导率，%。葡萄一年生枝条计算$R$的绝对值$>R0.1=0.7293$为显著相关，用*表示。

### （四）丙二醛含量变化

葡萄品种在抗寒锻炼期间枝条、叶片内可溶性糖含量随着温度的下降呈递增趋势。丙二醛则恰好相反，随着处理温度的降低，葡萄枝条中丙二醛含量多且增加的幅度大，则其抗寒性差，反之，丙二醛含量低且增加的幅度小，则其抗寒性强。图6-4表明，随着处理温度的降低，酿酒葡萄枝条中丙二醛含量越来越大，说明温度的降低对枝条的损伤越来越重。在-20℃之前，随处理温度的降低，丙二醛含量变化很少；随着温度的进一步降低，丙二醛含量呈明显的增加趋势，并且各品种增加量明显不同。玫瑰香的丙二醛含量在各温度处理中一直最高，且增加的幅度也最大，而蛇龙珠的丙二醛含量低且增加的幅度小。丙二醛含量为：玫瑰香最高，梅鹿辄次之，西拉在第三，赤霞珠第四，蛇龙珠最低。丙二醛增加幅度的大小是：玫瑰香（4.605nmol/gFW）>梅鹿辄（4.448nmol/gFW）>蛇龙珠（4.158nmol/gFW）>西拉（3.856nmol/gFW）>赤霞珠（3.787nmol/gFW）。

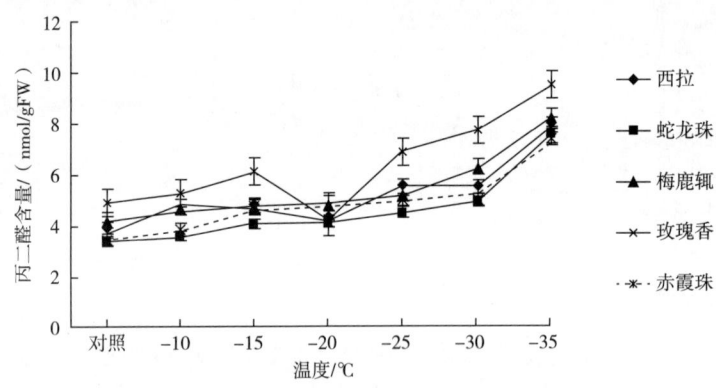

图6-4　低温胁迫下酿酒葡萄品种一年生枝条丙二醛含量的变化

经方差分析和多重比较，玫瑰香与其他4个品种的一年生枝条丙二醛含量的差异显著，梅鹿辄与蛇龙珠之间差异显著，赤霞珠、蛇龙珠和西拉之间差异不显著。所以它们的抗寒性顺序为：赤霞珠、蛇龙珠和西拉最强，梅鹿辄居中，玫瑰香最弱。低温胁迫条件下，葡萄枝条中丙二醛含量上升。对5个酿酒葡萄一年生枝条丙二醛含量与相对电导率关系进行相关分析，见表6-3。研究结果表明，酿酒葡萄一年生枝条内丙二醛含量与相对电导率有一定的相关性，说明丙二醛含量与葡萄抗寒性相关。

表6-3 低温胁迫后酿酒葡萄一年生枝条内丙二醛含量与相对电导率的关系

| 品种 | 回归方程 | 相关系数 |
| --- | --- | --- |
| 西拉 | $y=0.0652x+0.731$ | $R^2=0.6688$ |
| 蛇龙珠 | $y=0.071x-0.2699$ | $R^2=0.7792^*$ |
| 梅鹿辄 | $y=0.0702x+0.4236$ | $R^2=0.8244^*$ |
| 玫瑰香 | $y=0.0834x+0.1352$ | $R^2=0.6424$ |
| 赤霞珠 | $y=0.0638x+0.6589$ | $R^2=0.7005$ |

注：$y$代表丙二醛含量，nmol/g FW；$x$代表相对电导率，%。葡萄一年生枝条计算$R$的绝对值>$R0.1=0.7293$为显著相关，用*表示。

**（五）保护性酶的变化**

**1. 酿酒葡萄品种一年生枝条在低温处理中超氧化物歧化酶（SOD）活性的变化**

从5个酿酒葡萄品种一年生枝条在低温胁迫下超氧化物歧化酶活性的测定结果（图6-5）可以看出，5个品种一年生枝条SOD活性随温度的变化的规律相似。-15℃至对照5个品种均呈上升的趋势，-20～-15℃呈下降的趋势，-25～-20℃又呈现上升趋势，-35～-25℃呈下降的趋势。在实验中，SOD的活性变化趋势为"升-降-升-降"，有两个高峰，后一个大于前一个。结果与沈洪波的结论基本一致，即超氧化物歧化酶的比活性在低温处理过程中呈"升-降-升-降"的趋势。

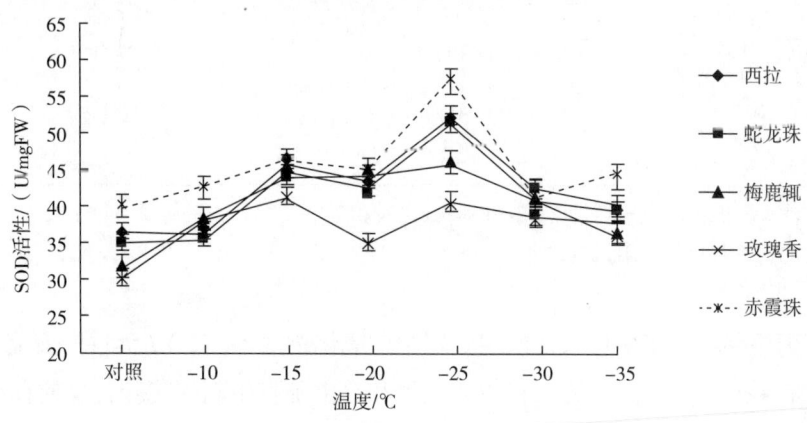

图6-5 低温胁迫下酿酒葡萄品种一年生枝条SOD活性的变化

研究表明：抗寒性强的葡萄品种SOD活性高，并且随着温度的下降变化缓慢；抗寒性差的葡萄品种酶活性低，并且随着温度下降变化得激烈。抗寒性强的品种第一个高峰出现的时间晚,酶活性高。对茄子幼苗低温胁迫试验发现:低温胁迫下,叶片SOD活性呈上升趋势,POD、CAT活性也呈上升趋势,抗寒力强的品种上升幅度高于抗寒力弱的品种。所以从酶的活性看,赤霞珠、西拉和蛇龙珠的活性一直较高,说明其抗寒性比较强,而玫瑰香的活性一直较低,梅鹿辄居中。经方差分析和多重比较,5个酿酒葡萄品种一年生枝条的超氧化物歧化酶活性存在差异,赤霞珠与蛇龙珠、梅鹿辄、玫瑰香之间差异显著,玫瑰香与西拉、蛇龙珠和赤霞珠之间差异显著,西拉和赤霞珠之间不显著,梅鹿辄和玫瑰香之间不显著,西拉、蛇龙珠和梅鹿辄之间不显著。

再从酶活性的变化幅度看,从最高峰值减去最低值,赤霞珠上升的幅度最大,为17.095U/mgFW;西拉上升的幅度居中,为16.313U/mgFW;梅鹿辄为16.202U/mgFW;蛇龙珠为15.566U/mgFW;而玫瑰香上升的幅度最小,为10.335U/mgFW。通过酶活性的高低和酶活性变化幅度可以比较出5个酿酒葡萄的抗寒性强弱,赤霞珠和西拉最强,蛇龙珠、梅鹿辄居中,玫瑰香最弱。

低温胁迫条件下,葡萄枝条超氧化物歧化酶活性上升。对5个酿酒葡萄品种一年生枝条超氧化物歧化酶活性与相对电导率关系进行相关分析,结果见表6-4。研究结果表明,酿酒葡萄一年生枝条内超氧化物歧化酶活性与相对电导率呈显著性相关,说明超氧化物歧化酶活性与葡萄抗寒性相关。

表6-4 低温胁迫后酿酒葡萄一年生枝条超氧化物歧化酶活性与相对电导率的关系

| 品种 | 回归方程 | 相关系数 |
| --- | --- | --- |
| 西拉 | $y=0.1635x+43.418$ | $R^2=0.8202^*$ |
| 蛇龙珠 | $y=-0.1320x+43.531$ | $R^2=0.6327$ |
| 梅鹿辄 | $y=0.1524x+39.942$ | $R^2=0.8013^*$ |
| 玫瑰香 | $y=0.1737x+31.763$ | $R^2=0.9187^*$ |
| 赤霞珠 | $y=0.1428x+45.53$ | $R^2=0.7401^*$ |

注:$y$代表超氧化物歧化酶活性,U/mgFW;$x$代表相对电导率,%;葡萄一年生枝条计算$R$的绝对值$>R0.1=0.7293$为显著相关,用*表示。

### 2. 酿酒葡萄品种一年生枝条在低温处理中过氧化物酶(POD)活性的变化

氧化酶是保护酶,低温胁迫下它与活性氧和自由基发生超氧化歧化反应保护了质膜,因此氧化酶与抗寒性有关。由图6-6可以看出,在整个降温过程中,枝条中的过氧化物酶活性的总体变化趋势为"升-降-升",即大多数品种在-25℃有一个高峰,-30℃又下降,-35℃又有一个小高峰。这个规律与王淑杰在葡萄叶片上得出的结论一致,即在低温处理中,过氧化物酶活性的变化趋势是"升-降-升"。随抗寒锻炼的进行,过氧化物酶活性逐步提高，过氧化物酶与抗寒性的关系密切，抗寒品种的酶活性高于不抗寒品种。图6-6中表明：西拉和赤霞珠的POD活性一直较高，而玫瑰香POD活性一直处于较低的水平，其他两个品种居中。在整个低温处理中，赤霞珠POD活性最高达到7.358U/（g·min），其最低的POD活性也是5.002U/（g·min），而玫瑰香POD活性最高才是4.901U/（g·min），最低是2.561U/（g·min）。

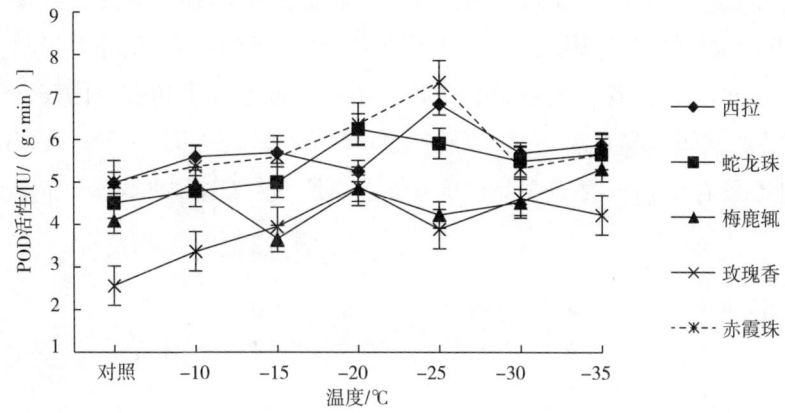

图6-6　低温胁迫下酿酒葡萄品种一年生枝条过氧化物酶活性的变化

经方差分析和多重比较，5个酿酒葡萄品种一年生枝条的过氧化物酶活性存在差异，赤霞珠和西拉、梅鹿辄之间差异不显著，玫瑰香和梅鹿辄之间差异不显著，而梅鹿辄、玫瑰香与赤霞珠、西拉、蛇龙珠之间差异显著（表6-5）。所以可以得出，这5个酿酒葡萄品种的抗寒性强弱顺序是：赤霞珠＞西拉＞蛇龙珠＞梅鹿辄＞玫瑰香。

低温胁迫条件下，葡萄枝条过氧化物酶活性上升。对5个酿酒葡萄品种一年生枝条过氧化物酶活性与相对电导率关系进行相关分析，结果见表6-5。研究结果表明，酿酒葡萄一年生枝条内过氧化物酶活性与相对电导率有相关性，说明过氧化物酶活性与葡萄抗寒性相关。

表6-5　低温胁迫后酿酒葡萄一年生枝条过氧化物酶活性与相对电导率的关系

| 品种 | 回归方程 | 相关系数 |
| --- | --- | --- |
| 西拉 | $y=0.2829x+4.8107$ | $R^2=0.6513$ |
| 蛇龙珠 | $y=0.3239x+4.4816$ | $R^2=0.8455^*$ |
| 梅鹿辄 | $y=0.0244x+2.8126$ | $R^2=0.5936$ |
| 玫瑰香 | $y=0.0261x+3.9474$ | $R^2=0.6147$ |
| 赤霞珠 | $y=0.031x+5.6828$ | $R^2=0.8234^*$ |

注：$y$代表过氧化物酶活性U/（g·min）；$x$代表相对电导率，%；葡萄一年生枝条计算$R$的绝对值＞$R_{0.1}=0.7293$为显著相关，用*表示。

### 3. 酿酒葡萄品种一年生枝条在低温处理中过氧化氢酶（CAT）活性的变化

由图6-7可以看出，5个品种（西拉、蛇龙珠、梅鹿辄、赤霞珠）一年生枝条在低温胁迫下过氧化氢酶（CAT）随温度变化的规律是相似的，-15℃达到最高点，这是抗低温的反应。在实验中，玫瑰香与其他4个品种明显不同，它的变化趋势是"升-降-升"，也就是玫瑰香提前达到高峰。除玫瑰香的其他4个品种CAT活性变化趋势为"降-升-降-升"。这5个品种中赤霞珠和西拉酶活性一直较高，玫瑰香酶活性一直较低，梅鹿辄和蛇龙珠居中。酶活性变化幅度大小和酶活性高低是一致的，玫瑰香下降幅度最大，赤霞珠下降幅度最小，蛇龙珠、梅鹿辄和西拉居中。经方差分析和多重比较，仅赤霞珠和玫瑰香CAT活性之间差异显著，其他品种之间差异不显著（图6-7）。根据酶活性高低和酶活性变化幅度看，5个酿酒葡萄品种抗寒性强弱是：赤霞珠＞西拉＞梅鹿辄＞蛇龙珠＞玫瑰香。

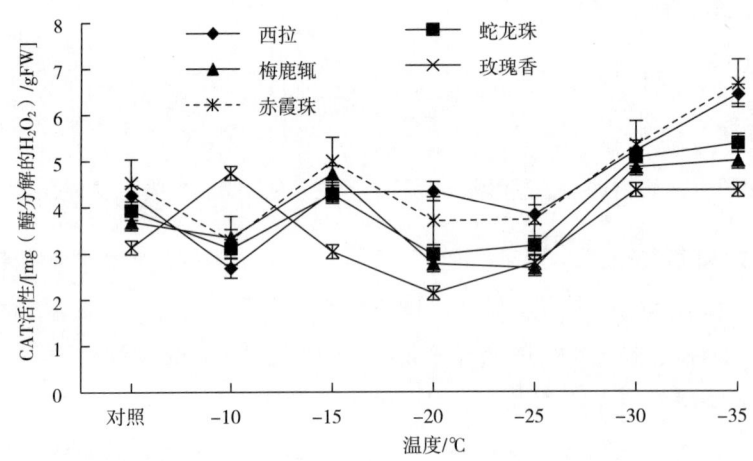

图6-7 低温胁迫下酿酒葡萄品种一年生枝条CAT活性的变化

低温胁迫条件下，葡萄枝条过氧化氢酶活性上升。对5个酿酒葡萄品种一年生枝条过氧化氢酶活性与相对电导率关系进行相关分析，见表6-6。研究结果表明，酿酒葡萄一年生枝条内过氧化氢酶活性与相对电导率有一定的相关性但不显著，说明过氧化氢酶活性与葡萄抗寒性相关。

表6-6 低温胁迫后酿酒葡萄一年生枝条过氧化氢酶活性与相对电导率的关系

| 品种 | 回归方程 | 相关系数 |
| --- | --- | --- |
| 西拉 | $y=0.049x+1.7498$ | $R^2=0.7331^*$ |
| 蛇龙珠 | $y=0.0379x+1.451$ | $R^2=0.5$ |

续表

| 品种 | 回归方程 | 相关系数 |
|---|---|---|
| 梅鹿辄 | $y=0.0189x+2.5716$ | $R^2=0.1299$ |
| 玫瑰香 | $y=0.0327x+0.7899$ | $R^2=0.4708$ |
| 赤霞珠 | $y=0.0444x+1.7889$ | $R^2=0.4391$ |

注：$y$代表过氧化氢酶活性，mg酶分解$H_2O_2$/gFW；$x$代表相对电导率，%；葡萄一年生枝计算$R$的绝对值＞$R0.1=0.7293$为显著相关，用*表示。

表6-7　酿酒葡萄抗寒性指标的方差分析和多重比较

| 品种 | 指标 | | | | | | |
|---|---|---|---|---|---|---|---|
| | 电导率 | 可溶性糖含量 | 脯氨酸含量 | 丙二醛含量 | 超氧化物含量 | 过氧化物含量 | 过氧化氢含量 |
| 西拉 | 70.95$^{BC}$ | 5.579$^A$ | 0.021$^A$ | 4.112$^{BC}$ | 42.673$^{AB}$ | 5.707$^A$ | 4.439$^{AB}$ |
| 蛇龙珠 | 71.466$^{BC}$ | 5.330$^B$ | 0.019$^{AB}$ | 3.546$^C$ | 41.432$^B$ | 5.377$^A$ | 3.981$^{AB}$ |
| 梅鹿辄 | 73.079$^B$ | 5.176$^{BC}$ | 0.017$^{BC}$ | 4.264$^B$ | 40.3562$^{BC}$ | 4.527$^B$ | 3.8631$^{AB}$ |
| 玫瑰香 | 76.768$^A$ | 5.041$^C$ | 0.013$^C$ | 4.989$^A$ | 37.572$^C$ | 3.932$^B$ | 3.507$^B$ |
| 赤霞珠 | 68.354$^C$ | 5.696$^A$ | 0.021$^A$ | 3.825$^{BC}$ | 45.282$^A$ | 5.817$^A$ | 4.603$^A$ |

注：同一列中不同大写字母表示差异显著（$p<0.01$）。

## 二、酿酒葡萄抗寒性及抗寒指标相关分析

环境胁迫下植物的抗性反应是一个复杂的生理、生化、生态过程，并且各种生理、生化之间相互影响、相互作用。由于植物的抗寒性是受多种因素的影响而形成的，涉及植物的组织结构功能和一系列生理、生化问题，因此，单一指标很难揭示抗寒性的复杂本质。王荣富综述了植物抗寒指标的种类及应用情况，指出单一指标很难真实反映植物的抗寒性实质。为了全面准确地利用各种指标对植物的抗寒性进行综合评价，克服单指标鉴定的不足，应采用定量化的综合指标评价体系，以快速、准确地评价不同植物在不同环境胁迫下的抗逆性。

利用SPSS统计软件进行酿酒葡萄的聚类分析和抗寒性指标的回归分析和主成分分析，求得5个酿酒葡萄的抗寒力和抗寒顺序，如下所示。

### （一）酿酒葡萄的聚类分析

将5个酿酒葡萄品种抗寒性进行聚类分析，采用最小距离法，结果见图6-8。根据聚

类分析结果，5个酿酒葡萄品种抗寒性强弱可划分为4类，抗寒性最强的为：赤霞珠；抗寒性强的是：西拉和蛇龙珠；抗寒性中等的是：梅鹿辄；抗寒性最弱的是：玫瑰香，这个结果与前面的方差分析和动态图结果一致。

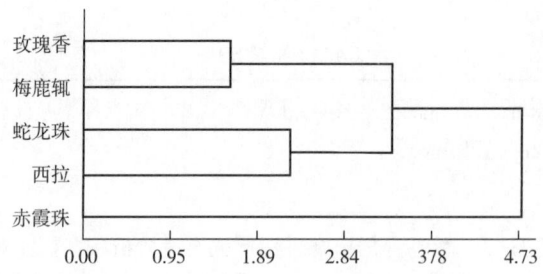

图6-8 酿酒葡萄的聚类分析树形图

### （二）各指标对抗寒性的逐步回归分析

由上述的线性回归分析可以发现指标间存在较强的相关性，为了具体分析每个指标与抗寒性的相关性，比较指标对酿酒葡萄抗寒性影响的大小，本研究进行了逐步回归分析。

当$F_1=F_2=2.0$时，几乎所有指标均引入方程：

$$Y=169.3581-5.6287X_1-81.6592X_2+0.9542X_3-0.6389X_4-3.2591X_5, R^2=0.9528$$

当$F_1=F_2=2.5$时，有指标$X_1$、$X_2$、$X_4$、$X_5$引入方程：

$$Y=104.1023-4.8287X_1-93.6592X_2-0.8236X_4-3.5591X_5, R^2=0.9002$$

当$F_1=F_2=3.0$时，有指标$X_1$、$X_4$引入方程：

$$Y=116.7968-6.3287X_1-1.2376X_4, R^2=0.8132$$

由逐步回归分析结果可见，除了电导率外，可溶性糖含量和超氧化物歧化酶活性对葡萄的抗寒性影响最大，而过氧化氢酶活性对抗寒性有较小的影响，脯氨酸含量、过氧化物酶活性和丙二醛含量对葡萄的抗寒性影响较大（$Y$代表酿酒葡萄一年生枝的相对电导率；$X_1$代表酿酒葡萄一年生枝的可溶性糖含量；$X_2$代表酿酒葡萄一年生枝的脯氨酸含量；$X_3$代表酿酒葡萄一年生枝的丙二醛含量；$X_4$代表酿酒葡萄一年生枝的超氧化物歧化酶活性；$X_5$代表酿酒葡萄一年生枝的过氧化物酶活性）。

### （三）各指标对抗寒性的主成分分析

采用主成分分析法，对5个酿酒葡萄品种进行抗寒性指标综合评价。由表6-8可见，各指标在葡萄抗寒能力测定中所起的作用有差异，前5个主成分的累积贡献率达92.83%，即抗寒性指标电导率、超氧化物歧化酶活性、可溶性糖含量、脯氨酸含量、过氧化物酶活性是测定葡萄抗寒性的主要指标，即其中任意一个指标都可以单独来比较葡萄的抗寒能力。

表6-8 主成分特征值、相邻特征值差贡献率及累积贡献率

| 主成分 | 特征值 | 相邻特征值差 | 贡献率/% | 累积贡献率/% |
| --- | --- | --- | --- | --- |
| 1 | 3.02190 | 1.53292 | 35.66413 | 35.66410 |
| 5 | 1.48898 | 0.19904 | 17.57278 | 53.23688 |
| 2 | 1.28994 | 0.19024 | 15.22373 | 68.46060 |
| 3 | 1.09970 | 0.13430 | 12.97854 | 81.43914 |
| 4 | 0.96540 | 0.36330 | 11.39354 | 92.83269 |
| 6 | 0.60210 | 0.59690 | 7.10592 | 99.93860 |
| 7 | 0.00520 | 0.00021 | 0.06137 | 99.99997 |

注：1—电导率；2—可溶性糖含量；3—脯氨酸含量；4—丙二醛含量；5—超氧化物歧化酶活性；6—过氧化物酶活性；7—过氧化氢酶活性，余同。

表6-9列出5个酿酒葡萄品种的主成分值，根据公式 $\sum_{j=1}^{n} A_j B_j$（$A$：主成分贡献率；$B$：酿酒葡萄品种主成分值，$j$：1~7，$n$：5），可求出5个酿酒葡萄品种的抗寒性大小及抗寒力顺序（表6-10）。通过主成分分析得到的5个酿酒葡萄品种抗寒性强弱与前面的聚类分析得到的结果是一致的。

表6-9 酿酒葡萄品种主成分值

| 品种 | 1 | 2 | 3 | 4 | 5 | 6 | 7 |
| --- | --- | --- | --- | --- | --- | --- | --- |
| 西拉 | −1.67962 | −0.42238 | 0.12662 | −0.98021 | 0.60243 | −0.64182 | 0.00254 |
| 蛇龙珠 | −1.10336 | 0.17829 | −0.08861 | 0.65213 | −1.03836 | 0.32651 | −0.3425 |
| 梅鹿辄 | −1.40719 | 0.32844 | 0.22928 | −0.32581 | −0.30642 | 0.50327 | 0.00201 |
| 玫瑰香 | 1.30377 | −0.0627 | 0.12375 | 1.23051 | −0.51745 | −0.31984 | 0.012422 |
| 赤霞珠 | −3.4219 | −0.33863 | −0.13291 | −0.28695 | 0.49376 | −1.3521 | 0.05032 |

表6-10 酿酒葡萄品种抗寒力排序

| 品种 | 排序号 | 抗寒力 |
| --- | --- | --- |
| 西拉 | 2 | −1.0947 |
| 蛇龙珠 | 3 | −0.5613 |
| 梅鹿辄 | 4 | −0.1652 |

续表

| 品种 | 排序号 | 抗寒力 |
|---|---|---|
| 玫瑰香 | 5 | +0.3685 |
| 赤霞珠 | 1 | -2.2021 |

### 三、酿酒葡萄品种一年生枝条通过低温胁迫后的生根率和发芽率的比较

不同酿酒葡萄品种的生根率明显不同，且随着低温胁迫的加强，它们的生根率逐渐降低。成苗率与生根率在各品种中都表现一致，但品种间存在差异。各品种随着低温胁迫的加强，它们的成苗率也是逐渐降低，且还可看出各品种间的成苗率高低和生根率略有不同，可见生根的插条，只要管理得当，芽未受到损伤，基本上均能成苗，故成苗率与生根率一样与品种有关。随着低温处理温度的下降，各品种生根率和成苗率的下降趋势是不一样的。在各个温度处理中：CK和-10℃的生根率相差不大，表明-10℃的低温对葡萄枝条影响不大。

-20℃的温度处理中，各品种的生根率已经降到30%左右，且赤霞珠的生根率和成苗率大于其他几个品种，而玫瑰香的生根率和成苗率均小于其他几个品种。用-25℃处理时，玫瑰香的生根率为零，即枝条全被冻死，赤霞珠和蛇龙珠有少量的存活枝条，生根率为8.00%，成苗率为4.00%，西拉的成苗率仅为2.00%；-30℃的处理，所有品种的枝条全被冻死（表6-11）。所以从生根率和成苗率来看，5个酿酒葡萄抗寒性强弱比较为：赤霞珠＞蛇龙珠＞西拉＞梅鹿辄＞玫瑰香。

恢复生长法得到的结果和前面几种方法得到的结果基本一致，说明恢复生长法是一种可靠的鉴定葡萄抗寒性的方法。

表6-11 低温胁迫下酿酒葡萄品种硬枝扦插生根率、成苗率

| 品种 | 对照 | | | | | -10℃ | | | | |
|---|---|---|---|---|---|---|---|---|---|---|
| | 插条数/条 | 生根数/条 | 生根率/% | 成苗数/株 | 成苗率/% | 插条数/条 | 生根数/条 | 生根率/% | 成苗数/株 | 成苗率/% |
| 西拉 | 50 | 48 | 96.00 | 45 | 90.00 | 50 | 46.00 | 92 | 45.00 | 90.00 |
| 蛇龙珠 | 50 | 47 | 94.00 | 43 | 86.00 | 50 | 46.00 | 92 | 46.00 | 92.00 |
| 梅鹿辄 | 50 | 46 | 92.00 | 46 | 92.00 | 50 | 47.00 | 94 | 45.00 | 90.00 |
| 玫瑰香 | 50 | 48 | 96.00 | 45 | 90.00 | 50 | 47.00 | 94 | 46.00 | 92.00 |
| 赤霞珠 | 50 | 47 | 94.00 | 42 | 84.00 | 50 | 45.00 | 90 | 45.00 | 90.00 |

续表

| 品种 | −15℃ | | | | | −20℃ | | | | |
|---|---|---|---|---|---|---|---|---|---|---|
| | 插条数/条 | 生根数/条 | 生根率/% | 成苗数/株 | 成苗率/% | 插条数/条 | 生根数/条 | 生根率/% | 成苗数/株 | 成苗率/% |
| 西拉 | 50 | 34 | 68.00 | 33 | 66.00 | 50 | 16.00 | 32 | 15.00 | 30.00 |
| 蛇龙珠 | 50 | 35 | 70.00 | 34 | 68.00 | 50 | 16.00 | 32 | 16.00 | 32.00 |
| 梅鹿辄 | 50 | 30 | 60.00 | 30 | 60.00 | 50 | 14.00 | 28 | 14.00 | 28.00 |
| 玫瑰香 | 50 | 29 | 58.00 | 29 | 58.00 | 50 | 12.00 | 24 | 11.00 | 22.00 |
| 赤霞珠 | 50 | 34 | 68.00 | 34 | 68.00 | 50 | 18.00 | 36 | 17.00 | 34.00 |

| 品种 | −25℃ | | | | | −30℃ | | | | |
|---|---|---|---|---|---|---|---|---|---|---|
| | 插条数/条 | 生根数/条 | 生根率/% | 成苗数/株 | 成苗率/% | 插条数/条 | 生根数/条 | 生根率/% | 成苗数/株 | 成苗率/% |
| 西拉 | 50 | 2 | 4.00 | 1 | 2.00 | 50 | 0 | 0 | 0 | 0 |
| 蛇龙珠 | 50 | 4 | 8.00 | 2 | 4.00 | 50 | 0 | 0 | 0 | 0 |
| 梅鹿辄 | 50 | 1 | 2.00 | 0 | 0.00 | 50 | 0 | 0 | 0 | 0 |
| 玫瑰香 | 50 | 0 | 0.00 | 0 | 0.00 | 50 | 0 | 0 | 0 | 0 |
| 赤霞珠 | 50 | 4 | 8.00 | 2 | 4.00 | 50 | 0 | 0 | 0 | 0 |

## 第三节 讨论

质膜是受冻害而损伤的原初部位，细胞膜通透性的变化是低温胁迫的关键所在。低温造成膜伤害的结果是膜半透性的改变和丧失，细胞内物质大量向外渗透，并最终引起细胞死亡。通常利用低温伤害前后的相对电导率来表示膜内电解质渗出率，通过测定电解质渗出率来反映组织的伤害程度和植株的抗寒性大小。从酿酒葡萄相对电导率来看，由于这5个酿酒葡萄品种的相对电导率存在着明显的区别，赤霞珠的相对电导率明显低于其他几个品种，且其增加的幅度也小，根据电导率的高低和其增加的幅度得出5个酿酒葡萄品种的抗寒性强弱：赤霞珠最强，西拉和蛇龙珠次之，梅鹿辄和玫瑰香最弱。

丙二醛为细胞膜受伤害后的最终产物，是膜系统受害的重要标志之一。低温处理下葡萄枝条内丙二醛的含量随着温度的降低而不断增加，且升高的幅度不一样。本研究表明：丙二醛与电导率一致，随着处理温度的降低，葡萄枝条中丙二醛含量大且增加的幅度大，则其抗寒性差，反之，丙二醛含量小且增加的幅度小，则其抗寒性强。所以可以看出，在酿酒葡萄中，玫瑰香的丙二醛含量在各温度处理中一直最高，且增加的幅度也最大,而赤霞珠和蛇龙珠丙二醛含量低且增加的幅度小。所以它们的抗寒性顺序为:赤霞珠、蛇龙珠和西拉最强,梅鹿辄居中,玫瑰香最弱。

在逆境条件下,植物体内各种条件渗透物质大量积累,赋予植物渗透调节的能力。渗透调节的关键是在胁迫条件下细胞内溶质的主动积累和由此导致的细胞渗透势的下降,可溶性糖、脯氨酸是植物体内几种重要的渗透调节物质。植物组织和细胞可溶性糖含量与其抗寒性密切相关,可溶性糖含量越高,则植物抗寒性越强。赤霞珠一年生枝条可溶性糖含量在各低温处理下均高于其他品种,除了在-15℃时低于西拉。玫瑰香品种在各温度处理下均低于其他品种。赤霞珠和西拉可溶性糖含量增加量高,增加的幅度大。根据可溶性糖含量和其增加幅度,可以比较出5个酿酒葡萄品种的抗寒性强弱是:赤霞珠和西拉最强,蛇龙珠次之,玫瑰香和梅鹿辄最弱。随着处理温度的降低,酿酒葡萄枝条内的脯氨酸含量增加,并且赤霞珠和西拉在各个处理温度中的脯氨酸含量一直最高,且增加的幅度最大,而玫瑰香和梅鹿辄一直低于其他几个品种,玫瑰香增加的幅度最小。它们的抗寒性强弱依次为:赤霞珠>西拉>蛇龙珠>梅鹿辄>玫瑰香。

SOD、POD、CAT是清除生物体内活性氧和其他过氧化物自由基的关键酶,其中SOD是抗氧化系统中一种极为重要且在生物体内普遍存在的金属酶,在保护酶系统中处于核心地位。水分胁迫等逆境条件下植物体内SOD活性与植物抗氧化胁迫能力呈正相关。

抗寒性强的葡萄品种SOD活性高,且活性随着温度的下降变化缓慢;抗寒性差的葡萄品种酶活性低,且随着温度下降变化激烈,所以随着温度的降低,根据酶活性的高低和酶活性的变化幅度可以看出:在酿酒葡萄品种中,赤霞珠和西拉最强,蛇龙珠、梅鹿辄居中,玫瑰香最弱。

根据过氧化物酶活性和活性增加幅度比较出在酿酒葡萄品种中,抗寒性从强到弱的顺序是:赤霞珠>西拉>蛇龙珠>梅鹿辄>玫瑰香。

根据低温胁迫后的过氧化氢酶活性变化可以看出,酿酒葡萄、鲜食葡萄和葡萄砧木品种的过氧化氢酶活性变化幅度不大,但是在各类型葡萄品种中,品种之间的酶活性差异很大,即在不同温度处理中,有些葡萄品种的酶活性一直高于其他品种,所以可以根据过氧化氢酶活性高低比较出不同品种的抗寒性高低,即:赤霞珠>西拉>梅鹿辄>蛇龙珠>玫瑰香。

恢复生长法是鉴定植物抗寒性的一种传统方法,该方法鉴定结果可靠,还可作为其他鉴定方法的参照,因而在抗寒研究工作中广泛应用。为了更准确地比较出酿酒葡萄品种的抗寒性,本试验进行了恢复生长法试验。研究结果表明抗寒性强的酿酒葡萄品种赤霞珠的生根率和成苗率都高于其他品种,而抗寒性弱的玫瑰香品种的生根率和成苗率明显低于其他几个品种,所以它们的抗寒性强弱顺序是:赤霞珠>蛇龙珠>西拉>梅鹿辄>玫瑰香。

## 第四节 小结

赤霞珠、蛇龙珠、西拉、梅鹿辄和玫瑰香是我国普遍选种的酿酒葡萄,特别是赤霞珠、蛇龙珠和梅鹿辄在宁夏贺兰山东麓的表现尤为突出。通过测定一年生枝条低温处理后电导率、可溶性糖含量、脯氨酸含量、丙二醛含量、超氧化物歧化酶活性、过氧化物酶活性和过氧化氢酶活性等指标后,采取聚类分析可知,5个酿酒葡萄品种抗寒性最强为:赤霞珠;抗寒性强的为:西拉和蛇龙珠;抗寒性中等的为:梅鹿辄;抗寒性最弱的为:玫瑰香。

采取恢复生长法研究5个酿酒葡萄品种,其抗寒性次序为:赤霞珠＞蛇龙珠＞西拉＞梅鹿辄＞玫瑰香。

第三篇

# 酿酒葡萄抗寒栽培技术研究

# 第七章 酿酒葡萄不下架埋土与免埋土防寒栽培技术研究

冬季埋土防寒是我国北方葡萄安全越冬的一项重要措施,为了追求高产和便于冬季埋土,我国北方葡萄埋土防寒区多选用单主蔓龙干形和多主蔓扇形整形方式。由于冬季埋土前必须要将葡萄枝蔓压倒放平,费工费时,还会造成每年2%~5%的枝蔓损伤,甚至造成死树现象。这样既增加了生产成本,又降低了葡萄的产量和经济效益,严重制约了北方酿酒葡萄的生产。另外,这两种整形方式,还会导致葡萄结果部位的不同,同一植株葡萄品质差异较大,难以酿造出优质葡萄酒,这也是我国葡萄酒品质低于国际葡萄酒品质的主要原因。为此,本研究结合宁夏立地条件,针对现有技术中的不足,为葡萄埋土防寒区提供一种全新的葡萄定植、整形方式及埋土方法,解决葡萄冬季下架、埋土所带来的费工费时、成本增加、枝蔓损伤以及葡萄品质不一致等一系列问题,实现葡萄不下架埋土栽培,为生产优质葡萄酒提供原料。另外,也尝试研究免埋土栽培技术,现将研究结果总结如下。

## 第一节 材料与方法

### 一、试验地点

本试验是在广夏(银川)贺兰山葡萄酿酒有限公司玉泉营某基地实施,该基地土壤为典型风沙土,经多年黄河水灌溉,表层形成20~30cm厚的黄河灌淤土,30cm以下均为青沙或黄沙土壤,土壤中碱解氮12mg/kg,速效磷21mg/kg,速效钾42.3mg/kg,pH 8.5。

### 二、试验材料

#### (一)不下架埋土防寒栽培试验材料

供试品种为一年生赤霞珠贝达嫁接苗,苗木来自东北辽宁,砧木高度18~20cm。

### （二）免埋土栽培试验材料

砧木选用2年生贝达苗，酿酒品种为抗寒性较强的蛇龙珠。

## 三、试验方法

### （一）不下架埋土防寒栽培试验

#### 1. 葡萄定植

2006年4月下旬，按照行距3.5m挖宽60~80cm，深80~100cm的定植沟，开沟时按每亩施8m³腐熟羊粪与表土混合放在定植沟西侧（南北行），心土放在另一侧。开沟后，在沟底铺设20cm厚的玉米秸秆，起到保水保肥作用。然后，将混合好的肥料填入定植沟中至地表50cm，再填入心土使定植沟深度保留20~25cm。按50cm的株距定植葡萄幼苗，第一年和第二年按葡萄传统管理模式管理，选留1~2个健壮枝蔓重点培养，且始终保持沟深20~25cm。

#### 2. 整形修剪及埋土防寒

待第二年秋季落叶后，采用主干高40~50cm的植株选留一个枝蔓进行单行单古约特L形整形或选留两个枝蔓进行双行单古约特L形整形，将水平枝蔓绑缚到第一道丝上。冬季采用不下架机械或人工埋土，覆土需高出水平枝蔓15~20cm，防止枝蔓受冻和抽干。对照为传统的独龙蔓倾斜（45°）直立上架整形。第三年春将覆土清除至沟底，在水平枝蔓上按15~20cm的间隔摸芽定枝管理。每一枝蔓留2穗果，夏季按照常规方法管理。秋季落叶后，采取短枝修剪，培养结果枝组，然后采用不下架机械或人工埋土，覆土需高出水平枝蔓15~20cm，其栽培示意图见图7-1。依照此方法类推，年复一年，始终控制葡萄水平枝蔓和结果部位在同一水平高度。对照采用传统独龙蔓倾斜上架整形方式。

#### 3. 调查和统计分析

2008年对不同整形方式（单行单古约特L形整形、双行单古约特L形整形和对照）的葡萄随机选定50株，调查不同处理方式的结实力（萌芽率、结果枝率和结果系数）、果实经济性状（穗重、粒重、果实含糖量、含酸量）等，并在2008年6月初，测定每一枝蔓长度，叶片叶绿素含量，并进行统计分析。

#### 4. 葡萄产量与品质测定

待葡萄成熟采收后，每一处理方式（单行单古约特L形整形、双行单古约特L形整形和对照）选择50株葡萄，测定不同处理葡萄单株产量、单穗重、百粒重、可溶性固形物含量、有机酸含量、单宁含量和果皮色度。

#### 5. 枝蔓长度，叶片叶绿素含量的测定

在2008年6月初，待葡萄开花结实后，对每一处理方式随机选定的50株葡萄，用卷尺

测定枝蔓长度,并对每株葡萄在同一高度选3片叶片,用SPAD502手持叶绿素计测定叶绿素含量,并进行统计分析。

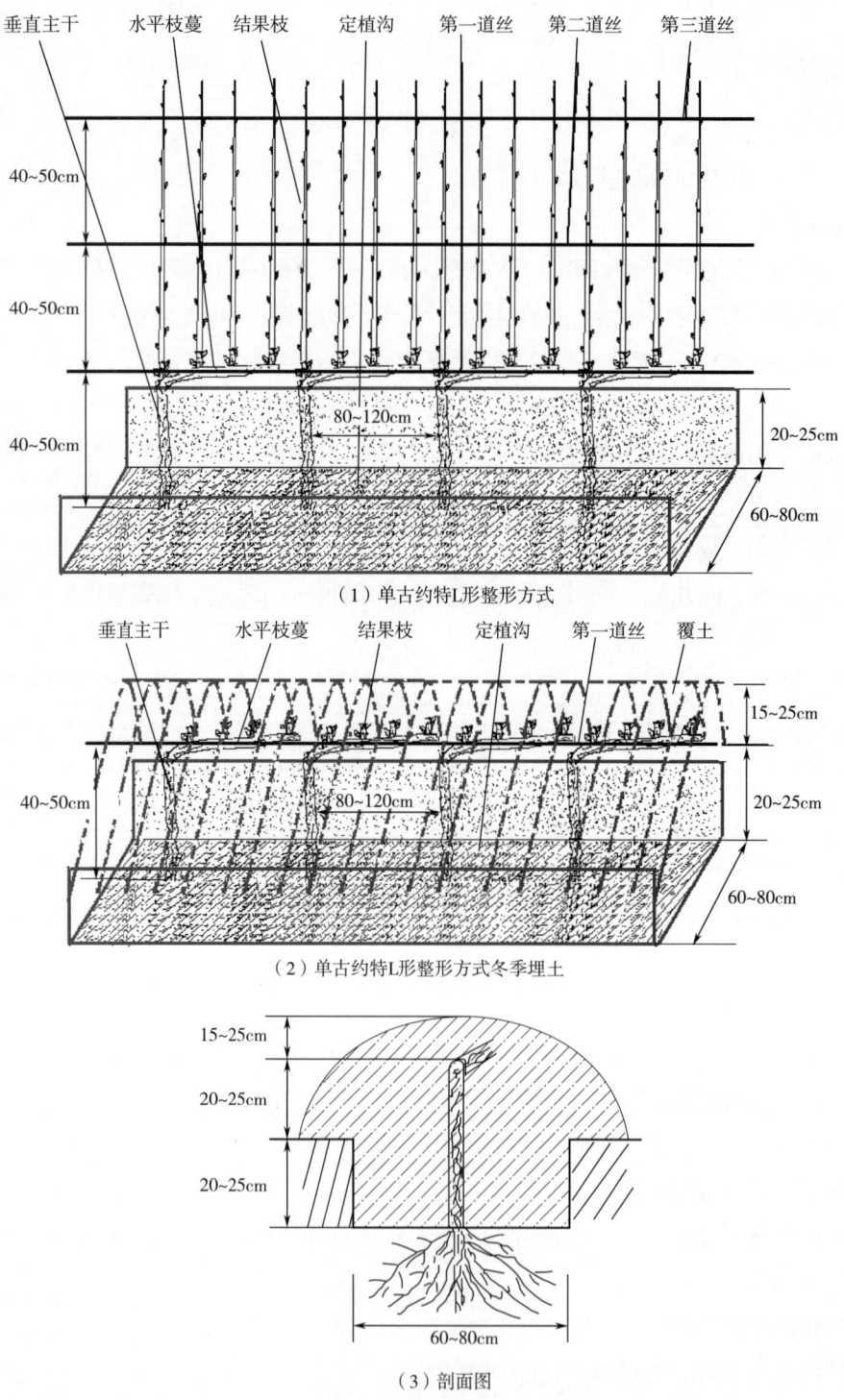

图7-1 葡萄不下架整形埋土防寒栽培示意图

### （二）免埋土栽培试验

在2006年6月中旬，采取嫩枝嫁接方式将蛇龙珠嫁接在抗寒性较强的贝达砧木上，贝达定植株行距为3.5m×0.5m，嫁接高度为40cm，然后采取正常管理，待秋季枝条成熟后，采取免埋土越冬，越冬期间每隔15天观察葡萄枝蔓受冻情况和开春萌芽情况，对照为正常机械埋土。

## 第二节 结果与分析

### 一、不下架埋土防寒栽培

#### （一）结实力

在葡萄不下架条件下，经正常机械埋土后，通过严寒冬季（2007年冬季），2008年调查不同处理方式的结实力，结果如表7-1所示。由表7-1可以看出：3种不同处理方式萌芽率、结果枝率和结果系数基本一致，经统计分析$t$检验证明采取两种整形方式的不下架埋土防寒栽培与对照的结实力差异不显著，说明两种整形方式均可安全越冬，枝蔓和芽眼没有受到冬季冻害，生长正常，发育、结实正常。

表7-1 不同处理方式葡萄的结实情况

| 处理方式 | 萌芽率/% | 结果枝率/% | 结果系数/个 |
| --- | --- | --- | --- |
| 单行单古约特L形整形 | 78.1 | 80.8 | 1.61 |
| 双行单古约特L形整形 | 77.9 | 81.4 | 1.68 |
| 对照 | 78.8 | 82.1 | 1.65 |
| 差异显著性 | NS | NS | NS |

注：NS表示$t$检验没有显著性差异（0.05水平）。

#### （二）葡萄枝蔓长度和叶片叶绿素含量

在每年6月初，待葡萄开花结实后，不同处理方式的枝蔓长度和叶片叶绿素含量，结果如表7-2，图7-1和图7-2所示。由表7-2和图7-1可以看出：采用单行单古约特L形整形不下架埋土处理的枝蔓长度（59.65cm）与双行单古约特L形整形不下架埋土处理的枝蔓长度（56.48cm）差异不显著，但两种处理方式枝蔓长度明显低于对照枝蔓长度（68.46cm），说明水平整形方式可有效抑制葡萄营养生长；由表7-2和图7-2可以看出：

采用单行单古约特L形整形不下架埋土处理的叶片叶绿素含量（40.8mg/g）与双行单古约特L形整形不下架埋土处理的叶片叶绿素含量（41.9mg/g）差异不显著，但两者明显高于对照的叶片叶绿素含量（37.2mg/g），差异显著，说明水平整形方式虽抑制了葡萄营养生长，提高了叶片的叶绿素含量。

（1）王振平博士与Alain CARBONNEAU教授探讨不下架葡萄整形方式

（2）未整形前葡萄植株

（3）不下架双行单古约特整形

（4）不下架葡萄结果状况

图7-2　不下架葡萄整形与结实情况

表7-2　不同处理方式枝蔓平均长度和叶片的叶绿素含量

| 处理方式 | 枝蔓平均长度/cm | 叶片叶绿素含量/（mg/g） |
| --- | --- | --- |
| 单行单古约特L形整形 | 59.65[a] | 40.8[a] |
| 双行单古约特L形整形 | 56.48[a] | 41.9[a] |
| 对照 | 68.46[ab] | 37.2[ab] |

## （三）果实主要性状

本研究所采取的3种不同整形方式的主要果实性状列于表7-3，结实情况见图7-2。采用单行单古约特L形整形不下架埋土处理的葡萄株产量（0.67kg/株）和单亩产量（245kg/亩）较双行单古约特L形整形不下架埋土处理（0.95kg/株、362kg/亩）和对照（0.93kg/株、351kg/亩）低，差异达显著水平；双行单古约特L形整形和对照在株产量和单亩产量方面没有差异；采用单行单古约特L形整形不下架埋土处理的穗重（112.9g）和双行单古约特L形整形不下架埋土处理的穗重（119.2g）之间没有差异，但它们明显低于对照处理（156.2g），差异显著；但3种不同处理方式的百粒重间没有差异。

表7-3 不同整形方式的葡萄主要果实性状

| 处理方式 | 株产量/(kg/株) | 亩产量/(kg/亩) | 穗重/g | 百粒重/g |
| --- | --- | --- | --- | --- |
| 单行单古约特L形整形 | 0.67[a] | 245[a] | 112.9[a] | 116.3 |
| 双行单古约特L形整形 | 0.95[ab] | 362[ab] | 119.2[a] | 113.6 |
| 对照 | 0.93[ab] | 351[ab] | 156.2[ab] | 112.2 |

注：不同小写字母表示差异性显著（$p<0.05$），余同。

## （四）果实主要品质

在葡萄果实经过生理成熟期后，对不同处理方式的酿酒葡萄分别取样测定果实白利度、果皮单宁含量、果皮色度，结果见表7-4。采用单行单古约特L形整形不下架埋土（以下简称"单行"）处理的葡萄果实白利度（20.5°Bx）和果实酸度（6.62%）和双行单古约特L形整形不下架埋土（以下简称"双行"）处理的葡萄果实白利度（21°Bx）和果实酸度（6.62%）之间没有差异，但它们与对照的葡萄果实白利度（19°Bx）和果实酸度（7.21%）差异显著，采用水平整形方式可明显提高葡萄果实白利度，降低果实有机酸含量。由表7-4还可以看出，采用单行处理的葡萄果皮单宁含量（13.67mg/g）明显高于双行处理的葡萄果皮单宁含量（8.71mg/g）和对照的葡萄果皮单宁含量（10.95mg/g），表明采用单行处理可有效提高葡萄果皮中的单宁含量；采用单行处理的葡萄果皮色度（2.14）和双行处理的葡萄果皮色度（2.07）之间没有差异，但它们明显高于对照的葡萄果皮色度（1.86），表明水平整形方式有利于葡萄果穗通风透光，有利于葡萄果实色素的合成。

表7-4 不同处理方式的主要果实品质对比

| 处理方式 | 果实白利度/°Bx | 果实酸度/（%，以酒石酸计，余同） | 果皮单宁含量/(mg/g) | 果皮色度 |
| --- | --- | --- | --- | --- |
| 单行处理 | 20.5[a] | 6.62[a] | 13.67[a] | 2.14[a] |

续表

| 处理方式 | 果实白利度/°Bx | 果实酸度/（%，以酒石酸计，余同） | 果皮单宁含量/（mg/g） | 果皮色度 |
|---|---|---|---|---|
| 双行处理 | 21$^a$ | 6.62$^a$ | 8.71$^{ab}$ | 2.07$^a$ |
| 对照 | 19$^{ab}$ | 7.21$^{ab}$ | 10.95$^{ab}$ | 1.86$^{ab}$ |

注：不同小写字母表示差异显著（$p<0.05$），余同。

## 二、免埋土栽培

### （一）葡萄高接生长表现

贝达作为我国抗寒砧木在东北地区大面积使用。近年来，贝达作为抗性砧木在宁夏地区广泛推广应用。为了充分发挥贝达根系和枝蔓的抗寒性，本研究将蛇龙珠绿枝嫁接在高度为40cm的贝达砧木上，提高葡萄的抗寒性，探索葡萄免埋土栽培技术。研究结果表明：采用贝达高接，葡萄缺铁黄化、生理病害加重，只有叶片大量喷施$Fe_2SO_4$和根施$Fe_2SO_4$才能缓解葡萄缺铁症状。采用贝达高接技术难以达到预期目的。

另外，还发现一些贝达嫁接苗生长缓慢，给本研究带来许多不便。经过三年研究发现，由于贝达砧木存在以下不足，才导致葡萄不能正常生长。

（1）贝达是早期我国从美国引入东北地区的抗寒葡萄砧木，由于缺乏脱毒复壮，致使部分植株带毒严重。通过嫁接，会使病毒感染整个植株，使苗木生长缓慢，难以获得正常经济收入。

（2）贝达抗碱性较弱，适宜在我国东北酸性土壤种植，而宁夏地区土壤普遍呈碱性，pH一般在8.0以上，现有葡萄基地的土壤pH都在8.5~9.0，贝达嫁接苗遇低温和涝灾，很容易出现缺铁黄化问题，致使葡萄树势逐年下降，甚至死亡。

（3）贝达嫁接苗在宁夏定植6年以后，无论管理如何精细，有无低温和涝灾，都会发生缺铁黄化问题，难以根治，影响连年丰产，甚至树体衰弱死亡。

（4）贝达嫁接苗普遍存在嫁接亲和力差，小脚现象严重。冬季埋土防寒很容易造成接口损伤断裂，出现缺株现象，也是贝达嫁接苗在我区发展的制约因素之一。

总之，虽然贝达嫁接苗具有良好的早期丰产和抗寒特性，但在地下水位高、排水不畅，黏重土壤和碱性土壤中黄化问题严重，生长缓慢，不能作为砧木使用。

### （二）葡萄枝蔓冬季冻害调查

在蛇龙珠贝达高接条件下，采取免埋土处理，葡萄植株在冬季受冻和抽干情况见表7-5。贝达根系、主蔓在整个冬季都没有表现出受冻和抽干问题，说明贝达具有很强的抗寒性，可以抵御漫长低温冻害和春季抽干；而蛇龙珠接穗枝蔓、芽眼则在12月底开始受到不同程度的冻害，枝蔓在3月初开始出现抽干问题，说明采取高接措施不能提高蛇龙珠的枝蔓抗寒性。

表7-5　蛇龙珠贝达高接受冻和抽干情况

| 参照 | 11月15日 | 12月1日 | 12月15日 | 1月1日 | 1月15日 | 2月1日 | 2月15日 | 3月1日 | 3月15日 | 4月1日 |
| --- | --- | --- | --- | --- | --- | --- | --- | --- | --- | --- |
| 贝达根系 | - | - | - | - | - | - | - | - | - | - |
| 贝达主蔓 | - | - | - | - | - | - | - | - | - | - |
| 接穗枝蔓 | - | - | - | + | + | ++ | ++ | ++ | ++ | ++ |
| 接穗芽眼 | - | - | - | - | + | + | ++ | ++ | ++ | ++ |
| 贝达主蔓抽干 | - | - | - | - | - | - | - | - | - | - |
| 接穗枝条抽干 | - | - | - | - | - | - | - | + | ++ | +++ |

注："+"和"-"表示有无抽干现象，"+"个数代表严重程度。

## 第三节　讨论

### 一、不下架埋土防寒栽培

酿酒葡萄在世界主产区均可以实现不下架免埋土安全越冬，优良的气候条件才能获得优良葡萄品质，为优质葡萄酒酿造提供原料。我国优质酿酒葡萄产区主要集中在北方寒冷地区，埋土防寒是葡萄生产的必要技术措施和工序。由于埋土防寒，使酿酒葡萄多采用单主蔓或多主蔓篱架整形方式，葡萄果实不能生长在同一水平高度，所处小气候环境不同，不能得到品质相对一致的优质原料，是我国酿酒葡萄栽培技术和葡萄酒质量长期处于低水平发展的主要原因。

本研究所设计的单行处理和双行处理均可实现安全越冬，其结实力与对照没有差异。由于单古约特L形整形可有效抑制葡萄植株营养生长，其枝蔓长度较对照短，可有效控制树势，减少夏季修剪的工作量，降低了生产成本和劳动力的投入。此外，单古约特L形整形可有效增加叶片的叶绿素含量，为提高叶片光合作用和葡萄果实自利度奠定物质基础。

由于对照（独龙蔓垂直整形）处理葡萄百粒重与两种单古约特L形整形方式没有差异，但其穗重明显高于两种整形方式，说明两种整形方式抑制了葡萄生长，使坐果率有所下降。两种整形方式可有效地改善葡萄结果部位的通风透光条件，使葡萄果实白利度、单宁含量和色度均高于对照，说明这两种整形方式对提高葡萄品质具有较好的作用。另外，双行处理不仅可提高葡萄品质，还能提高亩产，是一种新式的、适宜于宁夏贺兰山东麓地区环境条件的、较为理想的酿酒葡萄整形方式。

总之，采取不下架埋土栽培技术，可实现以下效果。

（1）减少冬季埋土对枝蔓的损伤和降低埋土劳动成本。

（2）葡萄根系分布较深，可增加根系抗寒性，提高了葡萄在冬季的抗寒能力。

（3）整形修剪方式简单易学，便于农民掌握和大面积推广。

（4）葡萄采摘、整形修剪（夏剪和冬剪）和埋土均可实现机械操作，提高生产效率，降低生产成本。

（5）葡萄果穗均匀分布在同一水平高度，所处同一小气候，果实品质均匀一致、品质佳，有利于提高葡萄酒的品质，且适宜于酿造高品质葡萄酒。

（6）新梢生长缓和、成花好、产量高、见效快。

（7）不易出现大小年结果现象，可实现连年丰产。

## 二、免埋土栽培

由于世界酿酒葡萄产区冬季极限低温均高于-15℃，使得免埋土栽培成为可能，也为生产优质葡萄酒，降低生产成本提供了有利条件。但在我国，酿酒葡萄产区多集中在北方寒冷地区，因此，为了保证酿酒葡萄成功栽植，在这些产区若采取葡萄免埋土栽培，必须要求葡萄根系能够抵御较低温度。目前所种植的欧亚种葡萄不能满足这一要求，采用抗寒砧木是实现免埋土栽培的重要措施之一。本研究选用贝达高接措施抗寒就是基于这一机理，但因贝达砧木存在许多致命弱点，使得本研究没能达到预期目标。当然，在找到可抵御-30℃低温的酿酒葡萄品种后，也可在宁夏贺兰山东麓实现免埋土栽培，因此应进一步加大这一领域的研究工作。

## 第四节 小结

采用单行处理和双行处理对葡萄结实力没有明显影响，均可实现葡萄安全越冬。

采用单行处理和双行处理均可抑制葡萄营养生长，促使葡萄生殖生长，有利于提高果实品质。

采取双行处理不仅可以提高果实品质，而且还能提高葡萄产量，是一种较为理想的、适宜于宁夏贺兰山东麓地区气候条件的整形栽培方式。

虽然贝达砧木具有良好的早期丰产和抗寒特性,但还存在许多致命问题,因此在宁夏贺兰山东麓葡萄产区应慎重应用。

在现有砧木和接穗品种条件下,难以实现宁夏贺兰山东麓葡萄产区的免埋土栽培越冬方式,寻求高抗寒、抗盐碱的优质葡萄品种或砧木可能是免埋土越冬栽培的重要途径,也是宁夏葡萄与葡萄酒产业快速发展的重要途径之一。

# 第八章　酿酒葡萄不同埋土防寒方式效果比较研究

欧洲葡萄（*Vitis vinifera* L.）是我国鲜食和酿酒葡萄栽培的主要种类，其枝蔓一般能抗-20℃、花芽一般能抗-15~-7℃、根系一般能抗-5~-3℃的低温。因此在我国北方栽培葡萄的地区，当冬季极限气温低于-15℃时，一般都需埋土防寒越冬技术。国际葡萄产业均将极限气温低于-15℃作为衡量是否埋土防寒的主要指标。宁夏每年最低气温一般都低于-20℃，埋土防寒是酿酒葡萄栽培的重要措施之一。但是，在某些低温年份，葡萄埋土后，来年仍出现发芽迟缓，萌芽率降低等现象。经调查发现：在正常埋土防寒措施条件下，正常年份表层根系（0~30cm）均会发生不同程度的冻害。传统葡萄埋土防寒方式费工费时，且由于行间取土使水平延伸根系土壤覆盖层变薄（分布在0.1m以下），虽使葡萄枝蔓不受冻害，但在一定程度上加重了葡萄根系冻害。国内对葡萄冻害的研究多涉及来年葡萄受冻程度的调查和分析，但对埋土期间葡萄根部温度、枝蔓周围温度及空气温度的连续变化规律及受冻机制研究报道较少。那么能否以其他的保温方式代替传统埋土方式以达到少取土、不取土的目的，为此，本研究系统地研究了不同埋土方式下葡萄根部及枝蔓部位温度变化规律及保温效果，以期寻求北方地区冬季葡萄越冬的较好方法，现将研究结果归纳汇报。

## 第一节　材料与方法

### 一、试验材料

试验地位于宁夏回族自治区（以下简称"宁夏"）青铜峡市贺兰山东麓御马葡萄园（38.02° N，106.07° E）。当地最冷月气温-9.5~-7.5℃，绝对最低温-27℃，葡萄安全越冬必须埋土，该地区土壤类型为淡灰钙土，土层厚度大于1m，埋土前0~0.5m土壤湿度平均值为21.9%。葡萄品种为6年生赤霞珠酿酒葡萄。采用单篱架，株行距0.5m×3.0m，南北行向。在2004年12月1日—2005年3月31日测定埋土期间温度，在2005年4月5日—2005年9月30日测定生物量，冻害调查在翌年开春后。

## 二、埋土措施

对葡萄植株分别采用12种保温方式：麦草覆土（1）、麦草覆乙烯醋酸-乙烯酯（EVA）膜（2）、麦草覆聚乙烯膜（PE）膜（3）、土覆PE膜（4）、土覆聚氯乙烯（PVC）膜（5）、土覆EVA膜（6）、EVA膜覆土（7）、PE膜覆土（8）、枝蔓涂防冻液后覆PE膜（9）、枝蔓涂防冻液后覆玉米秸秆后覆PE膜（10）、开沟埋葡萄藤（沟埋）（11），常规埋土（对照）（12），依次编号1~12，后续均使用编号。试验所用塑料薄膜是常用的农用薄膜，薄膜幅宽1.5m，厚0.12mm。所有方式都是将葡萄枝蔓放倒捆扎后，进行处理。以土覆EVA膜和EVA膜覆土为例：土覆EVA膜指葡萄枝蔓放倒捆扎后，先覆土，覆土量以盖住枝蔓为宜（所有覆土处理，用土量取常规埋土方式的1/3），然后覆EVA膜，膜周围压土固定；EVA膜覆土指葡萄枝蔓放倒捆扎后，先覆EVA膜，然后覆土，其他方式类似土覆EVA膜。埋土时间为2004年11月中旬，出土时间为2005年4月上旬。传统埋土规格为底宽0.8m，顶宽0.5m，高度0.5m，土取自葡萄行间（图8-1）。

（1）不同埋土防寒处理　　　（2）春季葡萄抗寒效果调查

（3）覆土+覆膜实验处理　　　（4）不同实验处理气象数据采集

图8-1　不同埋土方式及数据收集

## 三、测试项目及方法

### （一）温度测定

测定各保温处理下的枝蔓周围温度（地上0.2m），地表温度（0m），葡萄根部温度

（地下0.2m）；同时测空气温度（1.5m）及行间0.1m、0.2m深度土壤温度。测温仪器为美国Campbellsci公司产CR10X-2M数据采集器和30个T型热电耦温度探头。由于仪器探头数量所限，土覆PVC膜、沟埋未做温度测试，但翌年观测长势。数据每10min同步采集1组（30个温度值），在葡萄越冬期间共获取了近2万组温度连续变化数据。

### （二）冻害调查

冻害调查包括根系冻害调查和枝条冻害调查。

### （三）生物学观测

每处理组选植株10株统计新梢数、果穗数、穗长、果实含糖量、酸度（采用酸碱滴定法）、粒质量及产量。

## 第二节　结果与分析

### 一、不同埋土方式温度比较

根据试验所挖葡萄根部剖面结构发现，葡萄根部主要分布在0.2m土壤层中，以便根部向上生长并汲取养分和水分。由于埋土主要取自行间，传统埋土方式取土后，土壤根系主要分布在0.1m土层，除埋土部位（底宽0.8m，顶宽0.5m，高度0.5m），其余根系则在0.1m土层分布且无任何保护措施。在测试期，2004年12月31日7：50，出现冬季气温极端最低值为−24.3℃，此时对应的葡萄行间无覆盖土壤地下0.1m、0.2m，不同覆盖方式地下0.2m土温、地上部分0.2m枝蔓附近气温及其延后出现的极低值（每日地温及枝蔓周围低温出现时间延后于气温最低值出现时间）、各处理组根部及枝蔓的极端最低温（埋土期间的极端最低温，没有在2004年12月31日气温极端值出现日发生），见表8-1和表8-2。

表8-1　不同埋土方式葡萄蔓部最低温度比较

| 处理方式 | 气温最低值时对应土、蔓温度/℃（2004-12-31，7：50） | 当日蔓温、土温最低值/℃ | 当日蔓温、土温最低值出现时间（2004-12-31） | 比气温最低值延迟的时间/h | 测试期内出现的气温最低值/℃ |
| --- | --- | --- | --- | --- | --- |
| 行间0.1m土温 | −10.2 | −10.6 | 9：30 | 1.7 | −10.6 |
| 行间0.2m土温 | −7.0 | −7.5 | 11：10 | 3.3 | −7.5 |
| 3 | −16.6 | −16.6 | 8：30 | 0.7 | −22.1 |
| 1 | −12.8 | −13.6 | 10：30 | 2.7 | −16.7 |

续表

| 处理方式 | 气温最低值时对应土、蔓温度/℃（2004-12-31，7:50） | 当日蔓温、土温最低值/℃ | 当日蔓温、土温最低值出现时间（2004-12-31） | 比气温最低值延迟的时间/h | 测试期内出现的气温最低值/℃ |
| --- | --- | --- | --- | --- | --- |
| 2 | -23.0 | -23.0 | 8:00 | 0.2 | -24.1 |
| 4 | -13.0 | -13.6 | 9:50 | 2.0 | -13.6 |
| 6 | -13.3 | -13.7 | 9:10 | 1.2 | -13.7 |
| 8 | -14.2 | -15.1 | 10:20 | 2.5 | -15.1 |
| 9 | -23.8 | -23.8 | 8:00 | 0.2 | -24.3 |
| 10 | -22.1 | -22.1 | 8:00 | 0.2 | -22.9 |
| 12（常规埋土） | -5.6 | -6.0 | 11:20 | 3.5 | -7.5 |

表8-2 不同埋土方式葡萄根部最低温度比较

| 处理方式 | 气温最低值时对应土、蔓温度/℃（2004-12-31，7:50） | 当日蔓温、土温最低值/℃ | 当日蔓温、土温最低值出现时间（2004-12-31） | 比气温最低值延迟的时间/h | 测试期内出现的气温最低值/℃ |
| --- | --- | --- | --- | --- | --- |
| 行间0.1m土温 | -10.2 | -10.6 | 9:30 | 1.7 | -10.6 |
| 行间0.2m土温 | -7.0 | -7.5 | 11:10 | 3.3 | -7.5 |
| 3 | -4.2 | -4.9 | 13:10 | 5.3 | -7.1 |
| 1 | -2.1 | -2.5 | 13:10 | 5.7 | -5.0 |
| 2 | -2.7 | -4.0 | 13:50 | 6.0 | -5.9 |
| 4 | -4.7 | -5.4 | 13:20 | 5.5 | -7.2 |
| 6 | -1.7 | -3.9 | 13:20 | 5.5 | -4.4 |
| 8 | -2.1 | -2.3 | 12:50 | 4.0 | -5.4 |
| 9 | -5.5 | -6.1 | 13:10 | 5.2 | -7.6 |
| 10 | -6.2 | -7.5 | 13:20 | 5.5 | -7.6 |
| 12（常规埋土） | -2.5 | -2.9 | 13:10 | 5.2 | -6.0 |

由表8-2可知：①宁夏地区冬季葡萄若不埋土，空气温度低至-24.3℃，根部温度（0.2m）低于-7℃，葡萄枝蔓及根系都会受冻。②传统埋土方式下，虽埋土带根部受冻

较轻，但埋土区域外的根系，最低温度为-10℃以下（行间0.1m处），根系严重受冻。③当空气温度出现冬季每日最低值时，不同保温方式下的葡萄蔓部温度、根部温度并不同时出现最低温，而是延后出现当日温度最低值，蔓部低温出现时间早于根部延迟时间。因处理方式不同，根部温度普遍延迟4~5h后出现当日最低值；蔓部延迟时间差异较大，以采用土为保温介质的处理组延迟时间长，都在1h以上，如1、4、8、12，而薄膜下覆草、玉米秸秆或薄膜直接覆葡萄枝条等处理，外界气温的变化会直接影响藤蔓周围的温度。当气温达到最低温时，覆盖层内在10min后会达到低温，且温度降低程度大。④埋土记录期内空气温度出现极端温度最低值的时间和覆盖层下蔓部、根部出现极端温度最低值的时间不一致，根部出现极端最低值比气温最低值延后20d左右出现。⑤在埋土期间，只有6处理组根部温度＞-5℃，说明冬季葡萄自根苗的根在此埋土条件下不会受冻；对照条件下，尽管埋土层达0.5m，即葡萄根部在土层0.6m以下，由于白天传递的太阳辐射少，最低温仍在-5℃以下，说明传统方式的埋土层下，根部仍受低温威胁，9和10这两种方式保温性最差，低温最低值为-7.6℃，保温方式3为-7.1℃的极值，说明葡萄冬季处理必须有土作为保温层，以秸秆代替土的想法不可行。不是埋土层越厚，对根部保温性越好，据测试，土层30cm以下，土温日变化不大，所以厚度以盖住枝蔓为宜。

## 二、温度日变化比较

由于葡萄在埋土期间低温容易引起根部受冻、高温引起枝芽萌发和伤害继而抽干，所以选择2004年12月31日气温出现最低值的一天，分析枝蔓部温度日变化（图8-2）和葡萄根部温度日变化（图8-3）。

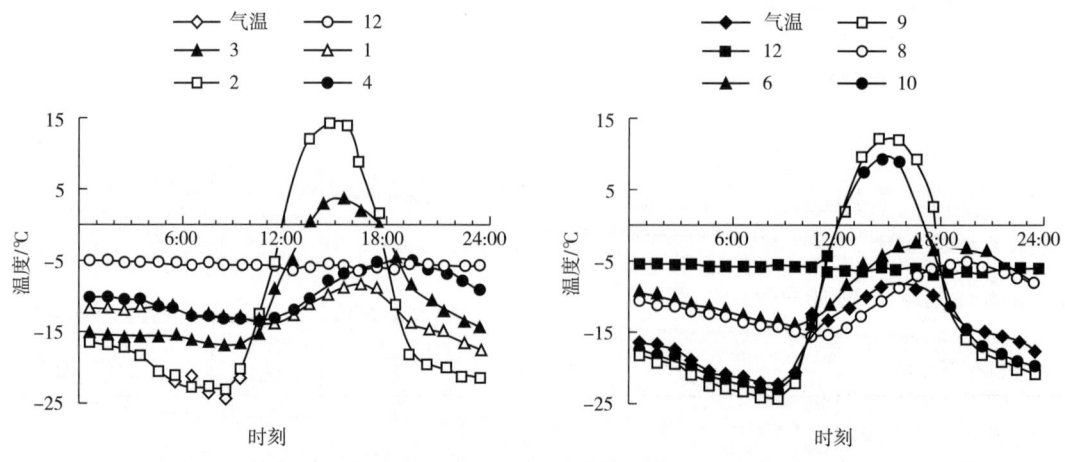

图8-2　不同处理方式葡萄枝蔓部温度日变化（2004年12月31日）

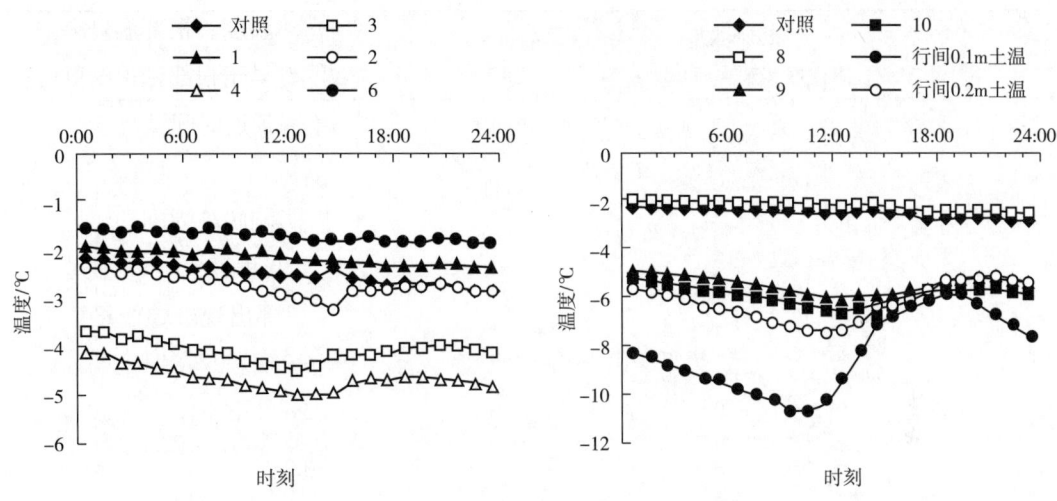

图8-3　不同处理方式葡萄根部温度日变化（2004年12月31日）

由图8-2可见：覆盖层下葡萄蔓部气温日变化：①除对照组（12）由于覆盖较厚的土层温度无日变化外，其他处理组温度都有明显日变化，以2、9、10、3处理方式温度变化明显，蔓部日变化幅度超过气温变化，白天温度高于气温，夜间低于气温，所有不覆土的处理都有此种现象。②处理方式1、4、6、8温度日变化和缓，夜间温度都高于气温。

由图8-3可见：①各种处理方式地下0.2m葡萄根部温度日变化不明显，但基本在午后13:30出现最低温。②根部保温程度优于对照处理方式：6、8、1、4，并以6优势明显，说明这几种处理方式尽管埋土较少，但对葡萄根部保温效果高于传统埋土方式。③葡萄行间不埋土处：地下0.1m土壤温度日变化明显（取土后根系主要分布区），土温受外界影响较大，根系受冻严重；地下0.2m土壤温度也较低。

## 三、埋土期间的最高、最低温持续时间对翌年葡萄的影响

北方葡萄冬季埋土时间在5个月以上，埋土过程进入翌年3月，气温逐渐升高，薄膜覆盖的处理方式，势必会造成温室效应，引起膜下高温，产生葡萄枝条抽干现象。由于葡萄萌芽期20℃时萌芽整齐，生长速度快，25～30℃生长迅速，35℃以上停止生长，40℃以上嫩梢枯萎，所以需探讨各处理方式的高温强度和持续时间，筛选各处理方式下蔓部温度≤-17℃的持续时间及根部温度≤-5℃的持续时间，比较翌年葡萄冻害调查资料（表8-3和表8-4）。

表8-3　极限高、低温持续时间对葡萄2005年长势的影响

| 处理方式 | 枝蔓部温度-17℃持续时间/h | 根部温度≤-5℃持续时间/ | 蔓部高温极值/℃ | 蔓部温度≥35℃持续时间/h |
|---|---|---|---|---|
| 3 | 0.7 | 10.90 | 43.5 | 3.7 |
| 1 | 0.0 | 0.01 | 27.5 | 0.0 |
| 2 | 4.1 | 2.6 | 55.0 | 6.2 |
| 4 | 0.0 | 12.7 | 33.6 | 0.0 |
| 6 | 0.0 | 0.0 | 32.8 | 0.0 |
| 8 | 0.0 | 1.5 | 25.6 | 0.0 |
| 9 | 3.4 | 14.9 | 36.9 | 1.2 |
| 10 | 2.4 | 14.5 | 41.6 | 0.2 |
| 12 | 0.0 | 9.8 | 26.4 | 0.0 |

表8-4　极限高、低温持续时间对葡萄冻害的影响

| 处理方式 | 蔓部 | 根部 |
|---|---|---|
| 3 | 伤害 | 受冻 |
| 1 | 正常 | 轻微冻伤 |
| 2 | 伤害 | 受冻 |
| 4 | 正常 | 受冻 |
| 6 | 正常 | 正常 |
| 8 | 正常 | 受冻 |
| 9 | 受冻、抽干 | 受冻 |
| 10 | 受冻、抽干 | 受冻 |
| 12 | 正常 | 受冻 |

由表8-3和表8-4可知，不同的埋土方式直接影响自根苗葡萄能否安全越冬和翌年是否由于高温导致枝条伤害、抽干。处理方式6处理下，地上蔓部和地下根部均没有受到低温伤害，翌年植株表现正常，1处理只有地下根部经历了不到0.5h的低温，翌年根部轻微受冻；处理方式8、12、4条件下，葡萄地上部分也没受低温伤害，植株上部表现正常，地下部分的不连续低温使根部受到不同程度的冻害；处理方式12因用土量多，使未埋土

处根上部土层变薄（只有0.1m厚）而导致侧根冻害。处理方式3、2、10和9则因为保温性能差，覆盖层下空气温度随外界温度变化明显，使根部受到低温伤害，翌年细根冻死，稍粗的根被冻伤，蔓部受到高温伤害，表现为枝蔓抽干死亡；处理方式2、10、3等的蔓部最高温度都超过35℃，这将使葡萄枝蔓遭受高温伤害、失水干枯；处理方式10枝蔓的最高温度虽然高于35℃，但其持续时间不长，总体看来影响不大。处理方式6的枝蔓温度维持在26℃左右，对葡萄生长有利，而处理方式4、1、8、12由于温度相对较低从而在一定程度上推迟了葡萄的萌芽期，不利于葡萄翌年萌芽生长。

## 四、不同处理方式对葡萄生产性能的影响

各种保温处理对葡萄长势、穗质量、粒质量和果实品质、产量的影响见表8-5和表8-6。由表8-5和表8-6可以看出：①冬季保温性与来年植株长势存在一定的关系，保温性越好，翌年长势越好，先覆土后覆膜的处理方式植株长势为好，果实品质也较佳，如处理方式6、5、8亩产量高于12 30%。②先覆膜后覆土的处理方式难以体现薄膜保温的优越性，但表现也优于12。③本研究由于仪器探头数量所限，虽对处理方式11、5未做温度测定，但从来年长势看，这两种处理方法也优于12。

表8-5　不同处理方式对葡萄生产性能的影响

| 处理方式 | 新梢数/条 | 果穗数/穗 | 穗长/m | 穗质量/g | 结果量/（穗/株） | 亩产量/kg | 相对增产/% |
|---|---|---|---|---|---|---|---|
| 12 | 21 | 21 | 0.06 | 145.3 | 14.3 | 924.3 | 0.0 |
| 6 | 24 | 18 | 0.08 | 210.0 | 18.8 | 1412.9 | 53 |
| 8 | 13 | 8 | 0.08 | 133.7 | 24.8 | 1268.9 | 37 |
| 4 | 19 | 18 | 0.07 | 140.3 | 18.3 | 1042.1 | 13 |
| 11 | 17 | 10 | 0.06 | 155.7 | 16.0 | 1005.9 | 9 |
| 5 | 22 | 18 | 0.08 | 216.7 | 19.0 | 1423.3 | 54 |

表8-6　不同处理方式对葡萄果实品质的影响

| 处理方式 | 果穗质量/g | 粒重/g | 白利度/°Bx | 酸度（以$H_2SO_4$计）/（g/L） |
|---|---|---|---|---|
| 12 | 145.3 | 1.19 | 19 | 6.22 |
| 6 | 210.0 | 1.46 | 20 | 8.67 |

续表

| 处理方式 | 果穗质量/g | 粒重/g | 白利度/°Bx | 酸度（以$H_2SO_4$计）/（g/L） |
| --- | --- | --- | --- | --- |
| 8 | 133.7 | 1.06 | 19 | 7.99 |
| 4 | 140.3 | 1.52 | 19 | 5.88 |
| 11 | 155.7 | 1.12 | 19 | 6.52 |
| 5 | 216.7 | 1.28 | 17 | 7.01 |

## 第三节 讨论

2004年宁夏气候属于正常年份，但是在传统埋土方式下葡萄冻害依然存在，虽埋土带下根部受冻较轻，但埋土区域外的根系侧根严重受冻，所以传统埋土方式的弊端在于埋土带外的根系冻害程度受埋土层厚度的影响，其实埋土层的厚度同根部保温性不成正比，厚度以盖住藤蔓为宜。传统埋土方式给葡萄生产带来极大不便：一是生产支出大幅度增加，表现为费工、费时；二是埋土防寒依然造成枝蔓损伤。结合塑料薄膜、秸秆等达到少埋土的方式可以减少根系冻害。虽然我国葡萄为冬季埋土防寒的边缘区，仅以薄膜、秸秆覆盖就可以达到葡萄安全越冬的目的，但试验表明，在宁夏，葡萄越冬保温处理必须有一定量的土作为介质来传递和储存热量，紧贴土覆膜不仅有助于提高地温，还具有保墒作用，单以秸秆或薄膜代替土的想法不可行，此种保温方法不但发生冻害，而且天气转暖后会引起枝条受高温威胁、抽干，所以秸秆或薄膜只能起到减少用土量的作用。

无论在一天或整个埋土期内，葡萄根系发生低温的时段不出现在空气温度最低的时期，一天内根系低温比气温低值推迟3~5h出现，埋土期内根部出现低温极端值的时间比气温出现时间延后20d左右，所以在防冻管理上要注意。由于葡萄枝蔓比根部更能忍受低温，所以冬季的埋土措施应主要针对根系的保温为主。在栽培管理中，要对自根苗采用深沟浅埋防根系冻害，或适当加宽行距来减轻埋土带外的根系冻害。为使宁夏酿酒葡萄产业走高效、优质的发展道路，还应大力提倡种植嫁接苗，不但葡萄抗病能力得到提高，嫁接苗抗低温能力也强，可以在冬季越冬过程中做到少取土、不受或少受冻害的威胁。

## 第四节 小结

（1）传统埋土方式下，虽埋土带根部受冻较轻，但埋土区域外的根系上部，最低温度为-10℃以下（行间0.1m处），根系严重受冻。埋土层越厚，行间取土越多，根系暴露越严重，会对葡萄根系造成更大的冻害威胁，埋土厚度以盖住枝蔓为宜。

（2）当空气温度出现冬季每日最低值时，不同保温覆盖层下的葡萄蔓部、根部温度并不同时出现最低温，而是延后出现当日温度最低值，蔓部低温出现时间早于根部，延迟时间因处理方式不同而有差异。

（3）在埋土期内，空气温度出现极端最低值的时间和覆盖层下蔓部、根部出现极端最低值的时间不一致，根部出现极端最低值比气温延后20d左右出现。

（4）在埋土期间，只有处理方式5，根部温度＞-5℃，葡萄根系没有受冻，值得推广应用；采取处理方式12，尽管土层达0.5m，葡萄表层根系仍受低温威胁；9和10这两种处理方式保温性最差，以秸秆代替覆土的方法不可行。

（5）冬季葡萄根系保温性与来年植株长势、葡萄产量、葡萄品质呈正相关，保温性越好，翌年长势越好。在葡萄根系不受任何冻害情况下（如先覆土后覆膜），葡萄产量比处理方式12高出53%，品质也佳，葡萄根系冻害是制约宁夏葡萄低产的主要原因。

# 第九章　根域限制对酿酒葡萄抗寒性的影响

根域限制就是利用一些物理或生态的方法将果树的根域范围控制在一定的容积内，通过控制根系的生长来调节地上部分的营养生长和生殖生长过程的一种新型、先进的栽培技术。

宁夏贺兰山东麓（以下简称"我区"）地处我国西北干旱沙漠戈壁地区，年降水量远远低于地面蒸发量，土壤漏水、漏肥严重，是造成酿酒葡萄产量低下的主要原因之一。采用根域限制不仅可以实现节肥、节水数字化栽培，减少资源浪费，还能通过酿酒葡萄根域限制，改变根系生长环境，促使根系脱落酸（ABA）的合成，有利于葡萄果实糖分积累和品质提高。

葡萄根系冻害是制约我区酿酒葡萄产量低的主要原因，寻求不同防寒栽培技术是我区葡萄科技工作者的重要任务。通过多年研究，利用根域限制栽培技术可有效提高葡萄品质和抗寒性，是我区成年葡萄园一种较为理想的节水、节肥，提高品质和抗寒能力的途径。

## 第一节　材料与方法

### 一、试验材料

8年生赤霞珠葡萄植株定植密度3.0m×0.5m，采取独龙蔓篱壁型整枝方式整形。所有处理植株所留新梢的数目基本一致，一般控制在20~23个新梢，每株留有相同数量果穗，果穗以下副梢全部去除，果穗以上副梢留1片叶反复摘心，主梢不摘心，但进入果粒软化期后要通过摘心调整叶片数量，使单株新梢数量尽量一致。

## 二、试验设计

### (一)根域限制试验设计

成龄植株根域限制方法:距葡萄植株行两侧50cm处,各挖50cm深的沟,沟壁用塑料隔开,植株行两侧铺两条滴灌带灌水(图9-1)。根域处理限制设4行,每行132株,每个处理组约1.44亩。2006年和2007年进行试验研究,目的是观察在相同的节水条件下,采用根域限制方式,葡萄的根域土壤水分、树体生长、果实品质、葡萄酒品质等方面是否存在相似性或差异性。在经过2007年50年不遇的冬季冻害后,所有处理均改为沟灌,观察分析葡萄根域限制对冬季低温的反应。

图9-1 成龄植株根域限制滴灌模式

### (二)灌水量试验设计

在试验小区滴管的前端装一水表,从植株盛花期后开始,根域限制滴灌植株,每次灌水量为41.7m³/亩,漫灌(对照)每次灌水量为83.4m³/亩,每15~20天灌一次水,直到葡萄成熟期止。此外,在开花期前及采收后至覆土前,灌水量均为83.4m³/亩(处理组和对照组)。

## 三、试验方法

### (一)土壤含水量测定

在整个试验期间,在距标记植株主干25cm处取地表下0~20、20~30、30~40、

40~50cm土层土壤，采用烘干法测土壤含水量。

### （二）新梢生长量测定

处理标记生长势一致的植株10株，在开花期、果实膨大期、果实转色期、成熟期，测定整株的新梢长度和新梢基部节粗度。

### （三）净光合速率测定

于葡萄转色期，灌水后第2天（晴朗无云的天气），从8:30到16:30应用CIRAS-2型便携式光合测定仪（英国PP Systems国际有限公司）间隔2h测定各处理标记植株中部，标记新梢果穗以上第七叶的叶片净光合速率，单位是$\mu mol/(m^2 \cdot s)$。

### （四）根系分布观测

在不同灌溉处理的地块，距挂牌植株主蔓25cm处各挖宽100cm、深80cm的土壤剖面（每个处理组各挖3个剖面），观测葡萄根系在土壤中的分布状况。

### （五）葡萄受冻生长调查

在经2007年冬季低温冻害后，每一处理组随机选择20株植株，观察测定不同处理方法的植株在2008年萌芽状况、开花期枝条长度、单产（亩产）和果实品质。

### （六）果实品质及产量测定

#### 1. 可溶性固形物含量

在果实成熟期采集各处理标记植株的果粒100g左右，榨汁后用手持测糖仪测定果汁可溶性固形物含量。

#### 2. 花青素含量

各处理组合并称取30.0g果粒，破碎后用30mL 10%（体积分数）的甲醇-盐酸溶液，振荡浸提4h，溶液稀释10倍后用比色法在535nm的波长下测OD值计算花青素含量。

#### 3. 苹果酸和酒石酸含量

各处理组合并称30.0g果粒，加入少量果胶酶（EX）和石英砂在研钵中研磨，然后用离心机离心，提取上清液，先通过Sep-Pak $C_{18}$小柱过滤，再经0.45μm滤膜过滤，用离子色谱仪（ICS-90，美国Dionex公司）测定苹果酸和酒石酸含量，分析柱为IonPac CG 14A，以16mmol/L $Na_2CO_3$和2mmol $NaHCO_3$的混合液为淋洗液，流速为1mL/min。

#### 4. 葡萄单粒重

分别在不同处理组的果穗上，随机采摘300粒果实称重，求出葡萄单粒重。

#### 5. 葡萄单穗重

每个处理组随机选择100个果穗称重，求出单穗重。

#### 6. 葡萄单株产量

每个处理组采摘30株植株上的所有果穗全部称重，去除塑料筐的重量，求出单株产量。

#### 7. 葡萄亩产量估计

$$亩产量/kg = 单株产量/kg \times 366株$$

## 第二节　结果与分析

### 一、土壤含水量

**（一）2006年葡萄土壤含水量**

2006年葡萄不同处理方式各土层土壤含水量变化曲线如图9-2所示。采取根域限制滴

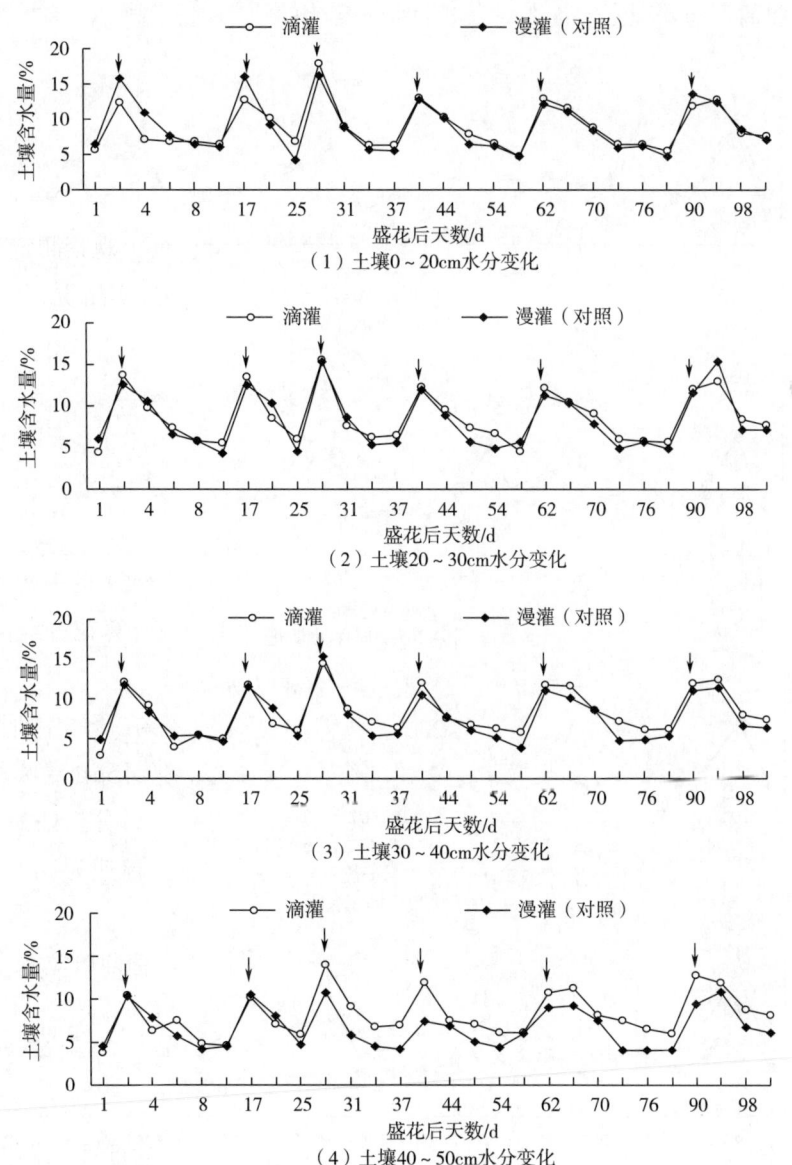

图9-2　2006年滴灌对葡萄土壤含水量变化的影响

注：箭头所示为灌水时期位点，余同。

灌（以下简称"滴灌"）的植株从植株盛花后到果实成熟期每次灌水量均为41.7m³/亩，而漫灌（对照）的灌水量始终为83.4m³/亩，是根域限制滴灌的2倍。在整个生长期内，两种不同灌溉方式，0～20cm和20～30cm土层处，土壤含水量没有明显差异；随着土层深度的增加，当土层深度在30～40cm时，根域限制滴灌处理的土壤含水量略高于漫灌（对照）。当土层深度达到40～50cm时，根域限制滴灌处理的土壤含水量在6.0%～14.0%，已经显著高于漫灌（对照），是漫灌（对照）的1.31～1.46倍，而且这种趋势一直持续到葡萄成熟期。

## （二）2007年葡萄土壤含水量

2007年葡萄不同处理方式各土层土壤含水量变化曲线如图9-3所示。对于沙地种植的

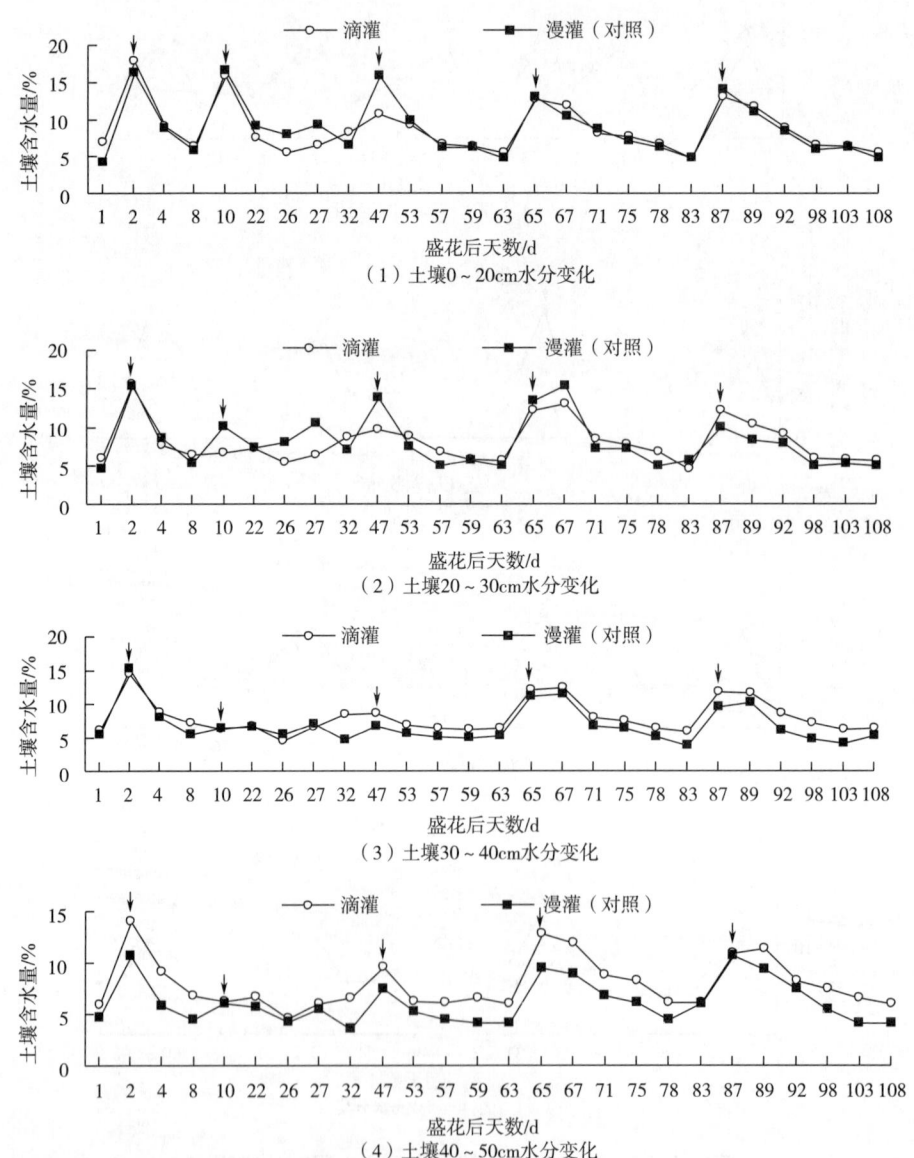

图9-3　2007年不同灌溉方式对葡萄土壤含水量变化的影响

8年生赤霞珠葡萄，在土层0～20cm、20～30cm处，在两种不同灌溉方式之间，土壤含水量差异性不显著；随着土层深度的增加，当土层深度在30～40cm时，滴灌处理的土壤含水量略高于漫灌（对照）。当土层深度达到40～50cm时，滴灌处理的土壤含水量在5.3%～14.7%，已经显著高于漫灌（对照），是漫灌（对照）的1.26～1.51倍，而且这种趋势一直持续到葡萄成熟期。2007年葡萄土壤含水量变化趋势基本与2006年各层土壤含水量变化趋势相近，采用滴灌处理的土壤含水量在土层30cm以下，均显著高于漫灌（对照）。

## 二、树体新梢长度和粗度

采用不同灌溉方式对新梢长度和粗度的影响如表9-1所示。2006年和2007年葡萄开花期与果实膨大期之间，葡萄树的新梢有一个迅速生长期；在葡萄不同生长期内，根域限制滴灌处理的葡萄新梢长度和粗度与漫灌（对照）相比，没有显著性差异。

表9-1 不同灌溉方式对葡萄新梢生长的影响

| 处理方式 | 开花期 | 膨大期 | 转色期 | 成熟期 |
|---|---|---|---|---|
| 2006年 | | | | |
| 长度/cm | | | | |
| 根域限制滴灌（41.7m³/亩） | 46.3±1.6 | 84.3±2.1 | 87.0±2.4 | 86.2±2.4 |
| 漫灌（对照）（83.4m³/亩） | 50.8±2.1 | 81.4±2.6 | 83.7±2.3 | 86.2±2.0 |
| 差异显著性 | NS | NS | NS | NS |
| 粗度/cm | | | | |
| 根域限制滴灌（41.7m³/亩） | 0.6±0.1 | 0.8±0.1 | 0.8±0.2 | 0.9±0.2 |
| 漫灌（对照）（83.4m³/亩） | 0.6±0.1 | 0.8±0.1 | 0.9±0.2 | 0.9±0.2 |
| 差异显著性 | NS | NS | NS | NS |
| 2007年 | | | | |
| 长度/cm | | | | |
| 根域限制滴灌（41.7m³/亩） | 64.4±2.0 | 71.4±2.2 | 81.4±2.5 | 80.9±2.5 |
| 漫灌（对照）（83.4m³/亩） | 59.3±2.7 | 75.9±2.5 | 83.7±2.1 | 82.2±2.1 |
| 差异显著性 | NS | NS | NS | NS |
| 粗度/cm | | | | |
| 根域限制滴灌（41.7m³/亩） | 0.9±0.2 | 1.0±0.2 | 1.0±0.2 | 1.0±0.2 |
| 漫灌（对照）（83.4m³/亩） | 0.9±0.2 | 1.1±0.2 | 1.1±0.2 | 1.1±0.2 |
| 差异显著性 | NS | NS | NS | NS |

注：NS表示$t$检验没有显著性差异（$p=0.05$水平）。

## 三、葡萄根系分布调查

### （一）2006年葡萄根系分布调查

2006年葡萄根系分布调查如图9-4所示。由图9-4可以看出，不同处理方式间葡萄根系粗度差异性显著，其中根域限制滴灌处理的葡萄根系数量明显高于对照。特别是粗度在2mm以下的细根和1cm以上的粗根数量都显著高于对照。

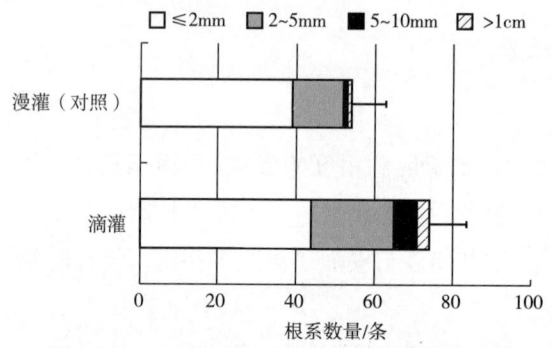

图9-4　2006年葡萄不同粗度根系土壤分布图

2006年葡萄不同土层深度根系分布如图9-5所示。漫灌（对照）的葡萄根系多集中在土壤0~40cm，其中土层0~20cm处葡萄根系最密集，在土壤剖面40cm以下几乎没有根系活动，说明尽管漫灌（对照）的灌水量较大，但葡萄植株根系在风沙土中分布浅，根系不能有效吸收土壤水分和养分；而根域限制滴灌处理的葡萄根系在土层60cm以上仍有相当数量的根系分布，其中50~60cm处根系最密集。

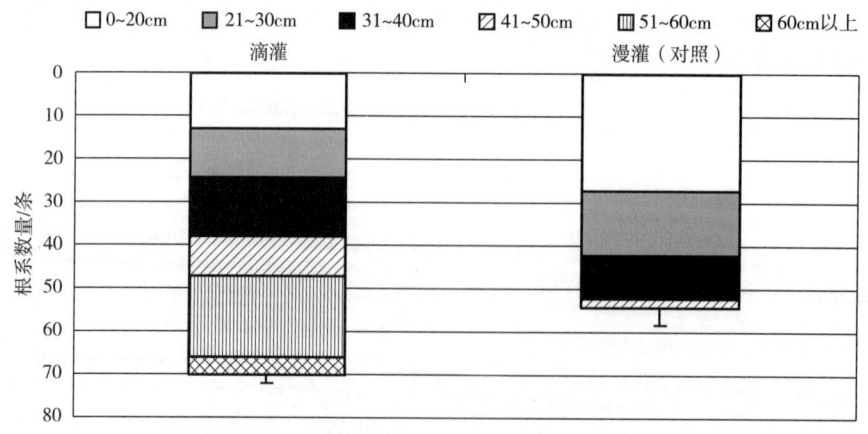

图9-5　2006年不同土壤深度根系分布图

分析2006年葡萄根密度的增加和葡萄根系向土壤纵深生长，可能的原因是葡萄部分根域限制和水分胁迫促使葡萄根系增加生长数量和向深层延伸，适应这种环境胁迫，增加了葡萄对逆境（干旱和低温冻害）的适应性。

### （二）2007年葡萄根系分布调查

2007年葡萄根系分布如图9-6所示。根域限制滴灌处理的葡萄无论粗根还是细根数量在总体上与漫灌（对照）相比没有显著性差异。但在根系总量上，漫灌（对照）为80条，略低于根域限制滴灌。说明根域限制滴灌处理的葡萄根系已经适应了这种胁迫环境，建立了一种在胁迫条件下的稳定根域生长环境。

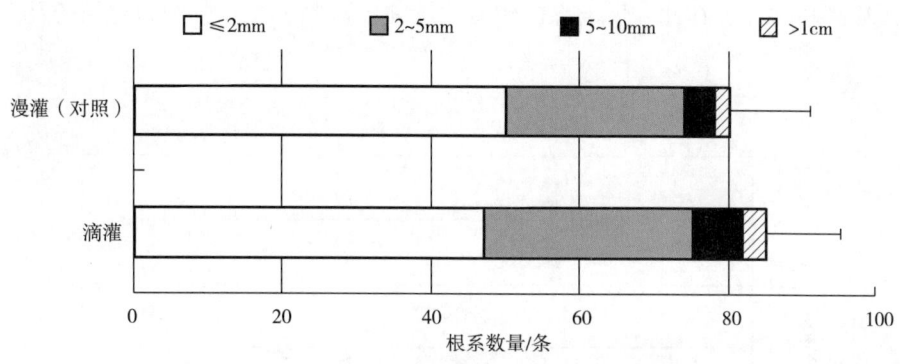

图9-6　2007年葡萄不同粗度根系土壤分布图

2007年葡萄植株不同土壤深度根系分布如图9-7所示。根域限制滴灌处理的葡萄在土壤60cm以上仍有一定数量的根系活动，而漫灌（对照）的葡萄在土层50cm以下，没有发现根系活动，进一步说明根域限制可促进葡萄根系向深层生长，有利于葡萄根系的抗寒能力和抗干旱能力。

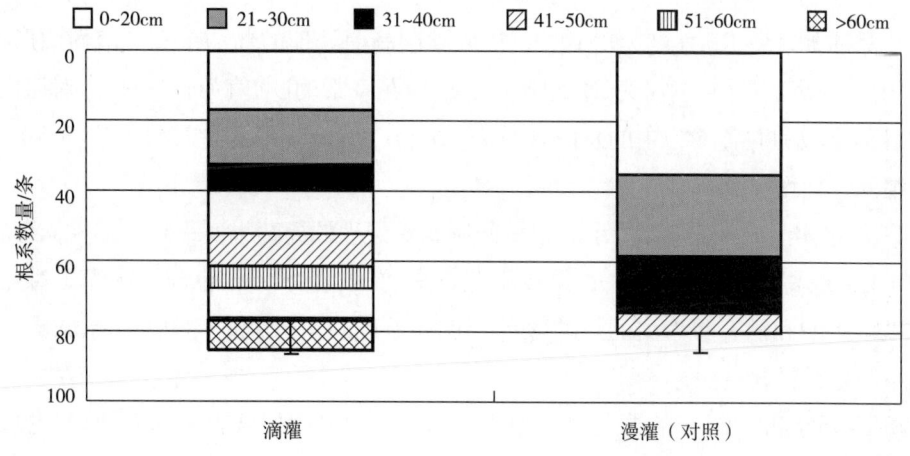

图9-7　2007年葡萄植株不同土壤深度根系分布

## 四、葡萄叶片净光合速率

葡萄转色期，灌水后第2天（晴朗无云的天气），从8：30到16：30应用CIRAS-2型便携式光合测定仪（英国PP Systems国际有限公司）每间隔2h测定一次各处理组植株中部标记新梢果穗以上第七叶的叶片净光合速率，葡萄叶片净光合速率变化如图9-8所示。采用不同的灌溉方式，葡萄叶片的净光合速率均在8：30最高，然后不断下降到最低点后又有不同程度回升。根域限制滴灌与漫灌（对照）相比，叶片净光合速率在10：30分以前要略高一些，但在此之后下降的幅度比漫灌（对照）大，分别为对照的75%、63%和45%。

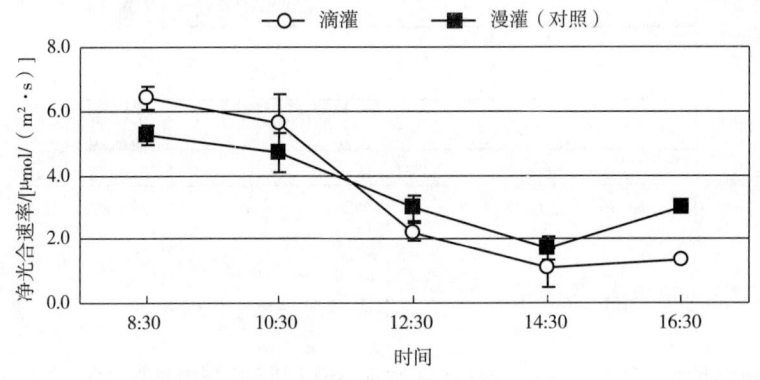

图9-8 葡萄转色期全天叶片净光合速率变化曲线

## 五、果实品质

果实品质如表9-2所示（2006年），根域限制滴灌处理的葡萄果实可溶性固形物含量为20.4°Bx，漫灌（对照）仅为18.2°Bx；果皮中花青素的OD值为1.2，高出对照0.3；而果实中以苹果酸和酒石酸为主的总酸含量为5.0mg/L，低于漫灌（对照）的5.4mg/L，不同处理组间差异性显著。

2007年果实品质如表9-2所示。根域限制滴灌处理的葡萄果实平均可溶性固形物含量为20.8°Bx，也高于漫灌（对照）；果皮中花青素的OD值为1.5，也高于漫灌（对照）；而果实中以苹果酸和酒石酸为主的总酸含量为4.7mg/L，低于漫灌（对照）的5.2mg/L，不同处理组间差异性显著。

分析2006年和2007年的葡萄果实品质指标，说明采用根域限制滴灌处理，提高了葡萄果实中的可溶性固形物含量、果皮中花青素OD值，降低了果实中的酸含量，从而提高了葡萄果实的品质，为生产优质酿酒葡萄原料提供一项新的技术措施。

表9-2 不同处理方式的葡萄果实品质分析

| 年份 | 处理方式 | 可溶性固形物/°Bx | 苹果酸/(g/L) | 酒石酸/(g/L) | 花青素的OD值(535nm) |
|---|---|---|---|---|---|
| 2006年 | 滴灌 | 20.4±0.8 | 2.7±0.1 | 2.3±0.1 | 1.2±0.1 |
| | 漫灌（对照） | 18.2±0.6 | 3.5±0.2 | 1.9±0.1 | 0.9±0.1 |
| | 差异显著性 | * | * | * | * |
| 2007年 | 滴灌 | 20.8±0.6 | 3.1±0.1 | 1.6±0.1 | 1.5±0.1 |
| | 漫灌（对照） | 18.7±0.7 | 3.3±0.1 | 1.9±0.2 | 0.9±0.1 |
| | 差异显著性 | * | NS | * | * |

注：*和NS表示$t$检验有或没有显著性差异（$p=0.05$水平），余同，后不再写。

## 六、葡萄结果量

2006年和2007年葡萄结果量如表9-3所示。由表9-3可以看出：2006年滴灌处理的葡萄单粒重为1.9g，约是漫灌（对照）的0.88倍；滴灌处理果穗重为125g；单株产量为2.5kg；亩产量为915kg，比漫灌（对照）略低；不同处理之间的差异性不显著。2007年滴灌处理的葡萄单粒重为2.0g，约是漫灌（对照）的0.88倍；滴灌处理的葡萄单粒重、果穗重、单株产量和亩产量与漫灌（对照）相比略低；不同处理组之间的差异性不显著，此结果与2006年的试验结果相似。

表9-3 不同处理方式的葡萄产量分析

| 年份 | 处理方式 | 单粒重/g | 果穗重/g | 单株产量/kg | 亩产量/kg |
|---|---|---|---|---|---|
| 2006年 | 滴灌 | 1.9±0.4 | 125.0±18.7 | 2.5±0.4 | 915.0±55.4 |
| | 漫灌（对照） | 2.2±0.4 | 136.0±15.3 | 2.7±0.3 | 995.5±63.5 |
| | 差异显著性 | NS | NS | NS | NS |
| 2007年 | 滴灌 | 2.0±0.5 | 201.9±16.9 | 3.0±0.3 | 1109.0±91.5 |
| | 漫灌（对照） | 2.3±0.5 | 215.1±9.7 | 3.2±0.1 | 1182.2±51.2 |
| | 差异显著性 | NS | NS | NS | NS |

注：NS表示$t$检验没有显著性差异（$p=0.05$水平）。

## 七、冬季低温对不同处理方式枝条生长、产量和品质的影响

在经2007年冬季低温冻害后，2008年葡萄生长、结果及葡萄品质见表9-4。可以看出，滴灌处理葡萄萌芽状况正常，至葡萄开花期葡萄枝条长度平均高出对照5.3cm，差异显著。同时，葡萄单产（亩产）和品质也略高于对照，说明采取根域限制可有效增加葡萄根系对低温的抵御能力，有利于葡萄安全越冬和葡萄品质的提高。

表9-4 2008年葡萄生长、结果及葡萄品质

| 处理方式 | 萌芽状况 | 开花期葡萄枝条长度/cm | 亩产量/kg | 可溶性固形物/°Bx | 花青素OD值（535nm） |
| --- | --- | --- | --- | --- | --- |
| 滴灌 | 正常 | 41.2 | 862 | 20.4±0.8 | 1.2±0.1 |
| 漫灌（对照） | 萌芽迟缓、生长势弱 | 35.9 | 893 | 18.2±0.6 | 0.9±0.1 |
| 差异显著性 | NS | NS | NS | * | * |

# 第三节 讨论

## 一、土壤含水量变化

坑式根域限制栽培具有更为稳定的土壤水分和温度，灌水频率和灌水量减少，树体生长势适中，果实膨大、成熟良好，适合北方干旱寒冷地区应用。在设施栽培条件下垄式栽培可以更有效地降低土壤水分，对提高果实品质有利。本研究结果表明，在供水量降低50%的条件下，根域限制滴灌处理提高了土壤各层含水量，其中土壤30~50cm处的含水量显著高于漫灌。在保证葡萄植株良好生长的同时，从葡萄盛花后到成熟期，节水55.6%，主要是由于灌区是黄河水灌溉，水中携带大量砾石、泥沙和有机质，形成30cm左右的灌淤土层，而30cm以下几乎全是细沙层，漫灌后水分大量蒸发，随重力下渗或侧向渗漏，而根域限制阻止了水分的侧向渗漏，同时将葡萄根系限制在一定范围内，减少了蒸发面积，因而能够具有较好的保水效果。

## 二、葡萄新梢生长量

水分胁迫能够降低植株生长势、叶面积和光合速率。"藤稔"葡萄幼树新梢长度、粗

度和叶面积、主干粗度都受到根域限制的抑制。本研究结果表明，根域限制滴灌处理的葡萄新梢长度和粗度与漫灌相比，差异性不显著。原因可能是，葡萄虽然受到根域限制的影响，但葡萄根系在土壤中纵深生长，根系并没有完全被限制，吸收根、毛细根数量增加，加上限根措施具有很好的保水效果，因而根系能够大量吸收土壤水分和养分，来满足地上部分的供给需求。

### 三、葡萄根系生长

葡萄根系分布的深浅及单位容积中根系的数量与其对土壤养分的吸收有密切关系，将根系限制在一定范围内，必然会影响根系对营养的吸收。本研究通过对根系的调查表明，葡萄根系的分布不同和两种灌溉方式密切相关。根域限制滴灌对葡萄根系的生长具有明显的区域限制性。滴灌葡萄根系垂直和水平分布较漫灌葡萄更加密集，根幅相对较小，但滴灌葡萄吸收根的总量大于漫灌33.49%～38.65%。本研究结果表明，采用根域限制滴灌处理后，土壤中细根和粗根的数量均有增加，土层深度60cm以下仍有相当数量的根系生长，而漫灌在40～50cm处几乎没有葡萄根系的活动。因此，采用根域限制措施抑制了根系的水平生长，促使根系向下深扎，而且根域土壤内根系密度增加，土壤水肥利用效率提高。这可能就是2006年和2007年对葡萄采用限根措施，并没有抑制葡萄新梢旺盛生长的原因之一。同时，葡萄根域限制节水栽培，可有效促进葡萄根系纵深生长，提高葡萄对干旱和冬季低温的抵抗能力，对西北干旱、半干旱地区葡萄的抗旱，预防冬季葡萄根系冻害有重要的意义。

### 四、葡萄叶片光合作用

无论葡萄开花期还是成熟期，根域限制的叶片光合速率，树体的干物质积累量（生物学产量）均低于对照，但果实中干物质的分配比率高于对照，因此，葡萄果实的产量和品质均优于对照。本试验中研究葡萄转色期全天，滴灌处理叶片的净光合速率在10：30分以后下降的幅度较大，并始终略低于漫灌。尽管漫灌的灌水量与根域限制滴灌相比增加了一倍，但叶片光合速率并没有显著增加。较高的光合速率是以更多的水分消耗为代价的。滴灌处理的葡萄由于受到根域限制的影响，葡萄根系产生的胁迫信号传递到地上部分，使气孔开度降低，减少了水分的无效散失，从而大大提高了水分利用效率。

## 五、葡萄果实重量

本研究在2006年和2007年盛花后随机在挂牌葡萄树上不同部位取30粒葡萄称取重量，每隔3~5d取一次样，直到果实成熟采收时结束。连续两年的研究结果相似，不同灌溉处理的葡萄果实膨大呈双"S"形曲线，从盛花后开始果实重量不断增加，漫灌的葡萄果实重量增加幅度略高于滴灌的葡萄植株，不同处理方式间差异性不显著。另外，从2006年和2007年葡萄果实膨大的状况来看，到葡萄采收时，不同处理方式葡萄果实重量还在不断增加，为了在生产中得到优质的葡萄原料，酿造品质较高的葡萄酒，应该推迟葡萄采收，在果实品质达到最佳状况时，才是葡萄最佳采收期。

## 六、葡萄果实品质

根域限制抑制了葡萄的营养生长，提高了葡萄果实的产量和品质。Imai等采用盛土的方式（Raised bed）栽植了巨峰、先锋、龙宝和红富士等四倍体葡萄结果发现，与大田传统栽培比较，根域限制使树体生长受到抑制，果实品质也明显得到了改善，指出根域限制也使果皮花青素含量明显提高，风味也得到改善。根域限制滴灌处理必然影响葡萄内源激素的合成，部分根域限制的胁迫环境，诱导了葡萄根系ABA的产生，并作为根系感应的胁迫信号，促进葡萄糖分向果实的运输和累积。本研究对2006年和2007年的葡萄采用不同的灌溉方式，研究了葡萄果实转色期的糖和酸含量变化，在葡萄成熟期测定了葡萄果实的可溶性固形物、花青素含量、苹果酸和酒石酸等指标，根域限制滴灌处理提高了葡萄果实中的糖含量，降低了果实中的酸含量，提高了果实中的可溶性固形物、果皮中花青素含量，从而提高了果实品质。

根域限制降低了果实中苹果酸和酒石酸含量，并且提高了果皮花青素含量和果实白度。根域限制提高果实品质的原因有如下3点：①由于根系分布在已知的范围内，可克服传统栽培条件下施肥的盲目性，能有的放矢地施肥，可避免肥效的后延对树体生长和果实品质的不良影响。②由于根系密集，根域狭小，叶片的蒸腾可使根域土壤水分很快降低，可避免土壤过湿造成的贪青旺长及果实成熟不良的现象，并且重复的水分胁迫，不仅能使新梢生长适时停止，减少光合产物的浪费，而且还能促进果实上色和糖积累。③由于根域限制抑制了新梢的旺盛生长，同时改变了光合产物的分配，可促使产量提高。

## 七、葡萄结果量

Webster等将Sunburst甜樱桃栽植到用微孔无纺布铺垫成的坑穴（Buried bed）内新梢生长比对照下降80%~90%，但每米新梢的花芽形成数和坐果率都增加了约2倍。单株商品果的数量有所增加，而商品果的重量及平均单果重量与对照没有差别。

本试验对2006年和2007年的葡萄采用不同的灌溉方式，调查了葡萄的单粒重、果穗重、单株产量，并进行了估产，根域限制滴灌处理与漫灌（对照）相比，葡萄产量略低，不同处理间存在一定的差异性，但差异性不显著。

## 八、冬季低温对不同处理方式枝条生长、产量和品质的影响

低温冻害是制约我国北方埋土防寒区酿酒葡萄发展的重要因素，通过本研究不同埋土防寒试验表明：在葡萄根系不受冬季低温冻害的情况下，可使葡萄增产50%左右，而且还能提高葡萄品质。通过2006年和2007年两年的研究表明，在现有葡萄园采取部分根域限制和节水灌溉可有效增加葡萄根系生长数量以及可使葡萄根系向深层生长，有效地改善了葡萄对逆境的适应能力，增加其抗寒、抗旱性能。2007年冬季是50年不遇的灾害性天气，某葡萄基地的部分葡萄树因2007年负载过重，管理不善，2008年春萌发缓慢，有的甚至枝条全年生长量不到20cm，导致绝产，加之2008年养分积累有限，有的植株可能会在2009年死亡。本研究表明，经过两年的根域限制和水分胁迫处理，极大地提高了葡萄对冬季低温的冻害，葡萄经2007年低温冻害后，仍能表现出良好的生长势、葡萄产量和品质，充分肯定了根域限制技术可有效地增加葡萄根系对低温的抵御能力，有利于葡萄安全越冬和葡萄品质的提高。

## 第四节 小结

（1）采用根域限制滴灌处理，30~50cm土层处的土壤含水量显著提高，与漫灌相比，从葡萄盛花后到成熟期，可实现节水55.6%。

（2）采用根域限制滴灌处理，可促进葡萄根系向深层土壤延伸，并提高根域土壤的根系密度，提高葡萄抗逆性能，为葡萄抗寒栽培提供技术支撑。

（3）采用根域限制滴灌处理，可有效提高葡萄果实中的糖分积累和果皮中花青素含量，提高葡萄果实品质，为生产优质葡萄酒提供优质原料。同时，采用该技术对葡萄产量影响不大。

# 第十章　生长调节剂对赤霞珠葡萄枝条和根系可溶性糖含量的影响

赤霞珠原产法国，欧亚种，1892年引入我国，是世界上著名的酿造葡萄酒的优良品种，也是宁夏主栽品种。西北地区冬季气温偏低，2000—2005年6年内发生5次不同程度的冻害，是影响宁夏回族自治区葡萄产业发展的主要因素。分析葡萄冻害的原因，提高葡萄的越冬抗寒能力，是北方地区急待解决的重要课题。本试验旨在探讨生长调节剂对葡萄抗寒性的影响，为生产中预防冻害提供依据。

## 第一节　材料与方法

### 一、试验材料

试验于2004年9月10日在宁夏回族自治区青铜峡市宁夏御马国际葡萄酒有限公司葡萄园（以下简称"我区"）进行，供试品种为赤霞珠，树龄6年，树势中等偏强，土壤为灰钙土，扬水灌溉，管理水平中等。我区年均温为9.2℃，冬季最低温度为-24℃。本试验采用随机区组试验设计，重复3次，使用背负式喷雾器喷雾，药液下滴为适度。11月17日将处理组树的根和枝采回，埋在湿沙中备用。

生长调节剂分别为青鲜素（MH，四川国光实业公司），抑制剂（PBO，江苏省江阴市果树促控剂研究所），乙烯利（CEPA，国光农化有限公司）。药剂处理为：1500mg/L青鲜素、4000mg/L抑制剂、1000mg/L青鲜素+1500mg/L乙烯利、2000mg/L青鲜素+3500mg/L抑制剂。

### 二、试验方法

可溶性糖含量的测定：2005年3月初将根和枝从湿沙中取出，用水冲洗干净，再用蒸馏水冲洗2遍，擦拭晾干后，用洁净湿纱布包裹试样，置于3℃低温下备用。枝蔓经-15℃、-20℃、-25℃、-30℃、-35℃温度处理24h后取出；根系经0℃、-3℃、-6℃、-9℃、-12℃、-15℃温度处理24h后取出，在0℃下解冻30min，然后将处理枝条切成2mm的小段。称取0.5g枝条（根）加入10mL蒸馏水，塑料薄膜封口，于沸水中提取30min（2次），冷却后再提取，提取液滤入100mL容量瓶中，反复冲洗试管及残渣，定容至刻度。吸取提取液0.5mL于20mL刻度试管中（重复3次），加蒸馏水1.5mL，再加0.5mL蒽酮-乙酸乙酯试剂和5mL浓$H_2SO_4$，充分振荡，立即加入沸水浴准确保温1min，自然冷却至室温，以空白（2mL水+0.5mL蒽酮-乙酸乙酯+5mL浓$H_2SO_4$）作为参比，630nm比色，见表10-1。

表10-1 标准样品光密度

| 蔗糖量/μg | 0 | 20 | 40 | 60 | 80 | 100 |
| --- | --- | --- | --- | --- | --- | --- |
| 光密度（D640）值 | 0 | 0.0946 | 0.1845 | 0.2650 | 0.3556 | 0.4211 |

回归方程：$y=0.0042x+0.0081$，$R^2=0.9975$，$y$表示光密度，$x$为蔗糖量（μg）。

由标准线性方程求出蔗糖的量（μg），按下式计算测试样品的可溶性糖含量。

可溶性糖含量/%={[从回归方程求得糖的量（μg）/吸取样品液的体积（0.5mL）]×提取液量（100mL）×稀释倍数}/[样品干重（0.5g）×106]×100%。

## 第二节 结果与分析

### 一、植物生长调节剂对枝条可溶性糖含量的影响

糖类是植物体内的一类主要有机物，植株在越冬前积累可塑性物质的基础是淀粉，这种积累通常在夏季开始。秋季喷施生长调节剂，抑制副梢生长，减少养分消耗，增加树体淀粉的积累，在低温到来之前更多的光合同化物则被转化为糖类、脂肪以及纤维素和其他化合物，从而植株抗逆性增强。一些植物学家指出，在低温条件下，可溶性糖含量越高，其相应冰点越低，故抗冻能力越强。由图10-1和图10-2看出，对6年生赤霞珠葡萄秋季喷施不同种类生长调节剂，于冬季测定枝条可溶性糖含量，结果表明各处理组间差异显著。单喷不同浓度生长调节剂，随着温度的降低，枝条内可溶性糖含量由低变高。用1500mg/L青鲜素（MH）处理，在-15℃时与对照（CK）差异不显著，-20℃时可溶性糖含量较对照提高119.78%，-30℃时，可溶性糖含量较对照提高达127.94%。生长抑制剂（PBO）也有类似的效果，随温度降低，可溶性糖含量增高，至-20℃逐渐增大，增幅

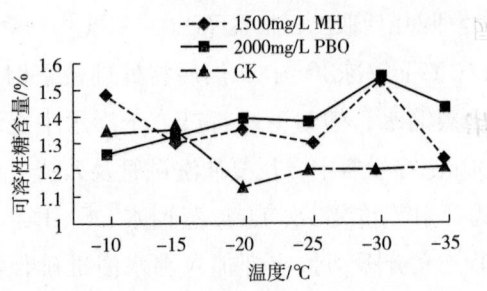
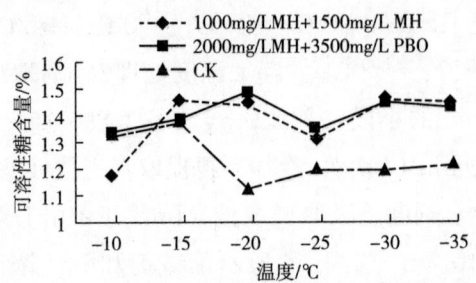

图10-1 单喷对赤霞珠葡萄枝条可溶性糖含量影响　　图10-2 复配对赤霞珠葡萄枝条可溶性糖含量影响

为113.86%和128.60%。说明秋季至落叶前喷施生长抑制剂可增加可溶性糖在枝蔓中的积累，从而有利于提高枝条的抗寒性。

1000mg/L青鲜素（MH）+1500mg/L乙烯利（CEPA）和2000mg/L青鲜素+3500mg/L PBO复配处理，当温度降到-20℃时，可溶性糖含量升至最高，说明此时的抗寒锻炼使枝条中更多的淀粉转化为糖。此后随温度下降，可溶性糖含量降低，至-25℃时均降至最低，-30℃虽有上升，但增幅平缓。

## 二、生长调节剂对赤霞珠葡萄根系可溶性糖含量的影响

植物在越冬前将大量营养以淀粉形式贮存在根、干、枝的皮层和木质部中，在低温到来之前则转化为糖类、脂肪、纤维素和其他化合物，从而增强抗逆性，这无疑与抗冻力有关。由图10-3和图10-4看出，不同浓度生长调节剂处理显著提高了赤霞珠葡萄根系中可溶性糖含量。在-3℃时单喷1500mg/L MH和2000mg/L PBO比CK分别增加181.16%、190.06%，复配增加114.12%和131.30%，-6℃时各处理组与CK无明显差异。-9℃时根系中可溶性糖含量逐渐增高，至-12℃时达最高值，说明此时根系中更多的淀粉转化为糖。综合分析，单喷以2000mg/L PBO或复配1000mg/L MH+1500mg/L PBO效果最好。

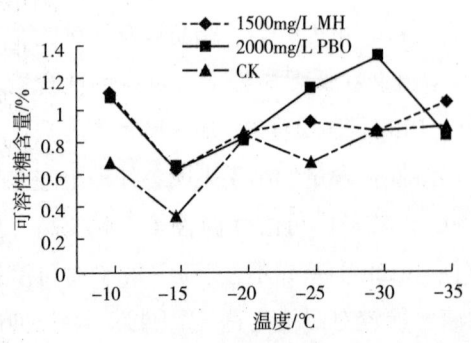
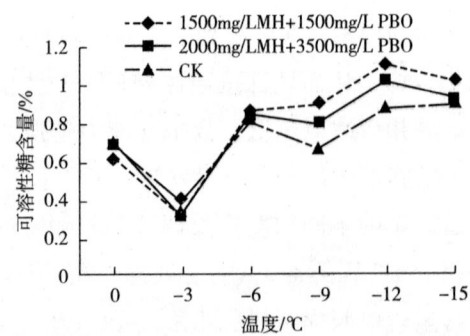

图10-3 单喷对赤霞珠葡萄根系可溶性糖含量影响　　图10-4 复配对赤霞珠葡萄根系可溶性糖含量影响

## 第三节　讨论

单喷不同浓度生长调节剂对枝条和根中可溶性糖含量的分析表明，喷施2000mg/L生长抑制剂（PBO），对增加赤霞珠葡萄枝条和根系的可溶性糖含量效果显著。复配不同浓度生长调节剂，以1000mg/L MH+1500mg/L PBO处理效果最佳，增加了枝条和根中可溶性糖含量，从而提高其抗寒性。

糖类物质的积累与植物抗寒性密切相关，一般认为糖分积累可以增加渗透压、起冰冻保护剂的作用；另外，糖类物质还可以提供能源和底物，诱导其他与抗寒性有关的生理生化过程，如蛋白质的合成等，有利于提高抗寒力。越冬期间随着秋季温度的降低，植株可溶性糖含量增加，淀粉减少，至严冬时，植株淀粉几乎全部消失，植株春天含糖量又下降。因此，秋季喷施生长抑制剂，促使植株体内可溶性糖含量增加，从而提高葡萄的抗寒性。

影响葡萄抗寒性的因素有多种，如可溶性蛋白、可溶性糖含量等。在植株的抗寒生理中，可溶性糖是植物抵御低温的重要保护性物质，能降低冰点，提高原生质保护能力，保护蛋白质胶体不致遇冷变性凝固，所以可溶性糖含量提高，抗寒性就增强，可溶性糖含量随温度下降而增加。

## 第四节　小结

（1）秋季喷施生长抑制剂，促使植株体内可溶性糖含量增加，从而提高葡萄的抗寒性。

（2）单喷2000mg/L PBO，对增加赤霞珠葡萄枝条和根系的可溶性糖含量效果显著。喷施1000mg/L MH+1500mg/L PBO混合溶液对提高枝条和根系中可溶性糖含量效果最佳。

# 第十一章 乙烯利对赤霞珠葡萄几种抗寒性指标的影响

赤霞珠是宁夏主栽的酿酒葡萄品种，抗寒性较差。由于宁夏冬季气温偏低，葡萄冻害发生频繁。据调查，宁夏酿酒葡萄主产区贺兰山东麓地区1999年、2000年、2003年、2004年冬季连续发生4次较重冻害，受冻率达50%以上，即使正常年份，冬季受冻率也在20%~30%。为了探索减轻葡萄冻害的技术措施，本试验在秋季对葡萄喷施生长抑制剂乙烯利，促进葡萄提早进入休眠，以降低冻害的发生。

## 第一节 材料与方法

本试验在青铜峡御马酒厂葡萄园进行，其年均气温为9.2℃，冬季最低温度为-24℃。土壤为灰钙土，提水灌溉。赤霞珠为6年生，长势良好。乙烯利（有效成分40%）购于四川国光农化有限公司。2004年9月11日喷药，浓度分为500mg/L、1000mg/L、1500mg/L，以喷施清水为对照。11月10日取生长势、成熟度一致，枝芽饱满的1年生枝条和根系埋在土中备用。2005年3月初取出采集材料洗净，去须根。分别将根和枝条剪成4~5cm长的小段，均匀分成4组，用塑料袋包好储藏在0℃的冰箱以待测定。可溶性糖含量的测定采用蒽酮显色法；游离脯氨酸含量的测定采用茚三酮比色法；丙二醛测定参照赵世杰等的方法。

## 第二节 结果与分析

### 一、不同浓度乙烯利处理对赤霞珠电解质渗出率的影响

由图11-1看出，赤霞珠葡萄枝条和根系的电解质渗出率随药剂浓度的增大而变化，1000mg/L乙烯利处理的枝条和根系（以下简称"根"）与对照（CK）比较差异极显著，渗出率少，说明抗寒性增强。500mg/L和1500mg/L处理的枝条（以下简称"枝"）与对

照差异不明显。

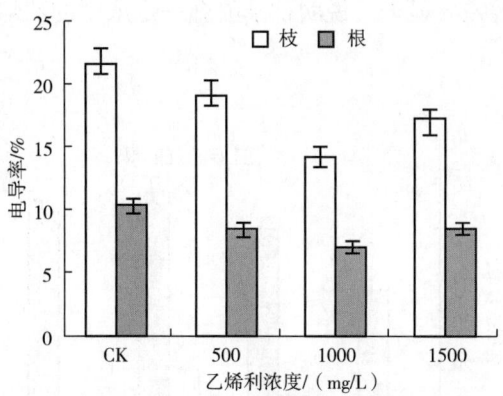

图11-1　乙烯利浓度对赤霞珠电导率的影响

## 二、乙烯利不同浓度处理对赤霞珠可溶性糖含量的影响

从图11-2看出，不同浓度乙烯利对赤霞珠葡萄枝和根中可溶性糖含量的作用不同。乙烯利500mg/L时枝的可溶性糖含量较对照（100%）提高106.3%，根为123.3%；乙烯利1000mg/L时枝为118.5%，根131.5%；乙烯利浓度增大至1500mg/L时枝的可溶性糖含量与对照相比为106%，根为114.8%。说明植物体内可溶性糖含量越高，其相应冰点越低，故抗冻力越强。

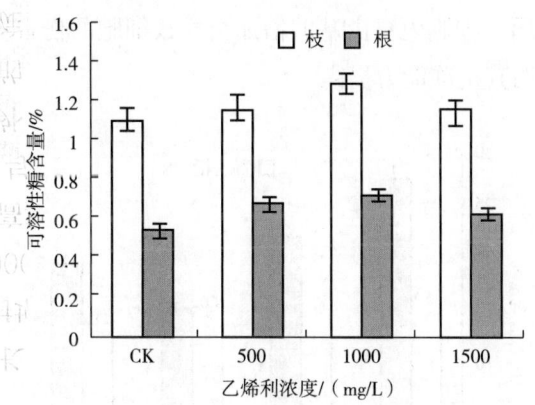

图11-2　乙烯利浓度对赤霞珠可溶性糖含量影响

## 三、乙烯利不同浓度处理对赤霞珠脯氨酸含量的影响

由图11-3看出，1000mg/L乙烯利处理的枝条脯氨酸含量为19.03%（质量百分数，余

同），对照为9.6%；根系为58.8%，对照为36.7%，差异极显著。而用500mg/L和1500mg/L乙烯利处理，与对照比较差异显著。说明秋季喷施一定浓度的乙烯利可促进营养回流贮藏在枝条和根系中。

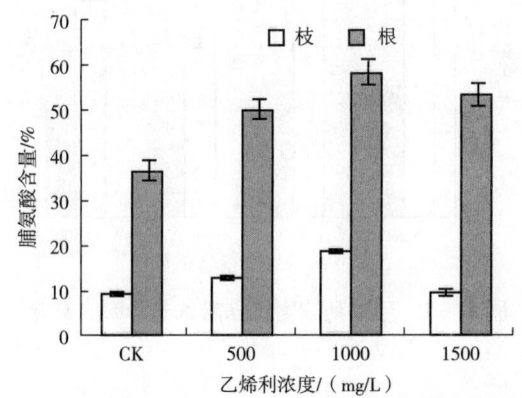

图11-3　乙烯利浓度对赤霞珠脯氨酸含量的影响

## 四、不同浓度乙烯利处理对赤霞珠丙二醛含量的影响

从图11-4看出，对照的丙二醛含量大于用乙烯利处理的组，其中乙烯利浓度为500mg/L的丙二醛增幅不明显，1000mg/L增幅最小，其次为1500mg/L。丙二醛含量与电导率、可溶性糖和脯氨酸含量变化趋势一致。丙二醛含量变化可反映不同浓度乙烯利降低细胞膜脂的过氧化作用，细胞内自由基的增加会导致细胞的伤害。1000mg/L乙烯利产生的超氧自由基少，说明其抗冻能力提高。

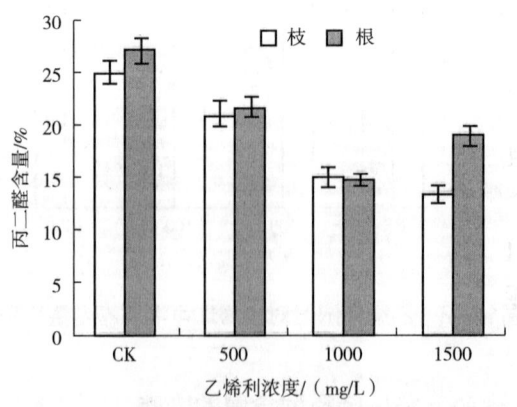

图11-4　乙烯利浓度对赤霞珠丙二醛含量的影响

## 第三节 小结

乙烯利是一种植物生长延缓剂，能抑制新梢生长，减少因生长对光合产物的消耗，从而积累能量，提高抗逆性。试验结果表明，枝条和根系中电解质渗出率与可溶性糖含量、脯氨酸含量呈显著负相关，即随着乙烯利浓度的降低，一年生枝和根系中电解质渗出增多，枝和根系中可溶性糖、脯氨酸含量随乙烯利浓度提高而增大，以1000mg/L表现最明显。一年生枝中脯氨酸含量显著低于根系中的含量。随乙烯利浓度的增大，一年生枝和根系的丙二醛含量降低，以1000mg/L喷施量最低。

# 第十二章 宁夏贺兰山东麓酿酒葡萄高产优质栽培的肥力基础与营养调控

葡萄作为世界四大水果之一，分布范围很广。目前世界上共有89个国家和地区盛产葡萄。近20年来，我国葡萄产业发展迅速，是世界上葡萄生产发展最快的国家之一，葡萄已成为我国栽培最普遍的三大水果之一。我国葡萄栽培面积和产量已占世界第五位，鲜食葡萄已连续五年占世界第一位，成为广大农民脱贫致富的重要经济来源。

我国葡萄基地主要分布在北方地区，而北方主要分布在我国西北的宁夏贺兰山东麓、甘肃河西走廊和新疆部分地区。特别是宁夏贺兰山东麓地区，因其得天独厚的自然条件、土地资源、灌溉、区位优势，在水热系数、温度、温差等方面，具有自身的优势和特点，被国内外专家确认为世界酿酒葡萄生长最佳生态区之一。然而，宁夏葡萄主要种植于贫瘠的灰钙土及新开垦的风沙土上，土壤为砾质土，土壤肥力低下，漏肥漏水严重，保温保湿性差，产量低而不稳，已成为葡萄产业发展的主要障碍。国内外同类土质气候区开展的相关研究工作虽有一定的基础，但多数成果适用于鲜食葡萄，缺乏针对性。因此，本研究通过改善土壤肥力状况及葡萄营养水平，提高酿酒葡萄抗寒性，以获取稳定的葡萄产量和品质，促进宁夏贺兰山东麓葡萄产业健康发展。

## 第一节 研究内容与方法

### 一、研究内容

#### （一）宁夏贺兰山东麓酿酒葡萄主要栽培区土壤养分供应特征

**1. 试验地点及供试材料**

试验地点设在宁夏贺兰山东麓御马庄园万亩酿酒葡萄基地，供试土壤类型为钙积正常干旱土土类（俗称灰钙土）。从上至下，以20cm为间距采集酿酒葡萄栽培三年和六年园的1m深土体的剖面样品，以葡萄园区边缘未开垦的土壤剖面样品为对照，分析其土壤基本理化性状及剖面分布状况。土地每种利用类型布置3个剖面，每个剖面层次采集3个样品（3个重复），3个剖面同一层次的土样混合。

## 2. 测试指标

（1）土壤化学性状　土壤全量和速效氮（N）、磷（P）、钾（K）、全盐、有机质、pH和有效微量元素含量。

（2）土壤生物学性状　土壤酶活性。

### （二）宁夏贺兰山东麓酿酒葡萄生长季节叶部N、P、K营养规律

#### 1. 试验地点

试验田设在宁夏御马庄园的酿酒葡萄基地三年园和六年园上。土壤为砾质钙积正常干旱土亚类，3年园0~20cm土壤有机质9.7g/kg，全氮0.3585g/kg，全磷0.1789g/kg，缓效钾413.91mg/kg，pH 8.84，全盐含量为0.37g/kg。6年园0~20cm土壤有机质9.7mg/kg，全氮0.806g/kg，全磷0.3616g/kg，缓效钾460.95mg/kg，pH为8.84，全盐含量为0.37g/kg。

#### 2. 试验材料与测试指标

供试品种为赤霞珠，单臂篱架栽培，栽植密度3m×0.5m，测试指标：每月中旬上午随机测量酿酒葡萄新梢长度评价生长量；每月中旬上午随机采集酿酒葡萄叶片和叶柄，测定其中N、P、K含量。

### （三）宁夏贺兰山东麓酿酒葡萄肥料效应

#### 1. 供试地点及供试材料

试验地点设在宁夏回族自治区青铜峡市御马万亩酿酒葡萄园。试验材料为7年生赤霞珠。单臂篱架栽培，栽植密度3m×0.5m。

#### 2. 试验设计

（1）施肥方式对酿酒葡萄生长、产量及品质的影响　采用单因素三水平试验。试验因素为施肥深度，三个水平分别为$H_1$=20cm，$H_2$=40cm，$H_3$=60cm。每个小区施肥量相等，且氮、磷、钾的施肥水平采用习惯施肥量。将有机肥和氮、磷、钾混合均匀，选定小区后，于葡萄主干侧位30cm处分别挖宽15cm，深度20cm、40cm和60cm的沟，将肥料施入并与土混匀后覆土，随机区组排列，重复3次，共9个处理组。以10株葡萄为1个小区，小区面积15m²，各小区施肥量折合成肥料的实物形态，摆到地头，检查核对后，有机肥一次施入；氮、磷、钾肥分三次，首次做基肥：施氮肥占40%，钾肥占30%，磷肥（肥料间配比，质量分数，余同）占30%；第二次追肥，氮肥占30%，钾肥占30%，磷肥占40%；第三次追肥，氮肥占30%，钾肥占40%，磷肥占30%。根据实际情况画田间排列图，见表12-1。

表12-1　不同施肥深度试验田间布置

| | | |
|---|---|---|
| $H_2$ | $H_3$ | $H_1$ |
| $H_1$ | $H_2$ | $H_3$ |
| $H_3$ | $H_1$ | $H_2$ |

注：$H_1$=20cm，$H_2$=40cm，$H_3$=60cm。

每月的中旬在不同小区葡萄树体中部随机测定20株新梢的长度,20片叶的鲜重和干重,测定每月所采植物样叶片、叶柄的氮、磷及钾含量。果实成熟期实收不同小区酿酒葡萄产量,折合为每公顷产量用于计算。同时测定酿酒葡萄果实样品的可溶性糖、总酸及果实氮、磷、钾的含量。

(2)肥料配比对酿酒葡萄生长的影响　采用三因素三水平随机区组设计,因素和水平见表12-2,处理组合见表12-3。

表12-2　不同肥料配比试验因素和水平　　　　单位:kg/株

| 因素与水平 | 肥料 | | |
| --- | --- | --- | --- |
| | N | P | K |
| 1 | 0.1 | 0.1 | 0.1 |
| 2 | 0.2 | 0.2 | 0.2 |
| 3 | 0.3 | 0.3 | 0.3 |

以10株葡萄为1个小区,小区面积15m²,各小区有机肥一次施入,化肥施肥量折合成肥料的实物形态。氮、磷、钾肥分3次施肥:首次做基肥,施氮肥40%、钾肥30%、磷肥30%;第二次追肥,氮肥30%、钾肥30%、磷肥40%;第三次追肥,氮肥30%、钾肥40%、磷肥30%。

表12-3　不同肥料配比试验因素及其施肥组合

| 处理组合编号 | 肥料 | | |
| --- | --- | --- | --- |
| | N | P | K |
| 1 | 1 | 1 | 1 |
| 2 | 1 | 2 | 2 |
| 3 | 1 | 3 | 3 |
| 4 | 2 | 1 | 2 |
| 5 | 2 | 2 | 3 |
| 6 | 2 | 3 | 1 |
| 7 | 3 | 1 | 3 |
| 8 | 3 | 2 | 1 |
| 9 | 3 | 3 | 2 |

各处理组重复3次,随机区组排列,共27个小区。每月的中旬在不同小区酿酒葡萄树体

中部随机测定20株新梢的长度、20片叶的鲜重和干重,测定每月所采植物样叶片、叶柄的氮、磷、钾含量。果实成熟期实收不同小区酿酒葡萄产量,折合为每公顷产量用于计算。

(3)酿酒葡萄施肥量的确定　试验采用四因素五水平二次回归正交设计。四因素(有机肥、氮、磷、钾)施肥上限分别为45t/hm²、450kg/hm²、450kg/hm²、450kg/hm²,有机肥、氮、磷、钾施肥下限分别为0kg/hm²、150kg/hm²、150kg/hm²、0kg/hm²。$m_c=16$,$2p=2×4=8$,$m_0=1$,$N=m_c+2p+1=25$个处理组合,$γ=1.414$。因素及水平列入表12-4,处理组合列入表12-5。

表12-4　四因素五水平试验二次回归正交设计表

| $X_j$ | 有机肥($ZOM$) | 氮($Z_N$) | 磷($Z_P$) | 钾($Z_K$) |
|---|---|---|---|---|
| $\Delta_j$ | 15912 | 106.08 | 106.08 | 159.12 |
| $R=1.414$ | 45000 | 450 | 450 | 450 |
| 1 | 38412 | 27.072 | 406.08 | 384.12 |
| 0 | 1500 | 300 | 300 | 225 |
| -1 | 6588 | 193.92 | 193.92 | 65.88 |
| -1.414 | 0 | 150 | 150 | 0 |

表12-5　四因素五水平试验二次回归正交设计处理编号及编码值

| 处理编号 | 有机肥($XOM$) | 氮($X_N$) | 磷($X_P$) | 钾($X_K$) |
|---|---|---|---|---|
| 1 | 1 | 1 | 1 | 1 |
| 2 | 1 | 1 | 1 | -1 |
| 3 | 1 | 1 | -1 | 1 |
| 4 | 1 | 1 | -1 | -1 |
| 5 | 1 | -1 | 1 | 1 |
| 6 | 1 | -1 | 1 | -1 |
| 7 | 1 | -1 | -1 | 1 |
| 8 | 1 | -1 | -1 | -1 |
| 9 | -1 | 1 | 1 | 1 |
| 10 | -1 | 1 | 1 | -1 |
| 11 | -1 | 1 | 1 | 1 |
| 12 | -1 | 1 | 1 | -1 |

续表

| 处理编号 | 有机肥($X_{OM}$) | 氮($X_N$) | 磷($X_P$) | 钾($X_K$) |
|---|---|---|---|---|
| 13 | -1 | -1 | -1 | 1 |
| 14 | -1 | -1 | -1 | -1 |
| 15 | -1 | -1 | 1 | 1 |
| 16 | -1 | -1 | 1 | -1 |
| 17 | 1.414 | 0 | 0 | 0 |
| 18 | -1.414 | 0 | 0 | 0 |
| 19 | 0 | 1.414 | 0 | 0 |
| 20 | 0 | -1.414 | 0 | 0 |
| 21 | 0 | 0 | 1.414 | 0 |
| 22 | 0 | 0 | -1.414 | 0 |
| 23 | 0 | 0 | 0 | 1.414 |
| 24 | 0 | 0 | 0 | -1.414 |
| 25 | 0 | 0 | 0 | 0 |

试验地点设在宁夏贺兰山东麓御马庄园七年生赤霞珠酿酒葡萄基地，土壤为砾质钙积正常干旱土亚类，土壤基本理化性质见表12-6。

表12-6　合理施肥试验田土壤基本理化性质

| 深度/cm | 有机质含量/(g/kg) | 全氮含量/(g/kg) | 速效氮含量/(mg/kg) | 全磷含量/(g/kg) | 速效磷含量/(mg/kg) | 速效钾含量/(mg/kg) | 土壤阳离子交换量(CEC)/(mol/kg) | pH | 全盐含量/(g/kg) |
|---|---|---|---|---|---|---|---|---|---|
| 0~20 | 13.16 | 0.80 | 18.88 | 0.36 | 3.21 | 107.85 | 9.72 | 8.84 | 0.37 |
| 20~40 | 7.21 | 0.43 | 17.29 | 0.25 | 2.75 | 74.12 | 4.23 | 8.76 | 0.36 |
| 40~60 | 6.12 | 0.32 | 16.09 | 0.21 | 1.64 | 75.52 | 4.93 | 8.93 | 0.34 |
| 60~80 | 3.47 | 0.22 | 16.35 | 0.15 | 0.44 | 73.88 | 4.72 | 9.11 | 0.31 |
| 80~100 | 2.81 | 0.23 | 16.27 | 0.15 | 0.63 | 74.73 | 4.69 | 8.88 | 0.33 |
| 平均 | 6.55 | 0.40 | 16.98 | 0.22 | 1.73 | 81.22 | 5.66 | 8.90 | 0.34 |

每月的月中在不同小区酿酒葡萄树体中部随机测定20株新梢的长度、20片叶的鲜重和干重，测定每月所采植物样叶片、叶柄的氮、磷及钾含量。果实成熟期实收不同小区酿

酒葡萄的产量，折合为每公顷产量用于计算。同时测定酿酒葡萄果实样品的可溶性糖、总酸及全氮、磷、钾的含量。

## 二、研究方法

本研究以典型调查和定点试验研究为基础，以田间试验为重点，运用现代测试手段，调查明确施肥中的问题，分析宁夏贺兰山东麓酿酒葡萄栽培区土壤养分供应特征，叶片 N、P、K 营养规律和酿酒葡萄对施肥的反应。研究 N、P、K 等大量营养元素的丰缺对酿酒葡萄生长发育、产量、品质及丰缺对植株养分吸收规律的影响，提出葡萄园养分综合管理方案。

## 三、测定方法

### （一）土壤测定

土壤化学性状的测定采用常规方法，其中，有机质测定用重铬酸钾外加热法，全氮用硫酸消煮蒸馏法，全磷和有效磷用钼锑抗比色法，有效氮用蒸馏法，有效钾用火焰光度法，pH 用酸度计测定，微量元素的测定采用原子吸收分光光度法。

土壤过氧化氢酶的测定是基于过氧化氢与土壤相互作用时，用高锰酸钾溶液滴定酶促反应前后过氧化氢的量，由二者之间的差求出分解 $H_2O_2$ 的量，以此来表示酶的活性。以单位土重量的 0.1mol/L 高锰酸钾毫升数表示土壤过氧化氢酶活性。

土壤蔗糖酶的测定用 3,5-二硝基水杨酸比色法。土壤的蔗糖酶活性，以 24h 后 1g 土壤葡萄糖的质量数（mg）表示。

土壤脲酶的测定用靛酚蓝比色法，以 24h 后每百克土的 $NH_3-N$ 的质量数（mg）表示土壤的脲酶活性。

土壤磷酸酶活性的测定用磷酸苯二钠比色法，单位 mg 苯酚/（kg·h）。

### （二）植物

于生长季节在葡萄植株中部，取新梢上的老叶各 50 片，带回实验室处理测定其养分含量。室内植物样的处理方法如下所示。

（1）洗涤　0.1%（体积分数，余同）盐酸洗涤 30s-0.1% 洗涤液洗涤 30s-自来水洗尽叶片上洗涤液-蒸馏水洗涤 30s。

（2）烘干　在 60~80℃下烘干，一般约 8h。

（3）制样　用植物粉碎机粉碎，用自封袋贴好标签储藏。

(4)待测。

全氮含量测定使用靛酚蓝比色法。步骤：用强酸混合消煮，将消煮液定容至100mL。吸5mL清液于50mL容量瓶中，定容。吸上述清液1mL，加10mL水，加4mL苯酚钠，3mL次氯酸钠，摇匀，定容，在波长为578nm下比色。

全磷含量测定使用钒钼黄比色法。步骤：用强酸混合消煮，将消煮液定容至100mL。吸10mL清液于50mL容量瓶中。用10mol/L NaOH调节溶液pH至溶液呈浅黄色，加10mL钒钼酸铵溶液，摇匀，定容，在波长为440nm下比色。

全钾含量测定使用火焰光度法。步骤：用强酸混合消煮，将消煮液定容至100mL。吸取5mL清液于25mL容量瓶中。定容，用火焰光度计测定。

（三）果实

百粒重测定使用称量法、烘干法。

酒石酸含量测定使用NaOH滴定法。步骤：吸2mL葡萄汁于100mL三角瓶中，用0.1mol/L NaOH调节溶液pH至溶液呈粉色，记下消耗的NaOH的体积，计算。

含糖量测定使用手持糖量计测定可溶性固形物含量，换算为总糖含量。

## 四、数据处理

采用Microsoft Office excel及DPS进行数据处理及分析。

## 第二节　结果与分析

### 一、宁夏贺兰山东麓酿酒葡萄主要栽培区土壤养分供应特征

#### （一）土壤有机质

土壤有机质在改善土壤结构、保持水分和提高水分渗入能力、防止土壤侵蚀和退化、保持和提供植物养分特别是氮素等方面具有重要作用。因此，有机质含量水平是评价土壤自然肥力的首要指标。宁夏贺兰山东麓为大陆性气候，干旱少雨，气温日较差和年较差均很大，土壤母质为山前洪积物，富含石砾，以物理风化为主，由于太阳辐射强烈，多大风天气，极易造成干旱，表层细粒物质被吹失，土壤质地一般为沙壤至沙壤偏轻壤，按中国土壤系统分类属于干旱土纲，正常干旱土亚纲，钙积正常干旱土类。因为荒漠草原，地表植被稀疏，以耐旱、深根和肉质的灌木和小灌木为主，土壤形成腐殖质的过程极其微弱，有机质含量低，土壤物质组成与母质近似。对宁夏贺兰山东麓钙积正常干旱土表层

0~20cm土壤的有机质含量进行了多点随机取样测定，其统计结果和分布特征分别列入表12-7和图12-1。由表12-7得知，宁夏贺兰山东麓钙积正常干旱土表层土壤的有机质含量非常低，基本处于六级以下（<6g/kg），95%的置信区间小于5.83g/kg。有机质分布频次非正态，明显左偏（图12-1）。

表12-7　宁夏贺兰山东麓钙积正常干旱土土壤有机质含量的统计特征

| 极大/<br>(g/kg) | 极小/<br>(g/kg) | 极差/<br>(g/kg) | 平均偏差 | 均值/<br>(g/kg) | 几何平均值 | 中位数/<br>(g/kg) | 方差 | 标准差 | 标准误差 | 变异系数 |
|---|---|---|---|---|---|---|---|---|---|---|
| 12.70 | 0.56 | 12.14 | 2.16 | 4.58 | 3.76 | 4.14 | 7.999 | 2.828 | 0.603 | 0.617 |
| 平均数的置信区间 | | | 95%区间<br>3.323~<br>5.833 | | | | 99%区间<br>2.869~<br>6.285 | | | |

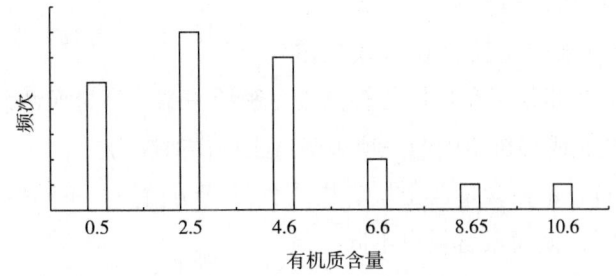

图12-1　宁夏贺兰山东麓钙积正常干旱土土壤有机质含量范围与分布趋势

虽然宁夏贺兰山东麓钙积正常干旱土有机质含量低，肥力水平低下，质地偏沙质土，但丰富的光热资源、相对平坦而广阔的土地面积、深厚的土层、土壤富含钙质、便于灌溉等有利因素促进了该区域大面积种植包括酿酒葡萄在内的生态型经济林，不断施用的有机肥料和进入土壤中的残枝落叶数量增加，为土壤有机质水平的提高奠定了基础。栽培三年和六年酿酒葡萄对土壤有机质的影响见图12-2，随栽培年限的延长，表层和次表层土壤有机质含量显著增加，六年不断改良甚至使40~60cm土壤的有机质含量水平也显著增加，葡萄园施用有机肥对60cm以下土壤的有机质含量影响已很小，达不到显著差异水平。三年不断地培肥使表土和次表土的有机质数量提高

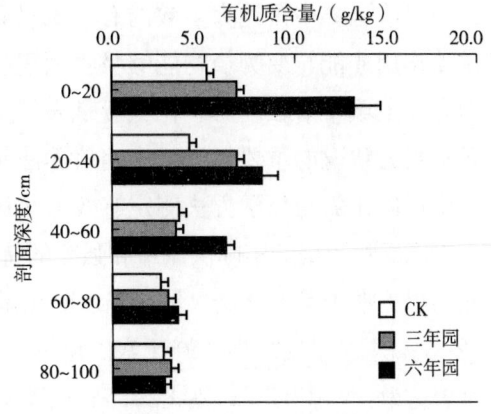

图12-2　葡萄栽培对土壤有机质含量的影响

到五级水平,六年不断地培肥使表土有机质含量成倍增加到四级水平(10~20g/kg),土壤肥力改良效果十分明显。

### (二)土壤氮元素

宁夏贺兰山东麓钙积正常干旱土未开垦时全氮含量很低(图12-3),表土层也在0.3g/kg以下,远小于六级水平(<0.5g/kg)。三年的葡萄栽培管理使土壤表层和次表层全氮含量显著增加,但仍小于六级水平;六年的葡萄栽培管理使土壤表层和次表层全氮含量显著增加,尤其是表层土壤全氮含量成倍增加,并达到四级水平(0.75~1.0g/kg)。全氮含量的增加意义重大,有机氮通过矿化作用为植物提供$NH_4^+$和$NO_3^-$等有效形态,促进植物的生长发育。

土壤氮的形态包括有机氮和无机氮两部分。有机氮是土壤氮素的主要存在形式,占

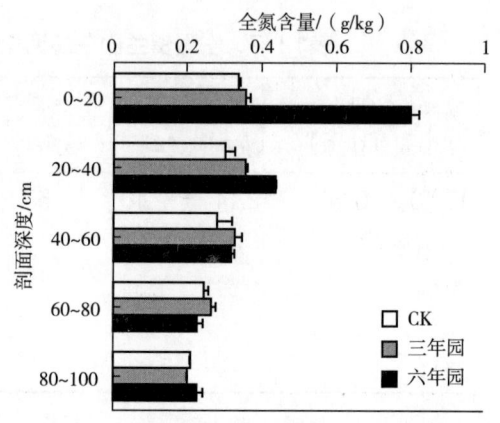

图12-3 葡萄栽培对土壤全氮含量的影响

全氮含量的70%以上,其分布和含量与有机质有密切关系,是交换性铵盐和$NO_3^-$的源泉。因而,研究者多用全氮或有机质中的一项来衡量土壤供氮能力。

土壤中有机氮的分布和含量与土壤有机质含量密切相关。不同生态条件和不同土壤中的有机质含量不同,氮元素含量也不同。氮对生态系统的影响主要表现在氮元素有多种形态,且各种形态又处于不断的变化中。对葡萄园土壤有机质含量($x$)与全氮含量($y$)进行相关研究,二者为极显著相关(图12-4),其关系可表达为:$y=0.0516x+0.0622$,$R=0.9540$。

土壤全氮中占绝大多数的有机氮只有通过矿化作用才能转变为植物能够吸收利用的有效形态。土壤中潜在的可矿化氮量是表征土壤氮元素肥力状况的重要指标,应用培养法测定土壤中可矿化氮与化学方法测定有效氮相比,具

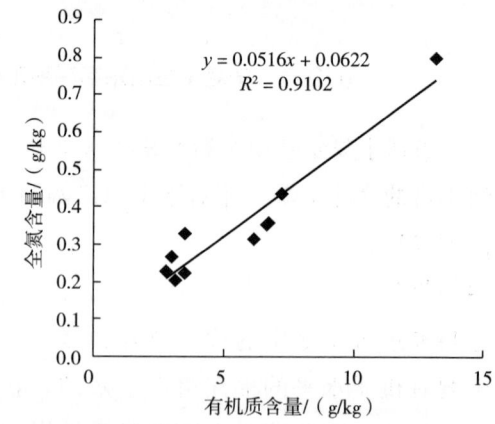

图12-4 土壤有机质与全氮含量的相关关系

有更能反映土壤的实际供氮量和强度的特点。本研究采用淹水密闭法研究了宁夏贺兰山东麓钙积正常干旱土全氮含量的淹水矿化量,其45d累积矿化量与全氮含量之间的关系见图12-5。图12-5反映出,氮元素矿化量($y$)与全氮含量($x$)呈极显著相关,二者的关系可表达为:$y=0.0436x+29.824$,$R=0.7581$。

有机氮通过矿化作用可以很快转变为铵态氮和硝态氮,施用氮素化肥也增加了土壤

的铵态氮和硝态氮含量。宁夏贺兰山东麓钙积正常干旱土有效氮的含量及剖面分布情况见图12-6。图12-6反映出，未开垦的钙积正常干旱土有效氮含量非常低，小于10mg/kg，属于六级以下水平，并同有机质及全氮一样，主要分布在60cm以上的土层。受耕作栽培的影响，三年葡萄园土壤有效氮显著增加，但明显向下层移动，特别是60cm以下土层有效氮含量增加两倍多。说明粗质地及大孔隙较多的钙积正常干旱土因保肥力弱，在大水漫灌的情况下有效氮随水下渗，并淋出土体，利用率降低。六年葡萄栽培有效氮含量在全剖面显著增加，并在剖

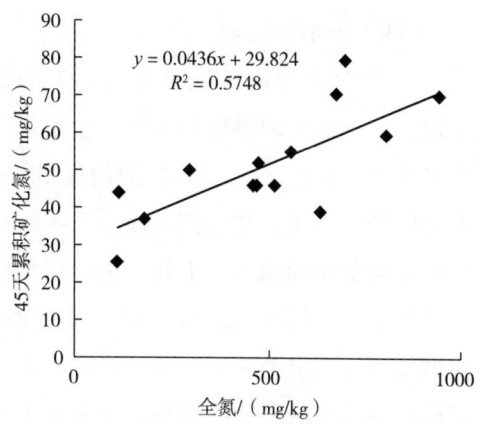

图12-5 全氮含量（$x$）与累积矿化氮量（$y$）的相关关系

面上下分布均匀，原因同上。即使如此，全剖面的有效氮含量仍然属于六级水平，采用少量多次的原则施用氮肥，并尽可能采用节水灌溉措施，应该是宁夏贺兰山东麓钙积正常干旱土酿酒葡萄栽培中水肥管理的目标。

### （三）土壤钾元素

宁夏贺兰山东麓钙积正常干旱土速效钾含量平均为76mg/kg，属于四级水平（50~100mg/kg）。速效钾含量的剖面变化不明显，主要原因与有效氮相同，即水溶性极强的速效钾除被葡萄吸收外，多数随水下移。土壤缓效钾是土壤速效钾的储存库，对土壤的供钾能力起调节作用。葡萄栽培管理对钙积正常干旱土缓效钾的影响见图12-7。由图12-7可知，多年的耕种使钙积正常干旱土各个层次缓效钾的含量都显著增加，土壤供钾潜力提高。

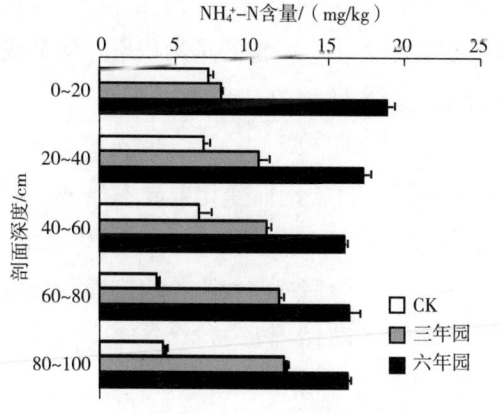

图12-6 葡萄栽培对土壤有效氮含量的影响

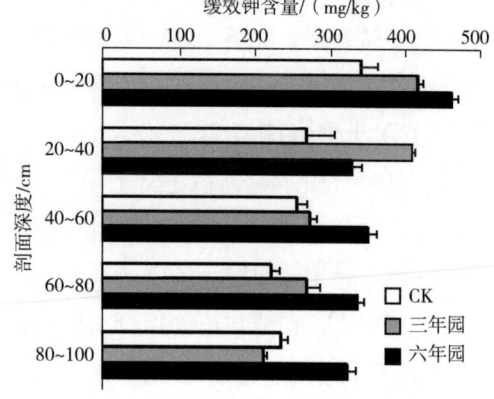

图12-7 葡萄栽培对土壤缓效钾含量的影响

### （四）土壤磷元素

由图12-8得知，3年的葡萄栽培管理使土壤全磷的储量在80cm以上的土层中都显著增加，但增加的数量很小。自然土壤及三年培肥改土后的钙积正常干旱土全磷量处于六级水平（<0.2g/kg）。六年的葡萄栽培使60cm以上土层的全磷量极显著增加，尤以表层和次表层最为明显，并达到五级水平（0.2~0.4g/kg），这显然是施用有机肥和磷肥的结果，并说明施肥深度偏浅，不利于引导葡萄根系向深层扩展。

然而，土壤速效磷含量增加的数量很小（图12-9），尽管施用磷肥使各个土层有效磷的增加都达到显著水平，这一现象和供试土壤的强碱性环境和高碳酸钙含量直接相关。石灰性土壤的强碱性和高碳酸钙含量使得土壤磷元素被大量专性吸附，并逐渐转变为难溶性的无机磷化合物，磷的有效性大大降低，施肥虽然提高了土壤磷的贮量，但植物生长能够吸收利用的有效磷仍然不足，造成磷肥的当季利用率不高。

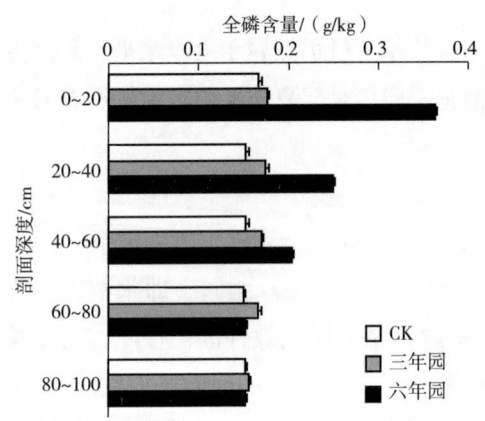

图12-8　耕作栽培对土壤全磷含量的影响　　图12-9　耕作栽培对土壤速效磷含量的影响

宁夏贺兰山东麓钙积正常干旱土全磷含量较高，且剖面变化差异不显著；速效磷含量平均为1.6mg/kg（图12-9），属于六级水平。速效磷的剖面变化表现为表聚性，40cm以上土层显著高于底层土壤，主要原因为自然成土过程中表土有一定的生物积累。葡萄栽培管理对宁夏贺兰山东麓钙积正常干旱土磷元素含量的影响见图12-8和图12-9。

### （五）土壤pH和全盐

宁夏贺兰山东麓钙积正常干旱土pH较高，平均高达8.84，剖面变化差异不显著，耕种年限也未对土壤pH产生显著影响（图12-10）。土壤全盐含量较低，远低于盐化水平。由于施肥年限相对较短，施肥数量不高，土壤本身偏沙性，渗漏速率快，土壤剖面中可溶性盐很难积累，葡萄栽培管理对土壤全盐含量影响不显著（图12-11）。

### （六）土壤微量元素

供试土壤全铁含量很高，剖面上下变化不大；其次为全锰，随剖面加深而增加（6年除外），但只相当于全国全锰平均值（710mg/kg）的1/3左右；全锌含量随剖面加深而减

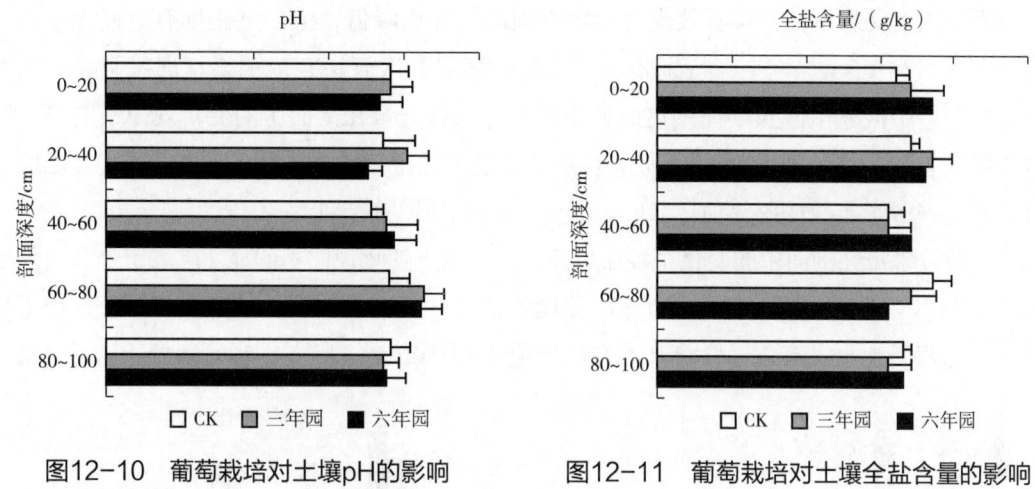

图12-10 葡萄栽培对土壤pH的影响　　图12-11 葡萄栽培对土壤全盐含量的影响

少，但不同种植年限平均值无差异，含量仅相当于全国平均值（100mg/kg）的约1/3；全铜的含量最低，随剖面加深而减少，含量相当于全国平均值（20mg/kg）的1/3~1/2（表12-8）。

表12-8　宁夏贺兰山东麓酿酒葡萄园土壤全量微量元素含量

| 栽植年限 | 层次/cm | 全铜含量/（mg/kg） | 全铁含量/（mg/kg） | 全锌含量/（mg/kg） | 全锰含量/（mg/kg） |
|---|---|---|---|---|---|
| CK | 0~20 | 17.06±2.30$^a$ | 1071.4±94.35$^a$ | 50.72±4.26$^a$ | 166.48±22.55$^b$ |
|  | 20~40 | 13.18±1.43$^b$ | 1058.1±73.80$^a$ | 33.95±2.50$^b$ | 177.42±19.37$^b$ |
|  | 40~60 | 5.09±0.55$^c$ | 1044.6±38.53$^a$ | 22.23±3.01$^c$ | 228.33±34.81$^a$ |
| 3年园 | 0~20 | 11.68±1.22$^b$ | 1062.2±62.16$^a$ | 48.43±2.82$^a$ | 167.91±12.62$^c$ |
|  | 20~40 | 5.93±0.37$^c$ | 1033.9±115.0$^a$ | 37.82±3.06$^b$ | 199.39+11.60$^b$ |
|  | 40~60 | 16.79±1.64$^a$ | 1062.9±84.37$^a$ | 32.33±1.78$^c$ | 200.84±16.29$^b$ |
|  | 60~80 | 5.93±0.72$^c$ | 1059.1±33.29$^a$ | 36.93±2.25$^b$ | 324.26±21.36$^a$ |
|  | 80~100 | 11.92±0.59$^b$ | 1069.2±62.51$^a$ | 18.63±0.50$^d$ | 304.33±9.73$^a$ |
| 6年园 | 0~20 | 12.28±1.80$^a$ | 1056.2±95.40$^a$ | 43.73±2.73$^a$ | 300.45±12.84$^b$ |
|  | 20~40 | 8.42±1.03$^b$ | 1053.6±46.16$^a$ | 37.84±1.43$^b$ | 272.81±8.60$^c$ |
|  | 40~60 | 6.71±0.49$^c$ | 1050.6±57.04$^a$ | 32.38±3.92$^c$ | 244.87±13.52$^d$ |
|  | 60~80 | 6.74±0.52$^c$ | 1057.6±29.33$^a$ | 36.93±1.88$^b$ | 159.32±10.98$^e$ |
|  | 80~100 | 3.19±0.28$^d$ | 1032.4±71.92$^a$ | 18.63±1.25$^d$ | 358.53±23.44$^a$ |

注：以平均值±标准偏差（LSD多重比较）的形式书写，相同字母表示差异不显著，不同字母表示差异显著。

图12-12反映出，土壤有效铜含量随剖面的加深而降低，但各层土壤有效铜含量都在临界值（0.2mg/kg）以上，特别是六年葡萄园表层和次表层有效铜累积现象明显，主要是葡萄栽培中波尔多液长期使用造成的结果。有效铁含量在剖面中的变化规律不明显，栽培年限长且含量高，表土含量最高，但各层含量远低于全国平均值（30mg/kg），也低于果树有效铁含量丰缺的临界值（10mg/kg），呈现明显的缺乏状态。

有效锌含量在剖面中的变化是表层最高，表层以下变化规律不明显。除表土外，其他层次含量（CK）低于临界值（0.5mg/kg），呈现缺乏状态。土壤有效锰含量表层高，表层以下差异小，葡萄园地土壤有效锰含量基本在临界值（7.0mg/kg）以下，锰元素处于缺乏状态。

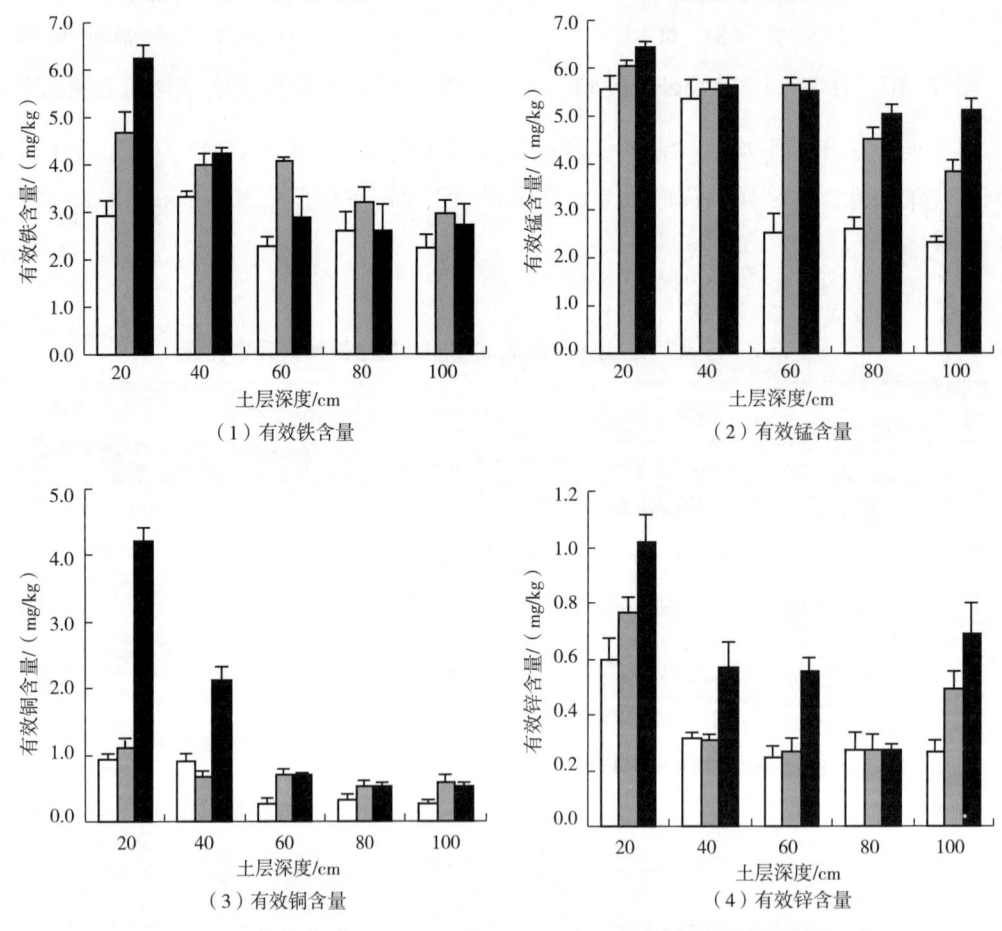

图12-12　葡萄栽培对土壤剖面中有效性微量元素含量的影响
□CK　■3年园　■6年园

### （七）土壤酶活性

干旱贫瘠土壤中作物生长发育所需养分除施用水溶性化肥外，土壤有机质分解转化提供的养分也很重要，其中参与土壤生化反应的酶活性起重要作用，同时也影响施入土壤中肥料的去向。供试土壤酶活性的变化如图12-13。

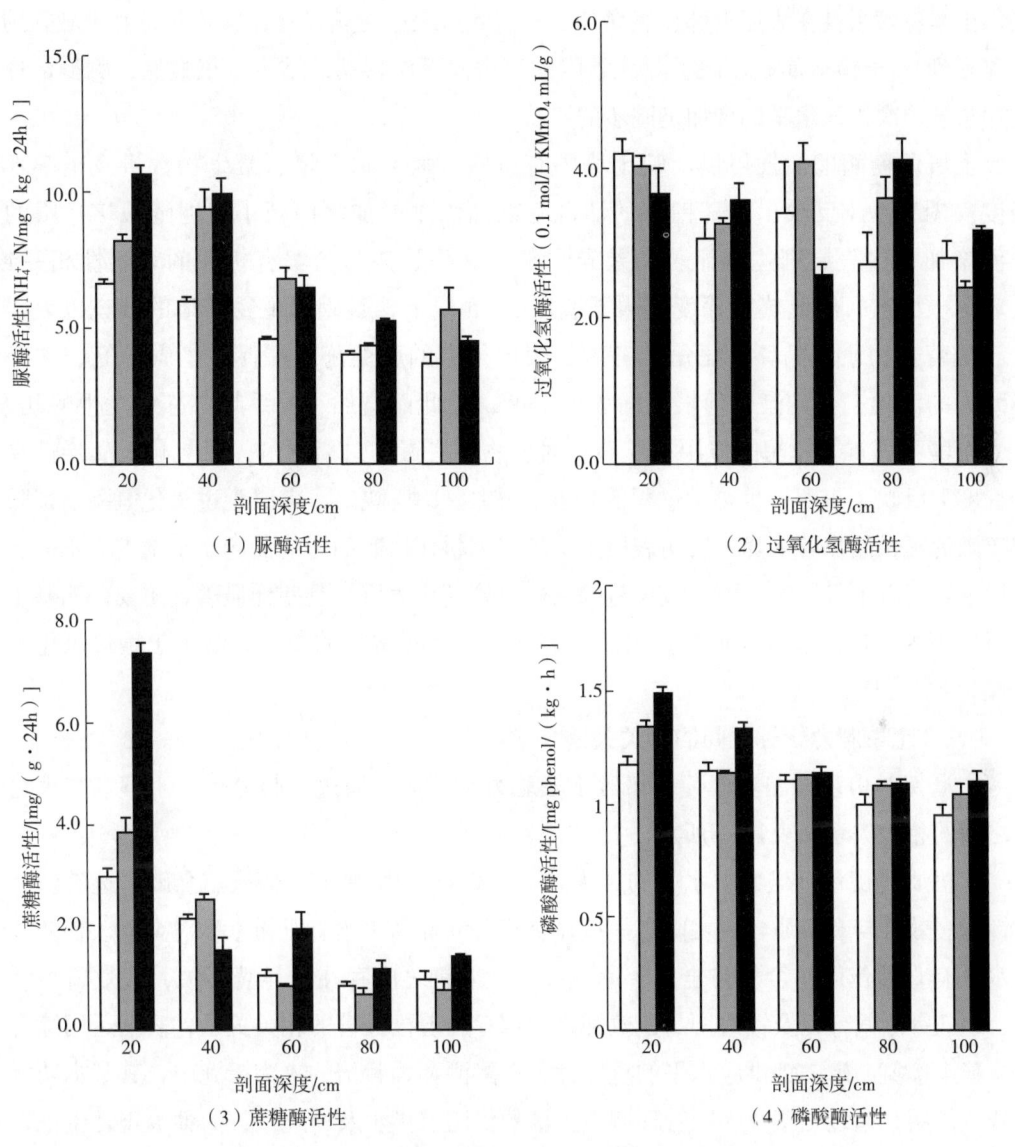

图12-13 酿酒葡萄栽培对土壤酶活性的影响
□ CK  ■ 3年园  ■ 6年园

图12-13反映出，由于宁夏贺兰山东麓淡灰钙土是在弱有机质积累过程和强钙化过程作用下形成，土壤有机磷为典型的表聚型且含量低，表层土壤磷酸酶的活性略高，随栽培年限的增加，表层土壤磷酸酶活性显著增加，显然是有机肥施用的结果；六年栽培使次表层土壤磷酸酶活性也显著增加，其余层次变化不显著。这表明有机肥施用深度限于40cm以上，不足以引导葡萄根系向更深的层次发展，增加了葡萄根系越冬受冻的可能性。

图12-13反映出，供试土壤脲酶活性与土壤剖面深度有直接的关系，或者说与各层次氮元素含量水平有直接的关系，脲酶活性随剖面深度的增加而显著减小。随栽培年限的延

长，土壤脲酶活性在表层上都显著增加，表层和次表层尤其显著，这并非说明氮肥施用深度深入到1m土体，而是反映了氮元素随灌溉水向下层移动的结果。很显然，脲酶活性的增加与各层次供氮水平的增加是同步的。

土壤蔗糖酶的活性可以反映土壤中有机质、氮、磷含量、微生物数量及土壤呼吸强度。图12-13反映出，蔗糖酶的活性随剖面深度的加深而减小，但随栽培年限的延长而增加，在表层则达到显著的差异水平。这一趋势与土壤有机质的表聚性相一致，并表明土壤有机肥的施用深度仅限于表层40cm以上，且因为植物残体的补充以表层为主。从营养物质的循环转化角度考虑，表层很高的蔗糖酶水平促进了碳、氮、磷等营养元素的活化，会刺激葡萄根系向表层扩展，由此而增加了根系越冬冻害发生的几率。

土壤中过氧化氢酶的作用在于破坏对生物体有毒的过氧化氢，过氧化氢酶活性在一定程度上反映了土壤微生物学过程的强度。图12-13反映出，表层土过氧化氢酶活性随栽培年限的延长而显著下降，表明表层土壤环境因耕作培肥的影响而趋于平稳。而不同土地利用下表层以下各层次土壤过氧化氢酶活性总体高于表层，且差异显著，主要说明微生物呼吸作用因层次的加深而加强；另外，表层以下相对贫瘠的逆境刺激了土壤过氧化氢酶活性。

### （八）土壤肥力指标之间的相关关系

宁夏贺兰山东麓酿酒葡萄栽培区土壤肥力水平低，通过回归分析，土壤基本理化性质之间的相关关系如表12-9所示。

有机质是衡量土壤肥力水平的标志之一。表12-9反映出，全氮、全磷、速效磷、速效钾、缓效钾与有机质含量之间都呈极显著相关，提高土壤有机质水平对全面改善葡萄营养水平有直接作用。全氮与全磷、速效磷、缓效钾之间存在极显著相关，速效磷与缓效钾、速效钾之间，以及缓效钾与速效钾之间都存在着极显著的相关关系，表明运用综合措施改善土壤氮、磷、钾供应水平的重要性。在酿酒葡萄栽培的人为措施中，其基本功能就是调节作用，通过土壤及水肥管理调节土壤的供肥、供水及通透性，为葡萄正常生长发育创造有利条件。

表12-9也反映出，磷酸酶活性与土壤有机质、全氮、全磷、速效磷、缓效钾、速效钾之间存在着极显著相关，与铵态氮的相关性也达到5%的显著差异水平；脲酶与土壤有机质、全氮、全磷、速效磷、缓效钾、速效钾之间存在着极显著相关，与铵态氮存在显著的相关性；过氧化氢酶与土壤基本理化性质间的相关性很低，只和速效钾的相关性达到5%的显著差异水平，表明严酷的水热环境是控制宁夏贺兰山东麓酿酒葡萄产区土壤过氧化氢酶活性的主要因子；蔗糖酶活性与有机质、全氮、全磷、速效磷、缓效钾、速效钾之间存在极显著相关性；4种酶之间，磷酸酶与脲酶之间存在极显著相关关系，脲酶与蔗糖酶之间存在极显著相关关系。由此可以推断，磷酸酶、脲酶、蔗糖酶活性的大小可以代表宁夏贺兰山东麓酿酒葡萄栽培区土壤肥力和生产力的高低。

表12-9 土壤理化性质之间的相关系数

| 参数 | 有机质 | 全氮 | 碱解氮 | 全磷 | 速效磷 | 缓效钾 | 速效钾 | 土壤阳离子交换量（CEC） | pH | 全盐 | 磷酸酶 | 脲酶 | 过氧化氢酶 | 蔗糖酶 |
|---|---|---|---|---|---|---|---|---|---|---|---|---|---|---|
| 有机质 | 1 | | | | | | | | | | | | | |
| 全氮 | 0.952** | 1 | | | | | | | | | | | | |
| 碱解氮 | 0.515* | 0.482 | 1 | | | | | | | | | | | |
| 全磷 | 0.922** | 0.949** | 0.62* | 1 | | | | | | | | | | |
| 速效磷 | 0.736** | 0.678** | 0.285 | 0.567* | 1 | | | | | | | | | |
| 缓效钾 | 0.834** | 0.721** | 0.546* | 0.647** | 0.736** | 1 | | | | | | | | |
| 速效钾 | 0.647** | 0.623** | 0.201 | 0.412 | 0.770** | 0.829** | 1 | | | | | | | |
| CEC | 0.479 | 0.574* | 0.29 | 0.508* | 0.586* | 0.438 | 0.526* | 1 | | | | | | |
| pH | -0.232 | -0.29 | 0.073 | -0.289 | 0.013 | 0.105 | 0.116 | 0.394 | 1 | | | | | |
| 全盐 | 0.546* | 0.537 | 0.129 | 0.533* | 0.527* | 0.437 | 0.339 | 0.313 | -0.044 | 1 | | | | |
| 磷酸酶 | 0.900** | 0.885** | 0.546* | 0.823** | 0.769** | 0.806** | 0.712** | 0.457 | -0.301 | 0.411 | 1 | | | |
| 脲酶 | 0.877** | 0.808** | 0.515* | 0.753** | 0.865** | 0.790** | 0.648** | 0.34 | -0.228 | 0.502 | 0.869** | 1 | | |
| 过氧化氢酶 | 0.259 | 0.311 | 0.16 | 0.154 | 0.419 | 0.472 | 0.666** | 0.374 | 0.214 | -0.182 | 0.469 | 0.35 | 1 | |
| 蔗糖酶 | 0.917** | 0.893** | 0.33 | 0.798** | 0.641** | 0.811** | 0.710** | 0.525* | -0.18 | 0.468 | 0.835** | 0.71** | 0.301 | 1 |

注：**表示在0.01水平上显著相关（极显著相关）；*表示在0.05水平上显著相关。

## 二、酿酒葡萄的营养规律

土壤营养供应的变化直接关系到树体生长状况,从而直接在叶的鲜重中反映出来（图12-14）。图12-14反映出3年生及6年生酿酒葡萄不论叶片还是叶柄的鲜重都以6月为最高；7、8月叶片的鲜重显著低于6月；3年生酿酒葡萄以营养生长为主,叶片的鲜重随生育期延长而显著下降,这一趋势可能和营养不足有关。对于瘠薄土壤上栽培的葡萄而言,由于施肥数量相对较少,随生育期延长而新生长的叶片所需养分只能部分由老叶供给,单位叶片鲜重随之下降；6年生植株进入7月后葡萄营养生长与生殖生长并重,但土壤供肥力提高,且施肥数量充足,叶片鲜重的变化相对较小,差异不显著。

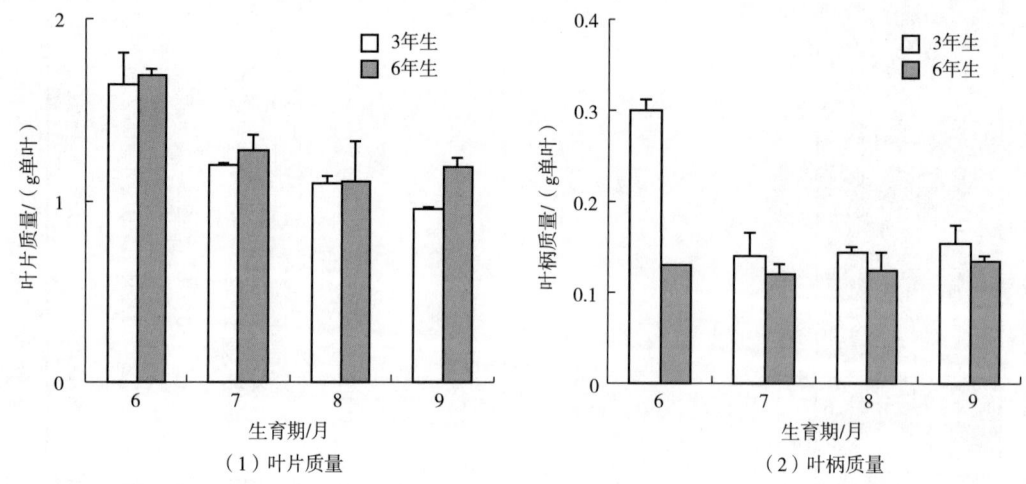

图12-14 酿酒葡萄叶片及叶柄生长量的动态变化

3年生酿酒葡萄叶柄的鲜重也显著高于其他生长阶段,而6年生葡萄叶柄鲜重并未随生育期延长而显著变化,表明叶柄在酿酒葡萄营养诊断中有很好的应用前景。

矿物质营养在树体内的含量水平,体现了植株在某一时期对矿物质营养的需要情况。土壤营养供应的变化除了引起葡萄生长量的差异外,也会在叶中的营养组分中反映出来,其中对叶片氮元素含量的动态影响见图12-15。

图12-15反映出酿酒葡萄叶片氮素含量高于叶柄氮素含量。叶片氮元素含量随生育期延长而有所波动,但无明显规律,且差异不显著。说明习惯性施肥调查区,无论3年生还是6年生酿酒葡萄在全生育期供氮充足。从侧面反映出酿酒葡萄栽培管理中重施氮肥的现象相当普遍,这一趋势在叶柄中反映得更清晰。显然,叶柄中氮元素含量随生育期延长而明显增加,特别是9月份叶柄含氮量显著高于6月,说明习惯性施肥下土壤供氮能力维持在较高的水平。

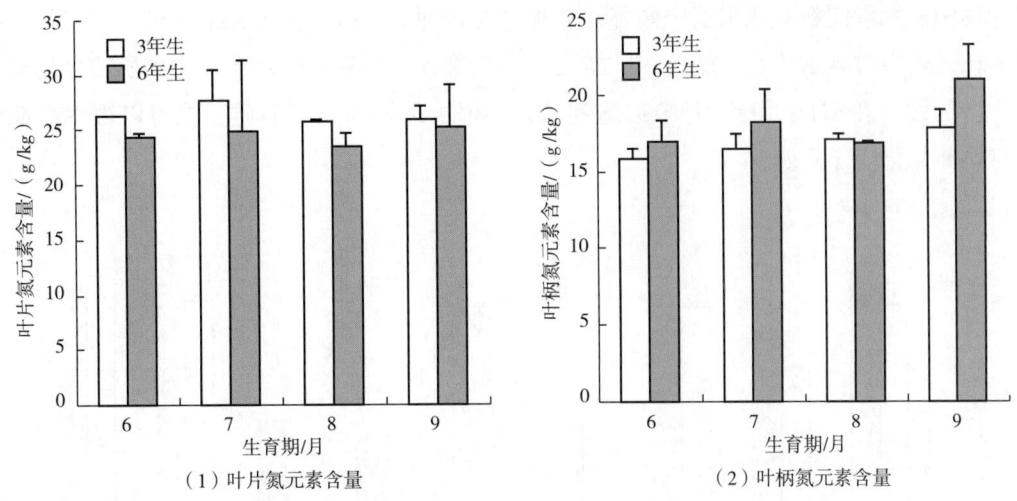

**图12-15　酿酒葡萄叶片及叶柄氮元素含量动态变化**

图12-16反映出酿酒葡萄叶片磷元素含量高于叶柄磷元素含量。无论是酿酒葡萄的叶片还是叶柄，磷元素含量随生育期延长而增加，但到生殖生长为主的9月份后，除6年生葡萄叶柄外，磷元素含量显著下降，这表明8月份以后酿酒葡萄产量品质形成的关键时期磷元素供应不足。磷元素对葡萄而言是重要的品质元素，生殖生长阶段对磷元素的吸收量较多，所以在葡萄施肥实践中，8月下旬为重要的磷元素补充时期。

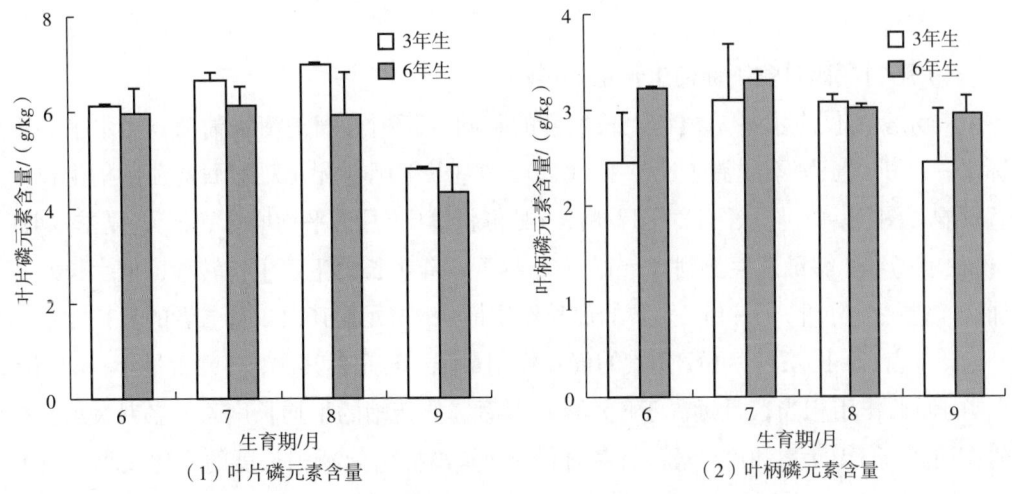

**图12-16　酿酒葡萄叶片及叶柄磷元素含量动态变化**

图12-17表明酿酒葡萄叶柄钾元素含量远高于叶片，这种差异在葡萄生育后期更加明显。叶柄中钾元素随生育期延长而累积的现象说明酿酒葡萄对钾元素的需要量主要集中在生育后期。但叶片中的钾元素，含量在8月份后葡萄转入生殖生长时显著下降了，这和磷元素在叶片中的变化趋势一致。即钾肥施用数量少，生育后期由于土壤供钾能力下降，导

致叶片中钾元素向新叶或果实中转移,叶片本身含钾量降低。同磷元素一样,钾元素在生殖生长过程中对碳水化合物的合成、转运、果实着色、浆果成熟及产量、品质的提高至关重要。因此,在8月中旬到8月末追施钾肥,不但可以提高果实品质,也可以缓解后期结果与花芽分化的矛盾。

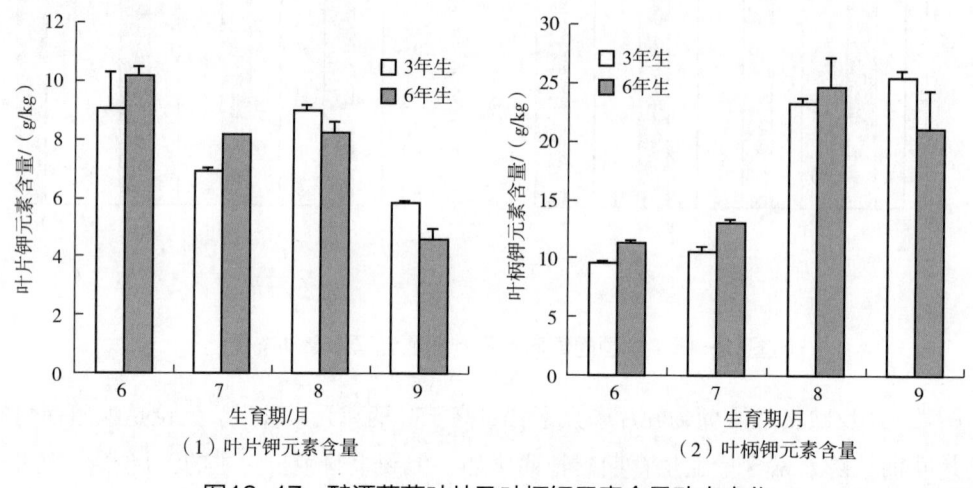

图12-17　酿酒葡萄叶片及叶柄钾元素含量动态变化

## 三、酿酒葡萄的施肥效应

### (一)肥料配比对酿酒葡萄生长量的影响

营养元素的供应水平是植物生长发育的基础,新梢长度是衡量葡萄营养水平的主要指标之一。供试土壤不同氮(N)、磷(P)、钾(K)肥料配比对酿酒葡萄新梢生长量有显著影响(图12-18)。从图12-18看出,7月份新梢比6月份平均增长16cm,夏季修剪后,8月份秋梢仍然能够迅速生长到40cm左右,尽管营养生长向生殖生长转移,但生长发育明显加快。进一步分析,6月份K元素的促长作用最强,P元素其次,且二者的促长效应远高于N元素(表12-10);7月份P元素的促长作用最强,K元素其次,N元素最小;8月份N、P元素的促长作用相当,且远高于K元素。然而,从新梢的平均长度看,各月N元素对新梢的作用要高于P元素和K元素,且各月份施N量高低引起新梢长度的变化较小。以上说明,6月份供N相对丰富,N元素不缺乏,而施P、K肥少,酿酒葡萄极度缺乏K元素和P元素,施P元素和K元素都能显著促进新梢的迅速生长,效应显著。7月份随追肥的施用,新梢迅速生长,N元素的效应显著,且和K元素的效应相当。8月份随着营养生长向生殖生长的转移,N元素的促长作用仍然显著,而此时K元素主要对葡萄果实品质的形成起重要作用,对秋梢的促长效应大大降低。

由表12-10可知,新梢的生长在不同时期对营养元素有不同的需求。6月份,K元素

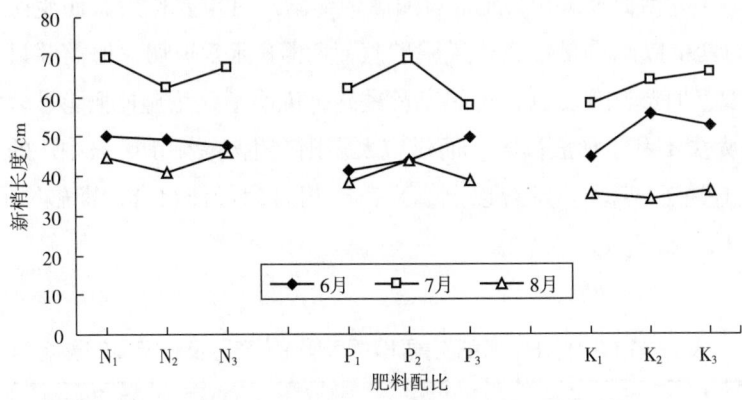

图12-18 N、P、K肥料配比对酿酒葡萄新梢生长量的影响

是首要影响因素，$K_2$的影响最大；P因素中，$P_3$的影响比较大；N因素中，$N_1$的影响最大。因此，6月份$N_1P_3K_2$的组合为最佳肥料配比组合，即施N 0.1kg/株，$P_2O_5$ 0.3kg/株，$K_2O$ 0.2kg/株。在7月时，P元素的影响最大，P因素中，$P_2$的影响比较大；K因素中，$K_3$的影响最大；N因素中，$N_1$的影响最大。因此，7月份$N_1P_2K_3$的组合为最佳肥料配比组合。8月份，P因素中，$P_2$的影响比较大；N因素中，$N_3$的影响最大；K因素中，$K_3$的影响最大。因此，8月份$N_3P_2K_3$的组合为最佳肥料配比组合。

表12-10 N、P、K肥料配比对酿酒葡萄新梢生长的影响　　　　单位：cm

| 肥料效应 | 6月 | | | 7月 | | | 8月 | | |
| --- | --- | --- | --- | --- | --- | --- | --- | --- | --- |
| | N | P | K | N | P | K | N | P | K |
| $t_1$ | 50.15 | 41.25 | 44.57 | 70.00 | 61.71 | 57.98 | 44.75 | 38.20 | 35.33 |
| $t_2$ | 49.15 | 43.64 | 55.47 | 62.30 | 69.27 | 63.94 | 40.88 | 43.70 | 33.92 |
| $t_3$ | 47.67 | 49.72 | 52.67 | 67.44 | 57.81 | 66.29 | 46.10 | 38.83 | 36.13 |
| 平均 | 48.99 | 44.87 | 50.90 | 66.58 | 62.93 | 62.74 | 43.91 | 40.24 | 35.13 |
| R | 2.48 | 8.47 | 10.9 | 7.70 | 11.46 | 8.31 | 5.22 | 5.50 | 2.21 |

### （二）肥料配比对酿酒葡萄产量的影响

赤霞珠的适应性和抗病力较强，但产量偏低。只有在积温较高、无霜期长、生长期长、夏季温度较温凉、土壤富含钙质的栽培条件下，以及水肥条件适宜的时候易丰产。应用直观分析法将不同N、P、K肥配比与葡萄产量的关系列入表12-11（三因素三水平随机区组设计）。

对比表12-11可知，在3种所施的肥料中，K元素对产量的影响最大，其次是N元素，

P元素的影响最小。由此反映出K元素对酿酒葡萄增产有重要作用，而生产中恰恰很少或不施K肥。K因素中以$K_1$产量最高，说明酿酒葡萄需K元素迫切，但需要量并不高，供应K肥应少量但要及时；N因素中以$N_2$的产量最高，说明适量增施N肥能显著促进酿酒葡萄的生长，供应太少不利于形成高产，而供应太多则产生浪费；P因素中$P_3$的产量最高，说明酿酒葡萄尤其缺乏P营养。综合以上，$N_2P_3K_1$组合为最佳组合，即施N元素0.2kg/株，施$P_2O_5$ 0.3kg/株，施$K_2O$ 0.1kg/株。

表12-11　N、P、K肥料配比对酿酒葡萄产量及含糖量的影响

| 肥料效应 | 产量效应 | | | 含糖量效应 | | |
| --- | --- | --- | --- | --- | --- | --- |
| | N | P | K | N | P | K |
| $T_1$ | 47.16 | 55.89 | 67.42 | 61.25 | 61.25 | 63.50 |
| $T_2$ | 56.51 | 52.23 | 56.16 | 63.83 | 59.20 | 59.20 |
| $T_3$ | 46.99 | 60.26 | 51.88 | 65.97 | 65.29 | 65.29 |
| $t_1$ | 15.72 | 18.63 | 22.48 | 20.42 | 20.42 | 21.17 |
| $t_2$ | 18.83 | 17.41 | 18.72 | 21.28 | 19.73 | 19.73 |
| $t_3$ | 15.66 | 20.09 | 17.29 | 21.99 | 21.76 | 21.76 |
| R | 3.17 | 2.68 | 5.18 | 0.86 | 1.17 | 2.03 |

注：表中$t_1$、$t_2$、$t_3$分别为N、P、K元素处理组合产量（$t/hm^2$）或含糖量（%）的统计值；$T_1$、$T_2$、$T_3$为元素处理组合三重复的加和产量（$t/hm^2$）或加和含糖量（%）的统计值。

### （三）肥料配比对酿酒葡萄品质的影响

众所周知，K元素和P元素都能够加强光合作用，增强植物体内物质的合成和转运，从而被认为是品质元素。N、P、K肥配比对酿酒葡萄品质的影响表现了同样的规律。由表12-11可知，K元素对糖分累积的影响最大，其次是P元素，最低是N元素。K因素中$K_3$的影响最大，并略高于$K_1$，从经济学的角度考虑，$K_1$是首选的推荐施K量；P因素中$P_3$的影响最大；N因素中$N_3$的影响最大。因此，对提高酿酒葡萄品质而言，$N_3P_3K_1$的组合为最佳肥料配比组合，即施N 0.3kg/株，施$P_2O_5$ 0.3kg/株，施$K_2O$ 0.1kg/株。

## 四、施肥方式对酿酒葡萄营养规律、产量及品质的影响

### （一）不同施肥深度对生长季节酿酒葡萄叶部养分含量的影响

施肥深度不同，酿酒葡萄叶片与叶柄中N、P、K元素含量发生明显变化（图12-19~图12-21）。图12-19反映出，由于酿酒葡萄生育前期大量施用氮肥，叶片中氮含量很高，但

随着生育期的延长，叶片中氮元素含量逐渐降低，特别到9月份以后，葡萄已由营养生长转入生殖生长，生育前期叶片中吸收累积的氮元素向生长中心转移，叶片氮含量急剧下降，9月份叶片平均含氮量只占6月份的34.79%，即叶片中约2/3的氮元素发生了向生殖生长中心的转移。

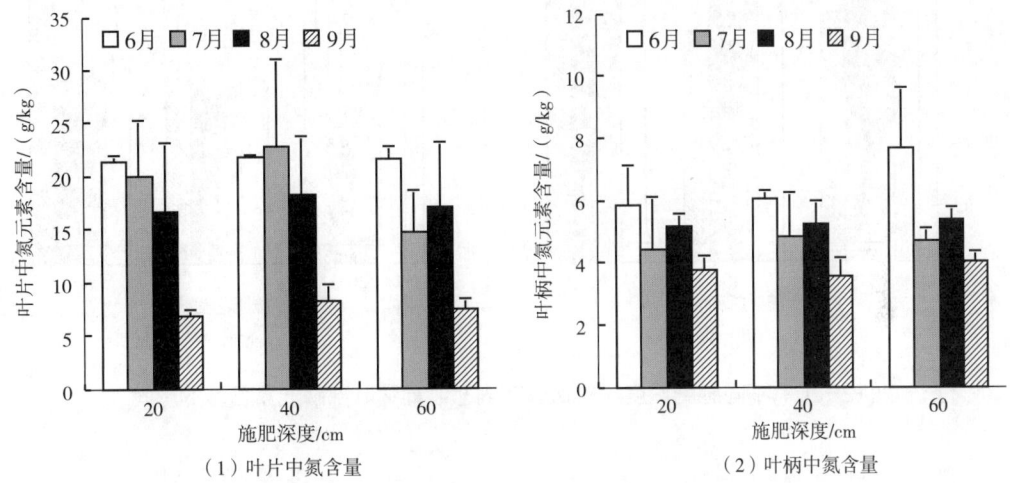

图12-19　不同施肥深度对生长季节内酿酒葡萄叶部氮元素含量的影响

图12-19也反映出，40cm的施肥深度在各个月份都能显著提高叶片中氮元素含量；60cm的施肥深度在6月份对叶片氮元素含量未产生明显促进，而在7月份甚至显著降低了叶片氮元素含量，说明葡萄生育前期根系发育程度差，施肥太深影响了根系对氮元素的吸收；但随着生育期的延长，葡萄根系入土越来越深，对深层土壤的氮元素吸收增强，叶片中含氮量也随之增加，为促进产量的增加打好了基础。上述变化充分说明，增加施肥深度是贺兰山东麓瘠薄地区酿酒葡萄获取高产的重要途径。

图12-19反映的另外一个重要规律是：贺兰山东麓葡萄园酿酒葡萄叶片中氮元素含量远高于叶柄，且叶柄中氮元素含量随施肥深度和生育期的变化相对叶片较小。

图12-20反映出，酿酒葡萄叶柄磷元素平均含量高于叶片。叶片全生育期内磷元素含量变化很小，表明酿酒葡萄需磷量相对较少。一般认为，磷元素对促进植物根系发育起显著作用。从施肥方式看，施肥60cm深度显著促进了叶片和叶柄中磷含量的提高，而磷元素对作物碳水化合物的合成、分解和运输起着重要作用。因此，加深施肥深度，有助于改善葡萄磷元素营养，提高酿酒葡萄的产量和品质。

与氮、磷元素不同，叶柄中钾元素含量远高于叶片中钾元素含量（图12-21）。由于钾在土壤中的移动性很强，施肥深度对叶柄和叶片中钾元素含量未产生明显影响。但叶柄中钾元素含量随生育期延长而下降，即钾元素随营养生长向生殖生长的过程中转移而产生了迁移，说明酿酒葡萄全生育期缺钾，而$K^+$是植株体内保护酶系统中SOD、POD、CAT的活化剂，同时$K^+$与糖类的合成有关，钾元素不足会造成茎秆柔弱，抗旱、抗寒性降低，从而限制葡萄的生长。

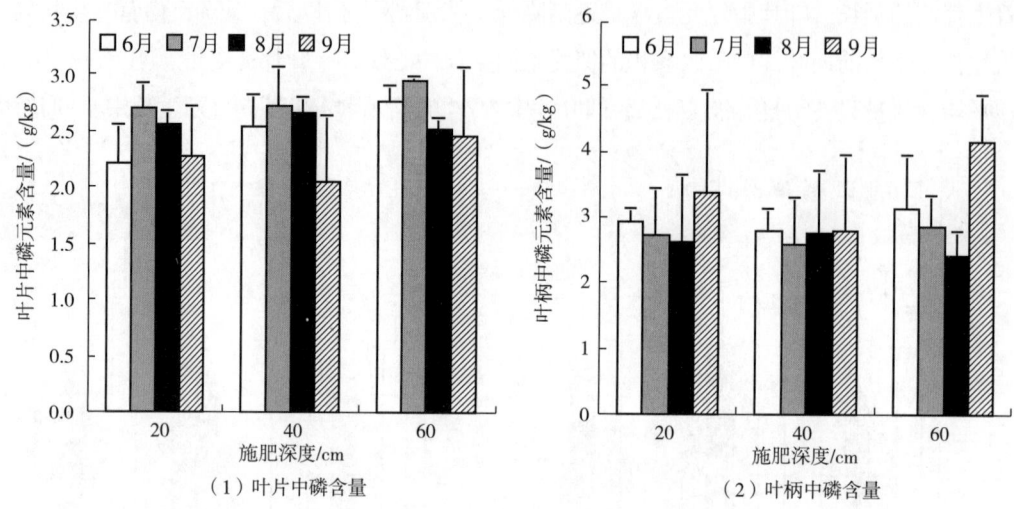

图12-20　不同施肥深度对生长季节内酿酒葡萄叶部磷元素含量的影响

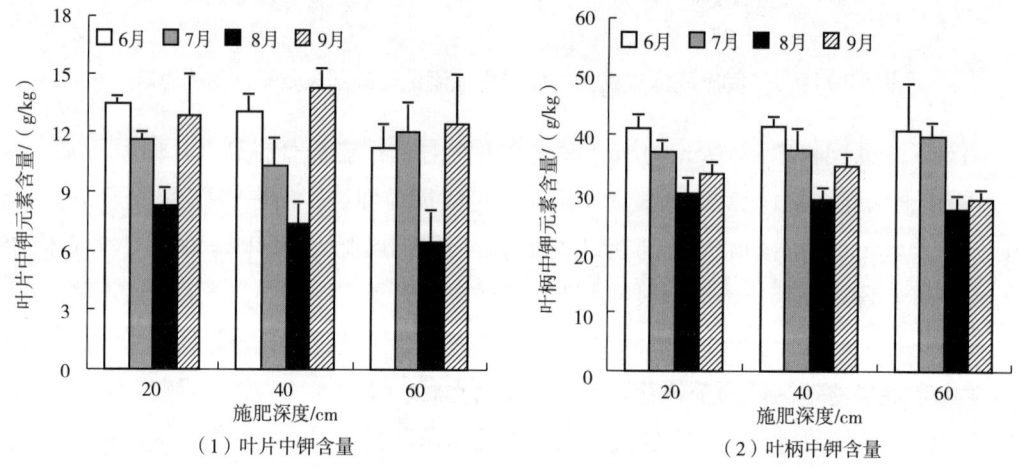

图12-21　不同施肥深度对生长季节内酿酒葡萄叶部钾元素含量的影响

### （二）不同施肥深度对酿酒葡萄果实品质的影响

图12-19~图12-21共同反映出适度深施肥能够显著促进葡萄对氮元素和磷元素的吸收，增加葡萄的叶面积，促进叶片叶绿素的形成，提高叶片$CO_2$的同化，从而促进酿酒葡萄的生长发育，为产量的增加和品质的改善提供基础。特别是磷元素的增加能增强葡萄蛋白质、淀粉、糖类、脂肪、生物碱等物质的积累，从而改善葡萄品质。糖类含量是酿酒葡萄最主要的加工品质，适度深施肥的品质效应见表12-12。

无论哪种施肥深度，氮、磷、钾配合施用都使当年酿酒葡萄的糖酸比超过优质水平（约20%）。尽管差异不显著，化肥适度深施40cm有改善酿酒葡萄糖分积累的趋势，糖酸比增大。但由于酿酒葡萄根系分布浅，深施60cm碳水化合物的累积量显著降低，反而不利于高产，且糖酸比显著减小。而40cm施肥深度，糖分含量与可滴定酸含量都适当，使其糖酸比较高。20cm施肥深度的糖酸比也比40cm低，所以对于贺兰山东麓葡萄园，应以40cm施肥深度较好。

表12-12 不同施肥深度酿酒葡萄果实品质的影响

| 施肥深度/cm | 糖分含量（以可溶性固形物含量表示）/% | 可滴定酸/% | 糖酸比 |
| --- | --- | --- | --- |
| 20 | 21.92±0.70$^a$ | 0.73±0.10$^a$ | 30.54±3.95$^{ab}$ |
| 40 | 22.25±0.63$^a$ | 0.68±0.08$^a$ | 33.02±2.86$^a$ |
| 60 | 20.78±0.28$^b$ | 0.93±0.15$^a$ | 22.68±3.85$^b$ |

注：本研究使用平均数±标准偏差（$n=20$），LSD法多重比较；相同字母表示差异不显著，不同字母表示差异显著（$p<0.05$）。

### （三）不同施肥深度对酿酒葡萄产量的影响

贺兰山东麓葡萄园土质类型以淡灰钙土和风沙土为主，土壤中各种有效养分含量低，采用N、P、K元素配方施肥后，改善了土壤养分状况，促进树体的健壮成长，从而使叶片厚大、枝蔓粗壮、果穗较重。同时，不同深度施肥对产量产生显著的影响（图12-22）。

显然，施肥深度达到40cm时葡萄的产量最高，但未达到显著差异水平。尽管如此，图12-22仍然能说明，施肥40cm有助于根系向土壤深层扩展，从而增强了根系对各种营养元素的吸收，最终表现出增产。相反，60cm的施肥深度与20cm深度施肥相比，产量显著下降了。说明试验区葡萄根系普遍分布浅，且施肥太深反而使土壤上层大量发生的吸收根不能充分利用深层的养分，肥料利用率降低。方差分析结果表明（表12-13），不同施肥深度对产量结果产生显著影响。

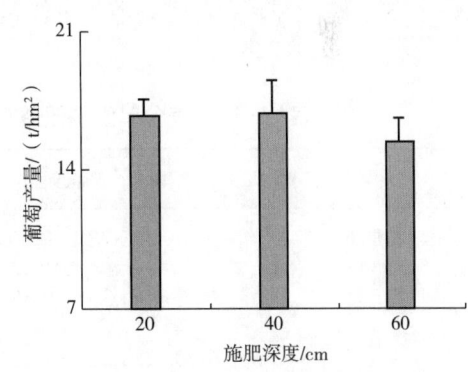

图12-22 施肥深度对葡萄产量的影响

表12-13 不同施肥深度酿酒葡萄产量方差分析

| 变异来源 | 平方和 | 自由度 | 均方 | $F$值 | 显著水平 |
| --- | --- | --- | --- | --- | --- |
| 区组间 | 9.195 | 2 | 4.597 | 25.4 | 0.0053 |
| 处理间 | 3.708 | 2 | 1.854 | 10.24 | 0.0267 |
| 误差 | 0.724 | 4 | 0.181 | | |
| 总变异 | 13.627 | 8 | | | |

### 五、酿酒葡萄的合理施肥量

四因素五水平回归旋转组合设计的回归方程模型如式（12-1）所示。

$$\hat{Y}=b_0+b_1X_1+b_2X_2+b_3X_3+b_4X_4+b_5X_1X_2+b_6X_1X_3+b_7X_1X_4+b_8X_2X_3+$$
$$b_9X_2X_4+b_{10}X_3X_4+b_{11}X_{12}+b_{12}X_{22}+b_{13}X_{32}+B_{14}X_{42} \tag{12-1}$$

将田间试验结果整理计算，得到贺兰山东麓酿酒葡萄栽培区有机肥（$X_O$）、氮（$X_N$）、磷（$X_P$）、钾（$X_K$）的回归方程见式（12-2）。

$$\hat{Y}=20.67+0.73X_O+1.35X_N+1.05X_P+1.44X_K+0.41X_OX_N-4.26X_OX_P+0.32X_OX_K+5.84X_NX_P-$$
$$0.02X_NX_K+0.43X_PX_K-0.09X_O^2-0.53X_N^2-0.58X_P^2-0.72X_K^2 \tag{12-2}$$

#### （一）单因子效应分析

采用变异系数法分析氮、磷、钾对于酿酒葡萄产量等因子影响的变异程度，可以较为准确地说明氮、磷、钾的影响程度。首先，降维法在模型中分别将两个变量固定在零水平，得单因子效益方程，然后将各施肥量代入方程中求得各因子的"变异系数"，由方程所得到的变异系数可以看出（表12-14）：在氮、磷、钾主效应中，磷元素的作用最大，其次为氮元素，施用氮、磷、钾的增产顺序为P＞N＞K；交互效应的趋势为NP＞PK＞NK；氮、磷、钾平方项的系数为负值，说明为递减效应。

表12-14　养分单因子效益方程一次项系数、平方项系数变异系数表

| 因素 | 单因子效益方程 | 一次项系数 | 平方项系数 |
| --- | --- | --- | --- |
| 有机质 | $Y=20.67+0.73X_O-0.09X_O^2$ | 0.73 | 0.09 |
| 氮元素 | $Y=20.67+1.35X_N-0.53X_N^2$ | 1.35 | -0.53 |
| 磷元素 | $Y=20.67+1.05X_P-0.58X_P^2$ | 1.05 | -0.58 |
| 钾元素 | $Y=20.67+1.44X_K-0.72X_K^2$ | 1.44 | -0.72 |

#### （二）二因素交互效应分析

在回归方程中，将一个因素固定在零水平，分析另两个因素的"交互效应"。

**1. 氮肥和磷肥的交互效应分析**

令$X_O=0$，$X_K=0$，可得氮磷肥交互效应方程，见式（12-3）。

$$\hat{Y}=20.67+1.35X_N+1.05X_P+5.84X_NX_P-0.53X_N^2-0.58X_P^2 \tag{12-3}$$

求导可得氮肥效应方程［式（12-4）］和磷肥效应方程［式（12-5）］，如下所示。

氮肥效应方程：　　　　　　　$\delta Y/\delta N=1.35+5.84X_P-1.06X_N$ 　　　　　　　（12-4）

磷肥效应方程：　　　　　　　$\delta Y/\delta P=1.05+5.84X_N-1.16X_P$ 　　　　　　　（12-5）

令氮肥效应方程等于磷肥效应方程，则得氮磷增产等效点方程式（12-6）。

$$X_N=1.01X_P-0.04 \tag{12-6}$$

当$X_N>1.01X_P-0.04$时，磷肥增产效应＞氮肥增产效应；当$X_N<1.01X_P-0.04$时，磷肥增产效应＜氮肥增产效应；当$X_N=1.01X_P-0.04$时，磷肥肥效等于氮肥肥效。在试验处理中心点上，$X_N=X_P=0$时，即$δY/δN=1.35$，$δY/δP=1.05$，氮肥和磷肥单位用量的产量互补效应为0.03。在磷肥用量为零时，$X_N=-0.04$，则氮肥和磷肥的增产效应转化阈值为-0.04，即当氮肥施用量大于295.76kg/hm$^2$时，磷肥肥效＞氮肥肥效；当氮肥施用量小于295.76kg/hm$^2$时，磷肥肥效＜氮肥肥效。

**2. 氮肥和钾肥交互效应分析**

令$X_O=0$，$X_P=0$，可得氮肥和钾肥效应方程，见（12-7）。

$$\hat{Y}=20.67+1.35X_N+1.44X_K-0.02X_NX_K-0.53X_N^2-0.72X_K^2 \tag{12-7}$$

求导得氮肥效应方程式（12-8）和钾肥效应方程，见（12-9）。

$$δY/δN=1.35-0.02X_K-1.06X_N \tag{12-8}$$

$$δY/δK=1.44-0.02X_N-1.44X_K \tag{12-9}$$

令式（12-8）等于式（12-9），则得氮钾增产等效点方程，见（12-10）。

$$X_N=1.37X_K-0.09 \tag{12-10}$$

当$X_N>1.37X_K-0.09$时，钾肥增产效应＞氮肥增产效应；当$X_N<1.37X_K-0.09$时，钾肥增产效应＜氮肥增产效应；当$X_N=1.37X_K-0.09$时，钾肥肥效等于氮肥肥效，在试验处理中心点上，$X_N=X_K=0$时，即$δY/δN=1.35$，$δY/δK=1.44$，氮肥和钾肥单位用量的产量互补效应为0.09，在钾肥用量为零时，$X_N=-0.09$，氮肥和钾肥的增产效应转化阈值为-0.09，即当氮肥施用量大于290.45kg/hm$^2$时，钾肥肥效＞氮肥肥效；当氮肥施用量小于290.45kg/hm$^2$时，钾肥肥效＜氮肥肥效。

**3. 磷肥和钾肥交互效应分析**

令$X_O=0$，$X_N=0$，得磷、钾肥交互效应方程，见式（12-11）。

$$\hat{Y}=20.67+1.05X_P+1.44X_K+0.43X_PX_K-0.58X_P^2-0.72X_K^2 \tag{12-11}$$

求导得磷肥产量效应方程，见式（12-12），及钾肥产量效应方程，见式（12-13）。

$$δY/δP=1.05+0.43X_K-1.16X_P \tag{12-12}$$

$$δY/δK=1.44+0.43X_P-1.44X_K \tag{12-13}$$

令式（12-12）等于式（12-13），则得磷钾增产等效点方程，见（12-14）。

$$X_P=1.18X_K-0.25 \tag{12-14}$$

当$X_P>1.18X_K-0.25$时，钾肥增产效应＞磷肥增产效应；当$X_P<1.18X_K-0.25$时，钾肥

增产效应<磷肥增产效应；当$X_P=1.18X_K-0.25$时，磷肥肥效等于钾肥肥效，在试验处理中心点上，$X_K=X_P=0$时，即$\delta Y/\delta K=1.44$，$\delta Y/\delta P=1.05$，钾肥和磷肥单位用量的产量互补效应为0.39。钾肥用量为零时，$X_P=-0.25$，钾肥和磷肥的增产效应转化阈值为-0.25，即当钾肥施用量大于273.48kg/hm$^2$时，钾肥肥效>磷肥肥效；当钾肥施用量小于273.48kg/hm$^2$时，钾肥肥效<磷肥肥效。

**4. 酿酒葡萄有机肥，氮、磷、钾肥合理施用量分析**

（1）当导数分别等于零时，求解得到最高产量施肥量，如下所示。

有机肥最大施肥量系数为4.06，根据$Z\gamma=(1500+r\times 1060.8)\times 15$计算有机肥最大施肥量为871t/hm$^2$。

氮肥最大施肥量系数为1.27，根据$Z\gamma=(20+r\times 7.072)\times 15$计算氮肥最大施肥量为434.72kg/hm$^2$。

磷肥最大施肥量系数为0.86，根据$Z\gamma=(20+r\times 7.072)\times 15$计算磷肥最大施肥量为391.23kg/hm$^2$。

钾肥最大施肥量系数为1，根据$Z\gamma=(15+r\times 10.608)\times 15$计算钾肥最大施肥量为384.12kg/hm$^2$。

（2）当导数等于肥料价格与产品价格之比时，求解得到最佳经济产量施肥量（其中，有机肥0.14元/kg，尿素4.00元/kg，五氧化二磷2.8元/kg，氧化钾4.00元/kg，葡萄2.5元/kg），如下所示。

有机肥最佳施肥系数为0.27，根据$Z\gamma=(1500+r\times 1060.8)\times 15$计算有机肥最佳施肥量为26.8t/hm$^2$。

氮肥最佳施肥系数为-0.24，根据$Z\gamma=(20+r\times 7.072)\times 15$计算氮肥最佳施肥量为274.54kg/hm$^2$。

磷肥最佳施肥系数为-0.06，根据$Z\gamma=(20+r\times 7.072)\times 15$计算磷肥最佳施肥量为293.64kg/hm$^2$。

钾肥最佳施肥系数为-0.14，根据$Z\gamma=(15+r\times 10.608)\times 15$计算钾肥最佳施肥量为202.72kg/hm$^2$。

## 第三节　讨论

宁夏贺兰山东麓酿酒葡萄最适栽培区普遍因土壤肥力水平低，导致产量低且不稳定，从而成为限制酿酒葡萄面积种植扩大和经济效益的主要因素。作物生长发育所需的营养元素主要由土壤供给。因此，对瘠薄地合理施肥是获取产量和经济效益的重要手段，而合理施肥的理论基础是土壤供肥水平和作物对营养元素的吸收转化利用规律。

## 一、土壤养分供应水平

贺兰山东麓自然土壤为干旱环境洪积母质上、荒漠草原植被下发育形成的土壤,由于荒漠草原植被下土壤有机质的剖面分布具有表聚性,表土以下自然土壤的有机质含量水平就更低。土壤有机质含量的高低取决于土壤有机质输入与输出的平衡,即土壤有机质的转化实际由矿化和腐殖质化两个过程共同决定,这两个过程的相互作用决定土壤有机质的积累水平。而植被、气候、地理因素和土壤本身的理化性状主要通过影响这些动力学过程来影响土壤有机质含量。

宁夏贺兰山东麓钙积正常干旱土有机质含量低的首要原因是有机质输入的数量少。宁夏中北部的大面积钙积正常干旱土区以荒漠草原为主,天然草原植被覆盖度小于30%,有机物质的来源非常匮乏。其次,进入土壤中的有机物性质也是影响有机物周转的主要因素。植物残余体和根系分泌物中的木质素、纤维素、氨基酸以及简单糖类化合物等是土壤有机物输入的主体,它们被统称为新鲜土壤有机物质。荒漠草原区,根系残茬及其分泌物是当地土壤有机物输入的主要途径,但频繁而强烈的灾害性气候特征和人为破坏,植被已从草本更替为丛生状的半灌木,植物残体以纤维素为主,量少质次、难以分解、有机物来源贫乏、含量低。

在土壤-植物营养三要素中,氮元素是植物需要最多而土壤供给较少的元素,土壤供氮量与作物需氮量之间存在尖锐的矛盾。与植物的需要相比,全世界大部分土壤缺氮。因此,氮元素的不足成为限制植物生长的主要因素。土壤氮元素的形态包括有机氮和无机氮两部分,有机氮是土壤氮元素的主要存在形式,占全氮含量的70%以上,其分布和含量与有机物有密切关系。由于试验研究区土壤有机物缺乏,氮元素供应随之低下。图12-4反映出贺兰山东麓葡萄园土壤有机物含量($x$)与全氮含量($y$)为极显著相关,其关系可表达为:$y=0.0516x+0.0622$,$R=0.9540$($n=15$,$r0.01=0.641$)。鉴于全氮的测定比有机物测定要难,建议在今后同类型土壤上只测定有机物含量来计算全氮供给水平,以此来评价土壤供氮能力。

土壤全氮中占绝大多数的有机氮只有通过矿化作用才能转变为植物能够吸收利用的有效形态。土壤中潜在的可矿化氮量是表征土壤氮元素肥力状况的重要指标,应用培养法测定土壤中可矿化氮与化学方法测定有效氮相比,应用培养法更能反映土壤的实际供氮容量和强度。试验区土壤全氮45d淹水累积氮元素矿化量($y$)与全氮含量($x$)呈极显著相关,二者的关系可表达为:$y=0.0436x+29.824$,$R=0.7581$($n=15$,$r0.01=0.641$),应用该公式可以根据全氮量很好地预测土壤实际有效氮供应能力。

不同土层的矿化氮量与全氮、有机物,特别是与底层的全氮和有机物密切相关,但矿化量与有机氮之比却相差甚大,供试土样45d累积矿化氮平均为51.45mg/kg,相当于纯氮11.6mg/kg，平均占全氮的3.1%，这表明可矿化氮数量主要受有机氮的组成而非其数量所制约。因此，对葡萄园施用碳氮比小的有机肥，如家畜粪肥或新鲜的植物体，才能从根本上保证矿化作用释放足够的有效氮，满足葡萄生长的需要。

磷是作物生长发育必需的大量营养元素之一，是作物体内许多重要有机化合物的组成成分，磷通过促进作物体内碳氮代谢，增强作物的抗逆性，并促进作物的生长发育和实现作物的早熟、高产、优质。但试验区土壤磷储量不高，特别是有效磷的含量较低，成为限制葡萄生长和产量的主要因素，因此施肥的结果表明磷的增产效应较高。

钾是植物必需的大量营养元素之一，在植物生长和代谢中具有重要作用。土壤中的钾是植物所需钾的主要来源。土壤中的钾有多种形态，传统分类把土壤钾元素按其对植物的有效性分为速效钾、缓效钾和矿物钾。土壤缺钾已成为农业持续发展的限制因素。试验区土壤缓效钾含量较高，且速效钾含量也达到四级水平，供钾相对丰富，但钾对酿酒葡萄产量和含糖量提高起主要作用。因此，贺兰山东麓栽培酿酒葡萄时，尤其进入生殖生长过程后，必需适量补充钾肥。

宁夏贺兰山东麓土壤微量元素的全量水平总体不高，和土壤形成因素有关。土壤母质类型和微量元素丰度是影响其上发育的土壤中微量元素含量的决定性因素，不同的母岩母质所储存的矿物种类及含量也不同，必然影响到由母岩母质发育而成的土壤中微量元素的含量。根据地球化学资料，Fe、Mn、Zn、Cu等元素大多存在于橄榄石、辉石、角闪石、黑云母等铁镁硅酸盐矿物中。在沉积岩中，上述元素在页岩中含量较高，在砂岩和石灰岩中含量就较低，Mn在石灰岩中最丰富。宁夏贺兰山东麓灰钙土的成土母质主要是石灰岩和砂岩风化后的洪积物，从而，由该类母质形成的灰钙土，其全量微量元素水平总体较低。

另外，土壤质地和有机物含量也显著影响微量元素的含量和分布。母质中风化出的微量元素，有一些以同晶代换的方式成为黏粒矿物晶格中的组成成分，另一部分则以交换性离子或与有机化合物络合的形式吸附在土壤颗粒的表面。由于灰钙土质地偏砂，土壤颗粒对营养元素的吸持作用一般较小，微量元素容易流失而缺乏。而荒漠草原下土壤有机物含量低，表层土壤中微量元素也较贫乏。

土壤微量元素的全量只是土壤微量元素储量水平，而有效态微量元素含量则在一定条件下说明微量养分供应水平，因而土壤中的微量元素有效含量能否满足作物的需求，是我们最关心的问题，宁夏贺兰山东麓土壤全量金属微量元素处于低水平状态。对植物生长产生直接影响的有效态金属除微量元素铜外，都处于缺乏状态。宁夏贺兰山东麓土壤中出现微量元素的供给不足，其原因主要有二：一是土壤中微量元素含量本来就很低，这与干旱区荒漠草原植被下形成的灰钙土类型及洪积成土母质有关；二是在一定的全量微量元素含量下，不良的土壤条件使微量元素处于不能被植物吸收利用的状态。

土壤有效态微量元素含量高低主要受土壤类型和成土母质、土壤pH、有机物含量及土壤质地等多种因素的影响。土壤微量元素的可给性受限于一定的pH范围，土壤大部分微量元素在碱性条件下有效性降低。供试土壤pH高达8.7，碳酸钙含量更高达61.9g/kg。碳酸钙直接或间接影响土壤中锌、硼、锰、铁的有效性，它们的有效性与碳酸钙含量呈负相关关系。另外，因土壤pH高，$CO_2$分压增高，土壤介质中钙与水形成重碳酸盐，增加了磷酸钙盐或碳酸钙盐的可溶性，降低了铁的可供给性，诱导植物缺铁的发生，这是宁夏贺兰山东麓酿酒葡萄嫁接苗成片呈现黄化叶片的主要原因。尽管实生苗叶片不易出现缺铁黄化，但由于只有采用强耐寒的砧木嫁接才能有效解决漫长冬季酿酒葡萄安全越冬的栽培难题，通过调节土壤酸碱性，解决石灰诱导产生的酿酒葡萄黄化缺铁现象也必然成为促进宁夏贺兰山东麓地区大面积发展酿酒葡萄的技术关键之一。

当pH＞6.0时，锌的有效性随pH升高而降低，因为高pH下锌的扩散系数大大降低，而固定率大大增加。试验表明，土壤中Zn的形态分布随pH的降低，有机态、交换态、碳酸盐结合态、氧化锰结合态的比例增加，而氧化铁结合态和硅铝酸盐矿物态的比例则下降。pH一方面影响土壤硅铝酸盐矿物的风化强度而影响锌的分布；另一方面，土壤pH可通过影响固相对锌的吸附而影响锌的形态分布。黏土矿物，氧化铁、铝对锌的吸附作用随pH的升高而增强。中性和石灰性土壤中三价和四价锰为多，使锰的有效性降低，从而导致土壤有效锰缺乏。在酸性土壤pH由4.6上升到6.5时，代换态Mn减少95%~98%。土壤中可溶态铁与锰相似，随pH升高，土壤溶液中铁含量急剧下降。

土壤有机物与土壤有效态微量元素呈正相关关系，有机物含量高的土壤，锌、铜、锰、钼的含量也较高。以微量元素锌为例，土壤有机物分解过程中不仅可产生酸性物质降低土壤pH，而且产生的小分子物质可与锌形成溶解度大的络合物，从而增加锌的有效性。另一方面，结构复杂的有机物可与锌形成沉淀而产生固定作用，使有机物中含有较多的锌。多数有效态的微量元素，在一定范围内随土壤有机物含量的提高而具有增加的趋势，因此，大量施用有机物和厩肥可有效地校正微量元素缺乏症状。

作为分解活化有机物的主要源泉，土壤酶近年来常被进一步用于表征土壤供肥力的主要指标。由于土壤酶活性与土壤中生物、土壤理化性质和环境条件密切相关，因而土壤酶活性对环境扰动和人类生产活动的响应、土壤酶活性作为土壤肥力质量的生物活性指标的研究等成为当前世界范围内土壤学研究的热点之一。20世纪50年代以来，随着土壤酶测试方法的不断涌现，欧洲国家在筛选土壤酶作为土壤肥力指标方面已经付出了很大努力，其目标是为农业生产提供一个切实可行且能与土壤化学分析互补的方法，以利于评价土壤养分水平，并能与农作物产量相关。早期的研究表明，磷酸酶、蔗糖酶、脲酶与土壤肥力或者作物产量之间有一定的相关关系。

宁夏贺兰山东麓广阔的淡灰钙土区域在土壤养分转化与循环方面有其独特的方式，由于降水有限，C、N、P等营养元素的循环受到水分条件的严重制约，而土壤中微生物对养分的转化与保持起重要作用。本研究的结果揭示了土壤脲酶、磷酸酶和蔗糖酶活性与土壤各理化因子之间多数达到极显著相关，这些酶为保证酿酒葡萄在瘠薄土壤上的生长提供了物质基础。在宁夏贺兰山东麓淡灰钙土上或风沙土上栽培酿酒葡萄，当葡萄生长处于旺季时，由于土壤中绝大部分养分匮乏，限制其正常生长，土壤脲酶、蔗糖酶和磷酸酶通过分解凋落物来满足葡萄生长所需的大量碳、氮、磷等营养元素，对促进肥力的形成和释放起关键作用。不过，葡萄园地土壤中腐殖质主要积累在表层，脲酶和蔗糖酶的活性也主要以表层为高，酶分解释放的营养元素对从本质上改善深根系的葡萄的营养状况所起的作用受到限制。显然，凋落物的积累或有机肥的施用为土壤酶提供了源源不断的底物，有效地归还了植物生长所必需的养分。所以，在宁夏贺兰山东麓淡灰钙土区土壤较贫瘠的地段，应该保护好凋落物，并增施有机肥，其是增加土壤有机物，增强土壤脲酶活性，促进土壤中营养物质的循环、代谢和提高土壤中速效养分的一个重要策略。

土壤有机物是一项重要的土壤肥力指标。脲酶、磷酸酶和蔗糖酶都与有机物含量水平有极显著的相关性。全氮含量也是一项重要的土壤肥力指标，土壤全氮含量主要取决于土壤有机物含量。随着土壤剖面深度的增加，土壤有机物和全氮含量降低，土壤中脲酶和蔗糖酶活性也随之降低，磷酸酶活性也表现出同样的趋势。土壤中脲酶、磷酸酶和蔗糖酶的活性与土壤全氮的相关系数均达到极显著相关，说明淡灰钙土的三种酶活性主要取决于土壤有机质及全氮含量。脲酶、磷酸酶、蔗糖酶活性与土壤有机质、全氮含量之间为明显的正相关关系，表明用土壤脲酶、蔗糖酶和磷酸酶活性都可以表示石灰性瘠薄土壤的肥力水平。

## 二、酿酒葡萄营养规律

土壤是树木栽培和生长的基础，土壤营养供应的变化，使叶中的营养组分也有一定规律。近年来的研究证明树体营养对酿酒葡萄的营养生长和生殖生长有着十分密切的相关关系，养分失调是导致葡萄低产的重要因素之一。由于叶片是植物光合作用的主要器官，植物营养水平的高低能够清晰地在叶片养分含量上表现出来。因而，叶片常作为果树营养诊断的重要形态部位。

酿酒葡萄不同月份叶片氮元素含量差异不显著，说明土壤供氮能力较好。叶柄中氮元素含量随生育期延长而增加的现象则清晰地表明当前宁夏贺兰山东麓酿酒葡萄生产实践中重施氮肥的现实，这将导致不良的后果。众所周知，葡萄生长转入生殖生长后不需要大量的氮元素。氮元素投入量过大，葡萄园土壤里的氮元素含量高，供氮能力强，叶片吸收大量的氮元素造成徒长，增强了营养生长，而削弱了生殖生长，减少了果实中养分的输入量，造成葡萄品质的下降。此外，氮肥施用量过多，其他各种矿物质元素不能按比例增加时，养分供应不协调，枝叶徒长消耗大量的碳水化合物，反过来影响根系生长，导致花芽分化受阻、落花落果严重、产量低、品质差，植株的抗逆性降低。因此，只有适时、适量供应氮肥才能保证葡萄植株生命活动的正常进行。

从6月到8月，酿酒葡萄叶片的磷含量随生育期延长而增加，钾含量随生育期延长变化不明显，但在葡萄产量和品质形成关键期的9月份，叶片磷、钾含量均显著下降，表明此时期土壤供应磷、钾的能力都不足，磷、钾主要满足葡萄果实生长的需要。葡萄叶片的鲜重以6月为最高，叶片的鲜重随生育期的延长而显著下降。由于酿酒葡萄全生育期氮元素并不缺乏，因此，葡萄叶片生长量的下降显然是磷、钾不足造成。因此，8月份应该对宁夏贺兰山东麓酿酒葡萄栽植区增施磷、钾肥，改变以往重施氮肥，轻视磷钾肥的施肥习惯，促进果实肥大和成熟，促进芳香物质和色素的形成，提高果实含糖量，对最终提高葡萄的产量以及葡萄酒的质量都将起到积极的作用。此外，在葡萄生育后期增施磷、钾肥，能促进枝条加粗生长和成熟以及生育后期光合产物向枝条和根系的回送，对提高酿酒葡萄抗旱、抗寒能力也将发挥有力的促进作用。

植株体内氮、磷、钾的动态变化也表明其营养需求规律。酿酒葡萄各月对氮元素的需求一致，不受生育期变化的影响，而赤霞株为晚熟品种，后期施氮肥也很重要，尤其是8月份以后少量施氮肥既可克服结果后树体养分亏缺与花芽分化的矛盾，又可以提高葡萄品质。7月份不论叶片还是叶柄的磷含量都较高，说明此时是重要的需磷期，同时磷也是重要的品质元素，所以八月末是磷肥的又一个重要需肥期。叶柄中钾元素含量变化趋势表明酿酒葡萄8月需钾最多，6月需钾最少，说明8月末是重要的需钾期。

酿酒葡萄在不同生育期对营养元素的需求有较大差别，从生长发育与营养元素的关系分析来看，6月份$N_1P_3K_2$的组合为最佳组合，葡萄应适当施用钾肥，多施磷肥；7月份$N_1P_2K_3$的组合为最佳组合，应适量补充磷肥，重点补充钾肥；8月份夏梢修剪后，秋梢迅速生长，需氮量增多，同时，果实生长发育对磷、钾肥也保持较高的需要，$N_3P_2K_3$的组合为最佳施肥组合。因此，在贺兰山东麓瘠薄地种植酿酒葡萄，应根据葡萄生长季节变化对营养元素需求的差异，均衡供给氮、磷、钾肥，以保证葡萄植株的健壮生长。

其次，不同的施肥配比对果实产量、糖分累积有着不同的影响。$N_2P_3K_1$配比为高产施肥组合，即施氮0.2kg/株，$P_2O_5$ 0.3kg/株，$K_2O$ 0.1kg/株。而$N_3P_3K_1$的肥料配比则是获取高糖含量的最佳组合。

此外，氮、磷、钾三要素中，钾对产量与品质的影响一致，即钾元素的产量和品质效应都最高；氮元素的产量效应高于磷，而氮元素的品质效应最低。可见，获取较高的产量和较好的品质存在矛盾。增施氮肥是获得高产的基础，特别是秋梢生长需要高氮肥投入，而增施磷、钾肥是获取酿酒葡萄高产、高品质的基本技术手段。

综合以上，应改变目前生产中重氮肥，轻视磷、钾肥的施肥习惯，氮、磷、钾总投入量应达到氮0.3kg/株，$P_2O_5$ 0.3kg/株，$K_2O$ 0.3kg/株；同时，也要改变葡萄生育前期重施氮肥而后期不施氮肥的习惯，应根据酿酒葡萄生长发育的规律和对营养元素的需求合理施用氮、磷、钾肥,尤其是钾肥是宁夏贺兰山东麓酿酒葡萄高产、高品质的重要保证。

## 三、酿酒葡萄合理施肥

### (一)施肥方式

葡萄对养分的需求与其他果树相比既有相同之处,如都需要氮、磷、钾、钙、镁、硼等各种营养元素,但也有其自身的特点。研究表明,每生产100kg葡萄果实,葡萄树体需要从土壤中吸收0.3~0.6kg的氮、0.1~0.3kg的五氧化二磷、0.3~0.65kg的钾。因此,土肥管理是葡萄栽培中的重要环节,合理的土壤管理能提高土壤中各种养分的利用率,葡萄的产量及品质,以及树体的抗寒、抗病能力。但贺兰山东麓土壤瘠薄,肥力水平低,传统的施肥方式是将各种肥料主要施于表土层15~20cm深度,降低了肥料的利用率,且容易诱导葡萄根系向地表伸展,不利于根系的安全越冬,也影响葡萄的产量和品质。

宁夏贺兰山东麓酿酒葡萄采用不同的施肥深度,其叶片氮元素含量差异不显著,主要原因是由于氮的移动性很强,从而在剖面各层中的分布差异小;而叶片及叶柄中氮元素水平却随生育期的延长而显著下降,说明土壤供氮能力较差,生育后期随生长中心的转移,氮元素向果实中累积,叶片则缺氮。造成这一结果的原因有两方面:一是由于土壤本身肥力不足,特别是通过矿化持续提供有效养分的能力很差;二是干旱区葡萄园蒸发强烈,土壤灌溉频繁,全生育期灌水量高达30000$m^3/hm^2$左右,对于砂性的瘠薄地而言,易溶于水的有效氮也大量随灌溉水的下渗而损失。早期氮元素含量高能促进果实发育和枝条协调生长,增强了树体糖分积累,使植株茎秆中机械组织发达,从而为酿酒葡萄产量与品质的提高打下坚实的基础。酿酒葡萄生育后期已表现出脱氮现象,生产中表现为落叶增多。因此,应改变传统施肥习惯,在酿酒葡萄由营养生长转入生殖生长后,仍然施用少量氮肥,以保证叶部正常的氮元素营养水平,以便在葡萄果实采收后,更多的光合产物向根部输送,促使根系安全越冬。因此,只有适时、适量供应氮肥才能保证葡萄植株生命活动的正常进行。

从6月到9月(每年,余同),酿酒葡萄叶片的磷含量随生育期延长先增加而后又降低,尽管未达到显著差异水平,叶片磷含量有随施肥深度的增加而增加的趋势,也表明酿酒葡萄需磷量较小。由于磷元素的移动性较差,因此,增加磷肥施用深度能有效促进根系的扩展和葡萄磷元素营养水平。

酿酒葡萄叶片钾含量基本不受施肥深度的影响,与钾在土壤中容易移动有关。6月到8月叶片钾含量总体降低,但在葡萄产量和品质形成关键期的8月份,第三次追施磷钾肥后,叶片钾含量显著恢复,从而能满足葡萄果实生长发育的需要。

因此,8月份应该对宁夏贺兰山东麓酿酒葡萄栽植区增施磷、钾肥,并补施少量氮肥,对维持树体健壮，促进果实肥大和成熟，促进芳香物质和色素的形成，提高含糖量，最终提高葡萄的产量以及葡萄酒的质量都将起到积极的作用。此外，在葡萄生育后期增施磷、钾肥，能促进枝条加粗生长和成熟及生育后期光合产物向枝条和根系的回送，对提高酿酒葡萄抗旱、抗寒能力也将发挥有力的促进作用。

### （二）肥料配比

酿酒葡萄在不同生育期对营养元素的需求有较大差别。从生长发育与营养元素的关系分析来看，6月份$N_1P_3K_2$的组合为最佳组合，葡萄应适当施用钾肥，多施磷肥；7月份$N_1P_2K_3$的组合为最佳组合，应适量补充磷肥，重点补充钾肥；8月份夏梢修剪后，秋梢迅速生长，需氮量增多，同时，果实生长发育对磷、钾肥也保持较高的需要，$N_3P_2K_3$的组合为最佳施肥组合。因此，应根据葡萄生长季节变化对营养元素需求的差异，均衡供给氮、磷、钾肥，以保证葡萄植株的健壮生长。不同的施肥配比对葡萄产量、糖分累积有着不同的影响。$N_2P_3K_1$配比为高产施肥组合即施氮0.2kg/株，$P_2O_5$ 0.3kg/株，$K_2O$ 0.1kg/株，而$N_3P_3K_3$的肥料配比则是获取高糖含量的最佳组合。此外，氮、磷、钾三要素中，钾对产量与品质的影响一致，即钾的产量和品质效应都最高；氮的产量效应高于磷，而氮的品质效应最低，可见，获取较高的产量和较好的品质存在矛盾。增施氮肥是获得高产的基础，特别是秋梢生长需要高氮肥投入，而增施磷、钾肥是获取酿酒葡萄高产、高品质的基本技术手段。

综上所述，应改变目前生产中重氮肥，轻视磷、钾肥的施肥习惯；同时，也要改变葡萄生育前期重施氮肥而后期不施氮肥的习惯，根据酿酒葡萄生长发育规律对营养元素的需求合理施用氮、磷、钾肥，尤其是钾肥是宁夏贺兰山东麓酿酒葡萄高产、高品质的重要保证。

### （三）施肥量

作物施肥指标体系的核心是根据土壤供肥水平、作物需肥规律和肥料利用率，确定适宜的施肥量、施肥时期和施肥方法。由于肥料的成本约占酿酒葡萄当季投资成本的50%，因此，确定适宜的施肥数量对实现酿酒葡萄高产、优质及高效至关重要。

肥效函数法是最常用的确定施肥量的田间试验方法。根据田间试验计算得到的贺兰山东麓酿酒葡萄最高产量施肥量为：有机肥871t/hm², N 434.72kg/hm², $P_2O_5$ 391.23kg/hm², $K_2O$ 384.12kg/hm²。最佳经济效益施肥量为：有机肥267t/hm², N 274.54kg/hm², $P_2O_5$ 293.64kg/hm², $K_2O$ 202.72kg/hm²。

由于贺兰山东麓洪积母质分布局部变异大，土壤理化性质随之变化，尤其在土层厚度、质地、结构等方面表现明显。加之宁夏贺兰山东麓年际气候条件变化很大，酿酒葡萄的生长发育受多种因素的制约。因此，应该进一步根据贺兰山东麓的气候特征及贫瘠土壤的供肥特点，以提高土壤肥力为基础，改善强碱性沙质养分供应特征、加强科学栽培管理为手段，开展现有酿酒葡萄栽培区土壤营养元素循环转化及活化利用的关键技术研究，将葡萄园土壤养分、树体营养、果实品质状况进行系统关联。根据土壤供肥特性和葡萄生长发育与需肥规律，改良培肥现有葡萄低产园，提高葡萄单产，改善葡萄及葡萄酒的质量。进一步开展酿酒葡萄矿物质营养诊断研究，建立一套适合于宁夏酿酒葡萄的叶分析营养诊断技术，保障贺兰山东麓大面积酿酒葡萄产业的可持续发展。在土壤培肥改良的基础上进行施肥试验，探索其适宜的施肥种类、数量、时期，分析施肥与产量和品质的关系，为科学指导葡萄施肥，确定葡萄专用肥配方提供参考依据，实现葡萄栽培的集约化、标准化、科学化，达到高产、优质、抗冻的目的，进而推动宁夏及同属干旱区的其他地区的优质酿酒葡萄产业、酿酒产业实现质的飞跃。

## 第四节 小结

（1）宁夏贺兰山东麓地带性土壤为沙质洪积母质发育的钙积正常干旱土，富含20%~30%石砾，局部分布风沙土，土壤水、肥、气、热调节能力很差。贺兰山东麓土壤为强碱性，pH平均高达8.67。按中国土壤肥力划分标准，贺兰山东麓土壤的表土有机质及全氮含量处于六级以下水平；氮矿化量平均占全氮的3.1%，矿化供氮能力低；土壤速效磷供应水平较低，但土壤速效钾含量达到二级水平。洪积母质发育的地带性土壤全量微量元素含量比较低，只相当于全国平均水平的1/3~1/2。各土层土壤有效铜含量都在临界值以上；有效铁在剖面中各层含量远低于全国平均值，也低于果树有效铁丰缺的临界值；有效锌在剖面中除表土外，其他层次含量低于临界值；土壤有效锰含量基本在临界值以下。

（2）宁夏贺兰山东麓酿酒葡萄栽培区土壤养分供应与栽培区域、栽培年限有密切的关系。新开发的葡萄庄园，其土壤熟化程度与结构性较差，质地沙性，土壤体积质量（容重）值较大，葡萄生长发育受限制。而在原来农田的基础上栽植葡萄园，其土壤理化性质较好，葡萄生长发育旺盛。新开发的葡萄庄园随葡萄栽培年限的延长，表层和次表层土壤有机质与全氮含量显著增加，各个层次缓效钾的含量都显著增加，土壤供钾能力提高。葡萄栽培管理使土壤全磷的储量显著增加，但土壤全磷和速效磷增加的绝对数量都很小。耕作施肥对土壤pH和全盐含量影响不显著；全氮、全磷、速效磷、速效钾、缓效钾与有机质含量之间都呈极显著相关，提高土壤有机物水平对全面改善葡萄营养水平有直接作用。随栽培年限的延长，表层土壤磷酸酶、蔗糖酶和脲酶活性显著增加；蔗糖酶、脲酶活性随剖面深度的加深而显著减小；表土过氧化氢酶活性随栽培年限的延长而显著下降，但不同土地利用表层以下的各层次土壤的过氧化氢酶活性总体上高于表层，且差异显著。磷酸酶、蔗糖酶和脲酶活性与土壤有机物、全氮、全磷、速效磷、缓效钾、速效钾之间存在着极显著相关关系。这表明，磷酸酶、脲酶、蔗糖酶活性的大小可以表征宁夏贺兰山东麓酿酒葡萄栽培区土壤肥力的高低。

（3）宁夏贺兰山东麓御马酿酒葡萄基地酿酒葡萄全生育期内叶片含氮量变化不显著，生育后期叶片磷、钾含量显著降低，表明全生育期氮肥的投入量充足，生育后期磷、钾供应不足，磷、钾不足是导致宁夏贺兰山东麓御马酿酒葡萄基地酿酒葡萄生育后期叶片生长量显著降低的主要因素之一。8月末是磷、钾重要的施肥时期，而对于栽培的赤霞珠这一晚熟品种，生育后期施氮肥也很重要，尤其是8月份以后少量施氮肥对促进酿酒葡萄产量品质的形成是必要的措施。酿酒葡萄氮、磷、钾的最佳营养诊断时期为8月份。

（4）酿酒葡萄在不同生育期对营养元素的需求有较大差别　从肥料配比的促长效应看，6月份$N_1P_3K_2$为最佳组合，应适当施用钾肥，多施磷肥；7月份$N_1P_2K_3$为最佳组合，应适量补充磷肥，重点补充钾肥；8月份夏梢修剪后，秋梢迅速生长，需氮量增多，同时，果实生长发育对磷、钾肥也保持较高的需求，$N_3P_2K_3$的组合为最佳施肥组合。应根据葡萄生长季节变化对营养元素需求的差异，均衡供给氮、磷、钾肥，以保证葡萄植株的健壮生长，从肥料配比的产量和品质效应看，$N_2P_3K_1$配比为高产施肥组合，即施氮0.2kg/株，$P_2O_5$ 0.3kg/株，$K_2O$ 0.1kg/株；而$N_3P_3K_3$的肥料配比则是获取高糖含量的最佳组合。氮、磷、钾三要素中，钾对产量与品质的影响一致，即钾的产量和品质效应都最高；氮的产量效应高于磷，而氮的品质效应最低，可见，获取较高的产量和较好的品质存在矛盾。增施氮肥是获得高产的基础，特别是秋梢生长需要高氮肥投入，而增施磷、钾肥是获取酿酒葡萄高产、高品质的基本技术手段。

（5）施肥方式对酿酒葡萄产量品质产生影响　宁夏贺兰山东麓葡萄庄园施肥深度达到40cm时酿酒葡萄的产量最高，而60cm的施肥深度产量显著下降。化肥适度深施到40cm可以改善酿酒葡萄糖分的积累且增加糖酸比；而60cm的施肥深度总糖含量和糖酸比显著下降。由此说明，适度深施化肥到40cm左右有利于提高肥料的利用率，从而促进葡萄的营养生长，提高产量且改善品质。

（6）施肥对酿酒葡萄生长发育、产量及浆果品质都有明显的影响　配方施肥促进植株生长，提高产量和总糖含量，增加糖酸比，品质效应高于单元素施肥。由四因素五水平二次回归旋转组合设计得到的肥效公式如下所示。

$$\hat{Y}=20.67+0.73X_1+1.35X_2+1.05X_3+1.44X_4+0.41X_1X_2-4.26X_1X_3+0.32X_1X_4+5.84X_2X_3-0.02X_2X_4+0.43X_3X_4-0.09X_1^2-0.53X_2^2-0.58X_3^2-0.72X_4^2$$

（7）根据肥料效应方程计算的有机肥、氮肥、磷肥、钾肥的最高产量施肥量分别为：871t/hm²、434.72kg/hm²、391.23kg/hm²和384.12kg/hm²；最佳经济效益施肥量分别为：267t/hm²、274.54kg/hm²、293.64kg/hm²、202.72kg/hm²。

第四篇

不同矮化整形方式对蛇龙珠葡萄果实品质形成及其调控机理的研究

# 第十三章　不同矮化整形方式对蛇龙珠葡萄果实品质的影响

葡萄是葡萄科葡萄属多年生藤本植物，耐旱、耐盐碱，在贫瘠的土壤中仍可正常生长，因其用途广、商业价值可观，是全世界广泛种植的经济类果树作物之一。葡萄和葡萄酒中富含白藜芦醇、多酚、花色苷、氨基酸、微量元素、维生素等营养保健成分。

我国酿酒葡萄和葡萄酒产区主要分布在北纬30°～45°，以北纬35°左右较为集中。根据我国酿酒葡萄产区特点和生长特性，主要分为环渤海湾产区、河北沙城产区、山西清徐产区、宁夏贺兰山东麓产区、甘肃武威产区、新疆产区、黄河故道产区、西南高原产区和东北吉林通化产区。除黄河故道产区和西南高原产区外，其他酿酒葡萄产区都需进行冬季埋土越冬防寒，寻求适宜埋土防寒区的酿酒葡萄简易、标准、规范的整形方式就显得尤为重要。

蛇龙珠（Cabernet Gernischt）是最早引入宁夏种植的重要酿酒葡萄品种之一，因其具有较强的抗逆性（抗瘠薄土壤、抗寒、抗旱和抗病）和独特风味，在宁夏产区广泛种植，备受青睐。由于该品种在1892年从欧洲引种时英文名称拼写有误，在国际酿酒葡萄品种名录中无对应的"Cabernet Gernischt"这一名称，因此在国际葡萄酒赛事中，"Cabernet Gernischt"葡萄酒被认为是我国特有的代表品种，被誉为"中国葡萄酒的名片"。

长期以来，我国酿酒葡萄整形方式一直沿用鲜食葡萄整形方式，为了便于埋土防寒，广大产区普遍采用直立独龙蔓和多主蔓扇形两种整形方式，但因同一株所有葡萄果穗均处于不同微气候，致使葡萄果穗果实繁育程度不同，果实品质差异较大，难以酿造出优质葡萄酒。

为此，本研究以蛇龙珠为试供材料，结合宁夏产区生产实际情况，以传统直立独龙蔓为对照，研究比较便于埋土防寒的矮化杯状整形、矮化倒"L"整形和矮化"厂"字形（倾斜水平独龙蔓）整形条件下的葡萄果实发育及果实品质，以期筛选出适合埋土防寒区酿酒葡萄的整形方式，供生产推广使用。

## 第一节 材料与方法

本研究在宁夏回族自治区永宁县玉泉营镇，宁夏兰山骄子葡萄酒庄有限公司，国家葡萄产业技术体系水分生理与节水栽培岗位核心试验基地（38°14'19"N，106°2'0"E）进行，该基地位于贺兰山东麓前洪积扇与黄河冲积平原之间，气候干旱，年均温度7~9℃，年均降水量200mm，蒸发量1787.3mm，无霜期175d左右，年均日照时数达3200h左右，土壤为风沙土，肥力中等，pH为8.2。

供试材料为14年生蛇龙珠葡萄，植株生长健壮，无病虫害发生，田间栽培管理措施如表13-1所示。

表13-1 种植模式与负载量

| 种植模式 | | 种植模式 | |
| --- | --- | --- | --- |
| 定植方向 | 东西行向 | 春季抹芽 | 抹掉无用的弱芽、畸形芽和多余的双生芽、三生芽、隐芽 |
| 株行距 | 3m（行距）×0.6m（株距） | 结果枝组 | 4组 |
| 叶幕形状 | 篱臂形 | 结果母枝 | 4枝 |
| 叶幕高度 | 1.2m | 新梢数 | 8个 |
| 离地高度 | 40cm | 负载量 | 约1.35kg/株 |
| 冬剪方式 | 留2芽短梢修剪 | 产量 | 约7500kg/hm$^2$ |

### 一、试验设计

本试验采用单因素随机区组设计，各处理方式选取长势一致的葡萄植株各100株，设3次生物学重复。采用直立独龙蔓（CK）、矮化杯状（T1）、矮化倒"L"（T2）和矮化"厂"字形（T3）4种整形方式，4种整形方式示意图如图13-1所示。

### 二、试验方法

于花后50d（转色前）开始采样，每隔10d采样一次，直至花后120d（成熟采收期），且于花后65d（转色期）加采一次，每次随机从植株的向光面、背光面，特别是独龙蔓的

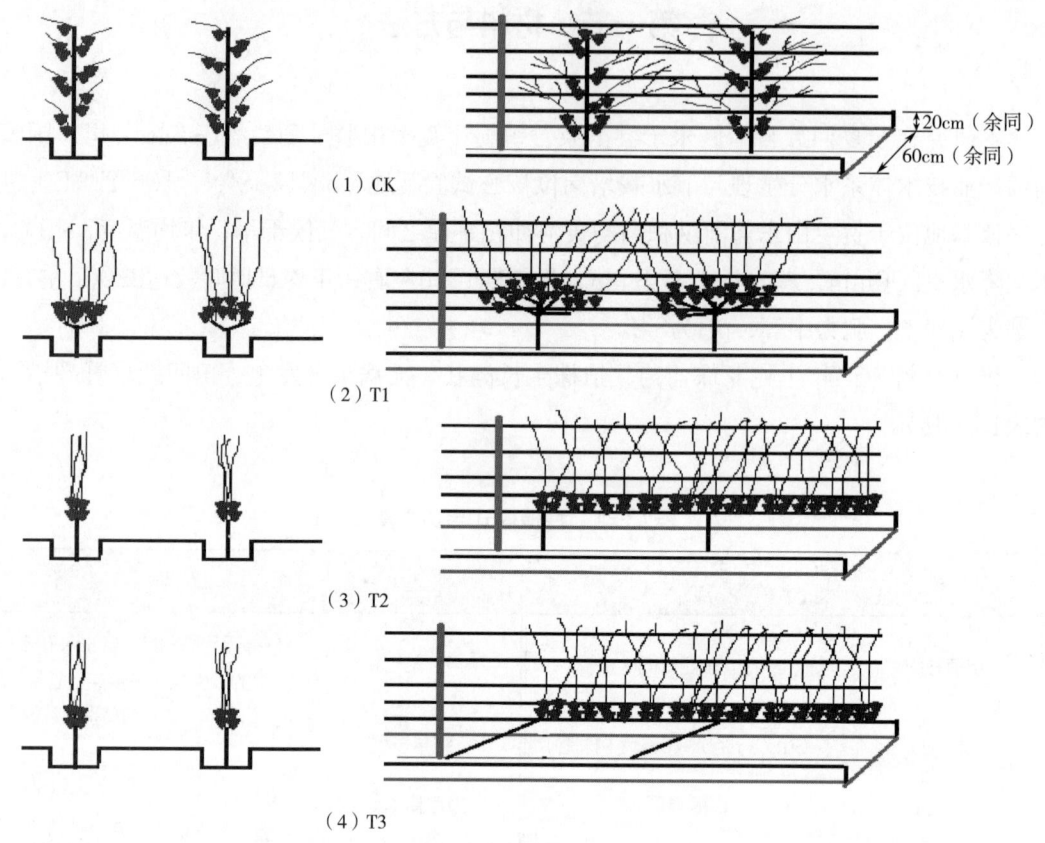

图13-1　4种整形方式示意图

上、中、下部位每10d采样一次直至成熟期，每次随机取样300粒，液氮速冻，带回实验室于-80℃超低温冰箱保存备用。

果实着色指数：于花后50d至80d每隔10d统计一次果实着色指数，着色指数评价指标如表13-2和图13-2所示。着色指数=各级果粒数×各级代表值÷总粒数。

表13-2　着色指数

| 级别 | 着色状况 | 代表值 |
| --- | --- | --- |
| 1 | 果实全部绿色 | 0 |
| 2 | 果面轻微着色，淡红色占一半 | 0.2 |
| 3 | 中度着色果实，全部淡红色 | 0.5 |
| 4 | 基本着色，全部淡紫色 | 0.8 |
| 5 | 果面全部紫黑色 | 1.0 |

图13-2　各级果实着色图（1~5表示着色级别）

## 三、项目测定

百粒重使用分析天平称重法；可溶性固形物含量：WYT-32型手持糖量折光仪测定；可溶性总糖含量：蒽酮硫酸比色法；还原糖含量：分光光度比色法；可滴定酸：采用酸碱中和滴定法；总酚：采用福林酚法；单宁含量：福林-肖卡法；总花色苷：采用pH示差法；类黄酮含量：分光光度比色法。

氨基酸含量测定：采用高效液相色谱仪（HPLC）法测定。①配6mol/L盐酸溶液（含1%苯酚）。②采用差量法称取10g葡萄果肉。③将②中称量好的样品转入水解管中，吹氮气2min，置换出内部的空气，封盖。④将水解管置入110℃的干燥箱中水解22~24h。⑤结束后，水解液转移至50mL容量瓶中并用去离子水定容。⑥取⑤的溶液300μL于1.5mL离心管中，氮气吹干。⑦向离心管内加1mL 0.02mol/L的盐酸溶液，超声溶解。⑧溶解完毕后3000r/min离心3min。⑨取上清液过0.45μm水相滤膜，上机测定。

## 第二节　结果与分析

### 一、不同矮化整形方式对葡萄果实百粒重的影响

不同矮化整形方式对葡萄果实发育过程中百粒重的影响如图13-3所示。由图13-3可知，各种整形方式下葡萄果实百粒重在整个生长发育过程中均呈波浪起伏状升高趋势。花后50d至花后60d，各整形方式下葡萄果实百粒重增幅较为缓慢，其中以T1增长最快，CK次之，T2和T3最小；花后60d至花后90d，百粒重迅速增加，其中以T2增幅最大，为

71.66g，CK和T3次之，T1最低；花后90d至花后120d，除T1外的其他各整形方式百粒重均有所下降，其中以T3降幅较大，CK和T2降幅较小。于花后120d，各整形方式的百粒重依次为CK＞T2＞T1＞T3，且CK显著高于T1、T2和T3，T3百粒重最小，符合生产优质酿酒葡萄的标准。

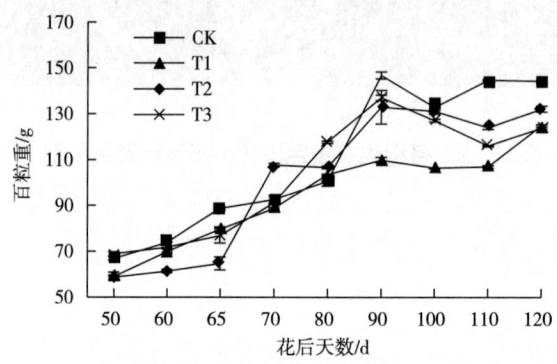

图13-3　不同矮化整形方式对葡萄果实发育过程中百粒重的影响

## 二、不同矮化整形方式对葡萄果实着色率的影响

不同矮化整形方式对葡萄果实发育过程中着色率的影响如图13-4所示。由图13-4可知，随葡萄果实的成熟，其着色率逐渐提高，这一结果与花色苷含量在成熟过程中的变化趋势呈正相关。于花后50d，各整形方式下果实着色率均为0，说明此时果实未转色；于花后60d，T2果实着色率最高，为0.411%，其次为T1和T3，CK最低；于花后70d，T2果实着色率最高，为0.949%，T1和T3次之，CK最低；花后80d，各整形方式下果实全部完成转色，着色率均为1.0%。

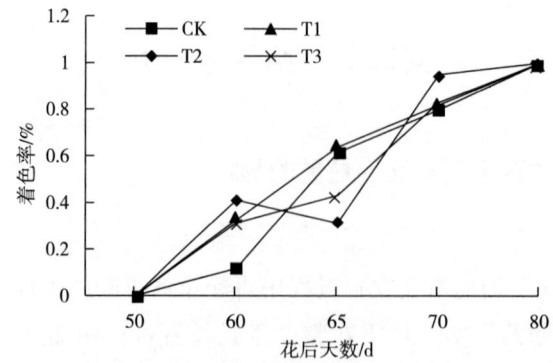

图13-4　不同矮化整形方式对葡萄果实发育过程中着色率的影响

## 三、不同矮化整形方式对葡萄果实可溶性总糖含量的影响

不同矮化整形方式对葡萄果实发育过程中可溶性总糖含量的影响如图13-5所示。由图13-5可知，葡萄果实在整个生育过程中可溶性总糖含量呈先上升后下降趋势，花后50d至花后90d，葡萄果实可溶性总糖含量呈整体上升趋势；花后90d至花后110d，果实可溶性总糖含量呈波动性上升趋势；花后110d至花后120d，果实可溶性总糖含量有所下降，说明此阶段葡萄果实中糖分积累小于自身呼吸消耗。在花后120d，各整形方式的可溶性总糖含量依次为T3＞T2＞T1＞CK，且T3比CK高12.7%，但各整形方式间差异不显著，说明整形方式对葡萄果实可溶性总糖含量的影响不显著。

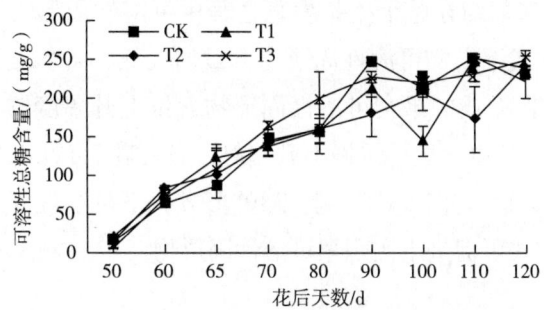

图13-5　不同矮化整形方式对葡萄果实发育过程中可溶性总糖含量的影响

## 四、不同矮化整形方式对葡萄果实还原糖含量的影响

不同矮化整形方式对葡萄果实发育过程中还原糖含量的影响如图13-6所示。葡萄在整个生长发育过程中还原糖含量呈逐渐增加趋势。花后50d至70d，各整形方式的还原糖含量均迅速上升，CK最快，T1和T2次之，T3最低；花后70d至90d，T3整形方式增幅

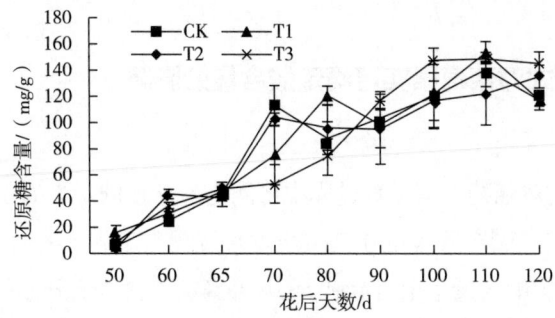

图13-6　不同矮化整形方式对葡萄果实发育过程中还原糖含量的影响

最快，T1次之，但CK和T2有所下降，可能是由于此时花色苷大量合成消耗糖分，致使其有所下降；花后90d至120d，除T3外的其他三个整形方式下还原糖含量均呈上升趋势；在花后120d，各整形方式的还原糖含量依次为T3＞T2＞T1＞CK，T3还原糖含量比CK高23.9%，但各整形方式间差异不显著，说明整形方式对蛇龙珠葡萄还原糖含量的影响不显著。

## 五、不同矮化整形方式对葡萄果实可溶性固形物含量的影响

不同矮化整形方式对葡萄果实发育过程中可溶性固形物含量的影响如图13-7所示。由图13-7可知，蛇龙珠葡萄在整个生长发育过程中可溶性固形物含量整体呈上升趋势。于花后50d，各整形方式下果实可溶性固形物含量均较低，且各整形方式间差异不显著；花后50d至65d，各整形方式的果实可溶性固形物含量上升幅度较大；花后65d至120d，各整形方式的可溶性固形物含量呈缓慢上升趋势，且在花后120d，各整形方式的可溶性固形物含量依次为T3＞T2＞T1＜CK，且T3整形方式下可溶性固形物含量比CK显著高16.7%，说明T3整形方式可促进果实积累可溶性固形物。

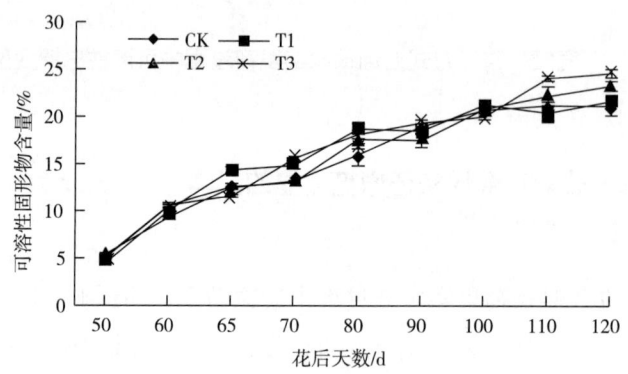

图13-7 不同矮化整形方式对葡萄果实发育过程中可溶性固形物含量的影响

## 六、不同矮化整形方式对葡萄果实可滴定酸含量的影响

不同矮化整形方式对葡萄果实发育过程中可滴定酸含量的影响如图13-8所示。由图13-8可知，蛇龙珠葡萄果实可滴定酸含量在其生长发育过程中呈先上升后下降的趋势，花后50d至60d，葡萄果实可滴定酸含量呈上升趋势，CK可滴定酸含量上升幅度最大，且于花后60d，各整形方式的可滴定酸含量均达到最大，CK整形方式可滴定酸含量显著高于其他三个整形方

式；花后60d至120d，葡萄果实可滴定酸含量依次呈下降趋势；于花后120d，各整形方式的可滴定酸含量依次为T1＞T3＞T2＞CK，且差异不显著，说明整形方式对葡萄果实可滴定酸含量影响不显著。

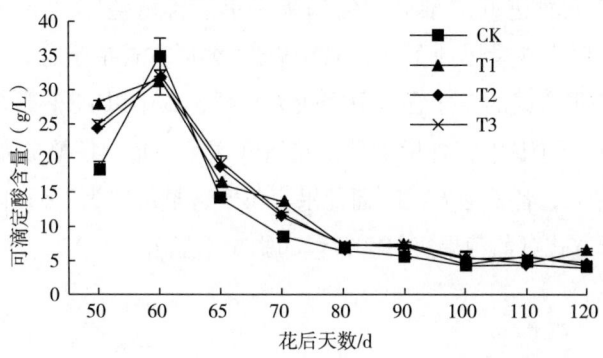

图13-8　不同矮化整形方式对葡萄果实发育过程中可滴定酸含量的影响

## 七、不同矮化整形方式对葡萄果实总酚的影响

不同矮化整形方式对葡萄果实发育过程中总酚含量的影响如图13-9所示。由图13-9可知，随着生长发育的推进，葡萄果实总酚含量整体呈下降趋势。花后50d至70d，除T3外的其他各整形方式果实总酚变化趋势较相似，且下降幅度较大，于花后70d，T3总酚含量显著高于其他各整形方式；花后70d至120d，各整形方式的总酚下降趋势较为平缓，且于花后120d，各整形方式的总酚含量依次为T3＞T2＞T1＞CK，且T3整形方式下总酚含量比CK高59.9%，说明T3整形方式有利于提高葡萄果实总酚含量。

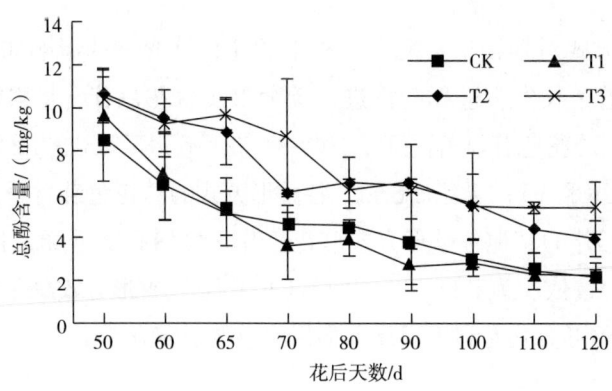

图13-9　不同矮化整形方式对葡萄果实发育过程中总酚含量的影响

## 八、不同矮化整形方式对葡萄果实发育过程中单宁含量的影响

不同矮化整形方式对葡萄果实发育过程中单宁含量的影响如图13-10所示。由图13-10可知,随生长发育进程的推进,葡萄果实单宁含量整体呈下降趋势。花后50d至65d,各整形方式的单宁含量迅速下降,其中以T1整形方式单宁含量下降幅度最为显著;花后65d至90d,各整形方式的单宁含量下降较为平缓,其中以T3整形方式单宁含量下降最为显著,且于花后90d,CK单宁含量最高;花后90d至120d,各整形方式单宁含量下降较为平缓,且于花后120d,各整形方式的葡萄果实单宁含量依次为T2＞T3＞T1＞CK,但差异不显著,说明整形方式对葡萄果实单宁含量的影响不显著。

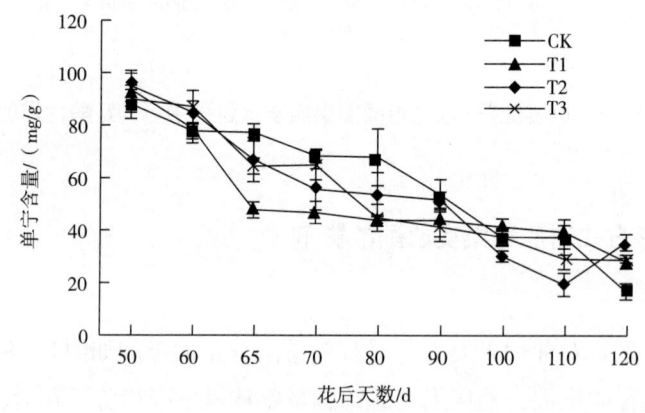

图13-10　不同矮化整形方式对葡萄果实发育过程中单宁含量的影响

## 九、不同矮化整形方式对葡萄果实发育过程中总花色苷的影响

不同矮化整形方式对葡萄果实发育过程中总花色苷含量的影响如图13-11所示。由图13-11可知,随着生长发育进程的推进,葡萄果实总花色苷含量整体呈上升趋势。于花后60d至65d,CK总花色苷显著高于T2和T3;花后65d至70d,T2和T3总花色苷含量上升幅度明显高于CK和T1;于花后80d,各整形方式的总花色苷含量差异不显著;花后110d至120d,除T3外的其他各整形方式总花色苷含量均有所下降,且于花后120d,各整形方式总花色苷含量依次为T3＞T2＞T1＞CK,且T3整形方式总花色苷含量显著高于CK12.7%,说明T3整形方式有利于提高葡萄果实总花色苷含量。

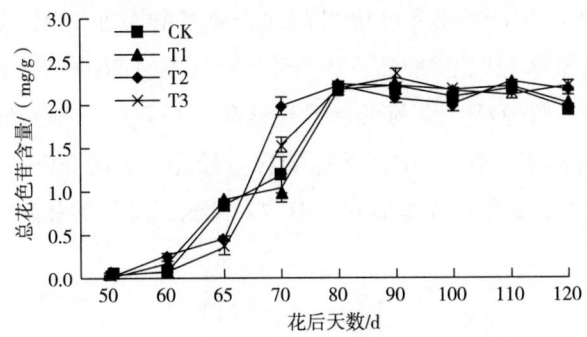

图13-11　不同矮化整形方式对葡萄果实发育过程中总花色苷含量的影响

## 十、不同矮化整形方式对葡萄果实类黄酮的影响

不同矮化整形方式对葡萄果实发育中类黄酮含量的影响如图13-12所示。由图13-12可知，随果实生长发育的推进，葡萄果实类黄酮含量呈先上升后下降的趋势，且各整形方式的变化趋势较为一致。花后50d至90d，各整形方式的类黄酮含量均呈上升趋势，且于花后90d，类黄酮含量均达到最大，同时，CK类黄酮含量显著高于T3；花后90d至120d，各整形方式的类黄酮含量均有所下降，且在花后100d和110d，CK类黄酮含量显著高于T1和T3，于花后120d，各整形方式下类黄酮含量依次为CK＞T2＞T1＞T3，但差异不显著，说明整形方式不会影响葡萄果实类黄酮的含量。

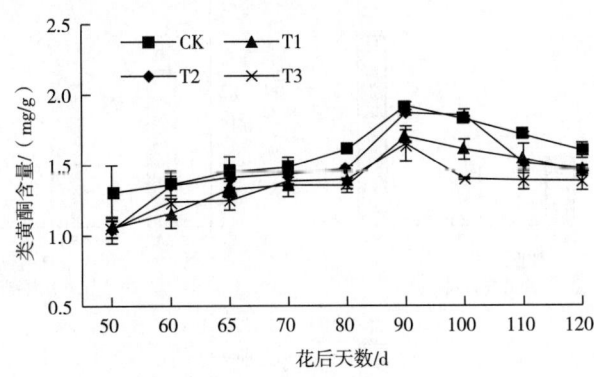

图13-12　不同矮化整形方式对葡萄果实发育过程中类黄酮含量的影响

## 十一、不同矮化整形方式对葡萄氨基酸含量的影响

成熟期不同矮化整形方式对蛇龙珠葡萄氨基酸含量的影响如图13-13所示。成熟期

时，蛇龙珠葡萄中CK、T1、T3下可检测到14种氨基酸，而T2中共检测到15种氨基酸（甲硫氨酸）。总游离氨基酸以T3最高，为1.592%，约是CK的1.33倍。苏氨酸、天冬氨酸、丝氨酸、谷氨酸、甘氨酸、缬氨酸、异亮氨酸、亮氨酸、赖氨酸、组氨酸和脯氨酸在T3中最高，且显著高于CK，其中以谷氨酸含量最高，为0.289%，占总游离氨基酸的18.2%，而丙氨酸在T2下最高，各整形方式中均未检测到胱氨酸和酪氨酸。

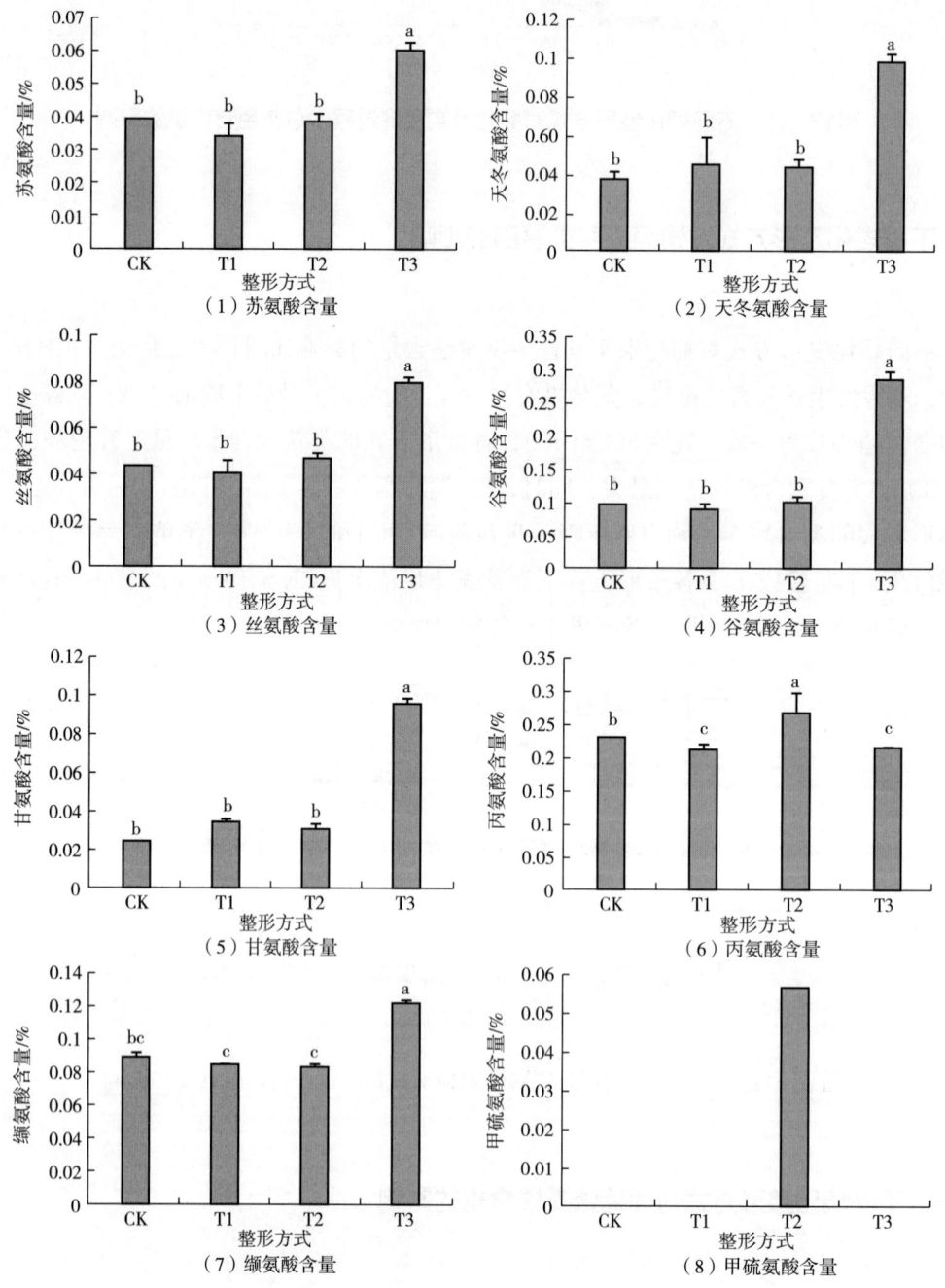

（1）苏氨酸含量　（2）天冬氨酸含量　（3）丝氨酸含量　（4）谷氨酸含量　（5）甘氨酸含量　（6）丙氨酸含量　（7）缬氨酸含量　（8）甲硫氨酸含量

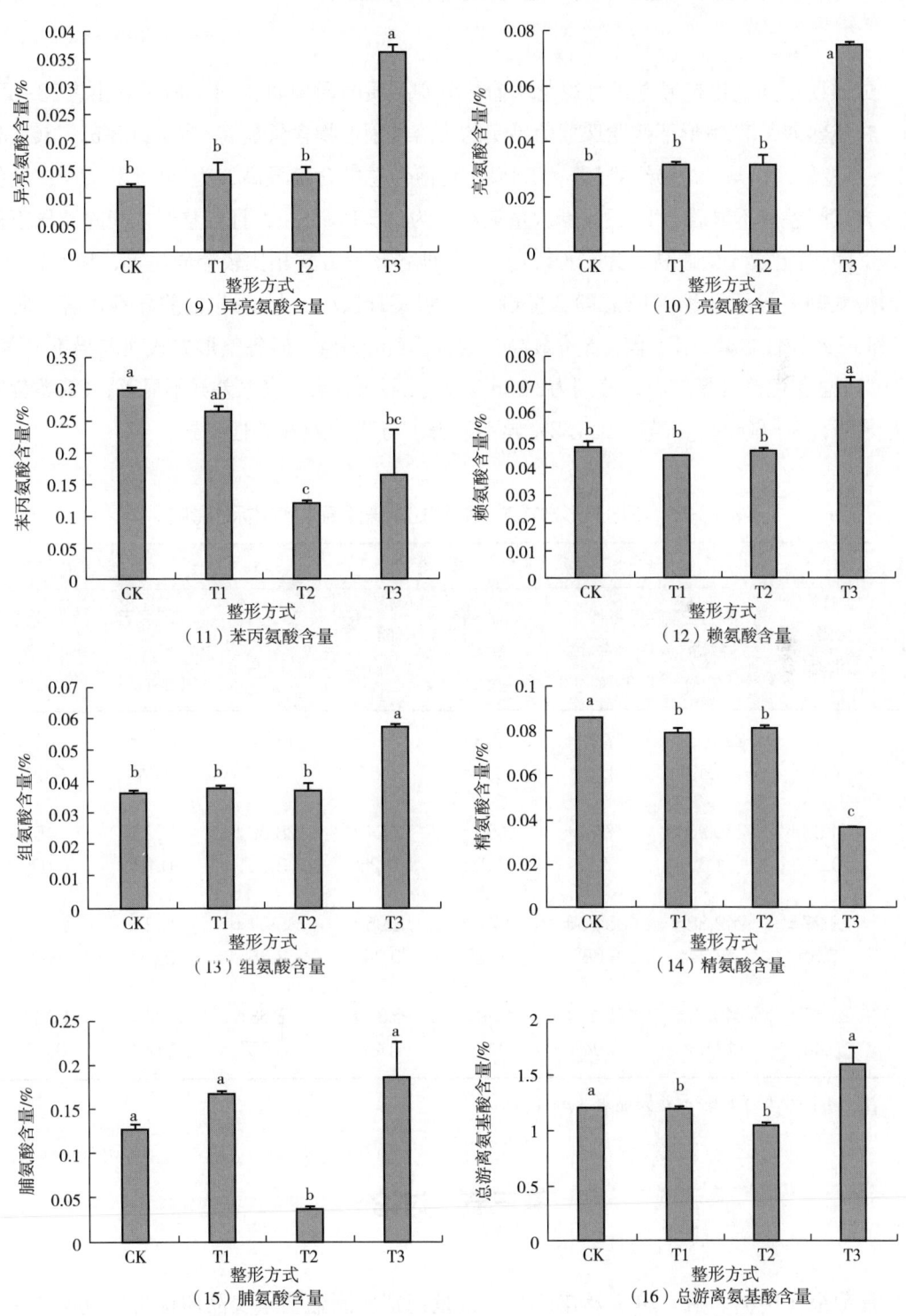

图13-13 不同矮化整形方式对成熟期蛇龙珠葡萄果实氨基酸含量的影响

## 十二、成熟期不同矮化整形方式对葡萄果实品质的影响

成熟期不同矮化整形方式对蛇龙珠葡萄果实品质的影响如表13-3所示。由表13-3可知，在成熟期，T3整形下蛇龙珠葡萄果实的可溶性固形物含量最高，为24.63%，与CK和T1差异显著，而与T2差异不显著；T3果实可溶性总糖含量最高，为249.13mg/g，且各整形方式间差异不显著；T3还原糖含量最高，为145.14mg/g，且各整形方式间差异不显著；T1可滴定酸含量最高，为6.50g/L，与其他各整形方式相比较差异显著，但T2、T3整形方式间差异不显著；T3总酚含量最高，为5.37mg/g，与T2相比差异不显著，而与CK和T1差异性显著；T1单宁含量最高，为35.54mg/kg，但各整形方式间差异不显著；T2和T3总花色苷含量较高，分别为2.18mg/g，2.22mg/g，与CK差异不显著；CK类黄酮含量最高，为1.60mg/g，与T1、T2差异不显著，与T3存在显著性差异。

表13-3　不同整形方式对成熟期蛇龙珠葡萄果实指标的影响

| 整形方式 | 果实指标 | | | | | | | |
|---|---|---|---|---|---|---|---|---|
| | 可溶性固形物/% | 可溶性总糖含量/(mg/g) | 还原糖含量/(mg/g) | 可滴定酸含量/(g/L) | 总酚含量/(mg/g) | 单宁含量/(mg/g) | 总花色苷含量/(mg/g) | 类黄酮含量/(mg/g) |
| CK | 21.13±0.99$^c$ | 221.05±21.49$^a$ | 117.12±4.52$^a$ | 3.88±0.13$^c$ | 2.15±0.67$^b$ | 16.74±3.1$^a$ | 1.97±0.04$^b$ | 1.60±0.05$^a$ |
| T1 | 21.63±0.23$^{bc}$ | 239.22±1.8$^a$ | 117.31±7.5$^a$ | 6.50±0.27$^a$ | 2.24±0.26$^b$ | 28.09±3.06$^a$ | 2.02±0.1$^{ab}$ | 1.45±0.03$^{ab}$ |
| T2 | 23.27±0.5$^{ab}$ | 242.38±12.34$^a$ | 135.26±8.68$^a$ | 4.25±0.13$^{bc}$ | 3.95±0.84$^{ab}$ | 35.54±2.65$^a$ | 2.18±0.01$^a$ | 1.47±0.02$^{ab}$ |
| T3 | 24.63±0.44$^a$ | 249.13±12.58$^a$ | 145.14±8.94$^a$ | 4.69±0.22$^b$ | 5.37±1.21$^a$ | 28.68±0.85$^a$ | 2.22±0.06$^a$ | 1.38±0.07$^b$ |

注：不同小写字母表示差异显著（$p \leq 0.05$）。

# 第三节　讨论

葡萄果实中糖、酸、单宁及花色苷含量是判别酿酒葡萄果实品质优劣的基本指标。果实中含糖量的高低是酿造高品质葡萄酒的关键。酸含量的高低不仅影响所酿葡萄酒的口感，而且影响其香气，而花色苷是决定葡萄果实和葡萄酒颜色的主要类黄酮物质。

本试验通过研究不同矮化整形方式对蛇龙珠葡萄果实品质的影响发现，花后60~90d，各整形方式的百粒重上升较快，可能是由于此时果实进入第二生长期，细胞再次生长，而在接近成熟时，各整形方式的百粒重增幅减缓甚至有降低的趋势，可能是此时糖主要被用于合成花色苷等酚类物质所导致的，总而言之，T3果实百粒重小，符合酿造高品质葡萄酒的要求。花后50~80d，果实着色率呈线性上升，分别在花后60d和70d，均以T2着色率最高，这一结果与此阶段花色苷含量变化趋势呈正相关，因为花色苷是葡萄果实呈色的主要物质，但在不同时期不同整形方式下果实的着色率存在差异，可能是由于不同整形方式下树体的叶幕微气候、果穗的曝光量及通风状况不同导致的。本研究发现，在成熟采收期，矮化"厂"字形整形方式下可溶性总糖、可溶性固形物、总酚含量分别比直立独龙蔓高12.7%、16.7%、59.9%，研究证明整形方式对黑皮诺葡萄品质的影响，发现黑皮诺葡萄果实糖、酚类、香气物质含量几乎不受整形方式的影响，与本研究结果不一致，可能是品种特性、栽植区风土气候条件不同等造成的，但仍有待进一步研究。而本试验中矮化"厂"字形、倒"L"整形方式葡萄果穗的通风透光条件与直立独龙蔓差异大，导致光合作用合成的糖等有机物含量存在差异。本研究结果发现，在花后70d至90d，各整形方式下果实中还原糖含量增速明显减缓，直立独龙蔓和矮化倒"L"整形方式甚至出现降低的趋势，此时还原糖含量下降可能与此阶段花色苷大量合成有关，因为一是由于糖类为植物代谢提供碳源，二是由于花色苷的合成需在糖分子的参与下完成。因此，当花色苷大量合成时，消耗大量糖分，致使果实还原糖出现增速减缓甚至降低的趋势。

氨基酸是合成蛋白质的原料和蛋白质降解的产物，同时也是合成多酚和香气物质的前体，对葡萄果实品质影响较大。本研究发现不同整形方式对葡萄果实氨基酸影响较大，总游离氨基酸以T3最高，约是CK的1.33倍。苏氨酸、天冬氨酸、丝氨酸、谷氨酸、甘氨酸、缬氨酸、异亮氨酸、亮氨酸、赖氨酸、组氨酸和脯氨酸在T3中最高，且显著高于CK，所以后期研究可从整形方式对氨基酸含量影响的角度出发。

## 第四节 小结

（1）与传统直立独龙蔓相比，矮化"厂"字形果实百粒重较小，符合优质酿酒葡萄的要求，矮化倒"L"和矮化"厂"字形可提高果实可溶性固形物、总花色苷、总酚含量。

（2）各整形方式与传统直立独龙蔓比较，均提高了葡萄果实的可溶性固形物、可溶性总糖和还原糖的含量；矮化"杯状"处理方式的单宁和可滴定酸含量最高；矮化"厂"字形和矮化倒"L"整形方式提高了果实花色苷和总酚含量，矮化"厂"字形的百粒重显著低于直立独龙蔓整形。矮化倒"L"和矮化"厂"字形整形方式可明显提高果实品质。

（3）在直立独龙蔓、矮化"杯状"和矮化"厂"字形中可检测到14种氨基酸，而矮化倒"L"整形方式中共检测到15种氨基酸。矮化"厂"字形整形方式可明显提高葡萄果实中苏氨酸、天冬氨酸、丝氨酸、谷氨酸、甘氨酸、缬氨酸、异亮氨酸、亮氨酸、赖氨酸、组氨酸、脯氨酸和总氨基酸含量，为葡萄果实多酚和香气物质合成奠定了原料基础。

# 第十四章 不同矮化整形方式对蛇龙珠葡萄果实花色苷合成的影响

宁夏贺兰山东麓地区得天独厚的土壤气候条件及良好的品质表现,被确认为是世界酿酒葡萄生长最佳生态区之一。然而,因该地区冬季气温低,必须采取埋土防寒栽培才能安全越冬,为此,在传统栽培中,多采用独龙蔓和多主蔓扇形两种整形方式,但两种整形方式果实品质较差,难以酿造出优质葡萄酒,成为制约宁夏葡萄酒产业发展的关键因素之一。

花色苷是一种类黄酮类化合物,不仅具有较强的营养保健功能,而且是红色葡萄品种和红葡萄酒颜色的主要来源,对红葡萄酒的品质及陈酿潜力影响较大。葡萄果实花色苷的合成与积累受葡萄品种自身的遗传特性和外界环境条件共同调控,光照、通风、温度和水分是葡萄生长发育的主要外界环境因子。葡萄整形可通过改善通风透光条件来影响果实色泽,进而影响果皮花色苷生物合成过程中相关基因的表达水平及单体花色苷的含量。

为此,本研究以蛇龙珠葡萄为试材,通过研究不同矮化整形方式对葡萄果实品质、单体花色苷含量及花色苷合成过程中相关基因表达,风味物质及其合成相关基因表达水平的影响,筛选出便于埋土防寒,且可提高葡萄果实品质、花色苷含量、最佳风味物质含量的最优整形方式,以期为埋土防寒区葡萄生产实践提供理论依据。

## 第一节 材料与方法

### 一、试验材料

整形方式:采用直立独龙蔓(CK)、矮化杯状(T1)、矮化倒"L"(T2)和矮化"厂"字形(T3)4种整形方式。

取样时间与方法:试验共采样5次,分别在花后50、65、70、90、100、110和120d进行采样。采样时间为8:00—10:00,每次随机选取不同植株不同着生方向的果穗,在果穗的上、中、下部位采集果粒共100粒,采后立即用液氮速冻,放入-80℃冰箱备用。

材料前处理:取-80℃的样品,去梗,于冰上保持果实冷冻状态并剥皮,果皮经液氮速冻后研磨成粉末于-80℃保存备用。

## 二、试验方法

### （一）单体花色苷含量

果皮花色苷的提取：准确称取5.00g葡萄皮粉末于250mL三角瓶中，加入25mL提取剂，提取剂由无水乙醇∶盐酸∶水=2∶1∶1（体积比）配制而成，100℃下水浴加热1h，静置，待冷却后取上清液，用0.45μm水相滤膜过滤，保存于4℃冰箱中，以备上机检测，每个生物学重复提取一次。

HPLC-MC检测：花色苷物质检测采用Waters 2695高效液相色谱仪配有2475紫外检测器并进行样品的定性、定量分析。Agilent-ZORBAX SB-$C_{18}$色谱柱（250mm×4.6mm，5μm）为固定相。流动相A：2%甲酸（体积分数，余同），流动相B：乙腈。流动相梯度洗脱程序如下：0～1min，95%A，5%B；1～10min，80%A，20%B；10～15min，80%A，20%B；15～20min，60%A，40%B；20～33min，5%A，95%B；33～34min，95%A，5%B；流速为0.2mL/min；柱温为40℃；检测波长为525nm；进样体积为5μL。

分别将花色苷标准母液稀释成5.0mg/L、10.0mg/L、50.0mg/L、80.0mg/L、100.0mg/L质量浓度的标准溶液系列来建立线性回归方程。采用外标峰面积定量，6种花色苷的标准曲线线性回归方程见表14-1。采用外标峰面积定量，混合标准品高效液相色谱见图14-1。

表14-1　6种花色苷标准品线性回归方程

| 编号 | 花色苷 | 保留时间/min | 线性回归方程 | $R$值 |
| --- | --- | --- | --- | --- |
| 1 | 甲基花青素-3-$O$-葡萄糖苷 | 11.941 | $y=-43223+66341x$ | 0.9998 |
| 2 | 花青素-3-$O$-葡萄糖苷 | 16.130 | $y=-76080+29147x$ | 0.9993 |
| 3 | 甲基花翠素-3-$O$-葡萄糖苷 | 17.517 | $y=-13649+4280.7x$ | 0.9998 |
| 4 | 花葵素-3-$O$-葡萄糖苷 | 20.373 | $y=-51275+24442x$ | 0.9994 |
| 5 | 花翠素-3-$O$-葡萄糖苷 | 22.149 | $y=66013+40968x$ | 0.9999 |
| 6 | 二甲花翠素-3-$O$-葡萄糖苷 | 23.104 | $y=44942+25342x$ | 0.9996 |

注：$y$为响应值，$x$为对照品质量浓度。

结果计算：葡萄样品（mg/kg），具体公式如下所示。

$$W=P\times V/m$$

式中　$P$——待测液中各花色苷的浓度，mg/L

$V$——定容体积，mL

$m$——试样质量，g

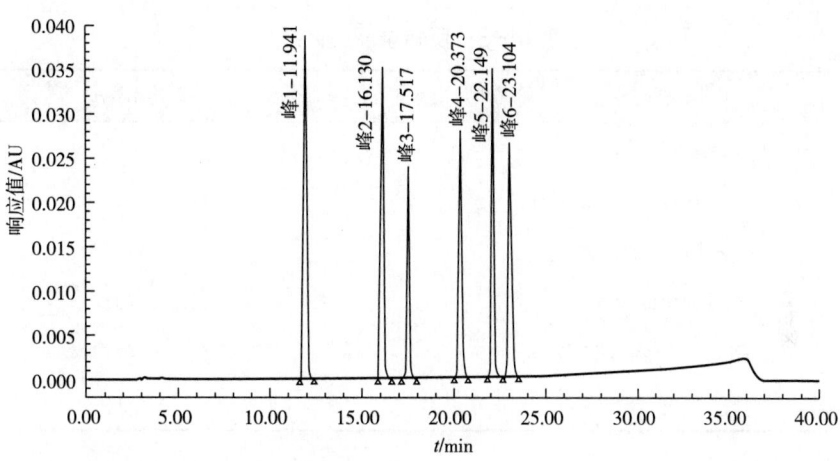

图14-1　6种花色苷混合标样高效液相色谱图

## （二）基因表达分析

器材前处理：将器材121℃高压灭菌25 min备用。

材料前处理：随机取10粒果实迅速蘸水剥皮，果皮包于锡箔纸中，液氮冻干置于冻存盒保存备用。

采用PEXBIO植物果实总RNA抽提试剂盒（北京爱普拜生物有限公司）提取果皮总RNA。

### 1. 反转录合成cDNA

利用Takara PrimeScriptTM RT reagent Kit with gDNA Eraser（Perfect Real time）试剂盒反转录合成cDNA。

步骤（1）基因组DNA的去除　按反应数加2的量配混合物（Mix），依次加入下列试剂，然后分装到反应管，见表14-2。

表14-2　基因组DNA的去除反应体系

| 试剂 | 使用量/μL |
| --- | --- |
| 5×gDNA Eraser Buffer | 2 |
| gDNA Eraser | 1 |
| 总RNA | 1 |
| RNase Free ddH$_2$O | 定容至10 |

步骤（2）反转录反应　按反应数加2的量配Mix，依次加入除步骤（1）反应酶外的以下各试剂（表14-3），随后加入步骤（1）反应液中，混匀至没有气泡时进行反转录反应。

表14-3　反转录反应体系

| 试剂 | 使用量/μL |
| --- | --- |
| 步骤（1）反应液 | 10.0 |
| Prime Script RT Enzyme Mix 1 | 1.0 |
| RT Primer Mix | 1.0 |
| 5×Prime Script | 4.0 |
| RNase Free ddH$_2$O | 4.0 |
| 总计 | 20.0 |

步骤（3）37℃放置15min，85℃条件下放置5s，可于4℃保存。

## 2. Real-Time PCR检测相关基因表达

（1）引物　内参基因选取 *VvActin*（GenBank No：EC969944）和 *VvEF*（GenBank No：AF176496），根据GenBank中所查找到的 *VvPAL*，*VvCHS1*，*VvF3′H*，*VvF3′5′H*，*VvDFR*，*VvUFGT*，*VvMYBA1* 的特异性序列，登录http://www.idtdna.com/primerquest/Home/Index进行引物设计，引物（表14-4）由北京奥科鼎盛生物科技有限公司合成。

表14-4　qRT-PCR引物设计序列

| 基因 | | 引物序列（5′→3′） | 登录号 |
| --- | --- | --- | --- |
| *VvPAL* | 正 | CGATATGCTCTCAGGACTTCAC | EF192469 |
| | 反 | GATCTCCCGTTCGATGGATTT | |
| *VvCHS1* | 正 | GACGTCCCAGGGTTGATTT | AB015872 |
| | 反 | GCGATCCAGAACAAGGAGTT | |
| *VvF3′H* | 正 | GAGATCAACGGCTACCACATC | AB213605 |
| | 反 | CCTGAATTCTAGTGGCTTCTCC | |
| *VvF3′5′H* | 正 | GCTGGCACTAGAATGGGAATAG | DQ786631 |
| | 反 | CTCAACTCCATCCGGCATTT | |
| *VvDFR* | 正 | ATACGGCAGGGCCAATTT | X75964 |
| | 反 | CGTGGGAGGAGCAAATGTAA | |

续表

| 基因 | | 引物序列（5'→3'） | 登录号 |
|---|---|---|---|
| *VvUFGT* | 正 | CTGGTAGCTGACGCATTCAT | DQ513314 |
| | 反 | GTAAACATGGGTGGAGAGTGAG | |
| *VvMYBA1* | 正 | GGCTTCTGGAGAGATGCTTAT | AB097923 |
| | 反 | CTCACCTCCCTGGATTTGTT | |
| *VvEF* | 正 | CAAGAGAAACCATCCCTAGCTG | AF176496 |
| | 反 | TCAATCTGTCTAGGAAAGGAAG | |
| *VvActin* | 正 | CTTGCATCCCTCAGCACCTT | EC969944 |
| | 反 | TCCTGTGGACAATGGATGGA | |

（2）步骤（2）PCR反应体系如表14-5所示。

表14-5　PCR反应体系

| 试剂 | 使用量/μL |
|---|---|
| 2×UltraSYBR混合物（CWBIO） | 12.5 |
| 上游引物 | 0.5 |
| 下游引物 | 0.5 |
| cDNA | 1.0 |
| ddH$_2$O | 10.5 |
| 总计 | 25.0 |

PCR反应条件如下所示。

```
94℃    4min
94℃    30s   ⎫
57℃    30s   ⎬ 35次循环
72℃    1min  ⎭
72℃    5min
```

计算基因相对表达量：以用ddH$_2$O代替cDNA的空白对照（NTC）为对照。所有PCR反应设置3次生物学重复，试验结果采用$2^{-\Delta\Delta Ct}$对数据进行定量分析，其中$\Delta Ct$是内参基因的几何平均值与目标基因循环阈值的差值。

利用独立样本$t$检验在$p \leqslant 0.05$水平上对样本进行显著性分析。数据处理采用SPSS 17.0软件进行统计分析，Excel 2007作图。

## 第二节　结果与分析

### 一、不同矮化整形方式对葡萄果实单体花色苷含量的影响

#### （一）不同矮化整形方式对葡萄果实发育过程中花翠素类花色苷含量的影响

不同矮化整形方式对葡萄果实发育过程中花翠素类花色苷含量的影响如图14-2所示，4种整形方式下均检测到4种花翠素类花色苷，分别为花翠素-3-$O$-单糖苷、花翠素-3-$O$-乙酰化单糖苷、花翠素-3-$O$-（cb-6'-香豆酰化）单糖苷、花翠素-3-$O$-（t-6'-香豆酰化）单糖苷。4种单体花翠素类花色苷整体呈先上升后下降再上升再下降的变化趋势，于花后55d，未检测到花翠素类花色苷，于花后60d，4种单体花翠素类花色苷含量均较低，且各整形方式间差异不显著；从花后60d至80d，各整形方式的4种花色苷含量均上升，其中以花翠素-3-$O$-单糖苷和花翠素-3-$O$-乙酰化单糖苷含量增加最为显著，各

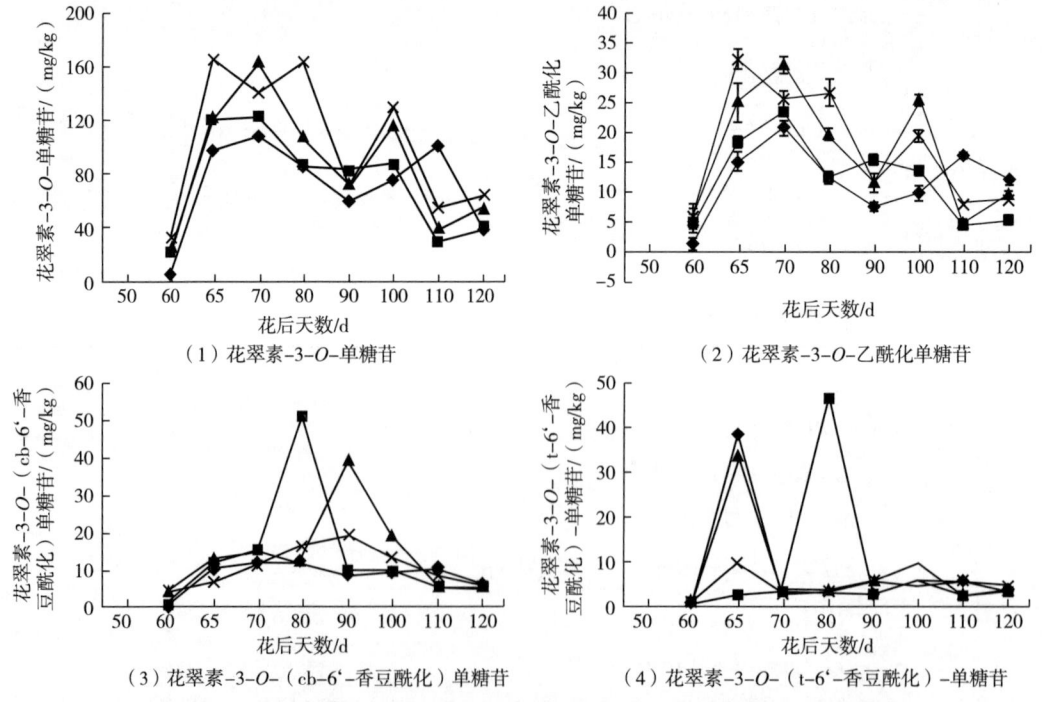

图14-2　不同矮化整形方式对葡萄果实发育过程中花翠素类含量的影响

◆─CK　■─T1　▲─T2　✕─T3

整形方式分别增加了CK 19.87mg/kg、T1 18.86mg/kg、T2 25.82mg/kg、T3 20.10mg/kg和CK 11.96mg/kg、T1 14.09mg/kg、T2 10.98mg/kg、T3 7.13mg/kg，之后均有所下降，且于花后130d（采收期），各整形方式的花翠素-3-$O$-单糖苷含量分别为CK 11.94mg/kg、T1 5.04mg/kg、T2 9.56mg/kg、T3 8.68mg/kg，由大到小依次为CK＞T2＞T3＞T1，CK整形方式下花翠素-3-$O$-单糖苷含量显著高于其他整形方式，但T2和T3差异不显著。

### （二）不同矮化整形方式对葡萄果实发育过程中花青素类花色苷含量的影响

不同矮化整形方式对葡萄果实发育过程中花青素类花色苷含量的影响如图14-3所示，4种整形方式下均检测到2种花青素类花色苷，分别为花青素-3-$O$-单糖苷和花青素-3-$O$-香豆酰化单糖苷。两种花青素类花色苷整体呈先上升、后下降、再上升、再下降的变化趋势，分别出现在花后80d和120d；花后55d，未检测到两种花青素类花色苷，花后60d，各整形方式的单体花青素类花色苷含量分别为CK 1.67mg/kg、T1 2.37mg/kg、T2 3.97mg/kg、T3 4.24mg/kg和CK 0.35mg/kg、T1 0.32mg/kg、T2 0.59mg/kg、T3 1.44mg/kg；花后120d，各整形方式分别增加了14.92mg/kg、2.76mg/kg、1.80mg/kg、5.05mg/kg（数据顺序均对应CK、T1、T2、T3，余同，后不再标）和24.94mg/kg、7.97mg/kg、7.54mg/kg、3.68mg/kg，随后，各整形方式的单体花青素花色苷含量均有所下降，且花后130d，各整形方式的花青素-3-$O$-单糖苷含量分别为10.55mg/kg、5.54mg/kg、10.68mg/kg、14.48mg/kg，由大到小依次为T3＞T2＞CK＞T1，T3显著高于其他各整形方式，说明T3整形方式有助于提高葡萄果实花青素类花色苷含量。

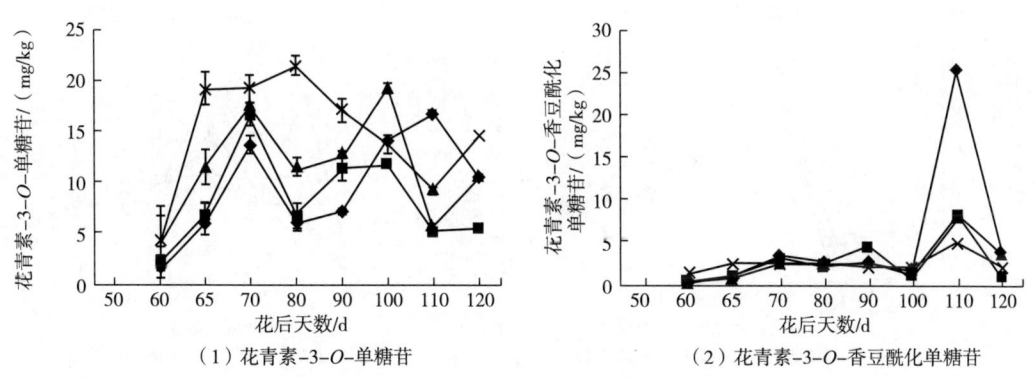

图14-3　不同矮化整形方式对葡萄果实发育过程中花青素类花色苷含量的影响
—◆— CK　—■— T1　—▲— T2　—✕— T3

### （三）不同矮化整形方式对葡萄果实发育过程中甲基花翠素类花色苷含量的影响

不同矮化整形方式对葡萄果实发育过程中甲基花翠素类花色苷含量的影响如图14-4所示，4种整形方式下可检测到4种甲基花翠素类花色苷，分别为甲基花翠素-3-$O$-单糖苷、甲基花翠素-3-$O$-乙酰化单糖苷、甲基花翠素-3-$O$-香豆酰化单糖苷、甲基花翠素-3-$O$-咖啡酰化单糖苷,且于花后55d未检测到4种单体甲基花翠素花色苷的出现,其中甲基花翠素-3-$O$-单糖苷和甲基花翠素-3-$O$-乙酰化单糖苷的变化趋势与花翠素相似,分别于花后80d和120d达到最大,于花后120d,甲基花翠素-3-$O$-单糖苷和甲基花翠素-3-$O$-乙酰化单糖苷的含量分别比花后60d增加102.11mg/kg、31.20mg/kg、33.87mg/kg、45.06mg/kg(4种处理方式)和38.75mg/kg、10.80mg/kg、10.36mg/kg、12.79mg/kg(四种处理方式,余同);而甲基花翠素-3-$O$-香豆酰化单糖苷和甲基花翠素-3-$O$-咖啡酰化单糖苷则于花后90d含量最高,分别为41.98mg/kg、39.34mg/kg、29.50mg/kg、38.48mg/kg和478.86mg/kg、435.19mg/kg、312.13mg/kg、347.06mg/kg;于花后120d,各整形方式下甲基花翠素-3-$O$-单糖苷含量分别为14.97mg/kg、44.04mg/kg、59.73mg/kg、58.93mg/kg,由大到小依次为T2＞T3＞T1＞CK,T2和T3显著高于CK,说明T2和T3整形方式可提高果皮中甲基花翠素类花色苷的含量。

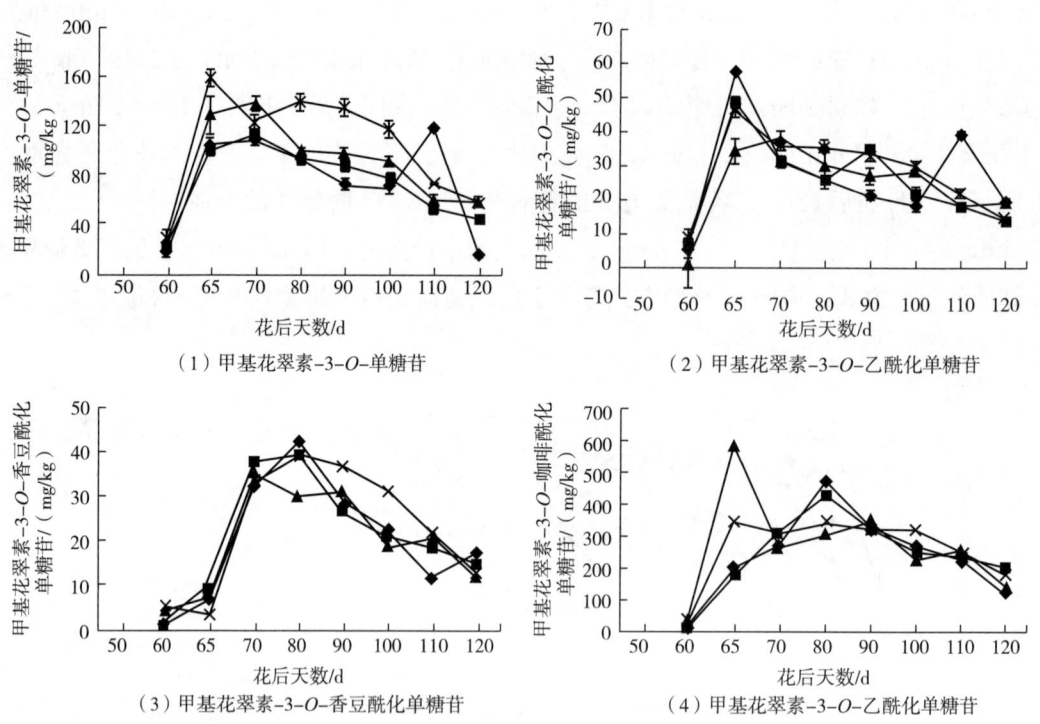

图14-4 不同矮化整形方式对葡萄果实发育过程中甲基花翠素类花色苷含量的影响

### (四)不同矮化整形方式对葡萄果实发育过程中甲基花青素类花色苷含量的影响

不同矮化整形方式对葡萄果实发育过程中甲基花青素类花色苷含量的影响如图14-5所示,4种整形方式下均检测到3种甲基花青素类花色苷,分别为甲基花青素-3-$O$-单糖苷、甲基花青素-3-$O$-乙酰化单糖苷和甲基花青素-3-$O$-香豆酰化单糖苷，3种单体甲基花青素类花色苷整体呈现上升趋势，于花后55d，未检测到3种单体甲基花青素类花色苷的出现，从花后60d至120d，甲基花青素含量分别增加12.90mg/kg、18.03mg/kg、36.06mg/kg、39.80mg/kg、3.28mg/kg、2.30mg/kg、0.95mg/kg、0.84mg/kg和1.29mg/kg、1.62mg/kg、1.42mg/kg、1.10mg/kg，说明甲基花青素类花色苷中主要以甲基花青素-3-$O$-单糖苷占主导，且甲基花青素-3-$O$-单糖苷含量增加的顺序为T3＞T2＞T1＞CK，且T3和T2显著高于CK，说明T3和T2整形方式有提高果皮中甲基花青素-3-$O$-单糖苷的作用。

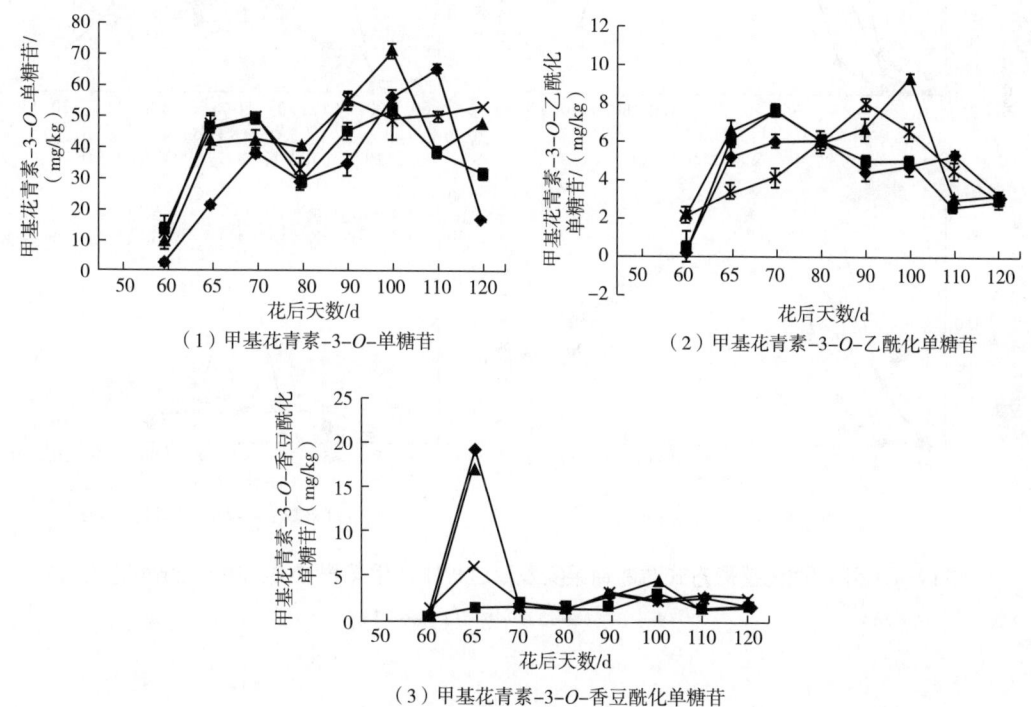

图14-5　不同矮化整形方式对葡萄果实发育过程中甲基花青素类花色苷含量的影响

## （五）不同矮化整形方式对葡萄果实发育过程中二甲花翠素类花色苷含量的影响

不同矮化整形方式对葡萄果实发育过程中二甲花翠素类花色苷含量的影响如图14-6所示，4种整形方式下可检测到4种二甲花翠素类花色苷，分别为二甲花翠素-3-$O$-单糖苷、二甲花翠素-3-$O$-香豆酰化单糖苷、二甲花翠素-3-$O$-乙酰化单糖苷和二甲花翠素-3-$O$-咖啡酰化单糖苷，花后55d，可检测到二甲花翠素-3-$O$-单糖苷、二甲花翠素-3-$O$-香豆酰化单糖苷和二甲花翠素-3-$O$-乙酰化单糖苷，且这3种二甲花翠素类花色苷的衍生物分别于花后90d含量最高，随后有所下降；花后55d和130d，未检测到二甲花翠素-3-$O$-咖啡酰化单糖苷，说明其不稳定；花后120d，二甲花翠素-3-O-单糖苷含量较花后60d分别增加了659.15mg/kg、457.32mg/kg、521.45mg/kg和507.15mg/kg，由大到小依次为CK＞T2＞T3＞T1，且T2和T3间差异不显著，说明T2和T3均有提高二甲花翠素类花色苷的作用。

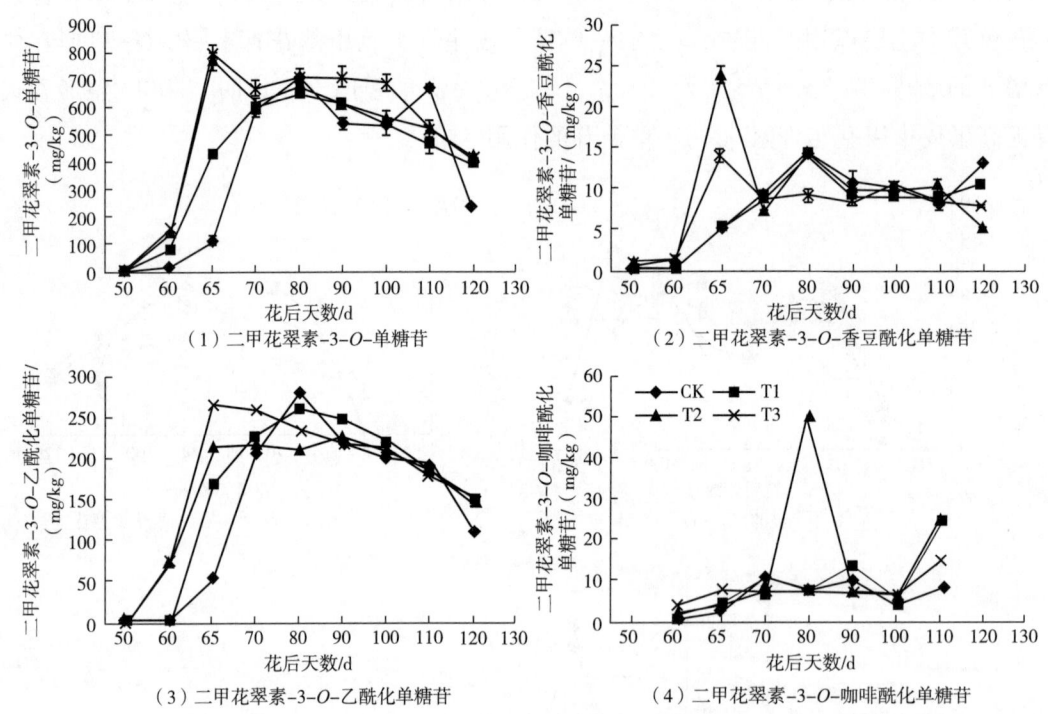

图14-6 不同矮化整形方式对葡萄果实发育过程中二甲花翠素类花色苷含量的影响

## 二、成熟期不同矮化整形方式对葡萄果实果皮单体花色苷含量的影响

由表14-6可知，成熟期T1、T2和T3处理总花色苷含量显著高于对照（CK），分别比对照高出46.18%、49.09%和58.04%。其中，T2和T3处理下花翠素类花色苷含量显著高于CK，分别比CK高21.07%、35.91%；T2处理下花青素类花色苷含量与CK差异不显著，但T3处理显著高于CK，较CK高14.42%；T1、T2和T3处理下甲基花翠素类花色苷含量显著高于CK，分别高56.38%、31.35%、51.93%；T1、T2和T3处理下甲基花青素类花色苷含量显著高于CK，分别高出71.02%、143.49%、173.37%；T1、T2和T3处理下二甲花翠素类花色苷含量显著高于CK，分别高出53.78%、59.41%、59.88%；总之，4种不同整形方式下花翠素类分支（花翠素类、甲基花翠素类和二甲花翠素类）花色苷含量分别为592.54mg/kg、875.68mg/kg、885.22mg/kg、918.34mg/kg，而4种

整形方式下花青素类分支（花青素类，甲基花青素类）花色苷含量分别为35.99mg/kg、43.1mg/kg、66.42mg/kg、75.02mg/kg。由上可知，花翠素分支类花色苷含量极显著高于花青素分支类花色苷含量，使葡萄果实和所酿葡萄酒呈紫色色调，同时，T2和T3处理下的修饰类花色苷也明显高于CK，说明T2和T3处理有利于葡萄酒色素的稳定性，也增加了葡萄酒的耐贮性。

表14-6 不同矮化整形方式对成熟期葡萄果皮单体花色苷含量的影响　　　单位：mg/kg

| 花色苷 | 化合物 | 整形方式 | | | |
|---|---|---|---|---|---|
| | | CK | T1 | T2 | T3 |
| 花翠素类花色苷（Dp） | 花翠素-3-O-单糖苷 | 39.92±0.71$^c$ | 40.32±0.03$^c$ | 55.33±0.96$^b$ | 64.33±0.88$^a$ |
| | 花翠素-3-O-乙酰化单糖苷 | 11.94±0.07$^a$ | 5.04±0.01$^d$ | 9.56±0.16$^b$ | 8.68±0.03$^c$ |
| | 花翠素-3-O-(cb-6'-O-香豆酰化)单糖苷 | 6.57±0.13$^a$ | 5.66±0.02$^d$ | 6.37±0.03$^b$ | 6.09±0.05$^c$ |
| | 花翠素-3-O-(t-6'-O-香豆酰化)单糖苷 | 3.08±0.04$^c$ | 3.64±0.02$^b$ | 3.44±0.03$^c$ | 4.73±0.04$^a$ |
| | 小计 | 61.51±0.95$^c$ | 54.66±0.08$^d$ | 74.7±1.18$^b$ | 83.83±1.00$^a$ |
| 花青素类花色苷（Cy） | 花青素-3-O-单糖苷 | 10.55±0.10$^b$ | 5.54±0.00$^c$ | 10.68±0.18$^b$ | 14.48±0.18$^a$ |
| | 花青素-3-O-香豆酰化单糖苷 | 4.15±0.05$^a$ | 1.15±0.03$^d$ | 3.89±0.07$^b$ | 2.33±0.01$^c$ |
| | 小计 | 14.70±0.15$^b$ | 6.69±0.04$^c$ | 14.58±0.25$^b$ | 16.82±0.18$^a$ |
| 甲基花翠素类花色苷（Pt） | 甲基花翠素-3-O-单糖苷 | 14.97±0.40$^c$ | 44.04±0.41$^b$ | 59.73±1.81$^a$ | 58.93±0.04$^a$ |
| | 甲基花翠素-3-O-乙酰化单糖苷 | 18.98±0.23$^a$ | 13.04±0.05$^b$ | 18.65±0.26$^a$ | 13.36±0.66$^b$ |
| | 甲基花翠素-3-O-香豆酰化单糖苷 | 17.38±0.50$^a$ | 14.84±0.07$^b$ | 11.87±0.02$^c$ | 13.38±0.71$^b$ |
| | 甲基花翠素-3-O-咖啡酰化单糖苷 | 127.90±3.18$^d$ | 208.38±0.81$^a$ | 145.19±0.97$^c$ | 186.65±0.31$^b$ |
| | 小计 | 179.24±4.31$^c$ | 280.30±1.34$^a$ | 235.44±4.06$^b$ | 272.32±1.72$^a$ |
| 甲基花青素类花色苷（Pn） | 甲基花青素-3-O-单糖苷 | 16.41±0.58$^d$ | 31.74±0.02$^c$ | 46.94±0.40$^b$ | 52.77±0.93$^a$ |
| | 甲基花青素-3-O-乙酰化单糖苷 | 3.38±0.07$^a$ | 2.83±0.01$^d$ | 3.18±0.01$^b$ | 3.04±0.02$^c$ |
| | 甲基花青素-3-O-香豆酰化单糖苷 | 1.52±0.02$^d$ | 1.83±0.02$^b$ | 1.72±0.02$^c$ | 2.39±0.02$^a$ |
| | 小计 | 21.29±2.98$^d$ | 36.41±1.24$^c$ | 51.84±3.05$^b$ | 58.20±0.94$^a$ |
| 二甲花翠素类花色苷（Mv） | 二甲花翠素-3-O-单糖苷 | 229.19±3.16$^c$ | 380.06±0.61$^b$ | 407.45±1.86$^a$ | 408.66±2.12$^a$ |
| | 二甲花翠素-3-O-乙酰化单糖苷 | 109.30±3.07$^b$ | 149.99±0.57$^a$ | 147.67±0.85$^a$ | 145.54±0.97$^a$ |
| | 二甲花翠素-3-O-咖啡酰化单糖苷 | — | — | — | — |
| | 二甲花翠素-3-O-香豆酰化单糖苷 | 13.12±0.05$^a$ | 10.67±0.02$^b$ | 5.39±0.05$^d$ | 7.98±0.04$^c$ |
| | 小计 | 351.61±6.28$^c$ | 540.72±1.20$^b$ | 560.51±2.76$^a$ | 562.18±3.13$^a$ |
| | 总花色苷含量 | 628.53±14.53$^d$ | 918.78±3.90$^c$ | 937.06±11.22$^b$ | 993.36±6.74$^a$ |

注：不同小写字母表示差异显著（$p \leq 0.05$）。

## 三、不同矮化整形方式对葡萄果实发育过程中花色苷合成相关基因表达的影响

不同矮化整形方式对葡萄果实发育过程中花色苷合成途径$VvPAL$基因相对表达量的影响如图14-7（1）所示。各整形方式下$VvPAL$基因在果实成熟过程中呈先上升后下降趋势，花后50d，各整形方式的$VvPAL$基因相对表达量均较低，且各整形方式间差异不显著，之后开始逐渐上升；花后65d，T3显著高于CK；花后70d，T3显著高于其他各整形方式；花后90d，各整形方式的$VvPAL$基因相对表达量均达到最大值，且T1和T3整形方式$VvPAL$基因相对表达量显著高于CK，且与T2差异不显著，之后开始下降；花后120d，T2和T3 $VvPAL$基因相对表达量显著高于其他两个整形方式，且T2和T3间差异不显著，说明T2和T3整形方式可促进$VvPAL$基因的表达。

不同矮化整形方式对葡萄果实发育过程中花色苷合成途径$VvCHS1$基因相对表达量的影响如图14-7（2）所示。各整形方式下$VvCHS1$基因在果实成熟过程中呈先上升后下降的趋势。在花后50d，各整形方式间差异不显著，且表达量均较低，基因伴随着转色的开始逐渐上调表达；花后65d，T2、T3 $VvCHS1$基因的相对表达量显著高于CK、T1，同时T3显著高于T2；花后90d，各整形方式下$VvCHS1$基因的相对表达量达到最大，且各整形方式间差异不显著；花后120d，T3 $VvCHS1$基因相对表达量显著高于其他各整形方式，说明T3整形方式有促进$VvCHS1$基因表达的作用。

不同矮化整形方式对葡萄果实发育过程中花色苷合成途径$VvF3'H$基因相对表达量的影响如图14-7（3）所示。各处理条件下$VvF3'H$基因在果实成熟过程中呈先上升后下降趋势，$VvF3'H$基因相对表达量在花后50d各整形方式间差异不显著。在花后65d，T2和T3显著高于CK和T1；在花后70d，各整形方式间差异不显著；花后90d $VvF3'H$相对表达量达到最大；花后90d后又开始下调表达，且T2和T3显著高于CK；花后120d，T1、T2和T3相对表达量显著高于CK，说明除CK外的其他3个整形方式对$VvF3'H$基因表达的影响不显著。

不同矮化整形方式对葡萄果实发育过程中花色苷合成途径$VvF3'5'H$基因相对表达量的影响如图14-7（4）所示。$VvF3'5'H$基因相对表达量在果实成熟过程中呈先上升后下降的趋势。花后50d，各整形方式间差异不显著；花后65d，T2和T3 $VvF3'5'H$基因相对表达量显著高于CK，但T2和T3间差异不显著；花后70d，T3 $VvF3'5'H$基因相对表达量显著高于其他各整形方式，且其他各整形方式间差异不显著，之后于花后90d各整形方式基因相对表达量有所下降，T2和T3基因相对表达量显著高于CK，但T2和T3间差异不显著；花后120d，除T3的其他各整形方式仍呈下降趋势，但T3 $VvF3'5'H$基因相对表达量与花后90d相比有所上升，说明T3有促进$VvF3'5'H$基因表达的作用。

不同矮化整形方式对葡萄果实发育过程中花色苷合成途径$VvDFR$基因相对表达量的影响如图14-7（5）所示。各整形方式下$VvDFR$基因相对表达量在果实成熟过程中整体呈

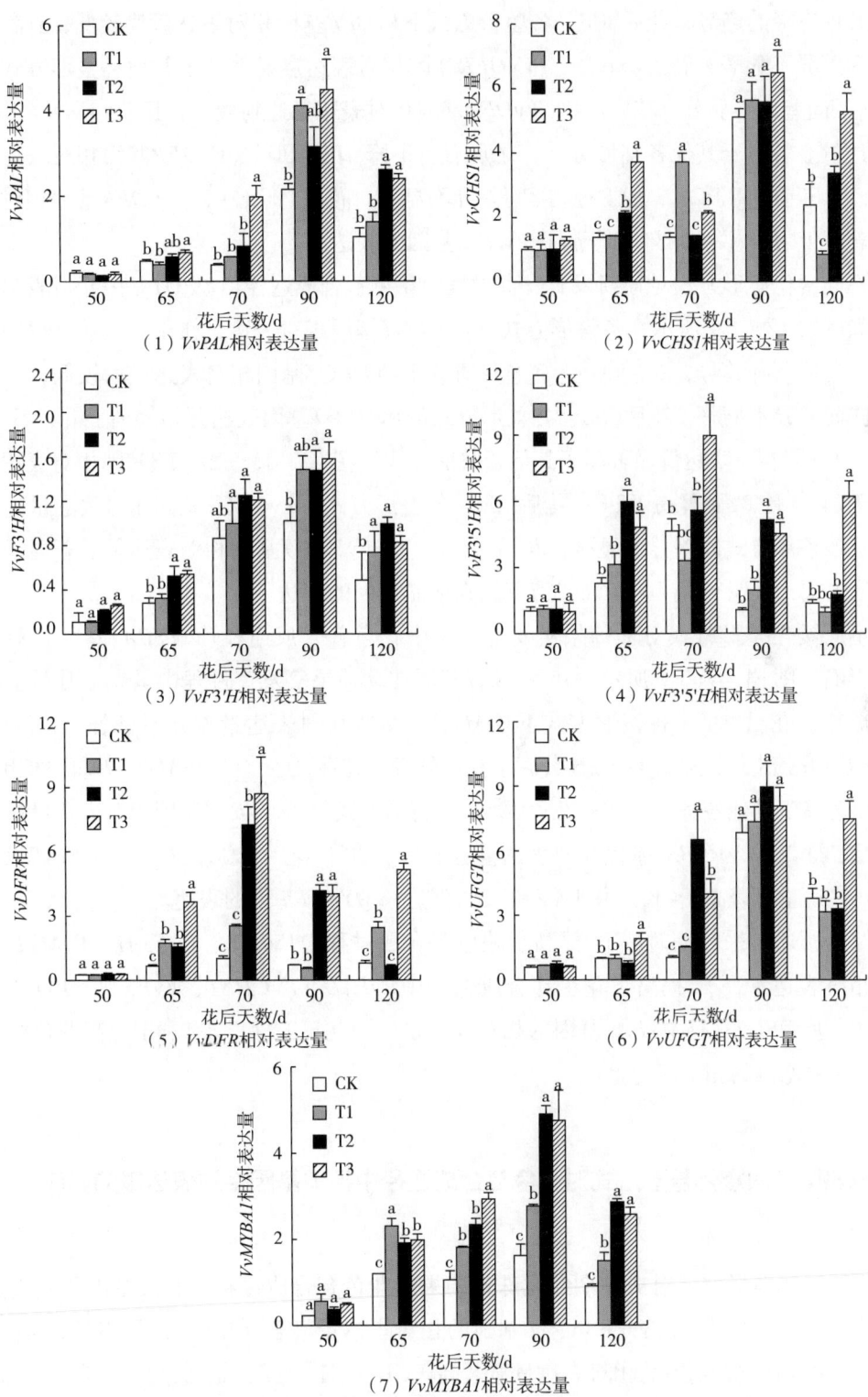

图14-7 不同矮化整形方式对葡萄果实花色苷合成相关基因相对表达量的影响

注：图中不同小写字母表示差异显著（$p<0.05$）。

先上升后下降的趋势，花后50d，各整形方式下*VvDFR*基因相对表达量均较低，且各整形方式间差异不显著；花后65d，T3 *VvDFR*基因相对表达量显著高于其他各整形方式，但T1和T2间差异不显著；花后70d，*VvDFR*基因相对表达量达到最大，且T3 *VvDFR*基因相对表达量显著高于其他各整形方式，之后有所下降；花后90d，*VvDFR*基因相对表达量在T2和T3下显著高于CK，但T2、T3间差异不显著；花后120d，T3 *VvDFR*基因相对表达量显著高于CK，说明T3有利于促进*VvDFR*基因的表达。

不同矮化整形方式对葡萄果实发育过程中花色苷合成途径*VvUFGT*基因相对表达量的影响如图14-7（6）所示。各整形方式下*VvUFGT*基因相对表达量在果实成熟过程中整体呈先上升后下降趋势，花后50d，各整形方式下*VvUFGT*基因相对表达量均较低，且各整形方式间差异不显著；花后65d，各整形方式的*VvUFGT*基因表达开始逐渐上升，且T3下*VvUFGT*基因相对表达量显著高于其他各整形方式；花后70d，T2和T3基因相对表达量显著高于CK，且T2显著高于T3；花后90d，各整形方式下*VvUFGT*基因相对表达量达到最大，且各整形方式间差异不显著；花后120d，T3 *VvUFGT*基因相对表达量显著高于其他各整形方式，说明T3有利于*VvUFGT*基因在成熟后期的表达。

不同矮化整形方式对葡萄果实发育过程中花色苷合成途径*VvMYBA1*基因相对表达量的影响如图14-7（7）所示。*VvMYBA1*基因在葡萄果实发育过程中呈先上升后下降的变化趋势，花后50d，各整形方式下*VvMYBA1*基因相对表达量差异不显著；花后65d，*VvMYBA1*开始上调表达，且T1显著高于其他处理；花后70d，T3 *VvMYBA1*基因的相对表达量显著高于其他各整形方式；花后90d，各整形方式的*VvMYBA1*基因相对表达量达到最大，且T2和T3 *VvMYBA1*基因相对表达量显著高于CK；花后120d，T2和T3 *VvMYBA1*基因相对表达量显著高于CK，说明T2和T3可促进*VvMYBA1*基因的表达。

综上所述，采收期时，T2提高了花色苷合成过程中*VvPAL*、*VvF3'H*、*VvMYBA1*基因的相对表达量，T3提高了花色苷合成途径中*VvPAL*、*VvCHS1*、*VvF3'H*、*VvF3'5'H*、*VvDFR*、*VvUFGT*、*VvMYBA1*基因的相对表达量，因此，T2和T3有利于提高花色苷合成过程中相关基因的相对表达量。

## 四、成熟期不同矮化整形方式对花色苷合成途径中相关基因相对表达量的影响

不同矮化整形方式对成熟期蛇龙珠葡萄果皮花色苷合成过程中相关基因相对表达量的影响见表14-7。T2、T3下*VvPAL*基因的相对表达量显著高于CK，是CK的2.48倍和2.18倍；T3 *VvCHS1*基因的相对表达量显著高于CK、T1、T2，是CK的2.21倍；T1、T2和T3间*VvF3'H*的相对表达量无显著差异，但显著高于CK，是CK的1.54倍、1.86倍和1.67倍；T3 *VvF3'5'H*基因的相对表达量显著高于其他三个整形方式，T3 *VvF3'5'H*基因相对表

达量是CK的4.5倍；T1和T3 *VvDFR* 基因的相对表达量显著高于CK和T2，且分别是CK的3倍、6.5倍；T3 *VvUFGT* 基因的相对表达量显著高于其他三个整形方式，均约是其他三个整形方式的2倍；T2和T3 *VvMYBA1* 基因的相对表达量显著高于CK，且分别约是CK的3倍、2.8倍。

表14-7　不同矮化整形方式对成熟期葡萄果皮花色苷合成过程中相关基因相对表达量的影响

| 整形方式 | *VvPAL* | *VvCHS1* | *VvF3'H* | *VvF3'5'H* | *VvDFR* | *VvUFGT* | *VvMYBA1* |
|---|---|---|---|---|---|---|---|
| CK | 1.05±0.2[b] | 2.39±0.64[b] | 0.48±0.25[b] | 1.38±0.16[b] | 0.79±0.11[c] | 3.78±0.46[b] | 0.91±0.04[c] |
| T1 | 1.39±0.22[b] | 0.85±0.10[c] | 0.74±0.19[a] | 0.97±0.22[b] | 2.44±0.27[b] | 3.15±0.5[b] | 1.50±0.19[b] |
| T2 | 2.61±0.11[a] | 3.36±0.22[b] | 0.9±0.06[a] | 1.77±0.15[b] | 0.67±0.06[c] | 3.30±0.23[b] | 2.86±0.07[a] |
| T3 | 2.40±0.11[a] | 5.27±0.58[a] | 0.8±0.06[a] | 6.23±0.69[a] | 5.15±0.29[a] | 7.47±0.84[a] | 2.57±0.16[a] |

注：不同小写字母表示差异显著（$p \leq 0.05$）。

## 第三节　讨论

大量研究表明，整形方式会影响葡萄果实花色苷的积累。葡萄果实及葡萄酒中的花色苷含量不仅影响其风味特征，而且影响消费者对葡萄酒的接受程度。红葡萄中花色苷的含量可能会根据品种、栽培管理方法、树冠微气候及果穗的曝光度发生相应的变化。随着成熟末期葡萄果实二甲花翠素-3-*O*-葡萄糖苷（Mv-3-*O*-G）及其香豆酰化花色苷比例的提高，果实整体组分发生变化。Mv-3-*O*-G占葡萄果皮总花色苷含量的40%以上，是赤霞珠、美乐、黑皮诺葡萄果皮中含量最多的单体花色苷。本研究发现，Mv-3-*O*-G的含量随着果实成熟进程的推进而增加，同时，其是蛇龙珠葡萄中含量最高的一种单体花色苷，不同整形方式下其占总花色苷的比例为55.9%~59.8%。酿酒葡萄中花青素通常经过单糖化形成甲基花青素衍生物。丹魄葡萄果实中花色苷含量显著高于美乐和赤霞珠，致使花翠素和甲基花翠素衍生物的积累，而美乐葡萄果皮有优先积累甲基花青素的特点，二甲花翠素衍生物主要以酰化形式存在于赤霞珠葡萄中。本研究结果发现，二甲花翠素主要以乙酰化、香豆酰化和咖啡酰化等形式存在于蛇龙珠葡萄中，但咖啡酰化形式于花后130d未检测到，与其他研究结果有所差异，可能是由于品种不同及花后130d可能为过熟期，而过熟期咖啡酰化形式的二甲花翠素可能降解，因此，在后期试验条件允许的情况下应进一步检测花后120d的单体花色苷含量，清晰地了解蛇龙珠葡萄中咖啡酰化花色苷稳定与否。在赤霞珠、歌海娜、西拉、美乐4种葡萄中共检测到18种单体花色苷，这些花色苷包括5种基本的单体花色苷、5种乙酰化花色苷、5种香豆酰化花色苷、两种咖啡酰化花色苷，但这18种花色苷并非在所有取样地区的赤霞珠和歌海娜葡萄中均能检测到，且发现Mv-3-O-G及其衍生物是美乐、赤霞珠、西拉葡萄中主要的多酚化合物，与本研究结果较为一致。本研究结果发现，Mv-3-O-G是蛇龙珠葡萄中最主要的单体花色苷，且随着生长发育进程的推进，Mv-3-O-G的含量呈先上升后下降的变化趋势，说明Mv-3-O-G是欧亚种葡萄中含量最多的一种花色苷。本研究发现，矮化"厂"字形整形方式总花色苷含量比直立独龙蔓形整形方式提高12.7%，尤其是Mv-3-O-G的含量。VSP整形下的果实中色素含量较高，其中以Mv-3-O-G及其乙酰化的葡萄糖苷占主导，与VSP整形相比较，GDC整形提高了果实中花色苷含量，因此采用GDC整形的果实所酿葡萄酒颜色较深，整形方式会影响葡萄果实中总花色苷的含量。葡萄果皮花色苷和可溶性固形物含量呈线性相关，在果实始熟期，伴随着糖分的快速积累，花色苷的浓度迅速提高。由此说明，花色苷的生物合成似乎高度依赖于浆果中糖分水平，其他酚类物质也遵循同样的方式。本试验中各整形方式条件下蛇龙珠葡萄Mv-3-O-G占总花色苷的比例为55.9%~59.8%。研究发现ABA可加速转色期糖和花色苷的累积，不同浓度ABA处理下的花色苷含量均在花后90d达到最大，比本研究结果中总花色苷含量出现最大值的时期提前，可能是喷施植物生长调节剂ABA促进了内源激素的合成，进而推进果实的成熟进程。本研究检测到了17种单体花色苷，4种整形方式下均以花翠素分支（花翠素、甲基花翠素和二甲花翠素）花色苷含量占主导，同时，T2和T3处理下甲基化修饰和酰化修饰类花色苷含量较高，由此可以解释T2和T3处理下所获葡萄果实和葡萄酒颜色呈紫色色调，T2和T3处理下葡萄酒具有较强耐贮性的原因。

葡萄多酚类化合物的生物合成受到基因的严格调控，基因调控保证葡萄品种组成的相对稳定，但是不同种植区域的同一品种中多酚类含量水平会发生变化，可能是由于光照、温度、栽培措施等造成的。*VvPAL*是花色苷生物合成第一阶段的关键限速酶，因此，其直接影响花色苷生物合成的转录水平。巨峰葡萄在转色前*PAL*基因开始表达，转色期开始表达逐渐增加并于花后90d达到最大值后下降，本研究中*VvPAL*基因的相对表达量从转色前开始逐渐增加并在花后90d达到最大，随后下降，且矮化"厂"字形整形下*VvPAL*基因的相对表达量在花后90d显著高于直立独龙蔓。研究发现，伴随着果实着色，*VvPAL*基因的相对表达量逐渐提高，且于成熟期时达到最大，与本研究结果不一致。研究表明，*PAL*基因的表达活性在转色期迅速提高，于成熟期后下降至较低水平，与本研究中*VvPAL*基因表达呈现相似的模式。在草莓、红色葡萄、苹果和梨中，*PAL*基因出现两个表达峰值，一个是在果实形成的早期，另一个是在成熟期，与本研究结果中*VvPAL*基因在成熟期出现的峰值一致，可能是由于本研究从转色前10d开始采样，采样时段未包括果实形成早期，因此后续研究应延长采样时间，涵盖整个生长发育期，以期研究整个生长发育过程中*PAL*基因的变化趋势。

*CHS*基因对类黄酮类化合物的生物合成至关重要，*CHS1*基因进入转色期后上调表

达，且在葡萄成熟过程中呈先升后降的趋势，在成熟初期 CHS1 基因相对表达量最大，这与本研究结果一致；有研究发现转色后的赤霞珠葡萄中检测不到 VvCHS1 基因的表达，这与本研究结果不同，可能是由于品种、栽培区域、土壤气候条件及栽培管理措施等不同使 VvCHS1 基因存在表达差异，还有待进一步研究。未经有机基质处理的巨峰葡萄的 CHS1 基因在成熟期相对表达量最高，与本研究结果一致。

$F3'H$ 和 $F3'5'H$ 分别是催化生成红色的花青素类花色苷和蓝色的花翠素类花色苷的两个关键酶基因，因此 $F3'H$ 与 $F3'5'H$ 之间的比例则决定果皮颜色。研究发现果实着色率为10%时 $F3'H$ 的表达量较低，着色率从10%提高到50%时 $F3'H$ 表达量迅速提高，100%着色时表达量最高，之后在成熟期有所下降，而 $F3'5'H$ 在成熟期的表达水平达到最大。与本研究中 $VvF3'H$ 基因表达的结果一致，而与 $VvF3'5'H$ 不一致，可能是由于花青素是其他各种色素的前提物质，因此，伴随着果实着色，红色的花青素主要转变为蓝紫色的花翠素，致使在成熟期控制花青素合成的 $VvF3'H$ 基因相对表达量下降，而 $VvF3'5'H$ 最大。研究发现从开始转色至结束，疏穗条件下的"夏黑"葡萄 $F3'5'H$ 上调表达，$F3'H$ 下调表达，这与本研究中 $F3'H$ 基因的表达变化趋势恰好相反，可能是由于此阶段花翠素类花色苷的含量高于花青素类花色苷的原因。

疏穗条件下 DFR 基因上调表达，而当花色苷累积量达到最大时该基因表达下调，与本研究结果一致，本研究发现 VvDFR 基因相对表达量在各处理条件下整体呈先升后降的趋势，且在花后70d表达量最高，而与花色苷含量出现最大值的时期不一致，很可能是由于植株之前大量合成用于花色苷合成和积累的酶，即使此时基因下调表达也不会影响花色苷含量，花色苷积累量也可能会通过回馈机制来抑制基因的表达。研究表明巨峰葡萄在生长发育过程中果实果皮中 DFR 基因的表达整体呈上升趋势，在成熟期时，花色苷含量降低时 DFR 基因仍呈上调表达，这与本研究结果不一致，可能是由于 DFR 催化产生的无色花色素不仅是花色苷合成的底物，也是原花青素聚合的直接底物，此时这些底物主要被用于原花青素的生物合成或是由于 DFR 基因表达具有组织特异性，而且外界条件的不同也会影响其转录表达，这仍有待进一步研究。

UFGT（3GT）是花色苷生物合成的关键酶，且红葡萄中 3GT 仅在转色后的果皮中表达。西拉葡萄只在果皮中积累花色苷，且 UFGT 基因只在果皮中表达，白色葡萄品种因缺失 UFGT 基因而未检测到花色苷，充分说明 UFGT 的重要性。在深红色无核葡萄上的研究与本试验结果相似：VvUFGT 基因相对表达量在果实转色后开始增加，在成熟初期其相对表达量最大，之后到采收期时稍微有所下降，且在采收期时矮化"厂字"形整形方式显著高于其他各整形方式，表明"厂"字形整形方式通过促进 VvUFGT 基因的表达来提高花色苷的含量。也有研究表明居由式整形方式下的 UFGT 基因在滞后期开始表达，随后下降，成熟期后降到最低，这与本研究结果不同，这可能是由于不同整形方式下叶幕接收光照、同化二氧化碳的能力及叶幕微气候差异造成的。

研究表明从果树中分离的与花色素苷相关的调控基因大部分为 R2R3MYB。VvMYBA1

是直接控制*VvUFGT*基因表达的调控因子。*MYBA1*在激活花色苷合成途径的最后一步起重要作用，比如*O*-甲基化转移酶及其转运。*MYBA1*通过直接调控*UFGT*的表达进而调控花色苷的生物合成，这表明*MYBA1*基因在葡萄花色苷的生物合成过程中起着至关重要的作用。通过研究*MYBA1*基因型与葡萄果皮颜色表现型的关系发现，*MYBA1*基因型决定葡萄果皮的颜色。诺顿葡萄在花后85d（成熟初期）*MYBA1*基因的转录水平达到最大，之后下降且保持较低水平，而赤霞珠葡萄*VvMYBA1*的转录水平在转色期达到最大，之后逐渐下降，诺顿葡萄的情况与本研究结果较为一致，而赤霞珠则不同，可能是由于*MYBA1*基因表达具有品种特异性。*MYBA1*基因在着色前期几乎不表达，着色中后期大量表达，果实完全着色后转录水平降低，这与本研究结果一致。

  *F3'H*是控制花青素类花色苷的关键酶基因，而*F3'5'H*是控制花翠素类花色苷的酶基因。本研究结果发现，T2和T3整形方式下*VvF3'H*与花青素类花色苷含量呈正相关，且T3整形方式下相关性显著，4种整形方式下*VvF3'5'H*与花翠素类花色苷含量呈正相关，且T3整形方式下相关性较高，可能是由于T2和T3整形方式下树体接收光照量充足，实际温度较高且均匀，而充足的光照和适宜的温度则会提高花色苷合成过程中相关酶基因的活性，进而促进花色苷的生物合成，或者是由于植物在受到光刺激后，将光信号传给转录因子，而调控结构基因表达的转录因子则参与花色苷的生物合成。

  本研究结果发现果实中总花色苷含量与花色苷合成过程中相关基因的相对表达量关联性较差，可能是由于总花色苷含量测定利用的是完整的果实，而花色苷合成过程中相关基因的相对表达量则利用的是果皮，而所研究的6个结构基因及1个调控基因主要在果实果皮中表达较强，因此在后续研究中应探索相关基因在完整果实中的表达水平，从而将基因型与表现型结合起来。

## 第四节　小结

  采用HPLC-MS联用，本研究共检测到17种单体花色苷，矮化倒"L"整形方式和矮化"厂"字形整形方式葡萄果实中总花色苷含量显著高于CK，这两种整形方式葡萄果实花翠素分支（花翠素类，甲基花翠素类，二甲花翠素类）花色苷占总花色苷的90%以上，花青素分支也是如此，但其含量较低，致使葡萄果实和所酿葡萄酒呈紫色调，有利于获得稳定的葡萄酒色泽。

  与传统直立独龙蔓相比，矮化倒"L"整形方式可提高花色苷合成过程中*VvPAL*、*VvF3'H*、*VvMYBA1*基因的相对表达量，矮化"厂"字整形方式提高了花色苷合成途径中*VvPAL*、*VvCHS1*、*VvF3'H*、*VvF3'5'H*、*VvDFR*、*VvUFGT*、*VvMYBA1*基因的相对表达量，说明两者均可提高花色苷合成途径中相关基因的表达。

# 第十五章 不同矮化整形方式对蛇龙珠葡萄果实挥发性风味物质的影响

葡萄酒的香气可分为一类、二类和三类香气,它们分别是由葡萄品种自身产生的品种香气、酿造时产生的发酵香气和陈酿时产生的陈酿香气。一类香气由葡萄浆果中固有的芳香物质和香气浓郁度来决定,是发酵香气和陈酿香气的基础,对葡萄酒的香气影响较大。

葡萄果实的风味物质主要包括糖、酸、酚类、氨基酸、挥发性风味物质等,研究表明与葡萄酒香气有关的酿酒葡萄果实挥发性物质多达几百种,它们主要包括酯类、醇类、醛类、酮类以及萜烯类等,这些物质以游离态和糖苷结合态的形式存在。

葡萄果实挥发性风味物质的合成与积累除受葡萄品种自身的遗传特性和所处立地环境条件共同调控外,还受葡萄水肥管理、整形修剪、果实负载、病虫害防治等栽培技术措施影响,其中,葡萄整形修剪可通过改变葡萄植株通风透光及葡萄果实微气候来调控葡萄果实的风味物质的代谢积累。

目前,对葡萄果实挥发性风味物质的研究主要集中在芳香葡萄品种,而不同整形方式对葡萄果实挥发性风味物质的影响研究较少,尚未见不同矮化整形方式对葡萄果实挥发性风味物质及其相关基因表达量影响的报道。

为此,本研究以蛇龙珠为试材,通过研究比较不同矮化整形方式对葡萄果实发育过程中挥发性风味物质的积累及挥发性风味物质合成过程中相关基因的表达影响,从分子水平揭示不同整形方式对挥发性风味物质合成代谢机制的影响,以期优选出适宜埋土防寒区栽培管理、有利于提高酿酒葡萄果实挥发性风味物质含量的整形方式以供生产使用,为埋土防寒区酿酒葡萄科学栽培管理提供理论指导。

## 第一节 材料与方法

### 一、试验材料

试验材料:采用直立独龙蔓(CK)、矮化杯状(T1)、矮化倒"L"(T2)和矮化

"厂"字形（T3）4种整形方式。

取样时间与方法：试验共采样5次，分别在花后50d、65d、70d、90d和120d进行采样。采样时间为8：00—10：00，每次随机选取不同植株不同着生方向的果穗，在果穗的上、中、下部位采集果粒共100粒，采后立即用液氮速冻，放入-80℃冰箱备用。

## 二、项目测定

### （一）果实挥发性风味物质的测定

游离态香气物质的提取：从-80℃冰箱中取出葡萄果实，称取用液氮冷冻后研磨的葡萄粉末10g放于50mL离心管中，然后在离心管中加入0.5g D-葡萄糖酸内酯和1g交联聚乙烯基聚吡咯烷酮，将离心管置于 4℃冰箱中静置浸提120min，然后于4℃下9000r/min离心10min，得到澄清葡萄汁，每个处理重复3次。

顶空固相微萃取：取上述澄清葡萄汁5mL，置15mL的样品瓶中，加入1g NaCl、5μL内标物2-辛醇和磁力转子后，迅速拧紧顶空瓶的盖子，然后置于磁力搅拌加热台上，用已活化的75μm（萃取类型号）聚二甲基硅氧烷/碳筛/二乙烯苯（PDMS/CAR/DVB）萃取头插入顶空瓶里，距液面1cm。在37℃下搅拌加热，吸附40min，使顶空瓶中的挥发性物质达到平衡状态，然后从样品瓶中取出萃取头后插入气相色谱进样口，在250℃下解析3min。

气相色谱质谱（GC/MS）条件：试验所用气相色谱-质谱联用仪为GCMS-QP2010（日本岛津公司）；所用色谱柱为HP-5MS（30m×0.25mm，0.25μm）。载气为氦气，流速为0.8mL/min。采用手动进样，不分流模式。柱温箱的升温程序为：35℃保持3min，然后以 4℃/min的速度升温至120℃，保持2min，再以10℃/min 的速度升温至230℃，保持8min。汽化室温度为250℃，离子源温度为200℃，离子能量70eV，电离方式为EI源，检测器电源350eV。

定性分析：将未知物图谱与NIST98谱库进行比对并初步鉴定，再结合保留时间、参考文献、质谱离子图进行定性分析。定量分析：采用内标法相对定量（假定校正因子为1），具体公式如下所示。

待测挥发性风味物质的浓度=（待测挥发性风味物质的峰面积/内标物质的峰面积）×内标物质的浓度

### （二）果实挥发性风味物质相关基因的测定

总RNA的提取：总RNA的提取使用北京爱普拜生物有限公司的PEXBIO植物果实总RNA抽提试剂盒，按照说明步骤操作。

Real-Time PCR：以总RNA为模板，利用Takara Prime ScriptTM RT reagent Kit with gDNA Eraser（Perfect Real time）试剂盒反转录合成 cDNA。选取*VvActin*为内参

基因,基因 *VvEcar*、*VvCCD1*、*Vvter* 和 *VvLis* 的引物根据 Genebank 中所查找到的特异性序列,登录 http://www.idtdna.com/primerquest/Home/Index 进行引物设计,引物由北京奥科鼎盛生物科技有限公司完成,引物设计序列见表15-1。

表15-1 qRT-PCR引物设计序列

| 基因 | 方向 | 引物序列（5′→3′） | 登录号 |
|---|---|---|---|
| *VvEcar* | Forward | CGCCACAAAGTACTCTTCAAATC | JF808010 |
| | Reverse | AATAATGCCTGGCCTCTAGC | |
| *VvCCD1* | Forward | GCTGGAGAAGCTGATAGTGAAG | NM_001280915.1 |
| | Reverse | TGGAGAGGCTGTGAAGAATCGTC | |
| *Vvter* | Forward | AGACTTCGCACACAGACATC | XM_002269696.1 |
| | Reverse | CTTGCCATTGAGGTGAAACATGCCT | |
| *VvLis* | Forward | CTGTCACTTCCTCTTGTCTTCTC | AM428580.2 |
| | Reverse | TTACACGCAACCACAACAAGCAGC | |
| *VvActin* | Forward | TCCTTGCCTTGCGTCATCTAT | EC969944 |
| | Reverse | CACCAATCACTCTCCTGCTACAA | |

qRT-PCR反应体系为25μL:模板DNA 1μL(模板浓度200ng/μL),上、下游引物各0.5μL,2×UltraSYBR Mixture(CWBIO)12.5μL,ddH$_2$O 10.5μL。qRT-PCR反应程序采用2步法:95℃10min,95℃15s,60℃1min,40个循环。每次循环第2步进行荧光采集,以用ddH$_2$O代替cDNA的空白对照(NTC)为对照,所有PCR反应设置3次生物学重复,公式为2$^{-\Delta\Delta Ct}$(相对定量法)对数据进行定量分析。

## 第二节 结果与分析

### 一、蛇龙珠葡萄果实成熟期挥发性风味物质种类及感官特征

本研究对4种不同整形方式所得蛇龙珠葡萄果实进行检测,共检测到挥发性风味物质68种,其中:醇类19种、酯类14种、酸类6种、醛类8种、酮类7种、烃类和其他类14种,以醇类和酯类最为常见,含量较高。根据相关文献报道,将所检测到的各种挥发性物质感

官特征整理如表15-2所示。由表15-2可以看出,蛇龙珠葡萄果实中的挥发性物质多为花香和果香类风味物质,为一类香气。

表15-2 蛇龙珠葡萄果实成熟期挥发性风味物质种类及感官特征

| 类型 | 蛇龙珠葡萄果实香气成分GC-MS分析结果及感官特征 | | |
|---|---|---|---|
| | 化合物名称 | 分子式 | 感官特征 |
| 醇类 | 顺式-2-己烯醇 | $C_6H_{12}O$ | 新鲜覆盆子香气,青香香气 |
| | 3-己烯醇 | $C_6H_{12}O$ | 面包香或果香 |
| | 1-己醇 | $C_6H_{14}O$ | 青草味,吐司味 |
| | 3-戊烯醇 | $C_5H_{10}O$ | 果香 |
| | 2-戊醇 | $C_5H_{12}O$ | 果香,覆盆子味,坚果味 |
| | 异己醇 | $C_6H_{14}O$ | — |
| | 异戊醇 | $C_5H_{12}O$ | 苦杏仁味,涩味 |
| | 2-丁醇 | $C_4H_{10}O$ | 酒精味(愉悦) |
| | 3-甲基-1-戊醇 | $C_6H_{14}O$ | 果香 |
| | 1,4-戊二烯-3-醇 | $C_5H_8O$ | 果香 |
| | 2-己醇 | $C_6H_{14}O$ | 椰子味 |
| | 4-己烯-1-醇 | $C_6H_{12}O$ | 树叶气味 |
| | α-甲基炔丙醇 | $C_4H_6O$ | — |
| | 庚醇 | $C_7H_{16}O$ | 强烈的芳香气味 |
| | α-甲基苯甲醇 | $C_8H_{10}O$ | 苦杏仁味 |
| | 里哪醇 | $C_{10}H_{18}O$ | 杨梅香味 |
| | 2-丙醇 | $C_3H_8O$ | 醇香,成熟果香 |
| | 3-癸醇 | $C_{10}H_{22}O$ | 橙花香气并伴有油脂气味 |
| | 2-壬醇 | $C_9H_{20}O$ | 强烈的果类清香,蔷薇香气 |
| 酯类 | 甲酸甲酯 | $C_2H_4O_2$ | 果香 |
| | 甲酸乙酯 | $C_3H_6O_2$ | 果香 |
| | 丙酸乙酯 | $C_5H_{10}O_2$ | 菠萝果香 |
| | 甲酸己酯 | $C_7H_{14}O_2$ | 苹果及未成熟梅子味 |

续表

| 类型 | 蛇龙珠葡萄果实香气成分GC-MS分析结果及感官特征 | | |
|---|---|---|---|
| | 化合物名称 | 分子式 | 感官特征 |
| 酯类 | 苯乙酸苯乙酯 | $C_{16}H_{16}O_2$ | 蜂蜜香气 |
| | 丙酸丙酯 | $C_6H_{12}O_2$ | 苹果、香蕉、菠萝的水果复合香气 |
| | 2,2-二甲基内酸-2-苯基乙酯 | $C_{13}H_{18}O_2$ | 果香 |
| | 糠基硫代丙酸酯 | $C_8H_{10}O_2S$ | — |
| | 甲酸异戊酯 | $C_6H_{12}O_2$ | 果香 |
| | 乳酸乙酯 | $C_5H_{10}O_3$ | 优雅的果香 |
| | 亚磷酸二癸酯 | $C_{20}H_{43}O_3P$ | — |
| | 2-丁炔酸甲酯 | $C_5H_{10}O_2$ | 浓郁的果香 |
| | 3-琥珀酸己烯酯 | $C_{10}H_{16}O_4$ | — |
| | 5-月桂酸己烯酯 | $C_{18}H_{34}O_2$ | 果香、花香、肥皂香 |
| 酸类 | L-乳酸 | $C_3H_6O_3$ | 乳香 |
| | 乙酸 | $C_2H_4O_2$ | 醋味,刺激性气味 |
| | 叔戊酸 | $C_5H_{10}O_2$ | 腐败味 |
| | 棕榈酸 | $C_{16}H_{32}O_2$ | — |
| | 苯甲酸 | $C_7H_6O_2$ | 安息香或苯甲醛气味 |
| | 庚酸 | $C_7H_{14}O_2$ | 腥臭气味,发酵香、果香 |
| 醛类 | 甜瓜醛 | $C_9H_{16}O$ | 果香 |
| | 辛醛 | $C_8H_{16}O$ | 不良的化学气味,苦味,柠檬味 |
| | 山梨醛 | $C_6H_8O$ | — |
| | 丙烯醛 | $C_3H_4O$ | — |
| | 反式-2-戊烯醛 | $C_5H_8O$ | — |
| | 3-乙基丁醛 | $C_6H_{12}O$ | — |
| | 己醛 | $C_6H_{12}O$ | 低浓度时具有果香 |
| | 4-顺式-癸烯醛 | $C_{10}H_{18}O$ | 青草气味,柑橘香气,油脂香 |
| 酮类 | 4-甲基-1-庚烯-5-酮 | $C_8H_{14}O$ | — |
| | 环戊烯酮 | $C_5H_6O$ | — |
| | 3-甲基-2-环戊烯酮 | $C_6H_8O$ | — |

续表

| 类型 | 蛇龙珠葡萄果实香气成分GC-MS分析结果及感官特征 | | |
| --- | --- | --- | --- |
| | 化合物名称 | 分子式 | 感官特征 |
| 酮类 | 1,3-环戊酮 | $C_5H_6O_2$ | 近似苯醌的微甜味 |
| | 2-壬酮 | $C_9H_{18}O$ | 特有的芳香植物气味或玫瑰花香 |
| | 艾蒿酮 | $C_{10}H_{16}O$ | — |
| | 2-丁酮 | $C_4H_8O$ | 丙酮味，清漆味 |
| 烃类 | （Z）-4,4-二甲基-2-戊烯 | $C_7H_{14}$ | — |
| | 2,2-二甲基-3-癸烯 | $C_{12}H_{24}$ | — |
| | 2,5-二甲基-1-己烯 | $C_8H_{16}$ | — |
| | 辛烯 | $C_8H_{16}$ | — |
| | 顺式-2-辛烯 | $C_8H_{16}$ | — |
| | 2-壬烯 | $C_9H_{18}$ | — |
| | 月桂烯 | $C_{10}H_{16}$ | 清淡的油脂气味 |
| | 1,5-庚二烯 | $C_7H_{12}$ | — |
| | 4-甲基-3-戊烯醛 | $C_6H_{12}$ | — |
| | 4-甲基-1-己烯 | $C_7H_{14}$ | — |
| 其他类 | 2-乙基呋喃 | $C_6H_8O$ | — |
| | 二苯并呋喃 | $C_{12}H_8O$ | — |
| | 4,6-二-叔丁基间苯二酚 | $C_{14}H_{22}O_2$ | 酚类的化学气味 |

注：—表示没气味。

## 二、不同矮化整形方式对葡萄果实发育过程中挥发性风味物质变化的影响

### （一）不同矮化整形方式对蛇龙珠葡萄果实发育过程中醇类、酯类物质的影响

葡萄中的挥发性醇类化合物可转移到葡萄酒中，并对葡萄酒的口感和香气发挥重要作用。由表15-3和图15-1可知，蛇龙珠葡萄果实醇类物质积累量较多的有1-己醇、4-己烯-1-醇、1,4-戊二烯-3-醇、2-戊醇、异己醇、己酸醇、2,3-己二醇、3-己烯醇和α-甲基炔丙醇。1-己醇、2-戊醇、1,4-戊二烯-3-醇、异己醇、己酸醇和α-甲基炔丙醇在矮化"厂"字形整形方式的整个生长周期均有，且含量较多，显著高于其他3个整形方式。

2,3-己二醇含量最多的是矮化杯状整形方式。4种整形方式的3-己烯醇均从花后70d开始积累，矮化杯状整形方式的含量最多，矮化"厂"字形整形方式次之，显著高于其他两种整形方式。4-己烯-1-醇整形方式的含量从幼果期至成熟期逐渐下降，但矮化"厂"字形整形方式的4-己烯-1-醇含量显著高于其他处理。

表15-3　不同矮化整形方式的蛇龙珠葡萄果实发育过程中醇类物质的对比　　单位：μg/L

| 物质名称 | 整形方式 | 花后天数/d | | | | |
| --- | --- | --- | --- | --- | --- | --- |
| | | 50 | 65 | 70 | 90 | 120 |
| 2-戊醇 | CK | 0.25 | 0.95 | 0.11 | 0.29 | 0.26 |
| | T1 | 0.10 | 0.36 | 0.42 | 0.27 | 0.84 |
| | T2 | 0.12 | 0.20 | 0.30 | 0.07 | 0.72 |
| | T3 | 0.16 | 0.39 | 0.16 | 0.19 | 1.06 |
| 1-己醇 | CK | 0.45 | 2.65 | 1.85 | 0.11 | 2.07 |
| | T1 | 0.24 | 0.52 | 1.51 | 0.36 | 0.99 |
| | T2 | 1.60 | 0.79 | 0.73 | 0.85 | 1.56 |
| | T3 | 0.83 | 3.75 | 3.17 | 0.20 | 2.00 |
| 异己醇 | CK | 0.45 | 2.65 | — | 0.11 | 1.97 |
| | T1 | 0.24 | 0.52 | 1.51 | 0.36 | 0.89 |
| | T2 | 1.60 | — | 0.73 | 1.85 | 1.53 |
| | T3 | 0.83 | 3.75 | 3.17 | 0.20 | 1.88 |
| 1,4-戊二烯-3-醇 | CK | 0.19 | — | 0.20 | — | — |
| | T1 | 0.24 | — | 0.10 | 0.40 | — |
| | T2 | — | 0.93 | — | 0.45 | 0.39 |
| | T3 | 0.71 | 0.44 | 2.45 | 0.85 | 0.77 |
| 4-己烯-1-醇 | CK | — | 0.47 | 0.21 | 0.68 | — |
| | T1 | — | 0.33 | 0.19 | — | 0.08 |
| | T2 | 1.60 | — | 0.69 | 0.36 | — |
| | T3 | 9.30 | 1.21 | — | 0.98 | 0.88 |
| 己酸醇 | CK | — | 43.04 | 69.71 | 21.91 | 1.37 |
| | T1 | — | 22.60 | 63.85 | — | 0.59 |
| | T2 | 0.56 | 98.93 | — | 126.47 | 0.31 |
| | T3 | 1.50 | 280.58 | 100.10 | 54.83 | 0.47 |

续表

| 物质名称 | 整形方式 | 花后天数/d | | | | |
|---|---|---|---|---|---|---|
| | | 50 | 65 | 70 | 90 | 120 |
| 2,3-己二醇 | CK | — | 0.13 | — | — | 6.30 |
| | T1 | — | 0.29 | — | 0.26 | 6.00 |
| | T2 | 0.29 | — | 0.61 | — | 0.55 |
| | T3 | 2.94 | — | 0.69 | 0.50 | 0.44 |
| 3-己烯醇 | CK | — | — | 38.46 | 0.15 | 16.46 |
| | T1 | — | — | 2.84 | 28.15 | 68.15 |
| | T2 | — | — | 20.07 | 12.99 | 10.37 |
| | T3 | — | — | 41.91 | 20.51 | 14.18 |
| 苯甲醇 | CK | 0.89 | 0.71 | 0.21 | 0.68 | 0.57 |
| | T1 | 0.12 | 1.05 | 0.19 | — | — |
| | T2 | 0.59 | — | 0.69 | 0.36 | 0.06 |
| | T3 | 0.33 | 1.17 | 0.55 | 0.98 | 0.10 |

注：—表示未检测到。

葡萄果实中的酯类物质常常为葡萄酒提供果香。由表15-4和图15-1可知，蛇龙珠葡萄果实酯类物质积累量较多的有甲酸甲酯、甲酸乙酯、丙酸乙酯、苯乙酸苯乙酯、丙酸丙脂、乳酸乙酯和2-丁酸甲酯。甲酸甲酯和甲酸乙酯在果实的生长发育时期呈增大的趋势，甲酸甲酯含量是T2>CK>T3>T1；甲酸乙酯、丙酸乙酯、苯乙酸苯乙酯、丙酸丙脂、乳酸乙酯和2-丁酸甲酯在T3整形方式下积累的含量最高，显著高于其他3个整形方式，T2次之。

表15-4　不同矮化整形方式的蛇龙珠葡萄果实发育过程中酯类物质的对比　单位：μg/L

| 物质名称 | 整形方式 | 花后天数/d | | | | |
|---|---|---|---|---|---|---|
| | | 50 | 65 | 70 | 90 | 120 |
| 甲酸甲酯 | CK | 0.35 | 0.21 | 0.45 | 0.19 | 1.53 |
| | T1 | 0.64 | 0.39 | 0.44 | 0.29 | 0.42 |
| | T2 | 1.05 | 0.30 | 0.11 | 0.31 | 1.11 |
| | T3 | 0.49 | 0.55 | 0.42 | 0.25 | 0.99 |

续表

| 物质名称 | 整形方式 | 花后天数/d | | | | |
|---|---|---|---|---|---|---|
| | | 50 | 65 | 70 | 90 | 120 |
| 甲酸乙酯 | CK | 0.40 | 0.24 | 0.23 | 0.29 | 1.99 |
| | T1 | 0.27 | 0.22 | 0.48 | 0.54 | 0.48 |
| | T2 | 0.40 | 0.55 | 0.88 | 0.53 | 0.71 |
| | T3 | 1.03 | 0.83 | 0.81 | 0.35 | 1.38 |
| 丙酸乙酯 | CK | 0.54 | 0.33 | — | 0.70 | 0.32 |
| | T1 | 1.31 | — | 0.35 | 0.14 | 0.31 |
| | T2 | — | 0.40 | — | 2.05 | 15.43 |
| | T3 | 1.03 | 3.00 | 1.39 | 0.37 | 19.89 |
| 苯乙酸苯乙酯 | CK | 0.83 | 4.12 | 0.50 | 0.21 | 0.34 |
| | T1 | — | — | 0.25 | 0.25 | 1.47 |
| | T2 | — | 17.08 | 0.79 | 0.78 | 2.09 |
| | T3 | 1.86 | 5.32 | 1.70 | 0.29 | 2.98 |
| 丙酸丙酯 | CK | 0.06 | 0.13 | — | 0.26 | 0.21 |
| | T1 | 0.64 | 0.26 | 0.17 | 0.35 | — |
| | T2 | — | — | 0.38 | 1.69 | 1.10 |
| | T3 | 0.19 | 1.11 | 0.24 | 0.45 | 0.42 |
| 乳酸乙酯 | CK | 0.84 | 0.36 | — | 0.70 | — |
| | T1 | 0.80 | 0.15 | 0.44 | — | 0.51 |
| | T2 | 0.78 | 0.23 | — | — | — |
| | T3 | 0.66 | — | 5.34 | 0.18 | 0.22 |
| 2-丁酸甲酯 | CK | — | 1.54 | 0.60 | 0.20 | 0.58 |
| | T1 | 1.53 | 0.26 | 2.25 | 0.23 | 0.16 |
| | T2 | 1.33 | 0.36 | 0.69 | 0.42 | — |
| | T3 | 1.02 | 2.28 | 0.33 | 0.77 | 0.64 |

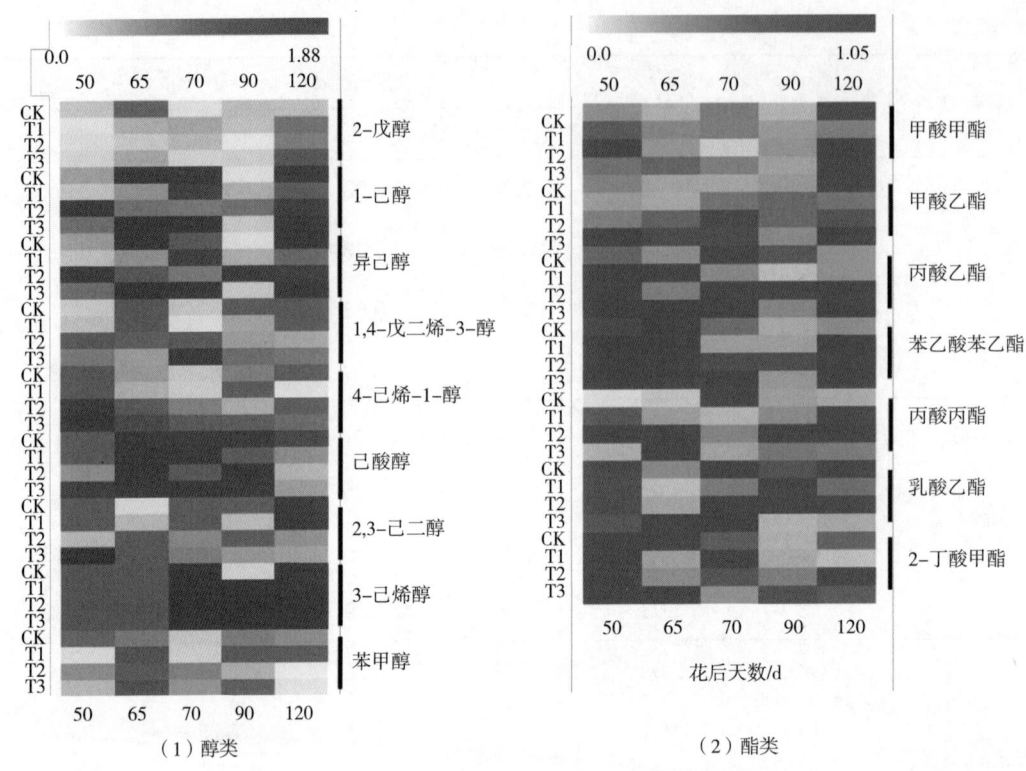

图15-1 不同矮化整形方式对蛇龙珠葡萄果实发育过程中醇类、酯类物质含量的影响

**（二）不同矮化整形方式对蛇龙珠葡萄果实发育过程中酸类、醛类和酮类物质的影响**

葡萄果实中的酸类物质常常作为酯类物质的合成前体。由表15-5和图15-2可知，蛇龙珠葡萄果实检测到的挥发性酸类物质主要有苯甲酸、叔戊酸和乙酸3种。在果实的不同生长发育阶段，不同整形方式下均可检测到苯甲酸，且其含量为T3＞T2＞T1＞CK；而于幼果期T1和T2中并未测到叔戊酸，在转色期T3果实中未检测到叔戊酸和乙酸，CK在成熟期均未测到叔戊酸和乙酸。叔戊酸和乙酸含量最多的是T3，显著高于其他3种整形方式。

表15-5 不同矮化整形方式对蛇龙珠葡萄果实发育过程中酸类物质的对比　　　　单位：μg/L

| 物质名称 | 整形方式 | 花后天数/d | | | | |
| --- | --- | --- | --- | --- | --- | --- |
| | | 50 | 65 | 70 | 90 | 120 |
| 苯甲酸 | CK | 0.25 | 0.15 | 0.33 | 0.38 | 0.10 |
| | T1 | 0.23 | 0.13 | 0.79 | 0.36 | 0.70 |
| | T2 | 0.71 | 0.23 | 0.51 | 0.30 | 0.56 |
| | T3 | 0.51 | 0.56 | 0.25 | 0.44 | 0.88 |

续表

| 物质名称 | 整形方式 | 花后天数/d | | | | |
|---|---|---|---|---|---|---|
| | | 50 | 65 | 70 | 90 | 120 |
| 叔戊酸 | CK | 1.45 | 0.99 | — | 0.23 | — |
| | T1 | — | — | 0.83 | — | 0.30 |
| | T2 | — | 0.05 | — | 0.24 | — |
| | T3 | 0.67 | 1.17 | — | 0.23 | 0.88 |
| 乙酸 | CK | 0.11 | 0.11 | 0.05 | — | — |
| | T1 | — | 0.13 | — | 0.23 | 0.15 |
| | T2 | 0.51 | — | 0.19 | — | 0.10 |
| | T3 | 0.17 | 0.11 | — | 0.59 | — |

注：—表示未检测到。

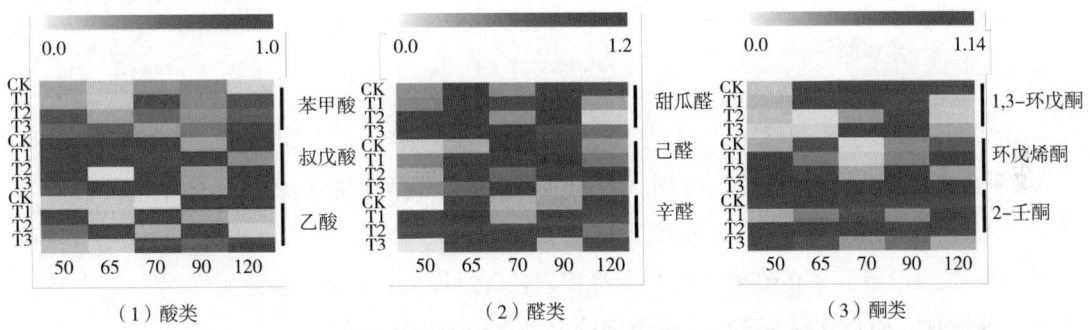

(1) 酸类　　　　　　(2) 醛类　　　　　　(3) 酮类

图15-2　不同矮化整形方式对蛇龙珠葡萄发育过程中酸类、醛类和酮类物质含量的影响

醛类物质是葡萄果实中具有花香气味的一类挥发性风味物质。由表15-6和图15-2可知，蛇龙珠葡萄果实中可检测到的醛类主要包括甜瓜醛、己醛和辛醛3种。甜瓜醛含量是T3＞T2＞T1＞CK，且存在于整个生长周期中；己醛和辛醛含量是T1＞CK＞T3＞T2，T1几种醛类物质的含量显著高于其他3种整形方式。

表15-6　不同矮化整形方式的蛇龙珠葡萄果实发育过程中醛类物质的对比　　单位：μg/L

| 物质名称 | 整形方式 | 花后天数/d | | | | |
|---|---|---|---|---|---|---|
| | | 50 | 65 | 70 | 90 | 120 |
| 甜瓜醛 | CK | 0.40 | 1.20 | 0.39 | 1.02 | 0.86 |
| | T1 | 0.44 | 1.25 | 0.88 | 1.33 | 0.31 |
| | T2 | 1.99 | 2.49 | 0.35 | 1.84 | 0.10 |
| | T3 | 1.90 | 2.67 | 3.50 | 0.85 | 0.54 |

续表

| 物质名称 | 整形方式 | 花后天数/d | | | | |
|---|---|---|---|---|---|---|
| | | 50 | 65 | 70 | 90 | 120 |
| 己醛 | CK | 0.11 | 0.23 | 1.31 | — | 0.32 |
| | T1 | 0.44 | — | — | 1.33 | 0.48 |
| | T2 | 0.25 | — | 0.55 | — | — |
| | T3 | 0.39 | 0.56 | — | 0.24 | 0.41 |
| 辛醛 | CK | 0.01 | 0.94 | 0.21 | 0.27 | — |
| | T1 | — | 1.46 | 0.27 | — | 0.87 |
| | T2 | — | — | — | — | 0.49 |
| | T3 | 0.05 | — | — | 0.22 | 0.88 |

注：—表示未检测到。

由表15-7和图15-2可知，蛇龙珠葡萄果实中可检测到1,3-环戊酮、环戊烯酮和2-壬酮3种酮类化合物。在整个生育期，不同整形方式下均可检测到环戊烯酮，且其含量为T3>T2>T1>CK，而1,3-环戊酮含量是T3>CK>T1>T2，T3的含量显著高于其他3个整形方式。T1下2-壬酮在整个生长期都积累且含量最大，T3在幼果期末积累，而在转色期后有所增加，而直立独龙蔓仅在转色期检出，含量为1.27μg/L。

表15-7  不同矮化整形方式的蛇龙珠葡萄果实发育过程中酮类物质的对比　　单位：μg/L

| 物质名称 | 整形方式 | 花后天数/d | | | | |
|---|---|---|---|---|---|---|
| | | 50 | 65 | 70 | 90 | 120 |
| 1,3-环戊酮 | CK | 0.16 | — | 1.14 | 1.03 | — |
| | T1 | 0.21 | — | — | 0.87 | 0.14 |
| | T2 | 0.17 | 0.07 | 0.30 | — | 0.13 |
| | T3 | 0.11 | 0.10 | 1.83 | 2.12 | 0.25 |
| 环戊烯酮 | CK | 0.23 | 0.77 | 0.08 | 0.37 | 0.66 |
| | T1 | 1.39 | 0.45 | 0.11 | 0.41 | 1.10 |
| | T2 | 3.47 | 0.93 | 0.24 | 2.60 | 0.28 |
| | T3 | 1.06 | 1.57 | 4.70 | 2.57 | 1.32 |

续表

| 物质名称 | 整形方式 | 花后天数/d | | | | |
|---|---|---|---|---|---|---|
| | | 50 | 65 | 70 | 90 | 120 |
| 2-壬酮 | CK | — | 1.27 | — | — | — |
| | T1 | 0.23 | 0.45 | 0.83 | 0.37 | 1.32 |
| | T2 | 1.06 | — | 1.09 | 0.95 | — |
| | T3 | — | 0.77 | 0.32 | 0.55 | 0.25 |

注：—表示未检测到。

总之，在葡萄果实发育过程中各种挥发性物质始终处于动态变化过程中，不同整形方式对不同挥发性物质合成积累影响较大，其中T3整形方式葡萄果实挥发性香气物质含量较高，T2整形方式含量次之。

### 三、不同矮化整形方式对葡萄果实挥发性风味物质合成相关基因的影响

类胡萝卜素裂解双加氧酶（VvCCD1）是影响葡萄果实挥发性风味物质合成的关键酶。由图15-3（1）可知：花后50d，即幼果期，各整形方式下的 *VvCCD1* 相对表达水平最大；花后65d，各整形方式下的相对表达水平在0.02~0.05；花后70d至120d，T2和T3的 *VvCCD1* 相对表达水平呈逐渐递增的趋势；成熟采收期，T3整形方式下的 *VvCCD1* 基因相对表达量最大，为1.18，T2的相对表达量次之，为0.75，T1最小。T3的 *VvCCD* 基因相对表达水平均高于其他处理组。

α-萜品醇合酶（Vvter）是影响葡萄果实挥发性风味物质合成的一种萜类合酶，由图15-3（2）可知，各整形方式下的 *Vvter* 基因在不同时期可显著表达。花后50d，CK的 *Vvter* 基因的相对表达量最高，为1.00，其次分别为T3 0.71、T1 0.65和T2 0.64；花后65d时，其表达水平最低，各整形方式均为0.01；而从花后70d，*Vvter* 基因表达水平逐渐增长，花后70d和花后120d时，T3下的 *Vvter* 基因的表达水平最大；花后90d，CK整形方式下的 *Vvter* 基因的表达水平最高，为0.28。于果实成熟期时，T3的 *Vvter* 基因的表达水平达到最高，为1.32，显著高于其他3个整形方式。

芳樟醇合酶基因（*VvLis*）是影响葡萄果实挥发性风味物质合成的一种萜类合酶，由图15-3（3）可知，花后50d，即幼果期，*VvLis* 基因表达水平最高，且相对表达水平为T1>T2>CK>T3；花后65d，各整形方式相对表达水平均在0.01左右，可能与转色期萜烯类含量下降有关；花后90d，CK下的 *VvLis* 基因的相对表达量最高，为0.05，其他3个整形

方式的相对表达量在0.01~0.03；花后70d和花后120d，T3的*VvLis*相对表达量显著高于其他3个整形方式。整个生长期，CK整形方式的*VvLis*基因的相对表达量最高，T3次之。

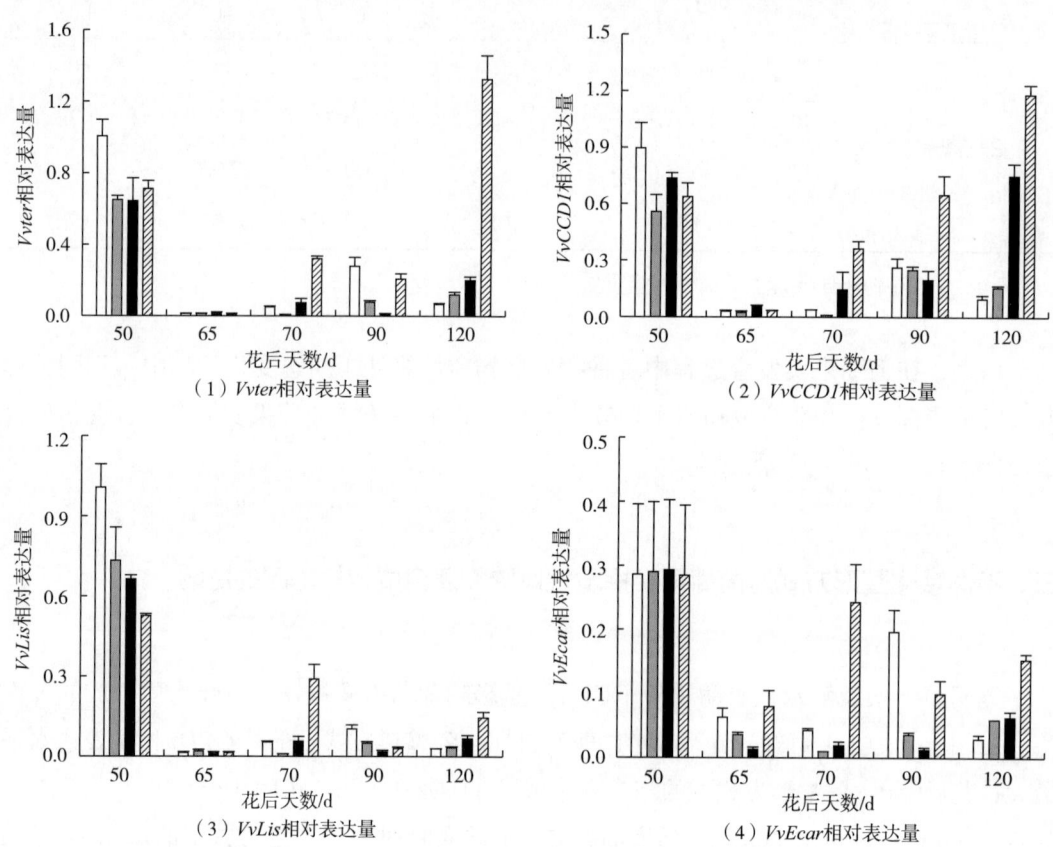

**图15-3 不同矮化整形方式对蛇龙珠葡萄果实挥发性风味物质合成相关基因相对表达量的影响**
□ CK ■ T1 ■ T2 ▨ T3

（*E*）-*β*-丁香烯合成酶（VvEcar）是影响葡萄果实挥发性风味物质合成的一种萜类合酶，由图15-3（4）可知，随着果实发育进程的推进，花后50d，即幼果期，各整形方式下的*VvEcar*基因相对表达水平最高，可能与果实中幼嫩种子有关，各整形方式间*VvEcar*基因的相对表达水平在0.28~0.29波动，差异不显著；花后65d，各整形方式的相对表达量在0.03~0.08；花后65d、70d和120d，T3下的*VvEcar*基因相对表达水平最高；花后90d，CK的*VvEcar*基因的相对表达量最高，为0.19。在果实成熟期，T3的*VvEcar*基因的相对表达量最高，为0.15，显著高于其他3种整形方式。

综上所述，葡萄果实挥发性风味物质合成过程中关键酶基因*VvEcar*、*VvCCD1*、*VvLis*和*Vvter*基因均在花后50d时相对表达量最高，且4个基因在花后65d时相对表达量均为最低，随后表达量逐渐增加，且*VvEcar*、*VvCCD1*和*Vvter*三个基因在T3的相对表达量最大，T2相对表达量次之，而*VvLis*基因在CK下相对表达量最大，T3次之。

## 第三节 讨论

### 一、不同矮化整形方式对葡萄果实挥发性风味物质种类和含量的影响

随着葡萄果实的生长发育，葡萄果实的挥发性风味物质的种类及含量不断发生变化，在不同的时期呈现不同的风味和感官特征。研究Granoir葡萄果实成熟期风味物质的变化，检测到120多种挥发性风味物质，并呈现出清新的果香、青香及绿叶香；在果实成熟采收期会出现不同的挥发性风味物质，主要是因为挥发性风味物质逐渐合成与转化，因此呈现出面包香、果香及花香的风味物质。本试验中利用GC/MS在蛇龙珠葡萄果实成熟采收期共测到的68种挥发性风味物质，不同处理、不同时期的葡萄果实挥发性风味物质种类及含量变化复杂。挥发性风味物质会影响葡萄果实的品质，进而决定葡萄酒的风味和感官体验。挥发性风味物质主要在成熟期积累，只有完全成熟的葡萄果实才具有完整的风味，这与本试验结果一致。葡萄与葡萄酒的挥发性风味物质受土壤条件、气候条件、栽培技术措施、采收与加工工艺的影响。一般来说，葡萄果实风味物质中醛、醇、酯类含量最高，且多数为$C_6$化合物。成熟度较佳的葡萄果实中脂氧合酶的活性高于成熟度差的葡萄果实，且不饱和脂肪酸在有氧条件下会生成$C_6$醛和$C_6$醇。本研究中也有类似的结果，T1整形方式中葡萄果实成熟度最低，挥发性风味物质中3-己烯醇含量最高。通风透光好的葡萄果实的萜烯类物质含量较高，而一些$C_6$化合物如己醛、己烯醛的含量则较低。在本试验中，通风透光条件较好的T3整形方式中萜烯类物质和醛类物质含量高于其他3种整形方式。影响葡萄果实挥发性风味物质种类及含量的因素众多，这些因素对于挥发性风味物质的影响不独立存在，而是相互作用共存的，因此关于不同整形方式对葡萄果实挥发性风味物质的影响因素仍有待进一步研究。

成熟期时4种不同矮化整形方式下的蛇龙珠葡萄果实中可检测到68种挥发性风味物质，其中醇类、酯类、酸类、醛类、酮类、烃类和其他类化合物分别有19种、14种、6种、8种、7种和14种，且以醇类化合物和酯类化合物最为普遍。4种整形方式下均可检测到苯甲酸、甜瓜醛、3-乙基丁醛、4-甲基-1-庚烯-5-酮、环戊烯酮、1-己醇、2-戊醇、甲酸乙酯、甲酸甲酯、4-甲基-3-戊烯和2,2-二甲基-3-癸烯，由此可见，不同矮化整形方式下葡萄果实中挥发性风味物质的种类和含量不同。本研究发现，于成熟采收期，T3整形方式下蛇龙珠葡萄果实中醇类化合物、酯类化合物和酸类化合物积累浓度最高，T1整形方式下醛类化合物和其他类化合物积累浓度最高，而酮类化合物浓度最高的则为T2，综上所述，T3整形方式下葡萄含有挥发性风味物质种类最多，积累浓度最大，T2整形方式次之。

## 二、不同矮化整形方式对葡萄果实风味物质合成相关基因的影响

挥发性风味物质是构成葡萄与葡萄酒风味和风格的重要组成部分，而萜类化合物则是挥发性风味物质的重要组成部分。萜类化合物一般于葡萄果实转色期开始积累，直至成熟采收期，过熟的葡萄果实萜类化合物含量最高。VvEcar酶可催化生成$\alpha$-葎草烯和香叶烯，Vvter酶可催化生成$\alpha$-萜品醇、1,8-桉油精和（+）-$\beta$-蒎烯，VvCCD1酶可催化生成$\beta$-柠檬醛和$\beta$-紫罗酮等，而VvLis酶可催化单一底物生成芳樟醇，这些物质都和葡萄果实中的挥发性风味物质的形成有关，本研究通过GC-MS从蛇龙珠葡萄果实中均未检测到这些挥发性风味物质，因此只讨论了VvEcar基因、VvCCD1基因、Vvter基因和VvLis基因在蛇龙珠葡萄果实中的积累变化。

本研究通过测定VvEcar、VvCCD1、Vvter和VvLis基因的相对表达水平，了解与挥发性风味物质相关的基因表达水平变化。结果表明，花后50d，VvEcar基因表达水平最高，于转色期，其表达水平则降低，而于花后120d，该基因表达水平又逐渐增强。幼果期葡萄种子中含有较多的萜类合酶，随后，种子和完整果实内的萜类合酶基因的表达均十分微弱，较难检测到。本研究结果发现，花后50d，VvEcar的相对表达水平最高，在过熟的麝香葡萄中，萜类化合物积累达到最大值。本研究中，在果实成熟采收期VvEcar的表达水平逐渐增加，其与成熟期果实中萜类化合物含量较高相一致。于幼果期，VvCCD1基因表达水平较高，转色期前迅速降低，转色期后开始增加。于转熟期前，亚历山大和希拉兹葡萄中VvCCD1的表达水平提高，且持续到成熟期，此时，果实中不断积累游离态和糖基化的降异戊二烯，进一步说明该基因在挥发性风味物质合成过程中发挥多重作用。$\alpha$-萜品醇作为葡萄果实中典型的单萜醇，本研究中Vvter基因的表达规律整体呈先上升后下降的变化趋势，转色期前，其表达水平最低，之后缓慢上升。研究发现，赤霞珠葡萄中Vvter基因的表达水平逐渐降低；Vvter基因在雷司令的发育过程中呈先升后降的趋势，Vvter基因在琼瑶浆葡萄中未表达，由此推断Vvter基因的积累具有品种差异性。本研究中VvLis基因在幼果期表达最强，随后表达水平一直降低，且CK整形方式的表达量最大，T3整形方式次之。由于本研究参考NCBI的葡萄芳樟醇合酶序列的文章并未发表，因此，无法确定影响VvLis基因差异的原因是品种特异性、采样部位还是生长环境引起的。

## 第四节 小结

4种不同矮化整形方式下蛇龙珠葡萄果实发育过程中共检测到68种挥发性风味物质，其中醇类19种，酯类14种，酸类6种，醛类8种，酮类7种，烃类10种和其他类4种。

在葡萄整个生长发育时期，T2整形方式的醇类、酯类、酸类含量最高，T1整形方式醛类和其他类总含量最高，T2整形方式的酮类总含量最高。T3整形方式葡萄果实挥发性风味物质含量最高，T2次之。

调控葡萄果实挥发性风味物质合成过程中关键酶基因*VvEcar*、*VvCCD1*、*VvLis*和*Vvter*均在花后50d时相对表达量最高，且4个基因在花后65d时相对表达量均为最低，随后表达量逐渐增加，且*VvEcar*、*VvCCD1*和*Vvter* 3个基因在T3整形方式的相对表达量最大，T2整形方式相对表达量次之，而*VvLis*基因在CK整形方式相对表达量最大，T3整形方式次之，葡萄果实基因表达量与挥发性风味物质积累呈正相关。

第五篇

# 酿酒葡萄需水需肥规律及优质高效水肥管理技术研究与示范

# 第十六章 赤霞珠和霞多丽葡萄需水需肥规律研究

近年来随着我国酿酒葡萄产业的迅速发展，生产上对矿物质元素和水分对葡萄优质生产的作用也越来越重视。元素氮（N）、磷（P）、钾（K）、钙（Ca）、镁（Mg）等对光合作用、呼吸作用和物质转化有重要作用，微量元素铁（Fe）、锰（Mn）、铜（Cu）、锌（Zn）、硼（B）等是酶合成、叶绿素形成中重要的基础元素。葡萄生长过程中元素缺乏或过量均会影响葡萄植株的相关生理生化反应，严重时还影响植株正常生长。如缺乏氮元素时葡萄新梢生长缓慢，果穗松散；缺乏镁元素时叶片失绿早落，影响植株的营养积累；缺乏铁元素时果皮颜色较浅，且果粒小，果实品质较低。葡萄在不同生长时期对水分的需求也不同。供水量不但影响植株的正常生长，而且会影响到可溶性固形物含量、含酸量等果实品质指标，供水过多则会引起新梢徒长、落花落果严重、果粒大小不均一、糖分积累量低以及着色不良等问题。此外，生产中也存在着肥水浪费现象，不合理的施肥和灌水不仅不能保证果实品质，而且会造成葡萄生长受阻，土壤板结等问题。

本试验以4年生赤霞珠和霞多丽葡萄为试验材料，通过自动供给不同浓度的改良Hoagland营养液，研究不同生长期葡萄果实和叶片中氮、磷、钾、钙、镁、铁、锰、铜、锌、硼10种主要元素含量的变化，以及不同生长时期葡萄对氮、磷、钾、钙、镁、铁、锰、铜、锌、硼10种元素的吸收量和水分需求量的变化，以期获得葡萄10种元素和水分吸收规律，为葡萄的科学施肥和供水提供依据，有效减缓葡萄栽培过程中施肥的盲目性和肥水浪费现象。

## 第一节 材料与方法

### 一、试验地点

本试验于2014年6月至2015年10月在宁夏永宁县玉泉营镇，宁夏兰山骄子葡萄酒庄有限公司，国家葡萄产业技术体系水分生理与节水栽培岗位核心试验基地（N38°14′19″，E106°2′0″）的玻璃温室中进行。

## 二、试验材料

供试材料为4年生赤霞珠和霞多丽葡萄,栽植于规格为2.4m(长)×0.8m(宽)×0.5m(深)的长方形木制槽中,栽培基质为蛭石:珍珠岩:草炭=1:1:1(体积比)。

## 三、试验设计

设三个浓度梯度的改良Hoagland营养液(以下简称"营养液",表16-1):正常、0.5倍、2倍(以下简称"正常浓度""0.5倍浓度""2倍浓度")。每个品种每个浓度种植4株,杯状整形,株距为0.5m,每株留梢6条。采用自动控制计时系统进行营养液的浇灌,每天1次,每次6min。栽植木槽底部垫有防水PV膜,槽底部设有PVC管引流多余的营养液至密封塑料桶中,自动定时滴灌使营养液循环利用。葡萄定植及养分供应实验设计如图16-1所示。

表16-1 改良Hoagland营养液所需化合物用量　　　　　　　　单位:mg/L

| 化合物名称 | 正常 | 2倍 | 0.5倍 |
| --- | --- | --- | --- |
| 硝酸钙 | 945 | 1890 | 472.5 |
| 硝酸钾 | 506 | 1012 | 253 |
| 硝酸铵 | 80 | 160 | 40 |
| 磷酸二氢钾 | 136 | 272 | 68 |
| 硫酸镁 | 493 | 986 | 246.5 |
| 铁盐(七水硫酸亚铁、螯合剂乙二胺四乙酸二钠) | 2.5 | 5 | 1.25 |
| 微量元素(碘化钾、硼酸、硫酸锰、硫酸锌、钼酸钠、硫酸铜、氯化钴) | 5 | 10 | 2.5 |

## 四、样品采集与处理

2015年4月22日对各处理组的果实进行采样,重复3次,每隔15天采样1次直至果实成熟。采样时间为9:00—10:00,随机采取果粒100粒。采收后放入冰盒中,带回实验室后置于-80℃冰箱备用。

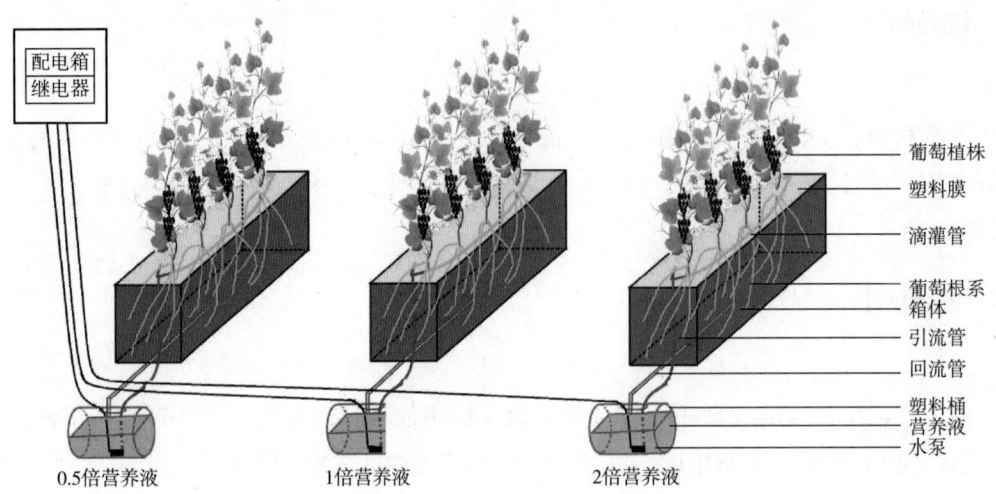

图16-1 葡萄定植及养分供应试验设计图

于开花期、幼果期、膨大期、转色期、成熟期用取土器取基质样，用四分法进行取弃，重复3次，将样品放入密封袋中带回实验室。自然风干后去杂、研磨，过1mm孔径筛，干燥处保存备用。

于开花期、幼果期、膨大期、转色期、成熟期采叶片5~6片放入冰盒，带回实验室后用自来水清洗干净，蒸馏水再次冲洗后于105℃烘箱中放置20min，80℃下烘干至恒重。粉碎研磨后过1mm孔径筛，干燥处保存备用。

于开花期、幼果期、膨大期、转色期、成熟期计算营养液消耗量，采集各个时期剩余营养液，阴凉干燥处保存备用。

## 五、测定方法

葡萄中元素的测定：试验采取盛花期、膨大期、转色期、成熟期的叶片和膨大期后的果实，全氮用全自动凯氏定氮仪测定，用火焰分光光度计测定钾含量，钼蓝法测磷含量，硼的测定用姜黄素分光光度法。钙、镁、铁、锰、锌、铜等金属元素含量测定用AA-6800F型原子吸收分光光度计。

单株葡萄元素及水分吸收利用规律计算：不同时期单株葡萄元素吸收量=（该时期营养液中该元素供应总量+该时期开始时基质中该元素含量-该时期结束时剩余营养液中该元素含量-该时期结束时基质中该元素含量）/处理株数。

不同时期单株葡萄需水量=（该时期供给营养液总量+该时期开始时基质中含水量-该时期结束时桶内营养液剩余量-该时期结束时基质中含水量）/处理株数。

不同时期单株葡萄元素日吸收量=该时期单株葡萄元素吸收量/该时期持续天数/每处

理株数。

## 六、数据处理

Excel2003、SPSS等软件进行统计分析。采用LSD最小显著差数法进行One Way ANOVO分析。

## 第二节 结果与分析

### 一、不同浓度营养液下赤霞珠和霞多丽的营养生长变化

#### （一）不同浓度营养液下赤霞珠的营养生长变化

由图16-2（1）可知，赤霞珠在花后28d之前新梢生长较快，随着后期果实对营养的需求增多，新梢生长较之前缓慢，但花后35d到花后42d，各处理组的新梢增长值较大。2倍浓度营养液下的葡萄新梢长度低于其他处理组。正常浓度营养液下的新梢在花后42d后新梢生长量最大。不同处理组间的新梢增长量分别为正常浓度营养液191.66cm，0.5倍浓度营养液182.40cm，2倍浓度营养液：175.21cm，说明高营养液浓度对葡萄营养生长并无促进作用。不同营养液浓度下葡萄新梢基部直径变化如图16-2（2）所示，花后7d到花后49d均呈缓慢增长趋势，2倍浓度营养液条件下新梢基部直径大于其他处理组，在花后49d达到了1.04cm，正常浓度营养液处理下新梢长度在花后42d之前均为处理间最低值，花后49d的测量值高于0.5倍浓度营养液处理。

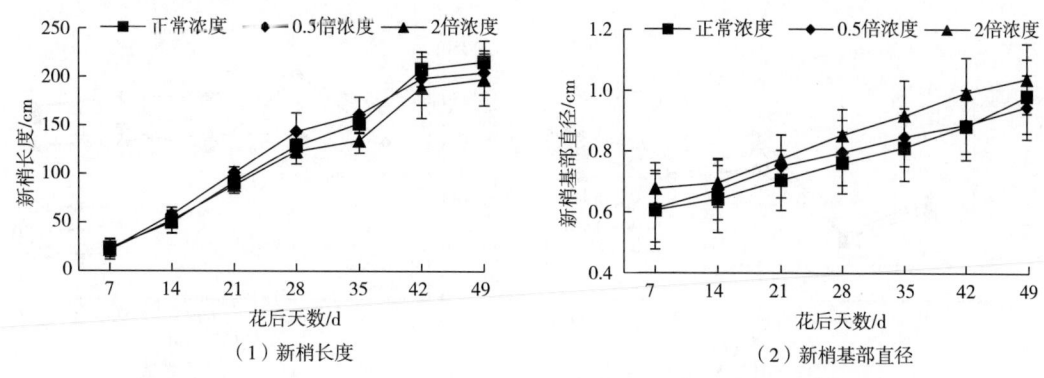

图16-2 不同浓度营养液下赤霞珠葡萄新梢长度和新梢基部直径变化

如图16-3（1）所示，赤霞珠葡萄净光合速率变化呈"W"形，在花后40d和花后

80d时不同处理组间的净光合速率均较低,花后20d各处理组的净光合速率最大,其中正常浓度10.34μmol/(m²·s),0.5倍浓度:10.39μmol/(m²·s),2倍浓度:9.50μmol/(m²·s)。2倍浓度下的叶片净光合速率低于其他处理组,在花后40d和80d时,0.5倍浓度下的净光合速率在花后20~60d高于其他处理组。

如图16-3(2)所示,不同浓度营养液下的蒸腾速率随时间的变化趋势相似,正常浓度下的蒸腾速率除花后60d外均高于其他处理组,2倍浓度下除花后80d外其他测量时间均为处理间最低值。花后60d各处理组的蒸腾速率均达到最大值,正常浓度:5.11mmol/(m²·s),0.5倍浓度:5.41mmol/(m²·s),2倍浓度:4.34mmol/(m²·s)。

如图16-3(3)所示,各个处理组的气孔导度均在花后40d降到最低值,正常浓度:70.85mmol/(m²·s),0.5倍:72.40mmol/(m²·s),2倍:68.38mmol/(m²·s),在花后100d达到最大值,正常浓度:123.39mmol/(m²·s),0.5倍浓度:134.37mmol/(m²·s),2倍浓度:109.36mmol/(m²·s)。

如图16-3(4)所示,0.5倍浓度和正常浓度下的胞间$CO_2$浓度变化规律为在花后40d达到最大值,之后呈下降趋势;2倍浓度下胞间$CO_2$浓度则在花后40d达到最大值230.60μmol/mol,在花后60d降到最低,随后又呈上升趋势。

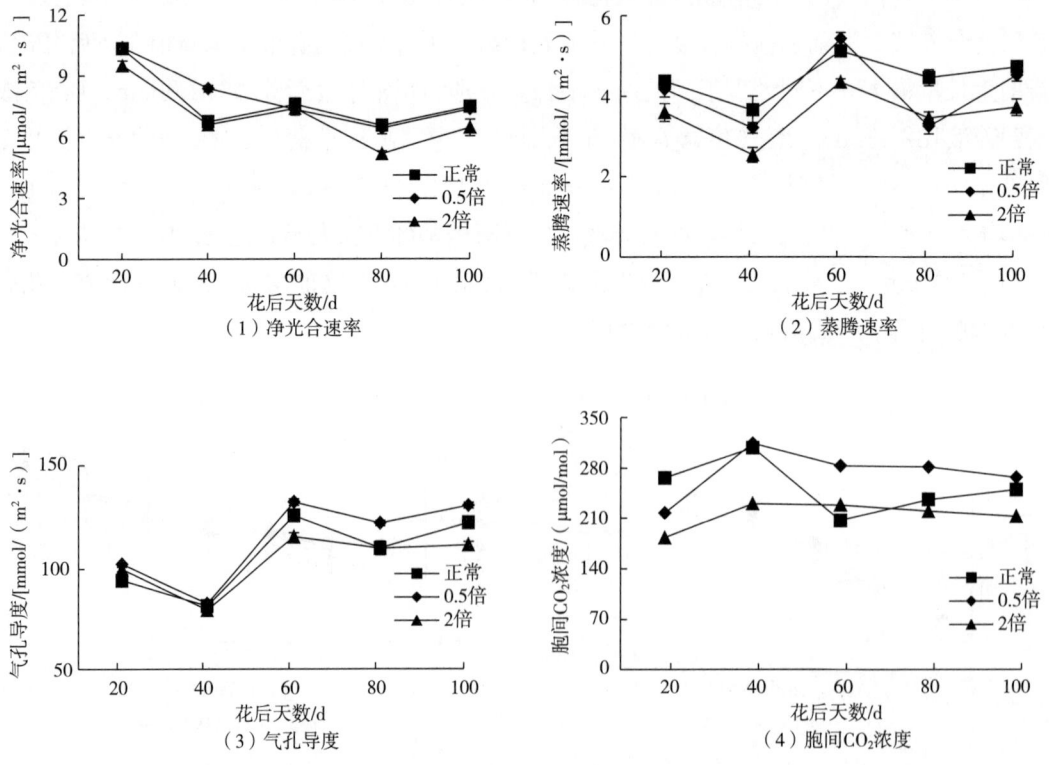

图16-3 不同浓度营养液下赤霞珠参数的变化

## （二）不同浓度营养液下霞多丽营养生长变化

如图16-4（1）所示，霞多丽葡萄各处理组间的新梢长度关系为：0.5倍＞正常＞2倍，较其他处理组，高浓度营养液处理并不能促进新梢生长，从花后7d到花后49d各处理组的新梢增长量分别为正常：179.42cm，0.5倍：191.23cm，2倍：155.1cm。由图16-4（2）可以看出：2倍浓度处理下的葡萄新梢基部直径在花后7～14d增长量最大，为0.94cm，且自花后14d开始，2倍浓度下的新梢基部直径高于正常浓度处理，0.5倍浓度处理下的新梢基部直径大于其他处理组，自花后7d开始各处理组的新梢基部直径增长量为正常：0.20cm，0.5倍：0.26cm，2倍：0.31cm。

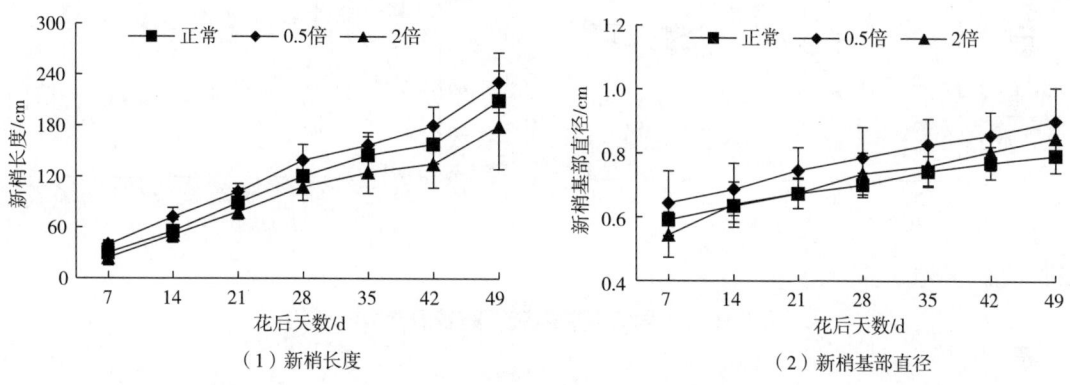

图16-4 不同营养液浓度下霞多丽葡萄新梢长度和新梢基部直径变化

在整个处理期间，葡萄的净光合速率、蒸腾速率和气孔导度的变化趋势相似，如图16-5（1）所示，0.5倍浓度处理下的净光合速率均低于其他处理组，高浓度的营养液为植物提供了较充足的矿物质营养，为光合作用的正常进行提供了相关酶的活化剂、叶绿素成分等。花后60d和花后100d分别为各处理组的两次净光合速率高峰，花后100d各处理组均达到最大值，正常：7.87mol/（m$^2$·s），0.5倍：8.24mol/（m$^2$·s），2倍：8.42mol/（m$^2$·s）。如图16-5（2）所示，0.5倍浓度处理下的蒸腾速率除花后80d外均低于其他2个处理，花后60d各处理组均达到最大蒸腾速率值，正常：3.55mmol/（m$^2$·s），0.5倍：2.92mmol/（m$^2$·s），2倍：4.11mmol/（m$^2$·s）。如图16-5（3）所示，花后60d之前各浓度处理组的气孔导度均较低，之后均有所上升，0.5倍浓度处理组的气孔导度在各个时间均低于其他处理组。花后60d时各处理组均达到最大值，正常：87.57mmol/（m$^2$·s），0.5倍：82.90mmol/（m$^2$·s），2倍：95.33mmol/（m$^2$·s）。如图16-5（4）所示，2倍浓度和0.5倍浓度处理下的胞间二氧化碳浓度变化相似，均为波动趋势，正常浓度处理则为先升高后降低再升高的变化趋势，花后20～40d正常浓度处理下的胞间二氧化碳浓度高于其他两个处理组，花后60～100d则低于其他处理组。

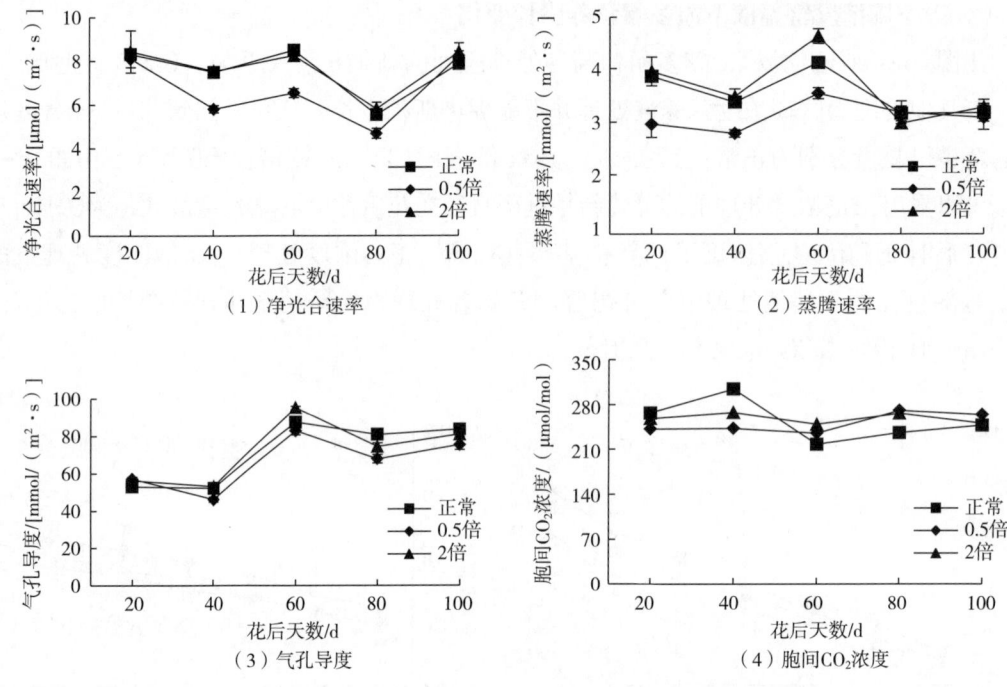

图16-5　不同浓度营养液下霞多丽参数的变化

## 二、不同浓度营养液对葡萄果实品质的影响

### （一）不同浓度营养液对单株赤霞珠葡萄果实品质的影响

如表16-2所示，赤霞珠葡萄果实的可溶性固形物、花色苷和可滴定酸的含量均表现为0.5倍浓度处理组最大，总酚和单宁含量均为正常浓度＞0.5倍浓度＞2倍浓度。0.5倍浓度下赤霞珠葡萄果实的可溶性固形物和花色苷含量较高，正常浓度下单宁和总酚含量最高，2倍浓度下可滴定酸含量最低。适当提高营养液浓度（0.5倍），有利于增加可溶性固形物含量和果实的着色；高浓度的营养液（2倍）反而使可滴定酸含量降低。

表16-2　不同浓度营养液对单株赤霞珠葡萄果实品质的影响

| 营养液浓度 | 可溶性固形物含量/% | 可滴定酸含量/% | 总酚含量/（mg/g） | 单宁含量/（mg/g） | 花色苷含量/（mg/g） |
| --- | --- | --- | --- | --- | --- |
| 2倍 | $20.80 \pm 0.87^b$ | $4.44 \pm 0.08^b$ | $3.34 \pm 0.45^a$ | $1.09 \pm 0.17^b$ | $0.30 \pm 0.01^b$ |
| 正常 | $20.97 \pm 0.75^b$ | $5.26 \pm 0.16^b$ | $7.33 \pm 0.51^b$ | $2.12 \pm 0.14^a$ | $0.34 \pm 0.01^b$ |
| 0.5倍 | $22.87 \pm 0.77^a$ | $6.44 \pm 0.44^a$ | $5.54 \pm 0.08^c$ | $1.34 \pm 0.14^b$ | $0.41 \pm 0.02^a$ |

注：同列数据后不同小写字母表示差异达显著水平（$p<0.05$）。

## （二）不同营养液浓度对单株霞多丽葡萄果实品质的影响

如表16-3所示，霞多丽葡萄果实的可溶性固形物、总酚和单宁的含量最大均表现为2倍浓度处理时，可滴定酸含量为0.5倍浓度＞2倍浓度＞正常浓度。与正常浓度相比，2倍浓度处理下霞多丽葡萄果实的可溶性固形物含量提高了3.9%，总酚含量提高了36.03%，单宁含量提高了18.3%，而可滴定酸含量提高了40.62%。整体来看，2倍浓度营养液处理更有利于霞多丽葡萄可溶性固形物、总酚和单宁含量的累积，有利于霞多丽果实品质的形成。

表16-3　不同营养液浓度对单株霞多丽葡萄果实品质的影响

| 营养液浓度 | 可溶性固形物含量/% | 可滴定酸含量/% | 总酚含量/（mg/g） | 单宁含量/（mg/g） |
| --- | --- | --- | --- | --- |
| 2倍 | 22.30±0.79$^a$ | 6.82±0.09$^a$ | 6.23±0.14$^a$ | 2.26±0.07$^a$ |
| 正常 | 21.43±1.29$^{ab}$ | 4.85±0.14$^b$ | 4.58±0.23$^b$ | 1.91±0.04$^b$ |
| 0.5倍 | 19.87±1.30$^b$ | 7.55±0.06$^c$ | 5.38±0.70$^{ab}$ | 1.79±0.13$^c$ |

注：同列数据后不同小写字母表示差异达显著水平（$p<0.05$）。

## 三、不同浓度营养液下葡萄叶片和果实中元素含量的变化

### （一）不同浓度营养液下赤霞珠葡萄叶片和果实中N、P、K、Ca、Mg含量的变化

不同浓度营养液下赤霞珠葡萄叶片和果实中各时期N含量变化如图16-6（1）所示，在赤霞珠的整个生长发育期；N元素含量呈逐渐降低趋势。叶片中N含量在盛花期达到最高值，0.5倍：27.66mg/g，正常：28.49mg/g，2倍：31.26mg/g，成熟期最低：0.5倍：23.45mg/g，正常：24.56mg/g，2倍：24.98mg/g，营养液浓度越高，叶片中N含量越高。除盛花期和成熟期外，其他3个时期叶片N含量均表现为2倍浓度＞0.5倍浓度＞正常浓度。果实中N含量变化与叶片相似也呈下降趋势，但含量远远低于叶片。幼果期N元素含量在果实生长发育过程中最高，分别为0.5倍：12.32mg/g，正常：12.55mg/g，2倍：12.70mg/g，成熟期的N含量降到最低，0.5倍：5.34mg/g，正常：5.44mg/g，2倍：5.83mg/g。4个时期的果实N含量均表现为：2倍浓度＞正常浓度＞0.5倍浓度。

如图16-6（2）所示，叶片中各时期的P含量随时间的推移呈现逐渐上升趋势。除盛花期外，其他时期均表现为：2倍浓度＞正常浓度＞0.5倍浓度，且高浓度处理组的叶片P积累最快，以成熟期叶片P含量最高，0.5倍：3.56mg/g，正常：3.77mg/g，2倍：3.98mg/g。果实中P的含量均低于叶片中含量，且与叶片中变化趋势相反，即随着果实的发育，P

元素含量逐渐降低。幼果期P含量，0.5倍：2.11mg/g，正常：2.21mg/g，2倍：2.33mg/g，成熟期最低，0.5倍：2.34mg/g，正常：2.75mg/g，2倍：2.65mg/g。除转色期和成熟期外，其他时期不同处理组的含量表现为：2倍浓度＞正常浓度＞0.5倍浓度。

如图16-6（3）所示，K含量变化趋势较为平稳。各时期含量变化差异并不大，叶片中K的含量呈现先升后降的趋势，营养液浓度与叶片K含量间不成正比，其中在膨大期达到最大值，0.5倍：7.55mg/g，正常：7.87mg/g，2倍：7.96mg/g，盛花期的含量最低，分别为：0.5倍：5.77mg/g，正常：6.43mg/g，2倍：5.89mg/g。除膨大期和转色期外，其他时期3个处理组间的K含量表现为正常浓度＞2倍浓度＞0.5倍浓度。K在葡萄果实中的含量与N、P元素不同，随着果实的发育，含量逐渐升高，且与在叶片中K的含量相当。成熟期叶片K的含量较低，除成熟期外，其他时期均表现为正常浓度＞0.5倍浓度＞2倍浓度。

如图16-6（4）所示，随着植株的生长，叶片中Ca的含量表现为逐渐升高，并在成熟期达到最大值，0.5倍：29.44mg/g，正常：30.11mg/g，2倍：30.03mg/g，在盛花期和膨大期，不同浓度处理下的叶片中Ca含量表现为0.5倍浓度＞2倍浓度＞正常浓度，而在转色期和成熟期叶片中Ca含量以正常浓度处理最高，2倍浓度次之，0.5倍浓度最小。整个果实发育期，Ca含量变化趋势平稳，其含量低于赤霞珠葡萄叶片中的Ca元素含量。除成熟期外，其他时期Ca含量均表现为2倍浓度＞正常浓度＞0.5倍浓度。

如图16-6（5）所示，Mg在葡萄叶片中的含量高于果实中的含量，在整个生长发育期，Mg在叶片中的含量变化较稳定。除成熟期外，其他各时期Mg含量均表现为：2倍浓度＞正常浓度＞0.5倍浓度。果实中Mg的含量远低于叶片中的含量，且各处理组的含量在果实整个生长发育期均呈逐渐降低的趋势，其中幼果期含量最高，0.5倍：1.64mg/g，正常：1.45mg/g，2倍：1.23mg/g，而成熟期含量最低，0.5倍：0.96mg/g，正常：1.14mg/g，2倍：1.04mg/g。在幼果期和转色期，3个浓度处理的表现均为0.5倍浓度＞正常浓度＞2倍浓度。

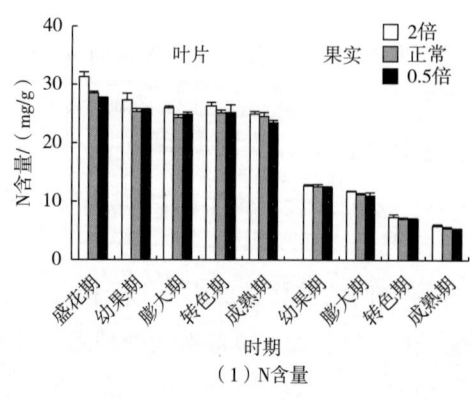

（1）N含量

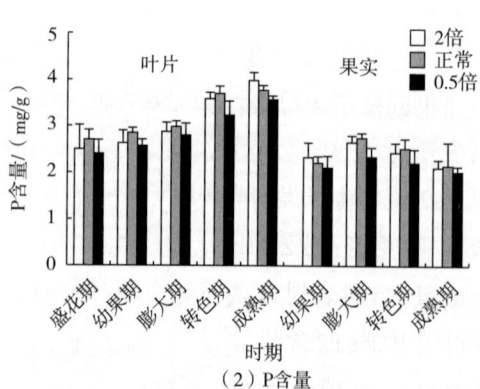

（2）P含量

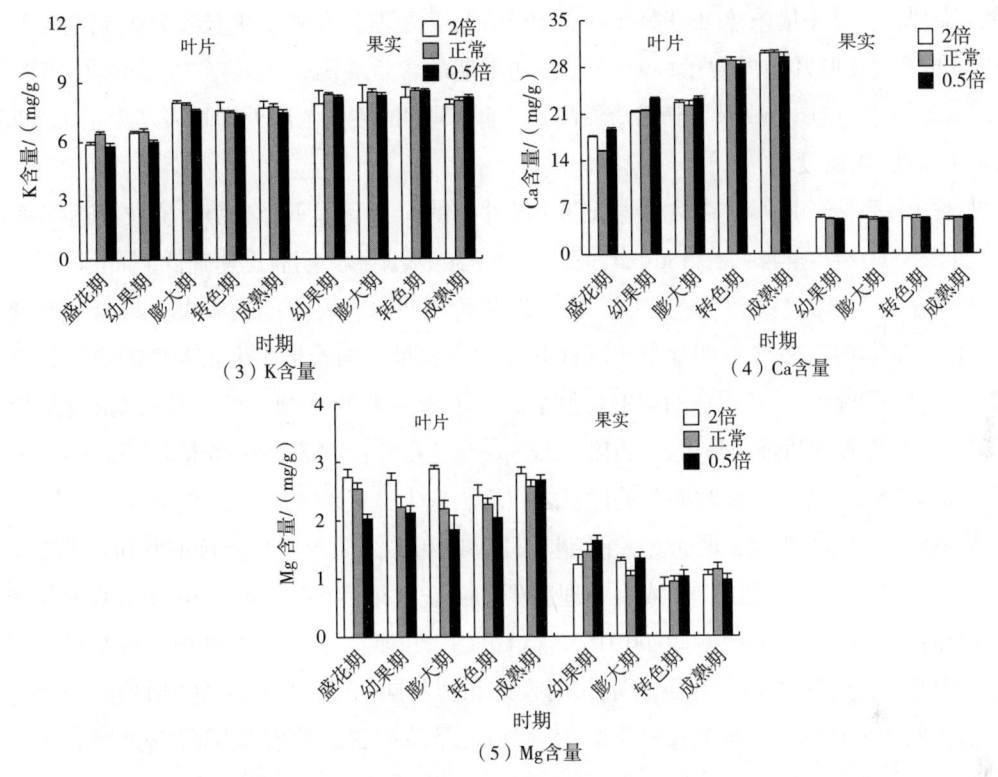

**图16-6** 不同浓度营养液下赤霞珠葡萄叶片和果实中N、P、K、Ca、Mg含量的变化

## （二）不同营养液浓度下赤霞珠葡萄叶片和果实中微量元素含量的变化

不同营养液浓度下叶片和果实中各时期B元素含量变化如图16-7（1）所示，B元素在盛花期含量最低，在成熟期达到最高，成熟期时0.5倍：57.22μg/g，正常：56.44μg/g，2倍：55.34μg/g。在膨大期和成熟期，3个处理浓度均表现为：0.5倍浓度＞正常浓度＞2倍浓度。果实中B的含量变化较为平稳，在整个生长发育期均低于其在叶片中的含量，除转色期外，其他3个时期均以0.5倍浓度处理的B含量最高，正常浓度次之，2倍浓度最低。

Mn在叶片中的含量变化如图16-7（2）所示。在盛花期和成熟期葡萄叶片中Mn含量相比其他时期较高，幼果期和膨大期叶片中的Mn含量有所降低。在盛花期、膨大期和转色期，不同处理组Mn含量表现为：正常浓度＞2倍浓度＞0.5倍浓度，而在幼果期和成熟期则表现为2倍浓度＞正常浓度＞0.5倍浓度。Mn在果实中的含量明显低于其在叶片中的含量，在整个生长发育期，果实中Mn的含量随着果实的发育逐渐降低，其中在成熟期达到最低，0.5倍：4.20μg/g，正常：4.30μg/g，2倍：5.34μg/g。转色期和成熟期在不同处理下Mn含量表现为2倍浓度＞正常浓度＞0.5倍浓度。

叶片中Fe的含量如图16-7（3）所示，叶片中Fe的含量在盛花期最高，0.5倍：0.89mg/g，正常：0.93mg/g，2倍：0.67mg/g，膨大期迅速降低，转色期和成熟期又有所上升，在盛花期、转色期和成熟期都表现为：正常浓度＞2倍浓度＞0.5倍浓度。而在幼果期和膨大期，0.5倍浓度处理高于正常和2倍浓度处理。在整个生长发育期果实中Fe的含量都低于其在叶片中的含量，其中Fe在幼果期的含量最高，0.5倍：0.30mg/g，正常：0.43mg/g，2倍：0.30mg/g，随后缓慢降低。4个时期的不同浓度处理均表现为正常浓度＞2倍浓度＞0.5倍浓度。

如图16-7（4）所示，在整个生长期，叶片中的Cu含量呈下降趋势。盛花期达到最高，0.5倍：19.83μg/g，正常：22.38μg/g，2倍：18.93μg/g，膨大期后迅速降低，而后一直维持在较低水平，3个浓度处理在盛花期、膨大期和转色期均表现为：正常浓度＞0.5倍浓度＞2倍浓度。果实中Cu的含量明显低于其在叶片中的含量，随着果实生长发育的进行，Cu的含量一直呈下降趋势，其中在幼果期含量最高，0.5倍：6.32μg/g，正常：6.34μg/g，2倍：5.83μg/g，成熟期含量降至最低，0.5倍：2.88μg/g，正常：3.33μg/g，2倍：2.9μg/g。整个生育期，除膨大期外，其他时期各处理组之间均表现为：正常浓度＞0.5倍浓度＞2倍浓度。

如图16-7（5）所示，叶片中Zn含量在幼果期和膨大期较低，到转色期和成熟期又持续上升，在盛花期和成熟期3个浓度处理表现为：正常浓度＞2倍浓度＞0.5倍浓度。而在幼果期和膨大期以2倍浓度处理的叶片Zn含量最高，正常浓度次之，0.5倍浓度最低。果实中Zn含量明显低于其在叶片中的含量，幼果期和转色期均以正常浓度处理的Zn含量最高，而在膨大期和成熟期的浓度处理结果均表现为：2倍浓度＞正常浓度＞0.5倍浓度。

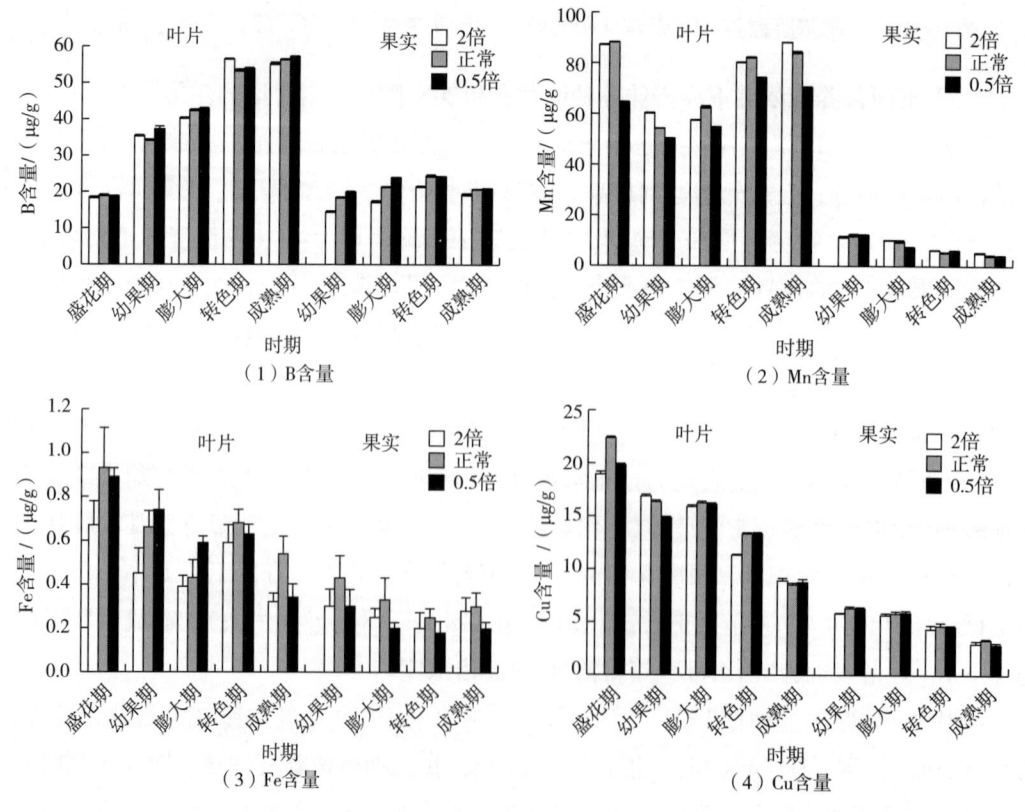

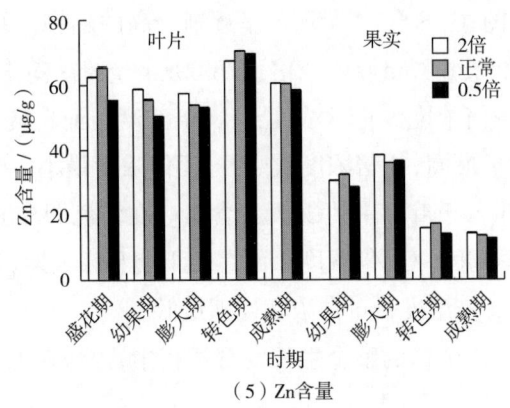

(5) Zn含量

**图16-7　不同营养液浓度下赤霞珠葡萄叶片和果实中微量元素含量的变化**

### (三) 不同营养液浓度下霞多丽葡萄叶片和果实中N、P、K、Ca、Mg含量的变化

如图16-8(1)所示，不同营养液浓度下葡萄叶片和果实中各时期N元素含量随着植株的生长发育均呈逐渐降低的趋势，其中叶片中N元素含量在盛花期最高，0.5倍：28.01mg/g，正常：26.22mg/g，2倍：28.49mg/g，成熟期最低，0.5倍：18.33mg/g，正常：21.43mg/g，2倍：24.33mg/g。在幼果期和转色期，3个浓度处理下的N含量均表现为：正常浓度＞2倍浓度＞0.5倍浓度，而在膨大期和成熟期，2倍浓度处理下的叶片N含量最高，正常浓度次之，0.5倍浓度最低。果实中N含量变化与叶片中的变化相似，呈逐渐降低的趋势，但总体水平低于叶片中N元素含量。幼果期葡萄果实N元素含量最高，0.5倍：12.33mg/g，正常：12.83mg/g，2倍：11.84mg/g。在果实成熟期，N元素含量降到最低，0.5倍：3.88mg/g，正常：4.44mg/g，2倍：4.29mg/g。除转色期外，幼果期、膨大期和成熟期的N含量均表现为正常浓度＞2倍浓度＞0.5倍浓度。

如图16-8(2)所示，各时期叶片中的P含量呈现逐渐上升趋势，且均表现为：2倍浓度＞正常浓度＞0.5倍浓度。由此可知，高浓度处理的叶片P元素积累最快，成熟期叶片P含量最高，0.5倍：2.48mg/g，正常：5.35mg/g，2倍：6.33mg/g。果实中P元素的含量在整个生长发育期都低于叶片中P的含量。随着果实的发育，P元素含量逐渐降低。幼果期的P含量最高，0.5倍：1.76mg/g，正常：1.89mg/g，2倍：2.11mg/g，成熟期最低，0.5倍：1.63mg/g，正常：1.73mg/g，2倍：1.75mg/g。在幼果期和成熟期，3个处理组之间表现为2倍浓度＞正常浓度＞0.5倍浓度。

如图16-8(3)所示，叶片中K的含量呈现先升后降的趋势，在膨大期达到最大值，0.5倍：5.34mg/g，正常：5.89mg/g，2倍：5.60mg/g。幼果期叶片K含量比较低，且在幼果期和膨大期，三个处理间的表现均为：正常浓度＞2倍浓度＞0.5倍浓度。K在葡萄果实中的含量与叶片中K的含量相当，并随着果实的发育逐渐升高，整个生长期都表现为：2倍浓度＞正常浓度＞0.5倍浓度，但各时期差异变化不明显。

叶片中Ca的含量如图16-8（4）所示，呈逐渐升高的趋势，并在成熟期达到最大值，0.5倍：23.4mg/g，正常：26.73mg/g，2倍：25.39mg/g，在盛花期，不同浓度处理下的叶片中Ca含量表现为：2倍浓度＞正常浓度＞0.5倍浓度，而在转色期和成熟期，正常浓度处理下的叶片中Ca含量最高，2倍浓度次之，0.5倍浓度最小。整个果实发育期，Ca含量变化趋势平稳，其含量低于叶片中的Ca元素含量。在转色期和成熟期，3个处理浓度均表现为：2倍浓度＞正常浓度＞0.5倍浓度，而在幼果期和膨大期，果实中的Ca含量以2倍浓度处理最高，其次是0.5倍浓度，正常浓度处理最低。

如16-8（5）所示，在植株的整个生长发育过程中，Mg在葡萄叶片中的含量高于果

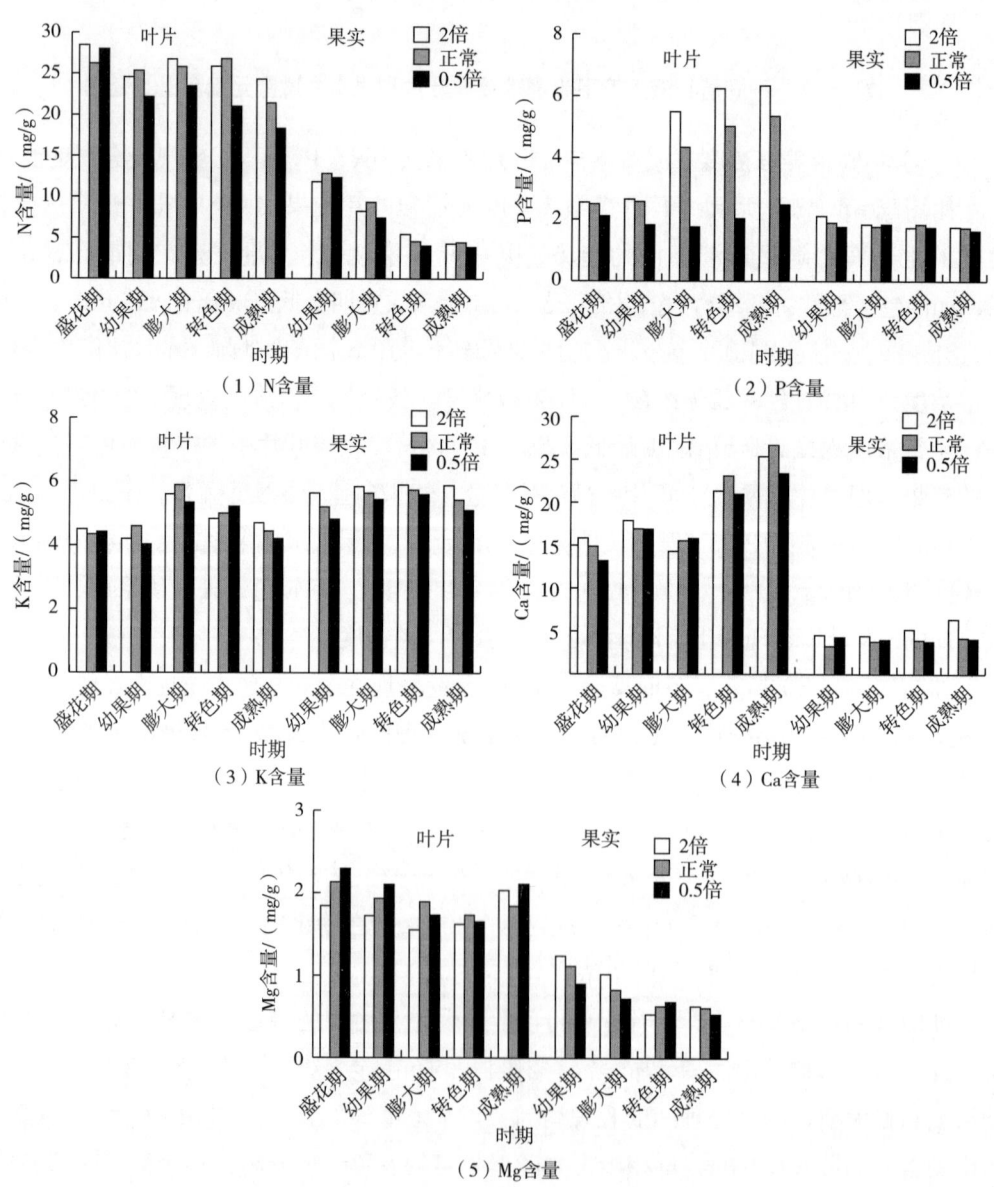

图16-8　不同浓度营养液下霞多丽葡萄叶片和果实中N、P、K、Ca、Mg含量的变化

实中的含量，且变化较稳定，膨大期和转色期稍有降低，但在成熟期又迅速升高。盛花期和幼果期Mg含量均表现为：0.5倍浓度＞正常浓度＞2倍浓度，而在膨大期和转色期以正常浓度处理的Mg含量最高，0.5倍浓度次之，2倍浓度处理最低。果实中Mg的含量远低于叶片中的含量，并在果实整个生长发育期呈逐渐降低的趋势，幼果期含量最高，0.5倍：0.90mg/g，正常1.12mg/g，2倍：1.24mg/g，而成熟期含量最低，0.5倍：0.53mg/g，正常：0.61mg/g，2倍：0.63mg/g。除转色期外，3个浓度处理在各时期的表现均为2倍浓度＞正常浓度＞0.5倍浓度。

### （四）不同浓度营养液下霞多丽葡萄叶片和果实中微量元素含量的变化

如图16-9（1）所示，各时期B元素含量呈逐渐上升的趋势，在盛花期含量最低，0.5倍：18.30μg/g，正常：26.83μg/g，2倍：21.03μg/g。在成熟期达到最高，0.5倍：50.20μg/g，正常：60.77μg/g，2倍：67.21μg/g。除盛花期外，其他4个时期均表现为：2倍浓度＞正常浓度＞0.5倍浓度。果实中B的含量变化较为平稳，在整个生长发育期都低于其在叶片中的含量，除转色期外，其他三个时期均表现为：2倍浓度＞正常浓度＞0.5倍浓度。膨大期和成熟期2倍浓度和0.5倍浓度处理下的果实B含量存在极显著差异。

如图16-9（2）所示，Mn在叶片中的含量变化呈降低趋势。在盛花期，葡萄叶片中Mn含量相对较高，膨大期叶片中的Mn含量有所降低，但转色期和成熟期又有上升趋势。在盛花期、膨大期和转色期，Mn含量表现为：正常浓度＞2倍浓度＞0.5倍浓度。Mn在果实中的含量明显低于其在叶片中的含量，变化趋势也与叶片相似，在整个生长发育过程中，果实中Mn的含量随着果实的成熟逐渐降低，在成熟期达到最低，0.5倍：3.84μg/g，正常：3.22μg/g，2倍：4.33μg/g。在转色期和成熟期不同浓度处理下Mn含量表现为：2倍浓度＞0.5倍浓度＞正常浓度。

如图16-9（3）所示，叶片中Fe的含量在盛花期最高，0.5倍：0.40mg/g，正常0.44mg/g，2倍：0.38mg/g，在膨大期急剧降低，转色期和成熟期开始升高，除转色期外，其他时期均表现为：正常浓度＞0.5倍浓度＞2倍浓度。果实中Fe的含量在整个生长发育期都低于其在叶片中的含量，其中Fe在膨大期的含量最高，0.5倍：0.33mg/g，正常：0.36mg/g，2倍：0.35mg/g。在幼果期和成熟期，不同浓度处理表现为2倍浓度＞0.5倍浓度＞正常浓度。

如图16-9（4）所示，不同营养液浓度下霞多丽葡萄叶片和果实中各时期Cu元素含量在盛花期最高且呈逐渐降低的趋势，在开花期和幼果期三个浓度处理之间均表现为2倍浓度处理最高，而在膨大期和转色期均表现为正常处理浓度最高，2倍浓度次之，而0.5倍浓度处理最小。果实中Cu的含量与Zn的变化相似，明显低于其在叶片中的含量，且随着果实生长发育的进行，Cu的含量呈缓慢下降的趋势，在幼果期以0.5倍浓度处理的叶片Cu含量最高。

如图16-9（5）所示，Zn在叶片中的含量在幼果期和膨大期略有下降，到转色期和成熟期后又显著上升,在盛花期、幼果期和膨大期时正常浓度处理下的叶片Zn含量较高,而转色期和成熟期表现为2倍浓度处理最高,正常浓度次之,0.5倍浓度处理的Zn含量最小。果实中Zn的含量明显低于其在叶片中的含量,4个时期浓度处理均表现为:2倍浓度＞正常浓度＞0.5倍浓度。

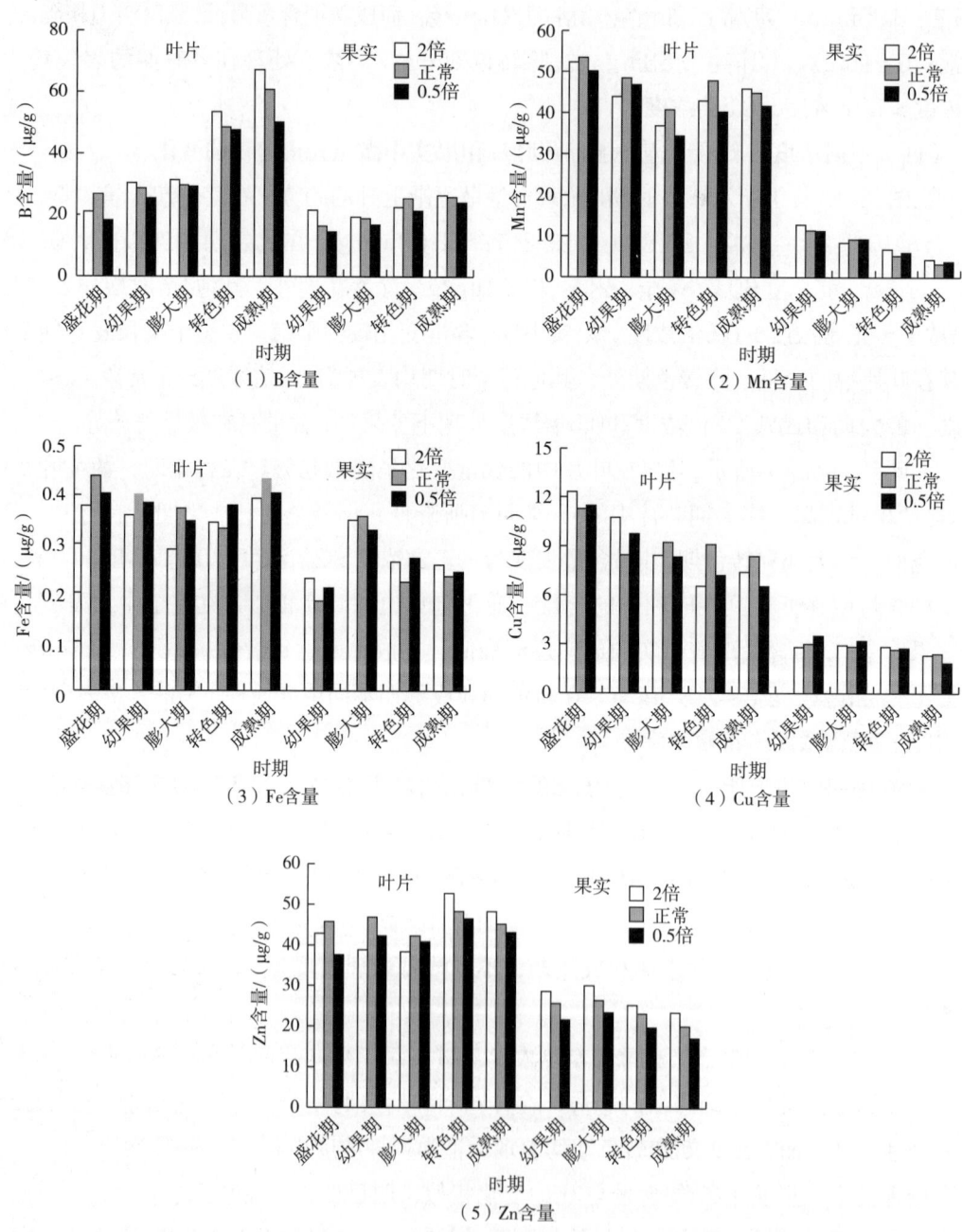

图16-9 不同浓度营养液下霞多丽葡萄叶片和果实中微量元素含量的变化

## 四、葡萄植株元素的日吸收量变化

以正常浓度为例，单株赤霞珠葡萄N、P、K、Ca、Mg的日吸收量如表16-4所示，N元素在膨大期有最大吸收值，盛花期与膨大期和转色期的N元素日吸收量达到显著性差异水平；P元素的日吸收量在膨大期和转色期较高，盛花期和膨大期间存在显著性差异；膨大期时K元素的吸收量达到了504mg，盛花期、幼果期与膨大期之间达到显著性差异；Ca元素的最大日吸收量出现在转色期，其他四个时期与转色期间均达到显著性差异；5个时期的Mg元素日吸收量相互均未达到显著性差异水平，且幼果期的日吸收量最高，为114.29mg。

正常浓度下单株赤霞珠葡萄对B、Mn、Fe、Cu、Zn元素的日吸收量如表16-4所示，B元素的日吸收量在膨大期达到最大值，各时期的B元素日吸收量间均未达到显著性差异水平；Mn元素的日吸收量在转色期达到最大值，各时期的日吸收量之间不存在显著性差异；Fe元素的日吸收量高于B、Mn、Cu、Zn元素，在膨大期最大，盛花期最低，膨大期的日吸收量与其他时期间均存在显著性差异；Cu元素在转色期日吸收量最大，各时期间的日吸收量均不存在显著性差异；Zn元素的日吸收量在膨大期达到最大，开花期最低，为0.04mg，各时期间的日吸收量不存在显著性差异。

表16-4 赤霞珠葡萄元素日吸收量　　　　　　　　　　　　　单位：mg

| 元素 | 盛花期 | 幼果期 | 膨大期 | 转色期 | 成熟期 |
|---|---|---|---|---|---|
| N | $56.12 \pm 0.11^b$ | $101.91 \pm 0.095^{ab}$ | $422.23 \pm 0.39^a$ | $270.50 \pm 0.13^a$ | $112.41 \pm 0.046^{ab}$ |
| P | $38.33 \pm 0.040^b$ | $110.23 \pm 0.042^{ab}$ | $220.67 \pm 0.062^a$ | $181.45 \pm 0.086^{ab}$ | $150.50 \pm 0.054^{ab}$ |
| K | $61.23 \pm 0.022^b$ | $75.12 \pm 0.075^b$ | $350.20 \pm 0.10^a$ | $200.50 \pm 0.47^{ab}$ | $130.20 \pm 0.14^{ab}$ |
| Ca | $42.45 \pm 0.020^b$ | $171.20 \pm 0.083^b$ | $201.45 \pm 0.27^b$ | $502.23 \pm 0.17^a$ | $290.45 \pm 0.26^b$ |
| Mg | $30.20 \pm 0.21^a$ | $88.58 \pm 0.10^a$ | $40.83 \pm 0.16^a$ | $72.06 \pm 0.15^a$ | $52.34 \pm 0.024^a$ |
| B | $0.20 \pm 0.010^a$ | $0.32 \pm 0.014^a$ | $0.57 \pm 0.050^a$ | $0.34 \pm 0.019^a$ | $0.29 \pm 0.015^a$ |
| Mn | $0.15 \pm 0.036^a$ | $0.21 \pm 0.026^a$ | $0.2 \pm 0.012^a$ | $0.30 \pm 0.028^a$ | $0.17 \pm 0.021^a$ |
| Fe | $0.45 \pm 0.061^b$ | $0.90 \pm 0.009^a$ | $1.80 \pm 0.11^a$ | $0.60 \pm 0.014^b$ | $0.57 \pm 0.018^b$ |
| Cu | $0.03 \pm 0.019^a$ | $0.05 \pm 0.014^a$ | $0.05 \pm 0.015^a$ | $0.20 \pm 0.026^a$ | $0.19 \pm 0.070^a$ |
| Zn | $0.04 \pm 0.018^a$ | $0.05 \pm 0.012^a$ | $0.15 \pm 0.047^a$ | $0.14 \pm 0.070^a$ | $0.12 \pm 0.053^a$ |

注：不同小写字母表示显著性水平（$p<0.05$）。

以正常浓度为例，单株霞多丽葡萄N、P、K、Ca、Mg的日吸收量如表16-5所示。N

元素的日吸收量在盛花期最低,在膨大期最高,盛花期和膨大期的日吸收量达到显著差异水平;盛花期对P元素的日吸收量较低,膨大期最高;K元素的日吸收量在盛花期和幼果期较低,膨大期最高,膨大期日吸收量与盛花期和幼果期日吸收量均达到显著性差异;Ca元素的日吸收量在盛花期和幼果期吸收量较低,转色期日吸收量最大,且与其他四个时期均达到显著性差异;Mg元素的日吸收量在膨大期、转色期和成熟期较高,盛花期和幼果期吸收量较低,各时期间的日吸收量均未达到显著性差异。

正常浓度下单株霞多丽葡萄对B、Mn、Fe、Cu、Zn元素的日吸收量如表16-5所示。B元素在膨大期有最大吸收值,盛花期和成熟期吸收量较低,且与膨大期均达到显著性差异;各时期Mn元素的日吸收量均未达到显著性差异,转色期有最大值;膨大期Fe元素的日吸收量达到最大,且与其他四个时期的日吸收量均存在显著性差异;成熟期时Cu元素的日吸收量最大,盛花期最低,各时期间的日吸收量均不存在显著性差异;Zn元素的日吸收量与Cu元素相似,盛花期最低,膨大期最大,各时期间的吸收量均未达到显著性差异。

表16-5 霞多丽葡萄元素日吸收量    单位:mg

| 元素 | 盛花期 | 幼果期 | 膨大期 | 转色期 | 成熟期 |
| --- | --- | --- | --- | --- | --- |
| N | 50.50±0.017[b] | 96.20±0.13[ab] | 410.20±0.34[a] | 258.20±0.049[a] | 85.80±0.25[ab] |
| P | 31.30±0.029[a] | 80.28±0.025[a] | 180.50±0.16[a] | 155.23±0.023[a] | 108.28±0.020[a] |
| K | 55.34±0.026[b] | 70.25±0.090[b] | 315.40±0.14[a] | 176.34.±0.17[ab] | 114.23±0.30[ab] |
| Ca | 35.12±0.061[b] | 70.23±0.11[b] | 167.33±0.54[b] | 435.34±0.25[a] | 290.45±0.54[b] |
| Mg | 25.01±0.26[a] | 30.23±0.11[a] | 54.20±0.23[a] | 64.67±0.027[a] | 42.34±0.033[a] |
| B | 0.14±0.019[b] | 0.29±0.066[ab] | 0.48±0.031[a] | 0.29±0.020[ab] | 0.18±0.018[b] |
| Mn | 0.11±0.012[a] | 0.15±0.013[a] | 0.17±0.032[a] | 0.21±0.016[a] | 0.14±0.038[a] |
| Fe | 0.40±0.034[b] | 0.75±0.078[b] | 1.48±0.073[a] | 0.51±0.029[b] | 0.39±0.063[b] |
| Cu | 0.023±0.017[a] | 0.036±0.019[a] | 0.042±0.039[a] | 0.12±0.019[a] | 0.13±0.028[a] |
| Zn | 0.029±0.029[a] | 0.038±0.036[a] | 0.12±0.015[a] | 0.11±0.039[a] | 0.09±0.024[a] |

注:不同小写字母表示显著性差异($p<0.05$)。

## 五、不同浓度营养液下葡萄的需水规律

不同浓度营养液下赤霞珠葡萄各时期水分消耗量如图16-10所示,赤霞珠在不同营养

液浓度下的水分消耗量变化相似,从盛花期到成熟期呈先上升后下降的变化趋势,其中在膨大期达到最大,分别为2倍浓度241 L,占总耗水量的34%,正常浓度247 L,占总耗水量33.84%,0.5倍浓度下240 L,占总耗水量的33.4%。成熟期时葡萄的耗水量最低,占总耗水量百分比分别为:2倍浓度13.04%,正常浓度13%,0.5倍浓度13.36%。正常浓度下需水量在除成熟期外均高于其他处理组,0.5倍浓度处理下的葡萄水分消耗量在成熟期高于其他处理组,2倍浓度下葡萄的需水量在各个时期均为最低。总之,正常浓度总耗水量为730L/株。

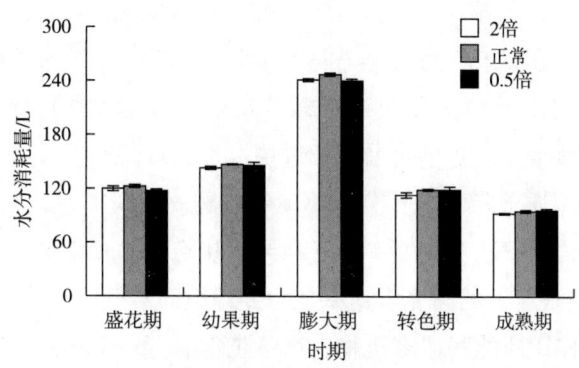

**图16-10 不同浓度营养液下赤霞珠葡萄各时期水分消耗量**

由图16-11可以看出,不同浓度营养液处理下的霞多丽葡萄在生长时期内的需水量变化相似,呈先上升后下降的趋势,在膨大期有最大水分吸收量,分别为:2倍浓度241L,占总耗水量的34.14%;正常浓度249L,占总耗水量34.34%;0.5倍浓度下244L,占总耗水量的33.76%。成熟期的水分消耗量最低,处理间正常浓度下耗水量最大,为95L。2倍浓度下的葡萄水分消耗量除盛花期外均低于其他处理组,0.5倍浓度的营养液下葡萄耗水量在各个时期低于2倍浓度和正常浓度处理组。总之,正常浓度总耗水量为725L/株。

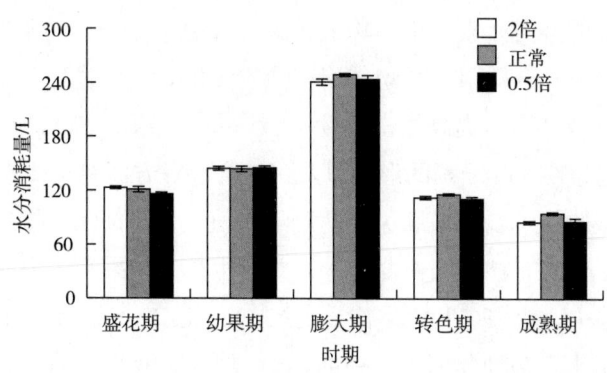

**图16-11 不同浓度营养液下霞多丽葡萄各时期水分消耗量**

## 第三节 讨论

本研究中,赤霞珠和霞多丽葡萄的新梢长度和新梢基部直径均随葡萄生育期的推进不断增加,2倍浓度营养液处理下的赤霞珠葡萄新梢生长量低于其他2个浓度处理,但新梢基部直径大于其他处理组,2倍浓度营养液处理下的霞多丽葡萄的新梢生长量和新梢基部粗度则介于其他2个处理组,表明高浓度营养液并不能促进赤霞珠和霞多丽葡萄新梢生长,合适的营养液浓度才能使葡萄的新梢生长量和新梢基部直径显著增加。对柑橘进行合适配比施肥的研究表明,增施中肥(N:0.62kg/株,$P_2O_5$:0.36kg/株,$K_2O$:0.60kg/株)后柑橘的新梢生长量高于低肥(N:0.33kg/株,$P_2O_5$:0.18kg/株,$K_2O$:0.32kg/株)和高肥(N:1.20kg/株,$P_2O_5$:0.70kg/株,$K_2O$:1.10kg/株)处理。在实际生产中需要平衡营养生长和生殖生长,防止新梢生长过快过长、对营养生长造成不良影响而使有机物累积不足导致果实品质下降、花芽分化不良等问题。本研究中,2倍浓度营养液下的赤霞珠葡萄叶片的净光合速率、蒸腾速率、气孔导度和胞间二氧化碳浓度在各处理间均为最低。霞多丽葡萄中2倍浓度下的净光合速率也为处理组间最低,蒸腾速率则为0.5倍浓度下最低。植株通过光合作用才能积累有机物,进行正常的生理生化活动,高浓度的营养有利于提高光合效率,但营养浓度过高则使光合效率降低,表明在适宜的营养条件下光合效率较高。葡萄果实发育前期含糖量较低,但酸合成较多,随着果实的膨大,果实由硬变软,并开始转色,果实中的可溶性固形物含量发生变化,糖分不断累积,总酸含量下降。本试验中,0.5倍浓度营养液下赤霞珠葡萄的可溶性固形物含量和花色苷含量较高,正常浓度下的单宁含量和总酚含量最高,2倍浓度营养液下可滴定酸含量最低;2倍浓度营养液下霞多丽葡萄的可溶性固形物含量、单宁含量和总酚含量较高。在实际生产中可根据所要酿造酒的风格选择合适的营养液浓度,从而控制果实品质。

葡萄在整个生长期内需要大量的元素,且主要通过根系吸收到植株内部,部分元素可以通过叶面施肥被吸收。元素在葡萄生长发育过程中有不可或缺的作用,N元素是组成植物氨基酸和蛋白质的必需元素,也是构成核酸、叶绿素等物质的基础;P元素参与组成细胞核和原生质,参与光合作用、呼吸作用和物质转化等生理过程;K元素以离子状态存在于植株体中,促进糖代谢,提高植株抗性;Ca,Mg,Fe,B,Mn,Zn,Cu等元素在细胞壁的建造、细胞分裂、叶绿素的形成以及酶的合成等方面有重要作用。研究表明,红地球葡萄N、P、K吸收量均在果实膨大期达到最大值,且K的吸收量在果实生长发育后期仍较高。适宜的施肥时期能够保证葡萄的正常优质生长,坐果后至果实转色期对N元素的需求量最大。本试验中,赤霞珠和霞多丽葡萄N、K、Mg、B、Mn、Fe、Cu、Zn含量与营养液浓度并不成正比。两种葡萄叶片中的P含量随营养液浓度的升高而升高,K元素在果实中的含量高于叶片。葡萄植株在不同时期对元素的需求量不同,养分的供给在一定程度上决定了葡萄叶片和果实中各种元素的含量，实际生产中可以根据植株器官中的各种元素含量控制施肥种类和施肥量，以达到葡萄优质丰产和肥料合理利用的目的。

对藤稔葡萄不同生育期需肥量的研究表明，施肥量增加，N元素含量增加，且树体前期对N元素的需求较高。对峰后葡萄营养元素吸收规律的研究发现，各种必需营养元素的最大吸收峰均出现在果实膨大期或转色期。红提葡萄对Ca的吸收量从树体中树叶流动开始逐渐增大，在葡萄转色时达到最大，果实转色期后应多施钙肥和磷肥。研究发现，葡萄对各种元素的吸收量与营养液浓度成正比，大量元素中Ca的吸收量最大，N、K吸收量高于P、Mg的吸收量，微量元素中Fe、B的吸收量最大，且各种元素吸收量与营养液浓度的关系均为：高浓度＞中浓度＞低浓度。本研究中，高营养液浓度处理下元素的吸收量也高，各种元素的吸收量均表现为2倍浓度＞正常浓度＞0.5倍浓度，表明增加施肥量对元素的吸收有促进作用；除Ca元素外，其他元素的吸收高峰均出现在膨大期，植株在果实发育前期需要大量的营养元素保证正常生长，因此对元素的吸收量较大。Ca元素对葡萄果实的生长发育和风味物质的形成有重要作用，Ca吸收量在转色期达到最大值；大量元素中Ca的吸收量最大，赤霞珠葡萄单株生长期Ca吸收量为2倍浓度69.76g，正常浓度45.75g，0.5倍浓度29.71g，其次依次为N、K、P、Mg。微量元素中Fe元素吸收量最高2倍浓度为324.8mg，正常浓度为196.23mg，0.5倍浓度为112.10mg，其次为Cu元素吸收量。霞多丽葡萄不同处理组间单株Ca吸收量分别为2倍浓度63.60g，正常浓度37.23g，0.5倍浓度25.17g，其次依次为K、P、Mg，但N元素含量高于Ca元素，微量元素中Fe元素吸收量最高：2倍浓度273.12mg，正常浓度172.95mg，0.5倍浓度84.08mg，其次为B、Mn、Zn、Cu元素的吸收量。

沙地栽培葡萄在夏季即葡萄果实坐果后的需水量最大，占全年耗水量的53.3%，春季和秋季的需水量相近。果实膨大期存在葡萄需水高峰，以满足果实干物质积累，果实生长后期需水量较少。本研究中，葡萄对水分的吸收量不受外界环境的影响，不同处理组在果实膨大期的耗水量均为最高，赤霞珠葡萄膨大期需水量占总耗水量33.4%~34%，霞多丽葡萄占34.14%~34.76%，成熟期需水量最低，赤霞珠葡萄占13%~13.36%，霞多丽葡萄为12.04%~13.10%。

## 第四节 小结

（1）营养液浓度过高对葡萄新梢生长存在抑制作用，高浓度营养液对赤霞珠葡萄新梢基部直径增加有促进作用，对霞多丽葡萄则无。合适的营养液浓度能够提高葡萄光合作用效率，过高浓度不利用光合作用进行。

（2）0.5倍和正常浓度的营养液处理下，赤霞珠葡萄果实品质优于2倍浓度处理，2倍浓度营养液条件下霞多丽葡萄品质较优。

（3）除P元素外，其他元素在葡萄中的含量与营养液浓度不成正比，K元素在2种葡萄果实中的含量高于叶片，其他元素则为叶片中含量高于果实。在果实生长发育时期增施K肥有利于提高果实品质。

（4）各种元素的吸收量均表现为：2倍浓度＞正常浓度＞0.5倍浓度，表明施肥量对元素的吸收有促进作用。以正常浓度为例，单株葡萄对各种元素的年吸收量为：赤霞珠葡萄：N 43.72g，P 29.44g，K 36.52g，Ca 45.75g，Mg 10.05g，Fe 196.23mg，Mn 40.45mg，B 73.41mg，Zn 20.54mg，Cu 18.31mg；霞多丽葡萄：N 41.37g，P 37.23g，K 32.78g，Ca 28.23g，Mg 8.64g，Fe 172.95mg，Mn 31.12mg，B 60.26mg，Zn 16.02mg，Cu 12.57mg。

（5）赤霞珠葡萄在膨大期的单株需水量最大（240~247L），成熟期为最低（92.5~96L），单株赤霞珠葡萄整个生长期需水量为709.5~730.5L；霞多丽葡萄在膨大期有最大单株需水量（241~249L），成熟期需水量最低（85~95L），整个生长期单株需水总量为702~725L。

# 第十七章 玫瑰香葡萄需水需肥规律研究

玫瑰香又名麝香葡萄，欧亚种，原产于英国，是由黑罕和白玫瑰香杂交得到，该品种具有很强的适应性和抗寒性，是目前世界上栽培比较广泛的鲜食、酿酒和制汁的兼用品种。营养元素对调节葡萄营养生长和生殖生长之间的平衡至关重要，营养水平不均衡直接影响着树体生长和果实品质。水是植物细胞及代谢的重要组成部分，对葡萄果实的产量和品质有重要影响。肥料是葡萄生产的物质基础，掌握施肥数量和比例对提高葡萄果实产量起着重要的作用。由于葡萄的生命周期长，因此会长年从土壤中选择性地吸收营养元素，但是土壤中的养分不一定都能满足植株的需求，这样就很容易致使某些元素的不足或过多，尤其是微量元素。葡萄对水肥的需求量受品种、植株生长状况、外界环境条件、土壤状况等的影响。

因此，要以植株生长特点和树体营养状况为基础确定合理的施肥方案，本研究以玫瑰香葡萄为试材，在设施栽培条件下，对玫瑰香葡萄各生长发育时期的水肥吸收规律进行研究，以期为玫瑰香葡萄科学水肥管理提供理论依据。

## 第一节 材料与方法

### 一、试验材料

如图17-1所示，试验于2015年4—9月在宁夏回族自治区（以下简称"宁夏"）永宁县玉泉营镇，宁夏兰山骄子葡萄酒庄有限公司，国家葡萄产业技术体系水分生理与节水栽培岗位核心试验基地（38°14′19″N，106°2′0″E）的玻璃温室中进行。以4年生玫瑰香葡萄为试验材料，采用无土限根栽培模式，栽植于规格为2.4m（长）×0.8m（宽）×0.5m（深）的长方形木槽中，木槽底部和四周铺设塑料膜防止营养液外渗和蒸发，每个木槽的下面各放一个塑料桶，塑料桶中安装一个水泵，用于营养液的循环使用。槽底低洼部连接PVC管将多余营养液引流至盛有定量营养液的塑料桶中。采用全自动滴管装置（时控仪控制）灌溉，该装置为1行2管，2管间距为20cm，毛管直径为2cm，滴头间距为

50cm。栽培基质为蛭石：珍珠岩：草炭=1∶1∶1（体积比），基质中全氮8.42mg/L，全磷2.75mg/L，全钾0.82mg/L。每个木槽栽植4株葡萄，共12株，株距0.5m，采用"T"字形整形。

## 二、试验设计

按照Hoagland配方配制不同浓度营养液，共设3个营养液浓度梯度：0.5倍（N 105.7mg/L、P 15.5mg/L、K 116.5mg/L、Ca 80.3mg/L、Mg 24.2mg/L）、1倍（N 211.4mg/L、P 31.0mg/L、K 234.0mg/L、Ca 160.7mg/L、Mg 48.3mg/L）和1.5倍（N 317.1mg/L、P 46.5mg/L、K 350.5mg/L、Ca 241.0mg/L、Mg 72.5mg/L），将不同浓度定量的Hoagland营养液盛入密封塑料桶中（图17-1），采用自动定时滴灌循环系统浇灌，每天早上8：00开始灌溉，每次6min，每次灌溉量为18.6L。

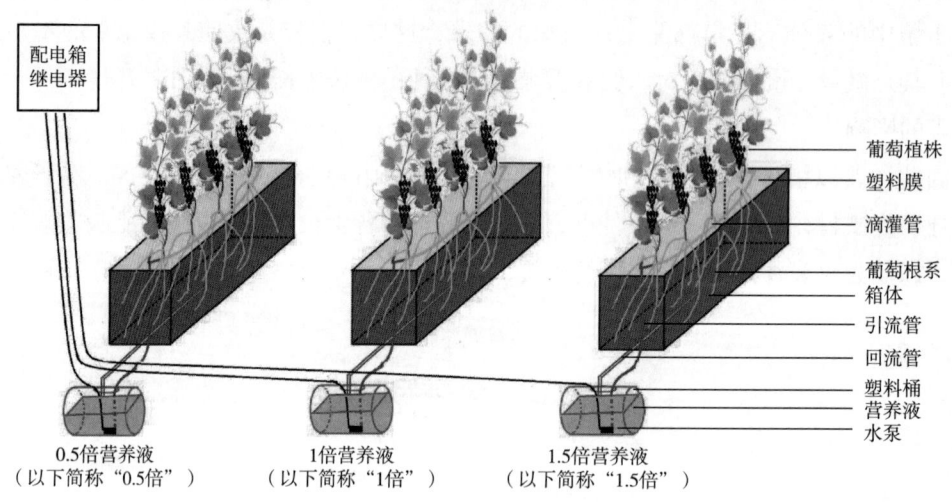

图17-1　葡萄定植及养分供应实验设计图

## 三、样品的采集

分别在盛花期（5月10—17日）、幼果期（5月18—28日）、膨大期（5月29日至7月28日）、转色期（7月29日到8月9日）、成熟期（8月10日至9月10日）的起止时间，采用土壤取样器取基质样，将每个处理组的样品充分混合，用四分法进行取弃，重复3次，将样品放入密封袋中。同时测定密封塑料桶中所剩营养液体积，并取样，将土壤和营养液样品带回实验室测定其所含元素量。

花后30d开始,每株葡萄随机选3个具有代表性的果穗,分别从每穗葡萄的上、中、下随机选取100粒葡萄,3次重复,放入冰盒中带回实验室立即称重(计算单果重),用游标卡尺测定纵横径,并计算果形指数,然后贴好标签,将果实保存在-70℃冰箱中用于测定果实品质,每隔15d采样一次直至果实成熟。

## 四、测定方法

元素的测定:试验采取盛花期、膨大期、转色期、成熟期的叶片和膨大期后的果实,全氮用全自动凯氏定氮仪测定,用火焰分光光度计测定钾含量,钼蓝法测磷含量,硼的测定用姜黄素分光光度法。钙(Ca)、镁(Mg)、铁(Fe)、锰(Mn)、锌(Zn)、铜(Cu)等金属元素含量测定用AA-6800F型原子吸收分光光度计。

单株葡萄元素及水分吸收利用规律计算:不同时期单株葡萄元素吸收量=(该时期营养液中该元素供应总量+该时期开始时基质中该元素含量-该时期结束时剩余营养液中该元素含量-该时期结束时基质中该元素含量)/处理株数,单位依具体实验而定。

不同时期单株葡萄需水量(L)=[该时期供给营养液总量(L)+该时期开始时基质中含水量(L)-该时期结束时桶内营养液剩余量(L)-该时期结束时基质中含水量(L)]/处理株数。

不同时期单株葡萄元素日吸收量=该时期单株葡萄元素吸收量/该时期持续天数/每处理株数,单位依具体实验而定。

## 五、数据处理

用Excel2003、SPSS等软件进行统计分析。采用LSD最小显著差数法在($p \leq 0.05$)水平下比较差异显著性。

# 第二节 结果与分析

## 一、不同浓度营养液对玫瑰香葡萄果实品质的影响

表17-1所示,果实可溶性固形物含量、花色苷含量和总酚含量均表现为1倍浓度处理时数值最大。与1.5倍浓度相比,1倍浓度处理下的可溶性固形物含量提高了1.3%,花色苷

含量提高了45.12%，而可滴定酸含量下降了15.66%。整体来看，适当提高营养液浓度（1倍），有利于增加可溶性固形物含量、降低可滴定酸含量和令果实的提前着色。营养液浓度过高时，可溶性固形物含量反而下降，可滴定酸含量增加。

表17-1　不同营养液浓度对单株玫瑰香葡萄果实品质的影响

| 营养液浓度 | 可溶性固形物含量/% | 可滴定酸含量/% | 总酚含量/（mg/g） | 单宁含量/（mg/g） | 花色苷含量/（mg/g） |
| --- | --- | --- | --- | --- | --- |
| 1.5倍 | 22.267$^a$±1.10 | 0.185$^a$±0.01 | 1.309$^a$±0.70 | 12.156$^a$±0.48 | 0.242$^a$±0.04 |
| 1倍 | 23.600$^b$±0.29 | 0.160$^b$±0.01 | 2.354$^b$±0.51 | 15.922$^b$±2.04 | 0.441$^b$±0.02 |
| 0.5倍 | 21.400$^b$±0.63 | 0.165$^b$±0.02 | 1.750$^{ab}$±1.12 | 16.922$^{ab}$±6.56 | 0.267$^a$±0.07 |

注：同列数据后不同小写字母表示差异达显著水平（$p<0.05$）。

## 二、不同营养液浓度对玫瑰香植株新梢长度、新梢基部直径及主干直径的影响

图17-2（1）所示，新梢长度在整个生长期呈现上升趋势，1.5倍浓度处理的新梢生长量最大，1倍浓度处理次之，0.5倍处理最小。随着生长发育的进行，新梢长度在花后65d达到最大值，其中1.5倍浓度处理的新梢长度比0.5倍浓度处理高55cm。在花后30d，0.5倍浓度处理的新梢长度与1倍和1.5倍浓度处理组差异极显著，而在花后58d，0.5倍浓度处理的新梢长度与1.5倍浓度处理组差异不显著。各处理间新梢长度增量分别为：0.5倍浓度处理为120cm，1倍浓度处理为127cm，1.5倍浓度处理为156cm，说明营养液浓度越高越有利于树体的生长。

图17-2（2）可以看出，葡萄新梢基部直径的变化趋势与新梢长度相似，整个生长期增长较缓慢，1.5倍浓度处理的新梢基部直径大于其他两个处理组，自花后37d到58d，新梢基部直径增长较快，其中1.5倍浓度处理的新梢基部直径增量达到0.12cm，三个处理间的新梢基部直径均在花后86d达到最大值，且均表现为1.5倍＞1倍＞0.5倍。说明较高的养分供应量有利于促进植株的营养生长。在花后86d，各处理组间不存在显著性差异。

图17-2（3）可以看出，从花后30d到花后86d主干基部直径增长量较平缓，且一直表现为：1.5倍＞1倍＞0.5倍，其中1.5倍浓度处理的主干直径增长量最大（0.085cm），1倍浓度处理次之（0.035cm），0.5倍浓处理最小（0.0525cm），这可能与养分供应量不同有关，说明养分供应量越高，主干直径生长越快。除花后86d外，0.5倍浓度处理下的主干基部直径与1倍和1.5倍浓度处理组均存在显著性差异。

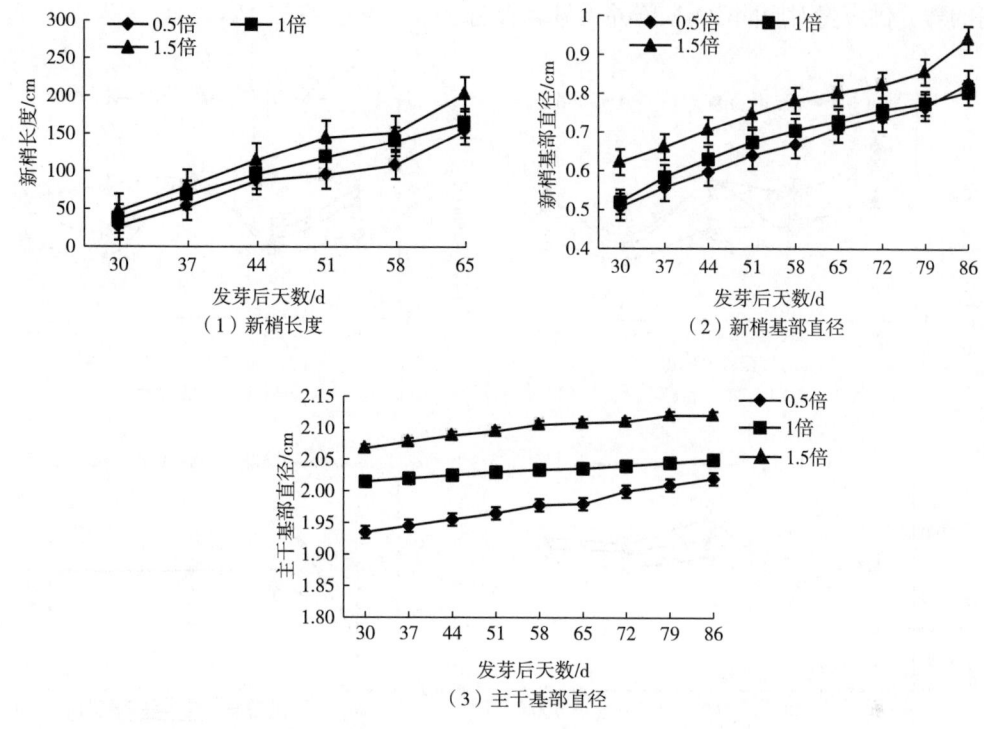

**图17-2　不同营养液浓度对葡萄新梢长度、新梢基部直径和主干基部直径的影响**

### 三、不同营养液浓度对玫瑰香葡萄光合特性的影响

如图17-3所示,葡萄叶片的净光合速率、蒸腾速率、气孔导度和胞间$CO_2$浓度的变化趋势相似,呈W形。不同处理间的净光合速率均在花后20d达到最大[1.5倍:7.35μmol/($m^2·s$),1倍:8.66μmol/($m^2·s$),0.5倍:8.42μmol/($m^2·s$)],1.5倍浓度处理下的净光合速率均低于其他两个处理组,说明营养液浓度过高可能会降低叶片的净光合速率。在花后40d和60d,1.5倍浓度处理下的净光合速率与0.5倍和1倍存在显著性差异。各处理组叶片的蒸腾速率在花后20d呈下降趋势,而后逐渐上升(花后60d),然后又呈现下降趋势。0.5倍浓度处理下的蒸腾速率在花后20d出现峰值,在花后20d,0.5倍与1.5倍浓度处理下的蒸腾速率达到显著性差异。与蒸腾速率变化相似,玫瑰香葡萄叶片的气孔导度呈先降后升又降的趋势,三个处理间的气孔导度均在花后60d出现最大值:1.5倍:109.9μmol/($m^2·s$),1倍:95.9μmol/($m^2·s$),0.5倍:84.3μmol/($m^2·s$),且均表现为1.5倍>1倍>0.5倍。在花后60d各浓度处理下的气孔导度均不存在显著性差异,而在花后80d,1.5倍浓度处理下的气孔导度显著高于1倍浓度。除花后40d和80d 1倍浓度处理下的胞间$CO_2$浓度高于0.5倍浓度处理外,其他浓度处理组均表现为0.5倍>1倍>1.5倍,说明

过高的养分供应量对胞间$CO_2$浓度并无显著影响。

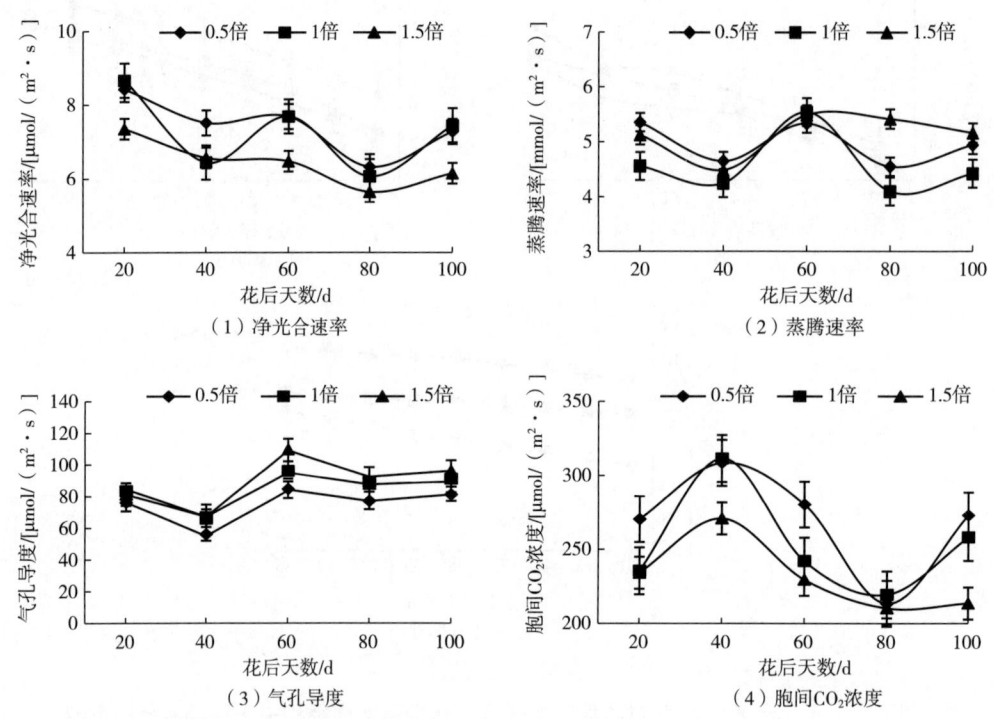

图17-3 不同营养液浓度对葡萄叶片净光合速率,蒸腾速率,气孔导度,胞间$CO_2$浓度的影响

## 四、不同营养液浓度对玫瑰香植株叶片和果实中营养元素含量的影响

### (一)不同营养液浓度对玫瑰香植株叶片和果实中N、P、K、Ca、Mg含量的影响

如图17-4(1)所示,随着叶片和果实发育,葡萄叶片和果实中的N含量均呈逐渐降低趋势。叶片中N元素含量以盛花期1.5倍浓度处理最高,为36.79mg/g,幼果期0.5倍浓度处理下最低,为24.37mg/g。除膨大期和转色期外,其他三个时期N含量均为:1.5倍浓度>1倍浓度>0.5倍浓度。果实中N含量总体水平低于叶片中N元素含量,幼果期N元素含量最高(16.53~19.43mg/g),成熟期N元素含量降到最低(8.32~12.75mg/g)。除膨大期外,幼果期、转色期和成熟期N含量均表现为:1.5倍浓度>1倍浓度>0.5倍浓度。

如图17-4(2)所示,随着叶片和果实发育,叶片中的P元素含量呈现逐渐上升趋势。除盛花期外,各个时期叶片P含量变化均为:1.5倍浓度>1倍浓度>0.5倍浓度,且成熟期1.5倍浓度处理的叶片P元素累积最多,达到了6.07mg/g。随着果实的发育,P含量逐渐降低。在幼果期1.5倍浓度处理的P含量最高，达到了3.88mg/g，0.5倍浓度处理的P含量在成熟期达到最低，其值为2.11mg/g。除转色期和成熟期外，3个浓度处理之间表现为：1.5倍浓度＞1倍浓度＞0.5倍浓度。

如图17-4（3）所示，随着叶片和果实发育，叶片中K的含量变化趋势较缓慢，在膨大期1.5倍浓度处理下的K含量达到最大值（6.88mg/g），除幼果期和转色期外，其他时期三个处理间的表现为：1.5倍浓度＞1倍浓度＞0.5倍浓度。K在葡萄果实中的含量与其在叶片中的含量相当，随着植株生长发育的推进，果实中K含量呈先上升后下降的趋势，1.5浓度处理的K含量在果实转色期达到最大（6.72mg/g），0.5倍浓度次之（6.44mg/g），1倍浓度最小（6.39mg/g），之后有所降低。

如图17-4（4）所示，随着叶片和果实发育，叶片中Ca的含量逐渐升高，且在成熟期1倍浓度处理的Ca含量达到最大值（32.58mg/g），除盛花期外，其他四个时期叶片中Ca含量以1倍浓度处理最高，1.5倍浓度次之，0.5倍浓度最小。在果实整个发育时期，Ca含量变化趋势平稳，其含量低于叶片中的Ca元素含量，在果实转色期1.5倍处理组Ca元素含量达到14.22mg/g。三个处理浓度均表现为：1.5倍浓度＞1倍浓度＞0.5倍浓度。

如图17-4（5）所示，随着叶片和果实发育，Mg在葡萄叶片中的含量高于果实，Mg在叶片中的含量变化较稳定，膨大期稍有降低，但是在转色期又迅速升高，至成熟期达到最大。除幼果期和膨大期外，其他各时期Mg含量均表现为：1.5倍浓度＞1倍浓度＞0.5倍浓度。果实中的Mg含量有逐渐降低的趋势，幼果期含量最高（1.56mg/g），而成熟期含量最低（0.62mg/g）。除幼果期外，3个浓度处理在各时期的表现均为：1.5倍浓度＞0.5倍浓度＞1倍浓度。

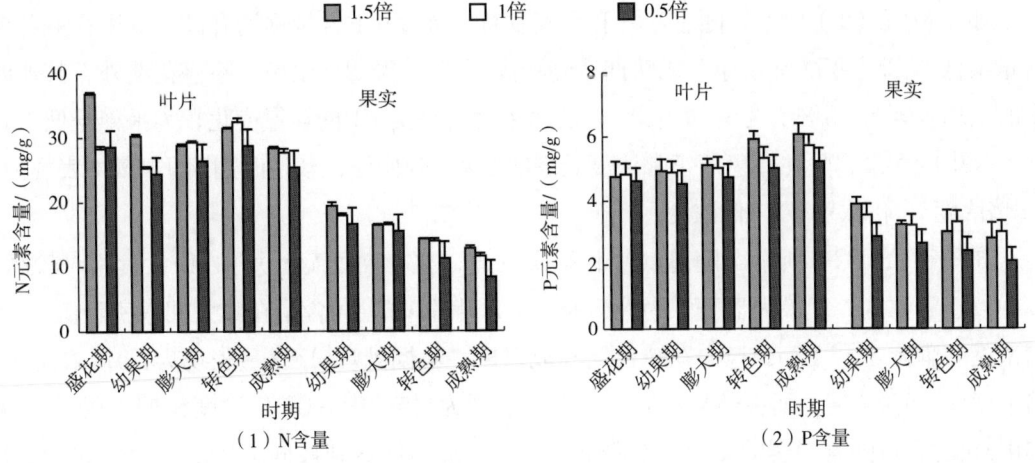

（1）N含量　　　　　　（2）P含量

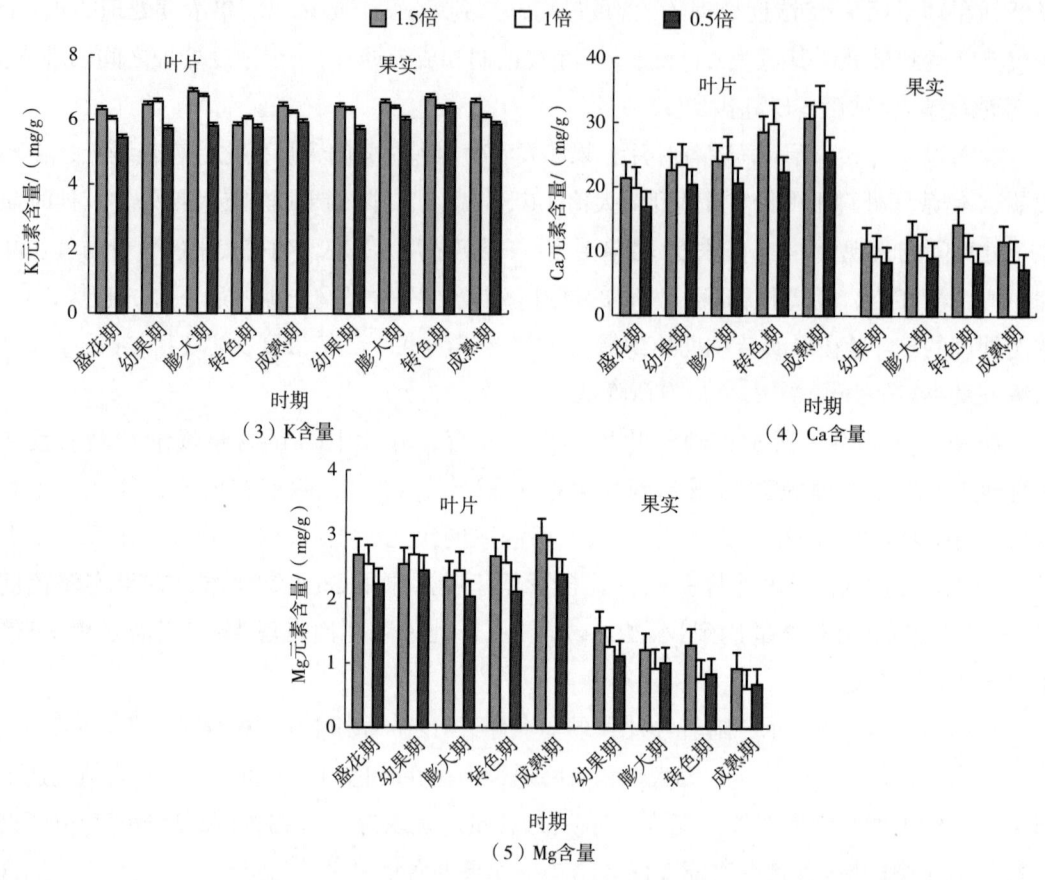

图17-4　不同浓度营养液对玫瑰香葡萄叶片和果实中大量元素含量的影响

### （二）不同浓度营养液对玫瑰香葡萄叶片和果实中微量元素含量的影响

如图17-5（1）所示，随着叶片和果实发育，叶片中B含量逐渐升高，其中在盛花期含量最低27.35~35.68mg/g，成熟期达到最高46.77~53.25mg/g。除盛花期外，其他四个时期均表现为1.5倍浓度＞1倍浓度＞0.5倍浓度。果实中B的含量变化较为平稳且低于其在叶片中的含量，除在转色期正常浓度处理的B含量较低外，其他时期B的含量均表现为：1.5倍浓度＞1倍浓度＞0.5倍浓度。

如图17-5（2）所示，随着叶片和果实发育，盛花期葡萄叶片中Mn含量相对较高，其中以正常浓度处理最为显著，为75.89mg/g，叶片中的Mn含量在膨大期有所降低，1.5倍浓度处理降至48.33mg/g，在转色期和成熟期，不同处理Mn含量表现为1.5倍浓度＞1倍浓度＞0.5倍浓度，而在幼果期和膨大期则表现为1倍浓度＞0.5倍浓度＞1.5倍浓度。果实中Mn的含量随着果实的发育逐渐降低，其中在成熟期达到最低（10.03~11.3mg/g）。幼果期和转色期在不同处理下Mn含量表现为1.5倍浓度＞1倍浓度＞0.5倍浓度，而在膨大期和成熟期则表现为：1倍浓度＞1.5倍浓度＞0.5倍浓度。

如图17-5（3）所示，随着叶片和果实发育，盛花期时叶片中Fe的含量最高，其中1倍浓度达到了0.56mg/g，膨大期急剧降低，转色期和成熟期又开始上升。在盛花期、幼果期和转色期都表现为1倍浓度＞1.5倍浓度＞0.5倍浓度，而在膨大期和成熟期，1.5倍浓度处理明显高于正常和0.5倍浓度处理。果实中Fe的含量在整个生长发育期呈逐渐降低的趋势，其中Fe在幼果期的含量最高，其值为0.28mg/g，之后有所下降，到果实成熟期降至最低0.08～0.14mg/g，在幼果期和成熟期，不同浓度处理表现为：1.5倍浓度＞1倍浓度＞0.5倍浓度。

如图17-5（4）所示，随着叶片和果实发育，Cu在叶片中的含量盛花期最高，其中1倍浓度处理最为显著，达到了18.44mg/g，成熟期降至最低6.05mg/g。三个浓度处理的叶片中Cu含量在盛花期、幼果期和成熟期均表现为：1倍浓度＞1.5倍浓度＞0.5倍浓度处理。果实中Cu含量趋势较为平稳，在幼果期和成熟期三个处理浓度之间表现为：1.5倍浓度＞1倍浓度＞0.5倍浓度，而在转色期以1倍浓度处理为最高（3.66mg/g）。

如图17-5（5）所示，随着叶片和果实发育，葡萄叶片中Zn的含量在幼果期和膨大期

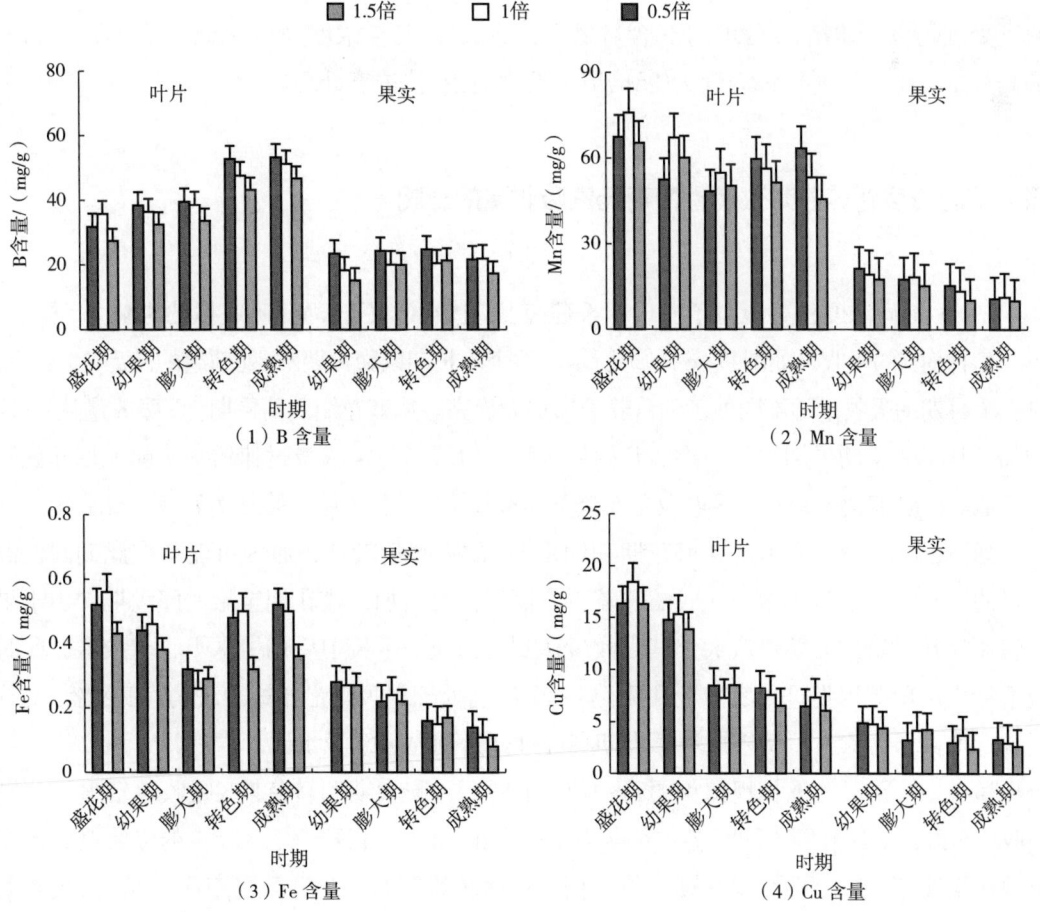

（1）B含量　　（2）Mn含量　　（3）Fe含量　　（4）Cu含量

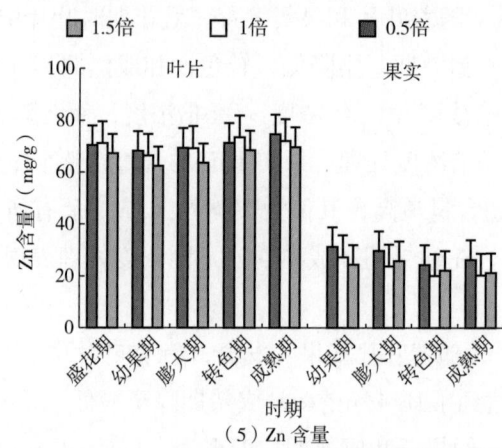

(5) Zn 含量

图17-5 不同浓度营养液对葡萄叶片和果实中微量元素含量的影响

略有下降，到转色期和成熟期又有所上升，在幼果期、膨大期和成熟期叶片中Zn的含量均表现为：1.5倍浓度处理最高68.22~74.66mg/g，1倍浓度次之66.34~72.11mg/g，0.5倍浓度最小62.34~69.72mg/g。果实中Zn的含量明显低于其在叶片中的含量，四个时期浓度处理均以1.5倍浓度处理的Zn含量最高，除幼果期1倍浓度处理的Zn含量比0.5倍处理的高外，其他三个时期都表现为0.5倍浓度处理高于1倍浓度处理。

## 五、不同浓度营养液对玫瑰香葡萄元素吸收量的影响

### （一）不同浓度营养液对单株玫瑰香葡萄N、P、K、Ca、Mg吸收量的影响

植株对N的吸收量如图17-6（1）所示，整个生长期以膨大期3个处理组的N吸收量较高，且五个时期的吸收量随不同处理的营养液增加而提高。从盛花期到幼果期，N吸收量从6.11g增加到16.38g；幼果期以后，果实开始处于膨大阶段，氮需求量迅速增加，膨大期达到吸收峰值。成熟期由于果实的采收及冬季修剪使N吸收量大幅下降，降幅为7.4%~16.21%。

如图17-6（2）所示，在盛花期和幼果期P的吸收量较低，原因可能是在此期间低温干旱的影响，根系从土壤中吸收的磷较少，而后慢慢增加，盛花期至果实膨大期，由于果实快速生长对磷的需要量较大，其吸收量达到51.67g。生长中后期植株吸收磷较多，此时应适量供给磷肥以促进果实着色和成熟。3个浓度处理组吸收量始终表现为：1.5倍浓度＞1倍浓度＞0.5倍浓度。幼果期和膨大期各处理间达到显著差异水平。

植株对K元素的吸收规律如图17-6（3）所示，膨大期和转色期K吸收量较大，分别吸收K元素63.54g和27.37g，各占全年总吸收量的52.3%和22.5%。K元素的吸收最大效率出现在果实膨大期，即浆果快速生长、糖分快速积累时期，此时重施K肥，既可满足葡萄成熟对K的需求又有助于提高葡萄品质。

葡萄是喜钙果树,钙对果实品质的影响远远大于N、P、K、Mg。植株对Ca的吸收如图17-6(4)所示,Ca元素吸收量在开花期较低,为0.84g~3.96g,膨大期后开始迅速升高,至转色期达到最大9.89g~24.17g,其吸收量增幅为8.53%~16.38%。在整个生长发育期,膨大期和转色期吸收总量占全年吸收总量的64%,这是由于膨大期果实迅速生长,养分需求量较大。膨大期、转色期和成熟期各浓度处理间均存在显著性差异。

由图17-6(5)可知,在营养生长期,随着叶面积的增大,树体对Mg的吸收量迅速

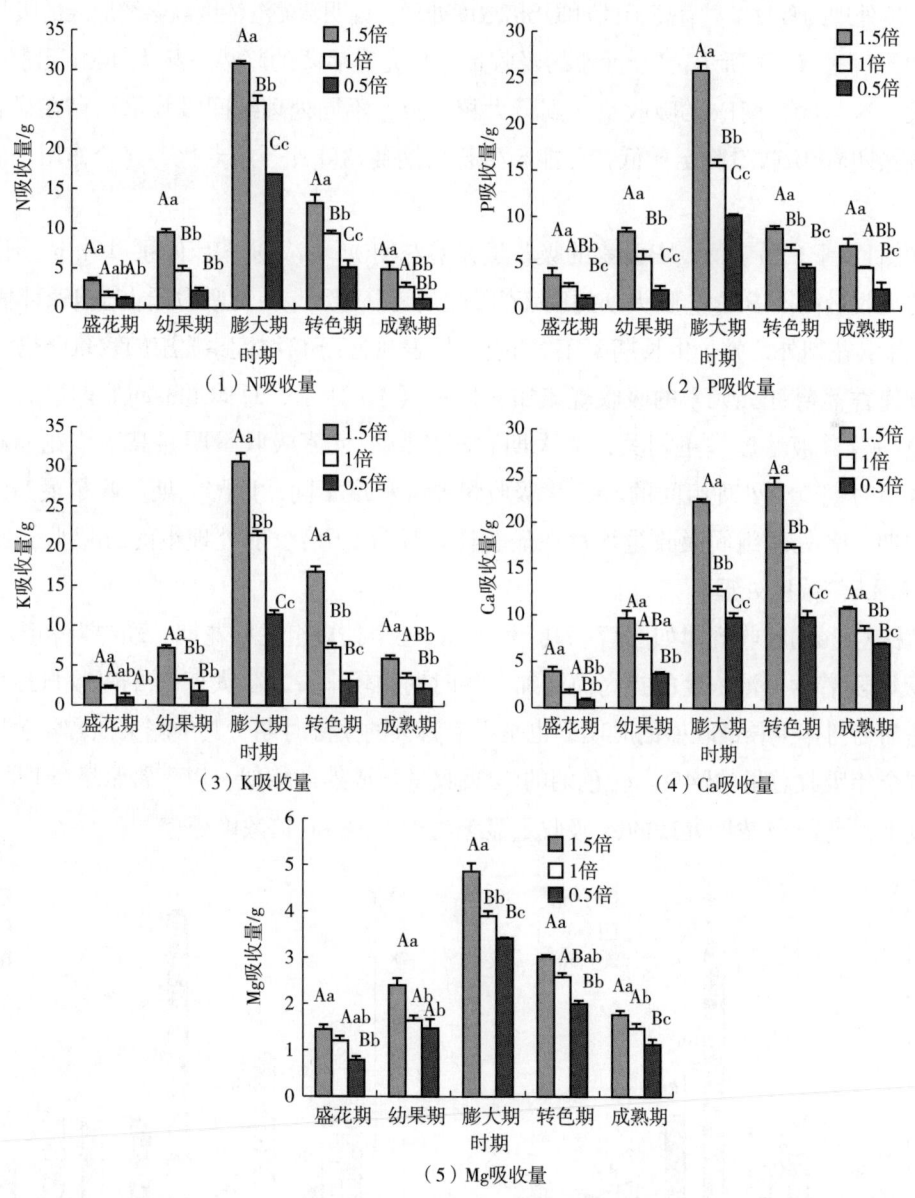

图17-6 不同营养液浓度对单株葡萄大量元素吸收量的影响

注:不同大写字母代表不同处理组间差异极显著($p<0.01$);不同小写字母代表不同处理组间差异显著($p<0.05$),余同。

增加，幼果期1倍浓度和0.5倍浓度Mg的吸收量差异不显著，但均显著低于1.5倍浓度（2.394g），膨大期对Mg的吸收量最大，1.5倍浓度处理达到了4.86g，1倍浓度为3.9g，0.5倍浓度为3.42g。不同处理组间，Mg的吸收量随营养液浓度的增大而增加。

### （二）不同浓度营养液对单株玫瑰香葡萄微量元素吸收量的影响

玫瑰香葡萄对Fe元素的吸收规律如图17-7（1）所示，膨大期Fe的吸收量达到最大210.0mg，这主要与此时期蒸腾速率较大有关，其吸收量占全年吸收总量的60%，其中各时期1.5倍浓度处理的吸收量显著高于1倍和0.5倍浓度处理，说明营养液浓度高会增加Fe的吸收量。

如图17-7（2）所示，Mn元素的吸收量保持先升后降的趋势，膨大期Mn元素的吸收量最大，这与膨大期Fe的吸收量达到最大相一致，不同处理组间吸收量均存在显著性差异。成熟期Mn吸收量降至最低，可能与生长后期葡萄叶片开始老化，光合作用功能下降有关。

如图17-7（3）所示，B元素的吸收量在盛花期0.5倍浓度处理下为9.13mg，比1倍浓度下的吸收量高2.49mg。膨大期的B元素吸收量为103.2mg，其吸收量占全年吸收总量的38%。除盛花期外，整个生长期B元素的吸收量表现为1.5倍浓度＞1倍浓度＞0.5倍浓度。

玫瑰香葡萄对Zn元素的吸收规律如图17-7（4）所示，总体上不同处理组的Zn元素吸收量与营养液浓度呈正相关，膨大期和转色期Zn元素吸收量明显高于盛花期和幼果期。各个时期三个处理组间的Zn元素吸收量差异程度不同，以膨大期吸收量最高。在整个生长期，各处理组间吸收量均存在显著性差异且1.5倍浓度处理组的Zn吸收量显著高于1倍和0.5倍浓度处理。

植株对Cu的吸收规律如图17-7（5）所示，3个处理组在盛花期、幼果期和膨大期对Cu的吸收随着营养液浓度的提高而增加。各时期比较来看，膨大期Cu的吸收量最大，此时期是葡萄树体生长最旺盛的时期，也是果实膨大的关键时期，其中膨大期和转色期的吸收量占全年吸收总量的54%。转色期的Cu吸收量与成熟期相似，以正常浓度处理的Cu吸收量最小，且1.5倍浓度处理的Cu吸收量显著高于0.5倍和1倍浓度处理。

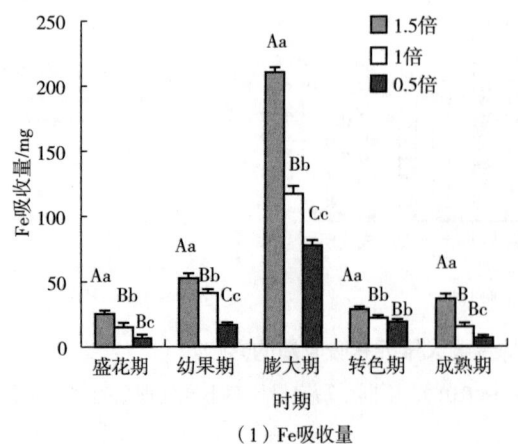

（1）Fe吸收量

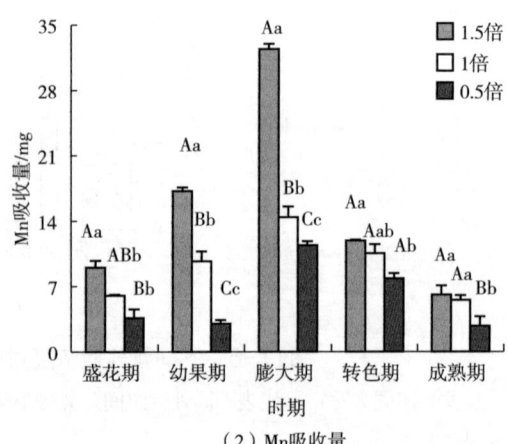

（2）Mn吸收量

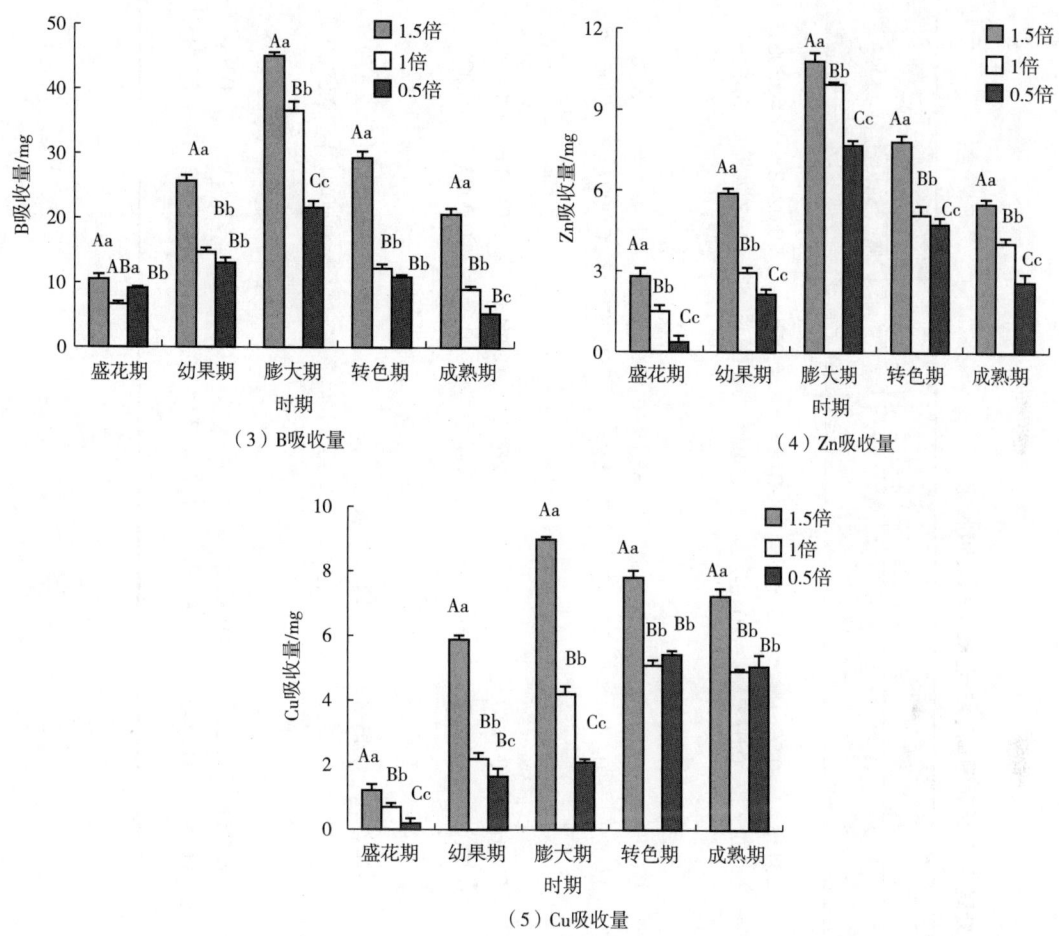

图17-7 不同养分供应量对单株葡萄微量元素吸收量的影响

## 六、单株玫瑰香葡萄植株元素及水分日吸收量

### （一）单株玫瑰香植株不同时期元素吸收量的影响

以正常浓度为例，玫瑰香葡萄的元素日吸收量如表17-2所示。膨大期，植株主要以N元素吸收为主，其日吸收量达到0.1078g，占吸收总量的33%。开花期，P元素的日吸收量为0.086g，占吸收总量的24%。农业生产上元素的供给主要以N、P、K元素为主，而本试验结果表明，Ca元素为玫瑰香葡萄吸收量最大的元素，且植株对Ca的日吸收量在转色期达到最大，为0.362g，占吸收总量的61%，此外，Mg元素也是吸收较多的元素。因此，要加强Ca肥的供给，适当提高Mg肥的增施量，同时还应注意配施微量元素。

表17-2 正常浓度处理下各时期葡萄营养元素和水日吸收量

| 时期 | 天数/d | 营养元素 | | | | | | | | | |
|---|---|---|---|---|---|---|---|---|---|---|---|
| | | N/g | P/g | K/g | Ca/g | Mg/g | Fe/mg | Mn/mg | B/mg | Zn/mg | Cu/mg | 水/L |
| 盛花期 | 7 | 0.0542± 0.0281$^{BCcd}$ | 0.086± 0.0078$^{Bb}$ | 0.077± 0.0214$^{BCb}$ | 0.0588± 0.0212$^{Cc}$ | 0.0433± 0.002$^{Bb}$ | 0.5361± 0.072$^{Bb}$ | 0.216± 0.0407$^{Aa}$ | 0.2373± 0.0298$^{Bb}$ | 0.055± 0.0046$^{BCc}$ | 0.0248± 0.0026$^{Dd}$ | 4.3393± 0.1215$^{Aa}$ |
| 幼果期 | 10 | 0.1176± 0.0202$^{Bb}$ | 0.1364± 0.0119$^{Aa}$ | 0.0798± 0.0145$^{BCb}$ | 0.7518± 0.1161$^{Aa}$ | 0.041± 0.0029$^{Bb}$ | 1.0291± 0.0434$^{Aa}$ | 0.2416± 0.0295$^{Aa}$ | 0.3683± 0.022$^{Aa}$ | 0.0734± 0.0026$^{Bb}$ | 0.0546± 0.0027$^{Bb}$ | 3.65± 0.052$^{Bb}$ |
| 膨大期 | 60 | 0.1078± 0.0022$^{Bbc}$ | 0.065± 0.0015$^{BCb}$ | 0.089± 0.0048$^{Bb}$ | 0.053± 0.0012$^{Cc}$ | 0.016± 0.0003$^{Cc}$ | 0.4872± 0.0142$^{Bb}$ | 0.06± 0.0027$^{Bb}$ | 0.1525± 0.0034$^{Cc}$ | 0.041± 0.0002$^{CDcd}$ | 0.0176± 0.0006$^{Dd}$ | 1.021± 0.022$^{Cc}$ |
| 转色期 | 12 | 0.1976± 0.0161$^{Aa}$ | 0.135± 0.008$^{Aa}$ | 0.153± 0.0121$^{Aa}$ | 0.362± 0.0105$^{Bb}$ | 0.054± 0.0022$^{Aa}$ | 0.4534± 0.0254$^{Bb}$ | 0.2196± 0.0116$^{Aa}$ | 0.2551± 0.008$^{Bb}$ | 0.2551± 0.008$^{Aa}$ | 0.107± 0.0033$^{Aa}$ | 2.479± 0.0789$^{Dd}$ |
| 成熟期 | 30 | 0.0227± 0.0053$^{Cd}$ | 0.04± 0.0048$^{Cc}$ | 0.0302± 0.0048$^{Cc}$ | 0.0711± 0.0036$^{Cc}$ | 0.0123± 0.0005$^{Cc}$ | 0.1257± 0.0145$^{Cc}$ | 0.0459± 0.0024$^{Bb}$ | 0.0749± 0.0024$^{Dd}$ | 0.0339± 0.001$^{Dd}$ | 0.0411± 0.0012$^{Cc}$ | 0.8± 0.0228$^{Dd}$ |

## （二）不同浓度营养液对单株玫瑰香植株水分吸收规律的影响

如图17-8所示，在营养生长期，随着新梢的生长，植株对水分的吸收量逐渐增加，进入幼果期，随着果实的发育以及糖类等营养物质的积累，植株对水分的需求迅速增加。不同处理组对水分的消耗量均在膨大期达到最大，成熟期降到最低。除膨大期外，其他时期1倍浓度处理的需水量均高于1.5倍和0.5倍浓度处理，表明适当的养分供应量更有利于提高水分利用率。以正常浓度为例，玫瑰香植株在盛花期、幼果期、膨大期、转色期和成熟期对水分的吸收量分别为123.1L/株、145/株、245L/株、126.5L/株和92.8L/株，从盛花期到成熟期采收总消耗水分732.4L/株。

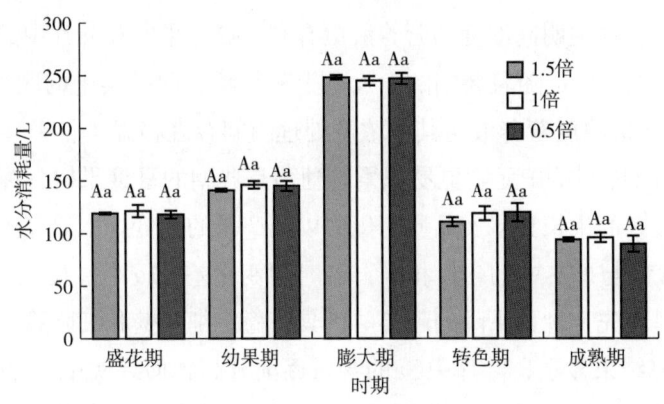

图17-8　不同营养液浓度对单株葡萄水分吸收量的影响

# 第三节　讨论

本试验结果表明，营养液浓度对玫瑰香葡萄树体营养生长有较大影响，新梢长度、新梢基部直径和主干基部直径会随生育期的延伸而逐渐加大。因为不同浓度的营养液，树体生长变化也有所不同，表现在1.5倍营养液浓度处理下的新梢长度、新梢基部直径增长量最大，而主干基部直径变化较缓慢，且0.5倍浓度处理下的主干基部直径增长量高于其他处理组，表明适中的营养液浓度更能够促进新梢的生长，而高浓度的营养液则会抑制主干基部直径的增长。光合作用是碳代谢的重要部分，它除了会受作物本身的遗传特性影响外，还受光照、温度、$CO_2$浓度、水分、营养元素营养等环境的影响。本试验结果表明，0.5倍浓度和1倍浓度营养液处理下的净光合速率和胞间$CO_2$浓度高于1.5倍浓度营养液，而蒸腾速率和气孔导度在1.5倍浓度营养液处理下达到最大。植株通过光合作用才能积累有机物，进行正常的生理生化活动，高浓度的营养元素有利于提高光合效率，但营养元素浓度过高则使光合速率降低，表明适宜的营养条件下光合速率较高。可溶性固形物含量和可滴定酸含量是衡量葡萄果实营养品质的两个重要指标，其含量高低决定了葡萄的营养价值和口感，进而影响葡萄的商品价值。本试验中，1倍浓度营养液处理下的可溶性固形物和花色苷含量均最高，而可滴定酸含量最低，单宁和总酚含量变化趋势相似，其中0.5倍浓度营养液处理下的总酚含量最大。说明适宜的营养液浓度可以提高果实品质，有利于果实风味物质的形成。施肥对果实的品质具有重要的影响。

营养元素与果树的生长发育密切相关，是植物完成其生命活动必不可少的，合理的水肥管理是提高植物产量和品质的关键技术。果树不同部位和不同时期的营养元素含量不同，其作用也有所不同，在生长期内的变化具有规律性。本研究结果表明，在玫瑰香葡萄整个生长期，叶片和果实中N元素的含量逐渐下降。叶片和果实的含N量在1.5倍浓度营养液处理下达到最高，这说明高浓度的营养液更有利于提高果实和叶片中的氮素。在整个生长发育期，叶片中P的含量随着新梢的生长呈上升趋势，而果实中的P含量逐渐降低。在果实转色期时，1.5倍浓度营养液与其他浓度处理组间存在极显著性差异，说明高浓度的营养条件下，植株器官中的P元素更易积累。葡萄是典型的喜钾果树，钾元素营养的供给直接影响着葡萄枝条的生长、果实品质的优劣以及产量的高低。本研究表明，整个生长期叶片中K元素的含量与果实中的含量相当，各时期变化差异较小，且K元素在叶片和果实中的含量变化均呈现先上升再下降的趋势。钙具有稳定细胞壁和细胞膜，参与第二信使传递的作用。本研究结果显示，叶片中Ca的含量逐渐升高，而果实中Ca的含量表现为先升后降的趋势，且叶片中Ca的含量显著高于果实。Mg元素是叶绿素的重要组成成分，叶片中Mg的含量在膨大期稍有降低，而在转色期又迅速升高，果实中的Mg含量有逐渐降低的趋势，其中幼果期含量最高，为1.56mg/g，成熟期含量最低，为0.62mg/g。本研究结果表明，玫瑰香葡萄叶片中B的含量逐渐上升，Fe、Mn和Zn在叶片中的含量均表现为先下降后上升，其在果实中的含量则逐渐下降且不同浓度间无明显规律，玫瑰香葡萄叶片中的Cu含量呈下降趋势，而果实中的B和Cu含量变化趋势并不明显。

营养元素直接参与植物的各种生理代谢过程，与果树的生长发育有着非常密切的关系，是完成植物生命活动周期所不可缺少的，肥水的管理是决定植物产量和品质的关键因素。本研究表明，植株在生长发育的不同时期对氮的吸收具有明显的季节性，其中膨大期氮的吸收量达到73.5g，建议在花期和幼果期补施氮肥以促进花芽分化和果实膨大。随着营养液浓度的增加，氮元素吸收量呈现增大的趋势。果树中磷的积累发生在植株生长发育和果实成熟的全过程，本研究表明，在果实膨大期吸收磷元素5.16g，占全年吸收总量的48%，比开花期增加41%。说明在葡萄果实膨大期吸收磷元素较多，因此建议将磷肥重点施于果实膨大期之前，以促进果实着色和成熟，提高浆果品质。不同时期增施钾肥对果实的品质也存在影响，研究表明膨大期是苹果园施钾肥的最佳时期。本研究也表明，葡萄浆果膨大期钾的供应特别重要，应以钾肥为主，配以适当的磷肥和氮肥，但也要注意钾过多不利于提高果实品质。在生长发育前期，葡萄对钙的需求量仅次于氮、钾，而当葡萄进入第二次膨大期后，对钙的需求量则超过氮。本研究表明，Ca是所有营养元素中需求量最大的一种元素，Ca的吸收高峰集中于膨大期和转色期，其吸收总量占全年吸收总量的64%。玫瑰香葡萄植株对镁的吸收规律与其他大量元素相似，吸收量与营养液浓度成正比，始终表现为1.5倍浓度＞1倍浓度＞0.5倍浓度。因此，应该在植株生长发育前期加大对镁的增施，而在生殖生长期适当降低镁肥的增施量。同时，不同浓度处理组间玫瑰香葡萄植株对微量元素的吸收差别较小，表明微量元素的吸收量受营养液浓度的影响较小。本研究中，玫瑰香葡萄植株对铁的吸收量在整个生长发育期都处于微量元素吸收量中较高水平，且在膨大期吸收总量最大；植株对锰元素的吸收集中于生长发育前期，生产中不需要追施；葡萄是需硼量较大的植物，因此在生产中要特别注意硼肥的增施；玫瑰香葡萄对Cu和Zn的吸收均集中于膨大期至转色期，且铜元素和锌元素都是很多酶的重要组成成分。由于微量元素的需求量很低，因此微量元素肥料的增施要求更精细，在生产过程中可以通过叶面喷施的方法来补充适量的微量元素肥料。

另外，水是生命之源，对植物的生命活动起着举足轻重的作用，水分过多或亏缺都会导致植物体内发生一系列的生理生化反应；灌溉方式和灌水量对优良果品的形成也产生了重要的影响。因此，除了在实际生产中要满足植物生长发育所需的各种营养元素外，还应基于在不同发育时期植物对元素吸收种类与吸收量的不同，做到因地制宜，适时适量，实现按需供给，从而达到提高水肥利用率和果实品质的目的。

## 第四节　小结

（1）随着葡萄生长进程的推进，叶片中，P、Ca和B的含量呈上升趋势，而N和Cu逐渐下降，K则呈现先升后降的趋势，Mg、Fe、Zn、Mn含量表现为先降后升。果实中，N、P、Mg、Zn、Mn和Fe的含量逐渐下降，K和Ca表现为先上升后下降，B和Cu的变化趋势较为平稳。叶片和果实中K的含量相当，其他元素在叶片中的含量均高于其在果实中的含量。

（2）玫瑰香葡萄对元素的吸收量随着新梢的生长而快速增加，且均呈先升后降的趋势。各元素吸收量的最大值均出现在果实膨大期至成熟期间，整个生长期Ca是吸收量最大的元素，约为P的1.38倍、Mg的4.55倍、K的1.24倍、N的1.13倍，其次是N和K，Mg和P的吸收量较小，N、P、K、Ca、Mg的吸收比例为1.1∶0.9∶1∶1.25∶0.26，微量元素以Fe和B的吸收量较大。

（3）生育期内，玫瑰香葡萄单株葡萄对各种元素吸收量为：N 44.294g，P 34.58g，K 37.743g，Ca 47.728g，Mg 10.801g，Fe 210mg，Mn 46.11mg，B 79.13mg，Zn 23.56mg，Cu 17.104mg。

（4）不同浓度营养液处理的玫瑰香葡萄需水规律表现为先上升后下降，果实膨大期的需水量达到最大：245～248L/株；成熟期降到最低：90～96L/株。1倍浓度营养液处理下的单株玫瑰香从开花期至成熟期采收水分吸收量为732.4L。

（5）综上所述，在玫瑰香葡萄整个生长发育阶段，随着营养液浓度增加，各时期的吸收量均表现为1.5倍浓度＞1倍浓度＞0.5倍浓度。不同营养液浓度处理下的元素吸收量有较大差异，其中大量元素以N、K和Ca的吸收为主，微量元素中Fe和B的吸收量较大。

# 第十八章 宁夏风沙土酿酒葡萄不同生育时期、不同器官干物质和营养元素年积累规律的研究

植物体内含有70余种元素，其中，必需元素只有16种，大量元素包括C、H、O、N、P、K、Ca、Mg、S，占植物质量0.1%~10%；微量元素包括Fe、Mn、Zn、Cu、Mo、B、Cl，占植物质量$10^{-5}$%~$10^{-3}$%。营养元素作为植株体内叶绿素、酶、核酸、维生素和激素等的重要组成成分，参与调节着葡萄的生理生化反应，对葡萄果实产量的高低和品质的优劣有重要的作用。营养元素中的大量元素氮、磷、钾、钙、镁等对光合作用、呼吸作用和物质转化有重要作用，微量元素铁、锰、铜、锌、硼等在葡萄植株酶的合成、叶绿素的形成中是重要的基础物质。葡萄生长过程中营养元素缺乏或过量均会影响葡萄植株的相关生理生化反应，严重时还影响植株正常生长。如氮作为叶绿素的主要结构物质，缺乏时表现为植株生长受阻、叶片失绿黄化、叶柄和穗轴呈粉红或红色等，氮过量表现为枝梢旺长、叶色深绿、果实成熟期推迟、果实着色差、风味淡等。又如锌元素参与多种酶促反应和植物激素的合成，缺锌时植株生长异常，叶绿素含量低，叶脉间失绿黄化，呈花叶状，新梢顶部叶片狭小，呈小叶状，枝条纤细，节间短，严重缺锌时葡萄果粒发育不整齐，无籽小果多，果穗大小粒现象严重，果实产量和品质下降。

为此，本试验以6年生赤霞珠和霞多丽葡萄为试材，研究不同生育时期、葡萄不同器官中氮、磷、钾、钙、镁、铁、锰、铜、锌9种主要元素含量的变化规律，了解不同生育期葡萄植株不同器官对氮、磷、钾、钙、镁、铁、锰、铜、锌9种元素积累规律，探索葡萄营养元素吸收规律，获得赤霞珠和霞多丽葡萄植株9种营养元素年吸收总量，为葡萄栽培科学施肥提供参考，有效减缓葡萄栽培过程中施肥的盲目性，较少肥料的浪费。

## 第一节 材料与方法

### 一、试验设计

本试验在宁夏永宁县玉泉营镇、宁夏兰山骄子葡萄酒庄有限公司、国家葡萄产业技

术体系水分生理与节水栽培岗位核心试验基地（38°14′19″N，106°2′0″E）进行。葡萄园采用篱架栽培模式，株行距0.5m×3m，"厂"字形整形，冬季需埋土防寒，土壤类型为风沙土，土壤基本理化性质见表18-1。

表18-1　风沙土土壤基本理化性质

| 深度/cm | 有机质含量/(g/kg) | 全氮含量/(g/kg) | 速效氮含量/(g/kg) | 全磷含量/(g/kg) | 速效磷含量/(g/kg) | 速效钾含量/(g/kg) | 阳离子交换量/(cmol/kg) | pH | 全盐含量/(g/kg) |
|---|---|---|---|---|---|---|---|---|---|
| 0~20 | 13.38 | 0.98 | 20.03 | 0.56 | 3.39 | 107.3 | 10.03 | 9.05 | 0.53 |
| 20~40 | 7.40 | 0.59 | 17.93 | 0.42 | 3.03 | 74.69 | 4.44 | 9.02 | 0.51 |
| 40~60 | 6.27 | 0.46 | 16.59 | 0.38 | 1.79 | 76.07 | 5.13 | 8.94 | 0.48 |

选取生长发育良好、长势一致的6年生赤霞珠和霞多丽植株各50株，于植株萌芽期前、新梢生长期前、开花期前、转色期前、坐果期前、采收前随机挖取完整的赤霞珠和霞多丽植株各3株，带回实验室，用修枝剪和园艺手锯将采集的植株根、茎、一年生枝条、叶片及果实分解单独存放，并先用自来水清洗，再用去离子水冲洗干净，放入烘箱中60~65℃下杀青15min，80℃下烘干至恒重，待冷却后称其干重，然后，置于粉碎机中打碎，过34目筛，最后将处理好的样品装入自封袋中密封，放于干燥器中保存备用。

## 二、试验方法

采用半微量蒸馏法测定植物的全氮含量；采用钒钼黄吸光光度法测定植物的全磷含量；采用火焰光度法测定植物的全钾含量；采用原子吸收分光光度法测定植物的钙、镁、铁、锰、铜、锌元素含量。

## 三、数据分析

用SAS 8.0软件进行数据统计分析，Excel进行绘图。

## 第二节　结果与分析

### 一、赤霞珠植株不同生育期不同器官干物质含量

不同生育期赤霞珠葡萄不同器官干物质含量变化如图18-1所示。在整个生育周期中，葡萄植株生物量前期增加缓慢，从萌芽期到开花期，植株干物质含量仅增加51.51g，植株合成的养分主要用于根、主干、一年生枝和叶片的生长，干物质积累较少；至转色期植株干物质重量增加了137.78g，干物质主要集中在一年生枝、叶片及果实中，此时果实（一株果实）干物质含量为35.31g，占干物质增量的26%；至成熟采收期，干物质含量（总量）达到峰值，为384.66g，主要集中在葡萄果实中；至落叶期，干物质含量下降至320.31g，干物质主要转移至主干和根系中积累。根系在整个生育期中有两次生长高峰，分别在新梢生长期和落叶期。茎的生物量变化趋势与根基本一致，在整个生育期内也呈缓慢增加趋势，干重增加量为22.13g。一年生枝条的生物量在整个生育期内增加量较大，为40.31g，叶片为42.53g，是植株生物量积累量最多的器官。果实生物量增加量为38.17g，主要集中在幼果膨大期和成熟期，葡萄果实成熟后期干物质增速较缓。

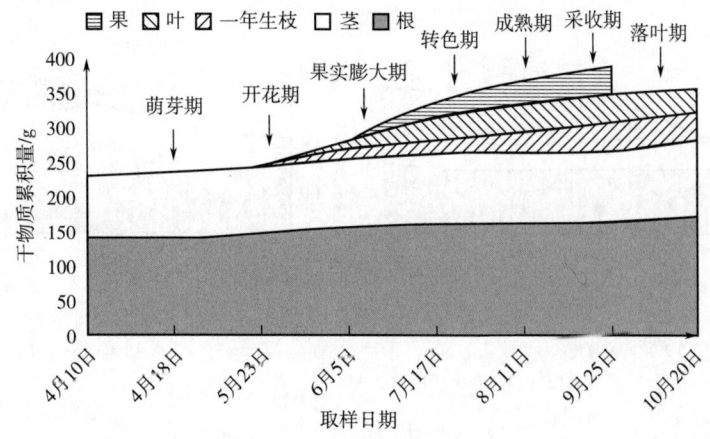

图18-1　不同生育期赤霞珠不同器官干物质含量变化趋势

### 二、不同生育期赤霞珠植株不同器官中营养元素含量的变化

#### （一）不同生育期赤霞珠植株不同器官中大量元素含量的变化

不同生育期赤霞珠植株不同器官中大量元素含量的变化如图18-2所示，随着葡萄

植株生长发育，葡萄植株中的N、P、K、Ca、Mg含量均呈先升高后降低的变化趋势。单完整植株对N、P、K、Ca、Mg的年吸收增量分别为2.1157g、0.3374g、1.6249g、2.3872g、0.3864g，营养元素的含量由大到小的顺序为Ca＞N＞K＞Mg＞P。N积累量从萌芽期到开花期迅速增大，在开花期积累量最大，为0.8694g/株，随后一直到转色期积累量迅速下降，从转色期至落叶期N积累量又缓慢上升；在萌芽期和落叶期，N主要在根系中积累，在开花期和幼果膨大期主要在叶片中积累，N的年积累量为2.1157g/株。P积累量相对较低，积累比较缓慢，在成熟期积累量最大，为0.0820g/株，其年积累量

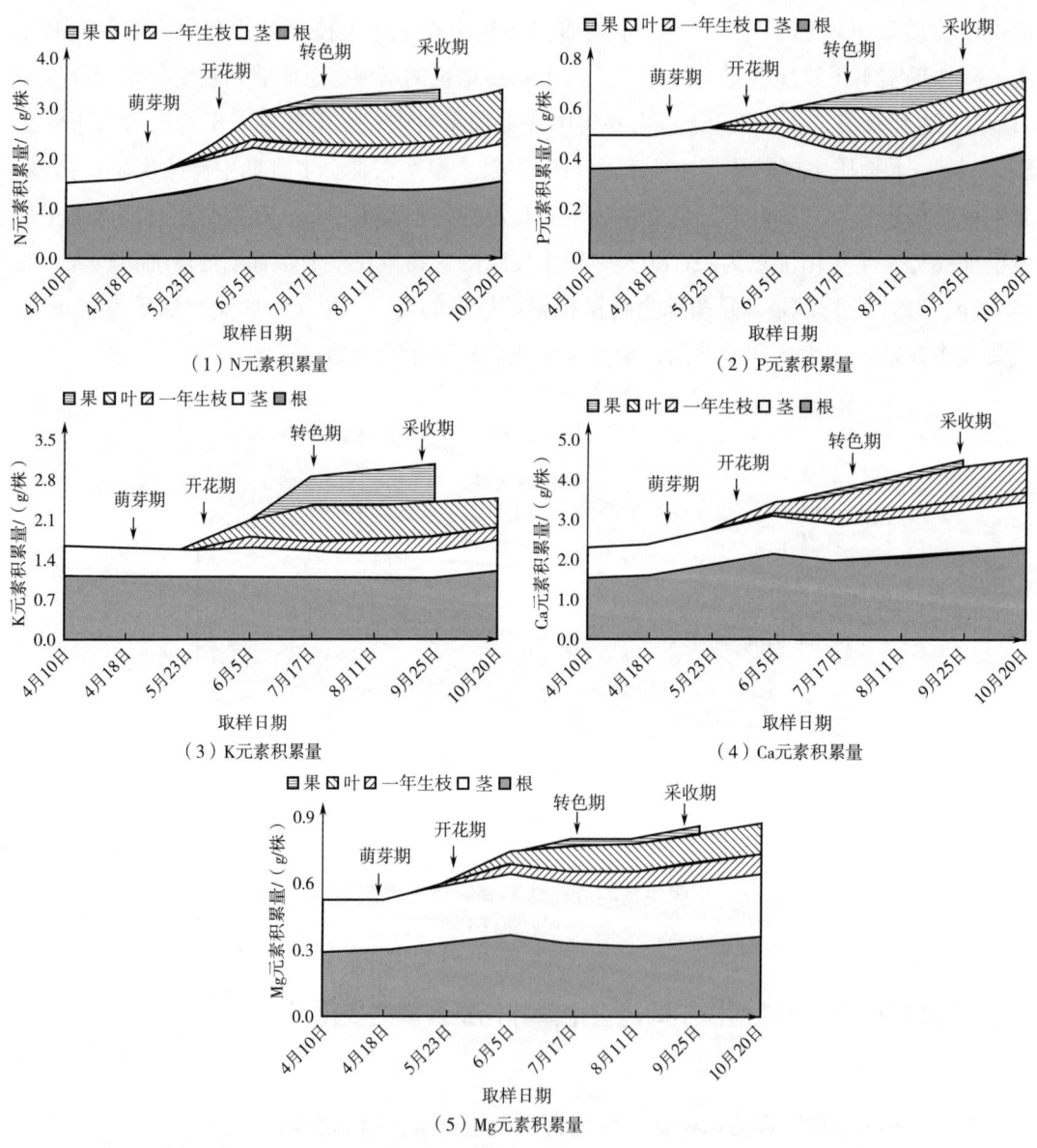

图18-2　赤霞珠葡萄不同生育期不同器官大量元素含量变化

为0.3374g/株,主要在一年生枝、叶片和果实中积累。K元素积累量从新梢生长期开始迅速增加,在幼果膨大期积累量最大,为0.7784g/株,随后积累量呈降低趋势,其年积累量为1.6249g,积累K的活跃器官主要为叶片和果实,果实积累量最高。Ca积累量在开花期和转色期出现两个峰值,在开花期积累量最大,为0.6400g/株,其次为转色期和幼果膨大期,分别为0.4291g/株、0.3230g/株,且积累Ca最为活跃的器官为根和叶片,Ca的年积累量为2.3872g/株。Mg积累量在开花期和成熟期出现两个峰值,在开花期积累量最大,为0.1287g/株,其中在叶片和根系中积累Mg最多,Mg元素年积累量略高于P,为0.3584g/株。

### (二)不同生育期赤霞珠葡萄不同器官中微量元素含量的变化

不同生育期赤霞珠葡萄不同器官中微量元素含量的变化如图18-3所示,随着赤霞珠葡萄生育期的推进,整个生育期葡萄植株的Fe、Mn、Cu、Zn含量均呈现先升高后降低的变化趋势。完整葡萄植株对Fe、Mn、Cu、Zn的吸收增量分别为58.929mg/株、9.548mg/株、2.564mg/株、9.734mg/株,植株年微量元素积累量由大到小的顺序为Fe>Zn>Mn>Cu。Fe元素积累量在幼果膨大期和成熟期出现双峰值,在幼果膨大期吸收量最大,为14.3367mg/株,成熟期次之,为11.2363mg/株;在新梢生长期和落叶期,积累Fe元素最主要的器官是根,而在开花期、幼果膨大期和转色期,叶片和果实是积累

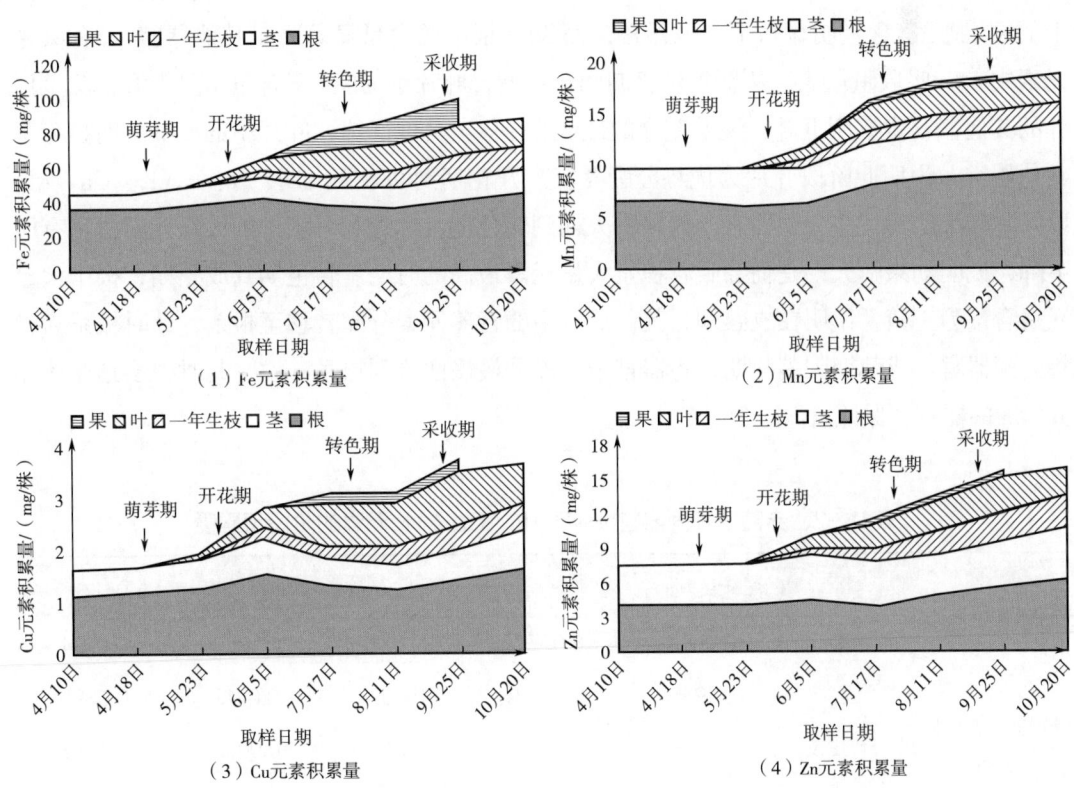

图18-3 赤霞珠葡萄不同生育期不同器官微量元素含量变化

Fe元素最为活跃的器官，与其他微量元素相比，Fe元素的年积累量最大，为58.929mg/株。Mn元素积累量从萌芽期到幼果膨大期呈缓慢增加趋势，在幼果膨大期积累量最大，为4.4570mg/株，随后呈缓慢下降趋势，且吸收积累Mn的主要器官是根和叶片；Mn的年积累量为9.548mg/株。Cu元素在开花期积累量最大，为0.8922mg/株，其中以根和叶片为吸收积累Cu元素最活跃的器官；Cu元素年积累量为2.564mg/株。Zn元素积累量在开花期和成熟期出现峰值，其中在开花期积累量最大，为2.3224mg/株，此时主要以叶片为吸收积累Zn元素最为活跃的器官；Zn元素年积累量为9.73mg/株。

## 三、不同生育期赤霞珠植株不同器官营养元素的积累

### （一）不同生育期赤霞珠植株不同器官大量元素的积累

不同生育期赤霞珠植株不同器官大量元素的积累如表18-2所示，整个生育期中，单植株大量元素年吸收量分别为N 0.0772g/株、P 0.0455g/株、K 0.2043g/株、Ca 0.1996g/株、Mg 0.0224g/株，按从大到小的顺序依次为：K＞Ca＞N＞P＞Mg，其中K元素的年吸收量为N、P、Ca、Mg的2.6、4.5、1.0、9.1倍。从萌芽期到新梢生长期，茎中的N、P元素含量明显高于其他器官，而Ca在根中的含量显著高于其他器官，5种大量元素中以Ca吸收量最高。从新梢生长期到开花期，叶片中的N元素含量明显上升，除茎以外的其他器官也有所上升，说明茎中的N元素转移至其他部位；叶片中的K和Ca明显高于其他器官，说明此阶段叶片为优势分配器官。开花期到幼果膨大期，N、P、K、Ca、Mg以叶片和果实为优势分配器官。幼果膨大期到转色期，叶片和果实中的大量元素含量有所下降，说明幼果膨大期是葡萄吸收积累大量元素最高的时期。转色期到成熟期，根中大量元素含量为正值，说明在成熟期，其他器官中的营养元素分配转移至根系，此时根系为优势分配器官。成熟期到落叶期，各器官中的养分慢慢回流到根系，说明此时根系是树体养分储藏的器官，保证植株安全越冬。

表18-2 赤霞珠不同器官N、P、K、Ca、Mg元素的阶段积累量

| 生育期 | 器官 | N/（g/株） | P/（g/株） | K/（g/株） | Ca/（g/株） | Mg/（g/株） |
|---|---|---|---|---|---|---|
| 萌芽期-新梢生长期 | 根 | 0.0686 | 0.0072 | -0.0129 | 0.1858 | 0.0291 |
| | 茎 | 0.1946 | 0.0233 | -0.0324 | 0.0419 | 0.0396 |
| | 一年生枝 | 0.021 | 0.0033 | 0.014 | 0.0078 | 0.0047 |
| | 叶 | 0.0692 | 0.0109 | 0.0431 | 0.0382 | 0.0106 |
| | 果实 | — | — | — | — | — |

续表

| 生育期 | 器官 | N/(g/株) | P/(g/株) | K/(g/株) | Ca/(g/株) | Mg/(g/株) |
|---|---|---|---|---|---|---|
| 新梢生长期-开花期 | 根 | 0.1390 | -0.0113 | 0.0021 | -0.0069 | -0.0078 |
|  | 茎 | -0.1527 | -0.0348 | 0.0887 | 0.0560 | -0.0178 |
|  | 一年生枝 | 0.1084 | 0.0263 | 0.1296 | 0.0707 | 0.0322 |
|  | 叶 | 0.3565 | 0.0309 | 0.1788 | 0.1574 | 0.0365 |
|  | 果实 | — | — | — | — | — |
| 开花期-幼果膨大期 | 根 | -0.4349 | -0.0421 | -0.0100 | -0.3795 | -0.0698 |
|  | 茎 | -0.0147 | -0.0088 | -0.1251 | -0.1693 | -0.0254 |
|  | 一年生枝 | -0.1228 | -0.0218 | -0.1357 | -0.0214 | -0.0197 |
|  | 叶 | -0.1218 | 0.0208 | 0.1474 | 0.1579 | 0.0218 |
|  | 果实 | 0.1728 | 0.0510 | 0.4886 | 0.0953 | 0.0205 |
| 幼果膨大期-转色期 | 根 | 0.0393 | 0.0363 | 0.0139 | 0.1815 | 0.0278 |
|  | 茎 | 0.0035 | 0.0062 | 0.0483 | 0.1315 | 0.0117 |
|  | 一年生枝 | 0.0545 | 0.0077 | 0.0693 | 0.0353 | -0.002 |
|  | 叶 | -0.2676 | -0.0667 | -0.4298 | -0.2049 | -0.0685 |
|  | 果实 | -0.1006 | -0.0101 | -0.3275 | -0.0373 | -0.0182 |
| 转色期-成熟期 | 根 | 0.0825 | 0.0549 | 0.0312 | 0.0367 | 0.0303 |
|  | 茎 | 0.0945 | 0.0507 | 0.0275 | -0.0007 | 0.0103 |
|  | 一年生枝 | -0.0180 | -0.0023 | -0.0950 | 0.0424 | 0.0007 |
|  | 叶 | -0.0820 | -0.0196 | 0.1231 | -0.0566 | 0.0005 |
|  | 果实 | -0.0527 | -0.0304 | -0.1562 | -0.0413 | -0.0018 |
| 成熟期-落叶期 | 根 | 0.1813 | 0.0147 | 0.0919 | 0.0438 | 0.0030 |
|  | 茎 | -0.0416 | -0.0210 | 0.0638 | 0.0182 | 0.0086 |
|  | 一年生枝 | -0.0302 | -0.0189 | 0.0106 | -0.0600 | -0.0238 |
|  | 叶 | -0.0302 | -0.0109 | -0.0431 | -0.0382 | -0.0106 |
|  | 果实 | — | — | — | — | — |
| 年积累量 |  | 0.0772 | 0.0455 | 0.2043 | 0.1996 | 0.0224 |

## （二）不同生育期赤霞珠植株不同器官微量元素的阶段吸收情况

如表18-3所示，赤霞珠整个生育期中，Fe、Mn、Cu和Zn等微量元素年吸收量分别为Fe 7.3785mg/株、Mn 0.5940mg/株、Cu 0.5698mg/株、Zn 1.6486mg/株，按从大到小的顺序依次为：Fe＞Zn＞Mn＞Cu，其中铁元素的年吸收量为Mn、Cu、Zn的12.4、12.9、4.5倍。从萌芽期到新梢生长期，根中Zn吸收量为负值，说明Zn分配转运到了其他器官，Fe、Cu、Zn三者在各器官中均有分配，说明该时期Mn元素的移动性及可重复利用性较强。从新梢生长期到开花期，相对于其他器官，叶片吸收积累的Fe、Mn、Cu、Zn较多，说明此时叶片为优势分配器官。从开花期到幼果膨大期，果实中的4种微量元素含量最高，说明幼果膨大期是赤霞珠葡萄吸收积累微量元素最高的时期。从幼果膨大期到转色期，果实中的微量元素含量有所下降，成熟期到落叶期，养分主要回流到根系中，既能保证植株安全越冬，又为下一年开春萌芽提供潜在的养分。

表18-3　赤霞珠植株不同器官微量元素的阶段吸收量

| 生育期 | 器官 | Fe/(mg/株) | Mn/(mg/株) | Cu/(mg/株) | Zn/(mg/株) |
| --- | --- | --- | --- | --- | --- |
| 萌芽期-新梢生长期 | 根 | 2.4372 | -0.8293 | 0.0239 | 0.0207 |
|  | 茎 | 1.7624 | 0.4485 | 0.0983 | 0.0648 |
|  | 一年生枝 | 0.3593 | 0.0651 | 0.0164 | 0.0710 |
|  | 叶 | 1.0336 | 0.2251 | 0.0628 | 0.1701 |
|  | 果实 | — | — | — | — |
| 新梢生长期-开花期 | 根 | 1.2500 | 0.9833 | 0.1882 | 0.3947 |
|  | 茎 | -0.0374 | -0.4359 | 0.0364 | 0.3059 |
|  | 一年生枝 | 3.2994 | 0.6135 | 0.1450 | 0.5924 |
|  | 叶 | 4.1194 | 0.7361 | 0.2744 | 0.6928 |
|  | 果实 | — | — | — | — |
| 开花期-幼果膨大期 | 根 | -7.9828 | 1.1994 | -0.4810 | -0.9232 |
|  | 茎 | -3.0229 | 0.7275 | -0.3065 | -0.3165 |
|  | 一年生枝 | -1.8379 | -0.1378 | -0.1083 | -0.2959 |
|  | 叶 | 3.1754 | 0.3763 | 0.1299 | 0.3301 |
|  | 果实 | 9.6986 | 0.3749 | 0.1557 | 0.3801 |

续表

| 生育期 | 器官 | Fe/（mg/株） | Mn/（mg/株） | Cu/（mg/株） | Zn/（mg/株） |
|---|---|---|---|---|---|
| 幼果膨大期-转色期 | 根 | 2.6087 | -0.7000 | 0.1291 | 1.5053 |
| | 茎 | 2.0495 | -0.5907 | 0.1428 | -0.5017 |
| | 一年生枝 | 2.1979 | 0.0851 | 0.0563 | 0.5399 |
| | 叶 | -7.7373 | -1.3346 | -0.4773 | -0.7389 |
| | 果实 | -5.6746 | -0.2957 | -0.1141 | -0.2987 |
| 转色期-成熟期 | 根 | 4.4849 | -0.6369 | 0.2430 | -0.3933 |
| | 茎 | 1.3432 | 0.0563 | 0.1431 | 0.9383 |
| | 一年生枝 | -0.7479 | -0.0359 | 0.0220 | -0.2771 |
| | 叶 | 1.0201 | 0.0252 | 0.2374 | -0.0652 |
| | 果实 | -2.6449 | -0.0704 | -0.0372 | -0.0616 |
| 成熟期-落叶期 | 根 | 1.7261 | 0.4328 | 0.0559 | 0.1250 |
| | 茎 | -1.0044 | 0.1628 | 0.0837 | -0.0323 |
| | 一年生枝 | -3.4617 | -0.3972 | -0.0873 | -0.4079 |
| | 叶 | -1.0336 | -0.2251 | -0.0628 | -0.1701 |
| | 果实 | — | | | |
| 年积累量 | | 7.3785 | 0.5940 | 0.5698 | 1.6486 |

## 四、不同生育期霞多丽植株不同器官干物质含量

如图18-4所示，在整个生育周期中，植株干物质呈逐渐增加的趋势。萌芽期主要是根、茎干物质的积累，但增加量较小；开花期一年生枝、叶的干物质积累量开始增加，其次是根和茎；开花期以后，植株开始生殖生长，此时主要是果实干物质的增加；采收期植株干物质增加量达到峰值，为190.62g，其中果实干物质增加量最大，占植株干物质增加量的30.93%，表明从果实膨大期至采收期主要是果实干物质的积累。总之，霞多丽植株的干物质增加量为207.74g，根、茎、一年生枝、叶、果实的干物质增加量分别为38.46g、29.06g、31.18g、50.03g、56.95g，即不同时期不同器官干物质增加量不同，表明不同时期植株的生长中心不同。

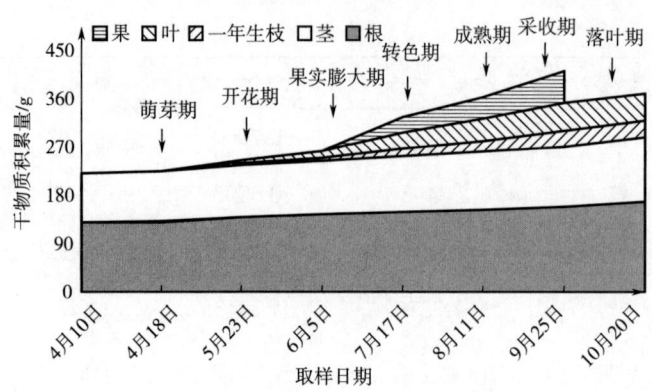

图18-4 霞多丽植株干物质积累量

## 五、不同生育期霞多丽植株不同器官营养元素含量的变化

**（一）不同生育期霞多丽植株不同器官N、P、K、Ca、Mg元素含量的变化**

如图18-5所示，随着霞多丽葡萄生育期的推进，N、P、K、Ca、Mg元素含量均呈先升高后降低的变化趋势。单植株对N、P、K、Ca、Mg的吸收增量分别为2.3422、0.5108、2.1447、2.1296、0.3913g/株。营养元素的含量由大到小的顺序为N>K>Ca>Mg>P。N元素在开花期-果实膨大期的阶段吸收量最大，为0.4869g/株，在新梢生长期-开花期和果实膨大期-转色期这两个阶段的吸收量呈下降趋势。P元素积累量相对较低，积累比较缓慢，开花期-果实膨大期阶段吸收量最大，为0.1120g/株。K元素吸收量在新梢生长期-开花期和开花期-幼果膨大期这两个阶段开始迅速增加，且在开花期-果实膨大期的阶段吸收量最大，为0.4821g/株，随后积累量呈降低趋势。Ca元素在转色期-成熟期的吸收量最大，为0.4376g/株；其年积累量为2.1296g/株。Mg元素积累量相对较低，在萌芽期-新梢生长期吸收量最大，为0.0768g/株，其年积累量略高于P元素，为0.3913g/株。

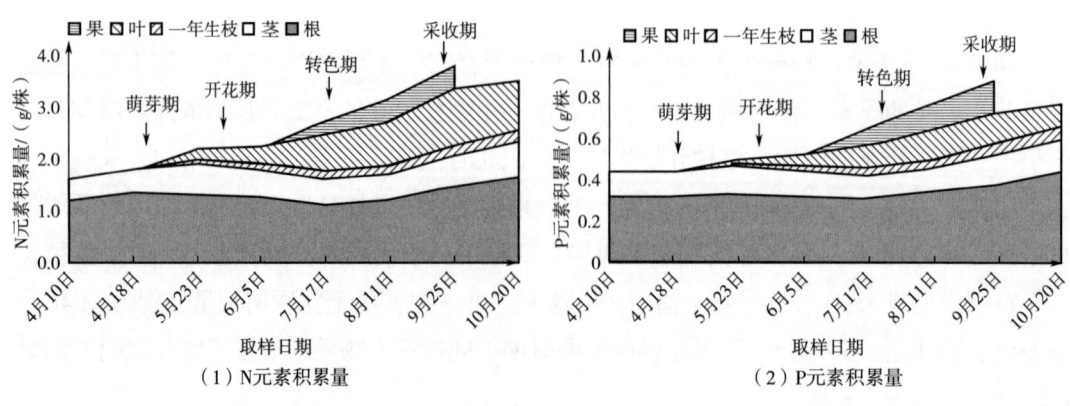

（1）N元素积累量　　　　　　　　　　（2）P元素积累量

（3）K元素积累量

（4）Ca元素积累量

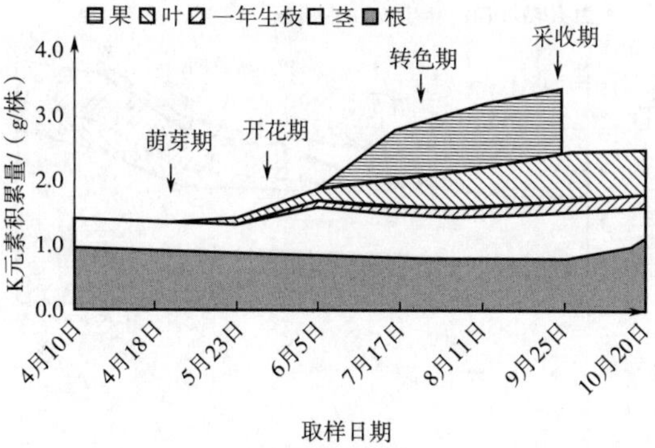

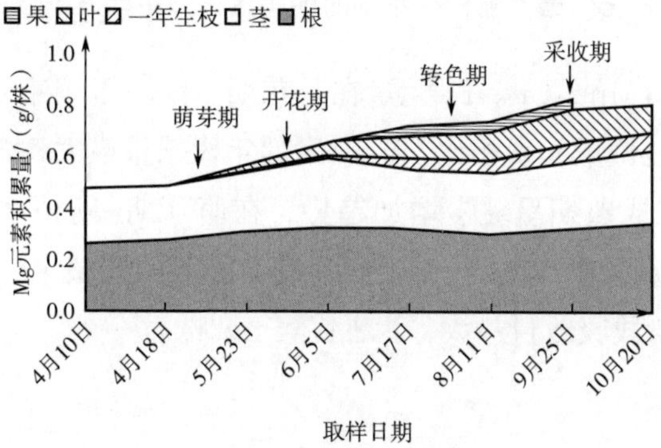

（5）Mg元素积累量

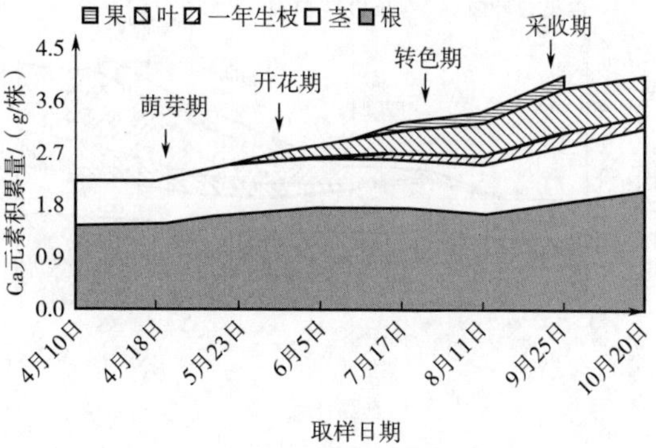

图18-5　霞多丽植株不同时期和器官大量元素含量

## （二）不同生育期霞多丽植株不同器官微量元素含量的变化

如图18-6所示，随着霞多丽葡萄生育期的推进，整个生育期植株的Fe、Mn、Cu、Zn含量均呈现逐渐升高的变化趋势。完整植株对Fe、Mn、Cu、Zn的吸收增量分别为70.1075mg/株、10.4562mg/株、2.4001mg/株、10.8484mg/株，营养元素的含量由大

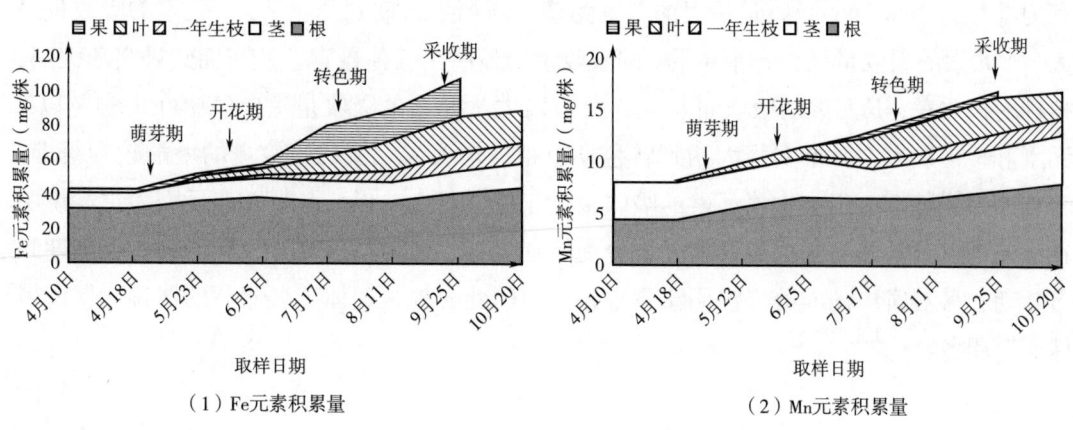

（1）Fe元素积累量

（2）Mn元素积累量

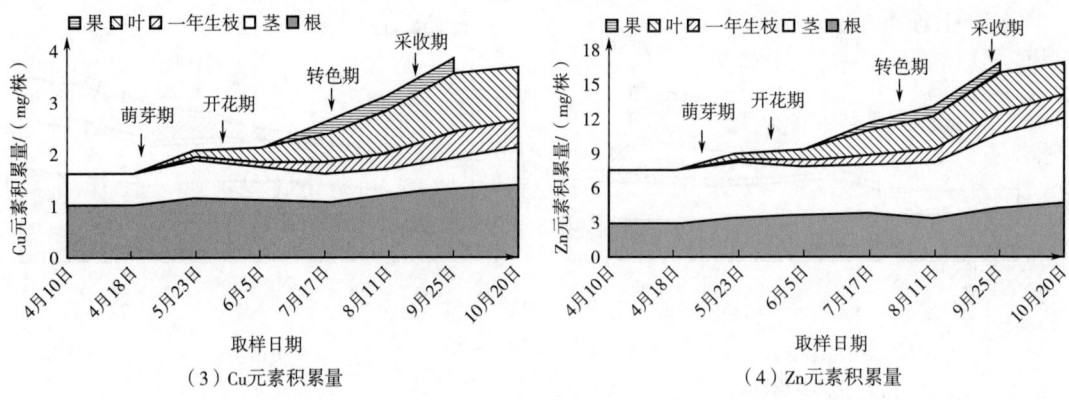

**图18-6 霞多丽植株不同时期和器官微量元素积累量**

到小的顺序为Fe＞Zn＞Mn＞Cu。Fe元素在开花期-果实膨大期的阶段吸收量最大，为16.9370mg/株，与其他微量元素相比，Fe元素的年积累量最大，为70.1075mg/株。Mn元素积累量从萌芽期到成熟期呈缓慢增加趋势，在萌芽期-新梢生长期的阶段吸收量最大，为1.6540mg。Cu元素在开花期-果实膨大期阶段吸收量最大，为0.1967mg/株。Zn元素在转色期-成熟期阶段吸收量最大，为2.4734mg/株。

## 六、不同生育期霞多丽植株不同器官营养元素积累情况

### （一）不同生育期霞多丽植株不同器官N、P、K、Ca、Mg元素的阶段吸收情况

由表18-4可看出，不同生育期不同器官大量元素的累积量不同。霞多丽整个生育期中，大量元素N、P、K、Ca、Mg的年积累量分别为0.1024g/株、0.0752g/株、0.1344g/株、0.4607g/株、0.0374g/株，从大到小的顺序为Ca＞K＞N＞P＞Mg。萌芽期到新梢生长期，植株对N元素、Ca元素的吸收量较大，其中N元素的吸收量最大的器官为叶片，Ca元素的吸收量最大的器官为茎。新梢生长期到开花期，K元素的吸收量最大，N元素的吸收量最小；根中的K的吸收量明显高于其他器官。开花期到果实膨大期，植株对N元素、K元素的吸收量较大，此阶段大量元素的吸收量主要集中在果实，以N元素和K元素为主。果实膨大期到转色期，植株对大量元素的吸收量的增加较为缓慢。转色期到成熟期，根中大量元素的吸收量为正值，且主要以N元素和Ca元素为主，说明在成熟期，其他器官中的此两种元素分配转移至根，此时根为优势分配器官。成熟期到落叶期，各器官中的养分慢慢回流到根系，说明此时根是树体养分储藏的器官，保证植株安全越冬。

表18-4　霞多丽不同器官大量元素的阶段吸收量

| 生育期 | 器官 | N/(g/株) | P/(g/株) | K/(g/株) | Ca/(g/株) | Mg/(g/株) |
|---|---|---|---|---|---|---|
| 萌芽期-新梢生长期 | 根 | -0.1928 | 0.0097 | -0.0316 | 0.1229 | 0.0232 |
| | 茎 | 0.1575 | 0.0131 | -0.0643 | 0.1304 | 0.0235 |
| | 一年生枝 | 0.0691 | 0.0089 | 0.0306 | 0.0202 | 0.0102 |
| | 叶 | 0.1942 | 0.0227 | 0.0900 | 0.0614 | 0.0199 |
| | 果实 | — | — | — | — | — |
| 新梢生长期-开花期 | 根 | -0.0439 | -0.0190 | 0.2639 | -0.0135 | -0.0203 |
| | 茎 | -0.1823 | -0.0195 | 0.1361 | -0.1502 | 0.0184 |
| | 一年生枝 | -0.0476 | -0.0035 | 0.0013 | -0.0046 | -0.0045 |
| | 叶 | -0.0818 | 0.0034 | 0.0411 | 0.0222 | 0.0039 |
| | 果实 | — | — | — | — | — |
| 开花期-果实膨大期 | 根 | -0.1045 | -0.0065 | -0.3428 | -0.1534 | -0.0231 |
| | 茎 | -0.0012 | -0.0081 | -0.0871 | 0.0517 | -0.0704 |
| | 一年生枝 | 0.0463 | 0.0137 | 0.0184 | 0.0454 | 0.0147 |
| | 叶 | 0.2522 | 0.0314 | 0.1404 | 0.1629 | 0.0244 |
| | 果实 | 0.2940 | 0.0814 | 0.7532 | 0.1110 | 0.0309 |
| 果实膨大期-转色期 | 根 | 0.2745 | 0.0475 | 0.0522 | -0.1108 | -0.0097 |
| | 茎 | 0.0265 | 0.0130 | 0.0300 | 0.0040 | 0.0352 |
| | 一年生枝 | -0.0616 | -0.0081 | -0.0236 | -0.0149 | -0.0117 |
| | 叶 | -0.1616 | -0.0342 | -0.1237 | -0.0386 | -0.0264 |
| | 果实 | -0.2107 | -0.0218 | -0.5429 | -0.0727 | -0.0281 |
| 转色期-成熟期 | 根 | 0.1537 | 0.0001 | 0.1073 | 0.3646 | 0.0410 |
| | 茎 | 0.0967 | 0.0274 | -0.0155 | 0.0527 | 0.0193 |
| | 一年生枝 | 0.0646 | 0.0090 | 0.0385 | 0.0219 | 0.0128 |
| | 叶 | -0.0355 | -0.0142 | -0.0199 | -0.0326 | -0.0067 |
| | 果实 | -0.0620 | -0.0391 | -0.1955 | 0.0310 | 0.0049 |

续表

| 生育期 | 器官 | N/(g/株) | P/(g/株) | K/(g/株) | Ca/(g/株) | Mg/(g/株) |
|---|---|---|---|---|---|---|
| 成熟期-落叶期 | 根 | -0.0709 | 0.0225 | 0.0216 | -0.0534 | -0.0028 |
|  | 茎 | 0.0116 | -0.0086 | 0.0227 | 0.0330 | 0.0028 |
|  | 一年生枝 | -0.0879 | -0.0233 | -0.0760 | -0.0685 | -0.0241 |
|  | 叶 | -0.1942 | -0.0227 | -0.0900 | -0.0614 | -0.0199 |
|  | 果实 | — | — | — | — | — |
| 年积累量 |  | 0.1024 | 0.0752 | 0.1344 | 0.4607 | 0.0374 |

## （二）不同生育期霞多丽植株不同器官微量元素的阶段吸收情况

如表18-5所示，霞多丽在整个生育期中，微量元素Fe、Mn、Cu、Zn的年吸收量分别为9.6640mg/株、1.5376mg/株、0.4014mg/株、1.8117mg/株，从大到小的顺序依次为：Fe>Zn>Mn>Cu。萌芽期到新梢生长期，植株对Fe元素的吸收量最大，对Cu元素的吸收量最小，其中，根对Fe元素的吸收量最大。新梢生长期到开花期，植株对Mn元素的吸收量最大，但此阶段吸收总量为负值。开花期到果实膨大期，植株对Fe元素的吸收量最大，此阶段微量元素的吸收量主要集中在果实，以Fe元素和Zn元素为主。果实膨大期到转色期，植株对微量元素的吸收量的增加较为缓慢。转色期到成熟期，植株对Fe元素和Zn元素的吸收量为主，此阶段主要为根系对Fe元素吸收量最大。成熟期到落叶期，植株对微量元素的吸收，除根系中Mn和Cu，茎中Fe和Cu吸收量为正值外，其他微量元素吸收量均为负值。

表18-5 霞多丽不同器官微量元素的阶段吸收量

| 生育期 | 器官 | Fe/(mg/株) | Mn/(mg/株) | Cu/(mg/株) | Zn/(mg/株) |
|---|---|---|---|---|---|
| 萌芽期-新梢生长期 | 根 | 3.4200 | 1.3071 | 0.1130 | 0.5085 |
|  | 茎 | 1.7089 | -0.1775 | 0.1475 | 0.2107 |
|  | 一年生枝 | 1.0867 | 0.1152 | 0.0339 | 0.2141 |
|  | 叶 | 2.2658 | 0.4091 | 0.1171 | 0.4179 |
|  | 果实 | — | — | — | — |
| 新梢生长期-开花期 | 根 | -2.5568 | -0.3812 | -0.1248 | -0.2596 |
|  | 茎 | -0.6013 | 0.0221 | -0.2833 | -0.7196 |
|  | 一年生枝 | -0.3759 | -0.0195 | -0.0013 | -0.0332 |
|  | 叶 | 0.4673 | 0.1965 | 0.0379 | 0.1920 |
|  | 果实 | — | — | — | — |

续表

| 生育期 | 器官 | Fe/（mg/株） | Mn/（mg/株） | Cu/（mg/株） | Zn/（mg/株） |
|---|---|---|---|---|---|
| 开花期-果实膨大期 | 根 | -2.4792 | -1.1671 | -0.0708 | -0.2601 |
| | 茎 | -1.9427 | -0.4414 | 0.0832 | 0.5507 |
| | 一年生枝 | 1.7569 | 0.3437 | 0.0887 | 0.3475 |
| | 叶 | 3.8126 | 0.7192 | 0.1229 | 0.4997 |
| | 果实 | 15.7893 | 0.4093 | 0.2188 | 0.6348 |
| 果实膨大期-转色期 | 根 | 0.1678 | 0.3579 | 0.2442 | -0.4629 |
| | 茎 | 1.8614 | 1.1307 | -0.0327 | 0.6591 |
| | 一年生枝 | -0.3873 | -0.1914 | -0.0303 | -0.2793 |
| | 叶 | -1.4295 | -0.4746 | 0.0257 | -0.3675 |
| | 果实 | -13.0066 | -0.3207 | -0.1951 | -0.5638 |
| 转色期-成熟期 | 根 | 6.1309 | 0.4808 | -0.0721 | 1.4141 |
| | 茎 | 0.3359 | -0.1488 | 0.1857 | 0.6828 |
| | 一年生枝 | 1.6887 | 0.2749 | 0.1178 | 0.5270 |
| | 叶 | -0.9922 | -0.3691 | -0.0171 | -0.1330 |
| | 果实 | 0.2527 | -0.0844 | -0.0176 | -0.0175 |
| 成熟期-落叶期 | 根 | -2.1762 | 0.1676 | 0.0086 | -0.4846 |
| | 茎 | 0.1808 | 0.2054 | -0.0111 | -0.4127 |
| | 一年生枝 | -3.0482 | -0.4171 | -0.1703 | -0.6355 |
| | 叶 | -2.2658 | -0.4091 | -0.1171 | -0.4179 |
| | 果实 | — | — | — | — |
| 年积累量 | | 9.6640 | 1.5376 | 0.4014 | 1.8117 |

## 第三节 讨论

本研究发现，葡萄植株在新梢生长期、开花期和果实膨大期对氮元素的吸收量较多。在这些时期葡萄进行旺盛的营养生长和生殖生长，急需利用大量的氮元素来合成有机物。磷元素在葡萄植株内的积累量较其他大量元素而言相对较少，并且主要集中在果实部位，在开花期和成熟期植株对磷的吸收相对较多。葡萄植株在幼果膨大期对钾的吸收量较多，并且主要集中在果实部位。葡萄植株在开花期、幼果膨大期和转色期对钙的吸收量较多，并且主要集中在葡萄叶片和根部。葡萄植株在开花期和成熟期对镁的吸收量较多，并且主要集中在葡萄叶片。葡萄植株在幼果膨大期对锰的吸收量较多，并且主要集中在葡萄叶片和一年生枝内。铜在葡萄植株内的积累量相对较少，植株在开花期和成熟期对铜的吸收量相对于其他时期较多，并且主要集中在葡萄叶片。葡萄植株在成熟期对锌的吸收量较多，并且主要集中在葡萄叶片。

在整个生育周期中，赤霞珠植株的生物量前期增加缓慢，主要是由于此时气温偏低，树体的营养生长缓慢，根系生长缓慢，同时植株吸收极少量的营养元素，植株地上部分也是缓慢生长，其生长所利用的营养元素主要是来自植株上一年在根系和茎秆中贮存的营养元素。从4月10日到5月23日，干物质含量增加量较小。随后，气温回升，植株根部比较活跃，再加上地上部分营养生长和生殖生长的需要，新梢的生长、开花坐果、幼果膨大、转色成熟，根系大量吸收营养元素，并运输到地上部分各个器官，合成有机物，使植株生物量迅速增加。从9月25日以后，由于采收、落叶、冬季修剪，导致植株的生物量迅速下降；气温的回落，也使根系对营养元素的吸收逐渐变缓，根系也逐渐开始进入休眠。从开花期开始葡萄树体内的干物质以及营养元素的吸收开始迅速增加，该过程一直持续到成熟期，该段时期也是葡萄植株进行营养生长和生殖生长的阶段，因此对营养元素的需求量较大。

赤霞珠和霞多丽植株的根系生物量在生育期内缓慢增加，根系的生长有2次高峰，分别在新梢生长期和落叶期，可能是由于在开花坐果以前，葡萄主要进行营养生长，而根系的生长可以为整个植株提供更多的营养元素；而在落叶期，葡萄的根系则转化为养分贮藏器官，植株中的其他器官中一些养分回流到根部。在根系两次生长高峰期间，葡萄植株地上部分活动比较剧烈，剧烈的营养生长和生殖生长交替进行；或者是整个植株处于冬季的休眠状态。赤霞珠和霞多丽植株的根系中的各种营养元素变化趋势相似，从4月10日到4月18日（萌芽期），根系中元素积累十分缓慢，部分元素含量甚至出现降低趋势，可能是由于部分元素被运输到植株上部用于芽的生长；果树器官在生长初期主要利用树体贮存的营养元素，并且元素的分配随生长中心的转移而转移。根系中元素的积累量与根系的生长量一样，也有2个高峰，一个是在萌芽后到开花前，另一个是在成熟后到落叶前，在这两个时期内葡萄植株主要进行营养生长，各种元素也会在根中积累。茎的生物量变化趋势与根系的基本一致，在整个生育期内也是呈缓慢增加的趋势。在落叶期同样出现了一个峰值，说明赤霞珠的茎在生育期后期也是作为养分贮藏器官，植株中叶和一年生枝中的部分养分回流到茎内。一年生枝的生物量在整个生育期内增加量较大，其在幼果膨大期的增加量低于开花期和转色期，可能由于这一时期植株产生的养分主要用于幼果的生长。叶是葡萄植株中生物量积累较多的器官之一，因为叶是植物进行光合作用的主要器官，为整个植株的生长发育提供能量和合成有机物。叶在开花期、幼果膨大期、转色期和成熟期的干重积累量较多，叶的大量生长为植株的光合作用提供了基础，合成大量的光合产物输送到果实内部。果实的生物量在幼果膨大期的增加量最大，在转色期和成熟期增加放缓，元素积累量也是如此。在植株生长发育和果实成熟的过程中均有磷元素的积累，且葡萄种子中磷元素的含量较高。不同的研究人员得出葡萄对养分需求量不同，可能是因为品种不同、树龄不同、土壤条件不同以及管理方式不同导致的。

## 第四节　小结

（1）在风沙土6年生赤霞珠和霞多丽葡萄植株中，不同营养元素在葡萄开花期和幼果膨大期积累量较多，转色期以后积累速度变缓。根部和茎部的不同营养元素在葡萄幼果膨大期和转色期积累量较少且出现负增长，说明此时葡萄主干和根系大量养分转移供葡萄果实生长发育，随后又积累供第二年植株生长使用。

（2）叶片中从开花期以后营养元素的积累量迅速增加。果实中不同营养元素的积累主要集中在幼果膨大期，成熟期内则积累变缓。

（3）在整个生育周期内，赤霞珠葡萄树体的干物质积累量为172.96g/株，营养元素N、P、K、Ca、Mg、Fe、Mn、Cu、Zn的积累量分别为2.12g/株、0.34g/株、1.62g/株、2.39g/株、0.36g/株、58.36mg/株、9.55mg/株、2.56mg/株、9.73mg/株。霞多丽葡萄树体的干物质积累量为207.74g/株，营养元素N、P、K、Ca、Mg、Fe、Mn、Cu、Zn的积累量分别为2.34g/株、0.51g/株、2.14g/株、2.13g/株、0.39g/株、70.11mg/株、10.46mg/株、2.40mg/株、10.85mg/株。

# 第十九章 不同灌溉量对风沙土葡萄园土壤营养元素淋洗规律的研究

营养元素是植物生长的必需元素，如缺少这类元素，植物则不能健康生长，完成其正常的生活史。

宁夏贺兰山东麓独特的气候条件，十分有利于酿酒葡萄的种植，宁夏广袤的风沙土壤区已成为重要的酿酒葡萄生产基地，发展迅速。但由于风沙土剖面层次不明显，通体细沙，质地疏松，透水透气性强，土壤贫瘠，营养物质易于淋洗，农业灌溉对风沙土可溶性营养物质淋溶的损失已成为不可忽视的问题。

宁夏贺兰山东麓是我国干旱区之一，年均降雨量200mm，年均蒸发量2000mm。长期以来，该地区酿酒葡萄多采取黄河水大水漫灌，不仅造成水资源浪费和大量养分淋洗流失，还污染地下水源，严重影响酿酒葡萄正常生长，制约着葡萄及葡萄酒产业健康发展。

为此，本研究拟选用小水流自流微灌带对风沙土葡萄园进行灌溉，探讨不同灌溉量对风沙土葡萄园土壤中氮（N）、磷（P）、钾（K）、钙（Ca）、镁（Mg）、铜（Cu）、锌（Zn）、锰（Mn）、铁（Fe）、钠（Na）、氯（Cl）元素的淋洗规律，获得最佳灌水方式，降低生产成本，为风沙土葡萄园科学水分管理提供理论指导。

## 第一节 材料与方法

### 一、试验地概况

本试验在宁夏永宁县玉泉营镇，宁夏兰山骄子葡萄酒庄有限公司，国家葡萄产业技术体系水分生理与节水栽培岗位核心试验基地（38°14′19″ N，106°2′0″ E）进行，该地区为温差较大的大陆性气候，降水较少，果实成熟前期水热系数为0.63，试验期间降水量及温度见表19-1。土壤属低肥力水平，8.0<pH<8.5，土壤含水量1.2%（质量分数），沙质土壤，土壤理化性质见表19-2。

表19-1  试验期间降水量及温度

| 参数 | 月份 | | | | |
|---|---|---|---|---|---|
| | 4月 | 5月 | 6月 | 7月 | 8月 |
| 平均降雨量/mm | 11 | 19 | 22 | 41 | 50 |
| 温度/℃ | 4~19 | 10~24 | 15~28 | 18~30 | 16~28 |

表19-2  土壤理化性质

| 土壤类型 | 土层深度/cm | 微量元素含量/(mg/kg) | | | | 有机质含量/(g/kg) | 全磷含量/(g/kg) | 速效磷含量/(mg/kg) | 速效钾含量/(mg/kg) | pH | 质量体积/(g/cm³) | 田间持水量/% |
|---|---|---|---|---|---|---|---|---|---|---|---|---|
| | | 全铜 | 全锌 | 全锰 | 全铁 | | | | | | | |
| 沙壤土 | 0~20 | 12.28 | 43.73 | 300.45 | 1056.2 | 3.79 | 0.36 | 15.71 | 189.80 | 8.18 | 1.47 | 17.51 |
| 沙壤土 | 20~40 | 8.42 | 37.84 | 272.81 | 1053.6 | 1.62 | 0.42 | 11.92 | 147.13 | 8.28 | 1.48 | 12.57 |
| 沙土 | 40~60 | 6.71 | 32.38 | 244.87 | 1050.6 | 0.87 | 0.26 | 6.32 | 62.33 | 8.45 | 1.48 | 11.65 |
| 沙土 | 60~80 | 6.74 | 36.93 | 159.32 | 1057.6 | 0.68 | 0.21 | 5.14 | 34.75 | 8.55 | 1.52 | 11.24 |

## 二、试验材料

供试材料为7年生美乐葡萄园土壤。

## 三、试验方法

在定植株行距为0.8m×3.0m 的7年生美乐葡萄园，在葡萄定植行间开沟，纵深为0.4m×0.2m，沟内铺设小水流自流微灌带，沟两侧30cm处垂直铺设深度为60cm的塑料薄膜以消除干扰。试验处理前各行间进行1次改良Ho营养液灌溉（增施量为0.18m³）。试验采取单因素多水平随机区组设计，设置177m³/亩（$w_1$）、211m³/亩（$w_2$）、244m³/亩（$w_3$）、277m³/亩（$w_4$）4个灌水定额处理组，小区面积1m×3m，3次重复。在葡萄的萌芽期（5月10日）、开花期（5月25日）、幼果期（6月10日）、果实膨大期（7月1日）、转色期（7月25日）5个关键时期采用小水流自流微灌方式分别灌溉1~2次，其中萌芽期与果实膨大期需水较多，灌溉2次，其余时期灌溉1次，具体见表19-3。

表19-3 灌水定额　　　　　　　　　　　　　　　　　　　　单位：m³/亩

| 灌水定额处理组 | 日期 | | | | | 总灌水量 |
| --- | --- | --- | --- | --- | --- | --- |
| | 5月10日 | 5月25日 | 6月10日 | 7月1日 | 7月25日 | |
| $w_1$ | 40 | 15.7 | 15.2 | 60.0 | 46.1 | 177 |
| $w_2$ | 40 | 24.5 | 24.5 | 68.5 | 53.5 | 211 |
| $w_3$ | 40 | 31.0 | 33.0 | 80.0 | 60.0 | 244 |
| $w_4$ | 40 | 37.5 | 42.2 | 91.1 | 66.2 | 277 |

## 第二节 结果与分析

### 一、不同灌水量对0～80cm土层土壤碱解氮含量的影响（本项目下"含量"均指碱解氮含量）

由图19-1（1）可以看出，在0～20cm土层，碱解氮含量呈现先增加后减少的趋势。5月10日，$w_3$与$w_1$、$w_4$之间差异显著；5月25日，除$w_3$外，其他处理组碱解氮含量均增加，各处理组间均有显著差异；6月10日，土壤碱解氮含量均较5月25日各处理组有所降低，此期间较大的灌溉量使得该土层土壤碱解氮流失严重；7月1日，各处理组土壤碱解氮含量有所增加，$w_4$含量显著高于其他处理组；7月25日，各处理组间碱解氮达到显著性差异，较5月10日处理组均有所降低，$w_2$变化量最大。表层土壤碱解氮含量受蒸发量影响较大，部分溶解于下层土壤水溶液中的氮元素会随土壤水分运动被带回到表层，增加了碱解氮含量。

由图19-1（2）可知，20～40cm土层，5月10日，各处理组碱解氮含量均为最高，且各处理组间均存在显著差异；5月25日，$w_1$、$w_2$与$w_3$、$w_4$之间有显著差异，其中$w_1$含量最高，为5.89mg/kg，$w_3$含量最低，为3.21mg/kg；6月10日，$w_3$含量显著高于其余各处理组；7月1日，$w_1$与$w_2$、$w_3$之间有显著差异，但$w_3$与$w_4$之间无显著性差异；7月25日，实验末期，$w_3$与其余各处理组有显著差异。该土层碱解氮含量呈先降低后升高再降低的趋势。综合整个试验期结合葡萄生育期来看，$w_3$为最佳。

如图19-1（3）所示，对于40～60cm土层，其碱解氮的含量呈逐渐下降的趋势。5月10日，实验初期，$w_4$显著高于其他各处理组；随着土壤养分淋洗的增加，5月25日，各处理组土壤碱解氮含量均有所下降，且$w_2$、$w_4$与$w_1$、$w_3$之间有显著差异，但$w_2$与$w_4$、$w_1$与$w_3$内部之间无显著性差异；6月10日，$w_1$含量高于其余各处理组但并不显著；7月1日，$w_2$

与 $w_3$、$w_4$ 间有显著性差异,$w_3$ 与 $w_1$、$w_2$ 之间存在显著性差异;7月25日,较5月10日,各处理组分别下降了54.32%、55.51%、55.35%、59.48%(默认顺序 $w_1$,$w_2$,$w_3$,$w_4$,余同,后不再写),$w_4$ 淋失的量最高,说明随灌水量增加,土壤碱解氮被淋失,且灌水量越大,淋失量越大。

由图19-1(4)可知,60~80cm 土层,$w_1$、$w_2$ 呈先下降后升高再下降的趋势,$w_3$、$w_4$ 呈先升高后下降再升高的趋势。5月10日,$w_1$ 与 $w_2$、$w_3$ 存在显著性差异,$w_3$ 与其余各处理组之间存在显著性差异;5月25日,$w_4$ 显著高于其余各处理组,除 $w_1$ 外,各处理组含量均有增加,是上层土壤碱解氮淋洗至本层累积导致;7月1日,$w_1$ 与 $w_3$、$w_4$ 有显著差异,此时除 $w_1$ 以外,其余各处理组含量均有下降;7月25日与5月10日相比,$w_1$、$w_2$ 含量有所下降,$w_3$、$w_4$ 含量有所上升,$w_4$ 与其余各处理组有显著性差异。说明随灌水量增多,碱解氮的淋洗规律有所不同,灌水量较大会使得本层土壤从上层土壤中获得的碱解氮含量增加。

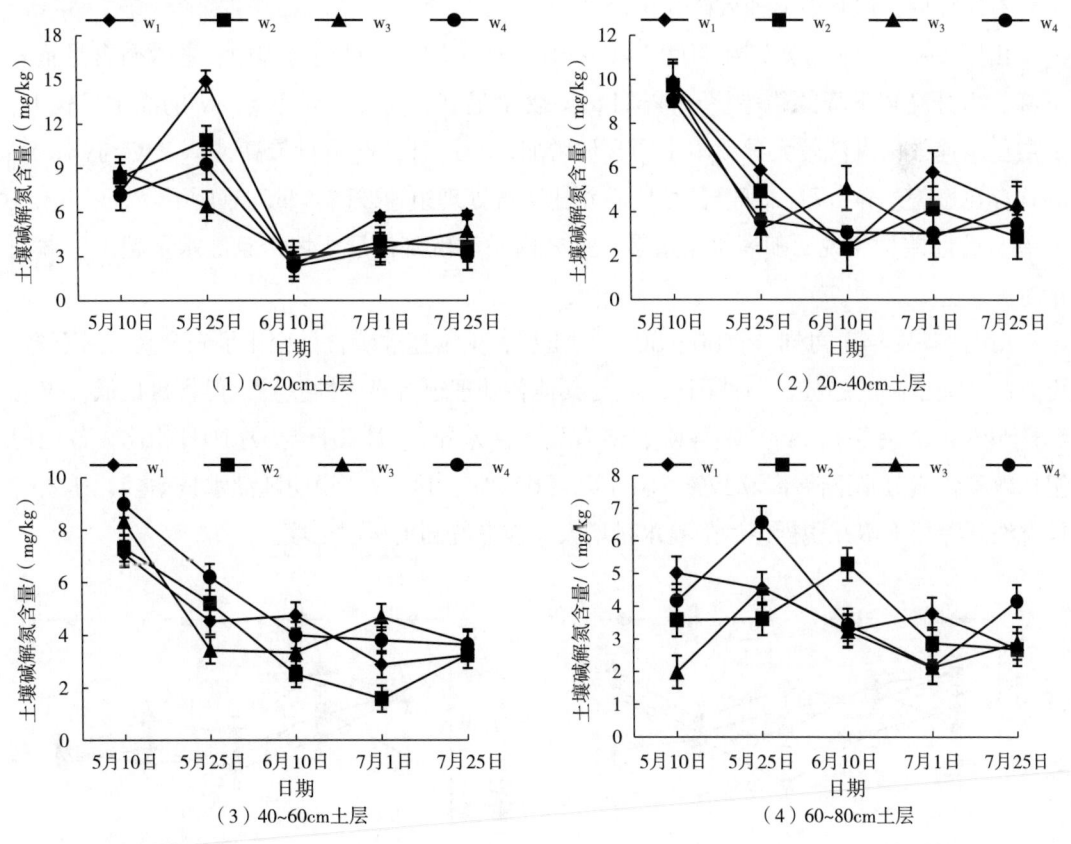

图19-1 不同灌水量、不同土层土壤碱解氮含量

## 二、不同灌水量对0~80cm土层土壤速效磷含量的影响（项目下"含量"指速效磷含量）

由图19-2（1）可知，在0~20cm土层土壤中，5月10日，$w_2$与$w_4$无显著性差异，但分别与$w_1$和$w_3$有显著性差异；随后各处理组速效磷含量逐渐降低，至6月10日，各处理组间均存在显著差异，其中$w_4$含量最高，达到14.43mg/kg；7月1日以后，土层中速效磷含量回升，在7月25日，$w_4$速效磷含量升至峰值，达15.24mg/kg，比其他各处理组高出33.4%、8.9%、5.3%，说明对于表层土壤，灌水量的增加可引起速效磷含量升高。

由图19-2（2）可知，20~40cm土层的土壤，5月10日，$w_1$含量最低，与其他各处理组有显著性差异，随后$w_1$、$w_2$含量升高，$w_3$、$w_4$含量降低，至5月25日，$w_2$速效磷含量显著高于其他处理，达到13.04mg/kg；速效磷含量随后呈降低趋势，至7月1日，$w_2$速效磷含量显著高于其他各处理组。综上所述，20~40cm土层的速效磷含量在不同灌水量下均有所降低，但其中$w_3$速效磷含量最高。

由图19-2（3）可知，在深度为40~60cm的土层整个试验过程中，速效磷含量呈先下降、后升高再下降的趋势。5月25日，$w_4$含量最高，为7.12mg/kg，$w_4$的灌水量较大，上层土壤速效磷淋洗较大导致本土层含量增加；7月1日，$w_3$含量最高，$w_2$、$w_3$与$w_1$、$w_3$间均存在显著差异；7月25日与5月10日相比，各处理组速效磷含量均有所下降，$w_2$与$w_3$、$w_4$有显著性差异。说明随灌水量增多，速效磷被淋洗到深层土壤，且灌水量越大，淋洗量越大。

由图19-2（4）可知，在60~80cm的土层，土壤速效磷含量变化呈先升高、后下降、再升高、又下降的趋势。5月25日，$w_4$与其他各处理组有显著性差异，但含量最低，仅为5.37mg/kg；7月1日，$w_1$、$w_4$与$w_2$、$w_3$有显著性差异；7月25日与5月10日相比，各处理组速效磷含量分别下降了39.17%、51.7%、56.53%、44.3%；说明随灌水量增多，速效磷被淋洗到深层土壤并积累，后随灌水量增大又被淋洗到更深层土壤。

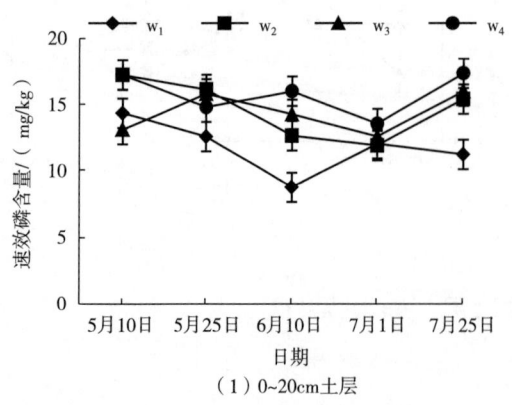

（1）0~20cm土层

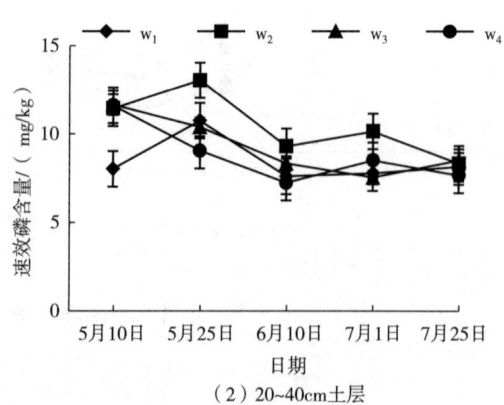

（2）20~40cm土层

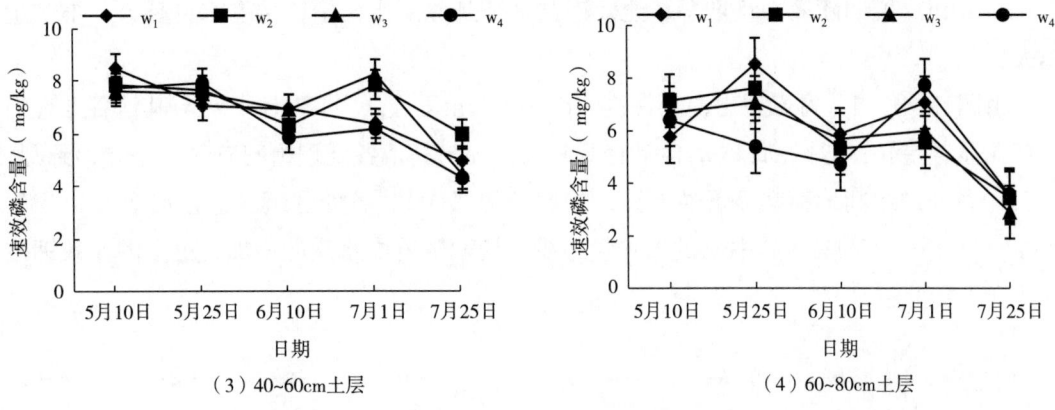

(3) 40~60cm土层　　　　　　　　　(4) 60~80cm土层

图19-2　不同灌水量下不同土层土壤速效磷含量

## 三、不同灌水量对0～80cm土层土壤速效钾的影响（此项目下"含量"表示速效钾含量）

如图19-3（1）所示，对于0～20cm土层土壤，速效钾含量呈降低趋势。5月25日和6月10日，各处理组间均存在显著差异；6月10日，$w_3$含量最高，达到228mg/kg；7月1日，$w_1$、$w_4$与$w_2$、$w_3$有显著性差异，但$w_1$与$w_4$及$w_2$与$w_3$内部之间无显著性差异；7月25日与5月10日相比较，$w_1$、$w_2$、$w_3$、$w_4$速效钾含量分别下降20.6%、38.1%、45.9%和43.9%（以下顺序均为默认$w_1$、$w_2$、$w_3$、$w_4$，余同），其中$w_1$淋失量最少。说明随灌水量增加，速效钾淋洗量增加。

不同灌水量对20～40cm土层土壤速效钾的淋洗可以由图19-3（2）看出，5月10日，$w_1$含量最低，与其他各处理组间存在显著性差异；5月25日和6月10日，$w_1$、$w_2$含量较低，与其他各处理组间存在显著差异；7月1日，$w_3$含量显著增加，达到198mg/kg，与其他各处理组间差异达到显著水平，而$w_1$含量最低，为54mg/kg；7月25日，各处理组间含量均有显著差异，除$w_2$增加，其他处理组含量均降低。分析可得，随灌水量增加，灌水量较高的$w_3$、$w_4$较灌水量较少的$w_1$、$w_2$有更多的速效钾由表层被淋洗到20～40cm土层，但$w_3$、$w_4$含量在7月1日后减少，说明速效钾继续被淋洗到深层土壤中。

由图19-3（3）可知，在深度为40～60cm的土层，整个生长过程中，速效钾含量大体呈先下降后升高趋势。5月10日，$w_1$含量最低，并与其他各处理组间存在显著差异；5月25日，$w_1$、$w_2$、$w_3$含量均有所降低，$w_4$含量增加；7月1日，$w_4$含量最高，各处理组间均存在显著差异；7月25日，$w_1$、$w_2$、$w_3$、$w_4$速效钾含量分别达到最大值，其中$w_4$达峰值70mg/kg。说明随灌水量增多，速效钾被淋洗到深层土壤中，且灌水量越大，淋洗量越大。

由图19-3（4）可以看出，在深度为60～80cm土层。5月10日，$w_4$与其他各处理组间存在显著差异；5月25日，$w_1$含量有所升高，并与其他各处理组间有显著差异；到7月25日，各处理组间均存在显著性差异，相比于5月10日，各处理组含量分别增加22.2%、20%、21.4%、11.1%，其中$w_4$的增加量最少，说明随着灌水量的增加，更多的速效钾被淋洗到深层土层。

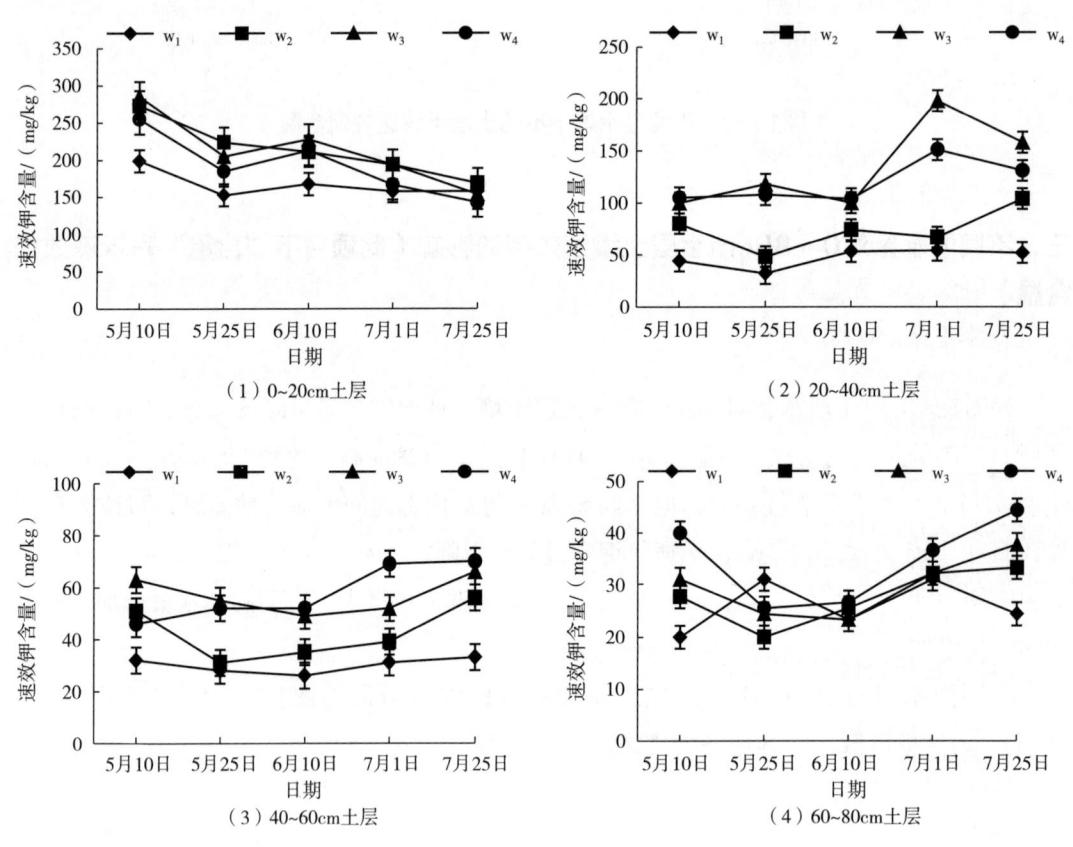

图19-3　不同灌水量下不同土层土壤速效钾含量

## 四、不同灌水量对0～80cm土层土壤有效态钙的影响（此项目下"含量"表示钙离子含量）

土壤中水溶钙、酸溶钙、吸附钙3种形式的钙统称为有效态钙（以下简称"钙离子"），可被植物直接利用。从图19-4（1）中可以看出，在土壤深度为0～20cm土层中，各处理组土壤钙离子含量呈现逐渐减少的趋势。5月10日，在初期由于灌溉营养液使得表层土壤钙离子含量较高，各处理组间无显著性差异；5月25日，各处理组钙离子含量均有所下降，因使用相同的灌水定额，所以各处理组间并无显著性差异；随着灌水的进行，6月10日，$w_1$高于其余各处理组，且$w_1$与$w_2$、$w_4$之间有显著性差异，$w_3$与其余各处理组之间并无显著性差异；7月1日，$w_1$与$w_2$、$w_3$、$w_4$有显著性差异，其中$w_4$含量最高，$w_1$含量最低；7月25日，$w_3$与其余各处理组有显著性差异，含量较高。对比土壤有效磷含量，在表层土壤中土壤有效磷含量越高，钙离子越容易与土壤有效磷结合形成磷酸钙，越不易随水迁移，导致钙离子有效性下降。

由图19-4（2）可知，在20～40cm深的土层中，土壤钙离子含量表现为先大幅减少后逐渐增加的趋势。5月10日，$w_3$含量较高，为406.67mg/kg，$w_4$含量最低，为370mg/kg，各处理组间均无显著性差异；随着处理的进行，5月25日较5月10日，土壤钙离子淋失的量为：$w_3 > w_2 > w_1 > w_4$；6月10日各处理组土壤钙离子含量为最低值，是土壤钙离子随水淋失导致；7月1日，$w_1$与$w_2$、$w_4$有显著性差异，$w_2$与$w_3$、$w_4$有显著性差异，但$w_3$、$w_4$无显著性差异；其中$w_2$显著高于其他各处理组；7月25日，$w_1$与$w_2$、$w_3$有显著性差异，$w_2$与$w_4$有显著性差异，实验末期，$w_4$含量最低，仅为39.033mg/kg，而其余各处理组较前一时期都有增加，说明灌溉将上层土壤中的可溶性钙离子淋洗至本土层，但较大的灌水量可将钙离子淋洗至更深土层。

如图19-4（3）所示，在40～60cm深的土层中，土壤钙离子含量呈现先减少后增加的趋势。5月10日，$w_3$土壤钙离子含量显著高于其他各处理组，达到340mg/kg；7月1日，各处理组土壤钙离子含量大幅下降，与处理前期相比，$w_1$、$w_2$、$w_3$、$w_4$分别下降了82.65%、83.30%、84.17%、80.16%，为整个试验期该土层土壤可溶性钙离子含量的最低值；7月25日较7月1日相比，各处理组钙离子含量有所增加，其中$w_3$增加量最大，含量最高，为95.67mg/kg。

由图19-4（4）所示，在60～80cm土层中，$w_1$、$w_2$土壤可溶性钙离子的含量为逐渐减少的趋势，而$w_3$、$w_4$呈现先增加后减少的趋势，产生这种问题的原因是不同梯度灌溉量。5月10日，灌溉初期，各处理组土壤可溶性钙离子含量为186.67、205、156、163.3mg/kg；5月25日，$w_1$、$w_2$土壤钙离子含量有所减少，$w_3$、$w_4$含量有所增加，$w_4$含量最高，并与其余各处理组间有显著性差异；随后，随着灌溉量的增加，各处理组土壤钙离子含量均下降；6月10日，$w_1$、$w_2$显著高于$w_3$、$w_4$；7月1日，$w_1$、$w_2$与$w_3$、$w_4$有显著性差异；$w_3$、$w_4$土壤钙离子含量较6月10日有所降低，而$w_1$、$w_2$有所增加，由上层钙离子淋洗至本层导致；7月25日，$w_3$的淋失量最少，含量最高，为68.667mg/kg，因此在该土层，$w_3$较为适宜。

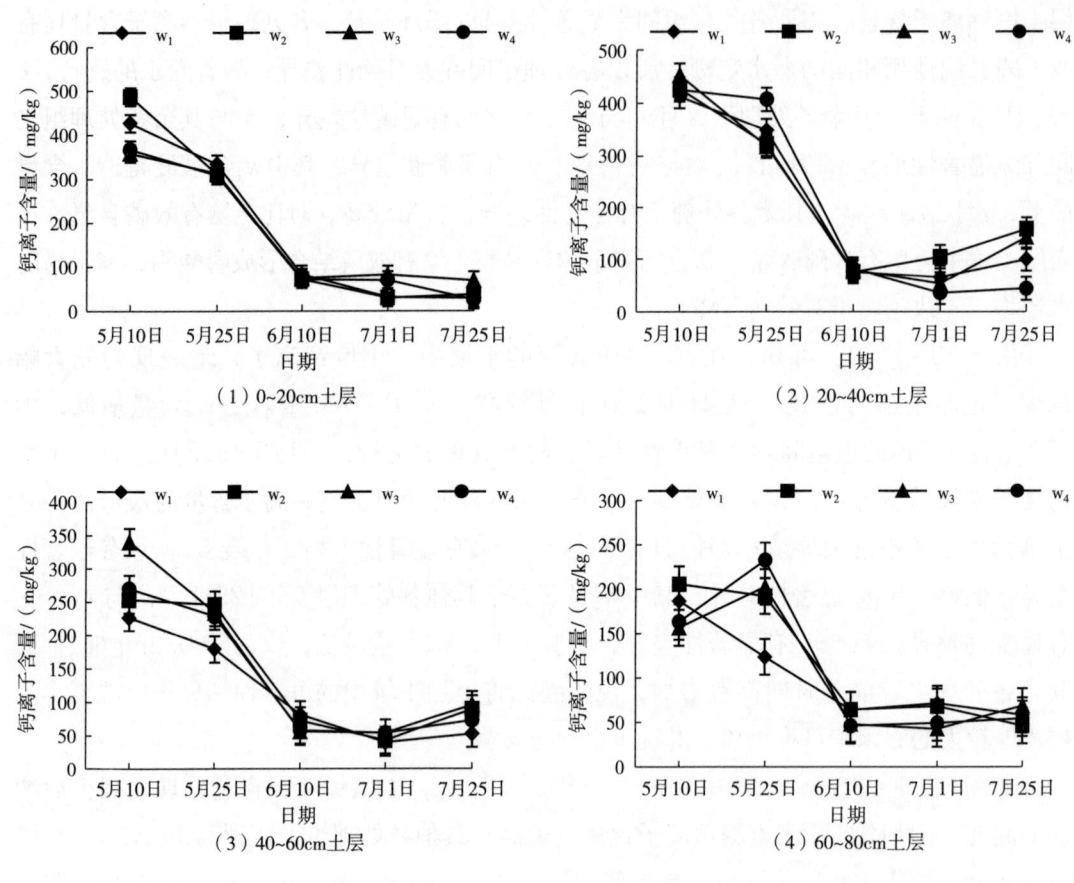

图19-4 不同灌水量下不同土层土壤钙离子含量

## 五、不同灌水量对0～80cm土层土壤镁离子含量的影响（此项目下"含量"表示镁离子含量）

图19-5（1）为不同灌溉量对土层深度为0～20cm的土层镁离子含量的影响，各处理组间呈现出逐渐下降后升高的趋势。5月10日，各处理组土壤镁离子含量均为最高，$w_3$、$w_4$分别与$w_1$、$w_2$有显著性差异，$w_1$与$w_2$之间也有显著性差异；5月25日，灌溉淋洗后，土壤镁离子含量降低，$w_4$显著低于其余各处理组，说明较大的灌水量对镁离子淋洗损失较为严重；6月10日，$w_2$与$w_1$、$w_4$间出现显著性差异，$w_4$与$w_3$之间有显著性差异；7月1日，$w_1$与$w_4$间有显著性差异，此时土壤镁离子的淋失量为：$w_2>w_4>w_1>w_3$，$w_3$的淋失量最少；7月25日，各处理组镁离子含量有所增加，究其原因是该时期蒸发量增大，导致土壤水溶性镁离子随水迁移至土壤表层所致。

如图19-5（2）所示，在土层深度为20~40cm时，土壤可溶性镁离子含量表现出先升高后下降的趋势。5月10日，$w_1$显著高于其余各处理组；5月25日，灌溉后各处理土壤可溶性镁离子含量增加，$w_1$、$w_3$与$w_2$、$w_4$之间达到显著性差异，其中$w_3$含量最高，为110.83mg/kg，$w_2$含量最低，为48.19mg/kg；6月10日，各处理组较5月25日均有所下降，$w_1$显著低于其他各处理组；7月25日较5月10日相比，各处理组土壤镁离子含量分别下降了67.98%、51.89%、68.28%、63.01%，$w_2$的淋失量最少。

从图19-5（3）中可以看出，在深度为40~60cm的土层中，土壤镁离子含量呈现先升高、后下降、再升高的趋势。5月10日，$w_3$显著高于其余各处理组，为71.36mg/kg；5月25日，各处理组土壤镁离子含量升高，$w_2$与$w_1$、$w_3$、$w_4$间有显著性差异；6月10日，$w_1$与$w_3$、$w_4$之间存在显著性差异，$w_1$、$w_2$的镁离子含量高于$w_3$、$w_4$；7月1日，$w_3$、$w_4$与$w_1$、$w_2$之间存在显著性差异，灌水量较大使得$w_3$、$w_4$淋洗量较大，土壤中剩余镁离子含量较低；7月25日，$w_1$分别与$w_2$、$w_3$、$w_4$之间存在显著性差异，$w_3$、$w_4$之间无显著性差异。

如图19-5（4），在60~80cm深的土层中，随时间的变化，土壤镁离子含量呈现先升高、后降低的趋势。5月10日，$w_1$含量最高，与其余各处理组间有显著性差异；5月25日，$w_1$与其余各处理组间有显著性差异，$w_2$与$w_3$、$w_4$有显著性差异，各处理组镁离子含量为：$w_1 > w_2 > w_3 > w_4$，表明较少灌水量将上层土壤可溶性镁淋洗可溶性镁至本层，而较大灌水量将继续淋洗可溶性镁至更深层；6月10日，各处理组土壤镁离子含量不断减少，至7月25日，降至最低值，较5月10日各处理组淋失的比例均达50%以上，其中$w_1$淋失最多，达85.8%，$w_3$淋失最少，为58.47%，说明本层土壤含沙量较高，漏水漏肥严重，$w_3$处理方法较为适宜。

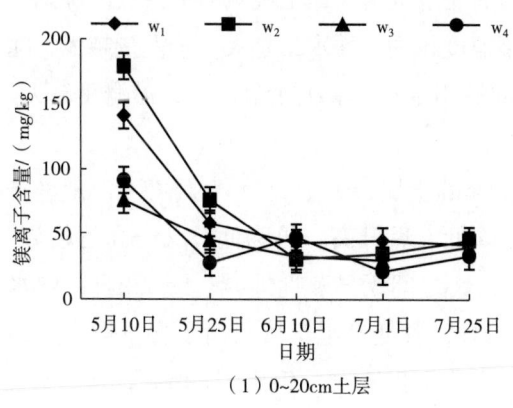

（1）0~20cm土层

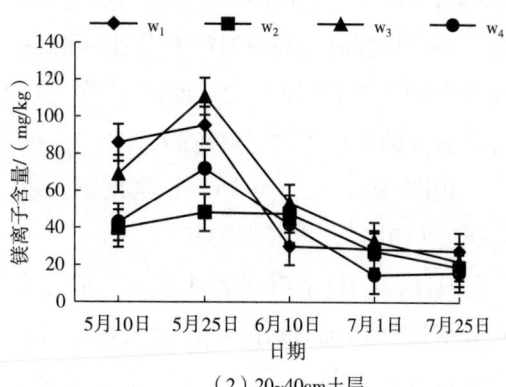

（2）20~40cm土层

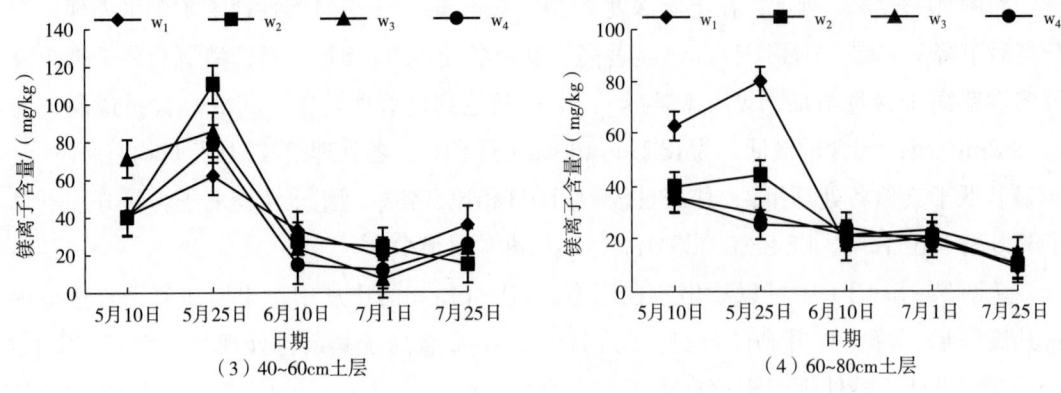

(3) 40~60cm土层　　　　　　　　　　(4) 60~80cm土层

图19-5　不同灌水量下不同土层土壤镁离子含量

## 六、不同灌水量对0～80cm土层土壤氯离子含量的影响（本项目下"含量"指氯离子含量）

在图19-6（1）中，剖面深度为0～20cm的土层内，土壤氯离子含量表现出逐渐下降的趋势。5月10日，各处理组含量均为最高，$w_1$与$w_3$、$w_4$之间在0.05水平有显著性差异；5月25日，各处理组土壤氯离子含量均有下降，$w_1$含量最高，为10.177mg/kg，$w_3$含量最低，为8.282mg/kg；7月1日，$w_1$较6月10日含量有所升高，由于氯离子易溶于水，实验后期环境温度升高导致土壤蒸发量较大，因此较深层土壤氯离子随水迁移到土壤表层；7月25日与5月10日相比，各处理组氯离子含量均有所下降，表现为：$w_2>w_1>w_3>w_4$（下降率），其中$w_4$含量下降最少，为27.82%。说明随灌水量增大，土壤氯离子会被淋洗到深层土壤，但同时与环境温度及蒸发量相关，环境温度越高，灌水量越大，蒸发量越大，随水迁移到土壤表层的氯离子越多；除此之外，灌溉用水中含有大量氯离子，灌溉量越大，外部施入的氯离子含量就越高。

由图19-6（2）可知，土壤剖面为20～40cm的土层，$w_3$、$w_4$土壤氯离子含量呈先降低、后升高、再降低的趋势，而$w_1$、$w_2$呈先降低、后升高、再降低、又升高的趋势；5月10日，$w_2$与$w_4$有显著性差异，但分别与$w_1$、$w_3$之间无显著性差异；5月25日，灌水后较实验初期土壤氯离子含量大幅降低；6月10日，各处理组土壤氯离子含量均有所回升，究其原因是上层土壤中氯离子被淋洗至本层并累积所致，相比5月25日，$w_1$、$w_2$、$w_3$、$w_4$分别增加了33.42%、31.52%、31.89%、49.46%，$w_4$增加量最高；7月1日，$w_1$、$w_2$与$w_3$、$w_4$之间有显著性差异；7月25日较7月1日，$w_1$、$w_2$含量有所升高，而$w_3$、$w_4$有所降低。

由图19-6（3）可以看出，在40～60cm土层，各处理组氯离子含量呈先降低、后升高、再降低的趋势。5月10日,各处理组含量均为最高值,$w_4$土壤氯离子含量最低,与其他各处理组均呈现显著性差异;5月25日,各处理组土壤氯离子含量均下降,但$w_3$显著高于其余各处理组;6月10日,各处理组土壤氯离子含量升高,但差异均不显著;随着灌溉量的不断增大,7月1日经过淋洗后的各处理组土壤中的氯离子含量均下降;7月25日,与第一个时期相比,土壤氯离子含量均降低,$w_1$、$w_2$、$w_3$、$w_4$氯离子含量分别下降58.73%、71.49%、66.67%和55.55%,$w_4$下降含量较少,但葡萄为忌氯植物,因此$w_2$较为适宜。

由图19-6(4)可知,在深度为60~80cm土层土壤中,土壤氯离子表现出先减少、后增加、再减少的趋势。5月10日,$w_1$、$w_2$与$w_3$、$w_4$之间均有显著性差异;5月25日,$w_1$、$w_2$土壤氯离子含量大幅下降,而$w_3$、$w_4$含量下降较少,为27.67mg/kg;6月10日,$w_1$、$w_2$土壤中氯离子含量略有上升,使得$w_1$显著高于其余各处理组;7月1日,$w_1$、$w_3$与$w_4$有显著性差异,而$w_2$与各处理组均无显著性差异;7月25日,经过整个实验期水分对土壤的淋洗后,各处理组氯离子含量降至最低值,但$w_1$、$w_3$含量最低,更适宜葡萄生长。

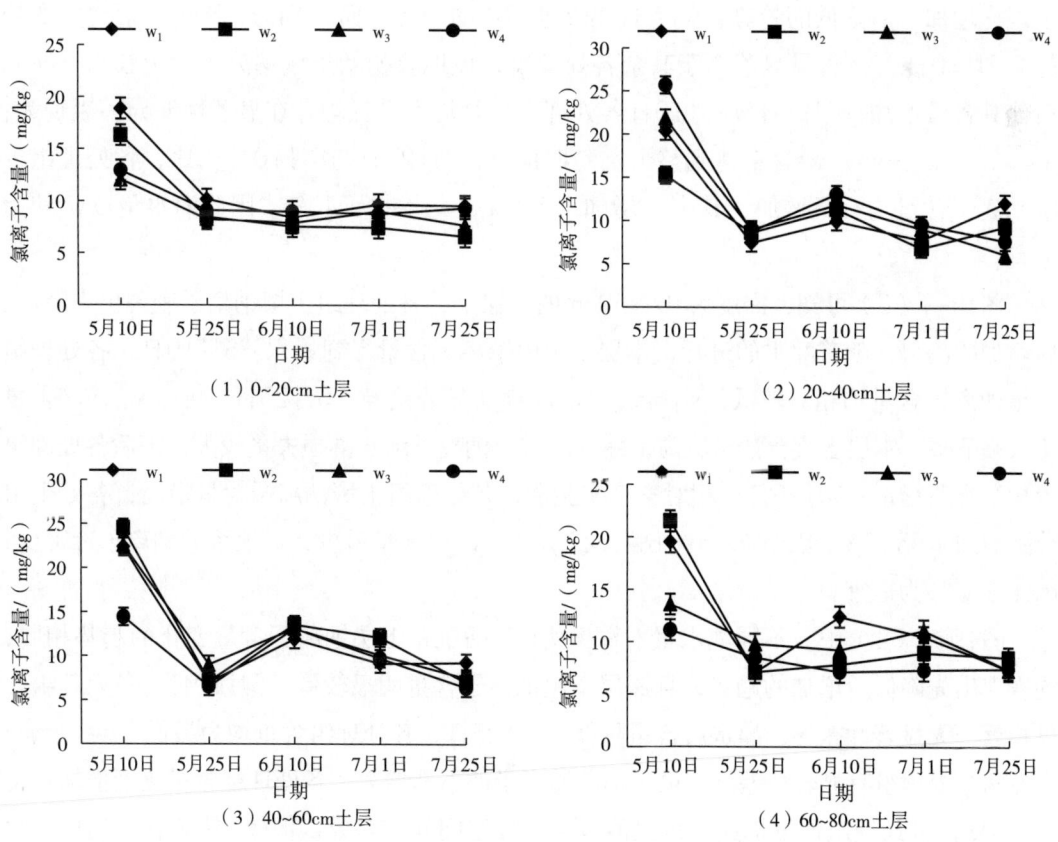

图19-6 不同灌水量下不同土层土壤氯离子含量

## 七、不同灌水量对0～80cm土层土壤钠离子含量的影响（本项目下"含量"表示钠离子含量）

贺兰山东麓土壤皆为碱性土壤，土壤中的交换性钠离子含量较高，图19-7（1）所示为0～20cm土层不同灌溉量对土壤钠离子含量的影响。不同灌溉量对本土层内钠离子含量的变化趋势不同，$w_1$、$w_2$呈现先增加、后降低、再增加的变化趋势，$w_3$则为先降低、再增加的趋势，而$w_4$表现出逐渐增加的变化趋势。5月10日，$w_1$、$w_4$与$w_2$、$w_3$之间有显著性差异，此时$w_1$含量最高，$w_4$含量最低；随着灌溉量的不断增加，6月10日，$w_2$、$w_4$与$w_1$、$w_3$之间存在显著性差异，此时$w_1$、$w_3$较5月10日土壤钠离子含量有所下降，而$w_2$、$w_4$含量有所增加；7月25日，$w_3$显著高于其余各处理组，但$w_4$的增加量最高。灌溉用水中的钠离子含量较高，每次灌溉都会随水不断向土壤中施入钠离子，使得灌溉量越大，增加的钠离子越多。

如图19-7（2）所示，在剖面深度为20～40cm的土层中，$w_2$、$w_3$土壤钠离子含量呈现先增加、后降低的趋势，$w_1$表现出逐渐增加的趋势，而$w_4$则为先降低、后增加的趋势。5月10日，$w_4$含量显著高于其余各处理组，该地块初始土壤钠离子含量较高，灌溉后使其含量增加；7月1日较6月10日各处理组含量均上升且均存在显著性差异，表现为：$w_4 > w_2 > w_3 > w_1$；$w_3$含量达到整个实验期顶峰；7月25日与5月10日相比，各处理组土壤钠离子含量均有所增加，其中$w_1$增加了240%，$w_4$增加了43%，因此灌水量以$w_4$较为适宜。

图19-7（3）可知，深度为40～60cm的土层下，各处理组土壤钠离子表现出先降低、后增加的趋势，随着灌水的进行，本层土壤内钠离子含量得到累积。5月10日，各处理组土壤钠离子含量均相对较低，$w_1$与$w_3$、$w_4$间存在显著差异；5月25日，$w_1$、$w_2$、$w_4$含量均大幅下降，本层土壤含沙量较高，漏水严重，钠离子随水淋损失量较大；随后各处理组含量均有所增加；7月25日，相对整个实验期，各处理组土壤钠离子含量最高，各处理组分别增加了55.77%、21.5%、51.26%、26.46%，$w_2$增加量最少，对根系的钠离子毒害少，因此选$w_2$最为适宜。

图19-7（4）中，不同灌水量对深度为60～80cm土层钠离子含量变化的趋势相同，均表现出先降低后增加的趋势，且深层土壤钠离子含量明显较低。5月10日，各处理组含量相近，无显著性差异，灌水后含量降低；5月25日，各处理组含量均为最低，$w_2$、$w_4$与其他两个处理组有显著性差异；最后随着灌水量的不断增大，各处理组含量逐渐增加；至7月25日，各处理组含量均达到最大值，各处理组间并无差异，但较5月10日，钠离子含量均大幅增加，$w_2$增加量最大，对于本层土壤$w_2$最不适宜。

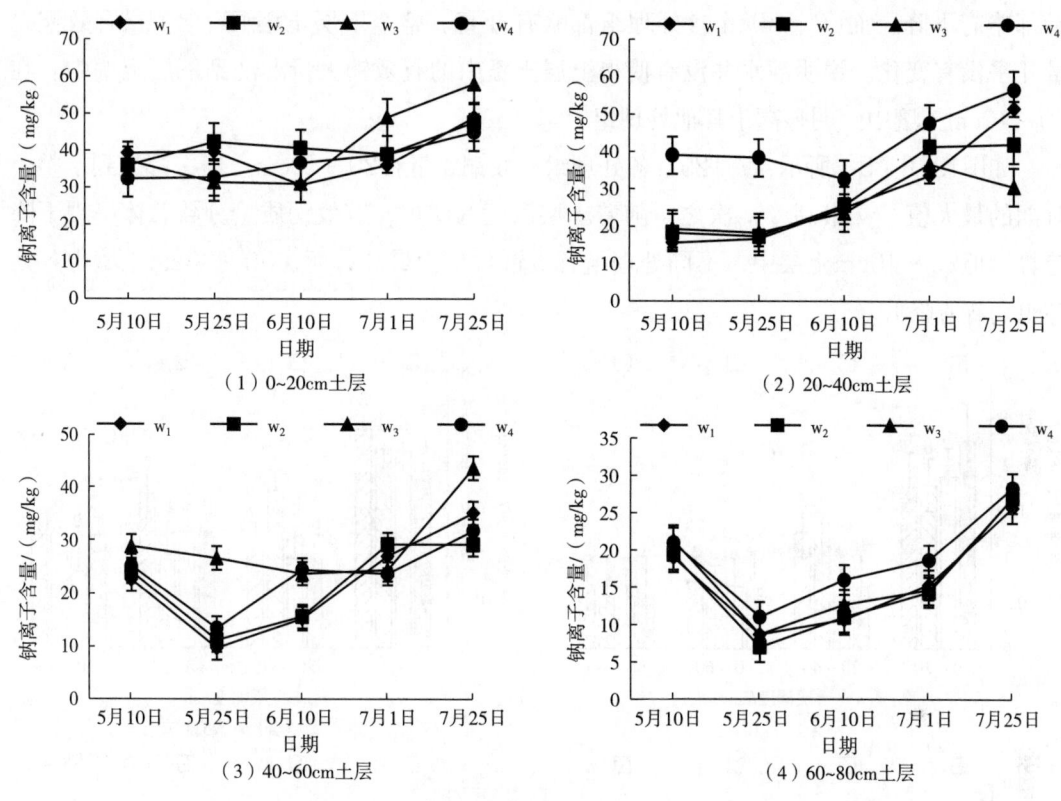

图19-7 不同灌水量下不同土层土壤钠离子含量

## 八、不同灌水量对0~80cm土层土壤有效铜含量的影响（本项目下"含量"指有效铜含量）

由图19-8（1）可知，5月10日，0~20cm土壤中$w_1$有效铜含量明显高于其他处理组，20~40cm土壤中$w_3$、$w_4$较高，其余各处理组间无显著差异。土壤中的有效铜主要分布在表层土壤中，40~80cm土壤中较低。

如图19-8（2）所示，5月25日各处理组都使有效铜向下层淋洗。$w_1$、$w_2$间有效铜含量无显著性差异。在20~40cm土壤中，$w_3$极显著高于其他处理组，达到1.02mg/kg。而在底层土壤40~80cm中$w_1$、$w_2$、$w_3$间无显著性差异，但都显著低于$w_4$。说明$w_4$处理将有效铜淋洗到更深层的土壤中。

如图19-8（3）所示，6月10日相较于5月25日，有效铜被淋洗到20~40cm土层中比较多，且各处理组分别增加了45.9%、75.3%、26.5%、47.7%。$w_2$与$w_3$在20~40cm土壤中极显著高于其他处理组。40~60cm土壤各处理组有效铜含量无显著性差异。

如图19-8（4）所示，7月1日相较于6月10日，40~60cm土壤中各处理组有效铜含量都略有下降,而60~80cm各处理组都略有升高。整个下层土壤40~80cm有效铜总量几乎没有变化。说明灌水并没有使得上层土壤中的有效铜大量淋洗到下层土壤中。在20~40cm土壤中$w_3$明显高于其他处理组。

如图19-8(5)所示,7月25日各处理组有效铜含量在20~40cm土壤中都达到了整个时期的最大值,$w_1$最高,$w_3$次之。随着土层深度的增加,有效铜质量分数总体呈现下降趋势,但20~40cm土层中,不同处理组有效铜含量为最高,而在60~80cm土壤中各处理组均有所降低。

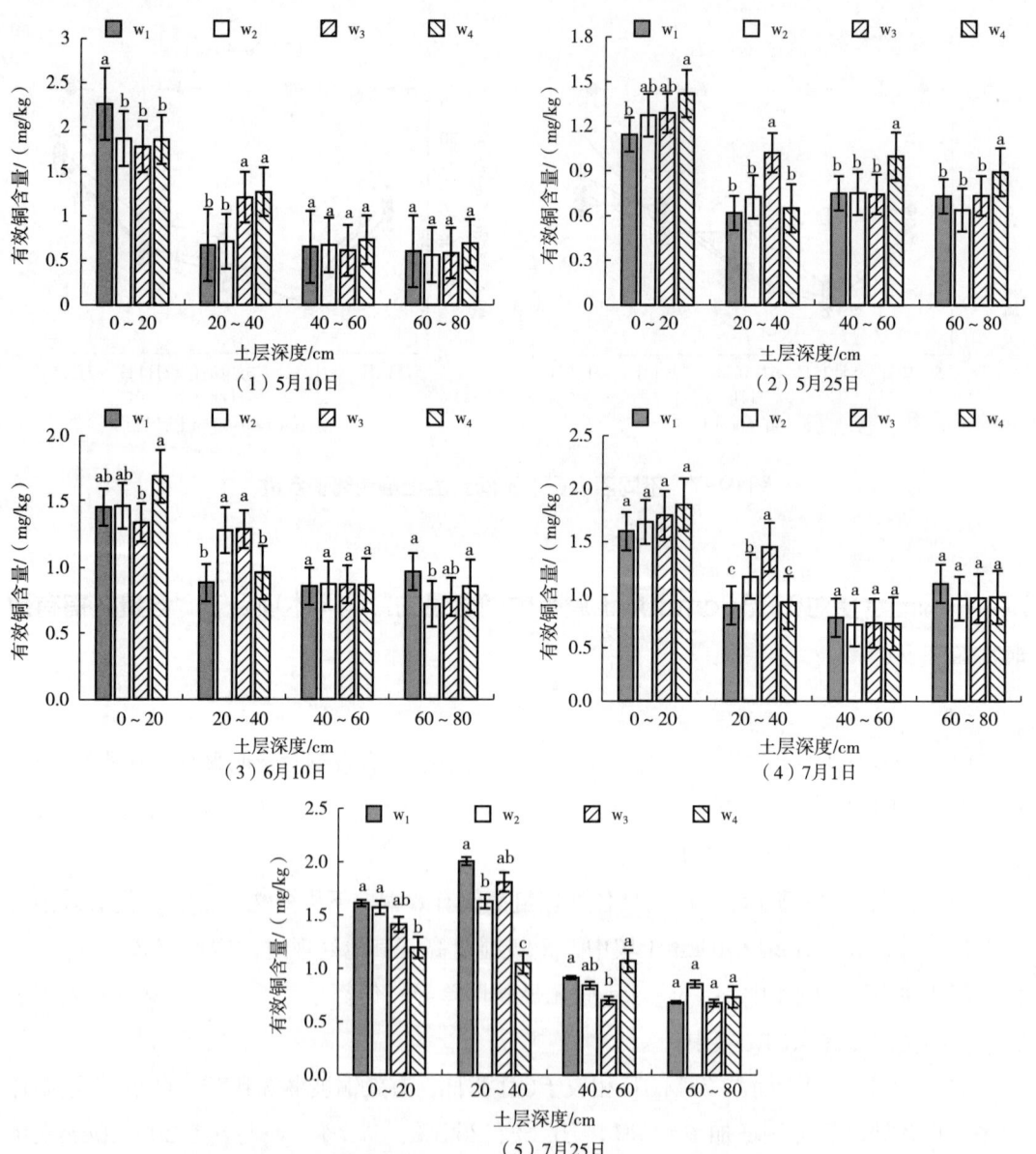

图19-8 不同灌水量对不同深度土壤有效铜含量的影响

注:不同小写字母表示LSD检验差异显著($p<0.05$)。

灌水会使得表层土壤中的有效铜淋洗到下层土壤中。有效铜容易被淋洗到20～40cm土壤中，不易被淋洗到深层土壤中，土层越深越不易淋洗到。淋洗到60～80cm土壤中的有效铜很少，含量几乎没有变化。

在各个时期$w_3$有效铜含量在20～40cm土层中都比较高，在5月25日至7月1日，$w_3$都为最高，并与$w_1$、$w_4$存在显著性差异。说明$w_3$将有效铜淋洗到20～40cm土层中的效果最佳。在40～60cm土层中$w_4$一直较高，$w_4$更易将有效铜淋洗到40～60cm土层中。

## 九、不同灌水量对0～80cm土层土壤有效锌含量的影响（本项目下"含量"指有锌含量）

由图19-9可以看出，每个时期各处理组间无显著性差异。或许由于有效锌含量太低，所以不同灌水量对其几乎无影响，也有可能是别的因素所致，有待进一步讨论。

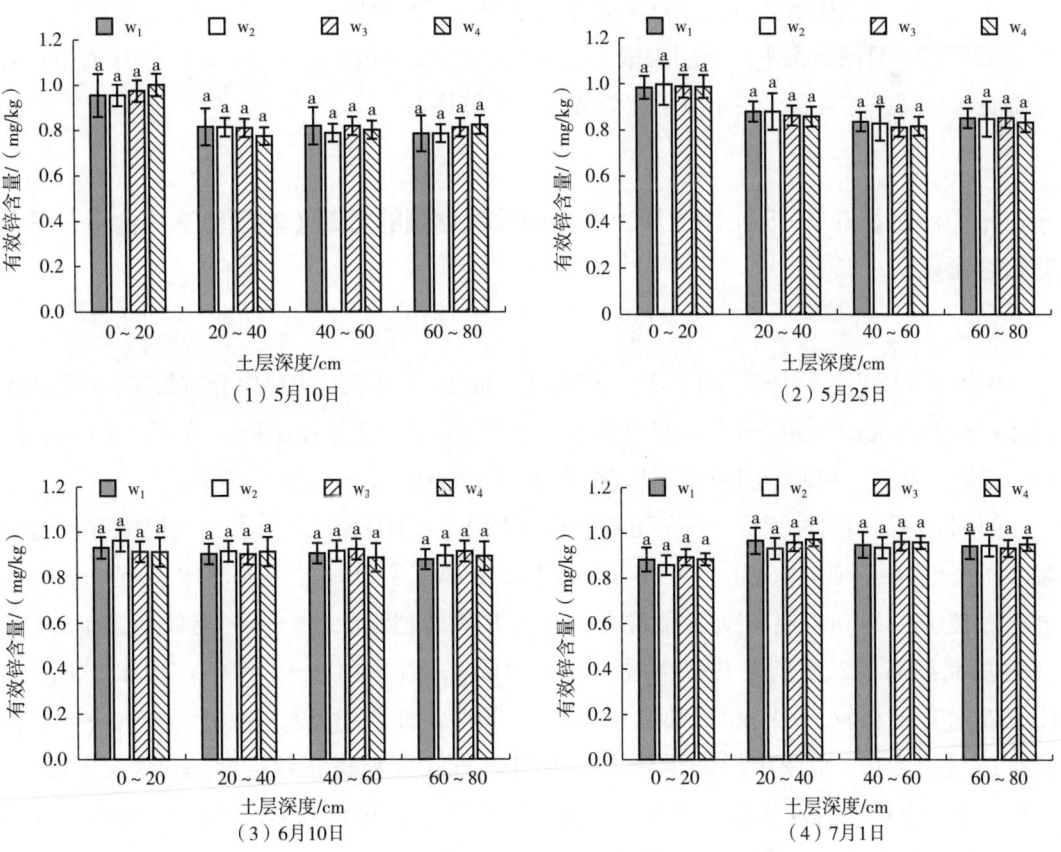

（1）5月10日　（2）5月25日　（3）6月10日　（4）7月1日

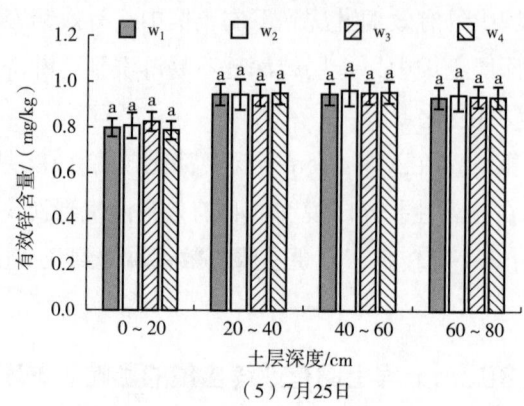

(5) 7月25日

**图19-9 不同灌水量对土壤有效锌含量的影响**

注：不同小写字母表示LSD检验差异显著（$p<0.05$）。

5月10日与5月25日表层土壤（0~20cm）中有效锌含量高于其他土层。6月10日之后，0~20cm土层中有效锌含量逐渐降低，说明表层土壤中的有效锌被淋洗到了下层。5月10日到7月1日随着灌水，下层土壤（20~40cm、40~60cm、60~80cm）中有效锌含量都有所增加，并且各土层土壤中有效锌分布比较均匀。

## 十、不同灌水量对0~80cm土层土壤中有效锰含量的影响（本项目下"含量"表示有效锰含量）

由图19-10（1）可知，5月10日，有效锰含量在40~60cm土层中分布最多，0~20cm次之。在0~20cm土层中$w_2$与$w_4$显著高于其他处理组，达到2.7mg/kg。在20~40cm土层中$w_1$最高。在40~80cm土层中各处理组有效锰含量为：$w_2>w_4>w_3>w_1$。

如图19-10（2）所示，5月25日整体相较于5月10日，0~20cm土层中有效锰含量有所降低，而20~40cm、60~80cm土层中都有所升高，说明灌水将有效锰向下淋洗。在0~20cm土层中$w_3$含量最高，且与其他处理组相比，$w_3$的有效锰含量较5月10日反而提高了27%。在其他土层（20~40cm，40~60cm，60~80cm）中，$w_3$的有效锰含量相较于5月10日都有所提高，分别增加了78.6%、6.00%、43.3%。有效锰在20~40cm土壤中增加量最大，说明$w_3$方式更易将有效锰淋洗到次层土壤中，但是在各个土层中有效锰含量都有所提高，有可能是受到其他因素的影响，这有待进一步讨论。此外其他处理组较5月10日趋势没有大的变化。

如图19-10（3）所示，6月10日相较于5月25日，0~20cm土层有效锰整体趋势有所下降，其他土层含量变化不大。而在0~20cm土层中$w_2$处理下含量反而升高，显著高于其他处理组。在20～40cm土层中$w_3$处理下有效锰含量高于其他处理组。在40～80cm中$w_2$有效锰含量依旧最高。

如图19-10（4）所示，7月1日相较于6月10日，各个土层土壤中有效锰整体趋势含量略有提高，这可能是其他因素导致。相较于6月10日，7月1日0～20cm土壤中，$w_2$有效锰含量下降的百分数为19.3%，而在20～40cm土层中，$w_2$有效锰含量升高了23.3%。有效锰被淋洗到了次层。在40～60cm土层中$w_2$有效锰含量高于其他处理组。60～80cm土层中，$w_4$有效锰含量最高，$w_2$次之。

如图19-10（5）所示，7月25日0～20cm土层，$w_2$有效锰含量显著高于其他处理组。20～40cm土层，$w_3$有效锰含量显著高于其他处理组。在60～80cm土层，$w_2$有效锰含量最高。

有效锰含量在土壤中波动很大，尤其在表层土壤中忽高忽低，有的处理组有效锰含量也毫无规律，这可能是受到其他因素的影响。但是从结果分析中我们还是能发现不同灌水量对有效锰淋洗的规律，$w_3$更容易将有效锰淋洗到20～40cm土层。而$w_2$有效锰的含量在40～80cm土层比较高，说明$w_2$更易将有效锰淋洗到下层土壤中。

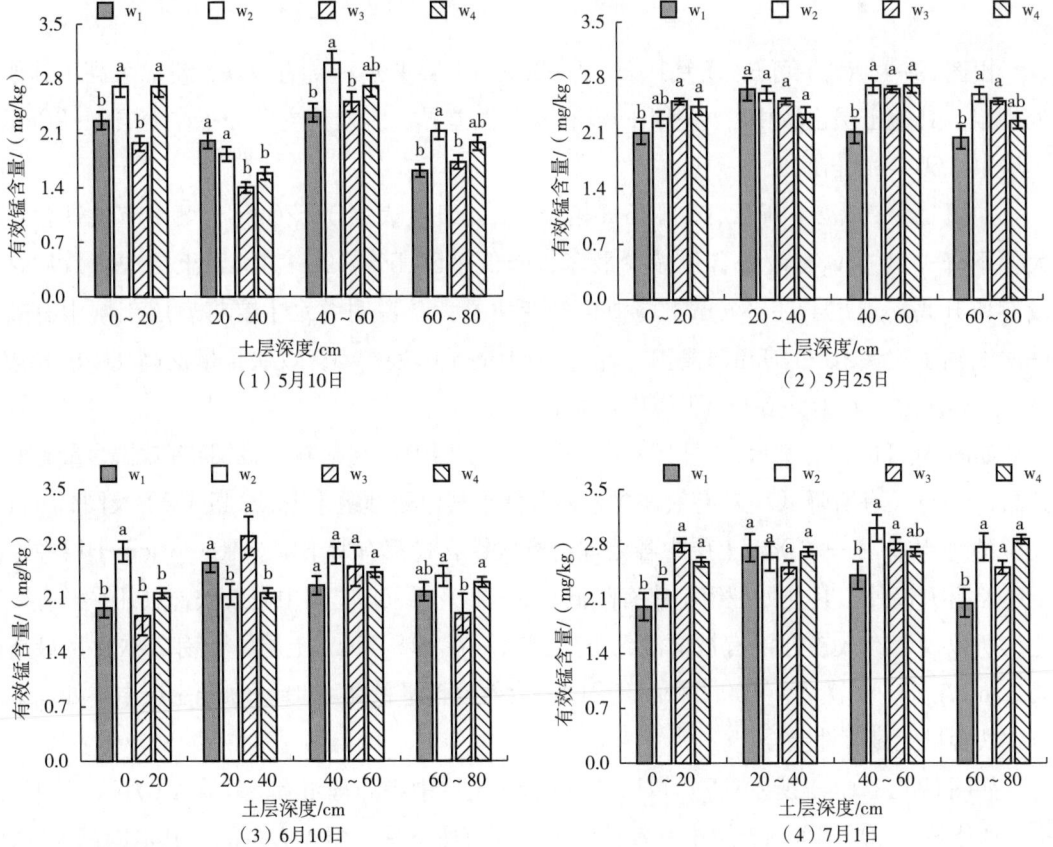

（1）5月10日　　（2）5月25日　　（3）6月10日　　（4）7月1日

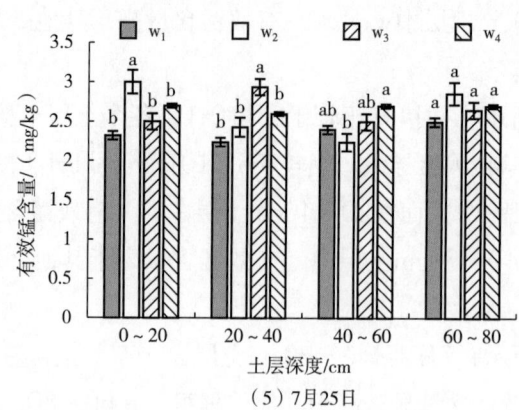

(5) 7月25日

**图19-10 不同灌水量对土壤有效锰含量的影响**

注：不同小写字母表示 LSD 检验差异显著（$p<0.05$）。

## 十一、不同灌水量对0～80cm土层土壤有效铁含量的影响（此项目下"含量"表示有效铁含量）

由图19-11（1）可知，5月10日，0～20cm土层中$w_1$、$w_3$有效铁含量显著高于其他处理组。其他土层土壤中各处理组间没有显著性差异。有效铁主要分布在表层0～20cm土壤中，60～80cm最少。

如图19-11（2）所示，5月25日相比5月10日，表层0～20cm土壤中有效铁含量大幅下降，其中$w_1$有效铁含量减少最多，降低了56.5%。20～40cm土层中有效铁含量有所升高，下层40～80cm土壤中含量变化不大。说明灌水主要将表层土壤中有效铁淋洗到了次层20～40cm土壤中。在20～40cm土壤中$w_2$有效铁含量最高（4.54mg/kg），$w_4$次之。在40～60cm土层中$w_3$最高，$w_4$次之。

如图19-11（3）所示，6月10日，0～20cm土层中$w_1$与$w_2$较5月25日有效铁含量有所升高，$w_3$与$w_4$有所降低，$w_3$有效铁含量显著低于其他处理组［图19-11（2）及图19-11（3）的对比］。20～40cm土层中各处理组有效铁含量都有所下降。40～60cm土层中除了$w_1$略有升高外，其他处理组都略有降低。底层60～80cm土壤中有效铁含量几乎没有变化，所以说明有效铁并没有被淋洗到下层积累。在20～40cm土层中$w_3$有效铁含量最高（3.87mg/kg），$w_2$次之。40～60cm土层中$w_1$有效铁含量最高。60～80cm土层中各处理组有效铁含量无显著性差异。

如图19-11（4）所示，7月1日，0～20cm土层中各处理组有效铁含量6月10日相比都有所下降，20～60cm土层中有效铁含量也都有所下降，但也有可能是其他因素导致，还需进一步讨论。在20～40cm与40～60cm土层中$w_4$的有效铁含量都为最高，分别为

3.26mg/kg、3.02mg/kg。

如图19-11（5）所示，7月25日与7月1日相比较，0~20cm土层中有效铁含量都有所升高，60~80cm土层中有效铁含量都有所降低。20~40cm土层中$w_3$有效铁含量最高，$w_4$次之。40~60cm土层中$w_2$有效铁含量最高。

以上说明不同处理方式的灌水量对有效铁的淋洗并没有规律。

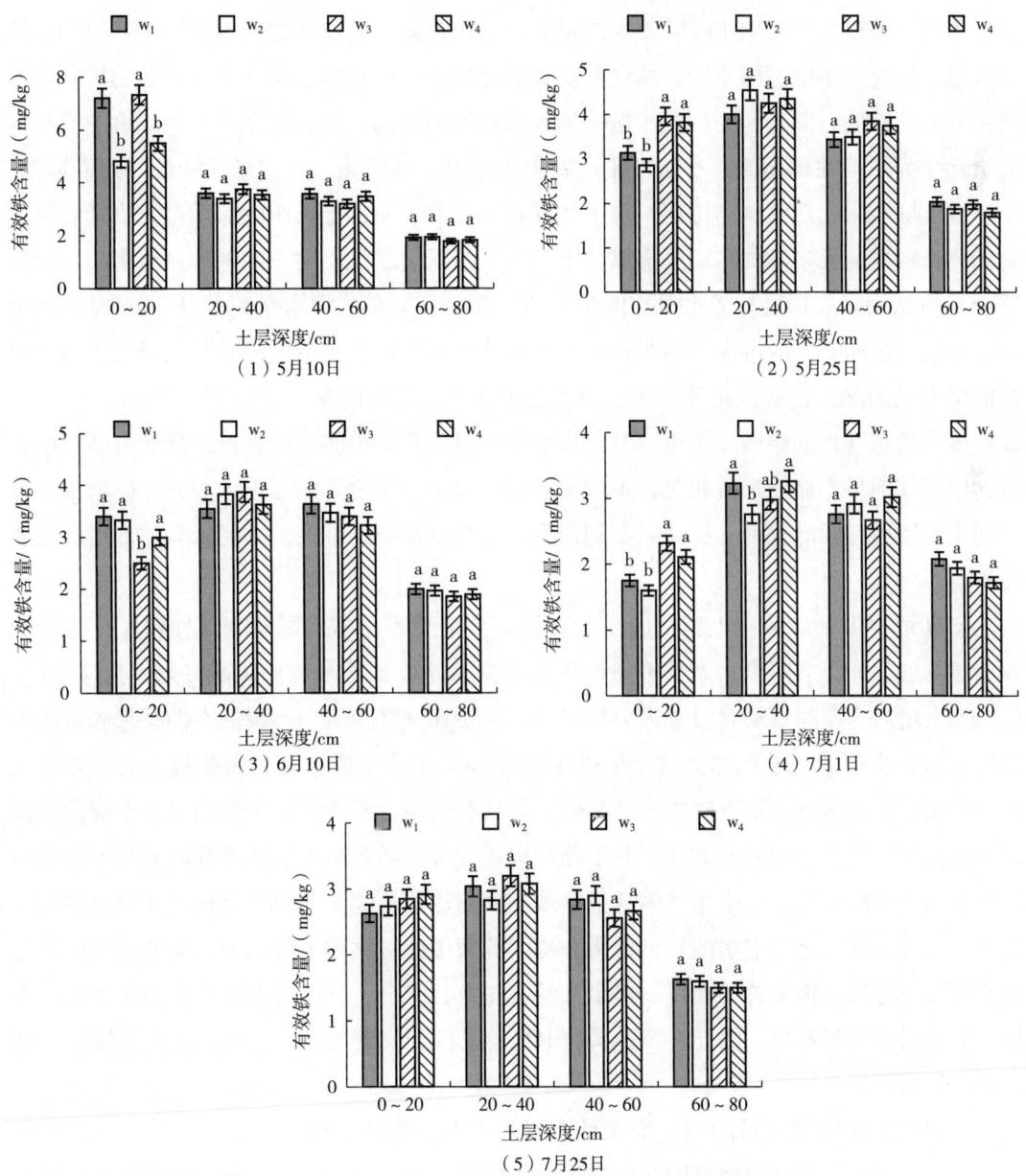

图19-11　不同灌水量对不同土层土壤中有效铁含量的影响

注：不同小写字母表示LSD检验差异显著（$p<0.05$）。

## 第三节 讨论

### 一、土壤中氮、磷、钾的迁移规律

土壤氮元素的固定、释放和淋失与施肥、灌水和耕作管理等密切相关。本研究中，由于采用大田试验，土壤中碱解氮淋洗量无法准确计算，只能通过测定土壤中残留的碱解氮含量，探究土壤中碱解氮的迁移趋势。碱解氮是土壤中可综合反映土壤供植物吸收的速效氮元素，试验区葡萄园为沙质土壤，通气孔隙比例较高，在夏季高温通气环境中碱解氮大量转化为水溶性硝态氮。水溶性硝态氮是土壤氮元素转化、迁移最活跃的氮元素形态，不易被土壤吸附，随灌水向深层土壤下渗迁移。研究表明，土壤中的氯元素可以抑制氮元素硝化，减少氮元素淋失。不同灌溉量条件下，灌溉量越大，淋失的碱解氮越多。农田深层土壤的氮元素累积量与灌水量之间呈双曲线相关，当单次灌水量超过180mm时，就会造成深层残留硝态氮的淋失，适当控制灌溉量或多次少量灌水措施可有效地降低土壤中残留的硝态氮的淋失，这也充分解释了本研究中灌水量增大使深层土壤60~80cm土层的土壤碱解氮随水淋失的原因。土壤中氮元素的增加可以提高果实总糖含量，降低可滴定酸含量，但与其他果实品质呈负相关，不利于总酚、单宁、花色苷的累积。因此，应增施适量氮肥，采用适宜的灌水量，提高氮肥利用率，并减少氮肥的淋失，才能从本质上提高果实品质。

宁夏贺兰山东麓风沙土葡萄园土壤有效磷含量受表土施肥影响变异性较大，含量随着土层的加深而显著降低。本研究所使用的改良Hoagland营养液中磷酸二氢钾为速效磷，但施入土壤后土壤速效磷含量并未大幅增加，由于在碱性土壤中，磷的专性吸附固定能力较强，施入土壤的化学磷肥会被土壤吸附或与Fe、Al等形成沉淀物磷酸盐，同时高浓度碳酸根离子在强碱性环境下吸附了部分磷，导致有效磷含量降低，难以随水向土壤深层移动运输，使得较低含量的速效磷不利于葡萄根系发育。随着灌水量的逐渐增大，同一时期同一土层不同灌水量土壤中速效磷含量呈现相反的趋势。磷元素除了能提高其自身的有效性外，还可以调节土壤中水溶性钙含量，协调葡萄植株对钙的吸收能力，此外还可以降低果实的可滴定酸，提高总酚含量、单宁含量、花色苷含量、总糖含量等果实品质指标，并提高葡萄树体的耐寒性，因此在增施磷肥时应注意其与钙肥的增施比例，减少土壤中仅有的有效磷的淋失。

土壤中的速效钾含量的变化受多种因素的影响，包括干湿交替，水分条件，作物吸收等。本研究中，地表的速效钾含量较深层土壤多，由于风沙土只有表层为砂壤土，而深层土壤为沙土，漏水漏肥较严重，且速效钾是水溶性的，所以表层土壤中的速效钾会随水分运动而向下层移动，移动趋势与灌水量及土壤中原有的速效钾含量多少有关，灌水量越大，表层土壤中速效钾被淋洗到下层土壤中的量越多。研究表明，在25℃非饱和条件下，随土壤含水量的增加，壤土、黑垆土、黄绵土、风沙土钾离子的扩散系数均增加。酿酒葡萄为典型的喜钾作物，施钾肥可明显增加葡萄产量、改善果实品质，因此对风沙土葡萄园应采用合理的灌溉方式并配合适宜的灌溉量，减少钾肥的养分淋失。

## 二、土壤钙、镁、氯、钠元素的迁移规律

　　土壤理化性质也随土壤中的钙元素含量变化，同时也影响植物对钙及其他养分的获得和吸收。研究表明，钙与施入土壤的磷结合成难溶的磷酸钙盐，影响钙淋溶特征及有效性，但磷对钙的固定存在临界值，当钙磷比例过高，超过磷的固钙极限时，即使施钙量有所提高，磷对钙的吸附固定量也不会增加。在风沙土土壤中，磷施入土壤后易被固定，此时只有很少部分磷会与钙结合，因此并未大幅影响钙的淋溶特性。除此之外，土壤中的氯离子含量较高，与钙结合形成氯化钙盐，易溶于水且随水迁移。同时，土壤中的阳离子与钙离子可发生交换作用，钙离子可被土壤中的钾离子交换到土壤水溶液中随水流失。所以在本研究中，增大灌溉量使得钙离子的淋失量增大，而土壤中残留的钙离子含量会大幅降低。在本研究60~80cm的深层土壤中，较大的灌溉量导致上层土壤的钙离子不断淋洗到本层土壤中，本层土壤中原有的土壤钙离子含量虽有所淋失，但净增加量较大；而灌溉量较小的土壤其净增加量较小，导致该土层灌溉量较小的处理组中的土壤钙离子含量不断减少。

　　土壤中的有效镁含量取决于土壤中的离子交换性，而离子的交换性受到土壤质地的影响，黏土的交换性高于沙土，贺兰山东麓地区风沙土表层0~40cm深度的土壤含沙量较高，40~80cm深度土壤含沙量较低，因此表层土壤的有效镁含量高于深层土壤，这与本试验是相符的。除此之外，阳离子交换量及土壤中的其他养分与镁元素之间的交互作用也影响有效镁含量，其中钾、交换性钙、铝的影响最为重要。与钙离子相同，由于灌溉后土壤养分的淋洗，养分比例发生变化，钾与镁存在拮抗作用，钾的增施会导致土壤有效镁含量发生变化，因此在本研究中，后期各土层速效钾含量均有上升，而镁含量均下降。其次，钙、镁离子作为彼此的陪补离子，存在对抗效应，相互影响其有效性，使有效性处于动态平衡，因此灌水后两种离子均会被淋洗使得含量降低。

　　氯离子为非反应性离子，对土壤中的环境变化较为敏感，同时具有较强移动性，因此土壤表层氯离子受气温、蒸发量、近地面空气相对湿度、土壤水分等因素影响较为显著，本次研究土壤采样的时期为春季及夏季，是土壤水分以蒸发向上移动过程为主的季节，因此氯离子也必然一起向上移动，在表层有明显的累积过程，所以在本研究中后期，表层土壤氯离子并未被淋洗导致其含量大幅下降。另一方面，在土壤水分移动期

间，氯离子会与湿润峰一起移动，移动速率较快，使峰面上形成较高的溶质势梯度，因此也会促进水分前进的速度。研究表明，在山地果园中，灌水在很大程度上影响氯离子向下淋溶的深度，从而影响土壤剖面中氯离子的迁移。另外氯离子会对土壤阳离子交换量产生影响：当氯离子含量较高、土壤淋溶条件较差时，土壤阳离子吸附能力增强，交换量增大；但当土壤淋溶条件较好时，氯离子在淋洗过程中与土壤中的交换性钙离子、镁离子等盐基离子结合并被淋洗，导致其含量降低，使得交换量降低，土壤交换性阳离子的总量减少。研究表明，土壤氯离子可提高土壤钙离子对钾离子的交换能力，同时，在氯离子介质中，$MgCl_2$和$CaCl_2$都可参与对钠离子的交换反应，但受氯离子的影响，钙离子比镁离子更难将钠离子从蒙脱石上代换下来。

一般认为钠离子含量是反映土壤盐分的重要指标，但对作物真正起毒害作用的离子为钠离子。在盐碱环境中植物吸收的盐离子量增大，使得高浓度的钠离子对植物产生较重危害，并干扰N、P、K等大量元素的吸收，造成植物的营养失调。灌溉使得土壤水分重新分配，水溶性钠离子迁移过程主要表现为：随灌溉水向下淋溶迁移，随大气蒸发力的作用向上迁移。同时，由于钠离子和氯离子与土壤胶体的吸附力较弱，具有很强的随水分迁移的能力，盐分易在表层累积，因此充分解释了本研究后期钠离子含量升高的原因。

### 三、土壤中锌、锰、铜、铁元素的迁移规律

土壤中有效态微量元素的含量可以体现土壤微量养分的供应水平。贺兰山东麓土壤微量元素处于低水平状态，直接决定影响植物生长发育的有效态微量元素的含量。贺兰山东麓地区气候干旱，风沙土中黏粒含量很低，沙粒含量很高，淋溶作用较弱，同时有机质含量低，除铜元素以外，微量元素含量也较低，有效铜、锌、锰、铁含量随土壤剖面深度增加而降低，这与本研究测定的微量元素含量的趋势相同。供试的碱性土壤中富含大量的碳酸钙，影响微量元素铁、锰、锌的有效性。研究表明，土壤中的碳酸钙含量与微量元素的有效性呈负相关，因此，在碱性土壤中微量元素的有效性均降低。此外，在一定范围内，多数有效态的微量元素随着土壤有机质含量的提高而增加，因此，不同灌溉量对土壤有机质含量的变化所引起的土壤中微量元素有效性的变化还需进一步探究。

土壤中有效锰、铁在土壤中的移动性较差。土壤中有效锰含量与土壤磷元素、钾元素有关，但由于灌水引起土壤阳离子含量的改变，部分锰被释放后会随水淋失，因此在灌水后本研究中各土层土壤锰含量会产生变化。有效铁受到土壤氮元素及钾元素影响较大。研究表明，土壤有效铁含量随碱解氮含量的增加而增加，随钾元素增加而减少，因此灌水后土壤中碱解氮和速效钾含量的变化会引起有效铁含量的变化。土壤中有效铜的含量与速

效磷相关,同时波尔多液等的喷施也会影响铜元素的有效性,但土壤有效锌含量受土壤养分影响较小,不同灌水量下土壤锌含量变化趋势相同,且含量基本相同。

## 第四节 小结

(1)风沙土中碱解氮、速效磷、速效钾、有效钙、有效镁、有效铜、有效锌、有效锰、有效铁、氯离子、钠离子集中分布在0~40cm的土层中,随土层深度的增加逐渐减少,深层土壤中含量极低。

(2)灌水使土壤中碱解氮、速效磷、速效钾、有效钙、有效镁、有效铜、有效锌、有效锰、有效铁、氯离子、钠离子的空间分布发生变化。灌水量越大,浅层土壤中的氮、磷、钾、钙、镁、氯、钠元素越会被淋洗到深层次的土层中。

(3)小水流自流微灌带的灌水量为244$m^3$/亩的处理方式较为适宜,会使得营养元素集中在20~40cm土层中,有利于葡萄根系对养分的吸收。

# 第二十章 宁夏贺兰山东麓不同土壤类型对酿酒葡萄生理及果实品质的影响

土壤是农业生产的基本生产资料，也是果树栽培的生存基础。土壤养分的多少直接影响植株的生长，是仅次于气候，对果实品质起重要作用的自然生态因素。良好的土壤能满足果树对水、肥、气、热的要求，从而使果树获得丰产。酿酒葡萄的品质是决定葡萄酒品质和价值高低的关键因素。酿酒葡萄果实品质主要包括总糖含量、总酸含量、pH、酚类物质含量和萜类物质含量等，这些物质的含量和平衡关系决定了酿酒葡萄的品质。为了提高酿酒葡萄品质，首先要选种优质、高产、抗病虫害的优良品种，其次选择适宜酿酒葡萄生长的生态环境进行种植，生态环境主要包括气候环境和土壤环境。在相同的气候条件下，不同的土壤理化特性对葡萄品质影响较大。通常认为酿酒葡萄适宜种植于沙砾土和沙壤土中，且在砾质土土壤生长的葡萄酿酒酒质较好，但缺乏相应的理论研究。为此，本研究立足宁夏实际，通过研究宁夏贺兰山东麓不同土壤类型对酿酒葡萄光合速率及葡萄果实可溶性固形物含量、单宁含量、色素含量等的影响，以揭示不同土壤类型对酿酒葡萄糖分卸载（积累）及葡萄果实品质的影响，从而为合理开发利用贺兰山东麓大片荒地资源，提升宁夏贺兰山东麓酿酒葡萄和葡萄酒品质提供理论依据及技术支撑。

## 第一节 材料与方法

### 一、试验材料

试验于2010年6月至2011年10月在宁夏永宁县玉泉营镇，宁夏兰山骄子葡萄酒庄有限公司，国家葡萄产业技术体系水分生理与节水栽培岗位核心试验基地（38°14′19″N，106°2′0″E）进行，试材为2002年定植的蛇龙珠，采用东西行定植，定植密度为3m×1m，采用直立独龙蔓单臂篱架整形，中短梢修剪。

## 二、试验方法

本试验采用随机区组,设置重复3次,每个重复小区长度为20m,宽度为0.8m,面积约为16m²,每个重复栽植葡萄树20株,每个处理组总共为60株葡萄树,其中葡萄树株距为1m。每一处理组实验小区土壤在2010年葡萄树出土时,以定植行为中线,挖深50cm、宽80cm、长20m的处理沟,分别用风沙土(取自永宁县玉泉营镇风沙土)、黄河淤土(取自永宁县李俊镇黄河灌淤土)和含石沙壤土(取自永宁县闽宁镇贺兰山东麓冲积扇含石沙壤土,去除5cm直径以上的石块)替换,要求取土、换土仔细认真,力争所有根系完整。处理后,立即灌水沉实土壤,确保植株正常生长。实验小区和处理如图20-1所示,并在不同土壤类型距主干水平距离20cm,深10cm处埋设地温计3支,于每天8:00,10:00,12:00,14:00,16:00,18:00,20:00读取数值,求其平均值。

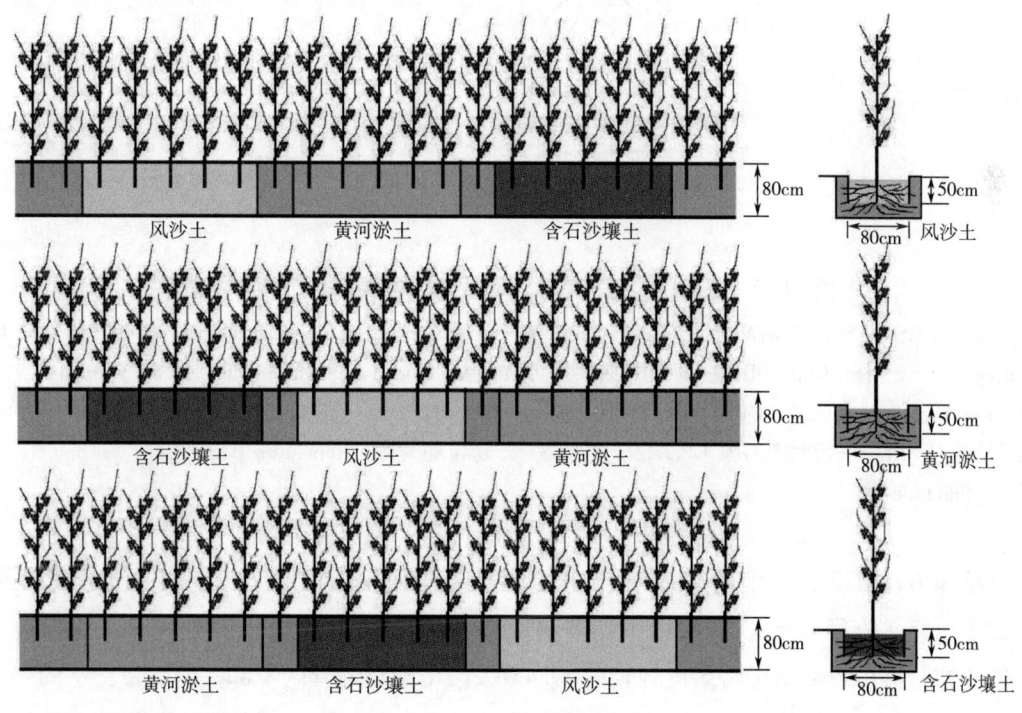

图20-1 实验处理示意图

## 三、测定方法

光合速率的测定:采用日变化研究,即在转色期后每隔7d,采用便携式光合作用仪

（GFS-3000，德国Walz公司）于9：00，11：00，13：00，15：00测定各处理组叶片的净光合作用速率，每个处理组测定8株，每株测定4片叶子，每叶重复测2次。

葡萄果实糖分卸载量的测定：参照本书主编的新浆果杯法（图20-2）。

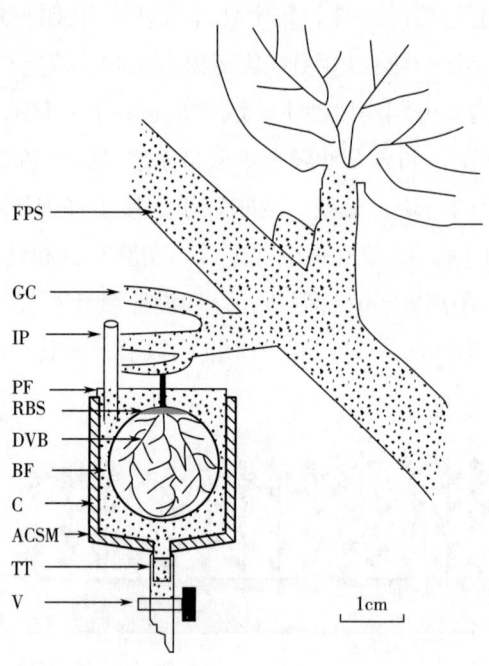

**图20-2  葡萄果实韧皮部糖分卸载实验体系——新浆果杯法**

注：ACSM——海绵铝复合隔热层（Aluminum-coated sponge material） BF——缓冲溶液（Buffer solution） C——杯（Cup） DVB——葡萄果实周缘微管束（Dorsal vascular bundle） FPS——一年生葡萄枝（Fruiting primary stem） GC——葡萄果穗（Grape cluster） IP——注射管（Injection pipe） V——放液阀（Valve） PF——密封塑料膜（Parafilm） RBS——遗留葡萄皮（Remaining berry skin） TT——Teflon管（Teflon tube）

具体方法如下：当葡萄浆果进入转色期后，用医用解剖刀在葡萄浆果果脐处轻轻划一"十"字（直径1cm），深度以不划破葡萄果肉组织为宜；用眼科镊子将葡萄果皮剥离至果蒂处，再用解剖剪子将果皮轻轻剪掉；截去医用塑料针管的上部，留下带针头的一侧（长5cm），即为"浆果杯"。用配好的MES缓冲溶液［5mmol/L 2-吗啉乙磺酸（MES），2mol/LCaCl$_2$，100mmol/LD-甘露醇和2g/L聚乙烯吡咯烷酮（PVP）（均为终浓度，余同），pH5.5］淋洗。将去皮的葡萄果实放入带有注液管（20mm输液管），盛有MES缓冲溶液的"果杯"中，用封口膜封口固定在果穗上。之后将"果杯"中的液体放出，留为待测，连续收集卸载液，第一次样液废掉，每小时收集1次，从8：00开始取样到次日00：00，每1h收集糖分卸载液1次，连续取样16h。采用蒽酮-硫酸比色法，即测出其糖分。

单果粒重：每次取100粒体积均匀的酿酒葡萄进行称重，求平均值。

可溶性总糖含量：采用手持电子糖量计测定。

可滴定酸含量：采用酸碱滴定法测定。

含量：准确称取葡萄皮粉末1.0g至离心管中，加入10mL 70%乙醇与0.5g/100mL柠檬酸（5∶1，体积比），pH为2.0，于80℃恒温水浴锅中浸提90min，之后拿出迅速冰水冷却，待完全冷却后，4000r/min常温离心15min，提取上清液，将上清液定容到100mL，在530nm处测定其吸光值。

$$色素含量/(mg/g) = A \times V \times 1000 \times 455.2/29600 \times d \times m$$

式中　$A$——最大吸收波长处吸光度值

$V$——定容体积，L

$d$——比色杯光径，cm

$m$——鲜质量，g

单宁含量：采用Follin-Danies法（以下简称"F-D试剂"）如下所示。

准确称取1g样品，加80%乙醇溶液30mL，用石英砂研磨浸提，置70℃水浴中浸提30min，离心，残渣用80%乙醇液洗涤，重复浸提1~2次，用5g/100mL $FeCl_3$溶液检查不产生蓝色或绿色为止，收集浸提液和洗涤液于250mL容量瓶中，定容。

（1）取5mL浸提液，加5mL F-D试剂，10mL饱和$Na_2CO_3$溶液，加水定容至100mL容量瓶中，摇匀，30min后，在760nm下，测定吸光度$A$。

（2）回归分析取0、1、2、3、……10mL单宁标准溶液（浓度为1mg/mL），按实验方法测吸光度$A$，建立回归方程，$C=a+bA$，根据待测溶液的吸光度可从回归方程中求得单宁含量$C$。

## 四、数据处理

采用Microsoft Excel 2010进行绘图，采用SAS 8.1和DPS 9.5进行统计分析。

## 第二节　结果与分析

### 一、不同土壤类型对葡萄园土壤温度的影响

土壤温度是影响葡萄根系生长的重要因素，同时，土壤温度也会通过热辐射影响葡萄生长的微环境温度，间接地影响葡萄果实发育和品质的形成。为了了解不同土壤类型的土壤温度日变化，本试验分别于2010年8月24日，8月31日，9月8日，9月15日（即花后

第70天，第77天，第86天，第92天）进行测定，于每天8：00，10：00，12：00，14：00，16：00，18：00，20：00读取数值，最后取该时段的平均值，由于花后77d各项指标最具代表性，由此进行分析，结果如图20-3所示。

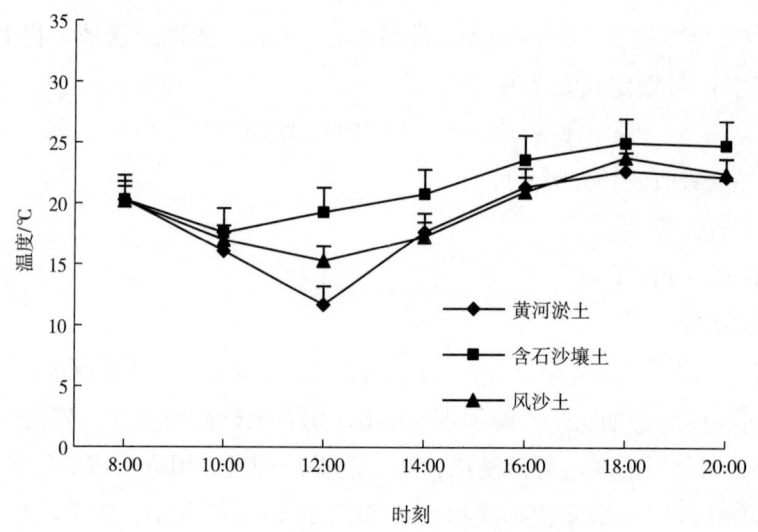

**图20-3　花后第77天不同土壤类型10cm深处日温变化曲线（2010年8月31日）**

由图20-3可知，葡萄花后第77天，8：00时三种土壤10cm深处温度相似，之后从8：00至10：00呈现缓慢下降的趋势，12：00至18：00呈现持续上升的趋势，18：00至20：00各处理组温度逐渐呈平稳趋势。20：00三种土壤10cm深处土壤温度为：含石沙壤土＞风沙土≈黄河淤土，表明含石沙壤土中地表石块白天吸热，石块蓄热性好，在日落后热量逐渐释放，有利于提高土壤和环境温度。而风沙土和黄河淤土蓄热性较差，导致夜幕降临时土壤和环境温度相对较低。

## 二、不同土壤类型对酿酒葡萄光合速率的影响

光合作用是植物最重要的生理过程，是评价植物"第一生产力"的标准之一。光对葡萄植株生长发育的影响，主要体现在光照强度（以下简称"光强"）、光照时间以及葡萄对光能的利用率上。由植株受到的光强-光合速率关系曲线可以知道，在一定的条件下，光合速率随光照强度的增大而增大。葡萄对光能的利用率，主要受葡萄种植密度、行间距、树形、修剪方式等栽培措施的影响。总之，光照影响葡萄整个生长发育过程，对花芽分化、根系生长、营养物质吸收运输等起着重要作用，进而影响葡萄果实的外观特征和内在品质，本研究通过三种不同土壤类型对酿酒葡萄光合速率的测定，分析得出不同土壤

类型葡萄叶片的光合速率日变化呈单峰趋势，如图20-4所示。

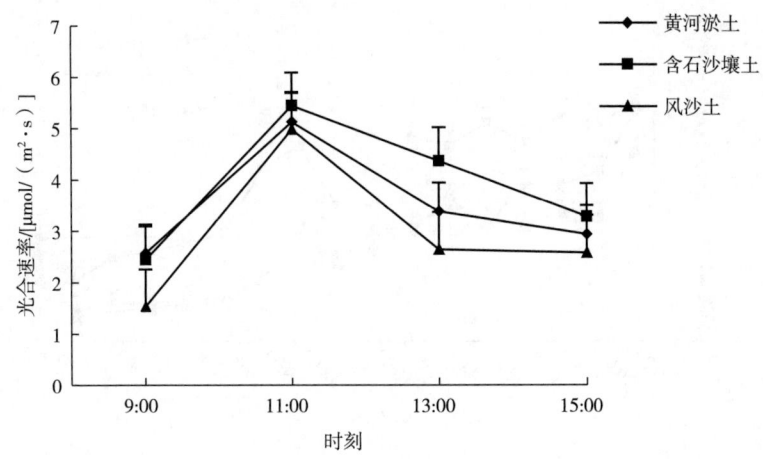

图20-4　不同土壤对花后第77天葡萄光合速率的影响（2010年8月31日）

由图20-4可看出，葡萄叶片光合速率在9：00至11：00各处理组均呈升高趋势，11：00之后随着气温升高，叶面蒸发量增大，叶片气孔开始逐渐关闭，光合速率有所下降。对于不同的土壤类型，其光合速率趋势相同，但含石沙壤土的葡萄叶片光合速率始终高于黄河淤土和风沙土，且上升趋势最快，下降趋势最慢，说明含石沙壤土有利于提高葡萄叶片的光合速率。

## 三、不同土壤类型对酿酒葡萄果实韧皮部糖卸载的影响

葡萄果实糖分的积累就是叶片中光合产物经韧皮部运输到果实的过程，而调控这一过程的关键步骤就是糖分通过韧皮部运输到葡萄果实周缘维管束并卸载到之外的空间，然后再装载在葡萄果实薄皮细胞的液泡中贮存积累。本研究通过测定不同土壤类型葡萄果实韧皮部糖分卸载量日变化，表明含石沙壤土有利于酿酒葡萄韧皮部糖分卸载，如图20-5所示。

由图20-5可以看出，在葡萄花后第77天时，也就是在积累的高峰时期，糖分卸载量从早上9：00到次日0：00总体上呈下降趋势，其中17：00至18：00，各处理组的葡萄糖分卸载量在之前下降后再次升高到一定高度，之后再次下降，一直延续至次日0：00；虽然3种土壤类型糖分卸载量整体趋势相同，但对于含石沙壤土，葡萄果实糖分卸载量始终保持较高水平，这是由于含石沙壤土土壤具有较佳的保温性，加之葡萄叶片光合速率也较高，同时葡萄果际环境温度也高，有利于葡萄果实糖分卸载，最终导致成熟期葡萄果实糖

分高于其他两种土壤类型，也有利于葡萄品质的提升（表20-1）。

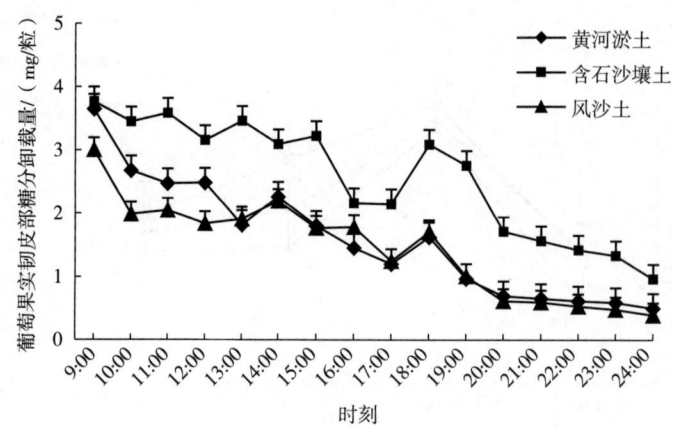

图20-5　不同土壤对花后第77天葡萄果实韧皮部糖分卸载量的影响（2010年8月31日）

表20-1　不同土壤类型对酿酒葡萄采收果实品质的影响（2010年9月26日）

| 土壤类型 | 单果粒重/g | 可溶性总糖含量/% | 总酸体积/L | 单宁含量 | | 色素含量/(mg/g) |
| --- | --- | --- | --- | --- | --- | --- |
| | | | | 葡萄皮/(mg/g) | 葡萄籽/(mg/g) | |
| 黄河淤土 | 2.32$^A$ | 20.85$^B$ | 8.28$^A$ | 6.18$^C$ | 18.67$^C$ | 4.70$^B$ |
| 含石沙壤土 | 1.96$^B$ | 22.42$^A$ | 7.83$^C$ | 6.31$^B$ | 19.03$^B$ | 5.14$^A$ |
| 风沙土 | 1.86$^C$ | 20.21$^C$ | 8.02$^B$ | 7.30$^A$ | 21.15$^A$ | 4.41$^C$ |

注：使用邓肯显著性检验，不同大写字母表示在$p \leq 0.01$水平上具有显著性差异。

## 四、不同土壤类型对酿酒葡萄采收期果实品质的影响

葡萄采收期果实品质是决定所酿葡萄酒质量的关键因素，采收期3种不同土壤类型葡萄品质如表20-1所示。由表20-1可以看出，3种不同土壤类型的葡萄果实品质差异较大，而含石沙壤土葡萄果实中可溶性总糖含量、含总酸量、皮单宁含量、籽单宁含量和色素含量均显著高于风沙土和黄河淤土。黄河淤土虽然可提高葡萄单粒重和含酸量，但这并非是酿酒葡萄所期望的品质。总之，由于含石沙壤土改变了土壤特性和葡萄果际微气候条件，有利于葡萄果实发育和品质形成，在成熟期果实糖酸比达到29∶1，说明果实成熟度较好，有利于所酿葡萄酒品质的提升。

## 第三节 讨论

葡萄果实中糖分含量、总酸含量、单宁含量、多酚类物质含量、花青素含量和风味物质含量等是评价葡萄品质的重要指标。糖分含量是诸因素的基础,它最终决定葡萄酒的酒精度,是酿酒葡萄最重要的品质因子,其不仅具有重要的生理作用,且对酿酒葡萄的品质、口感以及深加工有很大影响。糖分还是色素及风味物质的基质,含糖量高的果实酿出的酒体醇厚丰满。此外,芳香物质的形成也与含糖量有关,葡萄酒中高雅、典型的特色是特殊土壤条件给予的。本试验中3种土壤代表了宁夏贺兰山东麓酿酒葡萄产区3种典型土壤类型,由于土壤类型不同,所提供的营养成分也不同,对所栽植的葡萄的小气候也会产生不同影响。

贺兰山东麓冲积扇含石沙壤土透水性好,地表石块吸热快、比热大、反射性强,有利于土壤和葡萄生长环境温度的提高,从而影响葡萄生长和果实发育;风沙土是经多年风蚀形成,含有大量微细沙粒,也具有同等的热效应,但其作用效果次之,葡萄品质也较差;黄河淤土由于其黏重的特点,所以其保水的能力较强,地面光反射能力较弱,加之土壤养分丰富,有利于葡萄营养生长,但会延迟葡萄成熟,葡萄品质最差。

单宁、色素是酚类物质的一种,是葡萄果实的重要品质成分之一,是组成葡萄酒骨架的重要组分,决定着葡萄及其加工品的颜色、涩感、苦味程度、抗氧化性能等。适当水分胁迫通过刺激葡萄根系脱落酸(ABA)的合成而诱导葡萄有效成分的合成与运输,特别有利于葡萄果实糖分、单宁、色素(花色苷)和风味物质的合成与积累,促进酿酒葡萄成熟与品质的提升。在同等灌水条件下,由于3种不同土壤的保水透气性不同,也会形成不同的水分胁迫逆境环境。贺兰山东麓冲积扇含石沙壤土透水性最好,给予葡萄的水分胁迫强度较大;风沙土保水性次之,水分胁迫较弱;黄河淤土保水性最佳,葡萄植株长期处于无水分胁迫状态。本试验中,含石沙壤土中植株光合速率最高,有利于葡萄果实韧皮部糖分卸载与积累,也促进了葡萄果实单宁、色素的合成积累,进一步说明了含石沙壤土通过适当水分胁迫而促进葡萄果实品质的形成;风沙土效果次之;黄河淤土效果最差。

总之,在相同气候条件下,不同土壤类型通过改变土壤和葡萄生长微环境而改变葡萄营养生长和生殖生长,最终导致葡萄果实发育和采收期果实品质差异,较传统酿酒葡萄种植的风沙土和黄河淤土,贺兰山东麓冲积扇含石沙壤土十分有利于酿酒葡萄品质的形成。

## 第四节 小结

(1)贺兰山东麓不同土壤类型酿酒葡萄果实糖分、总酸、单宁、色素等品质成分含量差异显著,直接影响所酿葡萄酒的品质。

（2）黄河淤土栽植的酿酒葡萄单果粒重、总酸含量较高；风沙土栽植的酿酒葡萄单宁含量较高；含石沙壤土栽植的酿酒葡萄可溶性固形物、色素含量较高，单果粒重、总酸含量、单宁含量等居于3种土壤条件中间偏上水平。

（3）综合比较3种土壤类型葡萄果实品质，含石沙壤土品质最佳，风沙土品质次之，黄河淤土品质最差，说明贺兰山东麓冲积扇含石沙壤土土壤十分有利于酿酒葡萄生长和品质的形成，应大力开发应用。

# 第二十一章 不同节水灌溉方式对梅鹿辄果实品质及产量的影响

宁夏回族自治区（以下简称"宁夏"）地处西北内陆，干旱少雨，全区平均年降雨量289mm左右，农业用水基本依靠黄河水灌溉，且水利开发难度大，资源性缺水与利用率低的问题并存，水资源短缺已成为制约其经济社会发展的主要瓶颈。水是葡萄生长的重要因子，水分的多少都将影响果实产量及品质，甚至还会影响果树的寿命，因此节水灌溉技术成为解决水资源不足的重要手段。我国常见的灌溉方式有畦灌、沟灌、漫灌等，传统灌溉方法的灌水量主要依靠简易设施和经验控制，对水的有效控制能力低，而喷灌、微灌、滴灌等节水灌溉方式，均能有效节约水资源，实现对黄河水灌溉量的控制，提高水资源的利用率，提高果实品质和产量。结合宁夏降雨量低、蒸发量大、水资源短缺和黄河水泥沙含量高的实际情况，滴灌和喷灌面临着堵塞滴头和滴件的问题，在宁夏地区不适用，而微灌将含有泥沙微粒的黄河水通过特殊的设备及管道精准地运送到作物根系周围区域，实现改良土壤理化性质、节约用水用肥的目的。

此外，秸秆覆盖、地膜覆盖等已被广泛应用于我国北方，特别是西北旱区。地膜覆盖能够大面积推广的原因主要是基于它的显著增产效应。秸秆覆盖能提高水分渗透率，地表覆盖秸秆后可保持土壤的良好结构，还可增加土壤有机质含量。当前研究的主要目的是覆膜、覆草与微灌等栽培技术与节水灌溉方式的效果，针对黄河微灌技术与地面覆盖措施相结合的研究报道却相对较少。

本试验针对宁夏地区干旱缺水这一问题，通过研究不同节水灌溉方式对土壤含水量、葡萄新梢生长、果实发育、果实品质及产量的影响，选择适宜宁夏产区酿酒葡萄的节水灌溉方式，为快速发展的宁夏葡萄产业节水栽培提供理论指导。

## 第一节 材料与方法

### 一、试验地点与材料

本试验于2017年7月至2017年10月在宁夏永宁县玉泉营镇，宁夏兰山骄子葡萄酒庄有限公司，国家葡萄产业技术体系水分生理与节水栽培岗位核心试验基地（38°14'19"N，106°2'0"E）进行，该试验基地海拔1099m，年平均降雨量205mm，年总日照2950h，年活动积温3251℃。土质为风沙土，通气良好，地下水位40m。供试品种为8年生梅鹿辄葡萄，株行距0.7m×3m，独龙蔓整形。

## 二、试验设计

灌溉方式设置为传统的沟灌和微喷灌两种，共五个处理组。沟灌（CK）：常规灌溉，平均每次灌水量为55m³/亩。节水灌溉处理设置4种组合：覆膜沟灌（T1）：植株两侧50~70cm铺10cm的黑色塑料膜；覆膜微灌（T2）：处理方式同T1，之后于定植沟内，距离植株基部50cm处铺设微灌带；覆草沟灌（T3）：植株两侧50~70cm铺10cm的秸秆；覆草微灌（T4）：处理方式同T3，之后于定植沟内，距离植株基部50cm处铺设微灌带；T1、T3及CK的灌水方式均为沟灌，且灌水量保持一致；T2和T4的灌水方式均为微灌节水处理，平均每次灌水量为23m³/亩，每个处理选3行树（每行50m），即3次重复。

## 三、测定指标及方法

### （一）灌水量

T2、T4处理进行微灌，各微灌处理组每次灌水时间根据不同时期的需水量来决定，本试验主要研究转色期后不同节水灌溉方式对梅鹿辄果实品质及产量的影响，玉泉营地区转色期后葡萄灌水量一般保持在20~30m³/亩，灌水时同时打开各微灌处理阀门，灌水量以水表记录为准，各微灌处理组灌水量应基本保持一致，各微灌处理组灌水时间基本保持在4h左右；CK、T1及T3进行沟灌，各沟灌处理组灌水时间和灌水量应基本保持一致。

### （二）土壤含水量

于转色期前7天至转色期后60天，每10天用土壤含水量测定仪测不同深度（10cm、30cm、50cm、70cm、100cm）的土壤含水量。

### （三）新梢生长

各处理组随机选取9株长势较为一致的植株进行挂牌标记，每隔一周测定已标记植株的全部新梢长度。

### （四）果实生长

（1）果实直径　于转色期至成熟期，各处理组随机选取10粒葡萄，每隔一周用游标卡尺测定果粒直径。

（2）百粒重　各处理组随机抽取300粒葡萄称重，重复3次，计算百粒重。

### （五）果实品质

从葡萄转色期开始，每周每行植株采集葡萄果粒300~500粒，测定总酸、可溶性固形物含量。总酸含量用NaOH滴定法测定，可溶性固形物含量：各处理组随机抽取100粒葡萄，挤汁用手持测糖仪测定果汁的可溶性固形物含量，各处理组重复3次。

### （六）产量

成熟后将各处理组的葡萄称重测定产量，折合为亩产量。

## 四、试验数据处理

采用DPSv7.05，Microsoft Excel 2007等软件进行数据处理及分析。

# 第二节　结果与分析

## 一、不同处理组灌水量及节水率

试验过程中共灌水两次，CK、T1和T3平均每次灌水量约为55$m^3$/亩；与CK相比，微灌各处理组平均每次灌水量及节水程度如表21-1所示，T2和T4的节水程度无显著差异。

表21-1　微灌处理组总灌水量及节水率

| 处理方式 | 总灌溉量/（$m^3$/亩） | 节水率/% |
| --- | --- | --- |
| CK（T1、T3） | 55[a] | 0 |
| T2 | 23.42[b] | 57.4 |
| T4 | 23.27[b] | 57.7 |

注：同一列中不同小写字母表示差异显著。

## 二、不同节水灌溉方式对不同深度土壤含水量的影响

整个试验期各土层平均含水量（以下简称"含水量"）测定结果如图21-1所示，所有处理组的含水量整体呈下降趋势；10~30cm土层处，各处理组的含水量均呈现下降趋势，T1和T3含水量均显著高于CK；T2、T4含水量较CK高，但无显著差异；30~70cm

土层处，T3的含水量呈先上升后下降的趋势，且含水量显著高于CK，其他的处理组仍呈下降趋势；T1、T2和T4含水量较CK高，但无明显差异；于70～100cm处土层，CK和T3含水量逐渐降低，T1和T4含水量几乎没变化，在80cm土层以下，T2含水量显著增加，且于100cm土层处4个节水处理组含水量均高于CK；由此可知，4个处理组均具有明显的保水效果，且于30～50cm处土层能明显提高土壤含水量。

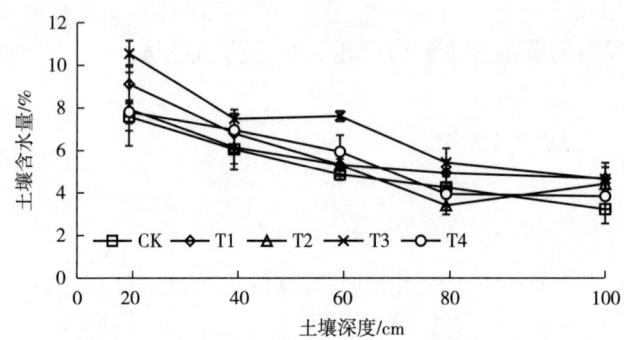

图21-1　不同节水灌溉方式土壤含水量变化

### 三、不同节水灌溉方式对梅鹿辄新梢生长的影响

不同节水灌溉方式对梅鹿辄葡萄新梢生长的影响如图21-2所示，在花后45～85d，新梢增长速度较快；从花后第85天开始，不同节水灌溉处理下，新梢长度缓慢增长。总体增长量在5～8cm，4个处理组新梢增长量均低于CK，其中T3、T4与CK差异不显著。试验结果表明：自转色期后，葡萄新梢长度无明显增长，不同节水灌溉方式对葡萄的营养生长有抑制作用。

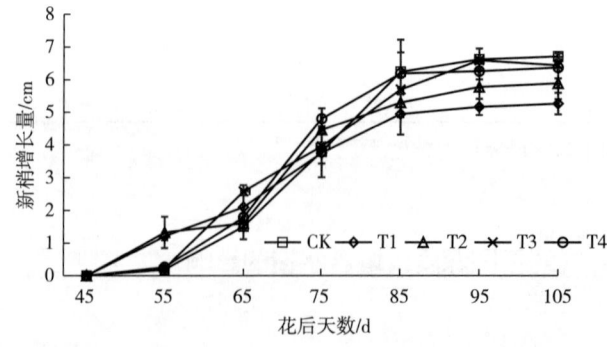

图21-2　不同节水灌溉方式对梅鹿辄新梢生长量的影响

## 四、不同节水灌溉方式对果实生长的影响

### （一）果实直径

不同节水灌溉方式对果实直径的影响如图21-3所示，各处理组的果实直径呈先快速上升后缓慢上升的趋势；采收期T3处理果实直径增长量最大，为2.17mm，T4最小，为1.78mm，但不同处理组间果粒直径变化不显著，CK和T2略大于其他处理组。由此可知，T2可增大果实直径，T1、T3和T4对果实直径有抑制作用。

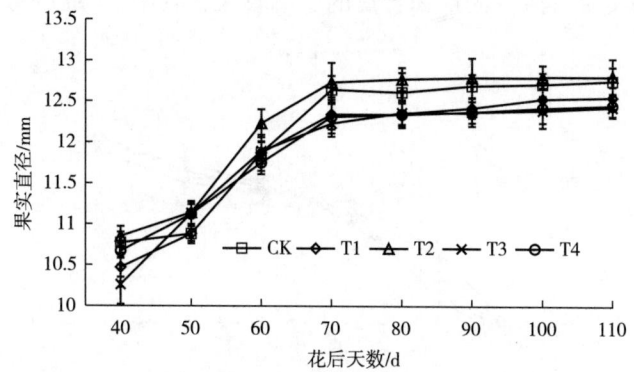

图21-3　不同节水灌溉方式对果实直径的影响

### （二）百粒重

不同节水灌溉方式对果实百粒重的影响如图21-4所示，百粒重整体呈先上升后下降的趋势，采收期5个处理组的百粒重分别为96.05g、109.44g、119.8g、104.52g和96.52g（对应序列为CK，T1，T2，T3，T4，余同）；T1、T2、T3的百粒重均显著大于CK，其中以T2效果最为显著，T4百粒重和CK差异不明显。由此可知，4种处理方式都能够有效地增加葡萄的百粒重，以T2效果最为显著（图中为趋势）。

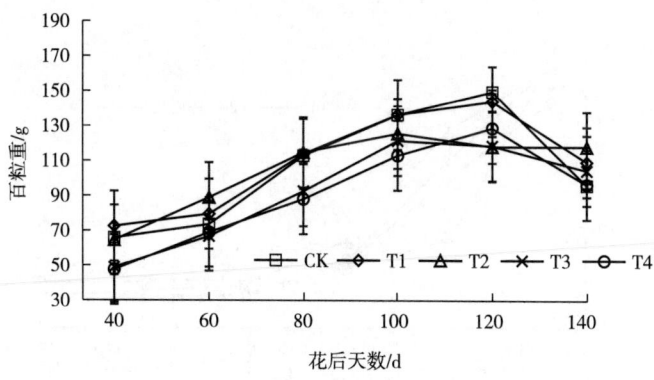

图21-4　不同节水灌溉方式对葡萄百粒重的影响

## 五、不同节水灌溉方式对果实品质的影响

### (一) 可溶性固形物含量

不同节水灌溉方式对果实可溶性固形物含量的影响如图21-5所示，可溶性固形物含量呈上升趋势；采收期5个处理组的可溶性固形物含量分别为：23.6%、24.74%、23.27%、23.08%和24.47%；T1和T4果实中的可溶性固形物含量均大于CK，T2和T3则低于CK；各处理组相比较，T1果实中可溶性固形物含量最高，T3最小。由此可知，各处理组对葡萄果实中可溶性固形物含量的影响较大，其中T1和T4效果最显著。

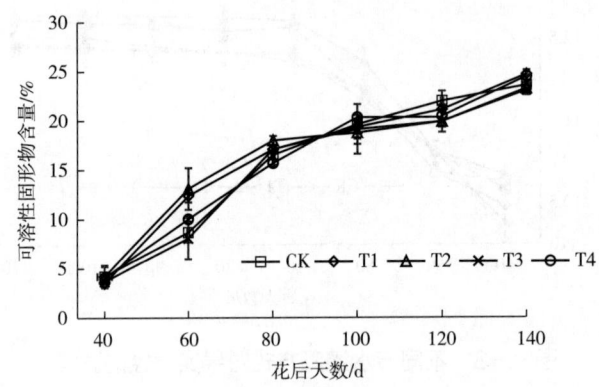

图21-5 不同节水灌溉方式对葡萄可溶性固形物含量的影响

### (二) 可滴定酸含量

不同节水灌溉方式对果实中可滴定酸含量的影响如图21-6所示，整个采样期间，可滴定酸含量呈下降趋势。采收期5个处理组的可滴定酸总酸度分别为：0.50%、0.44%、0.48%、0.45%和0.65%。T1、T2及T3的可滴定酸含量无显著差异，且均低于CK，T4

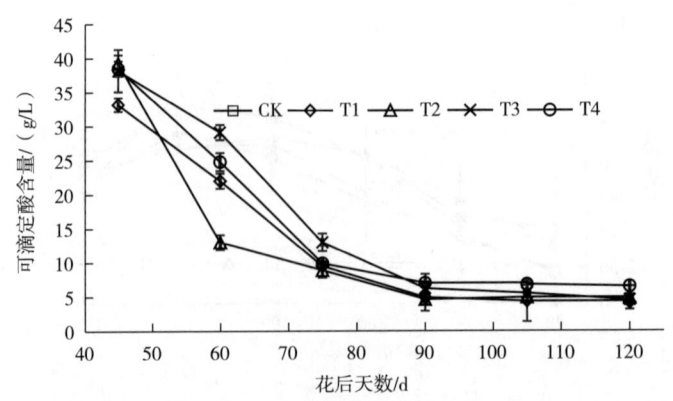

图21-6 不同节水灌溉方式对葡萄可滴定酸（以酒石酸计）含量的影响

的可滴定酸含量高于CK；由此可知，T4处理阻碍了总酸的分解速率，导致其含量一直维持在较高的水平，而T1、T2及T3对植株正常的分解代谢具有促进作用。

## 六、不同节水灌溉方式对梅鹿辄葡萄产量的影响

不同节水灌溉方式对梅鹿辄葡萄产量的影响如图21-7所示，各处理组的亩产量均显著高于CK，T1、T2、T3和T4处理下的产量较CK分别增产76%、91%、44%和51%，其中T2处理下的增产效果最显著。

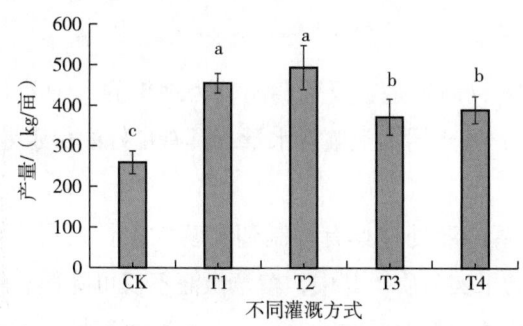

图21-7　不同节水灌溉方式对梅鹿辄产量的影响

## 第三节　讨论

黄河水自流微灌是在滴灌的基础上发展起来的，微灌不仅可节约水肥，还可改良土壤理化性质。微灌与地面覆盖相结合的技术具有很好的应用前景。水分胁迫能降低植株生长势，本研究还发现微灌及覆盖措施对葡萄的营养生长具有抑制作用。在本试验中，各处理组的10～60cm处土层含水量均高于CK，保水效果明显，说明微灌与地面覆盖措施结合能够减少深层土壤水分的含量。覆膜微灌可显著提高单位面积产量及葡萄百粒重，可能是由于覆膜能够有效减少水分蒸发量和微灌能够改善土壤结构的双重效果。对于覆草措施，覆草具有保温和降温的双重效应，增加土壤养分，且可以显著提高单位面积产量，但是在本试验中，果实膨大期干旱导致水分亏缺，而覆草的保水效果不及覆膜，因此增产效果不明显。果实直径的变化是由水势的变化引起的，而水势的变化由气象因子、土壤水势和植物自身的特性所决定的。在本试验中，果实直径增长量虽然相差不大，但是常规沟灌和覆膜微灌处理下直径增长量略高于其他处理组，可能受土壤水势和营养等因素的影响。优质原料是生产高品质葡萄酒的根本保证，葡萄果实中风味物质，例如总酸、可溶性固形物含量等是评价酿酒葡萄品质的重要指标。可溶性固形物含量受诸多因素的影响，如光照、温

度、土壤及营养条件等，浆果中有机酸含量的高低直接影响葡萄酒的口感和平衡感，适宜酸度应保持在6~10g/L，过高或过低都会影响葡萄酒的整体口感。在本试验中，覆膜沟灌和覆草微灌处理可提高可溶性固形物含量，且覆草微灌还可提高酸度，使其在合理的范围内，解决玉泉营梅鹿辄果实总酸含量低的情况，覆草微灌能够同时提高可溶性固形物和总酸含量，可能与微灌及覆盖措施及环境因子等综合因素相关。目前，对于微灌与覆盖措施相结合在果树栽培中提高果实品质的研究甚少，因此两者结合作为一种新的灌溉栽培技术，后期需进一步的研究，可为生产优质葡萄酒提供优质酿酒葡萄原料。

## 第四节 小结

（1）相对于传统沟灌，微灌是宁夏葡萄园较为理想的一种灌溉方式，覆膜微灌、覆草微灌能够提高10~60cm处土层的土壤含水量，具有良好的保水效果，且相对于CK分别节水57.4%、57.7%。

（2）覆膜微灌及覆草微灌处理具有抑制葡萄营养生长，促进葡萄生殖生长的作用，且均能够提高酿酒葡萄的果实品质。其中，覆草微灌不仅可降低总酸分解速率，解决近年来贺兰山东麓酿酒葡萄总酸含量偏低的问题，且还具有可溶性固形物含量高、果径大小适中、增产效果显著等特点，适合在宁夏贺兰山东麓地区推广应用。

# 第二十二章 不同施肥方式对蛇龙珠葡萄光合性能及品质的影响

葡萄的品质与其区域生态条件密切相关，各种生态因素对葡萄的生长产生直接或间接的影响，它们之间也存在着相互作用，最终影响葡萄的品质。宁夏贺兰山东麓独特的气候条件，良好的葡萄品种和种植规模已基本具备建设世界一流葡萄产业基地的多重优势和条件，但贺兰山东麓产区贫瘠的风沙土壤类型，加之传统意识中大量增施化肥，为整个贺兰山东麓产区发展现代可持续绿色环保型农业埋下了隐患。发展现代绿色环保型农业，改良贺兰山地区葡萄园，提高酿酒葡萄果实品质，都离不开有机肥。增施生物有机肥可以减少土壤中氨挥发和氮、磷、钾的淋溶，同时还能增强土壤的保水保肥性能；酿酒葡萄增施有机生态肥不仅能消除土壤板结，提高肥料利用率，减少化肥增施量，提高葡萄品质，而且可降低生产成本，防止环境污染。

本试验通过田间试验和统计分析方法，针对贺兰山东麓沙质酿酒葡萄主栽区存在的土壤瘠薄、漏水漏肥、水肥利用率低等瓶颈问题，研究了不同施肥方式对贺兰山地区葡萄园改良、稳产的作用及对蛇龙珠葡萄生长的影响，以期为该地区的生产实践和理论研究提供依据或指导，从而促进贺兰山产区葡萄产业健康发展。

## 第一节 材料与方法

### 一、试验地点

试验地点位于宁夏贺兰山东麓玉泉营农场，为国家葡萄产业技术体系水分生理与节水栽培岗位核心试验基地（38°14'19"N，106°2'0"E），该基地位于贺兰山东麓前洪积扇与黄河冲积平原之间，年均气温8.9℃，年均降水量202.2mm，蒸发量1787.3mm，无霜期175d左右，年日照时数达3200h左右。

## 二、试验材料

供试材料为7年生蛇龙珠葡萄，东西向栽植，风沙土，株行距为1.0m×3.0m，采用单臂篱架"厂"字形整形，中短梢修剪。

## 三、试验方法

试验于2011年4月至2013年10月进行，采用单因素随机区组设计，设置5个处理组，如下所示。

A：常规施肥（CK），尿素25kg/亩+磷酸氢二铵15kg/亩+硫酸钾镁肥10kg/亩。B：葡萄专用有机肥（上海森农环保科技有限公司生产），有机质≥35%（质量分数，余同），总养分≥8%，含水量25%~30%，pH 7.0~8.0，增施量500kg/亩。C：生物有机肥（宁夏农垦贺兰山生物肥料有限公司生产），$N+P_2O+K_2O$含量≥4%，有机质含量≥35%，增施量500kg/亩。D：腐殖酸生物有机肥，氨含量≥4%，有机质含量≥40%，有效菌≥0.5亿个/g，增施量500kg/亩。E：全营养有机肥（烟台金久森生物科技有限公司生产），增施量500kg/亩。每处理组植株25株，3次重复。

距离主干两侧30cm分别人工开20cm宽、30cm深的沟，撒匀肥料后覆土，伴随灌水共追肥5次，分别为促芽肥（5月12日）、促花肥（6月2日）、果实膨大肥（7月2日）、转色肥（7月26日）、第5次追肥（8月22日）。在花后15d进行疏果，保持负载量一致。自落花后至果实成熟，每15天测定酿酒葡萄品种蛇龙珠果实和叶片的叶绿素含量和光合作用特性，并随机采样果实和叶片进行室内检测，液氮速冻后带回实验室-80℃冰箱储存备用。

## 四、项目测定

叶绿素含量用SPAD-502型手持叶绿素仪测定；果实酸度采用酸碱滴定法测定；可溶性糖含量采用蒽酮-硫酸法测定；单宁含量用福林-肖卡法测定；光合作用特性指标用GFS3000型光合仪（德国WALZ公司）测定。

## 五、数据分析

用Excel 2003、SAS统计软件进行数据分析。

## 第二节 结果与分析

### 一、不同施肥处理对蛇龙珠葡萄生长的影响

由表22-1可知,增施不同有机肥,葡萄的新梢长度、叶纵横径、果重显著不同。与CK相比,C、D、E 3个处理组均促进了葡萄新梢生长,其中C效果最佳,与CK相比增长10.94cm,B处理组效果最差。与增施化肥相比,B、C处理方式显著提高了葡萄叶纵径与叶横径的长度。5个处理组中,果纵径最大是C处理方式,最小的为B处理方式,但处理组之间差异不显著。与CK相比,C处理方式显著提高果重,B和E处理方式显著降低了果重,D处理方式与CK没有显著性差异。

表22-1 不同处理方式对酿酒葡萄生长的影响

| 处理方式 | 新梢长度/cm | 叶纵径/cm | 叶横径/cm | 叶重/g | 果横径/mm | 果纵径/mm | 果重/g |
| --- | --- | --- | --- | --- | --- | --- | --- |
| A(CK) | 79.64±7.82$^b$ | 9.60±1.53$^{bc}$ | 12.62±0.87$^{bc}$ | 1.82±0.21$^{ab}$ | 15.13±0.13$^a$ | 15.90±0.16$^a$ | 2.16±0.24$^b$ |
| B | 74.36±4.67$^c$ | 9.81±2.24$^b$ | 13.00±1.51$^{ab}$ | 2.03±0.57$^{ab}$ | 14.73±0.09$^a$ | 14.80±0.21$^a$ | 1.93±0.14$^c$ |
| C | 90.58±9.34$^a$ | 10.28±1.97$^a$ | 13.73±1.54$^a$ | 2.30±0.31$^a$ | 15.88±0.15$^a$ | 16.81±0.33$^a$ | 2.38±0.31$^a$ |
| D | 84.63±5.11$^{ab}$ | 8.55±1.26$^d$ | 11.70±1.02$^{cd}$ | 1.67±0.49$^{ab}$ | 15.39±0.22$^a$ | 15.65±0.26$^a$ | 2.18±0.16$^b$ |
| E | 87.50±10.47$^{ab}$ | 8.27±0.92$^d$ | 11.65±0.63$^{cd}$ | 1.60±0.36$^b$ | 14.79±0.18$^a$ | 15.33±0.24$^a$ | 1.98±0.28$^c$ |

注:同列数值后不同小写字母表示差异达到显著水平($p<0.05$),余同。

### 二、不同施肥处理方式对葡萄叶绿素含量的影响

叶绿素含量的变化非常复杂,可能与肥效有关,也可能与气象因素有关。由图22-1可知,花后15d时,各处理组叶绿素含量皆高于CK;而花后30d时,B、D和E处理组叶绿素含量明显低于CK,C处理组叶绿素含量高于CK;花后45d和60d时,各处理组叶绿素含

量皆高于CK；花后75d时除E处理组叶绿素含量低于CK外，其余各处理组叶绿素含量皆高于CK；花后90d时，各处理组叶绿素含量皆高于CK。从处理效果来看，采用不同施肥处理后，叶片中叶绿素含量皆高于35%，这在一定程度上说明了施肥有利于提高叶绿素的含量。但由图22-1还可以看出，C处理组在不同的时期，叶片中叶绿素含量皆高于CK，说明C处理组具有提高叶片光合能力的作用，且在不同的时期皆有较明显的效果。

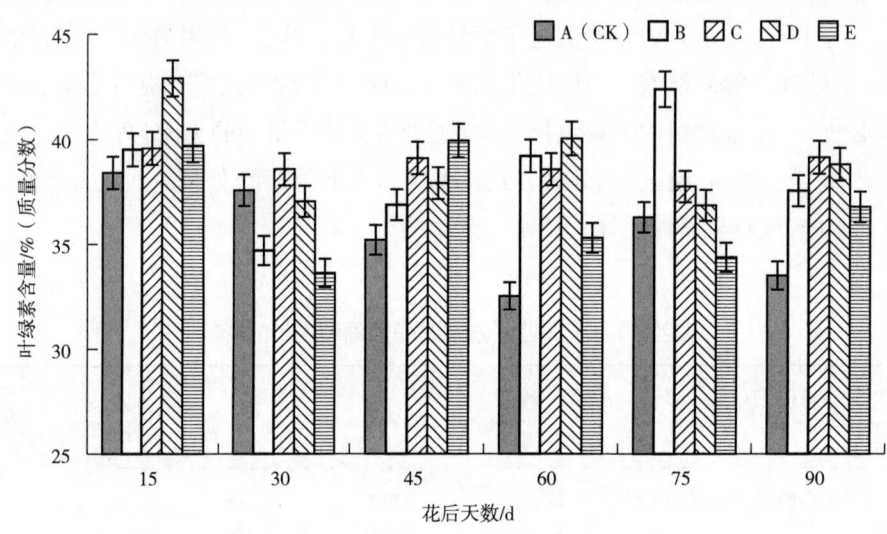

图22-1　不同施肥处理方式对叶绿素含量的影响

## 三、不同施肥处理方式对葡萄光合特性日变化的影响

由图22-2可知，酿酒葡萄9∶00至13∶00的净光合速率要比13∶00至17∶00时高，并在13∶00时会出现明显的"午休"现象。净光合速率呈现出双峰曲线的趋势。气孔导度在9∶00时最大，胞间$CO_2$浓度相对较高，对应的净光合速率也较高。而在17∶00时，气孔导度也相对较高，但胞间$CO_2$浓度处于全天最低水平，相应的净光合速率也处于最小值，这可能是由于环境中氧气浓度增加，$CO_2$浓度下降导致的。在9∶00，B处理组的净光合速率最高，C处理组最低。E处理组的净光合速率在全天都处于较高的水平，而CK的净光合速率比其他处理组都低。净光合速率的变化和胞间$CO_2$浓度呈正相关。在11∶00时，气孔导度低，但净光合速率处在较高水平，说明葡萄叶片的光合作用有可能是非气孔限制。适宜的有机肥可以提高蛇龙珠葡萄的净光合速率，有利于蛇龙珠葡萄有机物的积累。

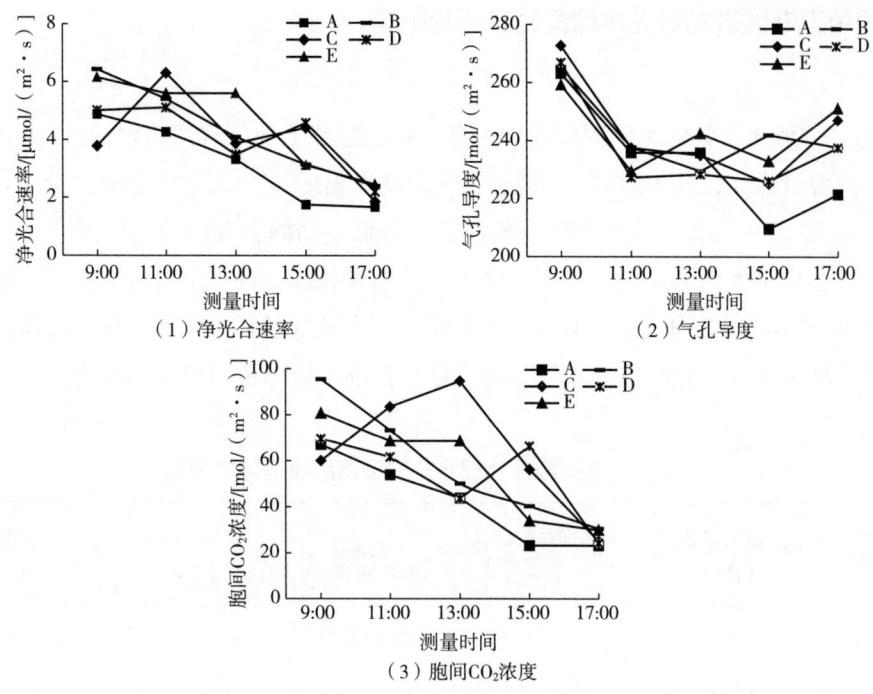

图22-2 不同施肥处理方式对葡萄光合特性日变化的影响

## 四、不同施肥处理方式对果实可溶性总糖和葡萄糖含量的影响

由图22-3可知，葡萄果实中可溶性总糖、葡萄糖含量快速积累期主要集中在花后45～75d。在果实成熟期，即花后90d，C处理组的可溶性总糖含量最高，A处理组的含量最低，但是各处理组之间没有显著性差异。A处理组的葡萄糖含量最高，C处理组的葡萄糖含量最低，不同处理组在果实相同发育期内糖含量没有显著性差异。

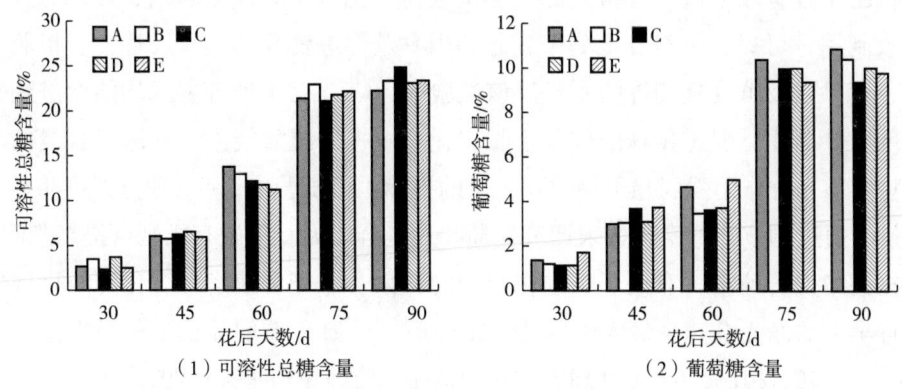

图22-3 不同施肥处理方式对果实中可溶性总糖和葡萄糖含量的影响

## 五、不同施肥处理方式对蛇龙珠葡萄品质的影响

由表22-2可知,各施肥处理方式均可显著提高酿酒葡萄可溶性糖含量,C处理组的果实可溶性糖含量最高,达21.33%,最低为CK常规施肥19.31%,可滴定酸含量从高到低依次为:A>C>E>B>D。说明增施有机肥显著降低了酿酒葡萄的可滴定酸含量,提高了糖酸比,糖酸比最大值为3.01。CK与D处理组单宁含量差别不显著,但与C、E处理组达到显著差异。在$p<0.05$下,仅B和D处理组可以显著提高该品种的果实品质,而其余各处理组对果实品质基本没有明显的影响,对于总酚含量各处理组间差异不显著。

表22-2 不同施肥处理方式对葡萄品质指标的影响

| 处理方式 | 可溶性糖含量/% | 可滴定酸含量/(g/L) | 糖酸比 | 单宁含量/(mg/g) | 总酚含量/(mg/g) |
|---|---|---|---|---|---|
| A(CK) | 19.31±0.38[bA] | 9.97±0.16[aA] | 1.93±0.50[bB] | 2.01±0.17[bA] | 2.53±0.23[aA] |
| B | 20.37±0.65[aA] | 7.31±0.25[cB] | 2.79±0.79[aA] | 2.46±0.15[aA] | 2.87±0.29[aA] |
| C | 21.33±0.26[aA] | 8.81±0.43[bB] | 2.42±0.32[bB] | 2.48±0.11[aA] | 2.66±0.16[aA] |
| D | 20.13±0.52[aA] | 6.69±0.21[cB] | 3.01±0.46[aA] | 1.89±0.26[bB] | 2.88±0.14[aA] |
| E | 20.17±0.13[aA] | 7.84±0.05[bB] | 2.57±0.12[bB] | 2.52±0.1[aA] | 2.71±0.17[aA] |

注:同列数值后不同小写字母表示差异达5%显著水平,大写字母表示差异达1%极显著水平。

## 第三节 讨论

有机肥中含有较丰富的有机氮源,经微生物矿化作用后以硝态氮、铵态氮等形态被植物吸收利用,可提高肥料及土壤中养分利用率及促进葡萄的生长发育。有机肥可促进梨、桃、苹果以及鲜食葡萄等的生长。该试验中,C、D、E处理方式均能促进葡萄新梢增长,增大叶面积,促进植株的健壮生长,提高植株的抗病能力,叶绿素含量的高低是表征植物叶片光合作用强弱和干物质积累量的指标。该试验中,C处理方式可明显提高叶绿素含量,通过调节叶绿素含量来调节葡萄叶片光合能力。增施有机肥可提高胞间$CO_2$的浓度,提高净光合速率,有利于碳水化合物的积累。净光合速率日变化图线呈现出双峰曲线,且早上的净光合速率最大值可达$6.4\mu mol/(m^2 \cdot s)$要明显比下午最大值$3.9\mu mol/(m^2 \cdot s)$高。与CK相比,C、D处理方式对葡萄净光合速率值提高最明显。

葡萄果实品质复杂的生理生化现象与结果,与环境条件有着密切的联系。施肥是改

善作物品质的重要措施，不同的肥料及施肥模式对作物生长的效果及作用机理不同。本研究表明，各处理组的可溶性总糖含量均比CK略高，其中C处理组比CK可溶性总糖含量提高约2.02%，可滴定酸含量下降1.16%~2.28%，糖酸比提高0.49%~1.08%；各处理组总酚含量均比CK略高，但无显著性差异。有机肥提高了葡萄的内在综合品质，这与以往研究生物有机肥能提高果树生长发育和品质的结果相一致。因此，适合的有机肥，可增强蛇龙珠葡萄的长势，提高其叶绿素含量及叶片光合作用，从而提高蛇龙珠的品质。

## 第四节　小结

（1）与增施化肥相比，有机肥可不同程度地促进葡萄树体生长。

（2）C处理方式和D处理方式可提高葡萄叶绿素的含量。

（3）B处理方式可提高酿酒葡萄的净光合速率，C处理方式可提高酿酒葡萄可溶性总糖含量、单宁及总酚含量，也能保持较高的含酸量。

# 第二十三章 两种微生物菌肥对土壤特性及赤霞珠葡萄果实品质的影响

合理施肥是提高酿酒葡萄品质和产量的重要技术措施，但在传统酿酒葡萄栽培过程中往往参照鲜食葡萄水肥管理技术，过于偏重农家肥和化肥的使用，而不重视微生物肥料的使用。微生物肥料通过其中微生物的生命活动，将土壤中难以利用的氮磷钾元素转变为易于作物吸收的氮磷钾元素，从而提高作物的产量、品质以及改善农业生态环境，常用的微生物肥料有解磷菌类、解钾菌类等。经研究发现侧孢短芽孢杆菌具有解磷的功能，并在一定程度上提高土壤中有效磷的含量和农作物的产量。胶冻样芽孢杆菌是一种硅酸盐细菌，能够使土壤中的硅酸盐矿物质分解，并且将土壤中难溶性钾、磷、硅转变为可供植物生长利用的可溶性状态。微生物肥料在其他作物上应用比较广，而在葡萄上的研究较少，本研究通过不同种类不同剂量微生物肥料对赤霞珠葡萄进行处理，测定葡萄生长情况以及土壤理化指标，探索各剂量微生物肥料对葡萄的影响，找到经济有效的促进葡萄果实生长的微生物肥料，以期为种植高品质、高产量的葡萄提供理论基础。

## 第一节 材料与方法

### 一、试验材料与方法

#### （一）试验地点

本试验在宁夏永宁县玉泉营镇，宁夏兰山骄子葡萄酒庄有限公司，国家葡萄产业技术体系水分生理与节水栽培岗位核心试验基地（38°14'19"N，106°2'0"E）进行，该地区属中温带干旱气候区，典型的大陆性气候，昼夜温差较大，全年日照时数2851~3106h，年平均温度达10℃以上，有效积温1534.9℃，干旱少雨，年降水量180~200mm，且主要集中在7~9月，年蒸发量1787.3mm，无霜期160~170d。该区土壤为风沙土，有机质含量水平低，供试土壤基本理化性质见表23-1。

表23-1 供试土壤基本理化性质

| 深度/cm | 有机质含量/(g/kg) | 碱解氮含量/(mg/kg) | 速效磷含量/(mg/kg) | pH | 全盐含量/(g/kg) | 速效钾含量/(mg/kg) |
| --- | --- | --- | --- | --- | --- | --- |
| 0~20 | 3.28 | 14.7 | 18.551 | 8.64 | 0.197 | 105.89 |
| 20~40 | 2.39 | 20.3 | 15.833 | 8.72 | 0.18 | 17.75 |

**（二）试验材料**

试验选用5年生酿酒葡萄赤霞珠，采用"厂"字形整形，东西向栽植，株行距3.0m×0.5m，单臂篱架，采用常规管理。

供试肥料为胶冻样芽孢杆菌、侧孢短芽孢杆菌（有效活菌数≥2.0亿个/g），购自北京航天恒丰科技发展有限公司。

**（三）试验设计**

试验采用单因素随机区组设计，依次为：牛粪10m³/亩（CK）、胶冻样芽孢杆菌0.5kg/亩+牛粪10m³/亩（T1）、胶冻样芽孢杆菌1.0kg/亩+牛粪10m³/亩（T2）、胶冻样芽孢杆菌1.5kg/亩+牛粪10m³/亩（T3）、侧孢短芽孢杆菌0.5kg/亩+牛粪10m³/亩（T4）、侧孢短芽孢杆菌1.0kg/亩+牛粪10m³/亩（T5）、侧孢短芽孢杆菌1.5kg/亩+牛粪10m³/亩（T6）。各处理组用地30m²（3m×10m），20株酿酒葡萄为一小区，3次重复，试验共有24小区，小区一经划定不再变化。2015年4月16日，于主干两侧30cm分别人工开沟20cm宽、30cm深，施入肥料后覆土。花后15d开始疏果，保持负载量一致。自坐果到果实成熟，每15天对叶片进行叶绿素含量测定以及枝条生长指标的测定；在花后105d采集0~20cm、20~40cm土层土壤样品；随机采集各处理组酿酒葡萄果实放入冰盒，带回试验室置于−80℃冰箱储存备用。

## 二、测定内容与方法

**（一）土壤物理性状的测定**

采用105℃烘干法和环刀法测定土壤体积质量和田间持水量。

**（二）土壤化学性状的测定**

根据《土壤农化分析》（鲍士旦主编）：用重铬酸钾容量法-外加热法测定有机质含量；碱解扩散法测定碱解氮含量；0.5mol/L NaHCO$_3$浸提-钼锑抗比色法测定速效磷含量；1mol/L醋酸铵溶液浸提-火焰光度法测定速效钾含量；电导法测定土壤全盐含量；pH用酸度计法测定。

## （三）土壤酶活性的测定

### 1. 过氧化氢酶活性的测定

过氧化氢酶活性采用高锰酸钾滴定法测定。准确称量5g土壤样品于锥形瓶中，加入0.5mL甲苯，振荡混匀，置于4℃冰箱30min，加入25mL 3%（体积分数，余同）过氧化氢水溶液，摇匀后置于冰箱中，1h后取出，加入25mL 2mol/L $H_2SO_4$溶液，摇匀，滤纸过滤。吸取1mL滤液于锥形瓶中，加入5mL蒸馏水，5mL 2mol/L $H_2SO_4$，混匀后用0.02mol/L $KMnO_4$溶液滴定。依据CK与各处理组所需$KMnO_4$溶液的体积差，算得等同于溶解的$H_2O_2$的量所需要的$KMnO_4$。以每小时1g干土分解的0.1mol/L $KMnO_4$体积（mL）表示过氧化氢酶活性。

### 2. 蔗糖酶活性的测定

蔗糖酶采用3,5-二硝基水杨酸比色法测定。准确称量5g土壤样品于锥形瓶中，加入0.5mL甲苯，15mL 8g/100mL蔗糖溶液，5mL pH5.5磷酸缓冲液。提取液振荡混匀，放入37℃恒温箱，过夜培养，次日取出，迅速过滤。取1mL提取液置50mL容量瓶中，注入3mL 3,5-二硝基水杨酸，100℃隔水加热5min，冷却后用蒸馏水定容至50mL，在508nm波长下测定OD值。以每克干土24h内产生的葡萄糖质量（mg）表示蔗糖酶活性。

### 3. 碱性磷酸酶活性的测定

碱性磷酸酶采用磷酸苯二钠比色法。准确称量5g土壤样品于锥形瓶中，加2.5mL甲苯，20mL 0.5g/100mL磷酸苯二钠，振荡混匀，放入37℃恒温箱，过夜培养。次日取出，加入100mL 0.3g/100mL硫酸铝溶液，摇匀后过滤。吸取3mL提取液于50mL容量瓶中，加入5mL硼酸缓冲液和0.5mL 2,6-二溴苯醌氯亚胺，显色30min，于660nm波长处测定OD值。碱性磷酸酶活性以每克土壤24h后产生出的酚的质量（mg）表示。

### 4. 脲酶活性的测定

脲酶采用苯酚钠-次氯酸钠比色法测定。准确称量5g土壤样品于锥形瓶中，加入1mL甲苯，振荡混匀，静置15min，加入10mL 10%尿素溶液、20mL pH6.7柠檬酸盐缓冲液，振荡混匀，放入37℃恒温箱，过夜培养，次日取出，迅速过滤。吸取1mL提取液于50mL容量瓶中，注入4mL苯酚钠、3mL NaClO，振荡混匀，静置20min，定容至50mL。于578nm波长处测定OD值。脲酶活性以每克土壤24h后产生$NH_3$-N的质量（mg）表示。

## （四）土壤微生物数量的测定

采用牛肉膏蛋白胨培养基培养细菌，马铃薯蔗糖琼脂培养基培养真菌，采用改良高氏1号培养基培养放线菌。吸取100μL配比好的$10^{-4}$（万分之一，余以此类推）土壤稀释液至改良高氏1号培养基中，100μL $10^{-2}$土壤稀释液至马铃薯蔗糖琼脂培养基中，100μL $10^{-1}$土壤稀释液至牛肉膏蛋白胨培养基中，用无菌玻璃涂布棒将菌液在平板上涂抹均匀，每个梯度处理设置3个重复。接种完毕，将培养皿倒置，分类重叠，放入37℃培养箱中培养，细菌培养24h，真菌培养3d，放线菌培养5d。培养结束后记录每种菌种的菌落数。计算公式如下所示。

$$菌数/[个/(g干土)]=计数皿平均菌落数×计数皿稀释倍数×水分系数$$

**（五）生长指标的测定**

随机选取赤霞珠植株上相近部位的新梢，挂牌标记。新梢长度是用卷尺量取新梢基部到末端的距离，新梢直径是用游标卡尺测量新梢基部直径。从花后15d至105d，每隔15d测定一次，结果保留2位小数，单位为cm。

**（六）葡萄光合特性相关指标的测定**

采用便携式光合测定仪（TPS-2）于花后75d（8月17日）开始测量，共测3次，分别测定各处理组叶片的胞间$CO_2$浓度（$C_i$）、净光合速率（$P_n$）、气孔导度（$G_s$）以及蒸腾速率（$T_r$）。花后105d（9月19日）做一次日变化研究，于9：00、11：00、13：00、15：00以及17：00测以上指标。每个处理组重复测定3株，每株测定3片叶子，每叶重复测3次。

**（七）百粒重的测定**

随机选择500粒葡萄，擦去表面残留物和水分，用分析天平测量，重复3次，采用加权平均法，计算其百粒重，单位为g。

**（八）叶绿素含量的测定**

将新鲜叶子剪成细丝混匀后准确称量0.1g置于25mL的容量瓶中，加入75%乙醇室温下避光浸提过夜，次日取出，用75%乙醇定容至25mL，分别于470nm、649nm、665nm处测定OD值。

**（九）可溶性固形物含量的测定**

用WYT24型手持糖度计测定可溶性固形物含量，重复3次。

**（十）可溶性糖含量的测定**

采用蒽酮-硫酸法测定：取0.5g样品，加10mL 80%乙醇研磨，转入至离心管中，80℃水浴30min，取出待温度降至室温后调平，3500r/min离心10min，取上清液于100mL容量瓶中，用蒸馏水定容。吸取上述1mL提取液于试管内，加入5mL蒽酮-硫酸溶液，摇匀后100℃水浴10min，降至室温后于620nm波长下测定OD值。

**（十一）可滴定酸含量的测定**

采用NaOH酸碱滴定法：取0.5g样品，加20mL蒸馏水研磨，转入至离心管中，80℃水浴30min，取出待温度降至室温后调平，4000r/min离心15min，取上清液于100mL容量瓶中并用蒸馏水定容。吸取20mL提取液，滴加2~3滴酚酞溶液，用0.1mol/LNaOH溶液进行滴定。

**（十二）单宁含量的测定**

单宁的测定采用Follin-Danies法：取1.0g样品，加20mL 80%乙醇研磨，转入至离心管中，70℃水浴30min，取出待温度降至室温后调平，3500r/min离心10min，用80%乙醇洗涤剩余的残渣，重复1~2次，然后需要5g/100mL氯化铁溶液检测残渣，直至不产生蓝色或绿色为止，取上清液定容至100mL容量瓶中。吸取1mL提取液，加5mL Follin-Danies试剂、10mL饱和碳酸钠溶液，用蒸馏水定容至100mL容量瓶中，震荡混匀，于25℃下显色30min，在760nm波长下测定OD值。

### （十三）花色苷含量的测定

取1.0g样品置于离心管中，加10mL 1%HCl-甲醇溶液（1%HCl：无水甲醇=15：85，体积比），黑暗处过夜提取，4000r/min离心15min，取上清液用蒸馏水定容至100mL容量瓶中，在530nm波长下测定OD值。

### （十四）总酚含量的测定

总酚的测定采用福林法：取1.0g样品，加20mL 70%乙醇溶液研磨，转入至离心管中，90℃水浴15min，取出待温度降至室温后调平，4000r/min离心15min，取上清液用蒸馏水定容至100mL容量瓶中。吸取1mL上述浸提液，加入5mL福林-肖卡试剂、15mL10g/100mL $Na_2CO_3$ 溶液，于25℃静置反应2h，于765nm波长处测定OD值。

## 三、数据分析

本试验数据用Microsoft Excel 2010处理原始数据，制作图表。采用SAS8.1、DPS处理软件做方差分析。

# 第二节 结果与分析

## 一、两种微生物菌肥对土壤物理性状的影响

本试验测定土壤物理性状的结果如表23-2所示。土壤容重反映了土壤紧实度，土壤压实状况和颗粒密度等因素均能影响土壤容重。在胶冻样芽孢杆菌处理下，在0~20cm土层内，各处理组土壤容重较CK存在显著性差异，分别降低4.46%、0.64%和3.82%（顺序为T1，T2，T3，余同）；各处理组土壤孔隙度较CK未达到显著性差异；T1处理组的田间持水量最高，较CK增加12.34%。在20~40cm土层内，各处理组土壤容重及孔隙度与CK之间并无显著性差异；各处理组土壤田间持水量分别较CK增加13.69%、13.24%和11.19%。

在侧孢短芽孢杆菌处理下，在0~20cm土层内，各处理组土壤体积质量及孔隙度与CK无显著差异；各处理组田间持水量分别较CK增加15.8%、8.11%和11.69%（顺序为T4，T5，T6，余同）。在20~40cm土层内，T5处理组的土壤容重最低，较CK降低了

1.85%；各处理组土壤孔隙度较CK无显著性差异；各处理组土壤田间持水量与CK存在显著性差异，分别提高23.24%、13.92%和11.93%。

表23-2　微生物菌剂对土壤物理性质的影响

| 微生物肥料类型 | 剖面深度/cm | 处理方式 | 土壤容重/（g/cm³） | 孔隙度/% | 田间持水量/% |
|---|---|---|---|---|---|
| 胶冻样芽孢杆菌 | 0~20 | CK | 1.57±0.02$^a$ | 40.75±0.15$^a$ | 16.77±0.01$^b$ |
| | | T1 | 1.50±0.06$^c$ | 43.40±1.71$^a$ | 18.84±1.50$^a$ |
| | | T2 | 1.56±0.04$^{ab}$ | 41.13±1.60$^a$ | 18.69±0.64$^a$ |
| | | T3 | 1.51±0.07$^{bc}$ | 43.02±2.36$^a$ | 17.20±0.85$^b$ |
| | 20~40 | CK | 1.62±0.03$^a$ | 38.87±0.28$^a$ | 17.60±0.04$^b$ |
| | | T1 | 1.60±0.06$^a$ | 39.62±0.16$^a$ | 20.01±0.30$^a$ |
| | | T2 | 1.61±0.01$^a$ | 39.25±0.21$^a$ | 19.93±0.35$^a$ |
| | | T3 | 1.59±0.01$^a$ | 40.00±0.22$^a$ | 19.57±0.42$^a$ |
| 侧孢短芽孢杆菌 | 0~20 | CK | 1.57±0.02$^a$ | 40.75±0.15$^a$ | 16.77±0.01$^b$ |
| | | T4 | 1.51±0.05$^b$ | 43.02±0.50$^a$ | 19.42±0.54$^a$ |
| | | T5 | 1.54±0.06$^{ab}$ | 41.89±2.73$^a$ | 18.13±0.79$^a$ |
| | | T6 | 1.52±0.05$^b$ | 42.64±1.81$^a$ | 18.73±1.27$^a$ |
| | 20~40 | CK | 1.62±0.03$^a$ | 38.87±0.28$^a$ | 17.60±0.04$^b$ |
| | | T4 | 1.60±0.05$^b$ | 39.62±0.76$^{ab}$ | 21.69±0.62$^a$ |
| | | T5 | 1.59±0.06$^{ab}$ | 40.00±1.16$^a$ | 20.06±0.34$^b$ |
| | | T6 | 1.63±0.03$^a$ | 38.49±0.15$^{ab}$ | 19.70±0.02$^b$ |

注：表中数据后的不同字母表示在$p=0.05$水平上差异显著。

## 二、两种微生物菌剂对土壤化学性状的影响

各处理组土壤化学性状如表23-3所示。在增施胶冻样芽孢杆菌后，在表层及次表层土层内，各处理组土壤全盐含量随增施量的增加而呈现递增的趋势；各处理组土壤有机质含量随增施量的增加也呈上升的趋势，在0~20cm土层内，分别增加21.56%、33.83%和35.03%，在20~40cm土层内，依次提高26.64%、34.36%和36.68%；T1处理组土壤碱解

氮及速效钾含量最高，在0～20cm土层内分别较CK增加31.63%和22.29%，在20～40cm土层内增加23.19%和20.68%；土壤速效磷含量仅T2与CK达显著性差异，其余各处理组未达到差异性显著。

在增施侧孢短芽孢杆菌后，在0～20cm土层内，各处理组土壤全盐含量低于CK，且随增施量的增加而缓慢降低；T5处理下，土壤有机质及速效钾含量最高，分别较CK增加12.36%和6.40%；T6处理下，土壤碱解氮含量增幅最高，为35.14%；各处理组速效磷含量与CK差异达显著水平，依次提高9.38%、23.59%和14.87%。在20～40cm土层内，T6处理下，土壤有机质含量较CK无显著性差异，各处理组碱解氮与CK存在显著性差异，分别增加9.32%、10.72%和8.79%；T6处理下土壤速效钾含量最高，较CK提高12.69%；各处理组对土壤速效磷含量存在显著性影响，依次增加33.06%、18.85%和26.86%。

表23-3 微生物菌剂对土壤化学性质的影响

| 微生物肥料类型 | 剖面深度/cm | 处理方式 | pH | 全盐含量/(g/kg) | 有机质含量/(g/kg) | 碱解氮含量/(mg/kg) | 速效钾含量/(mg/kg) | 速效磷含量/(mg/kg) |
|---|---|---|---|---|---|---|---|---|
| 胶冻样芽孢杆菌 | 0～20 | CK | 8.61±0.07$^a$ | 0.21±0.00$^c$ | 3.34±0.05$^c$ | 15.65±0.14$^d$ | 113.79±3.34$^b$ | 19.16±0.03$^b$ |
| | | T1 | 8.66±0.25$^a$ | 0.17±0.00$^d$ | 4.06±0.38$^b$ | 20.60±0.11$^a$ | 139.15±1.24$^a$ | 20.45±0.95$^b$ |
| | | T2 | 8.53±0.14$^a$ | 0.23±0.01$^b$ | 4.47±0.04$^a$ | 19.60±0.12$^b$ | 133.43±2.11$^a$ | 23.98±0.11$^a$ |
| | | T3 | 8.55±0.22$^a$ | 0.27±0.00$^a$ | 4.51±0.07$^a$ | 17.53±0.39$^c$ | 137.39±6.95$^a$ | 19.97±0.59$^b$ |
| | 20～40 | CK | 8.67±0.21$^a$ | 0.19±0.01$^d$ | 2.59±0.05$^b$ | 26.39±0.81$^c$ | 123.67±2.06$^c$ | 15.97±0.88$^b$ |
| | | T1 | 8.58±0.17$^a$ | 0.22±0.01$^c$ | 3.28±0.22$^b$ | 32.51±0.97$^a$ | 149.24±7.08$^a$ | 16.11±0.69$^b$ |
| | | T2 | 8.56±0.02$^a$ | 0.23±0.00$^b$ | 3.48±0.04$^a$ | 31.17±1.74$^b$ | 145.29±4.22$^a$ | 17.26±0.73$^a$ |
| | | T3 | 8.59±0.60$^a$ | 0.25±0.00$^a$ | 3.54±0.02$^a$ | 31.09±0.87$^b$ | 129.48±0.16$^c$ | 16.17±0.63$^b$ |

续表

| 微生物肥料类型 | 剖面深度/cm | 处理方式 | pH | 全盐含量/(g/kg) | 有机质含量/(g/kg) | 碱解氮含量/(mg/kg) | 速效钾含量/(mg/kg) | 速效磷含量/(mg/kg) |
|---|---|---|---|---|---|---|---|---|
| 侧孢短芽孢杆菌 | 0~20 | CK | 8.61±0.07$^a$ | 0.21±0.00$^c$ | 3.34±0.05$^c$ | 15.65±0.14$^d$ | 113.79±3.34$^b$ | 19.16±0.03$^b$ |
| | | T4 | 8.59±0.51$^a$ | 0.19±0.00$^b$ | 3.97±0.06$^b$ | 20.11±1.02$^a$ | 119.72±4.26$^c$ | 24.79±1.19$^a$ |
| | | T5 | 8.72±0.31$^a$ | 0.18±0.00$^b$ | 4.03±0.69$^a$ | 19.70±0.74$^a$ | 137.51±5.57$^b$ | 23.68±1.64$^b$ |
| | | T6 | 8.73±0.45$^a$ | 0.16±0.01$^c$ | 3.78±0.07$^c$ | 21.15±0.76$^a$ | 133.43±1.44$^a$ | 22.01±0.12$^c$ |
| | 20~40 | CK | 8.67±0.21$^a$ | 0.19±0.01$^d$ | 2.59±0.05$^b$ | 26.39±0.81$^c$ | 123.67±2.06$^c$ | 15.97±0.88$^b$ |
| | | T4 | 8.58±0.24$^a$ | 0.19±0.01$^a$ | 3.41±0.06$^a$ | 28.85±0.04$^a$ | 127.63±6.48$^c$ | 21.25±1.22$^a$ |
| | | T5 | 8.63±0.32$^a$ | 0.19±0.01$^a$ | 2.91±0.47$^b$ | 29.22±0.54$^a$ | 131.58±1.01$^b$ | 18.98±0.61$^c$ |
| | | T6 | 8.74±0.31$^a$ | 0.16±0.00$^c$ | 2.48±0.04$^c$ | 28.71±0.55$^a$ | 139.36±3.08$^a$ | 20.26±1.01$^b$ |

注：表中数据后的不同字母表示在 $p=0.05$ 水平上差异显著。

### 三、两种微生物菌剂对土壤酶活性的影响

各处理组土壤酶活性如表23-4所示。在增施胶冻样芽孢杆菌后，在0~20cm土层，T1处理组的土壤过氧化氢酶及脲酶活性最高，涨幅分别为35.29%和31.52%；各处理组对土壤碱性磷酸酶活性存在显著性差异，相比CK依次增加30.00%、15.00%和10.00%。在20~40cm土层内，T1处理组的土壤过氧化氢酶和脲酶活性较CK分别提高33.33%和40.00%，效果显著；各处理组土壤碱性磷酸酶活性与CK均达差异显著，依次增加26.32%、26.32%和36.84%。在表层（0~20cm）及次表层（20~40cm）土层内T3处理下的土壤蔗糖酶活性最高，相比CK分别提高29.41%和50.00%。

表23-4 微生物菌剂对土壤中多种酶活性的影响

| 微生物肥料类型 | 剖面深度/cm | 处理方式 | 蔗糖酶活性/(mg/g) | 过氧化氢酶活性/(mL/g) | 碱性磷酸酶活性/(mg/g) | 脲酶活性/(mg/g) |
|---|---|---|---|---|---|---|
| 胶冻样芽孢杆菌 | 0~20 | CK | 0.17±0.01$^d$ | 0.17±0.07$^d$ | 0.40±0.01$^c$ | 0.92±0.03$^b$ |
| | | T1 | 0.20±0.04$^b$ | 0.23±0.01$^a$ | 0.52±0.03$^a$ | 1.21±0.05$^a$ |
| | | T2 | 0.18±0.11$^c$ | 0.22±0.02$^b$ | 0.46±0.02$^b$ | 1.17±0.01$^a$ |
| | | T3 | 0.22±0.02$^a$ | 0.20±0.09$^c$ | 0.44±0.04$^b$ | 1.15±0.01$^a$ |
| | 20~40 | CK | 0.06±0.01$^c$ | 0.15±0.01$^d$ | 0.19±0.01$^c$ | 0.55±0.01$^c$ |
| | | T1 | 0.08±0.01$^b$ | 0.20±0.04$^a$ | 0.24±0.0$^b$ | 0.77±0.01$^a$ |
| | | T2 | 0.08±0.04$^b$ | 0.19±0.02$^b$ | 0.24±0.03$^b$ | 0.71±0.06$^b$ |
| | | T3 | 0.09±0.03$^{ab}$ | 0.17±0.01$^c$ | 0.26±0.04$^a$ | 0.70±0.09$^b$ |
| 侧孢短芽孢杆菌 | 0~20 | CK | 0.17±0.01$^d$ | 0.17±0.07$^d$ | 0.40±0.01$^c$ | 0.92±0.03$^b$ |
| | | T4 | 0.20±0.01$^a$ | 0.18±0.05$^b$ | 0.48±0.06$^b$ | 1.09±0.01$^a$ |
| | | T5 | 0.18±0.00$^b$ | 0.19±0.04$^b$ | 0.51±0.01$^a$ | 1.05±0.02$^b$ |
| | | T6 | 0.18±0.02$^b$ | 0.22±0.01$^a$ | 0.45±0.04$^c$ | 0.94±0.02$^c$ |
| | 20~40 | CK | 0.06±0.01$^c$ | 0.15±0.01$^d$ | 0.19±0.01$^c$ | 0.55±0.01$^c$ |
| | | T4 | 0.07±0.02$^b$ | 0.17±0.02$^c$ | 0.20±0.02$^b$ | 0.65±0.03$^b$ |
| | | T5 | 0.07±0.01$^b$ | 0.20±0.01$^b$ | 0.23±0.01$^a$ | 0..69±0.03$^a$ |
| | | T6 | 0.09±0.03$^a$ | 0.21±0.01$^a$ | 0.20±0.03$^b$ | 0.54±0.03$^c$ |

注：表中数据后的不同字母表示在$p=0.05$水平上差异显著。

增施侧孢短芽孢杆菌后，表层（0~20cm，余同）和次表层（20~40cm，余同）蔗糖酶活性较CK均达到显著性差异，蔗糖酶活性随剖面深度的加深而减少，在0~20cm土层中，蔗糖酶活性分别增加17.65%、5.88%和5.88%；在20~40cm土层，蔗糖酶活性较CK依次提高16.67%、16.67%和50.00%。表层土壤内过氧化氢酶活性稍高于次表层土壤，T6处理的土壤中过氧化氢酶活性最高，在0~20cm土层中较CK增加29.41%，在20~40cm土层中增幅为40.00%。T5处理下的土壤碱性磷酸酶活性最高，在0~20cm土层中较CK增加27.50%，在20~40cm土层中增幅为21.05%。T6处理的土壤中脲酶活性较CK无显著性差异，表明高剂量侧孢短芽孢杆菌对土壤脲酶活性有一定的抑制作用。

## 四、两种微生物菌剂对土壤微生物种类数量的影响

不同处理方式土壤中微生物种类数量如表23-5所示。土壤细菌是葡萄园主要微生物，而真菌和放线菌数量较低。细菌在土壤微生物生命活动中占据主导地位，是促进土壤中各类物质分解的重要参与者。胶冻样芽孢杆菌处理组下土壤细菌、真菌、放线菌数量均有不同程度的增加，其中涨幅最大为真菌，其次为放线菌，细菌数量涨幅较小。在0~20cm土层内，T1处理下土壤内细菌及放线菌数量最多，分别较CK增加13.04%和20.25%；各处理组土壤内真菌数量与CK存在显著性差异，依次增加38.89%、27.78%和38.89%。在20~40cm土层内，T1处理下土壤内细菌及真菌数量增加效果显著，涨幅分别为28.57%和36.36%。土壤内放线菌数量随增施量的增加而增加，T1~T3分别提高12.77%、17.02%和23.40%。

表23-5 不同微生物菌剂对土壤微生物种类数量的影响

| 微生物肥料类型 | 剖面深度/cm | 处理方式 | 细菌/($10^6$CFU/g) | 真菌/($10^3$CFU/g) | 放线菌/($10^4$CFU/g) |
|---|---|---|---|---|---|
| 胶冻样芽孢杆菌 | 0~20 | CK | 4.6±0.01$^c$ | 1.8±0.04$^c$ | 7.9±0.02$^c$ |
| | | T1 | 5.2±0.09$^a$ | 2.5±0.06$^a$ | 9.5±0.08$^a$ |
| | | T2 | 4.7±0.04$^{ab}$ | 2.3±0.10$^b$ | 8.8±0.08$^b$ |
| | | T3 | 5.0±0.07$^{bc}$ | 2.5±0.06$^a$ | 9.4±0.03$^a$ |
| | 20~40 | CK | 3.5±0.09$^c$ | 1.1±0.09$^c$ | 4.7±0.08$^c$ |
| | | T1 | 4.5±0.03$^a$ | 1.5±0.02$^a$ | 5.3±0.02$^b$ |
| | | T2 | 4.1±0.10$^b$ | 1.5±0.02$^a$ | 5.5±0.04$^b$ |
| | | T3 | 3.9±0.04$^c$ | 1.4±0.04$^b$ | 5.8±0.04$^a$ |
| 侧孢短芽孢杆菌 | 0~20 | CK | 4.5±0.02$^d$ | 1.8±0.05$^c$ | 7.7±0.09$^c$ |
| | | T4 | 5.0±0.04$^c$ | 2.1±0.02$^b$ | 9.3±0.11$^a$ |
| | | T5 | 5.1±0.09$^b$ | 2.4±0.03$^a$ | 8.9±0.06$^b$ |
| | | T6 | 5.3±0.11$^a$ | 2.2±0.03$^b$ | 9.1±0.04$^a$ |
| | 20~40 | CK | 3.8±0.07$^b$ | 1.1±0.06$^d$ | 4.4±0.03$^c$ |
| | | T4 | 4.1±0.06$^a$ | 1.3±0.03$^b$ | 5.7±0.08$^a$ |
| | | T5 | 4.4±0.09$^a$ | 1.4±0.03$^c$ | 5.8±0.07$^a$ |
| | | T6 | 4.3±0.04$^a$ | 1.6±0.01$^a$ | 5.4±0.09$^b$ |

注：表中数据后的不同字母表示在$p=0.05$水平上差异显著。

增施侧孢短芽孢杆菌后,在0~20cm土层内,各处理组土壤内细菌数量随增施量的增加而呈递增的趋势,依次提高11.11%、13.33%和17.78%;各处理组对土壤内真菌数量达显著性影响,真菌数量分别较CK提高16.67%、33.33%和22.22%;增施侧孢短芽孢杆菌可显著增加土壤内放线菌数量,增幅依次为20.78%、15.58%和18.18%。在20~40cm土层内,T5处理下土壤内细菌及放线菌数量最高,对应CK分别增加15.76%和31.82%;土壤内真菌数量随增施量的增加而呈递增的趋势,分别较CK提高18.18%、27.27%和45.45%。

## 五、两种微生物菌剂对赤霞珠葡萄生长发育的影响

### (一)两种微生物菌剂对赤霞珠葡萄新梢直径的影响

两种微生物菌剂对赤霞珠葡萄新梢直径的影响如图23-1所示。增施胶冻样芽孢杆菌后,各处理组新梢直径呈现缓慢增加的趋势。花后15d,各处理组新梢直径较CK无显著性差异。花后45d至90d葡萄新梢直径增长缓慢,各处理组新梢直径均高于CK,并达极显著性影响。在花后105d时,各处理组新梢直径达到最大值,依次提高16.67%、10.00%和14.17%。由此可以看出,T1处理下新梢直径增幅最明显。

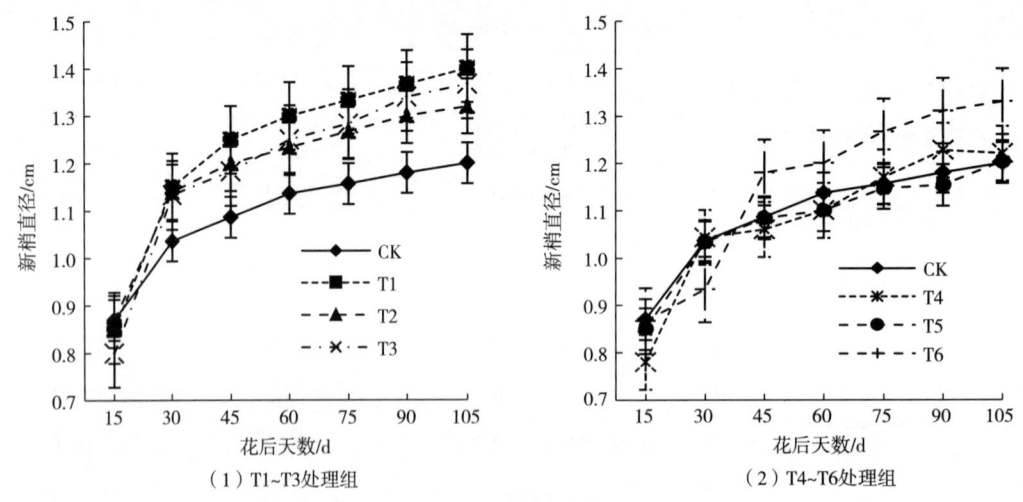

图23-1 微生物菌剂对赤霞珠葡萄新梢直径的影响

增施侧孢短芽孢杆菌后,不同增施量对新梢直径影响效果不同。花后45d至90d葡萄新梢直径缓慢增长,T4,T5处理下葡萄新梢直径较CK无显著性差异。花后105d,各处理组新梢直径均达到高峰值,其中T6处理下葡萄新梢直径最高。

## （二）两种微生物菌剂对赤霞珠葡萄新梢长度的影响

两种微生物菌剂对赤霞珠葡萄新梢长度的影响如图23-2所示。增施胶冻样芽孢杆菌后，各处理组新梢长度随花后天数的增加而增长。自花后15d到30d葡萄新梢长度增长缓慢，在花后30d时T1和T3处理下葡萄新梢长度极显著高于CK。从花后45d后出现明显分化，各处理组新梢长度快速增长。花后60d，T3处理下葡萄新梢长度增长幅度最大，相较CK增长39.48%。花后90d至105d，葡萄新梢长度快速生长。在花后105d时，各处理组新梢长度达到最大值，依次提高27.84%、9.69%和26.80%。由此可以看出，增施胶冻样芽孢杆菌后葡萄新梢长度显著增长，可使植株更好地利用光能运输水分和营养物质，其中T3处理下增长幅度最大。

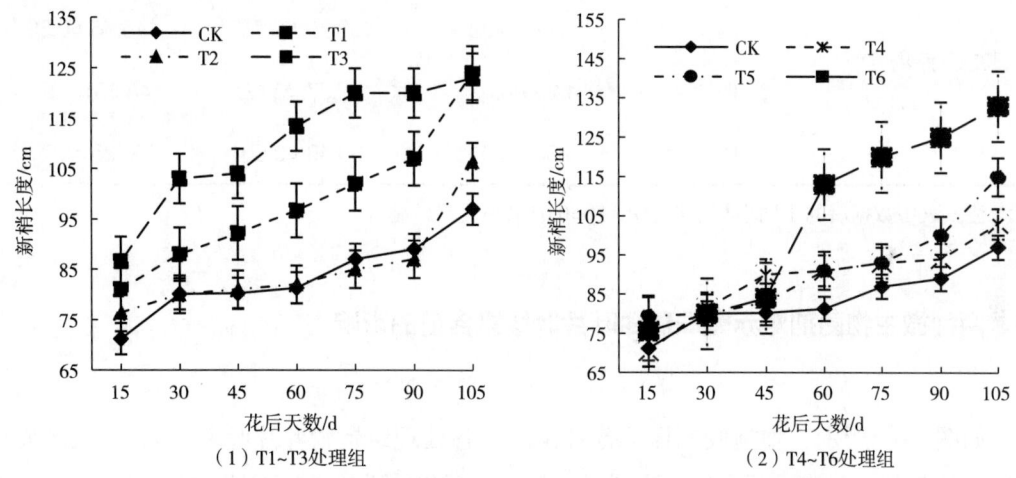

图23-2 两种微生物菌剂对赤霞珠葡萄新梢长度的影响

增施侧孢短芽孢杆菌后，各处理组新梢长度随花后天数的增加而增长。葡萄新梢长度自花后45d开始快速生长，于花后105d时各处理组新梢长度达到最大值。各处理组较CK达到显著性差异，分别增加5.10%、17.35%和35.71%。T6处理下增加葡萄新梢长度的效果最显著。

## （三）两种微生物菌剂对赤霞珠葡萄生长发育的影响

采收期葡萄生长指标由表23-6可知。增施胶冻样芽孢杆菌可促进葡萄生长。T1处理下新梢直径最大，较CK增加16.67%。各处理组新梢长度较CK达显著差异，依次增加27.53%、9.03%和26.89%。各处理组均可提高葡萄百粒重，其中T3处理组最高，达146.59g。

增施侧孢短芽孢杆菌后可促进葡萄生长，T6处理下新梢直径最大，较CK增加11.67%。各处理组新梢长度较CK达差异显著，依次增加6.20%、11.64%和36.11%。各处理组均可提高葡萄百粒重，其中T6最高，达150.26g。

表23-6 两种微生物菌剂对赤霞珠葡萄生长的影响（2015年9月25日）

| 微生物肥料类型 | 处理方式 | 新梢直径/cm | 新梢长度/cm | 百粒重/g |
|---|---|---|---|---|
| 胶冻样芽孢杆菌 | CK | $1.20 \pm 0.01^b$ | $97.61 \pm 1.51^c$ | $135.90 \pm 0.42^b$ |
|  | T1 | $1.40 \pm 0.02^a$ | $124.48 \pm 3.92^a$ | $146.46 \pm 0.93^a$ |
|  | T2 | $1.32 \pm 0.01^a$ | $106.42 \pm 2.62^b$ | $134.18 \pm 0.74^b$ |
|  | T3 | $1.38 \pm 0.02^a$ | $123.86 \pm 4.24^a$ | $146.59 \pm 0.63^a$ |
| 侧孢短芽孢杆菌 | CK | $1.20 \pm 0.00^b$ | $98.07 \pm 2.23^d$ | $138.44 \pm 0.74^c$ |
|  | T4 | $1.22 \pm 0.02^b$ | $103.66 \pm 2.75^c$ | $145.76 \pm 0.33^b$ |
|  | T5 | $1.20 \pm 0.02^b$ | $115.37 \pm 3.12^b$ | $148.28 \pm 0.57^{ab}$ |
|  | T6 | $1.34 \pm 0.01^a$ | $133.48 \pm 3.90^a$ | $150.26 \pm 0.77^a$ |

注：表中数据后的不同小写字母表示在$p=0.05$水平上差异显著。

## 六、两种微生物菌剂对赤霞珠葡萄叶片叶绿素含量的影响

如图23-3所示，增施胶冻样芽孢杆菌后，各处理组葡萄叶片叶绿素a含量呈现先增加后降的趋势，且在花后60d时达到最大值。花后30d到60d，T2处理下叶片叶绿素a含量高于其余各处理组。在花后60d，各处理组叶绿素a达到最大值。自花后75d，各处理组叶绿素a含量开始降低。花后105d，T3处理下叶片叶绿素a含量最低，为1.27mg/gFW。叶绿素b含量呈现先增加、后降低、再增加的趋势。花后30d到105d，T2处理下叶绿素b含量均高于其余各处理组。类胡萝卜素含量呈现为先上升后下降的趋势。花后30d，各处理组类胡萝卜素含量均处在最低点。自花后30d后各处理组类胡萝卜素含量逐渐增加，直到花后75d时达到最大值。在花后105d，T1处理下类胡萝卜素含量最高，而T3最低。

如图23-4所示，增施侧孢短芽孢杆菌后，各处理组葡萄叶片中叶绿素a、叶绿素b以及类胡萝卜素含量均呈现先增加、后降低、再增加的趋势。在花后105d时，T5处理下叶绿素a、叶绿素b含量最高，分别为1.30mg/gFW、0.43mg/gFW，T4处理下类胡萝卜素含量最高，为0.38mg/gFW。

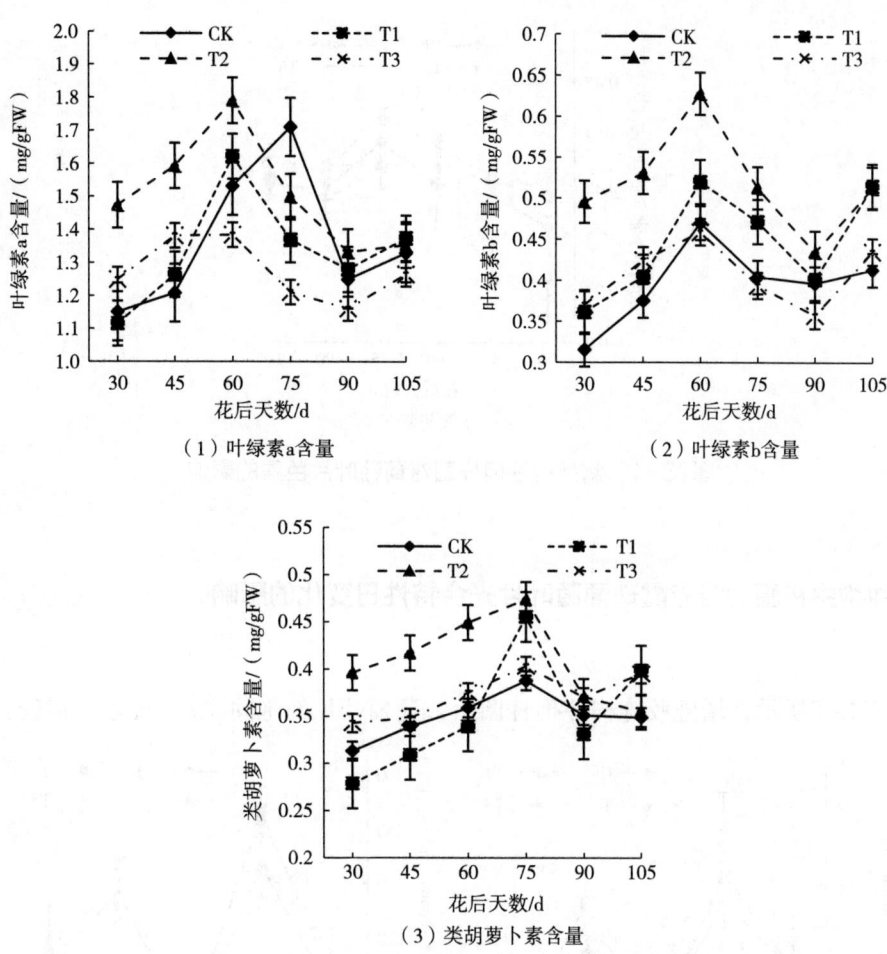

图23-3 胶冻样芽孢杆菌对葡萄叶片色素的影响

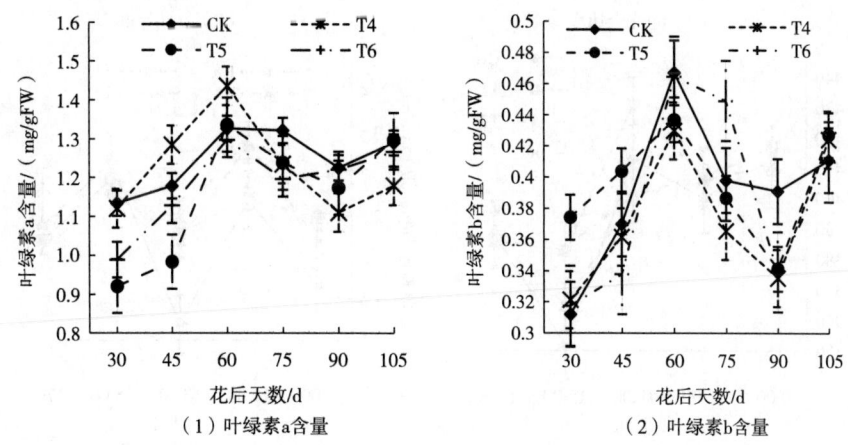

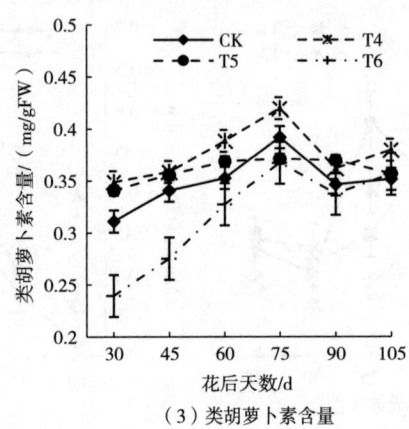

（3）类胡萝卜素含量

图23-4　侧孢短芽孢杆菌对葡萄叶片色素的影响

## 七、两种微生物菌剂对赤霞珠葡萄叶片光合特性日变化的影响

如图23-5所示，增施胶冻样芽孢杆菌后，葡萄叶片的胞间$CO_2$浓度呈W形变化曲线，

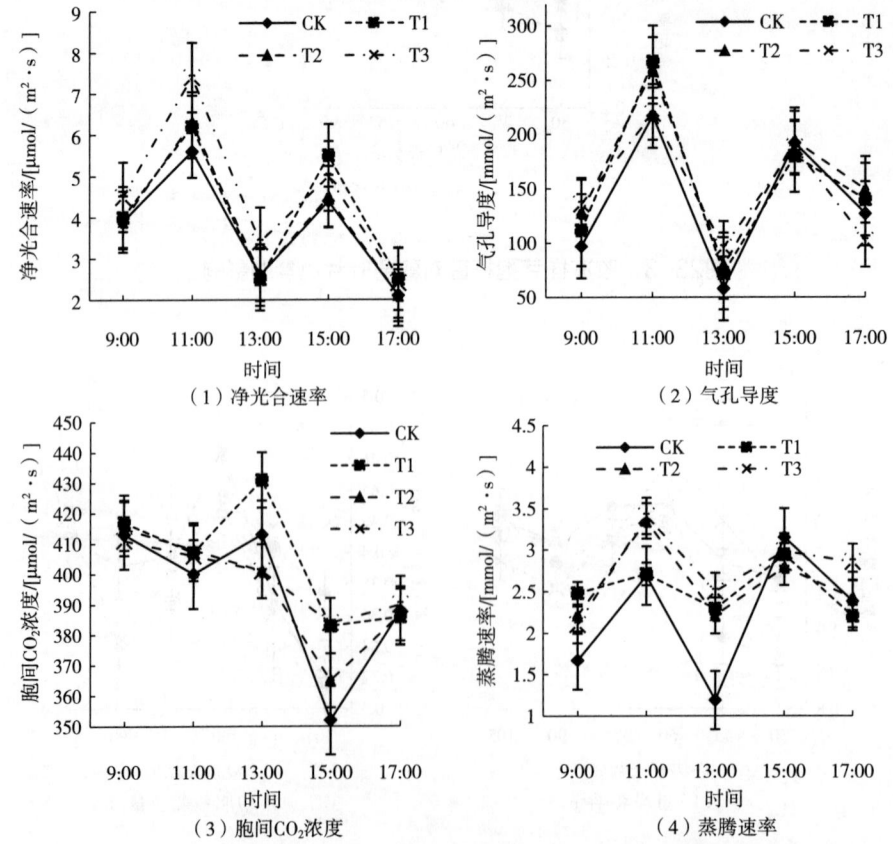

（1）净光合速率　　（2）气孔导度

（3）胞间$CO_2$浓度　　（4）蒸腾速率

图23-5　胶冻样芽孢杆菌对赤霞珠葡萄叶片光合特性日变化的影响

蒸腾速率、气孔导度以及净光合速率变动规律相同，呈M形曲线。在9：00时，随着光照强度与气温慢慢上升，葡萄叶片的蒸腾速率、气孔导度以及净光合速率也随之急剧增高，到达11：00时首次达到最高点，T3处理下叶片净光合速率最高，为7.4μmol/（m²·s），而此时，胞间$CO_2$浓度开始下降。由于高温和缺水，叶片蒸腾失水加剧，为了适应高温强光的环境，气孔开度降低或部分气孔关闭，使进入叶片内的$CO_2$减少。因此叶片光合作用开始减弱，光合作用各项指标开始下降；在13：00时，叶片显露出午休的状况，即蒸腾速率、气孔导度、净光合速率达到日变化的最低值，而胞间$CO_2$浓度达到日变化的最大值。13：00后光照强度渐渐减轻、温度下降，气孔再次打开，气孔导度、蒸腾速率以及净光合速率逐步增加，直到15：00第二次达到最大值，T2处理下叶片净光合速率最高，为5.5μmol/（m²·s），此时，胞间$CO_2$浓度达到日变化的最低值。太阳落山后温度降低，蒸腾速率、气孔导度以及净光合速率逐步减少，但胞间$CO_2$浓度慢慢增加。

如图23-6所示，增施侧孢短芽孢杆菌后，葡萄叶片的胞间$CO_2$浓度为波动性变化趋势。叶片的蒸腾速率、气孔导度以及净光合速率呈双峰曲线变化趋势。在17：00时，T6处理下叶片净光合速率最高，为2.4μmol/（m²·s）。

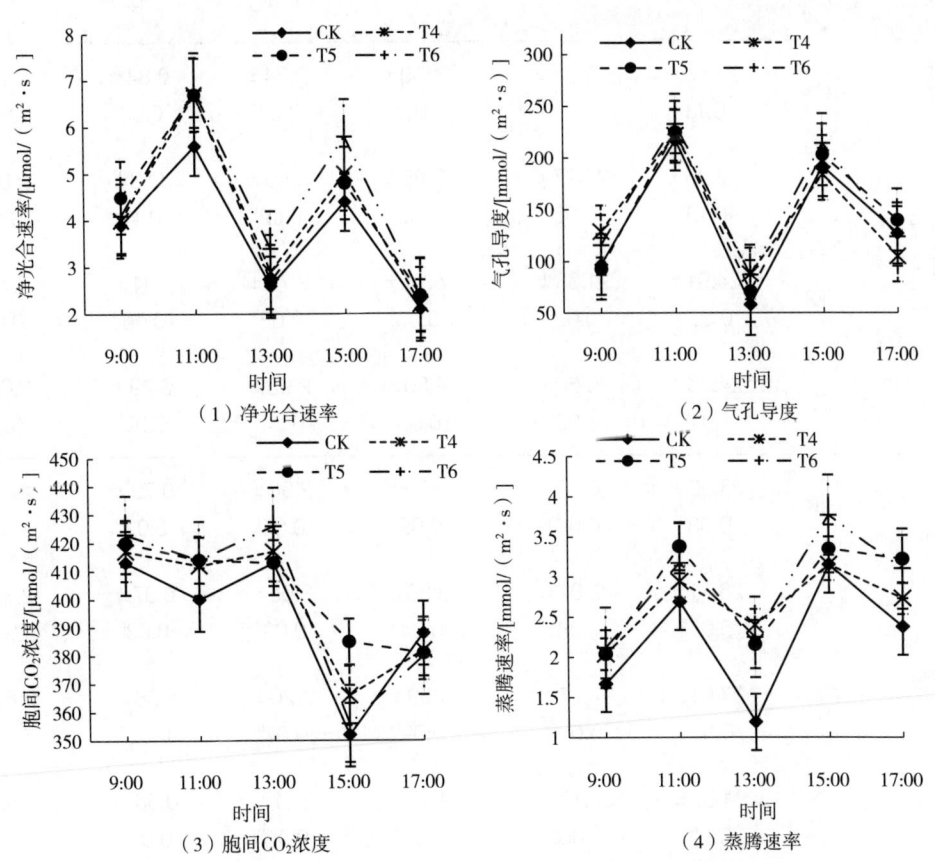

图23-6　侧孢短芽孢杆菌对葡萄叶片光合特性日变化的影响

## 八、两种微生物菌剂对赤霞珠葡萄果实品质的影响

两种微生物菌剂对赤霞珠葡萄果实品质的影响如表23-7所示。可溶性糖含量是评价葡萄果实品质的重要指标。增施胶冻样芽孢杆菌后，各处理组可溶性糖含量分别较CK增加18.53%、5.64%和4.88%。各处理组可溶性固形物较CK存在极显著差异，其中，T1处理下葡萄果实可溶性固形物含量最高，为22.27%。增施胶冻样芽孢杆菌可降低葡萄果实酸含量，其中T1处理下葡萄果实的含酸量最低，为3.88g/L。各处理组果实内单宁含量均高于CK，分别提高25.00%、30.28%和3.87%。各处理组果实花色苷含量与CK达显著性差异，分别提高34.52%、32.14%和17.86%。T1处理下果实总酚含量最高，较CK增加27.43%。

表23-7 两种微生物菌剂对赤霞珠果实品质的影响

| 微生物肥料类型 | 处理方式 | 可溶性糖含量/% | 可溶性固形物含量/% | 可滴定酸含量/(g/L) | 单宁含量/(mg/g) | 花色苷含量/(mg/g) | 总酚含量/(mg/g) |
|---|---|---|---|---|---|---|---|
| 胶冻样芽孢杆菌 | CK | 23.58±0.13$^c$ | 19.83±0.03$^c$ | 4.90±0.01$^a$ | 2.84±0.04$^b$ | 0.84±0.07$^c$ | 2.26±0.03$^d$ |
| | T1 | 27.95±0.10$^a$ | 22.27±0.06$^a$ | 3.88±0.13$^b$ | 3.55±0.02$^a$ | 1.13±0.11$^a$ | 2.88±0.08$^a$ |
| | T2 | 24.91±0.05$^{bc}$ | 21.33±0.03$^b$ | 4.67±0.03$^b$ | 3.70±0.03$^a$ | 1.11±0.06$^a$ | 2.70±0.08$^b$ |
| | T3 | 24.73±0.11$^b$ | 20.60±0.09$^b$ | 4.50±0.03$^b$ | 2.95±0.04$^b$ | 0.99±0.02$^b$ | 2.62±0.01$^c$ |
| 侧孢短芽孢杆菌 | CK | 23.99±0.08$^c$ | 20.67±0.00$^b$ | 4.69±0.09$^a$ | 2.96±0.04$^c$ | 0.79±0.02$^c$ | 2.17±0.06$^d$ |
| | T4 | 26.71±0.07$^a$ | 22.07±0.08$^a$ | 3.88±0.04$^b$ | 3.65±0.03$^a$ | 0.97±0.03$^a$ | 2.79±0.04$^a$ |
| | T5 | 27.01±0.07$^a$ | 22.77±0.02$^a$ | 4.58±0.09$^a$ | 3.20±0.07$^b$ | 1.08±0.02$^a$ | 2.63±0.07$^b$ |
| | T6 | 24.59±0.11$^b$ | 22.10±0.06$^a$ | 4.19±0.09$^b$ | 3.11±0.08$^b$ | 0.96±0.02$^b$ | 2.53±0.04$^c$ |

注：表中数据后的不同字母表示在$p=0.05$水平上差异显著。

增施侧孢短芽孢杆菌均可显著提高葡萄果实可溶性糖含量，且T5处理下的葡萄果实可溶性糖含量最高。各处理组果实可溶性固形物含量显著高于CK，依次增加6.77%、10.16%和6.92%。增施侧孢短芽孢杆菌可显著降低葡萄果实可滴定酸含量，T4处理下的葡萄果实可滴定酸含量最低，为3.88g/L。T4处理下的葡萄果实单宁含量最高，较CK增加23.31%。T5处理下的葡萄果实花色苷含量最高，较CK涨幅为36.71%。各处理组果实总酚含量与CK存在显著性差异，分别增加28.57%、21.20%和16.59%。

## 九、两种微生物菌剂处理下土壤化学性状与葡萄品质及生长指标的相关性

利用相关分析方法，研究两种微生物菌剂处理下土壤化学性状、果实品质及葡萄生长指标之间的关系，其相关分析如下所示。

胶冻样芽孢杆菌处理下土壤化学性状与葡萄品质、生长指标的相关关系如表23-8所示，胶冻样芽孢杆菌处理下土壤有机质含量与全盐含量以及可滴定酸含量呈极显著正相关。碱解氮含量与全盐含量呈极显著负相关，与可溶性糖含量、花色苷含量、总酚含量呈极显著正相关。土壤速效钾含量与速效磷含量、百粒重呈极显著负相关，与新梢直径、新梢长度呈极显著正相关。速效磷含量与百粒重呈极显著正相关（$r=0.99$），与新梢直径、新梢长度呈极显著负相关。土壤pH与可溶性糖含量、总酚含量呈极显著正相关。全盐含量与可溶性糖含量、可溶性固形物含量以及总酚含量呈极显著负相关。可溶性糖含量与可溶性固形物含量以及总酚含量呈极显著正相关。可滴定酸含量与总酚含量、新梢直径呈显著负相关。单宁含量与花色苷含量呈极显著正相关（$r=0.94$）。新梢直径与新梢长度、百粒重呈极显著正相关。

侧孢短芽孢杆菌土壤化学性状与葡萄品质、生长指标的相关关系如表23-9所示，侧孢短芽孢杆菌处理下土壤有机质含量与可溶性糖含量呈极显著正相关（$r=0.99$）。碱解氮含量与全盐含量、速效磷含量呈显著负相关，与新梢直径呈极显著正相关（$r=0.99$）。速效钾含量与pH、可滴定酸含量、百粒重呈极显著正相关，与单宁含量呈极显著负相关（$r=-0.92$）。速效磷含量与pH、百粒重呈显著负相关，与全盐含量、总酚含量呈极显著正相关。pH与总酚含量呈极显著负相关（$r=-0.94$），与百粒重呈极显著正相关（$r=0.99$）。全盐含量与可溶性糖含量、总酚含量呈极显著正相关，与新梢长度呈极显著负相关（$r=-0.99$）。可溶性固形物含量与可滴定酸含量、花色苷含量呈极显著正相关。单宁含量与总酚含量呈极显著正相关（$r=0.97$），与百粒重呈极显著负相关（$r=-0.99$）。新梢长度与百粒重呈显著正相关（$r=0.89$）。

表23-8 胶冻样芽孢杆菌处理下土壤化学性状、葡萄品质与生长指标的相关关系

| 参数 | 有机质含量 | 碱解氮含量 | 速效钾含量 | 速效磷含量 | pH | 全盐含量 | 可溶性糖含量 | 可溶性固形物含量 | 可滴定酸含量 | 单宁含量 | 花色苷含量 | 总酚含量 | 新梢直径 | 新梢长度 | 百粒重 |
|---|---|---|---|---|---|---|---|---|---|---|---|---|---|---|---|
| 有机质含量 | 1.00 | | | | | | | | | | | | | | |
| 碱解氮含量 | -0.80* | 1.00 | | | | | | | | | | | | | |
| 速效钾含量 | -0.68 | 0.10 | 1.00 | | | | | | | | | | | | |
| 速效磷含量 | 0.52 | 0.08 | -0.98** | 1.00 | | | | | | | | | | | |
| pH | -0.97** | 0.65 | 0.82* | -0.70* | 1.00 | | | | | | | | | | |
| 全盐含量 | 0.95** | -0.95** | -0.40 | 0.22 | -0.85* | 1.00 | | | | | | | | | |
| 可溶性糖含量 | -0.99** | 0.78* | 0.70* | -0.55 | 0.98** | -0.93** | 1.00 | | | | | | | | |
| 可溶性固形物含量 | -0.93** | 0.96** | 0.37 | -0.18 | 0.82* | -0.99** | 0.92** | 1.00 | | | | | | | |
| 可滴定酸含量 | 0.96** | -0.60 | -0.86* | 0.74* | -0.99** | 0.82* | -0.96** | -0.79* | 1.00 | | | | | | |
| 单宁含量 | 0.40 | 0.87* | 0.40 | 0.57 | 0.20 | 0.67 | 0.37 | 0.71* | 0.12 | 1.00 | | | | | |
| 花色苷含量 | -0.67 | 0.98** | 0.08 | 0.27 | 0.49 | -0.87* | 0.65 | 0.89** | 0.43 | 0.94** | 1.00 | | | | |
| 总酚含量 | -0.97** | 0.91** | 0.50 | 0.32 | 0.90** | -0.99** | 0.97** | 0.98** | -0.87* | 0.60 | 0.82* | 1.00 | | | |
| 新梢直径 | -0.63 | 0.04 | 0.99** | -0.99** | 0.78* | 0.35 | 0.66 | 0.31 | -0.82* | 0.45 | 0.14 | 0.44 | 1.00 | | |
| 新梢长度 | -0.45 | -0.16 | 0.96** | -0.99** | 0.64 | 0.14 | 0.48 | 0.10 | -0.69 | -0.63 | 0.35 | 0.24 | 0.98** | 1.00 | |
| 百粒重 | 0.44 | 0.19 | -0.95** | 0.99** | -0.63 | 0.12 | 0.47 | 0.08 | -0.67 | -0.64 | -0.37 | 0.22 | 0.97** | 0.99** | 1.00 |

注：** 表示在 $p=0.01$ 水平上显著相关，* 表示在 $p=0.05$ 水平上显著相关。

表23-9 侧孢短芽孢杆菌处理下土壤化学性状、葡萄品质与生长指标的相关关系

| 参数 | 有机质含量 | 碱解氮含量 | 速效钾含量 | 速效磷含量 | pH | 全盐含量 | 可溶性糖含量 | 可溶性固形物含量 | 可滴定酸含量 | 单宁含量 | 花色苷含量 | 总酚含量 | 新梢直径 | 新梢长度 | 百粒重 |
|---|---|---|---|---|---|---|---|---|---|---|---|---|---|---|---|
| 有机质含量 | 1 | | | | | | | | | | | | | | |
| 碱解氮含量 | 0.16 | 1 | | | | | | | | | | | | | |
| 速效钾含量 | -0.07 | 0.02 | 1 | | | | | | | | | | | | |
| 速效磷含量 | 0.80* | -0.77* | -0.65 | 1 | | | | | | | | | | | |
| pH | -0.34 | 0.30 | 0.95* | -0.83* | 1 | | | | | | | | | | |
| 全盐含量 | 0.84* | -0.82* | -0.59 | 0.99** | -0.79* | 1 | | | | | | | | | |
| 可溶性糖含量 | 0.99** | 0.33 | -0.19 | 0.87 | -0.45 | 0.90** | 1 | | | | | | | | |
| 可溶性固形物含量 | 0.66 | -0.69 | 0.70* | 0.07 | 0.47 | 0.15 | 0.56 | 1 | | | | | | | |
| 可滴定酸含量 | 0.29 | -0.33 | 0.99** | -0.33 | 0.79* | 0.26 | 0.17 | 0.91** | 1 | | | | | | |
| 单宁含量 | 0.43 | -0.39 | -0.92** | 0.88* | 0.35 | 0.84* | 0.54 | -0.39 | -0.73* | 1 | | | | | |
| 花色苷含量 | 0.73 | 0.08 | 0.62 | 0.19 | 0.38 | 0.26 | 0.65 | 0.99** | 0.86* | -0.28 | 1 | | | | |
| 总酚含量 | 0.63 | -0.59 | -0.81* | 0.96** | -0.94** | 0.94** | 0.72* | -0.16 | -0.56 | 0.97** | -0.05 | 1 | | | |
| 新梢直径 | 0.36 | 0.99** | 0.17 | 0.25 | 0.43 | 0.29 | 0.14 | -0.57 | -0.19 | -0.52 | -0.66 | -0.7* | 1 | | |
| 新梢长度 | 0.31 | 0.77* | 0.64 | 0.22 | 0.83* | -0.99** | 0.19 | -0.08 | 0.32 | -0.88* | -0.19 | 0.15 | 0.86* | 1 | |
| 百粒重 | -0.44 | 0.41 | 0.92** | -0.39* | 0.99** | -0.85* | -0.55 | 0.37 | 0.72* | -0.99** | 0.27 | 0.28 | 0.53 | 0.89* | 1 |

注：**表示在 $p=0.01$ 水平上显著相关，*表示在 $p=0.05$ 水平上显著相关。

## 第三节　讨论

### 一、微生物菌剂对土壤特性的影响

土壤特性可以从物理、化学和生物活性三个方面进行评估。土壤生物活性是土壤微生态环境中重要的部分，包括土壤酶活性和微生物数量，对土壤肥力特征和土地资本运营形成重大的作用。评估土壤结构质量的关键依据是团聚体孔隙性。增施微生物菌剂可以降低土壤容重，改善土壤物理性状。本试验得到的结果为增施微生物菌剂后土壤容重显著降低，土壤孔隙度有所增加，田间持水量大幅度增加。

胶冻样芽孢杆菌和侧孢短芽孢杆菌两种微生物菌剂成倍地增加了土壤内有机质含量，并且碱解氮、速效钾、速效磷含量不同程度提升，各施肥量对以上因素作用水平较CK呈显著性差异。说明微生物菌剂具有改善土壤养分，提高土壤特性的重要优势。增施微生物菌剂使土壤有机质呈增加趋势，但不同微生物菌剂对有机质含量的影响也不同。长期增施微生物钾肥，土壤化学性状明显改善，土壤全氮、碱解氮含量上升，土壤水、肥、气、热协调成效加强。增施微生物菌剂使土壤有机质含量呈增加趋势，土壤碱解氮、速效钾、速效磷含量有不同程度的增加，但不同微生物肥料种类与增施量对土壤化学性状的影响也不同。

土壤肥力的大小与土壤酶活性的高低密切相关。施肥方式以及土壤速效钾含量、速效磷含量高低都会影响土壤酶活性。经过试验分析，增施微生物菌剂后土壤内蔗糖酶、脲酶、碱性磷酸酶活性大小均有不同程度的增长。由此可见，微生物能够优化土质，改良土壤特性，改进酿酒葡萄种植环境。

增施微生物菌剂能够提高土壤微生物数量，提高土壤微生物活性。植株根系周围真菌、细菌和放线菌数量在加入微生物肥料后大幅度提高。此次试验结果显示，加入微生物菌剂后土壤中细菌、真菌以及放线菌数量明显提高，但胶冻样芽孢杆菌与侧孢短芽孢杆菌两种菌剂对其影响效果各有不同，可能是由于菌剂内所含的微生物种类与数量不同造成了土壤微生物数目的差异。由于微生物菌剂内含有大量活性的有机碳源，可以为土壤内微生物提供生存及活动所需的营养元素和能量，促进微生物的繁殖，使土壤中营养物质含量提高，从而改善土壤质量，改善酿酒葡萄的生长发育情况。

### 二、微生物菌剂对赤霞珠葡萄生长发育的影响

果树体内储存的营养可以提供果树前期生长所需，而施肥是改善树体营养储存状

况的方法之一。工厂化生产的微生物肥料里不单包括植物发育所需的生理活性物质而且包括不同养分元素，因此可较好地满足植株营养元素的需求，从而促进葡萄生长发育。本试验在葡萄发育前期增施不同微生物菌剂后，葡萄新梢长度均显著增加，增幅为5.10%~35.71%，其中T1和T3处理组效果最好，并且与CK有显著性差异，说明胶冻样芽孢杆菌与侧孢短芽孢杆菌对新梢的细胞伸长有促进作用，这与微生物钾肥在巨峰葡萄的研究中有拉长作用结果一致。同时本试验数据显示，增施微生物肥料提高了葡萄的生长速率，特别是果实发育前期，各处理组新梢直径显著提高，在果实生长期与成熟期影响效果较弱。

### 三、微生物菌剂对赤霞珠葡萄叶片光合作用的影响

植物光合作用是在叶绿体内进行，叶绿体色素含量是光合作用利用率的主要决定因素。果树叶片主要含有两种叶绿体色素：叶绿素以及类胡萝卜素。高等植物含有两种叶绿素：蓝绿色的叶绿素a和黄绿色的叶绿素b。少数叶绿素a分子处于特殊形态时，能将光能转换为电能；叶绿素b能吸收光能且向反应中心色素转达；类胡萝卜素的作用是将吸收到的光能传输向叶绿素，并且保障光合组织不受光氧化侵害。试验测定叶片中叶绿素a、叶绿素b及类胡萝卜素含量皆呈现先增加、后降低、再趋于平稳的趋势，这与叶片转色期的胞间$CO_2$浓度趋势大体相同。在叶片发育前期，叶绿素和类胡萝卜素含量普遍较低，随着发育，光合速率逐渐增大，叶绿素含量也随之增加。通过研究表明，葡萄进入转色期后，T2和T5处理组提高赤霞珠叶片叶绿体色素含量的效果最显著。

光合作用是复杂的生物氧化还原的过程，能够为生物构建生命活动以及维持生长发育提供所需要的能量。光合作用会受叶龄、水分以及矿质元素含量等影响。葡萄光合作用强，光合作用产生的化合物便不断向浆果运输，因此浆果内的糖类含量增加，酚类物质可得到储藏与积累。在本试验中，葡萄进入转色期后，叶片光合作用呈现下降的趋向，且叶片的光合作用的日变化表现为午休现象，显示出M形曲线，最大值分别出现于11：00和15：00，在13：00前后光合速率下降。两种微生物菌剂对葡萄的光合作用均有不同程度的影响，并且均能提高葡萄植株的光合效率，这是由于微生物菌剂中所含的成分可以影响叶片的气孔导度，加强光合效率，提供光能利用效率，由此加强葡萄养料元素的输送。综合来看，T2、T5处理下的叶片光合作用效果较好。

## 四、微生物菌剂对赤霞珠葡萄果实品质的影响

微生物菌剂可以提高植株的品质，不同类型的菌剂对植株发育的作用及机制各不相同。微生物菌剂是一种环保肥料，还能够作为植物生长调节剂，为葡萄供应发育所需的养分元素。宁夏贺兰山东麓土地瘠薄，所以合理施肥能够提高葡萄品质。衡量葡萄品质的指标包括可溶性糖含量、可溶性固形物含量、可滴定酸含量、单宁含量、花色苷含量以及总酚含量。糖分含量的高低是衡量果实品质的首要指标，本试验研究表明，各处理组的可溶性固形物含量提高了3.88%~12.30%，可溶性糖含量的涨幅为2.50%~18.53%，其中T1和T5更能够有效促进果实内糖分的积累，这可能由于微生物菌剂能够刺激内源激素，直接影响糖分由维管束内卸载，阻止库细胞内糖类物质向外渗透，刺激浆果维管束的蔗糖卸载。葡萄属酒石酸型果实，有机酸以酒石酸为主，酒石酸与苹果酸占据葡萄总酸的90%左右，合成有机酸的机理为组织把苹果酸与酒石酸直接运送到果实内并转化为其他有机酸，或者把糖类物质转移至果实后合成为有机酸。在降酸方面，胶冻样芽孢杆菌和侧孢短芽孢杆菌均表现出加快降低含酸量的效果，且各处理组之间差异显著，表明微生物菌剂可以减少葡萄有机酸含量。单宁、花色苷以及总酚属于酚类物质，T1处理下可促进果实内酚类物质的积累。各处理组果实内总酚和花色苷涨幅较高，而单宁含量涨幅较低，主要原因为单宁和总酚均为苯丙烷代谢途径的次级产物，它们之间存在着竞争关系。综合分析，T1、T5处理有利于增加葡萄果实中总酚含量、花色苷含量以及糖类物质含量并且能够显著降低果实中有机酸含量。

综上分析可得，两种微生物菌剂均显著改善土壤特性，对果实品质也明显优化，但由于其影响机制较复杂，仍需要进行更深入的研究以及继续跟踪调查增施效果，为生产进行推广和应用做出可靠的数据支撑以及理论依据。

## 第四节　小结

（1）增施胶冻样芽孢杆菌和侧孢短芽孢杆菌两种微生物肥料均可降低土壤容量，增加土壤有机质含量，提高碱解氮、速效钾、速效磷含量，但不同增施量对土壤理化性状的改良效果差异显著。

（2）增施两种微生物菌剂均可提高土壤酶活性，增加微生物数量，并以0~20cm土层最为显著，其中，T1处理显著增加土壤蔗糖酶、过氧化氢酶、碱性磷酸酶以及脲酶活性；T4处理对增加土壤蔗糖酶、过氧化氢酶、碱性磷酸酶以及脲酶活性效果最佳。增施微生物菌剂均能显著地增加土壤真菌、细菌以及放线菌数量，其中真菌数量涨幅最大。不

同增施量对其影响效果不同，相同增施量下，侧孢短芽孢杆菌处理下土壤微生物数量稍高于胶冻样芽孢杆菌。

（3）增施胶冻样芽孢杆菌和侧孢短芽孢杆菌可促进葡萄生长，其中，T1处理方式可显著增加葡萄新梢长度、新梢直径、百粒重。T6处理方式可显著增加新梢长度、新梢直径、百粒重。

（4）增施微生物菌剂可显著提高葡萄叶片光合色素含量及光合效率。

（5）T1或T4处理方式均能获得较佳的赤霞珠葡萄品质。

# 第二十四章 部分根域限制条件下不同覆盖方式对土壤特性及梅鹿辄葡萄果实品质的影响

根域限制栽培是指利用一些物理或生态的方法将果树根域封闭在一定的容积内限制其无序生长的一种新型栽培模式，其原理是将果树根系置于一个可控的范围内，通过控制根系生长来调节地上部和地下部、营养生长和生殖生长的关系，一改"根深叶茂"的传统理念，具有水肥利用高效、投产早、产量高、果实糖含量高、风味色泽好等特点。

宁夏贺兰山东麓因其得天独厚的土壤气候条件，对葡萄品质的形成及产量具有重要影响，宁夏贺兰山东麓已成为世界最适宜酿酒葡萄生产的产区，但因贺兰山东麓属于大陆性气候，常年干旱少雨，昼夜和年平均温差大，且土壤质地多为漏肥漏水严重的风沙土和含石粒较多的灰钙土。

近年来，根域限制技术被广泛应用于葡萄、柑橘、桃等果树栽培中，可有效解决传统果树栽培施肥的盲目性和水肥渗漏问题，有的放矢，减少肥料用量，提高水肥利用率。覆盖措施也被广泛应用于我国北方旱区，不仅可增加土壤温度，还可降低地表水分蒸发量，增加土壤肥力，改善土壤结构。

本试验针对宁夏地区干旱少雨、温差大、土壤保水保肥性差的问题，以9年生梅鹿辄葡萄为试材，采用部分根域限制技术，探讨部分根域限制条件下不同覆盖方式对土壤特性及梅鹿辄葡萄果实品质的影响，以期筛选出适合宁夏贺兰山东麓酿酒葡萄生长发育及品质形成的最佳栽培模式。

## 第一节 材料与方法

### 一、试验地点与材料

试验于2018年4月至2018年10月在宁夏永宁县玉泉营镇，宁夏兰山骄子葡萄酒庄有限公司，国家葡萄产业技术体系水分生理与节水栽培岗位核心试验基地（38°14′19″N，106°2′0″E）进行，该地区属温带季风大陆性气候，常年干旱少雨，年平均气温9.0℃，年有效积温可达1800℃，无霜期200d左右，年均日照时数达2897.5h，年均降水量200mm左右，年均蒸发量高达2000mm。土壤为风沙土，漏水漏肥严重。

海拔1121m，年平均降雨量205mm，年日照2950h，年活动积温3251℃。土质为沙壤土，通气良好，地下水位40m。

供试材料为9年生梅鹿辄葡萄树，采用传统独龙蔓整形，树体生长健壮，无病虫害，东西行向定植，株行距为0.7×3m，水肥管理一致。

## 二、试验设计

本试验以常规栽培管理方式为对照（CK），共设置3个处理组，分别为部分根域限制条件下无覆盖（T1）、覆草（T2）和覆膜（T3）3种方式。

## 三、根域限制、覆盖材料及具体操作

部分根域限制处理：本试验采用部分根域限制，在定植行葡萄树两侧，距主干40cm处开宽度30cm、深度60cm的处理沟，在沟底和外侧覆设可降解塑料膜后回填土壤，这样就形成沟底中间保留80cm的排水缝隙，如图24-1所示。

地膜覆盖：选用厚度为0.01mm，宽度为60cm的黑色渗水地膜（可回收利用）铺盖于树行两侧。

覆草处理：在树行两侧分别均匀铺设宽60cm，厚15cm的半腐熟陈旧小麦秸秆，小麦秸秆在使用前铡成3~5cm小段，于太阳下暴晒2~3d，减少病虫害。

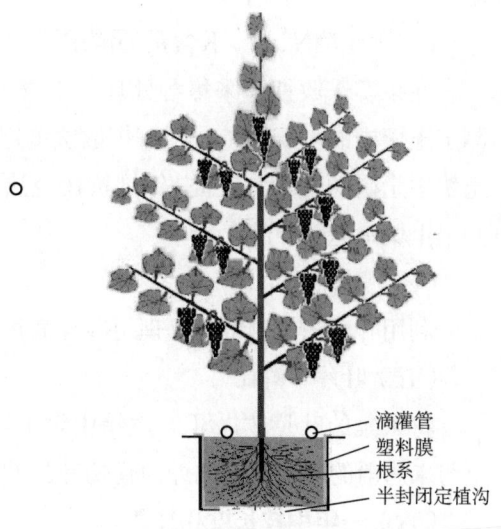

图24-1 葡萄部分根域限制栽培示意图

## 四、样品采集与处理

待葡萄萌芽长出5片叶开始,在各处理组的区域内,每隔15d随机采集一次葡萄叶片。在花后30d开始,在各处理组区域内随机采集葡萄果粒500粒,注意从多个不同位置的果穗上、中、下、内、外不同部位随机采集样品。

对于需要测定葡萄叶片和果实生理指标的样品,在采集后样品立即用液氮处理,并在-80℃冰箱内保存备用。

## 五、测定指标与方法

### (一)土壤含水量测定

于葡萄萌芽期开始,每隔15d在葡萄行一侧距离植株30cm处挖深度为100cm的剖面坑,用含水量测定仪测定不同深度土壤的含水量,测定深度分别为0~20cm、20~40cm和40~60cm。

### (二)土壤低温测定

采用直角土温计在两株葡萄中间测定各处理组固定地点地表下10cm和30cm处土层温度。

### (三)土壤N、P、K含量的测定

在果实采收期,采集各处理组土壤各土层的土样进行测定。采用全自动凯氏定氮仪测定土壤中的全氮含量;碱解扩散法测定土壤中碱解氮的含量;消化-钼锑抗比色法测定土壤中全磷的含量;浸提-钼锑抗比色法测定土壤中速效磷的含量;浸提-火焰光度计法测定土壤中速效钾的含量。

### (四)叶面积

利用叶面积仪测定各处理组叶片面积。

### (五)叶片干鲜比

将采集的叶片放入80℃烘箱中烘干至恒重,称量烘干前后叶片重量,烤干后的干叶重与未烤前的鲜叶重之比即为葡萄叶片的干鲜比。

### (六)一年生枝长度和径粗

从新梢萌发开始,对各处理组随机挑选3株长势较为一致的葡萄进行标记,再对每一标记植株上随机标记5个新梢,并每15天测定一次其长度和径粗(枝条基部往上3~4cm处)。

### (七)葡萄叶片光合色素含量测定

利用紫外分光光度法测定葡萄叶片中类胡萝卜素、总叶绿素、叶绿素a及叶绿素b的含量。

## （八）叶片光合特性指标测定

于葡萄果实膨大期至转色期，各处理组选择树势一致的3株葡萄树，并从每株树上选择具有果穗的结果枝的中部叶片各两片进行标记，标记完后，选择较晴朗的一天，用便携式光合作用仪（3051D型，浙江托普云农科技股份有限公司）测定各处理组植株标记叶片各指标的日变化。测定当天温度应为26～37℃，平均光照有效辐射应在800～1600/[$\mu mol/(m^2 \cdot s)$]，测定时间分别为8：00、10：00、12：00、14：00、16：00和18：00。

## （九）百粒重

从每次采集的果粒中随机挑选100粒，用千分之一分析天平称重，重复3次。

## （十）葡萄单产

在葡萄成熟采收前，对每个试验小区进行单独采收，并用电子秤称取每个试验小区葡萄产量，最后折算为各处理组的亩产量。

## （十一）葡萄果实理化指标的测定

葡萄果实总酸含量采用NaOH滴定法测定；葡萄果实总花色苷含量采用盐酸-甲醇比色法测定；葡萄果实单宁含量采用福林-丹尼斯法测定；葡萄果实可溶性固形物含量采用折光仪法测定；葡萄果实总酚含量采用福林酚法测定；葡萄果实可溶性总糖含量采用蒽酮比色法测定。

## 六、数据处理

采用Excel对测定数据进行统计，SPSS17.0、DPS_7.05、Visio2013等软件进行数据处理及分析。

# 第二节　结果与分析

## 一、部分根域限制下不同覆盖方式对土壤含水量的影响

如图24-2所示，各处理组各土层土壤含水量变化在各灌水周期内以及降雨期均表现为灌水后"迅速升高-快速下降-缓慢下降"（总体趋势），变化趋势基本保持一致。于0～20cm处土层，T2和T3处理组各土层含水量均显著高于CK和T1处理组，且T2和T3处理组各土层含水量在灌溉或降雨情况下，上升速度明显高于CK和T1处理组。

于20～40cm处土层，各处理组平均土层含水量在8.12%～9.76%波动，较CK分别提高了8%、20%和18.5%。

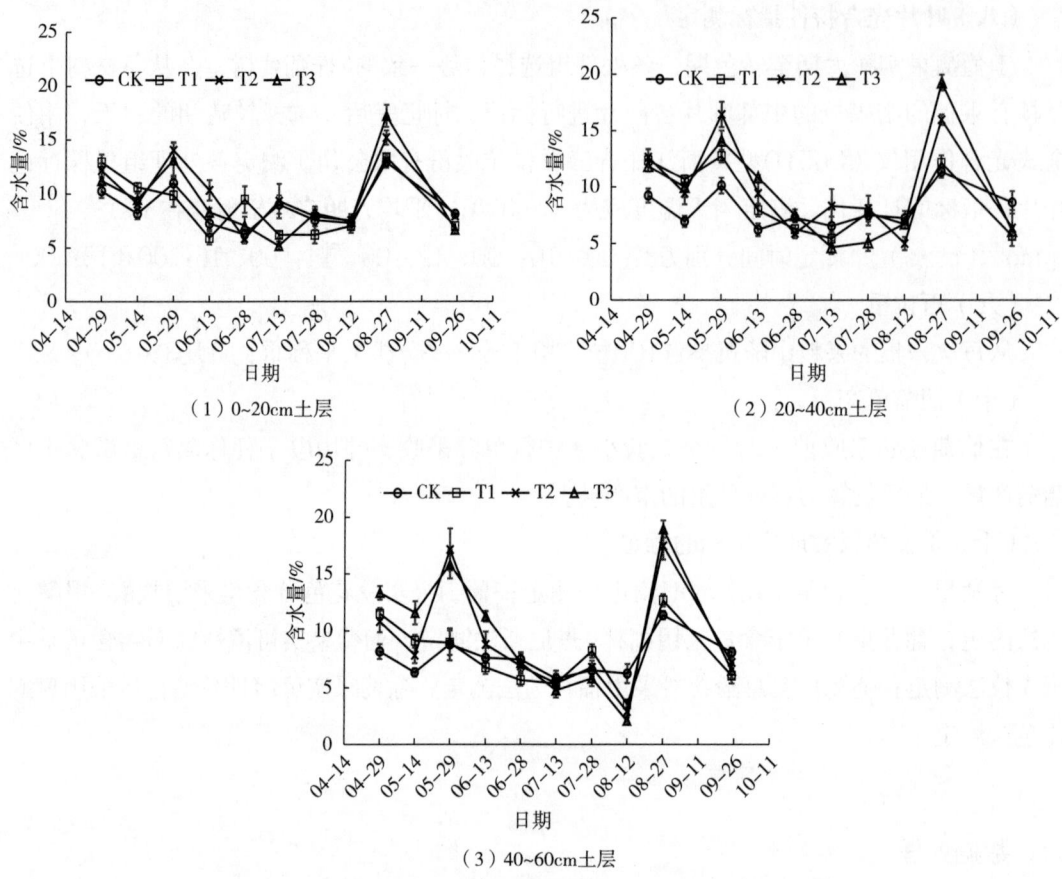

图24-2 部分根域限制下不同覆盖方式对土层含水量的影响

于40～60cm处土层，各处理组平均土层含水量在7.62%～9.74%波动，T2和T3处理组较CK分别提高了2%、19.3%和27.2%。

部分根域限制下覆盖处理可显著降低土壤浅土层水分蒸发量、提高土壤各土层的平均含水量，且随着土层深度的增加，土壤平均含水量降低，受降雨量和灌水量的影响越大，土层含水量波动范围越广。

## 二、部分根域限制下不同覆盖方式对土壤温度的影响

各处理组在10cm处土层温度变化趋势如表24-1所示，10cm土层温度于5月15日开始逐渐上升，到8月15日，各处理组土层温度达到一年之中的最大值，此时CK的土层温度为25.83℃，各处理组土层温度分别为：T1 25.80℃、T2 24.17℃和T3 27.30℃，8月15日之后，土层温度开始逐渐下降。

整个葡萄生育期内，0～20cm处土层各处理组间土层平均温度在20.51～21.77℃，

T2和T3处理组平均温度较CK分别提高了1.3%和6.1%，T1处理组和CK无明显差异；CK和各处理组在整个生育期内的土层温差分别为10.33℃、10.70℃、7.77℃和11.10℃，其中T2处理组土层温度最稳定，T3处理组温度变幅大，稳定性差。

表24-1　部分根域限制下不同覆盖方式对10cm处土层温度的影响

| 处理组 | 日期 | | | | |
|---|---|---|---|---|---|
| | 5月15日 | 6月15日 | 7月15日 | 8月15日 | 9月15日 |
| CK | 19.27±0.28$^{Aa}$ | 18.30±0.67$^{Ab}$ | 23.67±0.17$^{Ab}$ | 25.83±0.33$^{Ab}$ | 15.50±0.58$^{Ab}$ |
| T1 | 19.10±0.06$^{Aa}$ | 20.10±0.31$^{Aa}$ | 23.50±0.50$^{Ab}$ | 25.80±0.35$^{Ab}$ | 15.10±0.32$^{Ab}$ |
| T2 | 19.37±0.68$^{Aa}$ | 19.87±0.03$^{Aa}$ | 24.10±0.62$^{Aa}$ | 24.17±0.10$^{Ab}$ | 16.40±0.42$^{Aa}$ |
| T3 | 20.30±0.84$^{Aa}$ | 19.87±0.38$^{Aa}$ | 25.17±0.20$^{Aa}$ | 27.30±0.21$^{Aa}$ | 16.20±0.19$^{Ab}$ |

注：同一列中不同大写字母表示在$p<0.01$水平上显著相关，小写字母表示在$p<0.05$水平上显著相关，余同，后不再写。

如表24-2所示，各处理组在30cm处土层温度变化与0~20cm处土层温度变化趋势相似，均于5月15日开始逐渐上升，到8月15日时，土层温度达到一年之中的最大值，CK及T1~T3处理组土层温度分别为25.83℃、25.87℃、24.80℃和26.67℃；8月15日之后，温度开始逐渐下降。

在整个生育期内，各处理组间20~40cm处土层平均温度在21.28~21.61℃，处理组间无显著性差异。CK和各处理组20~40cm处土层温差分别为9.13℃、9.37℃、7.3℃和10.17℃，其中T2处理组土层温度稳定性最强。

表24-2　部分根域限制下不同覆盖方式对30cm处土层温度的影响

| 处理组 | 日期 | | | | |
|---|---|---|---|---|---|
| | 5月15日 | 6月15日 | 7月15日 | 8月15日 | 9月15日 |
| CK | 20.17±0.18$^{Aa}$ | 20.20±0.33$^{Aa}$ | 24.07±0.07$^{Ab}$ | 25.83±0.33$^{Aa}$ | 16.7±0.12$^{Ab}$ |
| T1 | 20.13±0.03$^{Aa}$ | 20.13±0.19$^{Aa}$ | 24.83±0.6$^{Aa}$ | 25.87±0.35$^{Aa}$ | 16.5±0.31$^{Ab}$ |
| T2 | 19.10±0.56$^{Aa}$ | 20.23±0.18$^{Aa}$ | 24.77±0.27$^{Aa}$ | 24.80±0.17$^{Aa}$ | 17.5±0.15$^{Aa}$ |
| T3 | 20.13±0.55$^{Aa}$ | 20.07±0.18$^{Aa}$ | 24.67±0.17$^{Aa}$ | 26.67±0.12$^{Aa}$ | 16.5±0.26$^{Ab}$ |

整个葡萄生育期间，各土层温度均随外界环境的变化发生相应的变化，且随着土层深度的增加，各土层平均温度降低，部分根域限制下的覆盖处理方式对0~20cm处土层温度的影响大于20~40cm处土层，20~40cm土层的温度较稳定。

## 三、部分根域限制下不同覆盖方式对土壤营养元素含量的影响

表24-3所示为各处理方式对不同土壤深度的全氮含量的影响。方差分析结果显示：各处理组对浅土层（0~20cm处）全氮含量无显著性影响；土壤深度为20~60cm时，T3处理组可显著提高土壤全氮含量，其中，CK、T1、T2和T3处理组土壤平均全氮含量分别为0.28、0.43、0.45和0.52g/kg，其土壤全氮含量分别为0.28~0.30、0.31~0.51、0.41~0.46和0.37~0.64g/kg，各处理组土壤平均全氮含量分别较CK提高了53.5%、60.71%和84.8%。综上说明，T1、T2和T3处理组均能够显著提高土壤中全氮含量，其中T3处理组效果最显著。

表24-3 部分根域限制下不同覆盖方式对不同土壤深度全氮含量的影响　　单位：g/kg

| 处理方式 | 土壤深度 | | | 平均值 |
|---|---|---|---|---|
| | 0~20cm | 20~40cm | 40~60cm | |
| CK | 0.28±0.03$^{Aa}$ | 0.30±0.46$^{Bb}$ | 0.28±0.80$^{Ab}$ | 0.28 |
| T1 | 0.37±0.48$^{Aa}$ | 0.51±0.47$^{ABb}$ | 0.42±0.01$^{Aab}$ | 0.43 |
| T2 | 0.42±0.80$^{Aa}$ | 0.46±0.61$^{Bb}$ | 0.46±1.24$^{Aab}$ | 0.45 |
| T3 | 0.37±0.45$^{Aa}$ | 0.64±0.82$^{Aa}$ | 0.56±0.81$^{Aa}$ | 0.52 |

表24-4所示为各处理方式对不同土壤深度的全磷含量的影响。方差分析结果显示：T2和T3处理组均提高了各土层全磷的含量，其中T2处理组在0~40cm处土层效果显著；各处理组对40~60cm处土层全磷含量无显著性影响；T2处理组土层平均全磷含量最高，为0.42g/kg，较CK增加了16.7%；T3处理组次之，为0.38mg/kg，较CK约增加了6%；T1处理组较CK无显著差异。说明，T2和T3处理组均可显著提高0~40cm处土层的全磷含量，其中T2处理组效果最显著。

表24-4 部分根域限制下不同覆盖方式对不同土壤深度全磷含量的影响　　单位：g/kg

| 处理方式 | 土壤深度 | | | 平均值 |
|---|---|---|---|---|
| | 0~20cm | 20~40cm | 40~60cm | |
| CK | 0.32±0.002$^{Bb}$ | 0.40±0.002$^{Bb}$ | 0.38±0.006$^{Aa}$ | 0.36 |
| T1 | 0.32±0.003$^{Bb}$ | 0.38±0.011$^{Bb}$ | 0.36±0.006$^{Aa}$ | 0.36 |
| T2 | 0.36±0.020$^{Aa}$ | 0.48±0.015$^{Aa}$ | 0.42±0.007$^{Aa}$ | 0.42 |
| T3 | 0.34±0.003$^{Bb}$ | 0.40±0.002$^{ABb}$ | 0.40±0.593$^{Aa}$ | 0.38 |

表24-5所示为各处理方式对不同土层深度的速效氮含量的影响。方差分析结果显示：T2处理组极显著地提高了0~20cm处土层的速效氮含量，T1和T3处理组在该土层的速效氮含量均低于CK，但与CK无显著差异；在20~40cm处土层各处理组速效氮含量均低于CK；T1处理组土层平均速效氮含量最低，为28.20mg/kg，较CK降低了20.54%；T3处理组中等，为31.73mg/kg，较CK降低了10.59%；T2处理组土层平均土壤速效氮含量为35.34mg/kg，与CK相比，降低幅度最小，为0.42%，说明T2处理组可显著提高0~20cm处土层的速效氮含量。

表24-5 部分根域限制下不同覆盖方式对不同土壤深度速效氮含量的影响　　单位：mg/kg

| 处理方式 | 土壤深度 | | | 平均值 |
| --- | --- | --- | --- | --- |
| | 0~20cm | 20~40cm | 40~60cm | |
| CK | 28.64±2.47$^{Bb}$ | 41.57±1.61$^{Aa}$ | 36.25±2.47$^{Aa}$ | 35.49 |
| T1 | 22.38±0.01$^{Bb}$ | 36.12±0.94$^{ABb}$ | 26.10±0.94$^{Ab}$ | 28.20 |
| T2 | 42.90±2.46$^{Aa}$ | 36.48±4.27$^{ABb}$ | 26.64±0.93$^{Ab}$ | 35.34 |
| T3 | 22.38±0.01$^{Bb}$ | 37.35±1.86$^{Aab}$ | 35.46±1.87$^{Aa}$ | 31.73 |

如表24-6所示，各处理方式均可提高各土层土壤速效磷含量，其中，T2和T3处理组较CK效果达到极显著水平；T2处理组土层平均速效磷含量最高，为19.38mg/kg，较CK增加了290%；T3处理组中等，为14.58mg/kg，较CK增加了194%；T1处理最低，为9.34mg/kg，较CK增加了88.3%。说明，各处理组均可显著提高各土层土壤速效磷含量，其中T2和T3处理组效果最显著。

表24-6 部分根域限制下不同覆盖方式对不同土壤深度速效磷含量的影响　　单位：mg/kg

| 处理方式 | 土壤深度 | | | 平均值 |
| --- | --- | --- | --- | --- |
| | 0~20cm | 20~40cm | 40~60cm | |
| CK | 4.95±0.02$^{Cc}$ | 4.95±2.25$^{Cc}$ | 4.98±2.27$^{Bb}$ | 4.96 |
| T1 | 12.86±0.02$^{Bb}$ | 8.87±0.04$^{Bb}$ | 6.28±0.01$^{Bb}$ | 9.34 |
| T2 | 25.93±1.22$^{Aa}$ | 16.75±0.08$^{Aa}$ | 15.46±0.07$^{Aa}$ | 19.38 |
| T3 | 16.81±0$^{Bb}$ | 11.49±1.31$^{Bb}$ | 15.45±1.28$^{Aa}$ | 14.58 |

如表24-7所示，各处理组均可提高0~40cm处土层土壤速效钾含量，其中T1处理组在0~20cm处土层效果显著，T3处理组可显著提高20~40cm处土层土壤速效钾含量；40~60cm处土层，各处理组土壤速效钾含量均低于CK，但无显著差异；T3处理组土层平均土壤速效钾含量最高，为116.49mg/kg，较CK增加了10.6%；T1处理组中等，为

112.84mg/kg，较CK增加了7.1%。T2处理组最低，为110.61mg/kg，较CK增加了5.0%。

表24-7 部分根域限制下不同覆盖方式对不同土壤深度速效钾含量的影响　　单位：mg/kg

| 处理方式 | 土壤深度 | | | 平均值 |
|---|---|---|---|---|
| | 0~20cm | 20~40cm | 40~60cm | |
| CK | 105.03±13.19$^{Ab}$ | 103.39±1.6$^{Bb}$ | 108.89±9.33$^{Aa}$ | 105.77 |
| T1 | 121.36±18.69$^{Aa}$ | 115.49±1.73$^{ABab}$ | 101.68±7.64$^{Aa}$ | 112.84 |
| T2 | 107.56±9.7$^{Ab}$ | 117.44±3.15$^{ABab}$ | 106.83±8.63$^{Aa}$ | 110.61 |
| T3 | 114.34±5.43$^{Aab}$ | 127.86±8.64$^{Aa}$ | 107.29±7.97$^{Aa}$ | 116.49 |

综合比较，CK各营养元素均随着深度的增加呈降低趋势，而T1、T2和T3处理组均在一定程度上提高了土壤中营养元素。其中，T2和T3处理组均可显著提高各土层全氮、全磷、和速效钾含量；T1处理组可显著提高各土层全氮和速效钾含量。3种处理方式各土层速效氮含量整体低于CK。

### 四、部分根域限制下不同覆盖方式对梅鹿辄葡萄叶面积的影响

如图24-3所示为部分根域限制下，不同覆盖方式对梅鹿辄叶面积的影响。梅鹿辄叶面积在整个发育过程中呈现先增长、后减小，最终趋于稳定的趋势。6月29日，各处理组叶面积达到最大值，表现为：CK>T2>T1>T3，其中，T3处理组叶面积在整个生育过程中显著低于其他处理组。7月28日（转色期）开始，叶面积趋于稳定；8月27日，T2处理组叶面积高于CK，较CK增大了3.4%，但差异不显著；T1和T3处理组叶面积低于CK，分别较CK降低了9%和19%。

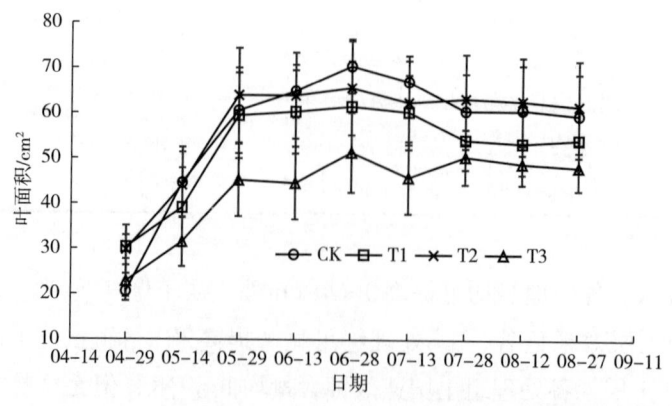

图24-3 部分根域限制下不同覆盖方式对梅鹿辄葡萄叶面积的影响

## 五、部分根域限制下不同覆盖方式对梅鹿辄葡萄叶片干鲜比的影响

如图24-4所示，各处理组干鲜比随着试验处理进程的发展逐渐增长，其中在5月15日至6月15日增长较缓慢；6月15日至7月15日基本保持不变；7月15日至9月15日快速增长。在9月15日时，各处理组干鲜比达到最大值，此时的次序为：T1＞CK＞T2＞T3，其中T1处理组干鲜比较CK提高了1%，T2和T3处理组分别较CK降低了0.2%和2.7%，各处理组间干鲜比无显著性差异。

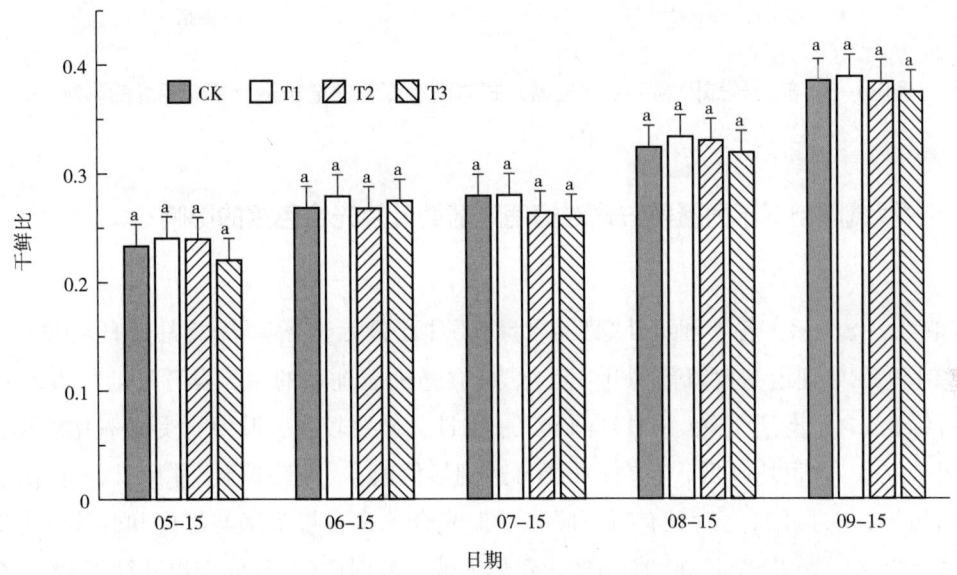

图24-4　部分根域限制下不同覆盖方式对梅鹿辄叶片干鲜比的影响

## 六、部分根域限制下不同覆盖方式对梅鹿辄新梢增长量及粗度的影响

如图24-5所示，梅鹿辄葡萄新梢长度在4月29日至6月13日增长速度较快，6月13日之后，增长速度缓慢，且最终趋于稳定。7月28日（转色期），各处理组新梢增长量次序为：CK＞T2＞T3＞T1，T1、T2和T3处理组新梢增长量分别较CK降低了35%、4.3%和5.8%。4月29日至5月14日，各处理组新梢粗度迅速增加，5月14日至6月13日基本保持不变，6月13日至7月13日缓慢增加，7月13日之后再次趋于稳定。在7月28日，各处理组新梢粗度次序为：T2＞T3＞CK＞T1，其中，T2和T3处理组分别较CK增加了15%和12.3%，T1处理组较CK降低了0.7%，差异不显著。

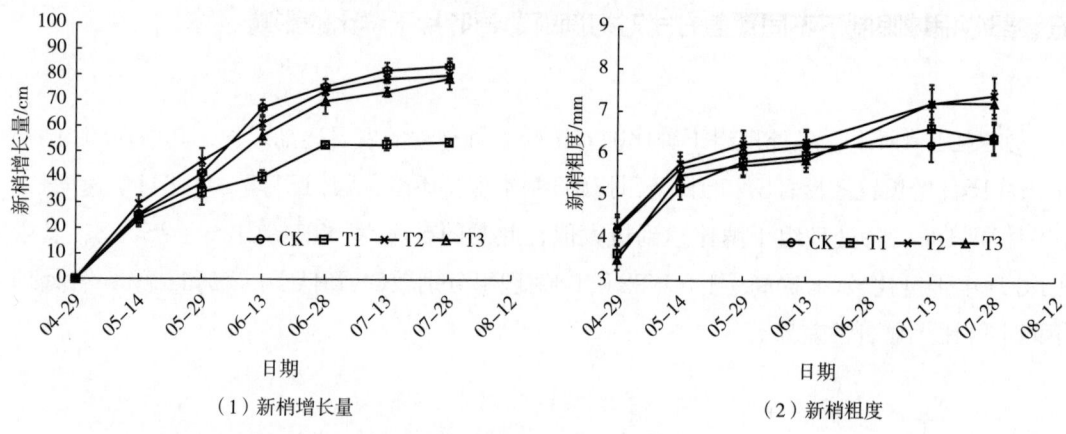

图24-5 部分根域限制下不同覆盖方式对梅鹿辄新梢增长量及新梢粗度的影响

## 七、部分根域限制下不同覆盖方式对梅鹿辄葡萄叶片光合色素的影响

如表24-8所示，各处理组叶绿素a含量在5月15日无显著差异，5月15日至6月15日，CK、T1和T2处理组梅鹿辄葡萄叶片叶绿素a含量随着葡萄的生长发育逐渐积累，T3处理组叶绿素a含量有所下降。6月15日至7月15日，光照较强，叶绿素受光氧化破坏，各处理组叶绿素a含量均降低，且在7月15日达到最低值；7月15日至8月15日，叶绿素a含量继续积累，8月15日之后又有所下降，后期光合色素含量下降与温度和叶片衰老等相关，各处理组叶绿素a含量在8月15日达到最大值，此时CK和各处理组叶绿素a含量分别为1.45mg/g、1.43mg/g、1.31mg/g和1.41mg/g，各处理组叶绿素a含量分别较CK降低了1.3%、9.6%和2.8%。

如表24-8所示，叶绿素b含量的变化趋势与叶绿素a相似，各处理组叶绿素b含量在8月15日时达到最大值，此时叶绿素b含量分别为0.65mg/g、0.23mg/g、0.42mg/g和0.54mg/g，与CK相比分别下降了64.6%、35.4%和16.9%。

如表24-8所示，总叶绿素含量与叶绿素a的变化趋势相似，于8月15日达到最大值，CK和各处理组总叶绿素含量分别为2.10mg/g、1.66mg/g、1.73mg/g和1.95mg/g，各处理组较CK分别降低了21%、17.6%和7.1%。

类胡萝卜素是光吸收的辅助色素，如表24-8所示，各处理组类胡萝卜素8月15日前变化趋势与叶绿素a和叶绿素b相似，8月15日至9月15日，各处理组类胡萝卜素含量整体呈现上升趋势，且在9月15日时达到最大值，此时CK和各处理组类胡萝卜素含量分别为0.61mg/g、0.58mg/g、0.59mg/g和0.57mg/g，与CK相比，分别降低了4.9%、3.2%和7.0%。

表24-8 部分根域限制下不同覆盖方式对梅鹿辄叶片光合色素的影响　　单位：mg/g

| 指标 | 处理 | 5月15日 | 6月15日 | 7月15日 | 8月15日 | 9月15日 |
|---|---|---|---|---|---|---|
| 叶绿素a | CK | 1.38±0.04$^{Aa}$ | 1.94±0.08$^{Aa}$ | 1.04±0.06$^{Aa}$ | 1.45±0.04$^{Aa}$ | 1.31±0.04$^{Aa}$ |
|  | T1 | 1.33±0.03$^{Aa}$ | 1.81±0.08$^{Aa}$ | 1.00±0.05$^{Aa}$ | 1.43±0.10$^{Aa}$ | 1.36±0.08$^{Aa}$ |
|  | T2 | 1.30±0.06$^{Aa}$ | 1.37±0.09$^{Aab}$ | 1.04±0.02$^{Aa}$ | 1.31±0.09$^{Ab}$ | 1.19±0.09$^{Bb}$ |
|  | T3 | 1.35±0.13$^{Aa}$ | 1.23±0.13$^{Ab}$ | 0.83±0.05$^{Ab}$ | 1.41±0.06$^{Aa}$ | 1.33±0.05$^{Aa}$ |
| 叶绿素b | CK | 0.51±0.10$^{Aa}$ | 0.39±0.07$^{Aa}$ | 0.40±0.04$^{Aa}$ | 0.65±0.17$^{Aa}$ | 0.64±0.04$^{Aa}$ |
|  | T1 | 0.48±0.06$^{Aa}$ | 0.59±0.08$^{Aa}$ | 0.28±0.02$^{Aa}$ | 0.23±0.02$^{Cc}$ | 0.21±0.01$^{Bbc}$ |
|  | T2 | 0.46±0.03$^{Aa}$ | 0.44±0.03$^{Aa}$ | 0.40±0.09$^{Aa}$ | 0.42±0.03$^{Cc}$ | 0.43±0.02$^{ABc}$ |
|  | T3 | 0.52±0.07$^{Aa}$ | 0.57±0.05$^{Aa}$ | 0.32±0.03$^{Aa}$ | 0.54±0.02$^{Bb}$ | 0.53±0.13$^{Aab}$ |
| 总叶绿素含量 | CK | 1.89±0.14$^{Aa}$ | 1.44±0.15$^{Aa}$ | 1.44±0.09$^{Aa}$ | 2.10±0.17$^{Aa}$ | 1.95±0.05$^{Aa}$ |
|  | T1 | 1.81±0.03$^{Aa}$ | 2.04±0.14$^{Aa}$ | 1.28±0.03$^{Ab}$ | 1.66±0.21$^{Aa}$ | 1.58±0.12$^{Bb}$ |
|  | T2 | 1.76±0.09$^{Aa}$ | 1.66±0.11$^{Aa}$ | 1.86±0.11$^{Aa}$ | 1.73±0.12$^{Bb}$ | 1.62±0.11$^{Aab}$ |
|  | T3 | 1.87±0.20$^{Aa}$ | 1.73±0.09$^{Aa}$ | 1.15±0.05$^{Ab}$ | 1.95±0.07$^{Bb}$ | 1.66±0.17$^{Aa}$ |
| 类胡萝卜素 | CK | 0.39±0.01$^{Aa}$ | 0.35±0.01$^{Bb}$ | 0.32±0.01$^{Aab}$ | 0.59±0.04$^{Aa}$ | 0.61±0.05$^{Aa}$ |
|  | T1 | 0.43±0.02$^{Aa}$ | 0.49±0.02$^{Aa}$ | 0.32±0.03$^{Aab}$ | 0.53±0.04$^{ABb}$ | 0.58±0.03$^{ABb}$ |
|  | T2 | 0.39±0.05$^{Aa}$ | 0.45±0.01$^{ABa}$ | 0.34±0.01$^{Aa}$ | 0.56±0.03$^{Ac}$ | 0.59±0.04$^{ABb}$ |
|  | T3 | 0.45±0.04$^{Aa}$ | 0.43±0.03$^{ABa}$ | 0.27±0.01$^{Ab}$ | 0.54±0.02$^{Aab}$ | 0.57±0.05$^{Bb}$ |

注：同行不同小写字母表示 $p=0.05$ 水平上差异显著，不同大写字母表示 $p=0.01$ 水平上差异显著，余同。

## 八、部分根域限制下不同覆盖方式对梅鹿辄葡萄光合速率、蒸腾速率、气孔导度和胞间$CO_2$浓度的影响

由图24-6（1）可知，采用不同覆盖方式时，光合速率随着时间的变化呈现双峰曲线变化趋势。8：00至10：00，随着温度的升高，光合速率快速上升；10：00至14：00各处理组叶片光合速率逐渐下降，且各处理组光合速率在14：00左右由于外界温度过高（平均在36℃左右）引起光合午休现象，达到一日内的低谷；14：00至16：00，各处理组光合速率回升，且在14：00左右出现第二个高峰，16：00之后，光合速率总体趋于稳定，并略有下降的趋势。CK、T1、T2和T3处理组葡萄叶片在日内光合速率最高点（即10：00）表现次序为：CK＞T1＞T2＞T3，在次高峰（即16：00）表现次序为：CK＞T1＞

T2>T3。T1、T2和T3日平均光合速率分别为6.63μmol/（m²·s）、6.38μmol/（m²·s）和5.91μmol/（m²·s），均显著低于CK，分别较CK降低6%、9.6%和16.3%，其中T2和T3处理组效果均较显著。

由图24-6（2）可知，不同处理组下梅鹿辄葡萄的蒸腾速率日变化具有明显的差异。8:00至10:00时，田间光照和温度增加导致各处理组蒸腾速率快速增加；10:00至14:00，太阳辐射增强，外界温度不断升高，植株为了维持自身水分平衡，调节了气孔的大小，致使气孔导度减小，减少水分散失，因此各处理组蒸腾速率均降低；14:00左右，外界气温过高导致气孔关闭，各处理组叶片蒸腾速率达到一日内的最低值；在14:00至16:00时，随着外界温度的降低，气孔逐渐打开，各处理组蒸腾速率迅速增加，16:00至18:00增加速度缓慢。各处理组日平均蒸腾速率分别为1.84mmol/（m²·s）、1.97mmol/（m²·s）和1.28mmol/（m²·s），较CK分别降低了9.4%、3.0%和37%，其中，T3处理组降低效果最显著。

如图24-6（3）所示，各处理组下气孔导度的日变化趋势基本保持一致，变化趋势与蒸腾速率较为相似。8:00至10:00，各处理组气孔导度迅速上升，其中T2处理组气孔导度上升速度最快；各处理组气孔导度在10:00至14:00迅速下降，14:00左右葡萄叶片气孔由于外界高温的影响，变小或者关闭，导致气孔导度达到一日内最低值；14:00之后，各处理组气孔导度受温度的影响，开始逐渐回升，其中在14:00至16:00上升速度较快；16:00至18:00，各处理组气孔导度略有下降。CK平均气孔导度为169mmol/（m²·s），各处理组日平均气孔导度分别为T1 164mmol/（m²·s）、T2 158mmol/（m²·s）和T3 140mmol/（m²·s），分别较CK降低了3.0%、6.5%和17.2%，其中T3处理组效果最显著。

如图24-6（4）所示，各处理组的胞间$CO_2$浓度变化趋势与光合速率、蒸腾速率及气孔导度整体大致呈现相反趋势。CK平均胞间$CO_2$浓度为392.44μmol/（m²·s），各处理组日平均胞间$CO_2$浓度分别为T1 429.34μmol/（m²·s）、T2 478.91μmol/（m²·s）和T3 500.25μmol/（m²·s），各处理组日平均胞间$CO_2$浓度均显著高于CK，分别较CK增加了9.4%、22.03%和27.4%，其中T2和T3处理组效果均较显著。

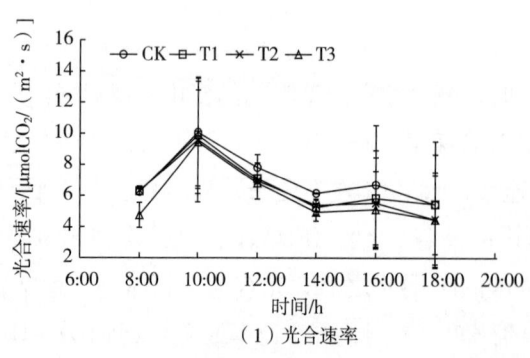

（1）光合速率

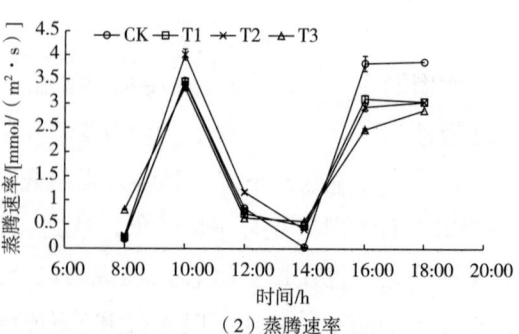

（2）蒸腾速率

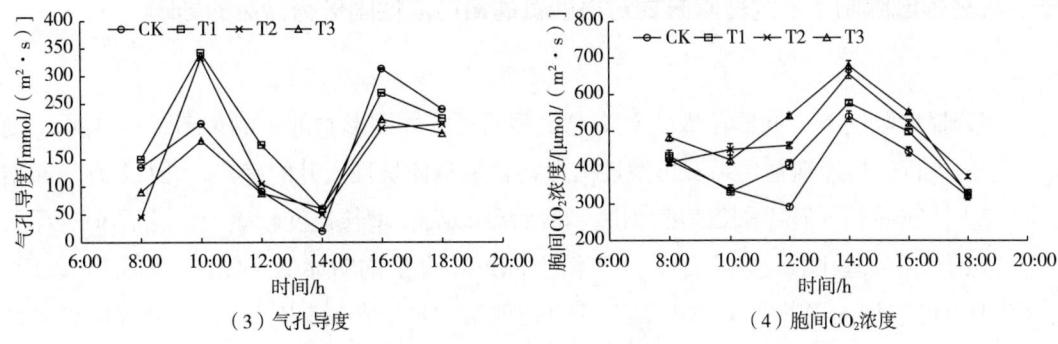

图24-6  部分根域限制下不同覆盖方式对梅鹿辄葡萄叶片光合特性的影响

## 九、部分根域限制下不同覆盖方式对梅鹿辄葡萄果实百粒重及产量的影响

各处理组对梅鹿辄葡萄果实百粒重的影响如图24-7（1）所示，各处理组百粒重变化趋势随着葡萄生长呈"S"形曲线。6月30日至8月14日，各处理组百粒重迅速增加，8月14日至9月15日，百粒重增长速度缓慢，9月15至30日则有所下降。于花后120d（9月28日）时，各处理组百粒重次序为：CK＞T2＞T1＞T3，其中，T1、T2和T3处理组葡萄果实百粒重分别较CK降低了9%、2%和14%。

如图24-7（2）所示为部分根域限制下不同覆盖方式对梅鹿辄产量的影响，各处理平均产量T1＞T2＞CK＞T3。T1处理产量最高，为411.94kg/亩，较CK增产16.9%，T2处理产量中等，为370.6kg/亩，较CK增产5.1%，T3处理产量最低，为337.52g/亩，较CK减产4.2%。

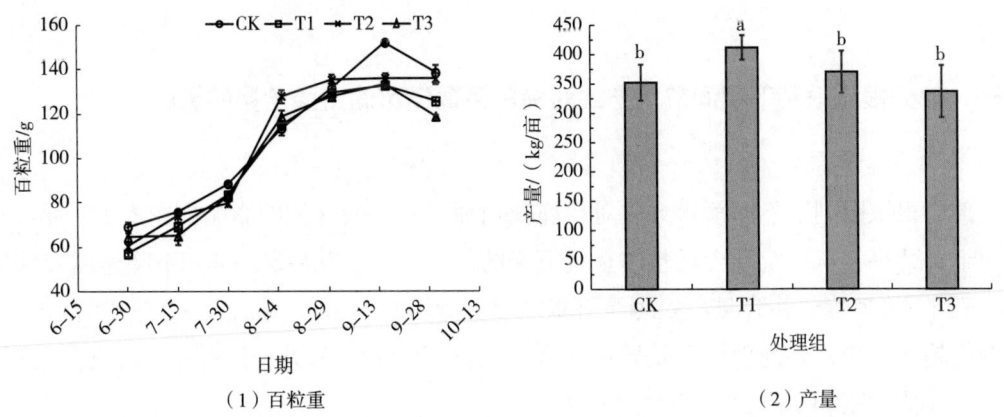

图24-7  部分根域限制下不同覆盖方式对梅鹿辄葡萄果实百粒重及产量的影响

## 十、部分根域限制下不同覆盖方式对梅鹿辄葡萄可溶性固形物含量的影响

部分根域限制下不同覆盖方式对梅鹿辄葡萄可溶性固形物的影响如图24-8所示，随着处理的进行，梅鹿辄葡萄果实可溶性固形物含量整体呈现上升的趋势，花后30~45d增长量较小，花后45~75d增长速度加快，花后75d以后，增长速度较缓慢。花后30~75d，T1、T2和T3处理组梅鹿辄葡萄果实可溶性固形物含量均明显低于CK，花后75d以后，T2处理组可溶性固形物积累速度大于其他处理组，且于花后120d时，各处理组可溶性固形物含量次序为T2＞T1＞CK＞T3，其中T2处理组葡萄果实可溶性固形物含量最高，为22.53%，较CK增加1.7%，T1处理组可溶性固形物含量次之，为22.17%，与CK相比无显著性差异，T3处理组可溶性固形物含量低于CK，较CK降低了3.9%。

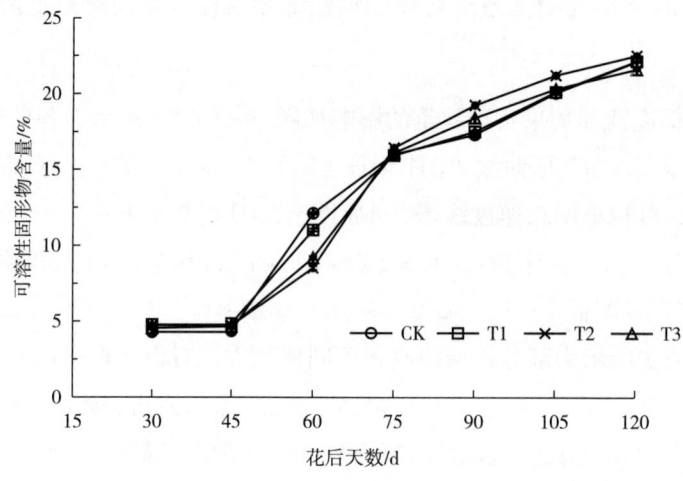

图24-8 部分根域限制下不同覆盖方式对梅鹿辄葡萄可溶性固形物含量的影响

## 十一、部分根域限制下不同覆盖方式对梅鹿辄葡萄可滴定酸含量的影响

部分根域限制下不同覆盖方式对梅鹿辄葡萄可滴定酸含量的影响如图24-9所示，各处理组葡萄果实可滴定酸含量整体呈现下降的趋势，其中花后30~45d下降速度较缓慢，45~75d下降速度最快，且各处理组可滴定酸含量均高于CK，花后75~120d可滴定酸含量变化趋于平缓，各处理组间差异不显著。花后120d时，各处理组可滴定酸含量均低于CK，分别较CK降低了12%、19%和10%。

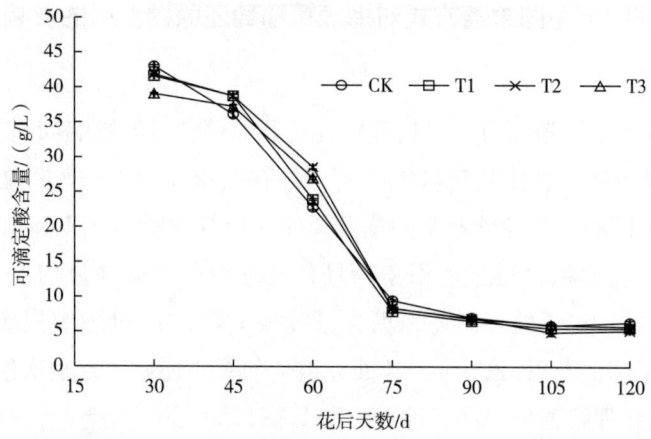

图24-9 部分根域限制下不同覆盖方式对梅鹿辄葡萄可滴定酸含量的影响

## 十二、部分根域限制下不同覆盖方式对梅鹿辄葡萄可溶性总糖含量的影响

部分根域限制下不同覆盖方式对梅鹿辄葡萄可溶性总糖含量的影响如图24-10所示，随着葡萄果实的生长，各处理组可溶性总糖含量呈现增加趋势。花后30~45d各处理组可溶性总糖含量积累速度较缓慢，花后45~105d积累速度迅速，花后105~120d，CK和T2处理组可溶性总糖含量持续增加，T1和T3处理组可溶性总糖含量有所降低。在花后120d时，各处理组可溶性总糖含量的次序为T2＞CK＞T3＞T1，其中，T2处理组葡萄果实可溶性总糖含量较CK增加了19.2%，差异显著，T3处理组较CK无显著性差异，T1处理组较CK降低了13.4%。

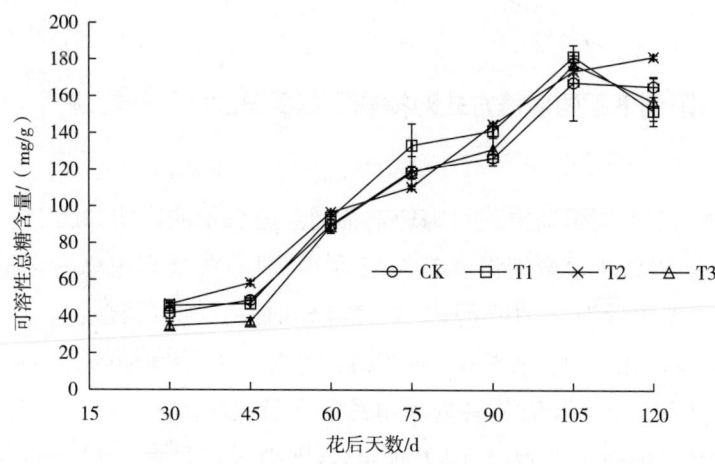

图24-10 部分根域限制下不同覆盖方式对梅鹿辄葡萄可溶性总糖含量的影响

## 十三、部分根域限制下不同覆盖方式对梅鹿辄葡萄还原糖含量的影响

部分根域限制下不同覆盖方式对梅鹿辄葡萄还原糖含量的影响如图24-11所示,随着葡萄的生长发育及成熟,整体趋势呈现"S"形曲线。花后30~45d,各处理组葡萄果实还原糖含量基本保持不变,各处理组间葡萄果实还原糖含量差异不显著;花后45~90d,各处理组葡萄果实还原糖含量迅速积累,且各处理组还原糖含量均显著低于CK;花后90~120d,CK、T2和T3处理组还原糖含量缓慢下降,T1处理组先缓慢增长,到花后105d时,再缓慢下降。花后120d时,各处理组葡萄果实还原糖含量次序为T2>T1>CK>T3,其中,T2处理组葡萄果实还原糖含量最高,为126.74mg/g,较CK提高了3.4%;T1处理组较CK提高了0.03%,与CK无显著性差异;T3处理组较CK降低了5.9%。

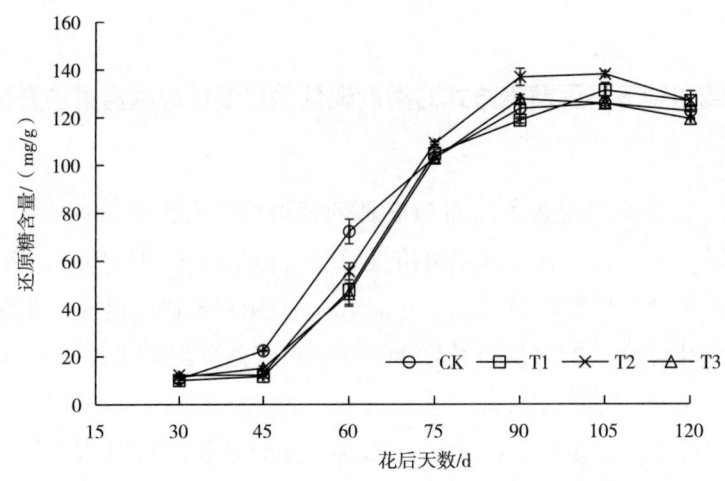

图24-11 部分根域限制下不同覆盖方式对梅鹿辄葡萄还原糖含量的影响

## 十四、部分根域限制下不同覆盖方式对梅鹿辄葡萄总酚含量的影响

部分根域限制下不同覆盖方式对梅鹿辄葡萄总酚含量的影响如图24-12所示,花后30~45d,各处理组总酚含量缓慢上升,花后60d时,各处理组总酚含量达到最大值,此时CK果实中总酚含量为13.26mg/g,处理组分别为T1 15.15mg/g、T2 14.28mg/g和T3 14.34mg/g;花后45~120d,各处理组总酚含量持续下降,其中花后60~75d下降速度最快,于花后120d时,各处理组总酚含量次序为T2>T1>CK>T3,T2处理组总酚含量较CK提高了2.0%,T1处理组较CK差异不显著,T3处理组较CK降低了5.1%。

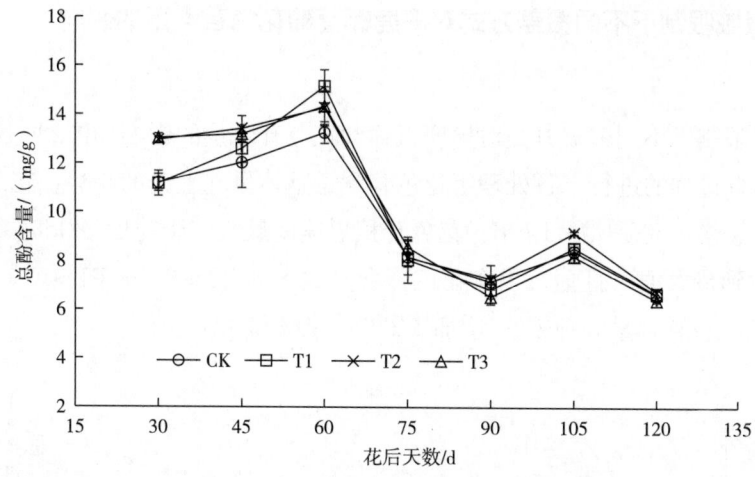

图24-12 部分根域限制下不同覆盖方式对梅鹿辄葡萄总酚含量的影响

## 十五、部分根域限制下不同覆盖方式对梅鹿辄葡萄单宁含量的影响

部分根域限制下不同覆盖方式对梅鹿辄葡萄单宁含量的影响如图24-13所示,各处理组葡萄果实单宁含量变化趋势同总酚相似,且于花后60d时达到最大值,此时CK果实中单宁含量为7.09mg/g、T1 8.53mg/g、T2 8.08mg/g和T3 9.20mg/g；各处理组单宁含量于花后105d时有所上升,后期继续保持下降趋势；花后120d时,各处理组总酚含量次序为：T2>T3>T1>CK,T1、T2和T3处理组果实单宁含量分别较CK提高了1.4%、36%和28.7%。

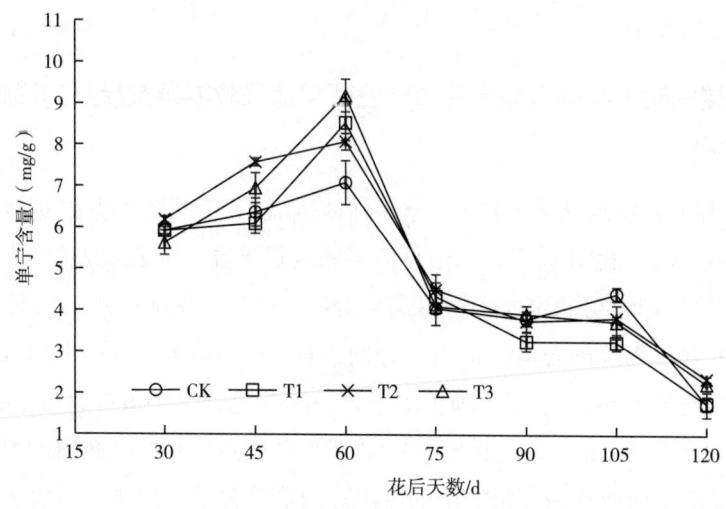

图24-13 部分根域限制下不同覆盖方式对梅鹿辄葡萄单宁含量的影响

## 十六、部分根域限制下不同覆盖方式对梅鹿辄葡萄花色苷含量的影响

部分根域限制下不同覆盖方式对梅鹿辄葡萄花色苷含量的影响如图24-14所示,随着处理及葡萄发育过程的进行,各处理组花色苷含量整体呈现上升的趋势,花后45~60d花色苷积累速度缓慢,花后60~120d,花色苷积累速度最快,于花后120d时,各处理组花色苷含量均达到最大值,且葡萄果实花色苷含量次序为T2>T3>T1>CK,T1、T2和T3处理组果实花色苷含量分别较CK增加了23%、39%和34%。

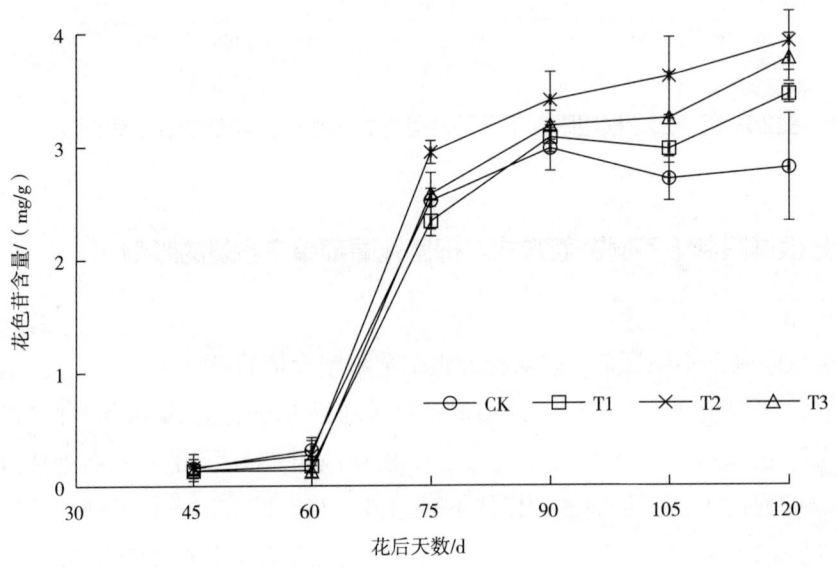

图24-14 部分根域限制下不同覆盖方式对梅鹿辄葡萄花色苷含量的影响

## 十七、部分根域限制下不同覆盖方式对梅鹿辄葡萄采收期果实品质的影响

如表24-9所示,在成熟采收期时,部分根域限制下不同覆盖方式对梅鹿辄果实品质具有不同程度的影响。T2处理下,可溶性固形物含量最高,为22.53%,与CK呈极显著差异;CK相比其他处理组可滴定酸含量最高,为6.31g/L,差异显著。T2处理组可溶性总糖含量、还原糖含量和总酚含量均最高,分别为181.61mg/g、126.74mg/g和6.73mg/g,但与其他处理组差异不显著;T2处理组单宁含量和花色苷含量最高,分别为2.37mg/g和3.92mg/g,均显著高于CK;综上所述,T2处理组对成熟采收期梅鹿辄的果实品质影响最大,极显著地提高了梅鹿辄葡萄果实中的可溶性固形物含量,促进了可滴定酸的分解,显著提高了单宁和花色苷含量。

表24-9　部分根域限制下不同覆盖方式对采收期梅鹿辄果实品质的影响

| 处理方式 | 可溶性固形物含量/% | 可滴定酸含量/(g/L) | 可溶性总糖含量/(mg/g) | 还原糖含量/(mg/g) | 总酚含量/(mg/g) | 单宁含量/(mg/g) | 花色苷含量/(mg/g) |
|---|---|---|---|---|---|---|---|
| CK | 22.13±0.03$^{Bb}$ | 6.31±0.29$^{Aa}$ | 165.42±5.42$^{Aa}$ | 122.48±0.45$^{Aa}$ | 6.60±0.25$^{Aa}$ | 1.74±0.30$^{Ab}$ | 2.81±0.47$^{Ab}$ |
| T1 | 22.17±0.03$^{Bb}$ | 5.53±0.00$^{Bbc}$ | 152.32±5.24$^{Aa}$ | 126.7±4.18$^{Aa}$ | 6.64±0.21$^{Aa}$ | 1.77±0.17$^{Aab}$ | 3.45±0.08$^{Aab}$ |
| T2 | 22.53±0.03$^{Aa}$ | 5.12±0.07$^{Bc}$ | 181.61±11.33$^{Aa}$ | 126.74±4.2$^{Aa}$ | 6.73±0.18$^{Aa}$ | 2.37±0.06$^{Aa}$ | 3.92±0.26$^{Aa}$ |
| T3 | 21.63±0.07$^{Cc}$ | 5.71±0.08$^{ABb}$ | 157.25±13$^{Aa}$ | 119.22±0.3$^{Aa}$ | 6.39±0.08$^{Aa}$ | 2.24±0.03$^{Aab}$ | 3.77±0.21$^{Aab}$ |

## 十八、基于主成分分析的梅鹿辄葡萄采收期果实品质评价研究

如表24-10所示，本研究通过降维的方法，将梅鹿辄葡萄4个处理组的单宁含量、花色苷含量、总酚含量等9个相关性状缩减为3个主成分进行主成分分析，对各处理组的果实品质做出综合评价。各主成分的特征值和累计贡献率如表24-10所示，各主成分贡献率分别为49.345%、30.448%和20.207%。3个主成分的累积贡献率为100%，因此可以应用主成分分析对葡萄品质进行评价。根据各成分的特征向量可知，决定第1主成分大小的是产量、可溶性固形物含量、可溶性总糖含量、还原糖含量、花色苷含量和总酚含量；决定第2主成分大小的是总酸含量和百粒重；决定第3主成分大小的是单宁含量。

表24-10　梅鹿辄葡萄品质评价因子的主成分矩阵

| 变量 | 主成分1 | 主成分2 | 主成分3 |
|---|---|---|---|
| 产量 | 0.481 | 0.318 | -0.817 |
| 可溶性固形物含量 | 0.958 | 0.28 | 0.055 |
| 总酸含量 | -0.679 | 0.652 | 0.337 |
| 可溶性总糖含量 | 0.74 | -0.165 | 0.651 |
| 还原糖含量 | 0.874 | 0.255 | -0.414 |
| 总酚含量 | 0.983 | 0.152 | 0.105 |
| 单宁含量 | 0.304 | -0.898 | 0.317 |
| 花色苷含量 | 0.338 | -0.92 | -0.198 |

续表

| 变量 | 主成分1 | 主成分2 | 主成分3 |
|---|---|---|---|
| 百粒重 | 0.588 | 0.605 | 0.537 |
| 特征值 | 4.441 | 2.74 | 1.819 |
| 贡献率/% | 49.345 | 30.448 | 20.207 |
| 累积方差贡献率/% | 49.345 | 79.793 | 100 |

主成分分析法简化了评价的程序，便于综合评价各个指标。表24-11所示为梅鹿辄葡萄采收期综合指标值、隶属函数值、综合评价值及综合排名，CK主成分2和主成分3的分数均最高，说明其主要的优势体现为单宁含量、总酸含量和百粒重；T1处理组主成分1和主成分2分数居中，主成分3分数最低，说明其可溶性固形物含量、可溶性总糖含量、还原糖含量、花色苷含量、总酚含量和产量均处于中等水平，单宁含量低；T2处理组主成分1的分数最高，主成分2分数最低，主成分3的得分居中，说明其主要的优势体现在主成分1上，即可溶性固形物含量、可溶性总糖含量、还原糖含量、花色苷含量、总酚含量和产量高，总酸含量和百粒重低，单宁含量中等；T3处理组主成分1分数最低，主成分2和主成分3分数居中，说明该处理组可溶性固形物含量、可溶性总糖含量、还原糖含量、花色苷含量、总酚含量和产量均低，总酸含量、百粒重和单宁含量中等。T2处理组综合排名最高，说明其在果实品质上综合评价最好。

表24-11 梅鹿辄葡萄采收期综合指标值、隶属函数值、综合评价值及综合排名

| 处理方式 | $F1$ | $F2$ | $F3$ | $U1$ | $U2$ | $U3$ | $D$ | 综合排名 |
|---|---|---|---|---|---|---|---|---|
| CK | -0.73 | 1.96 | 1.15 | 0.30 | 1.00 | 1.00 | 1.99 | 2 |
| T1 | 0.24 | 0.70 | -1.94 | 0.50 | 0.66 | 0.00 | 1.35 | 3 |
| T2 | 2.75 | -0.94 | 0.61 | 1.00 | 0.21 | 0.82 | 2.20 | 1 |
| T3 | -2.25 | -1.73 | 0.18 | 0.00 | 0.00 | 0.68 | 0.42 | 4 |

## 第三节 讨论

地表覆盖具有调温保墒，提高土壤含水量及水分利用效率等优势，广泛应用于干旱区的各种作物中。地膜覆盖和秸秆保墒效果显著，可改善土壤理化性状，提高水肥利用率，其中，覆草处理效果更佳，覆膜处理在提高土壤含水量的同时，也降低了对自然降雨

的利用。覆盖秸秆可有效降低植株之间土壤的水分蒸发，提高植株水分利用效率，覆盖量越大，效果越好。本研究表明部分根域限制条件下覆盖处理可显著降低浅层土壤水分的蒸发，提高各层土壤的平均含水量，且随着土层深度的增加，土壤平均含水量呈下降趋势。

地温不仅影响土壤中碳氮等物质的理化性质及生物变化，而且影响土壤肥力，从而影响植物的生长和产量。相对于裸露栽培，覆盖秸秆可显著改善土壤结构状况。本研究表明，在整个葡萄生育期内，随着土层深度的增加，各土层平均温度降低，各处理组间温度差异越小，温度越稳定，部分根域限制下覆草处理的地温稳定性明显高于部分根域限制下的覆膜处理。在前期覆膜具有良好的保温效果，有利于植物根系对养分的吸收和利用，促进能量转化，但在生长发育后期，由于地温过高，导致根系受损。葡萄根系主要生长在20～40cm处土层，适宜葡萄根系生长的温度为15～25℃。本研究表明当外界温度过高时，对照组、部分根域限制下无覆盖及部分根域限制下覆膜处理20～40cm处土层土壤温度均高于25℃，不利于根系的生长发育，而部分根域限制下覆草处理的地温显著低于其他各处理组，且在整个葡萄发育过程中变幅小，这可能是因为秸秆导热性较差，且具有阻挡太阳辐射的作用，将土壤温度稳定在一定范围之内。

适宜的水分条件和合理的养分供应是果树提质增效的基础与保证。自然降雨、渠水灌溉和地表径流都会引起土壤养分的流失，造成资源浪费，覆盖是解决土壤养分淋洗的有效措施之一。根域限制和覆盖方式可增加土壤有机质含量和营养元素，其中覆盖能阻挡自然降水和灌溉对土壤养分的淋洗作用，提高相应土层的养分含量。根域限制能够将土壤水肥控制在一定范围内，防止土壤养分向周围扩散，提高土壤养分的利用率。秸秆覆盖可显著提高土壤肥效，本研究表明部分根域限制条件下覆草可显著提高各土层的速效磷含量、表层土壤的速效氮含量及20～40cm处土层的速效钾含量，这可能是因为覆草改善了土壤的微环境，有利于养分转化和释放；地膜覆盖可提高氮肥利用率，但降低了土壤中的速效氮、速效磷、速效钾和硝态氮含量，部分根域限制条件下覆膜处理可显著提高各土层全氮、全磷含量，但降低了土壤中速效氮含量。地膜覆盖可以提高根际土壤速效氮、速效磷、速效钾含量，也可能受根际其他因素的影响，具体反应机制有待进一步研究。

叶片是植物进行光合作用的唯一器官，而枝条是贮藏和运输养分的重要器官，也是连接源-库的唯一器官。根域限制可抑制葡萄新梢生长和叶面积的扩大，而覆盖可不同程度地改善植株新梢生长，调节地上、地下部分营养分配，但一些覆盖方式也存在一些弊端，如地膜覆盖具有增温快的优势，在葡萄生长前期提高了土壤的温度，也避免了表层土壤因蒸发过度损耗水分，但植物只有在适宜的温度下才能正常生长，覆膜使土壤突然处于快速增温的状态，升温过快、过高反而会阻碍根系的生长发育。

秸秆覆盖比地膜覆盖能够避免覆盖地膜所带来的危害，且土壤的微生物群落多，能显著增加土壤养分含量，促进葡萄叶片和枝条生长。本试验将根域限制与覆盖方式相结合，在部分根域限制条件下3种覆盖方式均对梅鹿辄新梢生长量具有抑制作用；部分根域限制下无覆盖和覆膜处理均对葡萄叶片叶面积具有抑制作用，但部分根域限制下覆草处理可增加土壤中养分，对梅鹿辄葡萄叶片叶面积有增大的作用，但差异不显著；部分根域限制条件下覆草和覆膜均可增加枝条粗度，这可能是这两种处理方式抑制了新梢生长，但促使新梢健壮充实。

百粒重受水分、养分等多因素影响，其中，水分占主导地位。在本试验中，各处理组条件下葡萄百粒重均低于CK，其中，部分根域限制下覆膜处理百粒重最小，这可能是由于覆膜在保持水分的同时，隔绝了雨水及灌溉水的下渗，影响了葡萄根系对水分的吸收，同时过高的地温也会影响根系吸收，抑制葡萄果实生长，降低了百粒重。叶面积大小和光合速率是影响作物产量的主要指标，其中，根系对水分和养分的吸收量影响植株叶片的生长发育和叶片的光合速率。本研究表明部分根域限制条件下覆草可以提高单产，而部分根域限制条件下覆膜则降低单产。

植物叶片中的光合色素在植物生长发育过程中呈先积累、后降解的趋势，它具有吸收、传递和转化光能的作用，其含量的多少在一定程度上反映了叶片光合作用的能力，叶绿素含量的减少会引起叶片衰老和光合速率的不可逆降低。本研究部分根域限制条件下各覆盖处理组均可显著降低叶绿素a、叶绿素b、类胡萝卜素和总叶绿素含量，说明部分根域限制下各覆盖方式对葡萄叶片光合作用具有抑制作用，这是否与部分根域限制促使了根系脱落酸（ABA）的合成，从而促进了光合色素的降解有关。光合作用是植物必不可少的生物过程，主要通过净光合速率、胞间$CO_2$浓度、蒸腾速率、气孔导度和水分利用效率这5个指标来综合反映，且与葡萄品质和产量息息相关。本试验T2和T3处理组能显著降低梅鹿辄葡萄叶片的气孔导度。

酿酒葡萄果实品质对所酿葡萄酒的质量起着至关重要的作用，葡萄果实品质受环境气候、栽培方式、水肥管理等多种因素的影响，部分根域限制栽培和覆盖方式不仅改变了葡萄种植模式，而且改变了葡萄栽培的微气候。

根域限制栽培是通过调控蔗糖合成酶（SS）和蔗糖磷酸合成酶（SPS）的基因表达来促进葡萄果实韧皮部的糖卸载，且通过调控*PAL*、*4CL*和*CHS*等编码的基因表达，来促进葡萄果实的酚类物质的合成与积累。根域限制栽培可以在一定程度上增加酿酒葡萄果实的可溶性固形物含量、总糖含量、总酸含量，对葡萄品质形成起到促进作用。本试验中充分证明了部分根域限制条件下覆草处理可显著提高梅鹿辄葡萄果实中的可溶性固形物含量，促进了可滴定酸的分解，增加了葡萄果实单宁和总花色苷含量，其主要原因是部分根域限制条件下覆草提高了土壤孔隙度及营养水平，改善土壤物理结构，增加土壤中微生物的数量及种类，从而提高土壤中酶的活性，促进酿酒葡萄品质的形成。地膜覆盖在短期内可增加地温，有利于酿酒葡萄果实品质的提升，但在生长发育后期，覆膜可加速根系早衰，促使有机质大量分解，养分消耗严重，土壤水肥含量下降，影响葡萄品质的形成。本试验中覆膜处理虽可促进梅鹿辄葡萄可滴定酸的分解，提高葡萄中的单宁和花色苷含量，但是对果实可溶性固形物含量、可溶性总糖含量等指标没有明显的提高效果，总酚含量甚至低于CK。

## 第四节　小结

（1）部分根域限制条件下覆草和覆膜处理均可显著降低土壤表层水分蒸发量，提高各土层土壤含水量；部分根域限制条件下，覆草处理在外界温度较低时可显著提高土壤温度，当外界温度过高时，也具有稳定温度的效果，使葡萄根系处于适宜温度范围内；部分根域限制条件下，覆膜处理有利于前期土壤增温，后期温度过高时，易损伤根系。

（2）部分根域限制条件下，覆草和覆膜处理均可显著提高各土层全氮含量、全磷含量、速效磷含量和速效钾含量；部分根域限制条件下，覆草和覆膜处理均显著降低了叶片蒸腾速率和气孔导度。

（3）部分根域限制条件下，覆草和覆膜处理组的新梢粗度分别较CK增加了15%和12.3%，其中，根域限制下覆草处理组叶面积增加了3.4%，产量增加了5.1%。

（4）部分根域限制条件下3种覆盖方式不同程度地降低了叶片光合色素的含量，部分根域限制条件下覆草和覆膜处理均显著降低了叶片蒸腾速率和气孔导度。

（5）根据梅鹿辄各时期品质监测情况及采收期梅鹿辄葡萄主成分分析（PCA分析）结果可知，部分根域限制条件下，不同覆盖处理均可促进梅鹿辄葡萄可滴定酸的分解，提高葡萄的单宁含量和花色苷含量，其中，部分根域限制下覆草处理组葡萄可溶性固形物含量增加了1.7%，可溶性总糖含量增加了19.2%，还原糖含量增加了3.4%，总酚含量增加了3.5%，单宁含量增加了36%，且根据PCA分析结果，该处理组的葡萄果实品质最佳。

综上所述，部分根域限制下覆草处理，不仅可有效缓解宁夏地区酿酒葡萄水肥流失，而且还能提高酿酒葡萄果实品质，是一项行之有效的栽培技术，值得推广应用。

第六篇

# 水分胁迫对酿酒葡萄栽培生理、果实品质形成及其调控机制的研究

# 第二十五章　水分胁迫对美乐葡萄不同组织内源激素及多胺含量的影响

　　酿酒葡萄是世界上最具经济价值的作物之一，具有重要的历史和文化意义，其所含的化学成分对人类健康十分有益。众所周知，红酒是重要的抗氧化剂来源，另有白藜芦醇、花青素等酚类物质，具有抗癌和保护心脏的作用。虽然中国拥有大量的水资源，但中国仍是一个遭受严重干旱和缺水的国家，尤其是在西北干旱、半干旱地区，人均水资源极其匮乏。倡导科学高效的节水栽培是节约农业用水的重中之重，诸多研究表明，适度的水分胁迫可有效地改善葡萄品质，提高水分利用效率，因此关于葡萄的水分生理与节水栽培的研究一直是近年来的研究热点。

　　植物激素是植物体内存在的小分子信号化合物，它能够将细胞内复杂的分子机制网络的外部和内部信号进行整合，从而使植物适应不同的环境条件。葡萄浆果的发育、成熟和衰老是由植物激素介导的基因编程过程，如在特定的光强、温度和水分状态下，这些信号分子通过相互作用的基因、蛋白质和其他代谢物做出反应，以达到使细胞分裂、扩张和组织分化的目的，从而实现不同发育阶段的转变。多胺同样是一类重要的生长调节剂，参与一系列发育过程和生物反应。葡萄中，多胺具有诱导开花、促进坐果的作用，但其对葡萄果实成熟的作用仍不清楚。此外，多胺与植物体内活性氧及$\gamma$-氨基丁酸代谢有关，在植物抵抗逆境胁迫过程中发挥作用，多项研究表明，逆境胁迫下多胺的积累可显著提高植物耐受性。

　　目前关于水分胁迫对美乐葡萄不同组织内源多胺和激素积累规律的研究较少，探究水分胁迫下葡萄不同组织内源多胺和激素含量的动态变化，有助于了解多胺和激素间的关系以及二者对果实品质调节的作用。为了更全面地了解水分胁迫下葡萄内源激素和多胺与葡萄生长发育的联系，本试验以4年生美乐葡萄为试材，于坐果后10d开始对其进行4个不同程度的水分处理，并分别对根、叶、皮、肉和种子中8种内源激素和3种内源多胺进行定量，探究内源激素和多胺在葡萄中的积累规律，以期为酿酒葡萄栽培的水分管理提供实践基础及理论依据。

# 第一节 材料与方法

## 一、试验材料

本试验于2020年4月至10月在宁夏农垦集团玉泉营农场,国家葡萄产业技术体系水分生理与节水栽培岗位试验基地(38.28°N,106.24°E)的塑料大棚内进行,供试材料为4年生美乐葡萄,植株定植于直径58cm,高42cm盆中,生长基质为蛭石和珍珠岩(1:1,体积比),每株留3个结果新梢,杯状整形方式。

## 二、试验设计

以黎明前叶片水势($\Psi_b$)衡量植株水分状态,共设置4个处理组(表25-1),于坐果后10d开始,每7d测量一次$\Psi_b$,通过调整灌水量使植株达到不同的水分状态。为了使植株水分状态尽量保持恒定,灌水方式为人工浇灌,灌水频率为每日2次,时间为上午8:00—9:00和下午4:00—5:00。每个处理组各9株,每3株为一个生物学重复,分别于E-L33~38时期(分别对应花后25、45、67、79、99和124d),随机取果实、叶片及根系,立即用液氮速冻,保存至-80℃待测。

表25-1 不同处理组叶片水势参考标准

| 处理方式 | 黎明前叶片水势($\Psi_b$)/MPa |
| --- | --- |
| 对照(CK) | $\Psi_b \geq -0.2$ |
| 轻度水分胁迫(T1) | $-0.4 \leq \Psi_b < -0.2$ |
| 中度水分胁迫(T2) | $-0.6 \leq \Psi_b < -0.4$ |
| 重度水分胁迫(T3) | $\Psi_b < -0.6$ |

## 三、测量指标及方法

黎明前叶片水势($\Psi_b$):黎明前摘取各处理组葡萄植株新梢中部健康的功能叶,塑封袋迅速密封带回实验室,用3005型植物水势压力室(美国Soil Moisture Equipment公司)

测定叶片的水势值。

环境因子：表面（距表面0~3cm）基质温度和中部（距表面15~18cm）基质温度采用煤油温度计测量，测量时将温度计插入基质中，待读数稳定后记录，每盆随机选取目标土层面内3个不同的位置，共测3盆；基质含水量采用土壤水分测量仪（英国DELTA-T公司）测量；果穗表面光合辐射采用3051D光合测定仪测量（浙江托普云农科技股份有限公司），测量时每穗果实兼顾上下和东西南北6面，计算平均值，每个处理组3个重复。

果实品质：百粒重用FA1104B分析天平（上海越平科学仪器有限公司）测量；组织的鲜干比采用称重法，取一定质量植物组织烘干至恒重，计算百分比；可溶性固形物含量用WYT-32型手持糖量折光仪（福建省泉州光学仪器厂）测定；可滴定酸含量的测定采用氢氧化钠滴定法；花色苷含量的测定采用pH示差法；总酚含量的测定采用福林酚法。

多胺的定量使用样品提取及衍生化反应：果实皮、肉和种子的分离在冰浴上进行，分离的组织立即用液氮速冻。叶片和根系同果实组织一样，液氮中碾碎后称取1g冷冻样用3mL预冷的5%（体积分数）的高氯酸冰浴研磨至匀浆，在冰浴中浸提1h，浸提完成后在4℃的离心机下12000r/min离心10min。离心完成后取0.5mL上清液于10mL离心管中，之后进行苯甲酰化反应，加入1mL 2mol/L NaOH及7μL苯甲酰氯，漩涡振荡1min后在37℃水浴中反应30min。水浴结束后加入2mL饱和NaCl溶液和2mL的乙醚，漩涡振荡1min后静置10min，取1.5mL上层乙醚，用氮气吹至干，用2mL色谱甲醇使其溶解，进样前用0.25μm滤膜过膜存放于棕色进样瓶中，用超低温冰箱-80℃保存、待测。利用高效液相色谱仪（1260Infinity Ⅱ，美国Agilent科技有限公司）对多胺进行定量。色谱条件：流动相为色谱甲醇：水=64：36（体积分数），流速：0.8mL/min，柱温：30℃，波长：230nm，进样量40μL，色谱柱为$C_{18}$反相柱（4.6mm×250mm，5μm）。标准曲线的绘制：分别称取0.1g的腐胺（Put）、亚精胺（Spd）、精胺（Spm）（Sigma公司），用超纯水定容到10mL容量瓶中制成为10mg/mL的母液，分别取20μL进行上述的苯甲酰化反应（从研磨离心后开始操作，后续步骤相同），再将3种标准品的衍生液用甲醇依次稀释为100、50、25、10、5、2.5和1μg/mL，峰面积为纵坐标，浓度为横坐标绘制标准曲线。

激素的定量：待各组织用液氮研磨过后，取0.5~2g样品用4mL 80%甲醇（含0.02g/100mL 2,6-二叔丁基-甲基苯酚和0.05g/100mL一水合柠檬酸）置于4℃提取4h，之后8000r/min转速下低温离心15min，分离上清液，残渣再用4mL 80%甲醇再提取两次，每次1h，合并上清液，氮吹至5mL，用1.5倍（体积比）石油醚萃取3次，弃醚相。水相用一倍（体积比）甲酸甲酯萃取3次，收集酯相，氮吹至干，用2mL甲醇溶解后用0.25μm滤膜过滤，-80℃下保存备用。利用超高效液相色谱-质谱联用仪（ACQUITY UPLC I class+QDa，美国Waters公司）对脱落酸（ABA）、生长素（IAA）、赤霉素（$GA_3$，$GA_4$）、细胞分裂素（反式玉米素，TZ，异戊烯腺嘌呤，IP）、水杨酸（SA）、茉莉酸（JA）进行定量，采用岛津$C_{18}$色谱柱（4.6mm×150mm，5μm）。色谱条件：以甲醇（A）和含0.1%（体积分数）甲酸水溶液（B）为流动相，柱温：40℃。梯度洗脱程序：0~2min，35%A；2~6min，35%~45%A；6~9min，45%~50%A；9~15min，50%~60%A；15~18min，60%~100%A；18~20min，100%~35%A；20~22min，35%A，流速：0.3mL/min，上样量：5μL。质谱条件：采用电喷雾离子源负离子模式（ESI⁻）检测ABA、$GA_3$、$GA_4$、SA和JA，负离子模式（ESI⁻）检测IAA、TZ和IP。离子化电压（+5500/-4500V）；温度550℃；气帘气压力30psi。

### 四、数据分析与统计

数据采用Microsoft office Excel 2019作图，DPS V18.10和SPSS 24进行统计分析，使用MeV对平均值中心化以及$\log_2$转换后的数据进行聚类分析。

## 第二节　结果与分析

### 一、水分胁迫对植株水分及环境因子的影响

#### （一）黎明前叶片水势（$\Psi_b$）及基质含水量

如图25-1（1）所示，从坐果后10d开始对美乐葡萄植株进行水分胁迫处理，CK、T1和T3的$\Psi_b$均在花后31d达到目标范围，此后，上述三个处理组的$\Psi_b$变化分别是-0.20~-0.10MPa、-0.39~-0.20MPa和-0.77~-0.60MPa，均保持在目标范围内。花后31~52d及94~115d，T2的$\Psi_b$略高于目标范围，但整个时期维持在-0.53~-0.36MPa，各处理组间$\Psi_b$始终保持明显差异。基质含水量变化如图25-1（2）所示，花后17d各处理组基质含水量产生明显梯度，此后CK、T1、T2和T3基质含水量变化分别为38.77%~45.47%、25.37%~38.87%、17.77%~25.13%和7.70%~16.37%，各处理组间始终保持明显差异。

#### （二）基质温度日变化

各时期表层基质温度日变化如图25-2（E-L33~38-S）所示。6:00—18:00均呈先升高后降低的变化趋势。6个时期中，6:00各处理组表层基质温度均处于最低，12:00—14:00达到最高，随后开始下降。表层基质日最高温度会随着水分胁迫程度的加重而升高，且处理组间差异最大的时段集中在12:00—16:00。中层基质温度的变化趋势与表层温度相似[图25-2（7）~（12）]，但不同的是中层基质温度在14:00—

16：00才达到最大值。综上，水分胁迫会改变基质温度的变化范围，水分含量越少，基质温度越高。

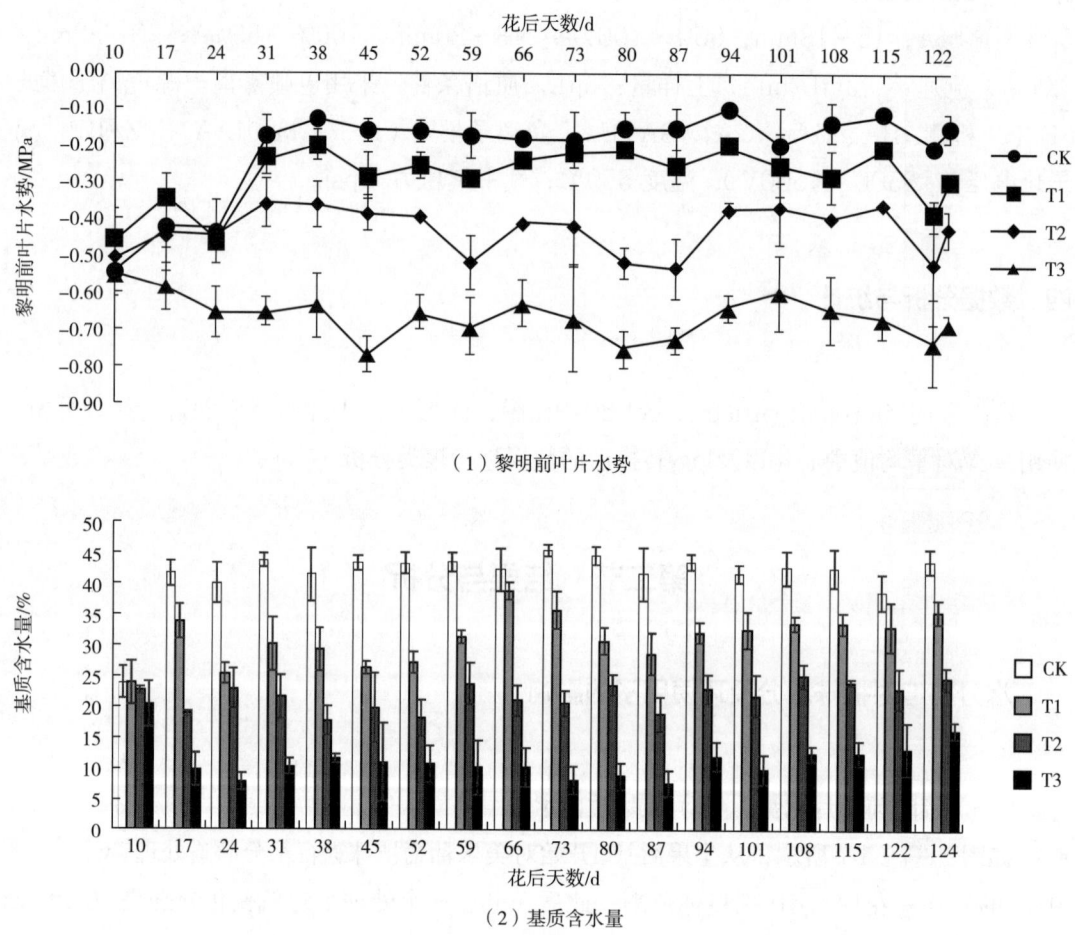

(1) 黎明前叶片水势

(2) 基质含水量

图25-1　水分胁迫下黎明前叶片水势及基质含水量的变化

### （三）成熟期果实表面光照辐射日变化

如图25-3所示，通过对成熟期葡萄表面光照辐射的测量发现，6：00—18：00各时期果实表面光照辐射呈先升高后降低的趋势，12：00—14：00达到最大值，随后开始下降。各处理组中，8：00时果实表面光照辐射开始快速上升，处理组间差异也随之变大，水分胁迫越严重，果实表面光照辐射越大。说明水分胁迫会通过影响营养生长进而改变葡萄果实表面接收的光照辐射。

第二十五章 水分胁迫对美乐葡萄不同组织内源激素及多胺含量的影响 | 425

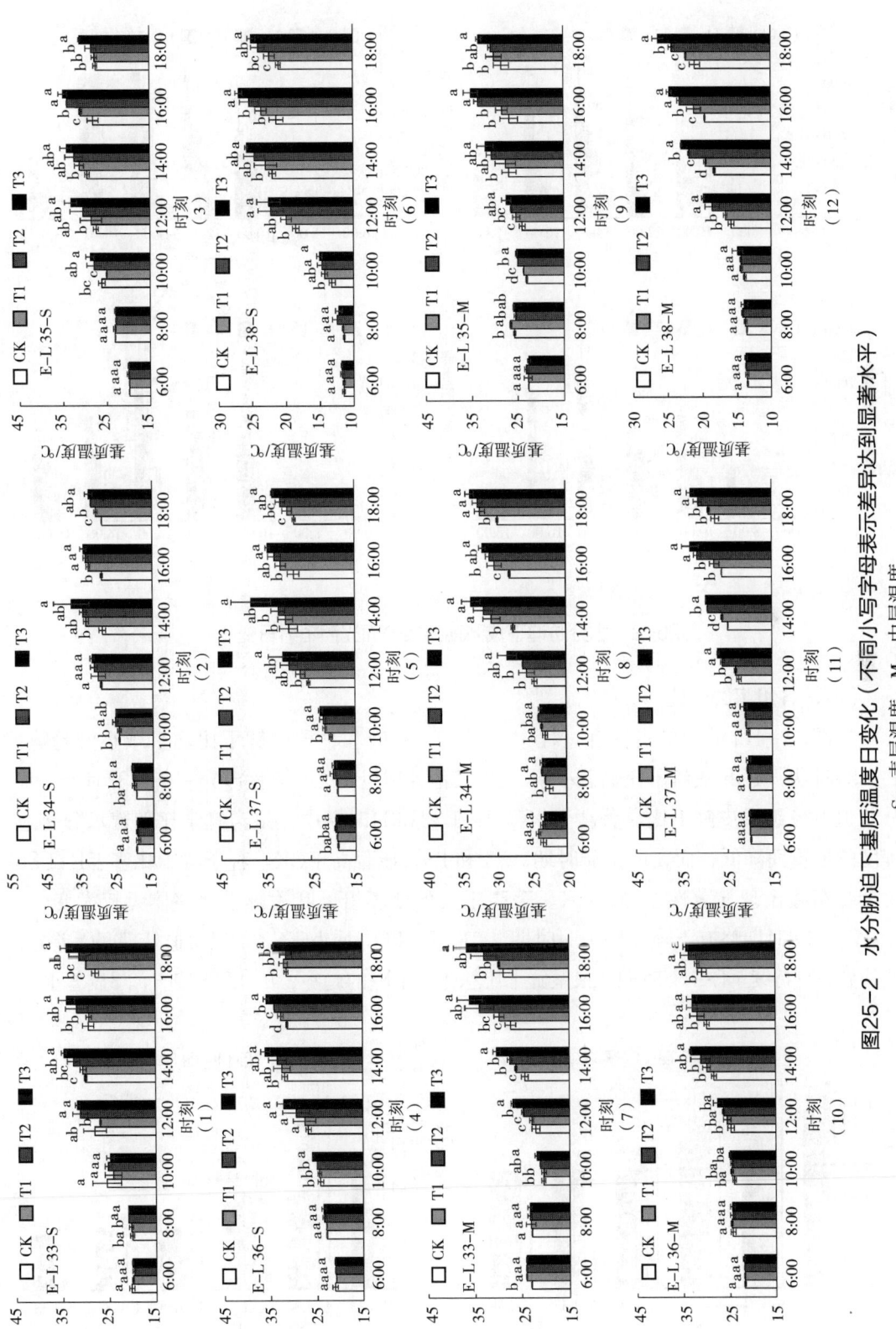

图25-2 水分胁迫下基质温度日变化（不同小写字母表示差异达到显著水平）

S—表层温度，M—中层温度

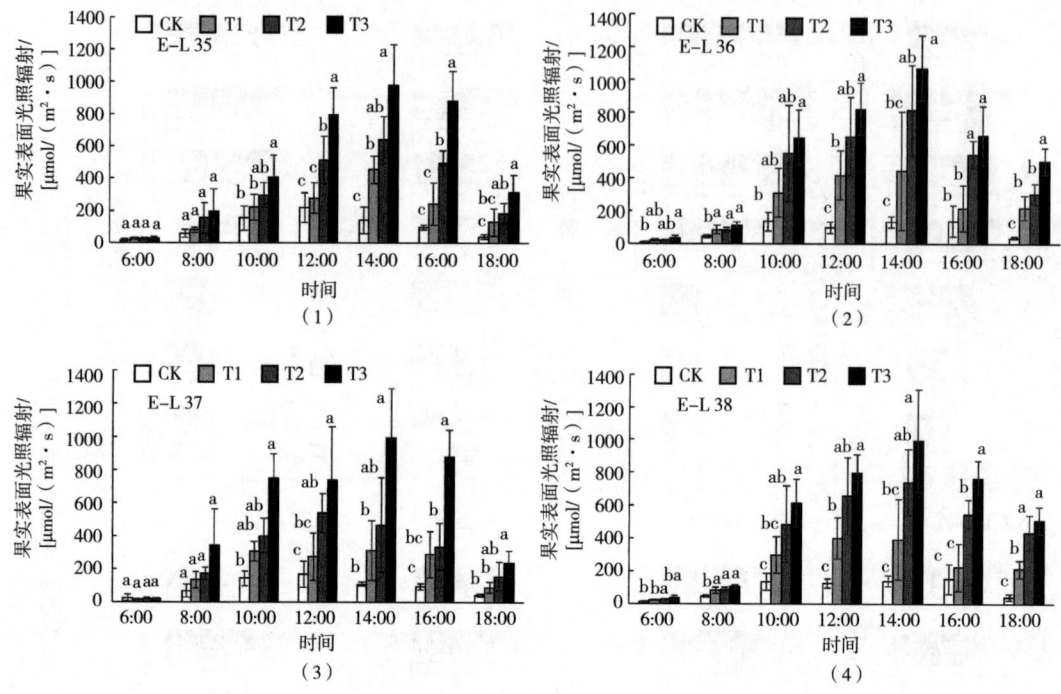

图25-3 水分胁迫下成熟期果实表面光照辐射日变化

## （四）各组织鲜干比

如图25-4所示，果实发育过程中，果皮、果肉和种子的鲜干比均呈减小的趋势。E-L34时期，T3果皮鲜干比显著小于CK，其他处理组间无显著性差异。E-L37时期，水分胁迫下各组果皮鲜干比显著高于CK。E-L33和34时期中，果肉鲜干比随着水分胁迫程度的加重而降低，而在E-L38时期，T2和T3又显著高于CK。种子鲜干比直至E-L36时期各组才出现显著性差异，CK显著高于其他处理组。叶片鲜干比整体无较大变化，E-L37~38时期略有下降。E-L34时期，T1、T2和T3均小于CK，但胁迫处理间无差异，此趋势一直持续至E-L38时期。根系鲜干比总体呈下降的趋势，E-L33时期，T3显著小于

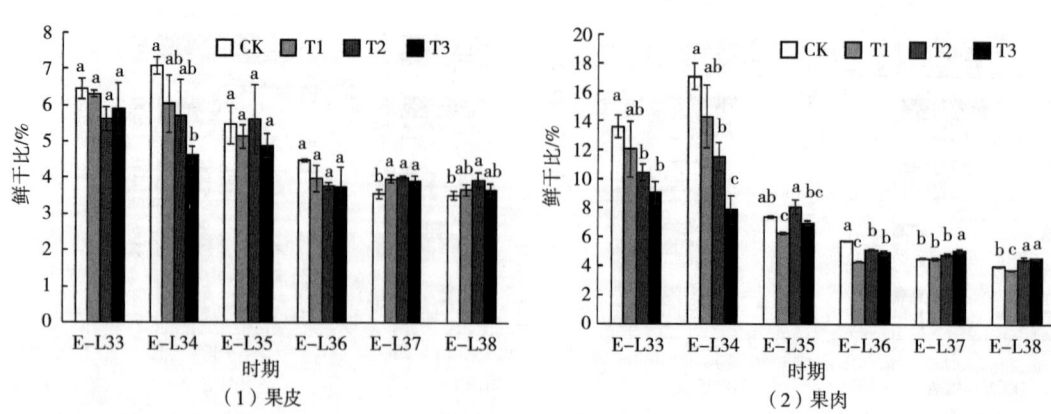

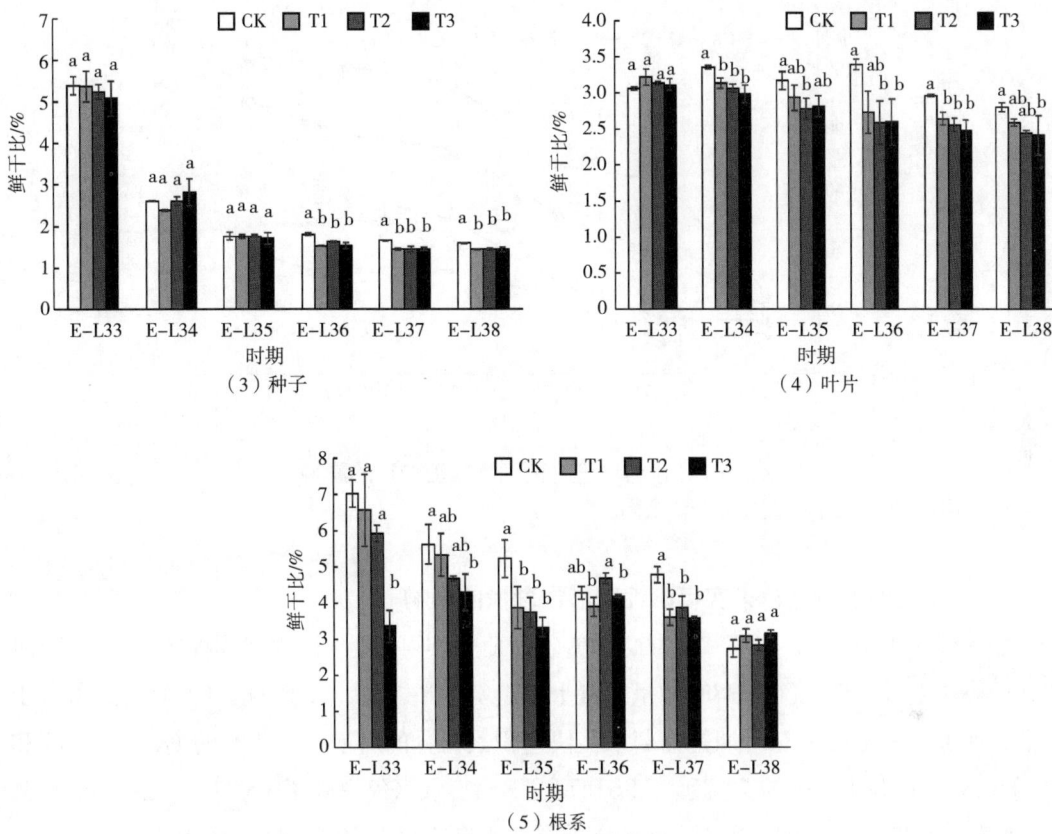

图25-4 水分胁迫对各组织鲜干比的影响

注：不同小写字母表示差异显著。

其他处理组，而在E-L34时期，T3与其他处理组的差异有所减小；E-L35和37时期中，3个水分胁迫处理组均小于CK，但E-L38时期处理组间无显著性差异。所有组织中，叶片鲜干比值最小，果肉最大，说明叶片含水量较少，果肉最多。综上，根系和果肉鲜干比受水分胁迫影响较大，而种子和叶片鲜干比受水分胁迫影响较小。

## 二、水分胁迫对葡萄果实品质的影响

### （一）水分胁迫对葡萄果实百粒重的影响

如图25-5所示，随着美乐葡萄生长发育，果实百粒重呈"S"形曲线变化（T3是反"S"形）。E-L33~34时期快速增加，随后趋于平缓。水分胁迫显著降低了美乐葡萄果实的百粒重。采收期时（E-L38），CK为104.12g，T1、T2和T3分别较CK降低了13.78%、51.60%和60.69%，说明水分胁迫可显著降低葡萄果实百粒重。

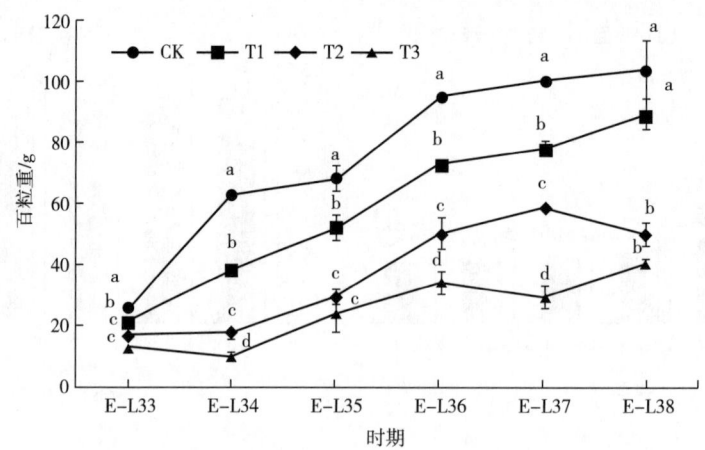

图25-5　水分胁迫对葡萄果实百粒重的影响

注：不同小写字母表示差异显著，余同。

**（二）水分胁迫对葡萄果实可溶性固形物含量的影响**

如图25-6所示，E-L33~34时期，美乐葡萄果实可溶性固形物含量较低，E-L35时期开始快速上升，E-L36~38时期呈缓慢上升趋势。E-L33~36时期，CK始终显著低于其他处理组，E-L35~36时期是葡萄果实快速积累糖分的时期，E-L36时期，T1、T2和T3分别较E-L35时期升高了7.70、7.95和7.22°Bx，而CK仅提高了6.62°Bx，E-L38时期，CK又显著高于T1、T2和T3，说明水分胁迫可加速葡萄果实可溶性固形物的积累，但不利于最终含量的提高。

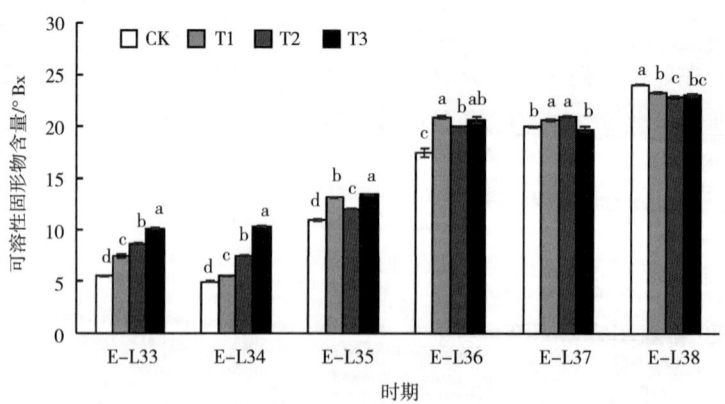

图25-6　水分胁迫对葡萄果实可溶性固形物含量的影响

**（三）水分胁迫对葡萄果实可滴定酸含量和pH的影响**

如图25-7（1）所示，在美乐葡萄果实发育过程中，可滴定酸含量呈先升高、后下降的趋势。E-L34时期，各处理组可滴定酸含量均达到峰值。E-L35时期，可滴定酸含量开始快速下降，直至E-L37时期，CK始终显著高于其他处理组，说明水分胁迫可促进可滴定酸的降解。E-L38时期，各处理组间无显著性差异，说明水分胁迫对葡萄果实最终的可滴定酸含量影响较小。单粒果实可滴定酸含量在E-L34时期达到峰值[图25-7（2）]，随后又开始下降。整个采样期中，单粒果实可滴定酸含量始终随着水分胁迫程度的加重而降低。

美乐葡萄果实pH呈逐渐升高的趋势[图25-7（3）]，整体呈"S"形曲线变化。E-L35~36时期pH增加速率最快，其中T1、T2和T3的斜率均大于CK，说明水分胁迫处理下葡萄果实pH上升速率更快。E-L38时期，CK显著小于T2和T3，而与T1无显著性差异。在整个采样期间，T3始终显著高于其他处理组，说明水分胁迫可提高葡萄果实pH。

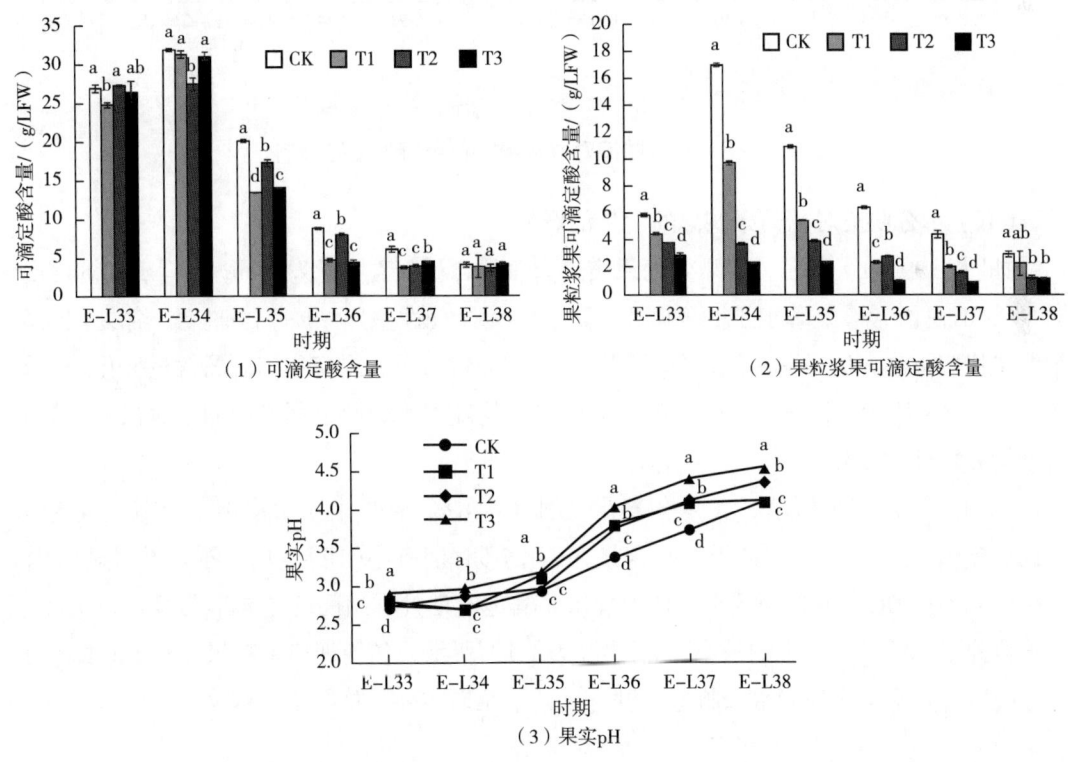

图25-7 水分胁迫对葡萄果实可滴定酸含量和pH的影响

### （四）水分胁迫对葡萄果实花色苷含量的影响

如图25-8（1）所示，E-L35和36时期，花色苷开始快速积累，随后其浓度呈缓慢上升趋势。E-L35时期，CK花色苷浓度最低，T1和T2显著高于CK，T3与CK无显著性差异。随着美乐葡萄果实的发育，处理组间花色苷浓度差异逐渐减小，E-L37时期，各处理组之间无显著性差异。E-L38时期，CK显著高于其他处理组，分别较T1、T2和T3高出20.27%、20.74%和31.51%。说明水分胁迫可加速转色初期果实花色苷积累的速率，但同时会促进后期花色苷的降解。单粒果实花色苷含量变化趋势如图25-8（2）所示，E-L35时期花色苷开始积累，此后含量呈逐渐增加的趋势。从E-L36时期开始，水分胁迫越严重的果实中花色苷含量越少。

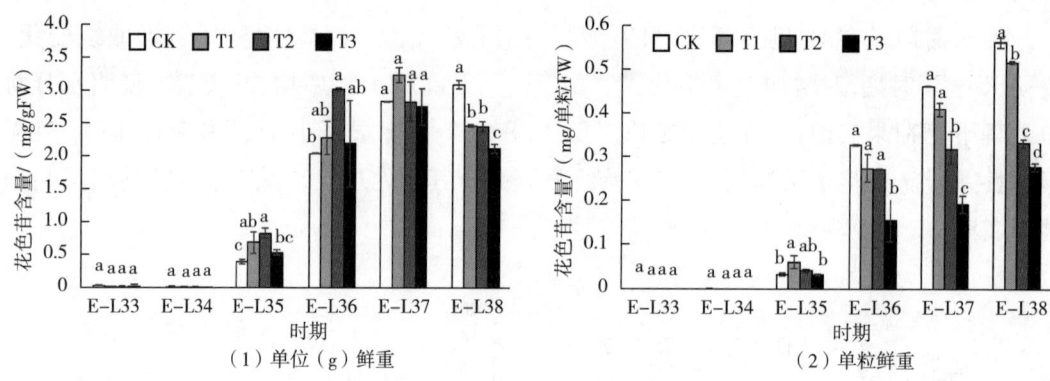

图25-8　水分胁迫对葡萄果实花色苷含量的影响

### （五）水分胁迫对葡萄果实总酚含量的影响

如图25-9（1）所示，美乐葡萄果实皮肉总酚含量随着生长发育而减少。E-L33和34时期，CK总酚含量显著小于T2和T3，而与T1无显著性差异。E-L35时期，各处理组总酚含量快速下降，E-L38时期，各处理组间无差异性。单粒果实皮肉总酚含量变化趋势如图25-9（3）所示，E-L34和36时期，总酚含量均随着水分胁迫程度的加重而减少，其他时期均无统计学差异。

如图25-9（2）所示，美乐葡萄果实种子总酚含量明显大于皮肉，且其变化趋势不同，随着发育的进行，种子总酚含量在E-L35时期有小幅度上升，随后无明显变化。E-L34和37时期，CK显著低于其他处理组。其他时期处理组间的差异不明显，说明水分胁迫对种子总酚含量的影响较小。如图25-9（4）所示，各处理组单粒果实种子总酚含量差异明显，几乎均表现为水分胁迫程度越重，单粒果实种子总酚含量越少。

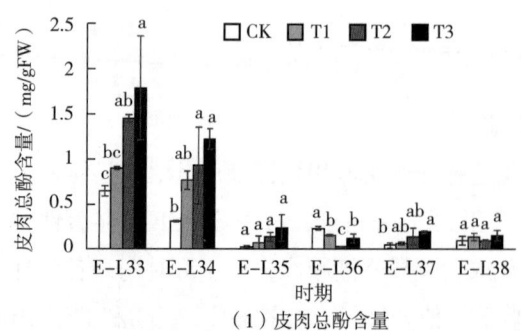

（1）皮肉总酚含量

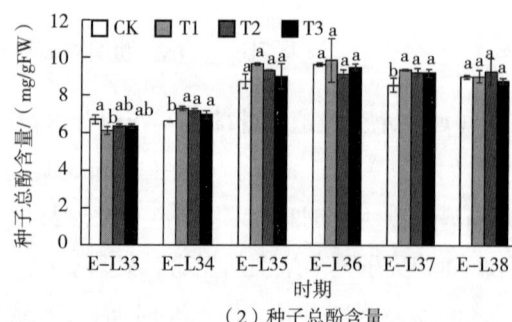

（2）种子总酚含量

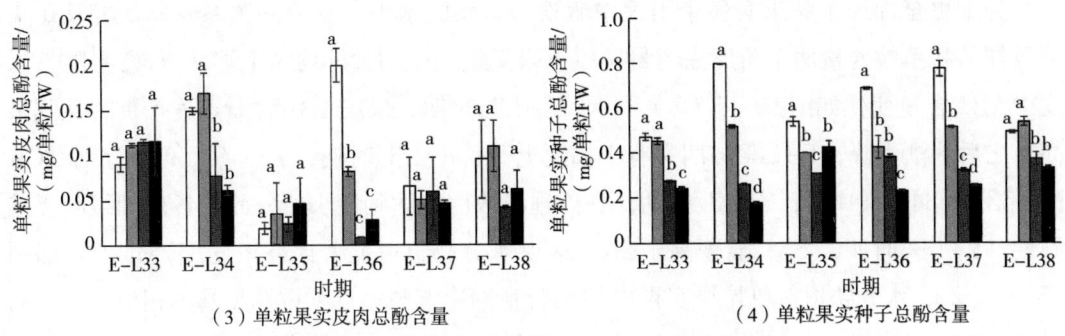

图25-9 水分胁迫对葡萄果实总酚含量的影响

## 三、水分胁迫对葡萄不同组织内源激素的影响

### （一）不同组织中的ABA含量

如图25-10（1）所示，E-L33时期，叶片ABA水平较高，随后呈逐渐下降趋势，E-L38时期又有所上升。E-L33时期，水分胁迫显著增加了叶片ABA的含量，T2显著高于CK，较CK提高了142.10%；E-L34时期，T2和T3均显著大于CK，而T1与CK无差异性；E-L37和38时期，各处理组间无差异。说明水分胁迫会提高叶片ABA含量，而长期水分胁迫条件下处理组间差异会逐渐减小。

根系ABA含量如图25-10（2）所示，随着美乐葡萄植株生长发育，根系ABA含量呈先上升、后加降的趋势，各处理组均于E-L35时期达到峰值。水分胁迫可显著地改变根系ABA含量，E-L33时期，T3较CK提高了80.77%，而T1和T2与CK无显著性差异；直至E-L35时期，水分胁迫下根系ABA T1～T3含量始终高于CK。E-L36时期，T3显著小于CK，而其他处理组间无差异性，随后各处理组根系ABA含量差异性均保持较低的水平。说明水分胁迫对根系ABA含量的影响同叶片相似，水分胁迫促进根系ABA积累的作用会随胁迫时间的增加而减小。

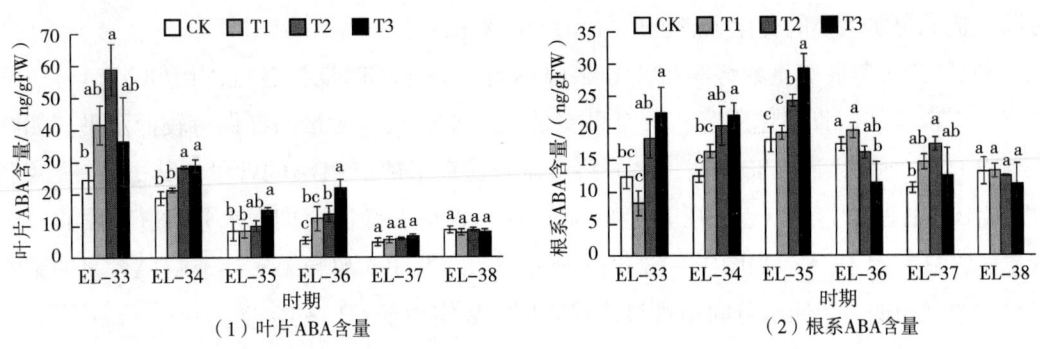

图25-10 水分胁迫对美乐葡萄叶片和根系ABA含量的影响

为了更全面地了解果实各个组织中激素和多胺的水平与水分的关系,本研究从每克鲜重样品和单粒含量两个角度去考量(以下果实组织中的指标均从上述两方面论述)。果皮中ABA含量变化如图25-11(1)所示,E-L35时期,果皮ABA含量迅速增加,达到最高,之后逐渐下降,E-L38时期又有小幅度上升,E-L35时期,T1、T2和T3分别是CK的1.63、3.84和3.47倍;E-L37时期,各处理组浓度均达到最小值,此时各处理组间无差异性;E-L38时期,T3又显著高于CK,表明水分胁迫可显著提高果皮ABA浓度。如图25-11(2),水分胁迫对单粒果实果皮ABA含量的影响与每克鲜重样品基本相似,E-L35时期,单粒果实果皮ABA含量与水分胁迫程度呈正相关,但在其他时期中,各处理间无显著性差异,说明水分胁迫对单粒果皮ABA含量影响较小。

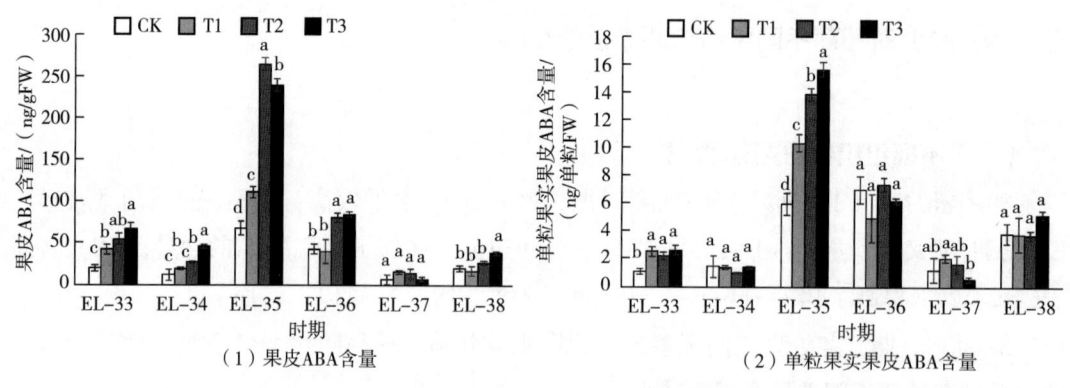

图25-11 水分胁迫对美乐葡萄果皮ABA含量的影响

如图25-12所示,果肉ABA含量变化趋势与果皮较为相似,E-L35时期迅速增加,随后又逐渐减少。如图25-12(1)所示,E-L33时期,T1、T2和T3均显著大于CK,分别较CK提高了151.05%、115.15%和122.55%;E-L35时期,果肉ABA浓度随水分胁迫程度的加重而增加,T3最高,是CK的3.68倍;E-L38时期,各处理组间差异较小,仅T3显著大于CK。如图25-12(2)所示,E-L33和35时期涨幅仅T1显著大于CK,E-L36时期仅T2显著大于CK,其他时期中水分胁迫下单粒果实果肉ABA含量几乎总小于CK,说明水分胁迫造成果实大小的变化可影响单粒ABA的含量。

种子ABA含量变化趋势与果皮和果肉不同,E-L33时期,各处理组间ABA含量均较高,于E-L34时期迅速下降,直至果实采收,种子ABA含量始终保持较低水平。如图25-13(1)所示,E-L33时期,水分胁迫显著提高了种子ABA的含量,其中T1、T2和T3分别较CK提高53.01%、230.64%和258.00%,直至E-L38时期,水分胁迫下种子ABA含量始终显著大于CK。如图25-13(2)所示,水分胁迫对单粒果实种子ABA含量的影响同单位浓度相似,说明水分胁迫可显著提高果粒果实种子ABA的含量。

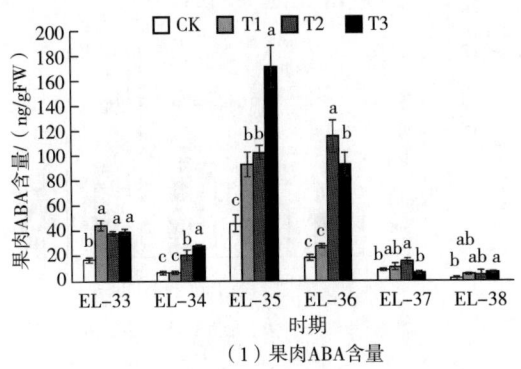
（1）果肉ABA含量

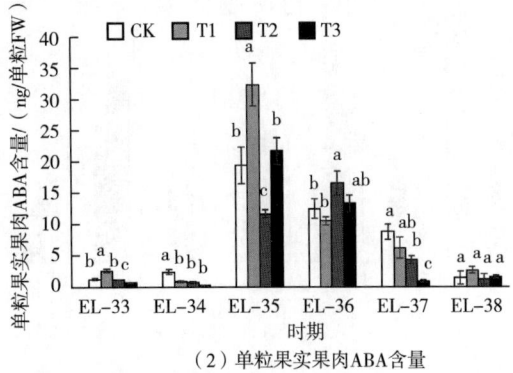
（2）单粒果实果肉ABA含量

图25-12　水分胁迫对美乐葡萄果肉ABA含量的影响

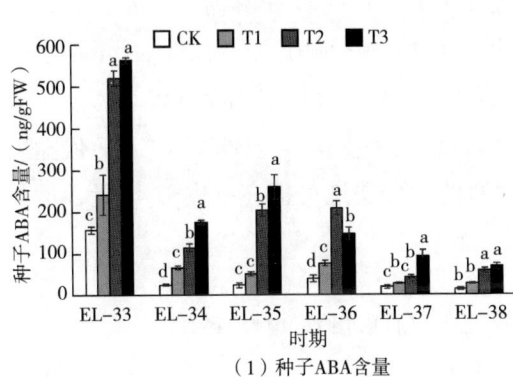
（1）种子ABA含量

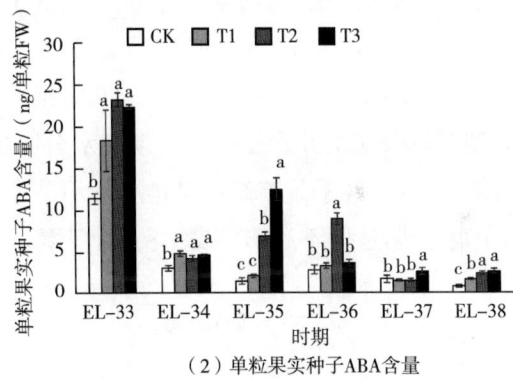
（2）单粒果实种子ABA含量

图25-13　水分胁迫对美乐葡萄种子ABA含量的影响

### （二）不同组织中的SA含量

如图25-14（1）所示，叶片SA呈"双峰"曲线变化，分别在E-L34和36达到峰值。E-L33时期，水分胁迫程度越重、叶片SA含量越高；E-L34时期，T3显著小于CK；随着叶片的发育，T2和T1分别在E-L35和36时期小于CK，E-L36~38时期，CK始终大于其他处理组。说明短暂的水分胁迫可促进叶片SA积累，而长期水分胁迫则不利于SA的积累。

根系SA含量的变化如图25-14（2）所示，E-L33~36时期，根系SA含量变化范围较小，E-L37迅速增加，随后又有所减少。E-L33时期，T1和T2分别较CK高83.23%和153.69%，而T3与CK差异不显著，该趋势一直保持至E-L36时期；E-L37时期，3个水分胁迫处理下根系SA含量均小于CK，E-L38时期处理组间差异与E-L37时期相似，说明短暂的水分胁迫可促进根系SA的积累，但长期水分胁迫则会减少根系SA的含量。

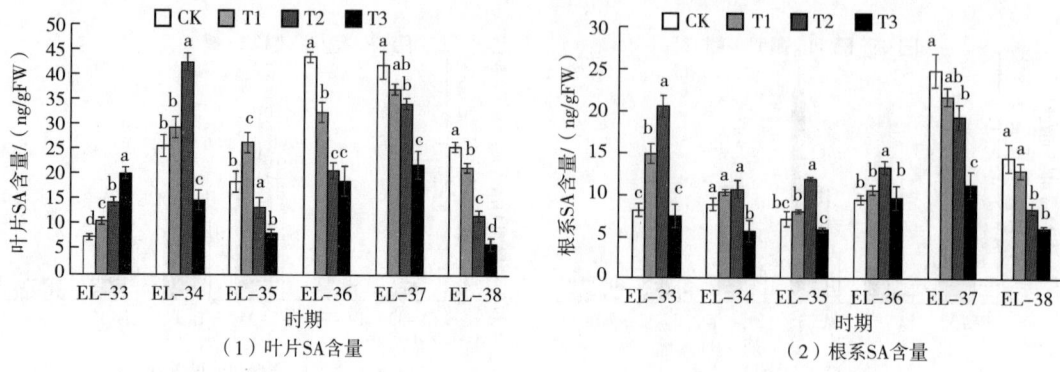

图25-14　水分胁迫对美乐葡萄叶片和根系SA含量的影响

如图25-15（1）所示，E-L33时期各处理组果皮SA含量水平均为最高，随后开始缓慢下降，E-L37时期，果皮SA含量有小幅度上升。E-L33和34时期，水分胁迫下果皮SA含量均大于CK，但在E-L35、37和38时期中，水分胁迫下果皮SA含量均小于CK。如图25-15（2），E-L33~36时期，单粒果实果皮SA含量变化幅度较小，E-L37时期开始快速上升；E-L33时期，水分胁迫下单粒果实果皮SA含量均高于CK，但随后时期中，CK几乎始终高于其他处理组。说明短暂的水分胁迫可提高果皮SA含量，但长期的水分胁迫则不利于果皮中SA的积累。

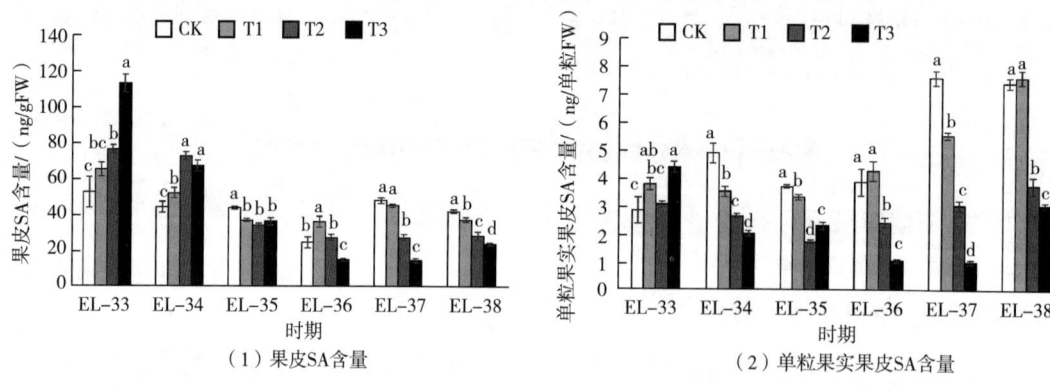

图25-15　水分胁迫对美乐葡萄果皮SA含量的影响

如图25-16（1）所示，E-L33和34时期，果肉SA含量呈上升的趋势，E-L35和36时期则快速下降，E-L37又有所上升。E-L33时期T2和T3均显著高于CK，而T1与CK无差异性；E-L34时期，T1和T2分别较CK提高了89.19%和170.74%，T3和CK无差异性；此后时期，处理组间差异逐渐减小，T3的SA浓度始终较低。如图25-16（2）所示，E-L33~36时期，单粒果实果肉SA含量始终保持较低水平，E-L37迅速升高，随后又有所下降。水分胁迫下单粒果实果肉SA含量几乎始终小于CK。

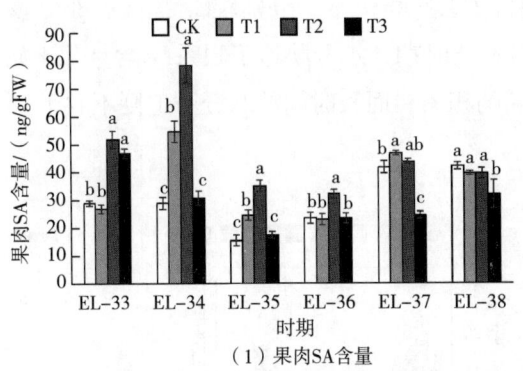
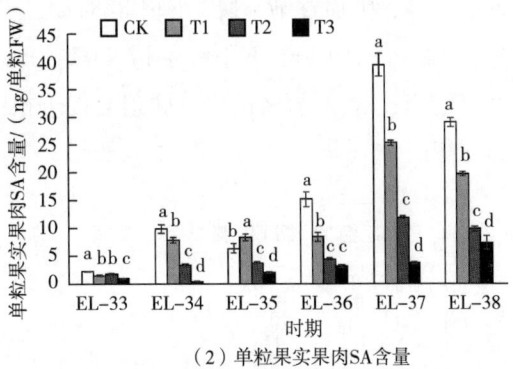

图25-16 水分胁迫对美乐葡萄果肉SA含量的影响

种子SA含量整体呈"双峰"变化趋势，分别于E-L34和37时期达到峰值。如图25-17（1）所示，E-L33~35时期，水分胁迫可显著提高种子SA的浓度，其中T2提高幅度最大；E-L36时期各处理组间SA浓度无差异性，之后时期中，水分胁迫下种子SA浓度均小于CK。如图25-17（2）所示，E-L33时期T1和T2分别较CK提高22.60%和34.13%，而T3较CK减少了21.63%，随后时期中，T3含量几乎始终小于CK。综上，短暂的水分胁迫可促进葡萄各组织SA的积累，但长期水分胁迫则会减少各组织SA的含量。

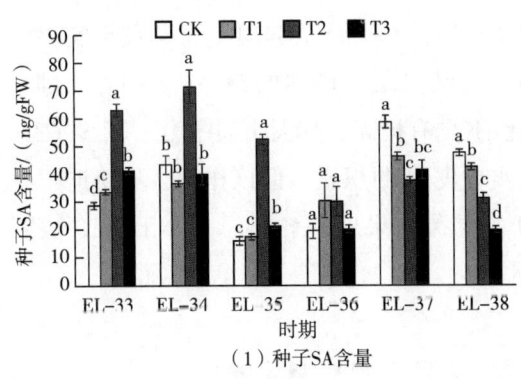
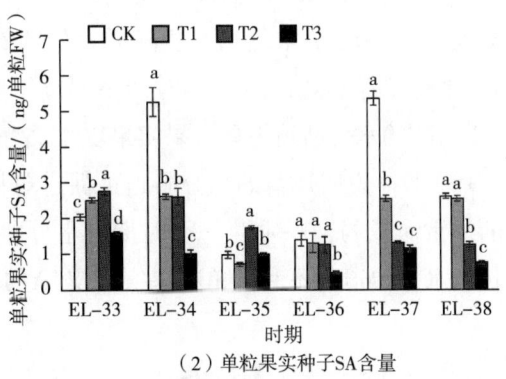

图25-17 水分胁迫对美乐葡萄种子SA含量的影响

### （三）不同组织中的JA含量

如图25-18（1）所示，叶片JA含量呈"单峰"变化趋势，E-L34时期达到峰值，随后呈逐渐下降的趋势。水分胁迫可显著减少叶片JA的含量，E-L33时期，T1、T2和T3分别较CK减少了15.13%、38.48%和44.16%，此后的时期中，叶片SA含量均随着水分胁迫程度的加重而减少，说明水分胁迫不利于叶片JA的积累。

如图25-18（2）所示，E-L33至34时期，根系JA含量变化幅度较小，于E-L35时期迅速升高，随后逐渐下降。E-L33时期，T1和T2显著大于CK，分别较CK提高了38.06%和14.82%，而T3较CK下降了17.41%，E-L34~38时期，水分胁迫下根系JA含量几乎始终小于CK，说明短暂的水分胁迫会促进根系JA的积累，而长时间的水分胁迫则不利于JA的积累。

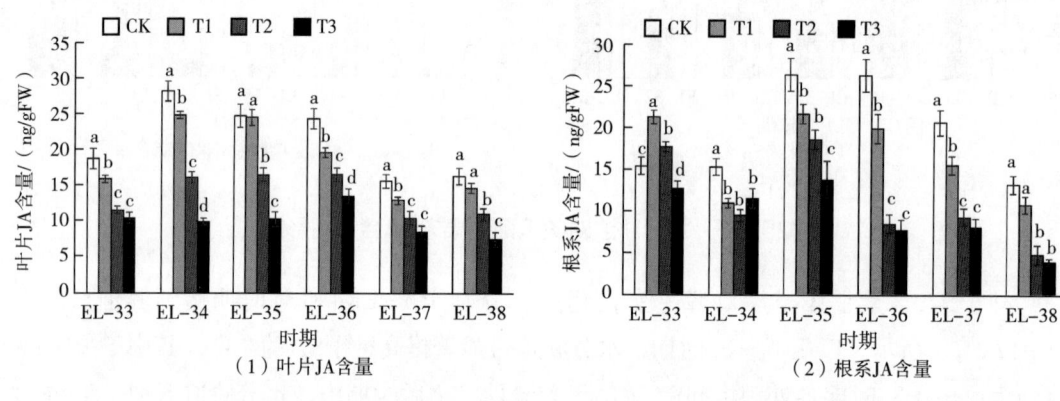

图25-18　水分胁迫对美乐葡萄叶片和根系JA含量的影响

如图25-19（1）所示，随着美乐葡萄果实的发育，果皮JA浓度呈逐渐下降的趋势。E-L33时期，T1、T2和T3均显著大于CK，分别较CK提高85.96%、110.68%和78.25%；E-L34时期，仅T1显著高于CK，其他处理间无差异性；E-L35至38时期，水分胁迫下果皮JA浓度均有所降低。如图25-19（2），E-L33至34时期，单粒果实果皮JA含量有所上升，E-L35时期小幅度下降后，继续呈缓慢增加的趋势。E-L33时期，T1~T3的水分胁迫下单粒果实果皮JA含量相比CK均有提高，其大小顺序为：T1＞T2＞T3＞CK，说明短暂的水分胁迫可促进单粒果实果皮JA的积累，但该作用会随胁迫程度的加重而减弱，E-L34~38时期，水分胁迫下单粒果实果皮JA含量总是小于CK，表明长期水分胁迫则不利于单粒果实果皮JA的积累。

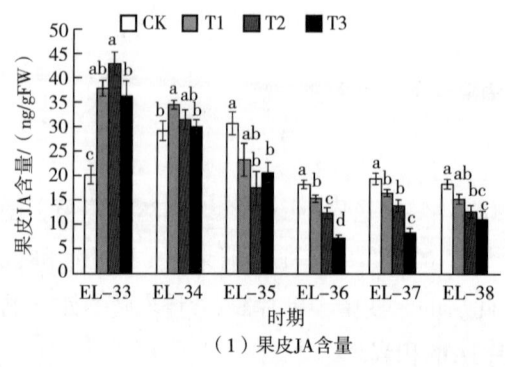
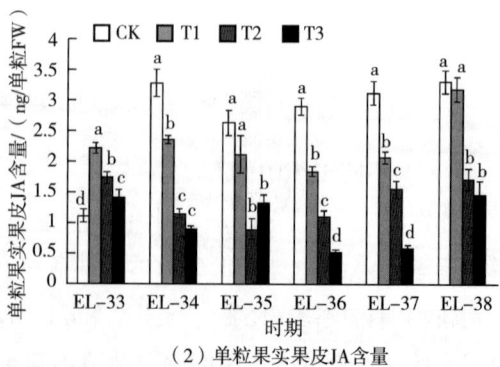

图25-19　水分胁迫对美乐葡萄果皮JA含量的影响

如图25-20（1）所示，随着果实的生长发育，果肉中JA浓度表现为"双峰"变化趋势，分别在E-L34和36时期达到峰值。水分对果肉JA含量影响显著，E-L33时期T1和T2均显著高于CK，而T3与CK差异不显著；E-L34时期，仅T1明显高于CK，T2和T3均小于CK；E-L35至38时期，CK始终显著高于其他处理组。如图25-20（2），仅在E-L33时期观察到T1高于CK，其他时期中CK始终显著高于其他处理组。说明长期水分胁迫同样不利于果肉中JA的积累。

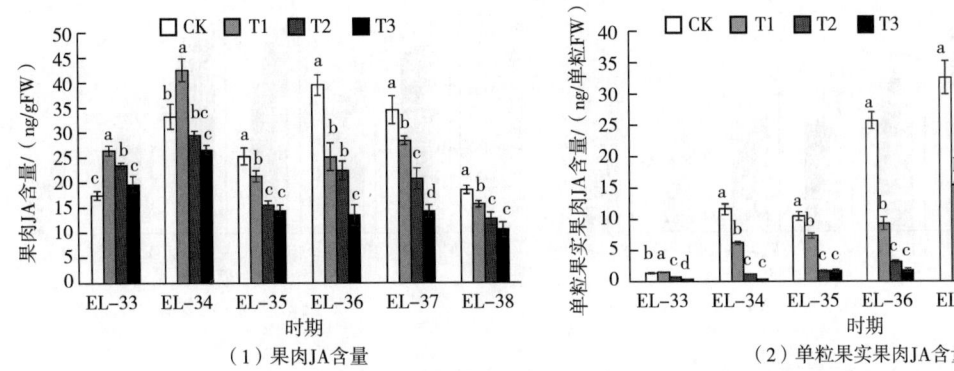

**图25-20　水分胁迫对美乐葡萄果肉JA含量的影响**

如图25-21（1）所示，E-L34时期种子JA浓度最高，随后逐渐下降，E-L37时期又有所上升。在两个水平上（单位鲜重和单粒鲜重）水分胁迫对种子JA含量的影响一致，E-L33时期起，水分胁迫显著降低了种子JA的含量，且下降程度随着水分胁迫程度的加重而加大，说明水分胁迫不利于种子JA的积累。

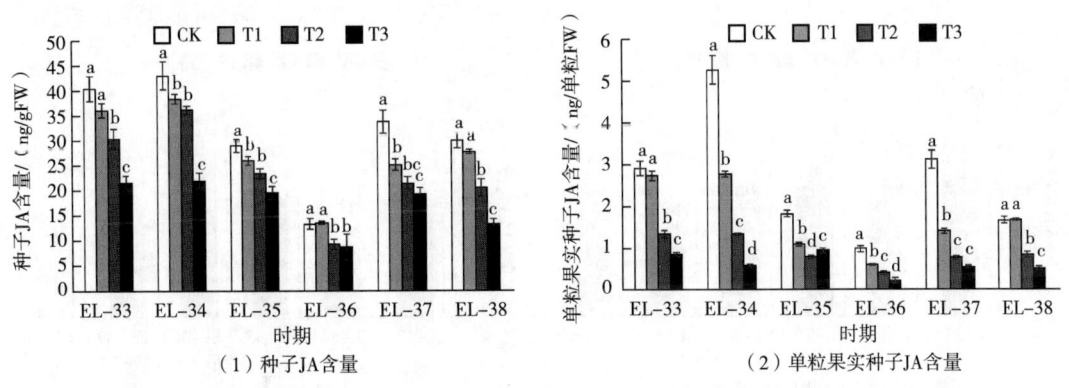

**图25-21　水分胁迫对美乐葡萄种子JA含量的影响**

### （四）不同组织中的IAA含量

叶片IAA的含量变化如图25-22（1）所示，E-L33时期各处理组IAA含量均为最大，随着叶片发育，IAA含量逐渐下降。E-L33时期，T3显著小于CK，较CK小23.09%，T1

和T2与CK差异不显著；E-L34时期，处理组间差异不显著；E-L35~38时期，水分胁迫下叶片IAA含量始终小于CK，说明水分胁迫不利于叶片中IAA的积累。

如图25-22（2）所示，E-L33和34时期，根系IAA含量呈下降趋势，E-L35和36时期迅速升高，随后继续呈下降趋势。在整个采样期中，根系IAA的含量始终随着水分胁迫破程度的加剧而降低，说明水分胁迫同样不利于根系IAA的积累。

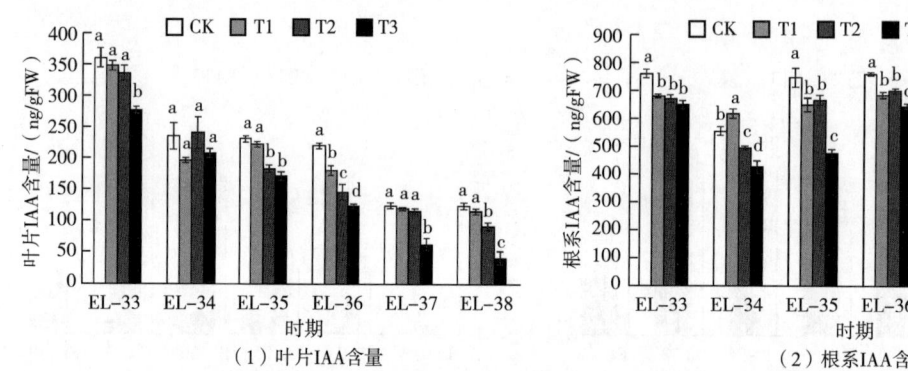

图25-22 水分胁迫对美乐葡萄叶片和根系IAA含量的影响

随着果实的生长发育，果皮IAA浓度呈逐渐下降的趋势［图25-23（1）］，而E-L33~36时期中，单粒果实果皮含量有小幅度的增长［图25-23（2）］。E-L33时期，T1果皮IAA浓度显著高于CK，在单粒果实含量上也观察到了同样的结果；而此后的时期中，水分胁迫下果皮IAA含量总是小于CK，且两种水平上结果一致，说明长期水分胁迫不利于葡萄果皮IAA的积累。

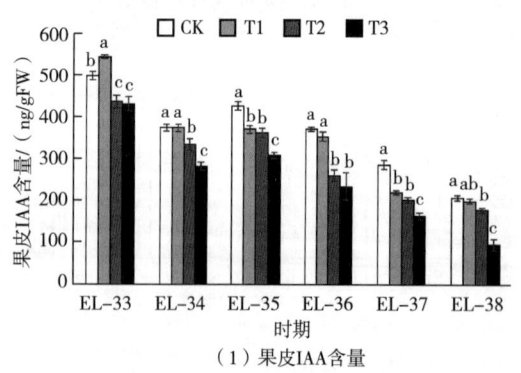

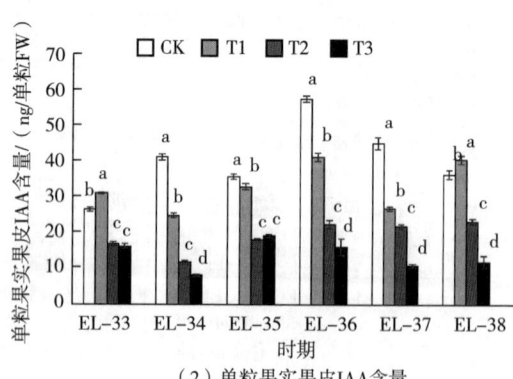

图25-23 水分胁迫对美乐葡萄果皮IAA含量的影响

果肉IAA含量变化与果皮基本一致，在美乐葡萄果实发育过程中，果肉IAA浓度逐渐降低，而单粒果实含量呈缓慢增加的趋势，果肉IAA浓度E-L38时期则迅速下降。如图

25-24（1）所示，E-L33时期仅T2显著小于CK，较CK低13.68%，其他处理组间无差异；随着水分胁迫的持续进行，各处理组间的差异也逐渐增大，E-L36时期，T1、T2和T3分别较CK下降了27.88%、53.65%和55.77%；E-L37和38时期，处理组间差异缩小，E-L38时期中T1反高于CK。如图25-24（2）所示，水分胁迫显著降低了单粒果实果肉IAA含量，且水分胁迫越严重，IAA含量越低。

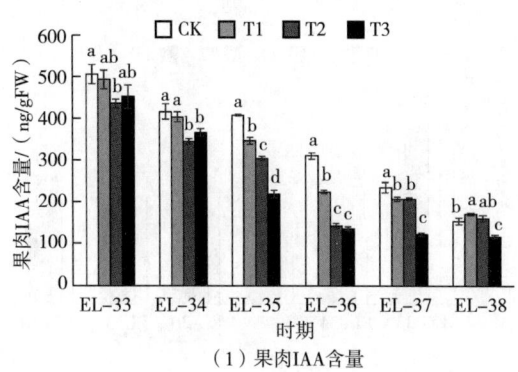 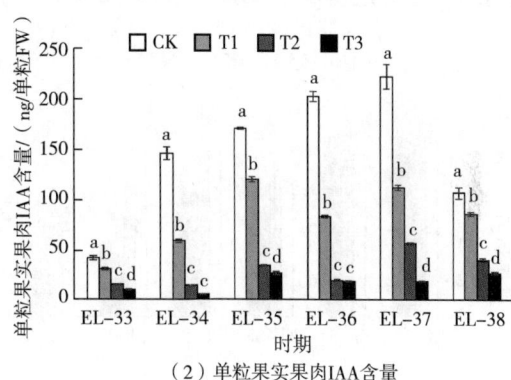

（1）果肉IAA含量　　　　　　　　　（2）单粒果实果肉IAA含量

图25-24　水分胁迫对美乐葡萄果肉IAA含量的影响

种子中IAA含量的变化如图25-25所示，E-L33和34时期，种子IAA含量均有所升高，随后呈逐渐下降的趋势。如图25-25（1）所示，E-L33~36时期，水分胁迫可显著降低种子中IAA浓度；E-L37时期，T1和T2仍小于CK，而T3较CK提高了38.05%；E-L38时期，各处理组间无显著差异。如图25-25（2）所示，水分胁迫下单粒果实果肉IAA含量始终较低，说明水分胁迫不利于种子IAA的积累。

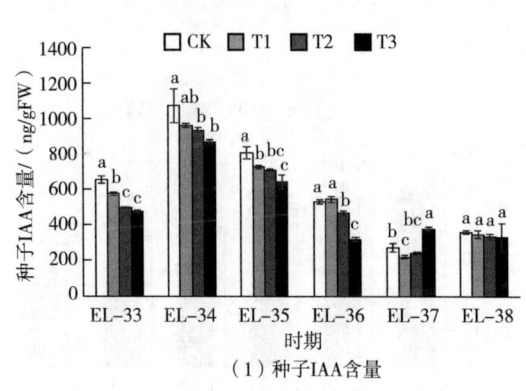 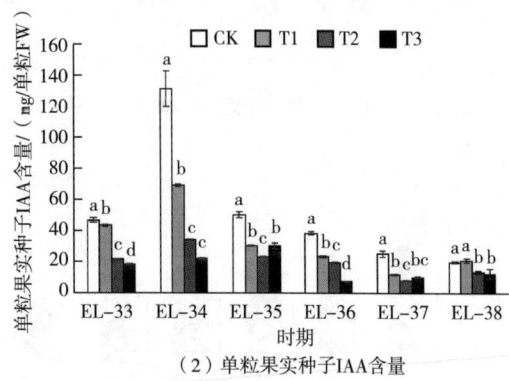

（1）种子IAA含量　　　　　　　　　（2）单粒果实种子IAA含量

图25-25　水分胁迫对美乐葡萄种子IAA含量的影响

### （五）不同组织中的GA含量

叶片中$GA_3$含量的变化如图25-26（1）所示，E-L33~35时期，叶片$GA_3$含量呈下降趋势，于E-L36时期有所升高，之后继续呈下降趋势。水分胁迫可显著改变叶片$GA_3$的含量，E-L33时期，T2较CK减少了11.49%，而其他处理组间无差异性；此后的时期中，水分胁迫下T1~T3处理组叶片$GA_3$含量几乎总小于CK（总体趋势），说明水分胁迫不利于叶片$GA_3$的积累。与$GA_3$变化不同，E-L34时期，叶片$GA_4$的含量明显下降[图25-26（2）]，于E-L36时期又迅速升高。与$GA_3$相同的是，水分胁迫下T1~T3处理组叶片$GA_4$的含量几乎也总小于CK（总体趋势），说明水分胁迫同样不利于叶片中$GA_4$的积累。

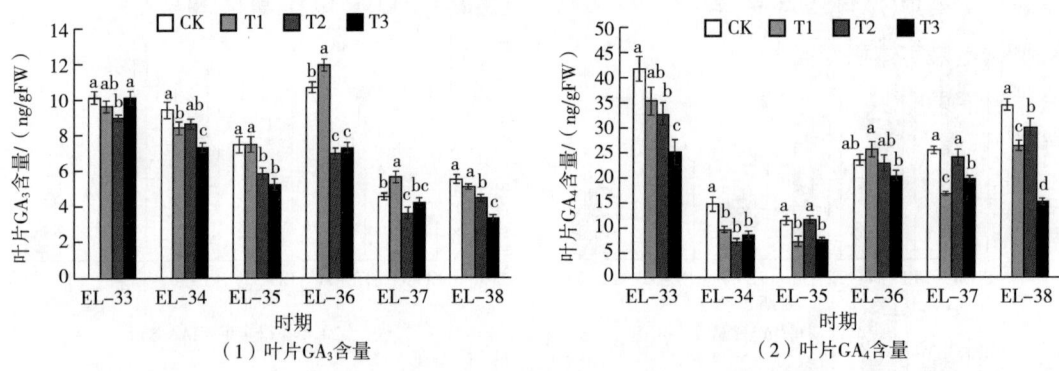

图25-26　水分胁迫对美乐葡萄叶片GA含量的影响

随着葡萄植株的生长发育，根系$GA_3$和$GA_4$含量均呈逐渐减小的趋势，不同的是，$GA_3$在E-L34时期有明显下降，而根系$GA_4$含量在整个发育阶段内变化较小（图25-27）。水分胁迫显著降低了E-L33时期$GA_3$的含量，T1、T2和T3分别较CK降低了23.24%、45.93%和44.28%；此后时期，尽管处理组间差异减小，但没有改变水分胁迫下根系$GA_3$含量降低的趋势。如图25-27（2），E-L37时期中T1较CK提高了19.87%，而其他时期中CK始终大于其他处理组。综上，水分胁迫会降低根系$GA_3$和$GA_4$的含量。

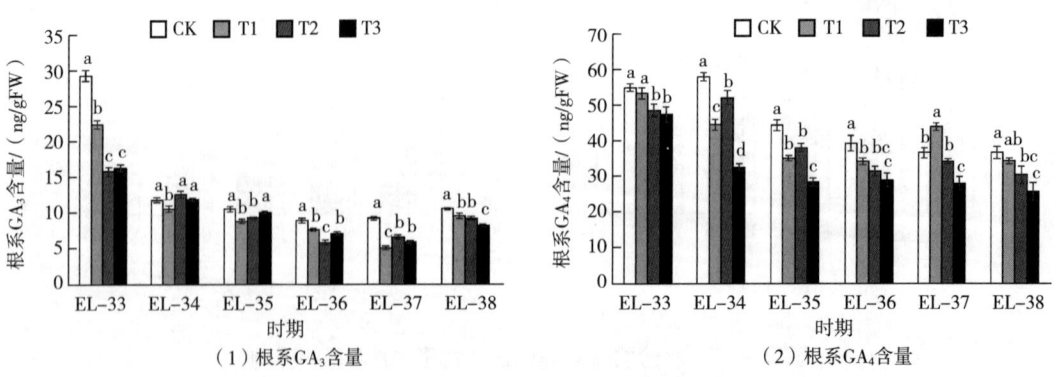

图25-27　水分胁迫对美乐葡萄根系GA含量的影响

如图25-28（1）所示，随着葡萄果实成长发育，果皮$GA_3$含量呈"双峰"曲线变化，分别在E-L34和E-L37时期达到峰值。E-L33时期T1显著大于CK，较CK高17.86%，而T2和T3分别较CK降低20.24%和33.10%；其他时期中，CK始终高于其他处理组。水分对单粒果实果皮$GA_3$含量影响同浓度水平（单粒鲜重水平和每克鲜重水平，余同）相似[图25-28（3）]，即水分胁迫程度越重，果皮$GA_3$含量越低。在葡萄果实发育过程中，果皮$GA_4$含量的变化趋势与$GA_3$不同[图25-28（2）]，E-L33时期最高，随后逐渐降低，E-L35~38时期，果皮$GA_4$含量始终保持较低水平。如图25-28（4）所示，E-L34时期单粒果实果皮$GA_4$含量小幅度升高后，于E-L35时期迅速下降，随后又缓慢升高，这一过程可能是果实体积变大过程中，为了维持某一特定的含量而做出的反应。两个水平下，水分胁迫下果皮$GA_4$的含量均有所下降，表明水分胁迫不利于果皮中$GA_3$和$GA_4$的积累。

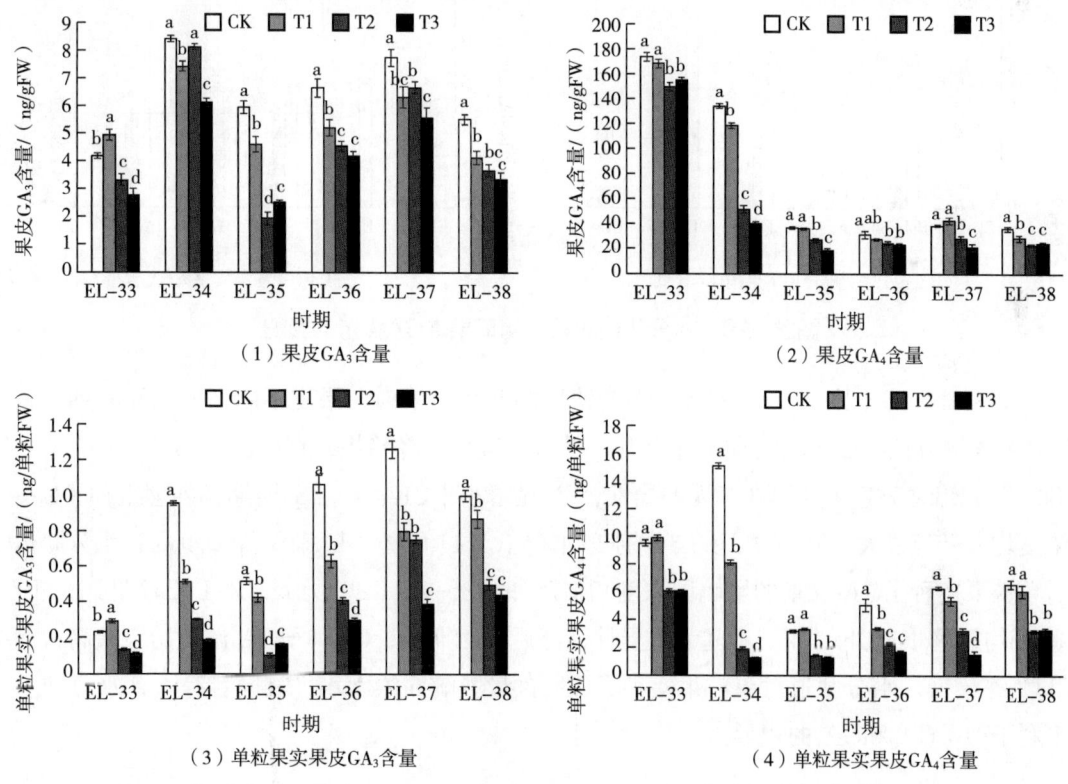

**图25-28　水分胁迫对美乐葡萄果皮GA含量的影响**

如图25-29（1）所示，果肉$GA_3$含量变化趋势同果皮相同，E-L34和37时期分别达到两个峰值；果肉$GA_4$的变化趋势与果皮同样相似[图25-29（2）]，即果肉和果皮$GA_4$的含量均呈下降的趋势，说明上述两种GA在果皮和果肉中的积累联系较为紧密。水分对果肉$GA_3$和$GA_4$的影响是相同的，在两个水平中，水分胁迫下$GA_3$和$GA_4$含量均有所下降，说明水分胁迫不利于果肉$GA_3$和$GA_4$的积累。

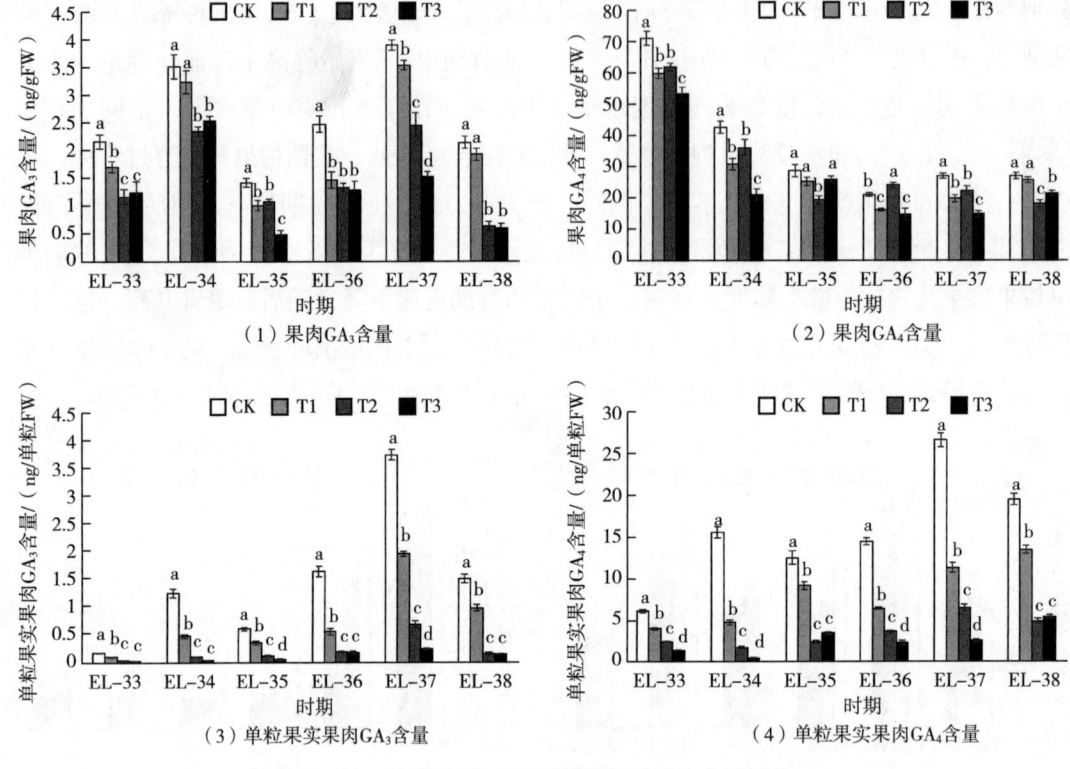

图25-29 水分胁迫对美乐葡萄果肉GA含量的影响

如图25-30（1）所示，种子中$GA_3$浓度的变化与果肉、果皮不同，E-L33时期，种子$GA_3$含量较低，E-L34时期迅速上升，随后一直呈下降趋势，直至E-L38时期又有所上升。E-L33时期T1和T2与CK无差异性，T3显著小于CK；E-L34时期各处理组种子$GA_3$浓度均上升至最大，T1、T2和T3分别较CK降低了11.53%、44.85%和60.40%；水分胁迫对单粒果实种子$GA_3$含量的影响同浓度相似。如图25-30（2）所示，E-L33时期T1、T2和T3均显著小于CK，而三者间无差异性；此后的时期中，CK种子$GA_4$浓度始终最高，而T3始终最低。水分胁迫对单粒果实种子$GA_4$含量影响同浓度水平相同。综上，水分胁迫不利于种子$GA_3$和$GA_4$的积累。

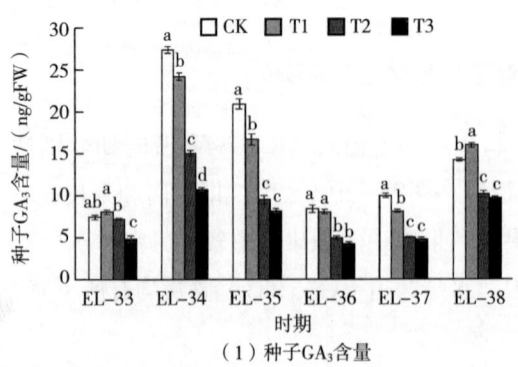
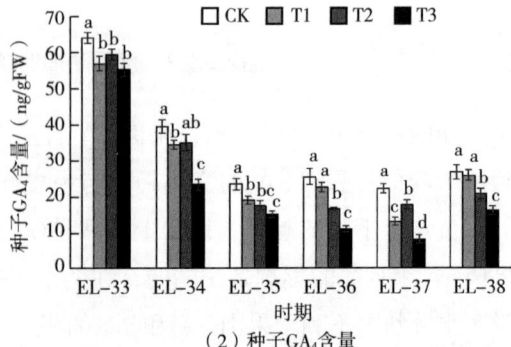

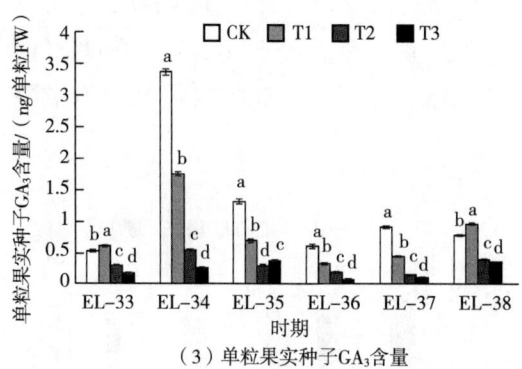
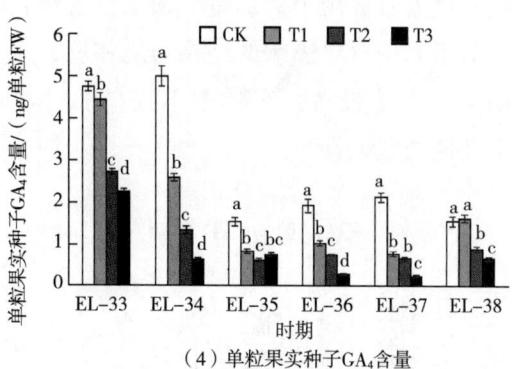

（3）单粒果实种子$GA_3$含量

（4）单粒果实种子$GA_4$含量

**图25-30　水分胁迫对美乐葡萄种子GA含量的影响**

### （六）不同组织中的细胞分裂素（CTK）含量

如图25-31（1）所示，在葡萄叶片的生长发育过程中，E-L33时期叶片TZ含量最高，于E-L34时期迅速下降，直至E-L38时期，叶片tZ含量一直以较缓慢的速度继续下降，说明高浓度TZ是叶片早期发育所必需的。水分胁迫显著降低了叶片TZ含量，E-L33时期，T1、T2和T3分别较CK下降了6.60%、13.94%和51.79%，此后时期中，水分胁迫下叶片TZ含量几乎总小于CK。如图25-31（2）所示，整个采样期内叶片IP浓度变化范围较小。E-L33时期，T2显著小于CK，而其他处理组间差异不显著；E-L34至E-L37，水分胁迫下叶片IP含量几乎总高于CK；E-L38时期，尽管处理组间差异有所减小，但CK仍小于其他处理组。综上，水分胁迫增加了叶片IP的含量，但不利于TZ的积累。

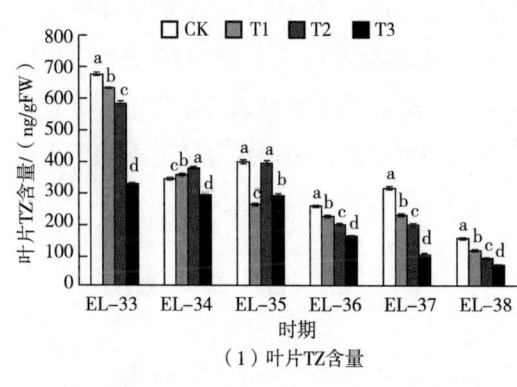
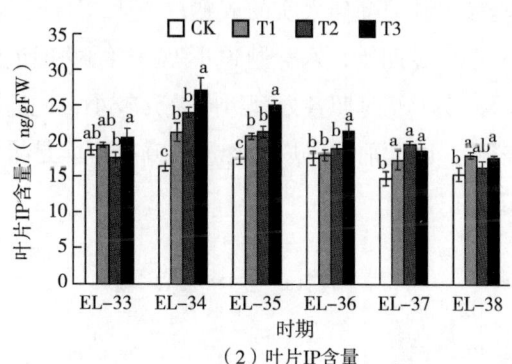

（1）叶片TZ含量

（2）叶片IP含量

**图25-31　水分胁迫对美乐葡萄叶片TZ和IP含量的影响**

如图25-32（1）所示，随着葡萄植株的生长发育，根系TZ含量呈逐渐下降的趋势。E-L33时期，水分胁迫显著降低了根系TZ的含量，T1、T2和T3分别较CK少8.84%、16.75%和23.59%，类似的差异一直保持至E-L38时期，说明水分胁迫不利于根系TZ的积累。E-L34～36时期根系IP含量小幅度下降后，于E-L37时期又有所升高。E-L33时期，随着水分胁迫的加重，根系IP含量较CK呈下降趋势，而E-L34~36时期，水分胁迫对根系IP含量影响的结果与之相反，水分胁迫下根系IP含量高于CK，E-L35和36时期中T1均为最高，分别较CK提高了51.99%和63.03%；E-L37~38时期，CK又显著高于其他处理组。

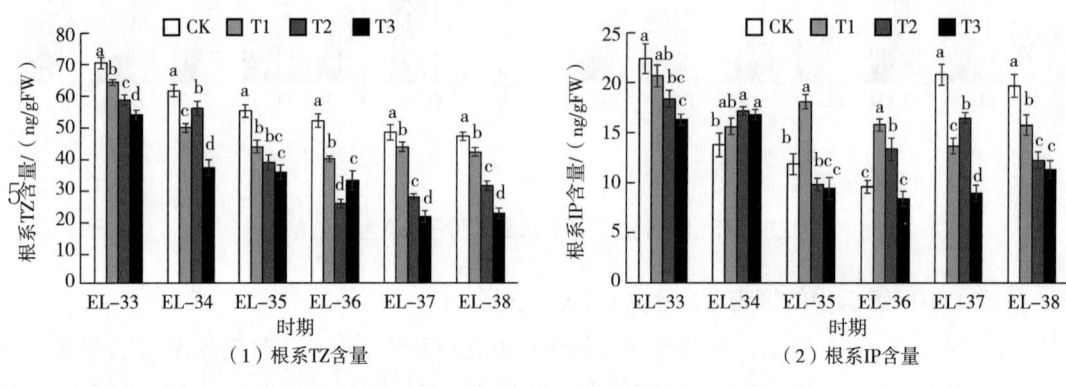

图25-32　水分胁迫对美乐葡萄根系TZ和IP含量的影响

果皮TZ含量的变化如图25-33（1），E-L33时期各处理组果皮TZ含量均为最高，随后一直呈下降趋势；单粒果实果皮TZ含量在E-L34时期有明显积累。水分胁迫下，果皮TZ含量显著减少，且两个水平的结果基本一致，说明水分胁迫不利于果皮TZ的积累。果皮IP的积累与TZ差异较大，E-L33和34时期，果皮IP含量处于较低水平[图25-33（2）]，E-L35时期果皮IP含量迅速上升，直至E-L38时期，其含量仅有小幅度下降，说明IP可能参与调控葡萄果实的成熟。E-L33时期，T2和T3分别较CK提高41.46%和32.02%，而E-L35时期始，水分胁迫下T1~T3处理组果皮IP含量总体低于CK。如图25-33（4）所示，E-L33时期各处理组间差异较小，此后的时期中水分胁迫下单粒果实果皮IP含量总是较低，因此前期果皮IP含量的升高可能是果实失水皱缩引起的，长期水分胁迫不利于果皮IP的积累。

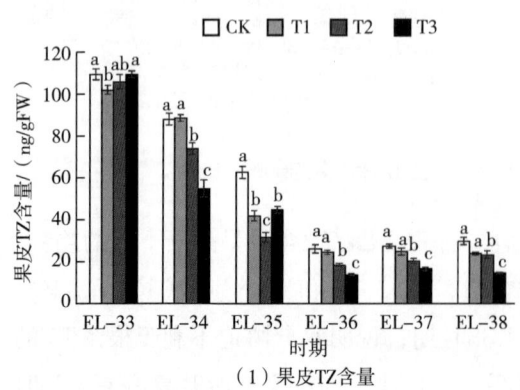

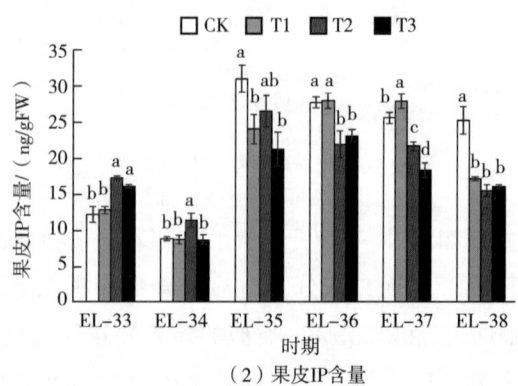

（1）果皮TZ含量　　　　　　　　（2）果皮IP含量

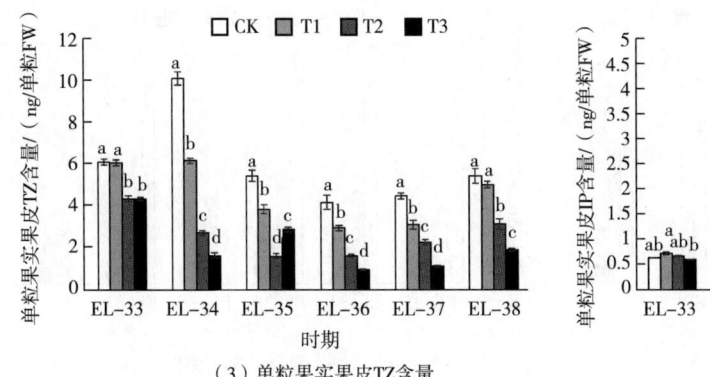
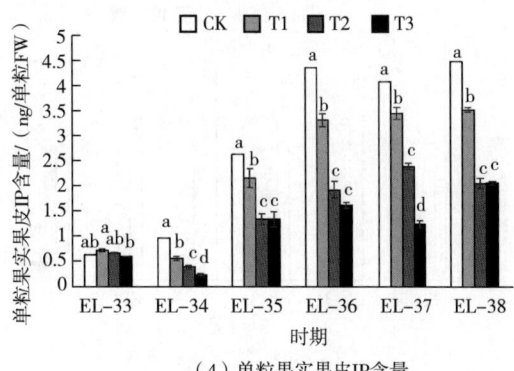

(3)单粒果实果皮TZ含量　　　　　　　　(4)单粒果实果皮IP含量

**图25-33　水分胁迫对美乐葡萄果皮TZ和IP含量的影响**

如图25-34（1）所示，随着葡萄果实的成熟，果肉TZ含量呈逐渐下降的趋势，E-L33时期，T1、T2和T3分别较CK降低10.61%、5.63%和18.16%，直至E-L38时期，处理组间始终保持相似的差异性。如图25-34（3），E-L33~36时期单粒果实果肉TZ含量呈增加趋势，E-L37时期开始下降。水分胁迫可显著降低果肉TZ含量，说明水分胁迫不利于果肉TZ的积累。果肉IP含量变化如图25-34（2）所示，E-L35时期果肉IP含量达到峰值，随后开始下降，E-L36~38时期，果肉IP含量始终较低；如图25-34（4）所示，E-L34~35时期单粒果实果肉IP含量迅速增加，E-L36时期明显降低后，于E-L37时期又有所升高。果肉和果皮IP的积累模式不同，说明上述2个组织中IP的积累可能是独立的。E-L33时期，水分胁迫显著增加了果肉IP浓度，而E-L35时期开始，水分胁迫下果肉IP含量几乎总体小于CK。单粒果实果肉中含量同样表明，水分胁迫不利于果肉IP的积累。

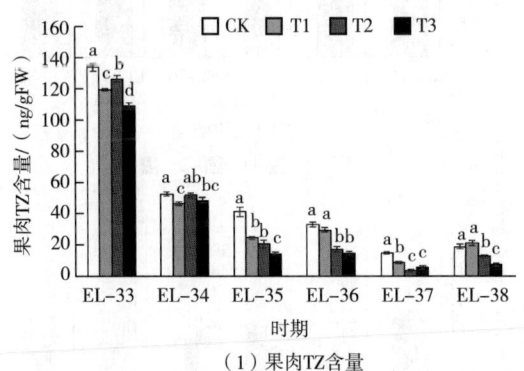
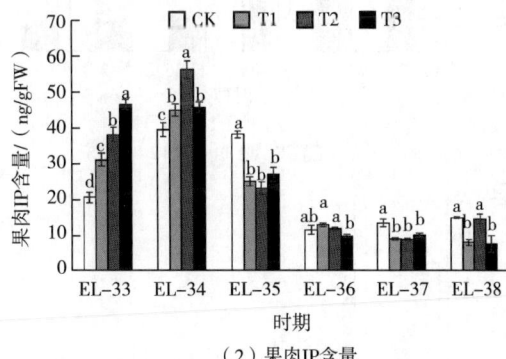

(1)果肉TZ含量　　　　　　　　　　　(2)果肉IP含量

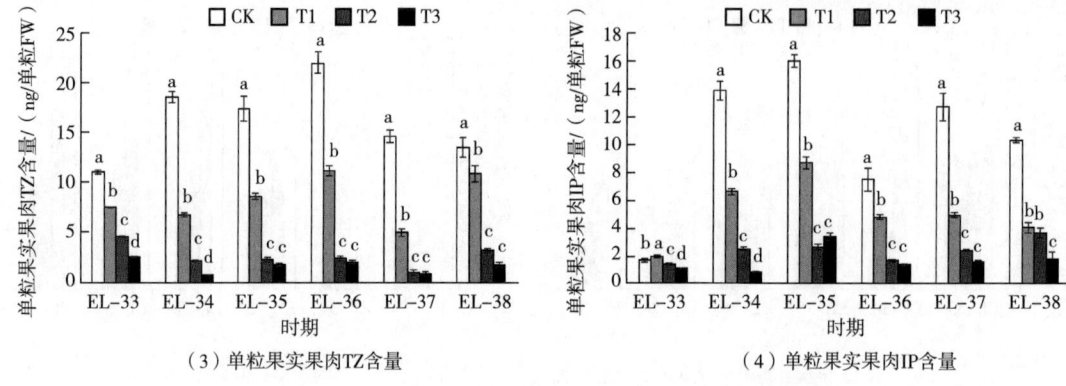

（3）单粒果实果肉TZ含量　　　　　　　　　（4）单粒果实果肉IP含量

图25-34　水分胁迫对美乐葡萄果肉TZ和IP含量的影响

E-L33~38时期，种子TZ含量呈逐渐下降的趋势［图25-35（1）］，随后逐渐下降［图25-35（3）］。水分胁迫对种子TZ含量影响显著，水分胁迫下种子TZ含量和单粒果实种子TZ含量均始终小于CK，说明水分胁迫不利于种子TZ的积累。如图25-35（2）所示，种子IP积累模式与TZ不同，果实成熟过程中，种子IP含量无明显变化，E-L33时期，T2相对于CK减少11.84%，其他处理组间无差异性；E-34和35时期，水分胁迫下种子IP含量始终较高，而该时期单粒果实种子IP含量反高于CK，说明此阶段IP含量的上升可能是由于失水浓缩引起的；E-L36~38的时期中，受水分胁迫下种子IP含量始终小于CK，表明长期水分胁迫不利于种子IP的积累。

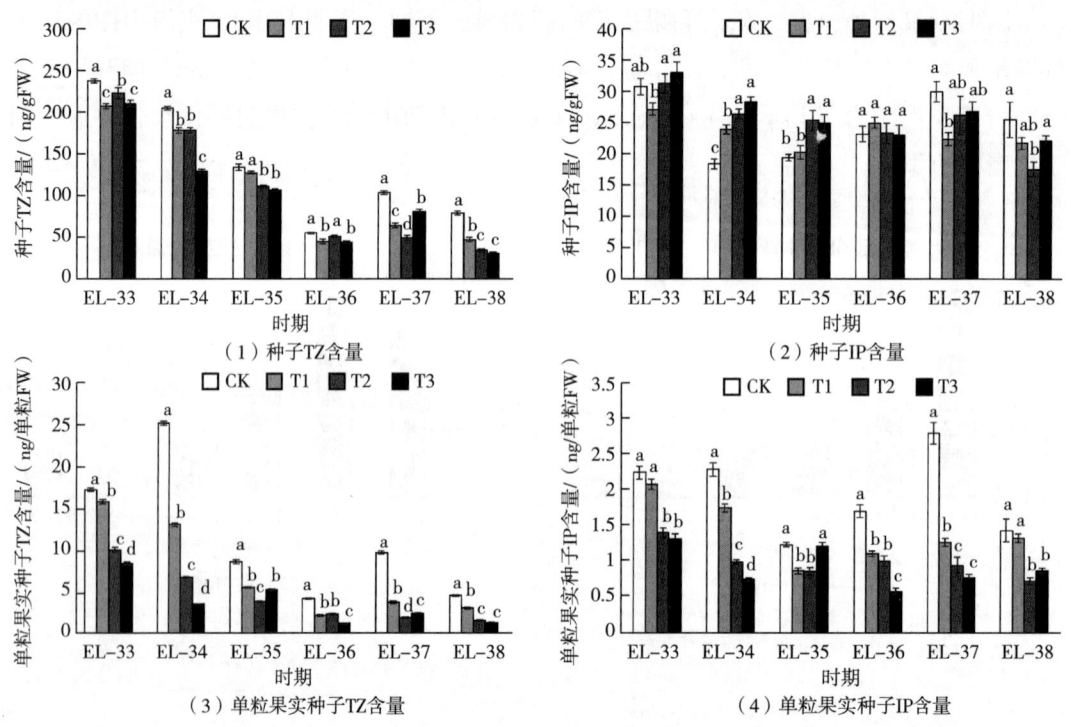

（3）单粒果实种子TZ含量　　　　　　　　　（4）单粒果实种子IP含量

图25-35　水分胁迫对美乐葡萄种子TZ和IP含量的影响

## 四、水分胁迫对葡萄不同组织内源多胺的影响

### （一）不同组织内腐胺（Put）含量的变化

如图25-36（1）所示，随着葡萄生长发育的进行，叶片中Put含量呈下降趋势，其中E-L36时期下降幅度最大，此后始终保持较低水平。E-L33时期，水分胁迫对叶片中Put含量影响显著，T2和T3分别较CK高1.02和0.71倍，而T1与CK无差异性；E-L35时期，T1和T2均显著高于CK，分别较CK高90.47%和118.93%，而T3与CK无差异性。E-L36时期，尽管各处理组Put含量均较低，但T2和T3仍显著高于另外两个处理组；E-L38时期，处理组间无差异，说明叶片中Put的积累主要发生在生长发育前期，成熟和衰老时含量会快速下降；水分胁迫会提高叶片中Put含量，但对成熟或衰老叶片的Put含量影响较小。

根系Put含量变化如图25-36（2）所示，水分胁迫对根系Put的影响显著，E-L33时期，处理组间Put含量无差异性，但随着水分胁迫程度的加重，Put含量有降低的趋势；E-L34时期，T3含量显著大于CK，较CK高18.98%，而其余三个处理组间差异不显著；E-L35时期，T1和T2间无差异性，但二者含量均显著高于CK；E-L36时期，CK根系Put含量快速升高，而T1相对前一个时期无明显变化，T2和T3反较前一个时期有所下降；此后的时期中，CK含量始终高于其他处理组，且水分胁迫越严重，Put含量越少。说明短暂的水分胁迫对根系Put的含量影响较小，而长期的水分胁迫则不利于其在根系中的积累，而区别两个阶段的时间点可能与葡萄果实成熟有关。

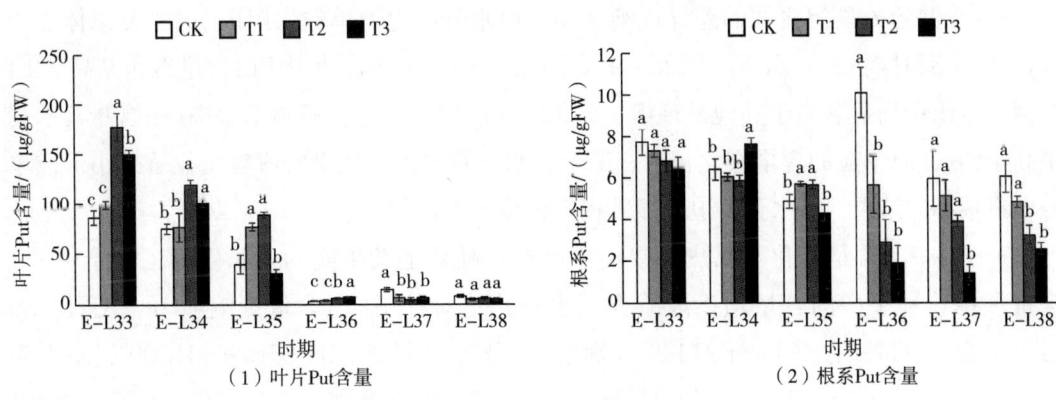

图25-36　水分胁迫对美乐葡萄叶片和根系Put含量的影响

在果实的发育过程中，果皮Put含量和单粒果皮Put含量变化趋势一致，即均在E-L36时期迅速升高，随后其含量始终保持稳定。如图25-37（1）所示，E-L33至35时期，果皮中Put含量随着水分胁迫程度的加剧而升高，对比图25-37（2）可知，尽管

E-L33和E-L35的单粒果皮Put含量与水分胁迫的程度相关性较低,但E-L34中,水分胁迫下果皮的Put含量均显著小于CK,说明在E-L33至35阶段,水分胁迫下果皮Put含量的升高可能是果实皱缩引起的。E-L36至38时期,水分胁迫下果皮中Put含量仍较高;E-L36时期,T1与CK无差异性,T2较CK高187.30%,而T3仅比CK高71.19%,说明在此阶段内,水分胁迫会促进果皮中Put的积累,但过重的水分胁迫会减弱该作用。E-L36和37时期,仅T2显著高于其他处理组,T1和T3与CK无差异性。综上,水分胁迫会促进成熟期果皮Put的积累,但过重的水分胁迫则会减弱该过程。

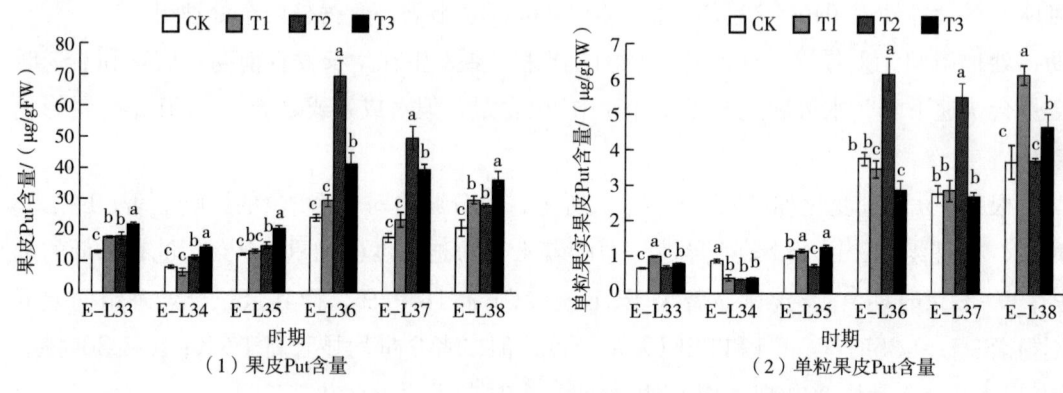

**图25-37 水分胁迫对美乐葡萄果皮Put含量的影响**

果肉中Put含量变化与果皮一致,即E-L34时期,其含量有所降低,E-L36时期又迅速升高。如图25-38(1)所示,E-L33至35时期,水分胁迫提高了果肉Put的含量,但CK与水分胁迫处理组之间的差异逐渐减小,而水分胁迫下单粒果肉Put的含量总体小于CK[E-L33时期T1大于CK,图25-38(2)];E-L36时期,果肉Put含量迅速升高,T1在两个组织中均显著高于其他处理组;E-L37和38时期,水分胁迫下果肉Put含量几乎总是高于CK,而单粒的含量变化相反。综上,水分胁迫会造成果实库容量显著减小形成单粒含量减小的结果,但水分胁迫可显著提高葡萄果肉Put含量。

种子中Put含量变化与果皮和果肉中不同,随着葡萄果实的生长发育,种子中Put含量和单粒种子中的含量均逐渐减少。水分胁迫对种子Put含量影响显著[图25-39(1)],E-L33时期,T1、T2和T3分别较CK提高43.29%、66.61%和51.50%,E-L34时期,T1迅速下降,且与CK无差异性,T2和T3仍显著高于CK,随着种子的成熟,处理组间差异性逐渐减小,E-L38时期,T3显著小于CK,而其他处理组间无差异性。如图25-39(2)所示,E-L33时期T1显著高于CK,较CK高50.51%,而T2和T3较CK无差异性。此后时期中,水分胁迫下单粒种子Put含量几乎总小于CK。说明水分胁迫会促进种子中Put的积累,但同果皮和果肉相似,水分胁迫可显著限制种子库容量,从而降低单粒果实种子Put含量。

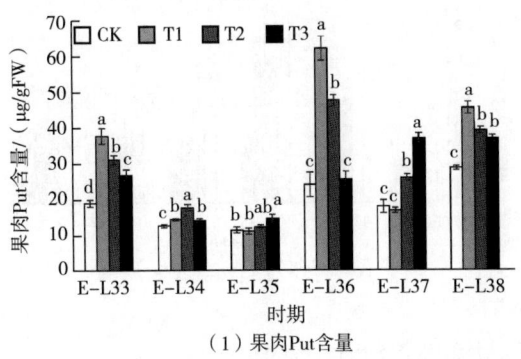
（1）果肉Put含量

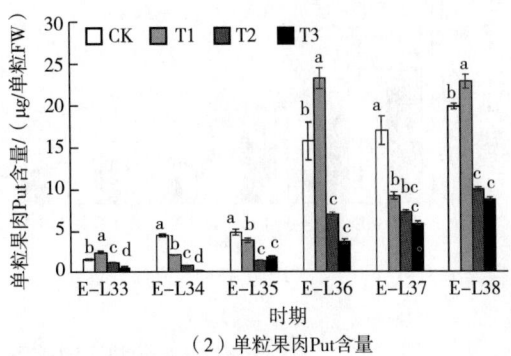
（2）单粒果肉Put含量

图25-38　水分胁迫对美乐葡萄果肉Put含量的影响

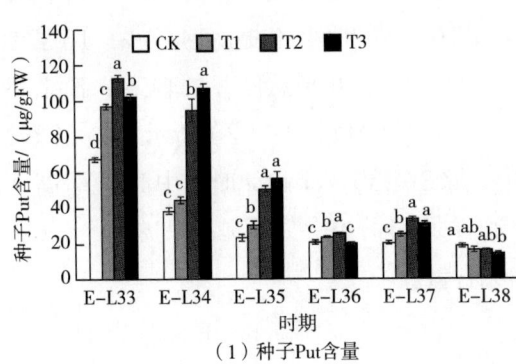
（1）种子Put含量

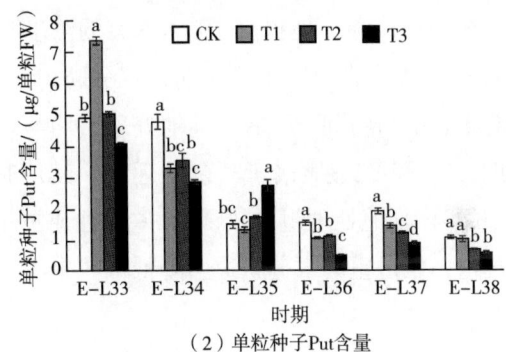
（2）单粒种子Put含量

图25-39　水分胁迫对美乐葡萄种子Put含量的影响

## （二）不同组织内亚精胺（Spd）含量的变化

叶片中Spd含量的变化如图25-40（1）所示，随着美乐葡萄叶片的成熟和衰老，其内源Spd含量于E-L37时期有小幅度上升后呈下降趋势。E-L33时期，T1、T2和T3分别较CK低22.98%、35.44%和41.06%，随后时期仍保持该趋势，即水分胁迫下叶片Spd含量显著小于CK。E-L36时期，CK与3个胁迫处理组间均无差异；E-L37和38时期，CK又显著大于其他处理组。说明水分胁迫可显著降低叶片中Spd的含量，且下降程度与胁迫程度呈正相关。

根系中Spd的变化如图25-40（2）所示，根系内源Spd含量呈单峰曲线变化，于E-L35时期达到峰值，随后呈逐渐下降趋势。水分胁迫对根系Spd含量影响显著，E-L33至35时期，T2和T3始终显著小于CK，而T1与CK无差异性，E-L36和37时期CK始终显著大于其他处理组，E-L38时期，仅T3显著小于CK，其他两个处理组间无显著性差异，说明水分胁迫不利于根系Spd的积累。

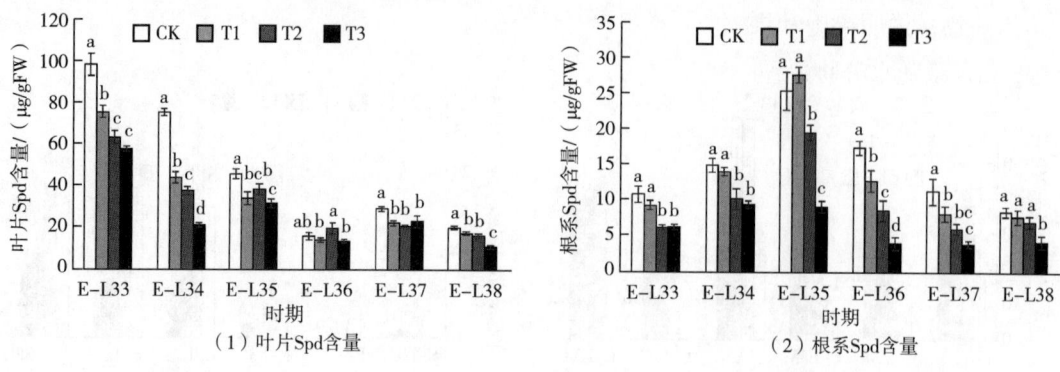

图25-40 水分胁迫对美乐葡萄叶片和根系Spd含量的影响

如图25-41（1）所示，E-L33至35时期，果皮内源Spd含量保持稳定且较低的水平，E-L36时期，Spd含量迅速升高，E-L37和38时期，果皮Spd含量始终较高。E-L33时期，水分胁迫可显著地提高果皮中Spd的浓度，T1、T2和T3分别较CK提高14.51%、15.37%和83.77%，直至E-L37时期，水分胁迫下果皮内源Spd浓度几乎总显著高于CK；E-L38时期，T2显著低于CK，其他处理组均与CK无差异性。如图25-41（2）所示，E-L33时期，T1和T3显著高于其余处理组，其他时期中，除E-L35、36和38时期中T1显著高于CK外，其他处理组均较CK无差异性或更小。综上，水分胁迫会显著提高果皮内源Spd的含量，但过重的水分胁迫会降低单粒果实果皮Spd含量。

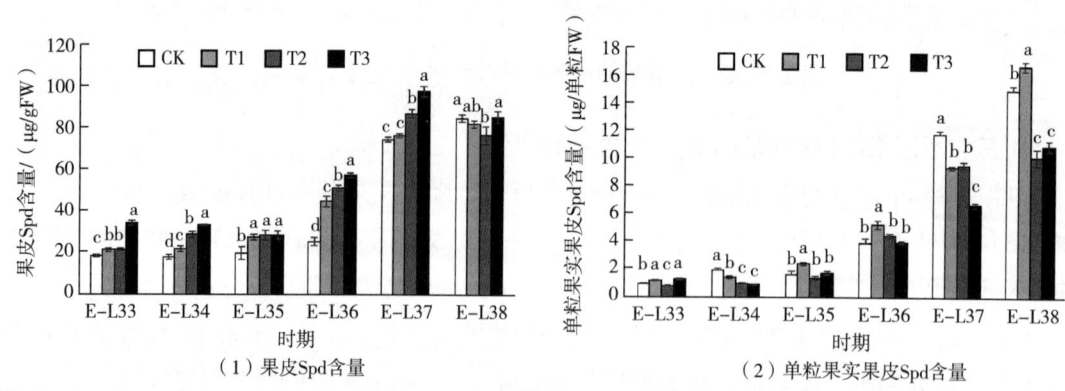

图25-41 水分胁迫对美乐葡萄果皮Spd含量的影响

如图25-42（1）所示，美乐葡萄果肉内源Spd含量的变化趋势与果皮相似，E-L33时期水分胁迫对果肉Spd浓度影响较小；E-L34至38时期，水分胁迫可显著提高果肉Spd浓度，其中E-L35时期处理组间差异最大，T1、T2和T3分别是CK的3.54、4.61和3.15倍。如图25-42（2）所示，E-L33和34时期，单粒果实果肉Spd含量随水分胁迫程度增加总体呈现下降趋势；E-L35、36和38时期，T1显著大于其他处理组，这与果皮中观察到的趋势一致，说明果肉和果皮Spd的积累有密切联系，水分胁迫同样可显著降低单粒果实果肉Spd含量随水分胁迫程度加重而增加。

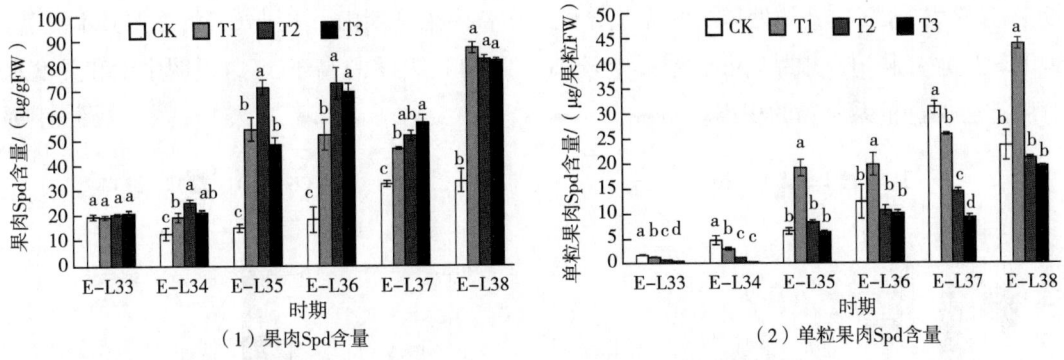

图25-42　水分胁迫对美乐葡萄果肉Spd含量的影响

如图25-43（1）所示，种子中Spd浓度变化与果肉和果皮相反，E-L33~34时期种子Spd含量均保持较高水平，E-L35时期迅速下降，随后其浓度基本保持不变。E-L34时期T2和T3显著大于CK，分别较CK提高26.63%和64.21%，而T1与CK始终无显著差异，说明轻度水分胁迫对种子中Spd浓度影响较小。如图25-43（2）所示，水分胁迫同样可降低单粒种子Spd的含量。

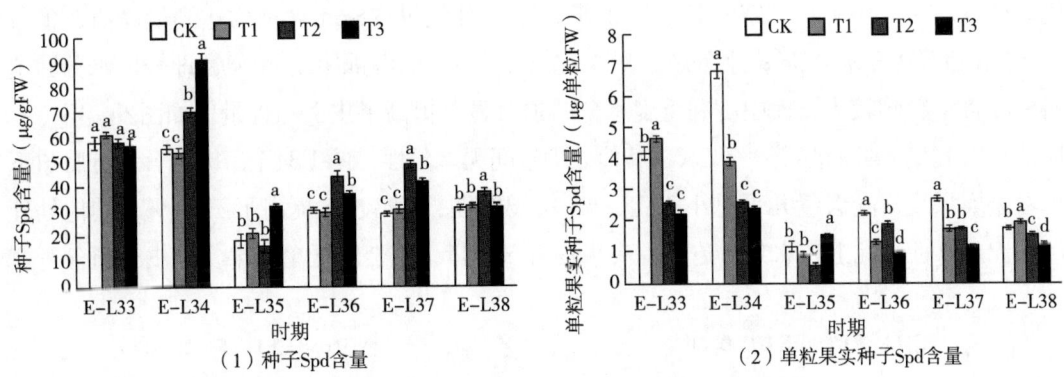

图25-43　水分胁迫对美乐葡萄种子Spd含量的影响

### （三）不同组织内精胺（Spm）含量的变化

叶片中Spm含量的变化如图25-44（1）所示，随着美乐葡萄叶片的发育，叶片内源Spm呈逐渐减少的趋势。E-L33时期，各处理组叶片Spm含量均为最高，水分胁迫可显著降低Spm含量，其中T1、T2和T3分别较CK降低14.86%、28.11%和41.97%。随着叶片Spm含量的减少，处理组间差异性逐渐变小，E-L37时期，3个水分胁迫处理组叶片Spm均与CK无差异性，但E-L38时期中，CK又显著大于其他处理组，说明水分胁迫不利于美乐葡萄叶片中Spm的积累。

如图25-44（2）所示，E-L33至38时期，根系Spm含量呈"单峰曲线"变化，各处理组均于E-L35达到峰值，随后开始下降。水分胁迫对根系Spm含量影响显著，E-L33时期T3显著大于CK，其他处理组间无差异性。在整个采样期内，T1与CK始终差异不显著，说明轻度水分胁迫对根系Spm含量影响较小，T2和T3几乎总高于CK，说明中度和重度水分胁迫会促进根系Spm的积累。

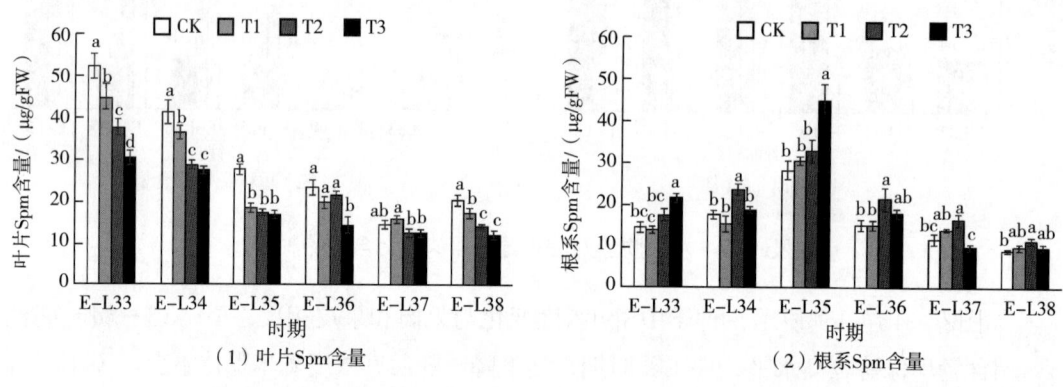

图25-44　水分胁迫对美乐葡萄叶片和根系Spm含量的影响

果皮中内源Spm含量变化如图25-45（1）所示，E-L33至35时期，果皮Spm浓度变化较小，E-L36时期明显升高，随后开始下降。E-L33时期，T2和T3果皮Spm含量分别较CK高38.61%和39.23%；E-L36时期，各处理组果皮Spm含量均达到最高值，但仅E-L36期T3显著高于CK；水分胁迫对果皮Spm含量的影响同根系相似，即轻度水分胁迫对Spm含量影响较小，而中度和重度水分胁迫可显著提高果皮Spm含量。如图25-45（2）所示，E-L33时期T1显著大于CK，其他处理组间无差异性；E-L34至37时期，水分胁迫下单粒果实果皮Spm含量几乎总小于CK；E-L38时期，T1较CK提高了25.81%，其他处理组间无差异性。综上，水分胁迫可提高果皮Spm含量，但会降低单粒果实果皮Spm含量。

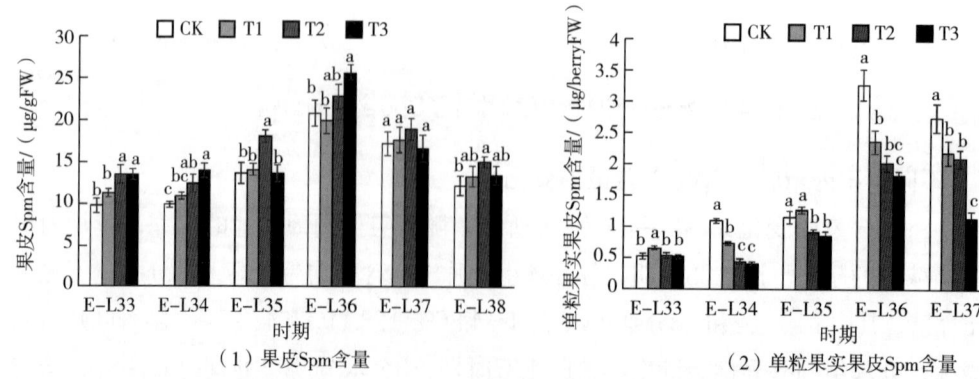

图25-45　水分胁迫对美乐葡萄果皮Spm含量的影响

如图25-46（1）所示，在整个采样期内，果肉Spm含量呈逐渐升高的趋势，但相对果皮而言，果肉Spm含量快速升高的时间较早（E-L35时期），在果皮和果肉Spd的积累中和Spm具有相似的组间差异，说明葡萄果皮和果肉中Spd和Spm的积累具有同步性。水分胁迫对E-L33时期果肉Spm含量影响较小，随后时期中，水分胁迫程度越重，果肉Spm含量越高；E-L38时期，各处理组Spm浓度均上升至最大，其中T2显著高于CK，其他处理组间差异不显著。如图25-46（2）所示，E-L33时期，T2和T3均显著小于CK，此后时期中，水分胁迫下单粒果实果肉Spm含量几乎总小于CK，说明水分胁迫可显著提高果肉Spm的含量，但会降低单粒果实果肉Spm含量。

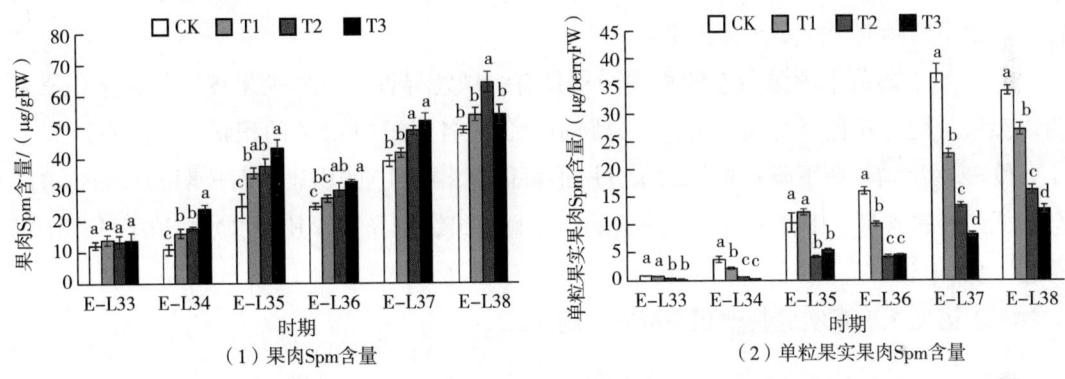

**图25-46　水分胁迫对美乐葡萄果肉Spm含量的影响**

种子Spm含量变化如图25-47（1）所示，E-L33至38时期，种子Spm含量呈逐渐减少的趋势，水分胁迫对种子Spm含量影响显著，E-L33时期，T2显著高于CK，T1和T3与CK无差异性；E-L34至36时期，T1和T2始终显著大于CK，而T3与CK无差异性；E-L37和38时期，三种水分胁迫处理组下种子Spm含量均显著大于CK。如图25-47（2）所示，E-L33时期，T1较CK提高了19.57%，T2和T3反而分别下降了13.00%和24.14%；此后时期，水分胁迫下单粒果实种子Spm含量几乎总小于CK，说明水分胁迫可提高美乐葡萄种子Spm的含量，但会显著降低单粒果实种子Spm含量。

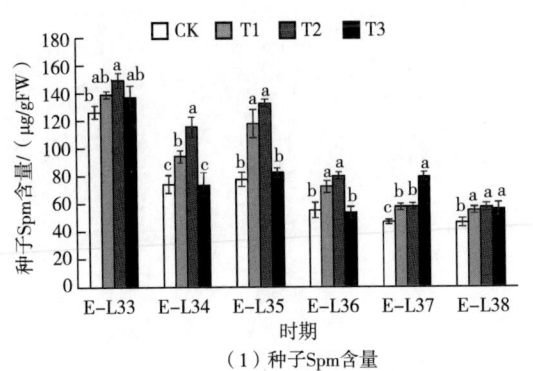 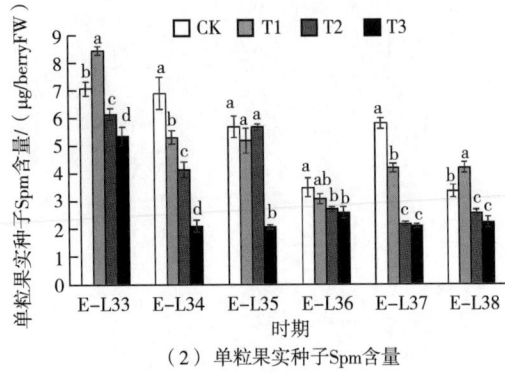

**图25-47　水分胁迫对美乐葡萄种子Spm含量的影响**

## 第三节　小结

（1）水分胁迫可通过改变基质温度和果实表面光照辐射等其他环境因子而影响葡萄生理代谢。

坐果后水分胁迫可加速转色期葡萄果实花色苷和可溶性固形物的积累速率，但同时会促进后期花色苷的降解。

（2）美乐葡萄中内源多胺的积累具有组织特异性，成熟期果实3种多胺的大量积累表明其可能参与果实成熟过程；在水分胁迫下，果实和叶片中的多胺更倾向于向低元胺转化，而根系则倾向于向多元胺转化。

（3）美乐葡萄中内源激素的积累同样具有组织特异性，成熟期果皮IP的大量积累表明该激素可能与花色苷合成有关；水分胁迫可促进各组织中ABA的积累，而IAA、$GA_3$、$GA_4$和TZ含量均有所下降；短暂的水分胁迫可促进SA和JA的积累，而长期的水分胁迫则会降低二者的含量；IP含量对水分胁迫的响应具有组织特异性，其在水分胁迫下的作用仍需进一步研究。

（4）第二十五章实验其他相关资料见附录二。

# 第二十六章 水分胁迫对赤霞珠葡萄生长、生理及果实品质的影响研究

葡萄属于葡萄科葡萄属，为多年生藤本落叶植物，是一种栽培价值很高的果树。近年来，随着我国葡萄酒产业的快速发展，酿酒葡萄栽培面积迅速扩张。中国西部干旱、半干旱地区因其独特的气候条件，已成为我国酿酒葡萄栽培的主要区域。水是一切生命过程中不可替代的基本要素，水资源是国民经济和社会发展的重要战略性资源。我国农业用水效率低下，超过95%耕地仍沿用传统的"土渠输水、大水漫灌"的灌溉方式，水资源浪费严重。据统计，我国作物水分生产率平均仅为0.8kg/m³粮食，而发达国家农业灌溉水利用率已达70%~90%。

水作为新陈代谢过程中生化反应的主要介质，是植物体的重要组成成分之一。水分胁迫会导致植物体内发生各种生理生化反应，迫使植物组织失水，光合作用受阻，呼吸紊乱，代谢出现异常，从而引起植株蛋白功能和结构变性，甚至死亡。研究表明，水分是制约干旱区葡萄与葡萄酒产业发展的重要环境因子，但在适宜水势范围内，适度水分胁迫不仅不会影响葡萄正常生长，还能促进果实品质的提升，而过度水分匮乏会导致葡萄生长发育异常，不利于酿酒葡萄优质品质形成。目前，关于水分胁迫对植物的影响，前人已做了大量研究工作，但利用叶片水势研究水分胁迫抗旱生理的报道相对较少。因此，本试验以3年生赤霞珠为材料，利用叶片黎明前基础水势，设置不同水分胁迫处理，研究水分胁迫对赤霞珠葡萄生长、生理及品质的影响，为以叶片水势研究抗旱生理及酿酒葡萄节水灌溉提供理论依据。

## 第一节 材料与方法

### 一、试验材料

试验在宁夏银川市永宁县玉泉营镇（以下省略"银川市"），宁夏兰山骄子葡萄酒庄有限公司，国家葡萄产业技术体系水分生理与节水栽培岗位核心试验基地（38°14′19″N，106°2′0″E）玻璃温室中进行，供试品种为3年生酿酒葡萄赤霞珠，株距50cm，每株留6个

结果新梢,杯状整形方式。

本试验采用无土限根栽培模式,试验在长4.0m、宽0.8m、高0.5m的木槽中进行,槽内覆盖2层华盾PE耐老化(Ⅰ)型棚膜,供试土壤为蛭石、珍珠岩及草炭灰(体积比1∶1∶1)混合物,全氮8.42mg/L,全磷2.75mg/L,全钾0.82mg/L。以改良霍格兰营养液(表26-1),采用全自动滴管装置(时控仪)进行试验控制。每处理组1行2管,2管间距20cm,毛管直径2cm,滴头间距50cm,滴头流量3.1L/min,每天8:00开始灌溉。

表26-1 改良霍格兰营养液组分

| | | | | |
|---|---|---|---|---|
| A液 | 硝酸钙283.5g | 硝酸钾152g | | |
| B液 | 磷酸二氢钾40.8g | 硫酸镁147.9g | 硝酸铵24g | |
| C液 | 七水硫酸亚铁4.17g | EDTA5.6g | 碘化钾0.24g | 硼酸1.86g |
| | 硫酸锰6.69g | 硫酸锌2.58g | 钼酸钠0.075g | 硫酸铜0.0075g |
| | 氯化钴0.0075g | | | |

注:A、B、C液的比例为霍格兰营养液的统一比例。

## 二、试验设计

果实转色前1周开始处理,根据葡萄叶片基础水势($\Psi_b$),以无水分胁迫为对照(CK),设置T1、T2和T3三个处理组,用灌水量控制葡萄叶片黎明前基础水势值,从而实现不同程度水分胁迫,具体试验设计见表26-2。

表26-2 不同程度水分胁迫处理参考标准

| 处理方式 | 叶片基础水势($\Psi_b$) | 日灌水时间/min | 日灌水量/L | 试验期总灌水量/(L/株) | 生育期总灌水量/(L/株) | 节水效率/% |
|---|---|---|---|---|---|---|
| 重度胁迫(T1) | $\Psi_b \leq -0.6$MPa | 1 | 3.1 | 24.89 | 407.41 | 34.78 |
| 中度胁迫(T2) | $-0.6$MPa$<\Psi_b \leq -0.4$MPa | 3 | 9.3 | 74.22 | 425.84 | 31.83 |
| 轻度胁迫(T3) | $-0.4$MPa$<\Psi_b \leq -0.2$MPa | 6 | 18.6 | 148.44 | 447.46 | 28.37 |
| 无胁迫(CK) | $-0.2$MPa$<\Psi_b \leq 0$MPa | 10 | 30.1 | 247.89 | 624.08 | — |

## 三、测定指标及方法

处理开始后每10d采样1次,采样在8:00—9:00进行。随机取葡萄植株功能叶以上1或2节的健康成熟的叶片。果实采样用粒取法,即在每株植株上随机选3个有代表性的果穗,分别从每穗葡萄的上、中、下取100粒,液氮速冻后,-80℃冰箱保存备用。

### (一) 新梢生长量测定

采用称重法,于收获期每枝蔓留1或2个芽冬剪,分别称枝蔓带叶及不带叶质量,结合各处理组夏剪及取样质量,以最终新梢的总重量来衡量新梢生长量。

### (二) 赤霞珠葡萄需水规律统计

在各生育期间统计植株需水规律,以平均每株葡萄总的吸水量和土壤固定水量的差值作为每天单株的需水量,以整个生育期单株需水量作为该时期总的需水量。

### (三) 叶片相对含水量和相对水分亏缺测定

采样在黎明前进行,选择中部成熟的健康叶片,用精度万分之一的电子天平称重,然后在蒸馏水浸泡24h,取出后擦净叶片表面的水分,再称其饱和鲜重,最后在烘箱内105℃下烘干(约8h),称其干重,并计算如下:

$$相对含水量(RWC)/\% = (鲜重-干重)/(饱和鲜重-干重) \times 100\%$$

$$相对水分饱和亏缺(WSD)/\% = (饱和鲜重-鲜重)/(饱和鲜重-干重) \times 100\%$$

### (四) 自由水与束缚水含量测定

参考王学奎的方法。

### (五) 叶绿素含量测定

采用陈宇炜的乙醇提取比色法。

### (六) 光合特性测定

在果实转色期开始,用德国WALZ公司生产的GFS-3000型便携式光合仪,测定叶片净光合速率($P_n$)、蒸腾速率($T_r$)、胞间$CO_2$浓度($C_i$)和气孔导度($G_s$)。选用开放式气路,设定光强1000μmol/(m²·s),采用定点法,以从基部向上的第5片叶为光合测定的对象。同时,用叶片蒸腾所消耗的水(mmol)所对应同化的$CO_2$的量(μmol)来换算水分利用率(WUE)=$P_n/T_r$。对不同日期的同项指标测定采用定时测定,即每10d测1次,均在上午9~11点进行。

### (七) 叶绿素荧光参数测定

自花后65d开始,随机选取5株有代表性的葡萄,再从每株葡萄功能叶以上1或2节,随机选取健康成熟的叶片3片,每隔10d作为测量梯度,采用定点法,利用OS5P饱和脉冲式叶绿素荧光仪(采用Kinetic荧光动力学模式,暗适应30min)分别测定各处理组的叶绿素荧光参数($F_o$、Fm、Yield、ETR、qN和qP),测定时的相关参数设定均为仪器自动默认设置。

### （八）主要抗旱生理指标测定

脯氨酸（Pro）含量测定用酸性茚三酮比色法；丙二醛（MDA）含量测定采用硫代巴比妥显色法；可溶性蛋白质含量测定采用考马斯亮蓝G-250染色法；可溶性糖含量测定用蒽酮比色法；超氧化物歧化酶（SOD）活性测定采用氮蓝四唑（NBT）法；过氧化物酶（POD）活性测定采用愈创木酚法；过氧化氢酶（CAT）活性测定采用紫外吸收法。

### （九）果实品质测定

百粒重测定，随机从每株果穗的上、中、下部分共取100粒果实，3次重复，称重，求平均值；总酸含量测定采用NaOH滴定法；花色苷含量测定采用盐酸-甲醇提取比色法；可溶性固形物含量测定采用折光仪法；还原糖含量测定采用菲林试剂滴定法；单宁含量测定采用福林-丹尼斯法；总酚含量测定采用福林酚法。

## 四、数据统计分析

采用Microsoft office Excel 2010及DPS7.05软件整理并分析数据。

## 第二节 结果与分析

### 一、水分胁迫对赤霞珠葡萄不同生育期水分生理代谢的需水规律

在限根条件下，利用时控仪每天控制灌水量，同时结合葡萄生育时期、土壤含水量，最终确定赤霞珠葡萄在不同生育期需水规律（图26-1）：自4月5号开始至9月20号结束，全生育期共计163d，累计总需水624.68L/株。萌芽期至盛花期（4月5号—5月12号），共需水147.6L/株；盛花期至坐果期（5月13号—5月20号），共需水23.31L/株；膨大期（5月21号—7月20号），共需水233.31L/株；转色期至成熟期（7月21号—9月20号），共需水220.46L/株。

### 二、水分胁迫对赤霞珠葡萄叶片含水量的影响

由图26-2可知，随着时间增加，葡萄叶片WSD大小顺序依次为：花后95d＞花后75d＞花后85d＞花后65d。其中，花后75d和95d，WSD呈现上升趋势，水分胁迫前期，

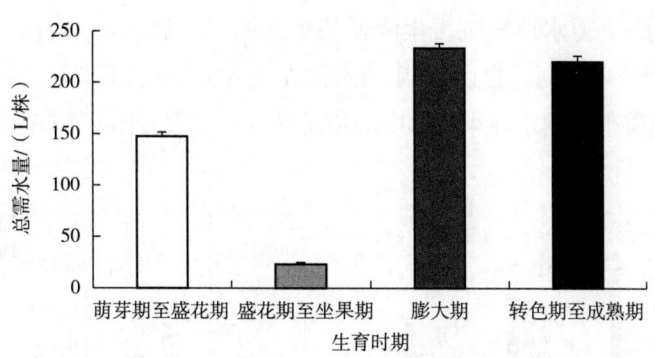

图26-1　赤霞珠葡萄不同生育时期需水量

葡萄对水分需求量增加，调节水分平衡能力逐渐下降，随着时间增加，水分亏损程度进一步增大，且随水分胁迫程度加剧而显著增大，这可能与后期葡萄叶片衰老有关。由图26-3可知，随着时间增加，葡萄叶片RWC整体呈现下降趋势。其中，花后75d，RWC下降幅度较大，说明此阶段葡萄对水分需求增加，这可能与浆果二次膨大有关。而花后95d，RWC最低，可能与葡萄叶片衰老退化有关，以上情况说明水分胁迫能不同程度降低葡萄叶片RWC，且随胁迫程度增加而显著下降。由图26-4可知，随水分胁迫持续，葡萄叶片中自由水含量呈现依次下降的趋势，处理前期下降缓慢，随后下降幅度增大。不同处理组间，随水分胁迫进行，自由水含量也呈现依次下降趋势，且随水分胁迫程度加剧，其下降幅度增大。方差分析表明，水分胁迫能显著降低葡萄叶片中自由水含量，且随水分胁迫程度增加，其下降幅度增大。由图26-5可知，葡萄叶片中束缚水含量大小顺序依次为：花后75d＞花后95d＞花后65d＞花后85d。在花后75d和95d，束缚水含量均有不同程度的上升趋势。不同处理组间，束缚水含量也随水分胁迫程度加剧而增加，说明水分胁迫导致葡萄叶片中束缚水含量呈现不同程度的增加趋势，但束缚水含量增加幅度降低，这可能与植株自身的生长机制及外界胁迫条件有关。由图26-6可知，叶片中总含水量呈现下降的趋势。水分胁迫期间，葡萄叶片总含水量随水分胁迫程度加剧而降低。由图26-7可知，

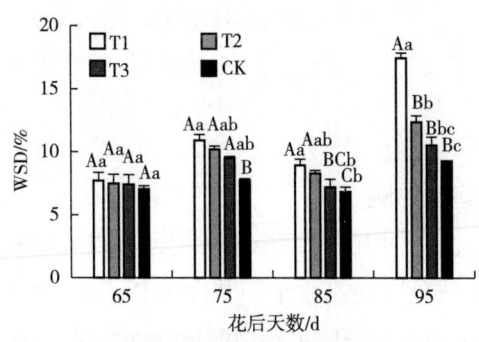

图26-2　水分胁迫对赤霞珠葡萄叶片WSD的影响

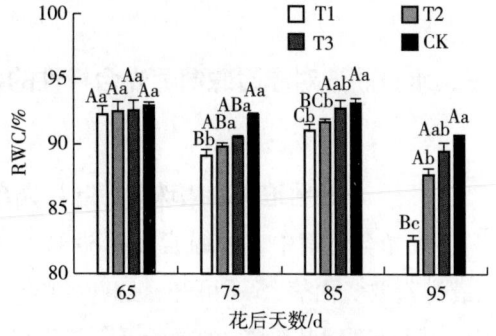

图26-3　水分胁迫对赤霞珠葡萄叶片RWC的影响

处理前期，自由水/束缚水值呈现缓慢降低趋势，而在花后85d，自由水/束缚水值增大，随后又降低。不同处理组间，自由水/束缚水值在花后85d有上升趋势，随时间增加其比值下降。水分胁迫能降低自由水在束缚水中的相对含量，导致其比值下降，抗旱能力下降。

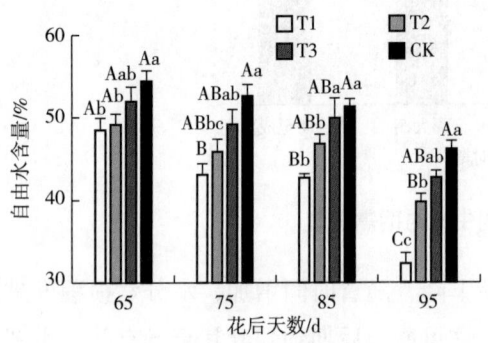

图26-4　水分胁迫对赤霞珠葡萄叶片自由水含量的影响

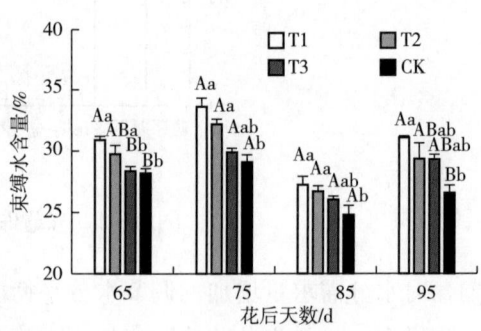

图26-5　水分胁迫对赤霞珠葡萄叶片束缚水含量的影响

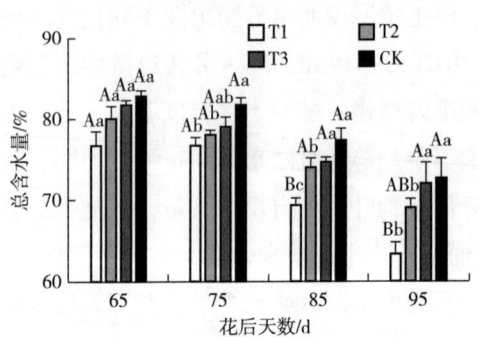

图26-6　水分胁迫对赤霞珠葡萄叶片总含水量的影响

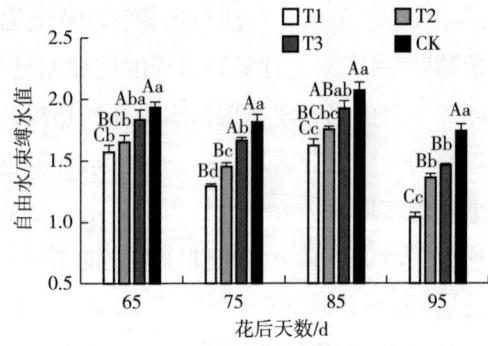

图26-7　水分胁迫对赤霞珠葡萄叶片自由水/束缚水值的影响

注：数据由平均值±标准差（SD）表示，不同小写字母表示$p<0.05$水平差异性显著，不同大写字母表示极显著差异（$p<0.01$），余同。

## 三、水分胁迫对赤霞珠葡萄光合特性的影响

### （一）水分胁迫对赤霞珠葡萄叶片光合色素含量的影响

在光合色素中，叶绿素和类胡萝卜素与植物光合作用的关系最为密切，并以叶绿素a最为重要。由表26-3可知，CK叶绿素a含量一直维持在较高水平，其次为T3、T2处理组，T1处理组叶绿素a含量最低，说明叶绿素a含量随着水分胁迫程度的加剧而降低。CK和T3处理组叶绿素a含量在花后85d达到最大值，分别为1.566mg/g和1.471mg/g，T2处理

表26-3 水分胁迫对赤霞珠葡萄叶片光合色素含量的影响

单位：mg/g

| 指标 | 处理方式 | 花后65d | 花后75d | 花后85d | 花后95d | 花后105d | 花后115d |
|---|---|---|---|---|---|---|---|
| 叶绿素a含量 | T1 | 0.992±0.065$^{Bc}$ | 1.197±0.050$^{Aa}$ | 1.166±0.031$^{Bc}$ | 1.101±0.070$^{Bb}$ | 1.07±0.037$^{Bb}$ | 0.922±0.042$^{Bb}$ |
| | T2 | 1.029±0.039$^{Bbc}$ | 1.220±0.044$^{Bb}$ | 1.195±0.047$^{Bc}$ | 1.183±0.049$^{Bb}$ | 1.10±0.062$^{Bb}$ | 1.018±0.077$^{Bb}$ |
| | T3 | 1.142±0.069$^{ABb}$ | 1.234±0.059$^{Bb}$ | 1.471±0.039$^{Ab}$ | 1.466±0.053$^{Aa}$ | 1.362±0.032$^{Aa}$ | 1.286±0.045$^{Aa}$ |
| | CK | 1.285±0.049$^{Aa}$ | 1.488±0.046$^{Bb}$ | 1.566±0.023$^{Aa}$ | 1.494±0.050$^{Aa}$ | 1.406±0.044$^{Aa}$ | 1.323±0.012$^{Aa}$ |
| 叶绿素b含量 | T1 | 0.502±0.012$^{ABab}$ | 0.529±0.010$^{Cc}$ | 0.509±0.011$^{Cc}$ | 0.483±0.012$^{Cd}$ | 0.438±0.008$^{Cc}$ | 0.433±0.009$^{Cc}$ |
| | T2 | 0.484±0.009$^{Bb}$ | 0.539±0.007$^{BCb}$ | 0.562±0.004$^{Bb}$ | 0.537±0.004$^{Bc}$ | 0.475±0.005$^{Bb}$ | 0.454±0.007$^{Cc}$ |
| | T3 | 0.496±0.004$^{ABb}$ | 0.565±0.006$^{Bb}$ | 0.641±0.010$^{Aa}$ | 0.599±0.007$^{Ab}$ | 0.568±0.011$^{Aa}$ | 0.529±0.003$^{Bb}$ |
| | CK | 0.529±0.005$^{Aa}$ | 0.613±0.011$^{Aa}$ | 0.662±0.005$^{Aa}$ | 0.629±0.005$^{Aa}$ | 0.583±0.005$^{Aa}$ | 0.565±0.005$^{Aa}$ |
| 叶绿素a/b含量 | T1 | 2.05±0.081$^{Cc}$ | 2.31±0.040$^{Ab}$ | 2.26±0.047$^{Ac}$ | 2.26±0.051$^{Ab}$ | 1.93±0.067$^{Bb}$ | 1.89±0.051$^{Bb}$ |
| | T2 | 2.22±0.045$^{BCb}$ | 2.40±0.060$^{Aab}$ | 2.27±0.046$^{Abc}$ | 2.27±0.057$^{Ab}$ | 2.05±0.025$^{Bb}$ | 1.99±0.068$^{Bb}$ |
| | T3 | 2.29±0.045$^{Bb}$ | 2.43±0.056$^{Aa}$ | 2.37±0.040$^{Aab}$ | 2.37±0.056$^{Aa}$ | 2.26±0.051$^{Aa}$ | 2.18±0.036$^{Aa}$ |
| | CK | 2.48±0.046$^{Aa}$ | 2.44±0.050$^{Aa}$ | 2.39±0.035$^{Aa}$ | 2.39±0.031$^{Aa}$ | 2.25±0.055$^{Aa}$ | 2.20±0.032$^{Aa}$ |
| 总叶绿素含量 | T1 | 1.49±0.023$^{Bb}$ | 1.80±0.020$^{Bb}$ | 1.68±0.027$^{Bb}$ | 1.58±0.021$^{Bb}$ | 1.51±0.027$^{Bb}$ | 1.35±0.036$^{Cc}$ |
| | T2 | 1.51±0.057$^{Bb}$ | 1.74±0.050$^{Bb}$ | 1.76±0.015$^{Bb}$ | 1.72±0.015$^{Bb}$ | 1.58±0.045$^{Bb}$ | 1.47±0.040$^{Bb}$ |
| | T3 | 1.67±0.027$^{ABa}$ | 1.75±0.049$^{Bb}$ | 2.11±0.082$^{Aa}$ | 2.07±0.040$^{Aa}$ | 1.93±0.025$^{Aa}$ | 1.82±0.074$^{Aa}$ |
| | CK | 1.79±0.050$^{Aa}$ | 2.10±0.07$^{Aa}$ | 2.23±0.040$^{Aa}$ | 2.12±0.059$^{Aa}$ | 1.99±0.023$^{Aa}$ | 1.89±0.027$^{Aa}$ |
| 类胡萝卜素含量 | T1 | 0.439±0.002$^{Cd}$ | 0.505±0.008$^{Bb}$ | 0.504±0.008$^{Cd}$ | 0.455±0.004$^{Cd}$ | 0.412±0.007$^{Cc}$ | 0.408±0.005$^{Bb}$ |
| | T2 | 0.478±0.005$^{Bc}$ | 0.519±0.005$^{Bb}$ | 0.567±0.013$^{Bc}$ | 0.497±0.006$^{Bc}$ | 0.462±0.005$^{Bb}$ | 0.421±0.056$^{Bb}$ |
| | T3 | 0.492±0.006$^{Bb}$ | 0.518±0.002$^{Bb}$ | 0.607±0.004$^{ABb}$ | 0.601±0.015$^{Ab}$ | 0.561±0.006$^{Aa}$ | 0.482±0.006$^{Aa}$ |
| | CK | 0.522±0.004$^{Aa}$ | 0.595±0.004$^{Aa}$ | 0.642±0.008$^{Aa}$ | 0.636±0.003$^{Aa}$ | 0.564±0.009$^{Aa}$ | 0.501±0.062$^{Aa}$ |

注：不同大写字母表示差异有极显著性（$p<0.01$）；不同小写字母表示差异有显著性（$p<0.05$），余同。

组在花后75d达到最大为1.220mg/g，说明叶绿素a在T2处理条件下，对水分胁迫的响应要先于T3处理组。随着处理的进行，叶绿素a含量均呈现下降的趋势。

叶绿素b的含量变化趋势与叶绿素a变化相似，整体呈现先上升后下降的趋势。由表26-3可知，处理期间，CK叶绿素b含量最高，其次为T3、T2处理组，T1处理组叶绿素b含量最低。花后85d，CK、T3和T2处理组均达到最大值，分别为0.662mg/g、0.641mg/g和0.556mg/g，随后呈现下降趋势。而T1处理组在花后75d达到最大值为0.529mg/g。随水分胁迫进行，处理组间叶绿素b含量呈现不同程度的下降趋势，相比CK，T1、T2及T3处理组，叶绿素b含量分别下降了23.89%、19.65%和6.37%。处理组间叶绿素a/b值整体呈现先上升随后又缓慢下降的趋势，且随着水分胁迫程度增加而显著降低，CK处理组叶绿素a/b值均呈现缓慢下降趋势。

由表26-3可知，CK类胡萝卜素含量最高，其次为T3、T2处理组，T1处理组最低。其中，CK、T3和T2处理组，类胡萝卜素在花后85d达到最大值，分别为0.642mg/g、0.607mg/g和0.567mg/g，随后开始下降。随水分胁迫进行，各处理组间类胡萝卜素含量呈现不同程度的下降趋势，与CK相比，T1、T2及T3处理组，类胡萝卜素含量分别下降了18.56%、16.17%和3.79%。

总叶绿素含量与叶绿素a含量变化相似，随着水分胁迫进行，CK、T3及T2处理组，在花后85d达到最大值，分别为2.10mg/g、1.80mg/g和1.75mg/g，随后开始下降。随水分胁迫进行，各处理组间总叶绿素含量呈现不同程度的下降趋势，与CK相比，T1、T2及T3处理组总叶绿素含量分别下降了28.57%、22.22%和3.70%，这种下降趋势很可能与水分胁迫限制叶绿素合成，加速其分解及色素间转换有关。

### （二）水分胁迫对赤霞珠葡萄叶片光合作用的影响

植物净光合速率大小将直接决定同化产物多少，由图26-8可知，植物净光合速率随水分胁迫的进行，呈现下降趋势，且随着水分胁迫程度加重而降低。其中，CK净光合速率最大，其次为T3和T2处理组，T1处理组净光合速率最小。与CK相比，T3、T2和T1处理组分别下降46.68%、55.79%和56.99%，说明水分胁迫能降低葡萄叶片净光合速率，导致糖类合成作用降低。

由图26-9可以看出，在整个水分胁迫期间，CK蒸腾速率均处于较高水平，随着水分胁迫持续和程度加剧，处理组间蒸腾速率都呈现不同程度的下降趋势。其中，前期下降趋势较大，随后趋于平缓。整个水分胁迫期间，CK蒸腾速率下降了49.75%，而T3、T2及T1处理组分别下降48.26%、48.27%和

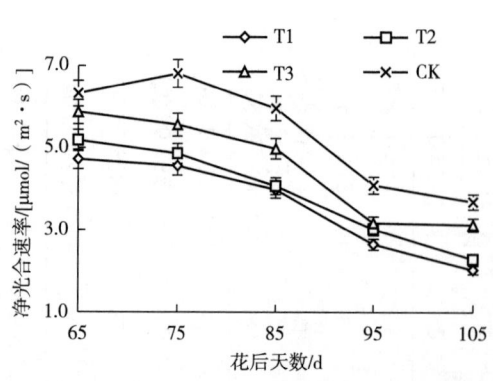

图26-8　水分胁迫对赤霞珠葡萄叶片净光合速率的影响

41.95%,说明水分胁迫能不同程度地降低葡萄叶片的蒸腾速率。

植物气孔导度调节是其自身保护机制调节的主要途径之一,由图26-10可知,随着处理的进行,赤霞珠葡萄叶片的气孔导度均呈现不同程度的下降趋势。其中,CK气孔导度明显高于其他处理组,随水分胁迫程度的增大,气孔导度降低。水分胁迫前期(65~85d),总体有缓慢变化的趋势,花后85d以后,总体下降幅度增加。整个水分胁迫期间,与CK相比,T3、T2和T1处理组气孔导度分别下降了64.22%、76.93%和78.93%,说明水分胁迫能不同程度地降低葡萄叶片气孔开阔程度。

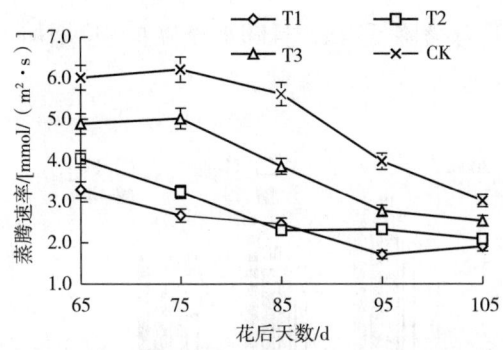

图26-9 水分胁迫对赤霞珠葡萄叶片蒸腾速率的影响

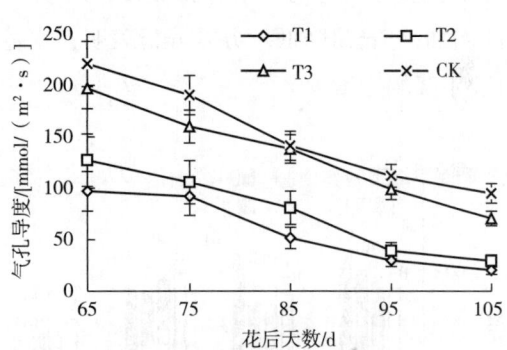

图26-10 水分胁迫对赤霞珠葡萄叶片气孔导度的影响

$CO_2$作为植物叶片光合作用合成有机物的原料,叶片中$CO_2$含量减少,会影响植物净光合速率和有机物的合成量。图26-11表明,CK胞间$CO_2$浓度较为稳定,且明显高于其他处理组,随着水分胁迫进行,处理组间葡萄叶片胞间$CO_2$浓度呈现先下降后上升的"V"形趋势。整个处理期间,胞间$CO_2$浓度在花后85d最低,相比CK,T3、T2和T1处理组,胞间$CO_2$浓度分别下降3.09%、12.61%和19.32%。水分胁迫后期,胞间$CO_2$浓度又呈现升高趋势,这可能与外界水分胁迫条件及自身的保护调节机制相关。

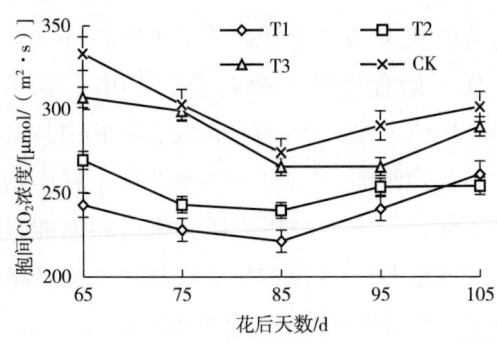

图26-11 水分胁迫对赤霞珠葡萄叶片胞间$CO_2$浓度的影响

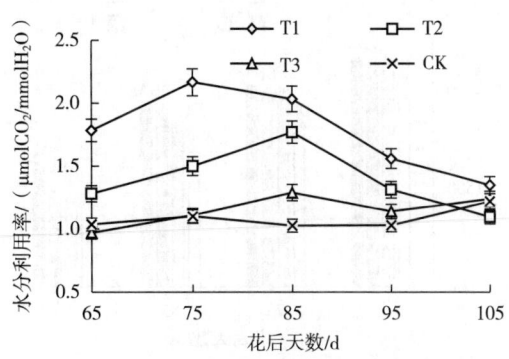

图26-12 水分胁迫对赤霞珠葡萄叶片水分利用率的影响

## （三）水分胁迫对赤霞珠葡萄叶片叶绿素荧光参数的影响

由图26-13可知，不同水分胁迫处理组间叶片初始荧光（$F_0$）变化也不同，表现在：CK处理组呈现依次下降的趋势，花后65d最大，花后95d最小，二者相比下降了35.8%。而水分胁迫处理组间，$F_0$值均呈现不同程度先下降、后上升、再下降的趋势。说明水分胁迫前期，水分胁迫能显著降低葡萄叶片$F_0$，导致葡萄天然色素的热耗散增加，随着处理的进行，水分胁迫程度增加，能显著增加$F_0$值，说明此阶段水分胁迫导致PSⅡ反应中心破坏或可逆性失活。

由图26-14可知，随着处理的进行，葡萄叶片最大荧光（Fm）值呈现依次下降趋势。其中，水分胁迫前期下降较缓慢，后期下降幅度增大。不同处理组间，随水分胁迫程度的增加，Fm值降低。方差分析表明，水分胁迫能显著降低Fm，且随水分胁迫程度增加，Fm下降幅度增大。

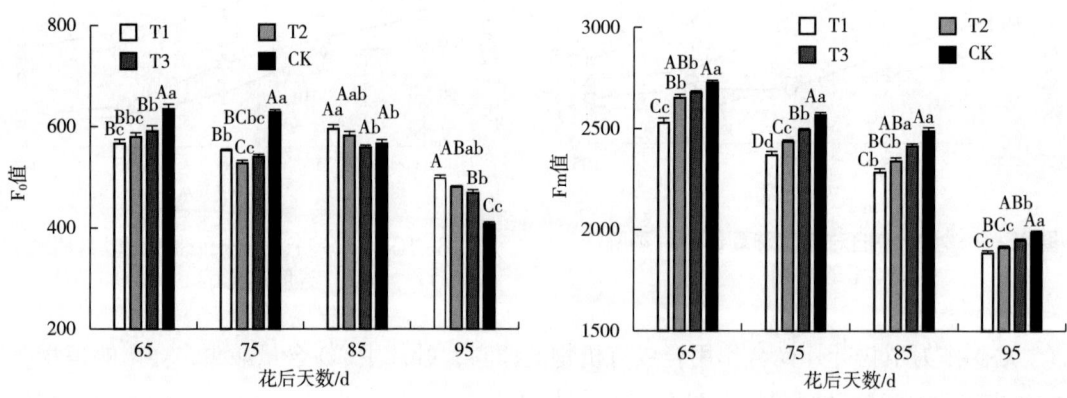

图26-13 水分胁迫对赤霞珠葡萄叶片$F_0$值的影响　　图26-14 水分胁迫对葡萄赤霞珠叶片Fm值的影响

由图26-15可知，随着处理进行，葡萄叶片可变荧光（Fv）值呈现下降趋势，且前期下降较小随后幅度增大，说明水分胁迫能降低葡萄Fv值，且随水分胁迫进行，其下降幅度增大。

由图26-16可知，随着水分胁迫进行，葡萄PSⅡ初级光能转换效率（Fv/Fm）值呈现不同程度的下降趋势，其中，花后65d,Fv/Fm最大，而花后95d,Fv/Fm最小，不同处理组间，Fv/Fm随水分胁迫程度增加而降低。方差分析表明，水分胁迫能显著降低葡萄PSⅡ反应中心内初级光能转换效率，且随水分胁迫程度加剧而增大。

由图26-17可知，随水分胁迫进行，葡萄PSⅡ潜在活性呈现依次下降趋势。不同

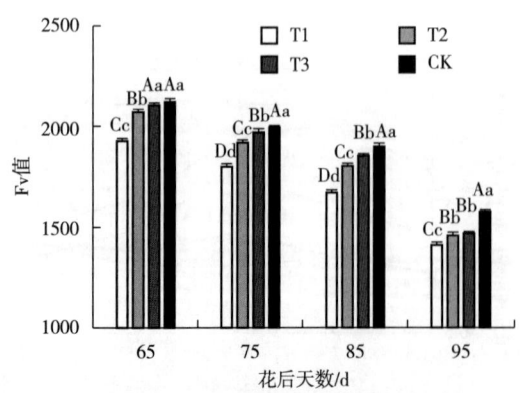

图26-15 水分胁迫对赤霞珠葡萄叶片Fv值的影响

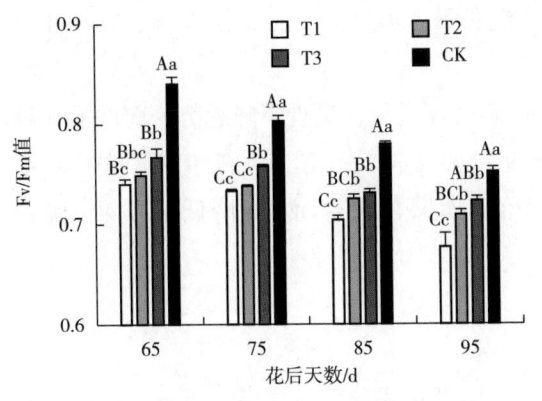

图26-16 水分胁迫对赤霞珠葡萄叶片 Fv/Fm值的影响

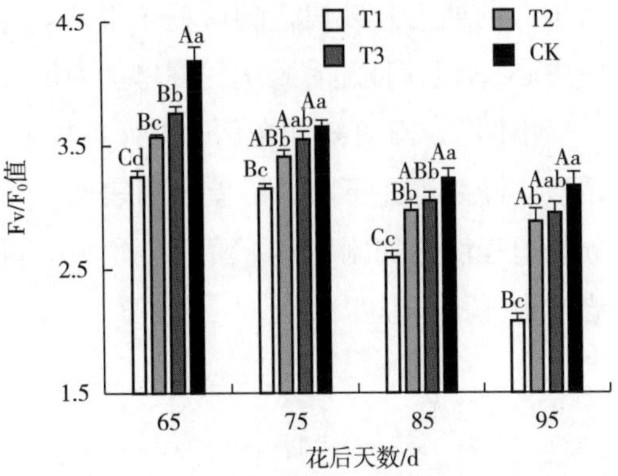

图26-17 水分胁迫对赤霞珠葡萄叶片 Fv/F$_0$值的影响

处理组间,Fv/F$_0$随水分胁迫程度的加剧而呈现下降的趋势。其中,花后65d,相比CK,T1、T2及T3分别下降了22.25%、14.59%和10.05%,而花后95d,相比CK,T1、T2及T3分别下降了34.38%、9.15%和6.94%。方差分析表明,水分胁迫能显著降低葡萄PSⅡ潜在活性,且随水分胁迫程度增加,PSⅡ潜在活性显著下降。

由图26-18可知,随水分胁迫进行,葡萄PSⅡ总光化学量子产额(Yield)呈现依次下降的趋势,其中,花后65d,Yield最大,而花后95d,Yield最小,不同水分胁迫处理组间,PSⅡ总Yield随水分胁迫程度增加而下降。方差分析表明,水分胁迫能显著降低葡萄PSⅡ总Yield,且随水分胁迫程度增加Yield下降幅度增大。

由图26-19可知,随着处理进行,葡萄电子传递速率(ETR)呈现依次下降趋势,其中前期下降较缓慢,花后85d开始,下降幅度增大。方差分析表明,水分胁迫能显著降低ETR,且随着处理进行,水分胁迫程度增大,ETR下降幅度增加。

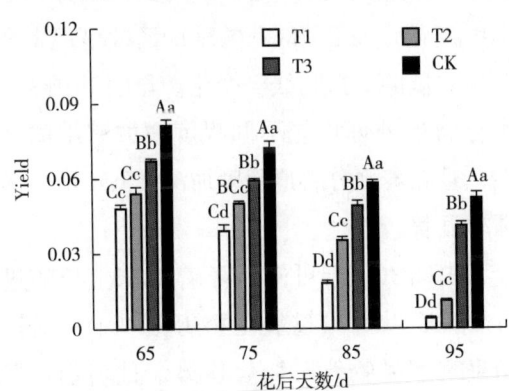

图26-18 水分胁迫对赤霞珠葡萄叶片Yield的影响

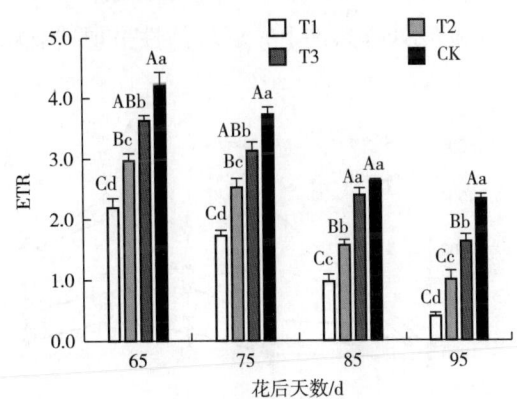

图26-19 水分胁迫对赤霞珠葡萄叶片ETR的影响

由图26-20可知,非光化学淬灭系数(qN)值随着水分胁迫进行呈现缓慢上升趋势,其中，前期上升较快，随后趋于平缓。方差分析表明，水分胁迫能显著增加葡萄PsⅡ反应中心qN值，且随着胁迫程度增加而增大。

由图26-21可知，光化学淬灭系数（qP）值随处理进行，呈现下降趋势，前期下降较缓慢，随后迅速下降。方差分析表明，干旱胁迫能显著降低qP值，且随着处理进行，水分胁迫程度的加剧，其下降幅度增大。说明qP值随处理的进行而显著降低，且此下降趋势与水分胁迫程度有关。

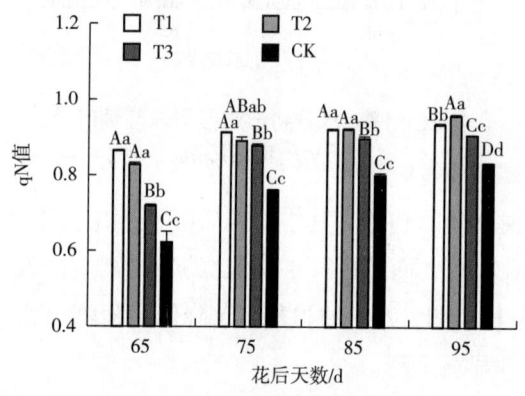

图26-20  水分胁迫对赤霞珠葡萄叶片qN值的影响

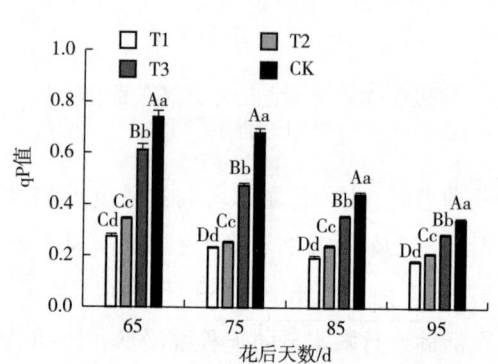

图26-21  水分胁迫对赤霞珠葡萄qP值的影响

## 四、水分胁迫对赤霞珠葡萄叶片抗旱生理指标的影响

由图26-22可知，随着水分胁迫进行，葡萄叶片中SOD活性呈现不同变化趋势，在T1和T2处理条件下，SOD活性呈现"双峰"曲线变化，而T3和CK的SOD活性呈现先升高后降低的"抛物线"变化。与CK相比较，水分胁迫处理均能不同程度增加SOD的活性，且随着水分胁迫程度加深，SOD活性增强越显著。

由图26-23可知，随着植株生长的进行，葡萄叶片中过氧化物酶（POD）活性均呈现"抛物线"变化趋势，且随着外界水分胁迫程度的加深，POD活性变化也不同。在花后95d，各处理组POD活性均达到最大值。与CK处理组POD活性38.05μg/（gFW·min）相比较，T1、T2、T3的POD

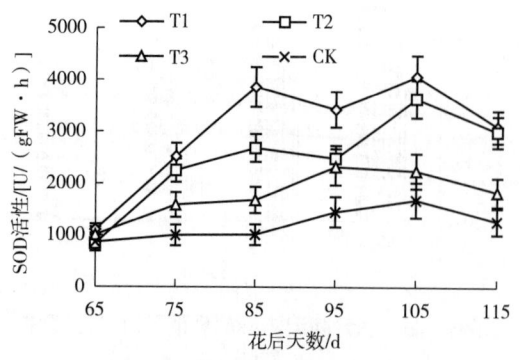

图26-22  水分胁迫对赤霞珠葡萄叶片SOD活性的影响

活性分别上升69.72%，45.23%和27.20%。随后又出现下降趋势，这可能与后期植物对逆境的适应性和自身保护机制衰退有关。

由图26-24可知，不同程度水分胁迫处理，其CAT活性均高于CK，且随着水分胁迫的持续，叶片中过氧化氢酶（CAT）活性呈现不同程度的上升趋势。说明水分胁迫能增强CAT活性，以增加植株自身抗氧化能力。而在后期，与CK的221.63μg/（gFW·min）相比，T1，T2，T3的CAT活性分别上升66.63%，47.54%和26.99%。CAT活性在处理前期增加较平缓，中期增加，后期又呈现缓慢下降趋势。

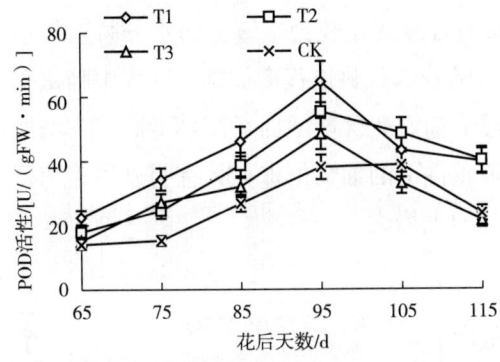

图26-23　水分胁迫处理对赤霞珠葡萄叶片POD活性的影响

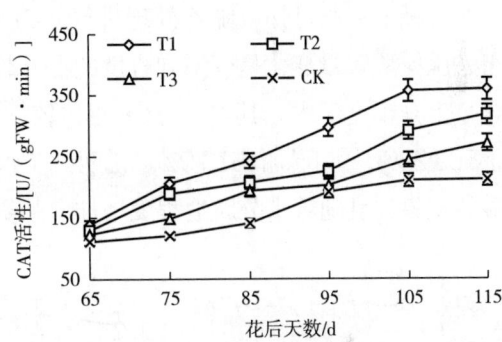

图26-24　水分胁迫对赤霞珠葡萄叶片CAT活性的影响

由26-25可知，随着处理持续，葡萄叶片中丙二醛（MDA）含量呈现不同程度的上升趋势，且随着水分胁迫程度加深，MDA含量呈现上升趋势。与CK相比较，T1处理下MDA含量增加了52.78%~131.83%，T2增加40.63%~72.67%，T3增加4.86%~28.94%。表明水分胁迫能增加葡萄叶片中MDA含量，且随水分胁迫程度增加，MDA含量增加幅度也越大。

由图26-26可知，在CK条件下，叶片中可溶性蛋白含量变化较平稳，且呈现缓慢下降趋势。而在水分胁迫条件下，可溶性蛋白含量则呈现先下降再上升的趋势。在水分胁迫

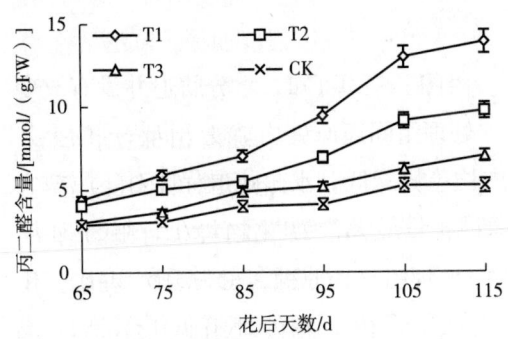

图26-25　水分胁迫对赤霞珠葡萄叶片MDA含量的影响

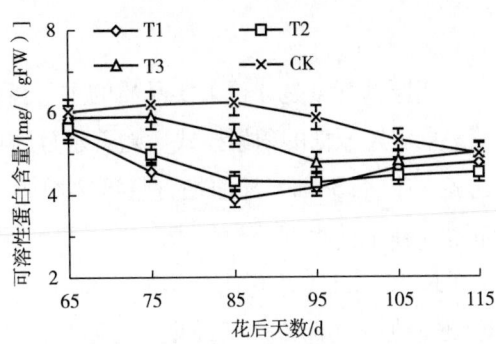

图26-26　水分胁迫对赤霞珠葡萄叶片可溶性蛋白含量的影响

前期，随着水分胁迫程度的加深，可溶性蛋白含量急剧下降。花后85d以后，可溶性蛋白含量呈现不同程度的上升趋势，且水分胁迫程度越大，这一趋势表现得越明显，说明短暂的水分胁迫会导致植物合成作用降低。然而，随着外界水分胁迫程度加深，处于逆境中的植株可能通过自身某种保护机制，诱导系列抗旱蛋白产生，以增加自身在逆境中的抵抗力。

由图26-27可知，水分胁迫条件下，各处理组间叶片中可溶性糖含量都比CK高，如T1处理下可溶性糖含量增加了1.90%~8.99%，T2增加了2.48%~4.75%，T3增加了-4.96%~0.77%。说明水分胁迫能够促进葡萄叶片中可溶性糖形成，有利于植株通过自身的渗透调节物质来适应外界环境的变化。

由图26-28可知，随着处理进行，CK组脯氨酸含量变化较为平缓，而水分胁迫处理组，脯氨酸含量变化呈现不同程度的上升趋势，且随着水分胁迫程度加剧，叶片中脯氨酸含量上升幅度越大。其中，与CK相比较，T1处理下脯氨酸含量增加了724.56%，T2增加了503.22%，T3增加151.75%。说明处于水分胁迫条件下的葡萄植株，具有明显积累脯氨酸的现象，且随着水分胁迫程度增加，脯氨酸增加幅度增大。

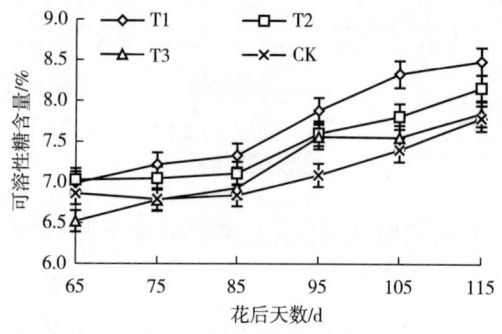

图26-27 水分胁迫对赤霞珠葡萄叶片可溶性糖含量的影响

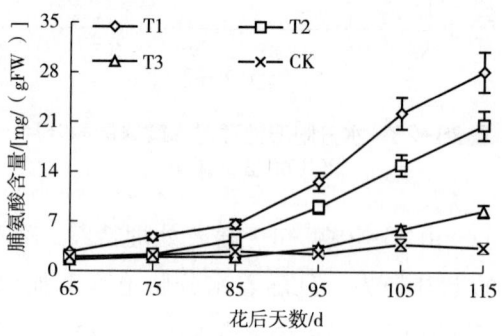

图26-28 水分胁迫对葡萄叶片脯氨酸含量的影响

## 五、水分胁迫对赤霞珠葡萄成熟期果实品质的影响

还原糖含量是评价果实品质的重要指标之一。由图26-29可知，水分胁迫并没有改变葡萄果实还原糖的积累模式。随着水分胁迫进行，处理组间还原糖均呈现不同程度的上升趋势。花后75d前，还原糖含量迅速增加，随后增长趋势降低。水分胁迫程度对还原糖含量也存在不同程度差异，表现在：T3处理组还原糖含量最大，为222.47g/L，与CK还原糖含量为215.57g/L相比，增加了3.10%；其次为T2处理组，还原糖含量为215.89g/L，相比CK增加了0.15%；T1处理组还原糖含量最低，为200.85g/L，相比CK降低了6.83%。说明葡萄还原糖含量随水分胁迫程度增加而降低，表现在轻度水分胁迫能促进还原糖积累，严重水分胁迫反而抑制其增加。

水分胁迫并未改变总酸分解代谢的模式，总酸含量随水分胁迫进行而呈现整体下降趋势（图26-30）。花后65~75d，总酸含量迅速下降，随后趋于平缓。不同水分胁迫程度使总酸含量也存在不同程度差异，表现在：T1处理组在整个水分胁迫期间，总酸含量均维持在较高的水平，其次为CK，再次为T3处理组，T2处理组最低。与CK相比，T3及T2处理组总酸含量分别下降了2.97%和18.48%，而T1处理组则增加了10.40%。说明重度水分胁迫阻碍了总酸分解速率，导致其含量一直维持在较高水平，而适当的水分胁迫对其正常分解代谢具有促进作用。

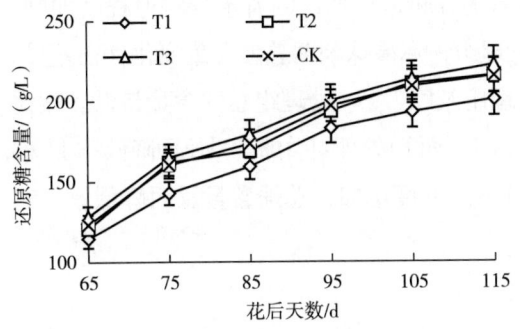

图26-29　水分胁迫对赤霞珠葡萄果实还原糖含量的影响　　　图26-30　水分胁迫对赤霞珠葡萄果实总酸含量的影响

由图26-31可知，水分胁迫期间，随着葡萄生长，总花色苷含量呈现不同程度的上升趋势。在花后65~75d，总花色苷含量迅速增加，随后变化趋于平缓。不同水分胁迫处理组对总花色苷含量的影响不同，表现在：T1处理组在花后95d前，花色苷增加最快，随后变化趋于稳定，而T3和T2处理组，在整个处理期间均呈现不同程度的上升趋势，且总花色苷含量均高于CK。相比CK，T3及T2总花色苷的含量分别增加了22.58%和8.60%，而T1相比CK总花色苷含量则下降了3.23%。说明适当水分胁迫能促进葡萄总花色苷积累，严重的水分胁迫反而不利于其积累。

由图26-32可知，在整个水分胁迫过程中，水分胁迫并没有改变葡萄果实单宁积累规

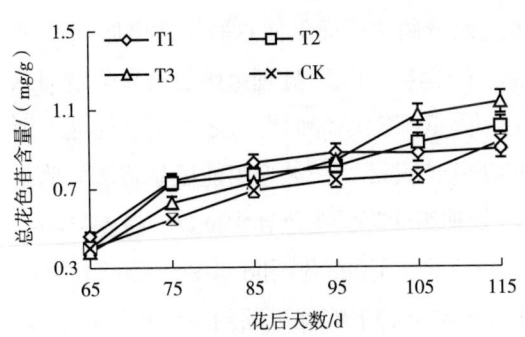 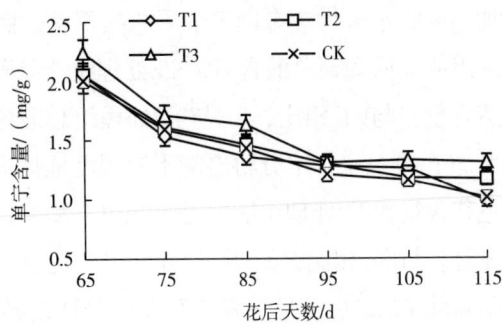

图26-31　水分胁迫对赤霞珠葡萄果实总花色苷含量的影响　　　图26-32　水分胁迫对赤霞珠葡萄果实单宁含量的影响

律。单宁含量随水分胁迫进行而呈现依次下降趋势,其中,单宁含量在花后75d前下降迅速,随后趋于平缓。水分胁迫处理组间对单宁含量的影响不同,表现在:T3处理组单宁含量一直处于较高水平,其次为T2处理组及CK,而T1处理组单宁含量最低。各处理组与CK相比,T3、T2处理组单宁含量分别增加了29.70%和15.84%,而T1处理组则下降了2.97%。说明适当的水分胁迫能促进葡萄单宁积累,而严重的水分胁迫抑制了单宁含量增加。

水分胁迫对总酚含量的影响与单宁相类似,由图26-33可知,整个水分胁迫期间,葡萄果实总酚含量呈现先下降、后缓慢上升、再下降的趋势。花后75d各处理组下降幅度较大,在花后105d,又有缓慢上升趋势,这可能与水分胁迫后期,随着水分胁迫程度加剧,总酚参与自身抗氧化调节机制有关。不同胁迫处理组,赤霞珠葡萄总酚含量变化存在差异。表现在:T3处理组总酚含量最高,其次为T2处理组及CK,T1处理组总酚含量最低。相比CK,T3、T2处理组总酚含量分别增加15.13%、7.14%,而T1处理组总酚含量反而降低23.11%,说明轻度水分胁迫能促进总酚含量积累,随水分胁迫程度增加,总酚含量反而降低。

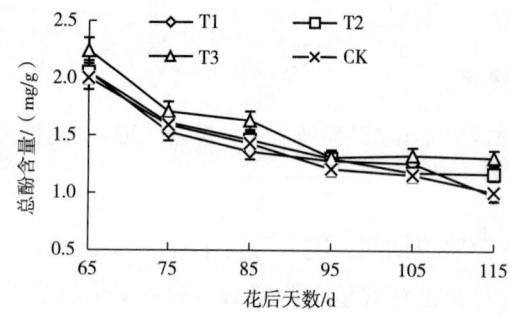

图26-33 水分胁迫对赤霞珠葡萄果实总酚含量的影响

## 六、水分胁迫对收获期赤霞珠葡萄果实品质的影响

由表26-4可知,适当水分胁迫能促进可溶性固形物积累,过度水分胁迫反而抑制其增加。一定水分供应有助于浆果总酸积累,而过度的水分胁迫反而促使总酸异常增加。T3处理组能降低葡萄总酸含量,T2处理组能显著降低总酸含量,而T1处理组则能极显著增加总酸含量。与CK相比,T3与T2处理组总酸含量分别降低了2.97%和18.48%,而T1处理组则增加了10.40%。水分胁迫能不同程度地促进浆果花色苷积累。T3处理组能极显著增加总花色苷含量,T2处理组能促进总花色苷积累,而T1处理组能降低花色苷含量,二者差异均不显著。与CK相比,T3及T2处理组总花色苷含量分别增加了22.58%和8.60%,而T1处理组则降低了3.23%,且三者均存在显著性差异。适宜的水分胁迫能促进葡萄单宁积累,T3处理组能显著增加单宁含量,T2处理组与CK有差异但不显著,而T1处理组能降低单宁含量,差异不显著。水分胁迫对总酚含量的影响与单宁相类似,T3处理组能显著促进总酚含量积

累,随着水分胁迫加剧,总酚含量降低。与CK相比较,T3、T2及T1处理组总酚的含量分别增加了15.13%、7.14%和-23.11%。

表26-4 水分胁迫对赤霞珠葡萄果实品质的影响

| 处理组 | 可溶性固形物含量/% | 总酸含量(以酒石酸计)/(g/L) | 总花色苷含量/(mg/g) | 单宁含量/(mg/g) | 总酚含量/(mg/g) |
|---|---|---|---|---|---|
| T1 | 21.37±0.12$^{Bc}$ | 6.69±0.39$^{Aa}$ | 0.90±0.03$^{Bc}$ | 0.98±0.11$^{Bb}$ | 1.83±0.05$^{Cc}$ |
| T2 | 22.97±0.31$^{Ab}$ | 4.94±0.23$^{Bc}$ | 1.01±0.07$^{ABb}$ | 1.17±0.12$^{ABab}$ | 2.55±0.08$^{ABab}$ |
| T3 | 23.67±0.29$^{Aa}$ | 5.88±0.17$^{Bb}$ | 1.14±0.04$^{Aa}$ | 1.31±0.08$^{Aa}$ | 2.74±0.17$^{Aa}$ |
| CK | 22.93±0.29$^{Ab}$ | 6.06±0.06$^{Bb}$ | 0.93±0.05$^{Bbc}$ | 1.01±0.07$^{ABb}$ | 2.38±0.08$^{Bb}$ |

## 七、水分胁迫对收获期赤霞珠果实成熟度的影响

由表26-5可知,T3处理组赤霞珠葡萄果实还原糖含量最高,相比CK、T2及T1处理组分别增加了3.20%、2.96%和9.72%,且均达到显著差异。T1处理组果实总酸含量最高,相比CK增加了10.40%,且存在极显著差异,相比CK,T2处理组总酸含量降低了18.48%,且存在显著差异。T3处理组相比CK,总酸含量降低了2.97%,差异不显著。不同处理组间,T1处理组总酸含量比T2及T3处理组分别增加了35.43%和13.78%,且存在显著差异。T2处理组赤霞珠葡萄糖酸比最高,比CK增加了23.42%,且显著差异。T3处理组相比CK,糖酸比增加了6.66%,且存在显著差异。T1处理组相比CK,糖酸比降低了15.55%,二者存在极显著差异。不同处理组间,相比T3及T1处理组,T2处理组葡萄的成熟度(以糖酸比表示)分别增加了15.71%和46.14%,而T3处理组比T1处理组增加了26.30%,且均存在显著差异。

表26-5 水分胁迫对赤霞珠葡萄收获期成熟度参数的影响

| 处理组 | 还原糖含量/(g/L) | 总酸含量/(g/L) | 糖酸比 |
|---|---|---|---|
| T1 | 200.85±0.63$^{Bc}$ | 6.69±0.39$^{Aa}$ | 30.04±0.38$^{Cd}$ |
| T2 | 215.89±1.66$^{Ab}$ | 4.94±0.23$^{Bc}$ | 43.90±0.88$^{Aa}$ |
| T3 | 222.47±1.57$^{Aa}$ | 5.88±0.17$^{Bb}$ | 37.94±0.12$^{Bb}$ |
| CK | 215.57±1.57$^{Ab}$ | 6.06±0.06$^{Bb}$ | 35.57±0.62$^{Bc}$ |

综合来看,T2处理组糖酸比最高,相比CK,还原糖增加了0.15%,而总酸含量却降低了18.48%,而酿酒葡萄的适宜酸度应保持在6~10g/L,这样才能使酒体饱满,香气持久丰富,适于陈酿,否则会使酒出现乏味、平淡或酸涩、粗硬。结合其他果实品质指标,

推断T2处理组可能是由于生长期水分供应不足,过分失水,导致植株早衰。因此,总体来说T3处理组,相比CK糖酸比提高了6.66%,具有较好的成熟度。

## 八、水分胁迫对赤霞珠葡萄新梢生长量及产量的影响

水分供应程度与植株生长及产量密切相关。由表26-6可知,水分胁迫均能极显著降低赤霞珠葡萄新梢生长量。相比CK,T3、T2及T1处理组,新梢总重量依次降低了15.20%、21.23%和31.68%,新梢(无叶)重量依次降低了18.97%、27.01%和36.56%,叶片重量依次降低了11.01%、14.79%和26.24%。不同水分胁迫程度对葡萄百粒重有不同程度影响,T3处理组能增加百粒重,但T3和CK二者差异不显著。T2和T1处理组均能不同程度降低百粒重,且与CK均存在显著差异。与CK相比,T2及T1处理组,百粒重依次降低了9.05%和30.25%,而T3处理组则增加了2.09%。其中,T2和T1处理组与T3、CK均有极显著差异,T2与T1存在显著差异。水分胁迫对葡萄单株产量影响与百粒重类似,其中,T3处理组能适当增加单株产量,随着水分胁迫程度增加,单株产量降低。与CK相比,T2及T1处理组,单株产量依次降低了22.40%和45.60%,而T3处理组则增加了7.20%。

表26-6　水分胁迫对赤霞珠葡萄新梢生长量及产量的影响

| 处理组 | 单株新梢生长量/g | | | 百粒重/g | 单株产量/kg |
| --- | --- | --- | --- | --- | --- |
| | 新梢总重量/g | 新梢(无叶)重量/g | 叶片重量/g | | |
| T1 | 660.67 ± 8.09$^{Dd}$ | 323.33 ± 13.86$^{Cc}$ | 337.33 ± 5.84$^{Cc}$ | 82.47 ± 1.30$^{Cc}$ | 0.68 ± 0.06$^{Cc}$ |
| T2 | 761.67 ± 4.91$^{Cc}$ | 372.00 ± 17.06$^{BCbc}$ | 389.67 ± 8.09$^{Bb}$ | 107.53 ± 2.85$^{Bb}$ | 0.97 ± 0.07$^{BCb}$ |
| T3 | 820.00 ± 8.19$^{Bb}$ | 413.00 ± 25.89$^{Bb}$ | 407.00 ± 10.26$^{Bb}$ | 120.70 ± 1.24$^{Aa}$ | 1.34 ± 0.25$^{Aa}$ |
| CK | 967.00 ± 17.06$^{Aa}$ | 509.69 ± 25.62$^{Aa}$ | 457.33 ± 8.76$^{Aa}$ | 118.23 ± 1.07$^{Aa}$ | 1.25 ± 0.07$^{ABa}$ |

## 第三节　讨论

### 一、水分胁迫对赤霞珠葡萄水分生理代谢相关指标的影响

葡萄不同生育期需水规律不同。新梢生长、浆果膨大期(第一次)及二次膨大期需水量最大,此几个阶段水分正常供应是保证葡萄水分正常代谢的关键,因此,做好此几个

阶段科学合理浇水，是品质保证的前提。本试验结果表明，水分胁迫前期WSD较低，各处理组间差异不显著，而花后75d各处理组WSD开始增加，表明在此阶段内水分亏缺程度增大，植株对水分需求量增加，植株自身调节水分平衡能力逐渐下降。随处理进行，水分胁迫程度增大，WSD显著增加，这可能与葡萄浆果二次膨大，植株自身对水分需求量增加有关。而花后95d各处理组WSD最大，且随着水分胁迫程度增大而增加，说明此阶段葡萄叶片水分亏缺程度最大，受旱程度最大，这可能与后期植株自身衰老，对水分吸收运输能力降低，叶片老化，保水能力下降有关。

植物RWC是反映水分胁迫下组织水分状况的指标，水分胁迫条件下，RWC下降快慢与植物的抗逆能力大小有关。本试验结果表明，处理前期，葡萄叶片RWC均维持在较高水平，且处理组间差异不显著。而花后75d，处理组间RWC均呈现下降趋势，且随着水分胁迫程度增加，其下降幅度增大，这可能是由于葡萄浆果的二次膨大，植株对水分需求增加，导致处理组间RWC均呈现下降趋势。花后85d，浆果膨大期结束，植株对水分需求量下降，叶片中RWC又开始缓慢上升。而在花后95d，由于植株自身衰老，代谢机能退化，水分胁迫条件下葡萄保水能力下降。

植物组织总含水量、自由水及束缚水含量等水分特征是在水分胁迫环境中，植物为提高自身抗旱能力，在生理代谢及形态结构上的响应机制，反映了植物抗旱能力强弱。本试验结果表明，总含水量与自由水含量变化趋势相类似，随着处理进行，水分胁迫程度增加，均呈现不同程度的下降趋势。花后75～85d两个时期内，组织总含水量及自由水含量下降较缓慢，而束缚水含量则呈现上升趋势，这可能是由于在水分胁迫条件下，葡萄通过自身机制调节作用，提高了自身保水能力，以响应浆果二次膨大对水分的需求及水分胁迫双重压力，导致其组织总含水量、自由水含量维持在较高水平，前期束缚水含量有所上升，随着水分胁迫增加，自由水含量维持在较高水平，而束缚水含量显著下降，导致自由水含量与束缚水含量的比值增加，这也可能与逆境条件下，植物为了维持自身的水势，发生自由水与束缚水二者间转换有关。而花后95d，束缚水又呈现增加趋势，此阶段总含水量及自由水含量均下降，这可能是由于处理后期，随水分胁迫程度增加，葡萄自身衰老，吸水及转化效率下降，导致自由水含量显著下降，束缚水相对含量增加。

## 二、水分胁迫对赤霞珠葡萄叶片光合特性的影响

### （一）水分胁迫对赤霞珠葡萄叶片光合色素含量的影响

本研究表明，不同水分胁迫处理组，叶绿素a、叶绿素b及总叶绿素含量变化趋势相似。CK叶绿素含量最高，其次为T3处理组、T2处理组，T1处理组叶绿素含量最低，且在整个水分胁迫期间基本处于下降趋势，而叶绿素b在处理前期，不同的处理组间其含量

都有上升趋势，这可能是由于在水分胁迫下，大部分叶绿素a发生了氧化作用而形成叶绿素b有关。在处理前期，CK、T3和T2处理组叶绿素含量有增加趋势，而随着水分胁迫持续，其含量出现不同程度的下降趋势，这可能是由于随着外界水分胁迫程度加重，逆境条件不仅导致植株自身叶绿素合成作用降低，同时，也促进了色素氧化降解作用，导致叶绿素含量降低。叶绿素含量变化会随着水分胁迫时间的延长和加深而呈现逐渐降低的趋势。叶绿素a/叶绿素b（Chla/Chlb）值变化能反映叶片光合活性强弱，本试验结果表明，不同水分胁迫处理的Chla/Chlb值基本稳定在2.0～2.56，变化不明显。水分胁迫处理中，植物组织类胡萝卜素含量降低会减轻逆境下植株对活性氧的淬灭，活性氧破坏了叶绿体膜结构，从而加速叶绿素分解。本试验结果表明，在处理前期，CK、T3和T2处理组类胡萝卜素含量呈现依次上升的趋势，而T1处理组呈现缓慢下降的趋势，随着水分胁迫的进行，不同的处理组间类胡萝卜素含量均呈现下降趋势，且水分胁迫程度越大，下降的趋势越明显，这可能是由于处理前期，水分胁迫程度较小，在葡萄自身保护机制调节作用下，水分胁迫对葡萄叶片类胡萝卜素含量的影响较小，随着外界水分胁迫程度的加深，植物自身组织的衰老退化，导致类胡萝卜素含量显著下降。

### （二）水分胁迫对赤霞珠葡萄叶片光合作用的影响

本试验结果表明，随着水分胁迫持续，采用三个水分胁迫处理组，叶片净光合速率、蒸腾速率和气孔导度均呈现不同程度的下降趋势。胞间$CO_2$浓度呈现先下降后上升的趋势，且随着水分胁迫程度加深，这一趋势越显著。水分胁迫期间，葡萄叶片净光合速率、气孔导度明显下降，二者变化趋势相一致，且气孔导度变化先于净光合速率的变化，说明净光合速率和气孔导度变化趋势一致的阶段处理下净光合速率下降主要受气孔因素限制，但随着水分胁迫进行，水分胁迫程度加剧，在净光合速率和气孔导度下降同时，胞间$CO_2$浓度却呈现上升趋势，说明葡萄叶片净光合速率下降并非是由于气孔导度下降使$CO_2$供应减少所致，而是由于非气孔因素参与阻碍了$CO_2$正常代谢，导致$CO_2$含量累积所致。表明在水分胁迫期间，葡萄叶片净光合速率下降是因为随着处理的持续和水分胁迫程度加剧，由气孔调节作用转向了非气孔因素调节作用，表明处理对葡萄光合速率的影响除受气孔因素限制之外，在水分胁迫后期由活性氧代谢失调所诱导的非气孔因素成为限制光合速率的主导因子，水分利用率变化受到净光合速率和蒸腾速率共同作用。本试验表明水分利用率变化随着水分胁迫程度加剧而增加。可见，虽然CK处理组土壤水分供应充足，但水分无效消耗较多，最终导致叶片水分利用率较低，这种处理方式将不利于酿酒葡萄产量的形成和品质的提升。

### （三）水分胁迫对赤霞珠葡萄叶片叶绿素荧光参数的影响

本试验结果表明，随着处理的进行，CK的$F_0$呈现缓慢下降的趋势，而Fm也下降，导致Fv下降，而qN呈现上升趋势，说明随着植株生长，天线色素通过热耗散增加来释放多余热量，缓和自身衰老退化，以提高自身抗逆能力。水分胁迫处理，$F_0$呈现先下降，随后又缓慢上升，最后又下降的趋势，而Fm和Fv一直处于缓慢下降的趋势，qN呈现上升趋势，其中，qN前期上升较快，随后趋于平缓，这可能与处理前期外界水分胁迫程度较小，PSⅡ反应中心活性及电子传递受抑制，处于水分胁迫中的植株为抵御逆境条件，通过自身保护机制，以热耗散形式耗散过多能量。随着处理进行，水分胁迫程度增加，$F_0$开始增加，Fm和Fv下降幅度增大，qN趋于稳定，说明PSⅡ反应中心受到破坏或可逆失活。而处理后期，$F_0$下降至最低，同时，Fm和Fv最低，qN趋于稳定，此阶段T2处理组qN反而显著高于T1处理组，可能是由于部分天线色素的热耗散增加、叶绿素降解，也可能是过重的水分胁迫导致PSⅡ反应中心受到破坏和不可逆失活有关。本研究结果表明，水分胁迫能显著降低PSⅡ反应中心内光能转换效率（Fv/Fm值）、PSⅡ潜在活性（$Fv/F_0$值）、PSⅡ的Yield、ETR和qP，且随水分胁迫增加，以上参数下降幅度增大，导致qN显著增加，说明水分胁迫使PSⅡ潜在活性中心受损，抑制了光合作用的原初反应和光合电子传递过程。在外界高光能补偿情况下，植株通过自身保护机制，将叶片吸收的光能的很大比例，通过非光化学过程以热量形式散失，导致PSⅡ的Yield、ETR显著降低，这是葡萄在水分胁迫条件下通过非光化学淬灭途径的自我保护机制。

## 三、水分胁迫对赤霞珠葡萄叶片抗旱生理指标的影响

水分胁迫下，抗旱性强的植物保护酶活性较高，因而能有效地清除活性氧，抑制膜脂过氧化，提高耐旱性。研究表明，自由基和活性氧的积累，不但可以诱导抗氧化酶活性的升高，而且随着处理时间持续，又可导致这些酶活性减弱乃至丧失。本试验结果表明，水分胁迫会导致葡萄叶片中SOD、POD和CAT含量积累，其积累程度不但受到外界水分胁迫程度强弱影响，而且还受到植物自身调节能力、适应外界能力大小的制约。水分胁迫诱导植物体内保护酶系统活性增强，三类保护酶协同作用共同防御活性氧和其他过氧化自由基对自身细胞膜造成的伤害，以达到自我保护的目的。本试验结果表明，水分胁迫均能不同程度地促进叶片中MDA含量积累，这可能与植物自身衰老，细胞膜质过氧化程度加深，后期外界环境不适应及水分胁迫程度加深等相关，即水分胁迫的发生在一定程度上能加剧植物细胞膜脂过氧化程度，细胞膜通透性增加，诱导MDA含量增加。水分胁迫将直接影响蛋白质合成能力，同时还会引起蛋白质降解，从而使植物体内蛋白质含量减少。可溶性蛋白是植物体内一种重要的渗透调节物质，当植物处在逆境中时，植物会诱导自身保护机制的启动，产生逆境蛋白，以增强抵抗力，表现在植物能不同程度增加体内可溶性蛋白含量。本试验结果表明，处理前期，可溶性蛋白含量呈现下降趋势，随着处理持续，可溶性蛋白含量呈现不同程度的上升趋势，这可能与处理前期，外界水分胁迫环境阻碍了相关蛋白合成，加速了蛋白分解作用有关。而后期随着水分胁迫持续，外界逆境程度加深，植物通过自身保护机制产生抗逆蛋白，增加体内渗透调节物质含量，以提高自身抵抗逆境

的能力。本试验结果表明，不同程度的水分胁迫能促进脯氨酸含量增加。逆境条件下，可溶性糖作为植物渗透调节物质，其含量增加可以降低植物自身渗透势，以利于植物体在干旱逆境中维持体内正常所需水分，提高植物抗逆性。

## 四、水分胁迫对赤霞珠葡萄成熟期果实品质的影响

水分胁迫并没有改变葡萄果实还原糖积累模式，但能不同程度地降低还原糖含量，其中，T3处理组还原糖含量最高，可溶性固形物含量显著高于其他处理组，其次为T2处理组，T1处理组还原糖含量最低，这可能是由于T3处理组在一定程度上抑制了葡萄营养生长，促进养分向生殖器官的转运，而T1处理组，严重的水分匮乏导致光合水解阶段受阻，合成糖类能力降低。水分胁迫并未改变总酸的分解规律，但适宜的水分胁迫能降低总酸含量，而严重的水分胁迫则能抑制总酸分解速率。水分作为重要代谢物质和介质条件，T1处理组严重阻碍了植株正常生长代谢，导致葡萄生理紊乱、代谢异常，从而改变葡萄果实发育过程中有机酸积累模式。而转色后，高水分梯度供应会促进葡萄营养生长，成熟度推迟，果实酸含量升高。T3处理组在一定程度上抑制营养生长，促进养分向生殖器官的转运，同时，适宜的水分胁迫能维持生理代谢正常运作，使浆果的酸度维持在合理水平。而T2处理组在一定程度上抑制了合成作用，同时，促进了分解作用，导致浆果总酸含量降低。水分适宜胁迫能促进总花色苷含量积累，而严重水分胁迫导致花色苷含量降低。在花后65～75d花色苷含量迅速增加，随后变化趋于平缓，这可能是由于水分胁迫前期，处于转色期的葡萄大量积累糖分，导致花色苷含量增加。而T1处理组花色苷含量最低，主要是由于严重水分胁迫导致葡萄合成花色苷能力下降，同时，较低的糖分含量也抑制了花色苷的合成。CK处理组花色苷含量一直处于较低水平，可能是由于葡萄转色期高水分梯度供应降低了果实的含糖量，导致花色苷含量降低。因此，花色苷含量的变化在一定程度上受果实含糖量的影响。适当水分胁迫，保证了浆果较高糖分的积累，从而降低了水分子活性，导致花色苷降解速度下降，而严重水分胁迫时，较低的糖含量增加了水分子的活性，从而促进了花色苷降解。本试验结果表明，水分胁迫并没有改变葡萄单宁积累规律，轻度水分胁迫能延缓单宁及总酚分解速率，而严重水分胁迫导致单宁及总酚含量降低。水分胁迫期间，单宁在前期迅速下降，后期变化趋于平缓，而总酚含量在后期也有增加趋势，这可能是由于随着水分胁迫的进行，逆境程度加剧，总酚类物质为保证植株生理机制正常运作，参与了植株水分胁迫代谢调节作用，以提高葡萄抗氧化能力。而T1处理组导致葡萄处于严重水分匮乏状态，生理机能受限，合成作用受到抑制，导致总酚一直处于较低水平。

### 五、水分胁迫对赤霞珠葡萄新梢生长量及产量的影响

水分是植物细胞中最重要的物质之一，植株生长代谢等都离不开水的参与。研究表明，受水分胁迫的植物，根系活力显著降低，新梢及叶片生长受抑制，生长势降低，植株总干物质积累减少，产量降低。本试验结果表明，水分胁迫能显著降低葡萄新梢和叶片生长量。T3处理组能显著增加果实重量及单株产量，这可能是由于适当的水分胁迫能降低植物生长势，提高水分利用率，促进植株生殖生长进行，使得果粒重量增加，有助于产量提高。

## 第四节 小结

（1）赤霞珠葡萄全生育期共计163d，累计吸收水分624.68L/株。在萌芽期—盛花期需水147.6L/株，盛花期—坐果期需水23.31L/株，膨大期需水233.31L/株，转色期—成熟期需水220.46L/株。水分胁迫导致葡萄叶片水分含量显著降低，水分亏缺程度增加，保水能力下降，抗旱能力下降。

（2）水分胁迫能不同程度地抑制赤霞珠葡萄叶片光合色素的合成，促进其分解，导致植物光合色素含量下降的同时，抑制光合电子传递链，导致植株保护性热耗散增加，光量子产额下降，最终导致光化学效率下降。

（3）水分胁迫能诱导赤霞珠葡萄叶片保护酶活性增强，促进渗透调节物质积累，在维持细胞膜完整性的同时，引起叶片渗透压降低，叶片保水能力增加，增强抗旱力。

（4）适当水分胁迫能促进葡萄果实品质提升，而重度水分胁迫则不利于果实品质形成。T3处理组不仅节水28.37%，而且能显著提高果实糖含量，保持果实合理酸度，提高果实成熟度，促进果实总花色苷、单宁及总酚积累，并能显著降低植株生长势，促进果实品质提升及产量增加。

# 第二十七章　水分胁迫对赤霞珠葡萄不同叶龄叶片光合特性的影响

绿色植物的光合作用是构成植物生产力的最主要因素，葡萄的产量和品质主要取决于其叶片的光合能力，影响葡萄光合作用的内部因素主要包括品种、叶龄、叶位、叶绿素、叶片矿物质养分、源库关系、渗透调节等；外部因素包括光照、温度、水分等。通常在葡萄生长期内，对植株进行修剪、摘叶等栽培措施来提高叶片光合作用。如摘叶处理是指在适时范围内，把葡萄果穗周围的遮光叶、贴果叶、老叶和病叶适量摘除，改善树体的光照条件和光能利用率。如果摘叶太早，树体叶片数量减少，造成葡萄的光合产量降低，枝条贮藏营养减少；相反，如果摘叶太晚，不仅影响叶幕受光指数，还会浪费植株过多的养分。水分是影响葡萄光合作用的重要因素之一，宁夏贺兰山东麓葡萄酒产区位于我国西北地区，常年干旱少雨，水资源短缺，虽然有地下水和黄河水进行灌溉，但水分利用效率不高，容易造成水资源的浪费，还影响葡萄的生长发育，降低葡萄及葡萄酒的品质。目前，关于水分胁迫条件下葡萄不同叶龄叶片光合特性变化的研究未见报道。

因此，本研究以3年生赤霞珠为试验材料，以黎明前叶片水势值反映水分胁迫程度，设置对照、中度和重度3个处理组，研究葡萄新梢基部（叶1：4月20日展叶）、下部（叶2：4月30日展叶）、中部（叶3：5月10日展叶）、中上部（叶4：5月20日展叶）、上部（叶5：5月30日展叶）叶片随叶龄增大的光合特性的变化规律及水分胁迫对光合特性的影响，以期为酿酒葡萄节水栽培、叶幕修剪、摘叶等栽培措施提供理论依据。

## 第一节　材料与方法

### 一、试验材料

试验于2018年4月至2018年9月在宁夏永宁县玉泉营镇，宁夏兰山骄子葡萄酒庄有限公司，国家葡萄产业技术体系水分生理与节水栽培岗位核心试验基地（38°14′19″N，106°2′0″E）玻璃温室中进行，温室配备环保空调可进行室内温度调节。玻璃温室内温度

24~38℃，空气相对湿度38%~58%，空气$CO_2$浓度300~500mg/$m^3$。供试材料为3年生赤霞珠，杯状整形，采用无土限根栽培模式，定植于长4.0m、宽0.8m、高0.5m的木槽中，生长基质为蛭石、珍珠岩及草木灰混合物（1∶1∶1，体积比），株距50cm，每株留6个结果新梢。每个槽内有2列滴管，间距20cm，滴管直径2cm，滴头间距50cm，均流量3.1L/min，灌溉液为改良霍格兰营养液。

## 二、试验设计

2018年4月中旬葡萄萌芽后在新梢生长期内，分别在4月20日、4月30日、5月10日、5月20日、5月30日对梢尖初展开的叶片进行挂牌标记，命名为叶1、叶2、叶3、叶4、叶5，以天（d）作为叶龄的计量单位，展开日期记为初始叶龄（0d），以此类推。

叶1~叶5分别位于葡萄新梢的基部（1~2节）、下部（3~5节）、中部（6~8节）、中上部（9~11节）和上部（12~13节）。水分胁迫处理于6月20日，叶1~5（对应叶龄60d、50d、40d、30d、20d）进行，通过时控仪控制灌水时间，以黎明前叶片水势（$\Psi_b$）反映水分胁迫程度，分别设置无水分胁迫（CK）、中度胁迫（T1）和重度胁迫（T2）三个水分处理组（表27-1）。水分处理后于7月5日、7月20日、8月5日、8月20日采样，每个处理组随机选取挂牌标记的不同叶龄叶片7~8片，采集后装入自封袋中，迅速带回实验室，将叶片清洗干净用剪刀剪除主叶脉，液氮冷冻后放入超低温冰箱（-80℃）保存备用。

表27-1　不同水分处理组$\Psi_b$及日灌水量

| 处理方式 | $\Psi_b$ | 灌水时间/(min/d) |
| --- | --- | --- |
| 无胁迫（CK） | -0.2MPa≤$\Psi_b$≤0 | 10 |
| 中度胁迫（T1） | -0.6MPa≤$\Psi_b$≤-0.4MPa | 4 |
| 重度胁迫（T2） | -0.6MPa≥$\Psi_b$ | 0.5 |

## 三、测定指标与方法

### （一）叶片水分状况和土壤含水量测定

1. 黎明前叶片水势测定

黎明前选取各处理组健康成熟叶片装入自封袋中，迅速带回实验室采用压力势法测定叶片水势。

### 2. 叶片水分饱和亏缺测定

黎明前选取各处理组健康成熟叶片,放入自封袋中,迅速带回实验室,称其鲜重后,置于蒸馏水中24h,取出后用吸水纸吸干表面水分,称其饱和鲜重,然后放入烘箱中80℃(约12h),烘干后称其干重,水分饱和亏缺(WSD)/%=(饱和鲜重-鲜重)/(饱和鲜重-干重)×100%。

### 3. 土壤含水量测定

采用土壤水分测量仪(英国DELTA-T公司生产)测定不同处理组土壤基质的含水量。

## (二)叶面积测定

随机选取葡萄新梢上、中、下部位叶片,每个部位选取10片,共30片。叶面积采用小方格法计算,使用米尺测量叶主脉长(cm)、叶宽(cm)。将叶长×叶宽的值($X$)、实测叶面积进行回归分析。于6月20日起每隔30天测量各处理组已挂牌标记叶片的主脉长、叶宽,计算乘积后代入回归方程[叶面积($S$)=8.7561+0.8126$X$],计算叶面积。

## (三)光合参数测定

使用浙江托普云农公司生产的3051D光合测定仪测定净光合速率($P_n$)、蒸腾速率($T_r$)、气孔导度($G_s$)、叶片温度和湿度等光合参数。各处理组随机选择3株长势一致的植株,对已标记的不同叶龄叶片进行测定,于6月20日开始,每15天测定一次,测定时调整叶室角度,使每组叶片在相对一致的光强下完成光合测定,于晴天9:00—11:00时进行。

## (四)叶绿素荧光参数测定

使用美国OS-5P+便携式脉冲调制叶绿素荧光仪,于6月20日开始,各处理组随机选择3株长势一致的植株,对已标记叶片每15天测定一次,3次重复。测定前叶片暗适应30min,荧光仪调至Kinetic荧光动力学模式测定$F_0$、Fm、Fv/Fm、Yield、ETR、qP、NPQ等荧光参数,测定时的相关参数均为仪器默认设置。

## (五)叶片SPAD值测定

采用SPAD0-502PLUS便携式叶绿素测定仪(日本Konika-Minolta公司),选择测定叶片,于6月20日开始,每15天测定一次,每个叶片3次重复。

## (六)叶片光合作用关键酶活性测定

### 1. RuBP羧化/加氧酶(以下简称"RuBP")活性测定

酶提取液(以下为终浓度,余同):50mmol/L Hepes缓冲液-KOH(pH 7.5),10mmol/L $MgCl_2$,2mmol/L EDTA,10mmol/L二硫苏糖醇(DTT),10%甘油(体积分数),10g/L牛血清白蛋白(BSA),1% TritonX-100(体积分数)和15g/L交联聚乙烯吡咯烷酮(PVPP)。

酶反应液:100mmol/L $N,N$-双(2-羟乙基)甘氨酸(pH 8.0),25mmol/L $KHCO_3$,20mmol/L $MgCl_2$,3.5mmol/L ATP,5mmol 磷酸肌酸,5U 3-磷酸甘油醛脱氢酶,5U 3-磷酸甘油酸磷酸激酶,17.5U磷酸肌酸激酶,0.25mmol/L NADH。

酶活性测定：准确称取鲜样0.2g，迅速放入-20℃预冷的研钵中，并加入适量液氮研磨，然后再加入3mL提取液，研磨匀浆，吸取1mL至新的离心管中，4℃ 14000×g离心10min，转移上清液，并立即进行酶活性测定。取50μL酶提取液加入含900μL反应介质的半微量比色皿中，迅速加入50μL RuBP吸打混匀，在紫外分光光度计酶动力学功能下，以不加酶的提取液为参照，340nm读取吸光度值，每隔10s自动读取一次，共2min。

**2. 果糖-1,6-二磷酸酶（FBPase）活性测定**

酶提取液：100mmol/L Hepes-NaOH，10mmol/L $MgCl_2$，0.4mmol/L EDTA，10g/L PVPP，100mmol/L 抗坏血酸钠，10g/L 牛血清白蛋白（BSA）。

酶反应液：30mmol/L Hepes-KOH，5mmol DTT，0.5mmol/L NADP，2U/mL葡萄糖-6-磷酸脱氢酶（G6PD），2U/mL磷酸葡萄糖异构酶（PGI）。

酶活性测定：40μL酶提取液加入752μL预保温的30℃反应液中，加入8μL的300mmol/L果糖-6-磷酸（FBP）启动反应，UV-2450紫外分光光度计测定340nm下1min内的吸光度值的变化。

### （七）叶片光合色素含量测定

96%乙醇提取比色法测定：叶绿素a含量，$c_a=13.95 \times A_{665}-6.88 \times A_{649}$；叶绿素b含量，$c_b=24.96 \times A_{649}-7.32 \times A_{665}$；类胡萝卜素含量，$(Cx·c=1000 \times A_{470}-2.05 \times c_a-114.8 \times c_b)/245$；叶绿体色素含量（mg/gFW）=$(c \times V_T)$/FW×1000 [$c$：叶绿体色素浓度，mg/L；FW：鲜重，g；$V_T$：提取液总体积]。

### （八）叶片保护酶活性测定

超氧化物歧化酶（SOD）活性采用氮蓝四唑法测定；过氧化物酶（POD）活性采用愈创木酚法测定；过氧化氢酶（CAT）活性采用过氧化氢法测定。

### （九）叶片糖含量测定

蔗糖含量测定参考张志良，还原糖、可溶性总糖和淀粉含量参考高俊凤《植物生理学实验指导》。

### （十）叶片蔗糖代谢相关酶的活性测定

蔗糖磷酸合成酶（SPS）活性、蔗糖合成酶（SS）活性、酸性转化酶（AI）活性、中性转化酶（NI）活性测定参考高俊凤《植物生理学实验指导》。

## 四、数据处理

使用Excel 2010进行数据处理，Origin 9软件绘图，用DPS 7.05和SPSS 20.0软件进行方差分析、聚类分析和相关性分析。

## 第二节 结果与分析

### 一、水分胁迫对葡萄水分状况和生态因子的影响

#### （一）不同水分胁迫处理对黎明前叶片水势和土壤含水量的影响

如图27-1所示，处理前黎明前叶片水势处于$-0.36\text{MPa} \leq \Psi_b \leq -0.32\text{MPa}$，土壤含水量处于30.53%~33.77%。随着水分胁迫的进行，CK、T1和T2黎明前叶片水势和土壤含水量逐渐下降。叶片水势分别处于$-0.37\text{MPa} \leq \Psi_b \leq -0.17\text{MPa}$、$-0.47\text{MPa} \leq \Psi_b \leq -0.4\text{MPa}$、$-0.67\text{MPa} \leq \Psi_b \leq -0.52\text{MPa}$（对应顺序CK、T1、T2，余同）；土壤含水量处于33.37%~39.97%、23.07%~29.43%、15.2%~22.93%，各处理组黎明前叶片$\Psi_b$基本处于试验所设定的范围内。

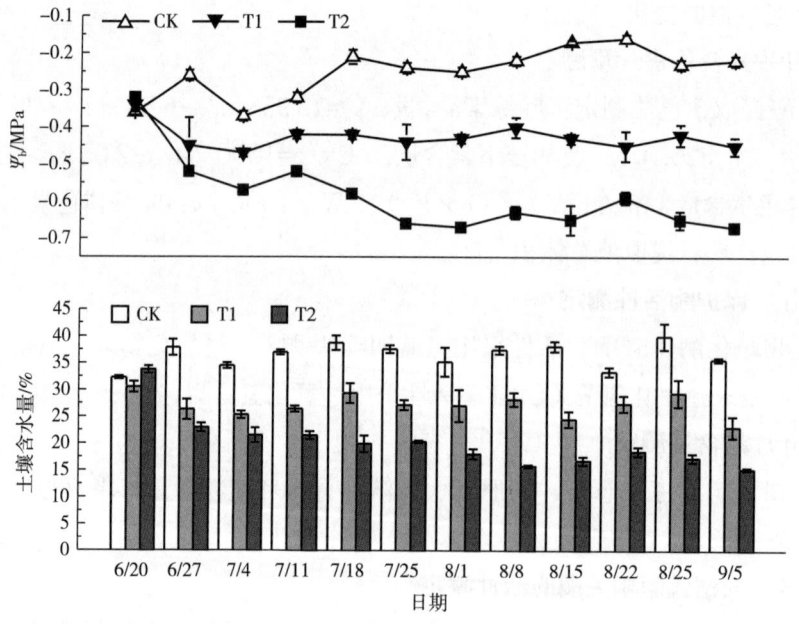

图27-1 不同处理$\Psi_b$和土壤含水量

#### （二）水分胁迫对葡萄叶片WSD及温、湿度的影响

WSD是反映植物水分状况的重要指标之一，植物的WSD越大，表明其受到水分胁迫影响就越大。如表27-2所示，随着处理的进行，CK处理下WSD逐渐降低，T1处理组逐渐升高后降低，T2处理组逐渐升高。与CK相比，T1和T2处理组分别增加了36.05%、35.07%、57.71%、36.62%、6.21%和73.72%、75.10%、86.81%、111.5%、90.28%（分别对应第15天，第30天，第45天，第60天，第75天），其中T1处理组第30~60天和T2处理组第15~75天均显著高于CK（$p<0.05$），说明叶片WSD在水分胁迫（以下简称"胁

迫")下逐渐增加,且随着胁迫程度的加剧,增加幅度也越大。葡萄叶片温度随着水分胁迫的进行而升高,叶片湿度则随之下降。

表27-2　水分胁迫对葡萄叶片WSD及温、湿度的影响

| 处理天数/d | WSD/% | | | 叶片温度/℃ | | | 叶片湿度/% | | |
| --- | --- | --- | --- | --- | --- | --- | --- | --- | --- |
| | CK | T1 | T2 | CK | T1 | T2 | CK | T1 | T2 |
| 0 | 6.6±0.004ª | 5.8±0.015ª | 5.3±0.023ª | 33.9 | 33.8 | 33.2 | 62.7 | 66.2 | 64.2 |
| 15 | 4.1±0.012ᵇ | 5.6±0.003ᵃᵇ | 7.2±0.006ª | 28.1 | 32.1 | 33.3 | 57.7 | 57.9 | 55.8 |
| 30 | 4.5±0.004ᶜ | 6.1±0.004ᵇ | 7.9±0.007ª | 30.9 | 33.7 | 35.0 | 75.6 | 72.0 | 63.1 |
| 45 | 3.4±0.005ᵇ | 5.4±0.002ª | 6.4±0.004ª | 31.0 | 32.7 | 33.2 | 69.5 | 65.9 | 65.2 |
| 60 | 3.7±0.001ᶜ | 5.0±0.004ᵇ | 7.8±0.006ª | 26.4 | 29.7 | 30.1 | 63.4 | 61.1 | 60.5 |
| 75 | 4.5±0.004ᵇ | 4.8±0.001ᵇ | 8.5±0.008ª | 26.8 | 29.7 | 31.1 | 69.6 | 64.2 | 59.5 |

注：不同小写字母表示同一时期不同处理组间在 $p<0.05$ 水平上差异显著。

### (三) 水分胁迫对葡萄不同叶龄叶面积的影响

由表27-3可知,叶1在叶龄60~90d,叶面积无明显变化,说明基部叶片在叶龄60d后不再扩展。随着叶龄的增大,CK、T1和T2处理组下叶2~5的叶面积分别增加了4.84%、6.96%、14.39、18.46%；2.61%、9.72%、13.00%、20.59%；2.27%、2.63%、2.89%、2.62%。结果表明,T2严重影响了叶3、4、5叶片的正常生长,显著降低了叶片叶面积。

表27-3　水分胁迫对葡萄不同叶龄叶片叶面积的影响

| 叶位 | 叶龄 | 叶面积/cm² | | |
| --- | --- | --- | --- | --- |
| | | CK | T1 | T2 |
| 叶1 | 60d | 118.82±8.42 | 128.67±13.55 | 125.97±1.97 |
| | 90d | 118.52±8.03 | 128.47±12.46 | 126.59±2.28 |
| | 120d | 118.61±8.27 | 128.99±13.11 | 126.01±1.70 |
| 叶2 | 50d | 129.64±4.20 | 111.32±7.00 | 126.05±9.27 |
| | 80d | 134.58±3.48 | 114.66±7.53 | 128.66±9.43 |
| | 110d | 135.92±2.32 | 114.22±6.79 | 128.91±9.02 |

续表

| 叶位 | 叶龄 | 叶面积/cm² | | |
|---|---|---|---|---|
| | | CK | T1 | T2 |
| 叶3 | 40d | 101.19±5.34 | 101.13±12.29 | 110.82±16.69 |
| | 70d | 105.06±5.61 | 105.51±11.01 | 110.88±17.38 |
| | 100d | 108.23±3.99 | 110.96±6.12 | 113.73±16.17 |
| 叶4 | 30d | 74.29±5.67 | 84.68±10.14 | 78.32±2.91 |
| | 60d | 81.17±6.92 | 93.98±1.67 | 79.85±2.16 |
| | 90d | 84.98±5.14 | 95.69±0.92 | 80.58±2.67 |
| 叶5 | 20d | 69.17±6.36 | 71.04±4.39 | 74.03±1.90 |
| | 50d | 76.93±7.94 | 79.76±0.90 | 76.17±1.79 |
| | 80d | 81.94±6.69 | 85.67±3.38 | 75.97±1.72 |

## 二、水分胁迫对葡萄不同叶龄叶片光合参数和SPAD值的影响

### (一) 水分胁迫对葡萄不同叶龄叶片净光合速率($P_n$)的影响

如图27-2所示，随着叶龄的增大，CK处理组下叶1~5叶片的$P_n$呈先升高、后降低的变化趋势，T1处理组与CK相似，T2处理组除叶1的$P_n$呈下降趋势外，叶2~5的变化趋势基本与CK相似。CK处理组叶1~5的$P_n$分别处于0.27~5.70、2.67~6.7、4.31~10.23、6.07~10.67、7.69~9.11mmol/(m²·mol)，分别在叶龄为90d、80d、70d、60d、50d时$P_n$达到峰值，叶1在叶龄135d时$P_n$趋于0。相比CK，T1和T2处理组下叶1~5分别下降了9.94%和56.67%、18.45%和33.97%、19.55%和40.66%、21.74%和32.99%、12.4%和59.39%，且T1处理组叶1~5叶龄为120d、95~125d、70~85d、60d和110d、80~95d和T2处理组75~120d、65~125d、55~115d、45~110d、35~95d $P_n$均显著低于CK（$p<0.05$），叶1在T2处理组下叶龄为120d时$P_n$已下降至0。结果表明，葡萄各部位叶片随叶龄的变化$P_n$处于不同水平，其中，叶1在叶龄为135d时已丧失光合能力，水分胁迫不同程度地降低了叶片的$P_n$，且叶1、叶5降低幅度最大。

### (二) 对不同叶龄叶片净光合速率($P_n$)进行聚类分析

如图27-3所示，对无水分胁迫的葡萄各部位不同叶龄叶片的净光合速率($P_n$)进行聚类分析，可将其不同叶龄叶片大致分为3个水平，$P_n$处于较高水平：叶3（70d）、叶4

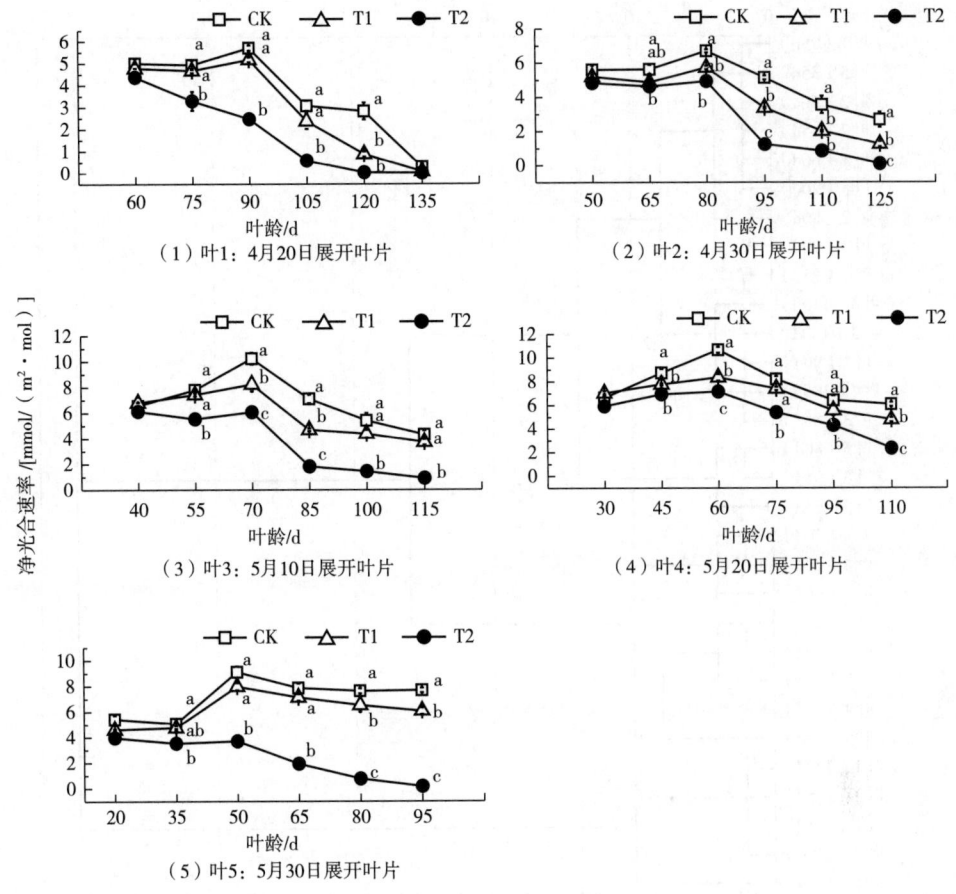

**图27-2 水分胁迫对赤霞珠不同叶龄叶片净光合速率的影响**

（45~60d）、叶5（50d）；$P_n$处于中等水平：叶1（60~75d）、叶2（50~95d）、叶3（40~55d、85~115d）、叶4（30d、75~105d）、叶5（20~35d，55~95d）；$P_n$处于较低水平：叶1（105~135d）、叶2（110~125d）。结果表明，各部位叶片发育前期$P_n$主要处于中等水平，随着叶龄的增大，叶3~5的$P_n$逐渐增大至较高水平，并维持较长时间，叶1、2后期$P_n$降低至较低水平。

**（三）水分胁迫对葡萄不同叶龄叶片气孔导度（$G_s$）和蒸腾速率（$T_r$）的影响**

如图27-4所示，随着叶龄的增大，各处理组葡萄不同叶龄叶片$T_r$和$G_s$的变化与$P_n$的变化趋势基本一致。CK处理下叶1~5在叶龄90d、80d、70d、60d、50d后$G_s$和$T_r$开始降低，降低幅度依次减小。水分胁迫导致叶片$T_r$和$G_s$显著降低，其中，T1和T2处理组下叶1~5分别在叶龄为90d、80~125d、100~115d、75~90d、50d（T1处理组，叶1~5）和75~135d、65~125d、55~115d、45~105d、35~95d时（T2处理组，叶1~5），叶片$G_s$与$T_r$显著低于CK（$p<0.05$），表明水分胁迫引起叶片气孔导度下降是导致净光合速率和蒸腾速率下降的主要因素之一。

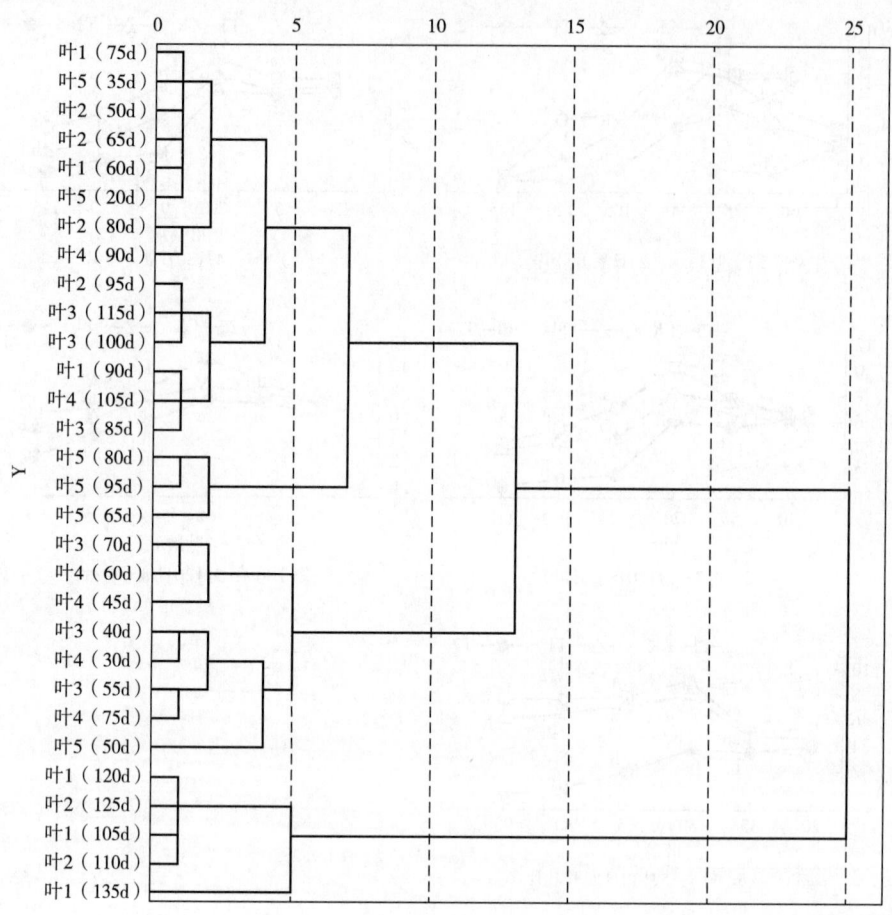

图27-3 葡萄不同叶龄叶片$P_n$聚类分析

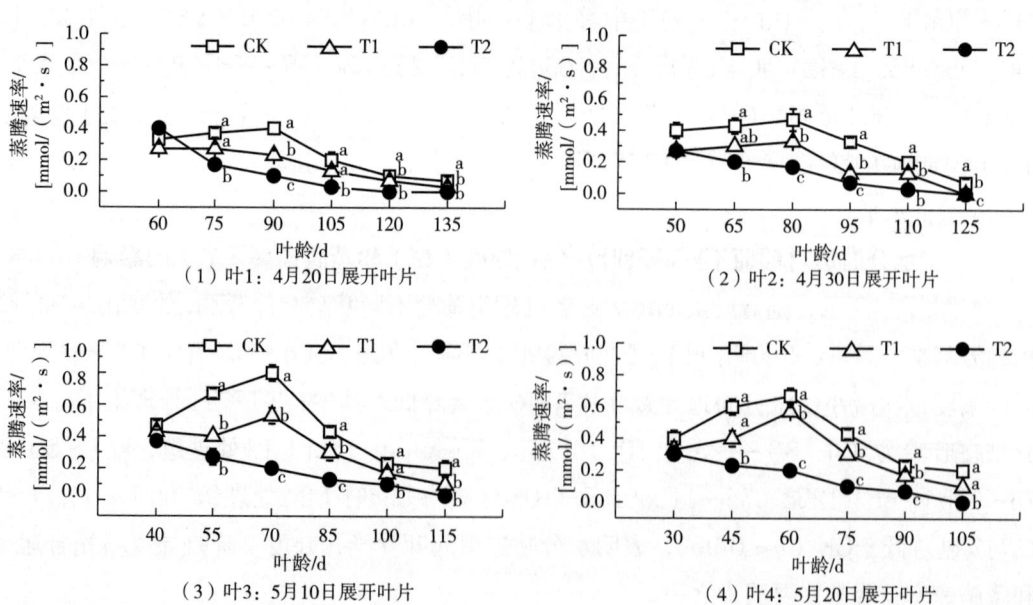

（1）叶1：4月20日展开叶片

（2）叶2：4月30日展开叶片

（3）叶3：5月10日展开叶片

（4）叶4：5月20日展开叶片

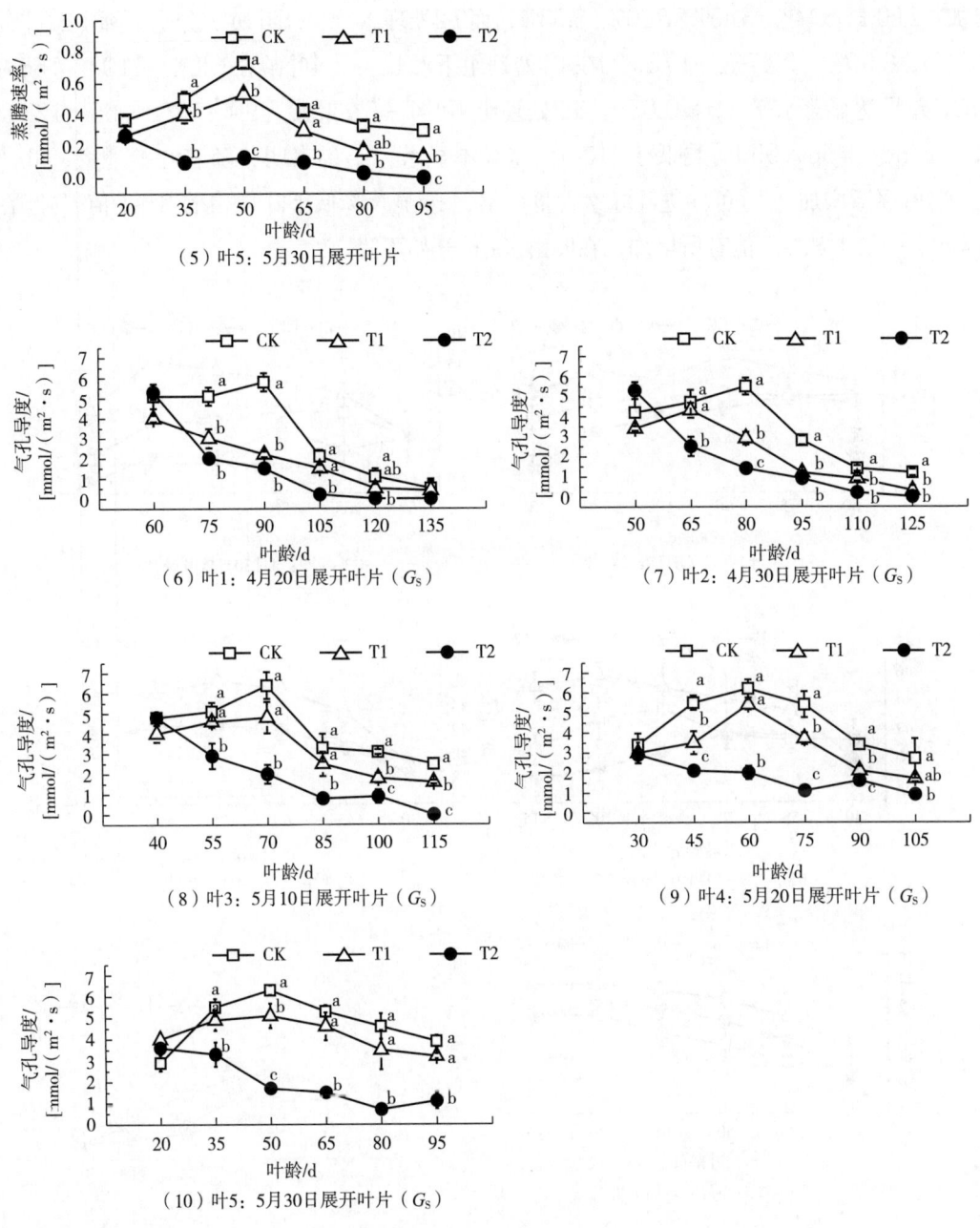

图27-4 水分胁迫对葡萄不同叶龄叶片蒸腾速率和气孔导度的影响

### （四）水分胁迫对葡萄不同叶龄叶片SPAD值的影响

如图27-5所示，随着叶龄增大，CK组叶1~4的SPAD值呈先升高后降低的趋势，叶5呈增加趋势，T1处理组与CK变化相似，而T2处理组下叶5在叶龄85d后SPAD值便开始下降。CK处理组下叶1~5在叶龄为90、80、85、75、95d时（对应叶1~5，余同）SPAD值达最大，其值分别为42.1、42.8、43.5、42.7、41.6，相比CK，T1处理组（1~5叶龄）分别增加了7.60%、5.14%、3.45%、8.20%、5.53%,而T2处理组(1~5叶龄)分别下降了2.85%、3.04%、6.90%、0.47%、0.72%。在T1处理组下叶1、2、4叶龄在120d、110d、75d时与CK差异达显著水平($p<0.05$)。T2处理组下叶1~5在叶龄为90~135d、65~125d、85~115d、45d、95d时均低于CK,但差异不显著。结果表明,随着叶龄增大,叶片SPAD值逐渐增加,T1可促进叶绿素含量积累,T2显著降低了叶1~4的SPAD值,叶5在叶龄35~85d时SPAD值有所增加,在叶龄95d也开始下降。

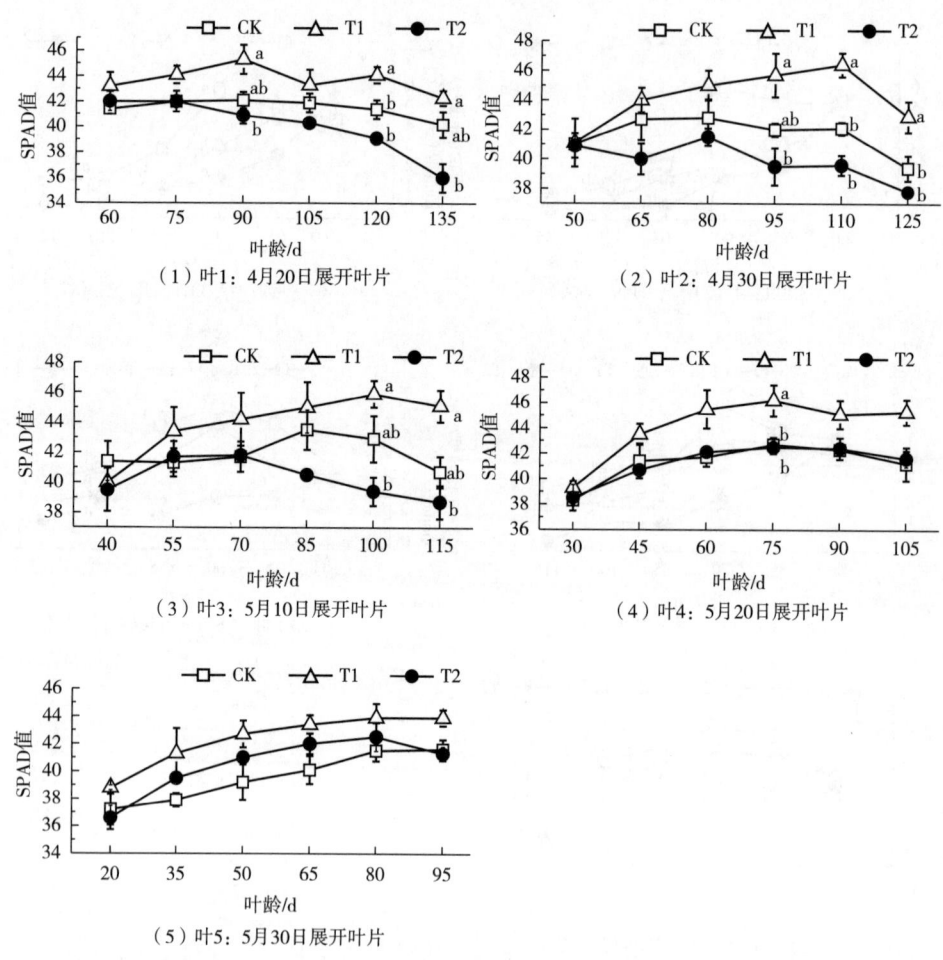

图27-5 水分胁迫对葡萄不同叶龄叶片SPAD值的影响

## 三、水分胁迫对葡萄不同叶龄叶片叶绿素荧光参数的影响

### (一)水分胁迫对葡萄不同叶龄叶片初始荧光($F_o$)的影响

$F_o$是光系统PSⅡ反应中心全部开放,即原初电子受体(QA)全部氧化时的荧光水

平。如图27-6所示，随着叶龄的增大，CK处理组下叶1~5的$F_o$值变化趋于平缓后下降，在叶龄分别为120d、110d、100d、90d、80d略有上升，T1和T2总体呈先升高、后降低、再升高的总体趋势。水分胁迫下叶1~5的$F_o$值均不同程度增加，其中T1处理组下叶1~4在叶龄为90d、110d、100d、60d和90d时显著高于CK（$p<0.05$），分别增加了14.61%、9.89%、10.23%、19.70%和18.07%；T2处理组下叶1~5在叶龄为90~105d、80~110d、55~100d、45~90d、50d时显著高于CK（$p<0.05$），分别增加了13.36%~50.11%、6.82%~43.42%、8.41%~43.64%、12.94%~17.37%、44.66%。随着处理的进行，T1与CK变化相似，叶1~5叶龄为135d、125d、115d、105d、95d时较CK分别降低了23.01%、18.93%、19.55%、15.20%、21.66%，且叶1、2、3、5与CK差异显著（$p<0.05$）。结果表明，在T2处理组下葡萄叶1~5叶片光系统PSⅡ遭到了破坏或发生可逆失活，其中叶1、2、5叶片受到影响较大，相反T1处理组后期可降低$F_o$，一定程度上能够减少因叶片衰老而引起的光系统PSⅡ受到的伤害。

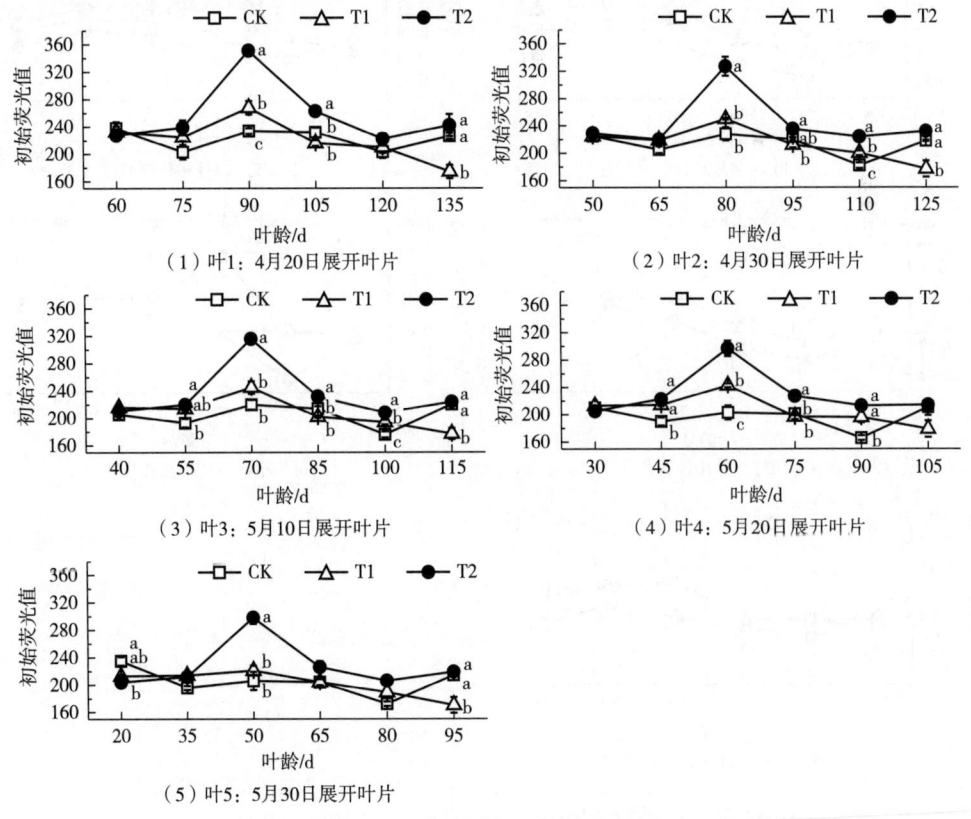

图27-6 水分胁迫对赤霞珠不同叶龄叶片初始荧光的影响

**（二）水分胁迫对葡萄不同叶龄叶片最大光化学效率（Fv/Fm）的影响**

Fv/Fm代表了反应中心全部打开的情况下光系统PSⅡ的最大潜在光量子效率。如图27-7所示，随着叶龄的增大，CK处理组下叶1~5的Fv/Fm值迅速升高后逐渐下降,T1和T2处理组下Fv/Fm缓慢升高后下降。叶1~5在CK处理组下叶龄分别为90d、95d、75d、60d、65d时Fv/Fm值达到最大。水分胁迫处理下叶片Fv/Fm值均有不同程度降低,其中,T1处理组前期叶1~5 Fv/Fm值有所下降,后期变化与CK差异不显著,且叶1~4叶龄分别为105~135d、95~110d、85~115d、105d时Fv/Fm值高于CK,分别增加了1.89%~4.49%、2.14%~2.39%、0.49%~2.30%、1.40%,相反T2处理组下叶1~5 Fv/Fm值显著降低,叶龄分别为75~105d和135d、65~110d、55~100d、45~60d、65~95d时与CK差异达显著水平($p<0.05$),分别降低了6.32%~14.12%和1.63%~12.28%、0.86%~12.76%、7.25%~10.88%、2.69%~5.22%。结果表明水分胁迫可降低叶片最大光化学效率,随着水分胁迫程度加剧最大光化学效率下降幅度越大,其中叶1、2、5受到影响较大,此外,T1处理组后期提高了叶1~4叶片的Fv/Fm值。

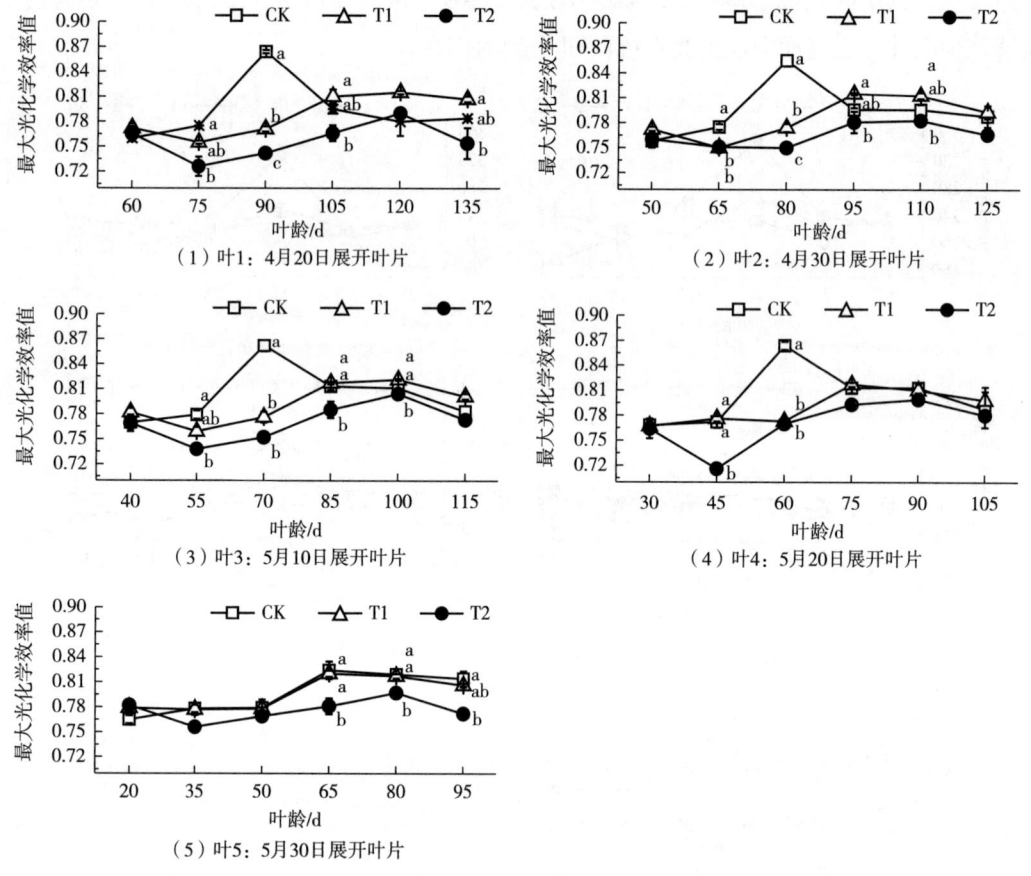

图27-7 水分胁迫对赤霞珠不同叶龄叶片Fv/Fm值的影响

### (三) 水分胁迫对葡萄不同叶龄叶片PSⅡ光化学量子产额 (Yield) 的影响

Yield常用来表示植物叶片光合作用电子传递的光化学量子产额,反映了植物目前的实际光合效率。如图27-8所示,随着叶龄的增大,CK和T1处理组叶1~5的Yield变化趋势相似，总体呈先上升、后下降的趋势，而T2处理组下Yield大致呈下降的趋势。CK处理组下叶1~5叶龄分别为90d、95d、85d、75d、65d时Yield最大，之后逐渐下降。随着处理的进行，叶1~5的Yield均有不同程度降低。其中，T1处理组下叶3、5叶龄为115d、80~95d时高于CK，分别增加了22.2%、4.13%~18.92%，而叶1、4叶龄为120d、90d和T2处理组下叶1~5叶龄为105~120d、95~125d、70~115d、75~105d、65~95d时Yield均显著低于CK（$p<0.05$），分别下降了26.50%、28.57%（T1处理组叶1、4）和31.62%~56.59%、29.13%~52.88%、30.26%~51.53%、29.32%~50.35%、27.93%~42.15%（T2处理组叶1~5）。结果表明水分胁迫不同程度地降低了叶片Yield，但随着水分胁迫程度的加剧，Yield显著下降，其中叶1、2、5受影响最大。此外，中度水分胁迫后期还能够提高叶3、5的Yield（相对CK）。

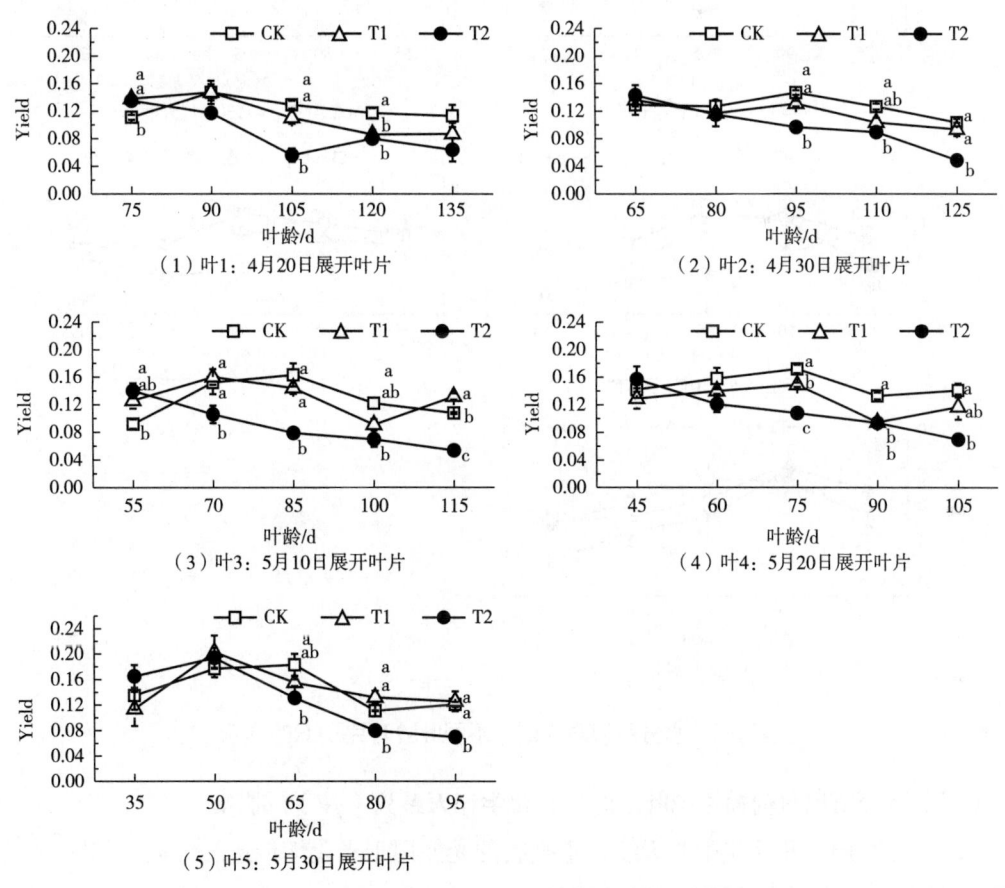

图27-8 水分胁迫对赤霞珠不同叶龄叶片Yield的影响

**（四）水分胁迫对葡萄不同叶龄叶片表观电子传递速率（ETR）的影响**

ETR是表观电子传递速率，可作为植物光合电子传递效率快慢的指标。如图27-9所示，各处理组叶1~5 ETR变化趋势与Yield相似。CK处理组下叶1~5叶龄分别为

90d、95d、85d、75d、65d时ETR达到最大。水分胁迫处理前期ETR均有所增加，T2处理组总体呈现下降趋势，这与Yield变化一致。随着处理的进行，叶1~5的ETR均总体趋势降低，且随着水分胁迫程度的加剧，下降幅度增大，其中T1处理组与CK差异不明显，叶3、5在叶龄115d、80d时高于CK，分别增加了23.26%、4.08%；T2处理组下叶1~5在叶龄为105d、95~125d、85~115d、75~105d、65d和95d时与CK差异达显著水平（$p<0.05$），分别下降了57.69%、30.77%~52.38%、42.86%~51.52%、29.63%~46.15%、28.38%和42.86%。

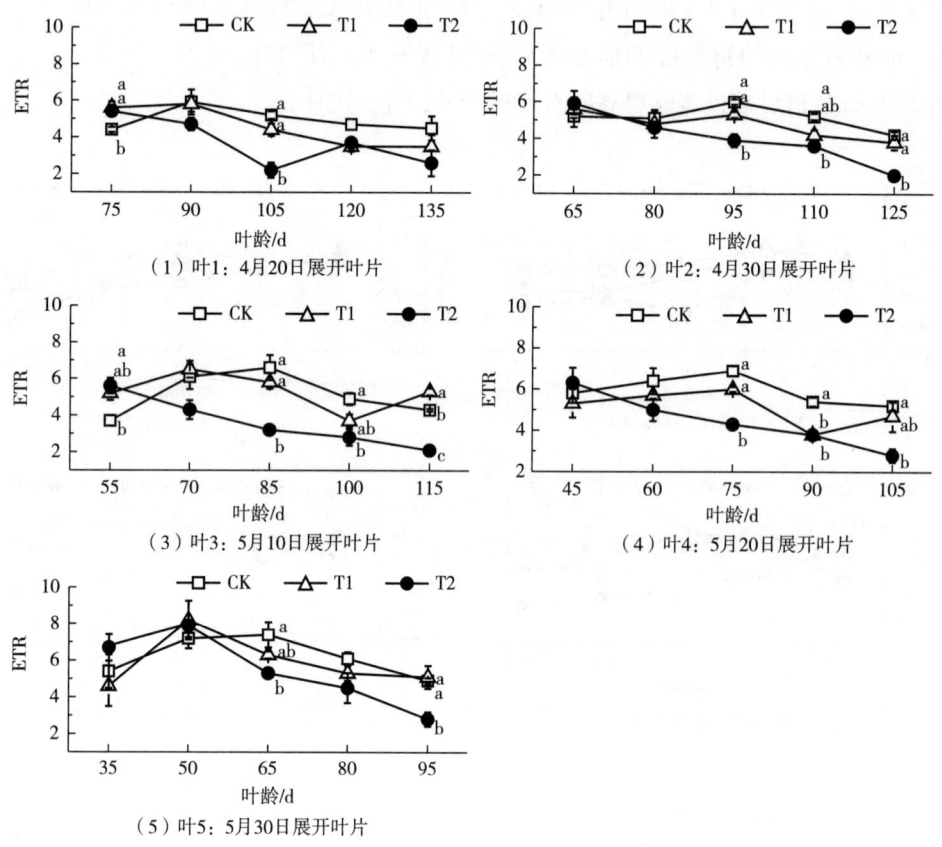

（1）叶1：4月20日展开叶片
（2）叶2：4月30日展开叶片
（3）叶3：5月10日展开叶片
（4）叶4：5月20日展开叶片
（5）叶5：5月30日展开叶片

图27-9　水分胁迫对赤霞珠不同叶龄叶片ETR的影响

### （五）水分胁迫对葡萄不同叶龄叶片光化学淬灭系数（$qP$）的影响

$qP$是光系统PSⅡ反应中心天线色素吸收的光能用于光化学传递的份额。如图27-10所示，随着叶龄的增大，CK和T1处理组下叶1~5的$qP$呈先升高、后降低的变化趋势，而T2处理组下叶1~4 $qP$下降，叶5先升高、后降低。其中，CK处理组下叶1~5叶龄分别为90d、65d、70d、75d、50d时叶片$qP$最大，相比CK，T1和T2处理组下叶1~4叶片$qP$分别降低了1.72%和26.02%（叶1的T1和T2，余同）、16.07%和17.19%、2.07%和35.71%、16.63%和22.32%，而叶5则分别增加了13.51%和9.80%，且T2处理组下叶2、

3与CK差异显著（$p<0.05$）。随着处理进行，T1处理组下$qP$略有下降，但叶2、3、5在叶龄为125、115、80~95d时均高于CK，而T2处理组下叶1~5叶龄分别为105d、95~125d、85~115d、90~105d、65d和95d时都显著低于CK（$p<0.05$），分别降低了37.85%、22.38%~39.55%、25.37%~57.23%、21.65%~48.27%、21.98%和45.90%。结果表明短期水分胁迫可提高叶5的$qP$，但随着水分胁迫的持续，$qP$显著降低。

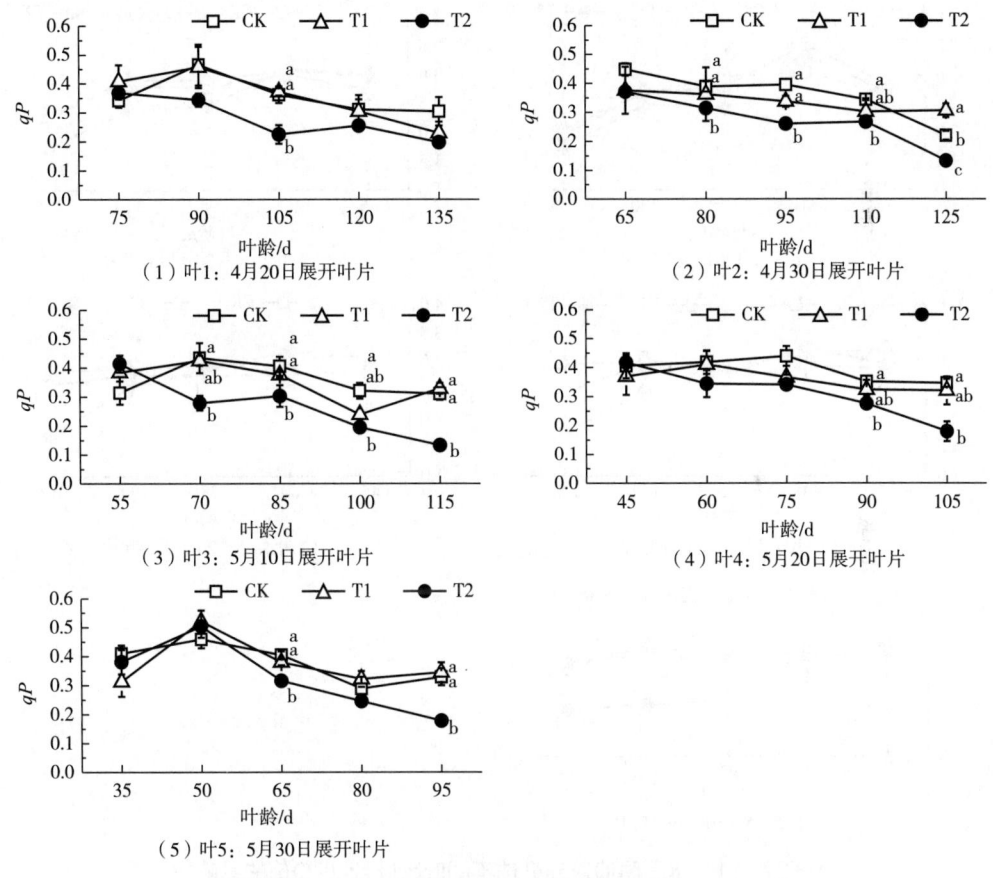

图27-10 水分胁迫对赤霞珠不同叶龄叶片$qP$的影响

### （六）水分胁迫对葡萄不同叶龄叶片非光化学淬灭系数（NPQ）的影响

NPQ是PSⅡ反应中心天线色素吸收的光能不能用于光合电子传递而以热能的形式耗散掉的光能部分。如图27-11所示，随着叶龄的增大，CK处理组下叶1、2的NPQ值先迅速升高，叶龄90d和80d后急剧下降，叶3、4变化整体平缓，叶龄100d、45d、叶5叶龄35~80d为缓慢上升后下降。水分胁迫处理前期叶1~5的NPQ值均有所增加，其中在叶龄为叶1 90d、叶2 80d、叶3 70d、叶4 60d、叶5 50d时T1和T2处理组分别较CK增加了15.36%和9.80%、2.32%和3.64%、6.46%和10.88%、9.68%和14.34%、5.75%和9.20%，且T1处理组下叶1与CK差异显著（$p<0.05$）（90d）。随着处理的进行，T1处理组下NPQ与CK相似，总体上略高于CK，叶3、4分别在叶龄为115d和105d时与CK相比差异

显著（$p<0.05$）。T2处理组下叶1~5的NPQ则显著降低，其中叶3、4、5分别在叶龄为115d、105d、80~95d时与CK差异达显著水平（$p<0.05$），分别下降了29.03%、33.85%、30.80%~31.54%。结果表明，水分胁迫下叶片NPQ呈增加趋势，说明赤霞珠葡萄可通过热耗散机制有效抵御水分胁迫，但当水分胁迫程度加剧时，NPQ值也逐渐下降，叶片光合中心受损，其中叶1、2、5受到水分胁迫影响较大。

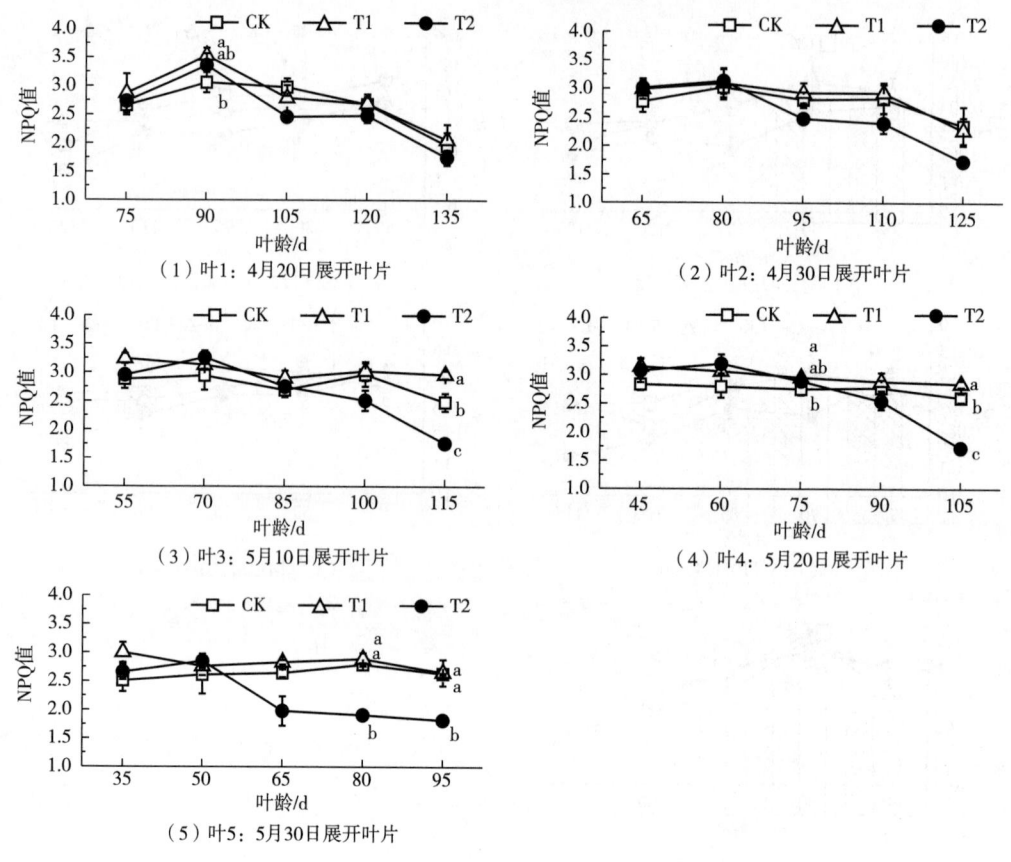

图27-11 水分胁迫对赤霞珠不同叶龄叶片NPQ值的影响

## 四、水分胁迫对葡萄不同叶龄叶片光合作用关键酶活性和光合色素含量的影响

### （一）水分胁迫对葡萄不同叶龄叶片RuBP羧化/加氧酶（RuBP）活性的影响

如图27-12所示，随着叶龄的增大，CK处理组下叶1~5的RuBP活性大致呈先增加、后降低的变化趋势。CK处理组下叶1~5分别在叶龄为90d、80d、70d、60d、65d时RuBP活性达到最大，与CK相比，T1和T2处理组分别降低了9.71%和40.95%、2.44%和17.89%、2.92%和27.14%、5.49%和14.83%、18.36%和49.53%（叶1~5），且T2处理组下叶1、2、3、5与CK差异达显著水平（$p<0.05$）。随着处

理的进行，T1处理组下叶1叶龄为105d和T2处理组下叶1~5叶龄分别为105~120d、95~110d、85~100d、75~90d、65~80d时均显著低于CK（$p<0.05$），分别下降了21.79%、33.65%~39.53%、28.44%~35.49%、29.89%~33.94%、23.81%~39.70%、48.45%~49.53%。结果表明水分胁迫不同程度地降低了赤霞珠各部位叶片的RuBP活性，且叶1、5整体下降幅度较大。

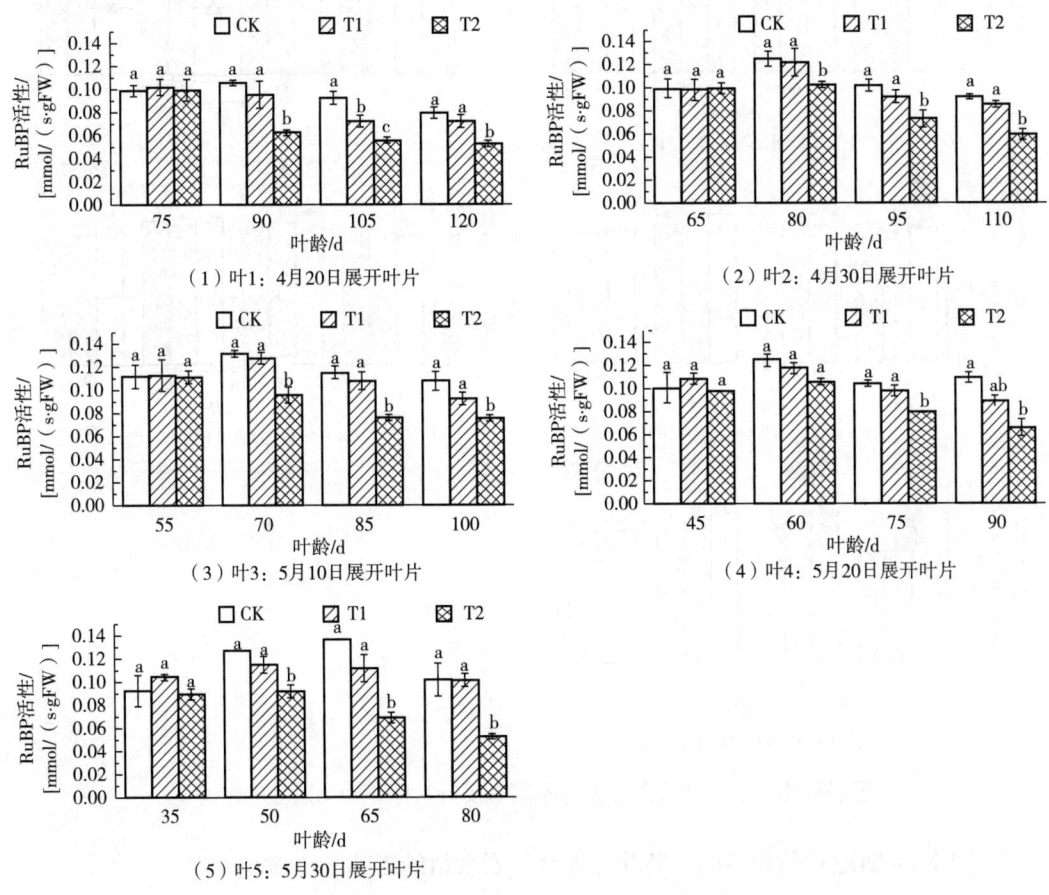

图27-12　水分胁迫对赤霞珠不同叶龄叶片RuBP活性的影响

### （二）水分胁迫对葡萄不同叶龄叶片果糖-1,6-二磷酸酯酶（FBPase）活性的影响

如图27-13所示，各处理组叶1~5的FBPase活性总体呈先增加后缓慢下降的趋势，其中，叶1~5FBPase活性分别均在叶龄为90d、80d、70d、60d、50d时最大（CK、T1和T2），相比CK，T1和T2处理组分别降低了2.74%和6.26%、5.93%和9.09%、6.87%和7.33%、6.39%和9.57%、7.38%和11.04%，且T2处理组下叶4、5与CK差异达显著水平（$p<0.05$）。后期随着处理的进行，T1处理组与CK无显著差异，而T2处理组下叶1~5叶龄分别为120、110、100、90、65~80d时，FBPase活性均显著低于CK（$p<0.05$），分别下降了3.87%、7.62%、3.90%、10.39%、9.37%~11.54%。结果表明

水分胁迫下赤霞珠叶片FBPase活性略有下降，T1处理组与CK无显著差异，而T2处理组后期FBPase活性显著降低，说明FBPase对T1不敏感。

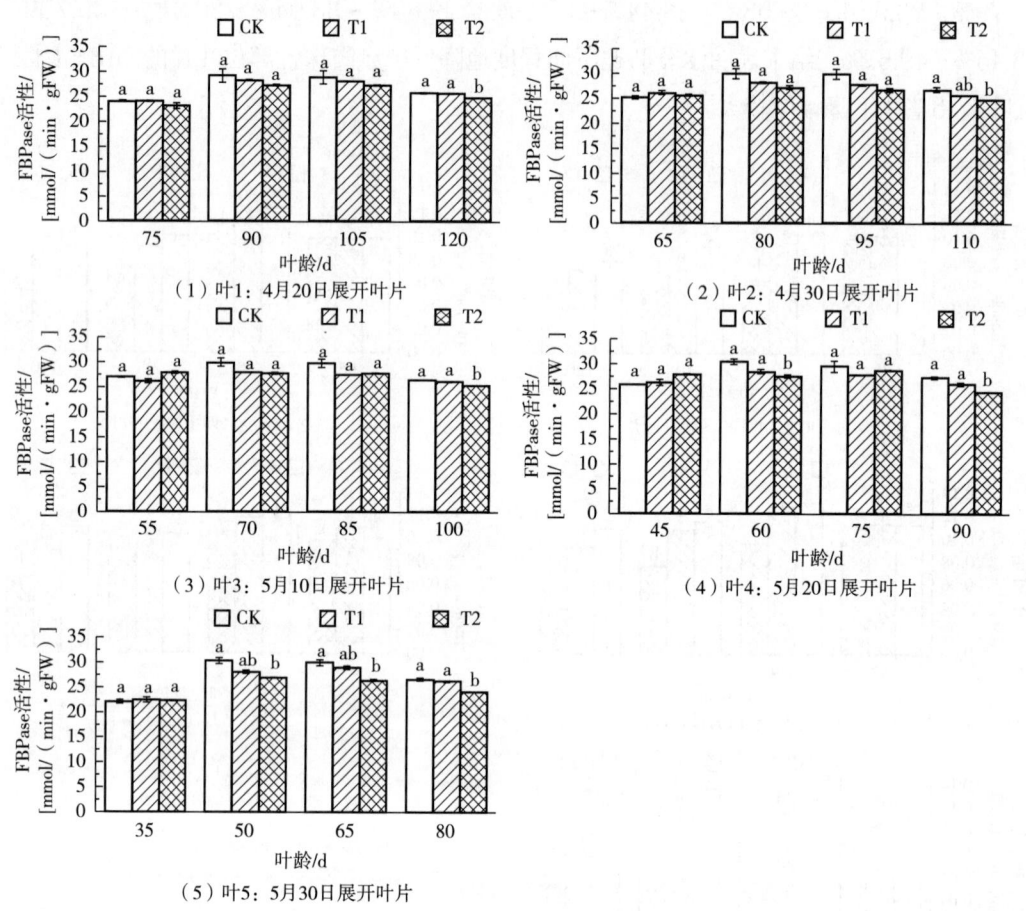

图27-13 水分胁迫对赤霞珠不同叶龄叶片FBPase活性的影响

### （三）水分胁迫对葡萄不同叶龄叶片光合色素含量的影响

由表27-4可知，随着叶龄的增大，CK处理组下叶1~5在叶龄75d、65d、55d时叶绿素a含量即开始下降，叶4、5在叶龄60d、50d后也开始下降。T1处理组下赤霞珠葡萄各部位叶片叶绿素a含量均有所增加，其中，叶1、3、4在叶龄分别为90~105d、70~100d、45~75d时均显著高于CK（$p<0.05$）；T2处理组下叶1~5相比CK均显著降低，叶龄在105~120d、80~95d、100d、50和80d时均显著低于CK（$p<0.05$）。处理后期，在叶1~5（分别对应最后一组数据），相比CK，T1处理组下叶1~4的叶绿素a含量分别增加了4.24%、7.29%、26.75%、8.82%，叶5降低了6.31%；T2处理组下则分别下降了15.66%、8.87%、15.85%、12.93%、26.51%。说明T1可增加叶1~4叶绿素a含量，而T2降低了叶绿素a含量，且相比CK，叶5下降幅度最大。

由表27-4可知，CK处理组下叶1~5在叶龄75d、65d、70d、45d、50d后叶绿素

表27-4 水分胁迫对赤霞珠不同叶龄叶绿素a和叶绿素b含量的影响

| 叶位 | 叶龄/d | 叶绿素a含量/(mg/g) | | | 叶绿素b含量/(mg/g) | | |
|---|---|---|---|---|---|---|---|
| | | CK | T1 | T2 | CK | T1 | T2 |
| 叶1 | 75 | 1.931±0.03[a] | 1.953±0.101[a] | 1.892±0.022[a] | 0.746±0.027[a] | 0.747±0.032[a] | 0.779±0.042[a] |
| | 90 | 1.689±0.058[b] | 1.509±0.017[a] | 1.594±0.022[b] | 0.667±0.031[a] | 0.618±0.010[a] | 0.622±0.029[a] |
| | 105 | 1.614±0.014[b] | 1.723±0.007[a] | 1.484±0.031[c] | 0.704±0.013[a] | 0.770±0.055[a] | 0.519±0.031[b] |
| | 120 | 1.482±0.046[a] | 1.545±0.026[a] | 1.250±0.036[b] | 0.550±0.030[a] | 0.593±0.013[a] | 0.575±0.072[a] |
| 叶2 | 65 | 2.042±0.062[a] | 2.036±0.049[a] | 1.936±0.056[a] | 0.693±0.017[a] | 0.699±0.030[a] | 0.656±0.027[a] |
| | 80 | 1.950±0.033[a] | 1.960±0.014[a] | 1.858±0.007[a] | 0.681±0.018[b] | 0.609±0.012[b] | 0.595±0.007[b] |
| | 95 | 1.917±0.044[a] | 1.803±0.016[a] | 1.433±0.110[b] | 0.655±0.015[a] | 0.660±0.017[a] | 0.569±0.035[a] |
| | 110 | 1.507±0.021[a] | 1.616±0.101[a] | 1.373±0.052[a] | 0.606±0.037[a] | 0.632±0.057[a] | 0.497±0.007[a] |
| 叶3 | 55 | 2.109±0.040[a] | 2.273±0.028[a] | 2.185±0.099[a] | 0.765±0.010[b] | 0.844±0.014[a] | 0.765±0.019[b] |
| | 70 | 2.044±0.024[b] | 2.162±0.014[a] | 1.984±0.019[b] | 0.790±0.012[a] | 0.854±0.005[a] | 0.748±0.016[b] |
| | 85 | 1.626±0.016[c] | 2.107±0.030[a] | 1.772±0.023[b] | 0.709±0.002[a] | 0.774±0.028[a] | 0.711±0.042[a] |
| | 100 | 1.633±0.005[b] | 2.070±0.036[a] | 1.374±0.032[c] | 0.648±0.030[a] | 0.753±0.011[a] | 0.501±0.009[c] |
| 叶4 | 45 | 2.080±0.038[b] | 2.278±0.023[a] | 2.171±0.015[ab] | 0.708±0.016[a] | 0.796±0.014[a] | 0.664±0.003[b] |
| | 60 | 2.114±0.024[b] | 2.307±0.001[a] | 2.014±0.023[c] | 0.690±0.024[a] | 0.799±0.012[a] | 0.709±0.016[a] |
| | 75 | 1.917±0.044[a] | 2.094±0.028[a] | 1.801±0.036[b] | 0.655±0.015[a] | 0.746±0.028[a] | 0.617±0.009[b] |
| | 90 | 1.739±0.005[a] | 1.893±0.004[a] | 1.514±0.070[b] | 0.660±0.037[ab] | 0.725±0.018[a] | 0.587±0.028[b] |
| 叶5 | 35 | 1.975±0.073[ab] | 2.070±0.038[a] | 1.763±0.034[b] | 0.804±0.092[a] | 0.827±0.057[a] | 0.621±0.034[a] |
| | 50 | 2.080±0.038[a] | 2.132±0.014[a] | 1.960±0.014[a] | 0.708±0.016[b] | 0.846±0.047[a] | 0.609±0.012[b] |
| | 65 | 2.046±0.073[a] | 2.093±0.050[a] | 1.905±0.018[a] | 0.813±0.010[a] | 0.832±0.033[a] | 0.712±0.020[a] |
| | 80 | 1.975±0.073[a] | 1.851±0.028[b] | 1.452±0.015[a] | 0.804±0.092[a] | 0.655±0.008[a] | 0.568±0.032[a] |

注：不同小写字母表示同一叶龄不同处理组间差异显著（$p<0.05$）。

b含量总体呈现下降趋势。相比CK，T1处理组下叶1、2的叶绿素b含量无显著性差异，而叶3~5在叶龄为55~70d和100d、45~75d、35d和50d时显著高于CK（$p<0.05$），但随着处理持续，叶5的叶绿素b含量逐渐降低，但与CK差异不显著；T2处理组下各部位叶片叶绿素b含量显著降低，其中叶1、2、3、5在叶龄为105、80、100、65d时显著低于CK（$p<0.05$）。处理后期，叶1~5（分别对应最后一组数据），相比CK，T1处理组下叶1~4的叶绿素b含量相比CK分别增加了7.81%、4.29%、16.22%、9.97%，叶5降低了17.37%；T2处理下叶2~5叶龄为110、100、90、80d时，分别降低了18.02%、22.70%、11.09%、29.33%，叶1则增加了4.55%。

由表27-5可知，T1和T2处理组下叶1~5叶绿素a和b的比值呈升高趋势，其中T1处理组下叶1~3在叶龄分别为90、80、85d和T2处理组下叶1、2、4在叶龄分别为105、80、45d时均显著高于CK（$p<0.05$）。此外，T2处理组下叶1、2在叶龄分别105d和95d时均低于CK。结果表明水分胁迫下赤霞珠葡萄不同叶龄叶片叶绿素a/b的值增加，说明叶绿素b对水分胁迫更敏感。

由表27-5可知，叶1~5总叶绿素含量与叶绿素a含量变化相似。T1处理组下，叶4、5分别在叶龄为60~75、50d显著高于CK（$p<0.05$）；而T2处理组下叶1~5分别在叶龄为105d、80~95d、100d、90d、50~80d时均显著低于CK（$p<0.05$）。后期，叶1~5（分别对应最后一组数据）时，相比CK，T1处理组下叶1~4的总叶绿素含量分别增加了5.20%、6.43%、23.76%、9.13%，叶5降低了9.51%；而T2处理组下叶1~5分别降低了10.21%、11.50%、17.80%、12.42%、27.33%。说明T1可增加叶1~4部位叶片的叶绿素含量，T2导致各部位叶片叶绿素含量显著降低，且叶5降低幅度较大，这与叶片SPAD值结论相一致。

表27-5 水分胁迫对赤霞珠不同叶龄叶片叶绿素a/b值和总叶绿素含量的影响

| 叶位 | 叶龄/d | 叶绿素a/b值 | | | 总叶绿素含量/（mg/g） | | |
| --- | --- | --- | --- | --- | --- | --- | --- |
| | | CK | T1 | T2 | CK | T1 | T2 |
| 叶1 | 75 | $2.60\pm0.14^a$ | $2.61\pm0.03^a$ | $2.45\pm0.16^a$ | $2.678\pm0.010^a$ | $2.700\pm0.123^a$ | $2.672\pm0.036^a$ |
| | 90 | $2.54\pm0.05^b$ | $3.09\pm0.03^a$ | $2.58\pm0.11^b$ | $2.356\pm0.088^{ab}$ | $2.527\pm0.025^a$ | $2.216\pm0.041^b$ |
| | 105 | $2.29\pm0.03^b$ | $2.27\pm0.14^b$ | $2.88\pm0.11^a$ | $2.318\pm0.026^a$ | $2.493\pm0.062^a$ | $2.003\pm0.061^b$ |
| | 120 | $2.70\pm0.06^a$ | $2.61\pm0.07^a$ | $2.25\pm0.20^a$ | $2.033\pm0.075^a$ | $2.138\pm0.030^a$ | $1.825\pm0.106^a$ |
| 叶2 | 65 | $2.94\pm0.02^a$ | $2.96\pm0.06^a$ | $2.96\pm0.04^a$ | $2.735\pm0.079^a$ | $2.765\pm0.079^a$ | $2.592\pm0.083^a$ |
| | 80 | $2.87\pm0.06^b$ | $3.22\pm0.06^a$ | $3.12\pm0.04^a$ | $2.631\pm0.046^a$ | $2.568\pm0.020^{ab}$ | $2.452\pm0.011^b$ |
| | 95 | $2.93\pm0.08^a$ | $2.74\pm0.07^{ab}$ | $2.51\pm0.09^b$ | $2.572\pm0.050^a$ | $2.463\pm0.027^a$ | $2.002\pm0.143^b$ |
| | 110 | $2.52\pm0.17^a$ | $2.58\pm0.10^a$ | $2.76\pm0.08^a$ | $2.112\pm0.027^a$ | $2.248\pm0.156^a$ | $1.870\pm0.058^a$ |

续表

| 叶位 | 叶龄/d | 叶绿素a/b值 | | | 总叶绿素含量/（mg/g） | | |
| --- | --- | --- | --- | --- | --- | --- | --- |
| | | CK | T1 | T2 | CK | T1 | T2 |
| 叶3 | 55 | 2.76±0.04ª | 2.62±0.06ª | 2.85±0.07ª | 2.874±0.046ª | 3.058±0.028ª | 2.950±0.117ª |
| | 70 | 2.59±0.03ª | 2.53±0.03ª | 2.65±0.04ª | 2.834±0.032ᵃᵇ | 3.016±0.010ª | 2.732±0.032ᵇ |
| | 85 | 2.29±0.03ᵇ | 2.85±0.10ª | 2.51±0.11ᵃᵇ | 2.335±0.014ᵇ | 2.971±0.035ª | 2.483±0.064ᵇ |
| | 100 | 2.54±0.11ª | 2.75±0.09ª | 2.75±0.11ª | 2.281±0.034ᵇ | 2.823±0.026ª | 1.875±0.025ᶜ |
| 叶4 | 45 | 2.95±0.11ᵇ | 2.86±0.03ᵇ | 3.27±0.04ª | 2.788±0.034ᵇ | 3.075±0.036ª | 2.835±0.012ᵃ |
| | 60 | 3.08±0.13ª | 2.89±0.04ª | 2.84±0.03ª | 2.804±0.022ᵇ | 3.105±0.013ª | 2.723±0.039ᵇ |
| | 75 | 2.93±0.08ª | 2.81±0.07ª | 2.92±0.08ª | 2.572±0.050ᵇ | 2.839±0.055ª | 2.417±0.035ᵇ |
| | 90 | 2.66±0.16ª | 2.61±0.07ª | 2.58±0.05ª | 2.399±0.034ª | 2.618±0.014ª | 2.101±0.096ᵇ |
| 叶5 | 35 | 2.53±0.22ª | 2.53±0.13ª | 2.86±0.13ª | 2.779±0.015ᵃᵇ | 2.896±0.091ª | 2.384±0.061ᵇ |
| | 50 | 2.95±0.11ᵃᵇ | 2.54±0.14ᵇ | 3.22±0.06ª | 2.788±0.034ᵇ | 2.977±0.047ª | 2.568±0.020ᶜ |
| | 65 | 2.52±0.10ª | 2.53±0.16ª | 2.68±0.05ª | 2.859±0.073ª | 2.925±0.025ª | 2.616±0.036ᵇ |
| | 80 | 2.53±0.22ª | 2.79±0.07ª | 2.58±0.13ª | 2.779±0.148ª | 2.515±0.021ª | 2.020±0.046ᵇ |

注：不同小写字母表示同一叶龄不同处理组间差异显著（$p<0.05$）。

由表27-6可知，CK处理组下叶1～5叶龄分别为90d、65d、55d、60d、50d后叶片类胡萝卜素含量逐渐下降。其中，T1处理组下叶1～5分别在叶龄为90d、65～80d、70～100d、45～60d、35d和T2处理组下叶1～4叶龄为105、80、70～85、45d时均显著高于CK（$p<0.05$）。后期，叶1～5（分别对应最后一组数据）时，相比CK，T1处理组下类胡萝卜素含量分别增加了0.71%、10.01%、36.33%、10.45%、27.19%；T2处理组下，叶2～5分别增加了10.53%、12.32%、8.59%、10.48%，叶1则降低了11.20%。结果表明，水分胁迫增加了赤霞珠葡萄各部位叶片类胡萝卜素含量，但处理后期叶1在T2下降低。

表27-6 水分胁迫对赤霞珠不同叶龄叶片类胡萝卜素含量的影响

| 叶位 | 叶龄/d | 类胡萝卜素含量/（mg/g） | | |
| --- | --- | --- | --- | --- |
| | | CK | T1 | T2 |
| 叶1 | 75 | 0.325±0.016ª | 0.371±0.026ª | 0.366±0.022ª |
| | 90 | 0.332±0.011ᵇ | 0.410±0.007ª | 0.371±0.010ᵃᵇ |
| | 105 | 0.257±0.007ᵇ | 0.277±0.019ᵇ | 0.484±0.013ª |
| | 120 | 0.280±0.006ª | 0.282±0.008ª | 0.246±0.012ª |

续表

| 叶位 | 叶龄/d | 类胡萝卜素含量/(mg/g) | | |
|---|---|---|---|---|
| | | CK | T1 | T2 |
| 叶2 | 65 | 0.433±0.014$^b$ | 0.515±0.010$^a$ | 0.453±0.006$^b$ |
| | 80 | 0.416±0.010$^c$ | 0.500±0.007$^a$ | 0.454±0.005$^b$ |
| | 95 | 0.415±0.013$^a$ | 0.403±0.006$^a$ | 0.493±0.037$^a$ |
| | 110 | 0.290±0.021$^a$ | 0.319±0.021$^a$ | 0.320±0.018$^a$ |
| 叶3 | 55 | 0.375±0.007$^a$ | 0.413±0.012$^a$ | 0.445±0.025$^a$ |
| | 70 | 0.359±0.004$^b$ | 0.392±0.005$^a$ | 0.381±0.014$^a$ |
| | 85 | 0.259±0.008$^c$ | 0.415±0.012$^a$ | 0.366±0.009$^b$ |
| | 100 | 0.288±0.007$^b$ | 0.392±0.017$^a$ | 0.323±0.012$^b$ |
| 叶4 | 45 | 0.438±0.022$^b$ | 0.528±0.008$^a$ | 0.521±0.009$^a$ |
| | 60 | 0.452±0.020$^b$ | 0.533±0.007$^a$ | 0.412±0.002$^b$ |
| | 75 | 0.415±0.013$^a$ | 0.455±0.004$^a$ | 0.438±0.009$^a$ |
| | 90 | 0.352±0.014$^a$ | 0.389±0.020$^a$ | 0.383±0.025$^a$ |
| 叶5 | 35 | 0.298±0.034$^b$ | 0.459±0.010$^a$ | 0.363±0.006$^b$ |
| | 50 | 0.438±0.022$^a$ | 0.469±0.014$^a$ | 0.500±0.007$^a$ |
| | 65 | 0.375±0.007$^a$ | 0.348±0.024$^a$ | 0.400±0.002$^a$ |
| | 80 | 0.298±0.000$^b$ | 0.379±0.019$^a$ | 0.329±0.006$^a$ |

注：不同小写字母表示同一叶龄不同处理组间差异显著（$p<0.05$）。

### （四）水分胁迫下葡萄叶片$P_n$与光合关键酶活性和光合色素的相关性分析

由表27-7相关分析可知，CK叶片$P_n$与RuBP活性、叶绿素a含量、总叶绿素含量和类胡萝卜素含量呈极显著正相关（$p<0.01$），$P_n$与FBPase活性、叶绿素b含量呈显著正相关（$p<0.05$）。水分胁迫处理并未改变RuBP活性、叶绿素a含量、总叶绿素含量三者的关系，但相关系数增加，类胡萝卜素含量在T1处理组下相关系数也增加，但在T2处理组下降低。表明随着水分胁迫的加剧，叶片RuBP活性、叶绿素a含量、叶绿素b含量、总叶绿素含量和类胡萝卜素含量的降低严重影响赤霞珠叶片的净光合速率。

表27-7 水分胁迫下赤霞珠葡萄叶片净光合速率（$P_n$）与光合关键酶和光合色素的相关性分析

| 处理组 | RuBP活性 | FBPase活性 | 叶绿素a含量 | 叶绿素b含量 | 总叶绿素含量 | 类胡萝卜素含量 |
|---|---|---|---|---|---|---|
| CK | 0.775** | 0.463* | 0.743** | 0.465* | 0.722** | 0.627** |
| T1 | 0.830** | 0.323 | 0.841** | 0.625** | 0.824** | 0.646** |
| T2 | 0.896** | 0.402 | 0.912** | 0.778** | 0.900** | 0.606** |

注：** 在0.01水平上极显著相关（$p<0.01$）；* 在0.05水平上显著相关。

## 五、水分胁迫对葡萄不同叶龄叶片保护酶活性的影响

### （一）水分胁迫对葡萄不同叶龄叶片超氧化物歧化酶（SOD）活性的影响

如图27-14所示，CK处理组下叶1~5叶龄分别为90d、110d、100d、90d、65d时的SOD活性最大。水分胁迫处理后，各部位叶片SOD活性随着水分胁迫程度的增加而增加，其中，T1处理组下叶2~5（分别对应叶龄80~95d、70~85d、60d、50d）和T2处理组下叶1~5（分别对应叶龄75~105d、65~95d、55~100d、60~90d、50d和80d）均显著高于CK（$p<0.05$），分别较CK增加了43.88%~62.05%、60.24%~98.40%、128.38%、68.90%和39.18%~43.76%~72.63%、49.94%~97.22%~55.55%、60.82%~139.29%~161.10%~92.24%、144.09%~43.61%~81.61%、224.83%和68.28%。随着处理的进行，在叶1叶龄为120d时，表现为：CK>T2>T1，说明随着叶龄的增大，水分胁迫的加剧，新梢基部老叶衰老加快，SOD活性逐渐降低。

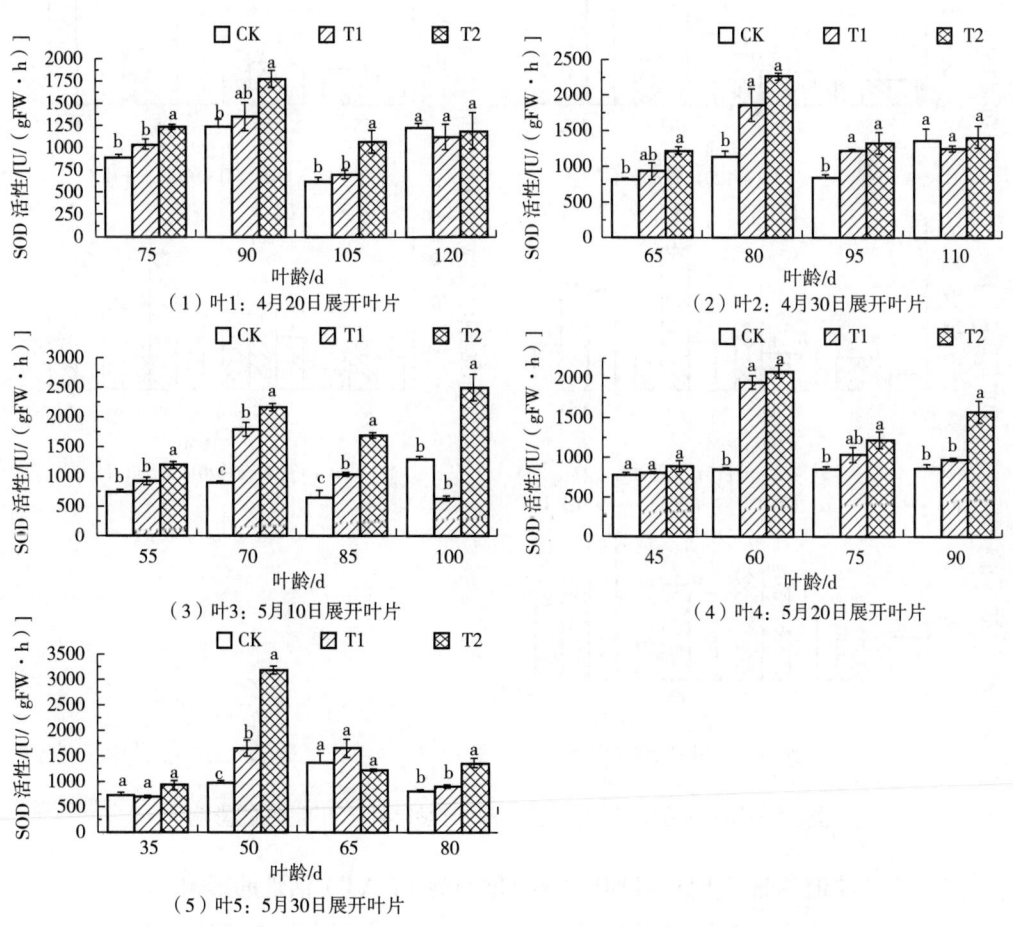

图27-14 水分胁迫对赤霞珠不同叶龄叶片SOD活性的影响

## (二) 水分胁迫对葡萄不同叶龄叶片过氧化物酶 (POD) 活性的影响

如图27-15所示，随着叶龄的增大，CK处理组下叶1~5的POD活性逐渐增加，在叶龄分别为120d、110d、100d、90d、80d时最大。处理前期POD活性增加较缓慢，在T1处理组下叶1~5叶龄分别为105d、95d、85~100d、60~75d和T2处理组下90d、80d、55~70d、45~60d、50d期间均显著高于CK（$p<0.05$），并分别较CK增加了86.27%、36.63%、8.03%~188.37%、58.45%~65.87%和55.58%、31.24%、52.78%~59.97%、14.58%~53.02%、56.57%。随着水分胁迫程度的加剧，T2处理组下叶1~5在叶龄为105~120d、95~110d、100d、90d、65~80d时均显著低于CK（$p<0.05$），分别下降了35.14%~71.12%、51.82%~70.76%、52.65%、59.66%、48.92%~56.47%。说明T2后期显著降低了各时期叶片POD活性，且叶1、2下降幅度较大。

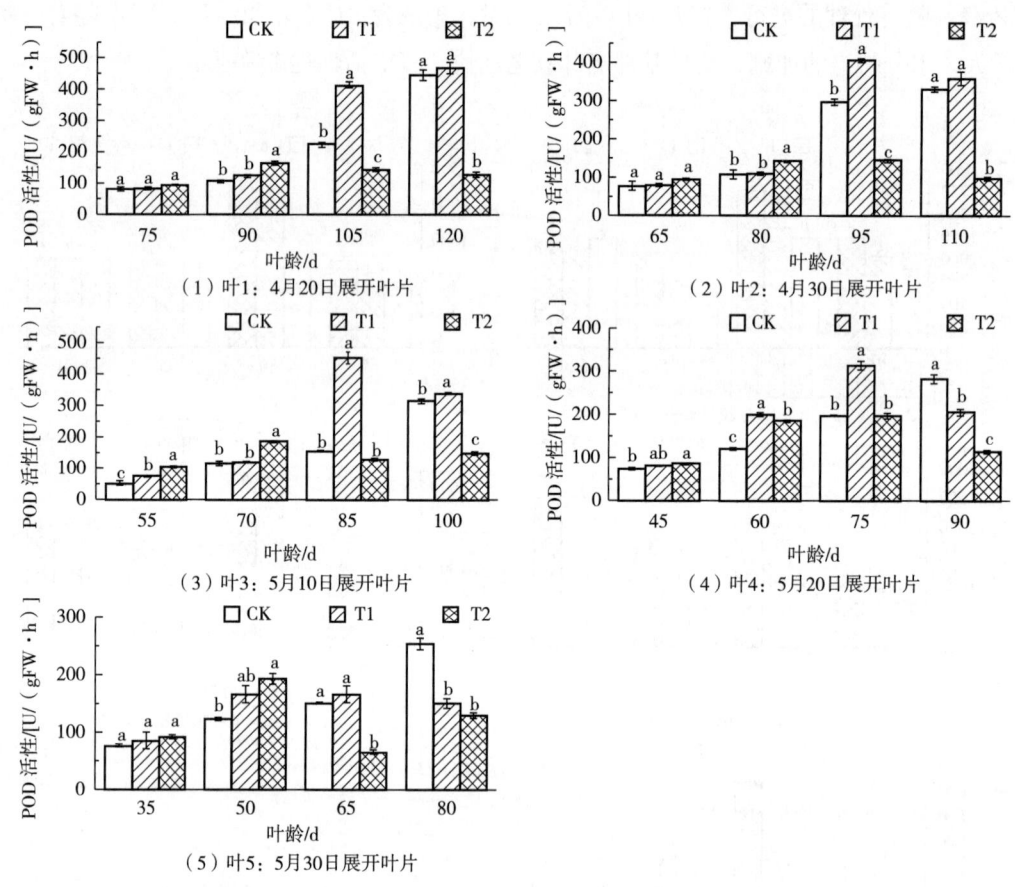

图27-15 水分胁迫对赤霞珠不同叶龄叶片POD活性的影响

## (三) 水分胁迫对葡萄不同叶龄叶片过氧化物酶 (CAT) 活性的影响

如图27-16所示，叶1~5叶龄分别为90d、80d、70d、60d、35d时CK组CAT活性最大。水分胁迫下各部位叶片CAT活性均有不同程度增加。相比CK，T1处理组下叶1、3、5分别在叶龄为90d、85~100d、50d与T2处理组下叶1~5分别在叶龄为75~105d、65~95d、55d和85~100d、45d和75d、35~65d均显著高于CK（$p<0.05$），分别增加了33.27%、132.72%~202.69%、236.61%与109.38%、77.77%、403.06%、40.93%~61.61%~486.81%、67.93%和632.27%~498.62%、85.56%和238.85%、29.35%~236.61%~289.24%。但随着处理的进行，叶1、2、4、5分别在叶龄为120d、110d、90d、80d时各处理组间差异无显著水平（$p<0.05$），仅叶3叶片CAT活性表现为T2＞T1＞CK（55~100d），且差异显著，说明随着水分胁迫的持续进行，赤霞珠葡萄新梢下部和上部叶片CAT活性逐渐降低，且叶3的活性较稳定。

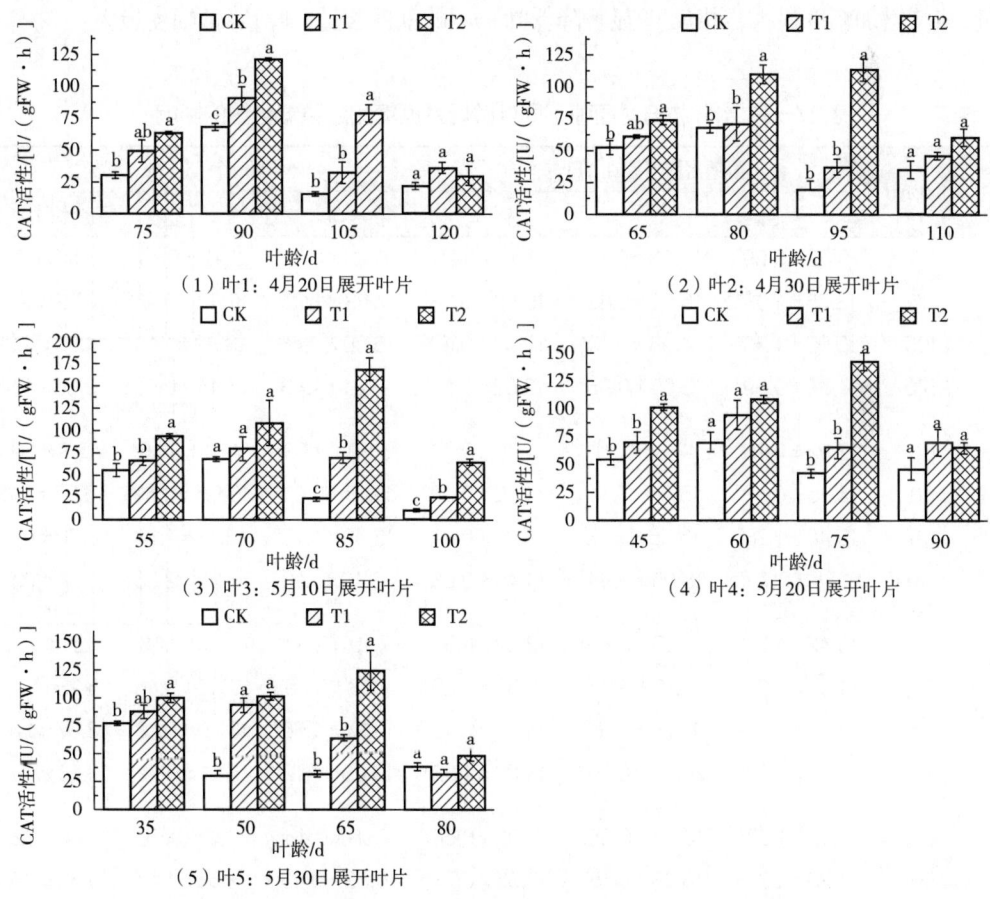

图27-16 水分胁迫对赤霞珠不同叶龄叶片CAT活性的影响

## 六、水分胁迫对葡萄不同叶龄叶片糖含量的影响

### （一）水分胁迫对葡萄不同叶龄叶片蔗糖和还原糖含量的影响

由表27-8可知，随着叶龄的增大，CK处理组下叶1、2蔗糖含量缓慢增加，叶龄分别

为105d和95d后开始下降，叶3~5的蔗糖含量一直呈缓慢增加的趋势。CK处理组叶1~5分别在叶龄为105d、95d、100d、90d、80d时蔗糖含量最大，其含量分别为15.02、15.48、15.18、18.32、16.12mg/g DW。相比CK，T1处理组下叶1蔗糖含量降低了0.27%（105d），叶2~5分别增加了1.74%（95d）、34.72%（100d）、0.16%（90d）、2.23%（80d）；T2处理组下叶1~5则相比CK分别降低了29.96%、15.05%、2.37%、25.66%、13.46%（对应天数同T1）。在T1处理组下叶1、3、5叶龄分别为75d、100d、35d时显著高于CK（$p<0.05$），分别增加了26.43%、34.72%、35.19%（蔗糖含量）；而在T2处理组下叶1、4、5在叶龄分别为105d、90d、50d时均显著低于CK（$p<0.05$）。说明T1可增加赤霞珠葡萄叶2~5的蔗糖含量，叶3增加幅度最大，相反T2显著降低叶1~5的蔗糖含量，叶1降低幅度最大。

表27-8 水分胁迫对葡萄不同叶龄叶片蔗糖和还原糖含量的影响

| 叶位 | 叶龄/d | 蔗糖含量/(mg/g DW) | | | 还原糖含量/(mg/g DW) | | |
|---|---|---|---|---|---|---|---|
| | | CK | T1 | T2 | CK | T1 | T2 |
| 叶1 | 75 | 10.82±0.99$^b$ | 13.68±0.18$^a$ | 12.42±0.29$^{ab}$ | 5.93±1.61$^a$ | 3.72±0.13$^a$ | 5.14±1.58$^a$ |
| | 90 | 13.25±1.03$^a$ | 16.52±0.83$^a$ | 15.68±0.33$^a$ | 7.98±1.12$^b$ | 10.82±0.46$^b$ | 17.92±0.34$^a$ |
| | 105 | 15.02±1.20$^a$ | 14.98±0.19$^a$ | 10.52±0.50$^b$ | 16.50±0.46$^a$ | 13.82±1.16$^a$ | 14.76±1.39$^a$ |
| | 120 | 14.62±0.59$^a$ | 15.05±0.85$^a$ | 12.62±0.12$^a$ | 16.81±1.49$^a$ | 17.44±0.56$^a$ | 19.65±1.86$^a$ |
| 叶2 | 65 | 12.92±0.76$^a$ | 13.3±0.21$^a$ | 11.75±0.42$^a$ | 6.09±0.68$^a$ | 4.51±0.46$^a$ | 4.83±1.24$^a$ |
| | 80 | 14.85±0.80$^a$ | 15.85±1.14$^a$ | 14.62±0.29$^a$ | 11.13±0.56$^b$ | 10.98±0.59$^b$ | 16.65±1.18$^a$ |
| | 95 | 15.48±1.28$^a$ | 15.75±1.15$^a$ | 13.15±0.21$^a$ | 12.55±1.49$^a$ | 13.18±1.14$^a$ | 14.60±0.84$^a$ |
| | 110 | 14.75±0.70$^{ab}$ | 18.05±0.94$^a$ | 14.45±0.68$^a$ | 12.40±1.18$^a$ | 16.02±2.00$^a$ | 16.34±0.84$^a$ |
| 叶3 | 55 | 13.42±1.37$^a$ | 16.38±0.85$^a$ | 12.82±0.33$^a$ | 7.19±0.00$^a$ | 6.40±0.68$^a$ | 7.51±1.70$^a$ |
| | 70 | 14.05±0.25$^a$ | 13.18±0.28$^a$ | 13.32±0.20$^a$ | 9.08±0.45$^b$ | 10.82±0.46$^b$ | 15.23±0.45$^a$ |
| | 85 | 14.38±1.43$^a$ | 11.75±1.16$^a$ | 14.15±0.43$^a$ | 13.34±1.56$^a$ | 13.50±0.13$^a$ | 13.97±1.49$^a$ |
| | 100 | 15.18±0.73$^b$ | 20.45±0.90$^a$ | 14.82±1.02$^a$ | 13.03±1.12$^a$ | 16.81±0.72$^a$ | 19.18±0.72$^a$ |
| 叶4 | 45 | 13.15±1.30$^a$ | 14.58±0.55$^a$ | 12.02±0.50$^a$ | 7.98±0.46$^a$ | 7.03±0.52$^a$ | 8.14±0.22$^a$ |
| | 60 | 14.28±1.29$^a$ | 13.38±0.15$^a$ | 13.55±0.74$^a$ | 10.82±0.46$^b$ | 12.55±1.13$^b$ | 15.55±0.64$^a$ |
| | 75 | 16.08±0.59$^a$ | 15.98±0.07$^a$ | 16.22±0.03$^a$ | 13.50±0.78$^a$ | 14.92±0.52$^a$ | 15.23±1.02$^a$ |
| | 90 | 18.32±2.16$^a$ | 18.35±0.29$^a$ | 13.62±1.27$^b$ | 13.50±1.34$^a$ | 16.02±1.61$^a$ | 18.39±1.01$^a$ |
| 叶5 | 35 | 12.22±0.40$^b$ | 16.52±1.27$^a$ | 13.25±0.29$^b$ | 7.19±0.00$^a$ | 8.93±0.34$^a$ | 9.56±0.45$^a$ |
| | 50 | 16.02±0.45$^a$ | 15.02±0.75$^{ab}$ | 13.08±0.59$^b$ | 11.92±1.18$^a$ | 11.29±1.14$^a$ | 11.13±0.90$^a$ |
| | 65 | 15.75±1.15$^a$ | 15.82±0.19$^a$ | 14.08±0.71$^a$ | 13.18±1.34$^a$ | 13.82±1.56$^a$ | 14.13±1.34$^a$ |
| | 80 | 16.12±0.24$^{ab}$ | 16.48±0.88$^a$ | 13.95±0.12$^b$ | 14.60±2.01$^a$ | 15.39±2.38$^a$ | 17.28±1.61$^a$ |

注：不同小写字母表示同一叶龄不同处理组间存在显著差异（$p<0.05$）；FW表示鲜重；DW表示干重。

由表27-8可知，CK处理组下叶1~5在叶龄分别为120d、95d、85d、75d、80d时还原糖含量达最大值，其含量分别为16.81、12.55、13.34、13.50、14.60mg/g DW。相比CK，T1和T2处理组下分别增加了3.75%、5.02%、1.20%、10.52%、5.41%（对应120d、95d、85d、75d、80d）和16.89%、16.33%、4.72%、18%、18.36%（对应120d、95d、85d、75d、80d）。在T1处理组下叶3、5叶龄分别为70d和100d、35d时，T2处理组下叶1~5叶龄分别为90d、80d、70d和100d、60d、35d时均显著高于CK（$p<0.05$）。说明水分胁迫可提高赤霞珠葡萄各部位叶片还原糖含量，且随着水分胁迫程度加剧增加越明显，其中叶4、5增加幅度较大。

### （二）水分胁迫对葡萄不同叶龄叶片淀粉含量和可溶性总糖含量的影响

由表27-9可知，CK处理组下叶1~5叶龄分别为105d、110d、85d、90d、80d时达最大值，其含量分别为9.41、8.98、9.53、8.69、9.18mg/g DW。与CK相比，T1和T2处理组分别降低了14.67%、1.56%、9.13%、2.42%、3.38%（天数对应为105d、110d、85d、90d、80d）和22.00%、5.23%、13.22%、3.45%、4.36%（天数对应为105d、110d、85d、90d、80d）。其中，在T1处理组下叶1、3叶龄分别为105d、55d和T2处理组下叶1、3、5叶龄分别为105d、85~100d、35d时均显著低于CK（$p<0.05$）。说明随着水分胁迫程度的加剧，赤霞珠葡萄叶片淀粉含量显著降低，叶1下降幅度较大。

由表27-9可知，CK处理组下叶1在叶龄75~105d期间叶片可溶性总糖含量增加，之后随着叶龄的增大而降低，叶2~5在叶龄分别为65~80d、55~70d、45~60d、35~65d期间叶片总糖含量逐渐下降，之后随着叶龄的增大而增加。在CK处理组下叶1~5叶龄分别为105d、65d、100d、90d、80d时叶片总糖含量达最大值，其含量分别为34.61、27.19、28.36、29.61、28.94mg/g DW。相比CK，T1和T2处理组下叶1、2（对应105d、65d）分别降低了24.07%、16.84%和30.05%、9.78%；叶3、5（对应100d、80d）则分别增加了12.34%、21.04%和8.53%、14.69%；叶4（对应90d）在T1处理组下增加了9.56%，T2处理组下下降了9.86%。T1处理组下叶3、5叶龄为85、80d和T2处理组下叶4叶龄为60d时均显著高于CK（$p<0.05$）。说明水分胁迫处理可提高赤霞珠葡萄不同叶龄叶片可溶性总糖含量，但随着水分胁迫程度的加剧，叶1和T2叶4叶片可溶性总糖含量显著降低。

表27-9 水分胁迫对葡萄不同叶龄叶片淀粉和可溶性总糖含量的影响

| 叶位 | 叶龄/d | 淀粉含量/（mg/g DW） | | | 可溶性总糖含量/（mg/g DW） | | |
| --- | --- | --- | --- | --- | --- | --- | --- |
| | | CK | T1 | T2 | CK | T1 | T2 |
| 叶1 | 75 | $8.07\pm0.14^a$ | $7.95\pm0.03^a$ | $8.02\pm0.10^a$ | $20.11\pm1.87^a$ | $23.61\pm2.33^a$ | $23.28\pm3.14^a$ |
| | 90 | $8.27\pm0.33^a$ | $8.49\pm0.16^a$ | $8.93\pm0.01^a$ | $23.78\pm0.24^b$ | $28.86\pm1.27^a$ | $31.69\pm0.58^a$ |
| | 105 | $9.41\pm0.10^a$ | $8.03\pm0.41^b$ | $7.34\pm0.05^b$ | $34.61\pm0.48^a$ | $26.28\pm1.66^b$ | $24.61\pm1.40^b$ |
| | 120 | $8.80\pm0.14^a$ | $8.48\pm0.33^a$ | $8.39\pm0.21^a$ | $32.69\pm2.87^a$ | $26.44\pm1.38^a$ | $30.86\pm1.29^a$ |

续表

| 叶位 | 叶龄/d | 淀粉含量/(mg/g DW) | | | 可溶性总糖含量/(mg/g DW) | | |
| --- | --- | --- | --- | --- | --- | --- | --- |
| | | CK | T1 | T2 | CK | T1 | T2 |
| 叶2 | 65 | 7.99±0.02$^a$ | 8.21±0.07$^a$ | 8.24±0.15$^a$ | 27.19±0.88$^a$ | 22.61±0.38$^a$ | 24.53±1.62$^a$ |
| | 80 | 7.58±0.25$^a$ | 8.21±0.21$^a$ | 8.21±0.10$^a$ | 22.69±1.16$^a$ | 23.19±1.47$^b$ | 30.03±1.08$^a$ |
| | 95 | 8.89±0.55$^a$ | 8.56±0.47$^a$ | 8.12±0.211$^a$ | 25.11±1.19$^a$ | 27.03±031$^b$ | 27.53±2.46$^{ab}$ |
| | 110 | 8.98±0.08$^a$ | 8.84±0.22$^a$ | 8.51±0.07$^a$ | 26.44±1.71$^a$ | 30.19±1.89$^a$ | 27.86±0.75$^a$ |
| 叶3 | 55 | 8.66±0.13$^a$ | 8.19±0.03$^b$ | 8.35±0.02$^{ab}$ | 23.11±1.06$^a$ | 23.61±1.03$^a$ | 24.53±1.34$^a$ |
| | 70 | 7.81±0.07$^a$ | 7.70±0.24$^a$ | 7.62±0.09$^a$ | 20.28±0.54$^b$ | 22.03±0.31$^b$ | 28.61±0.67$^a$ |
| | 85 | 9.53±0.16$^a$ | 8.66±0.26$^{ab}$ | 8.27±0.38$^b$ | 22.44±0.80$^c$ | 34.28±0.96$^a$ | 25.28±1.83$^b$ |
| | 100 | 8.72±0.02$^a$ | 8.92±0.09$^a$ | 7.64±0.22$^b$ | 28.36±1.61$^a$ | 31.86±1.60$^a$ | 30.78±0.24$^a$ |
| 叶4 | 45 | 8.53±0.01$^a$ | 8.24±0.19$^a$ | 8.51±0.17$^a$ | 28.94±1.18$^a$ | 25.94±1.83$^{ab}$ | 22.28±1.24$^b$ |
| | 60 | 7.86±0.24$^a$ | 7.50±0.25$^a$ | 7.80±0.28$^a$ | 21.19±0.18$^b$ | 21.86±1.02$^b$ | 31.86±0.45$^a$ |
| | 75 | 8.37±0.48$^a$ | 8.67±0.18$^a$ | 8.05±0.45$^a$ | 24.28±0.51$^a$ | 26.36±2.41$^a$ | 18.28±0.42$^b$ |
| | 90 | 8.69±0.21$^a$ | 8.48±0.33$^a$ | 8.39±0.21$^a$ | 29.61±1.19$^a$ | 32.44±1.73$^a$ | 26.69±1.85$^a$ |
| 叶5 | 35 | 8.53±0.01$^{ab}$ | 8.66±0.13$^a$ | 8.07±0.14$^b$ | 25.94±1.83$^a$ | 23.61±1.03$^a$ | 28.86±1.68$^a$ |
| | 50 | 8.24±0.12$^a$ | 7.66±0.28$^a$ | 7.81±0.40$^a$ | 24.28±0.82$^a$ | 24.86±0.88$^a$ | 25.11±0.48$^a$ |
| | 65 | 8.94±0.57$^a$ | 8.78±0.64$^a$ | 8.96±0.38$^a$ | 22.44±2.34$^a$ | 26.61±1.91$^a$ | 27.86±0.87$^a$ |
| | 80 | 9.18±0.12$^a$ | 8.87±0.09$^a$ | 8.78±0.17$^a$ | 28.94±1.71$^b$ | 35.03±0.96$^a$ | 33.19±1.14$^{ab}$ |

注：不同小写字母表示同一叶龄不同处理组间差异显著（$p<0.05$）。

## 七、水分胁迫对葡萄不同叶龄叶片蔗糖代谢相关酶活性的影响

### （一）水分胁迫对葡萄不同叶龄叶片蔗糖磷酸合成酶（SPS）活性的影响

如图27-17所示，CK处理组下叶1~5分别在叶龄75d、95d、70d、60d、65d的SPS活性达最大，之后随着叶龄的增大逐渐降低。T1和T2处理组下叶1在叶龄为75~90d时显著低于CK（$p<0.05$），之后随着叶龄的增大，仍低于CK，但无显著性差异。T1处理组下叶2~5与CK差异不显著，且叶3、4分别在叶龄为70d和100d、90d时较CK有所增加；T2处理组下叶2~5 SPS活性在叶龄分别为80~110d、55~70d和100d、90d、80d时均显著低于CK（$p<0.05$），说明水分胁迫下赤霞珠葡萄不同叶龄叶片SPS活性显著下降，

且随着水分胁迫程度的加剧，下降越明显；此外，T1后期能够提高叶3、4叶片SPS活性。

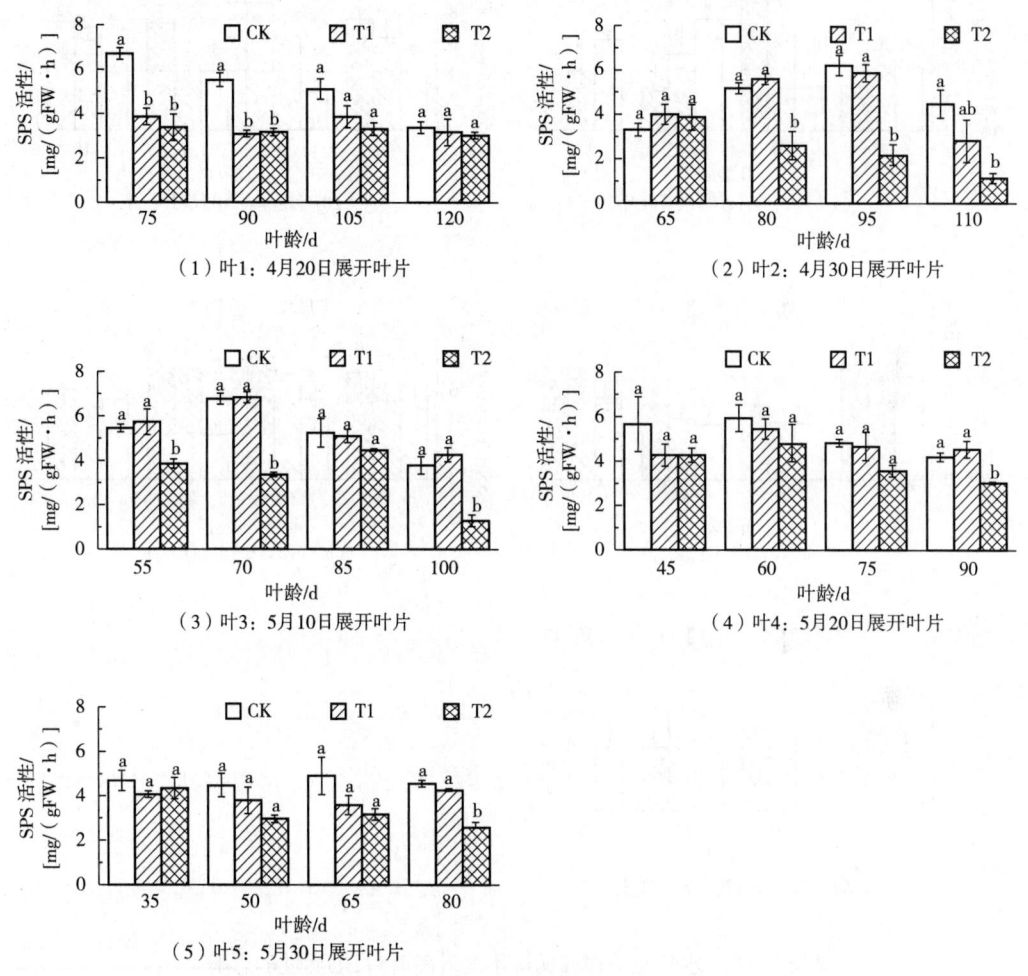

图27-17　水分胁迫对赤霞珠不同叶龄叶片SPS活性的影响

**（二）水分胁迫对葡萄不同叶龄叶片蔗糖合成酶（SS）活性的影响**

如图27-18所示，CK处理组下叶1~5叶龄对应105d、110d、55d、45d、50d时SS活性最大，随着叶龄的增大，叶1、2、5持续下降，叶3、4逐渐下降分别至叶龄100d和90d时有所增加。水分胁迫处理下赤霞珠葡萄各部位叶片SS活性有不同程度增加，其中，T1处理组下叶1、2、4、5对应叶龄为90d、80d、60~75d、80d和T2处理组下叶1、2、4对应叶龄为90d、80~95d、60~75d时均显著高于CK（$p<0.05$）。此外，T1和T2处理组下叶1叶龄为105~120d时叶片SS活性显著降低，且叶龄为105d时与CK差异达显著水平（$p<0.05$），说明水分胁迫对赤霞珠葡萄叶片SS活性有增加趋势，但随着胁迫程度的加剧，叶1、5叶片SS活性总体趋势明显降低。

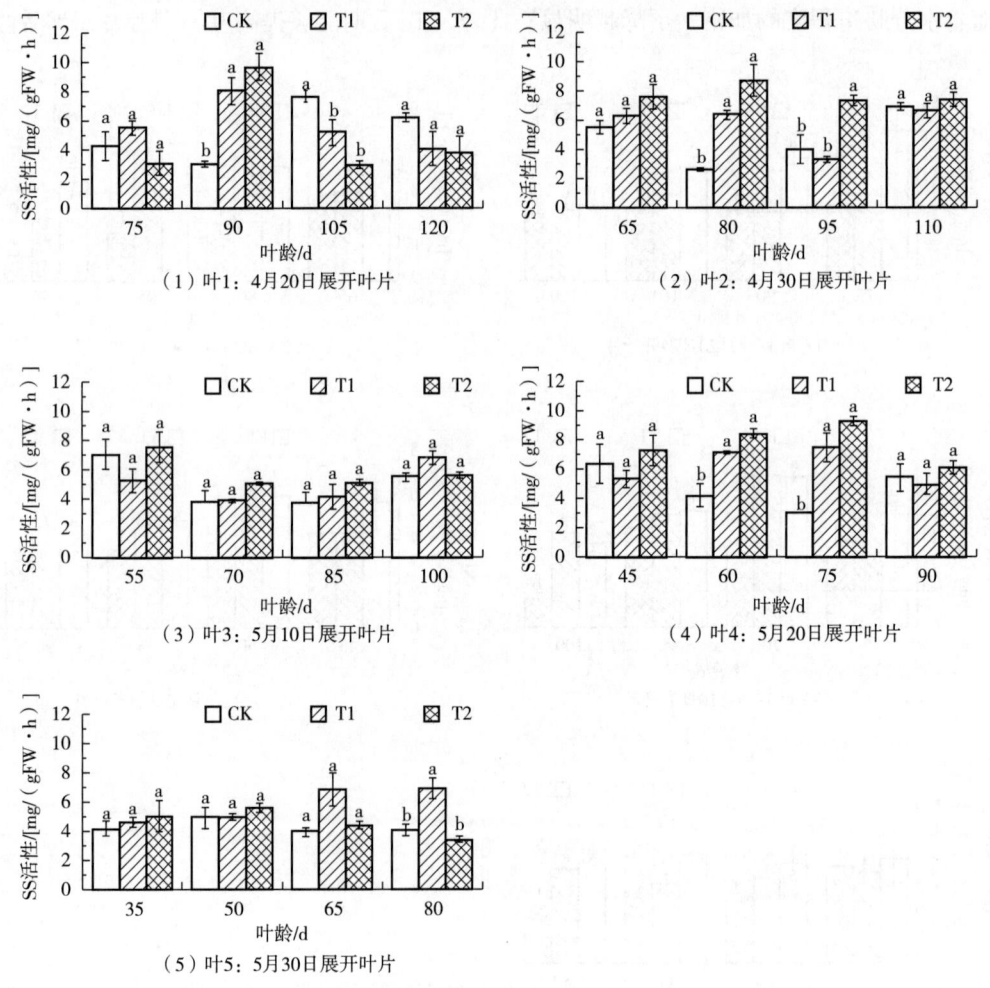

图27-18 水分胁迫对赤霞珠不同叶龄叶片SS活性的影响

### （三）水分胁迫对葡萄不同叶龄叶片酸性转化酶（AI）活性的影响

如图27-19所示，CK处理组下叶1~4叶片AI活性在叶龄分别为90~105d、80~95d、55~70d、60~75d迅速升高，之后随着叶龄的增大而显著降低，叶5叶龄为35~50d AI活性缓慢下降，后随着叶龄的增大而增大，叶龄80d时最大。水分胁迫处理前期赤霞珠各部位叶片AI活性均有不同程度增加。T1和T2处理组下叶1、2、4、5分别在叶龄为75~90d、80d、60d、50d时均显著高于CK（$p<0.05$）。T1处理组下仅叶3~5分别在叶龄为85~100d、90d、65d时仍高于CK。叶1、2、4分别在叶龄为105~120d、95d、75d时显著低于CK（$p<0.05$）。T2处理组下叶片AI活性均处于较高水平，叶1~5（对应叶龄120d、110d、100d、90d、80d）高于CK，且叶1、3、4、5与CK差异达显著水平（$p<0.05$）。说明水分胁迫处理下葡萄不同叶龄叶片AI活性呈升高趋势，且随着水分胁迫程度的加剧，升高越明显，此外，T1下还可降低AI活性。

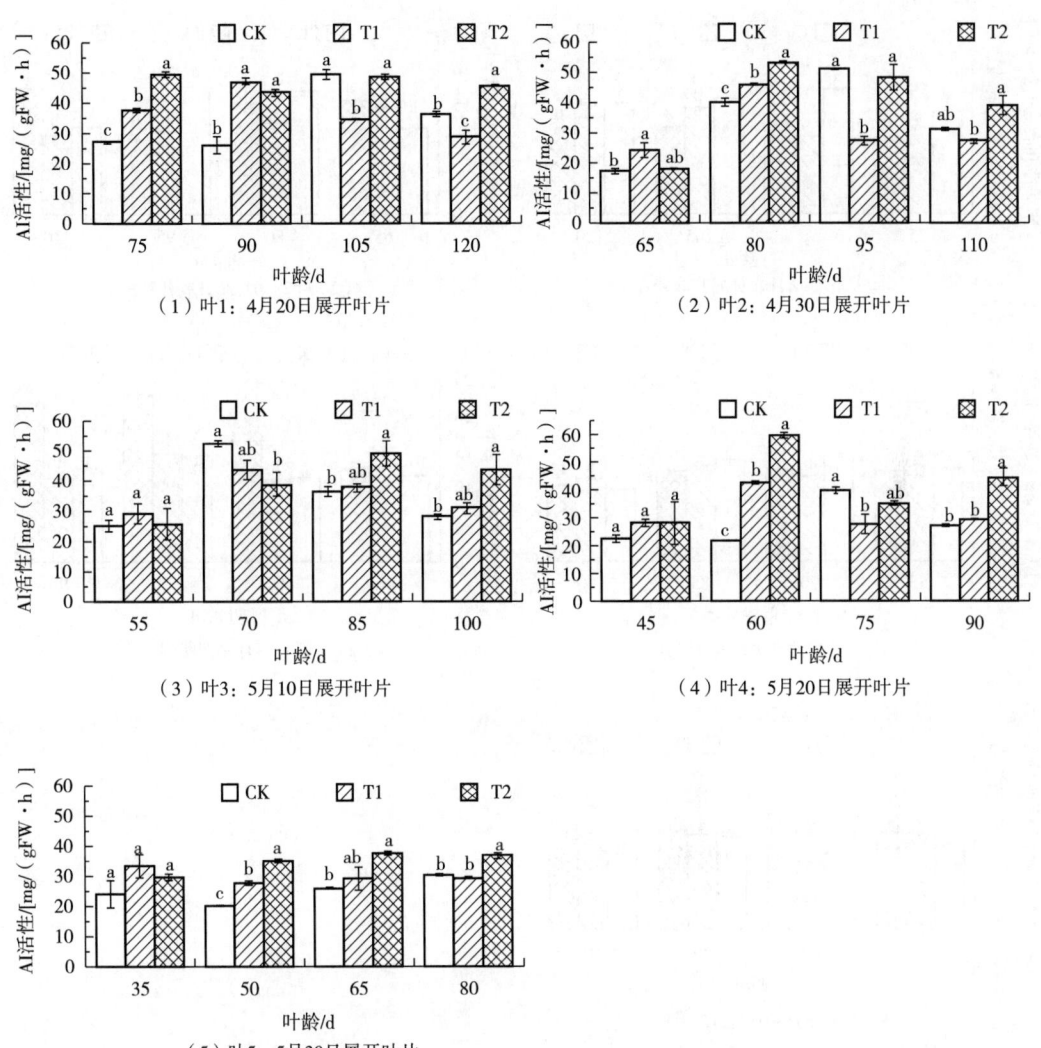

图27-19 水分胁迫对赤霞珠不同叶龄叶片AI活性的影响

### (四) 水分胁迫对葡萄不同叶龄叶片中性转化酶 (NI) 活性的影响

如图27-20所示, CK处理组下, 叶1~5分别在叶龄75~90d、65~95d、55~70d、60~75d、35~50d时叶片NI活性逐渐增加, 之后随着叶龄的增大而逐渐下降。水分胁迫处理对各部位叶片NI活性影响不同。叶1的NI活性在水分胁迫下显著降低, 叶2~5表现不同, 其中, T1处理组下叶2~5叶龄分别为65d、100d、45d、35d和80d及T2处理组下叶2~5叶龄分别为110d、100d、45~90d、35~50d和80d时均显著高于CK ($p<0.05$)。相反, T1处理组下叶1~3叶龄分别为90~105d、95d、70d和T2处理组下叶1、2叶龄分别为90~105d、95d时均显著低于CK ($p<0.05$)。说明水分胁迫下除叶1外, 叶2~5叶片NI活性总体表现为增加趋势, 但T1后期可在一定程度上降低叶2、4 NI活性。

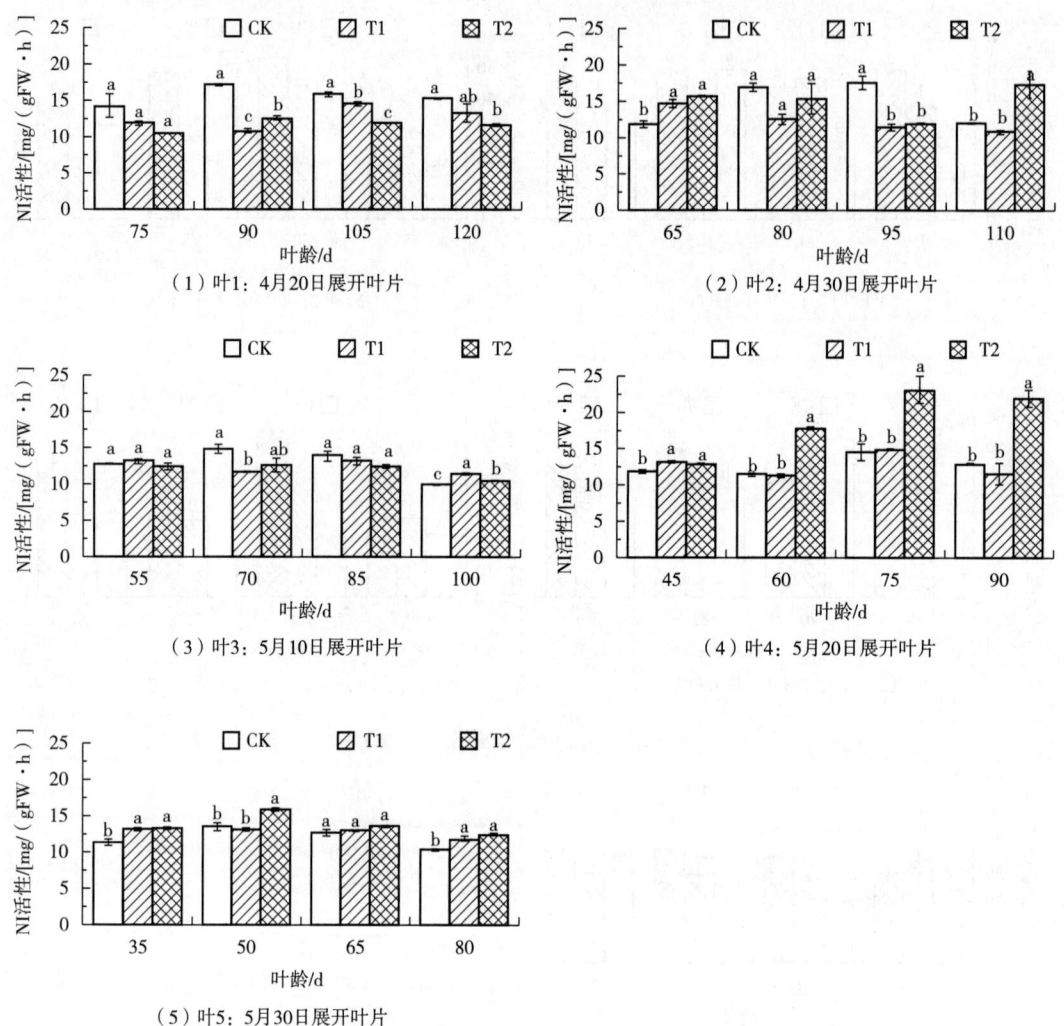

图27-20 水分胁迫对葡萄不同叶龄叶片NI活性的影响

### （五）叶片糖含量与蔗糖合成酶活性相关性分析

对葡萄叶片糖含量与蔗糖相关酶活性相关性分析可知（表27-10），在CK处理组下，蔗糖含量与还原糖含量、SPS活性呈正相关，与淀粉含量、可溶性总糖含量、SS活性、AI活性和NI活性呈负相关；还原糖含量与淀粉含量、可溶性总糖含量、SPS活性和AI活性呈正相关，与SS活性和NI活性呈负相关；淀粉含量与可溶性总糖含量、SPS活性和NI活性呈正相关，与SS活性和AI活性呈负相关，且淀粉含量与SS活性之间（$r=-0.817^*$）达显著相关；可溶性总糖含量与SPS活性和NI活性呈正相关，与SS活性和AI活性呈负相关，SPS活性与NI活性这两者呈极显著负相关（$r=-0.900^{**}$）。

T1处理组下（表27-11），蔗糖含量与还原糖含量、淀粉含量、可溶性总糖含量、SPS活性和NI活性呈正相关，与SS活性和AI活性呈负相关；还原糖含量与淀粉含量、可溶性总糖含量、SS活性、AI活性和NI活性呈正相关，与SPS活性呈负相关，且与AI活性之间（$r=0.686^*$）达显著水平；淀粉含量与可溶性总糖含量、SPS活性、SS活性、AI活性和NI活性均呈正相关；可溶性总糖含量与SS活性、AI活性和NI活性呈正相关，与SPS活性呈负相关，且与SS活性之间（$r=0.799^{**}$）达极显著水平；AI活性与NI活性之间呈极显著正相关（$r=0.848^{**}$）。

表27-10　CK处理组下葡萄叶片糖含量与蔗糖合成相关酶活性相关性分析

|  | 还原糖含量 | 淀粉含量 | 可溶性总糖含量 | SPS活性 | SS活性 | AI活性 | NI活性 |
| --- | --- | --- | --- | --- | --- | --- | --- |
| 蔗糖含量 |  |  |  |  |  |  |  |
| 还原糖含量 | 1 |  |  |  |  |  |  |
| 淀粉含量 | 0.017 | 1 |  |  |  |  |  |
| 可溶性总糖含量 | 0.431 | 0.725 | 1 |  |  |  |  |
| SPS活性 | 0.495 | 0.109 | 0.061 | 1 |  |  |  |
| SS活性 | -0.384 | -0.817* | -0.757* | -0.182 | 1 |  |  |
| AI活性 | 0.54 | -0.377 | -0.058 | 0.47 | 0.416 | 1 |  |
| NI活性 | -0.442 | 0.163 | 0.084 | -0.900** | 0.068 | -0.388 | 1 |

注：**表示在0.01水平（双侧）上显著相关；*表示在0.05水平（双侧）上显著相关，余同。

表27-11　T1处理组下葡萄叶片糖含量与蔗糖合成相关酶活性相关性分析

|  | 还原糖含量 | 淀粉含量 | 可溶性总糖含量 | SPS活性 | SS活性 | AI活性 | NI活性 |
| --- | --- | --- | --- | --- | --- | --- | --- |
| 蔗糖含量 |  |  |  |  |  |  |  |
| 还原糖含量 | 1 |  |  |  |  |  |  |
| 淀粉含量 | 0.645 | 1 |  |  |  |  |  |
| 可溶性总糖含量 | 0.534 | 0.477 | 1 |  |  |  |  |
| SPS活性 | -0.044 | 0.037 | -0.515 | 1 |  |  |  |
| SS活性 | 0.167 | 0.338 | 0.799** | -0.301 | 1 |  |  |
| AI活性 | 0.686* | 0.475 | 0.29 | 0.312 | -0.012 | 1 |  |
| NI活性 | 0.373 | 0.059 | 0.113 | 0.196 | -0.074 | 0.848** | 1 |

T2处理组下（表27-12），蔗糖含量与还原糖含量、淀粉含量、可溶性总糖含量、SS

活性、AI活性和NI活性呈正相关,与SPS活性呈负相关;还原糖含量与可溶性总糖含量、AI活性呈正相关,与淀粉含量、SPS活性、SS活性和NI活性呈负相关,且与AI活性之间($r=0.973^{**}$)达极显著水平;淀粉含量与可溶性总糖含量、AI活性呈负相关,与SPS活性、SS活性和NI活性呈正相关;可溶性糖含量与SPS活性呈负相关,与SS活性、AI活性和NI活性呈正相关,且与AI活性之间($r=0.764^{*}$)达显著水平。

表27-12　T2处理组下葡萄叶片糖含量与蔗糖合成相关酶活性相关性分析

|  | 还原糖含量 | 淀粉含量 | 可溶性总糖含量 | SPS活性 | SS活性 | AI活性 | NI活性 |
|---|---|---|---|---|---|---|---|
| 蔗糖含量 |  |  |  |  |  |  |  |
| 还原糖含量 | 1 |  |  |  |  |  |  |
| 淀粉含量 | -0.465 | 1 |  |  |  |  |  |
| 可溶性总糖含量 | 0.677 | -0.249 | 1 |  |  |  |  |
| SPS活性 | -0.295 | 0.086 | -0.112 | 1 |  |  |  |
| SS活性 | -0.098 | 0.562 | 0.526 | -0.037 | 1 |  |  |
| AI活性 | 0.973** | -0.491 | 0.764* | -0.119 | -0.04 | 1 |  |
| NI活性 | -0.037 | 0.013 | 0.653 | 0.375 | 0.688 | 0.122 | 1 |

## 第三节　讨论

### 一、水分胁迫对葡萄水分状况与对不同叶龄叶片叶面积的影响

黎明前叶片水势可以更加直观地表现植株当前的水分亏缺状况。WSD是植物组织达到充分饱和所需的水量占总饱和水量的百分比,是检测植物水分状况的重要指标之一。植物水分亏缺越小,说明其受水分胁迫的程度越小,反之则越大。本试验结果表明,随着水分胁迫的持续,土壤含水量逐渐下降,叶片的WSD逐渐升高,处理第15d后,T2下叶片WSD显著高于CK,说明短期的重度水分胁迫可导致叶片水分亏缺程度显著增大。同时,随着水分胁迫程度的加剧,叶片温度升高,湿度下降,在植株遭受水分胁迫的同时,也会带来高温胁迫的影响。葡萄植株的茎长和叶面积的减少是对水分胁迫的明显反应之一,这样可以减少蒸腾作用,从而减少水分的损失。较慢的生长速度可以使植物将同化物转化为保护作用分子,以抵抗水分胁迫或维持根系生长和提高水分的吸收。本研究中,T1下葡萄植株各部位叶片和T2下基部和下部叶片无显著受影响,说明新梢下部(叶1、2)叶片

在叶龄50~60d已停止发育，叶面积不再增加，水分胁迫不会对其造成影响，而中上部叶片（叶3~5）正处于发育期，T2显著降低了叶面积。

## 二、水分胁迫对葡萄不同叶龄叶片光合参数与SPAD值的影响

光合作用是植物利用太阳辐射能，将吸收的二氧化碳和水转化成碳水化合物的过程。本研究发现，叶1~5在分别对应叶龄为90d、80d、70d、60d、50d是一个重要的节点，在此之前$P_n$、$T_r$和$G_s$逐渐增加，叶1~2增加缓慢，叶3~5增加迅速，通过聚类分析可知，赤霞珠发育前期各部位叶片$P_n$处于中等水平，随着叶龄的增大，叶3~5的$P_n$开始逐渐增加至较高水平，作为葡萄光合作用的主要功能部位。本研究中，在葡萄发育后期，叶1~2的$P_n$急剧下降，表明早期展开的叶片在葡萄发育后期因叶龄老化净光合速率显著降低，且随时间的推移，赤霞珠叶片$P_n$的最大值逐渐趋向高节位叶片移动。其中，叶1在叶龄135d时$P_n$已接近0，说明此时叶片衰老严重，不仅不能正常进行光合作用，还会消耗植株过多的养分。许多植物的光合作用在叶片完全展开后随着叶龄的增大，净光合速率会保持相对稳定的状态，之后呈线性下降，直到最后的衰老阶段，开始以更快的速度下降。本研究表明了赤霞珠各部位叶片的$P_n$在展叶后，随着叶龄的增大，光合能力迅速增强，但不同部位叶片光合能力有差异，在$P_n$达到峰值后逐渐下降，基部和下部叶片下降速率较快。水分胁迫引起净光合速率下降主要有气孔因素和非气控因素，水分胁迫直接影响着葡萄光合作用中的气体交换参数。本研究中，赤霞珠不同叶龄叶片$P_n$、$T_r$和$G_s$随着水分胁迫的进行而降低。长期水分胁迫导致葡萄气孔导度逐渐下降，并伴随着$CO_2$同化效率降低约40%。本研究分析了不同叶龄叶片光合参数对水分胁迫的响应，结果表明在水分胁迫过程中，新梢各部位叶片的$P_n$会以不同的速率下降，其中叶1、5下降幅度较大，说明持续的重度水分胁迫会加速新梢基部叶片老化并影响上部幼叶的正常发育。水分胁迫使葡萄下部节位叶片的细胞膜通透性显著增加，细胞受到损伤，因此，对于成熟叶片而言水分胁迫症状明显的是下部节位叶片。不同节位叶片气孔导度存在差异，气孔对水分胁迫的敏感度不同，本研究也证明了此观点。

叶片SPAD值可以准确、无损、快速地读取植物叶片当前叶绿素含量。叶绿素含量与SPAD读数之间存在线性响应模型，可用于葡萄耐旱型的筛选。本研究发现，赤霞珠各部位叶片SPAD值随着叶龄的增大而逐渐增加，除叶5外其他部位叶片SPAD值达到峰值后，均会随着时间的推移逐渐下降。叶绿素含量直接影响光合速率，水分胁迫导致叶片失水，影响叶绿素的生物合成，会加速叶片的衰老。本研究中，T1显著增加了赤霞珠各部位叶片的SPAD值，与之相反，T2显著降低了SPAD值，表明适度的水分胁迫有助于赤霞珠叶绿素的合成，说明赤霞珠葡萄为应对水分胁迫，会促进叶绿素积累，以保

障叶片能够正常进行光合作用,但持续的重度胁迫则会加速叶绿素的分解。此外,各部位叶片受水分胁迫影响不尽相同,新梢基部和上部叶片SPAD值降低幅度较大,这与$P_n$变化相似。

## 三、水分胁迫对葡萄不同叶龄叶片叶绿素荧光参数的影响

水分胁迫是植物受到影响最大的非生物胁迫之一。叶绿素吸收的光能主要用于光合电子传递、叶绿素荧光和热耗散来消耗,这3种途径之间存在着此消彼长的关系,光合作用和热耗散的变化会引起荧光发射的相应变化,因此,可通过叶绿素荧光间接地反映植物在逆境胁迫下光合作用状况。初始荧光($F_o$)值的增加反映了植株的光系统PSⅡ损伤或者是电子传递被中断。$Fv/Fm$值、Yield和ETR分别反映了PSⅡ反应中心全部开放时的最大光化学效率、实际光化学效率和相对电子传递速率,三者值的增加反映了植物光能利用率的提高。本研究中发现随着叶龄的变化赤霞珠各部位叶片$F_o$值变化趋于平缓,$Fv/Fm$值、Yield和ETR总体呈先上升、后下降的变化趋势,峰值出现在叶龄90d、80~95d、70~85d、60~75d、65d时,之后随着叶龄的增加逐渐下降,而$F_o$有所增加,说明叶片衰老导致赤霞珠葡萄叶片光合作用效率降低。水分胁迫过程中伴随着$F_o$值的增加,$Fv/Fm$值、Yield和ETR均不同程度下降,T1与CK差异不显著,而T2则显著下降,说明严重水分胁迫会造成赤霞珠葡萄叶片PSⅡ反应中心出现可逆或不可逆失活。此外,T1和T2处理前期(叶1~5对应叶龄为75d、65d、55d、45d、30d)和T1处理后期,可提高叶片$Fv/Fm$值、Yield和ETR,说明短期内进行水分胁迫及在叶片发育后进行中度水分胁迫可提高赤霞珠葡萄叶片的光化学效率。

光化学淬灭系数($qP$)值是PSⅡ反应中心开放的比例,其值越大,表明PSⅡ反应中心的电子传递活性越高,而非光化学淬灭系数(NPQ)值是表示植物将过量的光强耗散成热的量,是一种保护机制。本试验观察到CK处理下各部位叶片的$qP$值总体呈先上升、后下降的变化趋势,而NPQ值的变化趋势在叶1~5中存在差异,其中,叶1、2均迅速增加,并分别对应在叶龄为90d和80d后急剧下降,叶3、4趋于平缓后并分别对应在叶龄为115d和105d后下降,叶5逐渐增加并在叶龄为95d后略有下降,说明随着叶龄的增加、赤霞珠葡萄叶片PSⅡ反应中心开放比例降低,热耗散也下降,尤其是新梢基部叶1、2下降幅度较大。说明叶片衰老后光合作用的保护机制能力也降低。叶片的热耗散能力与叶黄素循环有着密切关系,研究发现老化叶片叶黄素去环氧化状态低,这也是热耗散减少的原因。在水分胁迫处理前期,赤霞珠葡萄叶1~4叶片$qP$值降低,NPQ值增加,而叶5在叶龄为50d时T1和T2处理下$qP$值和NPQ值均增加,说明短期水分胁迫能够增加新梢上部叶龄较小叶片PSⅡ反应中心的开放比例,增加电子传递

活性。但随着水分胁迫的持续，T2处理下叶1~5的$qP$值和NPQ值均显著降低，且叶1、2下降幅度较大，说明严重水分胁迫时叶片光合中心受损、保护机制遭到破坏，而且会使基部老叶加速衰老。

## 四、水分胁迫对葡萄不同叶龄叶片光合关键酶活性和光合色素含量的影响

植物在受到水分胁迫影响时往往会使叶片气孔关闭，胞间$CO_2$浓度降低，导致叶肉细胞中碳同化速率下降，当严重水分胁迫时则为叶肉细胞受损、光合酶活性降低、光系统受到破坏等非气孔因素占主导，从而降低光能转换效率、电子传递、光合磷酸化及碳同化能力等。叶片从展叶到成熟，发育过程中伴随着Rubisco和叶绿素的积累。本研究中，叶1~5叶龄对应分别在90d、80d、70d、60d、50~65d时两种光合作用关键酶酶活性达最大值，表明此时叶片光合环同化效率最大，随着叶龄的增大，两种酶活性逐渐下降，这可能是由于叶片衰老导致光合作用关键酶降解引起的。植物在衰老时，被水解的蛋白质主要是植物进行光合作用的RuBP羧化酶（以下简称"RuBP"），它是植物叶片可溶性蛋白中的主要组分，约占50%左右（质量百分数）。Rubisco活性下降或RuBP再生能力受损，被认为是干旱条件下光合作用的主要限制因素。本研究发现，不同水分胁迫对赤霞珠叶片光合酶影响不同，在T1组下赤霞珠葡萄除叶1外RuBP羧化酶和FBPase活性均未受到显著影响，而在T2组下叶1~5叶片RuBP羧化酶活性显著降低，而FBPase活性在水分胁迫前期不敏感，当叶龄为120d、110d、100d、60d和90d、50~80d时显著降低。另外，本试验中，叶1、5受到水分胁迫影响最大，说明重度水分胁迫加速了基部老叶光合酶的降解，并且阻碍新梢上部叶龄较小叶片的正常发育，降低了光合同化效率。

叶绿素是植物进行光合作用的主要光合色素，其含量的多少直接影响植物的光合能力。叶片的衰老是由于叶绿素含量降低，光合器官发生变化和活性氧的产生引起的。叶绿体不仅在衰老过程中发生降解，还参与信号转导。有研究表明，衰老基因表达是由叶绿体发出的信号控制的。本研究中，随着叶龄的增大，赤霞珠基部、下部和中部节位叶片叶绿素a、叶绿素b、总叶绿素和类胡萝卜素含量总体呈降低趋势，而上部节位叶片中以上物质含量逐渐增加后趋于平缓，表明叶片从展叶到成熟过程中叶绿素含量不断增加，从成熟到衰老过程中叶绿素含量保持相对稳定后开始缓慢降低。根据干旱持续时间和严重程度，许多物种在水分胁迫期间叶绿素含量降低或不变。相关性分析表明，重度水分胁迫显著降低叶绿素a、叶绿素b、总叶绿素和类胡萝卜素含量，从而影响赤霞珠叶片的净光合速率。本研究中，赤霞珠各部位叶片叶绿素和类胡萝卜素含量在中度胁迫下均有所提高，主要表现在叶1~4，而叶5仅类胡萝卜素含量显著增加，这可能是因为赤霞珠植株通过增加叶绿素和类胡萝卜素含量来降低由于气孔和非气孔因素的限制，缓解

水分胁迫对葡萄光合作用的抑制。虽然叶绿素含量的增加不直接提高光合作用,但通过增加光吸收和转化,可提高光合效率。类胡萝卜素作为保护色素,能够保护光系统免受强光的破坏,但重度胁迫下叶绿素a和b含量显著降低,且叶绿素b对水分胁迫较敏感,类胡萝卜素含量除叶1外均有所增加,而严重的水分胁迫会破坏叶绿体结构,加速叶绿素降解,尤其对基部老叶影响较大,加速叶片衰老。本试验结果与前人水分胁迫导致叶绿素a、b和总叶绿素含量降低的结论不同,原因可能是由于葡萄品种抗旱性和水分胁迫程度等因素不同造成的。

## 五、水分胁迫对葡萄不同叶龄叶片保护酶活性的影响

研究发现,叶片在衰老时细胞内活性氧产生与清除之间的平衡被打破,活性氧不断积累,细胞膜质过氧化程度增加,从而加速叶片衰老,超氧化物歧化酶(SOD)、过氧化氢酶(CAT)和过氧化物酶(POD)可减轻活性氧的伤害。本研究发现,随着叶龄的增大,赤霞珠不同部位叶片SOD活性变化不同,叶1~3在叶龄120~100d时SOD活性增加明显,叶4活性变化平缓,而叶5活性下降;叶1~4的CAT活性呈先升后降趋势,而叶5呈先降低后缓慢增加的趋势;叶1~5的POD活性均表现为逐渐增加的趋势,表明随着赤霞珠叶片的衰老,叶片SOD、POD活性增加明显,CAT活性下降。SOD催化$O_2^-$发生歧化反应,生成$H_2O_2$和$O_2$,SOD不仅是$O_2^-$清除剂,而且是$H_2O_2$产生的主要酶,在抗氧化系统中起重要作用。CAT是一种催化$H_2O_2$分解成$O_2$和$H_2O$的酶,从而清除$H_2O_2$以保持膜的稳定性,POD与其他酶共同作用清除因水分胁迫而产生的$H_2O_2$。POD具有双重性,POD参与叶绿素的降解、活性氧的产生并引发膜质过氧化,是植物衰老到一定程度的阶段产物。本研究发现,水分胁迫下赤霞珠各部位叶片SOD、CAT和POD活性均有不同程度升高。随着水分胁迫时间的延长,SOD和CAT活性下降,但仍高于CK,而POD活性在T1下叶5和T2下叶1~5显著低于CK,说明持续重度胁迫使保护酶系统结构遭到破坏,细胞膜质过氧化程度增加,进而破坏细胞膜系统。

## 六、水分胁迫对葡萄不同叶龄叶片糖含量及蔗糖相关酶活性的影响

淀粉在叶片中积累,是碳元素在叶片中的临时贮藏形式,是成熟叶片中积累的干物质的主要组成部分,而蔗糖则被植物运输到不同器官。在光合作用活跃期,植株产生的多余的碳水化合物会暂时以淀粉的形式储存在叶片中,当光合作用很少或没有时,这些碳水化合物就会被其他正在发育的组织重新利用。本研究中,赤霞珠不同部位叶片糖分积累量

存在差异，达峰值时含量依次为：叶4＞叶5＞叶2＞叶3＞叶1，表明早期展开的叶片合成蔗糖的能力较弱。随着叶龄的增大，基部和下部节位叶片的蔗糖含量逐渐降低，中部和上部节位叶片蔗糖含量逐渐增加且处于较高水平，这主要是由于光合作用的提高。随着时间推移，基部和下部节位叶片叶龄老化，光合同化能力下降，后期中上部节位叶片光合同化能力相对较强，叶1在叶龄105d后，淀粉和可溶性总糖含量开始下降，还原糖含量变化趋于平缓，说明叶片衰老后，淀粉分解能力显著下降，可溶性总糖含量下降。不同的水分胁迫处理对赤霞珠叶片蔗糖含量的影响不同，T1可促进除叶1外叶片蔗糖含量的积累，然而T2处理下各部位叶片蔗糖含量均显著降低，其中，叶1下降幅度最大，表明水分胁迫加快了基部叶片的老化，严重影响了光合产物的积累。水分胁迫降低了棉花叶片的淀粉含量，但增加了蔗糖含量。可溶性糖参与渗透调节与植物水分胁迫密切相关，叶片还原糖含量的增加可以使原生质黏度增大，弹性增强，从而使得原生质脱水后仍可以保持其基本结构。因此，葡萄叶片还原糖和可溶性总糖在水分胁迫条件下具有重要的调节作用，中上部节位叶片渗透调节能力相对较强，但持续的重度水分胁迫使叶片还原糖含量和可溶性总糖含量均显著降低。

一般认为，植物叶细胞中蔗糖的合成主要由蔗糖磷酸合成酶（SPS）和磷酸酯酶催化，其中SPS是蔗糖合成调节的关键酶。相关性分析表明，蔗糖含量与SPS和SS活性有关，酸性转化酶在蔗糖转化过程中起着主要作用。本研究发现赤霞珠不同展叶时期叶片随着叶龄的增大，糖相关酶活性呈现不同的变化规律，叶1~5的SPS活性依次增大。在葡萄发育后期，基部节位叶片衰老，制造光合产物的能力逐渐减弱，此期间主要是新梢中上部节位叶片进行光合同化物的积累。水分胁迫下各部位叶片蔗糖合成酶活性变化不一，其中，中度水分胁迫在后期还可以提高赤霞珠中上部叶片SPS活性，这可能是促进葡萄叶片蔗糖含量增加的原因。重度水分胁迫会显著降低SPS活性，而叶片SS、AI活性在水分胁迫过程中均呈增加趋势，水分胁迫导致蔗糖代谢酶活性发生改变而引起碳水化合物含量的变化，转化酶活性的提高可促进渗透调节物质的积累。许多植物中蔗糖的降解和合成的持续循环是蔗糖代谢的共同特征之一。叶片中蔗糖合成酶和转化酶活性的增强可加快蔗糖的快速循环，从而促进碳元素的分配，有利于蔗糖的积累，以抵抗水分胁迫的影响。叶片NI活性除叶4在重度水分胁迫下显著增加，叶1显著降低外，其他部位叶片变化不明显。随着水分胁迫程度的加剧，叶1叶片中NI和SS活性也开始下降，表明水分胁迫加快叶片老化，蔗糖合成酶活性显著降低。

## 第四节 小结

（1）赤霞珠葡萄展叶后至60d时叶面积趋于稳定，重度水分胁迫可显著降低葡萄叶片面积。

（2）不同萌发时期的葡萄叶片的光合能力在时空上存在一定差异性，随着叶龄的增加，葡萄叶片SPAD值及其光合速率呈单峰曲线。展叶越早，葡萄叶片出现光合高峰越晚，叶龄在50~70d叶片光合能力较强，叶龄在80d以上，光合能力迅速下降。

（3）中度水分胁迫在一定程度上有助于提高叶片的光合同化效率，有利于叶片糖分的积累，重度胁迫不仅降低叶片的光合效率，还加速了新梢基部节位叶片的衰老，并阻碍了上部节位叶片的正常生长发育。

# 第二十八章 水分胁迫对赤霞珠葡萄果实挥发性风味物质及花色苷合成的影响

挥发性风味物质是指由嗅觉感觉到的物质,主要包括香气、具有异味的物质以及具有挥发性但无明显气味的物质。目前已经鉴定出的挥发性风味物质主要是醛、醇、酮、酸、酯、烃及其他化合物。挥发性风味物质对果实的风味起着至关重要的作用,是影响消费者购买意愿的重要因素。葡萄酒风味物质主要源于葡萄浆果,葡萄浆果品质决定葡萄酒的质量,其风味物质——糖、酸和酚类物质构成了葡萄酒基本酒体,酚类物质、芳香物质及其他风味物质的协调性又决定了葡萄酒风格和典型性。决定葡萄原料的因素主要有葡萄品种、环境因素、栽培管理措施等。目前人们对风味物质的基本组成、贡献及影响因素已较为清楚,但影响机理还需要进一步研究。

花色苷是高等植物中常见的水溶性类黄酮类色素,是赋予果实颜色的基本物质。对酿酒葡萄而言,葡萄果皮中花色苷含量和组成决定了葡萄酒色泽、品质、营养价值和商品价值。花色苷生物合成源于苯丙烷类代谢途径和类黄酮途径。对于葡萄花色苷的研究主要是花色苷种类、含量及变化规律,但是水分胁迫对花色苷合成的影响研究较少。

本试验通过研究不同水分胁迫条件对葡萄果实挥发性物质、花色苷合成的影响,探究提高改善葡萄品质的合理灌溉方式,进一步完善调亏灌溉技术在酿酒葡萄生产中的应用,以期为酿酒葡萄高效灌溉和优质栽培提供理论依据。

## 第一节 材料与方法

### 一、试验地点与材料

同第一章的试验地点与材料。

## 二、试验指标测定方法

### (一)挥发性风味物质含量测定

采用顶空固相微萃取结合气质联用方法(HS-SPME-GC-MS),在离心管中加入破碎成粉末的葡萄样品10g,加入1g交联聚乙烯吡咯烷酮(PVPP)和0.5g D-葡萄糖酸内酯,4℃浸提120min,4℃、9000r/min离心10min,取上层葡萄汁备用。取5mL葡萄汁于15mL样品瓶中,放入洗净并烘干的小型磁转子,加入1g NaCl,5μL 1g/L(稀释前浓度,稀释200倍)内标2-辛醇,用带有聚四氟乙烯隔垫的盖子拧紧,置于磁力搅拌加热台上,40℃加热搅拌30min,将已活化或热解析过的75μm CAR·DVB萃取头插入样品瓶的顶空部分,萃取头距离液面约1cm。在37℃搅拌加热条件下吸附40min,然后将萃取头插入气相色谱的进样口,250℃热解析3min。

采用日本岛津6890GC和岛津5975B MS联用仪(日本岛津公司)进行定性及定量分析,所用毛细管柱为HP-INNOWAX(30m×0.25mm,0.25μm),载气为高纯氦气,流速为0.8mL/min;固相微萃取手动进样,采用分流50模式,插入气相色谱的进样口,进样口温度为250℃,热解析3min。柱温箱的升温程序为:35℃保持3min,然后以4℃/min的速度升温至120℃,120℃保持2min,再以10℃/min升至230℃,离子源温度为200℃,电离方式为EI源,离子能量70eV,分子质量扫描范围为20~350amu。

定性分析:采用质谱全离子扫描图谱,依据已有u标样的色谱保留时间和质谱信息,使用NIST05标准谱库比对。

定量分析:挥发性风味物质的含量/(μg/g)=[各组分的峰面积/内标的峰面积×内标浓度(g/L)×1000]/样品质量(g)。

### (二)花色苷含量测定

样品预处理:取保存于-80℃冰箱中的样品,放于冰上,去梗后使葡萄一直保持冷冻状态并剥皮,将果皮置于研钵中,倒入液氮后迅速研磨成粉末。准确称取5.00g葡萄皮粉末于250mL三角瓶中,加入25mL提取剂,提取剂由无水乙醇:盐酸:水=2:1:1(体积比)配制而成,摇晃混匀。100℃下水浴加热1h,取出样品静置,冷却至室温,待冷却后取上清液,用0.45μm水相滤膜过滤,保存于4℃冰箱中,以备上机检测,每生物学重复提取一次。

HPLC检测:花色苷物质检测采用Waters 2695高效液相色谱仪,配有2475紫外检测器及Empower数据处理系统进行样品的定性与定量分析。Agilent-ZORBAX SB-$C_{18}$色谱柱(250mm×4.6mm,5μm)为固定相。流动相A:乙腈,流动相B:0.1%(体积分数,余同)磷酸水溶液。流动相梯度洗脱程序如下:0~25min,10%→25%A,90%→75%B;25~25.1min,25%→10%A,75%→90%B。流动相的流速为0.8mL/min;

柱温为40℃；检测波长为525nm；进样体积为5μL。

分别将6种花色苷的标准母液稀释成5.0mg/kg、10.0mg/kg、50.0mg/kg、80.0mg/kg、100.0mg/kg质量浓度的标准溶液系列，以标准溶液质量浓度（$X$）为横坐标，峰面积（$Y$）为纵坐标建立线性回归方程。采用外标峰面积定量，6种花色苷的标准曲线线性回归方程见附录。

### （三）花色苷合成相关基因的表达分析

1. 总RNA提取

总RNA提取按照天根公司RNAprep Pure多糖多酚植物总RNA提取试剂盒（离心柱型）DP441说明书进行。

2. cDNA合成第一链

参照PrimerScript™ RT reagent Kit with gDNA eraser（Perfect Real Time）试剂盒说明进行合成。

3. 引物设计

用Primer 5.0设计引物，引物由兰州生工生物工程股份有限公司合成，引物序列见表28-1。在进行实时定量荧光PCR分析前，应先对引物进行常规反转录聚合酶链式反应（RT-PCR）检测。将PCR管置于冰上，加入表28-1所示的反应物，建立20μL的反应体系。

表28-1 RT-PCR扩增体系

| 试剂 | 加入量/μL |
| --- | --- |
| cDNA | 1.0 |
| 上游引物（10μmol/L） | 1.0 |
| 下游引物（10μmol/L） | 1.0 |
| 2×Premix Taq | 10.0 |
| ddH$_2$O | 7.0 |
| 总计 | 20.0 |

按照如下程序进行梯度扩增。

94℃　3min
94℃　30s ⎫
54~58℃　30s ⎬ 30个循环
72℃　30s ⎭
72℃　1min

扩增完成后将得到的产物用2%（质量体积比）琼脂糖凝胶电泳进行检测。

### 4. 目的基因扩增

根据UltraSYBR Mixture（CWBIO）酶的使用说明书，建立总体积为25μL的反应体系。将0.2mL PCR管置于冰上，按表28-2加入反应物。

表28-2  qRT-PCR反应体系

| 试剂 | 加入量/μL |
| --- | --- |
| cDNA | 1.0 |
| 上游引物（10μmol/L） | 0.5 |
| 下游引物（10μmol/L） | 0.5 |
| 2×Ultra SYBR Mixture | 12.5 |
| ddH$_2$O | 10.5 |
| 总计 | 25 |

轻轻混匀，离心后按以下程序扩增。

95℃　　10min
95℃　　10s ⎫
54~58℃　30s ⎬ 40个循环
72℃　　32s ⎭

用ddH$_2$O代替cDNA做无模板阴性对照（NTC），用 *VvEF* 和 *VvActin* 作为双内参，所有PCR反应都设3次技术重复，试验结果用相对定量法（$2^{-\Delta\Delta Ct}$）对数据进行定量分析。

## 三、数据处理

采用Microsoft office Excel 2010及DPS7.05软件整理并分析数据。

# 第二节　结果与分析

## 一、水分胁迫对赤霞珠葡萄果实挥发性风味物质含量的影响

本试验筛选出59种主要挥发性风味物质，其中醛类物质8种，醇类物质19种，酯类物质11种，酮类物质7种，烃类物质14种。

**（一）水分胁迫对赤霞珠葡萄果实醛类物质含量的影响**

2-己醛具有青草气味，随着葡萄果实的成熟，2-己醛含量呈先上升、后下降的趋势（图28-1），即花后70~80d，呈上升趋势；花后80~110d，呈逐渐下降趋势。花后90d，2-己醛含量大小是：T3＞CK＞T1＞T2，表明T1和T2处理组能促进2-己醛的降解，T3处理组抑制2-己醛的降解。花后110d，与CK相比，T1、T2和T3的2-己醛的含量分别下降了24.61%、71.94%、-102.88%（表示增加），表明T2处理组对2-己醛的降解作用明显。

$E,E$-2,4-己二烯醛呈青草味，随着果实的成熟，$E,E$-2,4-己二烯醛含量呈逐渐下降的趋势（图28-2）。花后110d，$E,E$-2,4-己二烯醛的含量分别是：T3＞CK＞T2＞T1，和CK比较，T1、T2、T3分别下降了27.91%、24.31%、-73.91%（表示增加，余同），其中T1效果最明显，T3处理组抑制$E,E$-2,4-己二烯醛含量的下降，说明适度水分胁迫能促进$E,E$-2,4-己二烯醛含量的下降，重度水分胁迫则抑制它的分解。

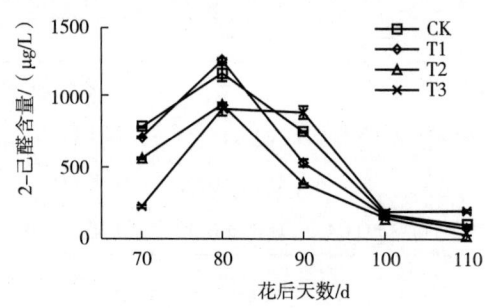

图28-1 水分胁迫对赤霞珠果实2-己醛含量的影响

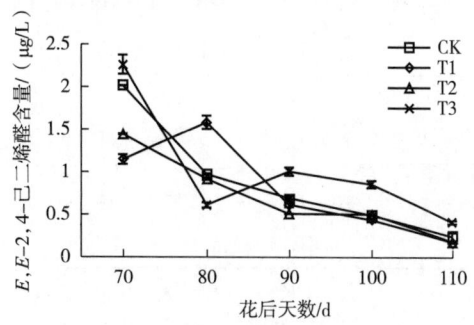

图28-2 水分胁迫对赤霞珠果实$E,E$-2,4-己二烯醛含量的影响

3-甲基丁醛有生青味、青果味，随着果实的成熟，3-甲基丁醛含量呈逐渐下降的趋势（图28-3）。花后70~80d，CK组果实3-甲基丁醛含量最低，花后100d，3-甲基丁醛含量为：T3＞CK＞T1＞T2，T1和T2处理组促进3-甲基丁醛含量的下降，T3处理组抑制3-甲基丁醛含量的下降。花后110d，3-甲基丁醛的含量分别是：T3＞CK＞T2＞T1，和CK比较，T1、T2、T3分别下降了58.77%、37.64%、-23.85%，其中T1效果最明显，说明水分胁迫可以降低3-甲基丁醛的含量，减少3-甲基丁醛的积累。随着水分胁迫的加重，3-甲基丁醛含量下降幅度呈逐渐下降趋势，T3处理组抑制3-甲基丁醛含量的下降，说明适度水分胁迫能促进3-甲基丁醛的含量下降，过度水分胁迫抑制其降解。

不同时期果实醛类挥发性物质的总量在

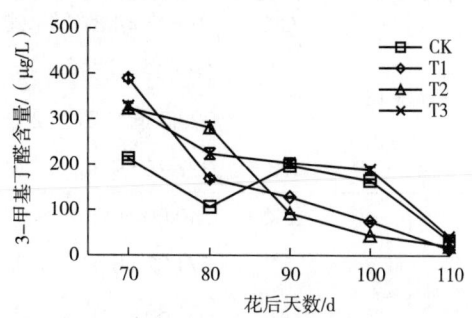

图28-3 水分胁迫对赤霞珠果实3-甲基丁醛含量的影响

47.51~1501.49μg/L，占总挥发性物质含量的37.99%~93.50%，是葡萄果实最主要的挥发性物质（表28-3）。随着果实成熟，醛类物质总含量呈下降趋势。本试验共检测出8种醛类物质，5个时期的共有物质有3种，分别是2-己醛、$E,E$-2,4-己二烯醛和3-甲基丁醛。2-己醛和$E,E$-2,4-己二烯醛为$C_6$醛类，主要呈现青草味，3-甲基丁醛呈现青果味，这3种皆为不愉快的香气。

表28-3 不同水分胁迫下不同时期赤霞珠葡萄果实中的主要醛类物质及含量　　单位：μg/L

| 主要醛类名称 | 处理方式 | 含量 | | | | |
|---|---|---|---|---|---|---|
| | | 花后70d | 花后80d | 花后90d | 花后100d | 花后110d |
| 4-羟基-3-甲基正丁醛 | CK | 536.01±20.92 | — | — | — | — |
| | T1 | 439.74±5.25 | — | — | — | — |
| | T2 | 328.64±19.45 | — | — | — | — |
| | T3 | 442.11±0.83 | — | — | — | — |
| 3-甲氧基丙醛 | CK | — | — | — | — | 0.42±0.01 |
| | T1 | — | — | — | — | 1.21±0.01 |
| | T2 | — | — | — | 0.15±0.00 | 0.15±0.00 |
| | T3 | — | — | 11.00±0.04 | 0.33±0.06 | 0.45±0.01 |
| 2-丙烯醛 | CK | — | — | — | — | — |
| | T1 | — | — | 0.21±0.01 | 0.30±0.04 | 0.73±0.05 |
| | T2 | — | 0.46±0.01 | — | — | 0.61±0.01 |
| | T3 | — | 0.28±0.00 | 0.77±0.02 | — | — |
| $E,E$-2,4-己二烯醛 | CK | 2.00±0.05 | 0.96±0.04 | 0.68±0.01 | 0.48±0.01 | 0.23±0.00 |
| | T1 | 1.13±0.05 | 1.57±0.01 | 0.60±0.01 | 0.42±0.01 | 0.17±0.01 |
| | T2 | 1.43±0.01 | 0.91±0.01 | 0.49±0.00 | 0.49±0.02 | 0.17±0.01 |
| | T3 | 2.25±0.00 | 0.60±0.01 | 0.99±0.02 | 0.85±0.00 | 0.40±0.05 |
| 3-甲基丁醛 | CK | 213.07±4.37 | 106.46±0.51 | 197.16±5.04 | 164.05±3.84 | 32.74±1.99 |
| | T1 | 389.09±6.58 | 167.89±6.28 | 127.69±1.26 | 73.86±3.38 | 13.49±2.13 |
| | T2 | 323.33±11.51 | 280.79±12.09 | 92.26±1.28 | 43.59±1.13 | 20.42±1.18 |
| | T3 | 327.78±9.28 | 223.82±12.14 | 203.28±11.04 | 188.26±6.89 | 40.55±0.51 |
| 2-己醛 | CK | 740.00±6.25 | 1097.82±53.28 | 709.86±6.12 | 164.05±1.14 | 90.93±6.04 |
| | T1 | 671.39±5.54 | 1183.00±14.86 | 503.73±24.32 | 157.11±12.90 | 68.55±1.19 |
| | T2 | 531.85±6.07 | 890.20±7.05 | 365.55±4.3 | 142.06±11.31 | 25.51±1.15 |
| | T3 | 212.00±29.37 | 861.00±35.51 | 839.00±2.19 | 180.41±4.24 | 184.48±4.52 |

续表

| 主要醛类名称 | 处理方式 | 含量 | | | | |
|---|---|---|---|---|---|---|
| | | 花后70d | 花后80d | 花后90d | 花后100d | 花后110d |
| 2,6-二甲基-5-庚醛 | CK | 0.52±0.04 | 0.96±0.02 | 0.17±0.01 | — | — |
| | T1 | 0.13±0.04 | — | — | 1.74±0.04 | — |
| | T2 | — | 1.35±0.01 | 0.30±0.01 | 0.59±0.05 | 0.50±0.03 |
| | T3 | — | — | 0.29±0.00 | — | — |
| 苯甲醛 | CK | 1.77±0.05 | 0.95±0.05 | — | 0.14±0.03 | — |
| | T1 | — | — | 3.89±0.05 | — | 0.32±0.04 |
| | T2 | 0.09±0.04 | 1.16±0.17 | 0.20±0.00 | 0.25±0.05 | 0.14±0.03 |
| | T3 | 2.85±1.10 | 0.38±0.10 | 0.65±0.01 | 0.4090±0.12 | — |
| 总量 | CK | 1493.37±5.48 | 1207.16±53.68 | 907.87±3.78 | 328.72±4.99 | 124.32±16.37 |
| | T1 | 1501.49±18.69 | 1352.46±11.72 | 636.13±23.99 | 233.44±9.17 | 84.47±5.54 |
| | T2 | 1185.35±14.87 | 1117.10±11.11 | 458.81±2.64 | 187.14±5.40 | 47.51±17.87 |
| | T3 | 987.00±21.79 | 1086.08±46.72 | 1055.97±5.49 | 370.26±11.27 | 225.89±8.54 |

## （二）水分胁迫对赤霞珠葡萄果实醇类物质含量的影响

正己醇具有花香，随着果实成熟，正己醇含量呈逐渐上升的趋势，水分胁迫并未改变正己醇积累模式（图28-4）。花后100~110d，正己醇含量为：T1>T2>CK>T3，T1和T2处理组能促进正己醇含量的积累，T3处理组抑制正己醇含量的积累，表明适度水分胁迫能显著促进正己醇含量的积累，过度水分胁迫抑制正己醇含量的积累。

2-己烯醇具有青草的气息，随着果实的成熟，2-己烯醇含量呈先上升、后下降的趋势（图28-5）。花后110d，2-己烯醇含量下降明显，2-己烯醇含量为：T3>T2>CK>

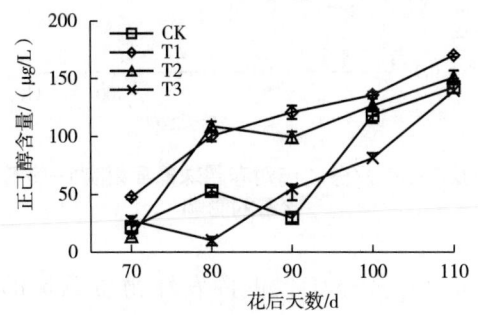

图28-4 水分胁迫对赤霞珠葡萄果实正己醇含量的影响

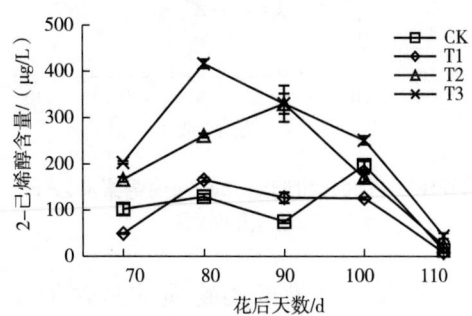

图28-5 水分胁迫对赤霞珠葡萄果实2-己烯醇含量的影响

T1，与CK相比，T1、T2、T3中2-己烯醇含量下降了39.24%、74.51%、231.28%，T1处理组下降幅度最大，表明T1处理组减少2-己烯醇含量的积累，T3处理组抑制2-己烯醇含量的下降。

2-戊醇呈醇香，随着果实的成熟，2-戊醇含量呈逐渐上升的趋势，水分胁迫并未改变2-戊醇含量的上升趋势（图28-6）。从整体而言，T1中2-戊醇含量上升趋势明显。

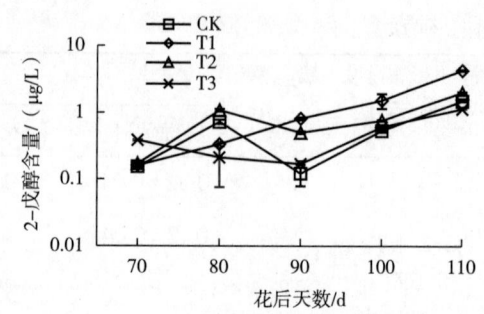

图28-6　水分胁迫对赤霞珠葡萄果实2-戊醇含量的影响

花后110d，2-戊醇含量为：T1>T2>CK>T3，T1、T2、T3较CK上升了187.77%、34.27%、-23.48%，T1上升幅度最明显，说明T1处理组效果最明显，随着水分胁迫程度的增加，2-戊醇含量呈下降趋势，T3处理组不利于2-戊醇的积累。

2-己醇呈椰子味、水果味，随着果实的成熟，2-己醇含量呈上升趋势，水分胁迫并未改变2-己醇含量的变化趋势（图28-7）。花后110d，2-己醇含量为T1>T2>T3>CK，T1、T2、T3较CK上升了368.92%、240.01%、76.58%，T1上升幅度最大，说明T1处理组能显著促进2-己醇含量的积累，随着水分胁迫程度加深，2-己醇含量相应呈下降趋势。

1-庚醇具有芳香植物气息，随着果实成熟，1-庚醇含量呈逐渐上升的趋势（图28-8）。花后110d，1-庚醇的含量是：T2>CK>T1>T3，T2处理能促进1-庚醇含量积累，T3处理组抑制1-庚醇含量上升，说明适度水分胁迫能促进1-庚醇积累，过度水分胁迫抑制1-庚醇积累。

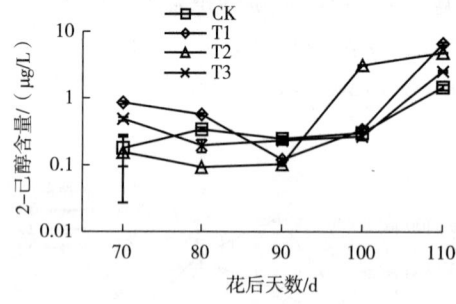

图28-7　水分胁迫对赤霞珠葡萄果实2-己醇含量的影响

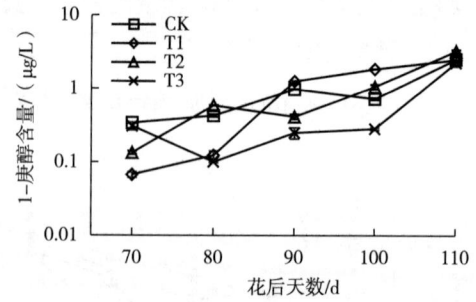

图28-8　水分胁迫对赤霞珠葡萄果实1-庚醇含量的影响

葡萄挥发性醇类物质的总含量在98.00~420.73μg/L，占挥发性物质总量的4.61%~60.32%，是葡萄第2大类挥发性物质（表28-4）。本试验中共检出19种醇类物质，不同时期均检测到的醇类物质有5种，分别是正己醇、2-己烯醇、2-戊醇、2-己醇和1-庚醇。4-戊烯醇、3-甲基-1-丁醇、糠醇只在花后70d检测到。2-壬醇在果实成熟后期检测到。苯乙醇、1-丁醇在花后90d有检测到。2,3-丁二醇和3-甲基戊醇随着果实的成熟逐渐消失。叔丁基甲醇、2-庚醇等其他醇类在不同时期都有检测到。在葡萄果实成熟过程中，大部分醇类物质的含量随着果实的成熟呈逐渐上升的趋势。

表28-4 不同时期赤霞珠葡萄果实中的主要醇类物质及其含量　　　　单位：μg/L

| 主要醇类物质 | 处理方式 | 含量 | | | | |
| --- | --- | --- | --- | --- | --- | --- |
| | | 花后70d | 花后80d | 花后90d | 花后100d | 花后110d |
| 正己醇 | CK | 21.74±3.61 | 52.98±3.07 | 29.39±3.61 | 118.39±6.59 | 142.42±4.72 |
| | T1 | 47.81±1.72 | 100.65±4.83 | 120.90±5.78 | 135.77±2.85 | 170.17±1.48 |
| | T2 | 13.91±1.89 | 108.87±4.10 | 99.45±4.78 | 126.71±8.85 | 150.95±6.02 |
| | T3 | 27.37±4.51 | 10.15±2.29 | 55.06±5.15 | 81.46±4.25 | 139.53±10.32 |
| 2-己烯醇 | CK | 93.56±10.63 | 118.11±5.94 | 69.01±2.86 | 181.33±8.41 | 12.25±2.81 |
| | T1 | 45.39±1.04 | 152.64±4.26 | 116.59±10.68 | 115.35±2.58 | 7.44±0.54 |
| | T2 | 153.41±4.86 | 240.44±4.06 | 303.76±6.08 | 156.78±7.85 | 21.38±3.88 |
| | T3 | 187.04±2.73 | 382.90±8.99 | 303.72±20.13 | 231.19±8.62 | 40.59±5.65 |
| 4-戊烯醇 | CK | 0.48±0.01 | — | — | — | — |
| | T1 | 0.10±0.00 | — | — | — | — |
| | T2 | 0.44±0.01 | — | — | — | — |
| | T3 | — | — | — | — | — |
| 2-壬醇 | CK | — | — | — | — | 2.87±0.18 |
| | T1 | — | 0.48±0.01 | — | — | 2.02±0.01 |
| | T2 | — | — | — | — | 22.16±0.81 |
| | T3 | — | — | — | 0.17±0.00 | 0.57±0.03 |
| 1-庚醇 | CK | 0.34±0.01 | 0.43±0.02 | 0.98±0.01 | 0.73±0.02 | 2.52±0.26 |
| | T1 | 0.07±0.01 | 0.12±0.02 | 1.26±0.03 | 1.86±0.01 | 2.49±0.04 |
| | T2 | 0.13±0.01 | 0.59±0.01 | 0.41±0.03 | 1.06±0.07 | 3.27±0.14 |
| | T3 | 0.31±0.04 | 0.10±0.00 | 0.25±0.04 | 0.28±0.01 | 2.27±0.25 |

续表

| 主要醇类物质 | 处理方式 | 含量 | | | | |
|---|---|---|---|---|---|---|
| | | 花后70d | 花后80d | 花后90d | 花后100d | 花后110d |
| 2,3-丁二醇 | CK | 0.18±0.01 | — | 14.53±1.82 | 0.55±0.01 | — |
| | T1 | 0.73±0.01 | 0.43±0.01 | 0.40±0.04 | — | — |
| | T2 | 0.28±0.01 | 0.09±0.01 | 0.07±0.01 | — | 0.34±0.00 |
| | T3 | 1.54±0.03 | 0.10±0.04 | 4.71±0.29 | 0.07±0.02 | — |
| 苯乙醇 | CK | — | — | 1.23±0.02 | — | — |
| | T1 | — | — | 0.40±0.04 | — | — |
| | T2 | — | — | — | — | — |
| | T3 | — | — | — | — | — |
| 1-丁醇 | CK | — | — | — | — | — |
| | T1 | — | — | — | — | — |
| | T2 | — | — | 0.62±0.02 | — | — |
| | T3 | — | — | — | — | — |
| 2-戊醇 | CK | 0.15±0.00 | 0.72±0.05 | 0.12±0.04 | 0.53±0.03 | 1.14±0.03 |
| | T1 | 0.16±0.00 | 0.33±0.02 | 0.81±0.04 | 1.53±1.38 | 4.31±0.12 |
| | T2 | 0.17±0.01 | 1.08±0.05 | 0.51±0.02 | 0.76±0.02 | 2.01±0.06 |
| | T3 | 0.38±0.01 | 0.21±0.14 | 0.17±0.02 | 0.61±0.01 | 1.49±0.01 |
| 2-己醇 | CK | 0.19±0.00 | 1.65±0.02 | 0.26±0.03 | 0.32±0.04 | 0.37±0.04 |
| | T1 | 0.94±0.09 | 0.62±0.02 | 0.12±0.03 | 0.36±0.01 | 7.75±0.16 |
| | T2 | 3.62±0.18 | 0.09±0.00 | 0.11±0.01 | 5.62±0.05 | 0.16±0.06 |
| | T3 | 0.53±0.04 | 0.21±0.05 | 0.25±0.02 | 0.29±0.04 | 2.92±0.12 |
| 3-甲基-1-丁醇 | CK | — | — | — | — | — |
| | T1 | — | — | — | — | — |
| | T2 | — | — | — | — | — |
| | T3 | 2.17±0.34 | — | — | — | — |
| 糠醇 | CK | — | — | — | — | — |
| | T1 | — | — | — | — | — |
| | T2 | 4.79±0.16 | — | — | — | — |
| | T3 | — | — | — | — | — |

续表

| 主要醇类物质 | 处理方式 | 含量 | | | | |
|---|---|---|---|---|---|---|
| | | 花后70d | 花后80d | 花后90d | 花后100d | 花后110d |
| 叔丁基甲醇 | CK | 0.19±0.01 | — | 0.36±0.02 | 0.38±0.04 | 0.92±0.06 |
| | T1 | 1.49±0.01 | 3.45±0.08 | 0.06±0.01 | — | 0.49±0.03 |
| | T2 | 1.36±0.03 | 13.52±0.17 | 0.31±0.01 | — | 0.50±0.03 |
| | T3 | 0.60±0.02 | — | 1.56±0.02 | 0.63±0.05 | 0.16±0.01 |
| 2-庚醇 | CK | — | 2.18±0.37 | 4.15±0.05 | 4.62±0.43 | 0.13±0.03 |
| | T1 | 0.21±0.01 | 1.98±0.02 | 0.08±0.00 | 0.49±0.04 | 3.17±0.21 |
| | T2 | 3.24±0.14 | — | 0.15±0.01 | — | 0.56±0.03 |
| | T3 | 0.86±0.10 | 0.28±0.02 | 2.58±0.09 | — | 0.49±0.03 |
| 4-甲基-4-戊烯-2-醇 | CK | 0.17±0.01 | — | 0.12±0.01 | 1.03±0.05 | 0.32±0.02 |
| | T1 | 0.36±0.02 | 0.69±0.11 | 0.19±0.04 | 0.33±0.01 | 0.07±0.02 |
| | T2 | 0.24±0.02 | 0.46±0.07 | 0.24±0.03 | — | — |
| | T3 | 0.86±0.09 | 0.15±0.01 | 0.40±0.01 | 0.10±0.01 | 0.23±0.01 |
| 3,3-二甲基-1-丁醇 | CK | 0.12±0.01 | — | 0.37±0.03 | — | 0.64±0.15 |
| | T1 | 0.46±0.06 | — | 0.27±0.04 | — | 0.85±0.09 |
| | T2 | 0.78±0.05 | — | 0.38±0.04 | — | 1.65±0.11 |
| | T3 | 0.17±0.01 | 0.69±0.11 | — | 0.29±0.02 | 1.59±0.05 |
| 4-己烯-1-醇 | CK | 0.15±0.01 | — | 0.26±0.04 | 0.09±0.01 | 0.66±0.13 |
| | T1 | — | 0.41±0.01 | 0.18±0.01 | — | 1.51±0.04 |
| | T2 | — | 0.77±0.05 | 1.52±1.36 | — | 1.52±0.03 |
| | T3 | 0.02±0.01 | — | 0.55±0.02 | 0.16±0.00 | 0.71±0.09 |
| 3-甲基戊醇 | CK | 0.13±0.00 | 0.23±0.01 | 0.71±0.09 | 0.81±0.06 | — |
| | T1 | 0.06±0.01 | 0.08±0.01 | 0.32±0.02 | — | — |
| | T2 | 0.35±0.01 | 1.55±0.02 | 4.07±0.25 | — | — |
| | T3 | 0.27±0.05 | — | 0.20±0.02 | 0.57±0.06 | — |
| 4-甲基-1-戊醇 | CK | 0.32±0.02 | — | 1.64±0.07 | 2.14±0.16 | — |
| | T1 | 0.18±0.01 | 0.62±0.17 | 0.12±0.01 | 0.37±0.04 | 5.16±0.51 |
| | T2 | 0.43±0.04 | 0.29±0.04 | 9.11±0.00 | 14.82±0.51 | — |
| | T3 | — | 0.14±0.01 | — | 0.21±0.01 | 0.54±0.03 |

续表

| 主要醇类物质 | 处理方式 | 含量 | | | | |
|---|---|---|---|---|---|---|
| | | 花后70d | 花后80d | 花后90d | 花后100d | 花后110d |
| 总量 | CK | 117.79±9.12 | 176.31±4.56 | 123.16±1.32 | 310.97±4.07 | 164.27±2.30 |
| | T1 | 98.00±4.17 | 262.54±7.56 | 241.74±14.20 | 256.08±2.11 | 205.47±10.69 |
| | T2 | 183.17±1.55 | 367.77±5.56 | 420.73±7.83 | 305.77±4.50 | 204.53±9.05 |
| | T3 | 222.15±3.84 | 394.96±0.29 | 369.51±4.81 | 316.07±8.72 | 191.13±6.38 |

### （三）水分胁迫对赤霞珠葡萄果实酯类物质含量的影响

本试验共检测出11种酯类物质，酯类物质总含量在0.13~7.28μg/L，在葡萄成熟过程中，大部分的酯类物质含量都呈下降趋势（表28-5）。果实转色期，酯类物质种类较为丰富，随着果实成熟期的推进，很多酯类物质都已经检测不到了。

表28-5　不同时期赤霞珠葡萄果实中的主要酯类物质及其含量　　单位：μg/L

| 主要酯类物质 | 处理方式 | 含量 | | | | |
|---|---|---|---|---|---|---|
| | | 花后70d | 花后80d | 花后90d | 花后100d | 花后110d |
| 甲酸己酯 | CK | 4.15±1.09 | 1.25±0.46 | 0.25±0.05 | — | — |
| | T1 | 4.06±0.28 | 0.40±0.20 | 0.23±0.07 | — | — |
| | T2 | 3.22±0.22 | 0.33±0.12 | 0.21±0.05 | 0.18±0.01 | — |
| | T3 | 2.04±0.35 | 0.26±0.08 | 0.18±0.04 | — | — |
| 叔丁基丙烯酸酯 | CK | 1.19±0.52 | 0.44±0.06 | — | — | 0.17±0.06 |
| | T1 | 1.08±0.52 | 0.42±0.06 | — | 0.24±0.11 | 0.24±0.11 |
| | T2 | 0.66±0.06 | 0.36±0.01 | — | — | — |
| | T3 | — | 0.31±0.15 | 0.25±0.02 | 0.44±0.01 | — |
| 烯丙基丙酸酯 | CK | 0.84±0.02 | 0.36±0.01 | 0.27±0.06 | 0.17±0.06 | — |
| | T1 | 0.60±0.10 | — | 0.25±0.02 | — | — |
| | T2 | 0.52±0.03 | 0.34±0.02 | — | — | — |
| | T3 | 0.42±0.06 | 0.30±0.08 | — | 0.15±0.01 | — |
| 丙烯酸甲氧基乙酯 | CK | — | — | 0.11±0.04 | — | — |
| | T1 | — | — | — | — | 1.30±0.04 |
| | T2 | — | — | — | — | — |
| | T3 | — | — | — | — | — |

续表

| 主要酯类物质 | 处理方式 | 含量 | | | | |
|---|---|---|---|---|---|---|
| | | 花后70d | 花后80d | 花后90d | 花后100d | 花后110d |
| 羟乙酸丁酯 | CK | — | 2.97±0.65 | — | — | — |
| | T1 | — | — | — | — | — |
| | T2 | — | — | 0.69±0.10 | 1.28±0.02 | — |
| | T3 | — | — | 0.18±0.04 | — | — |
| 4-己烯酸丙酯 | CK | — | — | 0.37±0.02 | — | — |
| | T1 | — | — | — | — | — |
| | T2 | — | — | — | 0.20±0.02 | — |
| | T3 | — | 0.12±0.02 | — | — | — |
| 甲酸异丁酯 | CK | — | — | — | — | 0.13±0.01 |
| | T1 | — | — | — | — | 0.37±0.02 |
| | T2 | — | — | — | — | 0.13±0.01 |
| | T3 | — | — | — | — | 0.41±0.07 |
| 2-丁烯酸己烯基酯 | CK | 1.10±0.01 | — | 0.22±0.03 | 0.18±0.05 | — |
| | T1 | — | 0.39±0.04 | — | 0.06±0.01 | — |
| | T2 | 0.88±0.01 | 0.29±0.07 | 0.21±0.03 | — | — |
| | T3 | 0.54±0.06 | 0.22±0.04 | — | — | — |
| 3-甲氧基丙酸-3-己烯酯 | CK | — | — | — | 0.56±0.08 | — |
| | T1 | — | — | — | 0.24±0.02 | — |
| | T2 | — | — | 2.83±0.52 | — | — |
| | T3 | 0.94±0.16 | — | 0.78±0.09 | — | — |
| 2-甲基甲酸丁酯 | CK | — | — | — | — | — |
| | T1 | — | 0.32±0.04 | — | — | — |
| | T2 | — | — | — | — | — |
| | T3 | — | — | — | — | — |

续表

| 主要酯类物质 | 处理方式 | 含量 | | | | |
|---|---|---|---|---|---|---|
| | | 花后70d | 花后80d | 花后90d | 花后100d | 花后110d |
| 2-丙基甲酸戊酯 | CK | — | — | — | — | — |
| | T1 | — | 7.77±0.14 | — | — | — |
| | T2 | — | — | — | — | — |
| | T3 | — | 1.39±0.05 | — | — | — |
| 总量 | CK | 7.28±1.58 | 5.02±0.39 | 1.21±0.05 | 0.91±0.07 | 0.30±0.07 |
| | T1 | 5.73±0.68 | 9.30±0.12 | 0.48±0.13 | 0.54±0.13 | 1.91±0.06 |
| | T2 | 5.27±0.21 | 1.32±0.08 | 3.95±0.57 | 1.65±0.02 | 0.13±0.01 |
| | T3 | 3.93±0.50 | 2.60±0.05 | 1.38±0.10 | 0.59±0.01 | 0.41±0.07 |

**（四）水分胁迫对赤霞珠葡萄酮类物质含量的影响**

大马烯酮属于萜烯类化合物，具有玫瑰芳香味道。随着果实成熟，大马烯酮含量呈逐渐下降趋势（图28-9）。水分胁迫初期，大马烯酮含量迅速下降，花后80d至花后100d，大马烯酮含量变化不明显。花后100d，大马烯酮含量为：T2>T1>CK>T3，T1和T2处理组能显著促进大马烯酮的积累。花后110d，大马烯酮含量下降趋势明显，大马烯酮的含量分别是：T2>T1>CK>T3，T1和T2处理组能促进大马烯酮含量的积累。

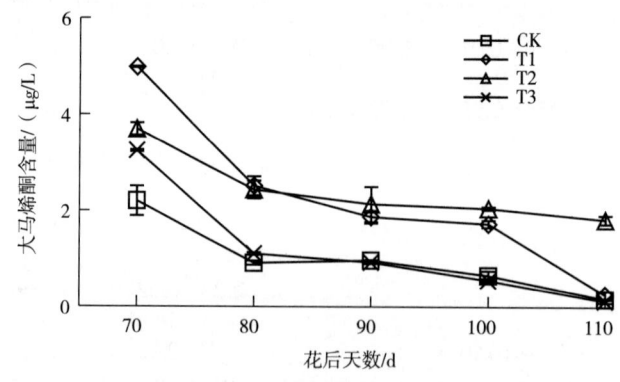

图28-9 水分胁迫对赤霞珠葡萄果实大马烯酮含量的影响

本试验共检测出7种酮类物质，不同时期共有的1种酮类物质是大马烯酮，酮类物质的总含量在0.42~12.76μg/L，酮类总含量呈逐渐下降趋势（表28-6）。整体而言，酮类物质到花后110d，总含量下降很多，环己二酮、丙酮这两种物质则检测不到。

表28-6　不同时期赤霞珠葡萄果实中的主要酮类物质及其含量　　　　单位：μg/L

| 主要酮类物质 | 处理方式 | 含量 | | | | |
|---|---|---|---|---|---|---|
| | | 花后70d | 花后80d | 花后90d | 花后100d | 花后110d |
| 3,6-二甲基-1,4-二氧六环-2,5-二酮 | CK | — | 3.09±0.93 | 0.58±0.07 | — | 0.25±0.12 |
| | T1 | 1.34±0.01 | 2.17±0.33 | 0.56±0.03 | — | 0.16±0.01 |
| | T2 | 1.48±0.10 | 0.33±0.01 | 0.57±0.05 | 0.17±0.01 | — |
| | T3 | 2.68±0.30 | 0.24±0.09 | — | — | 0.36±0.02 |
| 大马烯酮 | CK | 2.20±0.31 | 0.92±0.04 | 0.97±0.01 | 0.66±0.10 | 0.17±0.01 |
| | T1 | 4.99±0.01 | 2.51±0.20 | 1.87±0.13 | 1.73±0.07 | 0.26±0.08 |
| | T2 | 3.70±0.13 | 2.44±0.19 | 2.13±0.36 | 2.05±0.03 | 1.82±0.09 |
| | T3 | 3.24±0.02 | 1.11±0.03 | 0.93±0.03 | 0.56±0.04 | 0.12±0.03 |
| 2-丁烯酮 | CK | — | — | — | — | — |
| | T1 | — | — | — | 0.19±0.03 | 0.44±0.08 |
| | T2 | — | — | — | — | — |
| | T3 | — | — | 0.25±0.09 | — | — |
| 4-甲基-6-庚烯-3-酮 | CK | 1.20±0.11 | 0.93±0.03 | — | 0.11±0.05 | — |
| | T1 | 0.63±0.07 | — | — | 0.32±0.03 | — |
| | T2 | 0.37±0.04 | 0.46±0.10 | — | — | 0.33±0.02 |
| | T3 | 0.15±0.01 | 0.17±0.01 | — | — | — |
| 3-甲基-2-环戊烯酮 | CK | — | 3.30±0.05 | 2.43±0.19 | — | — |
| | T1 | — | — | — | — | — |
| | T2 | — | 3.64±0.17 | 2.24±0.28 | — | 0.86±0.01 |
| | T3 | — | — | 1.68±0.09 | — | — |
| 环己二酮 | CK | — | — | — | 0.20±0.00 | — |
| | T1 | 5.80±0.28 | 4.69±0.07 | 4.37±0.35 | 0.18±0.00 | — |
| | T2 | 5.39±0.23 | — | 3.47±0.32 | — | — |
| | T3 | — | — | 0.25±0.02 | — | — |
| 丙酮 | CK | — | — | — | — | — |
| | T1 | — | — | 1.30±0.04 | — | — |
| | T2 | — | — | — | — | — |
| | T3 | — | — | — | — | — |

续表

| 主要酮类物质 | 处理方式 | 含量 | | | | |
|---|---|---|---|---|---|---|
| | | 花后70d | 花后80d | 花后90d | 花后100d | 花后110d |
| 总量 | CK | 3.40±0.24 | 8.25±0.71 | 3.98±0.15 | 0.97±0.06 | 0.42±0.09 |
| | T1 | 12.76±0.37 | 9.37±0.38 | 8.09±1.06 | 2.41±0.10 | 2.42±0.12 |
| | T2 | 10.94±0.22 | 5.53±0.20 | 7.22±0.56 | 0.72±0.05 | 1.24±0.08 |
| | T3 | 6.53±0.34 | 2.85±0.17 | 4.32±0.48 | 2.05±0.03 | 0.69±0.11 |

### （五）水分胁迫对赤霞珠葡萄果实烃类物质含量的影响

本试验共检测出14种烃类物质，包括9种烯烃类物质和5种烷烃类物质。不同时期烃类物质的总含量在3.34~89.90μg/L（表28-7）。3,3,5-三甲基-1-己烯、2,6-二甲基-1,5-庚二烯、1,8-壬二烯，反式-4-癸烯、2-己烯、环戊烯、环己烷和正戊烷在花后70~90d出现，花后100d后，含量降低，个别则检测不到。

表28-7 不同时期赤霞珠葡萄果实中的主要烃类物质及含量　　　　　单位：μg/L

| 主要烃类物质 | 处理方式 | 含量 | | | | |
|---|---|---|---|---|---|---|
| | | 花后70d | 花后80d | 花后90d | 花后100d | 花后110d |
| 柠檬烯 | CK | 5.01±0.19 | — | 2.23±0.08 | 3.17±0.16 | 2.46±0.19 |
| | T1 | 3.46±0.08 | 5.16±0.05 | 1.16±0.01 | 3.95±0.57 | 2.30±0.18 |
| | T2 | 3.49±0.05 | 5.20±0.20 | 2.89±0.10 | 1.67±0.33 | 3.72±0.49 |
| | T3 | 2.68±0.11 | 3.43±0.08 | 4.54±0.24 | 3.49±0.43 | 1.74±0.24 |
| 环辛四烯 | CK | — | 0.67±0.10 | 13.41±0.63 | — | — |
| | T1 | — | 22.36±1.27 | 2.74±0.37 | 19.01±0.99 | 24.90±0.77 |
| | T2 | 12.31±0.05 | 15.50±0.09 | — | — | — |
| | T3 | 4.04±1.58 | — | — | — | 11.57±0.42 |
| 3,3,5-三甲基-1-己烯 | CK | 3.50±0.04 | 1.06±0.42 | 0.35±0.08 | — | — |
| | T1 | 1.51±0.26 | 0.95±0.05 | 0.40±0.11 | — | — |
| | T2 | 0.36±0.15 | 1.04±0.22 | — | — | — |
| | T3 | 5.71±0.36 | 1.91±0.75 | — | — | — |

续表

| 主要烃类物质 | 处理方式 | 含量 | | | | |
|---|---|---|---|---|---|---|
| | | 花后70d | 花后80d | 花后90d | 花后100d | 花后110d |
| 2-庚烯 | CK | — | — | 0.79±0.23 | — | 0.93±0.08 |
| | T1 | — | 15.08±0.18 | — | — | 3.36±0.14 |
| | T2 | — | 2.52±0.32 | — | — | — |
| | T3 | — | — | — | — | 0.37±0.19 |
| 2,6-二甲基-1,5-庚二烯 | CK | 0.16±0.04 | 0.16±0.08 | 0.13±0.02 | — | — |
| | T1 | 1.70±0.14 | 0.55±0.16 | 0.52±0.07 | — | — |
| | T2 | 0.47±0.18 | 0.17±0.09 | 0.25±0.10 | — | — |
| | T3 | 0.14±0.02 | 0.25±0.13 | — | — | — |
| 1,8-壬二烯 | CK | — | — | — | — | — |
| | T1 | — | — | 0.14±0.05 | — | — |
| | T2 | — | — | — | — | — |
| | T3 | — | — | — | — | — |
| 反式-4-癸烯 | CK | 0.15±0.05 | — | — | — | — |
| | T1 | — | — | — | — | — |
| | T2 | — | 12.66±0.08 | — | — | — |
| | T3 | — | — | — | — | 0.85±0.20 |
| 2-己烯 | CK | — | — | — | — | — |
| | T1 | — | — | — | — | — |
| | T2 | — | 0.22±0.01 | — | — | — |
| | T3 | — | — | — | — | — |
| 环戊烯 | CK | — | 2.89±0.10 | — | — | — |
| | T1 | — | 0.56±0.24 | 0.43±0.06 | — | — |
| | T2 | — | — | 0.18±0.04 | — | — |
| | T3 | — | 0.67±0.63 | 0.34±0.11 | — | — |
| 叔丁基环己烷 | CK | — | 5.43±0.37 | — | 0.67±0.10 | 0.21±0.07 |
| | T1 | 0.13±0.02 | 19.83±2.15 | — | — | — |
| | T2 | — | — | — | 7.92±1.11 | — |
| | T3 | 0.09±0.06 | — | — | — | — |
| 己基甲醚 | CK | — | — | 0.65±0.11 | 0.07±0.01 | 2.77±0.39 |
| | T1 | 2.70±0.64 | 1.28±0.52 | 0.50±0.07 | 1.35±0.07 | 0.719±0.30 |
| | T2 | — | 0.46±0.07 | — | — | 0.64±0.134 |
| | T3 | 2.60±0.21 | 0.14±0.03 | 0.25±0.05 | 0.30±0.18 | 0.67±0.06 |

续表

| 主要烃类物质 | 处理方式 | 含量 | | | | |
| --- | --- | --- | --- | --- | --- | --- |
| | | 花后70d | 花后80d | 花后90d | 花后100d | 花后110d |
| 异戊基甲醚 | CK | — | — | — | 0.22 ± 0.04 | — |
| | T1 | — | — | — | 0.48 ± 0.24 | 0.24 ± 0.07 |
| | T2 | 0.11 ± 0.03 | 1.19 ± 0.36 | — | — | — |
| | T3 | 1.15 ± 0.16 | 0.16 ± 0.03 | 1.20 ± 0.17 | — | — |
| 环己烷 | CK | 4.21 ± 0.58 | — | — | — | — |
| | T1 | 6.87 ± 2.00 | — | — | — | — |
| | T2 | 7.51 ± 1.77 | — | — | 0.72 ± 0.40 | — |
| | T3 | — | 4.05 ± 0.37 | — | — | — |
| 正戊烷 | CK | — | — | 1.01 ± 0.56 | — | — |
| | T1 | 0.05 ± 0.03 | — | — | — | — |
| | T2 | — | — | — | — | — |
| | T3 | 0.68 ± 0.18 | — | — | — | — |
| 总量 | CK | 17.78 ± 0.64 | 12.47 ± 0.52 | 33.82 ± 1.10 | 6.35 ± 0.32 | 6.76 ± 0.53 |
| | T1 | 13.33 ± 0.61 | 89.90 ± 2.80 | 11.36 ± 1.11 | 45.92 ± 2.81 | 61.12 ± 1.6 |
| | T2 | 33.28 ± 0.38 | 87.50 ± 2.04 | 6.83 ± 0.19 | 3.34 ± 0.65 | 7.44 ± 0.99 |
| | T3 | 25.14 ± 3.45 | 13.19 ± 1.43 | 10.12 ± 0.25 | 6.99 ± 0.85 | 29.91 ± 0.62 |

## 二、水分胁迫对赤霞珠葡萄果实挥发性风味物质相关合成基因表达量的影响

随着果实的成熟，$Vvlis$、$CCD1$、$HPLA$及$VvEcar$基因表达量呈先上升、后下降的趋势（图28-10）。不同处理组间表达量存在差异，整体上，不同生育时期，T1和T2处理组能促进几种基因表达，T3处理组则抑制几种基因的表达。

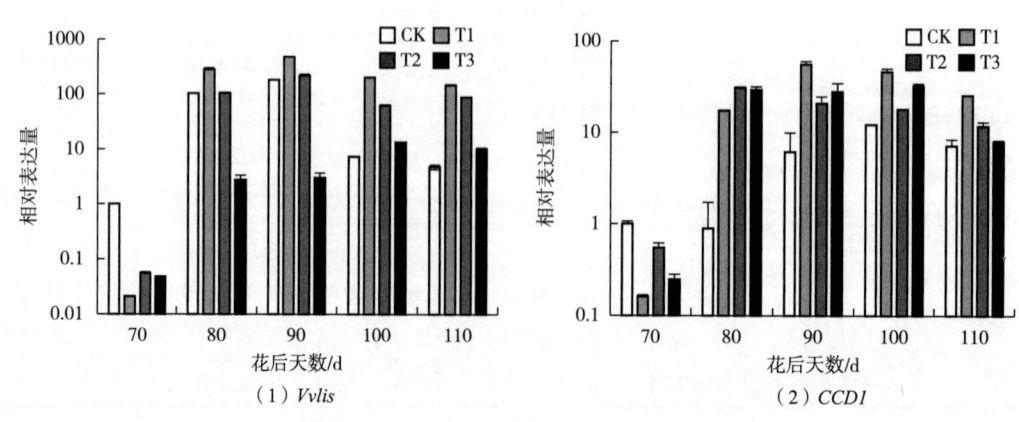

（1）$Vvlis$　　　　　　　　　　（2）$CCD1$

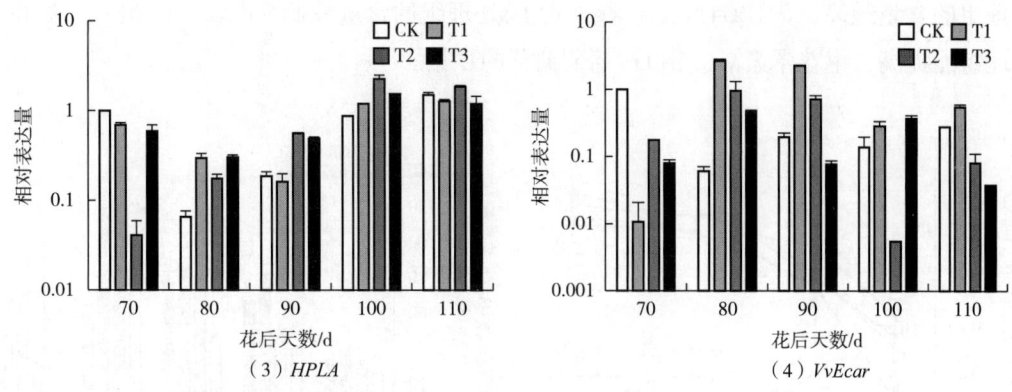

图28-10 水分胁迫对赤霞珠葡萄挥发性风味物质相关合成基因表达的影响

## 三、水分胁迫对赤霞珠葡萄果皮总花色苷含量的影响

赤霞珠葡萄果实总花色苷含量随着葡萄果实的成熟呈上升趋势（图28-11）。不同程度水分胁迫对总花色苷含量的影响不同，从70d至110d，T1和T2总花色苷含量均高于CK，在110d达到最大，且显著高于CK，T3除在70d和80d高于CK外，而其他时期均低于CK，表明轻度（T1）和中度（T2）能增加果实总花色苷含量，短时间重度水分胁迫（T3）也可以增加总花色苷含量，但长时间重度水分胁迫则不利于其积累。

随着浆果成熟，果皮中的花翠素Dp-3-$O$-葡萄糖苷含量呈先升高、后降低的趋势。T1和T2处理组花翠素Dp-3-$O$-葡萄糖苷含量都明显高于CK，T3处理组在成熟前期高于CK，后期低于CK。花青素Cy-3-$O$-葡萄糖苷在果实成熟过程中呈逐渐上升的趋势。与花翠素Dp-3-$O$-葡萄糖苷一样，整体上，T1和T2处理组花青素Cy-3-$O$-葡萄糖苷含量都高于CK，T3处理组在成熟前期高于CK，后期低于CK。甲基花翠素Pt-3-$O$-葡萄糖苷是葡萄果皮呈色的关键花色苷组分，随着果实的成熟，果皮中的甲基花翠素Pt-3-$O$-葡萄糖苷含量开始逐渐增加。T1和T2处理组甲基花翠素Pt-3-$O$-葡萄糖苷含量均高于CK。T3处理组在转色后一直积累，但到花后100d后略有降低。整体上，T1和T2处理组增加了甲基花翠素Pt-3-$O$-葡萄糖苷的含量，而T3则降低了。甲基花青素Pn-3-$O$-葡萄糖苷也随着果实成熟逐渐增加。T1处理组除花后70d和花后100d外，在其余时期均高于CK，T2处理组均高于CK，T3处理组在成熟前期高于CK，后期低于CK。二甲花翠素Mv-3-$O$-葡萄糖苷是葡萄果皮花色苷中比例最高的花色苷单体，呈现浅紫色，是葡萄果皮颜色的重要构成。二甲花翠素Mv-3-$O$-葡萄糖苷的含量3组（T1～T3）都在逐渐增加。T1、T2处理组在水分胁迫的整个时期二甲花翠素Mv-3-$O$-葡萄糖苷含量都要高于CK。花后100d各个处理组的二甲花翠素Mv-3-$O$-葡萄糖苷含量达到了最大值，其中T1

处理组的含量最高,为1504.54mg/kg,而T3处理组的含量最低为823.46mg/kg,表明T1处理组能提高二甲花翠素Mv-3-O-葡萄糖苷的积累。

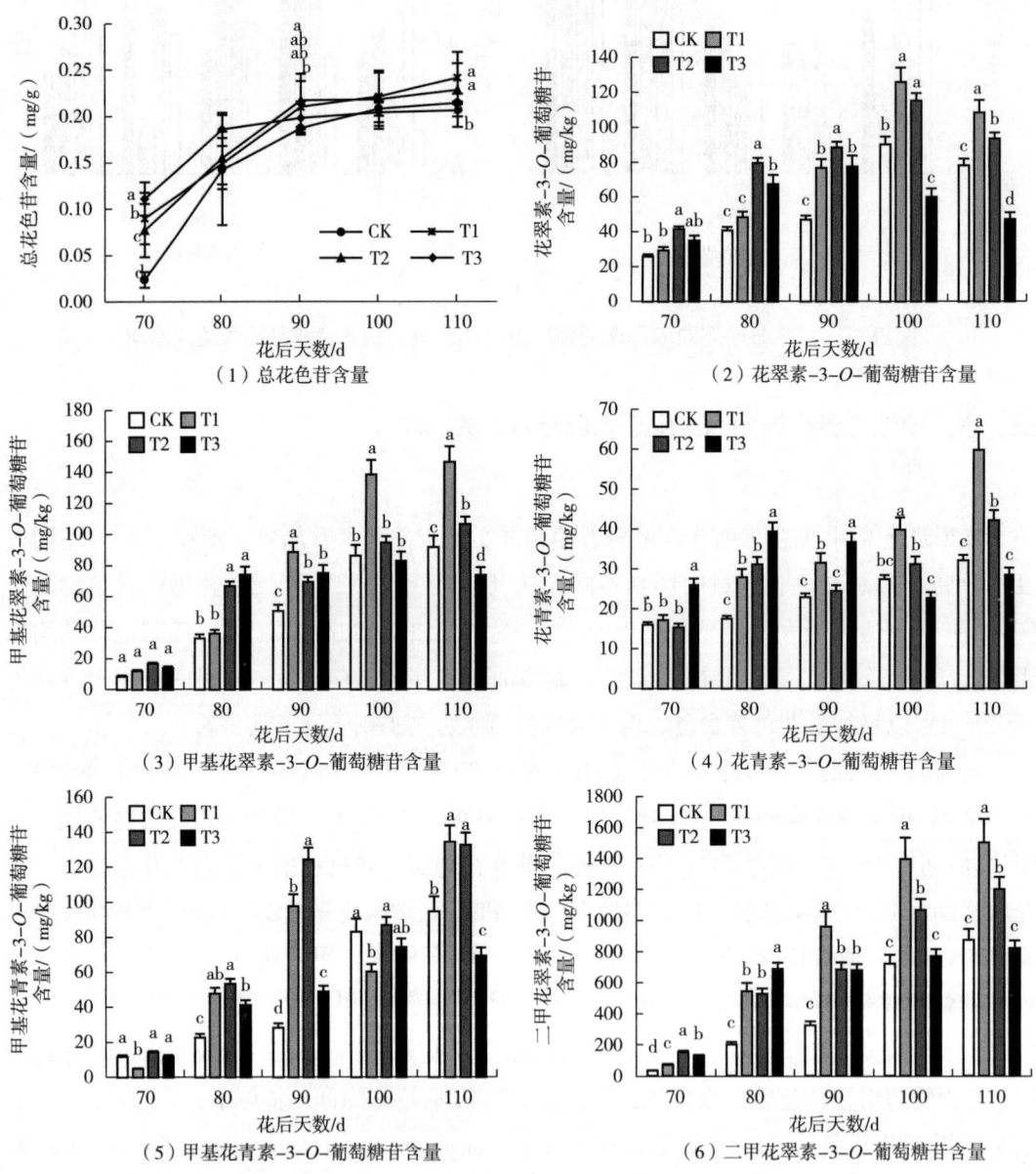

图28-11　不同水分胁迫处理对赤霞珠葡萄果皮花色苷含量的影响

## 四、水分胁迫对赤霞珠葡萄果皮花色苷合成相关基因表达量的影响

转色后,赤霞珠葡萄果皮与花色苷生物合成相关基因的表达量均呈现逐渐上升后下

降的趋势（图28-12）。不同程度水分胁迫处理对相关基因表达量的影响不同，表现在：T1、T2和T3处理*PAL*基因相对表达量从70d至110d均高于CK，表明水分胁迫处理导致*PAL*基因表达量的增加。T1和T2处理*CHS1*、*DFR*、*F3'H*、*F3'5'H*、*UFGT*和*MYBA1*基因相对表达量总体在70d至110d均高于CK，但T3处理组呈现波动变化，表明T1和T2能致使*CHS1*、*DFR*、*F3'H*、*F3'5'H*、*UFGT*和*MYBA1*基因的表达量增加，而T3会降低果实成熟后期*CHS1*、*F3'H*、*F3'5'H*和*UFGT*的表达量。

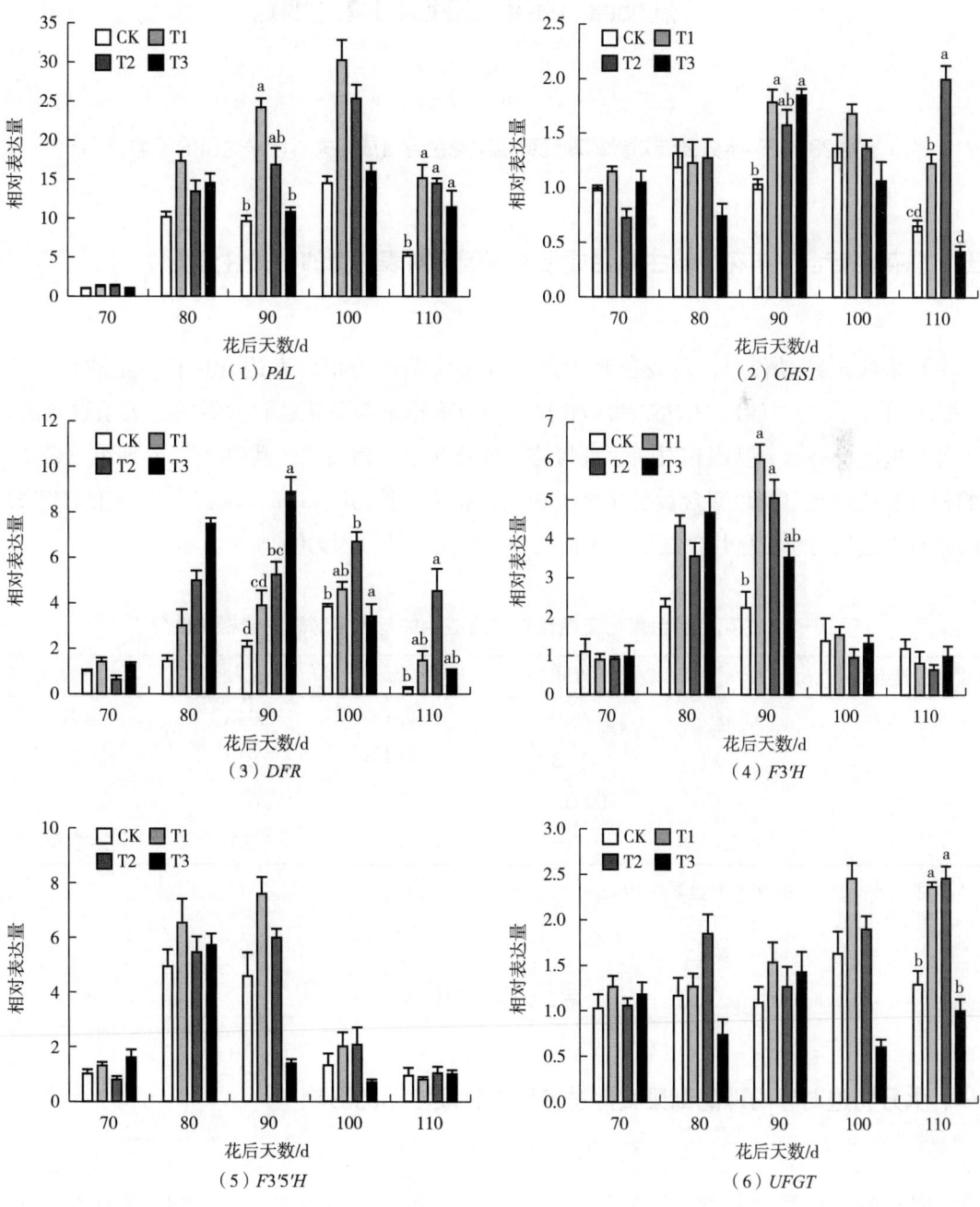

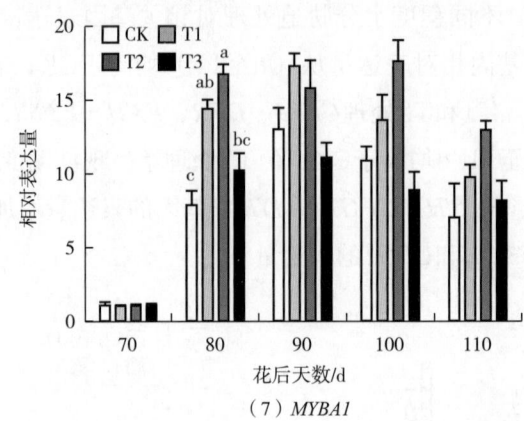

（7）MYBA1

图28-12 水分胁迫对赤霞珠葡萄果实花色苷合成相关基因表达量的影响

## 五、总花色苷含量与花色苷生物合成相关基因相对表达量的相关性分析

在果实成熟过程中，总花色苷含量与其相关基因的相对表达量具有一定的相关性（表28-8），其中，PAL、CHS1和MYBA1的相对表达量与总花色苷含量的相关系数较高。水分胁迫能提高部分基因相对表达量与总花色苷含量的相关性。其中，T2处理组下CHS1的相对表达量与总花色苷含量呈显著正相关，相关系数为0.897，T3处理组PAL和MYBA1的相对表达量与总花色苷含量呈显著正相关，相关系数分别为0.900和0.904。

表28-8 总花色苷含量与花色苷生物合成相关基因相对表达量相关性分析

| 处理组 | PAL | CHS1 | DFR | UFGT | MYBA1 |
| --- | --- | --- | --- | --- | --- |
| CK | 0.692 | -0.042 | 0.309 | 0.643 | 0.818 |
| T1 | 0.758 | 0.553 | 0.405 | 0.812 | 0.648 |
| T2 | 0.853 | 0.897* | 0.861 | 0.635 | 0.811 |
| T3 | 0.900* | -0.038 | 0.355 | -0.297 | 0.904* |

注：*表示在0.05水平上显著中相关。

## 第三节 讨论

### 一、水分胁迫对赤霞珠葡萄果实挥发性风味物质含量的影响

醛类物质对葡萄及葡萄酒的风味影响较大。脂肪酸来源的$C_6$化合物（六碳醛、六

碳醇及其酯类）和氨基酸来源的吡嗪类香气物质被认为是未成熟的葡萄果实的标志性成分，这些成分导致葡萄酒具有绿叶、青椒等不良的生青气味。随着果实成熟，该类物质含量会迅速下降。较少的降雨量和较长的日照时数有利于降低直链脂肪醛含量，增加萜烯类物质含量。就产地而言，海拔较高的葡萄园，浆果在成熟过程中脂肪酸来源的香气物质总量呈现持续上升的趋势，而海拔较低的葡萄园的果实则呈先升后降的趋势。本试验结果表明，随着浆果的成熟，醛类物质和酯类物质含量都呈下降趋势，醛类物质呈先上升、后下降趋势，表明水分胁迫并未改变醛类物质含量的变化趋势，能导致醛类物质含量下降，且随着水分胁迫程度的加深，醛类物质总含量呈下降趋势，但过度的水分胁迫，醛类物质总含量又呈现上升趋势。酯类物质含量呈先上升、后下降的趋势，T2处理组能促进酯类物质总含量下降，且随着水分胁迫程度的加剧，酯类物质含量呈逐渐下降的趋势，过度水分胁迫导致酯类物质呈上升趋势。水分胁迫都能使2-己醛、$E,E$-2,4-己二烯醛和3-甲基丁醛这3种物质呈现不同程度的下降。研究表明，在赤霞珠葡萄成熟过程中，果实挥发性香气物质的含量逐渐降低，种类也呈减少趋势。随着果实成熟，$C_6$醛类物质如正己醛、反-2-己烯醛和反,反-2,4-己二烯醛含量大量减少，致使果实中醛类物质的含量逐渐降低，醇类物质的含量因正己醇在成熟期被大量合成而大幅增加。本试验结果表明，挥发性物质总含量随时间变化呈下降趋势。沙砾土排水性好、保水性差，赤霞珠葡萄在夏季易受水分胁迫的危害，石灰石土壤通过岩石孔隙的毛细管作用能够保持良好的水分供应，降低水分胁迫的影响，因此，石灰石土壤中的葡萄果实香气物质含量较高。本研究结果表明，适度水分胁迫能促进醛类物质和酯类物质含量下降，这可能与水分充足、营养生长旺盛、适度水分胁迫有利于维持水分平衡、促进挥发性风味物质的积累有关。

在光合作用中，类胡萝卜素承担着光吸收辅助色素的重要功能，同时也是很多香气化合物的前体物质，类胡萝卜素降解产物的种类和含量与果实品质有关。*CCD1*是类胡萝卜素裂解双加氧酶（CCD）的同源基因，CCD是将类胡萝卜素转变为降异戊二烯类化合物的关键酶，CCD同源基因普遍存在于各种植物中。植物中*CCD1*大多位于细胞质，主要参与香气物质的合成。本试验结果表明，*CCD1*表达量呈先上升后下降趋势，T1处理组提高了*CCD1*基因的表达，随着水分胁迫程度加深，*CCD1*基因相对表达量呈下降趋势。芳樟醇合成酶是形成芳樟醇的关键酶，芳樟醇是植物香气的重要成分。本试验结果表明，赤霞珠葡萄中芳樟醇合成酶基因*Vvlis*在花后70d其表达量并未发生变化，随着浆果成熟，*Vvlis*基因表达量呈先上升、后下降的趋势，花后80~90d，T1处理组对其表达影响最大，达到峰值，与其他处理组间差异显著。随着处理进行，*Vvlis*基因表达量逐渐呈下降趋势，花后100~110d，T1和T2处理组效果最佳，有利于*Vvlis*基因表达，充分说明T1处理组有助于*Vvlis*基因表达，而T3处理组表达量较低，表明T3处理组会抑制基因表达。植物脂氢过氧化物裂解酶（HPLA）作为植物不饱和脂肪酸氧化途径中的关键酶，与植物特有香气、抗逆反应及信号传导和老化等生理过程有关。研究表明，长相思葡萄 $HPLA$ 基因在转色期表达量开始增加，在花后80~90d达到最大，随后逐渐下降。本研究发现，$HPLA$ 基因表达量前期呈逐渐上升趋势，T2处理组能促进 $HPLA$ 基因积累。从琼瑶浆和黑皮诺中分别克隆得到了5个萜类酶合成家族基因，由于它们的主要产物为丁香烯，所以这一类家族合成酶基因又被称为 $E-(\beta)$-丁香烯合成酶基因。目前，有关葡萄丁香烯合成酶基因在果实发育期基因表达调控方面的研究还未见报道。本研究发现，$VvEcar$ 基因表达呈先上升、后下降的趋势，基因表达量在花后80d达到最高，花后80~90d，T1处理组对 $VvEcar$ 基因表达量的影响最大，与CK和其他处理组间差异显著。随着时间推移，$VvEcar$ 基因含量呈下降趋势，花后110d，$VvEcar$ 基因含量为T1＞CK＞T2＞T3，T1处理组有利于基因表达，T3处理组则会抑制基因的表达。

## 二、水分胁迫对赤霞珠葡萄果实花色苷含量的影响

葡萄果实中存在多种花色苷，不同种花色苷的区别主要在于羟基数目、甲基化程度、糖结合数目和位置、结合于糖残基上芳香酸或脂肪酸数目和性质等。本研究检测出5种花色苷，分别为花翠素Dp-3-$O$-葡萄糖苷、花青素Cy-3-$O$-葡萄糖苷、甲基花翠素Pt-3-$O$-葡萄糖苷、甲基花青素Pn-3-$O$-葡萄糖苷和二甲花翠素Mv-3-$O$-葡萄糖苷，没有检测出花葵素Pg-3-$O$-葡萄糖苷，可能是二氢黄酮醇还原酶（DFR）具有底物特异性，不能催化二氢山柰酚因而不能生成花葵素Pg-3-$O$-葡萄糖苷。二甲花翠素Mv-3-$O$-葡萄糖苷含量最高，其次是甲基花青素Pn-3-$O$-葡萄糖苷，这可能与花色苷稳定性较高有关。花翠素Dp-3-$O$-葡萄糖苷、花青素Cy-3-$O$-葡萄糖苷是花色苷合成过程中最初合成的花色苷，随后发生甲基化、酰基化等形成更稳定的花色苷，因此，修饰后的产物含量最低。本研究发现，赤霞珠葡萄果皮中花翠素Dp-3-$O$-葡萄糖苷与花青素Cy-3-$O$-葡萄糖苷的含量从转色期到成熟期缓慢增加。T1和T2处理组能显著增加花翠素Dp-3-$O$-葡萄糖苷含量，而T3处理组则会使花翠素Dp-3-$O$-葡萄糖苷的含量减少，这可能与花色苷的合成过程和糖含量有关，糖类化合物是花色苷合成前体，适当水分胁迫会增加糖类化合物的积累，而过度水分胁迫则会抑制其积累。研究表明，水分胁迫下 $F3'5'H$ 表达程度会提高，能将花翠素Dp-3-$O$-葡萄糖苷与花青素Cy-3-$O$-葡萄糖苷转化为它们的甲基化衍生物，如甲基花翠素Pt-3-$O$-葡萄糖苷、甲基花青素Pn-3-$O$-葡萄糖苷以及二甲花翠素Mv-3-$O$-葡萄糖苷，从而促进甲基化花色苷的积累。二甲花翠素Mv-3-$O$-葡萄糖苷作为葡萄果皮中所占比例最高的花色苷，适度水分胁迫能显著增加其含量。综合来看，轻度水分胁迫对葡萄果皮中5种花色苷含量的提升效果最好。

本研究表明，在果实转色后，花色苷生物合成相关基因的表达量均呈先上升、后下

降的趋势。不同程度水分胁迫处理对相关基因表达量的影响也不同。轻度和中度水分胁迫导致PAL、CHS1、DFR、F3'H、F3'5'H、UFGT和MYBA1基因的表达量增加，重度水分胁迫降低了果实成熟后期CHS1、F3'H、F3'5'H和UFGT表达量。相关性分析表明，中度水分胁迫CHS1表达量与总花色苷含量呈显著正相关，重度水分胁迫PAL和MYBA1基因表达量与总花色苷含量呈显著正相关。从转色期开始，葡萄果实花色苷生物合成转录水平上调，在果实成熟后，转录水平下调。本研究中，在赤霞珠葡萄果实转色至成熟时间段，花色苷生物合成相关基因的表达量均呈现先上升、后下降的趋势。水分胁迫会改变花色苷生物合成过程中相关基因的转录水平，并上调葡萄花色苷合成途径中F3'H、DFR、UFGT、F3'H、F3'5'H和GST基因的表达。本研究中，轻度和中度水分胁迫使PAL、CHS1、DFR、F3'H、F3'5'H、UFGT和MYBA1基因的表达上调。重度水分胁迫降低了果实成熟后期CHS1、F3'H、F3'5'H和UFGT基因表达量。因此，重度水分胁迫导致总花色苷含量下降，可能是由于UFGT催化不稳定花色素糖基化，形成稳定的花色苷-3-葡萄糖苷关键结构基因，且重度水分胁迫显著降低了果实糖含量。花色苷生物合成中相关基因表达量与总花色苷含量变化具有相关性。本试验发现，中度水分胁迫CHS1表达量与总花色苷含量呈显著正相关，重度水分胁迫PAL、MYBA1基因表达量与总花色苷含量也呈显著正相关，并且水分胁迫会提高一些基因表达量与花色苷含量的相关性。

## 第四节 小结

（1）水分胁迫能不同程度地促进醛类物质含量的下降以及醇类物质的积累。适度水分胁迫（T1、T2）导致赤霞珠葡萄果实2-己醛、E,E-2,4-己二烯醛和3-甲基丁醛3种化合物含量显著下降，重度水分胁迫（T3）则抑制醛类物质含量的下降。适度水分胁迫能显著积累大马烯酮含量，重度水分胁迫抑制大马烯酮含量的积累。适度水分胁迫能显著促进果实挥发性风味物质相关基因表达，如Vvlis、CCD1、HPLA和VvEcar。

（2）T1和T2提高了浆果成熟过程中总花色苷含量，在花后110d达到最大，分别为0.241%和0.228%；T1和T2胁迫上调了PAL、CHS1、DFR、F3'H、F3'5'H、UFGT和MYBA1基因的表达量，T3会降低果实成熟后期CHS1、F3'H、F3'5'H、UFGT基因表达量。T1和T2促进了赤霞珠葡萄花色苷生物合成过程中相关基因的表达，从而提高了果实总花色苷含量，与CK相比，分别节水38.2%和69.1%，建议在生产中减少灌水，以达到合理的水分胁迫，为生产优质葡萄酒提供原料保障。

# 第二十九章 水分胁迫对赤霞珠葡萄结果枝糖分分配及果实有机酸含量变化规律的影响

糖分作为葡萄果实中花色苷、酚类、风味物质等诸多因素的基础物质，是评价葡萄品质的重要指标，糖分不仅决定着葡萄酒的潜在酒精度，而且对塑造葡萄酒的风味和品质起着重要作用。葡萄果实中糖的积累涉及一系列复杂的过程，包括光合产物运输、韧皮部装载和卸载及库细胞转运等。糖的运输、代谢和积累主要由基因决定，但环境因子（温度、光照、水分及风）和栽培措施等的变化也会影响糖代谢和积累。目前，关于水分胁迫对葡萄植株糖类分配规律的研究较少。

宁夏贺兰山东麓酿酒葡萄普遍存在果实成熟期有机酸含量下降过快，采收期酸度不足，致使所酿葡萄酒存在酒香不足、协调性差、褪色衰老快等问题，成为该产区葡萄酒产业发展的重要短板。目前，只能在葡萄未达到技术成熟度时提前采收或在酒精发酵前添加大量酒石酸以增加酸度，使该产区葡萄酒的本土特色遭到破坏。因此，该产区需要改进栽培技术，以减缓葡萄成熟期有机酸降解速度，确保葡萄果实在完全生理成熟并采收时保留较高的有机酸含量，为生产优质葡萄酒提供理想原料。

本试验主要研究水分胁迫对葡萄不同发育时期新梢韧皮部、叶片和果实中糖组分积累分配的规律以及果实有机酸含量的变化规律，了解水分胁迫下糖代谢的机理和调控机制，以期为酿酒葡萄的节水栽培和品质提升提供实践基础及理论依据。

## 第一节 材料与方法

### 一、试验材料

本试验于2017年5~10月在宁夏永宁县玉泉营镇，宁夏兰山骄子葡萄酒庄有限公司，国家葡萄产业技术体系水分生理与节水栽培岗位核心试验基地（38°14'19"N，106°2'0"E）进行，该地区气候属典型大陆性气候，土质为风沙土，土壤基本理化性质见表29-1。本试验选取试验基地9年生赤霞珠葡萄作为试验材料,葡萄园整形方式为"厂"字型,东西行向,株行距为0.5m×3.0m,葡萄园装有滴管控制设备,滴灌流速为0.6L/h。

表29-1　风沙土土壤基本理化性质

| 有机质含量/(g/kg) | 碱解氮含量/(g/kg) | 速效磷含量/(g/kg) | 速效钾含量/(g/kg) | pH | 不同粒径颗粒百分比/% | | |
|---|---|---|---|---|---|---|---|
| | | | | | 黏粒（<0.002mm） | 粉粒（0.002~0.020mm） | 沙粒（0.020~2.000mm） |
| 2.74 | 22.35 | 18.64 | 68.44 | 8.43 | 3.45 | 6.11 | 90.44 |

## 二、试验设计

选取9行赤霞珠葡萄植株,每行180棵,每行两端滴灌管上安装控水阀门。试验植株盛花期为2017年5月25日,坐果期为2017年6月8日（约花后20d）,此时开始进行水分胁迫处理,即通过滴灌时间控制灌水量,以黎明前葡萄叶片水势（$\Psi_b$）反映水分胁迫的程度。

在葡萄生长初期（萌芽到开花期）正常灌溉,无水分胁迫（CK,葡萄叶片黎明前水势$-0.20\text{MPa} \geq \Psi_b \geq 0\text{MPa}$）,试验从葡萄坐果期到转色期分别进行轻度、中度和重度3组水分胁迫处理,从完全转色后到采收期,在之前轻度、中度和重度3组处理的基础上分别再次进行轻度、中度和重度水分胁迫处理,共设9组处理（表29-2）。

表29-2　不同水分胁迫处理组参考标准

| 处理方式 | 坐果期-转色期 | 完全转色后-采收期 |
|---|---|---|
| CK | | 轻度水分胁迫（$-0.4\text{MPa} \geq \Psi_b \geq -0.2\text{MPa}$） |
| T1 | 轻度水分胁迫（$-0.4\text{MPa} \leq \Psi_b \leq -0.2\text{MPa}$） | 中度水分胁迫（$-0.6\text{MPa} \geq \Psi_b \geq -0.4\text{MPa}$） |
| T2 | | 重度水分胁迫（$-0.6\text{MPa} \geq \Psi_b$） |
| T3 | | 轻度水分胁迫（$-0.4\text{MPa} \geq \Psi_b \geq -0.2\text{MPa}$） |
| T4 | 中度水分胁迫（$-0.6\text{MPa} \leq \Psi_b \leq -0.4\text{MPa}$） | 中度水分胁迫（$-0.6\text{MPa} \geq \Psi_b \geq -0.4\text{MPa}$） |
| T5 | | 重度水分胁迫（$-0.6\text{MPa} \geq \Psi_b$） |
| T6 | | 轻度水分胁迫（$-0.4\text{MPa} \geq \Psi_b \geq -0.2\text{MPa}$） |
| T7 | 重度水分胁迫（$-0.6\text{MPa} \leq \Psi_b$） | 中度水分胁迫（$-0.6\text{MPa} \geq \Psi_b \geq -0.4\text{MPa}$） |
| T8 | | 重度水分胁迫（$-0.6\text{MPa} \geq \Psi_b$） |

试验处理于2017年6月8日（约花后20d）测得植株黎明前叶片水势值为−0.20MPa，根据所测定的黎明前叶片水势（$\Psi_b$）值以及试验期间葡萄园日降雨量和日气温（图29-1），每10d测一次黎明前叶片水势（$\Psi_b$）值，调节各处理组的灌水量，使其达到所设置的水势范围（表29-3）。

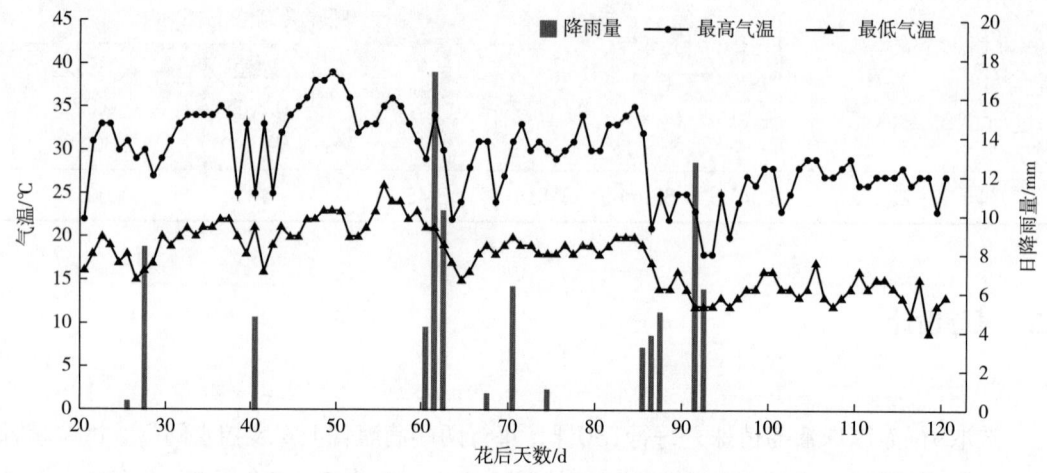

图29-1　试验期间气温和日降雨量

表29-3　各处理组灌水量

| 处理方式 | 花后时间/d | | | | | | | | | 总灌水量/(L/株) |
| --- | --- | --- | --- | --- | --- | --- | --- | --- | --- | --- |
| | 18 | 38 | 45 | 55 | 68 | 77 | 98 | 108 | 118 | |
| CK | 3 | 6.6 | 7.8 | 8.6 | 2.7 | 13.5 | 1.8 | 6 | 16.6 | 66.6 |
| T1 | 3 | 6.6 | 7.8 | 8.6 | 2.7 | 5.7 | 0.9 | 2.4 | 4.5 | 42.2 |
| T2 | 3 | 6.6 | 7.8 | 8.6 | 2.7 | 3.9 | — | 0.8 | 3.3 | 36.7 |
| T3 | 1.5 | — | 3.6 | 4.6 | — | 13.2 | 1.8 | 6 | 18.4 | 49.1 |
| T4 | 1.5 | — | 3.6 | 4.6 | — | 9.9 | 0.9 | 2.4 | 7.5 | 30.4 |
| T5 | 1.5 | — | 3.6 | 4.6 | — | 3.9 | — | 0.8 | 3.3 | 17.7 |
| T6 | — | — | 4.8 | 4.5 | — | 14.4 | 1.8 | 6 | 16.6 | 48.1 |
| T7 | — | — | 4.8 | 4.5 | — | 11.4 | 0.9 | 2.4 | 4.5 | 28.5 |
| T8 | — | — | 4.8 | 4.5 | — | 3.9 | — | 0.8 | 3.3 | 17.3 |

注："—"表示无灌水量。

不同水分胁迫处理组赤霞珠葡萄植株黎明前叶片水势值（$\Psi_b$）如图29-2所示，20d（指花后时间，余同）测得叶片基础水势均为−0.20MPa，且各处理组均在40d开始达到试验所设定的水势范围。在25~27d和60~75d由于降雨导致各处理组$\Psi_b$有所上升，但各处理组的$\Psi_b$均在所设定的试验范围内波动。由于降雨的因素，在85~90d也有类似情况，其中，在90d时测得T2和T7 $\Psi_b$偏离了试验设定范围，因此，本试验对98d的灌水量进行了调整，其中，后期为重度水分胁迫处理的T2、T5和T8不进行灌水，使得各处理组$\Psi_b$调整到试验设定范围内。

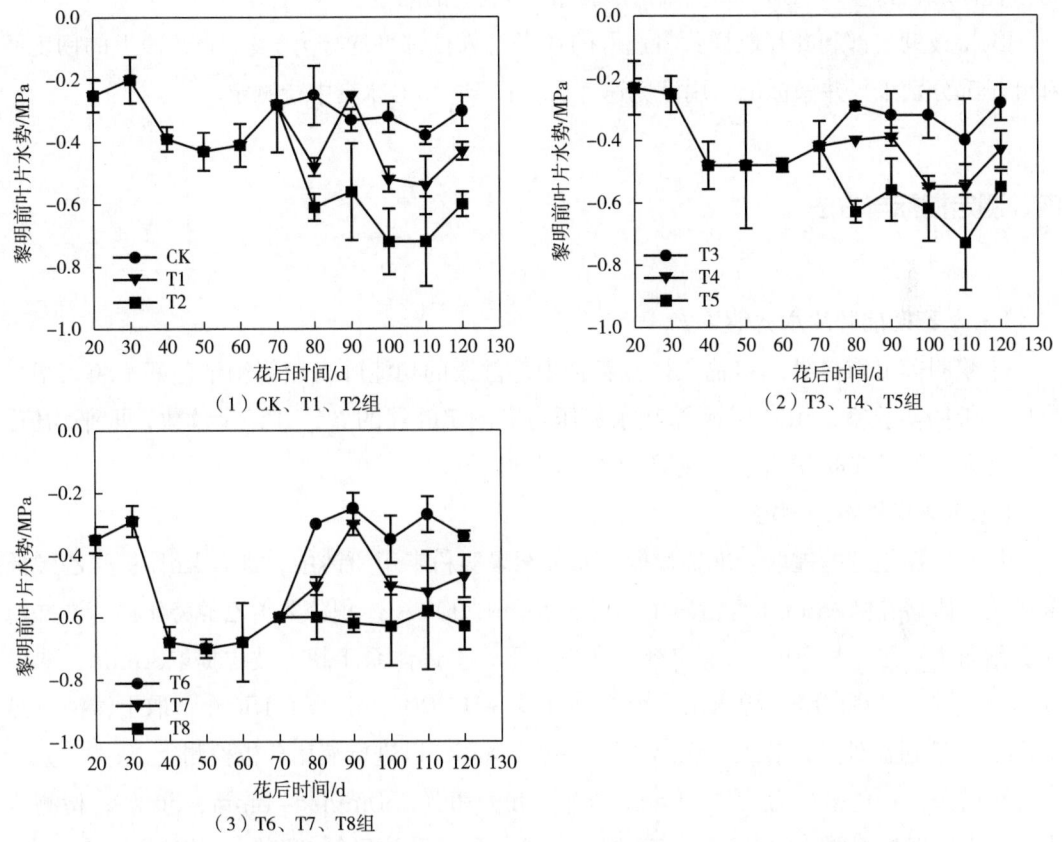

**图29-2 各处理组赤霞珠葡萄植株黎明前叶片水势**

各处理组赤霞珠葡萄植株均在2017年4月24日萌芽（编号：E-L4，其他也是此含义，不再写说明），5月25日盛花（E-L23），6月8日坐果（E-L27），从坐果期到转色期的不同水分胁迫处理对葡萄果实转色的时间产生了差异，其中CK、T1和T2为7月30日（65d）至8月4日（70d）、T3、T4和T5为7月23日（58d）至7月29日（64d）、T6、T7和T8为7月25日（60d）至8月1日（67d），各处理组均在9月23日（E-L38）进行采收。

## 三、样品采集

于2017年6月25日（30d）开始采样，每10天采样一次，直到2017年9月23日（120d）果实采收期，采样时间为早上8至9点，剪取各处理组下长势均一、有2穗果实的结果枝10

条，每个结果枝最下部留1~2个芽，并将结果枝的韧皮部、叶片、果实等部位分离。

果实取样：将选取的新梢上的果穗全部剪下，在所有果穗不同部位随机剪取果粒，测完果实百粒重后，取一部分用液氮速冻后，置于-80℃冰箱中待测定。剩下的果粒进行可溶性固形物含量（TSS）和可滴定酸含量（TA）的测定。

结果枝韧皮部和叶片取样：将选取的10条结果枝都平均分为5段，将每段上的韧皮部和叶子都分别采集并做标记，用液氮速冻后，置于-80℃冰箱中待测定。

## 四、测定指标与方法

### （一）黎明前叶片水势值（$\Psi_b$）

于黎明前摘取各处理组葡萄植株新梢中部健康的功能叶，用锡箔纸包好，装入塑封袋中，带回实验室，用3005型植物水势压力室测定叶片的$\Psi_b$，并记录读数，取平均值。每个处理组随机选取3棵植株，每棵植株取3片叶子。

### （二）果实糖组分测定

样品中糖组分的提取：准确称取1.0g葡萄果实粉末于研钵中，加入4mL 90%乙醇提取液充分研磨并倒入25mL容量瓶中，再加入8mL 90%（体积分数）乙醇将研钵清洗并转入容量瓶中，最后用90%乙醇定容。在室温下，上述体系于超声波中提取30min，取出冷却至室温后，用90%乙醇再次定容至刻度线。10000r/min离心15min，取上清液，经0.22μm滤膜过滤处理，装入2mL离心管，-4℃保存，以进行液相分析检测。

色谱条件：色谱柱为YMC-Pack Polyamine II（250mm×4.6mm，5μm）；检测器为蒸发光散射检测器（ELSD）；流动相为乙腈：水=75:25（体积比）；流速0.5mL/min；柱温30℃；进样量10μL。

标准溶液的配制：将标准葡萄糖、果糖和蔗糖均配制成5mg/mL的标准母液，将标准母液分别稀释成0.1~3.5mg/mL一系列标准溶液，经0.22μm滤膜过滤后进行液相测定。以标准溶液浓度为横坐标，峰面积为纵坐标，绘制标准线性回归方程。

### （三）蔗糖代谢相关酶的提取及活性测定

蔗糖代谢相关酶的提取及活性测定参考高俊凤（2006）的方法，并稍作修改。

相关酶的提取：称取葡萄果实粉末1.0g于预冷的研钵中，用2mL提取缓冲液进行冰浴研磨后转入离心管，再加入3mL提取缓冲液清洗研钵后转入离心管，于4℃离心（10000r/min）20min，上清液转入透析袋，置于透析缓冲液中，于4℃透析24h（期间更换1次透析缓冲液），将透析后的酶液转入5mL离心管，于4℃冰箱保存，分别进行酸性合成酶（AI）、中性合成酶（NI）、蔗糖合成酶（SS）和蔗糖磷酸合成酶（SPS）活性的测定。

AI活性测定：1mL的反应体系中加入0.97mL反应液（80mmol/L乙酸-$K_3PO_4$，pH 4.7，内含50mmol/L蔗糖，均为终浓度，余同）和30μL透析后的酶液，37℃水浴30min后，沸水浴3min中止反应。加入1mL DNS试剂，沸水浴5min，冷却至室温，于540nm处测定OD值。用沸煮灭活的酶液为对照。

NI活性测定：与AI活性测定方法类似，不同的是将1mL的反应体系换成0.95mL反应液（pH改为7.0）和50μL透析后的酶液，其余操作相同。

SS活性测定：反应体系中加入0.4mL酶反应液（100mmol/L Tris-MES，pH 7.0，内含10mmol/L果糖，5mmol/L醋酸镁，5mmol/L DTT），0.1mL二磷酸腺苷葡萄糖（UDPG），和100μL透析后的酶液，补水至1mL。37℃水浴30min后，沸水浴3min中止反应。加入2mol/L NaOH 0.1mL，沸水浴10min，冷却至室温，加入30% HCl 3.5mL，0.1%间苯二酚1mL，摇匀，80℃水浴10min，冷却至室温，于480nm处测定OD值。用蒸馏水代替UDPG作为对照。

SPS活性测定：与SS活性测定方法类似，操作相同，不同的是用10mmol/L 果糖-6-磷酸（F-6-P）代替酶反应液中的果糖。

### （四）有机酸含量测定

样品中有机酸含量的提取：将赤霞珠葡萄果实在超低温条件下（加液氮）研磨成粉末。用万分之一天平准确称取1.000g样品，向样品中加入含0.8% 1mol/L磷酸的蒸馏水25mL，在25℃水浴中振荡提取10min。待振荡均匀后于8000r/min，4℃条件下冷冻离心20min。取上清液用0.45μm滤膜过滤后用于上机分析。

高效液相色谱条件：利用高效液相色谱仪配有紫外检测器进行葡萄果实样品中有机酸的定性、定量分析。色谱柱为$C_{18}$色谱柱（250mm×4.6mm，5mm）；保护柱为Agilent $C_{18}$保护柱；流动相为3% 0.01mol/L $CH_3OH-KH_2PO_4$，pH 2.8；流速为0.8mL/min；柱温为25℃；进样量为10μL；检测波长为210nm。

标准品原溶液的配制：准确称取酒石酸、苹果酸和柠檬酸标准品各0.2g（精确至0.0001g），分别用纯净水定容至100mL容量瓶中，浓度为2mg/mL。

定性、定量分析：定性时将每种有机酸组分单标进样，通过出峰时间确定每种待测物质，定量时将每种有机酸标准品稀释成不同浓度梯度，分别做标准曲线，以标准溶液浓度为横坐标，峰面积为纵坐标，绘制标准线性回归方程。利用标准曲线方程计算出待测物质在葡萄汁中的含量。

## 五、数据分析

数据采用Microsoft office Excel 2010、Origin 9.0和Sigmaplot 12.5做图，DPS

V15.10进行统计分析。

## 第二节 结果与分析

### 一、水分胁迫对赤霞珠葡萄果实总糖组分含量的影响

#### （一）水分胁迫对赤霞珠葡萄果实果糖含量的影响

从坐果到采收过程中，赤霞珠葡萄浆果中果糖含量总体呈不同程度的上升趋势（表29-4）。在20~70d，葡萄果实中果糖的含量迅速增加；在90~120d，果糖的含量上升趋于平缓。不同水分胁迫对葡萄果实中果糖含量的影响不同。在20~40d，葡萄果实中果糖的含量很低，且各处理组间差异不显著。在60~70d，重度处理均显著高于CK，在70d，中度处理也略高于CK，表明从坐果期到转色期进行短期水分胁迫处理有利于葡萄果实果糖含量的积累。在90~120d，果糖含量逐渐上升并趋于平缓，其中，T1和T2处理组总体上均低于CK，而T4、T5、T6、T7总体上均高于CK（总体趋势）；说明适当水分胁迫处理有利于果糖含量积累。从坐果期到成熟期均为重度水分胁迫处理的T8，在完全转色后到成熟期也始终低于CK，说明长期过重的水分胁迫处理则不利于葡萄果实中果糖的积累。在120d，T4、T5、T6和T7均达到峰值，且分别较CK增加了10.4%、0.8%、0.9%和5.9%，其中，T4有最大值为90.88mg/（gFW）。

表29-4 水分胁迫对赤霞珠葡萄果实果糖含量的影响　　　单位：mg/（gFW）

| 处理方式 | 花后时间/d | | | | | | | |
|---|---|---|---|---|---|---|---|---|
| | 20 | 40 | 60 | 80 | 90 | 100 | 110 | 120 |
| CK | 1.73±0.03$^a$ | 1.93±0.03$^c$ | 19.58±0.28$^b$ | 37.93±0.82$^b$ | 65.18±0.04$^e$ | 75.40±0.17$^d$ | 81.70±0.09$^d$ | 81.43±0.02$^d$ |
| T1 | 1.73±0.03$^a$ | 1.93±0.03$^c$ | 19.58±0.28$^b$ | 37.93±0.82$^b$ | 50.88±0.29$^h$ | 57.83±0.07$^i$ | 81.13±0.11$^e$ | 79.73±0.17$^g$ |
| T2 | 1.73±0.03$^a$ | 1.93±0.03$^c$ | 19.58±0.28$^b$ | 37.93±0.82$^b$ | 59.05±0.10$^g$ | 65.33±0.07$^h$ | 78.85±0.06$^g$ | 80.15±0.06$^f$ |
| T3 | 1.88±0.29$^a$ | 2.40±0.05$^b$ | 10.80±0.05$^c$ | 38.23±0.3$^b$ | 66.03±0.08$^d$ | 68.20±0.06$^f$ | 77.13±0.12$^h$ | 75.18±0.07$^h$ |
| T4 | 1.88±0.29$^a$ | 2.40±0.05$^b$ | 10.80±0.05$^c$ | 38.23±0.3$^b$ | 66.70±0.07$^c$ | 83.90±0.04$^a$ | 82.80±0.16$^c$ | 90.88±0.04$^a$ |
| T5 | 1.88±0.29$^a$ | 2.40±0.05$^b$ | 10.80±0.05$^c$ | 38.23±0.3$^b$ | 69.45±0.11$^b$ | 78.30±0.32$^b$ | 80.65±0.11$^f$ | 82.10±0.07$^c$ |

续表

| 处理方式 | 花后时间/d | | | | | | | |
|---|---|---|---|---|---|---|---|---|
| | 20 | 40 | 60 | 80 | 90 | 100 | 110 | 120 |
| T6 | 1.93± 0.09$^a$ | 3.18± 0.1$^a$ | 37.50± 0.17$^a$ | 56.38± 0.09$^a$ | 70.03± 0.09$^a$ | 76.60± 0.19$^c$ | 84.83± 0.17$^a$ | 82.18± 0.07$^c$ |
| T7 | 1.93± 0.09$^a$ | 3.18± 0.1$^a$ | 37.50± 0.17$^a$ | 56.38± 0.09$^a$ | 59.20± 0.05$^g$ | 67.15± 0.21$^g$ | 83.93± 0.04$^b$ | 86.53± 0.09$^b$ |
| T8 | 1.93± 0.09$^a$ | 3.18± 0.1$^a$ | 37.50± 0.17$^a$ | 56.38± 0.09$^a$ | 60.20± 0.11$^f$ | 71.58± 0.17$^e$ | 75.93± 0.07$^i$ | 80.88± 0.02$^e$ |

注：同列不同小写字母表示$P<0.05$水平差异，余同。

## （二）水分胁迫对赤霞珠葡萄果实葡萄糖含量的影响

由表29-5可知，葡萄从坐果到采收过程中果实中葡萄糖含量变化趋势与果糖的变化趋势基本一致，总体大致也呈现出不同程度的上升趋势。在20~70d，葡萄果实中果糖的含量迅速增加，在90~120d，葡萄糖含量上升趋于平缓。不同水分胁迫对赤霞珠葡萄果实中果糖含量的影响不同。在20~40d，果实中葡萄糖的含量也呈现出较低水平，各处理组间差异不显著。在60~70d，水发重度胁迫处理组均显著高于CK，表明从坐果期到转色期进行水分重度胁迫处理组有利于葡萄果实中葡萄糖含量的积累。在90~120d，T1、T2和T8处理组总体上低于CK，而T4、T5、T6和T7总体上高于CK，说明从坐果期到转色期均为水分轻度胁迫处理的T1和T2，在完全转色后到成熟期进行中度和重度处理也不能使葡萄果实中葡萄糖的含量提高；从坐果期到成熟期均为水分重度胁迫处理的T8，在完全转色后到成熟期也始终低于CK，说明过轻或过重的水分胁迫处理均不能提高葡萄果实中葡萄糖含量。在120d，T4、T5和T7分别较CK增加了20.3%、1.9%、5.7%，其中，T4有最大值，为103.03mg/（gFW）。

表29-5 水分胁迫对赤霞珠葡萄果实葡萄糖含量的影响　　单位：mg/（gFW）

| 处理方式 | 花后时间/d | | | | | | | |
|---|---|---|---|---|---|---|---|---|
| | 20 | 40 | 60 | 70 | 90 | 100 | 110 | 120 |
| CK | 4.48± 0.2$^b$ | 4.83± 0.02$^b$ | 20.95± 0.08$^b$ | 41.9± 0.09$^b$ | 68.88± 0.10$^e$ | 76.10± 0.11$^d$ | 79.63± 0.46$^e$ | 82.08± 0.32$^d$ |
| T1 | 4.48± 0.2$^b$ | 4.83± 0.02$^b$ | 20.95± 0.08$^b$ | 41.9± 0.09$^b$ | 53.60± 0.38$^g$ | 60.40± 0.42$^h$ | 86.48± 0.24$^b$ | 81.15± 1.11$^d$ |
| T2 | 4.48± 0.2$^b$ | 4.83± 0.02$^b$ | 20.95± 0.08$^b$ | 41.9± 0.09$^b$ | 63.23± 0.05$^f$ | 68.43± 1.36$^g$ | 81.20± 0.36$^d$ | 81.33± 0.21$^d$ |

续表

| 处理方式 | 花后时间/d | | | | | | | |
|---|---|---|---|---|---|---|---|---|
| | 20 | 40 | 60 | 70 | 90 | 100 | 110 | 120 |
| T3 | 4.85 ± 0.07$^a$ | 4.75 ± 0.12$^b$ | 14.88 ± 0.14$^c$ | 40.68 ± 0.19$^c$ | 71.30 ± 0.28$^b$ | 70.88 ± 0.20$^{ef}$ | 80.73 ± 0.15$^d$ | 75.15 ± 0.74$^g$ |
| T4 | 4.85 ± 0.07$^a$ | 4.75 ± 0.12$^b$ | 14.88 ± 0.14$^c$ | 40.68 ± 0.19$^c$ | 70.35 ± 0.15$^d$ | 86.68 ± 0.47$^a$ | 93.08 ± 0.46$^a$ | 103.03 ± 0.66$^a$ |
| T5 | 4.85 ± 0.07$^a$ | 4.75 ± 0.12$^b$ | 14.88 ± 0.14$^c$ | 40.68 ± 0.19$^c$ | 70.88 ± 0.07$^c$ | 79.63 ± 0.46$^b$ | 84.70 ± 0.41$^c$ | 83.68 ± 0.27$^c$ |
| T6 | 4.88 ± 0.13$^a$ | 6.43 ± 0.25$^a$ | 40.43 ± 0.08$^a$ | 58.40 ± 0.24$^a$ | 72.78 ± 0.17$^a$ | 78.33 ± 0.39$^c$ | 85.00 ± 0.36$^c$ | 79.55 ± 0.26$^e$ |
| T7 | 4.88 ± 0.13$^a$ | 6.43 ± 0.25$^a$ | 40.43 ± 0.08$^a$ | 58.40 ± 0.24$^a$ | 62.88 ± 0.09$^f$ | 70.48 ± 0.36$^f$ | 86.98 ± 0.45$^b$ | 87.08 ± 0.66$^b$ |
| T8 | 4.88 ± 0.13$^a$ | 6.43 ± 0.25$^a$ | 40.43 ± 0.08$^a$ | 58.40 ± 0.24$^a$ | 63.15 ± 0.47$^f$ | 71.83 ± 0.29$^e$ | 75.50 ± 0.38$^f$ | 77.88 ± 0.86$^f$ |

### (三)水分胁迫对赤霞珠葡萄果实蔗糖含量的影响

由表29-6可知,从坐果到采收过程中,赤霞珠葡萄果实中蔗糖含量变化趋势总体上大致也呈现出不同程度的上升趋势,各处理组间变化差异较大。在20~70d,果实中蔗糖含量迅速上升;在90~120d,蔗糖含量变化趋于平缓。不同水分胁迫对果实中蔗糖含量影响不同。在20~70d,果实中蔗糖含量呈现快速上升的状态,除了在70d中度水分胁迫处理小于CK,其他时间中度和重度水分胁迫处理高于CK,表明从坐果期到转色期进行中度和重度水分胁迫处理均有利于葡萄果实中蔗糖积累,且重度水分胁迫处理较为显著。在90~120d,果实中蔗糖含量变化趋于平缓,其中,T1、T2和T3总体上均低于CK,而T4、T5、T6和T7总体上均高于CK;从坐果期到成熟期均为重度水分胁迫处理的T8,在110~120d低于CK,说明过轻或过重水分胁迫处理均不能提高果实中蔗糖含量。在120d,相比CK,T4、T5、T6和T7分别增加了19.7%、5.6%、13.8%和12.6%,其中,T4有最大值,为10.15mg/(gFW)。

表29-6 水分胁迫对赤霞珠葡萄果实蔗糖含量的影响　　　　单位:mg/(gFW)

| 处理方式 | 花后时间/d | | | | | | | |
|---|---|---|---|---|---|---|---|---|
| | 20 | 40 | 60 | 70 | 90 | 100 | 110 | 120 |
| CK | 2.90 ± 0.12$^a$ | 2.13 ± 0.07$^b$ | 2.98 ± 0.07$^c$ | 4.43 ± 0.10$^b$ | 5.53 ± 0.07$^{cde}$ | 6.15 ± 0.02$^e$ | 6.53 ± 0.28$^d$ | 8.15 ± 0.04$^e$ |

续表

| 处理方式 | 花后时间/d | | | | | | | |
|---|---|---|---|---|---|---|---|---|
| | 20 | 40 | 60 | 70 | 90 | 100 | 110 | 120 |
| T1 | 2.90±0.12$^a$ | 2.13±0.07$^b$ | 2.98±0.07$^c$ | 4.43±0.10$^b$ | 3.58±0.13$^f$ | 3.75±0.06$^g$ | 7.18±0.03$^c$ | 7.95±0.08$^f$ |
| T2 | 2.90±0.12$^a$ | 2.13±0.07$^b$ | 2.98±0.07$^c$ | 4.43±0.10$^b$ | 5.20±0.06$^{de}$ | 5.18±0.05$^f$ | 5.33±0.08$^e$ | 7.48±0.02$^h$ |
| T3 | 2.98±0.04$^a$ | 2.85±0.06$^a$ | 3.21±0.08$^b$ | 3.20±0.06$^c$ | 5.00±0.91$^e$ | 6.28±0.07$^{de}$ | 7.48±0.04$^b$ | 7.65±0.05$^g$ |
| T4 | 2.98±0.04$^a$ | 2.85±0.06$^a$ | 3.21±0.08$^b$ | 3.20±0.06$^c$ | 5.80±0.06$^{abc}$ | 6.90±0.03$^b$ | 6.63±0.05$^d$ | 10.15±0.12$^a$ |
| T5 | 2.98±0.04$^a$ | 2.85±0.06$^a$ | 3.21±0.08$^b$ | 3.20±0.06$^c$ | 6.28±0.05$^a$ | 6.43±0.04$^{cd}$ | 7.38±0.04$^b$ | 8.63±0.07$^d$ |
| T6 | 3.03±0.93$^a$ | 2.65±0.21$^a$ | 4.38±0.06$^a$ | 4.80±0.03$^a$ | 6.23±0.10$^{ab}$ | 7.80±0.11$^a$ | 8.40±0.04$^a$ | 9.45±0.04$^b$ |
| T7 | 3.03±0.93$^a$ | 2.65±0.21$^a$ | 4.38±0.06$^a$ | 4.80±0.03$^a$ | 5.90±0.08$^{abc}$ | 6.25±0.02$^e$ | 8.33±0.11$^a$ | 9.33±0.08$^c$ |
| T8 | 3.03±0.93$^a$ | 2.65±0.21$^a$ | 4.38±0.06$^a$ | 4.80±0.03$^a$ | 5.70±0.04$^{bcd}$ | 6.45±0.22$^c$ | 5.28±0.03$^e$ | 7.70±0.03$^g$ |

（四）水分胁迫对赤霞珠葡萄果实可溶性总糖含量的影响

如表29-7所示，从坐果到采收过程中果实的可溶性总糖含量大致总体呈不同程度的上升趋势。在60~70d，各组可溶性总糖含量迅速增加；在90~120d，可溶性总糖含量上升趋于平缓。不同水分胁迫对可溶性总糖含量影响不同。在20~40d，可溶性总糖含量缓慢上升。在60~70d，中度水分胁迫处理显著高于CK。表明从坐果期到转色期进行中度水分胁迫处理有利于可溶性总糖含量的积累。在90~120d，可溶性总糖含量逐渐上升并趋于平缓，其中，T4、T5、T6和T7始终高于CK，且在120d，分别增加了8.2%、7.5%、5.6%和3.8%。在60~120d，T8处理组大部分时段低于CK，说明适当水分胁迫处理有利于可溶性总糖含量的增加，而长期过度的重度水分胁迫处理则反之。

表29-7 水分胁迫对赤霞珠葡萄果实可溶性总糖含量的影响　　单位：mg/（gFW）

| 处理方式 | 花后时间/d | | | | | | | |
|---|---|---|---|---|---|---|---|---|
| | 20 | 40 | 60 | 70 | 90 | 100 | 110 | 120 |
| CK | 11.60±0.36$^a$ | 12.41±0.38$^c$ | 36.74±1.58$^b$ | 91.56±6.41$^b$ | 144.93±3.45$^{bc}$ | 160.52±10.16$^{cd}$ | 195.98±8.70$^a$ | 183.27±6.55$^{bc}$ |

续表

| 处理方式 | 花后时间/d | | | | | | | |
|---|---|---|---|---|---|---|---|---|
| | 20 | 40 | 60 | 70 | 90 | 100 | 110 | 120 |
| T1 | 11.60±0.36$^a$ | 12.41±0.38$^c$ | 36.74±1.58$^b$ | 91.56±6.41$^b$ | 126.24±4.75$^d$ | 141.57±3.56$^e$ | 196.51±7.48$^a$ | 181.93±13.66$^{bcd}$ |
| T2 | 11.60±0.36$^a$ | 12.41±0.38$^c$ | 36.74±1.58$^b$ | 91.56±6.41$^b$ | 133.75±6.70$^{cd}$ | 151.85±1.04$^{de}$ | 187.82±14.14$^b$ | 171.42±5.70$^{cd}$ |
| T3 | 11.40±0.07$^a$ | 14.35±0.80$^b$ | 61.87±8.09$^a$ | 116.93±8.47$^a$ | 148.44±5.69$^{bc}$ | 161.76±20.17$^{abc}$ | 191.50±5.63$^{ab}$ | 170.66±11.08$^d$ |
| T4 | 11.40±0.07$^a$ | 14.35±0.80$^b$ | 61.87±8.09$^a$ | 116.93±8.47$^a$ | 157.55±3.00$^{ab}$ | 184.37±7.10$^a$ | 200.45±0.68$^a$ | 199.56±11.31$^a$ |
| T5 | 11.40±0.07$^a$ | 14.35±0.80$^b$ | 61.87±8.09$^a$ | 116.93±8.47$^a$ | 166.96±11.51$^a$ | 172.39±12.28$^{ab}$ | 196.40±4.77$^{ab}$ | 198.22±7.20$^a$ |
| T6 | 12.06±0.81$^a$ | 19.97±0.15$^a$ | 21.29±4.83$^c$ | 99.18±10.20$^b$ | 148.37±19.02$^{cd}$ | 181.55±9.40$^a$ | 198.25±14.10$^a$ | 194.22±13.12$^{ab}$ |
| T7 | 12.06±0.81$^a$ | 19.97±0.15$^a$ | 21.29±4.83$^c$ | 99.18±10.20$^b$ | 150.03±14.79$^{bc}$ | 160.90±3.97$^{cd}$ | 205.44±6.35$^a$ | 190.58±10.67$^{ab}$ |
| T8 | 12.06±0.81$^a$ | 19.97±0.15$^a$ | 21.29±4.83$^c$ | 99.18±10.20$^b$ | 141.84±6.70$^{bc}$ | 163.18±2.86$^{bcd}$ | 191.23±9.95$^{ab}$ | 181.42±15.34$^d$ |

综上所述，葡萄果实发育进程中果糖、葡萄糖和蔗糖含量的变化大致均为逐渐上升趋势，积累模式基本一致，且均呈双"S"形曲线增长。随着葡萄果实成熟，3种糖的比例也存在着明显差异。在20~90d，各处理组葡萄糖含量增长速度高于果糖；在100~120d，葡萄糖和果糖比例大体上接近1∶1（质量比，余同），而蔗糖含量始终维持较低水平；在120d，各处理组蔗糖含量均没有超过可溶性总糖含量的5%，说明在收获期，葡萄糖和果糖是葡萄果实中主要积累的糖分。

在120d，T4处理下的3种糖含量均显著高于CK及其他处理组，T5、T6和T7处理组也显著高于CK，与可溶性总糖结果相一致，说明T4、T5、T6和T7处理组均能增加葡萄果实糖分含量。从坐果期到转色期为轻度水分胁迫处理的T1和T2，在完全转色后到成熟期分别进行中度和重度水分胁迫处理，在90~120d，中度和重度处理组糖分含量大体上低于CK，说明前期水分胁迫处理对葡萄果实的影响很大，在完全转色后对水分胁迫处理程度进行调节，产生的效果并不理想。从坐果期到成熟期均为重度水分胁迫处理的T8，在20~70d，糖含量均显著高于CK，在110~120d均低于CK，说明短期重度水分胁迫处理能增加葡萄果实糖分含量，而长时间过重水分胁迫处理反而降低了果实糖分积累。表明过轻或过重水分胁迫处理均不能提高葡萄果实中糖分含量。

## 二、水分胁迫对赤霞珠葡萄果实蔗糖代谢相关酶活性的影响

### （一）水分胁迫对赤霞珠葡萄果实AI活性的影响

由图29-3可知，浆果生长过程中，果实酸性转化酶活性呈现出先上升后波动式下降的趋势。在40~70d，AI活性快速上升。在90~110d，AI活性呈现波动式下降，且逐渐趋于平缓。不同水分胁迫对葡萄果实中AI活性的影响不同，AI活性在70d达到峰值，且均为重度水分胁迫处理＞中度水分胁迫处理＞CK，表明水分胁迫处理可提高AI活性。在90~110d，各处理组AI活性下降并趋于平缓，其中，在110d，T3、T4、T5、T6和T7高于CK，分别较CK增加了8.7%、11.5%、13.0%、2.6%，说明T3、T4、T5、T6和T7处理组可以提高果实中AI的活性。T8处理组在40~70d均高于CK和其他处理组，在90~110d，又均显著低于CK，表明短期的水分胁迫可增加AI活性，而过长时间过重的水分胁迫则反之。

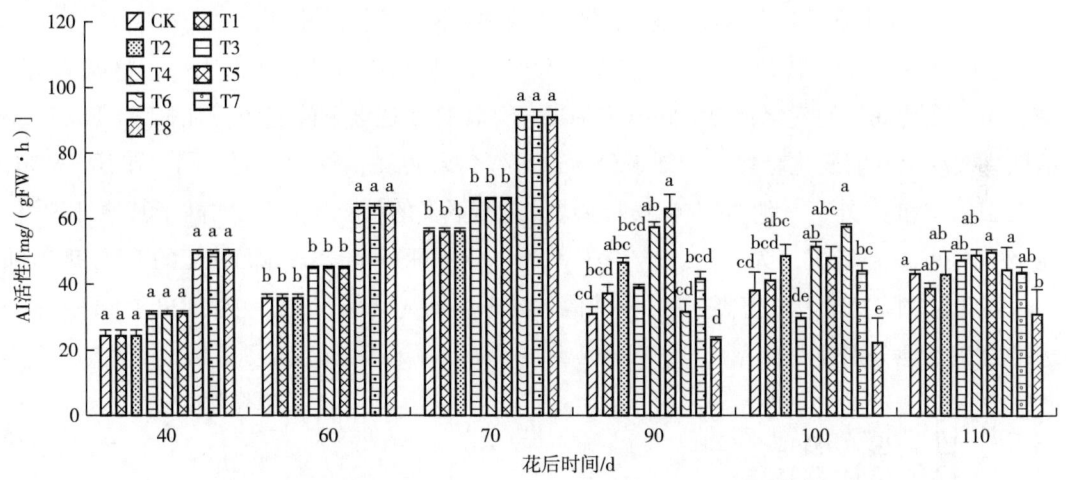

图29-3　水分胁迫对赤霞珠葡萄果实AI活性的影响

注：数据由平均值±标准差（SD）表示，不同小写字母表示$p<0.05$水平差异，余同。

### （二）水分胁迫对赤霞珠葡萄果实NI活性的影响

由图29-4可知，浆果生长发育进程中，NI活性呈先缓慢上升、随后趋于平稳的波动变化趋势。在40~60d，NI活性呈缓慢上升趋势，在70~110d，呈波动式变化并趋于平稳。不同水分胁迫对果实中NI活性的影响不同。在40~70d，除了60d的重度水分胁迫处理，其他时间总体呈现高于CK的趋势。在90d，除了T3和T8，其他各处理组均显著高于CK。在100~110d，T4和T5均高于CK，T4与CK差异极显著。在110d，T4有最大值为7.19mg/（gFW·h），说明T4和T5处理组可提高葡萄果实NI活性。T7和T8处理组，在100~110d低于CK，且差异极显著，表明过重水分胁迫会降低NI活性。

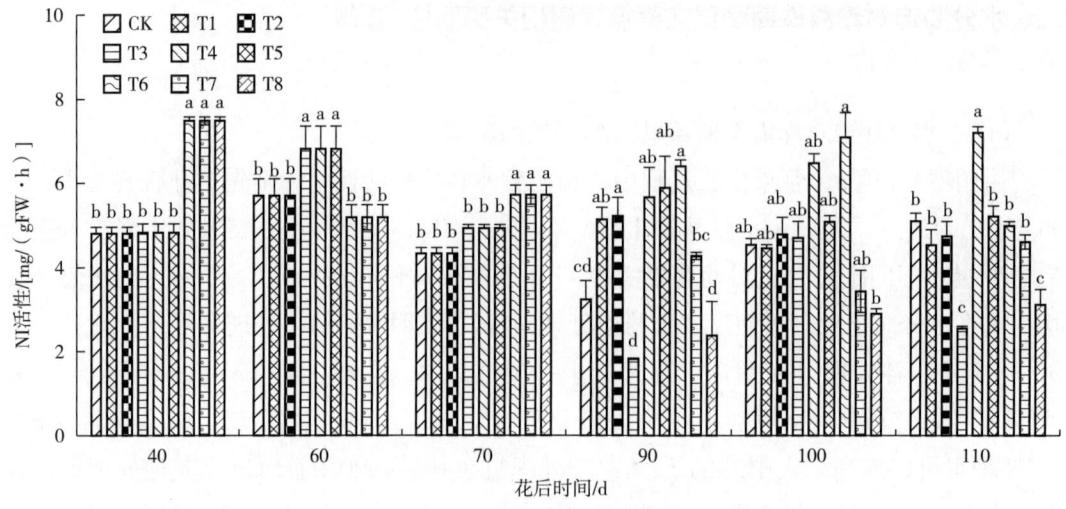

图29-4 水分胁迫对赤霞珠葡萄果实NI活性的影响

### （三）水分胁迫对赤霞珠葡萄果实蔗糖合成酶（SS）活性的影响

由图29-5可知，葡萄果实生长发育进程中SS活性始终维持在较低水平，整体呈先下降、随后波动上升的变化趋势。在40~70d，SS活性呈逐渐下降趋势；在90~110d，SS活性呈波动上升的变化趋势。不同水分胁迫对葡萄果实SS活性的影响不同。在40~90d，除90d的T3和T5外，其他时间各处理组均呈逐渐下降的趋势，且CK均高于其他处理组。在90d，CK达到峰值，为1.68mg/（gFW·h）。在100~110d，除100d的T5处理组和110d的T5、T7处理组显著高于CK，其他各处理组均显著低于CK。在110d，T5和T7处理组的SS活性分别为2.04mg/（gFW·h）和1.97mg/（gFW·h）。

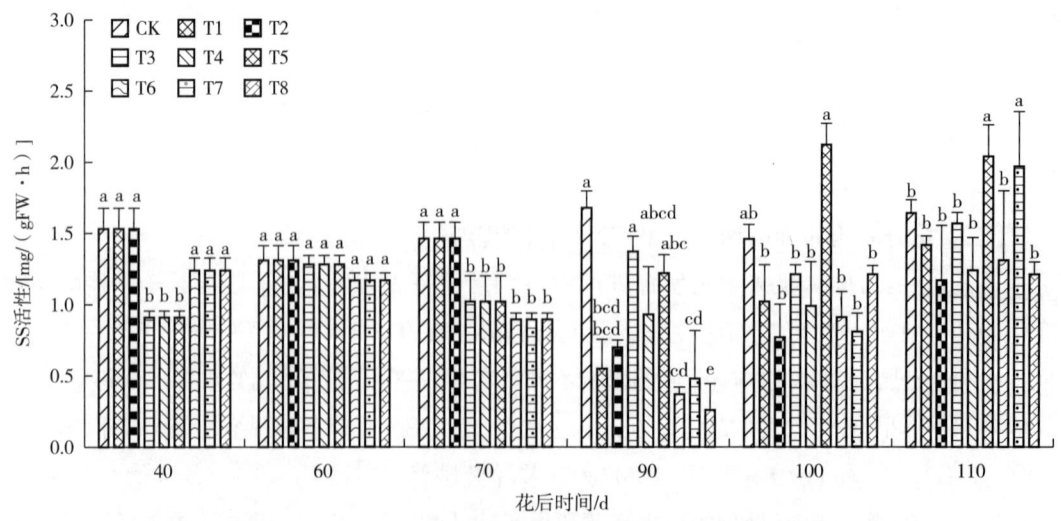

图29-5 水分胁迫对赤霞珠葡萄果实SS活性的影响

### （四）水分胁迫对赤霞珠葡萄果实SPS活性的影响

由图29-6可知，葡萄果实生长发育过程中SPS活性始终维持在较低水平，整体趋于平稳。在40~70d，SPS活性波动不大，变化趋于平缓；在90~110d，SPS活性呈波动式变化。不同水分胁迫对葡萄果实SPS活性的影响不同。在40~70d，处理组大体上高于CK，但差异不显著。在90d，T3、T4、T5、T7和T8高于CK，其中，T4有最大值为1.37mg/（gFW·h）。在100~110d，T3和T4均高于CK。在110d，T3和T4的SPS活性分别为1.06mg/（gFW·h）和1.17mg/（gFW·h）。而T8除了110d外，其他时间均高于CK，且在90d有峰值，为1.06mg/（gFW·h）。

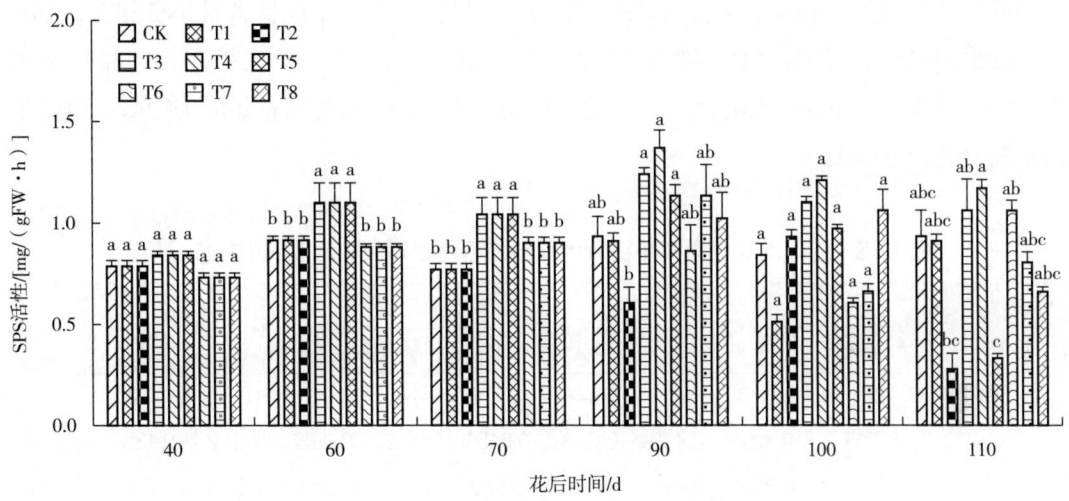

图29-6　水分胁迫对赤霞珠葡萄果实SPS活性的影响

## 三、赤霞珠葡萄果实糖组分与蔗糖代谢相关酶活性的相关性分析

由表29-8可知，在葡萄果实成熟过程中，葡萄果实糖组分（果糖、葡萄糖和蔗糖）含量与蔗糖代谢相关酶（AI、NI、SS-s、SPS）活性具有一定相关性。AI活性与葡萄果实糖组分含量呈正相关。与CK相比，水分胁迫提高了T1、T2、T4和T5处理组果实中糖组分含量与AI活性的相关性，T3、T6、T7和T8处理组降低了果实中糖组分含量与AI活性的相关性。T6、T7和T8处理组果实中糖组分含量与AI活性呈负相关，而T3处理组果实中果糖含量、葡萄糖含量与AI活性相关性极小，与蔗糖含量呈负相关。可见，AI活性与葡萄果实中果糖和葡萄糖累积关系密切，对蔗糖积累作用不明显。NI活性与葡萄果实糖组分含量呈负相关，其中，T7和T8处理组果实中糖组分含量与NI活性呈显著负相关，只有T5处理组果实糖组分含量与NI活性呈正相关，可见，NI活性对果实糖组分积累作用不明显。SS-s活性与葡萄果实糖组分含量呈正相关，与CK相比，T3和T5提高了果

实中糖组分含量与SS-s活性相关性，T1、T2、T4、T6、T7和T8降低了果实中糖组分含量与SS-s活性相关性，T5处理组SS-s活性与葡萄果实中蔗糖含量呈显著正相关；除了T2蔗糖含量与SS-s活性呈极小的正相关外，T1、T2、T6和T8处理组果实中糖组分含量与SS-s活性呈负相关；T4和T7处理组果实中糖组分含量与SS-s活性呈极小正相关。可见SS-s活性与蔗糖积累相关，与果糖和葡萄糖积累相关性极小。SPS活性与葡萄果实糖组分含量呈正相关，与CK相比，T3和T4提高了果实中糖组分含量与SPS活性的相关性，T8处理组提高了果实的蔗糖含量与SPS活性的相关性，T1、T2、T5、T6、T7和T8降低了果实中糖组分含量与SPS活性的相关性。T1、T2和T5处理组的SPS活性与果实中的果糖和葡萄糖含量呈负相关，T2和T5处理组的SPS活性与果实中蔗糖含量呈负相关；T6、T7和T8处理组葡萄果实中的果糖和葡萄糖含量与SPS活性呈极小的正相关，T6和T7处理组果实中的蔗糖含量与SPS活性呈极小的正相关。可见SPS是蔗糖积累的关键酶，也与果糖和葡萄糖积累相关。

表29-8 赤霞珠葡萄果实糖组分含量与蔗糖代谢相关酶活性的相关性分析

| 蔗糖代谢相关酶 | 糖组分 | 处理组 | | | | | | | | |
| --- | --- | --- | --- | --- | --- | --- | --- | --- | --- | --- |
| | | CK | T1 | T2 | T3 | T4 | T5 | T6 | T7 | T8 |
| AI | 果糖 | 0.323 | 0.411 | 0.648 | 0.0176 | 0.495 | 0.502 | -0.139 | -0.12 | -0.34 |
| | 葡萄糖 | 0.332 | 0.413 | 0.662 | 0.015 | 0.472 | 0.498 | -0.142 | -0.139 | -0.333 |
| | 蔗糖 | 0.392 | 0.418 | 0.798 | -0.199 | 0.25 | 0.267 | -0.283 | -0.351 | -0.467 |
| NI | 果糖 | -0.348 | -0.433 | -0.226 | -0.741 | 0.481 | -0.207 | -0.416 | -0.828* | -0.867* |
| | 葡萄糖 | -0.382 | -0.454 | -0.244 | -0.748 | 0.519 | -0.195 | -0.429 | -0.834* | -0.873* |
| | 蔗糖 | -0.363 | -0.458 | -0.285 | -0.62 | 0.594 | -0.0936 | -0.313 | -0.765 | -0.915* |
| SS | 果糖 | 0.515 | -0.319 | -0.7 | 0.706 | 0.0131 | 0.733 | -0.34 | 0.143 | -0.224 |
| | 葡萄糖 | 0.535 | -0.294 | -0.705 | 0.722 | 0.0659 | 0.783 | -0.36 | 0.14 | -0.257 |
| | 蔗糖 | 0.513 | 0.124 | -0.726 | 0.785 | 0.0398 | 0.819* | -0.146 | 0.339 | -0.322 |
| SPS | 果糖 | 0.496 | -0.057 | -0.577 | 0.625 | 0.752 | -0.341 | 0.284 | 0.153 | 0.321 |
| | 葡萄糖 | 0.486 | -0.0489 | -0.575 | 0.646 | 0.742 | -0.361 | 0.274 | 0.155 | 0.343 |
| | 蔗糖 | 0.434 | 0.199 | -0.474 | 0.4 | 0.74 | -0.479 | 0.192 | 0.0831 | 0.627 |

综上所述，在葡萄果实成熟过程中，AI和SPS是共同调节果糖和葡萄糖积累的关键酶，SS和SPS是共同调节蔗糖积累的关键酶，NI在葡萄果实糖组分积累过程中作用不明显。T1和T2处理组提高了葡萄果实中的糖组分含量与AI活性相关性；T3提高了糖组分含量与SS、SPS活性的相关性；T4提高了糖组分含量与AI、NI和SPS活性的相关性；T5提高了

葡萄糖和果糖含量与AI活性的相关性，并提高了糖组分含量与SS-s活性的相关性，其中，蔗糖含量与SS-s活性呈显著正相关。

## 四、水分胁迫对赤霞珠葡萄果实发育过程中有机酸含量变化的影响

### （一）水分胁迫对赤霞珠葡萄果实发育过程中酒石酸含量变化规律的影响

由图29-7可知，20~110d，不同水分胁迫处理组，赤霞珠葡萄果实中酒石酸含量均呈先升高、后迅速下降、再平稳的变化趋势。20~40d，中度水分胁迫处理组下酒石酸含量呈下降趋势，其余各处理组酒石酸含量均呈现上升趋势；40~90d，各处理组下酒石酸含量均迅速下降，其中重度水分胁迫处理组（T6、T7和T8）的果实酒石酸含量下降最快，平均下降10.53g/L，轻度和重度水分胁迫处理组分别下降9.05g/L和7.61g/L；花后90d至110d，各处理组下葡萄果实酒石酸含量变化差异不明显，结果表明坐果期至转色期采用重度水分胁迫处理会抑制酒石酸的合成。

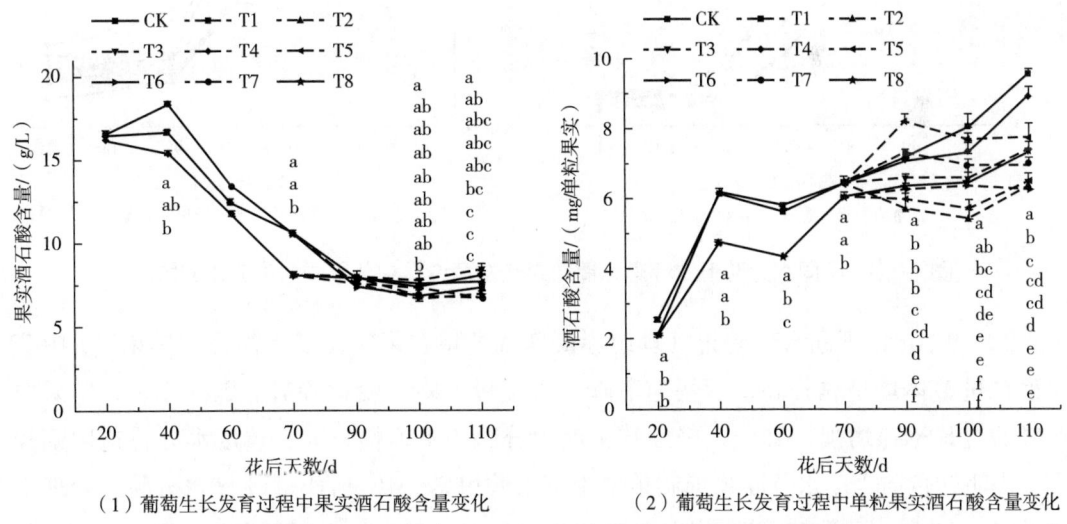

（1）葡萄生长发育过程中果实酒石酸含量变化　　　　（2）葡萄生长发育过程中单粒果实酒石酸含量变化

图29-7　不同水分胁迫对赤霞珠葡萄果实发育过程中酒石酸含量变化的影响

20~110d，不同水分胁迫处理组葡萄单粒果实中酒石酸含量均整体呈上升趋势。20~40d，酒石酸含量上升迅速。20~70d，重度水分胁迫处理组单粒果实酒石酸含量明显低于轻度和中度水分胁迫处理组；90~120d，与CK相比较，各处理组果实酒石酸含量都较低；110d，CK处理组单粒果实酒石酸含量最高，为9.54mg/单粒果实，其次为T4处理组，酒石酸含量为8.95mg/单粒果实。在整个生育期中，CK和T4处理组下单粒果实酒石酸含量分别积累了6.97mg/单粒果实和6.86mg/单粒果实，其余处理组下酒石酸积累量相差不大。T2、T6、T7处理组酒石酸的增长量最低，不利于酒石酸积累。

### （二）水分胁迫对赤霞珠葡萄果实发育过程中苹果酸含量变化规律的影响

由图29-8可知，20~110d，不同水分胁迫处理组，赤霞珠葡萄果实中苹果酸含量均呈先上升、后迅速下降、再缓慢下降的变化趋势，且差异性显著。各处理组下苹果酸含量在40d均达到峰值，其中重度水分胁迫下苹果酸含量最低，为12.04g/L；40~90d，中度水分胁迫处理（T3、T4和T5）果实苹果酸含量下降最明显，平均下降12.36g/L；90~110d，T5和T8处理组下苹果酸含量呈微量增加趋势，可能是由于转色后重度水分胁迫处理使果实严重皱缩，从而导致苹果酸含量上升。110d，CK和T1处理组葡萄果实苹果酸含量最高，分别为1.83g/L和2.02g/L；而T8处理组下葡萄果实苹果酸含量最低，为0.96g/L。

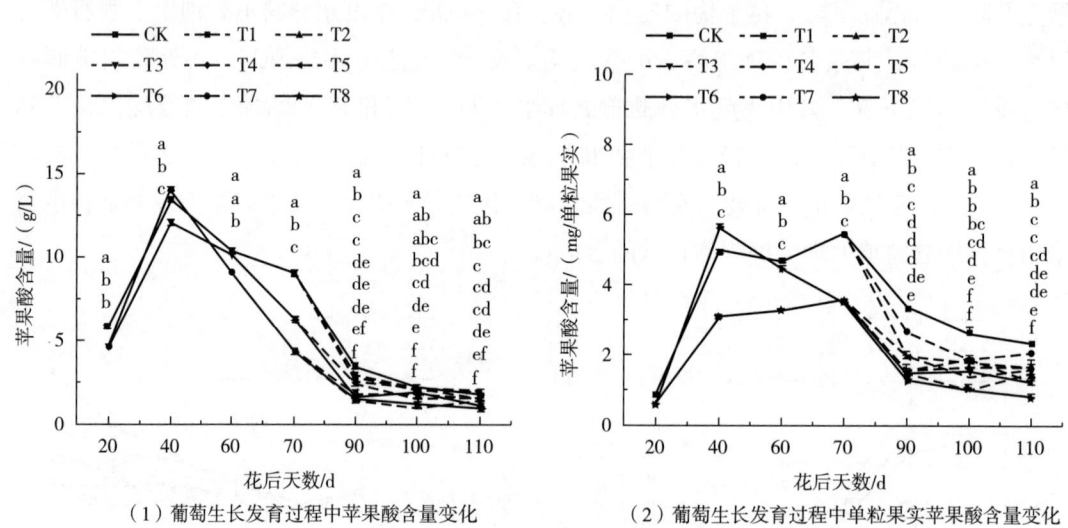

（1）葡萄生长发育过程中苹果酸含量变化　　　（2）葡萄生长发育过程中单粒果实苹果酸含量变化

图29-8　不同水分胁迫对赤霞珠葡萄果实发育过程中苹果酸含量变化的影响

20~110d，不同水分胁迫处理组赤霞珠葡萄单粒果实（以下简称"单果"）中苹果酸含量整体均呈先升高、后快速下降、再缓慢下降的变化趋势。20~40d，单果中苹果酸含量迅速增加，其中，轻度和中度水分胁迫下增幅较大，重度水分胁迫增幅较小，表明转色前重度水分胁迫抑制单果中苹果酸积累；40~70d，中度水分胁迫处理组单果苹果酸的含量明显下降，其他处理组下单果苹果酸含量无明显变化。70~90d，各处理组单果苹果酸含量快速下降，于110d时，CK处理组苹果酸含量最高，为2.39mg/单粒果实，其他8个水分胁迫处理组较CK都有所降低，其次为T1处理组，苹果酸含量为2.10mg/单粒果实，T7和T8处理组下的酒石酸含量最低，分别为1.24mg/单粒果实和0.83mg/单粒果实。在整个生育期中，CK处理组下苹果酸含量升高，为1.48mg/单粒果实，T1处理组增加了1.19mg/单粒果实，T8处理组积累量最少，为0.22mg/粒果实。

### （三）水分胁迫对赤霞珠葡萄果实发育过程中柠檬酸含量变化规律的影响

由图29-9可知，不同水分胁迫处理组赤霞珠葡萄果实中柠檬酸含量整体呈先上升、后下降、再平稳的变化趋势。20~60d，各处理组果实柠檬酸含量均上升，但重度水分胁迫下葡萄果实中柠檬酸含量增加量最大，为0.42g/L，轻度和中度水分胁迫处理组下葡萄柠檬酸增加量相当，均为0.33g/L；60~100d，果实中柠檬酸含量持续降低；90~110d，除CK和T3、T4处理组下果实中柠檬酸含量降低外，其他各处理组下果实中柠檬酸含量均有所上升；110d时，T1和CK处理组下葡萄果实柠檬酸含量最高，分别为0.49g/L和0.47g/L，其他处理组间差异不明显。

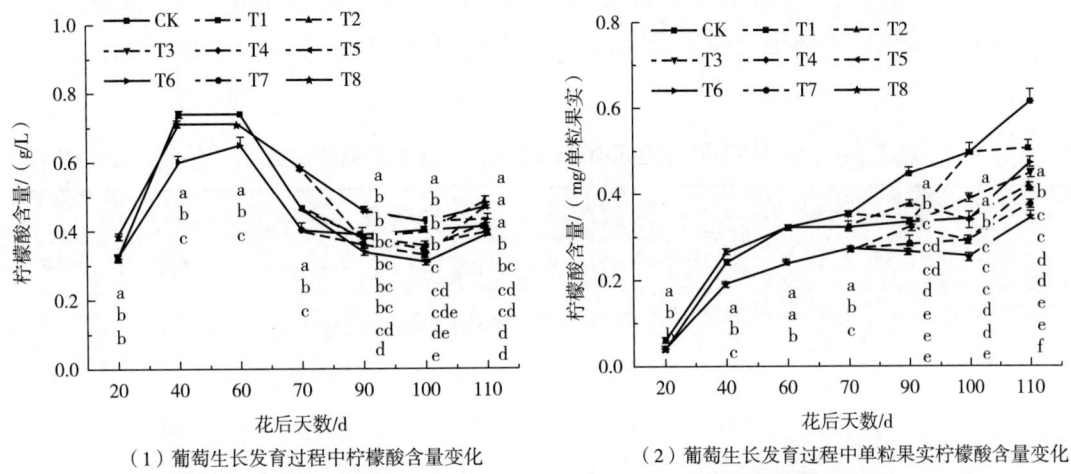

图29-9　不同水分胁迫对赤霞珠葡萄果实发育过程中柠檬酸含量变化的影响

在整个生育期内，赤霞珠葡萄单果中柠檬酸含量变化趋势与酒石酸基本一致，整体呈现上升趋势。20~70d，轻度及中度处理组单果中柠檬酸含量积累较多，分别增加了0.29mg/单粒果实和0.28mg/单粒果实，重度处理下单果中柠檬酸积累最少，为0.23mg/单粒果实。70~90d，各处理组单果柠檬酸含量均涨幅较小或有略微降低；110d，各处理组下单果中柠檬酸含量达到峰值，CK处理组单果柠檬酸含量最高，其次为T2和T4，分别为0.62mg/单粒果实、0.51mg/单粒果实和0.45mg/单粒果实；T8处理组单果柠檬酸含量最低，为0.34mg/单粒果实。在整个生育期中，CK处理下单果中柠檬酸积累量最多，为0.56mg/单粒果实。

## 五、水分胁迫对赤霞珠葡萄结果枝可溶性总糖分配规律的影响

### （一）水分胁迫对不同节位赤霞珠葡萄叶片可溶性总糖含量的影响

由表29-9可知，在赤霞珠葡萄植株生长发育过程中，各处理组结果枝不同时期相同节位叶片中可溶性总糖含量呈先上升、后下降的变化趋势，在40~100d各处理组均呈逐渐上升的趋势，在100~110d，呈迅速下降趋势。不同水分胁迫处理组对结果枝不同时期相同节位的叶片中可溶性总糖含量的影响不同。在40~70d，各处理组相同节位

叶片中可溶性总糖含量呈缓慢上升趋势，中度和重度处理组整体高于CK，表明中度和重度水分处理有利于叶片中可溶性总糖含量积累。在90~100d，各处理组均呈迅速上升趋势，且在100d达到峰值，其中，T3、T4、T5、T6、T7和T8处理组均高于CK。表明在葡萄果实的始熟期，叶片中积累了大量的可溶性总糖，有利于库器官中糖的积累。在100~110d，各处理组均呈现可溶性总糖含量迅速下降的变化趋势，表明在这一时期，叶片逐渐衰老，其光合作用能力降低，叶片中可溶性总糖含量降低，其中，T1、T3、T4、T5和T7大体上均高于CK，T2、T6和T8则低于CK。

表29-9　结果枝不同节位赤霞珠葡萄叶片可溶性总糖的含量　　单位：mg/（gFW）

| 时期 | 花后天数/d | 处理方式 | 结果枝不同节位叶片 | | | | |
|---|---|---|---|---|---|---|---|
| | | | 顶部 | 中上部 | 中部 | 中下部 | 基部 |
| 坐果期-转色期 | 40 | CK | 13.51 | 14.77 | 15.87 | 16.42 | 15.81 |
| | | 中度 | 20.84 | 20.53 | 18.28 | 17.13 | 16.31 |
| | | 重度 | 22.44 | 19.44 | 24.01 | 25.43 | 20.77 |
| | 60 | CK | 17.66 | 16.34 | 14.86 | 16.58 | 18.6 |
| | | 中度 | 22.7 | 24.72 | 23.87 | 23.03 | 21.59 |
| | | 重度 | 24.44 | 23.47 | 23.88 | 29.46 | 23.73 |
| | 70 | CK | 19.32 | 17.92 | 18.92 | 20.54 | 18.58 |
| | | 中度 | 30.94 | 33.5 | 29.91 | 31.78 | 26.58 |
| | | 重度 | 29.47 | 29.24 | 26.99 | 27.81 | 31.56 |
| 完全转色后-成熟期 | 90 | CK | 36.26 | 32.05 | 30.66 | 31.12 | 28.01 |
| | | T1 | 30.09 | 35.57 | 27.91 | 28.6 | 31.59 |
| | | T2 | 26.65 | 26.34 | 26.15 | 30.17 | 24.86 |
| | | T3 | 37.71 | 37.8 | 32.33 | 37.63 | 36.99 |
| | | T4 | 40.03 | 39.73 | 34.8 | 36.22 | 28.73 |
| | | T5 | 36.27 | 34.17 | 33.23 | 17.59 | 35.57 |
| | | T6 | 36.9 | 37.93 | 29.63 | 31.3 | 32.03 |
| | | T7 | 44.57 | 43.45 | 39.41 | 41.72 | 44.6 |
| | | T8 | 43.87 | 30.17 | 36.26 | 29.61 | 51.6 |

续表

| 时期 | 花后天数/d | 处理方式 | 结果枝不同节位叶片 | | | | |
|---|---|---|---|---|---|---|---|
| | | | 顶部 | 中上部 | 中部 | 中下部 | 基部 |
| 完全转色后-成熟期 | 100 | CK | 36.5 | 33.26 | 34.57 | 37.17 | 29.33 |
| | | T1 | 45.37 | 45.51 | 42.49 | 37.74 | 39.07 |
| | | T2 | 39.32 | 35.7 | 34.49 | 35.12 | 36.83 |
| | | T3 | 38.62 | 37.46 | 33.27 | 35.77 | 30.13 |
| | | T4 | 39.68 | 37.44 | 32.14 | 37.71 | 39.47 |
| | | T5 | 43.38 | 46.7 | 45.38 | 40.09 | 43.91 |
| | | T6 | 40.55 | 40.31 | 40.55 | 39.4 | 34.71 |
| | | T7 | 43.01 | 37.54 | 33.2 | 39.62 | 36.91 |
| | | T8 | 46.09 | 43.8 | 43.8 | 38.8 | 42.02 |
| | 110 | CK | 26.16 | 27.31 | 26.89 | 23.1 | 16.08 |
| | | T1 | 26.48 | 31.96 | 25.88 | 24.49 | 21.06 |
| | | T2 | 23.07 | 21.42 | 20.22 | 20.33 | 15.41 |
| | | T3 | 35.72 | 31.98 | 28.51 | 28.67 | 27.22 |
| | | T4 | 35.43 | 32.12 | 28.94 | 27.82 | 21.02 |
| | | T5 | 29.56 | 27.43 | 26.41 | 22.87 | 23.01 |
| | | T6 | 25.27 | 24.69 | 22.08 | 24.87 | 23.47 |
| | | T7 | 30.46 | 22.39 | 29.43 | 27.15 | 20.8 |
| | | T8 | 23.16 | 22.25 | 22.34 | 20.71 | 21.58 |

在赤霞珠葡萄生长发育的各个时期，同一处理组下结果枝不同节位的叶片可溶性总糖含量总体均呈先增加、后趋于平缓、再降低的变化趋势。坐果期到转色期，顶部到中上部上升，中上部到中下部趋于平缓，基部略有下降。其中，中度和重度处理高于CK，表明在转色期前中度和重度处理组均可提高不同节位叶片可溶性总糖含量。在90~100d，随着水分胁迫程度增加，枝条顶部叶片可溶性总糖含量增加，中上部到中下部降低且趋于平缓，基部可溶性总糖含量上升，其中，T8均为顶部和基部可溶性总糖含量较高，表明重度水分胁迫处理会改变糖运输方向，阻碍了糖向果实转运，转而向顶部和基部叶片运输，以提高枝条抗逆能力。在110d，各处理组结果枝不同节位叶片相比CK，可溶性总糖

含量均呈顶部上升，中上部到中下部降低且趋于平缓，基部上升，在成熟期，叶片开始衰老，光合作用效率降低，可溶性总糖含量低于其他时期。

**（二）水分胁迫对结果枝不同节位韧皮部可溶性总糖含量的影响**

由表29-10可知，在赤霞珠葡萄植株生长发育过程中，各处理组植株结果枝不同时期相同节位韧皮部中可溶性总糖含量呈"U"形变化趋势，即在40~70d呈缓慢下降趋势，在90~100d持续下降，并在这一阶段到达最小值，在100~110d又迅速升高，到达峰值。不同水分胁迫处理组对不同时期植株结果枝相同节位韧皮部可溶性总糖含量的影响不同。在40~70d，各处理组植株结果枝相同节位韧皮部中可溶性总糖含量呈缓慢下降的变化趋势，即在40d达到第一个高峰，CK处理组整体上高于中度和重度处理组，表明中度和重度水分胁迫处理促进了韧皮部中可溶性总糖的转运。在90~100d，各处理组植株结果枝相同节位韧皮部中可溶性总糖含量均持续下降，且在这一阶段到达最小值。其中，T4、T5和T8处理组均高于CK，T1处理组始终低于CK。在100~110d又迅速升高，达到第二个高峰，即在110d达到最大值。各处理组植株结果枝相同节位的可溶性总糖含量均高于其他时期，表明在葡萄果实成熟后期，可溶性总糖主要向枝条的韧皮部中转运储存。

表29-10 结果枝不同节位韧皮部可溶性总糖的含量　　单位：mg/（gFW）

| 时期 | 花后天数/d | 处理方式 | 结果枝不同节位韧皮部 | | | | |
|---|---|---|---|---|---|---|---|
| | | | 顶部 | 中上部 | 中部 | 中下部 | 基部 |
| 坐果期-转色期 | 40 | CK | 27.26 | 26.16 | 32.76 | 13.04 | 24.92 |
| | | 中度 | 19.08 | 19.92 | 20.98 | 21.17 | 19.94 |
| | | 重度 | 19.63 | 26.37 | 24.89 | 27.31 | 32.46 |
| | 60 | CK | 20.65 | 24.17 | 22.29 | 20.79 | 22.56 |
| | | 中度 | 20.48 | 26.59 | 21.14 | 26.16 | 26.30 |
| | | 重度 | 21.45 | 25.22 | 25.56 | 24.79 | 23.61 |
| | 70 | CK | 22.74 | 24.87 | 22.20 | 24.61 | 23.54 |
| | | 中度 | 20.63 | 23.66 | 23.29 | 25.81 | 25.56 |
| | | 重度 | 21.01 | 21.05 | 15.80 | 18.33 | 22.57 |
| 完全转色后-成熟期 | 90 | CK | 18.40 | 18.63 | 20.09 | 18.74 | 21.05 |
| | | T1 | 17.05 | 21.12 | 20.24 | 16.16 | 19.16 |
| | | T2 | 26.17 | 18.90 | 21.72 | 24.02 | 19.76 |
| | | T3 | 18.64 | 20.81 | 22.75 | 23.17 | 20.93 |

续表

| 时期 | 花后天数/d | 处理方式 | 结果枝不同节位韧皮部 | | | | |
|---|---|---|---|---|---|---|---|
| | | | 顶部 | 中上部 | 中部 | 中下部 | 基部 |
| 完全转色后-成熟期 | 90 | T4 | 27.16 | 26.84 | 23.67 | 24.00 | 25.94 |
| | | T5 | 24.01 | 21.72 | 23.58 | 24.47 | 24.48 |
| | | T6 | 17.71 | 17.70 | 17.99 | 21.79 | 18.47 |
| | | T7 | 20.39 | 19.09 | 25.08 | 23.04 | 22.62 |
| | | T8 | 22.60 | 27.72 | 23.94 | 26.58 | 20.07 |
| | 100 | CK | 18.10 | 19.35 | 17.54 | 17.39 | 18.83 |
| | | T1 | 18.59 | 14.35 | 15.52 | 14.29 | 13.39 |
| | | T2 | 27.08 | 14.89 | 16.65 | 10.07 | 16.67 |
| | | T3 | 19.08 | 26.33 | 19.04 | 22.06 | 21.08 |
| | | T4 | 24.58 | 23.15 | 21.13 | 24.88 | 23.02 |
| | | T5 | 26.84 | 25.50 | 22.89 | 25.05 | 24.54 |
| | | T6 | 23.05 | 21.00 | 20.07 | 28.49 | 25.56 |
| | | T7 | 16.83 | 18.29 | 17.21 | 19.57 | 18.65 |
| | | T8 | 26.85 | 27.56 | 21.57 | 30.30 | 24.64 |
| | 110 | CK | 37.91 | 49.82 | 32.34 | 37.04 | 35.13 |
| | | T1 | 35.54 | 37.89 | 30.57 | 37.49 | 30.53 |
| | | T2 | 39.20 | 53.66 | 35.65 | 37.65 | 40.01 |
| | | T3 | 40.39 | 42.08 | 32.05 | 41.47 | 40.50 |
| | | T4 | 22.11 | 27.08 | 26.55 | 27.14 | 23.22 |
| | | T5 | 18.93 | 21.73 | 22.02 | 22.78 | 23.88 |
| | | T6 | 21.37 | 25.99 | 22.13 | 24.31 | 25.73 |
| | | T7 | 18.58 | 19.07 | 24.08 | 24.01 | 25.63 |
| | | T8 | 38.78 | 39.83 | 45.11 | 23.09 | 26.34 |

在赤霞珠葡萄生长发育的各个时期，各处理组植株结果枝不同节位韧皮部可溶性总糖含量总体均呈先下降、后上升的变化趋势。坐果期到转色期，顶部到中部含量下降，中下部到基部含量上升。中度和重度处理组大体上低于轻度处理组，表明在转色前中度和重度处理组促进了韧皮部中可溶性总糖的转运。在90～100d，随着水分胁迫程度增加，枝

条顶部叶片可溶性总糖含量增加，中上部到中下部降至最低，基部可溶性总糖含量上升，其中，T8均为顶部可溶性总糖含量较高，说明重度水分胁迫处理改变了糖向果实的转运，转而向顶部运输。在110d，各处理组植株结果枝可溶性总糖含量总体达到峰值，其中，T2、T3和T8处理组的顶部和中上部含糖量高于CK，T4、T5、T6和T7低于CK，表明T2、T3和T8处理方式改变了糖的运输方向，转而向顶部和中上部运输；T4、T5、T6和T7向基部运输，糖可能向根部转移，有利于葡萄枝条的抗寒和抗旱，确保葡萄枝条的安全越冬。

## 六、水分胁迫对赤霞珠葡萄果实组分的影响

### （一）水分胁迫对赤霞珠葡萄果实百粒重的影响

由图29-10可知，随着赤霞珠葡萄果实生长发育，果实百粒重呈现不同程度的上升趋势。在40~90d，各处理组果实百粒重迅速上升；100~120d，各处理组果实百粒重缓慢上升；随着果实成熟，百粒重变化趋于平缓。不同水分胁迫处理组对葡萄果实百粒重的影响不同，其中，在40~120d，CK百粒重均显著高于其他处理组；在120d，CK果实百粒重达到110.70g，而T1、T2、T3、T4、T5、T6、T7和T8分别较CK降低了19.3%、19.8%、5.5%、8.6%、11.7%、23.7%、26.8%和28.8%，说明随着水分胁迫程度增加，葡萄果实的生长发育受到阻碍，降低了果实质量。

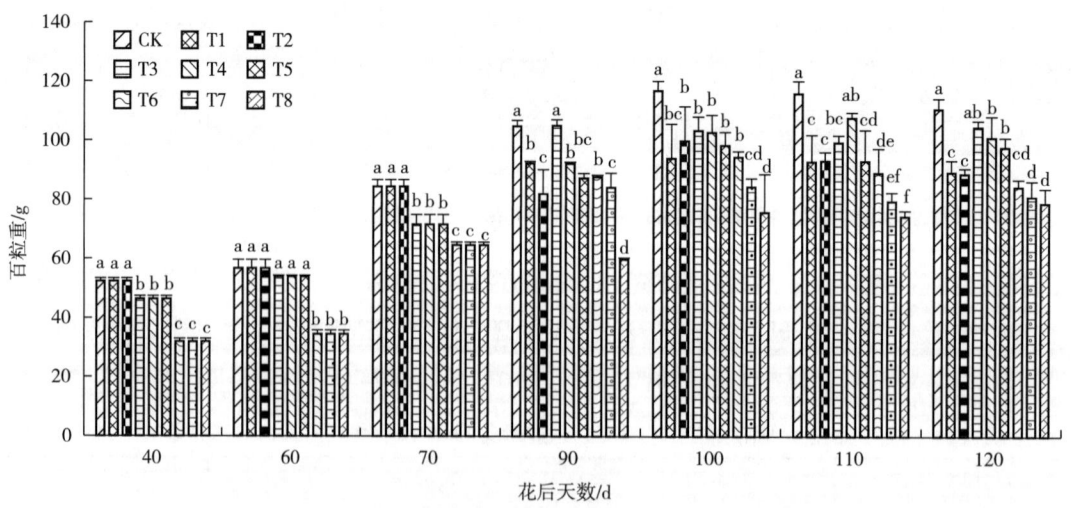

图29-10　水分胁迫对赤霞珠葡萄果实百粒重的影响

### （二）水分胁迫对赤霞珠葡萄果实可溶性固形物含量的影响

由图29-11可知，从坐果到采收过程中，赤霞珠果实总可溶性固形物（TSS）含量

呈现上升趋势。在40~70d，各处理组果实TSS含量快速增长；在90~120d时，各处理组浆果TSS含量均呈现缓慢上升、趋于平缓的变化趋势。不同水分胁迫处理组对葡萄果实TSS含量的影响不同，在40~60d，各处理组可溶性固形物含量维持在较低水平，在60~70d增速最快，且在40~70d，总体趋势为：重度水分胁迫＞中度水分胁迫＞CK。在110~120d，T3、T4、T5、T6和T7处理组的TSS含量总体上高于CK、T1和T2，而T8处理组在90~120d始终低于CK以及其他处理组，表明短期的水分胁迫能够提高果实TSS含量，但长期的水分胁迫会降低TSS含量。在120d时，T4、T5、T6和T7处理组的TSS含量分别较CK增加了4.3%、3.7%、1.0%和2.3%，说明适当的水分胁迫能提高赤霞珠葡萄果实TSS含量。

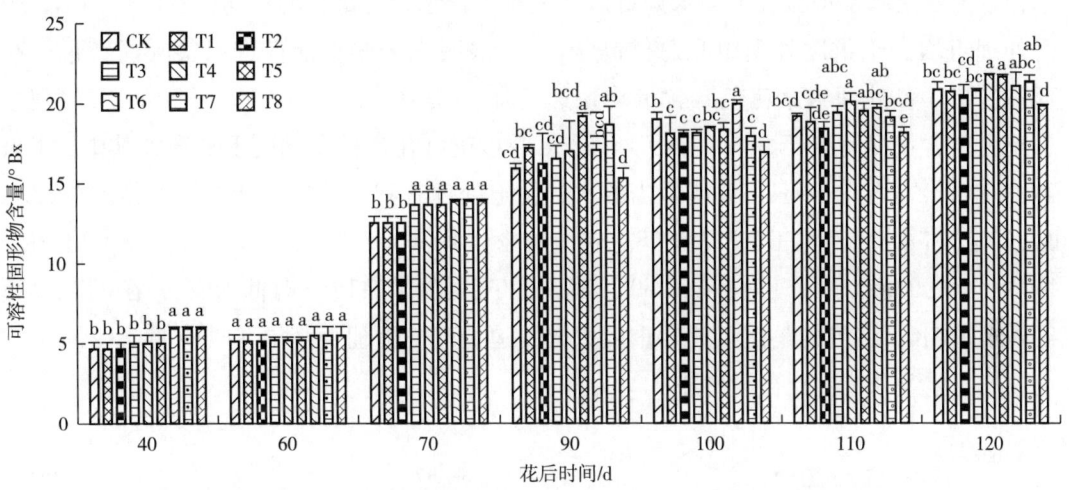

图29-11 水分胁迫对赤霞珠葡萄果实可溶性固形物含量的影响

### （三）水分胁迫对赤霞珠葡萄果实可滴定酸含量的影响

由图29-12可知，从坐果到采收过程中，赤霞珠果实可滴定酸（TA）含量呈现不同

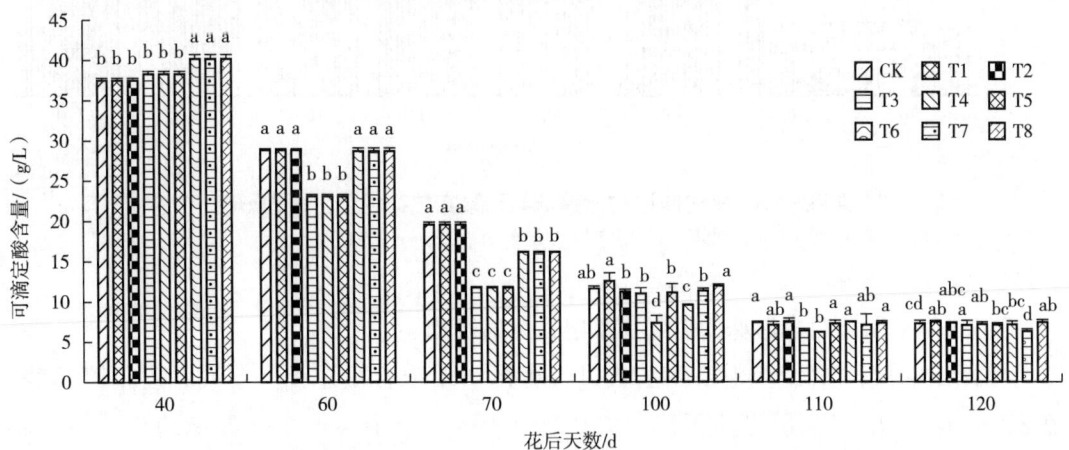

图29-12 水分胁迫对赤霞珠葡萄果实可滴定酸含量的影响

程度的下降趋势。在40~70d，各处理组TA含量快速下降；在100~120d，TA含量变化逐渐趋于平缓。不同水分胁迫处理对赤霞珠葡萄果实TA含量影响不同，在40~120d，T8处理组总体上高于CK，说明重度水分胁迫能抑制果实TA的降解；在40~120d，T3、T4、T5和T6处理组TA含量总体上均低于CK，说明适当水分胁迫能降低TA含量；在120d，T3、T4、T5、T6和T7处理组TA含量较CK降低了2.6%、1.2%、2.2%、1.8%和13.4%，表明适当水分胁迫能促进总酸转化。

### （四）水分胁迫对赤霞珠葡萄果实总花色苷含量的影响

由图29-13可知，从坐果到采收过程中果实总花色苷含量呈不同程度的上升趋势。在20~70d，总花色苷含量缓慢增加；在70~90d，总花色苷含量迅速增加；90~110d总花色苷含量变化趋于平缓。不同水分胁迫处理对总花色苷含量影响不同，在20~70d，中度处理组均高于重度处理组且总体高于CK，表明水分胁迫能促进果实提前转色。在70~90d，各处理组总花色苷含量均快速增加，其中，在90d，T3、T4和T7处理组总花色苷含量显著高于CK；在100~120d，总花色苷含量变化趋于平缓，其中，T4、T5、T6和T7均高于CK，说明适当的水分胁迫处理有利于总花色苷含量积累；在120d时，T2、T4、T5、T6、T7和T8总花色苷含量均高于CK，分别较CK增加了11.3%、17.6%、9.9%、5.3%、1.2%和15.5%，其中，T8处理组在110d时低于CK，在120d反而显著高于CK，这可能是由于长期重度水分胁迫处理使得葡萄浆果在收获期（120d）发生皱缩，导致总花色苷含量增加。

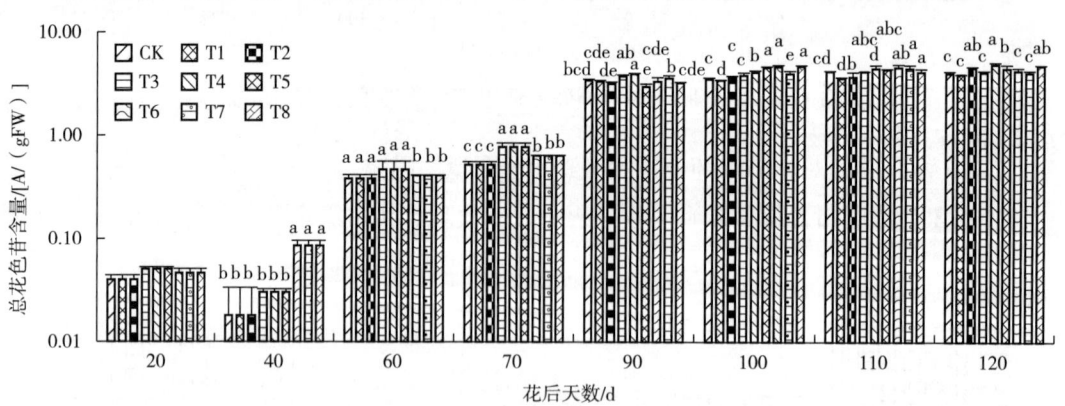

图29-13　水分胁迫对赤霞珠葡萄果实总花色苷含量的影响

注：Y轴为对数刻度（$\log_{10}$），不同小写字母表示差异显著（$p<0.05$）。

### （五）水分胁迫对赤霞珠葡萄果实单宁含量的影响

由图29-14可知，从坐果到采收过程中果实单宁含量总体呈不同程度下降趋势。在20~70d，单宁含量迅速下降；在90~120d，单宁含量变化逐渐趋于平缓。不同水分胁迫处理对单宁含量的影响不同，在20~70d，各处理组单宁含量均迅速下降,中度和重度处理组总体上高于CK,说明水分胁迫处理有利于单宁含量积累;在90~110d,单宁含量变化缓慢下降,其中,T1、T4、T5和T8始终高于CK,且在100d,T8有最大值为6.81mg/(gFW);在120d,除了T6低于CK,其他处理组均高于CK,其中,T1、T2、T3、T4、T5、T7和T8处理组分别较CK增加了5.4%、3.9%、12.0%、12.7%、20.9%、6.8%和12.5%。T8处理组在110d,与CK并无明显差异,在120d反而显著高于CK,这可能是由于长时间重度水分胁迫处理使得葡萄浆果在收获期(120d)发生皱缩,导致果实中单宁含量增加。

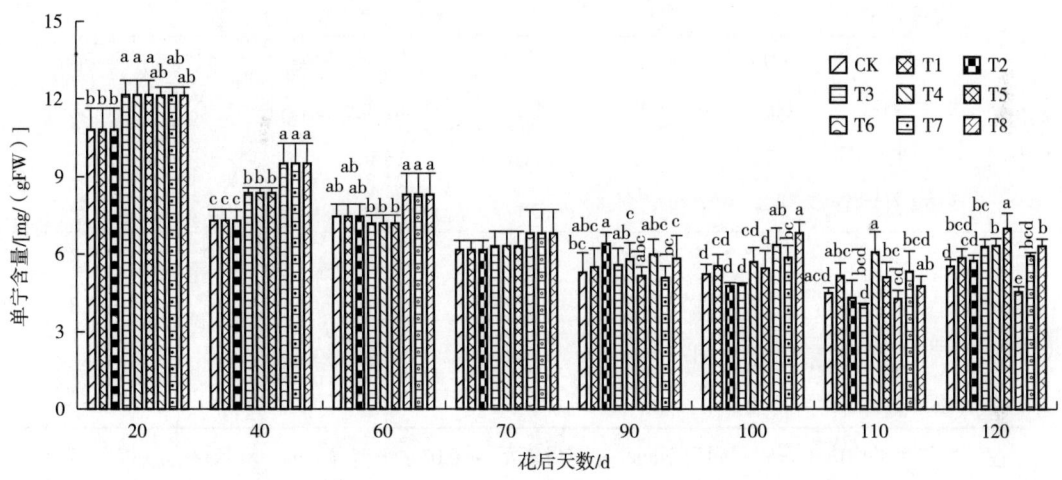

图29-14 水分胁迫对赤霞珠葡萄果实单宁含量的影响

### (六)水分胁迫对赤霞珠葡萄生长发育关键物候期果实特征及果实组分的影响

赤霞珠葡萄果实生长发育时期对绿果期、转色期和成熟期特征及组成成分分析发现(表29-11),与CK相比,T1和T2处理组均能显著降低浆果单果重和体积大小,其中,T1与CK差异不显著,T2与CK差异显著。可溶性固形物含量与浆果总糖含量具有较好的一致性。绿果期和成熟期,T1处理组增加了果实可溶性固形物含量,其中,T1与CK差异不显著;转色期,T1和T2处理组可溶性固形物含量小于CK,各处理组间差异不显著。可滴定酸含量随着浆果成熟逐渐降低,在绿果期、转色期和成熟期,T1和T2处理组均减小了果实可滴定酸含量。总酚含量也随着浆果成熟逐渐减小,但在绿果期和转色期,各处理组间差异不显著;成熟期T1和T2均显著增加了果实总酚含量。花色苷从葡萄果实转色期开始积累,这对优质酿酒葡萄形成和葡萄酒品质提升具有极其重要作用。绿果期无花色苷积累;转色期花色苷开始合成,与CK相比,T1和T2均提高了果实中花色苷含量,其中,T1与CK差异显著,T2与CK差异不显著;成熟期果实花色苷含量达到最大,T1和T2处理组均高于CK,T2最大为0.95mg/g,与CK差异显著。

表29-11  水分胁迫对绿果期、转色期和成熟期赤霞珠葡萄果实特征及组分的影响

| 时期 | 处理方式 | 浆果特征 | | 果实组分 | | | |
|---|---|---|---|---|---|---|---|
| | | 单果重/g | 单果体积/mm³ | 可溶性固形物含量/°Bx | 可滴定酸含量/（g/L） | 总酚含量/（mg/g） | 花色苷含量/（mg/g） |
| 绿果期（30d） | CK | 0.46$^a$ | 154.56$^a$ | 4.33$^b$ | 40.15$^a$ | 18.23 | 0.00 |
| | T1 | 0.39$^b$ | 131.98$^a$ | 5.20$^{ab}$ | 38.25$^b$ | 18.25 | 0.00 |
| | T2 | 0.26$^c$ | 90.88$^b$ | 6.20$^a$ | 37.48$^b$ | 18.86 | 0.00 |
| | 单因素方差分析 | *** | *** | ** | *** | ns | ns |
| 转色期（70d） | CK | 1.00$^a$ | 315.95$^a$ | 15.00 | 19.56a | 11.44 | 0.11$^b$ |
| | T1 | 0.86$^b$ | 335.06$^a$ | 14.60 | 18.32b | 11.40 | 0.34$^a$ |
| | T2 | 0.64$^c$ | 167.33$^b$ | 14.07 | 16.16c | 12.58 | 0.15$^b$ |
| | 单因素方差分析 | *** | *** | ns | *** | ns | *** |
| 成熟期（110d） | CK | 1.16$^a$ | 275.54$^a$ | 20.64$^a$ | 7.36$^a$ | 6.29$^b$ | 0.77$^b$ |
| | T1 | 1.09$^b$ | 273.45$^a$ | 21.09$^a$ | 6.19$^b$ | 8.49$^b$ | 0.82$^b$ |
| | T2 | 0.83$^c$ | 173.64$^b$ | 19.16$^a$ | 7.32$^a$ | 7.66$^b$ | 0.95$^a$ |
| | 单因素方差分析 | *** | *** | ** | *** | ** | *** |

注：数值为平均值（$n=3$）；同列不同小写字母表示$p<0.05$水平差异；ns、**和***分别表示无差异、1%置信区间差异和0.1%置信区间差异。

## 第三节  讨论

### 一、水分胁迫对赤霞珠葡萄果实糖分的影响

糖作为葡萄果实中花色苷、酚类和风味物质等诸多因素的基础物质，对葡萄和葡萄酒品质起着重要作用。水分胁迫可促进果实中可溶性总糖含量增加，但重度水分胁迫会降低葡萄果实中可溶性总糖含量，适当水分胁迫有利于葡萄果实可溶性总糖的积累，而长时间重度水分胁迫则对植株产生不可逆的伤害，从而降低果实品质。葡萄果实发育进程以积累己糖为主（果糖和葡萄糖），而蔗糖含量较少，这与其他葡萄果实糖组分积累规律相一致。随着浆果生长发育，3种糖含量变化均呈"S"曲线增长，且在果实成熟期到达最大值，表明水分胁迫并未改变葡萄果实糖组分积累模式。在不同生长发育时期，葡萄果实中3种糖的比例也存在着明显差异，本研究发现，在采收期，T4处理下的3种糖含量均显著高于CK及其他处理组，T5、T6和T7处理组也高于CK，与可溶性总糖结果相一致，说明

T4、T5、T6和T7处理组能增加葡萄果实糖组分含量。

研究发现，在亏缺灌溉基础上，枣树经过复水后，轻度水分胁迫处理复水后各生理指标均可恢复，且高于对照水平，但过度水分胁迫会破坏枣树器官，复水后果实最终产量显著低于对照。本研究中，从坐果期到转色期，重度水分胁迫处理（T6、T7和T8），在完全转色后到采收期分别进行轻度、中度和重度处理，T6和T7在复水后仍高于对照，而T8则低于对照，表明T8处理方式对葡萄果实产生不可逆伤害。研究发现，在中度水分胁迫下，延后栽培葡萄果实在坐果期至果实膨大初期，果实膨大速率有明显的复水补偿效应。从坐果期到转色期，中度含量处理（T3、T4和T5），在完全转色后到采收期分别进行中度和重度水分胁迫处理可使葡萄果实糖组分增加，表明T4和T5处理组有利于葡萄果实糖分累积。在葡萄浆果完全转色到采收期进行不同程度水分胁迫处理发现，从坐果期到转色期为轻度处理的T1和T2，在完全转色后到采收期分别进行中度和重度处理，在90~120d，T1和T2糖组分含量大体上低于CK，究其原因，可能是前期水分胁迫处理对葡萄果实影响较大，在完全转色后对水分胁迫处理程度进行调节，效果并不理想，表明过轻或过重水分胁迫处理均不利于葡萄果实糖组分积累。

植株叶片光合产物需要经韧皮部装载和卸载，再跨膜运输到库细胞中存储，蔗糖代谢相关酶对蔗糖降解有着重要作用，蔗糖代谢相关酶与韧皮部卸载以及库细胞中糖积累有着紧密联系。研究发现，水分胁迫提高了果实中己糖积累，蔗糖积累量随水分胁迫程度增加而逐渐下降。本研究发现，水分胁迫显著提高了AI活性，在110d，T3、T4、T5、T6和T7处理组下AI活性均高于CK，表明水分胁迫可提高AI活性。本研究发现，AI活性显著高于NI，且水分胁迫均能使两种转化酶活性增加，表明AI活性与水分胁迫强度有密切关系。本研究发现，水分胁迫处理下，葡萄果实从坐果期到成熟前SS活性始终低于CK，在120d，T5和T7处理组SS活性高于CK。本研究发现，水分胁迫可提高浆果在整个生育期SPS活性，且转色后期SPS活性增加大于转色前期。

## 二、水分胁迫对赤霞珠葡萄果实有机酸含量的影响

在葡萄果实发育过程中，浆果内有机酸含量呈先增加后大幅度下降的变化趋势，其中，主要是苹果酸含量下降。苹果酸作为葡萄浆果中重要的碳源参与呼吸作用，通过三羧酸循环分解生成二氧化碳和水，同时还参与糖酵解以及糖异生等生理生化过程。酒石酸在葡萄果实中含量较高，但不参与初级代谢反应，含量较为稳定。葡萄果实中柠檬酸主要参与三羧酸循环，含量很低。本试验发现，水分胁迫处理整体上会降低葡萄果实中各种有机酸含量，但过低的有机酸含量不利于葡萄及葡萄酒品质提高。

通过分析可知，赤霞珠葡萄单粒果实（以下简称"单果"）中酒石酸含量较其他两种

有机酸含量更高，酒石酸和柠檬酸含量在水分胁迫下整体呈上升趋势，而苹果酸呈先上升后下降的变化趋势，在第二次生长期，葡萄单果中酒石酸含量基本不变，但苹果酸含量快速下降。

葡萄果实生长发育过程中，浆果中各种有机酸均有积累，但不同水分胁迫处理下有机酸含量有所差别。通过分析可知，坐果期至转色期采用轻度水分胁迫有利于各种有机酸合成，而重度水分胁迫会抑制有机酸合成。这是由于在葡萄进入转色期之前进行水分胁迫，使液泡膜上苹果酸阴离子通道和苹果酸运转蛋白活性降低，阻碍苹果酸从液泡释放到细胞质中，进一步影响苹果酸酶和苹果酸脱氢酶相关基因的表达。葡萄浆果有机酸含量直接影响葡萄酒口感与香气，过低的酸含量会使葡萄酒酒体不平衡，造成品质下降。若要保留葡萄果实中有机酸含量，则需在葡萄坐果期至转色期采用轻度或中度水分胁迫。综合水分胁迫对葡萄果实品质方面的影响，在9个水分胁迫处理中，T5和T6处理组果实可滴定酸含量适中，符合葡萄酒酿造需求。

### 三、水分胁迫对赤霞珠葡萄结果枝可溶性总糖含量的影响

成熟葡萄叶片进行光合作用制造光合产物，为植株生长发育提供能源物质。一般来说，葡萄叶片达到其最终大小的1/3时才开始向外界输出同化物，在其发育为成熟的功能叶之前，也需要消耗养分。由于叶片生长位置和发育程度不同，不同节位叶片光合同化能力也不相同，光合产物分配流向和分配量也不同。本研究发现，不同水分胁迫对不同时期葡萄结果枝相同节位叶片中可溶性总糖含量的影响不同。从坐果期到转色期，各处理组植株结果枝相同节位叶片中可溶性总糖的含量呈缓慢上升趋势，中度和重度水分胁迫处理组整体上高于CK，表明中度和重度水分胁迫处理有利于叶片中可溶性总糖含量积累。完全转色后到始熟期，各处理组可溶性总糖含量均迅速上升，并在这一时期达到峰值，表明在葡萄果实始熟期，叶片中积累了大量可溶性总糖，有利于库器官中糖分积累。本研究发现，葡萄成熟后期各处理组叶片中可溶性总糖含量均迅速下降。水分胁迫下叶片光合作用受到抑制，碳水化合物同化降低时，有限的碳水化合物更趋于分配给地下器官。水分胁迫可使叶片中可溶性糖浓度增加，水分胁迫对叶片中可溶性糖浓度有后效作用。

葡萄根系、主干及一年生枝条等器官不含有叶绿素，不能进行光合作用，一般是作为库端，这些器官生长和代谢主要是依靠叶片制造的光合产物。花芽、果实和种子被认为是植株生长发育过程中较强的库。果实作为库，可以有效增加叶片光合同化产物向外的输送，促进源合成能力。从坐果到成熟，浆果都处于库优先等级地位，该部分器官生长发育需要大量有机物支撑。葡萄枝条中蔗糖含量呈"U"形变化趋势，发芽期和埋土越冬期蔗糖含量较高，开花期和浆果生长期蔗糖含量较低，埋土越冬前期蔗糖含量达到最大值（均

为在枝条中）。完全转色后到始熟期，可溶性总糖含量持续下降，并在这一阶段到达最小值，表明在葡萄果实始熟期，糖分经韧皮部运输至库器官中储存而导致可溶性总糖含量下降，本研究结果与其相一致。当植株受到非生物胁迫时，叶片中糖更倾向于向地下器官运输。研究发现，在葡萄果实转熟期，一年生结果枝韧皮部可溶性糖含量大幅度下降，在采收后则迅速提高，冬剪前达到最高值。本研究发现，在葡萄果实成熟后期，各处理组结果枝相同节位韧皮部的可溶性总糖含量又迅速升高，达到第二个高峰，表明在葡萄果实成熟后期，可溶性总糖主要向枝条韧皮部中转运储存。究其原因，可能是糖作为渗透调节物质，糖类向枝条运输有利于葡萄枝条抗寒和抗旱，对葡萄枝条越冬具有重要意义。

## 四、水分胁迫对赤霞珠葡萄果实品质的影响

葡萄果实成熟度是衡量果实品质的重要指标。在葡萄不同物候期进行水分胁迫可以改善葡萄浆果品质。水分胁迫可降低葡萄浆果重量，但能提高果实可溶性固形物含量。本研究中，葡萄果实百粒重随水分胁迫程度增加而降低，不论是转色前还是转色后水分胁迫均会显著减小成熟期果实重量和体积，尤其是转色期前水分胁迫对成熟期果实重量影响最大，究其原因，可能是转色期前是葡萄果实生长发育的第一个阶段，葡萄果实细胞进行分裂和增殖，使葡萄果实迅速膨大，此时出现水分胁迫会使细胞分裂和增殖受阻，从而导致浆果重量呈现不可逆减小、影响产量。本研究发现，短期水分胁迫能够提高果实可溶性固形物含量，但长时间水分胁迫会降低其含量，转色后适当水分胁迫处理会提高葡萄果实可溶性固形物含量。研究表明，水分胁迫会导致果实可滴定酸含量下降。本研究发现，葡萄从坐果到成熟过程中浆果可滴定酸含量呈现不同程度的下降趋势，适当水分胁迫处理对总酸降解有一定促进作用，重度水分胁迫会抑制葡萄果实降解。可滴定酸含量下降主要是由于浆果呼吸引起苹果酸代谢，以及果实体积增加导致酸浓度稀释。适度水分胁迫可加速葡萄浆果成熟，而过度水分胁迫处理不利于酸降解。酚类化合物代表了一大类植物次生代谢产物，是评价葡萄浆果和葡萄酒质量的重要参数。研究表明，多酚类物质对水分胁迫也有着显著反应，水分胁迫处理可有效提高单宁和总酚含量，但不会降低葡萄果实品质。研究表明，水分胁迫会影响葡萄果实生长发育和类黄酮物质代谢，在转色前进行水分胁迫会增加花色苷含量。本研究发现，中度水分胁迫处理组花色苷含量均高于重度处理组且总体高于CK，表明中度水分胁迫处理可促进葡萄果实转色提前。适当水分胁迫处理有利于总花色苷含量积累，长时间重度水分胁迫处理使得葡萄浆果在收获期（120d）发生皱缩，也会使总花色苷含量增加。水分胁迫对葡萄果实单宁含量的影响与花色苷含量变化趋势一致。综上所述，水分胁迫对葡萄果实品质的影响与水分胁迫出现在葡萄哪一个物候期密切相关。

## 第四节 小结

（1）水分胁迫可提高赤霞珠葡萄果实可溶性总糖、果糖、葡萄糖和蔗糖含量。葡萄果实转色前是有机酸合成的重要时期，转色后酒石酸和柠檬酸不断合成积累，而苹果酸被呼吸作用利用，其含量逐渐降低。

（2）转色前轻度水分胁迫有利于有机酸合成，而重度水分胁迫处理抑制有机酸合成，使其积累量较少。CK处理有利于主要有机酸积累和保留，T5和T6处理组可滴定酸含量处于适中水平。

（3）整个生育期，各处理组均提高了果实中AI、NI和SPS活性，且AI活性整体高于NI和SPS活性，均降低了果实转色前SS活性，在转色后SS活性有所提高。

（4）在生长发育周期中，各处理组赤霞珠葡萄不同时期相同节位叶片中可溶性总糖含量呈先上升、后下降的变化趋势，在始熟期含量最高。各处理组植株结果枝不同时期相同节位韧皮部中可溶性总糖含量呈"U"形变化趋势。

（5）坐果期到转色期，中度和重度水分胁迫促进了叶片和果实可溶性总糖含量积累，加速了韧皮部可溶性总糖转运。转色期到始熟期，各处理组结果枝叶片和果实糖含量迅速增加，韧皮部可溶性总糖含量最小。在成熟期，各处理组不同节位叶片可溶性总糖含量下降，韧皮部糖含量上升，果实糖含量变化不大。

综上，从坐果期到转色期采用中度水分胁迫处理，完全转色后到采收期采用中度和重度水分胁迫处理有利于糖分转运和积累，能促进果实品质提升。

# 第三十章 水分胁迫对赤霞珠葡萄果实白藜芦醇生物合成的影响

白藜芦醇是植物次级代谢产生的一种多酚类物质，化学名称3，4'，5-三羟基-1，2-二苯基乙烯，分子式为$C_{14}H_{12}O_3$，相对分子质量228.25，结构有顺式（$cis-$）和反式（$trans-$）两种。自然状态下，白藜芦醇主要以稳定的反式结构存在于植物中。白藜芦醇天然衍生物主要有其同系物紫檀芪和白藜芦醇与葡萄糖结合形成的白藜芦醇苷，白藜芦醇还可以在各种酶的作用下发生聚合反应生成低聚物，如二聚体的$\varepsilon$-葡萄素、$\delta$-葡萄素和三聚体等。统计发现，在34科、69属、100种植物中，白藜芦醇以葡萄、虎杖中含量较高。白藜芦醇在葡萄植株中的分布存在器官和组织特异性，并且与葡萄的品种（基因型）密切相关。

白藜芦醇作为天然活性物质具有多种生物学活性功能，对人类健康方面的积极作用引起了广泛关注。由于白藜芦醇具备抗氧化、抗自由基的作用，被广泛用于食品和化妆品中的抗氧化剂。

白藜芦醇作为一种植物保护素，在植物抵抗环境胁迫中发挥作用，同时还具有多种益于人体健康的生物学活性功能。自然状态下，葡萄中白藜芦醇含量较少，但是，生物及非生物胁迫可以诱导葡萄白藜芦醇积累。生物胁迫的研究主要在葡萄霜霉病、白粉病和灰霉病及无致病性真菌诱导子等方面。非生物胁迫研究主要集中在紫外线和信号化学等方面，水分胁迫对葡萄果实白藜芦醇合成累积影响的研究较少。此外，随着全球气候变暖、水资源匮乏等问题的加剧，水分胁迫可能成为限制一些葡萄酒产区发展的主要环境因子。因此，对水分胁迫影响葡萄果实白藜芦醇合成累积的研究将在葡萄逆境生理和酿酒葡萄水分管理方面有着重要意义。

## 第一节 材料与方法

### 一、试验地点与材料

试验地点和材料同第三章。本章对照（CK）植株黎明前叶片水势在$-0.40\text{MPa} \geqslant \Psi_b \geqslant -0.20\text{MPa}$；处理组1（T1）植株黎明前叶片水势在$-0.60\text{MPa} \geqslant \Psi_b \geqslant -0.40\text{MPa}$；处

理组2（T2）植株黎明前叶片水势在$-0.60\text{MPa} \geq \Psi_b$。

## 二、试验指标测定方法

### （一）白藜芦醇及其衍生物含量

参照李晓东等（2006）的方法，并加以改进：取适量葡萄果实于研钵中加液氮研磨至粉状，称取3.0g粉末于新的研钵中，加入30mL甲醇（色谱纯）继续研磨约2min，之后转移至50mL容量瓶中，将容量瓶放在超声波清洗机中超声提取（80Hz，30℃）30min，之后置于柜子中避光浸提24h，4℃下8000r/min离心15min。用一次性针管取适量上清液，过0.45μm滤膜后置于2mL离心管中，-20℃避光保存。

高效液相色谱条件参考Liu等（2013）的方法，并加以改进：Prominence LC-20A高效液相色谱仪；$C_{18}$反相色谱柱（250mm×4.6mm，5μm）；二极管阵列检测器（DAD）；检测波长306nm和288nm；流动相A：乙腈，流动相B：水，洗脱程序：0min 10% A；5min 17% A；12min 18% A；22min 20% A；30min 33% A；45min 38% A；58min 100% A；流速0.8mL/min；柱温30℃；进样量30μL。

白藜芦醇工作液制备：取1mL甲醇（色谱纯）加入装有20mg白藜芦醇粉末的棕色瓶中，溶解混匀，得到20mg/mL的母液，取0.75mL母液用甲醇稀释至1mL，得到15mg/mL工作液。

白藜芦醇苷工作液制备：取1mL甲醇（色谱纯）加入装有20mg白藜芦醇苷粉末的棕色瓶中，溶解混匀，得到20mg/mL的母液，取0.25mL母液用甲醇稀释至1mL，得到5mg/mL工作液。

顺式白藜芦醇和顺式白藜芦醇苷制备：分别取0.50mL白藜芦醇和白藜芦醇苷工作液于2个进样瓶中，在强度为600μW·$cm^2$的254nm紫外灯下照射30min，获得顺式白藜芦醇和顺式白藜芦醇苷，并进一步用光电二极管阵列检测器的特定光谱确定为顺式，其中，顺式白藜芦醇和顺式白藜芦醇苷的转化率分别为70%和50%。

采用校正面积归一法计算各物质含量，顺式白藜芦醇和顺式白藜芦醇苷取288nm下的数值，反式白藜芦醇和反式白藜芦醇苷取306nm下的数值。

### （二）脱落酸（ABA）、水杨酸（SA）及茉莉酸（JA）含量的测定

称取约1.0g经液氮冷冻过的葡萄果实样本，放入研钵中磨碎，加入1mL预冷的80%甲醇，置于4℃冰箱过夜浸提，8000r/min离心10min，离心后小心地取出上清液，加入0.5mL石油醚萃取脱色3次，水相用乙酸调节pH至2.8，用0.5mL乙酸乙酯萃取3次，合并上层有机相，氮吹仪吹干，之后用流动相定容至0.5mL，针头式过滤器过滤至带有内衬管的样品瓶内。

1. 测定脱落酸含量的HPLC条件

Kromasil $C_{18}$ 反相色谱柱（250mm×4.6mm，5μm）；流动相A为甲醇，流动相B为1%（体积分数）乙酸水溶液；进样量10μL；流速0.8mL/min；柱温30℃；检测波长254nm；梯度洗脱程序见表30-1。

表30-1 梯度洗脱程序

| 时间/min | 流动相A/% | 流动相B/% |
| --- | --- | --- |
| 0 | 50 | 50 |
| 2 | 50 | 50 |
| 3 | 55 | 45 |
| 12 | 55 | 45 |
| 15 | 50 | 50 |
| 35 | 50 | 50 |

2. 测定茉莉酸含量的HPLC条件

Kromasil $C_{18}$ 反相色谱柱（250mm×4.6mm，5μm）；流动相A为甲醇，流动相B为0.1%（体积分数）甲酸水溶液；进样量10μL；流速0.8mL/min；柱温35℃；检测器波长为230nm；等度洗脱：65%流动相A和35%流动相B。

3. 测定水杨酸含量的HPLC条件

Kromasil $C_{18}$ 反相色谱柱（250mm×4.6mm，5μm）；流动相A 为1%（体积分数）乙酸水溶液，流动相B为甲醇，将A和B按照40:60混匀；进样量10μL；流速0.8mL/min；柱温35℃；荧光检测器激发波长294nm，发射波长426nm。

分别向脱落酸、茉莉酸、水杨酸的标准品中加入1mL甲醇（色谱纯，余同）溶解混匀，得到25mg/mL脱落酸、20mg/mL茉莉酸、10mg/mL水杨酸的母液，分别用甲醇稀释母液得到不同浓度梯度的标准溶液。脱落酸标准溶液浓度：0.05，0.5，5，12.5和25mg/mL；茉莉酸标准溶液浓度：0.1，1，2.5，5和10mg/mL；水杨酸标准溶液浓度：0.1，1，10，25和50ng/μL。

### （三）酶活性测定

称取1.0g经液氮研磨后的葡萄果实粉末于研钵中，加入5mL酶提取液，提取液包括50mmol/L pH 8.9的Tris-HCl缓冲液、15mmol/L $\beta$-巯基乙醇、4mmol/L 氯化镁、

10μmol/L 亮抑酶肽、1mmol/L 苯甲基磺酰氟、10%甘油、5mmol/L EDTA、1.5g/L聚乙烯吡咯烷酮（以上均为终浓度，余同），冰浴研磨成匀浆，尼龙膜过滤，滤液4℃下10000r/min离心20min，得到上清液，上清液为酶粗提液，用于酶活性和蛋白含量测定。以每小时吸光值变化0.01为一个酶活性单位，单位为U/（min·mg）。

芪合酶活性测定参照Krzyzaniak等（2017）的方法，并且加以改进：称取1.0g葡萄果实粉末于预冷的研钵中，加入4mL预冷的0.2mmol/L pH 7.5 Tris-HCl缓冲液，缓冲液中包含20g/L抗坏血酸、1mmol/L EDTA、10mmol/L β-巯基乙醇，冰浴研磨成匀浆，4℃下10000r/min离心15min，将上清液转移至准备好的透析袋中，在0.01mmol/L pH 7.5Tris-HCl缓冲液（1mmol/L EDTA，10mmol/L β-巯基乙醇）中，4℃冰箱过夜透析，期间更换2次透析液，透析后的酶液在4℃下10000r/min离心15min。取酶液50μL于离心管中，加入30μL 0.1mmol/L pH 7.5Tris-HCl缓冲液，10μL 2.5mmol/L 丙二酰辅酶A，10μL 2.5mmol/L 对香豆酰辅酶A，混匀，30℃水浴30min，然后加5μL浓乙酸终止反应，离心后取10μL用于HPLC分析，检测白藜芦醇生成量。

高效液相色谱条件：Prominence LC-20A高效液相色谱仪，流动相A为含1%（体积分数）乙酸的超纯水，流动相B为甲醇，先用90%的流动相A和10%的流动相B洗脱5min，然后在30min内流动相B从10%至90%，进行线性梯度洗脱。

酶提取物蛋白质含量测定参照Bradford（1976）的方法，以牛血清白蛋白（BSA）为标准。

### （四）白藜芦醇合成相关基因的表达分析

方法同第三章。

## 三、数据分析

采用Microsoft Excel 2010、SigmaPlot 12.0进行数据处理及绘图，Tukey's test进行单因素方差分析（One-way ANOVO）分析。

## 第二节 结果与分析

### 一、水分胁迫对赤霞珠葡萄果实白藜芦醇含量的影响

由图30-1可知，白藜芦醇及其衍生物含量随着果实成熟而增加。反式白藜芦醇和顺式白藜芦醇在70d快速增加，90d达到最大，110d有所下降。反式白藜芦醇苷和顺式白藜

芦醇苷在90d增速最快，110d达到峰值，表明白藜芦醇苷形成需要一定的糖积累。不同水分胁迫对白藜芦醇及其衍生物含量的影响不同。整体来说，与CK相比，水分胁迫增加了果实顺式白藜芦醇和反式白藜芦醇含量，减小了顺式白藜芦醇苷和反式白藜芦醇苷含量，其中T1显著增加了反式白藜芦醇含量，T2显著增加了顺式白藜芦醇含量，但T1和T2处理组均减小了顺式白藜芦醇苷和反式白藜芦醇苷含量。

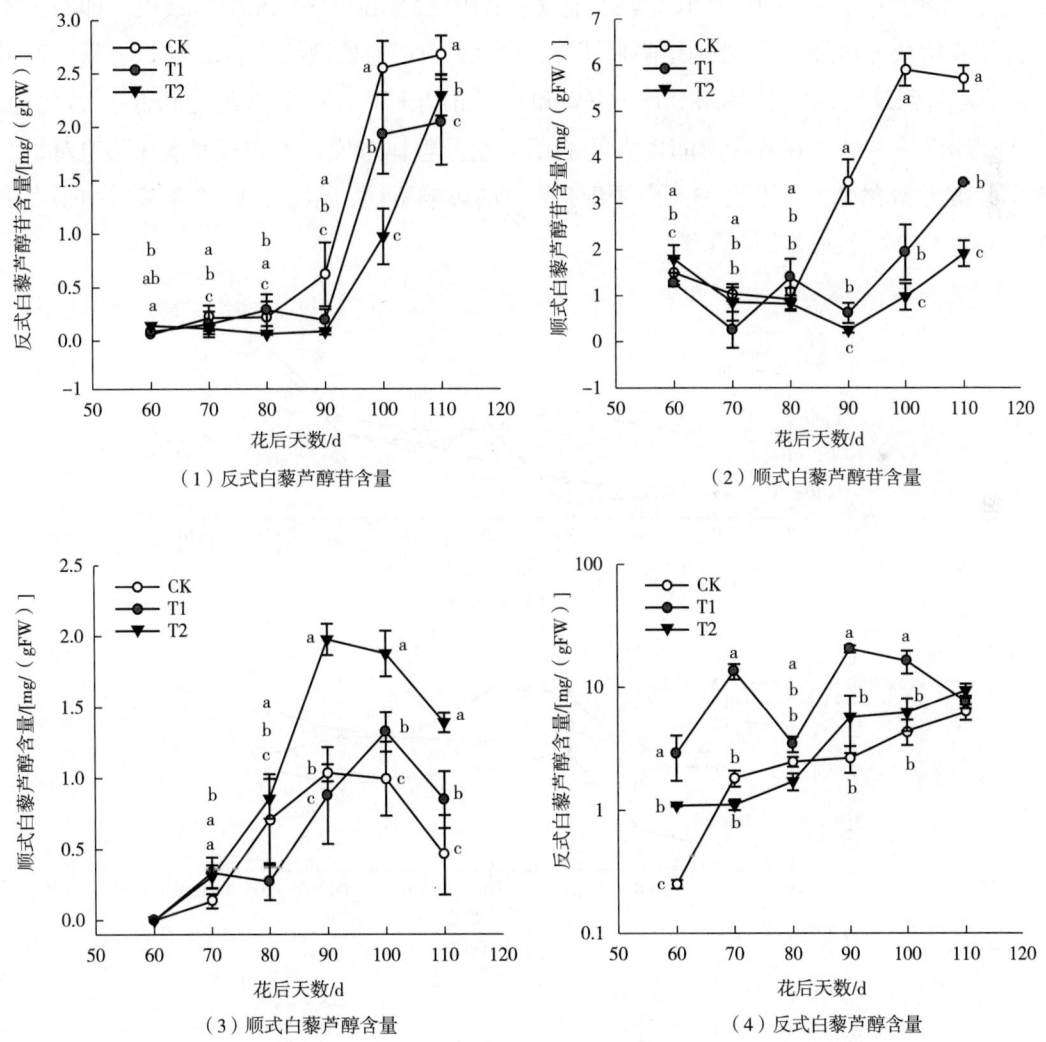

图30-1 水分胁迫对赤霞珠葡萄果实白藜芦醇及其衍生物的影响

注：数据由平均值±标准差（SD）表示，不同小写字母表示$p<0.05$水平差异。

## 二、水分胁迫对赤霞珠葡萄果实内源ABA、JA及SA含量的影响

由图30-2可知,随着葡萄果实成熟,SA和ABA含量呈逐渐增长的趋势,JA含量则逐渐下降。与CK相比,T1处理组在80d前增加了SA含量,最大为42.69ng/gFW,显著高于CK,在80d之后SA含量降低;而T2处理组与T1处理组相反,T2处理组在110d最大,为68.80ng/gFW,但与CK差异不显著。ABA含量在60~70d增速最快,即在果实转色期开始快速增加。T1处理组降低了ABA含量,而T2处理组增加了ABA含量,两者都在70d达到最大,分别为0.90mg/gFW和1.26mg/gFW。T1处理组也降低了JA含量,T2处理组除80d外,在其余时间也降低了JA含量。整体来说,不同程度水分胁迫对果实内源酸类激素含量(以下简称"内源激素")的影响不同,但水分胁迫能够增加果实内源ABA和SA含量,降低JA含量。

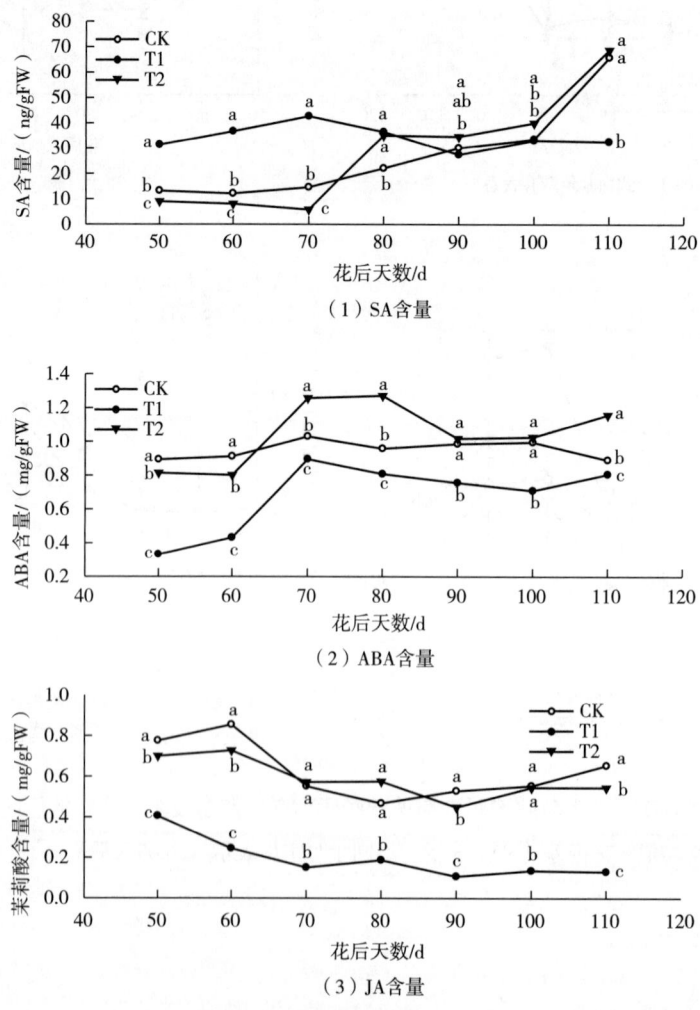

图30-2 水分胁迫对赤霞珠葡萄果实SA、ABA及JA含量的影响

## 三、水分胁迫处理下赤霞珠葡萄果实内源激素主成分分析

对水分胁迫处理组内源激素含量的主成分分析发现（表30-2），各主成分特征值和贡献率分别为：第1主成分为0.932、93.2%，第二主成分为0.036、96.9%。此外，这两个主成分中激素与水分的相关系数为0.717和0.624，表明内源激素与水分胁迫关系密切，并结合图30-3可知，水分胁迫处理与葡萄果实ABA及SA含量关系密切（表30-3）。

表30-2 PCA排序轴特征值与叶片水势的相关系数

| 项目 | $AX_1$ | $AX_2$ | $AX_3$ | $AX_4$ |
| --- | --- | --- | --- | --- |
| 特征值 | 0.932 | 0.036 | 0.023 | 0.007 |
| 激素与水分的相关性 | 0.717 | 0.624 | 0.838 | 0.545 |
| 特征值累计百分比/% | 93.2 | 96.9 | 99.1 | 99.8 |

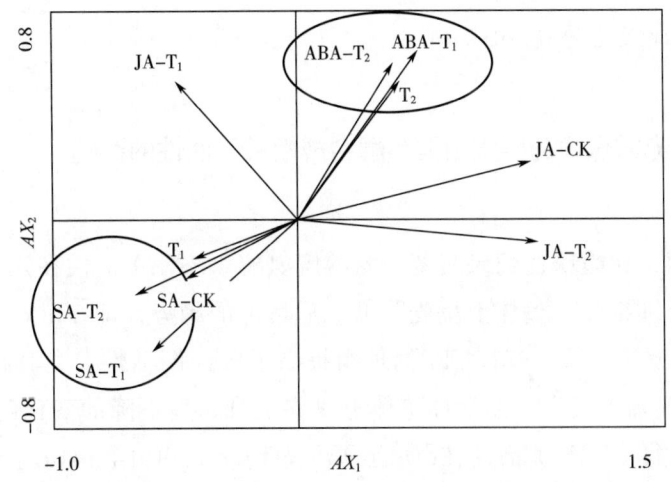

图30-3 不同水分胁迫处理组与排序轴前两轴的PCA双序图

表30-3 不同水分胁迫处理组与排序轴前两轴的相关系数

| 处理组 | T1 | T2 |
| --- | --- | --- |
| $AX_1$ | -0.4380 | -0.1582 |
| $AX_2$ | 0.4230 | 0.5357 |

## 四、赤霞珠葡萄果实白藜芦醇含量与内源激素含量相关性分析

对水分胁迫处理组葡萄果实内源激素含量的主成分分析发现，内源激素ABA和SA含量与水分胁迫关系最为密切。因此，对赤霞珠葡萄果实白藜芦醇含量与ABA和SA含量相关性分析表明（表30-4），T1和T2处理组相关系数分别为0.371和0.342，水分胁迫提高了白藜芦醇含量与ABA含量的相关性。CK和T1处理组白藜芦醇含量与SA含量相关系数分别为0.909（$p$=0.0120）和0.893（$p$=0.0165），均呈显著正相关，表明内源激素SA可能在水分胁迫影响白藜芦醇合成中发挥重要作用。

表30-4　赤霞珠葡萄果实内源激素含量与白藜芦醇含量相关系数

| 处理组 | ABA含量 | SA含量 |
| --- | --- | --- |
| CK | -0.116 | 0.909* |
| T1 | 0.371 | -0.451 |
| T2 | 0.342 | 0.893* |

注：*和**表示相关性分别达0.05和0.01水平。

## 五、水分胁迫对赤霞珠葡萄果实白藜芦醇合成相关酶活性的影响

图30-4表明，赤霞珠葡萄果实苯丙氨酸解氨酶（PAL）活性在果实成熟过程中变化较大，除T1处理组外，整体上呈先降低、后增加的趋势，即在60d至80d活性下降，80d至120d活性逐渐升高。T1和T2处理组提高了PAL酶活性，尤其在80d之后T2均高于T1和CK。葡萄果实C4H酶活性整体上呈先上升、后下降的变化趋势。T1处理组肉桂酸4-羟基化酶（C4H）活性在60d至90d高于CK，90d至110d小于CK；T2处理组则均小于CK，也小于T1处理组。与C4H酶相似，葡萄果实4-香豆酸辅酶A连接酶（4CL）酶活性也呈先上升、后下降的变化趋势，所不同的是T2处理组4CL酶活性高于T1和CK，T1处理组4CL酶活性在60d至70d低于CK，80d至110d高于CK。芪合酶（STS）活性随着葡萄果实成熟整体逐渐增加，60d至70d T1和T2处理组STS酶活性高于CK，70d至120d T1高于CK且在80d达到最大，但T2处理组小于CK。结果表明，随着浆果的发育不同程度水分胁迫对白藜芦醇合成相关酶的活性不同，其中，T1处理组显著提高了C4H以及STS酶活性，T2处理组则增加了PAL以及4CL酶活性。

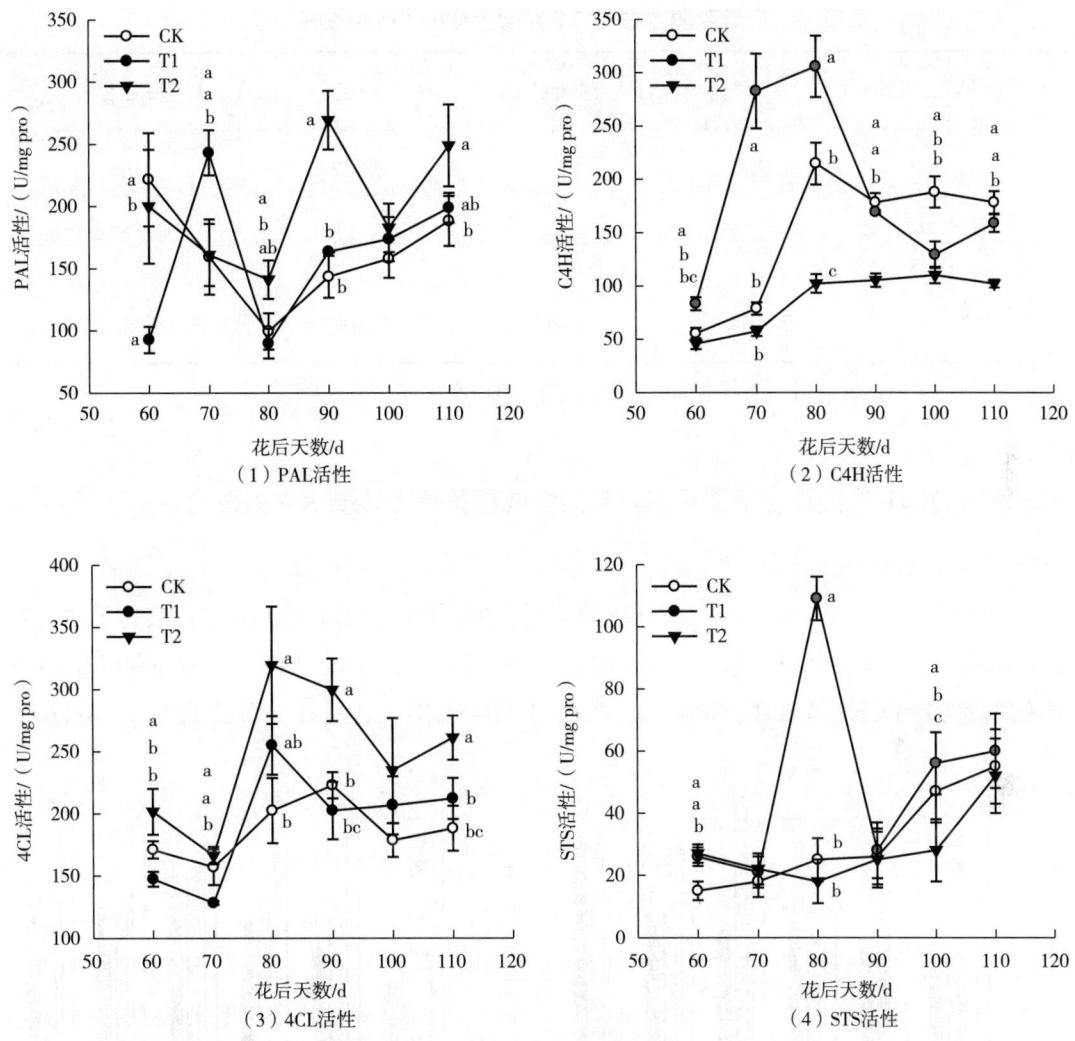

图30-4 水分胁迫对赤霞珠葡萄果实白藜芦醇合成相关酶活性的影响

注：数值表示为平均值±标准误差（SD），同列小写字母表示$p<0.05$水平差异。

## 六、白藜芦醇含量与白藜芦醇合成相关酶活性的相关性分析

由表30-5可知，在赤霞珠葡萄果实成熟过程中，白藜芦醇合成与相关酶活性具有一定相关性，STS酶活性与白藜芦醇含量呈极显著正相关，相关系数为0.957（$p=0.00277$）。水分胁迫提高了PAL酶活性与白藜芦醇含量的相关性，T2处理组STS酶活性与白藜芦醇含量呈显著相关，相关系数为0.810（$p=0.050$）。

表30-5  白藜芦醇含量与白藜芦醇合成相关酶活性相关性分析

| 处理组 | PAL活性 | C4H活性 | 4CL活性 | STS活性 |
| --- | --- | --- | --- | --- |
| CK | -0.200 | 0.746 | 0.323 | 0.957** |
| T1 | 0.583 | -0.075 | -0.070 | -0.447 |
| T2 | 0.681 | 0.767 | 0.397 | 0.810* |

注：* 表示在 $p<0.05$ 水平显著相关，** 表示在 $p<0.01$ 水平极显著相关。

## 七、水分胁迫对赤霞珠葡萄果实白藜芦醇合成相关基因转录水平的影响

由图30-5和图30-6可知，随着果实进入转色期，白藜芦醇合成相关基因表达上调，果实完全着色后，又开始下调表达。70d时，T1和T2 *PAL*、*4CL*、*STS*、*MYB14*和*MYB15*相对表达量均高于CK；80d时，T1 *PAL*、*4CL*、*MYB15*相对表达量高于CK，而*STS*、*MYB14*

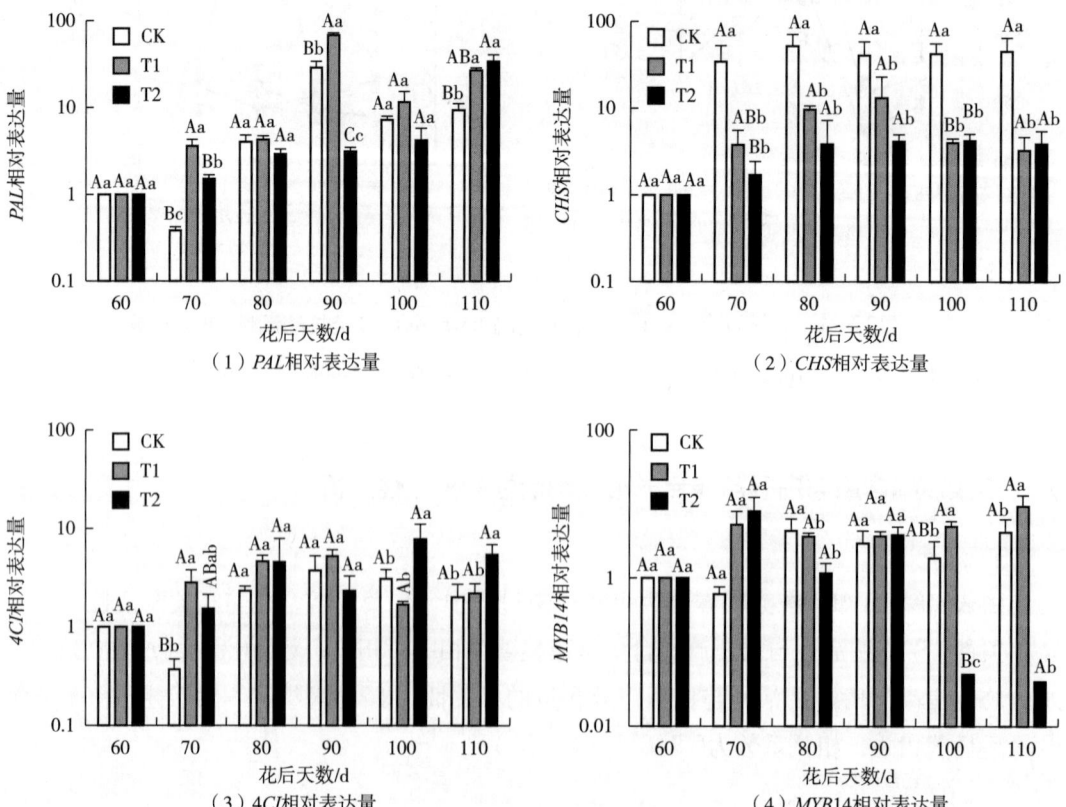

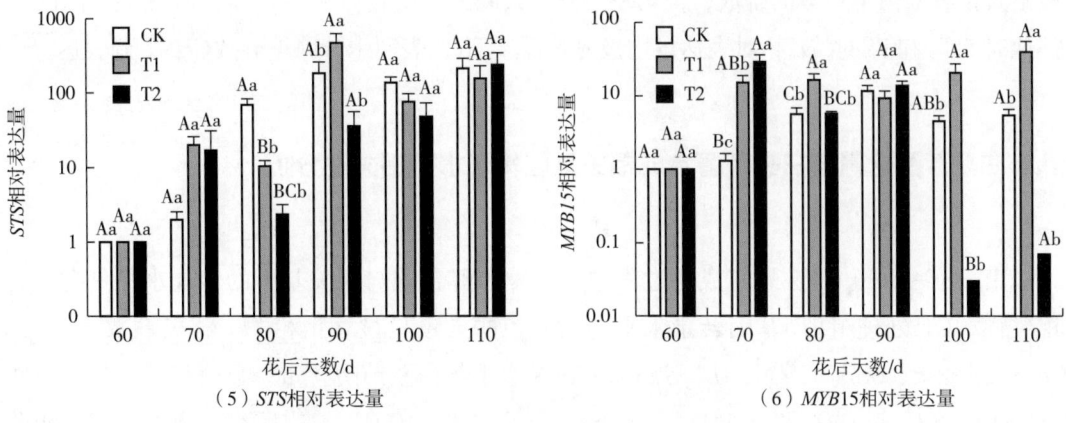

（5）*STS* 相对表达量　　　　　　　　　　（6）*MYB15* 相对表达量

**图30-5　水分胁迫对赤霞珠葡萄果实白藜芦醇合成相关基因转录水平的影响**

注：Y轴为对数刻度（log10）。不同小写字母表示差异显著（$p<0.05$），不同大写字母表示差异极显著（$p<0.01$）。

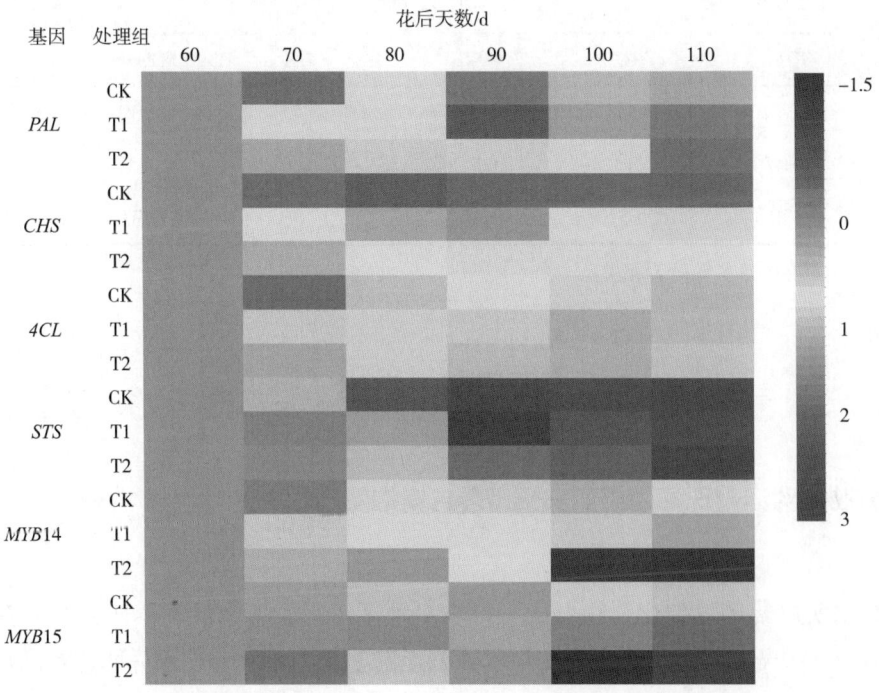

**图30-6　水分胁迫对赤霞珠葡萄果实白藜芦醇合成相关基因相对表达量影响的热图**

低于CK；90d与70d相似，其中，T1 *PAL*、*STS* 相对表达量达到最大，且与CK差异极显著，分别是CK的2.4倍和2.6倍，而T2明显低于CK；100d和110d时，T1 *PAL* 相对表达量高于CK，T2 *4CL* 基因相对表达量高于CK，且都与CK差异显著；100d和110d时，*MYB14* 和 *MYB15* 相对表达量均是T1高于CK，T2低于CK，T1 *STS* 相对表达量则低于CK。CHS酶虽然不直接参与白藜芦醇的合成，但与STS酶有共同的作用底物（4-香豆酰辅酶A），除60d，其他时期T1和T2的*CHS*相对表达量均极显著低于CK，表明水分胁迫导致*CHS*下调表达。

## 八、白藜芦醇含量与白藜芦醇合成相关基因转录水平相关性分析

由表30-6可知，在果实成熟过程中，白藜芦醇合成与相关基因的转录水平具有一定相关性，CK处理组*STS*基因转录水平与白藜芦醇含量呈显著正相关，相关系数为0.823（$p=0.0442<0.05$）。T2组*PAL*、*STS*基因转录水平与白藜芦醇含量呈显著相关，相关系数分别为0.788（$p=0.0424<0.05$）、0.852（$p=0.0312<0.05$），表明水分胁迫提高了相关基因的转录水平。

表30-6　不同处理组白藜芦醇含量与白藜芦醇合成相关基因转录水平的相关性分析

| 处理组 | 相关基因转录水平 | | | | | |
|---|---|---|---|---|---|---|
| | *PAL* | *4CL* | *STS* | *CHS* | *MYB14* | *MYB15* |
| CK | 0.240 | 0.415 | 0.823* | 0.671 | 0.589 | 0.335 |
| T1 | 0.667 | 0.331 | 0.700 | 0.446 | 0.153 | -0.033 |
| T2 | 0.788* | 0.626 | 0.852* | 0.706 | 0.387 | -0.440 |

注：*表示在0.05水平显著相关。

# 第三节　讨论

## 一、水分胁迫对赤霞珠葡萄果实白藜芦醇含量的影响

葡萄果实白藜芦醇类化合物合成可以被多种环境因子所诱导。本研究结果发现，葡萄果实白藜芦醇及其衍生物含量随着果实成熟逐渐增加，不同程度水分胁迫对白藜芦醇及其衍生物含量的影响不同，T1处理组显著增加了反式白藜芦醇含量，T2处理组显著增加了顺式白藜芦醇含量。研究表明，巴贝拉果实在水分胁迫下芪类化合物积累量未增加，这与本试验结果不一致，究其原因，可能是因为葡萄属不同品种白藜芦醇的分布和对生物或非生物胁迫响应存在差异。顺式白藜芦醇苷和反式白藜芦醇苷是常见的白藜芦醇类衍生物，它们是白藜芦醇通过白藜芦醇葡萄糖基转移酶（RSGT）作用发生糖基化而产生的。研究表明，水分胁迫会增加葡萄白藜芦醇含量并且白藜芦醇含量显著高于白藜芦醇苷含

量。本研究结果中，T1处理组显著增加了反式白藜芦醇含量，T2处理组的显著增加了顺式白藜芦醇含量，但均减小了顺式白藜芦醇苷和反式白藜芦醇苷的含量，与其研究结果一致。研究发现，水分胁迫能够增加赤霞珠果实反式白藜芦醇苷含量，但是并没有增加霞多丽葡萄中反式白藜芦醇苷含量。本研究中，水分胁迫处理均减小了顺式白藜芦醇苷和反式白藜芦醇苷含量，与其研究结果不一致，究其原因，可能是由于不同的水分胁迫处理以及葡萄中RSGT存在品种特异的分子机制。

## 二、水分胁迫对赤霞珠葡萄果实SA、ABA和JA含量的影响

植物激素在植物生长发育及逆境中扮演着重要角色。本研究发现，随着葡萄果实成熟，SA和ABA含量呈逐渐增加的趋势，JA含量则逐渐下降。水分胁迫对果实内源激素SA、ABA及JA含量影响不同。整体来说，水分胁迫能够增加果实内源激素ABA和SA含量，降低JA含量。研究表明，葡萄转色后水分胁迫能够增加果实ABA含量，本试验中水分胁迫导致转色后果实ABA含量显著高于对照，与其研究结果一致。ABA含量增加可能是由于水分胁迫诱导了ABA合成途径中9-顺式-环氧类胡萝卜素双加氧酶（NCED）对应的*NCED1*、*NCED2*基因的表达。近年来发现SA能提高植物抗寒性、抗旱性等。当植物受到紫外照射时，SA含量增加并伴随病程相关蛋白的产生。水分胁迫导致转色后葡萄果实SA积累，表明SA可能参与了植株抗旱信息传递。JA不仅调控植物的机械损伤以及防御病原体反应，而且也在植物受到干旱时发挥作用。本研究发现，水分胁迫导致葡萄果实JA含量降低，究其原因，可能与水分胁迫处理、试验材料差异、SA与JA之间的拮抗作用有关。研究表明，外源SA处理能够增加葡萄细胞白藜芦醇含量并且上调*PAL*、*STS*基因表达。研究发现，ABA参与调控白藜芦醇的合成，ABA反应元件结合因子*VvABF2*过表达明显升高了葡萄转基因细胞系白藜芦醇和反式白藜芦醇苷积累。外源ABA可以增加葡萄果实白藜芦醇及其部分衍生物含量。水分胁迫会增加白藜芦醇含量并且白藜芦醇含量显著高于白藜芦醇苷含量。本研究中果实成熟期水分胁迫处理组白藜芦醇含量高于对照。相关性分析也表明，SA含量与白藜芦醇含量之间存在显著正相关，表明水分胁迫可能是通过SA调节*STS*基因上游调控区顺式作用元件而影响白藜芦醇的合成，然而，激素之间是如何协同以及*STSs*基因家族中的哪些成员参与了水分胁迫调控葡萄白藜芦醇的合成仍需进一步的研究。

## 三、水分胁迫对赤霞珠葡萄果实白藜芦醇合成相关酶活性的影响

对赤霞珠葡萄基因组预测得到17个PAL酶基因，并发现在不同发育期葡萄果实中

PAL表达与酚类物质的积累密切相关。PAL酶也是一种诱导酶，在遭受强光、遮阴、机械损伤和微生物侵染等逆境时，植物防卫系统特别是苯丙烷类代谢被激活，PAL酶活性迅速上升，产生次级代谢产物用于抵抗胁迫。本研究中，水分胁迫使PAL酶活性上升，尤其在80d之后T2组PAL酶活性均高于T1和CK。PAL酶活性的上升也伴随着白藜芦醇的积累，相关性分析表明，水分胁迫提高了PAL酶活性与白藜芦醇相关性，同时，葡萄果实总酚含量和花色苷含量也增加了。C4H酶主要参与植物的木质化进程，C4H活性也可以被化学处理和机械损伤所诱导。本研究中，不同水分胁迫对C4H酶活性影响不同，水分胁迫导致果实转色期前C4H酶活性升高，表明葡萄果实C4H酶对水分胁迫响应存在时空性。与C4H酶相似，葡萄果实4CL酶活性也呈先上升、后下降的变化趋势，所不同的是T2处理组4CL酶活性高于T1和CK，T1处理组4CL活性在60d至70d低于CK，80d至110d高于CK。STS酶是白藜芦醇合成的关键酶。白藜芦醇合酶（RS）为米氏酶，5种葡萄属的RS酶氨基酸序列具有95%以上的同源性。植物中白藜芦醇含量存在差异可能与STS酶催化能力不同有关。本研究中，水分胁迫导致葡萄果实转色期前STS酶活性升高，但在转色后T2处理组STS酶活性降低，表明STS酶的催化能力对不同水分胁迫响应存在差异且与果实生长时期有关。UV照射增加葡萄果实STS酶活性不仅与照射次数有关，而且与葡萄果实的不同发育时期有关。本研究结果表明，不同水分胁迫在果实不同生长时期对白藜芦醇合成相关酶活性的影响不同。相关性分析发现，水分胁迫提高了PAL酶活性与白藜芦醇含量的相关性，T2处理组葡萄果实白藜芦醇含量与STS酶活性呈显著正相关。因此，水分胁迫诱导葡萄果实白藜芦醇的积累主要是源于PAL酶和STS酶活性的增加。

### 四、水分胁迫对赤霞珠葡萄果实白藜芦醇合成相关基因转录水平的影响

白藜芦醇是植物产生的一种抗毒素，受到生物和非生物胁迫的诱导而产生，如病原体感染、紫外线辐射以及机械损伤等。本研究发现水分胁迫能诱导葡萄果实中白藜芦醇含量增加。巴贝拉葡萄果实在水分胁迫下芪类化合物积累量未增加，这与本试验研究结果不同。究其原因，可能是由于试验材料不同导致的结果，因为葡萄属中不同品种白藜芦醇含量存在差异。PAL基因不仅参与植物生长发育，而且参与植物生物和非生物胁迫响应。水分胁迫会导致PAL基因表达量增加并诱导类黄酮物质积累。本研究也发现，水分胁迫使PAL基因转录水平显著增加且PAL基因转录水平与白藜芦醇含量呈显著正相关，表明水分胁迫可通过诱导PAL基因进一步增加白藜芦醇积累量。STS是白藜芦醇合成的关键酶，MYB14、MYB15能够调控葡萄STS基因表达。本试验中水分胁迫使葡萄果实转色前期和成熟期STS基因转录水平增加，且T2处理组MYB14、MYB15与STS基因转录水平的变化趋势相似，但相关性分析表明MYB15转录水平与白藜芦醇含量呈负相关，推测MYB14可能

响应水分胁迫并参与调控STS基因表达。CHS酶虽然不直接参与白藜芦醇合成，但与STS酶有共同作用底物。在自然条件下苯丙氨酸代谢通过查耳酮合成酶合成花色素和其他酚类物质，而当植物遇到逆境时，将会激活STS基因进入二苯乙烯途径合成白藜芦醇。本试验中水分胁迫使葡萄果实CHS基因转录水平显著下降，而STS基因表达量显著增加，进一步诱导白藜芦醇含量增加并提高了植株抗逆性。

对山葡萄转录组进行测序分析发现，白藜芦醇合成受激素、转录因子、STSs基因及其上下游基因等的调控。分析发现，STSs基因上游调控区域含有多种顺式作用元件，主要包括光响应元件ACE、GT1-motifi和G-box、环境特异性元件TC-rich repeats（参与水分胁迫响应）、过程特异性元件ABRE（脱落酸响应元件）和CGTCA-motif（茉莉酸甲酯响应元件）等。研究发现，水分胁迫会减少植物芽、叶的生长从而改变植物冠层结构，使植物暴露在太阳光下的机率增大。一些靶基因的转录调控会由于光、热效应而发生变化，如水分胁迫下葡萄黄酮类化合物代谢途径的基因。因此，推测水分胁迫可以通过STSs基因上游光响应元件参与调控白藜芦醇的合成，但具体是哪种主要的光响应元件参与水分胁迫并诱导白藜芦醇的合成还有待研究。另外，水分胁迫也会改变植物内源激素含量，如增加脱落酸、水杨酸含量等。外源水杨酸处理上调PAL和STS基因表达，且增加了葡萄细胞中白藜芦醇含量。脱落酸反应元件结合基因VvABF2过表达可以明显增加葡萄转基因细胞系白藜芦醇和反式白藜芦醇苷积累。不同STSs基因启动子中含有顺式作用元件的种类和分布不同，对不同激素响应也有差异，最终导致STSs基因产生差异表达模式，但STSs基因中哪些成员在水分胁迫诱导白藜芦醇合成中起主导作用还不清楚。因此，水分胁迫诱导白藜芦醇积累机制还需进一步研究，而这些问题的研究及解决将为提高葡萄白藜芦醇含量以及抗逆性具有重要意义。

## 第四节 小结

（1）水分胁迫增加了成熟期葡萄果实顺式白藜芦醇和反式白藜芦醇含量，减小了顺式白藜芦醇苷和反式白藜芦醇苷含量。

（2）水分胁迫主要是通过提高PAL酶和STS酶活性，增加转色期后PAL基因和STS基因相对表达量，减小CHS基因相对表达量来诱导葡萄果实白藜芦醇的积累，内源激素水杨酸可能是连接水分胁迫与白藜芦醇合成之间最主要的信号分子。

# 第三十一章 水分胁迫对赤霞珠葡萄果实甲氧基吡嗪含量的影响

甲氧基吡嗪（MPs）是一类含氮的六元杂环化合物。葡萄和葡萄酒中检测出2-甲氧基吡嗪（MOMP）、3-甲基-2-甲氧基吡嗪（MEMP）、3-乙基-2-甲氧基吡嗪（ETMP）、3-异丁基-2-甲氧基吡嗪（IBMP）、3-异丙基-2-甲氧基吡嗪（IPMP）和3-仲丁基-2-甲氧基吡嗪（SBMP）6种，其中，IPMP和IBMP最为重要，它们主要存在于赤霞珠、美乐、品丽珠、佳美娜、长相思、霞多丽和赛美蓉等品种中。IBMP具有强烈的青椒味，给葡萄酒带来生青气味。虽然MPs在葡萄和葡萄酒中的浓度非常低，通常仅为2~30ng/L，但它们的感官阈值极低，在水中仅为1~2ng/L，而葡萄酒中也只要2~16ng/L就可使葡萄酒带有强烈的青草、青椒和青豌豆气味，IPMP和SBMP也被认为对葡萄酒的青椒类香气具有明显作用。由于MPs类化合物极低的阈值，其对葡萄酒的香气影响极大，当葡萄酒中吡嗪类物质含量适中时，对葡萄酒香气具有协调作用，但含量过高时，则会影响葡萄酒品质。

本章试验主要研究水分胁迫对葡萄果实发育过程中甲氧基吡嗪含量变化的影响，探究不同程度水分胁迫下葡萄果实中甲氧基吡嗪代谢机理，了解不同水分胁迫对葡萄发育过程中甲氧基吡嗪含量的变化规律，以获得合理的水分调控技术，为生产优质葡萄酒提供技术支撑。

## 第一节 材料与方法

### 一、试验地点与材料

同第三章。

### 二、测定指标与方法

MPs提取方法：称取葡萄果实30.0g，将果实置于粉碎机中，加0.3g $CaCl_2$，以避免葡萄汁的氧化，待果实解冻后在4℃下5000r/min离心15min，取上清液5mL加入15mL棕色顶空瓶中，加2.0g NaCl以及转子，盖上顶空瓶盖。

顶空固相微萃取条件：CAR/DVB/PDMS萃取头在使用前置于进样口老化1h，将样品顶空瓶在30℃下固相微萃取装置中预热5min，然后搅拌萃取3h，操作应避光。待萃取结束后将萃取头插入气相色谱仪进样口解吸附5min，立刻进行GC-FID检测。

气相色谱条件：色谱柱为J&WDB-Wax（50m×0.25mm，0.25μm）；升温程序：50℃保持0min，8℃/min升至85℃，再以5℃/min升至230℃，保持10min；进样口温度：250℃，检测器温度：250℃；载气流速2.0mL/min，不分流进样。

模拟葡萄汁配制：取适量的超纯水煮沸，准确称取干燥的果糖和葡萄糖各100.0g，用冷却后的超纯水定容于1L容量瓶中，用酒石酸调pH为3.5。混合标准溶液的配制：准确量取各种甲氧基吡嗪单一标准品溶液加入模拟葡萄汁中，配制成甲氧基吡嗪混合标准溶液，于4℃环境中避光保存。标准溶液的配制：葡萄果实中甲氧基吡嗪含量测定参照姜文广的试验方法。标准品原溶液的配制：准确称取甲氧基吡嗪标准品，分别用无水乙醇配制成200.0mg/L的单一标准品溶液，放置于-20℃中避光保存7天。

定性时依次将每种甲氧基吡嗪单一标准液进样，通过出峰时间确定每种待测物质含量，定量时每一种单一标准品稀释成不同浓度梯度，分别做标准曲线，利用标准曲线方程计算出待测物质在葡萄汁中的含量。

## 三、数据分析

采用Microsoft Excel 2010、SigmaPlot 12.0进行数据处理及绘图。

## 第二节 结果与分析

### 一、水分胁迫对赤霞珠葡萄果实发育过程中MOMP含量变化的影响

图31-1表明，赤霞珠葡萄果实成熟过程中，各处理组MOMP含量不同，均呈现快速下降的变化趋势。20d，各处理组MOMP含量均达到最大值；60~70d，各处理组MOMP含量快速下降，仅有轻度处理MOMP含量可被检测出；20~70d，MOMP含量均为：CK>中度>重度；70~120d，各处理组均未检测出MOMP。

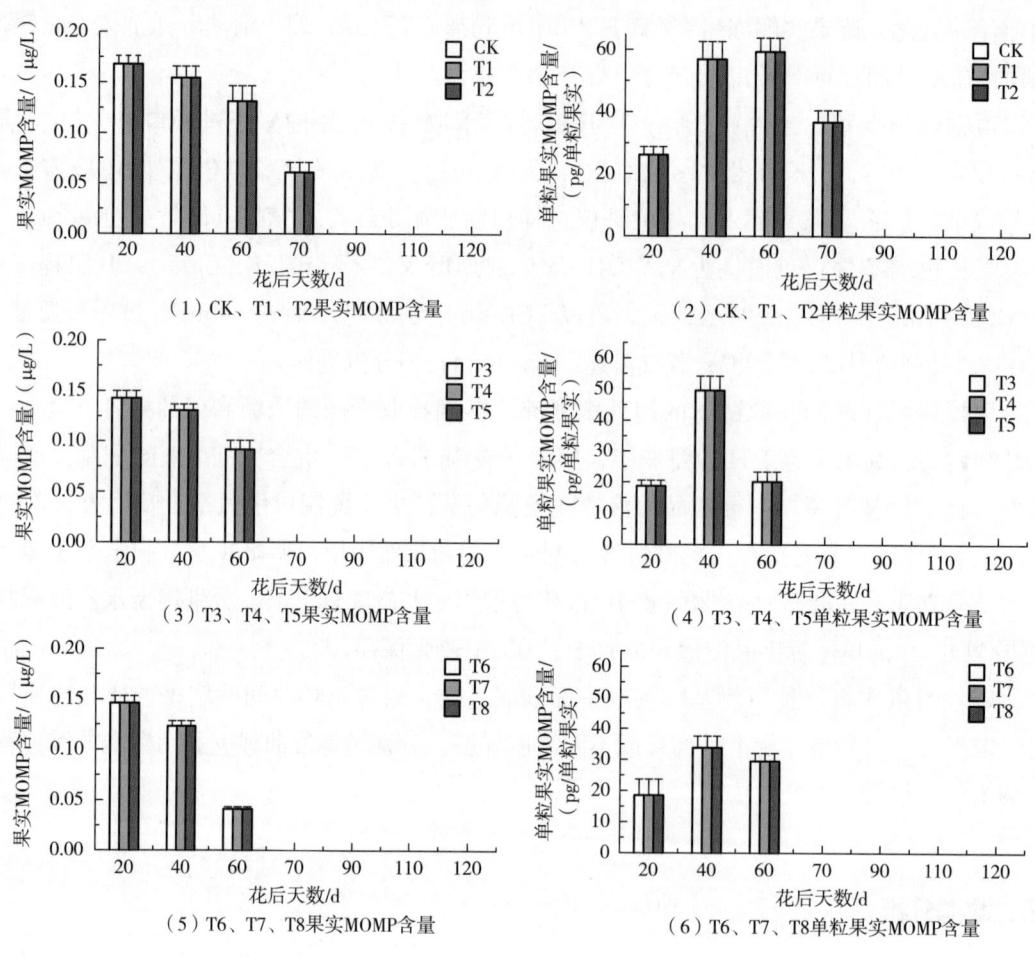

图31-1 水分胁迫对赤霞珠葡萄MOMP含量的影响

在果实成熟过程中,各处理组单粒果实中MOMP含量均呈现先上升、后下降的趋势(以下均为单粒果实)。40~60d,各处理组MOMP含量最大,均为:CK>中度>重度,最大值分别为59.32pg/单粒果实、49.59pg/单粒果实和33.79pg/单粒果实,中度和重度水分胁迫可降低果实发育过程中MOMP含量。由此可知,水分胁迫可抑制MOMP积累。完全转色到收获期,均未检测到MOMP,由文献查得MOMP在水中阈值为400μg/L,但在成熟期此化合物含量远低于该阈值,不易被感官感知,由此得知,MOMP不是葡萄果实生青味的主要来源。

## 二、水分胁迫对赤霞珠葡萄果实发育过程中MEMP含量变化的影响

不同水分胁迫处理对赤霞珠葡萄果实MEMP含量的影响见图31-2。在果实成熟过程

中，各处理组MEMP含量不同，但均呈下降的变化趋势。20d，各处理组MEMP含量均达到最大值；60d，MEMP含量为：中度＞重度＞CK；70d，仅重度处理组MEMP含量可检测出，为0.067μg/L。

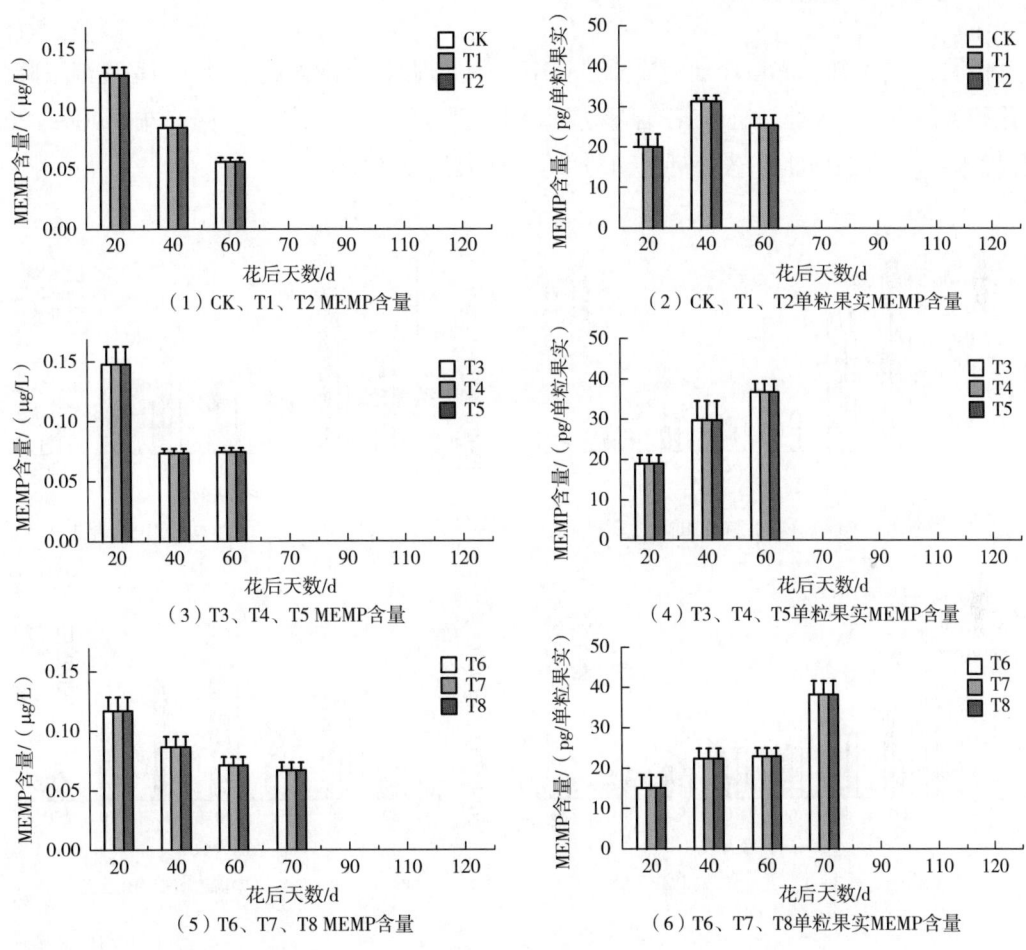

**图31-2　水分胁迫对赤霞珠葡萄MEMP含量的影响**

注：分图（1）、（3）和（5）分别为果实生长发育期内MEMP含量变化；（2）、（4）和（6）分别为果实生长发育期内单粒果实中MEMP含量变化。

在果实成熟过程中，各处理组单粒果实（以下简称"单果"）中MEMP含量均呈现先上升、后下降的变化趋势；40~70d，各处理组单果MEMP含量达到最大，为：重度＞中度＞CK，最大值分别为38.37pg/单粒果实、36.68pg/单粒果实和31.46pg/单粒果实；从坐果期至转色期采用重度水分胁迫处理，果实MEMP含量持续升高，70~90d快速下降，此后未检测到其含量。由此可知，坐果期至转色期采用重度水分胁迫促进了果实发育过程中MEMP的合成。研究表明，MEMP在水中阈值为3μg/L，果实成熟期含量远低于该阈值，不易被感官感知,也不是赤霞珠葡萄果实生青味的主要来源。

## 三、水分胁迫对赤霞珠葡萄果实发育过程中IPMP含量变化的影响

由图31-3可知,赤霞珠葡萄成熟过程中,各处理组IPMP含量不同,均呈逐渐下降的变化趋势。20d,各处理组IPMP含量达到最大值,20~70d内快速下降,花后90~120d缓慢下降,且在120d时,各处理组葡萄果实IPMP含量有差异。

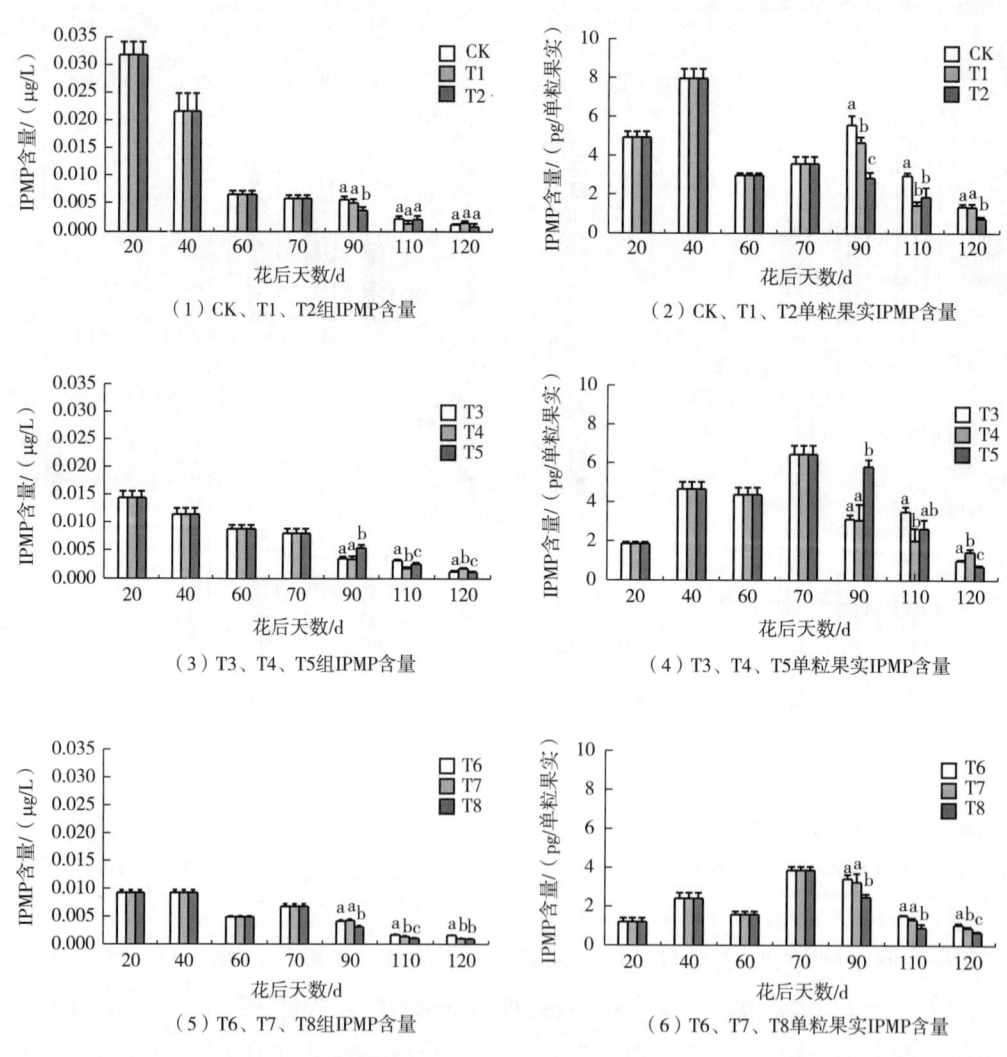

图31-3 水分胁迫对赤霞珠葡萄IPMP含量的影响

注:分图(1)、(3)和(5)分别为果实生长发育期内IPMP含量变化;(2)、(4)和(6)分别为果实生长发育期内单粒果实中IPMP含量变化。

在果实成熟过程中，各处理组单粒果实中IPMP均呈先上升、后下降的变化趋势。不同水分胁迫处理组葡萄果实IPMP含量有差别：70~120d，各处理组IPMP含量大体均缓慢下降；120d，T1和T4处理组IPMP含量均高于CK，且有最大值，分别为1.91pg/单粒果实和1.39pg/单粒果实，与各处理组相比，T7和T8 IPMP含量最低，分别为0.79pg/单粒果实和0.71pg/单粒果实；坐果期至转色期采用相同处理时，转色期至采收期采用重度水分胁迫处理，IPMP含量最低，表明坐果期至转色期前，采用重度水分胁迫处理能抑制IPMP合成，转色期至采收期采用重度水分胁迫处理促进了IPMP分解。研究表明，IPMP在水中阈值为0.002μg/L，葡萄成熟期IPMP含量远低于该阈值，不易被感官感知，则IPMP也不是葡萄果实生青味的主要来源。

## 四、水分胁迫对赤霞珠葡萄果实发育过程中SBMP含量变化的影响

由图31-4可知，赤霞珠葡萄成熟过程中，各处理组SBMP含量不同，均呈逐渐下降的趋势。20d，各处理组SBMP含量达到最大，分别为0.91μg/L、0.87μg/L和0.70μg/L；90d，重度水分胁迫处理组SBMP含量最低；110d，T2、T5和T7处理组含量低于其他处理组，由此可知水分胁迫可降低果实成熟期SBMP含量；120d，T5、T7和T8葡萄果实SBMP含量反而升高。

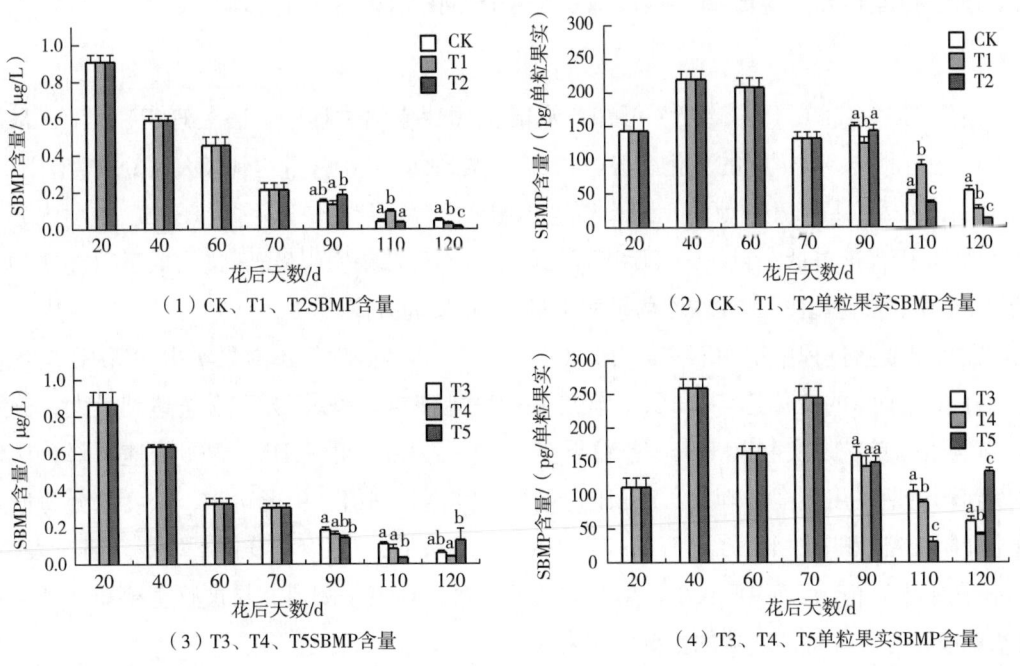

(1) CK、T1、T2SBMP含量
(2) CK、T1、T2单粒果实SBMP含量
(3) T3、T4、T5SBMP含量
(4) T3、T4、T5单粒果实SBMP含量

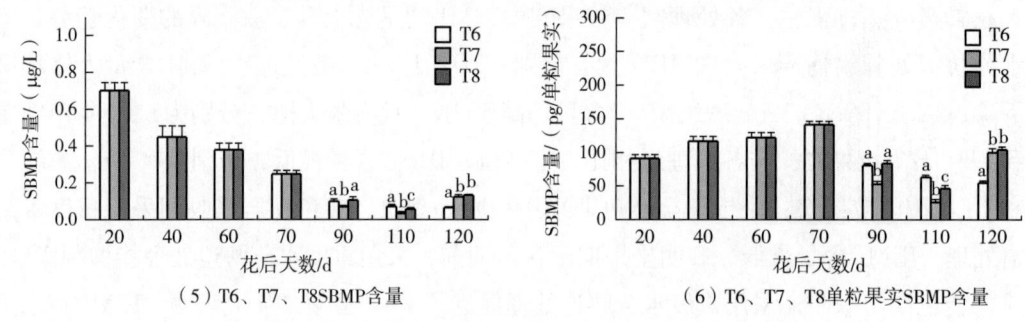

（5）T6、T7、T8SBMP含量　　　　　（6）T6、T7、T8单粒果实SBMP含量

**图31-4　水分胁迫对赤霞珠葡萄SBMP含量的影响**

在浆果成熟过程中，各处理组单粒果实中SBMP含量均呈先上升、后下降的变化趋势。坐果期至转色期，中度水分胁迫单果SBMP最大含量高于轻度和重度水分胁迫处理组，为258.39pg/单粒果实，90~120d，SBMP含量呈下降趋势，从坐果期至转色期采用重度水分胁迫处理后，SBMP含量低于其他处理组；120d，T5、T7和T8处理组SBMP含量反而升高。由此可知坐果期至转色期采用中度水分胁迫可提高果实成熟期SBMP含量，重度水分胁迫处理则降低SBMP含量，花后120d，T7处理组SBMP含量较CK减少45%。研究表明，SBMP在水中阈值为0.001μg/L，果实成熟期其含量均高于阈值，易被感官感知，是赤霞珠葡萄果实青椒、青草等特征香气的主要贡献者。

## 五、水分胁迫对赤霞珠葡萄果实发育过程中IBMP含量变化的影响

由图31-5（1）、（3）、（5）可知，赤霞珠葡萄成熟过程中，各处理组IBMP含量不同，均呈先上升、后下降的变化趋势。40d，各处理组IBMP含量达到最大，分别为0.27μg/L、0.21μg/L和0.11μg/L；40~120d，果实中IBMP含量开始快速下降；90d，重度水分胁迫处理IBMP含量最低；110d，T5和T7处理组，赤霞珠果实IBMP含量均低于CK；120d，CK、T5和T8处理组，赤霞珠葡萄果实IBMP含量反而升高。

在浆果成熟过程中［图31-5（2）、（4）、（6）］，各处理组单粒果实中IBMP含量均呈先上升、后下降的变化趋势。40d，轻度和中度处理组，单果IBMP含量达到最大，分别为100.23pg/单粒果实和86.00pg/单粒果实；40~120d，果实IBMP含量快速下降；从坐果期到转色期采用重度处理后，IBMP含量低于其他处理组，由此可知，重度水分胁迫处理能抑制IBMP积累；110d，T7处理组IBMP含量最低，与CK相比降低38%。研究表明，IBMP在水中阈值为0.0005μg/L，果实成熟期其含量均高于阈值，易被感官感知，是果实出现青椒、青草等特征气味的主要贡献者。

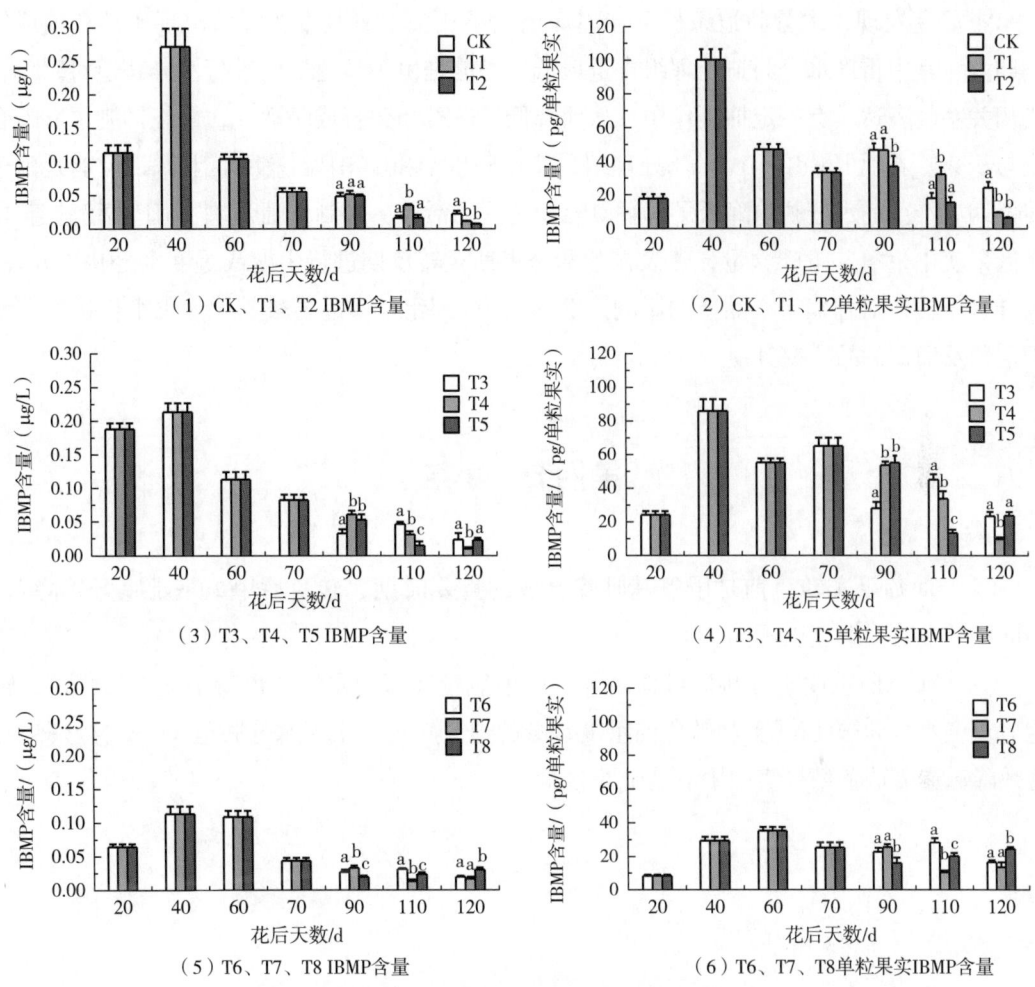

图31-5 水分胁迫对赤霞珠葡萄IBMP含量的影响

## 第三节 讨论

甲氧基吡嗪（MPs）是葡萄果实和葡萄酒中一类重要的香气物质，具有类似青草、青椒等生青味，含量适中时对提高葡萄酒香气有协调作用，但含量过高会降低葡萄酒的品质。本试验发现，中度和重度水分胁迫可降低赤霞珠葡萄果实中MPs含量，有利于减少生青味。在浆果生长发育过程中，不同水分胁迫处理对不同种类MPs含量变化趋势不同，果实MPs含量在葡萄转色前大量积累，随着果实成熟而被逐渐降解，其中，MOMP和MEMP在转色期前含量迅速降低，在花后70d均未被检测到，说明MOMP和MEMP在葡萄采收期全部降解，对果实MPs含量没有影响，而IPMP、SBMP和IBMP在转色后含量持续下降，直至葡萄采收期。

本研究发现，水分胁迫条件下赤霞珠葡萄果实中甲氧基吡嗪峰值出现于转色前或转色期内，其中重度水分胁迫处理组含量最低。可能是由于转色期前进行水分胁迫对MPs合成相关基因表达具有一定抑制作用，从而降低了MPs相关合成酶活性，最终抑制了MPs合成与积累。花后120d，T8和T5处理组果实中SBMP和IBMP含量反而上升，可能是由于转色期后严重的水分胁迫降低了降解MPs相关酶的活性，抑制了葡萄果实MPs降解。若要降低果实中甲氧基吡嗪含量，建议在葡萄坐果期至转色期进行中度或重度水分胁迫处理。综合水分胁迫对葡萄果实品质的影响，T5和T7处理组果实品质较其他处理组更优，有利于葡萄及葡萄酒品质提升。

## 第四节 小结

（1）葡萄果实转色前是甲氧基吡嗪合成的重要时期，转色后甲氧基吡嗪开始降解，不同种类吡嗪降解速度不同。

（2）转色前重度水分胁迫可抑制果实中甲氧基吡嗪积累。转色前中度水分胁迫，转色后重度水分胁迫（T5）和转色前重度水分胁迫，转色后中度水分胁迫（T7）处理均可有效降低赤霞珠葡萄果实中甲氧基吡嗪含量。

# 第三十二章 水分胁迫对玫瑰香葡萄果实挥发性化合物含量的影响

葡萄是世界上最重要的经济果树之一，通常，80%的葡萄被用来酿酒，其也用与鲜食、制汁和制干，具有很强的适应性，可在多种土壤、气候条件下栽培。近年来，全球气候变暖，加剧了葡萄叶片蒸腾作用，导致葡萄水分亏缺，这不仅影响葡萄树体生长和葡萄浆果发育，还会影响葡萄产量及葡萄品质，科学合理的水分管理是有效改善葡萄品质的重要技术措施之一。我国水资源严重短缺，三分之一以上的葡萄产区都集中在西北干旱和半干旱地区，宁夏贺兰山东麓葡萄产区地处我国西北内陆，全年干旱少雨，但具有引黄河水灌溉的便利条件，致使部分葡萄种植企业和农户过度灌溉，不仅影响葡萄生长发育，而且还对葡萄浆果的品质产生一定的影响，造成有限的水资源浪费严重，限制了葡萄产业的可持续发展。因此，研究不同水分亏缺条件下对葡萄生长发育的影响，对水资源高效利用，提高葡萄产量与品质具有重要意义。

香气是决定葡萄果实品质的重要性状指标，也是葡萄果实的特征物质，使葡萄呈现出不同的风味。浆果成熟过程中，香气成分的种类及含量会受气温和土壤水分供给的影响。某些氨基酸是多种葡萄酒香气化合物的前体物质，葡萄果实中氨基酸的种类和含量因风土条件而有所不同，葡萄果实中氨基酸含量与水分状况、水分胁迫的时间和程度有关。因此，水分调控是改善葡萄浆果生长和化学成分的基本农艺措施。

玫瑰香葡萄因品质优良，具有浓郁的玫瑰香味，备受消费者欢迎，在世界各地广泛栽培。产区风土特征和品种特性对葡萄的品种香气种类和含量具有决定作用，葡萄果实特有香气是其评价其品质优劣的重要感官指标之一。葡萄果实香气是由品种中所含的特定芳香物质及其含量决定，这些物质决定了葡萄和葡萄酒的芳香特性及其典型性。人们对葡萄浆果香气的感知并不是一两种单一化合物的效果，而是取决于此化合物的浓度、感官阈值及各种相互作用。

因此，改善葡萄浆果中风味物质的含量和降低风味缺陷，是提高葡萄浆果品质的关键。目前，有关水分胁迫对果实中氨基酸含量及挥发性风味物质含量的影响研究较少，对水分胁迫调控挥发性化合物代谢相关基因的表达知之甚少。本试验通过不同水分胁迫处理对玫瑰香葡萄果实挥发性化合物及相关代谢调控基因的影响研究，了解水分胁迫对玫瑰香葡萄果实挥发性化合物的合成代谢机制，获得提高玫瑰香葡萄果实品质的水分管理技术措施,指导玫瑰香葡萄栽培管理。

# 第一节 材料与方法

## 一、试验材料

试验于2019年在宁夏永宁县玉泉营镇,宁夏兰山骄子葡萄酒庄有限公司,国家葡萄产业技术体系水分生理与节水栽培岗位核心试验基地(38°14'19"N,106°2'0"E)进行。以10年生玫瑰香葡萄为试验材料,各处理组分别选取长势一致且无病虫害的葡萄60株,东西行向,行间距3.0m×0.6m,倾斜式独龙蔓整形方式。

## 二、试验设计

水分胁迫从果实转色期至成熟期进行,通过不同灌水量使各处理组黎明前叶片基础水势($\Psi_b$)达到各水分胁迫参考范围(表32-1),实现中度、重度水分胁迫,以无水分胁迫作为对照,设置3个处理组。试验从转色前开始每10天采样一次,每次取样部位为阴、阳两面及上、中、下,每个处理组随机采取300粒果实,立刻用液氮速冻,用塑封袋装好放在-80℃的冰箱中保存待测。

表32-1 不同水分处理组叶片基础水势及日灌水时间

| 处理组 | 叶片基础水势($\Psi_b$)/MPa | 日灌水时间/min |
| --- | --- | --- |
| 无胁迫(CK) | $-0.2 \leq \Psi_b \leq 0$ | 10 |
| 中度胁迫(T1) | $-0.6 \leq \Psi_b \leq -0.4$ | 4 |
| 重度胁迫(T2) | $\Psi_b \leq -0.6$ | 0.5 |

## 三、测定指标与方法

### (一)黎明前叶片水势测定

于黎明前分别摘取各处理组葡萄植株新梢中部健康的功能叶,每个处理组随机选取3株葡萄,每株葡萄随机采3片叶子,立即利用水势压力室(美国Soil Moisture Equipment

公司）测定叶片的水势值，并读数记录。

**（二）果实百粒重测定**

随机选取100颗葡萄果实，采用分析天平称重法测定果实百粒重。

**（三）果形指数的测定**

游标卡尺随机测量30粒果实的纵横径，精确到0.01mm，计算平均值，并根据公式（果形指数=果实纵径/果实横径）计算出果形指数。

**（四）果实可滴定酸含量的测定**

采用氢氧化钠滴定法。

**（五）果实可溶性固形物含量的测定**

使用便携式数字折光仪（LH-B55）测定，重复3次，求平均值。

**（六）果实总酚含量的测定**

采用福林酚法。

**（七）果实氨基酸的测定**

按照GB 5009.124—2016《食品安全国家标准 食品中氨基酸的测定》进行氨基酸的测定。

**（八）挥发性风味化合物含量的测定**

游离态挥发性风味化合物通过顶空固相微萃取（HS-SPME）法提取，使用安捷伦5977B气相色谱-质谱联用仪（GC-MS）进行化合物含量的检测。

游离态香气的提取：称取研磨后的葡萄浆果粉末15g于50mL离心管中，然后加入1g的交联聚乙烯基吡咯烷酮（PVPP）以及0.5g的D-葡萄糖酸内酯。将离心管放于4℃冰箱内静置浸提120min，于4℃，10000r/min离心15min，得到澄清葡萄汁。

顶空固相微萃取（HS-SPME）：取澄清葡萄汁5mL放在15mL的顶空瓶中；加入1g氯化钠、5μL的2-辛醇（内标物）及磁力转子后迅速拧紧顶空瓶的盖子，将萃取头插入样品顶空瓶中，然后置于磁力搅拌器上，60℃吸附30min，然后取出萃取头，插入气相进样口。

气相色谱分离条件：色谱柱：HP-INNO-Wax毛细管柱（长30m，内径0.25mm，液膜厚度0.25μm）；载气为He（纯度99.99%）；流速1.10mL/min；进样口温度：200℃，解析5min；升温程序：35℃保持3min，之后以4℃/min的增温速度升至120℃，保持2min，再以10℃/min的升温速度增至230℃。

质谱检测条件：GC-MS传导线温度250℃，检测器电源350V，电离方式为EI源，温度为170℃，电子能量为70eV，扫描质量为30~550amu。

定性分析：利用质谱全离子扫描模式下的总离子流图谱，对采集的总离子流图用NIST08和RTLPEST3两个谱库进行检索及资料分析，结合保留指数（RI）和参考文献确定挥发性物质组分。

定量分析：采用内标法定量，以2-辛醇作为内标来测定化合物的相对含量，计算公式如下。

挥发性化合物的相对含量/（μg/L）=内标物质量（μg）×样品峰面积/[内标峰面积/样品体积（L）]

### （九）挥发性化合物相关基因的测定

果实RNA的提取根据无锡百泰克植物RNA提取试剂盒（离心柱型）操作说明步骤来提取。以总RNA为模板，利用TranScript All-in-One First-Strand cDNA Synthesis Super Mix for qPCR（One-Step-gDNA Removal）试剂盒反转录合成cDNA。荧光定量RT-PCR以*Actin*为内参基因，在Genebank中，查找*VvGPPS*、*VvLIS*、*VvTPS*和*VvCCD1*引物的特异性序列，引物由上海生物工程设计合成，引物序列如表32-2所示。

基因表达相对定量分析方法：采用2-ΔΔCt法对基因进行相对定量分析计算。

**表32-2　实时荧光定量PCR引物序列**

| 基因名称 | 基因登录号 | 引物序列（5'→3'） |
|---|---|---|
| *VvGPPS* | AY351862.1 | F：AACTGCGGAAGTTTCAATGTTGGC |
|  |  | R：ATGGCGGATGTCAGACAATGAACC |
| *VvLIS* | JQ062931.1 | F：AGTTGGAGAGGATACGCTGGAAGG |
|  |  | R：CTCACCGTGAGTGCTGGCTTTC |
| *VvTPS* | NM_001281134.1 | F：GTCGGGTCAAGTCTTAGCAAGCC |
|  |  | R：GTTACCTCGTCCTCGGGAGTGTAG |
| *VvCCD1* | NM_001280915.1 | F：TGGCACTTTCGGAGGCTGATAAAC |
|  |  | R：GGGTCAACCTTTGGATGAGCAGTG |
| *VvActin* | EC969944 | F：CTTGCATCCCTCAGCACCTT |
|  |  | R：TCCTGTGGACAATGGATGGA |

## 四、数据处理

试验数据均以平均值±标准差表示，采用Microsoft office Excel 2016和Origin 9.0作图，SPSS Statistics 23.0进行统计分析。

## 第二节 结果与分析

### 一、不同水分胁迫处理的玫瑰香葡萄植株叶片黎明前水势（$\Psi_b$）

由图32-1可知，在花后55d测得玫瑰香葡萄叶片基础水势均为$-0.30 \sim -0.20$MPa，花后65d左右为果实转色期，且各处理组随果实的发育达到所设定的水势范围。在花后75d和85d，由于降雨导致各处理组水势值有所上升，水势值偏离了试验设定范围。

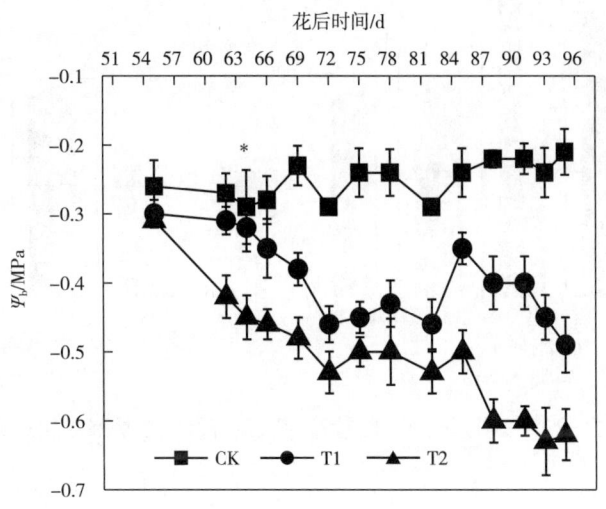

图32-1　各处理组黎明前叶片水势

注：*表示转色期。

### 二、水分胁迫对玫瑰香葡萄果实氨基酸含量的影响

氨基酸是果实中挥发性化合物的前体物质。本研究共检测到17种氨基酸，将这些氨基酸按其作为挥发性前体的潜在作用可分为3类：芳香族氨基酸（苯丙氨酸、酪氨酸）、脂肪族氨基酸（亮氨酸、丙氨酸、异亮氨酸、甘氨酸和缬氨酸）及其他氨基酸（组氨酸、丝氨酸、苏氨酸、谷氨酸、半胱氨酸、天冬氨酸、赖氨酸、脯氨酸、精氨酸和甲硫氨酸）。

### 三、水分胁迫对玫瑰香葡萄果实发育过程中芳香族氨基酸含量的影响

如图32-2所示，伴随浆果的成熟，苯丙氨酸和酪氨酸含量在葡萄浆果中的整体表现

为积累增加。重度水分胁迫改变了苯丙氨酸的积累模式，CK和T1处理组的果实中苯丙氨酸含量呈先增加、后降低、再增加的变化趋势，而T2处理组的果实发育过程中苯丙氨酸含量表现为先增加、后降低的趋势。果实成熟期，T1和T2处理组分别较CK降低了7.24%和15.8%（质量分数，余同）。对于酪氨酸含量而言，花后75d时，T2显著高于其他两个处理组，花后85~95d，T2酪氨酸含量下降，且显著低于其他处理组。因此，重度水分胁迫不利于玫瑰香葡萄果实芳香族氨基酸的积累。

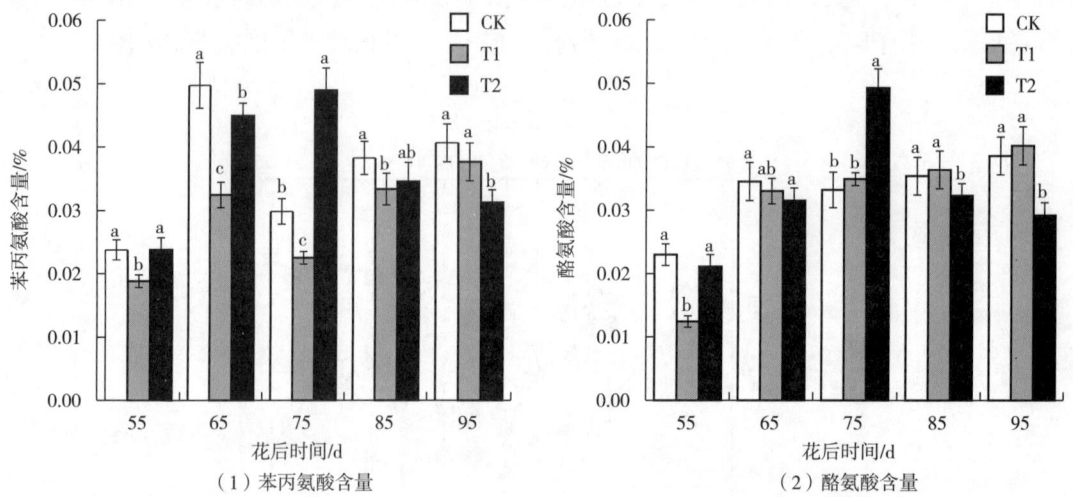

图32-2　水分胁迫对玫瑰香葡萄果实芳香族氨基酸含量的影响

## 四、水分胁迫对玫瑰香葡萄果实发育过程中脂肪族氨基酸含量的影响

不同水分胁迫处理对玫瑰香葡萄果实脂肪族氨基酸含量的影响如图32-3所示。本试验中，共检测到5种脂肪族氨基酸，花后55~95d，浆果中脂肪族氨基酸含量总体变化趋势表现为先增加、后降低、再增加的趋势。丙氨酸和缬氨酸在果实发育过程中的变化相似，如图32-3（1）和图32-3（3）所示，花后55~75d，T1处理下丙氨酸和缬氨酸的含量均高于其他两种处理组；花后85~95d，CK两种氨基酸含量呈上升趋势，而T2处理组呈下降趋势，说明在果实成熟前期水分胁迫有利于丙氨酸和缬氨酸的积累，而持续的水分胁迫会使这两种氨基酸的含量降低。异亮氨酸、甘氨酸的含量变化如图32-3（2）和图32-3（5）所示，花后65~85d，水分胁迫处理下异亮氨酸的含量显著高于CK，而采收期含量显著低于CK。水分胁迫对亮氨酸的影响和异亮氨酸是相似的。花后75~85d，水分胁迫下亮氨酸含量显著高于CK，但采收期含量较低。对甘氨酸而言，转色后T1含量始终高于CK。综上所述，水分胁迫对甘氨酸的积累有促进作用，但不利于丙氨酸、异亮氨酸、缬氨酸和亮氨酸的积累。

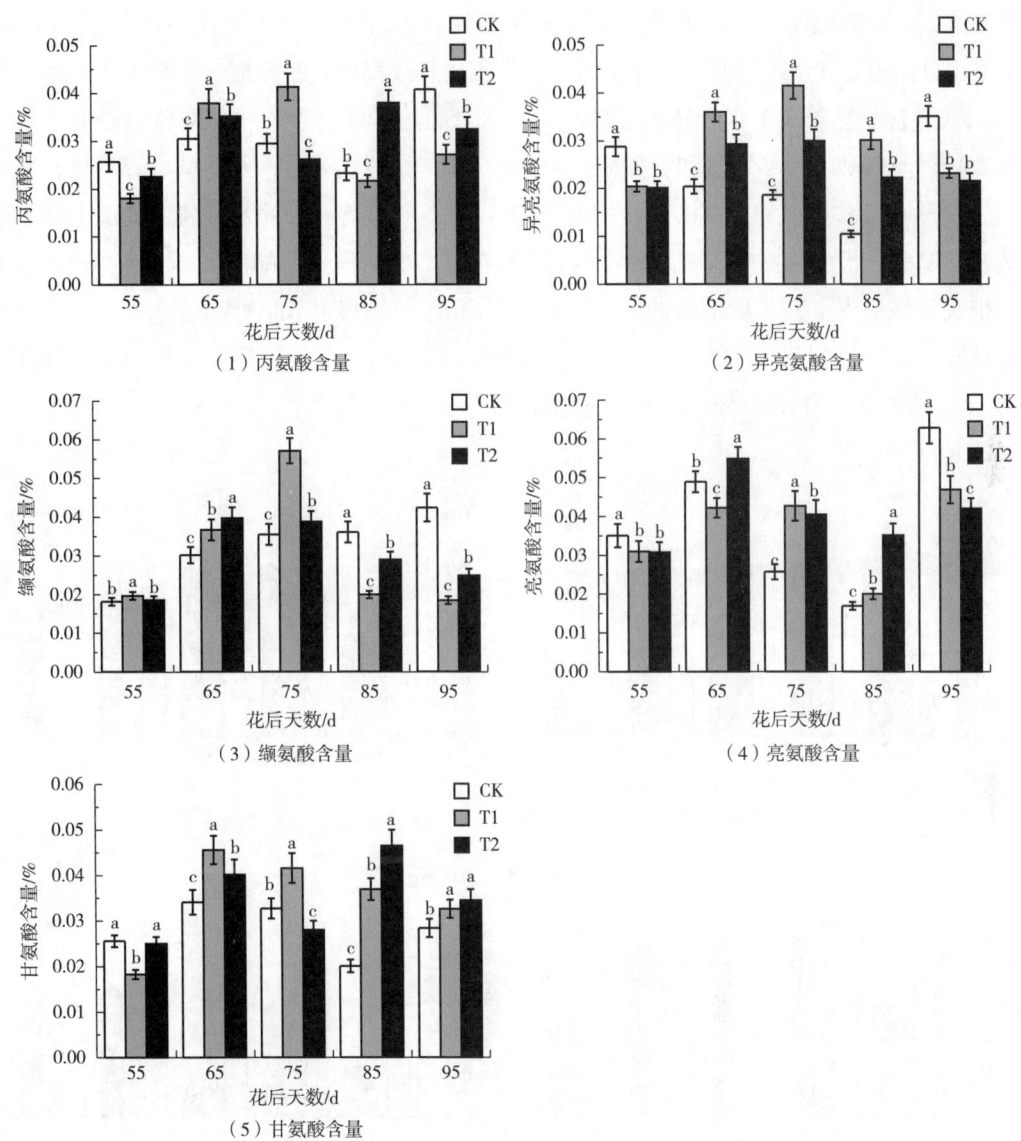

图32-3 水分胁迫对玫瑰香葡萄果实脂肪族氨基酸含量的影响

注：不同小写字母表示差异显著（$p<0.05$），余同。

## 五、水分胁迫对玫瑰香葡萄果实发育过程中其他氨基酸含量的影响

如图32-4可得，在花后95d时，T2处理组除脯氨酸含量显著高于对照外，其他氨基酸含量均低于对照，表明浆果中脯氨酸对重度水分胁迫的响应和其他氨基酸是有所差异的。不同处理组的果实中组氨酸和精氨酸含量在花后55~95d呈上升趋势［如图32-4（1）和图32-4（8）所示］。从果实转色期阶段（花后65d）开始，T1处理组果实中组氨酸含量呈迅速

上升趋势，果实成熟期，与CK相比，T1处理组增加了26.22%，T2处理组减少了42.29%，表明适当水分胁迫有利于组氨酸含量的积累。在果实成熟过程中，精氨酸含量呈上升趋势，花后95d，CK含量显著高于水分胁迫处理组，且水分胁迫程度越重，精氨酸含量越低。浆果中苏氨酸、丝氨酸、天冬氨酸和谷氨酸含量均在花后65d达到峰值，随后呈下降趋势，花后95d，水分胁迫组以上4种氨基酸含量均低于CK，且差异显著。表明水分胁迫处理不利于苏氨酸、丝氨酸、天冬氨酸和谷氨酸这4种氨基酸在果实中的积累。如图32-4（4）所示，果实中半胱氨酸呈先上升、后下降的趋势，在花后95d，T1处理组的含量最高，T2处理组的含量最低，说明T1处理组有利于半胱氨酸的积累。在T1处理组下，赖氨酸和甲硫氨酸含量与CK无显著差异，但在T2处理下两者含量显著降低。

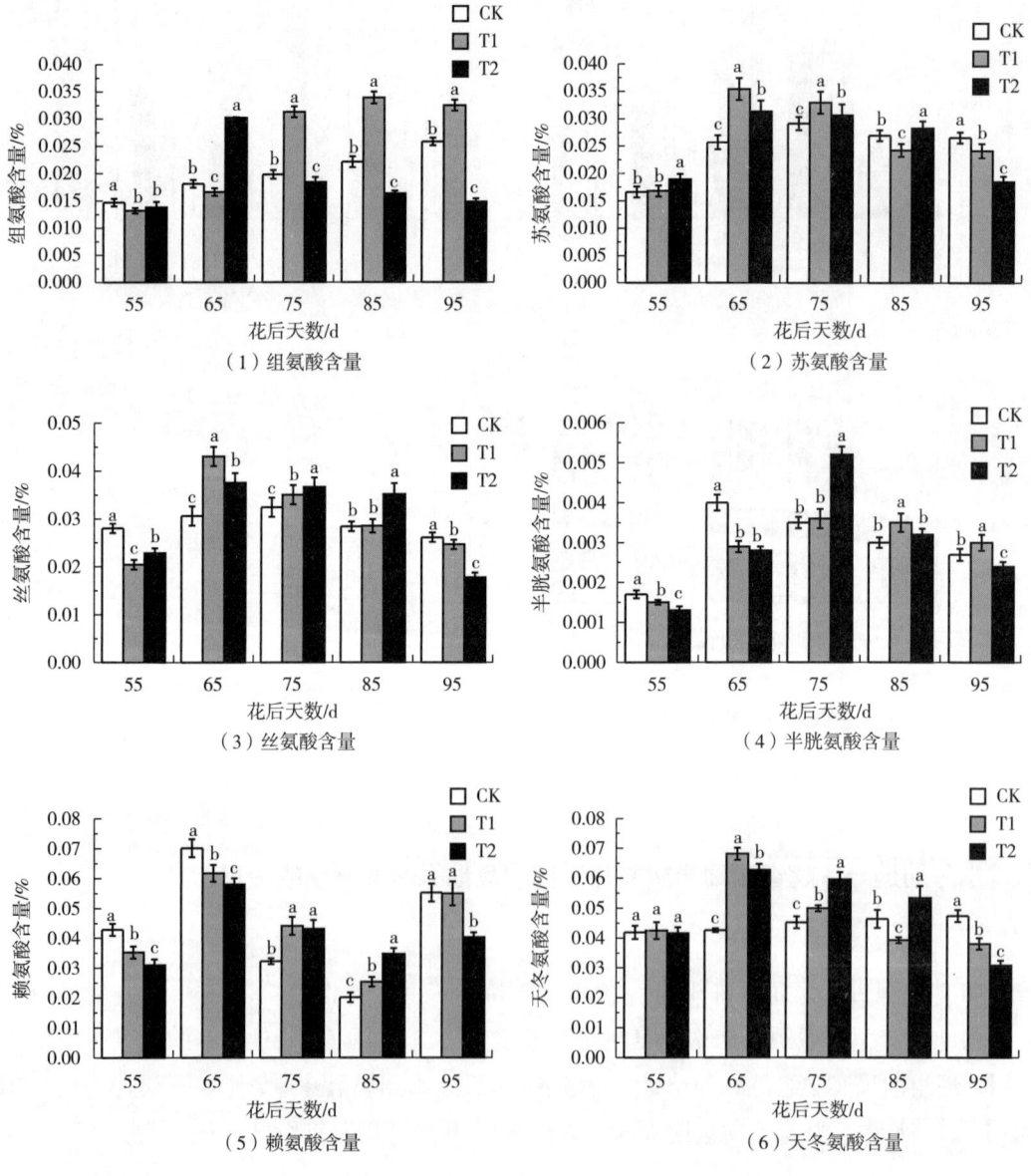

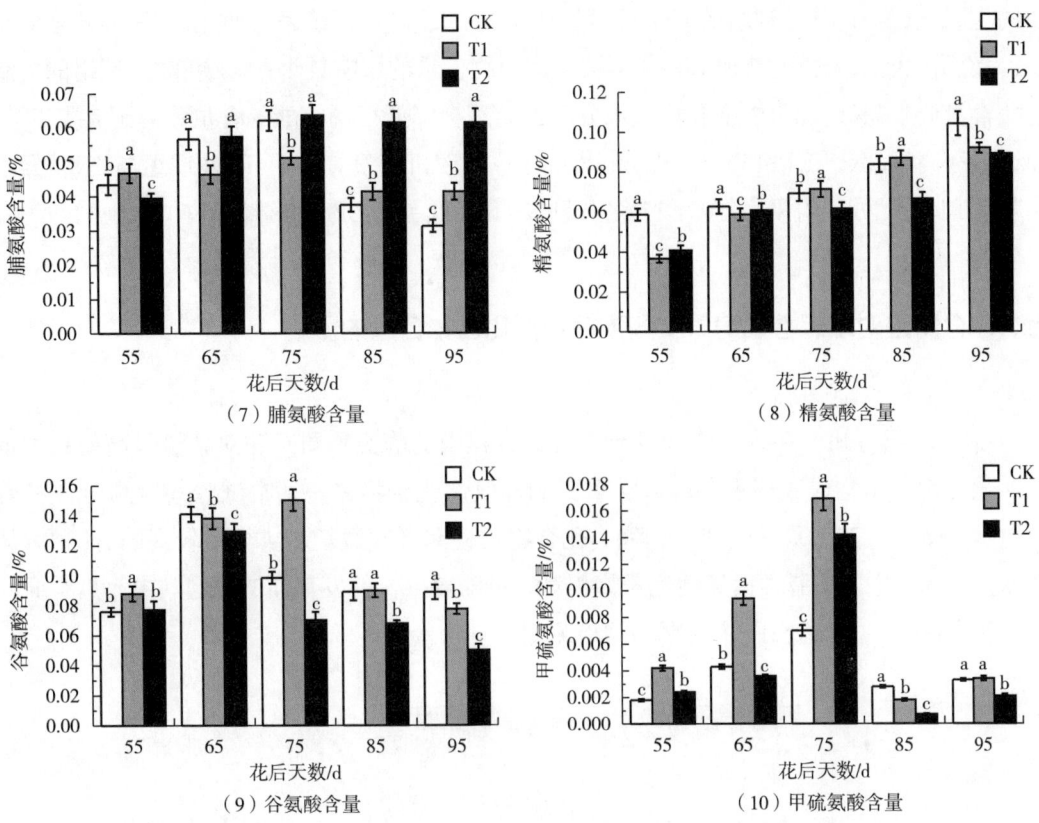

图32-4 水分胁迫对玫瑰香葡萄果实其他氨基酸含量的影响

## 六、水分胁迫对玫瑰香葡萄采收期果实品质的影响

由表32-3可以得出，T2处理组的百粒重显著低于CK，且T1和T2处理组较CK分别降低了1.05%和20.23%，表明玫瑰香葡萄百粒重随水分胁迫程度的增加而降低，T2处理会使果实的生长受到抑制；CK和T1处理在果形指数上没有差异，T2处理组抑制了果实纵

表32-3 水分胁迫对玫瑰香葡萄采收期果实品质的影响

| 处理组 | 果实品质 | | | | | |
|---|---|---|---|---|---|---|
| | 百粒重/g | 果形指数 | 可溶性固形物含量/% | 可滴定酸含量/(g/L) | 总酚含量/(mg/g) | 氨基酸含量/% |
| CK | 531.45±3.46$^a$ | 1.11±0.02$^a$ | 18.3±0$^a$ | 6.31±0.11$^a$ | 7.82±0.05$^b$ | 0.724±0.05$^a$ |
| T1 | 525.86±2.81$^a$ | 1.11±0.01$^a$ | 18.2±0.1$^a$ | 6±0.38$^{ab}$ | 7.85±0.07$^b$ | 0.637±0.07$^b$ |
| T2 | 423.92±3.15$^b$ | 1.05±0.01$^a$ | 17.8±0.06$^b$ | 6.19±0.0$^{ab}$ | 8.79±0.12$^a$ | 0.551±0.03$^c$ |

注：数据由平均值±标准差（SD）表示，不同小写字母表示差异达到0.05显著水平。

径的生长；CK和T1处理组的浆果可溶性固形物含量差异不显著，而T2处理组显著低于CK，说明中度水分胁迫处理对果实可溶性固形物含量的影响较小；T1和T2处理组的可滴定酸含量低于CK，说明中度和重度水分胁迫处理会降低可滴定酸的含量；总酚含量T2处理组显著高于CK，T1和T2较CK分别增加了0.37%和11.05%，而T1处理组与CK差异不显著。T1和T2处理组果实氨基酸含量分别较CK降低了11.92%和23.90%。

### 七、水分胁迫对玫瑰香葡萄果实醛类挥发性化合物含量的影响

由图32-5可知，在玫瑰香葡萄果实发育过程中的醛类物质是相对含量最高的一类挥发性化合物，是构成玫瑰香葡萄果实重要的挥发性化合物之一。本试验共检测出10种醛类物质，而在这五个采样时期中，醛类化合物被检测到次数较多、含量较高的有5种。从总体上来看，主要的醛类挥发性化合物相对含量随着果实的发育而增加，其中，具有绿叶清香和果香的2-己烯醛在5个时期均被检测到，且含量最多。

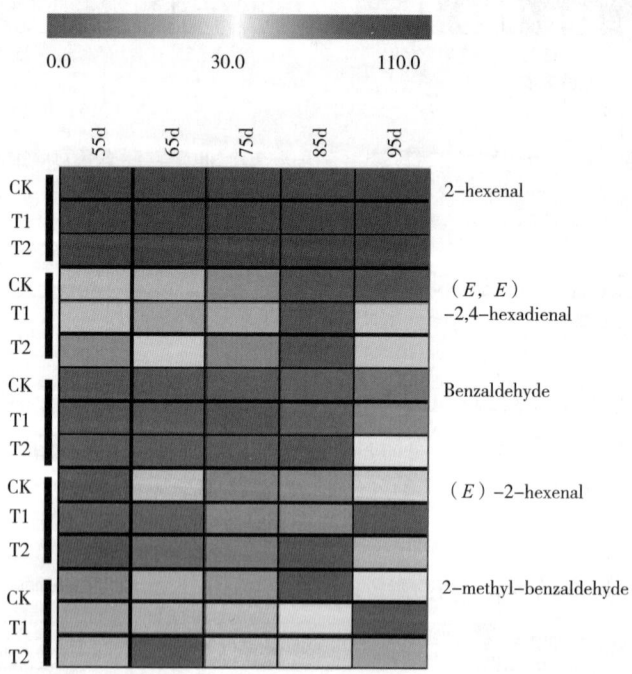

图32-5 水分胁迫对玫瑰香葡萄果实发育过程中主要醛类化合物含量的影响（单位：μg/L）

如图32-6所示，2-己烯醛含量在果实发育过程中除T1处理组表现为不断上升，CK和T2处理组均表现为先上升、后下降的趋势。在花后95d，T1果实中2-己烯醛含量较CK增加了43.14%，T2处理组下降低了48.52%。表明玫瑰香葡萄在不同水分胁迫处理下，果

实成熟期2-己烯醛物质的含量不同，T1处理有利于果实中2-己烯醛物质的积累。

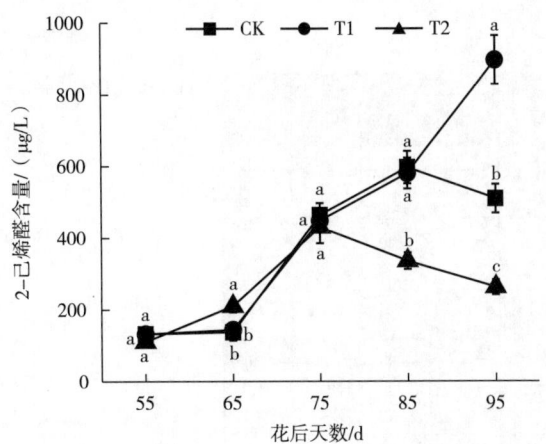

图32-6　水分胁迫对玫瑰香葡萄果实发育过程中2-己烯醛含量的影响

## 八、水分胁迫对玫瑰香葡萄果实萜醇类挥发性化合物含量的影响

由图32-7可知，葡萄果实萜醇类物质种类丰富，芳樟醇和α-萜品醇在5个取样时期均可被检测出，这两种物质均呈现出玫瑰芳香、花香和甜香等愉悦的气味；果实采收期，T2处理组未检测到具有芳香味的苯甲醇和花香味的顺式氧化芳樟醇，表明重度水分胁迫会抑制这两种化合物的积累；花后95d时，在T2处理组果实中的香叶醇、月桂烯和右旋柠檬烯这3种萜烯类物质也未被检测到。说明重度水分胁迫处理不利于玫瑰香葡萄果实中萜烯类物质的积累。

如图32-8所示，水分胁迫对玫瑰香葡萄果实发育过程中芳樟醇含量的影响显著，但水分胁迫并未改变浆果中芳樟醇含量随果实成熟逐渐增加的趋势。在花后85~95d，果实中芳樟醇含量迅速增加。花后95d果实芳樟醇含量大小次序为：T2>T1>CK，T1和T2处理组较CK增加了29.33%和45.08%，说明T1和T2处理组均能提高果实芳樟醇的含量，且在一定范围内随着水分胁迫程度的增加，果实中芳樟醇含量积累增多。

水分胁迫对玫瑰香葡萄果实发育过程中α-萜品醇含量的影响如图32-9所示，不同的水分胁迫处理并未改变果实中α-萜品醇的积累模式。在花后55~75天，各处理组α-萜品醇含量变化幅度较小；花后75~95d，果实中α-萜品醇含量迅速上升。果实成熟期，T1和T2处理组的α-萜品醇相对含量显著低于CK，表明水分胁迫处理会抑制α-萜品醇的积累。

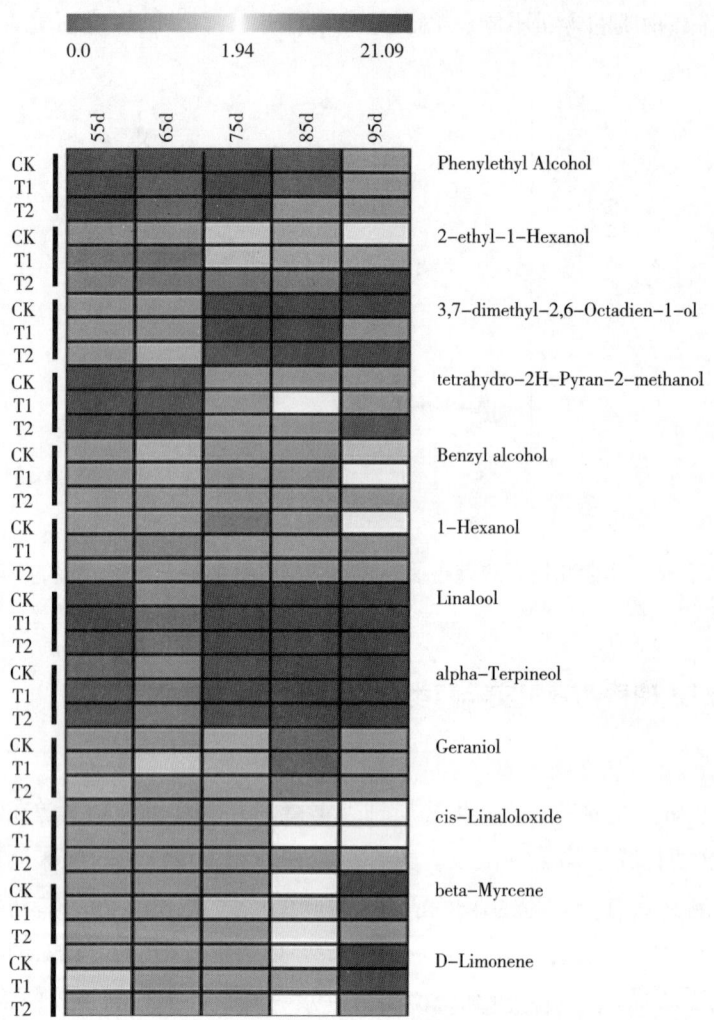

图32-7 水分胁迫对玫瑰香葡萄果实发育过程中主要醇类和萜烯类挥发物质含量的影响(单位:μg/L)

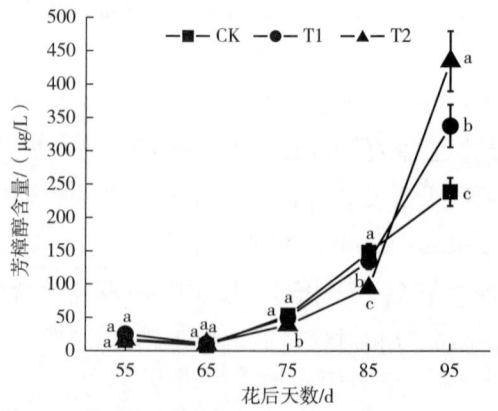

图32-8 水分胁迫对玫瑰香葡萄果实发育过程中芳樟醇含量的影响

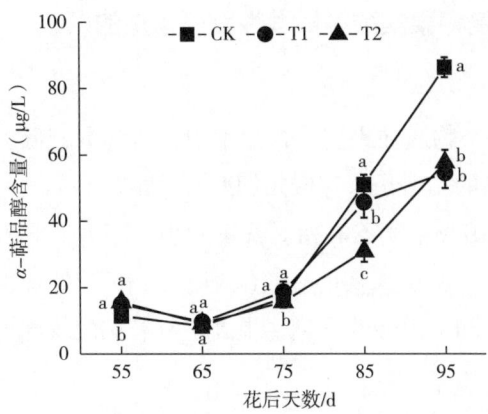

图32-9 水分胁迫对玫瑰香葡萄果实发育过程中α-萜品醇含量的影响

## 九、水分胁迫对玫瑰香葡萄果实酯类挥发性物质含量的影响

由图32-10可知,在玫瑰香葡萄果实中酯类物质相对含量较低,且在果实发育过程中相对含量逐渐减少。本试验共检测出13种酯类物质,其中丁二酸二乙酯、癸酸乙酯、水杨酸甲酯和邻苯二甲酸二异丁酯是玫瑰香葡萄主要的酯类物质。除具有芳香气味的水杨酸甲酯可在果实采收期检测到外,其余3种化合物在成熟期均未检测到,表明酯类物质随果实的发育而逐渐降解,且水分胁迫程度的加深会促进酯类物质的降解。

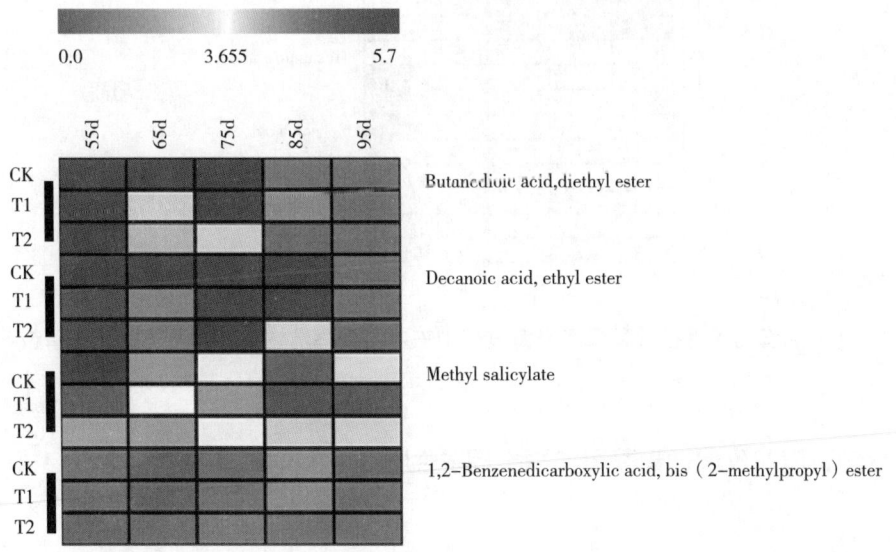

图32-10 水分胁迫对玫瑰香葡萄果实发育过程中主要酯类挥发物质含量的影响(单位:μg/L)

## 十、水分胁迫对玫瑰香葡萄果实酸类挥发性物质含量的影响

由图32-11可知,酸类物质在果实发育过程中相对含量较低,本试验共检测出20种酸类物质,具有刺激性气味的乙酸是果实成熟期酸类含量最高的一种物质,其含量随着果实发育而呈上升趋势,花后95d果实乙酸相对含量大小次序为:T2>CK>T1,表明中度水分胁迫会降低乙酸的含量,减少果实的香气缺陷。T1和T2处理组均降低了令人不愉悦的挥发性物质如甲酸、癸酸和苯甲酸的含量,提高了具有奶酪气味的己酸和温和气味的异辛酸的相对含量。

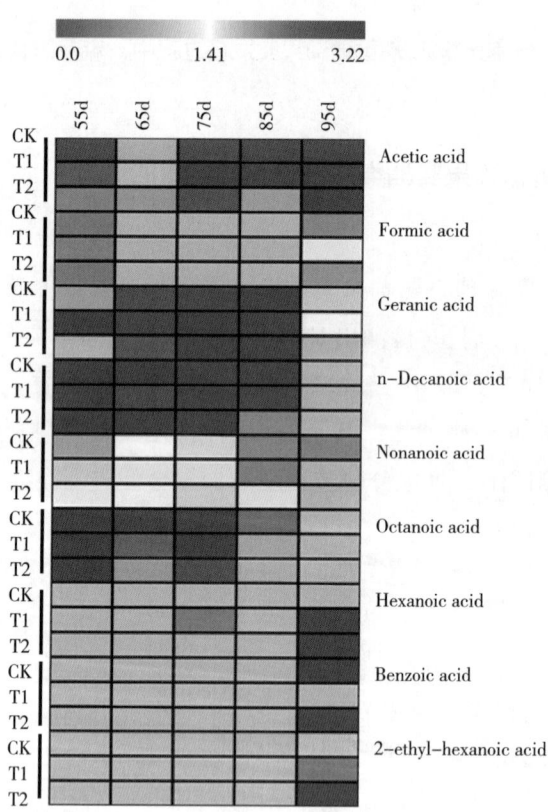

图32-11 水分胁迫对玫瑰香葡萄果实发育过程中主要酸类挥发性物质含量的影响(单位:μg/L)

## 十一、水分胁迫对玫瑰香葡萄果实酮类挥发性物质含量的影响

本试验的5次采样时期中检测到的酮类物质共13种。酮类物质在果实发育过程中物质种类少、含量低。如图32-12所示,玫瑰香葡萄果实发育过程中含量较高的酮类有5种,5

个时期均检测到的酮类物质有2种,分别是大马酮和2-吡咯烷酮。

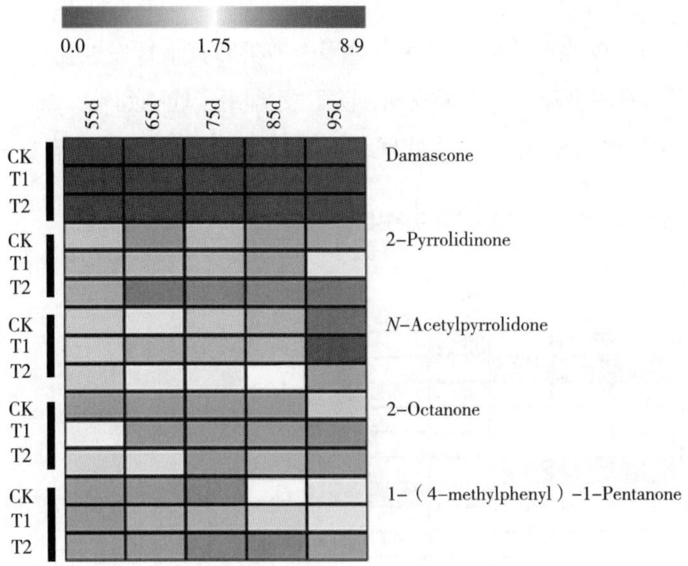

图32-12 水分胁迫对玫瑰香葡萄果实发育过程中主要酮类挥发性物质含量的影响(单位:μg/L)

大马酮具有玫瑰花香气味。如图32-13所示,玫瑰香葡萄果实中大马酮相对含量变化趋势为先上升、后下降,T2处理组在花后75d时达到峰值,相对含量为33.29μg/L,CK和T1处理组均在花后85d达到峰值,相对含量分别为33.29μg/L和33.92μg/L。果实采收期,与CK相比,T1和T2处理组大马酮相对含量分别降低了17.99%和57.81%,因此,T1和T2处理组不利于大马酮的累积。

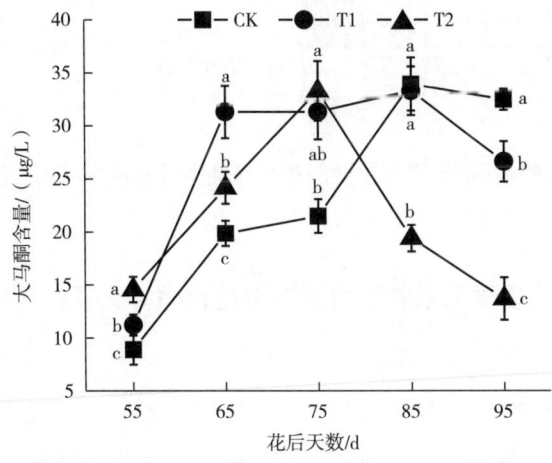

图32-13 水分胁迫对玫瑰香葡萄果实发育过程中大马酮含量的影响

## 十二、水分胁迫对玫瑰香葡萄果实酚类和其他类挥发性化合物含量的影响

由图32-14可知,玫瑰香葡萄果实发育过程中酚类和其他挥发性化合物种类较少,且含量低。对苯二甲醚具有甜香味,果实采收期,除T1处理组未检测到外,CK和T2处理组均检测到,CK中对苯二甲醚的含量虽高于T2处理组,但T2处理组抑制了对苯二甲醚含量的下降。

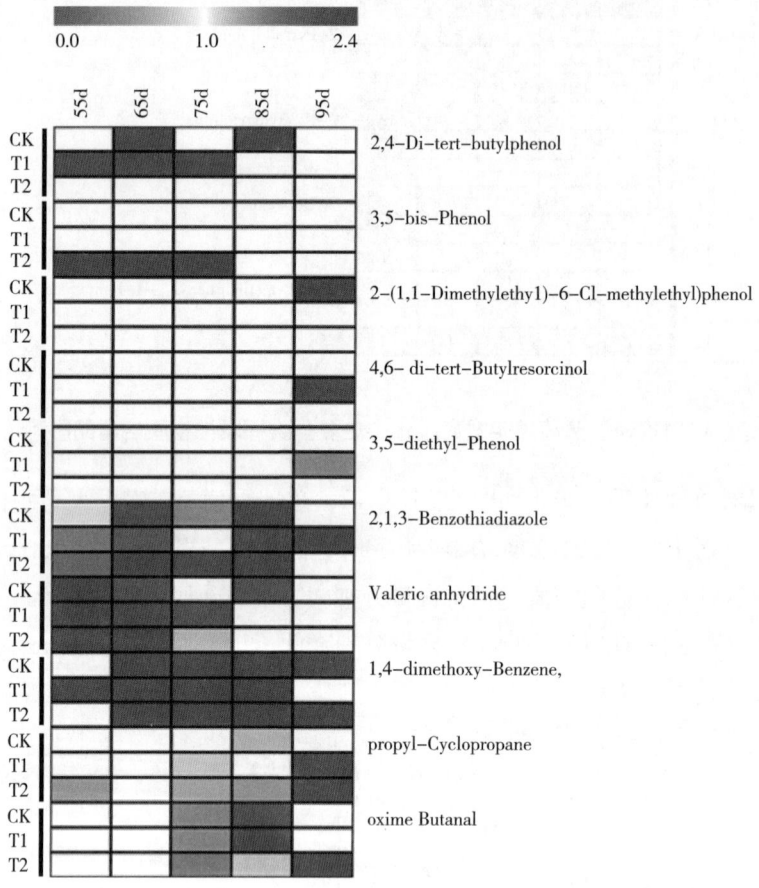

图32-14　水分胁迫对玫瑰香葡萄果实主要酚类和其他类挥发性物质含量的影响(单位:μg/L)

## 十三、水分胁迫对玫瑰香葡萄采收期果实挥发性物质种类及总含量的影响

不同水分胁迫处理对玫瑰香葡萄果实采收期挥发性物质种类及总含量的影响不同。由图32-15可以看出,不同水分胁迫处理显著影响了果实采收期挥发性物质的种类。中度和重度水分胁迫处理可显著增加醛类物质和其他挥发性物质的种类。由表32-4可知,花后95d,CK检测到41种挥发性物质,T1处理组下检测到的果实挥发性物质种类最多为43

种，在T2处理组下种类最少，为33种，比CK减少了8种。

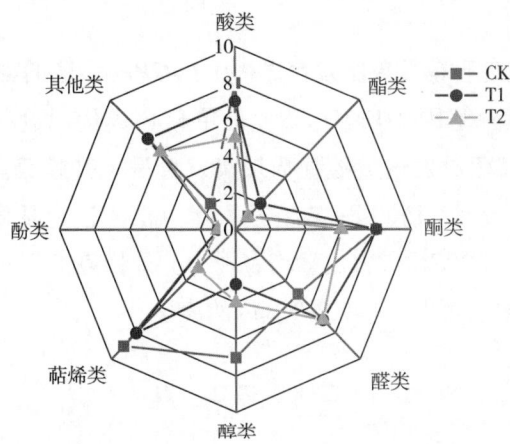

图32-15 水分胁迫对玫瑰香葡萄采收期果实挥发性物质种类的影响

表32-4 玫瑰香葡萄果实采收期挥发性物质的种类比较　　　　　　　　　　　　单位：类

| 处理组 | 酸类 | 酯类 | 酮类 | 醛类 | 醇类 | 萜烯类 | 酚类 | 其他类 | 总计 |
|---|---|---|---|---|---|---|---|---|---|
| CK | 8 | 1 | 8 | 5 | 7 | 9 | 1 | 2 | 41 |
| T1 | 7 | 2 | 8 | 7 | 3 | 8 | 1 | 7 | 43 |
| T2 | 5 | 1 | 6 | 7 | 4 | 3 | 1 | 6 | 33 |

由图32-16可以看出，醛类、萜烯类和醇类物质含量较高，是玫瑰香葡萄果实的主要香气成分。酮类、酸类和酯类物质含量较低。果实采收期，中度水分胁迫处理下醛类物质总含量最高，重度水分胁迫处理下萜烯类物质总含量最高，说明适当水分胁迫有利于果实成熟期挥发性物质的积累。

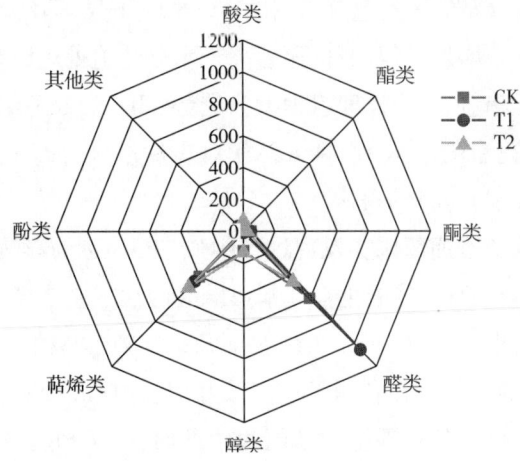

图32-16 玫瑰香葡萄果实采收期挥发性物质相对含量的比较（单位：μg/L）

## 十四、水分胁迫对玫瑰香葡萄果实挥发性化合物相关基因表达的影响

### (一)水分胁迫对玫瑰香葡萄果实发育过程中*VvGPPS*表达的影响

香叶基二磷酸合成酶基因(*VvGPPS*)是单萜合成代谢途径中期的关键基因。如图32-17所示,*VvGPPS*相对表达量随葡萄果实发育呈上升趋势。花后65d,CK果实的*VvGPPS*相对表达量显著高于T1和T2;在花后75d,CK表达量显著低于T1和T2。在花后75~95d,各处理组的*VvGPPS*相对表达量均表现为上升趋势,T1处理组*VvGPPS*相对表达量最高,表明中度水分胁迫可促进*VvGPPS*基因的表达。

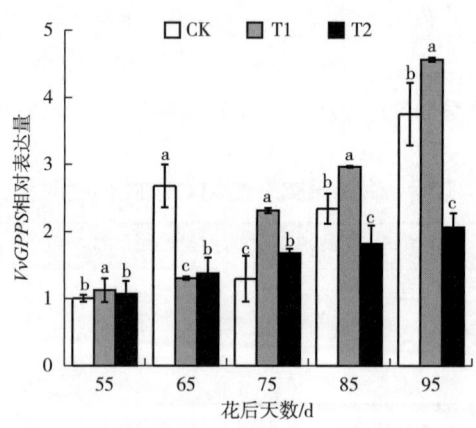

图32-17 水分胁迫对葡萄果实*VvGPPS*相对表达量的影响

### (二)水分胁迫对玫瑰香葡萄果实发育过程中*VvLIS*表达的影响

芳樟醇合成酶基因(*VvLIS*)是单萜合成代谢途径后期的关键基因。由图32-18所示,在玫瑰香葡萄果实发育过程中,各处理组的浆果*VvLIS*的相对表达量总体呈下降趋势。其中,在花后55~65d,*VvLIS*的表达量在T1和T2处理组下显著降低。在花后75d,各处理组下*VvLIS*相对表达量均有增加,但CK仍显著高于水分胁迫处理组。在花后75~85d,CK和T1处理组表现为下降趋势,T2处理组为上升趋势,且T2处理组*VvLIS*相对表达量显著高于CK和T1处理组。花后95d,CK的*VvLIS*相对表达量显著高于T1和T2处理组。表明T1和T2处理组不利于果实*VvLIS*的表达。

### (三)水分胁迫对玫瑰香葡萄果实发育过程中*VvTPS*表达的影响

萜烯合成酶基因(*VvTPS*)是催化香叶基焦磷酸和法尼基焦磷酸合成不同单萜和倍半萜物质的关键基因。由图32-19所示,玫瑰香葡萄果实*VvTPS*相对表达量在花后55~95d表现为先下降、后上升的趋势。在花后55d,T1处理组的*VvTPS*相对表达量显著大于CK,而T2显著小于CK。花后65d各处理组的基因表达量均有所降低。花后75~85d,CK表达量一直处于较低水平,T1和T2处理组则显著高于CK。花后95d,CK的*VvTPS*相对表达量

最高，T2处理组表达量最低。表明适度的水分胁迫有利于果实转色后*VvTPS*的表达。

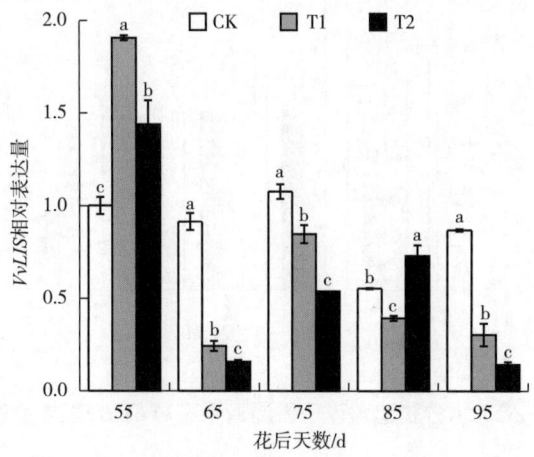

图32-18　水分胁迫对玫瑰香葡萄果实*VvLIS*表达量的影响

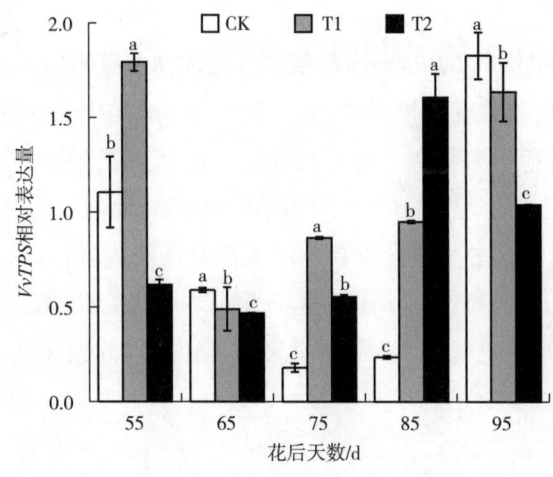

图32-19　水分胁迫对玫瑰香葡萄果实*VvTPS*表达量的影响

**（四）水分胁迫对玫瑰香葡萄果实发育过程中*VvCCD1*表达的影响**

类胡萝卜素裂解双加氧酶基因（*VvCCD1*）是类胡萝卜素降解为降异戊二烯类物质的关键基因。不同水分胁迫处理对玫瑰香葡萄果实的*VvCCD1*表达量影响不同。如图32-20所示，*VvCCD1*表达量在花后55～95d，表现为先上升、后下降的趋势。*VvCCD1*在果实转色期（花后65d），各处理组的基因表达量均达到峰值，为：CK＞T1＞T2；在花后65～95d，随果实成熟，各处理*VvCCD1*表达量呈下降趋势。果实采收期（花后95d），CK表达量最高，T1次之，T2的*VvCCD1*表达量最低。说明水分胁迫会抑制果实*VvCCD1*的表达。

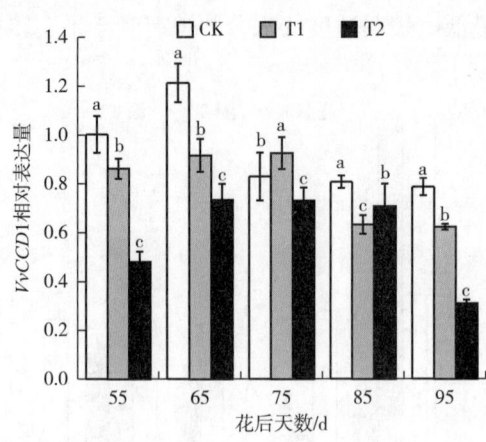

图32-20 水分胁迫对玫瑰香葡萄果实 *VvCCD1* 表达量的影响

## 十五、玫瑰香葡萄果实萜醇类化合物与相关基因表达的相关性分析

### （一）玫瑰香葡萄果实 *VvGPPS* 表达与萜醇类化合物含量的相关性分析

由表32-5可知，玫瑰香葡萄果实 *VvGPPS* 表达与萜醇类化合物芳樟醇、α-萜品醇、香叶醇、顺式-氧化芳樟醇、月桂烯、右旋柠檬烯、2-乙基己醇、3,7-二甲基-1,5,7-辛三烯-3-醇、苯甲醇和正己醇呈正相关，与苯乙醇和四氢吡喃-2-甲醇呈负相关。水分胁迫对果实 *VvGPPS* 表达与萜醇类化合物含量相关性有一定差异。与CK相比，T1处理组的 *VvGPPS* 与萜烯类化合物芳樟醇、α-萜品醇、顺式-氧化芳樟醇、月桂烯、右旋柠檬烯、苯乙醇、2-乙基己醇和四氢吡喃-2-甲醇呈极显著相关性。因此，果实 *VvGPPS* 表达与萜醇类化合物含量积累的相关性强。

表32-5 玫瑰香葡萄果实 *VvGPPS* 基因表达与萜醇类物质的相关性分析

| 基因 | 化合物名称 | 处理组 | | |
|---|---|---|---|---|
| | | CK | T1 | T2 |
| *VvGPPS* | 芳樟醇 | 0.554* | 0.935** | 0.525* |
| | α-萜品醇 | 0.608* | 0.909** | 0.571* |
| | 香叶醇 | 0.191 | 0.353 | -0.096 |
| | 顺式-氧化芳樟醇 | 0.407 | 0.868** | 0.461 |
| | 月桂烯 | 0.628* | 0.929** | 0.205 |

续表

| 基因 | 化合物名称 | 处理组 | | |
|---|---|---|---|---|
| | | CK | T1 | T2 |
| VvGPPS | 右旋柠檬烯 | 0.622* | 0.788** | 0.13 |
| | 苯乙醇 | −0.710** | −0.727** | −0.642** |
| | 2-乙基己醇 | 0.299 | 0.703** | 0.457 |
| | 3,7-二甲基-1,5,7-辛三烯-3-醇 | 0.606* | 0.183 | 0.603* |
| | 四氢吡喃-2-甲醇 | −0.436 | −0.761** | −0.43 |
| | 苯甲醇 | 0.623* | 0.590* | — |
| | 正己醇 | 0.438 | −0.395 | — |

注：** 在0.01级别相关性显著，* 在0.05级别相关性显著；— 表示因该处理组未检测到此化合物而未做相关性分析，余同。

### （二）玫瑰香葡萄果实 VvLIS 表达与萜醇类化合物的相关性分析

玫瑰香葡萄果实 VvLIS 表达与萜醇类化合物的相关性分析如表32-6所示。CK的 VvLIS 表达与香叶醇呈极显著相关性，与顺式-氧化芳樟醇呈显著相关。VvLIS 表达和苯乙醇的相关性与T1处理组呈极显著相关，与T2处理组呈显著相关。CK和T1处理组的 VvLIS 表达与四氢吡喃-2-甲醇呈极显著相关。因此，VvLIS 表达与萜醇类化合物的积累相关性较弱。

表32-6 玫瑰香葡萄果实 VvLIS 表达与萜醇类物质的相关性分析

| 基因 | 化合物名称 | 处理组 | | |
|---|---|---|---|---|
| | | CK | T1 | T2 |
| VvLIS | 芳樟醇 | −0.181 | −0.433 | −0.317 |
| | α-萜品醇 | −0.078 | −0.427 | −0.178 |
| | 香叶醇 | −0.777** | −0.071 | 0.472 |
| | 顺式-氧化芳樟醇 | −0.576* | −0.485 | −0.326 |
| | 月桂烯 | 0.256 | −0.333 | 0.453 |
| | 右旋柠檬烯 | 0.253 | −0.267 | 0.231 |
| | 苯乙醇 | 0.26 | 0.908** | 0.602* |

续表

| 基因 | 化合物名称 | 处理组 | | |
|---|---|---|---|---|
| | | CK | T1 | T2 |
| VvLIS | 2-乙基己醇 | -0.175 | -0.459 | -0.316 |
| | 3,7-二甲基-1,5,7-辛三烯-3-醇 | -0.123 | -0.241 | -0.381 |
| | 四氢吡喃-2-甲醇 | 0.647** | 0.670** | 0.117 |
| | 苯甲醇 | 0.568* | -0.538* | — |
| | 正己醇 | 0.218 | 0.071 | — |

### （三）玫瑰香葡萄果实*VvTPS*表达与萜醇类化合物的相关性分析

玫瑰香葡萄果实*VvTPS*表达与萜醇类化合物的相关性分析如表32-7所示。CK和T2处理组的*VvTPS*表达与α-萜品醇呈显著相关性；CK和T2处理组的*VvTPS*表达与月桂烯和右旋柠檬烯呈极显著相关，且相关系数较大。因此，果实*VvTPS*表达与萜醇类化合物含量的积累有一定的相关性。

表32-7　玫瑰香葡萄果实*VvTPS*表达与萜醇类物质的相关性分析

| 基因 | 化合物名称 | 处理组 | | |
|---|---|---|---|---|
| | | CK | T1 | T2 |
| VvTPS | 芳樟醇 | 0.467 | 0.361 | 0.395 |
| | α-萜品醇 | 0.536* | 0.319 | 0.593* |
| | 香叶醇 | -0.212 | 0.091 | 0.249 |
| | 顺式-氧化芳樟醇 | 0.082 | 0.288 | 0.262 |
| | 月桂烯 | 0.761** | 0.38 | 0.749** |
| | 右旋柠檬烯 | 0.760** | 0.494 | 0.790** |
| | 苯乙醇 | -0.104 | 0.188 | -0.531* |
| | 2-乙基己醇 | 0.5 | 0.214 | 0.268 |
| | 3,7-二甲基-1,5,7-辛三烯-3-醇 | 0.516* | -0.288 | 0.451 |
| | 四氢吡喃-2-甲醇 | 0.157 | 0.202 | -0.458 |
| | 苯甲醇 | 0.481 | 0.097 | — |
| | 正己醇 | 0.750** | -0.219 | — |

### (四）玫瑰香葡萄果实 *VvCCD1* 表达与萜醇类化合物的相关性分析

玫瑰香葡萄果实 *VvCCD1* 表达与萜醇类化合物的相关性分析如表32-8所示。T1和T2处理组的 *VvCCD1* 表达与芳樟醇、α-萜品醇呈显著相关；T2处理组的 *VvCCD1* 表达与顺式-氧化芳樟醇、2-乙基己醇呈极显著负相关，T2处理组的 *VvCCD1* 表达与香叶醇、月桂烯和右旋柠檬烯呈正相关。因此，玫瑰香葡萄果实 *VvCCD1* 表达与萜醇类化合物含量的相关性较弱。

表32-8　玫瑰香葡萄果实 *VvCCD1* 表达与萜醇类物质的相关性分析

| 基因 | 化合物名称 | 处理组 | | |
|---|---|---|---|---|
| | | CK | T1 | T2 |
| *VvCCD1* | 芳樟醇 | -0.456 | -0.554* | -0.631* |
| | α-萜品醇 | -0.409 | -0.622* | -0.598* |
| | 香叶醇 | -0.499 | -0.328 | 0.354 |
| | 顺式-氧化芳樟醇 | -0.567* | -.613* | -0.685** |
| | 月桂烯 | -0.302 | -0.427 | 0.123 |
| | 右旋柠檬烯 | -0.295 | -0.403 | 0.288 |
| | 苯乙醇 | 0.192 | 0.443 | 0.217 |
| | 2-乙基己醇 | -0.558* | -0.286 | -0.679** |
| | 3,7-二甲基-1,5,7-辛三烯-3-醇 | -0.453 | -0.248 | -0.51 |
| | 四氢吡喃-2-甲醇 | 0.357 | 0.338 | -0.179 |
| | 苯甲醇 | 0.259 | -0.25 | — |
| | 正己醇 | -0.255 | 0.023 | — |

## 第三节　讨论

一些挥发性化合物是由氨基酸产生的，如高级醇类、醛类、酮类和酯类等，这些化合物与葡萄酒的香气产生有关。葡萄中的支链氨基酸、芳香族氨基酸和甲硫氨酸在酵母细胞中最初可以转化为α-酮酸，然后α-酮酸转化成高级醇和高级酸。高级醇、高级酸和糖或脂肪酸代谢的中间产物可进一步转化为醇酯和乙酸酯。本研究中，在果实成熟期，中度和重度水分胁迫处理均有利于提高浆果的脯氨酸和甘氨酸含量；中度水分胁迫处理会提高果实中酪氨酸、组氨酸、半胱氨酸、赖氨酸和甲硫氨酸这5种氨基酸的含量。中度和重度水分胁迫处理会减少果实苯丙氨酸、丙氨酸、异亮氨酸、缬氨酸、亮氨酸、苏氨酸、丝氨酸、天冬氨酸、精氨酸和谷氨酸的含量。甲氧基吡嗪具有生青味，是由缬氨酸、异亮氨酸和亮氨酸合成的，当其浓度过高时会对葡萄酒产生负向作用。本试验中，水分胁迫处理降低了果实中以上3种氨基酸的含量。有研究发现，在水分胁迫条件下，葡萄中的亮氨酸和缬氨酸浓度显著降低，这与本研究结果一致。谷氨酸可以作为其他氨基酸的生物合成前体物质，这可能是导致谷氨酸下降的原因。葡萄品种、产地、季节条件、成熟程度、葡萄栽培措施、土壤管理技术和植株健康状况等诸多因素，使果实氨基酸组成差异很大。水分不足会促进浆果成熟过程中酵母可吸收氨基酸的含量增加。缺水植物器官中的溶质积累水平高于水分充足的植物。一些糖和氨基酸可能会被循环利用，以维持葡萄的成熟。当植物在受到水分胁迫时，脯氨酸具有延缓植物的萎蔫和降低气孔导度的作用，因此脯氨酸可以作为衡量非生物胁迫程度的指标之一。本研究结果发现，水分胁迫越严重，脯氨酸含量越高。

在葡萄成熟过程中，挥发性化合物的含量取决于温度和水分的有效性，大量研究报道了水分亏缺对葡萄各种代谢物积累的影响，灌溉管理是控制浆果生长和组分的基本农业措施。不同程度的水分胁迫对浆果挥发性成分的影响也有所不同。醇类、醛类、萜烯类、酮类、酯类和酸类等是组成葡萄果实挥发性物质的主要类别，其挥发性物质的种类及含量在浆果发育的不同阶段也不断发生变化。在果实采收期，各处理组与对照相比，中度水分胁迫增加了挥发性化合物的种类和总浓度，重度水分胁迫处理减少了果实挥发性物质的种类和总含量。

玫瑰香葡萄果实中萜烯类化合物是对玫瑰香气贡献最大的一类化合物。一般情况下，单萜类化合物含量在麝香类葡萄果实成熟过程中逐渐增加。通过计算香气化合物的贡献值，发现芳樟醇对此品种的果实香气贡献值最大。本试验中，芳樟醇和$\alpha$-萜品醇是玫瑰香葡萄果实发育过程中萜类化合物含量较高的物质。果实中芳樟醇含量在重度水分胁迫处理下最高，其次为中度水分胁迫处理，对照含量最低，表明水分胁迫处理可提高果实的芳樟醇含量，且在一定程度内随着水分胁迫程度的增加，芳樟醇含量越多。玫瑰香葡萄浆果中主要的游离单萜，包括芳樟醇，从转色期开始逐渐积累，直至成熟期，这与本研究结果一致。

大马酮同样具有玫瑰花香气味，水分胁迫改变了大马酮含量及其峰值。在果实成熟过程中，各处理组的葡萄浆果中大马酮相对含量都表现为先上升、后下降的变化趋势，与对照相比，水分胁迫推迟了峰值达到的时间，并促进了大马酮的降解。浆果中醛类挥发性化合物受水分胁迫的影响较大，其中具有绿叶清香和果香的2-己烯醛在醛类物质中含量最高。随着果实的成熟，浆果中2-己烯醛相对含量呈上升趋势。与对照相比，中度水分胁迫处理使果实中2-己烯醛相对含量提高了43.14%，而重度处理降低了48.52%。本研究表明，中度水分胁迫有利于清香和果香类化合物的积累，而重度水分胁迫相反。

葡萄浆果受水分胁迫的影响程度也取决于不同的葡萄品种，因为不同的葡萄品种对水分胁迫的反应也不同。水分不足也可能对浆果的质量和组分有更直接的影响，挥发性物质的合成受多种因素的综合影响，水分胁迫是影响因子之一，水分亏缺会使冠层密度降低，提高树冠的透光率，改善浆果温度，从而有利于挥发性物质的积累，因此水分对挥发性物质的影响是多种因素综合作用的。有人研究赤霞珠葡萄在生长灌溉良好和缺水条件下浆果成熟时种子、果皮和果肉的相对比例，其结果表明亏缺灌溉会改变浆果的大小，浆果体积的缩小更多是由于果皮体积的变小，而果皮和种子影响较小。有研究表明，在酿酒过程中，果皮：果汁和种子：果汁比率的增加，提高了果皮和种子衍生化合物的相对贡献率。

玫瑰香葡萄果实含有丰富的异戊二烯、单萜和倍半萜类化合物，其中单萜类是最为丰富的萜烯类化合物，其主要的合成途径是甲基磷酸赤藓糖途径。$VvGPPS$是单萜合成代谢途径中期的关键基因。在果实成熟期间玫瑰香葡萄果实中$VvGPPS$表达量随果实的发育呈持续上升趋势。本研究中，在采收期，中度水分胁迫处理使$VvGPPS$的表达上调，重度水分胁迫处理下调了$VvGPPS$的表达，表明过度的水分胁迫不利于$VvGPPS$的表达。$VvLIS$是单萜合成代谢途径下游的关键基因。本研究发现，不同的水分胁迫处理对玫瑰香葡萄浆果中$VvLIS$表达量有所差异，浆果的$VvLIS$表达量总体表现为先降低之后再升高的趋势，花后85d，重度水分胁迫处理组基因表达水平最高，且显著高于对照和中度水分胁迫处理组。在果实采收期，与CK相比，T1和T2处理组均减少了$VvLIS$的表达量，表明水分胁迫不利于果实$VvLIS$的表达。

TPS是催化香叶基焦磷酸和法尼基焦磷酸合成不同单萜和倍半萜物质的酶，对葡萄中各种$VvTPS$的转录谱研究表明，$VvTPS$在葡萄果实的发育和成熟过程中表达，有助于葡萄品种典型风味关键化合物的积累。在果实发育过程中，$VvTPS$相对表达量表现为先下调后上调的趋势，在花后55～85d，水分胁迫处理的果实$VvTPS$相对表达量均高于对照，玫瑰香葡萄果实在花后95d，对照的$VvTPS$相对表达量最高，重度水分胁迫处理的果实$VvTPS$相对表达量最低。说明中度和重度水分胁迫处理有利于果实成熟期$VvTPS$的表达，不利于采收期果实$VvTPS$的表达。有研究表明，亏缺灌溉对维欧尼葡萄浆果萜类生物合成基因表达有影响，这与本研究结果一致，但萜类物质合成基因表达的变化不会直接导致萜类物质含量的变化。因此本研究中，水分胁迫对挥发性化合物及基因表达的影响是复杂的。

由于葡萄品种及栽培管理措施等存在差异，果实中类胡萝卜素含量有所不同，这些类胡萝卜素及其分解产物可产生不同的气味和香气化合物。部分品种香气物质含量的变化和果皮颜色的变化有关，包括类胡萝卜素的种类、数量和相对比例。这些类胡萝卜素的多少取决于它们在果实发育过程中前体的数量。虽然大部分类胡萝卜素在转色期就已积累，但其合成能力要到成熟后期时才达到峰值。此外，大部分降异戊二烯以糖基化的形式存在，它们在葡萄酒发酵和储存过程中从糖分子中释放出来，才能转变为挥发性风味物质。*VvCCD1*是类胡萝卜素降解为降异戊二烯类物质的关键酶基因。不同水分胁迫处理对玫瑰香葡萄果实的*VvCCD1*的表达模式不同。有研究表明，在果实转色前到转色后一周*VvCCD1*表达量呈上升趋势，之后略有下降，这与本研究结果一致。本研究发现，在花后75d时，中度水分胁迫处理组表达量最高，其余各时期，均为CK的表达量最高。在果实发育的过程中，中度水分胁迫处理果实中*VvCCD1*表达量变化幅度较小。果实花后95d，与CK相比，中度和重度水分胁迫降低了果实*VvCCD1*的表达量。

## 第四节 小结

（1）中度水分胁迫有利于增加挥发性风味物质的种类和含量。在果实成熟过程中，中度水分胁迫处理增加了具有清香和果香味的2-己烯醛以及具有玫瑰花香的芳樟醇和大马酮含量；降低了具有刺激性气味的乙酸、甲酸、辛酸、壬酸、2-甲基苯甲醛等化合物的含量，从而降低了果实风味缺陷。

（2）中度水分胁迫处理有利于果实中*VvGPPS*和*VvTPS*基因的表达，且*VvGPPS*和*VvTPS*基因表达与萜醇类化合物相关性较强。

综上所述，中度水分胁迫可通过上调挥发性化合物合成相关基因的表达来促进挥发性化合物的积累，从而提高果实品质。

# 第七篇

## 外源刺激对酿酒葡萄果实品质形成及其调控机理的研究

# 第三十三章 葡萄果实白藜芦醇合成规律

白藜芦醇作为一种抗毒素，在植物响应逆境胁迫中发挥作用。白藜芦醇存在于多种植物中，就含量而言葡萄属位居第一。葡萄属白藜芦醇含量与葡萄基因型密切相关，且随着葡萄果实的生长发育而发生变化。本试验以酿酒葡萄赤霞珠和梅鹿辄为试材，用高效液相色谱法测定葡萄果实白藜芦醇含量，用半定量RT-PCR技术检测白藜芦醇合成过程中 *PAL*、*4CL*、*STS*和*CHS*基因的转录水平，旨在阐明葡萄果实白藜芦醇含量的变化规律，以期为进一步揭示白藜芦醇的代谢与调控机制奠定基础。

## 第一节 材料与方法

### 一、试验材料

本试验在宁夏永宁县玉泉营镇，宁夏兰山骄子葡萄酒庄有限公司，国家葡萄产业技术体系水分生理与节水栽培岗位核心试验基地（38°14′19″N，106°2′0″E）进行，试验材料所用赤霞珠和梅鹿辄树龄均为5年，采用矮化倒"L"整形，株行距0.5m×3m，冬季埋土防寒。选择树势中等的植株各30株进行标记，花后20d开始采样，每15d采样1次，采样后用液氮速冻，-80℃冰箱保存备用。

### 二、试验方法

#### （一）白藜芦醇含量的测定

分别称取葡萄果皮、果肉、种子各1g、5g、1g，水浴锅中95℃热烫30s，于研钵中加5mL甲醇（色谱纯）充分研磨，转移至离心管中振荡10min，后置于超声波清洗器中超声提取20min，Ⅰ2000r/min 4℃离心15min取上清液。45℃旋蒸至1.0mL，0.45μm微孔滤膜过滤后，置于-20℃冰箱中待测。

白藜芦醇的测定：AGILENT1100型安捷伦液相色谱仪；检测器为二极管阵列检测器（DAD）；色谱柱为$C_{18}$（250mm×4.6mm，5μm）；流动相为甲醇：水（40：60，体积比）；等度洗脱；柱温30℃；进样量20μL；流速1mL/min；检测波长306nm。

## （二）白藜芦醇合成相关基因表达量的分析

### 1. RNA的提取

总RNA的提取操作步骤按照Omega E·Z·N·A Plant RNA kit试剂盒的说明书进行。用NanoDrop 2000检测RNA的浓度，OD260/280值要求在1.8~2.1，OD260/230值要求在1.0以上。

### 2. 反转录cDNA

用Trans Script One-step gDNA Removel and cDNA synthesis Super Mix试剂盒进行反转录。反应体系为20μL，反转录条件为：42℃ 30min，85℃ 5min。

### 3. 引物设计

内参基因选用Actin基因，STS、4CL、CHS、PAL基因的引物根据Genebank中全长序列用Primer5.0软件设计（表33-1），引物在上海生工生物工程技术有限公司合成。

表33-1 RT-PCR引物

| 基因名称 | 上/下游 | 正反向引物序列（5'→3'） | GeneBank登录号 |
| --- | --- | --- | --- |
| STS | 上游引物 | CCGAAGATGCTTTGGACT | AF128861 |
| | 下游引物 | TGTTTGGGCTGCTGAGAC | |
| 4CL | 上游引物 | GCCAGGGTTATGGAATGA | JN858959.1 |
| | 下游引物 | GAGCCGGACTTAGTAGGAAA | |
| PAL | 上游引物 | CAGGACTTCACCTCAATGG | EF192469.1 |
| | 下游引物 | GGGTTATCATTAACGGAGTTGA | |
| Actin | 上游引物 | GTGCTGGATTCTGGTGATGGT | AF369524.1 |
| | 下游引物 | TCCCGTTCAGCAGTAGTGGTG | |
| CHS | 上游引物 | GTCAAGAGGCTGATGATGTA | AF020709.1 |
| | 下游引物 | CAGAGCAGACGACCAAAA | |

### 4. PCR反应体系的确立

PCR体系以2×EcoTaq PCR SuperMix（+dye）说明书为参考，确定PCR反应体系。

参照引物合成说明书$T_m$值，采用梯度PCR筛选确定各个基因最适退火温度，见表33-2。

表33-2　PCR反应体系

| 项目名称 | 体积/μL |
| --- | --- |
| 模板DNA | 1.0 |
| 上游引物 | 0.5 |
| 下游引物 | 0.5 |
| 2×*Eco Taq* PCR Supermix | 12.5 |
| ddH$_2$O | 10.5 |

将RNA的浓度控制在1μg/μL（通过凝胶电泳分析可得），取各个样本材料的RNA先进行反转录，然后以cDNA为模板，*Actin*基因为内参基因，利用合成的引物进行RT-PCR扩增，检测*STS*、*4CL*、*CHS*、*PAL*基因的表达水平，在同等条件下进行PCR扩增。PCR反应的退火温度依据各个基因的最佳退火温度进行调整。

扩增运行程序：

94℃　5min
94℃　30s ⎫
56℃　30s ⎬ 31个循环
72℃　1min ⎭
72℃　5min
4℃　forever

### 三、数据分析

利用Microsoft Excel 2003和DPS V7.05软件处理数据，采用Duncan's新复极差法进行单因素方差分析。

## 第二节　结果与分析

### 一、赤霞珠和梅鹿辄葡萄果实发育过程中白藜芦醇含量的变化

赤霞珠葡萄果实发育过程中白藜芦醇含量呈现两次高峰的变化趋势（图33-1）。花后

20d果实各部位间白藜芦醇含量无显著差异，果皮中白藜芦醇含量缓慢上升，至花后35d后达到一个高峰0.30μg/g，然后略有下降，在花后50d又逐渐上升，至花后80d达到第二个峰值后又陡然下降。葡萄籽中白藜芦醇含量显著低于果皮，在花后20d至35d上升较快，达到0.19μg/g，然后上升趋势减缓，直到花后80d达到0.64μg/g后又开始逐步下降。果肉中白藜芦醇含量在果实发育过程中始终较低，其含量自幼果膨大期（花后35d）至始熟期（花后95d）始终显著低于果皮和籽。

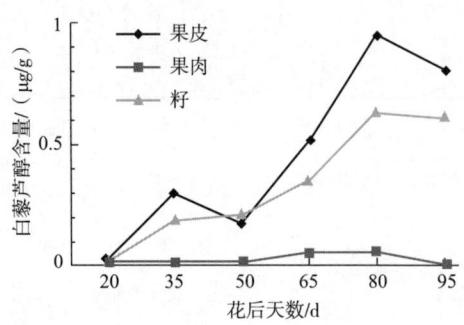

图33-1　赤霞珠葡萄果实白藜芦醇含量

梅鹿辄果实中白藜芦醇含量在幼果期（花后20d）果实各部位间白藜芦醇含量也无显著差异，籽中白藜芦醇含量开始缓慢上升，至花后35d达到第一个峰值0.23μg/g，然后略有下降，花后50d开始逐渐上升，至花后80d时达到第二个高峰1.98μg/g，此时籽中白藜芦醇含量显著大于果肉和果皮，花后80～95d含量逐渐下降。果皮中白藜芦醇在花后65d开始急速上升，至花后80d达到峰值2.79μg/g，然后又快速下降。果肉中白藜芦醇含量始终维持在较低水平。

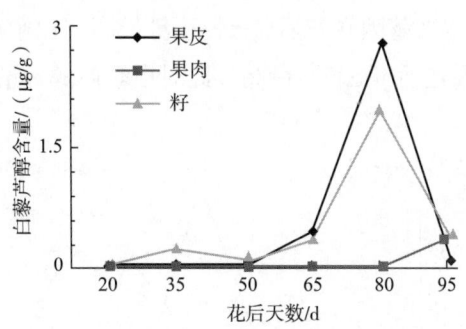

图33-2　梅鹿辄葡萄果实白藜芦醇含量

白藜芦醇主要存在于葡萄果实的果皮和籽中，果肉中含量极少（表33-3）。转色期（花后80d）梅鹿辄葡萄果皮中白藜芦醇含量显著高于赤霞珠，始熟期（花后95d）则相反；始熟期赤霞珠果实中果皮白藜芦醇含量大于籽，分别为0.81μg/g、0.61μg/g，果肉中未检测到；白藜芦醇在赤霞珠果皮中出现第一次峰值是在花后35d，第二次在花后80d，含量分别为0.30μg/g、0.95μg/g，籽中出现一个高峰（花后80d），含量为0.64μg/g。梅鹿辄果皮中出现一个高峰（花后80d），含量为2.79μg/g，籽中在花后35d和80d出现两次峰值，含量分别为0.23μg/g、1.98μg/g。

表33-3  赤霞珠与梅鹿辄葡萄果实各部位白藜芦醇含量　　　　　　　　　　　单位：μg/g

| 部位 | 品种 | 花后天数/d | | | | | |
|---|---|---|---|---|---|---|---|
| | | 20 | 35 | 50 | 65 | 80 | 95 |
| 皮 | 赤霞珠 | — | $0.30^{aA}$ | $0.17^{bB}$ | $0.52^{aA}$ | $0.95^{cC}$ | $0.81^{aA}$ |
| | 梅鹿辄 | $0.03^{bB}$ | $0.03^{dD}$ | $0.09^{cC}$ | $0.37^{bB}$ | $2.79^{aA}$ | $0.11^{dD}$ |
| 籽 | 赤霞珠 | $0.02^{cC}$ | $0.19^{cC}$ | $0.21^{aA}$ | $0.36^{cC}$ | $0.64^{dD}$ | $0.61^{bB}$ |
| | 梅鹿辄 | $0.05^{aA}$ | $0.23^{bB}$ | $0.05^{dD}$ | $0.36^{cC}$ | $1.98^{bB}$ | $0.38^{cC}$ |
| 肉 | 赤霞珠 | $0.01^{dC}$ | $0.01^{dD}$ | $0.02^{eE}$ | $0.06^{dD}$ | $0.06^{eE}$ | — |
| | 梅鹿辄 | — | — | — | — | — | $0.37^{cC}$ |

注：不同小写字母表示差异有显著性（$p<0.05$），不同大写字母表示差异有显著性（$p<0.01$）。

如图33-3所示，完整的赤霞珠果实中，白藜芦醇含量的积累趋势呈单峰型，即幼果期逐渐增加，在花后65d达到最大，随后逐渐下降。梅鹿辄果实中，白藜芦醇含量呈单峰型变化，即在花后50d达到峰值后开始下降，花后65d又开始增加，到花后80d又开始缓缓下降。结合图33-5、图33-6可知STS基因的表达量与果实白藜芦醇含量的变化趋势是近乎一致的。赤霞珠果实中STS基因在花后65d表达量最高，白藜芦醇含量也达到最高；在梅鹿辄果实中，STS基因在花后50d表达最高，此时白藜芦醇含量也达到最大。

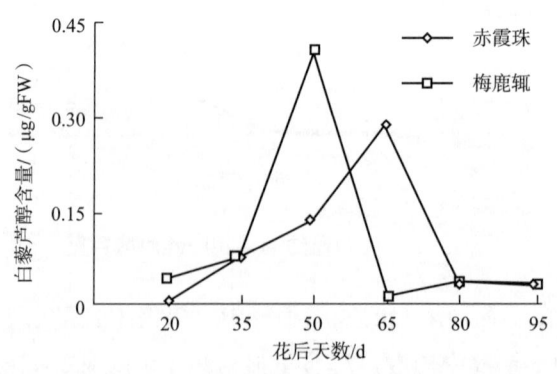

图33-3  葡萄果实中白藜芦醇含量变化

## 二、葡萄果实发育过程中白藜芦醇合成相关基因的半定量分析

对提取的RNA进行0.9%琼脂糖凝胶电泳，从电泳图中均可以清楚看到18S、28S条带（图33-4）。同时NanoDrop 2000检测OD260/280，OD260/230结果分别为1.92，1.10；1.96，1.12；1.90，1.03；1.95，1.13，表明所提取的RNA质量符合要求。

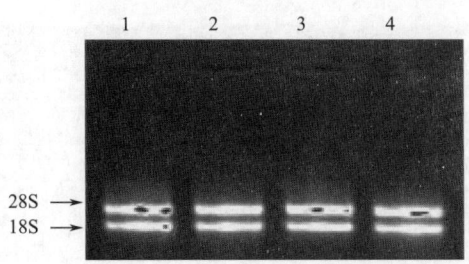

1、2、3、4—分别代表花后35d、50d、65d、80d的葡萄果实RNA样本

图33-4 葡萄果实总RNA电泳图

图33-5结果表明，*STS*基因在赤霞珠果实发育的前期（花后35~50d），表达量呈现逐渐增加的趋势，转色前期（花后65d）表达量最高，然后逐渐下降。*PAL*基因在赤霞珠果实生长的前期（花后35~50d）表达量较高，从转色前期开始逐渐下调表达。*4CL*基因的表达规律与*PAL*一致，幼果期表达量逐渐上调（花后35~50d），随后逐渐下调表达。*CHS*在赤霞珠果实发育的过程中，表达量始终处于较高水平，花后80d有所下降，随后随果实成熟又开始上升。

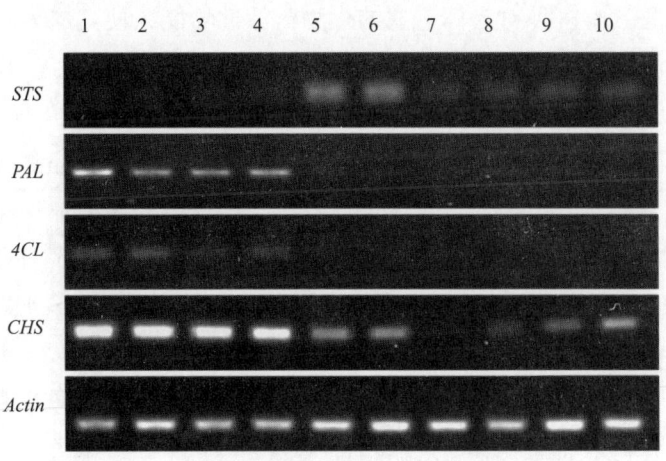

1、2—花后35d  3、4—花后50d  5、6—花后65d  7、8—花后80d  9、10—花后95d

图33-5 赤霞珠葡萄白藜芦醇合成相关基因表达

图33-6表明，在梅鹿辄果实发育过程中，*STS*基因在花后35d达到峰值，花后50d没有检测出表达，但在花后65d又检测到表达，随后逐渐下调表达。*PAL*基因在果实发育早期逐步上调表达，转色前（花后65d）达到峰值，随后下调表达。*4CL*在果实发育过程中表达趋势较平缓，无较大起伏。*CHS*基因在果实中的表达量强于*STS*基因，在果实发育早期高度表达，转色期（花后80d）稍有下调，成熟期又上调表达。

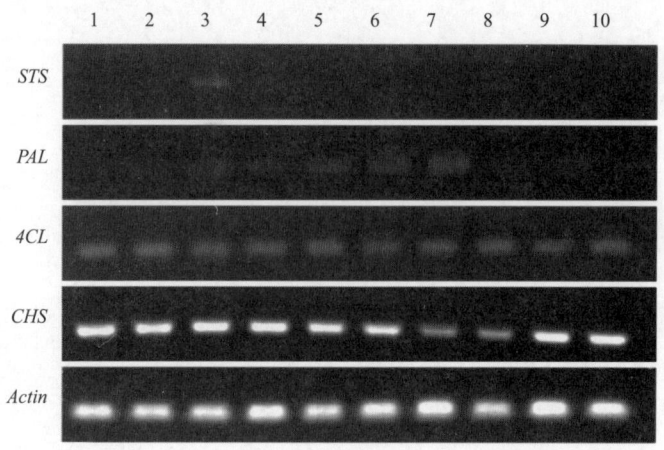

1，2—花后35d 3，4—花后50d 5，6—花后65d 7，8—花后80d 9，10—花后95d

图33-6 梅鹿辄葡萄白藜芦醇合成相关基因的表达

## 第三节 讨论

由于白藜芦醇具有多种对人体有益的生物学活性功能，使其成为研究的热点。研究表明，随着果实生长，白藜芦醇含量逐渐增加，在果实成熟前期，白藜芦醇含量达到最高，果实成熟时反而有所下降。白藜芦醇在葡萄果实不同发育期含量不同，生理成熟期其含量最高，然后依次是转熟期和绿果期。蛇龙珠葡萄果实白藜芦醇含量呈双峰型增长趋势。本研究表明，在赤霞珠葡萄果实生长发育中，白藜芦醇含量呈双峰型变化。本研究中，绿果期果皮白藜芦醇含量大于转色期，这可能是由于研究所用品种及葡萄生长环境等因素不同所造成的。大量研究表明，品种间白藜芦醇含量为黑皮诺＞梅鹿辄＞赤霞珠，果皮是葡萄合成白藜芦醇的主要部位，果实不同部位白藜芦醇含量为皮＞籽＞果肉。葡萄白藜芦醇含量首先是由基因决定的，本研究结果也证实了这一点，赤霞珠和梅鹿辄果实中白藜芦醇主要存在于果皮中且两者间存在显著性差异。

研究发现，蛇龙珠葡萄果实中白藜芦醇含量达到最高时苯丙氨酸解氨酶（PAL）活性已经下降，推测白藜芦醇积累有可能来源于其糖苷的水解，白藜芦醇及其糖苷含量的变化受到了STS、PAL、$\beta$-葡萄糖苷水解酶和糖基转移酶的共同影响。研究表明，STS催化的底物不具有较高的专一性，通过改变STS的催化底物，可以在一定程度上改变其合成产物。本研究发现，花后65d之后PAL、4CL基因表达量较高，但是STS基因表达量却处于较低水平。后期类固醇硫酸酯酶（STS）与查尔酮合酶（CHS）竞争底物，CHS在转色期过量表达且存在组织特异性，而STS与品种等因素有关，所以STS表达量较弱而CHS大量表达。

## 第四节 小结

（1）在赤霞珠和梅鹿辄葡萄果实发育过程中，白藜芦醇积累呈现两个高峰，分别出现在花后35d和花后80d。

（2）葡萄果实各组织中白藜芦醇含量不同，果实各部位白藜芦醇含量高低次序为果皮＞籽＞果肉。

（3）白藜芦醇生物合成途径中的PAL、4CL基因表达量与白藜芦醇含量变化不同步，CHS基因表达量明显高于STS基因的表达量。

# 第三十四章 水杨酸、2,4-表油菜素内酯对赤霞珠葡萄果实白藜芦醇合成的影响

2,4-表油菜素内酯（EBR）是迄今为止国际上公认的活性最高、最广谱的一类植物生长激素。经极低浓度EBR处理植物后，便可表现出明显的生理效应。EBR能够有效缓解多种生物和非生物胁迫对植物体所造成的氧化损伤，从而增强植株对逆境胁迫的耐受力。白藜芦醇是植物在受到逆境胁迫后产生的，EBR能够缓解逆境胁迫对植物造成的损伤，但白藜芦醇和EBR之间是如何影响的，尚未见报道。

水杨酸（SA）是植物界中广泛存在的一种小分子酚类物质，对植物生长发育过程中开花、侧芽萌发及性别分化等有重要的调节作用，并已被确认为是植物激素类的新成员。水杨酸不仅可调节植物的生长发育，还能诱导植物产生抗逆性，抵抗不良因素造成的伤害。外源SA通过调节金线莲抗氧化酶系统能有效缓解高温胁迫对金线莲的伤害。适当浓度SA处理可以使冬枣保持较高的可溶性糖和维生素C含量，延缓冬枣的衰老进程。外源喷施SA明显提高了库尔勒香梨的硬度和可滴定酸含量，降低了可溶性固形物的含量。目前对SA的研究主要集中在生理效应、植物体内的转运与分布以及一些作用机制，而对其提高葡萄白藜芦醇含量的研究较少。

本试验采用以上两种信号分子物质处理赤霞珠葡萄果实，研究两者对葡萄果实白藜芦醇生物合成的影响，筛选出诱导葡萄白藜芦醇合成的最适剂量或浓度，同时，分析白藜芦醇生物合成的*PAL*、*C4H*、*4CL*、*STS*和*CHS*基因表达量的变化，研究白藜芦醇积累量与相关基因表达量的关系，初步探明酿酒葡萄白藜芦醇的积累机制，以期为生产中EBR和SA在酿酒葡萄白藜芦醇合成过程中的应用提供理论依据。

## 第一节 材料与方法

### 一、试验地点及材料

本试验在宁夏永宁县玉泉营镇，宁夏兰山骄子葡萄酒庄有限公司，国家葡萄产业技术体系水分生理与节水栽培岗位核心试验基地（38°14′19″N，106°2′0″E）进行。供试材

料为生长健壮，无病虫害发生的5年生赤霞珠和12年生蛇龙珠。葡萄园采用倒"L"整形方式，每10~15cm留1个结果枝，每个结果枝上留1穗果，使用单臂篱架栽培，株行距为0.5m×3m，冬天埋土防寒，水肥和田间管理正常进行。

## 二、试验设计

试验共设7个处理组：（1）0.05mg/L EBR，（2）0.1mg/L EBR，（3）0.5mg/L EBR，（4）25mg/L SA，（5）50mg/L SA，（6）100mg/L SA，（7）对照（喷施清水），每个处理组选取长势一致的植株10棵，在每棵葡萄树不同方位、不同位置选择生长较一致的10穗葡萄进行标记，重复3次。花后10d用上述浓度的EBR、SA喷施葡萄果穗，并用喷施清水为对照，喷到果穗滴水为止。

喷施前用98%的乙醇溶解EBR和SA，并稀释到设定浓度，并使最终乙醇的含量为0.1%（体积分数），吐温80作为展开剂，含量为0.1%（体积分数）。花后20d开始采样，以后每隔15d采样1次，采样时，在标记的葡萄果穗上选不同着生方向，在其上、中、下各部位采集果粒，液氮速冻，-80℃冰箱保存待用。

## 三、白藜芦醇含量的测定

参照第三十三章"二、试验方法 （一）白藜芦醇含量的测定。"

## 四、白藜芦醇合成相关基因表达量的分析

参照第三十三章"二、试验方法 （二）白藜芦醇合成相关基因表达量的分析。"

## 五、数据分析

利用Microsoft Excel 2003和DPS V7.05软件处理数据。

## 第二节 结果与分析

### 一、葡萄果实发育过程中白藜芦醇含量的变化

由图34-1可知,赤霞珠、蛇龙珠葡萄果皮中白藜芦醇含量变化均呈现双峰型趋势,在幼果期(花后35d)出现第一次高峰,含量分别为9.04、8.41μg/g;在葡萄完全进入转色期前(花后80d)出现第二次高峰,含量分别为9.84、9.63μg/g。果实完全成熟时赤霞珠、蛇龙珠白藜芦醇含量反而下降,成熟期(花后95d)含量仅为7.54、8.43μg/g。葡萄籽中白藜芦醇含量变化趋势与葡萄果皮相同,两次峰值分别出现在花后35d和花后80d,且葡萄籽中白藜芦醇的含量显著低于葡萄果皮。

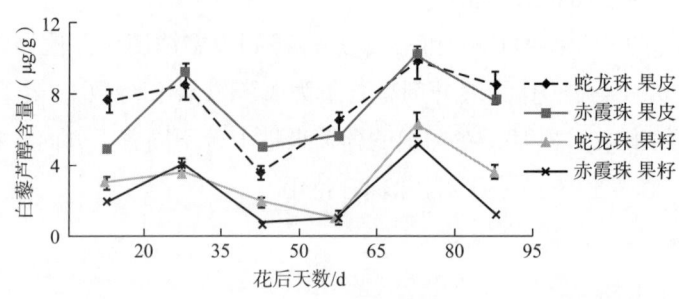

图34-1 葡萄果实发育过程中白藜芦醇含量的变化

### 二、2,4-表油菜素内酯对葡萄果实白藜芦醇含量的影响

赤霞珠葡萄果皮中白藜芦醇含量的变化呈双峰型趋势(图34-2)。与CK相比,不同浓度EBR均可提高赤霞珠果皮中白藜芦醇的含量,其中,0.1mg/L EBR处理,成熟期果皮白藜芦醇含量达到10.73μg/g,与CK相比提高了40.4%。蛇龙珠葡萄果皮白藜芦醇含量变化在前期(花后35d前)变化不明显,之后开始明显下降,果皮中白藜芦醇含量在花后50~65d变化不明显,之后逐渐回升,峰值出现在花后80d,在葡萄进入完全成熟期后,白藜芦醇含量又呈现回落。不同浓度EBR处理后,蛇龙珠果皮中白藜芦醇含量均得到明显提高(花后65d除外),其中0.05mg/L EBR处理组花后95d果皮白藜芦醇含量达到11.3μg/g,与对照相比提高了33.4%。

在赤霞珠和蛇龙珠葡萄生长发育期间,果实籽中的白藜芦醇含量变化呈现先升高、后回落、再上升的趋势,峰值分别出现在花后35d和花后80d(图34-3)。不同浓度的

EBR处理组均可提高赤霞珠果籽中白藜芦醇含量,其中,以0.1mg/L EBR处理组效果最佳。不同浓度的EBR处理后,蛇龙珠果籽中白藜芦醇含量变化与其果皮相似,在果实发育前期(花后65d前)经不同浓度EBR诱导白藜芦醇含量变化的效果不明显。在花后80d之后(进入成熟期),以0.05mg/L EBR处理后,果籽中的白藜芦醇含量提高效果最明显。

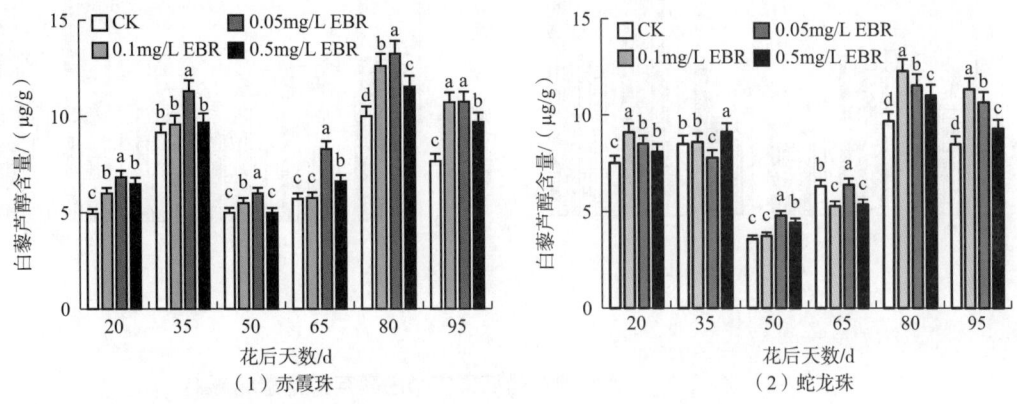

图34-2 不同浓度EBR处理对葡萄果皮白藜芦醇含量的影响

注:图中不同小写字母表示差异显著($p<0.05$),余同。

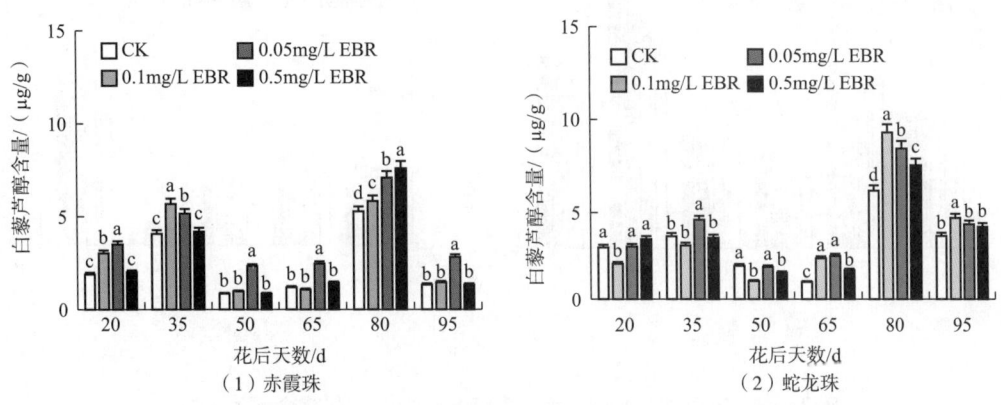

图34-3 不同浓度EBR处理对葡萄果籽中白藜芦醇含量的影响

## 三、水杨酸对葡萄果实中白藜芦醇含量的影响

不同浓度水杨酸对赤霞珠和蛇龙珠葡萄果皮中白藜芦醇含量的影响见图34-4。在葡萄果实发育过程中,各处理组赤霞珠和蛇龙珠葡萄果皮中白藜芦醇含量变化呈双峰型趋势,在花后35d和花后80d达到峰值,且花后80d白藜芦醇含量明显高于花后35d。其中,经100mg/L水杨酸处理后,赤霞珠果皮花后95d白藜芦醇的含量达到11.9μg/g,与对照相

比提高了55.8%。与对照相比，蛇龙珠葡萄经水杨酸处理后，果皮中白藜芦醇含量未能显著提高（花后80d除外）。

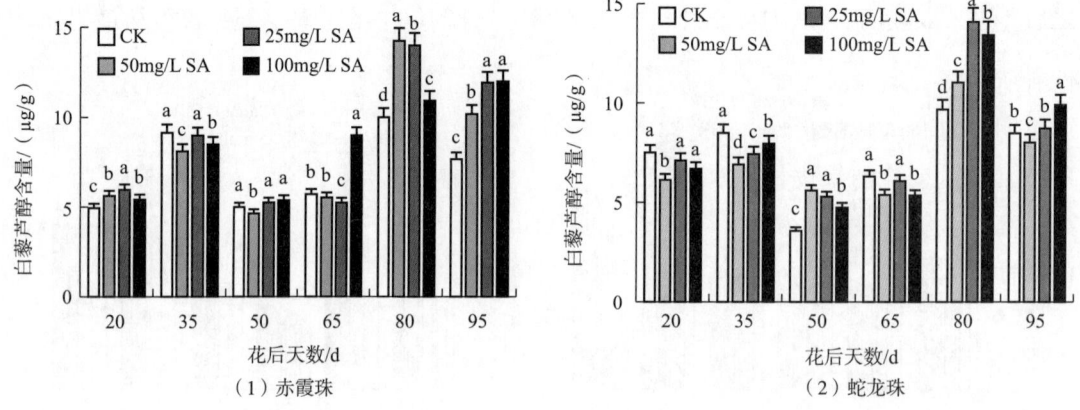

图34-4　不同浓度SA处理对葡萄果皮中白藜芦醇含量的影响

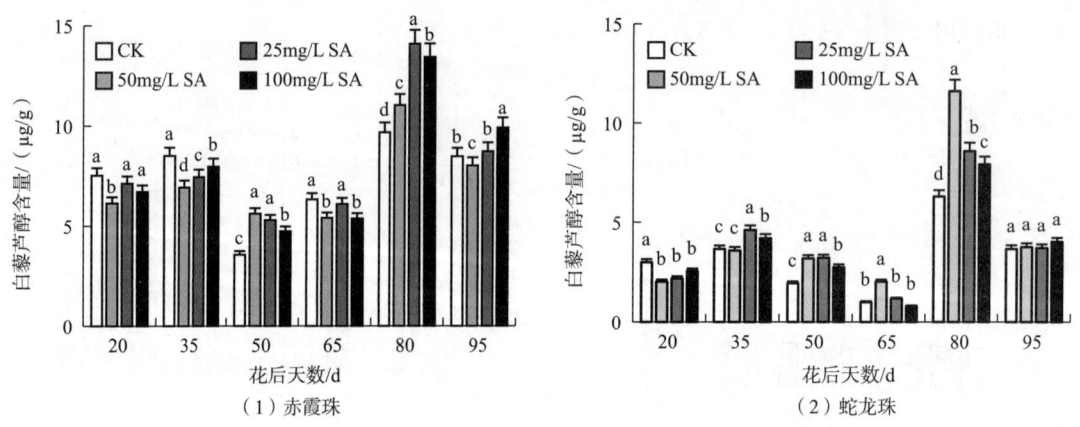

图34-5　不同浓度SA处理对葡萄果籽中白藜芦醇含量的影响

不同浓度水杨酸对蛇龙珠和赤霞珠葡萄果籽中白藜芦醇含量的影响（图34-5）。在葡萄果实生长发育过程中，各处理组赤霞珠和蛇龙珠果籽中白藜芦醇在花后20d含量较低，随后开始上升，在花后35d出现一个小高峰，之后开始下降，至花后65d出现最低值，之后迅速上升，至花后80d出现峰值，且高于花后35d。进入花后95d后，白藜芦醇的含量又开始下降。与对照相比，50mg/L SA处理组果籽中白藜芦醇的含量与对照达到显著差异。蛇龙珠葡萄果籽经水杨酸处理后，白藜芦醇的含量相比对照增加不明显（花后80d除外）。

## 四、2,4-表油菜素内酯对葡萄白藜芦醇合成相关酶活性的影响

如图34-6所示，EBR处理赤霞珠和蛇龙珠果实后，显著激活了果皮中苯丙氨酸解氨酶（PAL）的活性，PAC活性在花后35d和花后80d达到峰值，进入完全成熟期后，其活性有所下降，但与对照相比较，该酶活性仍高于对照。0.1mg/L和0.5mg/L的EBR处理可以明显提高PAL的活性。如图34-7所示，不同浓度的EBR处理两种葡萄后，果籽中PAL活性的变化与果皮相一致，分别在花后35d和花后80d达到高峰，且第二高峰高于第一高峰。经进一步分析发现，其中0.1mg/L和0.5mg/L的EBR处理可以明显提高PAL的活性。

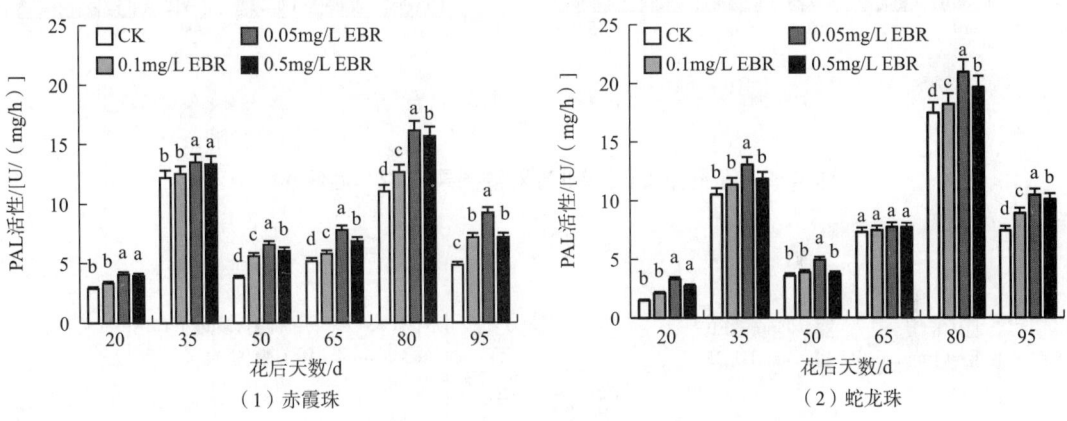

图34-6 不同浓度EBR处理对葡萄果皮PAL活性的影响

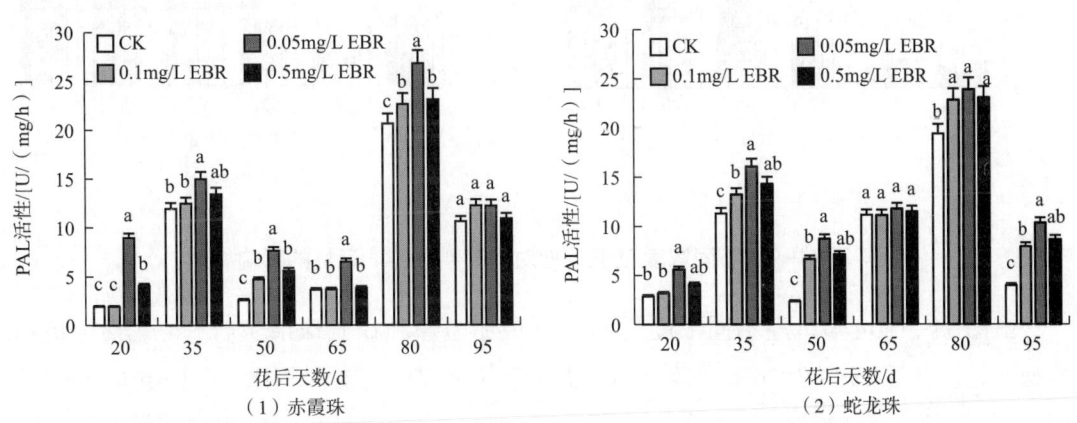

图34-7 不同浓度EBR处理对葡萄果籽PAL活性的影响

EBR处理赤霞珠和蛇龙珠葡萄果实后，明显激活了果皮中C4H的活性，0.1mg/L激活效果最明显。一个小高峰出现在花后35d，另一个高峰出现在花后80d，之后C4H活性稍

微有所降低（图34-8）。EBR处理赤霞珠和蛇龙珠葡萄果实后，明显激活了果籽中C4H的活性，其中0.05mg/L激活效果最明显。在生长发育过程中果籽中的C4H活性呈缓慢上升的趋势（图34-9）。

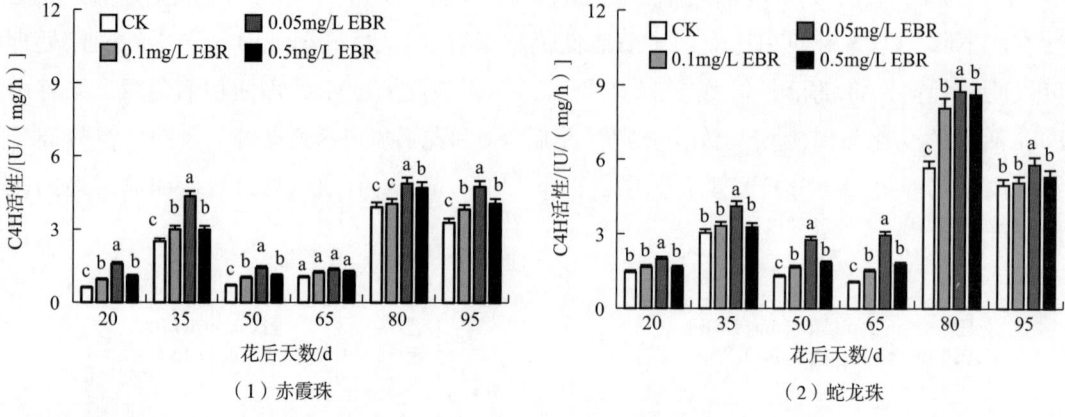

图34-8　不同浓度EBR处理对葡萄果皮C4H活性的影响

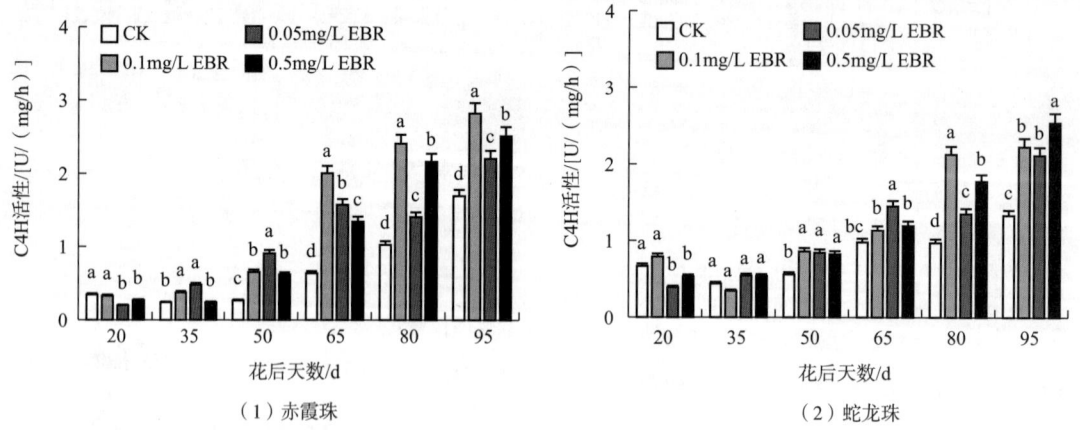

图34-9　不同浓度EBR处理对葡萄果籽C4H活性的影响

由图34-10可知，经不同浓度的EBR处理赤霞珠和蛇龙珠果实后，4CL活性呈双峰型变化。花后80d之后出现回落，但降低程度不明显。与对照相比，0.1mg/L EBR处理后，果皮4CL活性呈显著性差异，其次是0.5mg/L EBR处理。赤霞珠和蛇龙珠果籽中4CL活性的变化与果皮不同，最高峰出现在花后50d，之后，4CL活性呈稍微降低的趋势。成熟期，大致又回到花后35d时的活性，且0.1mg/L EBR处理效果最好（图34-11）。

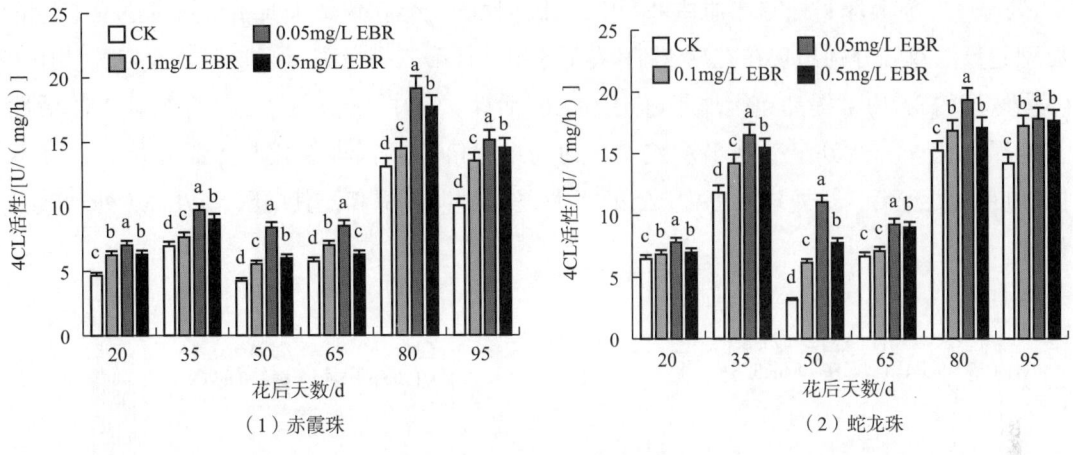

图34-10　不同浓度EBR处理对葡萄果皮4CL活性的影响

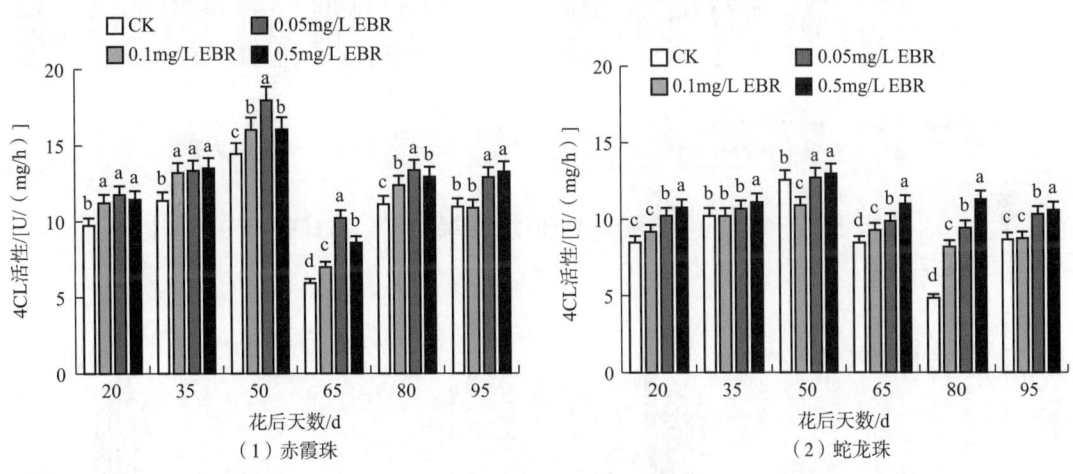

图34-11　不同浓度EBR处理对葡萄果籽4CL活性的影响

## 五、水杨酸对葡萄白藜芦醇合成相关酶活性的影响

不同浓度SA对赤霞珠和蛇龙珠葡萄果皮中PAL活性的影响见图34-12。SA处理赤霞珠和蛇龙珠果实后，明显激活了果皮中PAL的活性，且在花后35d和花后80d出现峰值；进入成熟期后，PAL活性有所下降，但与对照相比较，该酶活性仍高于对照，花后95d，25mg/L、50mg/L、100mg/L的SA处理赤霞珠葡萄后，均可以明显提高PAL的活性。蛇龙珠葡萄经25mg/L和50mg/L的SA处理后，能够显著提高PAL的活性。

不同浓度SA对赤霞珠和蛇龙珠葡萄果籽中PAL活性的影响见图34-13。不同浓度的

SA处理后，赤霞珠和蛇龙珠葡萄果籽中PAL活性的变化在葡萄果实生长发育过程中呈双峰型趋势，双峰分别出现在花后35d和花后80d，且第二高峰高于第一高峰。与CK相比，不同浓度的SA均可提高赤霞珠果籽中PAL的活性，其中25mg/L SA处理组其PAL活性与对照相比差异达到显著水平。蛇龙珠葡萄果籽PAL的活性变化与赤霞珠相似，经不同浓度SA处理后，蛇龙珠果籽中PAL的活性均得到明显提高，其中50mg/L SA处理效果最佳。

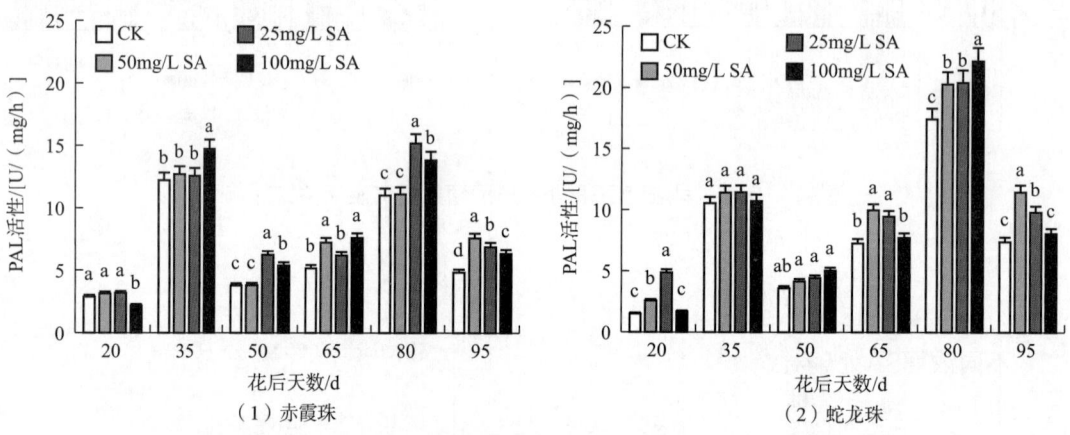

图34-12　不同浓度SA处理对葡萄果皮PAL活性的影响

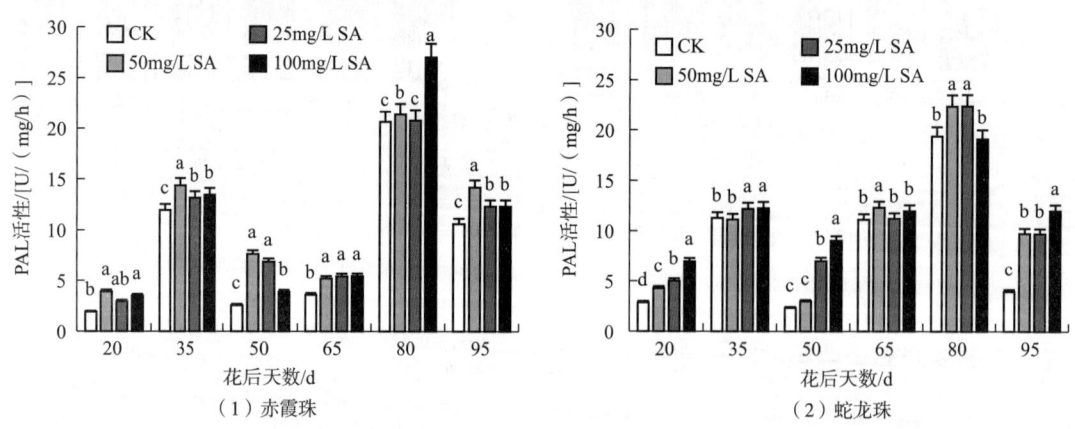

图34-13　不同浓度SA处理对葡萄果籽PAL活性的影响

不同浓度SA处理对赤霞珠、蛇龙珠葡萄果皮的C4H活性见图34-14。在葡萄生长发育过程中，各处理组赤霞珠果皮中的C4H活性变化总体呈双峰型变化，C4H活性在花后35d和花后80d出现峰值。经不同浓度的水杨酸处理后，赤霞珠果皮C4H的活性得到提高，且经50mg/LSA处理后，C4H活性提高最明显。SA处理蛇龙珠葡萄果实后，明显激活了果皮中C4H的活性，50mg/L激活效果最明显，其中一个小高峰出现在花后35d，另一个高峰出现在花后80d，之后C4H活性稍微有所降低。

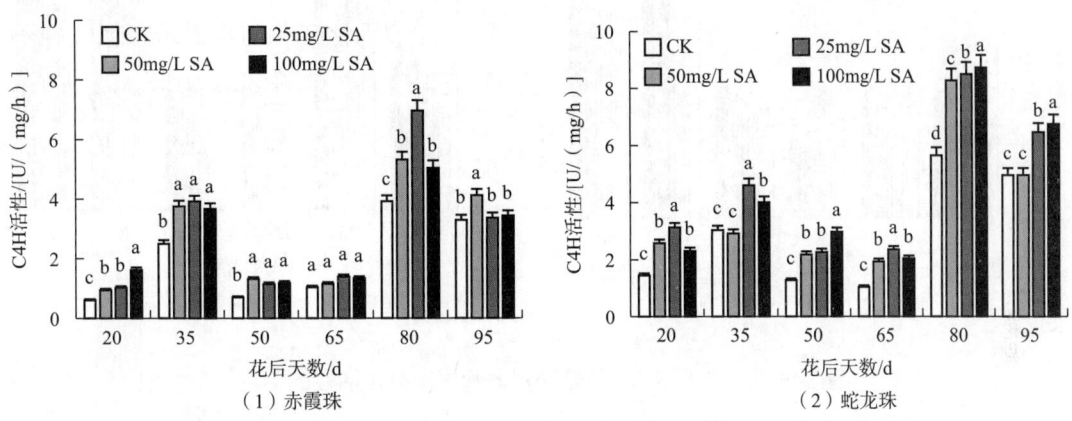

图34-14　不同浓度SA处理对葡萄果皮C4H活性的影响

不同浓度SA处理对蛇龙珠和赤霞珠果籽中C4H活性的影响见图34-15。赤霞珠和蛇龙珠果籽中C4H活性变化相一致，在生长发育过程中果籽中的C4H活性呈缓慢上升的趋势。与CK相比，经25mg/L的水杨酸均可提高赤霞珠果籽中C4H活性。蛇龙珠葡萄果籽经100mg/L的SA处理后C4H活性得到提高。

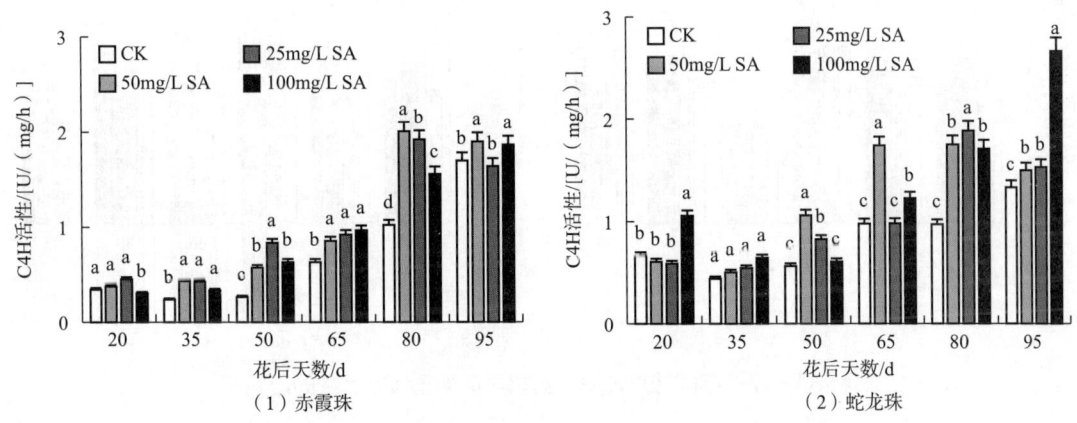

图34-15　不同浓度SA处理对葡萄果籽C4H活性的影响

不同浓度的SA对蛇龙珠和赤霞珠葡萄果皮4CL活性的影响见图34-16。在赤霞珠葡萄果实发育过程中，4CL活性呈逐渐上升的趋势，而蛇龙珠葡萄果皮4CL活性呈先上升、后降低、再上升的趋势，经不同浓度的水杨酸处理蛇龙珠和赤霞珠葡萄后，果皮中4CL活性均得到不同程度的激活，其中100mg/L SA处理后，其激活4CL活性的效果最好。

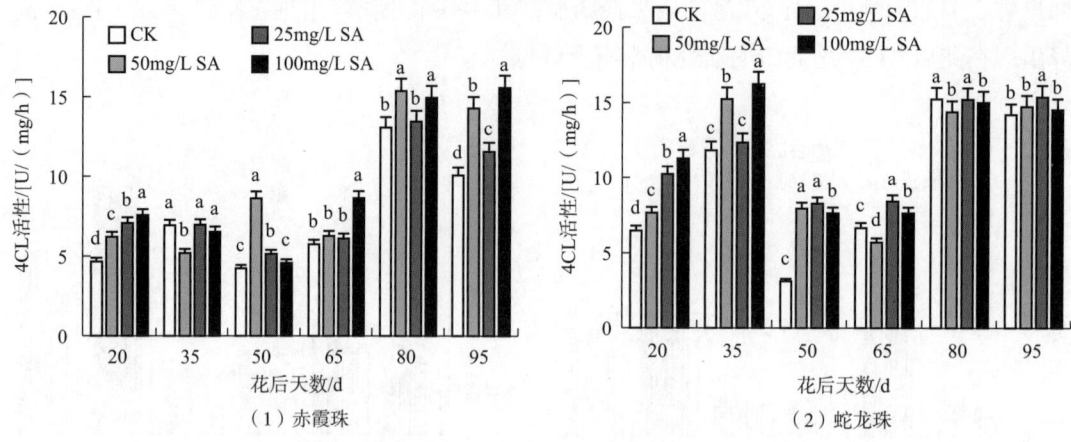

图34-16　不同浓度SA处理对葡萄果皮4CL活性的影响

不同浓度的水杨酸对蛇龙珠和赤霞珠葡萄果籽中4CL活性的影响见图34-17。赤霞珠和蛇龙珠果籽中4CL活性的变化呈先上升、后下降的趋势。其中，蛇龙珠和赤霞珠葡萄果籽中4CL活性峰值均出现在花后50d。经不同浓度的SA处理后，赤霞珠和蛇龙珠葡萄果籽中的活性都得到提升，其中100mg/L SA处理，诱导4CL活性的效果最佳。

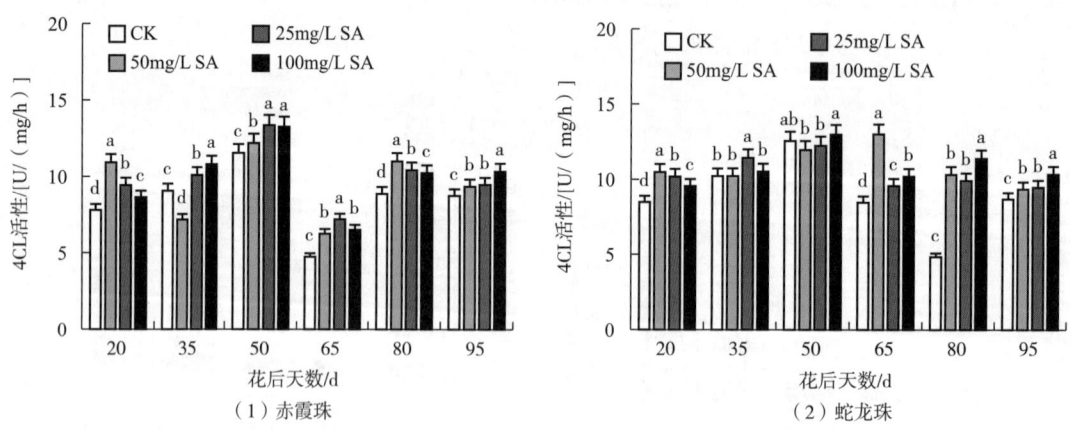

图34-17　不同浓度SA处理对葡萄果籽4CL活性的影响

## 六、2,4-表油菜素内酯对葡萄白藜芦醇合成相关基因表达的影响

经不同浓度的外源EBR处理赤霞珠果皮后，$PAL$基因的相对表达量在花后35d突然升高，出现峰值，之后开始降低。从花后50d开始，$PAL$基因的相对表达量开始回升，直至成熟，表明外源EBR能够有效地促进$PAL$基因的表达，且0.05和0.1mg/L处理效果最好。

同样地，*4CL*、*CHS*、*STS*基因的表达也可以被外源EBR促进，以0.05和0.1mg/L效果明显（图34-18）。表34-1为外源EBR处理赤霞珠葡萄白藜芦醇合成的相关性分析。经EBR处理赤霞珠葡萄后，*STS*基因与*PAL*、*4CL*基因之间呈极显著正相关，其相关系数分别为$R=0.89$，$p<0.01$和$R=0.93$，$p<0.01$，表明经EBR处理后，苯丙烷代谢途径的次生代谢产物开始趋向二苯乙烯合酶途径产生。

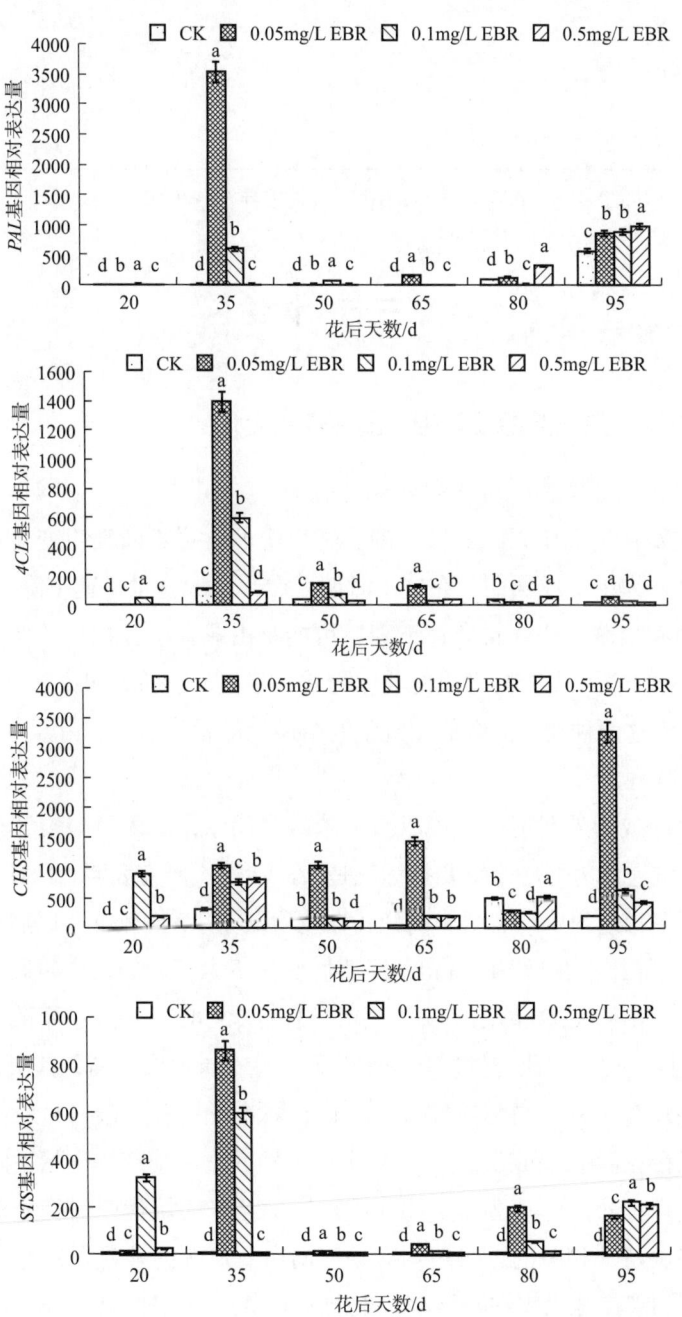

图34-18 外源EBR对赤霞珠葡萄白藜芦醇合成相关基因表达的影响

表34-1　EBR处理下葡萄果实白藜芦醇含量及其相关基因表达量的相关性分析

| 参数 | 白藜芦醇 | CHS | PAL | STS | 4CL |
| --- | --- | --- | --- | --- | --- |
| 白藜芦醇 | 1 | 0.45 | 0.51 | 0.45 | 0.22 |
| CHS | — | 1 | 0.77* | 0.50 | 0.25 |
| PAL | — | — | 1 | 0.93** | 0.79* |
| STS | — | — | — | 1 | 0.89** |
| 4CL | — | — | — | — | 1 |

注：*表示显著性差异（$p<0.05$），**表示极显著性差异（$p<0.01$）。

## 第三节　讨论

### 一、葡萄发育过程中白藜芦醇及其相关酶活性的变化

葡萄果实在发育过程中，糖、酸、酚类物质等的含量不断发生变化。白藜芦醇含量变化最明显的时期为果实成熟期，在这个时期，白藜芦醇含量迅速下降。Jeandet等文献认为在果实成熟期白藜芦醇含量急速下降，可能是由花青素苷在生长期间此消彼长造成的，苯基苯乙烯酮作为白藜芦醇合成的前体物质，苯基苯乙烯酮和花青素苷的合成都需要同样一种酶，由于这两种物质的合成相抗争的结果，最后就出现了白藜芦醇含量下降而花青素苷含量升高的现象。

植物遭受寒冷或紫外照射后，可以激活苯丙烷代谢，苯丙氨酸裂解酶活性上升，因此作为评判植物抗逆能力的一个重要指标就是PAL活性。研究表明，PAL、C4H、4CL酶活性在葡萄果实发育过程中均有两个高峰：在花后20d酶活性较低，以后逐渐上升到花后35d出现高峰后下降，在花后50~65d，酶活性变化不大，从进入成熟期开始，酶活性上升较快，在花后80d达到最高峰后下降。另外，PAL、C4H、4CL三个酶在葡萄发育过程中的活性呈伴随性变化。本研究发现，白藜芦醇含量在果皮中最高，其次是果籽。蛇龙珠和赤霞珠葡萄果皮和果籽中白藜芦醇含量变化相对来说比较复杂，呈双峰型变化，两个高峰期分别出现在花后35d和80d。进入果实成熟期后，白藜芦醇含量下降，在试验的两个品种中，蛇龙珠反式白藜芦醇含量比赤霞珠高。从苯丙烷代谢途径分析，葡萄果皮中白藜芦醇含量多少与其相关的三个酶均有关，而白藜芦醇的含量在果籽中仅与PAL的变化有关。蛇龙珠和赤霞珠果皮在7月18日和9月1日PAL、C4H、4CL 3个酶活性有两个高峰，与白藜芦醇的含量变化相吻合。研究发现，白藜芦醇合成与苯丙烷类代谢相关酶活性

变化密切相关，随着植物体内白藜芦醇不断积累，PAL、C4H、4CL活性也不断升高。对PAL、C4H、4CL活性与白藜芦醇含量进行线性相关分析发现，白藜芦醇与3个酶活性之间达到显著正相关，说明葡萄白藜芦醇合成与三个酶的活性变化密切相关。由于在果实生长发育的第一次快速生长期果实能量代谢活跃、物质周转代谢旺盛，为此PAL、C4H、4CL活性也在花后35d达到一个高峰，相对应的白藜芦醇含量也出现峰值。

## 二、EBR和SA处理白藜芦醇相关酶活性的影响

葡萄叶片感病后，在病健交界处会出现蓝色荧光，进一步证实这类物质是芪类物质，存在形式以反式白藜芦醇为主。在大量的研究报道中，诱导白藜芦醇合成效果最为显著的是紫外诱导。本研究结果表明，50mg/L的水杨酸处理葡萄果实后，果皮和果籽中白藜芦醇的含量得到提高。EBR极低的浓度便可表现出较高的生理效应，并协调各类激素的平衡。EBR存在着阈值浓度，低于此浓度，有利于有关基因的诱导和表达，相反，则诱导效果减弱或不表达。本研究发现，不同浓度的EBR均能有效地提高葡萄果皮白藜芦醇的含量，且在赤霞珠果皮中，EBR诱导白藜芦醇最适浓度为0.1mg/L；在蛇龙珠果皮中，诱导白藜芦醇含量的最适浓度为0.05mg/L。与葡萄果皮结果相似，白藜芦醇在果籽中的含量得到明显上升，且EBR诱导白藜芦醇在果籽中的含量最适浓度与果皮一致，表明EBR诱导存在阈值浓度，且因葡萄品种而异，可能是不同葡萄品种合成白藜芦醇的能力不同，及葡萄果皮对EBR的耐受力不同。PAL、C4H、4CL三个酶为诱导酶，研究表明，各种生物和非生物胁迫均能诱导苯丙烷代谢酶系的基因表达或者活性的提高。SA可以激活黄瓜叶片PAL的活性。由于PAL与C4H、4CL活性之间存在一定的相关性，故经SA诱导后，C4H、4CL活性也获得增加。本研究结果表明，通过外源EBR和SA处理赤霞珠和蛇龙珠葡萄果实后，PAL、C4H、4CL的活性得到了提高。

## 第四节　小结

（1）在赤霞珠葡萄坐果期分别用2,4-表油菜素内酯和水杨酸喷施果穗，均能提高果实中白藜芦醇含量，两者的最适浓度分别为0.1mg/L和100mg/L。

（2）2,4-表油菜素内酯处理是通过提高白藜芦醇合成途径中*STS*、*CHS*、*PAL*、*4CL*基因的表达量来提高葡萄果实中的白藜芦醇含量。

# 第三十五章 灰葡萄孢及水杨酸对赤霞珠葡萄组培苗白藜芦醇合成的影响

由于白藜芦醇有重要的保健作用和药用价值，使其相关产品具有广阔的市场空间和应用前景，对白藜芦醇及相关产品的研制与开发具有重要意义。自然条件下浆果内的白藜芦醇含量很少，而受到病虫害和外源刺激时可以提高其含量，因此筛选出合适的诱导子对酿造优质的葡萄酒具有重要意义。本研究用真菌和水杨酸为诱导子，以赤霞珠组培苗作为诱导对象，以期筛选出诱导白藜芦醇合成的最佳诱导子，初步揭示抗氧化酶与生物活性物质间的相互关系，同时也为诱导子在药用或其他功能性植物次生代谢产物上的应用提供理论依据。

## 第一节 材料与方法

### 一、试验材料

供试品种为宁夏永宁县玉泉营镇，宁夏兰山骄子葡萄酒庄有限公司，国家葡萄产业技术体系水分生理与节水栽培岗位核心试验基地（38°14'19"N，106°2'0"E）的酿酒葡萄赤霞珠，东西行栽植，株行距0.5m×3.0m，单臂篱架，中短梢修剪的普通管理方式。

（一）试验材料的采集与培养

1. 外植体消毒及初代培养

在晴朗的上午选取生长旺盛的葡萄植株新梢，分别剪取幼嫩的梢端、木质化和半木质化的茎段为外植体，带回实验室用纱布包裹于水龙头下冲水一夜，剪为单芽茎段放在盛有蒸馏水的烧杯中，放入4℃冰箱1h（利于芽的萌发）。在超净台内进行表面消毒，消毒过程为：75%酒精消毒60s、无菌水冲洗1~2次、0.1%升汞溶液消毒6min、8min、10min、15min，或者50g/L次氯酸钠消毒5min，再用无菌水冲洗4~5遍，剪去两端接触药液的部分，最后用灭菌的滤纸吸去茎段表面的多余水分，分别接种于MS培养基上，于光照条件［光强为30~40μmol/（m²·s），光照时间为14h/d］下培养，组培室温度为

（25±2）℃。培养基中蔗糖终浓度30g/L、琼脂终浓度7g/L，pH 5.8。14d后统计茎段生长状况和萌芽率。

### 2. 继代培养

外植体接种25~28d后，单芽萌发生长至长度为5~6cm时，进行继代培养。剪切萌发的新梢，去除大叶片后剪成单芽茎段（长10~15mm），每瓶接种3个茎段。选用以下5种处理方式作为增殖培养基（均为终浓度）。

F1：1/2MS培养基+IBA（吲哚乙酸）0.2mg/L+KT（激动素）1.0mg/L+蔗糖30g/L。

F2：MS培养基+6-BA（细胞分裂素）0.5mg/L+IBA 0.2mg/L+蔗糖30g/L。

F3：1/2MS培养基+IBA 0.2mg/L+6-BA 0.5mg/L+蔗糖30g/L。

F4：1/2MS培养基+IBA 0.2mg/L+6-BA 0.5mg/L+蔗糖20g/L。

F5：1/2MS培养基+IBA 0.2mg/L+蔗糖20g/L。

5种培养基均加入琼脂7g/L（pH 5.8）。筛选适宜的葡萄增殖培养基。继代培养时，剪切萌发的新梢，留有叶片，将带叶片的茎段（长10~15mm）接入F5（1/2MS+IBA 0.2mg/L+蔗糖20mg/L+琼脂7mg/L，其余同此思路）培养基中进行增殖培养，每瓶接种2个茎段；剪切萌发的新梢，去除叶片，并且将不带叶片的单芽茎段（长10~15mm）也接入F5培养基中进行增殖培养，每瓶接种2个茎段；30d后观察统计组培苗生长发育情况。

### 3. 生根培养

选用继代培养过程中生长健壮的组培苗，将剪切长度在1.5~2.5cm并含有顶端生长点的新梢接种在新的培养基中，培养基中均加入蔗糖20g/L+琼脂7g/L（均表示终浓度，余同，pH 5.8），进行壮苗和生根培养，见表35-1。

表35-1　不同浓度激素处理方式（A）对生根的影响

| 处理方式 | 培养基 | IBA/（mg/L） |
| --- | --- | --- |
| A1 |  | 0.1 |
| A2 | 1/2MS | 0.2 |
| A3 |  | 0.3 |
| A4 |  | 0.4 |

### （二）灰葡萄孢的制备

将灰葡萄孢在PDA平板培养基上培养7d后，用直径为5mm的接菌针刮取菌饼，并将菌饼接种到预先分装、灭菌的PDA液体培养基（每瓶250mL）中，每瓶接种两个菌饼，110~120r/min摇床振荡培养5d，待菌丝体充分生长后收获。将发酵液经真空过滤去掉菌丝体，剩余菌液121℃灭菌20min后，得到真菌诱导子粗提物。

## 二、试验设计

选取同一生长时期，生长状况一致的赤霞珠组培苗，向其培养基中加入不同浓度的灰葡萄孢诱导子，使培养基中诱导子的浓度为20、40、60mL/L，处理9d后剪取组培苗叶片，用于白藜芦醇含量的测定。在同批次培养的组培苗中加入与诱导子同体积的无菌水作为对照，每个处理组重复3次。

选取同一生长时期，生长状况一致的赤霞珠组培苗，向其培养基中加入40mL/L的灰葡萄孢诱导子，在诱导培养的第3d、6d、9d、12d、15d剪取组培苗叶片，用于白藜芦醇含量及苯丙氨酸解氨酶活性的测定。在同批次培养的组培苗中加入与诱导子同体积的无菌水作为对照，每个处理组重复3次。

选取同一生长时期，生长状况一致的赤霞珠组培苗，向其培养基中加入不同浓度的水杨酸，使培养基中水杨酸的浓度为50、100、150μmol/L，处理9d后剪取组培苗叶片，用于白藜芦醇含量的测定。在同批次培养的组培苗中加入与诱导子同体积的无菌水作为对照，每个处理组重复3次。

选取同一生长时期，生长状况一致的赤霞珠组培苗，向其培养基中加入100μmol/L的水杨酸，在诱导培养的第3d、6d、9d、12d、15d剪取组培苗叶片，用于白藜芦醇含量及苯丙氨酸解氨酶活性测定。在同批次培养的组培苗中加入与诱导子同体积的无菌水作为对照，每个处理组重复3次。

### （一）白藜芦醇含量的测定

参照第三十三章"二、试验方法（一）白藜芦醇含量的测定"。

### （二）PAL酶活性的测定

酶液提取：取叶片0.1g，加入少量石英砂，0.01g聚乙烯吡咯烷酮（PVP），吸取1mL 0.1mol/L硼酸缓冲液（pH 8.8，含5mmol/L巯基乙醇），在研钵中磨成匀浆，10000r/min离心15min，上清液即酶提取液。酶活性测定：反应混合液总体积为4mL，含0.2mL酶液（对照管中加入0.2mL缓冲液），1mL 0.02mol/L苯丙氨酸，2.8mL蒸馏水，30℃水浴，30min后用紫外可见分光光度计290nm处测定吸光度值，以每小时吸光度变化0.01所需酶量为一个酶活性单位。

## 三、数据分析

试验数据采用SAS、DPS7.05版结合Excel 2003进行统计分析。

## 第二节　结果与分析

### 一、不同取材部位对外植体成活率的影响

选取赤霞珠葡萄幼嫩的梢端、半木质化、木质化的茎段为外植体接种。由表35-2可知，不同取材部位对茎段成活率存在显著差异，其中，以半木质化茎段接种成活率最高，为96.5%，且萌芽所需时间最短，为4~7d，与其他两个部位存在显著差异。幼嫩梢端的外植体接种后大部分褐化死亡，接种成活率次之，为18.05%，萌芽所需时间为14d，与其他两个取材部位差异显著。木质化的外植体接种后污染严重，接种成活率最低，为4.33%，且萌芽所需时间最长，为20d，与其他两个取材部位存在显著差异。综合分析，最适取材部位为半木质化的茎段。

表35-2　不同取材部位对茎段成活率的影响

| | 接种茎段数/个 | 30d后萌发数/个 | 萌芽率/% | 生长情况 |
| --- | --- | --- | --- | --- |
| 幼嫩梢端外植体 | 44 | 8 | 18.05$^b$ | 萌芽时间较慢，褐化严重 |
| 半木质化外植体 | 58 | 56 | 96.5$^a$ | 萌芽快，成活率高 |
| 木质化外植体 | 47 | 2 | 4.33$^c$ | 萌芽慢，污染率高，成活率低 |

注：不同小写字母表示$p<0.05$水平上差异显著，余同。

### 二、不同消毒方法对外植体成活率的影响

由表35-3可知，不同消毒方法对茎段消毒效果存在显著性差异。以0.1%升汞溶液消毒外植体8min，接种后外植体的污染率低，为3.8%，污染率降低了88.3%，褐化率也较低，为2.5%，与5%的次氯酸钠溶液存在显著性差异。以5%的次氯酸钠溶液消毒外植体5min，接种后外植体的污染率高，为92.1%，褐化率也较高，褐化率为3.77%，较0.1%升汞溶液提高了1.27%，与0.1%升汞溶液存在显著性差异。综合分析，以0.1%升汞溶液消毒外植体8min的消毒效果最好。

表35-3　不同消毒方法对茎段的影响

| 消毒方法 | 接种茎段数/个 | 污染数/个 | 污染率/% | 褐化数/个 | 褐化率/% | 生长状况 |
| --- | --- | --- | --- | --- | --- | --- |
| 0.1%升汞 | 80 | 3 | 3.8$^b$ | 2 | 2.5$^b$ | 成活率高，污染率低，生长良好 |

续表

| 消毒方法 | 接种茎段数/个 | 污染数/个 | 污染率/% | 褐化数/个 | 褐化率/% | 生长状况 |
|---|---|---|---|---|---|---|
| 50g/L次氯酸钠 | 76 | 70 | 92.1[a] | 3 | 3.77[a] | 成活率低，污染率高，生长差 |

注：污染数与褐化数均是接种30d后统计。

## 三、不同消毒时间对外植体成活率的影响

由表35-4可知，不同消毒时间对外植体消毒效果存在显著性差异。随着消毒时间延长，茎段的污染率呈下降趋势，褐化率呈上升趋势，萌芽率随着处理时间的延长，呈先增加后降低的趋势。茎段污染率随着消毒时间不同各处理组存在显著性差异，在处理时间8min时污染率与6min存在显著性差异，污染率降低了29.34%；8min处理组褐化率与10min、15min存在显著性差异，此时萌芽率最高，为34%。综合三种因素，茎段的消毒时间以8min为宜。

表35-4  不同灭菌时间对外植体成活率的影响

| 灭菌时间/min | 接种数/个 | 污染率/% | 褐化率/% | 萌芽率/% |
|---|---|---|---|---|
| 6 | 40 | 69.67[a] | 17.67[c] | 12.33[c] |
| 8 | 44 | 40.33[b] | 23.67[c] | 34[a] |
| 10 | 44 | 27.67[c] | 55[b] | 15.67[b] |
| 15 | 42 | 23[c] | 71[a] | 5.67[d] |

注：污染率、褐化率及萌芽率均是接种30d后统计。

## 四、不同培养基对组培苗继代培养及生根培养的影响

继代培养时，剪切萌发的新梢，留有叶片，将带叶片的茎段（长10～15mm）分别接在F1、F2、F3、F4、F5培养基上继代培养，由表35-5可知，不同培养基对组培苗的生长情况存在显著性差异。F5培养基与其他培养基组培苗生根率存在显著性差异，F5培养基的组培苗生长健壮，培养20d后生根，生根快且多又长，有须根生成，生根率为99.67%。F1与F2培养基的组培苗生长状况也存在显著性差异，F1培养基的组培苗生长矮小且生根较慢，且F1培养基不定芽生长得较多，生根率较F5培养基降低了54.37%；F2培

养基的植株生长矮小，生根较慢，生根率仅为13%。F3、F4培养基组培苗与其他培养基组培苗生根率存在显著性差异，F3、F4培养基植株生长矮小，无根生长，全部生成愈伤组织。综合分析，F5培养基最适合赤霞珠葡萄继代培养，每50d剪切单芽茎段继代培养一次。

表35-5　不同培养基对组培苗生长的影响

| 培养基 | 株数/个 | 苗高/cm | 生根率/% | 平均根数/条 | 根长/cm | 生长情况 |
| --- | --- | --- | --- | --- | --- | --- |
| F1 | 24 | 3.6 | 45.3$^b$ | 2 | 2.3 | 不定芽生长多，植株生长矮小，生根较慢 |
| F2 | 24 | 2.2 | 13$^c$ | 2 | 2.5 | 植株生长矮小，生根较慢 |
| F3 | 24 | 2.2 | 0$^d$ | 0 | 0 | 植株生长矮小，无根生长，全部生成愈伤组织 |
| F4 | 24 | 2.1 | 0$^d$ | 0 | 0 | 植株生长矮小，无根生长，全部生成愈伤组织 |
| F5 | 24 | 5.2 | 99.67$^a$ | 8 | 15.4 | 植株生长健壮，生根快且多又长，有须根生成 |

注：生长情况均是接种30d后统计。

由表35-6可知，不同激素浓度均可诱导根的生长，不同激素浓度对组培苗生根培养存在显著性差异。添加IBA 0.2mg/L的培养基与其他三个处理组存在显著性差异，且生根率最高，为99.67%，根长最长，为15.3cm。添加IBA 0.1mg/L和0.3mg/L的培养基之间差异不显著，生根率分别为76.33%、74.00%。添加IBA 0.4mg/L的培养基与其他三个处理组存在显著性差异，生根率最低，为49.00%，较添加IBA 0.2mg/L的培养基降低了50.67%。综合分析，赤霞珠组培苗生根生长最好为添加IBA 0.2mg/L的培养基。

表35-6　不同激素浓度对组培苗生根生长的影响

| 培养基 | 株数/株 | 生根率/% | 平均根数/条 | 根长/cm |
| --- | --- | --- | --- | --- |
| 1/2MS+IBA 0.1mg/L | 27 | 76.33$^b$ | 6 | 10.1 |
| 1/2MS+IBA 0.2mg/L | 27 | 99.67$^a$ | 8 | 15.3 |
| 1/2MS+IBA 0.3mg/L | 27 | 74.00$^b$ | 5 | 9.8 |
| 1/2MS+IBA 0.4mg/L | 27 | 49.00$^c$ | 2 | 3.2 |

注：生根情况均是接种30d后统计。

## 五、带叶接种对组培苗生长发育的影响

试验中发现带叶继代培养与不带叶继代培养存在显著性差异（表35-7），带叶继代培养植株萌芽快，生根率高，为99.67%，植株平均根数多，成苗率达88.9%。而不带叶继代培养植株生根率低，植株平均根数少，成苗率为52.4%，较带叶降低了36.5%。因此组培苗的带叶接种对加快繁殖速度、提高繁殖系数、节约时间等具有重要意义。

表35-7　带叶接种对组培苗生长发育的影响

| 接种方式 | 接种数/个 | 接种30d后 | | | |
|---|---|---|---|---|---|
| | | 生根率/% | 生根数/个 | 成苗数/个 | 成苗率/% |
| 带叶 | 27 | 99.67[a] | 5 | 24 | 88.9[a] |
| 不带叶 | 21 | 45[b] | 2 | 11 | 52.4[b] |

## 六、不同浓度的灰葡萄孢对葡萄组培苗中白藜芦醇相对含量的影响

不同浓度的灰葡萄孢诱导子对赤霞珠葡萄组培苗中白藜芦醇相对含量的影响见图35-1。不同浓度的灰葡萄孢诱导子对赤霞珠葡萄组培苗中的白藜芦醇含量的增加均有一定的促进作用，各处理组的组培苗中白藜芦醇含量均显著高于对照（CK）。40mL/L的灰葡萄孢诱导子效果最好，比对照高96.9%；20mL/L的灰葡萄孢诱导子次之，是对照的1.55倍；以60mL/L的灰葡萄孢诱导子诱导效果最低，为22.64μg/g。可见诱导子浓度对白藜芦醇含量的影响很大。

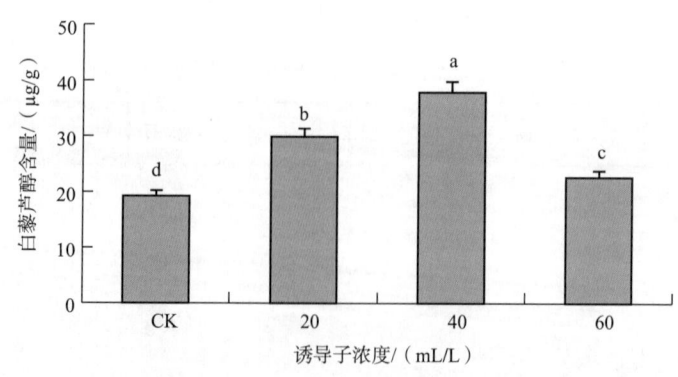

图35-1　不同浓度的灰葡萄孢对葡萄组培苗中白藜芦醇含量的影响

## 七、不同培养时间的灰葡萄孢对葡萄组培苗中白藜芦醇相对含量的影响

在40mL/L的灰葡萄孢诱导条件下,不同的诱导培养时间对组培苗中白藜芦醇合成的影响不同,其促进作用也不同(图35-2)。不同的诱导培养时间处理组与对照之间白藜芦醇的合成存在显著性差异。在诱导培养第3~9d时,处理组和对照组的白藜芦醇含量均呈上升趋势;在第9~15d,处理组的白藜芦醇含量逐渐下降,而对照组的白藜芦醇含量呈先下降、后上升的趋势。处理组第9d的白藜芦醇含量最高,且显著高于对照,为38.1μg/g,比对照高1.67倍;处理组第15d的白藜芦醇含量最低,为21.7μg/g,比对照高1.1倍。由此可见,加入灰葡萄孢诱导子后赤霞珠组培苗中白藜芦醇含量高于不加诱导子的组培苗。

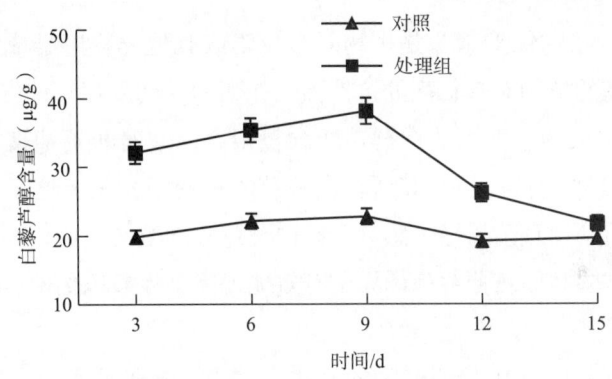

图35-2 不同培养时间灰葡萄孢(40mL/L)对葡萄组培苗中白藜芦醇含量的影响

## 八、灰葡萄孢对葡萄组培苗中苯丙氨酸解氨酶(PAL)活性的影响

图35-3为灰葡萄孢诱导子对赤霞珠葡萄组培苗中PAL活性的影响。在3~6d时,处理组的PAL活性呈缓慢增长的趋势;在6~9d时,处理组的PAL活性迅速增加;在第9d时达

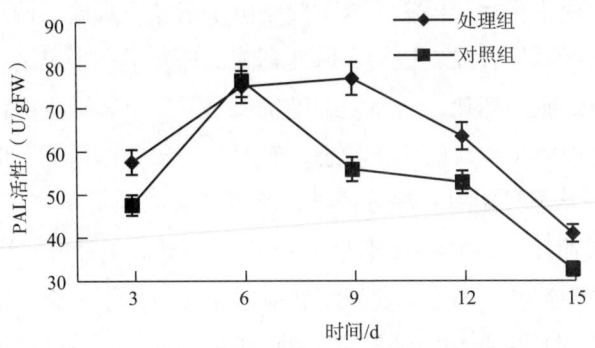

图35-3 灰葡萄孢对葡萄组培苗中PAL活性的影响

到最大值，比对照反应激烈且显著高于对照，并且达到极显著水平，为121.7U/g，比对照高2.17倍；之后又迅速下降，在第15d时降到最低，为48.1U/（gFW）；与白藜芦醇合成的变化趋势具有一致性。对照和处理组的PAL活性变化趋势一致，均是先上升、后下降，在第6d达到峰值，为76.4U/（gFW），之后缓慢下降，对照整体滞后于处理组。

## 第三节　讨论

### 一、灰葡萄孢对葡萄组培苗白藜芦醇含量的影响

白藜芦醇是一种植物保护素，是植物对微生物或其他异物感染或伤害做出反应的产物。白藜芦醇含量高的植物对灰霉病的抗性强，在葡萄受到灰葡萄孢侵染后，距离坏死果实较近且没有受到侵染的果实中的白藜芦醇含量很高，它对灰葡萄孢等有明显的抑制作用。13种葡萄及其变种的抗菌性与其所含白藜芦醇量密切相关，这一特征可以作为葡萄抗菌性的标记，说明利用真菌诱导子感染含有白藜芦醇的植物，可望有效提高植物体内白藜芦醇的含量。本试验利用灰葡萄孢诱导子有效地提高了赤霞珠葡萄组培苗中白藜芦醇的含量。

真菌诱导子诱导植物次生代谢产物的合成主要受诱导子种类、浓度、加入时间以及诱导的时间长短等因素的影响。不同种类的真菌诱导子在植物细胞次生代谢调节中，因所具有的能被细胞受体所接受的信息类型、数量、时间先后不同，使诱导反应发生的类型、速度和强度不同。本试验中，灰葡萄孢诱导子对白藜芦醇的合成有一定的促进作用、诱导效果较好，这可能因为是赤霞珠葡萄组培苗细胞表面受体选择性识别并结合了灰葡萄孢诱导子，而且与灰葡萄孢诱导子的结合能力较强，这与同具有苯丙烷类合成途径的其他次生代谢物的研究结果一致。

真菌诱导子的浓度对植物次生代谢物含量的影响很大。一般高浓度诱导子对细胞生长有很大的损伤，致使细胞生长停滞，这主要是由于来源于真菌的诱导子大多有很强的毒性。随着植物保护素的诱导合成，植物病原性真菌也诱导了一个过敏反应，就是病毒与宿主细胞相互作用部位细胞的坏死，从而使细胞生长率下降、影响次生代谢产物的产量。虽然降低诱导子浓度可以减少生长的停止状态，然而在诱导子作用下、形成次生代谢产物的过程中，低浓度的诱导子只能引起部分诱导，所以诱导的剂量不同、引起的效应也不同。本研究结果表明，灰葡萄孢提取物浓度为40mL/L时诱导效果最好，诱导子浓度与产物积累的关系可概括为两种类型，即饱和曲线型和最适曲线型，本试验属于后者。

不同诱导子及不同目标产物，诱导培养的时间也不同。本研究中诱导培养9d后，诱导效果最好，这与类似的真菌诱导子处理悬浮细胞的研究结果不一致。诱导子处理悬浮细

胞的时间很短，而本试验处理时间长，可能是悬浮细胞较组培苗反应敏感，且悬浮细胞的外排能力强，使次生代谢反应更快。

### 二、灰葡萄孢对葡萄组培苗PAL活性的影响

苯丙烷类代谢途径是植物次生代谢物中的一个重要途径。PAL是连接初生代谢和苯丙烷代谢、催化苯丙烷类代谢第一步反应的酶，是苯丙烷类代谢的关键酶和限速酶，它对植物体内的许多次生抗病物质（植物保护素、木质素和酚类物质）的合成与积累有重要的调节作用，可以作为一个衡量植物抗病性的生化指标，被认为是一种植物防御酶。本试验中，经灰葡萄孢诱导子处理后的PAL活性呈先急速上升、后快速下降的趋势，与白藜芦醇合成的变化趋势具有一致性，均远高于相应的对照，表明灰葡萄孢诱导子可以刺激赤霞珠葡萄组培苗，当组培苗感受到外界刺激后，可以调节内部代谢能力，诱导活化PAL，促使反应向合成白藜芦醇的方向进行，从而提高白藜芦醇的含量。

## 第四节　小结

（1）选用半木质化赤霞珠葡萄新梢茎段作为外植体材料，利用0.1%升汞溶液消毒8min，使用MS基本培养基进行启动培养，可提高葡萄茎段的萌芽率。

（2）以添加0.2mg/L IBA和20g/L蔗糖的1/2MS培养基可促进葡萄茎段增殖培养和生根壮苗，且以带叶茎段接种培养萌芽率较高。

（3）灰葡萄孢和水杨酸处理均可提高赤霞珠葡萄组培苗PAL活性，而以诱导9d的效果最佳，灰葡萄孢可诱导葡萄组培苗白藜芦醇的合成积累，使白藜芦醇含量较高。

# 第三十六章 乙烯利、水杨酸和乙磷铝对赤霞珠葡萄果实白藜芦醇合成的影响

葡萄属植物约70多个种,广泛分布于世界各地。我国每年的葡萄产量有数百万吨,葡萄酿造之后的废渣大都以垃圾或肥料的方式处理,这些废渣中含有人类健康最需要的有效成分——白藜芦醇(Res)。研究表明,白藜芦醇具有抗菌、抗癌、抗诱变、抗氧化、抗自由基、抗血栓、抗过敏等作用。因此,要想将葡萄废渣变废为宝,还有待对白藜芦醇进行深入的研究。白藜芦醇作为葡萄与葡萄酒中的一种重要活性成分,现在大量的研究集中在对白藜芦醇的药理活性和提取测定方面,而对富含白藜芦醇的葡萄,在生长发育时期叶片和浆果中白藜芦醇含量的变化规律研究很少。本研究在分析酿酒葡萄叶片和浆果中白藜芦醇含量随葡萄生长发育的变化规律的同时,也系统研究了葡萄白藜芦醇含量和白藜芦醇合成的相关酶活性的相关性,为开发葡萄废渣中白藜芦醇提供实验依据。

白藜芦醇是植物对不良环境适应而产生的一种植物抗毒素,在不经外源诱导的情况下,葡萄中所含的白藜芦醇微乎其微。如今国内外在使用外源诱导葡萄白藜芦醇合成方面的研究也很少,且诱导途径也很单一,所有的研究几乎都集中在用紫外线诱导葡萄产生白藜芦醇,但此途径只能局限于实验室范畴,并不能满足葡萄大田生产。针对上述问题,本研究提出用植物生长剂,如水杨酸、乙烯利和乙磷铝来对大田葡萄进行活体喷施这一实验方案,以实现葡萄白藜芦醇含量的提高,为开发富含白藜芦醇的葡萄提供试验依据,也为开发富含白藜芦醇的优质保健葡萄酒提供理论依据。

## 第一节 材料与方法

### 一、试验材料

采用2002年定植于宁夏永宁县玉泉营镇,宁夏兰山骄子葡萄酒庄有限公司,国家葡萄产业技术体系水分生理与节水栽培岗位核心试验基地(38°14'19"N,106°2'0"E)葡萄园的6年生赤霞珠为试材,使用单臂篱架整形方式,株距0.5m,行距2.5m,采用普通管理方式。

## 二、试验设计

在葡萄幼果期（2009年7月13日），选取33株长势一致的赤霞珠葡萄植株进行标记，分别配制浓度为2mmol/L、4mmol/L、6mmol/L、8mmol/L、10mmol/L的水杨酸溶液和200mg/L、400mg/L、600mg/L、800mg/L、1000mg/L的乙烯利溶液，对葡萄叶面及果穗进行均匀喷施。每个处理组设置3株葡萄，以喷施蒸馏水为对照。每2周采样一次，每株葡萄分上中下随机采取50粒果实和2片完好的叶片，经液氮速冻后放入-80℃低温冰箱中保存。

在葡萄成熟期（2009年8月24日），仍然采用和幼果期同样浓度的乙烯利和水杨酸对葡萄叶面及果穗进行第二次喷施。然后，另选15株长势相同的葡萄植株进行标记，配制浓度分别为10mg/L、20mg/L、30mg/L、40mg/L、50mg/L的乙磷铝溶液，对葡萄叶面及果穗进行均匀喷施，每个处理组设置3株葡萄。每周采样一次，采样方法同上段，液氮速冻后-80℃低温冰箱中保存。

### （一）白藜芦醇含量
参照第三十三章"二、试验方法（一）白藜芦醇含量的测定"。

### （二）苯丙氨酸解氨酶（PAL）活性
参照第三十五章"二、试验设计（二）PAL活性的测定"。

## 三、数据分析与处理

试验数据采用SAS、DPS7.05版结合Excel 2003进行统计分析。

# 第二节　结果与分析

## 一、水杨酸处理对葡萄中白藜芦醇含量及PAL活性的影响

### （一）不同浓度水杨酸对葡萄中白藜芦醇含量的影响

赤霞珠在不同浓度水杨酸诱导后果皮中白藜芦醇含量与对照相比均有所提高（图36-1）。在葡萄生长的幼果期（花后33d），进行不同浓度水杨酸的喷施，两周后，葡萄果皮和叶片中白藜芦醇含量较对照均有所提高。诱导效果最好的是4mmol/L水杨酸喷施，在喷施两周后（花后47d），葡萄果皮中白藜芦醇含量提高了3.15倍（相比对照，余同），

诱导率为215%，葡萄果皮中白藜芦醇含量提高了1.65倍，诱导率为65%，如图36-2。随着葡萄进入转色期（花后61d），果皮中Res含量迅速提高，从葡萄转色后开始，Res含量逐渐下降，并且诱导率也随之降低。到花后75d，4mmol/L水杨酸对葡萄果皮Res的诱导率仅为23.38%，对葡萄叶片Res的诱导率也仅为12.18%。

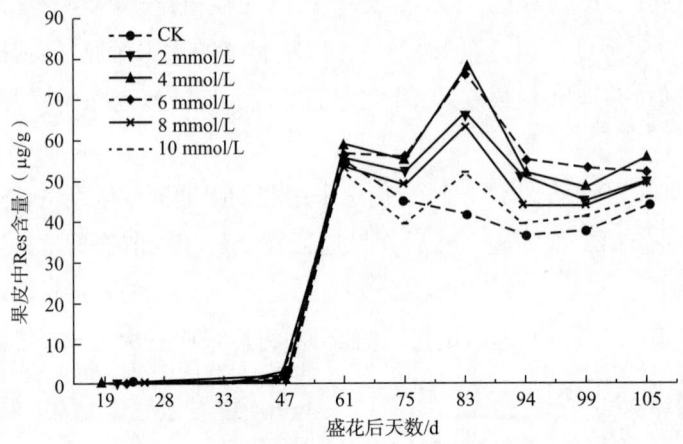

图36-1　水杨酸处理后葡萄果皮Res含量变化

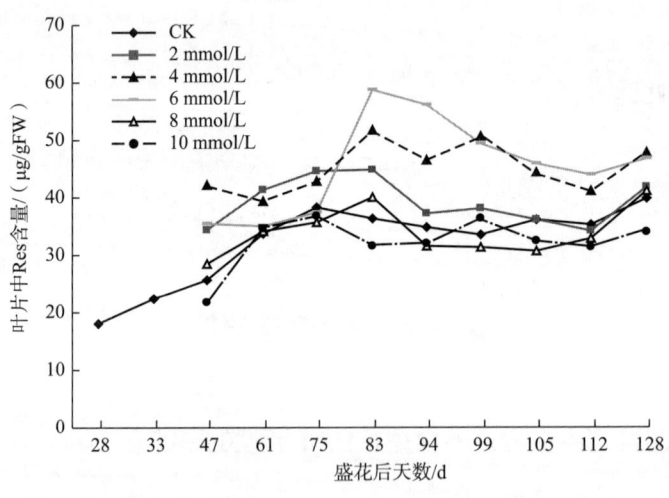

图36-2　水杨酸处理后葡萄叶片Res含量变化

随着葡萄的成熟，Res含量逐渐降低，在葡萄盛花后75d，又用同样浓度的水杨酸对葡萄进行喷施，诱导一周后，葡萄果皮和叶片中Res含量均有显著提高。对葡萄果皮Res诱导效果最好的仍为4mmol/L的水杨酸，使葡萄果皮中Res含量提高了36.24μg/g，是对照的1.86倍，诱导率为86.16%。诱导一周后，叶片中Res含量也有显著提高，但诱导效果最好的水杨酸浓度是6mmol/L，使葡萄叶片中Res含量提高了22.38μg/（gFW），是对照的1.62倍，诱导率为61.62%。分析原因，是因为这时葡萄叶片已经逐渐老化，叶面吸收能力比幼果期嫩叶较低，因此，要达到较高的诱导效果，需要高浓度的水杨酸。在第二次诱导19d（盛花后94d）后，葡萄果皮中Res含量迅速下降，诱导率也在迅速下降；到花后99d，果皮中Res含量略有上升。再到葡萄采收期（105d），果皮中Res含量，诱导效果最好的仍为4mmol/L的水杨酸，诱导率为26.31%，之后依次为：6mmol/L水杨酸：17.7%；8mmol/L水杨酸：13.17%；2mmol/L水杨酸：11.81%；10mmol/L水杨酸：2.89%。在第二次诱导19d（盛花后94d）后，葡萄叶片中Res含量缓慢下降，诱导率也有降低，但下降幅度比果皮小。

### （二）不同浓度水杨酸对葡萄中PAL活性的影响

水杨酸诱导后PAL活性的变化和白藜芦醇含量的变化趋势大体相同。如图36-3所示，在幼果期（花后33d）和成熟期（花后105d）诱导，PAL活性较对照均有所提高。4mmol/L的水杨酸诱导效果最佳，在幼果期诱导两周后，花后47d PAL活性提高了3.64U/gFW，诱导率为15.72%。在葡萄成熟期诱导后，PAL活性提高了1.35U/gFW，诱导率为11.18%。

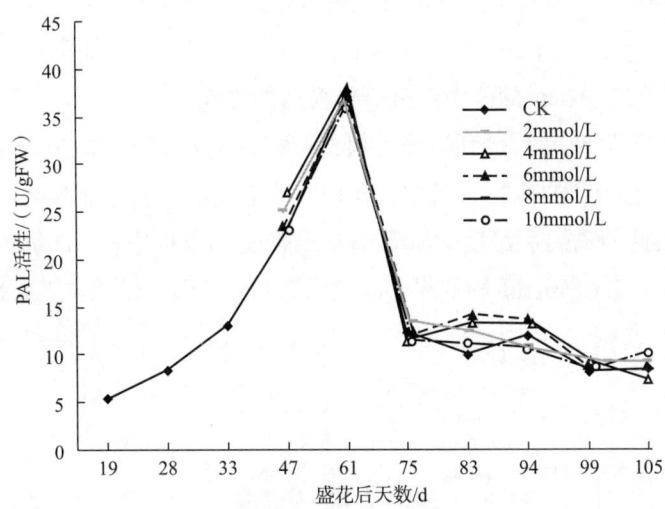

图36-3　水杨酸处理后葡萄PAL活性变化

葡萄成熟期进行不同浓度水杨酸诱导后，一周之后，葡萄果皮和叶片中Res含量和果实中PAL活性随水杨酸浓度的变化见图36-4。由图得知，经水杨酸诱导后，葡萄果皮中诱导组Res含量均高于对照，且随着水杨酸浓度的增加，Res含量先递增，后又递减。4mmol/L水杨酸对葡萄果皮中Res的诱导效果最佳。叶片中Res含量随着水杨酸浓度的增加呈先增后减趋势，但6mmol/L的水杨酸对葡萄叶片中Res的诱导效果最佳。经诱导后，诱导组PAL活性均高于对照，且随着水杨酸浓度的增加，PAL活性为先递增，后又递减。相关性分析表明,葡萄果皮Res含量和PAL活性呈显著正相关,相关系数$R$=0.850,$p$=0.0364<0.05。

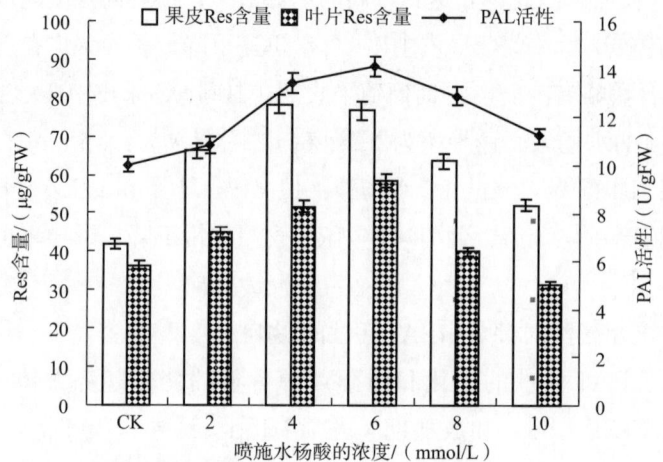

图36-4 葡萄成熟期不同水杨酸浓度处理一周后葡萄Res含量和PAL活性比较

## 二、乙烯利处理对葡萄中白藜芦醇含量及PAL活性的影响

### (一)不同浓度乙烯利对葡萄中白藜芦醇含量的影响

赤霞珠葡萄在不同浓度乙烯利诱导后白藜芦醇含量的变化比较复杂(图36-5)。在幼果期进行不同浓度乙烯利的喷施,两周后发现,各浓度乙烯利均能大幅度提高葡萄果皮中Res含量,效果最佳的乙烯利浓度为800mg/L,使葡萄果皮中Res含量较对照提高了9.23倍,其中诱导率为823.08%。诱导效果各浓度间有差异,但均较佳。随后葡萄进入转色期,

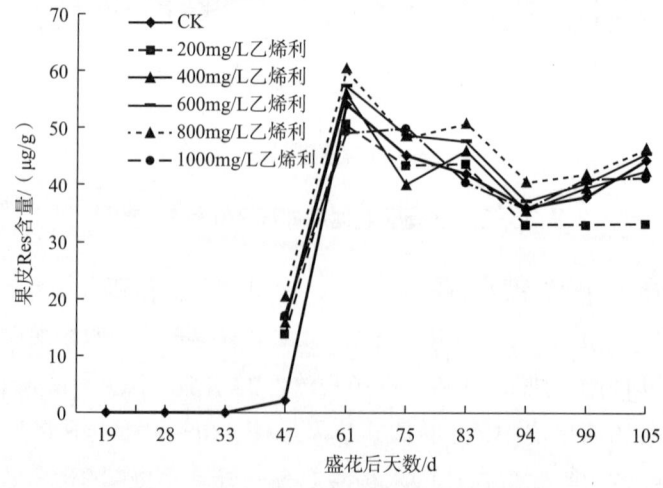

图36-5 乙烯利处理后葡萄果皮Res含量变化

经采样时观察发现，受乙烯利诱导的葡萄植株，葡萄转色较早。花后61d，葡萄果皮中Res含量迅速提高到一个峰值，但诱导率却迅速下降，200mg/L乙烯利的诱导率降低到-6.83%。之后，葡萄进入成熟期，果皮中Res含量逐渐下降，在花后75d对葡萄进行了成熟期的乙烯利诱导，一周后，葡萄果皮中Res含量有所提高，但不显著，诱导效果较幼果期明显降低，其中诱导效果较好的乙烯利浓度仍为800mg/L，果皮中Res含量提高了8.71μg/g，诱导率为20.71%。之后随着葡萄采收期的到来，果皮中Res含量有所提高，但分析原因是受到了雨水的胁迫，但诱导率均较低，变化也较复杂。

如图36-6所示，在葡萄幼果期进行诱导，两周后葡萄叶片中白藜芦醇含量有所提高，但诱导率较低，其中最佳的乙烯利浓度为800mg/L，使葡萄叶片中Res含量较对照提高了3.34μg/gFW，诱导率为13.07%。随着葡萄的转色，叶片也在逐渐老化，叶片中Res含量迅速增加，但诱导率均表现为下降趋势。在花后75d进行的成熟期诱导，一周后，葡萄叶片中白藜芦醇含量并未提高。乙烯利并不能显著提高葡萄叶片中白藜芦醇含量。

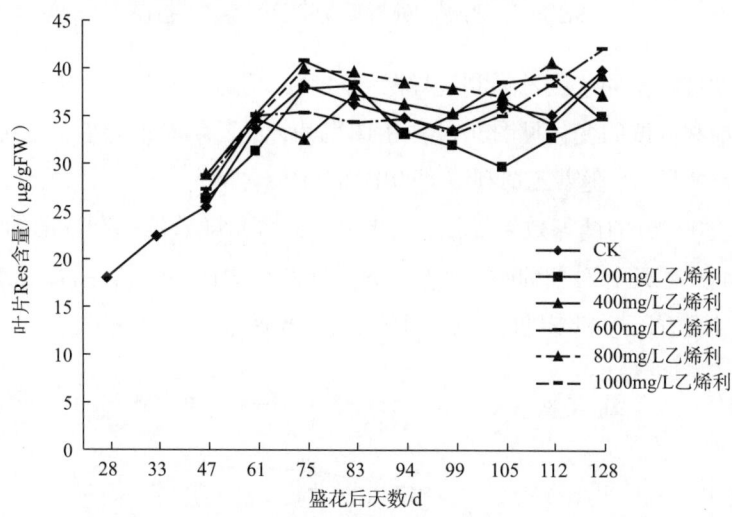

图36-6 乙烯利处理后葡萄叶片中Res含量变化

**（二）不同浓度乙烯利对葡萄PAL活性的影响**

乙烯利诱导后PAL活性在整个葡萄生长发育过程中的变化比较复杂（图36-7），但在幼果期，经乙烯利诱导两周后，PAL活性显著高于对照，且600mg/L和800mg/L乙烯利的诱导效果最佳，分别比对照提高了6.94U/gFW和7.23U/gFW。之后葡萄进入转色期，葡萄PAL活性陡然升高，但乙烯利的诱导效果并不显著。在葡萄生长的成熟期，经乙烯利诱导两周后（花后83d），PAL活性却并未像水杨酸诱导后效果那样显著，但仍能得出结果，乙烯利诱导后，PAL活性较对照有所提高，其中诱导效果最佳者仍为800mg/L和600mg/L的乙烯利。

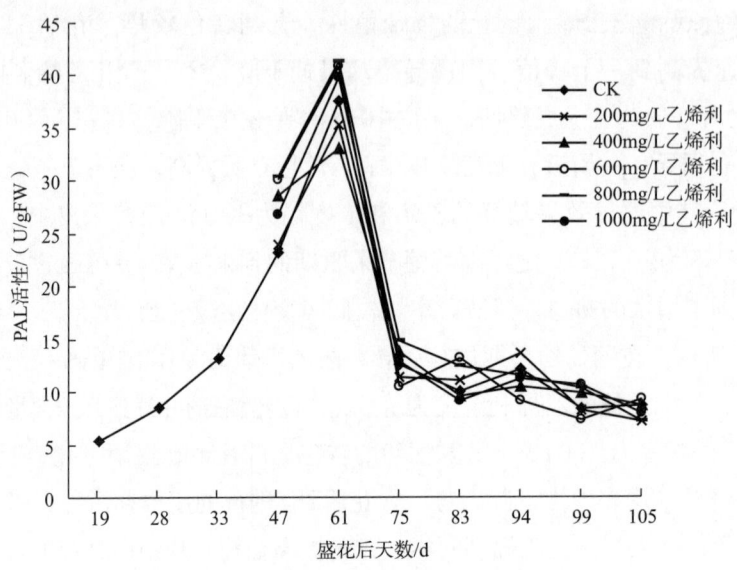

图36-7 乙烯利处理后葡萄PAL活性变化

葡萄幼果期进行不同浓度乙烯利诱导两周之后，葡萄果皮和叶片中Res含量和果实中PAL活性随乙烯利浓度的变化见图36-8。由图得知，经乙烯利诱导后，葡萄果皮中Res含量诱导组均高于对照，且随着乙烯利浓度的增加，Res含量先递增，后又递减。800mg/L乙烯利对葡萄果皮中Res的诱导效果最佳，叶片中Res含量随着乙烯利浓度的增加呈先增后减趋势，800mg/L乙烯利对葡萄叶片中Res的诱导效果最佳。经诱导后，PAL活性诱导组均高于对照，且随着乙烯利浓度的增加，PAL活性先递增，后又递减。

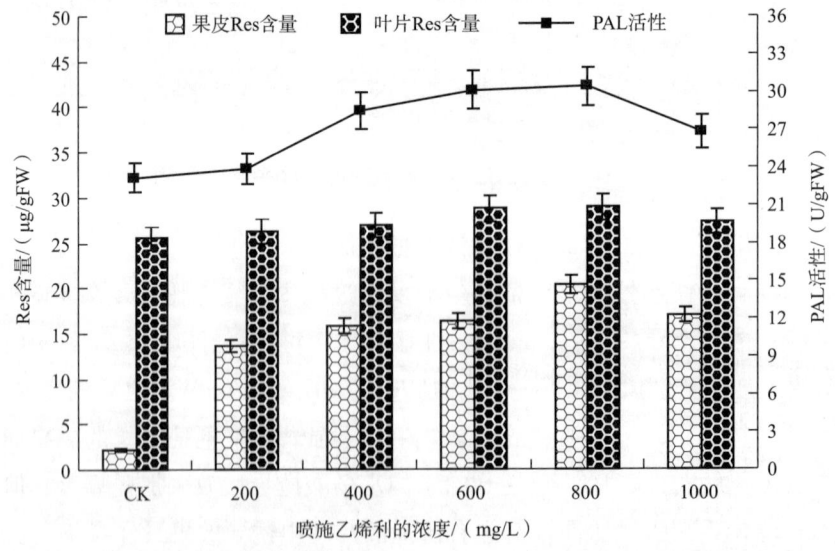

图36-8 不同浓度乙烯利处理两周后葡萄Res含量和PAL活性比较

## 三、乙磷铝处理对葡萄中白藜芦醇含量的影响

### （一）不同浓度乙磷铝对葡萄中白藜芦醇含量的影响

在葡萄生长的成熟期（盛花后75d），进行乙磷铝的喷施，在喷施后一周，葡萄果皮中Res含量发生了显著变化，各浓度乙磷铝对葡萄果皮中Res含量的影响差异很大，其中10mg/L、20mg/L和30mg/L的乙磷铝均使葡萄果皮中Res含量有不同程度的提高，40mg/L和50mg/L的乙磷铝却降低了葡萄果皮中Res含量（图36-9）。20mg/L乙磷铝对果皮中Res的诱导率最高，为32.81%，50mg/L乙磷铝对果皮中Res的诱导率最低，为-20.21%。随着葡萄的成熟，对照组葡萄果皮中Res含量逐渐下降，10mg/L和20mg/L乙磷铝的诱导组Res含量先升高后又降低。可见，乙磷铝在葡萄果实中的作用时间要长于水杨酸和乙烯利，到最后葡萄采收时，10mg/L乙磷铝对葡萄果皮中Res的诱导率仍为22.45%。

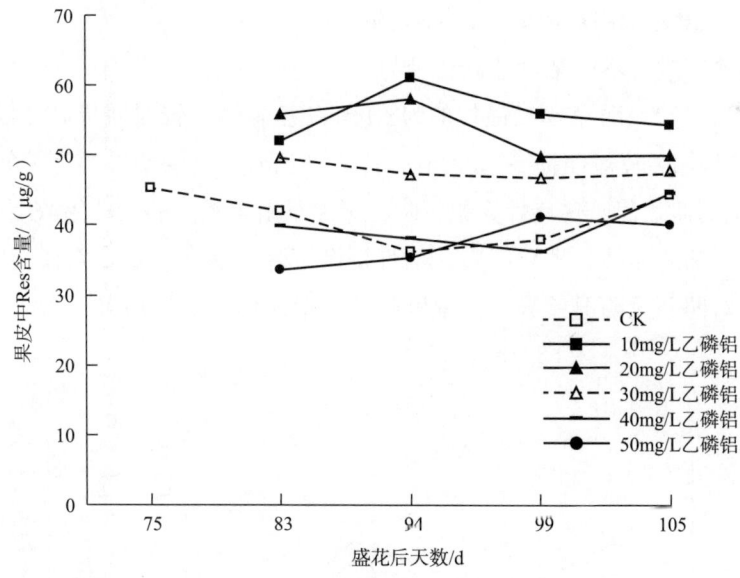

图36-9　乙磷铝处理后葡萄果皮中Res含量变化

在葡萄成熟期，乙磷铝对葡萄叶片中Res含量有显著的诱导效果（图36-10）。诱导一周后，诱导效果最佳的为30mg/L的乙磷铝，诱导率为36.62%。之后，对照组Res含量在逐渐降低，而诱导组Res含量有所上升，后缓慢下降。50mg/L的乙磷铝出现反常现象，在葡萄生长的各时期均降低了叶片中Res含量，我们认为是较高的乙磷铝浓度和较长的保存时间使葡萄受到伤害所致，因为在乙磷铝处理后的三周时，我们观察到此处理组的部分葡萄叶片出现烧伤的褐色斑点。

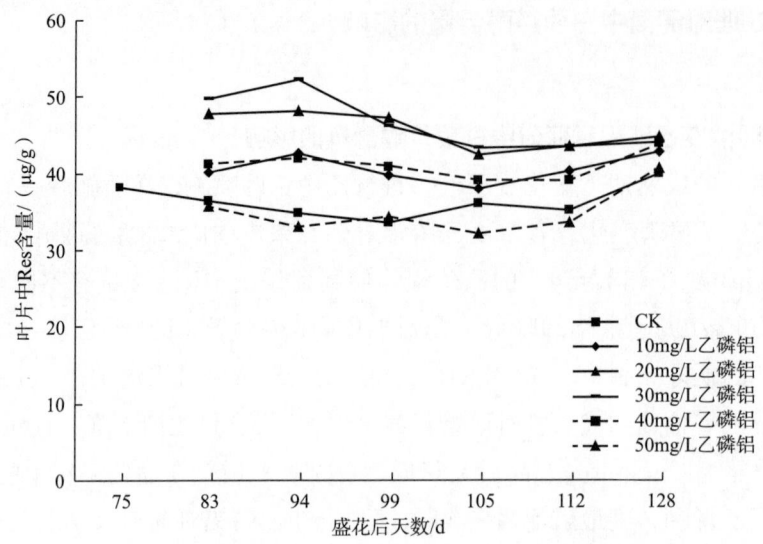

图36-10　乙磷铝处理后葡萄叶片中Res含量变化

### （二）不同浓度乙磷铝对葡萄PAL活性的影响

在葡萄成熟期进行不同浓度乙磷铝诱导后，一周后，葡萄PAL活性随乙磷铝浓度有显著变化（图36-11）。诱导效果最佳的为20mg/L乙磷铝，较对照提高了4.2U/gFW，其次是10mg/L乙磷铝，较对照提高了2.05U/gFW。30mg/L乙磷铝诱导率较低，40mg/L和50mg/L乙磷铝则使葡萄PAL活性大幅下降，可能是由于较高的乙磷铝浓度使葡萄受到伤害所致。随着葡萄的成熟，诱导组PAL活性逐渐下降，诱导率随之降低，一直到葡萄采收PAL活性较对照并无明显差异。高浓度的乙磷铝使葡萄受到伤害，PAL活性在诱导后均低于对照。

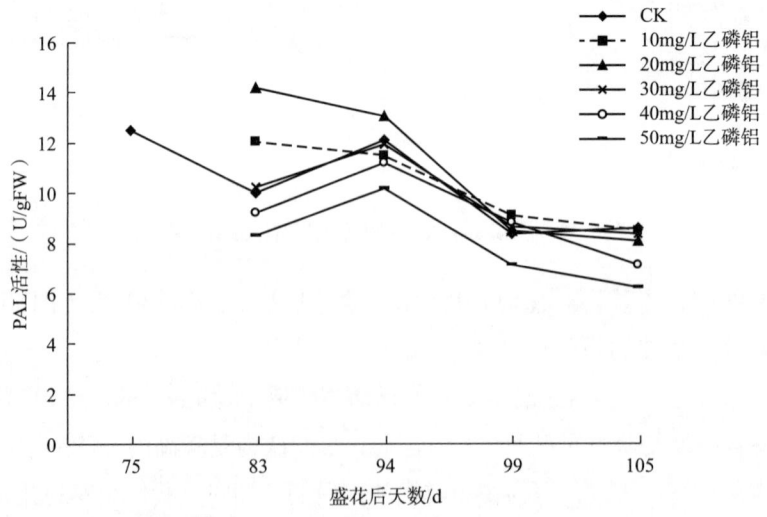

图36-11　乙磷铝处理后葡萄PAL活性变化

葡萄成熟期进行不同浓度乙磷铝诱导一周之后,葡萄果皮和叶片中Res含量和果实中PAL活性随乙磷铝浓度的变化见图36-12。经乙磷铝诱导后,葡萄Res含量变化较为复杂,果皮中Res含量随着乙磷铝浓度的提高逐渐提高,之后又降低,诱导效果最佳的为20mg/L的乙磷铝。葡萄叶片中Res含量变化也呈现相似的变化趋势,诱导效果最佳的为20mg/L和30mg/L。PAL活性随着乙磷铝浓度的增加迅速上升,之后又迅速降低,50mg/L的乙磷铝使PAL活性比对照降低了近17%。相关性分析表明,葡萄果皮的Res含量和PAL活性存在极显著正相关,相关系数$R$=0.921,$p$=0.0090<0.05。

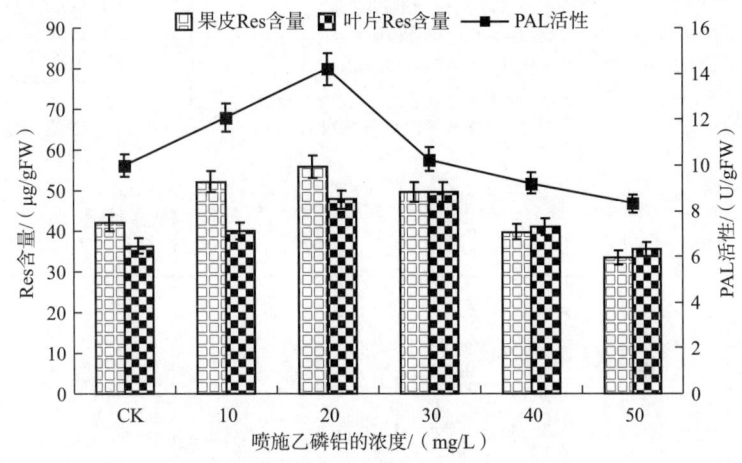

图36-12 葡萄成熟期不同乙磷铝浓度处理一周后葡萄Res含量和PAL活性比较

### (三)不同诱导时期和不同诱导处理对葡萄Res诱导率的分析

在葡萄生长的幼果期,诱导两周后,各处理组间诱导率见表36-1。方差分析得$F$=98.17,$p$<0.0001,说明模型有统计学意义。主要因素(诱导剂种类)所对应的$F$=577.41,$p$<0.0001,说明不同诱导剂对葡萄白藜芦醇含量的诱导率有影响。次要因素(诱导剂浓度)所对应的$F$=50.24,$p$<0.0001,说明对于同一种诱导剂,不同浓度对诱导率也有影响。

表36-1 幼果期诱导两周后嵌套实验分析

| 诱导剂 | | 乙烯利浓度/(mg/L) | | | | | | 水杨酸浓度/(mmol/L) | | | | |
| --- | --- | --- | --- | --- | --- | --- | --- | --- | --- | --- | --- | --- |
| 浓度 | 0 | 200 | 400 | 600 | 800 | 1000 | 0 | 2 | 4 | 6 | 8 | 10 |
| 诱导率/% | 0 | 127 | 233 | 184 | 179 | 135 | 0 | 511 | 662 | 737 | 83 | 748 |
| | 0 | 173 | 197 | 216 | 131 | 96 | 0 | 607 | 633 | 607 | 84 | 571 |
| | 0 | 122 | 215 | 144 | 206 | 103 | 0 | 428 | 556 | 579 | 799 | 694 |

在葡萄生长的成熟期，诱导一周后，各处理组间诱导率见表36-2。方差分析得，$F=79.44$，$p<0.0001$，说明模型有统计学意义。主要因素（诱导剂种类）所对应的$F=320.18$，$p<0.0001$，说明不同诱导剂对葡萄白藜芦醇含量的诱导率有影响。次要因素（诱导剂浓度）所对应的$F=47.34$，$p<0.0001$，说明对于同一种诱导剂，不同浓度对诱导率也有影响。

表36-2 成熟期诱导一周后嵌套实验分析

| 诱导剂 | 乙烯利浓度/(mg/L) | | | | | 水杨酸浓度/(mmol/L) | | | | 乙磷铝浓度/(mg/L) | | | | |
| --- | --- | --- | --- | --- | --- | --- | --- | --- | --- | --- | --- | --- | --- | --- |
| 浓度 | 200 | 400 | 600 | 800 | 1000 | 2 | 4 | 6 | 8 | 10 | 10 | 20 | 30 | 40 | 50 |
| 诱导率/% | 6.2 | 8.4 | 14.5 | 21 | -5 | 55.7 | 94.5 | 94.6 | 54.6 | 19.2 | 29.2 | 31.2 | 12.2 | -10.2 | -13.8 |
| | 3.7 | 9.1 | 9.6 | 12.3 | 0.5 | 62.7 | 73.1 | 71.9 | 55.4 | 22 | 19.4 | 37.4 | 22.1 | -0.3 | -27.5 |
| | 1.8 | 11.3 | 15.5 | 28.8 | -8 | 54.4 | 91 | 80.7 | 43.6 | 30.5 | 23.1 | 29.8 | 19.7 | -5.7 | -19.3 |

## 第三节 讨论

### 一、葡萄生长发育过程中葡萄果皮及叶片中白藜芦醇含量的变化规律

研究发现，在葡萄生长发育的过程中，叶片白藜芦醇（Res）含量出现两个高峰。白藜芦醇在新梢生长初期，随着叶片生长而增加，在新梢生长旺盛时期白藜芦醇含量达到最高，出现第一个高峰。随着新梢生长减缓，白藜芦醇含量逐渐降低，在叶片脱落前一段时间，白藜芦醇含量又增加。果实中白藜芦醇含量仅出现一个高峰，白藜芦醇的含量随着果实生长而增加，在果实成熟前一段时间，白藜芦醇的含量达到最高，在果实成熟时白藜芦醇含量反而降低。在花后1~5周葡萄白藜芦醇的含量逐渐上升，在花后10~16周白藜芦醇的含量呈下降趋势。当果实达到生理成熟期时葡萄中的白藜芦醇的含量几乎为0。不同品种果实的白藜芦醇含量的变化趋势不同。蛇龙珠果实的白藜芦醇含量变化呈双峰形；白羽的白藜芦醇含量随果实生长而缓慢增加。本研究结果表明，葡萄果实在膨大期没有合成白藜芦醇，随着果实转色，白藜芦醇含量陡然升高；在花后61d，葡萄果皮中Res含量达到峰值；之后葡萄进入成熟阶段，果皮中Res含量逐渐降低；到葡萄采收期，果皮中Res含量又有所升高，说明葡萄果实中白藜芦醇含量随葡萄的生长发育出现两个峰值，呈双峰曲线变化。但在葡萄成熟期，宁夏地区普遍迎来一次较长时间的降雨过程，因此，我们认为葡萄采收期白藜芦醇含量之所以升高是葡萄植株受到降雨的胁迫，属于一种自身的应激

反应，此现象还有待进行深入研究。

与果实相对应，叶片中白藜芦醇含量随着葡萄生长发育也呈现双峰曲线的变化趋势。叶片中白藜芦醇的含量在新梢生长初期随着叶片生长而增加，在新梢生长旺盛时期白藜芦醇含量达到最高，出现第一个高峰。随着新梢生长减缓，白藜芦醇含量逐渐降低，在叶片脱落前一段时间，葡萄修剪时白藜芦醇含量又有所增加。但分析认为，在葡萄采收后，叶片逐渐进入黄化脱落阶段，叶片枯萎，严重失水，在称量上存在一定的误差，造成白藜芦醇含量看似增加，实际上随着叶片的老化，白藜芦醇含量在逐渐降低。本研究发现，在葡萄生长发育过程中葡萄果皮和叶片中白藜芦醇含量变化存在极显著正相关，说明葡萄在受到外界胁迫时，果实和叶片具有同样的应激性。

## 二、葡萄生长发育过程中苯丙氨酸解氨酶（PAL）活性的变化

PAL是初生代谢和苯丙酸代谢途径的纽带，是苯丙烷类代谢途径中的关键酶。苯丙烷代谢途径生成的次生代谢产物，在植物的生长发育过程中起着重要的作用。植物在遭受寒冷或紫外辐射时，植物的防卫系统特别是苯丙烷代谢被激活，PAL活性迅速上升。葡萄果实生长发育过程中白羽的PAL活性较低，且随着果实的生长发育而逐渐降低，而蛇龙珠的PAL活性呈现出明显高峰。PAL活性和果实中的白藜芦醇的形成存在一定的相关性。本研究结果表明，在葡萄幼果期，PAL活性较低，随着果实转色，PAL活性陡然升高，在葡萄盛花后61d白藜芦醇含量出现一个明显的高峰，而此时也正是PAL活性最强的时候，说明PAL参与了葡萄白藜芦醇的合成。本研究中，随着水杨酸浓度的增加，PAL活性和Res含量均呈现先升高后又降低的趋势，并且Res含量和PAL活性呈极显著正相关。随着葡萄的成熟，白藜芦醇含量在逐渐降低，PAL活性也呈降低趋势，这种现象可能与果实成熟时白藜芦醇合成酶基因表达水平、二苯乙烯合成酶活性逐渐降低有关，也可能与PAL活性降低有关。

## 三、水杨酸、乙烯利和乙磷铝浓度对葡萄白藜芦醇合成代谢的影响

水杨酸（SA）是一类普遍存在于植物体内的小分子酚类化合物，其作用十分广泛，尤其是在植物生长发育过程和对外防御体系中具有极其重要的作用，目前在植物的对外防御过程中SA被认为扮演了信号分子的角色来激活其他下游的信号分子。目前，SA通常也被用做一种外源的诱导子来研究其对植物组织中植物抗毒素的诱导作用，这对于提高植物体内一些有效化学成分含量及研究SA在植物发育过程和防御体系中的作用具有很大

的意义。对采后的三个葡萄品种：高妻、佳利酿、田野红的果皮进行水杨酸喷施后发现，100mg/L的SA喷施处理可以显著提高采后三个葡萄品种果皮中的Res含量，但是对不同品种诱导，葡萄果皮Res合成能力存在显著差异。对虎杖叶片进行10mmol/L的水杨酸处理后研究发现，SA处理48h后，嫩叶中白藜芦醇的含量提高约5倍，老叶中白藜芦醇含量提高约2倍。在葡萄幼果期进行水杨酸喷施，诱导两周后效果显著，效果最佳的是4mmol/L水杨酸，但随着时间的延长，诱导率迅速下降。在葡萄成熟期进行水杨酸诱导，诱导一周后，葡萄果皮和叶片中Res含量均有显著提高。对葡萄果皮Res诱导效果最好的仍为4mmol/L的水杨酸，但对葡萄叶片诱导效果最好的水杨酸浓度是6mmol/L。究其原因，是因为这时葡萄叶片已经逐渐老化，叶面吸收能力比幼果期嫩叶较低，因此，要达到较高的诱导效果，需高浓度的水杨酸。总体分析，水杨酸能够在葡萄生长的幼果期和成熟期诱导葡萄白藜芦醇的合成，并且幼果期的诱导率远远高于成熟期，但水杨酸只能在短时间内诱导葡萄果实及叶片白藜芦醇迅速合成，随着时间的延长，诱导效果逐渐减弱。水杨酸诱导后PAL活性的变化和白藜芦醇的变化趋势大体相同，在幼果期和成熟期诱导，PAL活性较对照均有所提高。

乙烯利是一种植物生长延缓剂，能抑制新梢生长，减少因生长对光合产物的消耗，从而积累能量，提高抗逆性。本研究结果表明，乙烯利在葡萄生长的幼果期进行诱导，两周后发现，各浓度乙烯利能大幅度提高葡萄果皮中Res含量，其中对果皮诱导效果最佳浓度为800mg/L，而葡萄叶片中白藜芦醇含量没有明显提高。在葡萄生长成熟期进行诱导，效果不显著，一周后，果皮白藜芦醇含量没有明显提高。随着葡萄采收期的到来，果皮中Res含量有所提高，但分析原因是受到了雨水的胁迫，但诱导率均较低，变化也较复杂。乙烯利对葡萄叶片中白藜芦醇的诱导效果不显著，成熟期的诱导并没有提高葡萄叶片白藜芦醇的含量。乙烯利对葡萄PAL活性的诱导也呈现与果皮白藜芦醇含量变化相同的趋势，幼果期的诱导效果较显著，成熟期不显著。经观察发现，受乙烯利诱导的葡萄植株，葡萄转色期要比对照组提前到来。随着葡萄转色期的到来，白藜芦醇含量会陡然升高，究竟是因为乙烯利诱导了葡萄白藜芦醇的合成，还是乙烯利使葡萄转色期提前到来造成白藜芦醇含量的升高，其机制还有待进行深入探究。

乙磷铝是一种内吸性杀菌剂，自20世纪70年代以来广泛应用于防治植物卵菌纲引起的病害，在葡萄生产中对霜霉病有很好的防治效果。采用乙磷铝喷施离体葡萄叶片后研究发现，乙磷铝对葡萄离体叶片的诱导效果不明显，但能显著提高活体葡萄中白藜芦醇的含量，并且筛选出最佳的诱导浓度为16mg/L。此研究证明乙磷铝的诱导性对离体组织没有影响，只发生在正常生长的组织中。本研究发现，乙磷铝可以有效诱导葡萄果皮白藜芦醇的合成，对葡萄果皮诱导的最佳浓度为20mg/L。但高浓度的乙磷铝会对葡萄植株造成一定损伤，不仅葡萄白藜芦醇含量会降低，还会造成葡萄树势减弱，葡萄品质下降。合适的浓度可以有效提高葡萄白藜芦醇含量，并且作用时间较长，到最后葡萄采收时，10mg/L

乙磷铝对葡萄果皮中Res的诱导率仍为22.45%。在葡萄成熟期，乙磷铝对葡萄叶片中Res诱导同样具有显著效果。诱导效果最佳的为30mg/L乙磷铝，诱导率为36.62%。高浓度的乙磷铝不仅没有提高葡萄叶片中白藜芦醇含量，反而使葡萄叶片出现烧伤的褐色斑点，使葡萄植株受到一定伤害。低浓度的乙磷铝在短时间内提高了PAL活性，随着葡萄的成熟，诱导效果迅速降低。高浓度的乙磷铝对葡萄造成伤害，PAL活性也降低。

## 第四节　小结

（1）赤霞珠葡萄果皮中白藜芦醇含量变化较复杂，呈现双峰形态。葡萄叶片中白藜芦醇含量变化比较小，但也呈现双峰形态，叶片中白藜芦醇含量低于果皮。

（2）水杨酸对赤霞珠葡萄果实中白藜芦醇含量具有显著的诱导效果。在幼果期诱导率较高，但诱导效果较短暂，其中，以4mmol/L的水杨酸诱导效果最佳。

（3）在幼果期对葡萄叶面及果穗喷施乙烯利可促使葡萄提前进入转色期，可明显提高葡萄果皮中白藜芦醇含量，其中，以800mg/L效果最佳，但对葡萄叶片中白藜芦醇含量变化作用不显著，而在成熟期对葡萄叶面及果穗喷施乙烯利，并未提高葡萄果皮和叶片中白藜芦醇含量。

（4）乙磷铝能够显著提高成熟期葡萄果皮及叶片中白藜芦醇含量，并且作用时间较长，最佳诱导浓度为30mg/L。

# 第三十七章　植物生长调节剂对蛇龙珠葡萄果实品质及花色苷含量的影响

葡萄果皮色泽体现着其商品价值，是十分重要的经济性状之一。红色葡萄品种和红葡萄酒的主要呈色物质就是花色素。不同的果皮、酒体色泽和呈色强度取决于花色素不同的种类、含量及不同种类所占的比例和存在状态，是红葡萄酒质量评价的感官指标之一。葡萄皮在发酵过程中对花色苷的浸渍、提取造就了葡萄酒的鲜亮颜色，故而，葡萄酒色泽的深浅和色调源于葡萄浆果中花色苷的含量和种类，是葡萄酒呈色的主要贡献物质，显著影响着葡萄与葡萄酒的品质。

本试验以酿酒品种蛇龙珠为试材，研究不同浓度的植物生长调节剂（脱落酸、乙烯利和芸苔素内酯）对葡萄果实品质、果皮总花色苷含量以及果实花色苷生物合成相关酶活性的影响，以期为改善葡萄品质、构建葡萄酒风格多样化，为植物生长调节剂在酿酒葡萄上的生产实践提供理论依据和技术支持。

## 第一节　材料与方法

### 一、试验材料

本试验在宁夏永宁县玉泉营镇，宁夏兰山骄子葡萄酒庄有限公司，国家葡萄产业技术体系水分生理与节水栽培岗位核心试验基地（38°14′19″N，106°2′0″E）葡萄园进行，试验地处贺兰山东麓玉泉营地区，属于典型的大陆性气候区，中温带干旱气候，该区昼夜温差比较大，干旱少雨，海拔1130~1200m，年均温8.8℃，4~10月有效积温1483.1~1534.9℃，年降水量180~200mm，年蒸发量1787.3mm，无霜期160~170d，全年太阳辐射总量598.71kJ/cm$^2$，年平均日照时数达3200h左右，成土母质以冲积物为主，土壤为风沙土，土层深40~100cm，pH<8.5，有机质含量0.4%~1.0%（质量分数，余同）。

供试品种为蛇龙珠，2002年定植，株行距0.8m×3m，东西行向，单臂篱架，常规水肥管理。试验地土壤理化性质见表37-1。

表37-1　试验地土壤理化性质

| 深度/cm | 有机质含量/（g/kg） | 碱解氨含量/（mg/kg） | 速效磷含量/（mg/kg） | 速效钾含量/（mg/kg） | pH | 深度/cm | 土壤水分含量/% |
|---|---|---|---|---|---|---|---|
| 0~20 | 3.79 | 11.56 | 19.10 | 107.46 | 8.18 | 0~5 | 1.2 |
| 20~40 | 1.62 | 49.04 | 16.76 | 118.00 | 8.28 | 5~10 | 4.7 |

## 二、试验设计

试验采取完全随机设计，选取长势良好、发育一致的植株，挂牌标记，于2013年7月10号（转色初期）进行一次外源植物生长调节剂处理，展开剂选用吐温80，均匀喷施果穗，直至滴水为止。共设10个处理组，每个处理组重复3次，每个重复10穗果实，以清水代替植物生长调节剂为对照（CK），具体处理方式见表37-2。

表37-2　试验设计

| 试剂 | 处理方式编号 | 对应试剂浓度 |
|---|---|---|
| 脱落酸（ABA） | ABA1 | 100mg/L |
|  | ABA2 | 200mg/L |
|  | ABA3 | 300mg/L |
| 乙烯利（ETH） | ETH1 | 400mg/L |
|  | ETH2 | 500mg/L |
|  | ETH3 | 600mg/L |
| 芸苔素内酯（BR） | BR1 | 0.1mg/L |
|  | BR2 | 0.4mg/L |
|  | BR3 | 0.8mg/L |
| 清水 | CK | 0 |

## 三、样品的采集

于7月25日（转色后15d）对各处理区样品进行随机采样，重复3次，以后每隔15d采样一次直至果实完全成熟。样品采集时间为早晨9：00—10：00，各处理组分小区采样，每个处理小区兼顾植株树冠的各个方向以及树体上中下和里外各个方位，采取无损伤果实50粒左右，采后立即放入冰盒，带回实验室后，剥取果实果皮液氮速冻后，置于-80℃冰箱待用。

## 四、测定项目

### （一）苯丙氨酸裂解酶（PAL）活性

参照第三十五章"二、试验设计（二）PAL酶活性的测定"。

### （二）模拟酒样色度

配制试验酒母液：剥取葡萄果皮，称取烘干果皮10g，研磨至匀浆后转到量杯，10%（体积分数，余同）乙醇溶解并定容至1L（配制量为10L），即得10%的基础酒精。摇晃并封口，30℃条件下水浴12h，用牛皮纸对其进行48h避光处理，并用多层滤纸进行过滤，直至试验酒液清澈无絮状物，静置待测。

色度的测定：将各处理组静置500h，试验酒液分别在420nm、520nm、620nm波长处测定其OD值。色度的计算方法为：色度=$A_{420}+A_{520}+A_{620}$。

### （三）花色苷定性定量分析

花色苷的提取：挑选色泽均匀的葡萄，剥取果皮对其进行液氮处理，精确称取葡萄果皮干粉样品0.5g于50mL离心管中，加入10mL甲醇（色谱纯）溶液，避光超声10min（温度≤35℃，频率60%）后放入摇床30min，取出后8000r/min离心5min，转上清液于100mL圆底烧瓶中，避光重复4次。旋转蒸发仪28℃蒸发至干，用流动相A：B=9：1，定容到10mL，0.45μm微孔滤膜处理后进入液相进行分析。

色谱条件：采用岛津高效液相色谱仪（泵LC-20AT，二极管阵列检测器SPD，自动进样器，柱温箱CTO-10Asvp），SBBR$_{18}$色谱柱（250mm×4.6mm，5μm）。色谱条件：波长520nm；流速1mL/min；柱温35℃；进样量20μL；流动相A：2%甲酸水，流动相B：2%甲酸乙腈。洗脱梯度：0.01min，100%A；45min，30%A；50min，30%A；51min，100%A；55min，100%A。流动相过滤，脱气5min。以二甲花翠素-3-$O$-葡萄糖苷的保留时间及吸收光谱与标准品对照定性，以峰面积外标法定量。

## 五、数据处理

试验数据采用SAS 8.1版结合Excel 2003进行统计分析。

## 第二节 结果与分析

### 一、不同植物生长调节剂处理对葡萄果实品质的PCA分析

综合主成分分析来看,芸苔素内酯(BR)处理组的果实品质高于脱落酸(ABA)处理组和乙烯利(ETH)处理组,其中,浓度0.4mg/L和0.8mg/L的BR处理组的果实品质较好,见图37-1和表37-3。

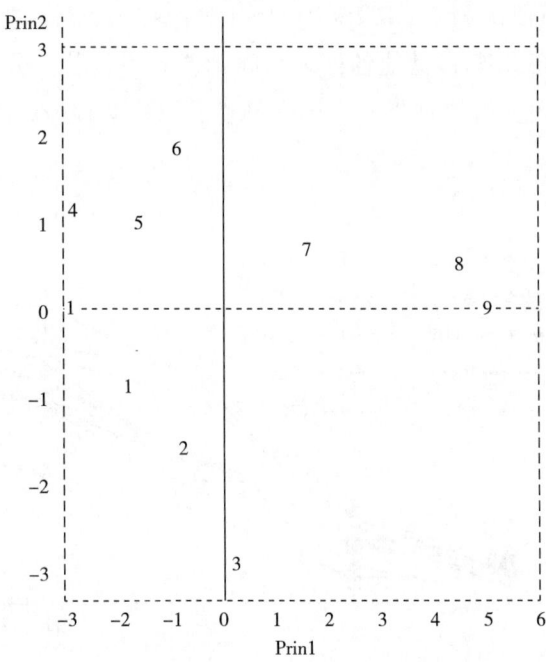

图37-1 不同处理组收获期赤霞珠葡萄果实品质的PCA分析图

注:1~3分别代表ABA1、ABA2、ABA3,4~6分别代表ETH1、ETH2、EHT3,7~9分别代表BR1、BR2、BR3。

表37-3 不同处理组收获期赤霞珠葡萄果实品质的综合评价指数函数$I$

| 处理方式 | $I$指数 | 处理方式 | $I$指数 |
| --- | --- | --- | --- |
| ABA1 | -1.86 | ETH3 | 0.94 |
| ABA2 | -1.84 | BR1 | 1.64 |
| ABA3 | -2.27 | BR2 | 3.35 |
| ETH1 | -0.94 | BR3 | 3.20 |
| ETH2 | -0.23 | CK | -2.02 |

## 二、不同植物生长调节剂处理对PAL活性的影响

PAL为植株次生代谢的关键酶之一。如图37-2所示,葡萄转色初期,PAL活性不高,从葡萄进入转色盛期后,果皮PAL活性开始显著增加,即从转色后30d至60d,果皮PAL活性增加速率较快,转色后60d开始,PAL活性增加缓慢,至成熟期(转色后75d)PAL活性达到峰值并基本保持不变。在转色后15~30d,处理组间PAL活性差异不显著,在转色后45d时,BR和ABA3与CK差异达极显著水平,至转色后75d,葡萄成熟,此时各处理组PAL活性均达最大值,且均高于CK,BR和ABA3较CK存在极显著差异,大小依次为:BR3>BR2>BR1>ABA3,并分别提高了35.18%、32.22%、26.67%和25.93%,其他各处理组间则差异不显著。分析可得,从果实转色期开始,BR3处理组可显著增加果皮中PAL活性,其次是BR2,表明BR可以显著提高葡萄果皮的PAL活性。

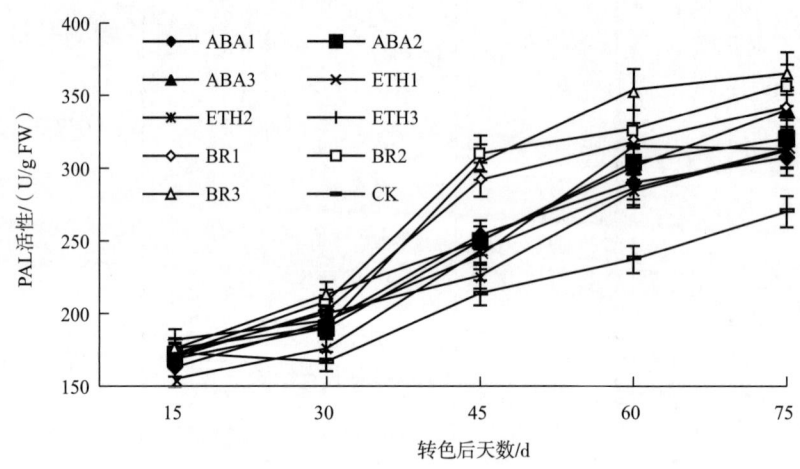

图37-2　不同植物生长调节剂处理对葡萄果皮PAL活性的影响

## 三、不同植物生长调节剂处理对葡萄果皮模拟酒样色度的影响

如图37-3所示,各处理组成熟时期的葡萄皮色度均较CK有所提高,BR和ABA3与CK存在极显著差异,大小依次为:BR3>BR2>ABA3>BR1,相比CK分别提高了165.74%、147.22%、87.96%和64.81%,其他处理组间无显著性差异,但均高于CK。由此可得,BR处理组的葡萄果皮颜色最深,其中以BR3和BR2效果最为突出,模拟酒样的色度值最大,该处理后的葡萄具备酿出陈酿型高档葡萄酒的潜质,表明BR可以显著增加

葡萄果皮的颜色，提高其品质。

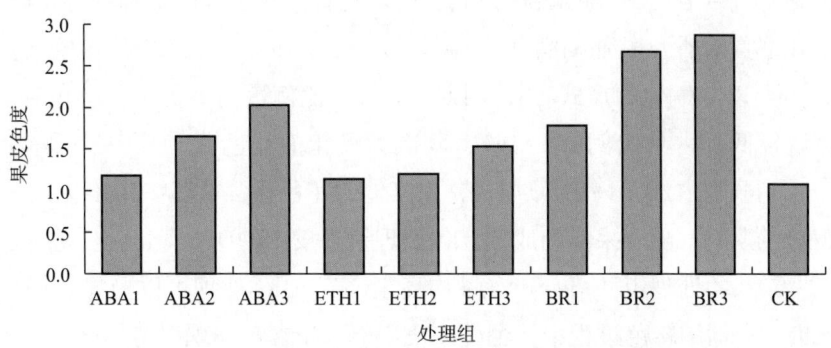

图37-3　不同植物生长调节剂处理对葡萄果皮色度的影响

## 四、不同植物生长调节剂处理后葡萄果皮花色苷的定性定量分析

葡萄果皮中的花色苷检测结果如图37-4所示。结果显示，样品中9种花色苷完全分离，按出峰时间先后顺序依次为花翠素-3-$O$-葡萄糖苷（飞燕草色素，Dp3-glu）、花青素-3-$O$-葡萄糖苷（矢车菊色素，Cy3-glu）、3′-甲基花翠素-3-$O$-葡萄糖苷（牵牛花色素，Pt3-glu）、甲基花青素-3-$O$-葡萄糖苷（芍药色素，Pn3-glu）、二甲花翠素-3-$O$-

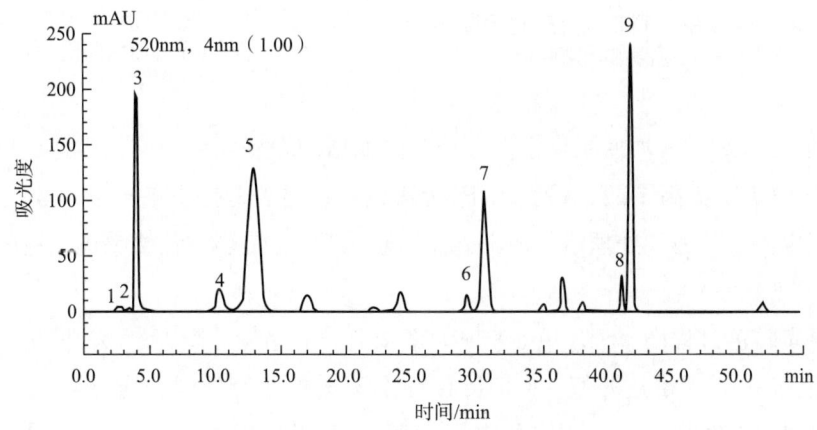

图37-4　葡萄果皮花色苷测定图谱

1—花翠素-3-$O$-葡萄糖苷（Dp3-glu）　2—花青素-3-$O$-葡萄糖苷（Cy3-glu）　3—3′-甲基花翠素-3-$O$-葡萄糖苷（Pt3-glu）　4—甲基花青素-3-$O$-葡萄糖苷（Pn3-glu）　5—二甲花翠素-3-$O$-葡萄糖苷（Mv3-glu）　6—甲基花青素乙酰化葡萄糖苷（Pn3-acet-glu）　7—二甲花翠素乙酰化葡萄糖苷（Mv3-acet-glu）　8—甲基花青素对香豆酰葡萄糖苷（Pn3-coum-glu）　9—二甲花翠素对香豆酰葡萄糖苷（Mv3-coum-glu）

葡萄糖苷（锦葵色素，Mv3-glu）、甲基花青素乙酰化葡萄糖苷（Pn3-acet-glu）、二甲花翠素乙酰化葡萄糖苷（Mv3-acet-glu）、甲基花青素对香豆酰葡萄糖苷（Pn3-coum-glu）、二甲花翠素对香豆酰葡萄糖苷（Mv3-coum-glu）。果皮中9种花色苷各自的比例有所不同，主要以非酰化的形式存在，以Mv3-glu比例最高，占全部花色苷的42.37%，Pt3-glu含量较低，占总比例的8.89%，其次为酰化的花色苷，其中Mv3-acet-glu和Mv3-coum-glu分别占20.78%和20.46%，而其他的花色苷含量都在10%以下。

在葡萄转色期间，随着果实的成熟，各处理组果皮中的Dp3-glu含量呈现逐渐上升的趋势（图37-5）。各处理组Dp3-glu含量均高于CK，BR3处理可以极显著提高葡萄果皮Dp3-glu含量。在葡萄转色过程中，葡萄果皮Cy3-glu含量表现出与Dp3-glu相似的上升趋势（图37-6）。

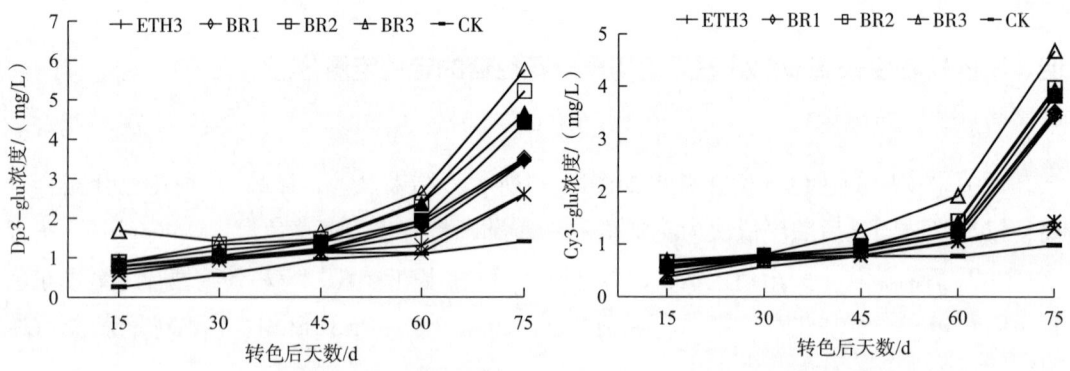

图37-5  不同植物生长调节剂处理对葡萄果皮Dp3-glu含量的影响

图37-6  不同植物生长调节剂处理对葡萄果皮Cy3-glu含量的影响

所有处理组以及CK均使果皮Cy3-glu在前期增加缓慢，后期增加迅速。BR3积累效果最为显著，较CK提高了377.56%。BR3处理组可极显著地提高果皮中Cy3-glu的含量，且积累速度也快于其他各处理组。Pt3-glu表现为红色，是影响葡萄果皮呈色的主要花色苷之一。

葡萄果实转色过程中，Pt3-glu表现为稳步上升的趋势（图37-7）。果实成熟期，各处理组果皮Pt3-glu含量达峰值，此时除ETH处理外的所有处理组均与CK存在极显著差异，以BR3和BR2含量最高，分别较CK提高58.43%和53.45%。BR3较其他处理组最为显著的是提高了果皮Pt3-glu的积累，显著增加其含量。

果皮中Pn3-glu含量上升迟缓，且各处理组Pn3-glu含量均高于CK（图37-8）。至转色后75d时，各处理组Pn3-glu含量达到最大值，此时处理组BR3和BR2较CK存在极显著差异，BR3处理组较CK显著提高了172.77%。各处理组均能提高果皮Pn3-glu含量，BR3处理组较其他各处理组在整个转色期都明显促进了果皮Pt3-glu的增加。

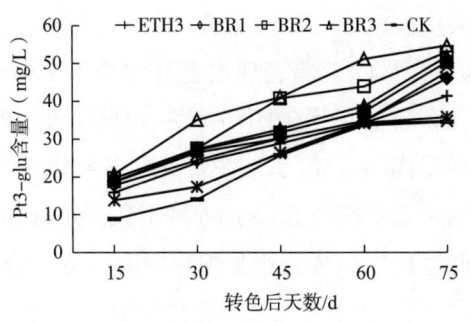
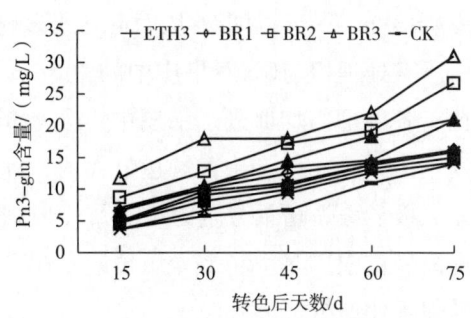

图37-7 不同植物生长调节剂处理对葡萄果皮Pt3-glu的影响

图37-8 不同植物生长调节剂处理对葡萄果皮Pn3-glu的影响

Mv3-glu是葡萄果皮花色苷中比例最高的花色苷单体，呈现浅紫色，是果皮颜色的重要构成。各处理组对果皮Mv3-glu含量的影响效果与CK相似，所有处理组与CK都不同程度地使Mv3-glu含量增加。整个转色过程中，Mv3-glu含量呈现先快、后慢、再快的上升趋势（图37-9）。在葡萄转色后75d，各处理组下果皮Mv3-glu达到最大值，BR3效果最为显著，对果皮Mv3-glu含量的影响表现为前期积累迅速，中间缓慢，后期加快的趋势。

所有处理组与CK均可使葡萄果皮Pn3-acet-glu的含量表现出稳步上升的趋势，都不同程度地促进了果皮Pn3-acet-glu的积累，且均明显高于CK，各处理组对Pn3-acet-glu含量的影响表现为整个转色过程中均缓慢增加（图37-10）。成熟时，各处理组含量达峰值。BR3处理不仅积累速度最快且含量最高。

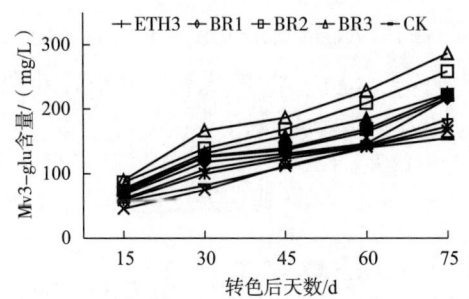
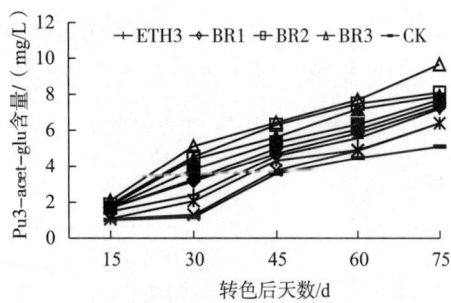

图37-9 不同植物生长调节剂处理对葡萄果皮Mv3-glu含量的影响

图37-10 不同植物生长调节剂处理对葡萄果皮Pn3-acet-glu含量的影响

葡萄果皮Mv3-acet-glu是果皮花色苷中含量仅次于Mv3-glu的第二大花色苷单体。各处理组和CK的果皮中Mv3-acet-glu含量均呈不断增加的趋势且明显优于CK，具体表现为前期上升效果明显，后期上升缓慢的趋势（图37-11）。在转色后75d，各处理组果皮Mv3-acet-glu含量均达到峰值，此时各处理组均高于CK，其中BR3、BR2和ABA3与CK存在极显著差异，分别显著提高了59.36%、46.96%和26.27%。BR3能极显著地增加葡萄果皮Mv3-acet-glu含量，从而可有效影响葡萄果皮着色。

所有处理组与CK对果皮中的Pn3-coum-glu含量的影响表现出上升的趋势，与CK相比，各处理组均促进了果皮中Pn3-coum-glu含量的积累（图37-12）。果实成熟时，果皮中Pn3-coum-glu含量达最大值，此时处理组BR3、BR2、ABA3和ABA2与CK相比差异极显著，增幅分别为82.07%、63.35%、48.69%和42.93%。处理组BR3可极显著地提高果皮中Pn3-coum-glu含量，在整个转色过程中加快其积累速率，其效果明显优于其他各处理组。

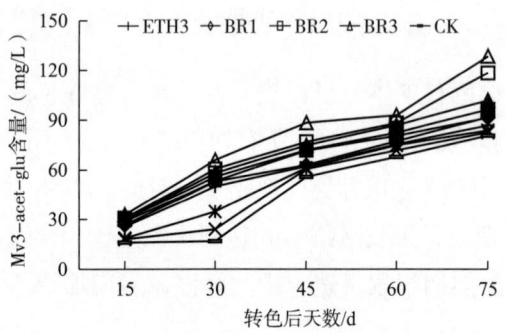

图37-11　不同植物生长调节剂处理对葡萄果皮Mv3-acet-glu含量的影响　　图37-12　不同植物生长调节剂处理对葡萄果皮pu3-coum-glu含量的影响

葡萄果皮中的Mv3-coum-glu是葡萄果皮中含量第三大花色苷，对果皮颜色有着至关重要的影响。各处理组果皮中Mv3-coum-glu含量随着果实发育而逐渐增加，各处理组对果皮中Mv3-coum-glu含量的影响均明显优于CK（图37-13）。转色后75d，各处理组果皮中Mv3-coum-glu含量达最大。BR3处理后的Mv3-coum-glu含量极显著地高于CK和其他各处理组，在转色前期加快了果皮中Mv3-coum-glu的积累，其他各处理组均对Mv3-coum-glu含量有促进作用，但是以BR3对葡萄果皮Mv3-coum-glu含量影响最大。

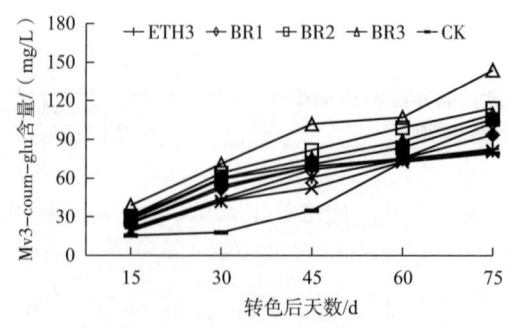

图37-13　不同植物生长调节剂对葡萄果皮Mv3-coum-glu含量的影响

## 第三节　讨论

### 一、植物生长调节剂对葡萄果实品质的影响

评价酿酒葡萄果实品质有外观指标和生理指标。外观指标主要有果实纵横径、单粒重以及着色指数。本试验结果表明，ABA浸果对果实纵横径和单粒重影响不大，BR和高浓度ETH对果实纵横径和单粒重都有增进作用，果实膨大效果明显，致使果形指数也有增加的趋势，这可能与BR促进果实细胞伸长有一定的关系。各处理组间果形指数差异不显著，300mg/L ABA处理后，同一时期果实着色指数较其他处理组偏高，说明高浓度ABA处理组可加快果实着色，其原因可能是ABA能促进果实成熟。果实的内在品质包含可溶性糖含量、可溶性固形物含量、可滴定酸含量、单宁含量和色素等指标。本试验结果表明，BR较ABA和ETH处理能有效地促进果实可溶性固形物的积累，且0.8mg/L BR处理组总糖含量较对照显著提高21.94%，该结果与BR可增强叶片光合作用，从而增加光合同化产物的积累有关。研究表明，BR处理组能够显著增加内源ABA含量，其可能的机制是ABA调节蔗糖2质子共运输相联系的ATPn3-acet-gluse活性，直接促进糖分从维管束的卸载，防止库细胞糖分外渗，直接刺激果肉维管束的蔗糖卸载等。乙烯利处理的果实含糖量较对照略有降低，可能与外源乙烯利促进了果实的呼吸作用，大量消耗糖类有关。果实中的有机酸同样决定着果实的风味和品质，葡萄为酒石酸型果实，有机酸以酒石酸为主。BR表现出加快降低含酸量的效果，在成熟时，各处理组之间差异不显著，说明各植物生长调节剂处理不能降低葡萄的酸度，只是加快酸降解的速度。这与可溶性固形物含量的变化趋势恰好相反，说明在果实转色的过程中，其成熟促进了呼吸对酸的消耗，故而葡萄果实糖、酸含量的此消彼长是因为有机酸向可溶性糖转化。单宁、色素属于酚类物质，不仅构成了葡萄酒骨架，更是影响葡萄果实品质的重要因素，对葡萄的加工特性、颜色、涩感、苦味、抗氧化性能等都有显著影响。600mg/L ETH较BR和ABA促进了果实单宁含量的积累，较对照提高了31.96%，与此同时，0.8mg/L BR处理后的花色苷和总酚相比对照提高了27.17%和20.41%。究其原因，单宁和总酚均是苯丙烷代谢途径的次级产物，它们之间存在相互竞争的关系，其趋势呈现此消彼长。果皮中的类黄酮物质可令色素更深更稳定，给红葡萄酒带来增色效果，它对于提高葡萄和葡萄酒的色度和稳定性有十分重要的现实意义。本试验结果表明，0.8mg/L BR显著提高了类黄酮含量，较对照增加33.85%。综合分析，0.8mg/L BR处理组在果实转色期间有利于增加葡萄果实中可溶性固形物、总糖和总酚含量，以及总花色苷和果皮中类黄酮含量。

## 二、不同植物生长调节剂对葡萄果皮花色苷含量的影响

葡萄浆果中的花色苷等黄酮类化合物对葡萄酒的颜色、质量和营养价值贡献很大。果皮中花色苷带给葡萄酒酒红色或紫红色色调，是颜色的物质基础。PAL是苯丙烷代谢途径中的关键酶，直接控制花色苷的生物合成。本试验中，0.8mg/L BR处理后PAL酶活性增加，与对照相比提高35.19%，其活性和花色苷的含量成正相关，即BR提高了PAL活性，从而促进了花色苷的积累。花色苷是由花色素和糖组成的，因此其合成和糖含量密不可分，葡萄果皮开始着色的条件是葡萄浆果内的糖分达到一定浓度，且果实内含糖越多着色越佳。一方面，BR已经被证明可以提高果实的可溶性糖含量，另一方面，外源BR和ABA处理促进了葡萄果实花色苷的合成，同时BR又提高了果实内源ABA含量，而ABA又是直接参与葡萄花色苷合成的植物生长调节剂，可以诱导果皮中花色素苷结构基因和调节基因的表达。BR促进花色苷积累的效果优于乙烯利处理，这是因为乙烯利提高了果实呼吸作用并大量消耗了糖类，从而减少花色苷的合成前体。本试验中，PAL活性与花色苷的合成量呈正比，BR增强了PAL的活性，因此增加了花色苷的含量，作用机制可能是通过影响果实乙烯合成等中介途径来调控果实成熟而促进着色。

本试验共检测出9种主要花色苷，其中Mv3-glu的相对含量最高，占9种花色苷总含量的41.71%。二甲花翠素-3-单糖苷是欧亚种葡萄中的主要花色苷，在葡萄整个发育、着色、成熟过程中都是含量最高的，二甲花翠素也是含量最高且呈色最红的花色苷，它化学性质稳定，新葡萄酒的红色色调大都来源于它。二甲花翠素含量直接影响着优质葡萄酒的颜色，其次是二甲花翠素-3-$O$-（6-$O$-乙酰）葡萄糖苷和二甲花翠素-3-$O$-（6-$O$-对香豆酰）葡萄糖苷，分别占总含量的21.08%和19.59%，它们均为酰化花色苷，提高其含量有助于增强葡萄酒颜色和稳定性，最后是3'-甲基花翠素-3-$O$-葡萄糖苷，占总含量的9.96%。

花色苷结构不同导致其颜色不同，葡萄果实花色苷的生物合成有2个分支，一个是类黄酮-3'-羟基化酶（F3'H）介导的花青素类花色苷的合成途径，另一个是类黄酮-3',5'-羟基化酶（F3'5'H）介导的花翠素类花色苷的合成途径，这2类花色苷的主要差异在于B环取代基数目的不同，花色苷最大吸收波长与B环上羟基取代基数目呈正相关，花青素类是3'和4'取代，而花翠素类为3'、4'和5'取代，其最大吸收波长525nm，因为羟基数目增加导致花色苷蓝色色调加深，甲基化数目增多则造成红色色调增强，故而这四种甲基化花色苷均呈现紫色、紫红色色调，共同构成了葡萄果皮的主要呈色成分。葡萄酒的色度和色度持久性很大程度取决于不同花色苷之间的比例，且欧亚种酿酒葡萄总花色苷中B环的3'5'位取代花色苷所占比例远高于B环3'位取代的花色苷并且主要以甲基形式取代。本试验结果表明，300mg/L ABA处理提高了蛇龙珠果皮中Pt3-glu、Mv3-glu、二甲花翠素-3-$O$-

（6-$O$-乙酰）葡萄糖苷和二甲花翠素-3-$O$-（6-$O$-对香豆酰）葡萄糖苷这4种主要花色苷含量，改变了葡萄酒中基本花色苷的比例，从而提高了花翠素与花青素的比例，且花色苷的香豆酰化相比于乙酰化，前者对颜色的贡献较大，这使果皮颜色更红，显著改善了蛇龙珠葡萄果实质量及其酿造潜力。BR诱导内源ABA合成，且ABA和乙烯都诱导果实成熟，两者常同时存在，它们都影响着花色苷的合成，在一定范围内，BR浓度不断增加，蛇龙珠葡萄果实品质及着色的相关指标正效果显著增强，0.8mg/L BR蘸穗处理后效果最佳，该处理使蛇龙珠葡萄可溶性固形物（TSS）、可溶性糖含量升高，加快降酸，显著提高花色苷的含量，果实着色指数最佳。

## 第四节  小结

（1）在蛇龙珠葡萄转色初期对葡萄果穗喷施不同浓度脱落酸（ABA）、乙烯利（ETH）和芸苔素内酯（BR）等植物生长调节剂均可提高蛇龙珠葡萄果实品质，其中，以喷施0.8mg/L BR效果最佳。

（2）在转色初期对葡萄果穗喷施0.8mg/L BR，不仅提高了果实单果质量、可溶性总糖含量、果皮花色苷含量、类黄酮含量及总酚含量，而且，果实中4种主要的呈色花色苷：3′-甲基花翠素-3-$O$-葡萄糖苷（Pt3-glu）、二甲花翠素-3-$O$-葡萄糖苷（Mv3-glu）、二甲花翠素乙酰化葡萄糖苷（Mv3-acet-glu）和二甲花翠素对香豆酰葡萄糖苷（Mv3-coum-glu）较对照分别提高58.43%、84.93%、59.36%和93.91%。

# 第三十八章 外源6-苄基腺嘌呤（6-BA）对梅鹿辄葡萄果实花色苷含量及相关基因表达的影响

花色苷是植物次生代谢过程中产生的一类黄酮物质，由花色素与糖基以糖苷键结合形成。葡萄果实花色苷主要存在于果皮3~4层表皮细胞的液泡里，其含量高低对葡萄浆果及葡萄酒的色泽、风味、口感和营养价值等都有重要影响。

花色苷类物质是通过苯丙氨酸代谢途径的分支类黄酮代谢途径合成的。参与花色苷合成途径的结构基因包括苯丙氨酸解氨酶（PAL）、查尔酮合成酶（CHS）、类黄酮3′-羟化酶（F3′H）、类黄酮-3′,5′-羟化酶（F3′5′H）、黄酮醇-4-还原酶（DFR）和类黄酮-3-O-葡萄糖基转移酶（UFGT）等；调控基因主要包括MYB、bHLH和WD40等。欧亚种葡萄中的MYB类调控基因主要影响葡萄花色苷生物合成相关结构基因的转录调节。研究发现，MYB类的调控基因主要通过调节UFGT基因的表达而调控花色苷的合成；MYBA1基因在葡萄果皮和果肉中的表达与结构基因PAL、CHS3和F3′H的表达一致。

花色苷合成不仅受遗传因素影响，还受环境和理化因素的影响，如光照、温度和植物生长调节剂等。6-苄基腺嘌呤（6-BA）是细胞分裂素类化合物，对不同植物果实花色苷合成的影响不同。如6-BA可推迟芒果果皮着色、抑制荔枝果皮花色苷的合成，但又能够提高葡萄、甜柿果实花色苷的含量。目前有关6-BA对葡萄果实花色苷生物合成相关基因影响的研究不多。因此，本研究以梅鹿辄葡萄为试材，用不同浓度6-BA处理葡萄浆果，利用pH示差法和实时荧光定量PCR技术，检测葡萄果实成熟过程中花色苷含量及其中相关基因转录水平的变化，初步阐明6-BA对葡萄果实花色苷含量及其生物合成相关基因表达的影响，以期为提高葡萄果实花色苷含量的研究提供参考。

## 第一节 材料与方法

### 一、试验处理

试验于2016年6月至10月在宁夏永宁县玉泉营镇,宁夏兰山骄子葡萄酒庄有限公司,国家葡萄产业技术体系水分生理与节水栽培岗位核心试验基地(38°14′19″N,106°2′0″E)进行,试验基地地属中温带干旱气候区。全年活动积温3400~3800℃,年降水量180~200mm,平均无霜期160~180d,昼夜温差较大,光照充足。土壤为风沙土,土层深40~100cm,pH<8.5,引黄河水灌溉。供试材料为7年生梅鹿辄,生长健壮,采用倒"L"整形方式,东西行向定植,株行距为0.5m×3.0m。

设100,200,400mg/L 3个6-BA处理组,6-BA用体积分数98%乙醇溶解后稀释到设定水平,乙醇最终体积分数为0.1%;吐温80作为展开剂,最终为0.1%。于2016-7-20日(花后50d),选取树势中庸,长势一致的葡萄植株喷施6-BA直至果穗滴水为止,以喷施清水为对照(CK),每个处理组设3次重复,每个重复10株葡萄。

分别在花后50d(转色前),65d(转色初期),70d(转色后期),90d(始熟期)和110d(成熟期)取样。每次随机选取不同植株不同着生方向的果穗,在果穗的上、中、下部位采集果粒共80粒,液氮速冻后放入-80℃冰箱备用。

### 二、测定项目

#### (一)花色苷含量的测定
采用pH示差法测定葡萄果皮中的花色苷含量。

#### (二)总RNA的提取
总RNA提取使用北京爱普拜生物有限公司的PEXBIO植物果实总RNA抽提试剂盒,按照说明步骤操作。

#### (三)Real-time PCR
以总RNA为模板,用Takara PrimeScriptTM RT Reagent Kit with gDNA Eraser (Perfect Real time)试剂盒反转录合成cDNA。选取*EF*为内参基因,基因*PAL*、*CHS1*、*F3'H*、*F3'5'H*、*DFR*、*UFGT*、*MYBA1*的引物根据GenBank中查到的特异性序列,登录http://www.idtdna.com/primerquest/Home/Index进行引物设计,引物由北京奥科鼎盛生物科技有限公司完成,引物序列见表38-1。

表38-1　qRT-PCR引物设计序列

| 基因 | 引物序列（5'→3'） | 登录号 |
|---|---|---|
| PAL | F: CGATATGCTCTCAGGACTTCAC<br>R: GATCTCCCGTTCGATGGATTT | EF192469 |
| CHS1 | F: GACGTCCCAGGGTTGATTT<br>R: GCGATCCAGAACAAGGAGTT | AB015872 |
| F3'H | F: GAGATCAACGGCTACCACATC<br>R: CCTGAATTCTAGTGGCTTCTCC | AB213605 |
| F3'5'H | F: GCTGGCACTAGAATGGGAATAG<br>R: CTCAACTCCATCCGGCATTT | DQ786631 |
| DFR | F: ATACGGCAGGGCCAATTT<br>R: CGTGGGAGGAGCAAATGTAA | X75964 |
| UFGT | F: CTGGTAGCTGACGCATTCAT<br>R: GTAAACATGGGTGGAGAGTGAG | DQ513314 |
| MYBA1 | F: GGCTTCTGGAGAGATGCTTAT<br>R: CTCACCTCCCTGGATTTGTT | AB097923 |
| EF | F: CAAGAGAAACCATCCCTAGCTG<br>R: TCAATCTGTCTAGGAAAGGAAG | AF176496 |

PCR反应体系（25μL）：模板DNA 1μL（模板浓度200ng/μL），上、下游引物各0.5μL，2×UltraSYBR Mixture（CWBIO）12.5μL，ddH$_2$O 10.5μL。反应程序采用2步法：95℃10min，95℃15s，60℃1min，40个循环。每次循环第2步进行荧光采集，以ddH$_2$O代替cDNA的NTC为对照，所有PCR反应设置3次生物学重复，试验结果参照Hashimoto等的方法，用$2^{-\Delta\Delta Ct}$对数据进行定量分析。

### 三、数据分析

采用SPSS17.0进行统计分析，Sigmaplot 13.0作图。

## 第二节 结果与分析

### 一、6-BA处理对葡萄果实花色苷含量的影响

6-BA处理对葡萄果皮花色苷含量的影响如图38-1所示，对照组果实花色苷含量在花后50d有少量积累，为0.42mg/g，花后65d进入转色期后花色苷含量逐渐升高，花后110d达到最大为4.56mg/g。不同浓度6-BA处理对葡萄果实花色苷含量的影响不同，3个处理组果实花色苷含量在花后70d均低于对照，花后110d，100mg/L和200mg/L 6-BA处理组花色苷含量均高于对照，说明100mg/L和200mg/L 6-BA处理有利于葡萄果实花色苷的积累，其中100mg/L 6-BA处理最高，为5.21 [mg/(gFW)]；而400mg/L 6-BA处理花色苷含量在整个果实成熟过程中均低于对照。

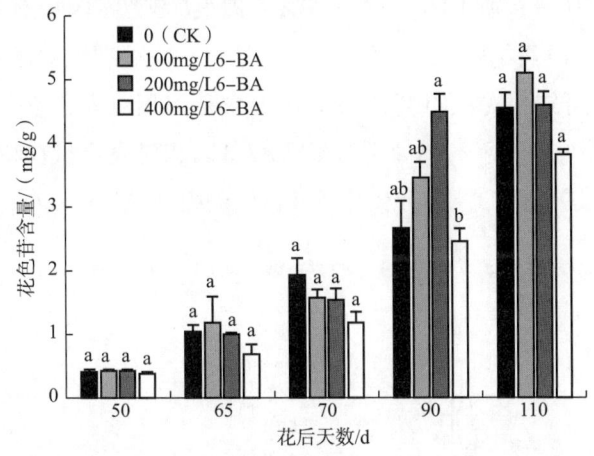

图38-1　不同浓度6-BA处理对葡萄果实花色苷含量的影响

### 二、6-BA处理对葡萄果实花色苷生物合成相关基因转录水平的影响

由图38-2（1）可知，对照组葡萄果实 *PAL* 基因相对表达量在果实转色初期较低，但在花后90d相对表达量迅速达到最大，是花后50d的28倍，之后其相对表达量逐渐降低。3个6-BA处理组 *PAL* 基因相对表达量变化趋势与对照组相似，花后90d，100mg/L 6-BA处理组相对表达量高于对照，其余各处理组均显著低于对照。

由图38-2（2）可知， *CHS1* 基因在葡萄果实进入花后65d后表达上调，呈现先逐渐上升再下降的趋势，对照组和100mg/L 6-BA处理组 *CHS1* 基因相对表达量都在花后90d达到最大，且100mg/L 6-BA处理组含量显著高于对照组，约是对照组的2倍。

由图38-2（3）可知，对照组 *F3'H* 基因相对表达量在果实转色初期较低，转色后期表达量上调，且在花后70d达到最大，之后又下调。3个6-BA处理组 *F3'H* 基因相对表达量变化趋势与对照组相似，且100和200mg/L 6-BA处理组相对表达量在转色后期显著高于对照组。

由图38-2（4）可知，对照组和3个6-BA处理组葡萄果实 *F3'5'H* 基因相对表达量在果实成熟过程中均呈波动上升的变化趋势，花后90d达到最大，后逐渐下降。对照组和200mg/L 6-BA处理组 *F3'5'H* 基因相对表达量都在花后90d达到最大，且200mg/L 6-BA处理组显著高于对照组，约是对照组的2倍；100mg/L 6-BA处理组在花后70d最大；400mg/L 6-BA处理组在成熟过程中均低于对照组。

由图38-2（5）可知，对照组葡萄果实 *DFR* 基因相对表达量的变化与 *F3'5'H* 基因相似，但400mg/L 6-BA处理组在花后65d能够显著提高 *DFR* 的相对表达量。

由图38-2（6）可知，对照组葡萄果实 *UFGT* 基因相对表达量在果实转色后迅速增加，但随着果实成熟其表达量有所下降。3个6-BA处理组 *UFGT* 基因相对表达量在花后65d和花后70d均低于对照，但到花后90d 100、200mg/L 6-BA处理组却显著高于对照。

由图38-2（7）可知，对照组葡萄果实 *MYBA1* 基因相对表达量在果实转色后表达上调，且维持在较高水平；3个6-BA处理组 *MYBA1* 基因相对表达量在转色后（即花后65d）后均低于对照组，除100mg/L、200mg/L 6-BA处理组在花后90d外。

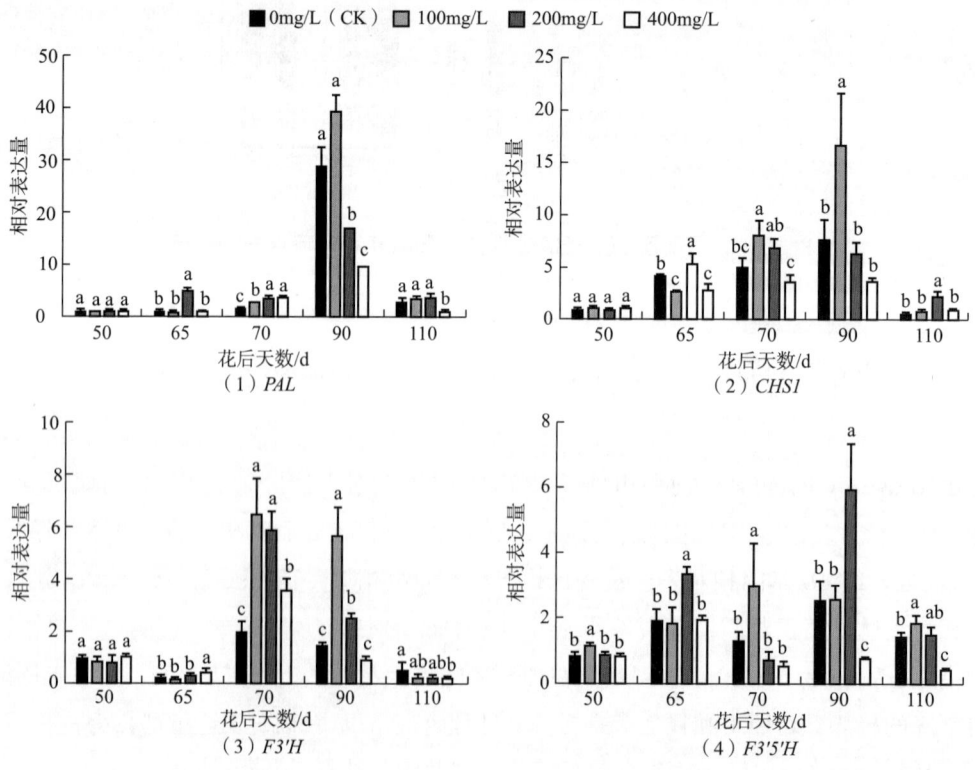

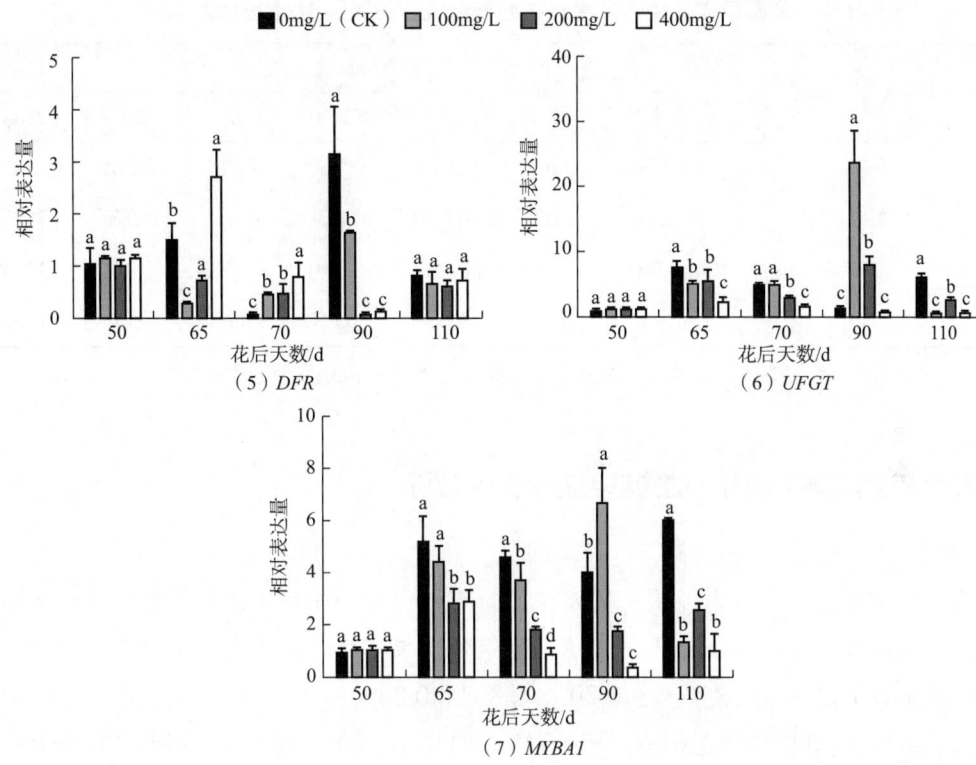

图38-2 不同浓度6-BA处理对葡萄果实花色苷合成途径相关基因相对表达量的影响

综上可知，100mg/L 6-BA处理组葡萄果实 *PAL*、*CHS1*、*F3'H*、*UFGT* 基因的相对表达量在花后90d显著提高，200mg/L 6-BA处理组只显著提高 *F3'5'H* 基因的表达量，400mg/L 6-BA处理组则相反。表明低浓度6-BA处理组主要在果实着色后期影响花色苷合成相关基因的相对表达，且100mg/L 6-BA处理组效果最佳。

## 三、葡萄果实花色苷合成相关基因转录水平与花色苷含量的相关性

葡萄果皮花色苷含量与花色苷合成相关基因相对表达量的相关性分析结果（表38-2）表明，在果实成熟过程中，对照组葡萄果实花色苷含量与 *CHS1* 基因相对表达量呈显著正相关，相关系数为0.964，而与 *PAL*、*F3'H*、*F3'5'H*、*DFR*、*UFGT*、*MYBA1* 基因相对表达量相关性不显著。100mg/L 6-BA处理组花色苷含量与 *CHS1*、*UFGT* 基因相对表达量呈显著正相关，相关系数分别为0.980和0.975；200、400mg/L 6-BA处理组花色苷含量与 *PAL* 基因相对表达量呈显著和极显著正相关，相关系数分别为0.981和0.990。200mg/L 6-BA处理组花色苷含量与 *DFR* 基因相对表达量呈显著负相关，相关系数为-0.956。

表38-2　葡萄果皮花色苷含量与花色苷合成相关基因相对表达量的相关性

| 6-BA浓度/（mg/L） | 基因 | | | | | | |
|---|---|---|---|---|---|---|---|
| | PAL | CHS1 | F3'H | F3'5'H | DFR | UFGT | MYBA1 |
| 0（CK） | 0.791 | 0.964* | 0.588 | 0.750 | 0.481 | 0.255 | 0.701 |
| 100 | 0.941 | 0.980* | 0.678 | 0.657 | 0.547 | 0.975* | 0.923 |
| 200 | 0.981* | 0.582 | 0.238 | 0.840 | -0.956* | 0.840 | 0.294 |
| 400 | 0.990** | 0.727 | 0.034 | -0.554 | -0.559 | -0.71 | -0.433 |

注：*表示相关性显著（$p \leq 0.05$），**表示相关性极显著（$p \leq 0.01$），余同。

### 四、花色苷合成调控基因与结构基因的相关性分析

葡萄果实花色苷合成途径调控基因 *MYBA1* 与结构基因相对表达量的相关性分析结果表明，对照组和100、400mg/L 6-BA处理组葡萄果实 *MYBA1* 与结构基因 *UFGT* 的相对表达量呈显著正相关，相关系数为0.799，0.894和0.831，100mg/L 6-BA处理组 *MYBA1* 与 *CHS1* 相对表达量呈显著正相关，相关系数为0.874。400mg/L 6-BA处理组 *MYBA1* 与 *F3'5'H* 和 *DFR* 的相对表达量也呈显著正相关，相关系数为0.898和0.985（表38-3）。

表38-3　葡萄果实调控基因 *MYBA1* 与结构基因相对表达量的相关性

| 6-BA浓度/（mg/L） | 结构基因 | | | | | |
|---|---|---|---|---|---|---|
| | PAL | CHS1 | F3'H | F3'5'H | DFR | UFGT |
| 0（CK） | -0.002 | 0.153 | -0.24 | 0.443 | -0.067 | 0.799* |
| 100 | 0.767 | 0.874* | 0.610 | 0.651 | 0.288 | 0.894* |
| 200 | 0.036 | 0.287 | -0.298 | 0.201 | -0.110 | 0.335 |
| 400 | -0.580 | -0.013 | -0.310 | 0.898* | 0.985* | 0.831* |

## 第三节　讨论

大量研究表明，6-BA对果实花色苷的积累有促进作用。本研究中，低浓度6-BA处理有利于葡萄果实花色苷的积累，且在果实进入成熟期后发挥作用。6-BA处理可以提高葡萄中果糖和葡萄糖的含量，据此推测6-BA处理是通过影响葡萄果实糖分积累而影响花色苷积累的。

研究发现，巨峰葡萄果皮*PAL*基因相对表达量从进入转色期到成熟期经历了先上升、后下降的变化趋势，其中在根域限制下*PAL*基因的转录表达在花后90d是对照的2倍以上，这与本研究结果一致，且本研究中100mg/L 6-BA处理组*PAL*相对表达量在花后90d高于对照组。研究认为，*CHS*在果实生长发育期间一直保持着较高的活性，是花色苷形成的真正开始；*CHS1*基因进入转色期上调表达，且在葡萄成熟过程中呈先升后降的趋势，这与本研究结果一致。而在转色后的赤霞珠葡萄中检测不到*CHS1*基因表达，与本研究结果不同，这可能是由于品种和生长环境不同使*CHS1*基因存在表达差异所致。*F3'H*和*F3'5'H*是催化类黄酮类物质发生羟基化反应生成2种二氢黄酮醇，进而形成各种不同花色苷的关键酶基因，很大程度上决定着最终合成的花色苷的种类与含量。本研究中*F3'H*基因和*F3'5'H*基因均在果实进入转色期后表达上调，6-BA处理组的*F3'H*、*F3'5'H*基因相对表达量分别在花后70、90d达到最大，且高于对照组。在整个巨峰葡萄着色的过程中，两种栽培条件下葡萄果皮中*DFR*基因相对表达整体呈上升趋势，而本研究中对照组和3个6-BA处理组*DFR*基因相对表达量在果实成熟过程中均呈波动性上升的变化趋势，且表达量均较低，可能是因为*DFR*催化反应的产物既是花色苷合成途径的上游物质，也是原花青素合成的上游物质，加之果实转色到成熟期间原花青素等物质的合成也在变化，因此*DFR*表达量呈波动变化。*UFGT*仅在有色葡萄果皮中表达，能将不稳定的花色素糖苷化形成各种花色苷，是目前已知的与转录因子调节最直接相关的结构基因。研究发现，"Crimson Seedless"葡萄*UFGT*基因相对表达在果实转色后迅速增加，但随着果实成熟有所下降，这与本试验结论相似。本研究中低浓度6-BA处理组*UFGT*基因相对表达量可在花后90d达到最大，且显著高于对照组，表明6-BA处理通过促进*UFGT*基因的相对表达来增加花色苷含量。也有研究表明，6-BA处理在抑制荔枝果皮*UFGT*活性的同时也抑制花色苷合成，这可能是因为6-BA处理对不同植物*UFGT*基因的表达影响不同，但也表明*UFGT*基因与花色苷合成密切相关。另外有很多研究报道了花色苷代谢相关基因相对表达量与花色苷含量变化的相关性。研究发现，双红葡萄从转色期开始至成熟期花色苷总含量与*PAL*基因转录水平呈正相关；研究指出，*CHS*基因相对表达量与花色苷的积累呈正相关；研究发现，花色苷含量与*CHS3*、*CHI2*、*F3H2*和*UFGT*基因表达量呈显著正相关，这与本研究中葡萄果皮花色苷含量与*CHS1*基因相对表达量呈显著正相关的结果一致，且6-BA处理下*PAL*、*CHS1*和*UFGT*基因相对表达量与花色苷含量的相关性增强。

目前对调节基因主要有两种观点：一种观点认为调节基因分为两类，一类在果实发育早期表达调节*PAL*、*CHS*、*F3'H*、*DFR*、*LDOX*等结构基因转录，另一类主要在成熟期表达，促进*UFGT*等结构基因转录；另一种观点则认为，两类调节基因中的一类专门调节*UFGT*外的基因表达，而另一类专门调节*UFGT*在果实发育晚期的表达。类黄酮路径受MYB-b-HLH-WD40组成的转录复合体调控，在葡萄的2号染色体上存在1个由*MYBA1*、*MYBA2*和*MYBA3*组成的基因簇，从"Ruby Okuyama"葡萄中分离出*MYBA1-1*的同源体

*MYBA1*转录因子，发现其转录表达可以促进花色苷的合成。本研究中对照组*MYBA1*基因的表达量在果实转色后上调且维持在较高水平，6-BA处理组较对照下降，但差异不显著。研究发现，*MYBA1*和*MYBA2*通过控制*UFGT*基因的表达，来调控花色苷的生物合成。本研究中结构基因*UFGT*相对表达量与转录因子*MYBA1*的相对表达量呈显著正相关，且用6-BA处理可增强其相关性。

## 第四节　小结

（1）在梅鹿辄葡萄果实转色期前10d使用低浓度（100、200mg/L）6-苄基腺嘌呤（6-BA）喷施葡萄果穗，有利于提高果实花色苷含量。

（2）6-BA处理是通过提高葡萄成熟期花色苷合成相关基因*PAL*、*CHS1*、*UFGT*的转录水平来提高葡萄果实中花色苷的含量。

# 第三十九章 2,4-表油菜素内酯对赤霞珠葡萄品质及蔗糖代谢相关酶活性的影响

葡萄果实成熟是一系列复杂而有序的过程，果实在成熟期逐渐达到品种固有的品质特性。酿酒葡萄的品质直接影响着葡萄酒的质量和风格。蔗糖、葡萄糖和果糖是葡萄果实中主要的可溶性糖，三者含量对果实品质起重要作用。与蔗糖代谢和积累密切相关的酶主要有酸性转化酶（AI）、中性转化酶（NI）、蔗糖合成酶（SS）和蔗糖磷酸合成酶（SPS），蔗糖代谢相关酶的活性是决定库强大小的关键因子，进而影响果实的糖积累。外源喷施植物生长调节剂调控葡萄果实品质是生产中常用的方法。油菜素内酯（EBR）是以甾醇为基本结构的、具有生物活性的天然化合物，被定为"第六大激素"。极低浓度的油菜素内酯即可表现出较高的生理效应，可协调各类激素的平衡，EBR诱导乙烯的释放与生长素的作用有某些相似之处。研究表明，EBR能够通过提高乙烯含量来促进番茄果实着色和成熟。油菜素内酯类化合物的使用能够促进葡萄的生长和成熟，外源2,4-表油菜素内酯可促进葡萄成熟，提高葡萄果皮中花色素以及其他酚类物质的含量。但目前关于油菜素内酯对酿酒葡萄品质影响的研究报道相对较少，而且对酿酒葡萄蔗糖代谢相关酶活性的影响研究也相对较少。因此，本试验以葡萄为试材，使用不同浓度的2,4-表油菜素内酯对葡萄果实进行处理，研究油菜素内酯对赤霞珠葡萄果实成熟时品质的影响以及蔗糖代谢相关酶活性的影响，以期为生产上通过外源植物激素提高酿酒葡萄品质提供理论依据。

## 第一节　材料与方法

### 一、试验材料

本试验在宁夏永宁县玉泉营镇，宁夏兰山骄子葡萄酒庄有限公司，国家葡萄产业技术体系水分生理与节水栽培岗位核心试验基地（38°14′19″N，106°2′0″E）葡萄园进行，供试材料为5年生赤霞珠葡萄，生长健壮，为倒"L"形，主蔓10～15cm留1个结果枝，在每个结果枝上留1个果穗，单臂篱架栽培，株行距为0.5m×3.0m，冬天埋土防寒，正常水肥和田间管理。

## 二、试验方法

在葡萄盛花期,从长势基本一致的植株中选择生长一致的果穗挂牌,于花后10d进行植物激素处理。试验共设3种浓度EBR处理组:0.05mg/L、0.10mg/L、0.50mg/L,处理代号分别为1、2、3,以清水代替植物激素作为对照(CK)。植物激素用98%乙醇溶解后稀释到适宜浓度,乙醇最终体积浓度为0.1%,用吐温80作为展开剂,最终体积浓度(余同)为0.1%。在果穗上均匀喷施,设3次重复,每个重复10株。

## 三、项目测定

### (一)样品的采集与处理

于花后95d采样,每个处理小区随机采5穗葡萄,选取向阳、背阴不同着生方向,在其上、中、下不同部位采摘果穗,采后立即放入冰盒,带回实验室后,用解剖剪从果穗上剪下果粒并混匀,样品放入-80℃冰箱,备用。

### (二)果实品质指标的测定

可溶性总糖含量采用浓硫酸-蒽酮比色法测定;可滴定酸含量采用NaOH滴定法测定;单宁含量采用福林-丹尼斯法测定;总酚含量采用福林-肖卡法测定;总花色苷含量用分光光度比色法测定。

### (三)蔗糖代谢相关酶活性测定

酸性转化酶(AI)、中性转化酶(NI)、蔗糖合成酶(SS)、蔗糖磷酸合成酶(SPS)活性的测定参照赵智中等的方法,并结合黄学春的方法进行测定。

## 四、数据分析

采用SAS.V8软件和Excel软件对试验数据进行方差和显著性分析。

## 第二节 结果与分析

### 一、EBR处理对赤霞珠果实品质的影响

由表39-1可知,EBR处理对赤霞珠葡萄成熟期的果实可溶性总糖含量有影响,其中

0.50mg/L EBR处理下可溶性总糖含量提高较为明显,其他2个处理组可溶性总糖含量略有下降,但与对照无显著性差异。总酸含量在0.05、0.10mg/L EBR处理时表现为酸度增加,0.50mg/L EBR处理时表现为酸度降低,酸度变化无明显规律,与对照组相比部分处理组的糖酸比相对较低。

表39-1 EBR处理对赤霞珠葡萄果实可溶性总糖含量、总酸含量和糖酸比的影响

| 处理方式 | 可溶性总糖含量/% | 总酸含量/(mg/g) | 糖酸比 |
|---|---|---|---|
| CK | 19.53±035$^a$ | 6.83±0.08$^b$ | 28.16 |
| 1 | 19.45±0.18$^a$ | 7.55±0.22$^a$ | 25.76 |
| 2 | 19.15±0.37$^a$ | 7.35±0.33$^a$ | 26.05 |
| 3 | 20.05±0.15$^a$ | 5.02±0.15$^c$ | 39.94 |

注:不同小写字母表示差异显著($p<0.05$)。

由表39-2可知,单宁含量、花色苷含量、总酚含量等品质指标在经EBR处理后均有所增加,其中单宁含量随着EBR处理浓度的增加而增加,0.50mg/L EBR处理时达到最高,单宁含量2.21mg/g。花色苷含量在经EBR处理后与对照相比积累量明显增加,但3个处理组间差异不显著,0.05mg/L EBR处理时积累最高,花色苷含量为0.220mg/g。总酚含量在经EBR处理后与对照相比积累量也明显增加,其中0.05mg/L EBR处理时积累最高,总酚含量为4.19mg/g。综上分析,0.05mg/L EBR处理促进了赤霞珠葡萄果实中花色苷、总酚的积累,0.50mg/L EBR处理促进了赤霞珠葡萄果实中单宁的积累,降低了葡萄果实中总酸含量。总之,以0.05mg/L EBR处理效果较佳。

表39-2 EBR处理对赤霞珠葡萄果实单宁含量、总酚含量和花色苷含量的影响 单位:mg/g

| 处理方式 | 单宁含量 | 花色苷含量 | 总酚含量 |
|---|---|---|---|
| CK | 1.07±0.43$^b$ | 0.210±0.010$^a$ | 2.79±1.15$^{ab}$ |
| 1 | 1.19±0.14$^{ab}$ | 0.220±0.004$^a$ | 4.19±0.76$^a$ |
| 2 | 1.48±0.20$^b$ | 0.218±0.010$^a$ | 2.85±0.52$^b$ |
| 3 | 2.21±0.76$^a$ | 0.217±0.010$^a$ | 2.95±0.80$^{ab}$ |

## 二、EBR处理对蔗糖代谢相关酶活性的影响

由图39-1可知,对照组在成熟期内果实AI的活性为45.04mg葡萄糖/(gFW·h),而经不同浓度EBR处理后AI活性相对降低。NI在成熟期活性一直低于AI,而且经过EBR处理的葡萄果实中NI活性有显著增加,其中0.10mg/L浓度处理下NI活性最高,为24.10mg葡萄糖/(gFW·h)。

由图39-2可知,未经EBR处理的对照组在成熟期果实内SS活性为65.74mg蔗糖/(gFW·h),经过EBR处理后SS活性降低,其中0.05mg/L和0.10mg/L浓度处理组降低较为明显。未经EBR处理的对照组在成熟期果实内蔗糖磷酸合成酶(SPS)活性为23.05mg蔗糖/(gFW·h),经过EBR处理后SPS活性增加,其中0.10mg/L浓度处理组增加最为明显,活性达到32.40mg蔗糖/(gFW·h)。

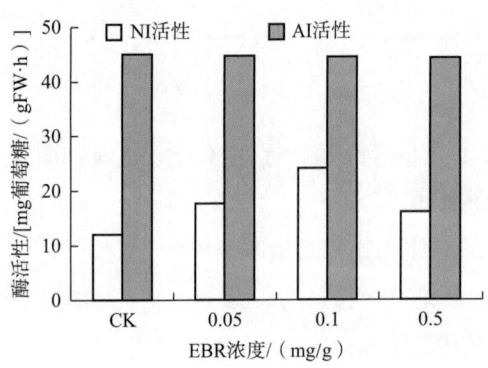

图39-1　AI、NI活性变化

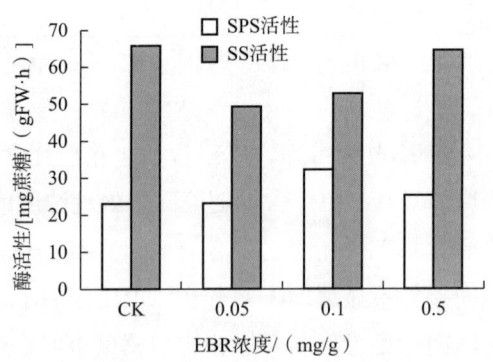

图39-2　SPS与SS活性变化

# 第三节　讨论

酿酒葡萄果实的成熟度和品质直接影响着葡萄酒的品质,使用外源植物生长调节剂提高果实品质作为一种高效、环保、节能的手段受到广泛关注。油菜素内酯类化合物作为一种新型的植物激素,关于其促进葡萄生长成熟的作用已有研究,但对其果实中蔗糖代谢相关酶活性的研究报道较少。本试验结果表明,EBR处理促进了赤霞珠葡萄果实中花色苷、总酚、单宁的积累,说明EBR对提高酿酒葡萄品质起到很重要的作用。0.50mg/L EBR处理后葡萄可溶性总糖含量与对照相比有所增加,但增加程度无显著性差异,进一步研究蔗糖代谢相关酶的活性,可解释可溶性总糖含量的变化情况。蔗糖代谢酶是糖积累的重要环节,蔗糖代谢酶主要包括蔗糖转化酶和蔗糖合成酶,其中蔗糖转化酶在葡萄果实糖分代谢中起主要作用。有研究表明,整个葡萄果实发育过程中AI活性相对于NI一直保

持在较高水平，这与本试验中果实成熟期AI活性比NI高的结果保持一致。细胞中存在一个酸性转化酶活性阈值，当酸性转化酶活性超过阈值时，蔗糖就不会积累，在成熟组织中，酸性转化酶水平较低，而中性转化酶对蔗糖水解更为重要，所以中性转化酶的活性直接影响果实糖分的积累。葡萄果实是主要的库器官，蔗糖作为运输物质经韧皮部进入果实，蔗糖在果实中主要是被蔗糖转化酶转化成还原糖贮存在果实细胞中，因此葡萄果实中的蔗糖含量很少。本试验中，0.10mg/L EBR处理有助于提高NI的活性，因此葡萄果实中的蔗糖转化成还原糖，所以试验测得可溶性总糖含量有所降低。SS通过影响果实的库强来影响果实的糖积累，成熟果实中影响果实内蔗糖合成的主要酶是SS且果实糖含量与SS活性呈显著正相关，本试验中经过不同浓度EBR处理后，0.05mg/L浓度处理时SS活性比对照降低最为明显，因此蔗糖合成途径相对较慢，所以可溶性总糖含量降低，这与该试验数据保持一致。SPS是蔗糖合成途径中主要的限速酶，SPS参与控制蔗糖长途运输与库组织蔗糖代谢，本试验中0.10mg/L EBR处理有助于提高SPS的活性，所以可溶性总糖含量理论上会有提高，但由于蔗糖合成酶中SS相对SPS起主要作用，所以相互作用后可溶性总糖含量还是有所降低。研究表明蔗糖代谢的两种相关酶中，转化酶在葡萄果实糖分代谢中起主要作用，所以NI的活性主要影响葡萄果实中可溶性总糖的积累，其他3种酶与NI相协作。本试验结果表明，0.10mg/L EBR处理对蔗糖转化酶活性提高有较好的作用，从而影响了果实可溶性总糖的含量。

在果实成熟过程中，参与成熟过程调控的植物激素并不是单独发挥作用。本试验研究表明，适当的EBR处理提高了果实品质和蔗糖代谢相关酶活性，有利于更好地理解果实中糖分积累与蔗糖代谢相关酶活性的关系，为以后通过调控蔗糖代谢相关酶活性来控制果实糖分的积累提供良好的参考，但如何更好地与其他植物激素配合提高葡萄果实品质，EBR是否能够直接作为信号分子来调控葡萄成熟，仍需进一步研究。

## 第四节 小结

（1）在花后10d使用0.05mg/L 2,4-表油菜素内酯喷施葡萄果穗，可促进葡萄果实花色苷、总酚及单宁的积累，有利于总酸的积累。

（2）喷施0.10mg/L 2,4-表油菜素内酯可明显提高葡萄果实蔗糖转化酶活性，从而提高葡萄果实可溶性总糖的含量。

（3）总之，在花后10d对果穗喷施0.05mg/L 2,4-表油菜素内酯有利于提高葡萄果实品质。

# 第四十章　木醋液对赤霞珠葡萄果实品质和糖酸等物质积累的影响

木醋液又称植物酸，是农林剩余物干馏热解后产生的气体产物经过冷凝过程所得到的具有熏臭味的赤褐色液体，是多种有机物的混合物，其成分复杂，含有机酸、醛、酮、醇、酚及其衍生物等多种有机化合物，其中酸为主要成分，并含有胺类、甲胺、吡啶等少量碱类物质及Ca、Mg、Na、Fe等微量元素，具有促进植物生长、土壤消毒、杀菌、防虫、防腐、除草、脱臭等多种作用，且不污染环境，对人畜无毒害作用，在注重环保和可持续发展的社会背景下，随着生产方式与研究方法的进步，木醋液的各项性能渐渐被人们认识并得到重视。

酿酒葡萄原料的品质很大程度上决定了葡萄酒的质量，而糖和酸含量是优质酿酒葡萄原料的基础。糖含量的高低决定着葡萄酒的酒精度高低，此外色素、酚类物质的形成也与糖有关，酸含量的高低也会影响葡萄酒的风味，提高葡萄原料的品质，其内在因素不易改变，但可以人为改变外界环境因子。目前，有关外界环境对葡萄品质影响的研究已经很多，尤其是通过整形修剪方式、疏花疏果减少负载量、施肥改善土壤条件以及应用外源植物生长调节剂来提高葡萄品质。木醋液在农作物上有所研究并取得了一些成果，但在果树领域上的研究很少。本试验通过测定葡萄果实可溶性糖含量、可滴定酸含量、色素含量、单宁含量等指标，揭示了木醋液对酿酒葡萄品质以及糖酸含量变化的影响，从而为我国酿酒葡萄的栽培及葡萄酒品质的研究提供理论依据，对提高酿酒葡萄品质具有十分重要的意义。同时，木醋液为易溶液体，可以采用滴灌方式处理葡萄，便于农业发展及统一化管理。

## 第一节　材料与方法

### 一、试验材料

本试验在宁夏永宁县玉泉营镇，宁夏兰山骄子葡萄酒庄有限公司，国家葡萄产业技术体系水分生理与节水栽培岗位核心试验基地（38°14′19″N，106°2′0″E）葡萄园进行，供试葡萄选取生长发育一致、无病虫害的5年生赤霞珠，行距3m，株距0.8m，采用单臂篱架式，东西行向栽植，常规管理。

## 二、试验方法

试验于2012年在宁夏大学玉泉营葡萄基地进行，共设5个处理组，木醋液原液稀释到200倍（A）、400倍（B）、800倍（C）、1600倍（D），以清水处理为对照组（CK）。每处理组选30株，10株为1个小区，设置3个重复，随机区组设计。在花后30d（即转色期前半个月）开始，每隔1周对葡萄进行叶面喷施，共喷施3次。从8月8号（即花后53d）开始采样，每隔7d 1次，至采收期结束，每次采样时从各处理组植株的上、中、下3个部位的5~6个果穗上采取大小均一的果实，液氮速冻后用冰盒带回实验室，-80℃冰箱保存备用。

## 三、项目测定

可溶性酸性转化酶（SAI）活性、可溶性中性转化酶（SNI）活性的测定参照赵智中等的方法；细胞壁结合的酸性转化酶（CBAI）活性的测定参照王永章等方法。

## 四、数据分析

采用Microsoft Excel 2003版，SAS 8.1版软件对试验数据进行统计分析。

## 第二节　结果与分析

### 一、不同浓度木醋液对酿酒葡萄品质的影响

由表40-1可知，木醋液可影响酿酒葡萄果实的可溶性总糖含量，随浓度的降低，总糖含量较对照增加但差异不显著。不同浓度木醋液处理组均可以提高葡萄果实中的总酸含量，随着木醋液浓度的降低，总酸含量呈先降低后升高的趋势，且各处理组间差异显著，D处理组可以显著提高总酸含量。不同浓度的木醋液均可以提高色素含量，且效果显著，

并在C处理组下色素含量达到最大值为0.90mg/g。C、D处理组显著提高了葡萄皮单宁含量，不同浓度木醋液处理组均显著降低葡萄籽单宁含量及葡萄果实的糖酸比。不同浓度木醋液处理组影响着总酚含量，且随着浓度的降低总酚含量呈先降低、后升高的趋势。从整体上看，C处理组可以提高葡萄果实的整体品质。

表40-1 不同浓度木醋液对酿酒葡萄品质的影响

| 处理方式 | 可溶性总糖含量/% | 总酸含量/(mg/g) | 色素含量/(mg/g) | 单宁含量 | | 总酚含量/(mg/g) | 糖酸比 |
| --- | --- | --- | --- | --- | --- | --- | --- |
| | | | | 葡萄皮/(mg/g) | 葡萄籽/(mg/g) | | |
| A | 20.61$^B$ | 7.62$^B$ | 0.52$^C$ | 2.68$^C$ | 5.79$^C$ | 1.64$^{AB}$ | 27.05 |
| B | 21.59$^A$ | 6.69$^C$ | 0.72$^B$ | 2.19$^E$ | 5.97$^B$ | 1.58$^B$ | 32.27 |
| C | 21.92$^A$ | 7.68$^B$ | 0.90$^A$ | 3.77$^A$ | 5.04$^E$ | 1.74$^A$ | 28.54 |
| D | 22.07$^A$ | 8.24$^A$ | 0.74$^B$ | 3.21$^B$ | 5.40$^D$ | 1.71$^A$ | 26.78 |
| CK | 21.77$^A$ | 6.36$^C$ | 0.43$^C$ | 2.30$^D$ | 6.09$^A$ | 1.67$^{AB}$ | 34.22 |

注：采用新复极差法检验，不同大写字母表示差异显著水平（$p<0.01$）。

## 二、不同浓度木醋液对葡萄果实可溶性总糖积累变化的影响

在葡萄果实发育过程中，进入转色期以后，葡萄中的可溶性总糖迅速积累。由图40-1可知，在葡萄转色早期，可溶性总糖的含量不高；在花后53~60d，可溶性总糖的含量变化很快；花后60~80d，可溶性总糖的含量变化较慢；花后80d以后，可溶性总糖

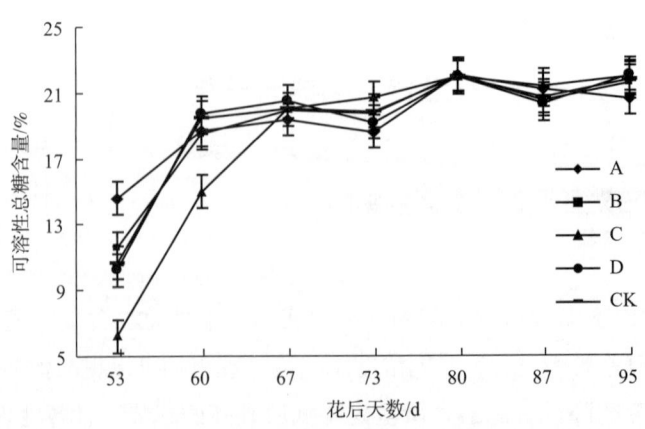

图40-1 不同浓度木醋液对果实可溶性总糖含量变化的影响

的积累基本已稳定。在处理早期，A处理组明显促进可溶性总糖的积累，随着浓度的降低，可溶性总糖的积累效果也随之减小。C处理组有降低可溶性总糖含量的趋势，处理后期，C、D处理组可促进可溶性总糖的积累，且C处理组提高可溶性总糖含量更稳定。

### 三、不同浓度木醋液对葡萄果实还原糖积累变化的影响

葡萄叶片进行光合作用，产生碳水化合物，以蔗糖形式运送到葡萄果实后，在转化酶的作用下，分解成还原糖，因此在酿酒葡萄果实中，可溶性总糖的主要成分是还原糖，由图40-2可知，木醋液可影响还原糖含量，浓度过高或过低均降低了还原糖含量，在处理后期，不同处理组较对照差异不大。总体以C处理组效果较稳定。

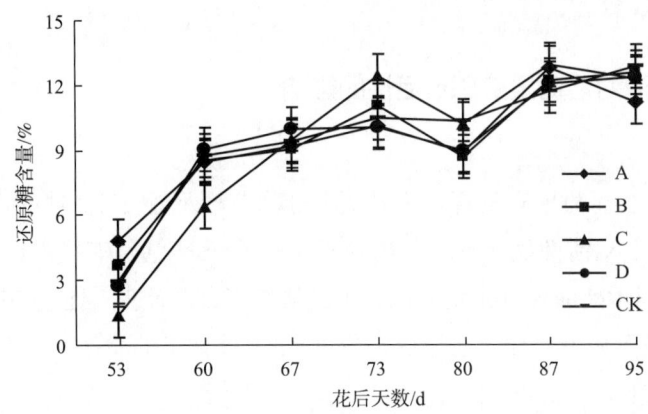

图40-2　不同浓度木醋液对果实还原糖含量变化的影响

### 四、不同浓度木醋液对葡萄果实SAI活性的影响

图40-3表明，在葡萄果实发育进入转色期后，不同浓度木醋液处理组的SAI活性的变化趋势基本一致。花后60~80d，除C处理组外，不同处理组的SAI活性均逐渐增加，B、D处理组在花后80d达到高峰；在花后80~87d，SAI活性逐渐降低；在花后87~95d，SAI活性又有所增加但低于80d时的活性。CK处理组的SAI活性在进入花后67d后一直处于降低趋势。在处理前期（花后60~67d），不同木醋液处理组的SAI活性明显低于对照（CK），在花后73~95d，A、B处理组的SAI活性均高于对照，且差异性显著。A、B处理组的SAI活性在花后67d后的变化波动相对稳定。

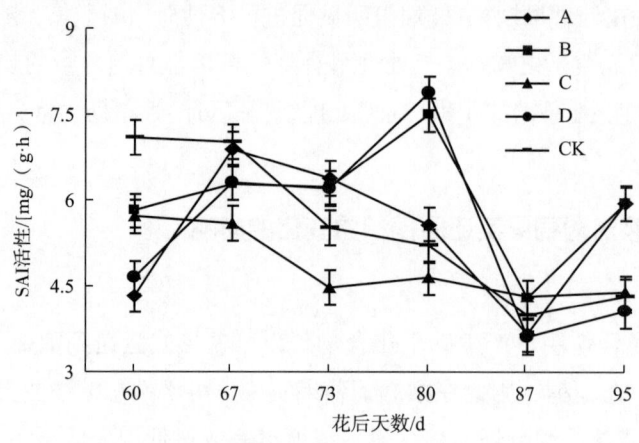

图40-3　不同浓度木醋液对果实SAI活性变化的影响

## 五、不同浓度木醋液对葡萄果实SNI活性的影响

图40-4表明，在葡萄果实发育进入花后67d后，各处理SNI活性的变化趋势有所区别。花后60~67d，SNI活性显著下降；花后67~80d，SNI活性有增加趋势，之后SNI活性有降低趋势。不同木醋液处理组均不同程度地影响了SNI活性。处理初期，不同处理组的SNI活性相对对照无显著差异，在花后73~95d，A处理组的SNI活性高于对照，C处理组的SNI活性低于对照。

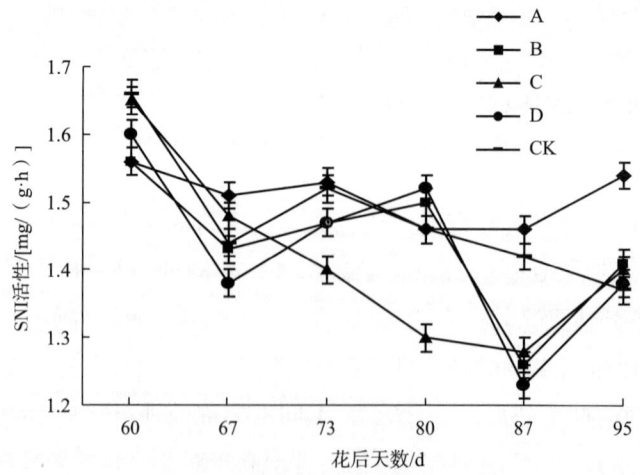

图40-4　不同浓度木醋液对果实SNI活性变化的影响

## 六、不同浓度木醋液对葡萄果实CBAI活性的影响

图40-5表明,在果实发育进入转色期后,不同处理组的CBAI活性的变化趋势基本一致,整体上呈现降低趋势。在花后60~80d,CBAI活性逐渐增加;在花后80d达到高峰,随后显著降低;在花后87~95d,CBAI活性基本稳定。在转色期后,C处理组的CBAI活性低于对照,其他处理组均高于对照,且差异性显著,A、B处理组提高CBAI活性更稳定。

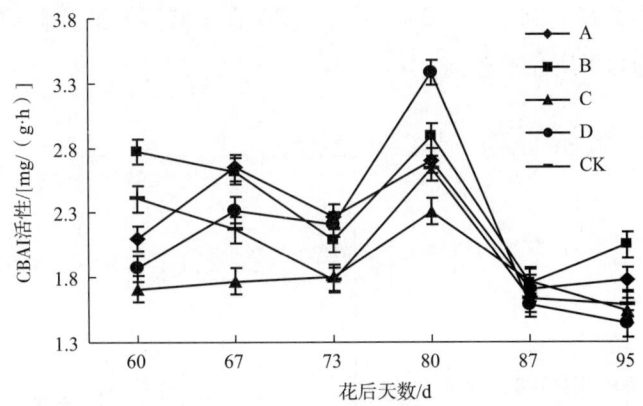

图40-5　不同浓度木醋液对果实CBAI活性变化的影响

## 七、不同浓度木醋液对葡萄果实可滴定酸含量变化的影响

果实在发育过程中的可滴定酸含量在花后53~67d降低比较快;花后67d之后,果实中的可滴定酸含量降低比较慢。由图40-6可知,不同浓度木醋液有提高可滴定酸含量的作用。在处理早期,B、C处理组有提高可滴定酸含量的作用,A处理组有降低可滴定酸

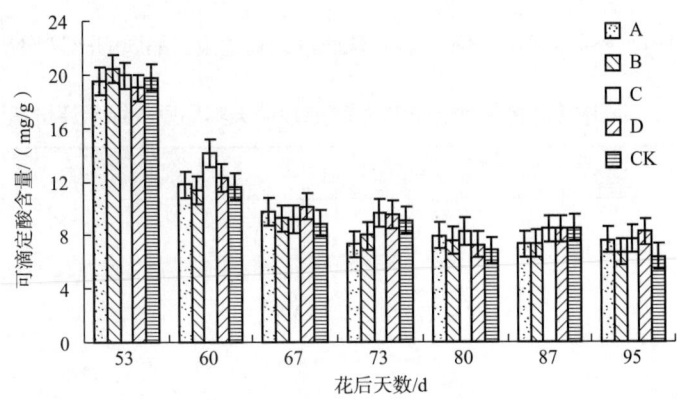

图40-6　不同浓度木醋液对果实可滴定酸含量变化的影响

含量的作用，且效果显著。在处理后期，C、D处理组的果实可滴定酸含量比其他处理组高。在果实的发育过程中，B处理组的果实可滴定酸含量在花后73d已基本稳定。

## 八、不同浓度木醋液对收获期葡萄果实品质的PCA分析

不同浓度木醋液对收获期葡萄果实品质的PCA分析发现（图40-7），C处理组的葡萄果实品质综合评价指数最高为2.33（表40-2），表明在木醋液原液稀释到800倍时喷施葡萄果实，收获期的葡萄果实品质较高。

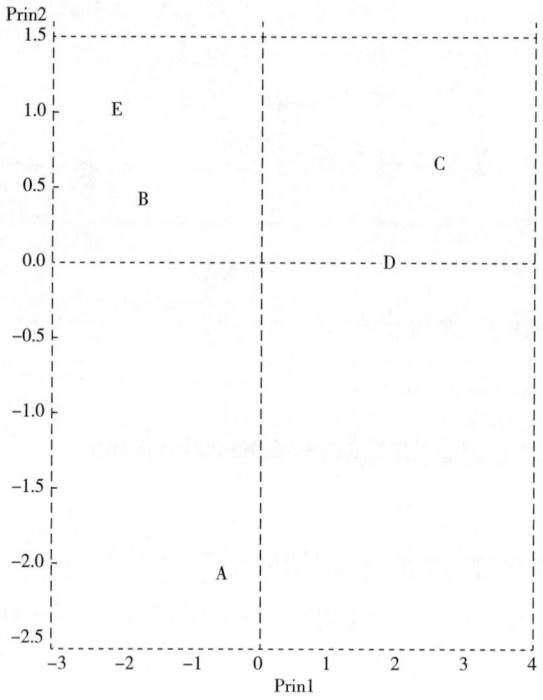

图40-7　不同浓度木醋液对赤霞珠收获期葡萄果实品质的PCA分析图

表40-2　不同浓度木醋液对赤霞珠收获期葡萄果实品质的综合评价指数函数

| 处理组 | 指数 |
| --- | --- |
| A | -2.16 |
| B | -0.84 |
| C | 2.33 |
| D | 1.22 |
| CK | -0.55 |

## 第三节 讨论

木醋液作为一种新型的无污染的农业产物,对植物生长有一定的促进作用。宁夏贺兰山东麓作为优质酿酒葡萄产区之一,土壤成分为沙质且贫瘠。本试验表明,木醋液对葡萄果实的可溶性总糖含量影响不大,但对总酸、色素、单宁、总酚含量均有不同程度的影响。木醋液原液稀释到800倍时,可显著提高总酸、色素、皮单宁、总酚含量及降低籽单宁含量。不同处理组均提高了总酸含量,这可能与木醋液中以酸为主要有效成分的效应所致。

葡萄果实发育过程中可溶性总糖和总酸的积累变化可以体现葡萄果实的成熟状况,也能够反映木醋液对葡萄不同时期的有效影响。酿酒葡萄果实在进入转色初期时,其可溶性糖含量低,有机酸含量高,随着果实的成熟,其有机酸含量降低,可溶性糖含量升高。不同处理组对葡萄的糖酸积累的变化趋势没有影响,但在各个时期对糖酸含量的影响有差异。在转色初期,高浓度的木醋液可显著降低果实可滴定酸含量以及增高可溶性总糖、还原糖含量。在转色后期,木醋液浓度过高或过低均可提高总酸含量,不同处理组对总糖含量影响不大,在喷药前期,高浓度的木醋液会抑制有机酸的合成,同时促进糖的合成,随着时间的延长,各成分的有效效应会发生变化,木醋液中的酸成分效应降低,其他成分会促进有机酸的合成,但对糖的合成影响不大。

葡萄果实中的糖分是评价品质重要的参考指标,蔗糖代谢酶又是糖积累的重要环节。蔗糖代谢酶主要包括蔗糖转化酶和蔗糖合成酶2种,其中转化酶在葡萄果实糖分代谢中起主要作用。本研究发现,葡萄果实中不同的酶对糖积累的影响不同。在葡萄进入转色期后,SAI的活性始终高于SNI活性和CBAI活性,且CBAI活性高于SNI活性,但这3种酶活性基本上都符合随着果实的成熟而降低的趋势,这可能与葡萄果实细胞中的酸性有关:在合适的pH下,酶的活性才能达到最活跃的状态,pH过低或过高均抑制酶活性。葡萄果实是主要的库器官,蔗糖作为运输物质经韧皮部进入果实,在果实中主要是被蔗糖转化酶转化成为了还原糖贮存在果实细胞中,因此葡萄果实中的蔗糖含量很少,这与本试验中果实的可溶性总糖主要以还原糖的形式存在是一致的。从试验结果看,木醋液对蔗糖转化酶活性有显著的影响,在木醋液原液稀释到200倍、400倍时对应的转化酶活性较高且稳定。

## 第四节 小结

(1)在赤霞珠葡萄转色期叶面喷施800倍稀释木醋液,可为植物提供易被吸收的无机态营养物质以及提供外源植物激素。

(2)叶面喷施木醋液是通过改变葡萄果实可溶性酸性转化酶、可溶性中性转化酶和细胞壁结合的酸性转化酶的活性来提高葡萄果实品质,而以叶面喷施800倍稀释木醋液效果最佳。

# 第四十一章 生物活性水对蛇龙珠葡萄果实品质和糖酸积累规律的影响

葡萄酒的质量很大程度上取决于酿酒葡萄原料的品质，而糖和酸含量是评价优质酿酒葡萄的基础指标。糖酸含量的高低决定着葡萄酒的酒精度和风味，此外色素、香气和酚类物质的形成也与糖有关。提高葡萄原料的品质主要从品种自身内在因素与外界环境两方面来着手，对于特定的酿酒葡萄品种，不易改变其内在因素，但可以人为改变外界环境因子。目前，已有很多有关外界环境对葡萄品质影响的研究，但多集中在整形修剪、疏花疏果减少负载量、施肥改善土壤条件以及应用外源植物生长调节剂来提高葡萄品质等方面。生物活性水是一种新型循环农业技术的产物，是采用BMW（Bacteria，Mineral，Water）技术处理畜禽粪便污水，利用自然界中的微生物、矿物质及水创造出类似自然净化系统的人工循环系统，由此生产的含有多胺类物质的液体。日本早在20多年前就已有生物活性水，并直接为农场企业或农民采用，使用效果良好。在国内，也有少量关于生物活性水在农作物上应用的研究报道，但在果树上的研究却很少。为此，本研究采用田间试验，通过测定葡萄果实可溶性糖、可滴定酸、色素、单宁含量等品质指标及糖代谢相关酶活性的变化，探讨生物活性水对酿酒葡萄蛇龙珠果实品质及糖酸积累规律的影响，以期为我国酿酒葡萄的栽培及葡萄酒品质的研究提供理论依据。

## 第一节 材料与方法

### 一、试验材料

本试验在宁夏永宁县玉泉营镇，宁夏兰山骄子葡萄酒庄有限公司，国家葡萄产业技术体系水分生理与节水栽培岗位核心试验基地（38°14′19″N，106°2′0″E）葡萄园进行，选取生长发育一致、无病虫害的5年生蛇龙珠为试验材料。行距3m，株距0.8m，采用单臂篱架式，东西行向栽植，常规管理。

## 二、试验设计

生物活性水来源于中日合作"粪尿无害化处理技术研究"项目的产品。试验共设4个处理组，生物活性水原液稀释50倍（A）、100倍（B）、200倍（C）、400倍（D）及清水处理为对照（CK）组，每个处理组选30株，10株为1个小区，设置3个重复，随机区组设计。在花后30d（即转色期前半个月）开始，每隔1周对葡萄进行叶面喷施，共喷施3次。从花后53d开始每隔7d采样1次，至采收期结束，每次采样时从各处理组植株的上、中、下3个部位的5~6个果穗上采取大小均一的果实，液氮速冻后用冰盒带回实验室，贮于-80℃冰箱中备用。

## 三、项目测定

参照第六章。

# 第二节 结果分析

## 一、不同浓度生物活性水对葡萄品质的影响

由表41-1可知，不同浓度生物活性水处理组较对照而言可提高酿酒葡萄果实可溶性总糖含量，但差异不显著。C处理组可以明显地降低总酸含量，D处理组可以显著提高总酸含量。

表41-1 不同浓度生物活性水对酿酒葡萄品质的影响

| 处理方式 | 可溶性总糖含量/% | 总酸含量/（mg/g） | 色素含量/（mg/g） | 单宁含量 | | 总酚含量/（mg/g） | 糖酸比 |
| --- | --- | --- | --- | --- | --- | --- | --- |
| | | | | 葡萄皮/（mg/g） | 葡萄籽/（mg/g） | | |
| A | 21.91$^A$ | 6.36$^B$ | 1.01$^A$ | 3.12$^B$ | 6.11$^C$ | 1.58$^{AB}$ | 34.4 |
| B | 22.01$^A$ | 6.26$^B$ | 0.75$^C$ | 2.83$^C$ | 6.27$^B$ | 1.59$^{AB}$ | 35.2 |
| C | 22.07$^A$ | 5.82$^C$ | 0.73$^C$ | 3.16$^{AB}$ | 7.75$^A$ | 1.55$^B$ | 37.9 |
| D | 21.70$^A$ | 6.85$^A$ | 0.84$^B$ | 3.20$^A$ | 5.47$^D$ | 1.57$^{AB}$ | 31.6 |
| CK | 21.77$^A$ | 6.36$^B$ | 0.68$^D$ | 2.30$^D$ | 6.09$^C$ | 1.67$^A$ | 34.2 |

注：采用新复极差法检验，同列不同大写字母表示差异显著（$p<0.01$）。

不同浓度的生物活性水均可以提高色素含量，且效果显著。C、D处理组显著提高葡萄皮单宁含量，B、C处理组显著提高葡萄籽单宁含量及葡萄果实的糖酸比，D处理组显著降低糖酸比。不同浓度生物活性水有降低葡萄总酚的作用。从整体可以看出，D处理组可以提高葡萄果实的整体品质。

## 二、不同浓度生物活性水对葡萄果实可溶性总糖积累变化规律的影响

由图41-1可知，在葡萄转色早期，糖的含量不高，在花后53~60d，糖的积累变化很快，花后60~80d，糖的积累变化很慢，花后80d以后，糖的积累基本已稳定。在处理早期，A处理组明显促进糖的积累，随着生物活性水浓度的降低，对糖的积累效果也随之减小；C、D处理组有降低糖含量的趋势；处理后期，A、B处理组可促进糖含量的积累。

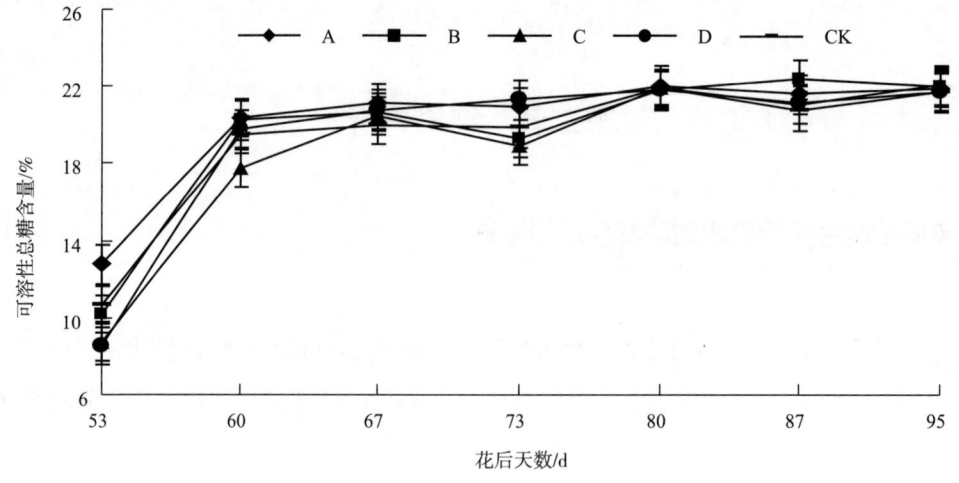

图41-1　不同浓度生物活性水对果实可溶性总糖含量变化的影响

## 三、不同浓度生物活性水对葡萄果实还原糖积累变化规律的影响

在酿酒葡萄果实中，可溶性总糖的主要成分是还原糖。由图41-2可知，不同浓度的生物活性水有提高还原糖含量的作用；在处理早期，A、B处理组可以提高还原糖含量，C处理组有降低还原糖含量的作用；在处理后期，A、B、C处理组有提高还原糖含量的作用，且B处理组效果稳定。

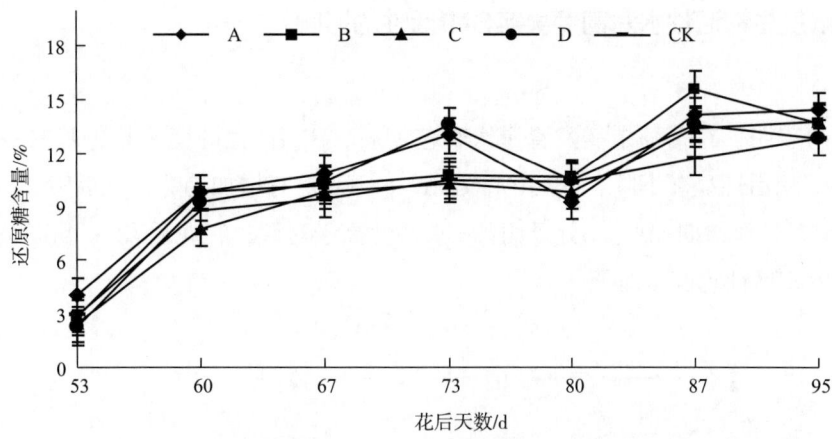

图41-2　不同浓度生物活性水对果实可溶性还原糖含量变化规律的影响

## 四、不同浓度生物活性水对葡萄果实SAI活性的影响

图41-3表明,在葡萄果实发育进入转色期后,不同浓度生物活性水处理的SAI活性的变化趋势基本一致。花后60~73d,不同处理组的SAI活性均逐渐增加;在花后73d达到高峰;在花后73~95d,SAI活性逐渐降低。CK处理组的SAI活性在进入转色期后一直处于降低趋势。在处理前期(花后60~67d),A、B处理组的SAI活性明显高于对照(CK);在花后73~95d,A、B、C、D处理组的SAI活性均高于对照,且差异显著。A、D处理组的SAI活性在转色期后的变化波动相对稳定。

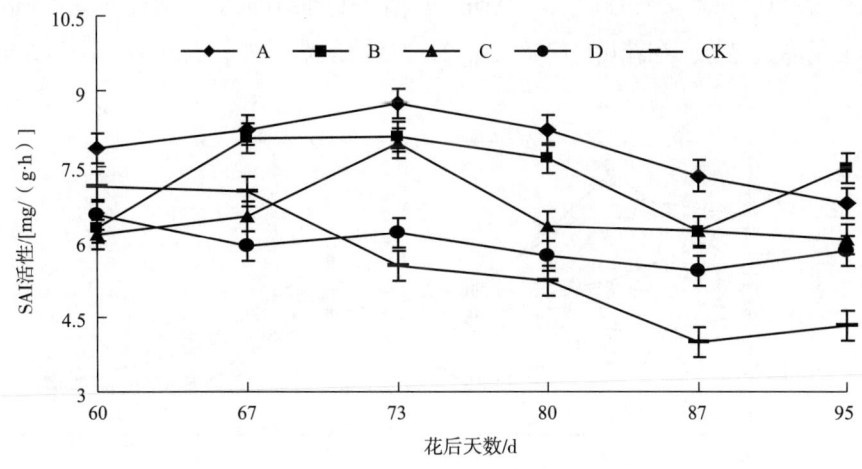

图41-3　不同浓度生物活性水对果实SAI活性变化规律的影响

## 五、不同浓度生物活性水对葡萄果实SNI活性的影响

图41-4表明,在葡萄果实发育进入转色期后,SNI活性的变化趋势基本一致。花后60~67d,SNI活性显著下降;花后67~80d,SNI活性有增加趋势;之后SNI活性达到基本稳定状态。处理初期,A、B处理组的SNI活性高于对照;在花后73~95d,A、B、C、D处理组的SNI活性均高于对照。

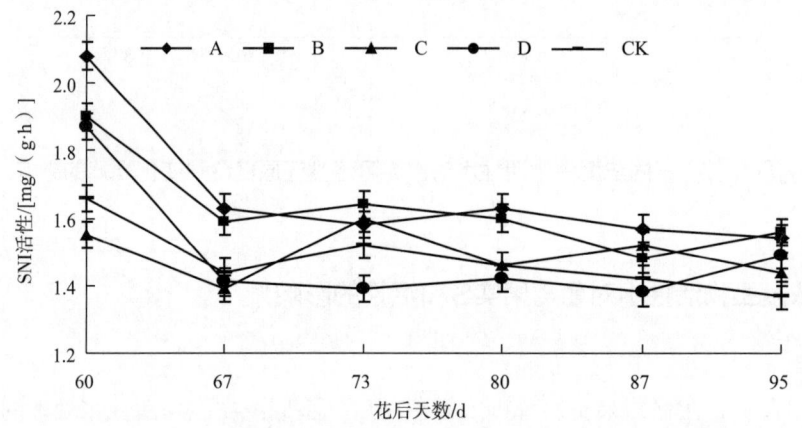

图41-4 不同浓度生物活性水对果实SNI活性变化规律的影响

## 六、不同浓度生物活性水对葡萄果实CBAI活性的影响

图41-5表明,在果实发育进入转色期后,不同处理组的CBAI活性的变化趋势基本一致,整体上呈降低趋势。在花后60~67d,CBAI活性逐渐增加;在花后67d达到高峰,随

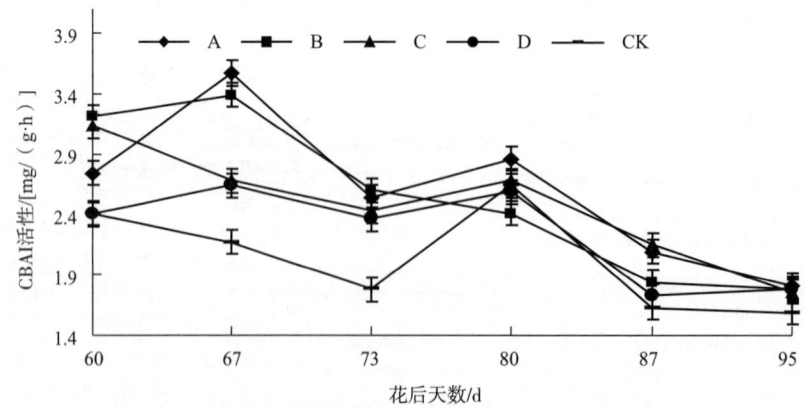

图41-5 不同浓度生物活性水对果实CBAI活性变化规律的影响

后显著降低；在花后80d，CBAI活性再一次达到高峰，但显著低于67d时的活性。在转色期后，不同生物活性水处理组的CBAI活性均高于对照，且差异显著。

## 七、不同浓度生物活性水对葡萄果实可滴定酸含量变化规律的影响

果实在发育过程中的可滴定酸含量在花后53～67d这一阶段降低比较快；花后67d之后，果实中的可滴定酸含量降低比较慢。由图41-6可知，不同浓度生物活性水对可滴定酸含量的影响差异明显，且高浓度的生物活性水有促进可滴定酸稳定的效果。在处理早期，A、B处理组有降低可滴定酸含量的作用，且效果显著；随着生物活性水浓度的降低，果实的可滴定酸含量呈增加趋势，且D处理组有增高可滴定酸含量的效果。在处理后期，C处理组的果实可滴定酸含量比其他处理组低，D处理组的可滴定酸含量较高。在果实的发育过程中，A、B处理组的果实可滴定酸含量在花后80天已基本稳定。

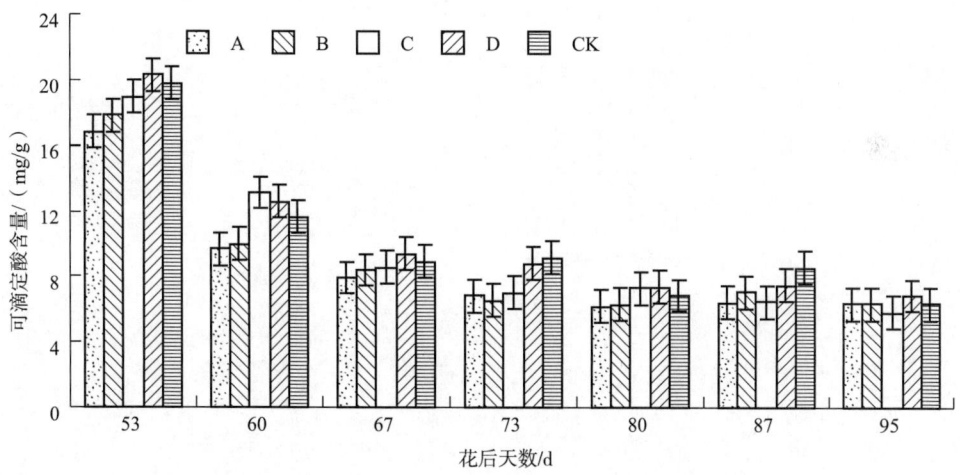

图41-6　不同浓度生物活性水对果实发育过程中可滴定酸含量变化规律的影响

## 第三节　小结

（1）不同浓度的生物活性水对酿酒葡萄蛇龙珠可溶性总糖含量没有显著影响，但均提高了葡萄皮单宁及色素含量，降低了总酚含量。生物活性水原液稀释到400倍时可以显著提高葡萄果实中的有机酸、色素、葡萄皮单宁含量以及降低糖酸比；生物活性水原液稀释到200倍时可以显著降低葡萄果实中的有机酸含量，提高色素、葡萄皮单宁和葡萄籽单宁含量以及糖酸比。

（2）果实的发育在进入转色期以后，生物活性水原液稀释到50倍、100倍时可以促进可溶性总糖及还原糖的积累；喷施葡萄前期，生物活性水原液稀释到200倍及400倍时有降低可溶性糖和还原糖含量的趋势，处理后期，均能促进可溶性总糖及还原糖的积累。

（3）生物活性水原液稀释到50倍及100倍时均可提高SAI活性、SNI活性和CBAI活性；原液稀释到400倍时可提高SAI和CBAI活性。

（4）果实的发育在进入转色期以后，生物活性水原液稀释到400倍时有提高有机酸含量的作用；生物活性水原液稀释到200倍时有降低有机酸含量的作用。

# 第四十二章　酵母多糖对梅鹿辄和霞多丽葡萄果实品质的影响

酿酒葡萄浆果品质对所酿葡萄酒的质量起着至关重要的作用。葡萄中花色苷、总酚、单宁等是构成葡萄酒的有效成分，也是生产优质葡萄酒的重要成分。葡萄浆果中酸类、总酚、单宁是构成葡萄酒结构的重要物质。果皮色素提供了葡萄酒的色泽，其中，浆果中含糖量的高低标志着葡萄酒潜在的酒精产量。我国北方酿酒葡萄产区冬春严寒干旱，夏秋高温多雨，导致葡萄生育期短、成熟不够、有效成分积累不足，从而影响了葡萄果实的品质。

酵母多糖又称为酵母聚糖，是从酵母细胞壁或酵母细胞中提取的一种富含葡萄糖、甘露糖的多糖物质。研究表明，酵母多糖的主要成分为葡聚糖，含量为29.69%。酵母多糖主要由甘露聚糖组成，并具有抗氧化等特性。酵母多糖能显著抑制樱桃、番茄冷害的发生，延缓各品质指标的下降，同时可提高整个抗氧化酶系统的活性。酵母细胞壁多糖提取物可以诱导黄瓜中一氧化氮（NO）迸发，激活内源信号途径，促进次生代谢产物合成与积累，从而一定程度上减缓冷害。通常，酵母多糖多用于葡萄酒发酵，为葡萄酒酵母提供营养物质，有利于酵母繁殖生长。添加酵母多糖可增加桑葚酒的色度、色调以及单宁含量，同时减弱其涩味，使其口感更加圆润，香气更加优雅、丰富，酒精发酵结束后添加酵母多糖更有利于提升桑葚酒的品质。酵母多糖均能明显提高葡萄酒的香气成分复杂度，并能使葡萄酒香气成分贡献最大的酯类物质含量增加，但酵母多糖对干白葡萄酒感官品质的影响差别不大。添加酵母多糖可有效提高干白葡萄酒的酒石稳定性，提高干红葡萄酒的蛋白质稳定性，显著改善酒的口感。在葡萄酒酿造过程中，添加酵母多糖不仅可增强酒石和蛋白质稳定性，而且还能均衡葡萄酒各个组分，增加葡萄酒的圆润感和后味，增强香气的复杂度，但未见其在葡萄栽培中使用的相关报道。为此，本研究以6年生梅鹿辄葡萄为试材，研究叶面喷施不同浓度酵母多糖对其果实品质的影响，为提高酿酒葡萄品质提供新的技术途径与支持。

## 第一节 材料与方法

### 一、试验材料

本试验在宁夏永宁县玉泉营镇，宁夏兰山骄子葡萄酒庄有限公司，国家葡萄产业技术体系水分生理与节水栽培岗位核心试验基地（38°14′19″N，106°2′0″E）葡萄园进行，该地处于宁夏黄河冲积平原和贺兰山冲积扇之间，属于中温带干旱气候区，有效积温1500℃，最热月平均气温23.8℃，年日照时数2700h，年降雨量180mm，无霜期180d，土壤以沙砾土为主。以6年生梅鹿辄与霞多丽为试材，东西行向定植，株行距0.5m×3m，独龙蔓整形方式，产量为400~500kg/亩。供试材料生长状况较一致，无病虫害。

### 二、试验设计

在葡萄转色初期（花后53d和花后64d）选取树势生长状况良好且较一致的葡萄树体，将稀释不同倍数的酵母多糖溶液分别喷洒于叶片和果实上。其中，梅鹿辄使用酵母多糖的类型为MATURE，剂量1kg/hm$^2$；霞多丽使用酵母多糖的类型为AROMA，剂量3kg/hm$^2$。使用前先用水稀释，梅鹿辄与霞多丽相似，都为200~600L/hm$^2$。本试验中，共设5个处理组（表42-1），每个处理组设置3个重复，每个处理组喷洒面积为0.1亩。喷洒叶片（果实）时要避免同时喷洒到果实（叶片）上，喷洒均匀。

表42-1 试验设计

| 处理方式 | 稀释倍数 | 喷洒日期 |
| --- | --- | --- |
| T1 | 200 | |
| T2 | 300 | |
| T3 | 400 | 第一次：花后53d<br>第二次：花后64d |
| T4 | 500 | |
| T5 | 600 | |

梅鹿辄分别于花后75、85、95、105、113d取样，霞多丽分别于花后65、75、85、95d取样。取样时从植株的上、中、下部位，选择生长良好、无腐烂等果实，每个处理组

选300粒后称重。液氮速冻后，放入超低温冰箱保存。

## 三、测定项目

### （一）还原型谷胱甘肽含量

（1）称取1g葡萄样品加入10mL蒸馏水，磨至匀浆后全部转入25mL比色管中，加入1mL显色剂定容至25mL，摇匀，盖上盖子，静置15min后在456nm处测出吸光值$A_1$。

（2）另取1g葡萄样品加入10mL蒸馏水，磨至匀浆后全部转入25mL比色管中，定容至25mL，摇匀，静置15min后在456nm处测出吸光值$A_2$。

（3）以（$A_1-A_2$）的值对照标准曲线计算还原型谷胱甘肽的含量。

### （二）游离氨基酸含量

参照GB/T 8314—2013。取5g葡萄样品至研钵中磨碎后倒入100mL烧杯中，加入50mL热水和5g活性炭，将烧杯放置电炉子上加热后过滤，滤液放置另外100mL烧杯中，滤渣用30mL热水洗涤后将滤液集中，取1mL澄清的滤液至25mL试管中，各加0.5mL pH为8.0的磷酸盐缓冲液和20g/L的茚三酮溶液，在沸水中加热15min，冷却后加水定容至25mL，静置15min，以试剂空白溶液为参比，在570nm处测得吸光值。在标准曲线中查得氨基酸的量后用公式计算游离氨基酸含量。

## 四、数据处理

使用Microsoft Excel 2003，DPS v7.05进行数据处理与分析。

## 第二节　结果与分析

### 一、不同浓度酵母多糖对梅鹿辄葡萄收获期果实品质的影响

叶面喷施不同浓度酵母多糖对梅鹿辄葡萄收获期果实品质的影响见表42-2。不同浓度酵母多糖均降低了收获期果实的有机酸含量，增加了总糖含量，提高了果实糖酸比，减小了单宁含量，增加了总酚、类黄酮、花色苷、还原型谷胱甘肽的含量，降低了游离氨基酸含量（表42-3）。

表42-2　叶面喷施不同浓度酵母多糖对梅鹿辄葡萄收获期果实品质的影响

| 处理组 | | 有机酸含量/(g/L) | 总糖含量/(g/L) | 糖酸比 | 单宁含量/(mg/g) | 总酚含量/(mg/g) | 类黄酮含量/(mg/g) | 花色苷含量/(mg/g) | 花色素含量/(mg/g) | 还原型谷胱甘肽含量/(mg/L) | 游离氨基酸含量/(mg/L) |
|---|---|---|---|---|---|---|---|---|---|---|---|
| 叶片 | T1 | 6.50$^A$ | 255.54$^A$ | 39.31 | 3.81$^{AB}$ | 5.85$^B$ | 1.491$^{ab}$ | 2.231$^{AB}$ | 5.11$^A$ | 14.55$^{BC}$ | 654.46$^A$ |
| | T2 | 5.65$^B$ | 252.85$^A$ | 44.75 | 4.01$^{AB}$ | 5.85$^B$ | 1.631$^{bc}$ | 2.171$^A$ | 6.20$^{BC}$ | 13.18$^{BC}$ | 655.73$^A$ |
| | T3 | 5.35$^B$ | 259.44$^A$ | 48.49 | 3.52$^{BC}$ | 6.36$^{BC}$ | 1.530$^{ab}$ | 2.152$^A$ | 7.23$^C$ | 44.09$^A$ | 656.3$^A$ |
| | T4 | 5.95$^B$ | 262.85$^A$ | 44.18 | 3.58$^B$ | 6.18$^B$ | 1.675$^{bc}$ | 2.119$^A$ | 5.69$^B$ | 10.91$^C$ | 649.05$^A$ |
| | T5 | 6.05$^B$ | 252.61$^A$ | 41.75 | 3.91$^{AB}$ | 6.35$^{BC}$ | 1.563$^{ab}$ | 2.125$^A$ | 5.21$^{AB}$ | 41.37$^{AB}$ | 609.61$^A$ |
| | CK | 7.25$^A$ | 244.80$^A$ | 33.77 | 4.31$^B$ | 4.85$^A$ | 1.439$^a$ | 2.109$^A$ | 4.72$^A$ | 7.27$^C$ | 680.23$^A$ |

注：不同大写字母表示在 $p<0.01$ 水平上差异显著；不同小写字母表示在 $p<0.05$ 水平上差异显著。

表42-3　果实喷施不同浓度酵母多糖对梅鹿辄葡萄收获期果实品质的影响

| 处理组 | | 有机酸含量/(g/L) | 总糖含量/(g/L) | 糖酸比 | 单宁含量/(mg/g) | 总酚含量/(mg/g) | 类黄酮含量/(mg/g) | 花色苷含量/(mg/g) | 花色素含量/(mg/g) | 还原型谷胱甘肽含量/(mg/L) | 游离氨基酸含量/(mg/L) |
|---|---|---|---|---|---|---|---|---|---|---|---|
| 果实 | T1 | 7.00$^{AB}$ | 269.68$^{AB}$ | 38.53 | 3.91$^B$ | 5.35$^B$ | 1.428$^a$ | 2.239$^A$ | 6.00$^B$ | 18.86$^{AB}$ | 682.77$^A$ |
| | T2 | 5.95$^B$ | 272.12$^A$ | 45.73 | 3.71$^B$ | 4.68$^{AB}$ | 1.503$^{ab}$ | 2.193$^A$ | 5.28$^A$ | 23.86$^A$ | 638.87$^A$ |
| | T3 | 5.55$^B$ | 274.80$^A$ | 49.51 | 3.31$^A$ | 4.35$^A$ | 1.594$^{bc}$ | 2.225$^A$ | 5.89$^B$ | 31.36$^A$ | 599.43$^A$ |
| | T4 | 6.04$^B$ | 269.20$^{AB}$ | 44.57 | 3.36$^B$ | 5.02$^{BC}$ | 1.569$^b$ | 2.184$^A$ | 6.08$^B$ | 5.23$^B$ | 674.50$^A$ |
| | T5 | 6.83$^{AB}$ | 264.05$^{AB}$ | 38.66 | 3.48$^B$ | 5.18$^A$ | 1.435$^{ab}$ | 2.229$^A$ | 6.40$^{BC}$ | 30.00$^A$ | 646.19$^A$ |
| | CK | 7.45$^A$ | 250.00$^B$ | 30.30 | 4.5$^A$ | 4.18$^A$ | 1.366$^a$ | 2.173$^A$ | 5.18$^A$ | 8.14$^B$ | 676.09$^A$ |

注：不同大写字母表示在 $p<0.01$ 水平上差异显著；不同小写字母表示在 $p<0.05$ 水平上差异显著。

从综合主成分分析来看（图42-1和表42-4），果实喷施酵母多糖的梅鹿辄葡萄果实品质高于叶面喷施的果实品质。果实喷施T3处理组的效果最好，叶面喷施T3处理组效果较好。

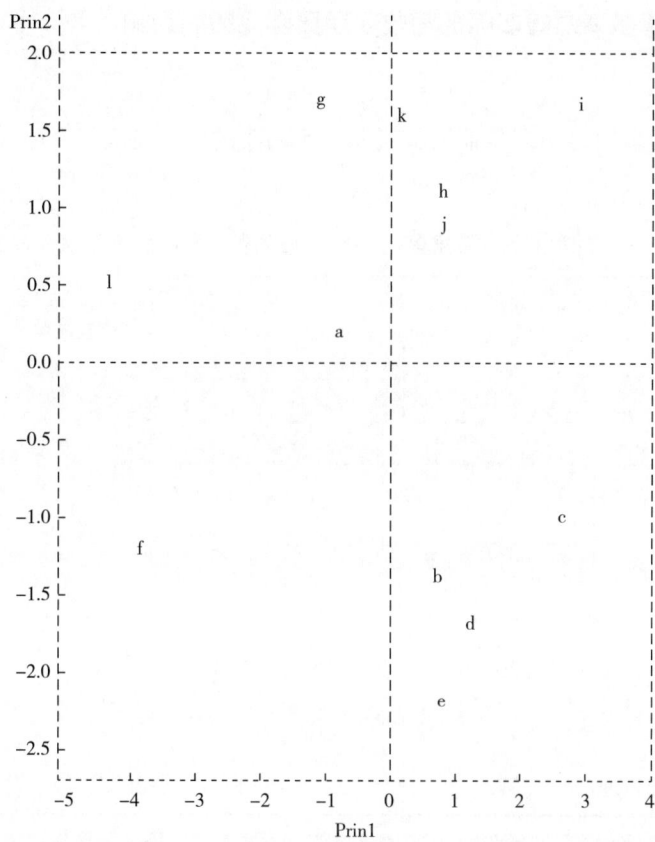

**图42-1　不同浓度酵母多糖对梅鹿辄葡萄收获期果实品质的PCA分析图**

注：a~e分别表示叶面喷施处理组T1~T5；f表示对应的CK；g~k表示果实喷施处理组T1~T5；l表示对应的CK。

**表42-4　不同浓度酵母多糖处理组对梅鹿辄收获期葡萄果实品质的综合评价指数函数（$I$）**

| 叶面喷施处理组 | $I$指数 | 果实喷施处理组 | $I$指数 |
| --- | --- | --- | --- |
| T1（a） | -0.27 | T1（g） | 0.67 |
| T2（b） | -0.62 | T2（h） | 1.10 |
| T3（c） | 0.59 | T3（i） | 2.55 |
| T4（d） | -0.56 | T4（j） | 0.95 |
| T5（e） | -1.14 | T5（k） | 1.14 |
| CK（f） | -2.68 | CK（l） | -1.73 |

## 二、不同浓度酵母多糖对霞多丽葡萄收获期果实品质的影响

不同浓度酵母多糖对霞多丽葡萄收获期果实品质的影响见表42-5，表42-6。

表42-5　叶面喷施不同浓度酵母多糖对霞多丽葡萄收获期果实品质的影响

| 处理组 | | 有机酸含量/(g/L) | 总糖含量/(g/L) | 糖酸比 | 单宁含量/(mg/g) | 总酚含量/(mg/g) | 类黄酮含量/(mg/g) | 花色苷含量/(mg/g) | 花色素含量/(mg/g) | 还原型谷胱甘肽含量/(mg/L) | 游离氨基酸含量/(mg/L) |
|---|---|---|---|---|---|---|---|---|---|---|---|
| 叶片 | T1 | 7.45$^A$ | 224.80$^A$ | 30.17 | 1.85$^C$ | 6.51$^B$ | 1.166$^B$ | 0.28$^{ab}$ | 0.543$^A$ | 40.68$^{AB}$ | 629.97$^{AB}$ |
| | T2 | 6.65$^{AB}$ | 216.76$^A$ | 32.60 | 2.35$^B$ | 10.61$^A$ | 1.208$^{BC}$ | 0.46$^{bc}$ | 0.308$^{AB}$ | 29.09$^{AB}$ | 582.57$^{AB}$ |
| | T3 | 6.42$^A$ | 228.71$^A$ | 35.62 | 2.52$^B$ | 6.91$^B$ | 0.997$^A$ | 0.25$^{ab}$ | 0.131$^B$ | 43.41$^{AB}$ | 684.05$^{BC}$ |
| | T4 | 6.85$^{AB}$ | 241.15$^{AB}$ | 35.20 | 2.18$^{BC}$ | 6.81$^B$ | 0.916$^A$ | 0.39$^b$ | 0.269$^{AB}$ | 49.55$^B$ | 691.05$^{BC}$ |
| | T5 | 6.60$^{AB}$ | 249.44$^B$ | 37.80 | 3.01$^A$ | 5.51$^B$ | 1.031$^{AB}$ | 0.35$^b$ | 0.227$^{AB}$ | 42.50$^{AB}$ | 674.50$^{BC}$ |
| | CK | 7.75$^A$ | 214.31$^A$ | 27.65 | 3.35$^A$ | 5.41$^B$ | 0.967$^A$ | 0.26$^{ab}$ | 0.196$^B$ | 11.36$^B$ | 470.27$^A$ |

注：不同大写字母表示在$p<0.01$水平上差异显著；不同小写字母表示在$p<0.05$水平上差异显著。

表42-6　果实喷施不同浓度酵母多糖对霞多丽葡萄收获期果实品质的影响

| 处理组 | | 有机酸含量/(g/L) | 总糖含量/(g/L) | 糖酸比 | 单宁含量/(mg/g) | 总酚含量/(mg/g) | 类黄酮含量/(mg/g) | 花色苷含量/(mg/g) | 花色素含量/(mg/g) | 还原型谷胱甘肽含量/(mg/L) | 游离氨基酸含量/(mg/L) |
|---|---|---|---|---|---|---|---|---|---|---|---|
| 果实 | T1 | 7.05$^A$ | 234.00$^{AB}$ | 33.19 | 2.16$^A$ | 5.71$^{BC}$ | 1.315$^B$ | 0.45$^{ab}$ | 0.163$^a$ | 36.14$^{AB}$ | 660.82$^{BC}$ |
| | T2 | 6.45$^A$ | 217.17$^A$ | 33.70 | 2.63$^A$ | 5.61$^B$ | 0.969$^A$ | 0.49$^b$ | 0.127$^a$ | 24.32$^A$ | 573.66$^{AB}$ |
| | T3 | 6.35$^A$ | 215.54$^A$ | 33.94 | 2.89$^A$ | 5.31$^B$ | 1.069$^{AB}$ | 0.48$^b$ | 0.136$^a$ | 39.55$^B$ | 585.75$^{AB}$ |
| | T4 | 6.10$^{AB}$ | 228.22$^A$ | 37.41 | 2.43$^A$ | 4.64$^B$ | 1.180$^{AB}$ | 0.54$^{bc}$ | 0.175$^{ab}$ | 29.09$^{AB}$ | 625.51$^A$ |
| | T5 | 6.95$^A$ | 218.95$^A$ | 31.50 | 2.28$^A$ | 6.11$^B$ | 0.885$^A$ | 0.45$^{ab}$ | 0.187$^{ab}$ | 30.23$^B$ | 584.48$^A$ |
| | CK | 7.15$^A$ | 211.15$^A$ | 29.53 | 2.51$^A$ | 4.51$^B$ | 0.889$^A$ | 0.38$^a$ | 0.139$^a$ | 14.09$^A$ | 439.73$^A$ |

注：不同大写字母表示在$p<0.01$水平上差异显著；不同小写字母表示在$p<0.05$水平上差异显著。

从综合主成分分析来看（图42-2，表42-7），叶面喷施酵母多糖的霞多丽葡萄果实品质高于果实喷施的果实品质。叶面喷施T1效果最好，果实喷施T1较好。

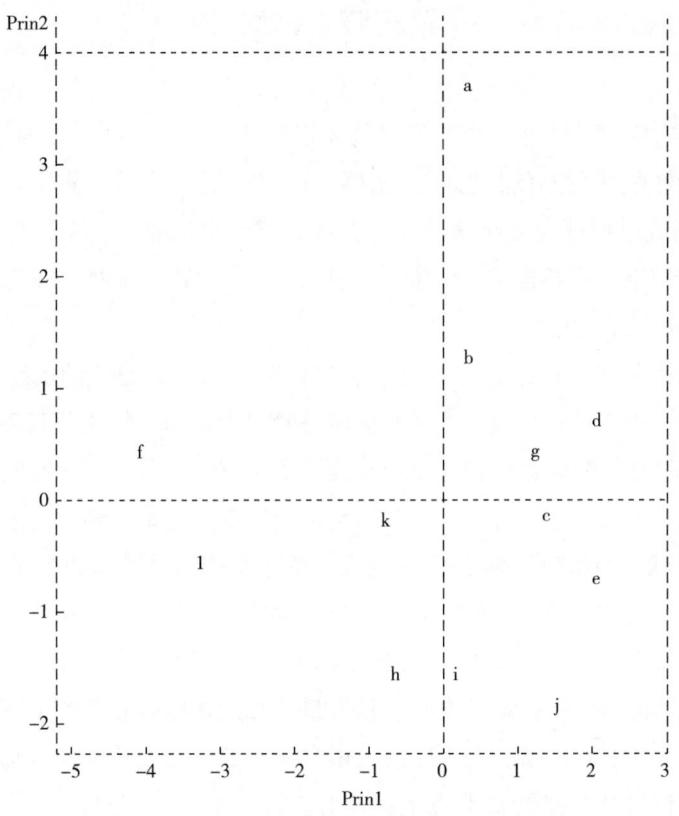

**图42-2 不同浓度酵母多糖对霞多丽葡萄收获期果实品质的PCA分析图**

注：a~e分别表示叶面喷施处理组T1~T5；f表示对应的CK；g~k表示果实喷施处理组T1~T5；l表示对应的CK。

**表42-7 不同浓度酵母多糖处理组对霞多丽收获期葡萄果实品质的综合评价指数函数（$I$）**

| 叶面喷施处理组 | $I$指数 | 果实喷施处理组 | $I$指数 |
| --- | --- | --- | --- |
| T1（a） | 2.49 | T1（g） | 0.74 |
| T2（b） | 0.92 | T2（h） | -1.24 |
| T3（c） | 0.44 | T3（i） | -0.98 |
| T4（d） | 1.24 | T4（j） | -0.60 |
| T5（e） | 0.35 | T5（k） | -0.39 |
| CK（f） | -1.31 | CK（l） | -1.65 |

## 第三节　讨论

酿酒葡萄果实中糖分、有机酸、酚类物质以及花青素等是评价葡萄品质的重要指标。有机酸含量直接影响葡萄酒的口感和平衡感。研究表明，酿酒葡萄的适宜酸度应保持在 6~10g/L，过高或过低都会影响葡萄酒的整体口感。本试验中，不论酵母多糖喷洒在梅鹿辄叶片还是果实上，有机酸含量均低于6g/L，说明经酵母多糖处理后的葡萄成熟度较好；霞多丽果实有机酸含量均保持在6~10g/L。

酚类物质包括单宁、花色苷、花色素、类黄酮等，决定葡萄的涩感、颜色、氧化性能等。不同葡萄品种之间酚类物质含量及类型差异很大，酚类物质及其各组分在白葡萄中含量较低，本试验研究的梅鹿辄和霞多丽葡萄证实了这一现象。对于总酚含量在葡萄的生长发育过程中的变化至今还没有一个肯定的结论，但统一的是在转色期酿酒葡萄里总酚一定是积累的，本试验结果也证实了这一现象。总糖是酿酒葡萄最重要的指标之一，葡萄果实中丰富的糖分使酒体醇厚。研究表明，果实含糖量达到170mg/g以上才能酿造出品质高的葡萄酒。本试验中，不同浓度的酵母多糖喷洒在梅鹿辄果实上可大幅度提高总糖含量，喷洒在叶片上也可提高一定程度的总糖含量；喷洒在霞多丽叶片上可大幅度提高总糖含量，喷洒在果实上也可提高一定程度的总糖含量。糖酸比太高或太低都会直接影响葡萄酒品质，合适的糖酸比应保持在32以上，最好在35~45。本试验中，酵母多糖喷洒梅鹿辄叶片与果实时的糖酸比均在38以上，但是T3中达到48以上，果实处理的T3中达到40以上，糖酸比过高的原因是因为葡萄成熟度较好，总糖含量高、有机酸含量低。与CK相比，霞多丽果实的糖酸比均在30以上，糖酸比较低的原因可能是与下雨有关，影响葡萄的成熟度。

还原型谷胱甘肽（GSH）在香味开发以及稳定中都发挥重要的作用。研究表明，将谷胱甘肽添加到葡萄汁中发酵，能在某些条件下抑制硫化物的生成。也有研究表明，酵母多糖处理后的樱桃、番茄抗冷性增加，提高果实SOD、CAT、POD等抗氧化酶的活性，使得整个抗氧化酶系统发挥协同作用，增强了氧自由基的清除能力，延缓各品质指标的下降。本试验中，就CK而言，测得霞多丽GSH含量高于梅鹿辄，一定程度上说明霞多丽葡萄中的香体物质含量较高、较复杂。经不同浓度酵母多糖的处理，GSH含量都有不同程度的提高，可以提高葡萄酒香气。

葡萄中的氨基酸是香气物质合成的前体物质，与还原型谷胱甘肽在葡萄中的作用类似。在葡萄酒酿造过程中，氨基酸既是酿酒酵母的氮源，也是葡萄酒主要发酵香气物质——高级醇和酯类物质合成的底物，同时也是微生物合成生物胺和氨基甲酸乙酯的前体质物，其含量的高低与葡萄酒品质密切相关，是发酵调控葡萄酒质量与安全性的关键指标之一。研究表明，避雨栽培条件下，大多数氨基酸在霞多丽果实中的含量有所增加，但在赤霞珠果实中这些氨基酸含量却降低了，不同葡萄品种采用避雨栽培将产生不同的效应，这种影响差异是否与品种之间相关代谢酶的表达特异性有关，尚待进一步探究。本试验中红葡萄使用的是梅鹿辄，也证实了这一点。霞多丽葡萄果实中游离氨基酸含量有很大程度的提高。

## 第四节　小结

（1）在梅鹿辄葡萄转色初期，较叶面喷施相比，对葡萄果穗喷施MATURE酵母多糖可明显提高葡萄果实品质，而以喷施400倍稀释MATURE酵母多糖效果最佳。

（2）对霞多丽品种而言，在转色初期对叶面喷施AROMA酵母多糖优于对葡萄果穗的喷施效果，而以叶面喷施200倍稀释AROMA酵母多糖的效果最佳。

（3）MATURE和AROMA两种酵母多糖对葡萄果实发育及品质形成可能存在不同的作用机制，也可能不同葡萄品种间对酵母多糖的反应存在差异，其作用机制有待进一步研究。

# 第八篇

# 提案与议案

**政协提案之一：**

## 宁夏葡萄酒产业面临的主要问题及其对策
（2005年1月）

宁夏贺兰山东麓地区光照充足、昼夜温差大、干旱少雨、土壤透气性好，极适合葡萄种植，所产葡萄具有果香发育完全、色素形成良好、含糖量高、含酸量适中、无污染、品质优良等特点，被国内外专家确认为世界酿酒葡萄生长最佳生态区之一。

客观条件如此优越，却无法产生相应的经济效益，这是因为在葡萄栽培技术和管理水平方面仍存在很多问题，得天独厚的自然资源优势远没有充分发挥。为此，我们对宁夏葡萄产业发展存在的问题进行调研与分析，并寻求解决的办法。

## 一、宁夏葡萄酒产业发展现状

目前，宁夏现有酿酒葡萄近6万亩，主要集中在银广夏、御马、西夏王和宁夏农林科学院芦花台实验农场，这四大基地的种植面积占全区酿酒葡萄种植面积的88%。宁夏虽有西夏王、御马、贺兰山等葡萄酒品牌，但由于区内葡萄酒企业间相互协作不够、整体宣传不到位和资金缺乏等问题，目前仍然以销售葡萄原酒为主，成品瓶装酒销售比例较低，导致宁夏市区葡萄产业经济效益偏低。

## 二、宁夏葡萄产业面临的主要问题

### （一）缺乏品种区域化试验

目前，我区种植的酿酒葡萄品种，大都是法国波尔多地区的主栽品种：

赤霞珠、品丽珠、蛇龙珠、霞多丽和梅鹿辄等，虽然它们在波尔多地区能很好地发挥出其潜在品质，酿造出优质葡萄酒，但这些酿酒葡萄品种在法国的其他葡萄产区并没有推广种植，盲目引入我区后能否最大限度地发挥其潜在品质，在缺乏品种区域化试验的基础上，在我区大量推广种植波尔多的酿酒葡萄品种也就缺乏科学依据。

### （二）带毒自根苗栽培是限制我区葡萄酒产业发展的主要问题

目前，我区已发现多种葡萄病毒，尤其是蛇龙珠葡萄，感病率在90%以上，造成减产30%～50%，糖度降低2°左右，危害十分严重。

世界葡萄酒产业发达国家普遍采用无毒葡萄嫁接苗种植来代替葡萄自根苗种植，这样不仅可以抵抗众所周知的根瘤蚜危害，而且还具有抗逆性强、增强树势、提高葡萄品质和调节成熟期等作用。我区冬季严寒，全年干旱少雨，抗寒、抗旱是我区葡萄发展所面临的两个主要问题，带毒自根苗栽培是近年来我区酿酒葡萄所表现的树体衰老、抗病能力弱、冻害严重等问题的关键所在。

### （三）栽培技术滞后，影响葡萄产量和葡萄品质

目前，我区酿酒葡萄种植仍然沿用鲜食葡萄的整形方式——龙干形进行栽培管理，同一株葡萄树葡萄由下至上结实，叶幕内堂密闭，通风透光性差，难以保证获得一致的葡萄品质，无疑会影响到葡萄酒品质，另外，还容易造成结果枝组外移，影响树势和栽培管理。

### （四）冬季葡萄埋土是加速土壤风蚀和生态破坏的重要因素

宁夏贺兰山东麓葡萄基地多为沙质土壤，冬季葡萄行间表土被挖，用于葡萄防寒，通常会造成90%～100%的土地裸露，导致土壤地表团聚性变低，容重变小，土壤风蚀加重。每当冬春西北风起，成千上万个小沙丘会在一夜形成，是加重沙尘暴和造成土壤肥力下降的主要原因之一，严重影响我国西部生态建设和经济建设。

### （五）葡萄收购价格连年下滑，严重挫伤农民种植葡萄的积极性

酿酒葡萄是一种多年生经济植物，其果实只能用于生产葡萄酒、葡萄汁和葡萄果醋，销售价格受制于葡萄酒企业的收购。由于近年来我区葡萄酒企业发展不稳定，特别是"银广夏事件"，严重影响了广夏（银川）贺兰山葡萄酿酒有限公司（以下简称"银广夏"）的生产经营，致使宁夏葡萄酒产业滑入低谷，酿酒葡萄的收购价从1998年的每千克6元下降到2003年的每千克1.3元，严重影响了农民种植葡萄的积极性。2004年已有大面积葡萄被砍伐改种其他农作物，有的葡萄种植户虽持观望态度，但在葡萄行间套种大豆、向日葵和玉米等农作物，放松对葡萄的管理，致使葡萄产量和品质下降，极大地影响了葡萄酒的生产和销售，形成恶性循环。

## 三、宁夏葡萄酒产业现有问题的解决途径

**（一）组建"宁夏葡萄工程技术研究中心"，加大科研投入和人才培养**

宁夏葡萄产业现有问题的解决和葡萄产业的发展离不开科学研究和人才培养。组建"宁夏葡萄工程技术研究中心"是推动宁夏葡萄产业健康发展的重要举措。宁夏大学在充分发挥高校人才资源优势的基础上，已于2004年12月组建成立了"宁夏大学葡萄工程技术研究中心"。但是，我区葡萄产业的发展，科学研究的深入，仅仅依靠宁夏大学的人力和财力是远远不够的，建议政府进一步整合我区人力和财力资源，拓宽各种渠道加大对"宁夏大学葡萄工程技术研究中心"的扶持力度，并尽快升级为区级葡萄工程技术研究中心，承担我区葡萄科学研究和人才培养任务，从根本上解决我区葡萄产业发展中存在的问题，不断提高我区葡萄品质和葡萄酒质量，确保我区葡萄酒产业全面健康持续发展。

**（二）加快葡萄品种区域化试验**

2005年，宁夏产区红色葡萄品种主要以"三珠"和梅鹿辄为主，而白色葡萄品种则以霞多丽为主，占酿酒葡萄种植面积的90%以上，品种单一，缺乏国际市场竞争能力。所以，迫切需要开展酿酒葡萄品种的引种和区域化试验，筛选适合我区不同土地条件、不同土质、不同小气候的多种优良酿酒葡萄品种，真正发挥宁夏产区自然优势，酿造出具有宁夏产区特色、风味多样的葡萄酒，参与国内、国际葡萄酒市场竞争，在竞争激烈的国际葡萄酒市场占有一席之地。

**（三）推广使用优质无病毒嫁接苗**

建议在宁夏产区建立无病毒种苗繁育基地，有选择地引种试验，筛选出适合宁夏产区自然条件的葡萄砧木，推广无病毒葡萄嫁接苗种植技术，并通过行政手段限制和杜绝带毒葡萄自根苗生产和种植，从根本上解决宁夏产区目前葡萄栽培方面的诸多问题。

**（四）生态葡萄基地建设是我区发展葡萄产业的必经之路**

宁夏贺兰山东麓地区是世界酿酒葡萄生长最佳生态区之一，但我们决不能以破坏生态来换取眼前的经济利益，发展葡萄生态园建设是解决葡萄生产与生态保护之间矛盾的有效途径。在选种优质无病毒嫁接苗的前提下，通过采用合理的栽培技术、种植模式和整形方式，提高葡萄树势和抗逆性、降低冬季葡萄埋土量和实行生草种植制度等技术措施，提高土壤肥力，完全可将贺兰山东麓百万亩荒地，变为优质酿酒葡萄生产基地，实现经济建设和生态建设双丰收。

**（五）利用价格杠杆调动农民种植酿酒葡萄的积极性，促进我区葡萄产业发展**

葡萄是经济效益较高的多年生植物，如果管理科学，经济寿命可达50年，一次投入多年受益，是我区理想的农业产业化项目。但是，由于企业忽视与种植户建立长期互惠互

利的合作关系，不能按照合理的价格收购葡萄，严重挫伤农民种植葡萄的积极性。

根据调研和测算，种植葡萄每年每亩投入成本为500元，平均每亩能产优质葡萄500公斤，假设葡萄树经济寿命为20年。按照有关公式计算得知：酿酒葡萄保本收购价应为1.52元/kg；如每亩葡萄年收益按500元计，则葡萄的收购价应为2.71元/kg。因此，政府应实施保护价收购，以保障提高农民收入，促进葡萄产业良性循环。

**（六）尽快寻求解决措施，盘活银广夏葡萄酒企业（以下简称"银广夏"）**

银广夏拥有葡萄基地2.6万亩，占我区酿酒葡萄种植面积的45%，而且，企业拥有国际一流的葡萄酒发酵设备和灌装设备，基础条件好，是我区发展潜力最大的葡萄酒公司，但受"银广夏事件"影响，银广夏葡萄酒公司长期处于半维持半停置状态，葡萄基地缺乏管理，逐年荒废，如此下去，不过几年，2.6万亩优质酿酒葡萄基地将不复存在。当务之急，急需采取措施盘活银广夏葡萄酒企业。

因此，建议政府尽快合理解决银广夏遗留问题，使银广夏贺兰山葡萄酒公司脱离银广夏总公司，并更换公司名称，组建成立新的葡萄酒公司。这样，可以带动我区葡萄产业的健康发展，并产生以下效果。

（1）可以充分发挥2.6万亩葡萄基地的作用，加大宁夏葡萄酒的市场竞争能力。

（2）可以吸引区外葡萄酒企业的介入，扩大招商引资力度，加快基地恢复和建设。

（3）可以减少"银广夏事件"的负面影响，促进瓶装成品葡萄酒的销售，降低原酒销售份额，增加企业经济效益。

（4）有利于区内葡萄酒企业间的竞争，确保葡萄收购政策的实施，提高葡萄种植户的经济效益，促进葡萄基地的建设。

（5）有利于提高宁夏葡萄酒知名度，促进葡萄产业健康快速发展。

**政协提案之二：**

**关于宁夏葡萄种植迫切需要解决的两个问题的建议**

（2005年6月）

由于近几年我区酿酒葡萄收购价格持续偏低，以及接连不断的自然灾害，严重挫伤了我区农民种植葡萄的积极性，致使我区葡萄种植出现了以下两种截然不同的现象。

一方面，部分葡萄种植户因经济效益低，将自己多年苦心经营的葡萄园毁掉，改种其他农作物，给我区葡萄产业发展带来严重负面影响。

另一方面，区外几大葡萄酒公司纷纷来宁夏抢购原酒，包括中粮集团在内的区内外葡萄酒公司计划在贺兰山东麓兴建葡萄种植基地，作为提升企业葡萄酒质量、增强企业竞争力的重要手段。这充分证明我区贺兰山东麓葡萄种植和葡萄酒生产在我国具有不可替代的地位，发展潜力巨大。

面对这两种截然不同的现象，为维护农民利益着想，为我区葡萄产业健康发展着想，我们认为目前我区葡萄种植迫切需要解决以下两个关键问题。

## 一、加快现有葡萄中低产田改造，提高葡萄亩产

葡萄产业的发展离不开优质原料基地的建设，原料基地的建设离不开广大农民的参与，只有农民从中获利，优质葡萄原料基地才能健康快速发展，才能形成良性循环，宁夏产区的葡萄产业才能做大做强。

目前宁夏产区葡萄种植经济效益低下，除收购价格因素外，亩产偏低是一个不容忽视的问题，其主要原因是我区葡萄栽培普遍采用抗逆性（抗寒、抗旱、抗盐碱和抗病虫能力）较弱的自根苗种植（表1）和葡萄园土壤肥力不足，致使葡萄抵抗自然灾害的能力减弱，葡萄园缺苗（冻死、旱死或病死）现象十分严重，部分地块缺苗率高达40%以上，葡萄亩产量长期徘徊在

300~500kg。因此，我区葡萄产业发展迫切需要加大葡萄中低产田改造研究力度，寻找合理的改造方案，提高现有葡萄基地葡萄产量，增加农民收益，调动农民种植酿酒葡萄的积极性。

表1　葡萄嫁接苗与葡萄自根苗主要指标的比较

| 主要指标 | 根系抗冻能力（最低耐受温度） | 抗旱能力 | 早期丰产性 | 对水肥需求 | 生长势 | 产量 | 冬季埋土量 |
|---|---|---|---|---|---|---|---|
| 自根苗 | -4.8℃ | 弱 | 差 | 高 | 强 | 低 | 大 |
| 嫁接苗 | -10.5℃ | 强 | 好 | 低 | 中庸 | 可提高20%~50% | 可减少30%~50% |

## 二、采用葡萄抗寒优质丰产生态高效系列化综合栽培技术，提高新建葡萄基地的抗逆能力

葡萄抗寒优质丰产生态高效系列化综合栽培技术是一套适合宁夏产区自然条件的新型栽培技术，该技术的核心是采用抗逆性强，特别是抗寒能力强的葡萄嫁接苗种植和葡萄生态园建设技术。

根据宁夏大学葡萄工程技术研究中心3月28—30日调查，在2004年这样正常的冬季，宁夏产区葡萄自根苗根系冻害仍十分严重，在地表30cm以内，70%~100%根系受冻死亡，该中心在葡萄萌芽以后，于5月5日对全区葡萄基地再次调查，自根苗葡萄受冻相当严重（表2，图1~图4），具体表现为萌芽迟缓，萌芽力低，叶片瘦小或死亡，现在预计总体将会造成40%左右的减产。这充分证明葡萄自根苗已难以支撑宁夏葡萄产业的发展，只有在宁夏贺兰山东麓推广葡萄嫁接苗种植技术，宁夏葡萄产业才有出路，才能使农民从中受益。

表2　2005年葡萄冻害调查结果　　　　　　　　　单位：%

| 冻害等级 | 一级 | 二级 | 三级 | 四级 |
|---|---|---|---|---|
| 基地A（嫁接苗） | 80 | 16 | 2 | 2 |
| 基地B（自根苗） | 11 | 25 | 11 | 53 |
| 基地C（自根苗） | 0 | 11 | 65 | 24 |
| 基地D（自根苗） | 35 | 12 | 34 | 19 |
| 基地E（自根苗） | 88 | 9 | 2 | 1 |

续表

| 冻害等级 | 一级 | 二级 | 三级 | 四级 |
| --- | --- | --- | --- | --- |
| 基地F（自根苗） | 83 | 15 | 0 | 2 |
| 基地G（自根苗） | 63 | 35 | 0 | 2 |

注：一级：生长旺盛，新梢附有花序，叶片舒展，无冻害；
二级：生长势弱，新梢无花序，叶片小，冻害较轻；
三级：生长势极弱，芽孢稍有萌动，冻害严重；
四级：无芽孢，枝蔓抽干死亡。

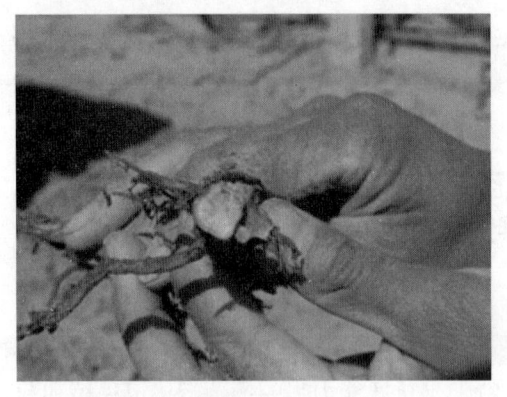

图1　葡萄受冻死亡

图2　根系受冻，枝条失水死亡

图3　葡萄枝条受害死亡

图4　葡萄根系受冻，萌芽迟缓，叶片瘦小

葡萄嫁接苗的寿命一般在50～70年，葡萄酒的品质与葡萄树龄呈正相关，只有葡萄树龄达到7年或10年以上，葡萄果实才能表现出其潜在品质、酿造出优质葡萄酒。因此，各级政府部门和葡萄酒企业在发展葡萄产业的同时，应当充分考虑这一特性，积极推广葡萄嫁接苗种植技术，并引导农民自觉抵制葡萄自根苗的种植。

当前，发展葡萄嫁接苗种植会有两个问题困扰决策者和企业领导：一是苗木繁育问题。由于2004年嫁接苗繁育不足，难以满足2005年大面积发展葡萄种植规划的需要，我们是否可将这一规划推迟一年，在2005年冬季加大葡萄嫁接苗繁育力度，以满足宁夏产区葡萄产业发展需要。二是葡萄嫁接苗价格问题。通常葡萄嫁接苗比自根苗高0.3~0.5元，加之农民对嫁接苗的认识不足，葡萄嫁接苗种植技术往往难以推广，如果政府加大宣传力度，让农民真正了解葡萄嫁接苗的抗逆性和丰产性（每年每株嫁接苗会增产1~2kg），提高农民种植葡萄嫁接苗的积极性。另外，政府是否可以对种植葡萄嫁接苗的农户给予一定政策性补贴。如此，发展葡萄嫁接苗的问题也就不存在了。

同时，我们还必须高度重视葡萄冬季埋土造成的土壤风蚀以及对生态带来的影响。冬季葡萄埋土，不仅使地表植被遭到破坏，而且使土壤变得疏松，加重土壤风蚀，降低土壤肥力，这也是我区葡萄产量低下的又一原因，因此，应加大研究和推广葡萄生态园建设力度，增加土壤肥力，实现经济效益和生态效益双丰收。

**政协提案之三：**

## 规范葡萄苗木繁育体系 促进葡萄产业健康发展
（2005年12月）

优质葡萄苗木既是葡萄生产的前提和基础，也是提高葡萄质量和葡萄种植效益的必要措施，同时也是推进农村经济发展，增加农民收入的重要途径。

宁夏产区具有得天独厚的土质气候条件，非常适合酿酒葡萄的生产，自治区政府已将葡萄产业列入宁夏重点发展的优势特色产业，计划在3～5年从现在的14.5万亩发展到25万亩，届时宁夏将发展成为我国优质高档葡萄酒生产的重要基地之一。

2005年9月24日～26日，在宁夏大学成功举办了"中法葡萄防灾减灾学术研讨会"，会议期间，国内外专家学者在认真考察宁夏葡萄基地和葡萄酒发酵厂之后，一致认为宁夏具有得天独厚的土质气候条件和大量适宜酿酒葡萄生长的宜耕荒地，是我国未来生产优质高档葡萄酒的重要基地。但国内外专家也一致认为：宁夏现有酿酒葡萄基地生产中存在的低产、低效问题主要源于宁夏葡萄苗木质量有好有坏和栽培管理不够到位，尤其是葡萄苗木质量问题是制约宁夏葡萄生产的主要原因，其影响伴随葡萄生产终身，难以用其他措施来挽救。

葡萄在长期无性繁殖过程中，感染并积累了多种病害，其中最为致命的是葡萄病毒病，迄今为止，人们还不能采取有效药剂进行防治，只能通过严格的检疫技术措施，避免带毒葡萄繁育、定植来解决。

葡萄病毒种类较多，2003年已发展到25个属、55种。我国已报道有葡萄扇叶病、卷叶病、茎痘病、栓皮病、黄斑病和斑点病6种葡萄病毒病。研究证明，在同等栽培条件下，感染扇叶病毒的植株，平均萌芽率、生产量和株产均明显低于正常植株；而感染卷叶病毒的蛇龙珠葡萄在植株上较无病株小1/3，穗重减少41.0%，株产减少72.0%，百粒重减少13.0%，果实可溶性固形物含量下降8.0%，果皮色素含量下降7.0%。

宁夏产区在酿酒葡萄产业发展初期，由于苗木紧张，忽略了对葡萄种苗的质量控制，导致苗木品种混杂，部分葡萄园病害泛滥，经济效益低下。如宁夏御马葡萄酿酒有限公司2001年定植的1500亩梅鹿辄葡萄园已有400亩死亡，其他1100亩也已陆续发病，其病因到目前还没有查清，此种病毒还有进一步蔓延的趋势。该葡萄园从2001年定植到2005年，公司已经投入了大量人力物力，但基本没有回报，目前面临着是否彻底毁园，重新定植的艰难抉择。葡萄卷叶病在我区蛇龙珠葡萄上普遍存在，据调查我区部分梅鹿辄葡萄和品丽珠葡萄也感染了该病毒，如不采取果断措施，也会感染其他葡萄品种。

最近，根据中国植物保护总站通报，在我国的山东和浙江一些地方已发现世界葡萄检疫虫害——葡萄根瘤蚜，该虫曾毁灭了欧洲大部分葡萄园，仅法国就毁灭法国250万公顷（3750万亩），造成直接经济损失760多亿欧元（约7600亿人民币），这一沉痛教训应引起我们高度重视，尽早规范葡萄苗木繁育体系，杜绝检疫性病虫害发生，确保农民利益不受伤害。

总之，盲目引种扩繁，缺乏有效的检测手段和健全的苗木繁育体系是导致我区葡萄病害进一步蔓延的重要因素，在我区葡萄产业发展进入第二次高峰，急需大量优质葡萄苗木之际，规范苗木繁育必须引起高度重视。

## 一、当前我区葡萄苗木繁育存在的问题

### 1. 缺乏严格的生产许可审批制度

通常，果树苗木的繁育单位应具备三园一圃（母本园、品种园、采穗园、繁育圃）、植物检疫手段、种条消毒和科学合理的繁育技术等条件，并获得国家相关资格认证方可从事苗木繁育和销售。由于我区葡萄产业刚刚起步，没有自己的繁育基地，葡萄苗木主要通过经销商从区外调入或葡萄酒企业自行繁育，没有正规的母本园和采穗园，有的甚至是一些没有任何育苗条件的个体户私自繁育出售，缺乏有效的质量监控体系和严格的生产许可审批制度。

### 2. 缺乏有效监督的机制

由于受利益驱使，在没有有效监督的机制情况下，育苗户随意采集接穗，自行繁育，导致苗木品种纯度低，品种混杂，病虫害突出，甚至带入检疫性病虫害，苗木定植后长势弱，成活率低，长期影响葡萄生产。

## 3. 苗木市场混乱无序

每年葡萄定植季节，我们都可以在农贸市场、农资商店和个体苗木繁育基地看到有大量葡萄苗木销售，其中有很多经销商都没有合法手续。尤其是一些苗木贩子投机经营，自己根本不了解葡萄品种特性和栽培技术措施，随心所欲，从当地或外地大量贩运获取苗木，再到各地兜售，往往会出现同一品种按多个品种来卖或几个品种按同一品种销售的现象，以次充好，坑害农民，造成极坏影响。

## 4. 苗木检疫不严格

苗木检疫是病虫害防治的一项十分重要的措施，世界各国对之都十分重视，对控制检疫性病虫害的传播起到了关键性的作用。但多年来，宁夏产区在葡萄种条采集，苗木调入等方面检疫把关并不严格，很少要求调入苗木具备产地检疫证明，苗木中是否带有检疫病虫害往往知之甚少，对有检疫对象的葡萄苗木，也默认其存在，未采取有效措施及时处理解决；对于当地繁育的苗木更是没有检疫措施，育苗户任意在带病葡萄生产园采取种条繁育，造成检疫性病虫危害进一步扩展蔓延。

# 二、解决途径

## 1. 严格苗木生产和经营准入制度

现在宁夏产区葡萄产业进入新的发展时期，为吸取以往葡萄种苗繁育不规范所带来的后果，呼吁各级管理部门依照我国有关法律法规对现有育苗生产和经营户进行清查整顿，对不符合育苗或经营条件的单位和个人，应坚决取缔。对提出申请从事葡萄苗木繁育的单位，要认真审核，要求必须具备"三园一圃"的基本条件和先进的繁育技术，严格把关审批程序。

## 2. 加强苗木生产和经营单位管理

宁夏产区葡萄种植现划归林业部门管理，各级林业部门要建立葡萄苗木繁育管理档案，对育苗企业的育苗面积、繁育品种及数量、品种来源、检疫情况、苗木去向等进行登记跟踪管理。同时监督育苗企业建立自己的繁育管理档案，特别是接穗砧木来源、购买合同、检疫证明、苗木去向进行登记，严格把关苗木繁育。

对于苗木经营单位，除要求具备经营许可证外，要求对其所售苗木具有育苗企业的出圃证和检疫证等手续，分类挂好标签，注明产地、品种、规格和出圃日期。否则没收苗木，给予重罚，杜绝投机行为。

### 3. 加强葡萄苗木检疫力度

在苗木大量繁育、贩运和销售期间，植物检疫部门应组织人力物力，严格按《植物检疫条例》及其《实施细则》，加强葡萄苗木生产、运输、销售和定植各个环节的检疫力度。本着为农民着想、为政府分忧、为产业服务的指导思想，将该项工作作为葡萄苗木繁育重中之重的工作来抓，切不可"讲人情"，掌好人民所赋予的权利，将检疫病虫害消灭在摇篮之中。

### 4. 加强宣传力度，提高农民自我保护意识

由于仅从葡萄苗木的幼小根系和枝蔓是无法辨认葡萄品种的，这给不法苗木经销商带来以次充好之机，也给农民购买苗木带来极大不便。为此，各级林业部门应加强对农民的宣传教育，让农民了解有关苗木的基本知识和有关法律法规，不要贪图便宜，不要在没有经营许可证的经销处购买苗木。让农民知道要在具有经营许可证的单位购买所需苗木，并签订购买合同，约定双方责任与义务，这样不仅避免苗木出现问题无处可查，而且还便于追究卖方法律责任，降低苗木不纯所带来的经济损失。同时要宣传指导农民，共同监督葡萄苗木市场，对可疑苗木及时向有关部门反映，防止问题苗木扩散，完善净化果苗市场。

### 5. 组建宁夏无病毒葡萄繁育基地

根据宁夏葡萄产业发展规划，在宁夏葡萄生产单位和研究机构联合组建成立宁夏无病毒葡萄繁育基地，有选择、有计划地从事葡萄脱毒和无病毒葡萄苗木引进工作，严格按照葡萄无病毒繁育体系所规定的程序进行苗木繁育，降低当前葡萄繁育混乱、流通环节复杂所带来的风险，为加快我区葡萄产业发展服务。

**政协提案之四：**

## 在我区应慎重发展葡萄贝达嫁接苗
（2008年6月）

由于2003年冬季葡萄根系冻害给我区葡萄生产带来巨大损失，采用抗寒嫁接苗是解决该问题的重要措施之一。对此，我区部分专家学者和主管部门提出了推广我国东北地区普遍使用的葡萄贝达嫁接苗。但经过我们多年研究，发现贝达嫁接苗除具有良好的早期丰产和抗寒特性外，还存在以下致命问题。

（1）贝达是我国早期从美国引入我国东北地区的抗寒葡萄砧木，由于缺乏脱毒复壮，致使部分植株带毒严重，通过嫁接，会使病毒感染整个植株，使苗木生长缓慢，不能获得正常经济收入。

（2）贝达抗碱性较弱，适宜在我国东北酸性土壤种植，而宁夏产区土壤普遍呈碱性，pH一般在8.0以上，现有葡萄基地的pH都在8.5～9.0，贝达嫁接苗遇低温和涝灾，很容易出现缺铁黄花问题，致使葡萄树势逐年下降，甚至死亡。

（3）贝达嫁接苗在我区定植4年以后，无论管理如何精细，有无低温和涝灾，都会出缺铁黄化病问题，难以根治，影响连年丰产。

（4）贝达嫁接苗普遍存在嫁接亲和力差，小脚现象严重。冬季埋土防寒很容易造成接口损伤断裂，出现缺株现象，也是葡萄贝达嫁接苗在我区发展的制约因素之一。

总之，在我区大力发展葡萄基地的同时，不可片面考虑贝达嫁接苗的抗寒性，而应要因地制宜，可在排水良好，偏中性的沙壤土中选种贝达嫁接苗，不宜在碱性土壤大面积推广应用，应谨慎发展。

**政协提案之五：**

**放宽酿酒葡萄企业工业用地政策，促进宁夏葡萄产业快速发展**
（2008年1月）

　　宁夏产区贺兰山东麓因其独特的土质气候条件，被国内外专家学者确认为是中国酿酒葡萄最佳生态带之一，成为继昌黎、烟台之后，第三个被国家质量监督检验总局认定的受地理标志产品保护的葡萄酒产区，也是宁夏产区第一个获得的国家地理标志产品，其品质明显优于我国其他产区，是我国葡萄酒最具发展潜力、最具国际竞争力的产区之一。

　　然而，由于我区葡萄酒产业起步较晚，经济实力薄弱，缺乏有效广告宣传，导致葡萄酒企业品牌不响，社会认知度不高，现有葡萄酒企业主要以销售原酒为主，而成品酒销售极为有限，未能体现贺兰山东麓优质葡萄酒的优质、优价市场经济规律，制约了宁夏葡萄产业快速健康发展。

　　为了加快宁夏产区葡萄产业宣传力度，增强宁夏贺兰山东麓在消费者心目中的地位，仅仅依靠西夏王、贺兰山、御马等几家大型葡萄酒企业远远不够，必须建立多元化酿酒葡萄企业形式，才能形成良好的市场竞争机制，解决农民酿酒葡萄销售难的问题。

　　目前，许多中小型酿酒葡萄种植户，由于不能得到葡萄酒工业用地使用手续，不能建设自己的发酵厂或酒堡，只能将优质葡萄原料低价卖给现有酿酒葡萄企业，使葡萄种植企业长期处于低收入经营状态，难以发挥每一企业开拓市场的作用。加之，宁夏产区许多葡萄种植基地多由荒地开发，不存在占有基本农田问题。因此，建议政府放宽酿酒葡萄企业工业用地政策，简化审批手续，减免土地使用费，使有能力的中小企业都能参与葡萄酒生产和销售，在贺兰山东麓形成几十个，甚至上百个大小不等的葡萄酒酒厂或酒庄。到那时，宁夏贺兰山东麓葡萄酒的知名度才会像山东烟台、蓬莱，河北昌黎一样得到全国消费者的认可。宁夏葡萄产业才能走出困境，才能真正体现宁夏贺兰山东麓优质酿酒葡萄生产基地的优势，实现优质优价，推进宁夏葡萄产业健康发展。

政协提案之六：

## 提高宁夏葡萄酒产业经济效益的建议
（2010年1月）

宁夏贺兰山东麓因其独特的土质气候条件，被国内外专家学者确认为中国酿酒葡萄最佳生态带之一，其品质明显优于我国其他产区，是我国葡萄酒最具发展潜力、最具国际竞争力的产区之一。近年来，宁夏酿酒葡萄已发展到13万亩，葡萄酒年发酵能力达到6万余吨，形成了"西夏王""贺兰山"和"御马"等葡萄酒地方品牌，葡萄产业已成为宁夏农业发展的重要优势产业之一。然而，整个宁夏的葡萄酒企业和葡萄种植户均未获得良好收益，葡萄产业未能充分发挥其应有作用。原因何在？如何解决？

## 一、制约宁夏葡萄酒产业经济效益的关键问题

（一）缺乏有效的职能管理部门

葡萄产业涉及农业种植、农产品加工、包装物制造供应、市场营销和旅游观光等行业，需各职能部门之间协调管理，共同发展。宁夏没有有效的职能管理部门，主管部门几易其主，致使葡萄产业政策难以连续贯彻执行，葡萄产业难以健康发展。目前，国家葡萄种植由农业部主管，宁夏则由宁夏林业局分管，给申请国家项目扶持带来诸多不便。

（二）高额利润被区外知名企业获取

宁夏已初步形成了西夏王、贺兰山、御马等一批初具生产规模的葡萄酒龙头企业，但都未能做大做强。多数企业将优质原酒通过"贴牌"或出售原酒给东部各大企业来维持生计，高额利润被区外知名企业获取，宁夏变成了东部葡萄酒企业的"殖民地"。劣质葡萄原酒则留给自己灌装贴标销售，致使市场上所销售的宁夏品牌葡萄酒质量较差，给消费者造成"宁夏没有好酒"

的负面影响。

**（三）酿酒企业与基地（农户）之间缺乏长期、高效和紧密的利益联结机制**

由于酿酒企业与基地（农户）之间缺乏长期、高效和紧密的利益联结机制，企业在丰年通过压价、拖欠农民葡萄收购款的方式实现公司利益最大化，农民增产不增收；歉年又哄抬价格，抢购原料，企业不堪重负，使得宁夏葡萄酒产业长期处于动荡不定的局面，尚未形成"产、加、销"一条龙，"农、工、贸"一体化的科学、高效运行模式。

**（四）专业技术力量薄弱，缺乏典型性葡萄酒生产**

现代科学技术在葡萄栽培和葡萄酒酿造过程中的作用越来越重要。近年来，虽然在酿酒葡萄栽培方面开展了卓有成效的研究工作，但因基层从业人员专业技术力量薄弱，新技术、新成果难以推广应用，限制了宁夏酿酒葡萄栽培技术的提高；在葡萄酒酿造方面，宁夏多数企业仍然照搬法国传统酿酒工艺，未能根据宁夏酿酒葡萄原料特性开展工艺研究和典型性葡萄酒生产，优质原料潜力未能充分发挥。

**（五）"内耗"严重，企业缺乏流动资金**

"宁夏没有优秀企业家，没有国内叫得响的企业"是国内许多人士对宁夏葡萄酒产业的一致评价。"内耗"主要表现在政府各职能部门之间、葡萄酒企业之间和新老专家专业技术人员之间的摩擦上，严重制约了葡萄酒这一优势产业的发展。

先后建立的14家葡萄酒生产企业，都存在资金短缺问题。特别是葡萄收购季节，一些企业由于缺乏资金而减少原料收购或停产；一些企业只能通过为区外企业代加工，挣取微薄的加工费来维持生计，沦为区外企业争夺宁夏优质葡萄原料的代理人；一些企业只能通过拖欠农民葡萄货款的方式获取原料，待原酒销售后逐步付清欠款，严重影响农民种植酿酒葡萄的积极性。

## 二、提高宁夏葡萄酒产业经济效益的对策与建议

### （一）在管理和政策方面

1. 尽快在宁夏农牧厅（现整合组建为宁夏回族自治区农业农村厅）成立葡萄与葡萄酒局，组建葡萄产业集团

葡萄酒产业涉及财政、农业、林业、水利、科技、土地、金融、工商、税务、交通等部门，建议尽快在农牧厅成立葡萄与葡萄酒局，具体负责协调各职能部门，解决葡萄产业发展中存在的实际问题。

在宁夏回族自治区（以下简称"宁夏"）葡萄与葡萄酒产业领导小组的指导下，由葡萄与葡萄酒局负责协调，将宁夏酿酒葡萄种植基地和葡萄酒加工企业联合起来，尽快组建宁夏葡萄产业集团。紧密联系葡萄酒企业与基地（农户），逐步做到统一原料收购价格、

统一产地标志、统一产品质量分级标准、统一市场宣传（贺兰山东麓地理标志）和统一销售价格，杜绝争原料、争客户、压价等恶性竞争，打造宁夏葡萄产业联合舰队，增强市场竞争力。

2. 加大基地建设扶持力度，实现葡萄产业规模生产

酿酒葡萄基地建设是一项投资大（每亩3500~6000元）、见效慢（3年后开始结果）、抗风险能力弱（自然灾害、企业低价收购）的农业产业。建议政府通过优惠政策，加快对优势产区酿酒葡萄基地的建设。一是提高新建酿酒葡萄基地补贴标准，由现在补助150元/亩提高到600元/亩，分三年发放，确保农民在葡萄收益前不影响其基本生活。二是将酿酒葡萄纳入农业生产有关优惠政策的范围，享受种苗、农药、化肥、农机等补贴政策，以减轻农民负担。三是提高低产园改造补贴标准，由现在50元/亩提高到250元/亩以上。四是将酒庄用地与其他工业用地区分开来，列为一般性农业建设用地，免征土地出让金，鼓励各企业在贺兰山东麓建设风格各异、规模不等的葡萄酒酒庄，形成"贺兰山东麓酒庄群"，并与生态旅游项目结合，扩大宣传力度，延伸产业链条，挖掘产业潜力。

3. 创新机制，培育龙头企业，扩大品牌影响

充分发挥宁夏贺兰山东麓葡萄酒产品地理标志优势资源，积极引进国内外知名酿酒企业和营销公司来宁夏投资兴建生产基地、加工企业，走开放式发展的路子，应将扶持企业和扶持产业区别开来，支持企业之间的正当竞争，创造良好的投资环境，扩大生产规模，促进全区葡萄产业健康发展。

积极扶持宁夏农垦集团有限责任公司，打造"西夏王"知名品牌。宁夏农垦集团具备从事葡萄与葡萄酒生产所需的土地、生产经验、葡萄酒品牌、市场营销等先决条件。"西夏王"葡萄酒销售额曾居全国第七位，在消费者中有一定知名度，通过积极的扶持政策，促进宁夏农垦集团葡萄产业发展，提升"西夏王"葡萄酒知名度，创建全国知名葡萄酒品牌，将优质葡萄酒"原酒基地"转变为优质葡萄酒生产基地，引领宁夏葡萄产业健康发展，提高宁夏葡萄产业的经济效益。

4. 推行积极稳妥的金融扶持政策，减轻企业流动资金压力

在葡萄收购季节，可通过政府职能部门协调，由农业发展银行根据企业发酵能力、还债能力和信用度提供短期贷款，解决企业葡萄收购资金短缺问题，使现有企业能正常运转，农民能及时拿到货款，形成良性循环，推动葡萄产业健康发展。

（二）在技术支撑的方面

1. 充分发挥"葡萄与葡萄酒教育部工程研究中心（宁夏大学）"的作用

"葡萄与葡萄酒教育部工程研究中心"是由宁夏大学根据宁夏葡萄产业发展需要，结合宁夏大学学科、资源和人才优势，联合国内外高等科研院所组建的我国唯一部属葡萄与葡萄酒工程研究中心。该中心为推动宁夏葡萄产业发展做出了许多有益的工作，建议政府在该平台建设、科研立项、对外宣传和人才使用等方面给予高度重视，并在专项编制、

经费及一些基础条件建设方面予以支持，以便充分发挥好"葡萄与葡萄酒工程中心"的作用。

2.申请国家科技支撑计划，促进产业科技进步

从2007年开始，科技部结合地方主导产业，支持地方政府申报国家科技支撑计划，投资额度在2000万～4000万元，相当于宁夏"十五"和"十一五"期间葡萄产业科技投入的十倍，是提高宁夏葡萄酒产业技术水平的绝佳机遇，建议在下一轮国家科技支撑项目申报中将葡萄酒产业科技攻关放在首位，加快葡萄酒产业科技进步。

3.充分发挥国家葡萄产业技术体系宁夏团队成员的作用

国家葡萄产业技术体系是中华人民共和国农业部结合我国葡萄与葡萄酒产业发展组建的一种新型科研技术服务体系，在全国范围内聘请了23名岗位科学家，并在主产区设立20个试验站。宁夏有幸获得一个岗位和一个试验站，年获农业部资助工作经费100万元。为了做好该项工作，已将我区目前从事葡萄栽培与酿造的主要技术骨干吸纳入该团队，成为宁夏葡萄产业科学研究和技术推广的主要力量。建议政府给予一定比例的资金配套，并在项目立项方面给予倾斜，充分发挥该团队成员的作用。

4.充分利用科技特派员制度，加快科技推广力度

虽然宁夏葡萄酒产业已有二十多年的历史，但许多葡萄种植户仍然沿用鲜食葡萄的管理技术。因此，要充分发挥科技特派员制度的作用，对重点发展酿酒葡萄产业的市县，选拔20～40名优秀科技能手到宁夏大学"葡萄与葡萄酒教育部工程研究中心"或其他相关高校进行技术培训，学成后作为科技特派员派到各示范基地，指导农民从事酿酒葡萄种植，加快科学技术推广力度。

5.大力支持以企业为主体的新品种、新工艺、新产品的研发体系建设

通过技改项目和科技立项，大力支持以企业为主体，"产学研"相结合的新品种、新工艺、新产品的研发体系建设，加大特色产品、特色工艺的研发力度，壮大龙头企业，打造贺兰山东麓葡萄酒品牌，提高知名度，增强竞争力，扩大市场份额，提升生产效益，带动产业扩张和升级。

**（三）在对外宣传方面**

品牌效应是决定消费者购买行为的重要因素之一。对此，建议自治区人民政府开展如下工作。

（1）借助宁夏卫视和央视扶贫广告向全国宣传"贺兰山东麓葡萄酒原产地域保护产品"，让国内消费者认识、了解宁夏葡萄酒，让世界了解宁夏，吸引外资参与宁夏葡萄酒产业建设。

（2）联合企业，共同出资，形成合力，参加国内大型葡萄酒推荐会、举办葡萄酒高峰论坛和葡萄酒节，采取"政府搭台、企业唱戏"的方式联合打造宁夏贺兰山东麓葡萄酒品牌，使之真正成为"中国的波尔多"。

（3）将诚信度高、生产规模大、品质优、市场占有率高的葡萄酒品牌作为宁夏政府接待用酒，向国内外来宾推荐宁夏葡萄酒，杜绝小企业、关系企业的葡萄酒进入政府接待用酒行列。

（4）通过及时宣传宁夏葡萄酒产业最新成果，展示宁夏科技进步和企业发展，让消费者放心购买和消费宁夏葡萄酒。

**政协提案之七：**

## 关于严格控制我区葡萄冰酒生产的建议

（2012年1月）

"冰酒"在不同的国家有不同的定义。加拿大是目前世界公认的优质冰酒产区之一，所以加拿大酒商质量联盟对"冰酒"的定义被世界各冰酒生产国所采纳：即利用在零下8℃以下，在葡萄树上自然冰冻的葡萄，在外界温度保持在-8℃以下压榨流出少量浓缩的葡萄汁为原料酿造的葡萄酒。"冰酒"生产对气候条件要求极高，不是每年都能生产，生产量极少，所以成为葡萄酒中的"极品"，价格昂贵。

宁夏贺兰山东麓是酿酒葡萄生产最佳生态带之一，但由于冬季葡萄埋土防寒、降雪极少，在现有栽培技术上无法生产真正意义上的"冰酒"，部分企业通过将葡萄采收，在低温冰箱冷冻的方法生产的人工"冰酒"，其口感、质量与真正意义上的"冰酒"存在天壤之别，带有"造假"的嫌疑。

宁夏产区葡萄酒产业刚刚起步，产业发展举步维艰，十分脆弱，经不起任何"打击"。近年来，国家对食品安全十分重视，媒体也时常关注葡萄酒质量，对于不具备生产"冰酒"的宁夏产区生产的"冰酒"无疑会引起媒体关注，为了确保宁夏葡萄产业健康发展，建议党委政府加大对我区"冰酒"生产监控力度，避免生产不良后果，防患于未然。

政协提案之八：

关于加快"贺兰山东麓百万亩葡萄长廊"建设的几点建议
（2012年1月）

宁夏贺兰山东麓地区因其独特的土质、气候条件，被国内外专家确认为世界酿酒葡萄生长最佳生态区之一，是继河北昌黎和山东烟台之后，第三个获得我国葡萄酒地理标志产品。轩尼诗、保罗力加、张裕、长城、王朝等国内外葡萄酒知名品牌企业均已在宁夏贺兰山东麓投资兴建葡萄基地、发酵厂和酒堡，作为提升企业葡萄酒质量的重要措施，宁夏贺兰山东麓已成为我国优质葡萄酒产区的代名词。

为此，宁夏党委政府高瞻远瞩，将葡萄产业作为宁夏"十二五"重点发展，实施"贺兰山东麓百万亩葡萄长廊"发展规划，将葡萄产业与宁夏生态移民有机结合，实施"葡萄兴宁"战略，该项目的实施，必将对促进民族地区经济发展、社会稳定、民族团结、人民安居乐业起到积极作用。

通过与产业相关部门、大型企业、酒庄庄主及葡萄种植户交谈调研，结合产业发展实际，认真综合分析，了解制约"贺兰山东麓百万亩葡萄长廊"发展的主要瓶颈问题，为加快"贺兰山东麓百万亩葡萄长廊"建设，提出以下建议。

## 一、在宁夏大学组建葡萄与葡萄酒学院，加快人才培养

经初步调查，在宁夏贺兰山东麓发展百万亩葡萄长廊，预计每年需要50名左右从事葡萄种植、葡萄酒酿造、葡萄酒销售以及观光旅游等技术人才，产区办学院是世界各大葡萄产区的典型做法，一方面可以为产业发展提供人才和技术保证，另一方面还可以增加产区的知名度。

宁夏大学是宁夏产区唯一的"211"高校，拥有我国唯一的"葡萄与葡萄

酒教育部工程研究中心"，现设有"葡萄与葡萄酒学"硕士点，形成了较为完善的人才培养体系，在宁夏大学组建葡萄与葡萄酒学院，可为我区及周边葡萄产区提供专业人才，为宁夏贺兰山东麓发展百万亩葡萄长廊建设保驾护航。

## 二、加大优良葡萄苗木繁育，提高葡萄品质

优质葡萄苗木既是葡萄生产的前提和基础，也是提高葡萄质量和葡萄种植效益的必要措施。长期以来，由于宁夏产区葡萄基地扩张迅速，苗木紧张，忽略了对葡萄种苗质量控制，种苗任意繁育，导致苗木品种混杂，带病严重，特别是无法根治的葡萄病毒病泛滥，给我区葡萄产业发展带来重大隐患。

为此，在宁夏产区葡萄产业进入新的发展时期，依照我国有关法律法规对现有葡萄育苗生产和经营户进行清查整顿，对不符合育苗或经营条件的单位和个人，应坚决取缔。建议在宁夏葡萄种植企业与研究机构联合组建宁夏无病毒葡萄繁育基地，有选择、有计划地从事葡萄脱毒和无病毒葡萄苗木引进工作，严格按照葡萄无病毒繁育体系所规定的程序进行苗木繁育，加大优良脱毒苗木繁育，为全面提高葡萄抗逆性和葡萄品质供种苗保证。

## 三、组建相对独立的宁夏葡萄与葡萄酒局，简化葡萄酿酒企业审批手续，加快葡萄产业发展步伐

随着"宁夏贺兰山东麓百万亩葡萄长廊"的建设，宁夏产区急需引进有大量有实力的企业家参与葡萄酒发酵厂和酒庄的建设，只有这样，才能解决宁夏产区酿酒葡萄即将进入生产高峰期所带来的卖果难的问题，才能将优质酿酒葡萄加工成优质葡萄酒，才能将低附加值的葡萄原料转变为高附加值的葡萄酒进入市场流通消费，才能彻底改变我区葡萄产业长期依赖出卖原酒或贴牌获取微薄利润来维系企业运转的情况，才能增加财政税收反哺葡萄种植，才能形成良性循环。

众所周知，葡萄酒企业建设需要经过工商、税务、土地、环保、规划、设计等多个部门审批，手续繁多，审批速度缓慢，使众多投资人望而却步，与快速发展的"贺兰山东麓百万亩葡萄长廊"建设极不匹配。为此，建议党委政府尽快组建相对独立的宁夏葡萄与葡萄酒局，设固定人员20名左右，吸纳热爱葡萄产业的专业技术人员和管理人员参与该项工作，指导产业发展，承担工商、税务、土地、环保、规划、设计等任务和职能，开辟审批绿色通道，缩短、简化审批程序，使更多投资人能尽快看到希望，加快葡萄产业发展步伐。

## 四、将酒庄建设用地与工业建设用地区别开来,加快酒庄群建设

按照国际葡萄酒庄建设惯例,风格各异的葡萄酒酒庄必须建设在自己的葡萄园中,将葡萄种植、葡萄酒加工、生态旅游等多个产业有机结合,形成特殊经济运行体,是全面提升葡萄产区知名度的重要途径和手段。

2011年,银川市葡萄酒局已审批15家酒庄,预计用地12038.6$m^2$,但2011年国土资源厅建设用地指标已用完,导致2011年已批准建设的15家酒庄无法按期开工或只能违规建设,严重挫伤投资企业的积极性。

目前,宁夏产区许多葡萄种植基地多由荒地开发,远离城镇,不存在占有基本农田问题,为了加快酒庄建设,建议将酒庄建设用地与工业建设用地区别开来,作为农业产业发展的特殊用地处理,简化审批手续,加快酒庄群建设,抢占商机,尽快在贺兰山东麓形成酒庄群,为全面提升宁夏葡萄酒的知名度奠定基础。

## 五、改制西夏王,使其成为真正的龙头企业

众所周知,在张裕公司改制之前,长城、张裕、王朝三大公司在我国葡萄酒行业基本平分秋色,但随着张裕公司的股份制改革,极大地调动了公司全体人员的积极性,使之迅速成为世界葡萄酒酒业前10强企业,成为国际著名的葡萄酒企业集团,遥遥领先于长城与王朝两大公司,充分体现了股份制改革所带来的活力和巨大作用。

"西夏王"具备从事葡萄与葡萄酒生产所需的土地、生产经验、葡萄酒品牌、市场营销等先决条件,其销售额曾居全国第七位,与目前全国葡萄酒销售排第四的威龙公司基本相当,但因体制和机制问题,严重制约了"西夏王"的发展,其业绩直线甚至下滑到无力购买葡萄原料的地步。

近年来,"西夏王"虽然取得了长足进步,又通过发行债券获得九亿元的发展基金,给快速发展壮大提供了充足的资金保证。但在现有体制下西夏王难以调动广大职工的积极性,也难以按照葡萄酒企业正常管理运行,九亿元债券的高额利息很有可能会成为"西夏王"健康发展的"绊脚石",甚至会成为葬送"西夏王"的"导火索",应引起高度重视。为此,建议党委政府及宁夏回族自治区农垦事业管理局(以下简称"农垦局"),认真学习总结张裕公司改制的成功经验,实行股份制改革,使其快速发展壮大,成为宁夏产区真正的葡萄酒龙头企业。

**政协提案之九：**

## 关于组建酒庄酒流动灌装线的建议
（2014年1月）

　　随着宁夏贺兰山东麓酒庄群的建设，优质酒庄酒将逐渐成为宁夏葡萄酒走向全国、走向世界的主力，也是全面提升宁夏葡萄酒质量、提高宁夏葡萄酒世界知名度和创造宁夏葡萄酒辉煌业绩的重要举措。然而，由于酒庄酒一般产量有限，购置一条灌装线不仅需要占用大量资金，而且设备利用率不足5%，会造成大量资金浪费和设备闲置。为此，建议政府有关部门，学习法国各大产区先进经验，在银川市、青铜峡、红寺堡等主要酒庄建设基地，组建酒庄酒流动灌装线，为酒庄进行灌装服务，将节约的资金用于酿酒葡萄种植、葡萄酒酿造和葡萄酒市场销售，并以此为依据给各酒庄发放QS号，以满足酒庄酒走向市场的必要条件。

**政协提案之十：**

## 关于对宁夏葡萄酒产业面临的主要问题及解决措施的建议
（2015年1月）

宁夏回族自治区党委、政府十分重视葡萄产业的发展，将其作为"十二五"全区农业重大项目来抓。近年来，区党委政府出台了一系列扶持葡萄产业发展的政策意见，鼓励支持国内外知名企业共同开发贺兰山东麓这块风水宝地，生产世界一流的高端葡萄酒。规划到2020年，将宁夏的葡萄种植规模扩大到100万亩，建成1个葡萄文化中心、3个葡萄酒生态文化城、10个各具特色的葡萄主题小镇和100家以上列级酒庄，实现1000亿元综合产值。力争把宁夏贺兰山东麓打造成为一个竞争力强、辐射面广、品质佳、全球知名的葡萄文化生态经济产业带和世界东方葡萄酒之都，形成宁夏经济转型升级的新的增长极。经调研，发现目前困扰宁夏葡萄产业发展的主要问题如下。

（1）葡萄种植劳动力短缺，劳动成本不断增加　随着农业人口的不断转移和葡萄种植面积的不断扩大，用工荒在农忙季节时有发生，特别在每年葡萄冬季埋土防寒、春季出土上架及成熟采收需要大量农民工，人工工资不断攀升，日工资达到120元，劳动力成本不断增加。

（2）酿酒葡萄原料质量参差不齐，劣质葡萄原料过剩　由于宁夏葡萄种植面积发展太快，加上之前几年全国葡萄酒市场一片繁荣，成品酒价格虚高不下，宁夏葡萄原料处于卖方市场。但随着部分国家葡萄酒零关税进入中国市场及国家反腐廉政，葡萄酒市场受到一定影响。加之随着宁夏及周边省区酒庄数量的不断增加和消费者对葡萄酒认识水平的提高，从2014年开始，出现了劣质酿酒原料廉价过剩，而优质原料价高稀缺的现象，优质酿酒葡萄原料售价高达20元/kg，而劣势原料售价仅为2.5元/kg，收购价相差8倍之多。

（3）市场销售不畅　由于许多酒庄片面强调酒庄的旅游功能，酒庄建设装修极其美观奢侈，消耗大量财力，酒庄将所有投资都分摊到每瓶葡萄酒中，致使酒庄酒成本居高不下，加之宁夏大多数酒庄在国内的知名度不高，葡萄酒销售渠道不畅，出现不同程度的产品积压。

（4）酒庄建设用地层层审批，费时费力  大多数酒庄都面临着酒庄建设用地问题，购买土地建设酒庄时需要政府许多部门层层审批，费时费力，致使一些酒庄不能尽快实施建厂计划。

（5）产品同质化问题严重  由于许多酒庄自有葡萄园还没有结果，多采取从庄外购买原料，所有酒庄均从同一优质原料产区购买原料，加之酒庄又没有自己的酿酒师或酿酒师没有创新性，多家酒庄聘请同一酿酒师，出现多家酒庄采用相同原料和酿造工艺，导致酿造的酒同质化严重，缺乏个性，难以形成自己的特色。

（6）基础设施落后  宁夏新开垦的葡萄园多处于荒漠地区，水、电、气、路、网络以及灌溉系统均不完善，不利于产业的发展。

（7）专业人才培养混乱  随着宁夏葡萄产业的快速发展，需要大量专业技术人才是一个不争的事实，但也并非媒体所宣传的"未来十年宁夏需要10万专业技术人才"，这只是一些别有用心的人，为了自己利益的一种炒作。所以，出现了宁夏防沙治沙技术学院、宁夏大学农学院、宁夏大学葡萄酒学院、宁夏农业技术学院、宁夏农垦职业技术学校以及各种社会培训机构（学校）争先恐后开设葡萄与葡萄酒专业，这些学校除宁夏防沙治沙技术学院、宁夏大学农学院拥有这方面的专业师资外，均不具备开设该专业的师资力量，难以培养出合格的葡萄与葡萄酒专业人才，害人害己，影响产业健康发展。

针对宁夏葡萄酒产业发展存在的上述问题，提出以下建议。

（1）在葡萄产区实施新的移民政策，鼓励农民参与宁夏葡萄产业建设  结合宁夏生态移民政策，根据葡萄园区大小和用工数量以及农民意愿，有计划、有目的地在葡萄园区周边建设移民村落，制定优惠政策，加强农民工技术培训，使他们逐步成为葡萄产业熟练技术工人，为宁夏葡萄产业发展提供劳动力保障。

（2）加强酿酒葡萄原料生产理念宣传，确保优质原料生产  通过加强酿酒葡萄原料生产理念技术宣传和鼓励酒庄按原料质量收购，实现优质优价，确保葡萄种植户的经济收入稳步增加，适当控制产量，提高原料品质，避免劣质原料过剩。

（3）加强宣传力度，拓宽销售渠道  通过积极参加各种葡萄酒推介会，利用电视广告、新媒体和编写贺兰山东麓酒庄地图等手段，积极宣传贺兰山东麓葡萄酒，提高产区知名度，并在全国葡萄酒消费重点城市逐步建立贺兰山东麓葡萄酒专卖店或专柜，拓宽销售渠道，使消费者能就近购买到宁夏贺兰山东麓的葡萄酒，实现宁夏贺兰山东麓葡萄酒销售落地生根。

（4）加强基础设施建设  根据酒庄分布，结合市政工程，利用城乡一体化优惠政策和资金，为酒庄提供道路、供水、供暖、排污、互联网等基础设施。

（5）简化土地审批手续，加快酒庄建设  积极倡导简政放权，简化酒庄建设用地审批程序，降低土地出让金，使广大投资者能尽快建设酒庄，尽早投入生产，占领市场，为

"贺兰山东麓酒庄群"建设提供必要条件。

（6）制定优惠税收政策，减轻企业负担　在许多葡萄酒主产国，葡萄酒属于农产品，政府均给予各种优惠政策，减少赋税，以推动葡萄产业的发展。而我国则将葡萄酒列为酒类产品，征税高额赋税，这也是导致我国葡萄酒价格偏高的主要原因。为此，建议政府制定优惠税收政策，降低或取消葡萄酒税收，减轻企业负担，以提高宁夏葡萄酒的市场竞争力。

（7）规范人才培养体系，取缔企业办学　葡萄酒是一门多学科交叉学科，要求学生不仅了解与葡萄种植有关的农业知识，也要了解与食品加工有关的微生物学、酿造工艺学和食品机械学，也要了解葡萄酒侍酒和市场营销，因此，要求学校具有一支稳定的师资队伍，能够负责任地系统传授葡萄酒知识，培养一批能推动宁夏葡萄酒产业健康发展的高水平人才队伍，而不是"拉虎皮，扯大旗"，临时聘任一些兼职人员授课，赚取高额学费和出国中介费，欺骗学生、欺骗家长、欺骗政府，成为一些企业和个人的"摇钱树"，一些优质资源白白浪费，将严重伤害宁夏葡萄产业和学生的感情。同时，应严格限制招生规模，每届招生师生比不高于1∶5，不可无限扩招。为此，建议政府严格规范人才培养体系，将葡萄产业技工和高层次专业技术人才培养有计划地分配到有条件的技术学院和高校，取缔企业办学，控制招生规模，使人才培养"在阳光下进行"。

**政协提案之十一：**

**关于将宁夏大学葡萄酒学院迁入宁夏大学校园内办学的建议**

（2016年1月）

通过对宁夏大学葡萄酒学院学生、代课教师、宁夏葡萄酒企业及我国葡萄酒专业培养高校的调研，大家一致认为：宁夏大学办葡萄酒学院可为宁夏葡萄产业健康发展培养大批优秀人才，意义重大，但对现行办学模式多持不同态度和意见，如此办学难以发挥宁夏大学现有优质资源，也不可能真正意义上实现"2+2"中法合作办学，不利于人才培养，建议将宁夏大学葡萄酒学院从西部光彩学校迁入宁夏大学校区，降低学费标准，可达到以下目的。

（1）使学生能充分感受宁夏大学校园文化，充分利用宁夏大学图书馆、网络等优质资源，提高学生文化素养。

（2）可充分利用宁夏大学葡萄栽培与酿造现有仪器设备及实验室，避免重复建设，减少财政资金浪费。

（3）可充分调动宁夏大学农学院、宁夏葡萄与葡萄酒研究院相关领域老师的教学积极性，使广大学生能充分享受宁夏大学葡萄与葡萄酒酿造优质师资和科研成果，提高教学质量。

（4）可实现宁夏大学葡萄与葡萄酒本科教学和硕士研究生培养有机结合，提高学生科研水平。

（5）可充分享受宁夏大学近年来与国内外高校建立起来的葡萄与葡萄酒合作关系，走国际化培养道路，拓宽学生视野。

（6）可降低学生学费和出国中介费用，减轻家长经济负担。

**政协提案之十二：**

## 关于加快宁夏恒泰种禽责任有限公司搬迁工作或整改的建议
（2017年6月）

随着"宁夏贺兰山东麓葡萄长廊"的建设，许多影响葡萄产业发展的污染企业被搬迁或关停，贺兰山东麓酒庄群建设生态环境大为改观，得到广大葡萄酒生产企业和游客的充分肯定。作为宁夏贺兰山东麓葡萄长廊的核心区之一的昊苑村（志辉源石酒庄东南侧），由于历史原因，宁夏恒泰种禽责任有限公司在此建厂养殖大量种鸡，为宁夏及西北养殖业做出了重要贡献。

但随着周边葡萄产业的发展，该种鸡场的存在，不仅给周边葡萄酒庄带来异味，影响游客心情和游客对宁夏葡萄酒产业发展的负面认识，更重要的是该鸡场成为大量蚊蝇繁殖场所，每逢葡萄酒酿造时期，给周边酒庄葡萄园和酿造车间带来大量苍蝇，严重影响葡萄酒食品安全和消费者对周边酒庄葡萄酒的消费心理，故建议如下。

（1）宁夏回族自治区党委政府尽快与企业协商，提出搬迁方案，尽快搬迁。

（2）如不能搬迁，要求企业加大资金投入，进行技术整改，实现无害化处理，达到无异味、无蚊蝇繁殖的要求。

**政协提案之十三：**

**宁夏葡萄产业发展现状，存在问题及解决措施**

（2018年1月）

## 一、宁夏葡萄产业发展现状

在宁夏党委政府的正确领导下，2012年4月组建成立"宁夏葡萄与花卉发展产业局"，宁夏葡萄产业发展迅速，逐步发展成为世界知名、全国最优的葡萄产区。目前，全区葡萄种植面积达到65万亩，其中酿酒葡萄57万亩，初步形成了以镇北堡为核心的银川产区，以甘城子为核心的青铜峡产区，以中圈塘为核心的红寺堡产区，以玉泉营、黄羊滩为核心的永宁产区，以贺兰县金山为核心的贺兰产区。建成葡萄酒酿酒企业86家，在建葡萄酒酿酒企业113家，涌现出了加贝兰、银色高地、立兰、留世、贺兰神、迦南美地、兰一、长城云漠等10多家国内知名的精品酒庄，先后有40多家酒庄的葡萄酒在国内外各类品鉴评比中获得500多项奖项，是世界首屈一指的优质葡萄酒酒产区，年综合产值达200亿元，解决就业7.5万人，成为宁夏工农业第一产业。

## 二、宁夏发展葡萄产业的优势

宁夏葡萄产业之所以发展如此迅速，除了离不开宁夏党委政府的正确领导外，主要有以下独特的产业优势。

（1）土地资源优势　宁夏贺兰山东麓有大面积适合酿酒葡萄栽培的大片荒地。2003年获"国家葡萄酒贺兰山东麓地理标志产品"保护区认证，2011年国家质检总局重新划定保护区范围，扩大保护区面积到20万公顷，可用于开发种植葡萄的土地150万亩，是我国最大连片的国家葡萄酒地理标志产品保护产区。

（2）气候优势　宁夏地区年降雨量约200mm，年蒸发量约2000mm，病虫害少，昼夜温差大，特别在葡萄成熟期，气候冷凉，十分有利于酿酒葡萄果实糖分积累和品质的形成，为生产优质酿酒葡萄奠定了气候基础。

（3）水资源优势　宁夏有相对丰富的黄河水资源，可根据葡萄需水规律进行灌溉，这是其他葡萄产区所不具备的优势。

（4）地理优势　宁夏葡萄基地主要分布在宁夏首府银川市周边，交通十分便利，距河东机场一般不超过一个半小时的行程，便于企业管理和人才稳定，更有利于企业家来此投资兴业。

（5）人才优势　由于产区的特色与优势，吸引了许多国内外专家来此工作定居，据统计2015年来宁夏的外国人中，50%以上均与葡萄酒产业有关，也吸引了大批海外留学人员来宁夏参与葡萄产业建设。加之，宁夏大学拥有我国唯一的葡萄与葡萄酒教育部工程研究中心、第二个葡萄与葡萄酒学硕士学位点和第二个葡萄酒学院，在葡萄产业科研和人才培养方面集聚了许多优秀人才。

（6）酿酒葡萄新品种（系）优势　随着我区大批优良酿酒葡萄新品种、新品系的引进，优化了我国酿酒葡萄种质资源，使我区酿酒葡萄在新品种、新品系方面与国际接轨，超前我国其他葡萄产区。

## 三、宁夏葡萄产业发展中存在的问题

（1）葡萄酒生产成本居高不下　由于我区葡萄园机械化程度不高、劳动力成本逐年上升和酿酒葡萄产量的有效控制，我区酿酒葡萄成本逐年增加，给大型国有酿酒企业葡萄酒加工带来巨大压力。加之，我区部分酒庄在酒庄建设方面投资过大，且高薪聘请国际酿酒师，但酒庄酒生产规模较小，致使每一瓶葡萄酒的生产成本较高，有的酒庄酒成本已高于国际列级酒庄酒的生产成本。总之，我区葡萄酒生产成本居高不下，难以适应当前葡萄酒价格回归理性的趋势。

（2）劣质酿酒葡萄原料滞销　由于我国长期实行葡萄种植与葡萄酒酿造分家的二元结构经营模式，出现了葡萄种植户只能通过无限提高单产获得预期效益，从而导致酿酒葡萄品质下降，原来收购这些普通原料的大型国企葡萄酒库存压力较大，年收购量下滑，刚刚起步的酒庄又不可能收购这些原料，出现劣质酿酒葡萄原料滞销，有的酿酒葡萄园甚至出现无人采收废弃的现象。

（3）葡萄酒产品同质化严重　由于我区主要大型葡萄酒生产企业酿酒葡萄原料多来源于广大葡萄种植户，他们多采用传统的管理模式，具有相同的品种、整形方式、水肥管理和较高的产量，原料工艺差异不大，所酿葡萄酒同质化严重。当然。宁夏地区酒庄酒也存在同样问题，它们自己的原料基地还没有酿酒葡萄原料生产，大家都争先恐后地抢购同一优质原料基地的葡萄，聘请同一酿酒师进行酿造，缺乏个性，难以形成自己的特色。

（4）葡萄酒市场竞争激烈　　随着我国对新西兰、智利等国葡萄酒执行进口零关税政策后，进口葡萄酒市场价格进一步下降，加之我国葡萄酒消费者受"昌黎葡萄酒假酒事件"的影响和对国产葡萄酒的不信任，致使大量进口葡萄酒在国内市场销售火爆，给我国葡萄酒市场销售带来前所未有的压力。而且，随着我国前几年各级政府大力发展的酿酒葡萄陆续进入盛果期，我国葡萄酒产量猛增至116万吨，给刚刚起步的宁夏葡萄酒产业市场销售带来很大压力，市场竞争激烈。

（5）大型国企没有起到应有作用　　通常，一个好的葡萄酒产区，都是通过大型葡萄酒生产企业收购普通葡萄、生产普通葡萄酒，占领中低端市场，以提高产区葡萄酒的市场占有率。而通过酒庄葡萄种植、优质葡萄酒酿造与销售，占领高端葡萄酒市场，来提高产区的葡萄酒质量和知名度。只有二者有机结合，才能珠联璧合。而我区的大型国企因管理机制、定位不准等问题，没有起到应有的作用。

（6）专业人才培养急功近利　　随着宁夏葡萄产业的快速发展，需要大量专业技术人才是一个不争的事实，但也并非媒体所宣传的"未来十年宁夏需要10万专业技术人才"。出现了一些不具备人才培养的企业、学校增设葡萄与葡萄酒工程专业，招生规模与师资队伍严重不符，也出现了一些短期资格证培训问题，更影响了宁夏大学与位居国际葡萄栽培教学和科学研究第一位的法国蒙彼利埃国际高等农业大学的合作关系，急功近利，难以培养出合格的葡萄与葡萄酒专业人才，影响产业健康发展。

（7）科学设立科研项目　　目前有一种"宁夏葡萄科技进步，一依托中科院北京植物园，二依托宁夏林业研究所有限公司"新的倾向，这两家科研单位虽然在葡萄科学研究方面有所建树，但与区内外其他高等院所相比，还存在一定差距，科研立项不能以个别领导意图立项，会造成一定科研资源浪费，影响宁夏葡萄产业科技进步。

## 四、解决措施

针对宁夏葡萄酒产业发展存在的问题，提出以下建议。

（1）控制农民酿酒葡萄种植规模，鼓励葡萄酒企业发展种植基地　　在解决现有酿酒葡萄种植基地的前提条件下，限制农民从事酿酒葡萄种植，减少劣质酿酒葡萄生产，解决卖果难的问题，减轻政府压力。同时，积极鼓励葡萄酒企业发展酿酒葡萄基地，按照企业生产工艺和质量标准定位，生产优质原料，自给自足。

（2）组建宁夏葡萄酒销售集团公司，开拓葡萄酒市场　　葡萄酒产业的健康发展，必须建立在有效的葡萄种植、葡萄酒酿造和葡萄酒市场营销有机统一的基础上，葡萄酒市场营销在这一产业链中占有主导地位，只有有效的葡萄酒销售，企业才能获得再生产的资金，维持企业正常运行，政府也能获得可观税收，推动该产业发展。因此，建议党委政府逐步将支持葡萄种植的经费转移到葡萄酒销售，投资组建宁夏葡萄酒销售集团公司，引领宁夏葡萄酒企业，开拓国内外葡萄酒市场，势在必行。

（3）改制国有葡萄酒企业，建立现代葡萄酒企业制度　"百年张裕"——曾经的大型国有企业，由于机制问题也曾濒临破产，但通过股份制改造，融入国际资本和民间资本，转变经营管理模式，该企业得以空前快速发展，有目共睹。相反，天津王朝葡萄酒公司，号称"酒的王朝"，但因受国企机制困扰，近年来生产、销售、利率下滑严重，淡出葡萄酒行业。所以，必须通过改制西夏王、银广夏等国有葡萄酒企业，按照现代葡萄酒企业制度组织生产，使之成为我国第二个"张裕"、第三个"张裕"。

（4）积极扶持葡萄种植户和民间资本，联合组建葡萄酒生产合作社，解决农民卖果难的问题　在积极扶持酒庄酒生产的同时，也应积极扶持葡萄种植户和民间资本，联合组建葡萄酒生产合作社，作为大型葡萄酒国企和酒庄酒的必要补充，加工解决农民种植的酿酒葡萄，生产适应市场需求的"高性价比"葡萄酒，满足市场不同消费群体的需求。

（5）放宽酒庄旅游接待功能，降低酒庄建设成本和酒庄酒生产成本　必要的酒庄品酒接待功能是酒庄宣传营运的重要手段，但并非每一个酒庄必须要有高级会所接待游客品酒、休闲、住宿，在宁夏贺兰山东麓葡萄酒主产区分布几个具有餐饮、休闲、住宿的酒庄，即可满足葡萄酒旅游所需。建议在酒庄审批过程中尽量弱化旅游功能，减轻酒庄建设负担，以降低酒庄酒生产成本，提高酒庄酒的市场竞争能力。

（6）规范人才培养体系，取缔企业办学　葡萄酒是一门多学科交叉学科，不仅要求学生学习与葡萄栽培相关的农业基本知识，也要学习与葡萄酒酿造相关的食品加工知识，更要学习葡萄酒侍酒和市场营销，要求学校具有一支稳定的师资队伍，能够负责任地系统传授葡萄酒知识。在当前人才培养方面，当务之急要规范人才培养体系，取缔企业办学，限制招生规模，将宁夏大学葡萄酒学院搬入宁夏大学校园，使葡萄酒学院的学生充分享受宁夏大学校园文化和各种优质资源，充分发挥宁夏大学与位居国际葡萄栽培教学和科学研究第一位的法国蒙彼利埃国际高等农业大学的合作基础和优势，为推动宁夏葡萄酒产业健康发展培养高水平人才队伍。

（7）重视在宁夏葡萄产业技术体系团队　在宁夏葡萄产业技术体系团队是我国葡萄产业的国家队，有全国28个岗位科学家和26个试验站做后盾，可调动国家产业技术体系全部智力资源为宁夏所用。重视在宁夏的葡萄产业技术体系团队是提升宁夏葡萄产业技术水平的根本出路，切不可被"外来和尚"所忽悠，宁夏的事还是应由宁夏的专家学者来解决，他们常年奔波于宁夏的葡萄园，了解宁夏葡萄产业中存在问题和生产需求，切不可出现"找来女婿气走儿"的现象在宁夏葡萄产业中发生。

**人大议案一：**

## 关于重启贺兰山东麓葡萄酒庄审批程序的议案
（2018年1月）

宁夏贺兰山东麓是世界公认的生产优质葡萄酒的产区，具有土地资源优势、气候优势、水资源优势、地理优势、人才优势和新引进的优良酒葡萄新品种（系）优势，这在我国乃是世界葡萄酒产区都是独一无二的，先后有张裕、长城、保乐力加、轩尼诗等国内外知名品牌入驻该产区，充分证明了该产区的特色与优势。我们应珍惜上天赐予宁夏人民的这块风水宝地，应坚定不移地走酒庄酒和酒庄合作社的大酒庄生产模式，避免再次出现农民种葡萄，酒厂收葡萄、酿酒、卖酒的这种难以控制原料质量和葡萄酒品质的葡萄酒生产模式（大工厂酒）。这一模式已被国内外无数实例所证明，宁夏贺兰山东麓葡萄酒之所以在国内外获得良好声誉，是源于近年来宁夏贺兰山东麓酒庄酒在国际葡萄酒赛事屡屡获奖所取得的，走酒庄酒的道路无疑是一条正确的道路。

为此，建议政府重启贺兰山东麓葡萄酒庄审批程序，规范酒庄建设规模，限制豪华酒庄建设，降低酒庄酒生产成本，为市场提供性价比高的贺兰山东麓优质酒庄酒。同时，鼓励发展"企业+农户"的酒庄合作社，将农民利益和酒庄利益捆绑在一起，形成利益共同体，为市场提供价位亲民的大单品酒庄酒。

**人大议案二：**

## 关于将国家葡萄产业技术体系引入
## 中国葡萄酒产业技术研究院的议案

（2018年1月）

  宁夏贺兰山东麓是世界公认的生产优质葡萄酒的产区，具有土地资源优势、气候优势、水资源优势、地理优势、人才优势和新引进的优良酿酒葡萄新品种（系）优势，这在我国乃是世界葡萄酒产区都是独一无二的，是引领我国葡萄酒走向世界的重要产区。为此，宁夏银川市党委政府决定挂牌成立"中国葡萄酒产业技术研究院"，其目的是通过大量科学研究、推广示范，全面提升宁夏贺兰山东麓葡萄酒品质和经济效益，引领我国葡萄与葡萄酒科学研究。但中国葡萄酒产业技术研究院的发展离不开我国葡萄与葡萄酒研究领域的高层次人才的参与，国家葡萄产业技术体系是由中华人民共和国财政部和农业部于2008年面向全国遴选优秀科学家组成的国家葡萄产业技术团队，团队现有岗位科学家29名和试验站站长25名，研发出一批优秀成果，其成果已在宁夏贺兰山东麓大面积推广示范，其示范基地被拍入宁夏60年大庆宣传片中，效果有目共睹。

  为此，建议将国家葡萄产业技术体系引入中国葡萄酒产业技术研究院，以充实研究院研究团队，享受国家团队十余年的研究成果，为全面推进宁夏贺兰山东麓葡萄产业研究水平和产品质量提供技术支撑。

# 附录

## 附录一

# 国家葡萄产业技术体系岗位科学家简介

### （排名不分先后）

段长青：国家葡萄产业技术体系首席科学家，中国农业大学葡萄与葡萄酒研究中心教授，主任，博士，博士研究生导师，中华人民共和国农业农村部（以下简称"农业部"）葡萄酒重点实验室主任。

刘崇怀：国家葡萄产业技术体系种质资源评价岗位科学家，研究员，博士，中国农业科学院郑州果树研究所副所长。

王跃进：国家葡萄产业技术体系无核育种岗位科学家，西北农林科技大学原副校长，西北农林科技大学园艺学院教授，博士，博士研究生导师。

卢　江：国家葡萄产业技术体系分子育种岗位科学家，上海交通大学葡萄与葡萄酒研究中心教授，主任，博士，博士研究生导师，国家千人计划人才。

唐晓萍：国家葡萄产业技术体系酿酒葡萄育种岗位科学家，山西省葡萄工程技术研究中心研究员，主任，博士。

郭修武：国家葡萄产业技术体系抗寒育种岗位科学家，教授，博士，博士研究生导师，沈阳农业大学学科带头人。

徐海英：国家葡萄产业技术体系香味育种岗位科学家，北京市农林科学院林果所研究员，博士。

骆强伟：国家葡萄产业技术体系抗旱育种岗位科学家，新疆维吾尔自治区葡萄瓜果研究所研究员，副所长。

赵胜建：国家葡萄产业技术体系砧木育种岗位科学家，河北省农林科学院昌黎果树研究所研究员，副所长，博士。

王　军：国家葡萄产业技术体系苗木繁育岗位科学家，中国农业大学食品学院教授，博士，博士研究生导师。

刘凤之：国家葡萄产业技术体系葡萄营养生理岗位科学家，中国农业科学院果树研究所研究员，所长，全国政协委员。

王振平：国家葡萄产业技术体系水分生理与节水栽培岗位科学家，宁夏葡萄产业（栽培）技术支撑体系首席，宁夏大学农学院研究员，留法葡萄学博士，博士研究生导师，原葡萄与葡萄酒教育部工程中心主任。

王世平：国家葡萄产业技术体系设施栽培岗位科学家，上海交通大学农业与生物技术学院教授，留日葡萄学博士，博士研究生导师。

张振文：国家葡萄产业技术体系酿酒葡萄栽培岗位科学家，西北农林科技大学葡萄酒学院教授，博士研究生导师，西北农林科技大学葡萄酒学院原副院长。

田淑芬：国家葡萄产业技术体系栽培生理岗位科学家，天津市设施农业研究所研究员，所长，博士。

潘明启：国家葡萄产业技术体系品质调控岗位科学家，新疆维吾尔自治区农业科学院园艺研究所研究员，留日葡萄学博士。

杨国顺：国家葡萄产业技术体系产期调控岗位科学家，湖南农业大学园艺学院教授，院长，博士，博士生导师。

陶建敏：国家葡萄产业技术体系果穗管理岗位科学家，南京农业大学园艺学院教授，留日葡萄学博士，博士生导师。

杜远鹏：国家葡萄产业技术体系抗逆栽培生理岗位科学家，山东农业大学园艺学院副教授，博士。

王忠跃：国家葡萄产业技术体系综合防治岗位科学家，中国农业科学院植物保护研究所研究员，博士，葡萄病虫害防控中心主任。

李兴红：国家葡萄产业技术体系枝干病害防治岗位科学家，北京市农林科学院植物保护研究所研究员，博士。

董雅凤：国家葡萄产业技术体系病毒防控岗位科学家，博士，中国农业科学院果树研究所研究员。

马春森：国家葡萄产业技术体系生物防控岗位科学家，中国农业科学院植物保护研究所研究员，博士，博士生导师。

王　琦：国家葡萄产业技术体系虫害防控岗位科学家，中国农业大学系植保学院教授，博士，博士生导师。

刘延琳：国家葡萄产业技术体系微生物岗位科学家，西北农林科技大学葡萄酒学院教授，博士，博士生导师。

张　平：国家葡萄产业技术体系葡萄贮藏岗位科学家，天津市农业科学果品贮藏中心研究员，副主任，博士。

王　强：国家葡萄产业技术体系营养与安全岗位科学家，浙江省农业科学院农产品质量标准研究所研究员，所长，博士。

徐丽明：国家葡萄产业技术体系机械岗位科学家，中国农业大学系农业工程技术学院教授，博士，博士生导师。

穆维松：国家葡萄产业技术体系产业经济岗位科学家，中国农业大学教授，博士，博士生导师。

附录二

# 第二十五章  实验其他相关资料

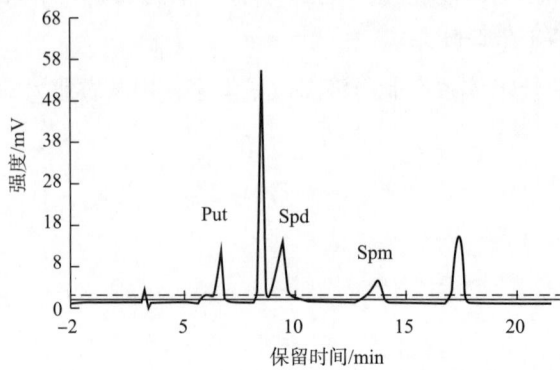

附图1  3种多胺标准品色谱图

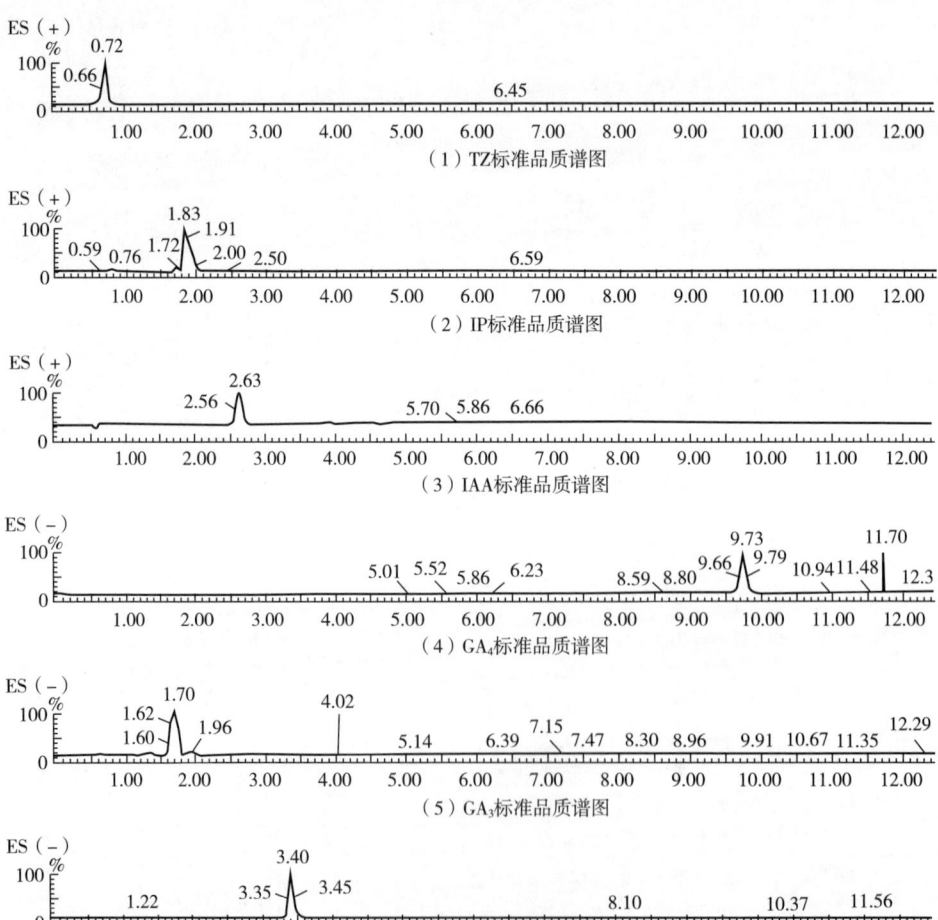

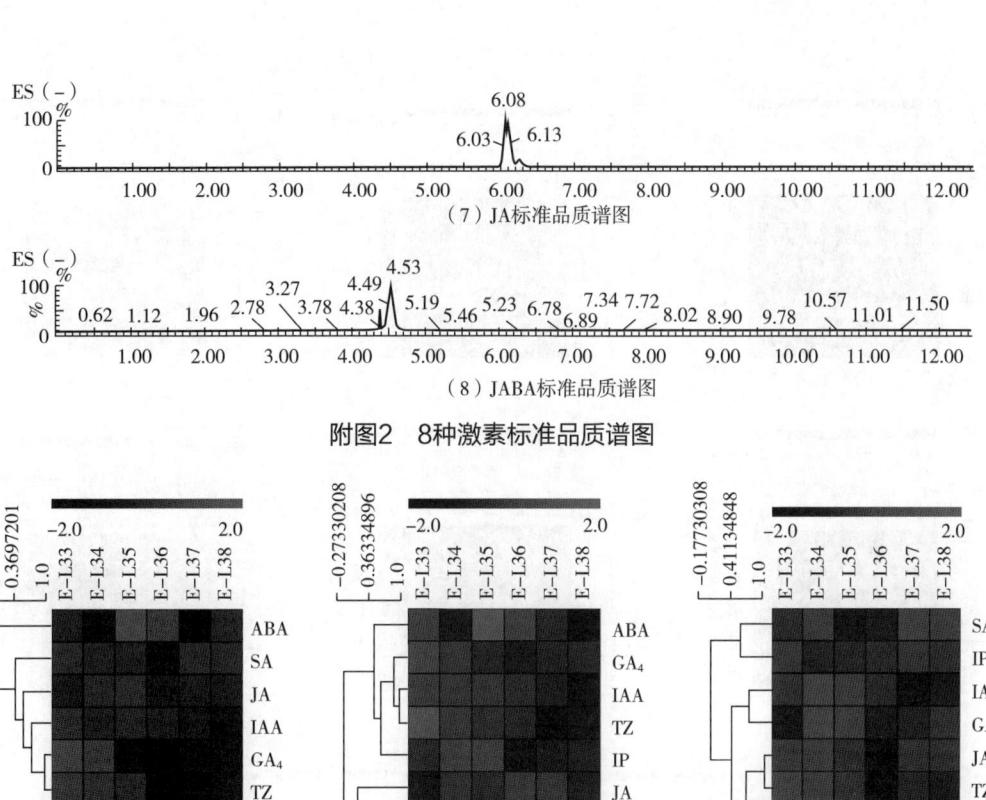

附图2　8种激素标准品质谱图

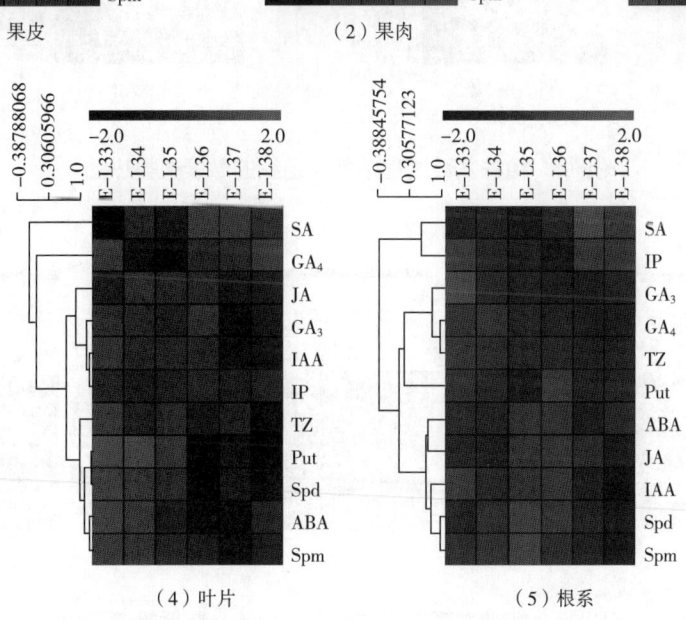

附图3　植株发育过程中多胺和激素在不同组织中的聚类热图

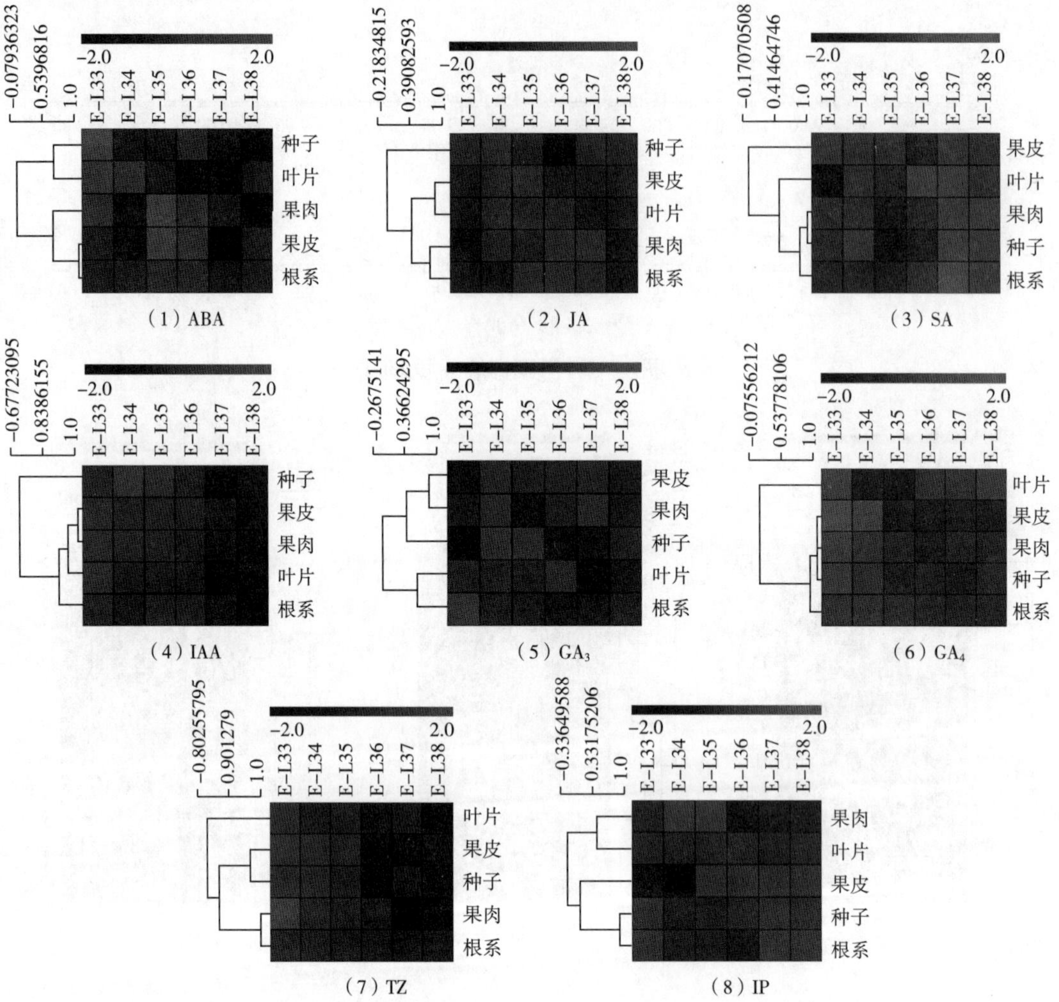

附图4 植株发育过程中各个组织的激素聚类热图

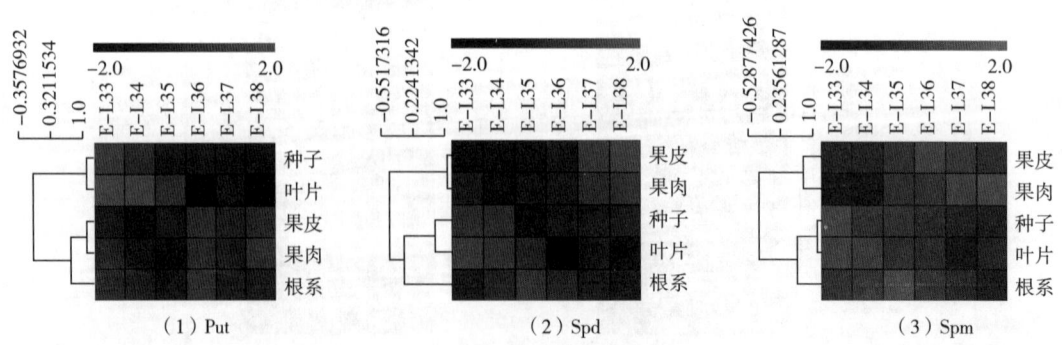

附图5 植株发育过程中各个组织的多胺聚类热图

附录三

# 第三十二章 水分胁迫对玫瑰香葡萄果实挥发性化合物含量的影响相关实验数据

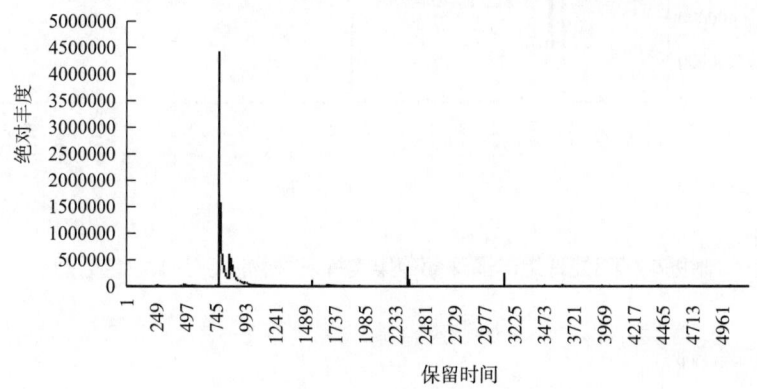

附图1 CK处理组赤霞珠葡萄果实挥发性物质GC-MS色谱图

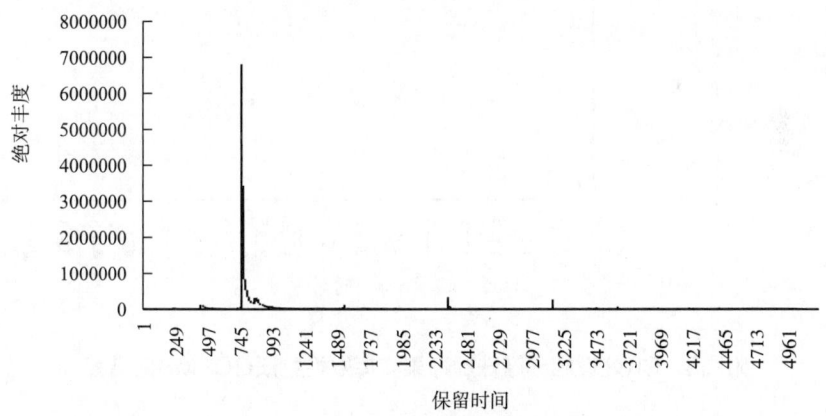

附图2 T1处理组赤霞珠葡萄果实挥发性物质GC-MS色谱图

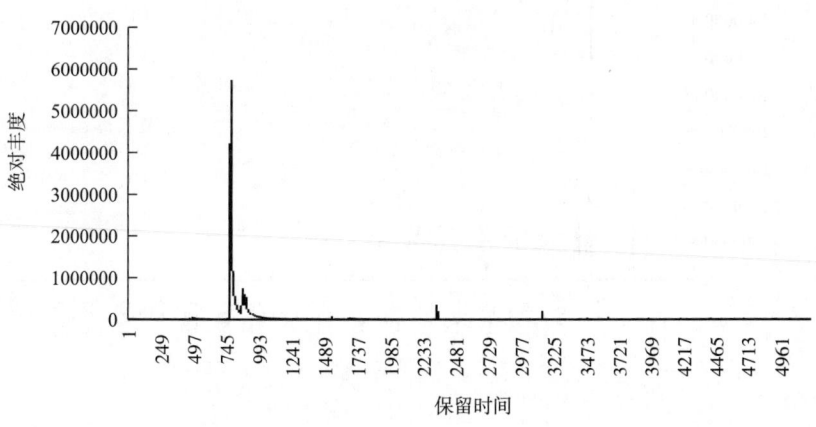

附图3 T2处理组赤霞珠葡萄果实挥发性物质GC-MS色谱图

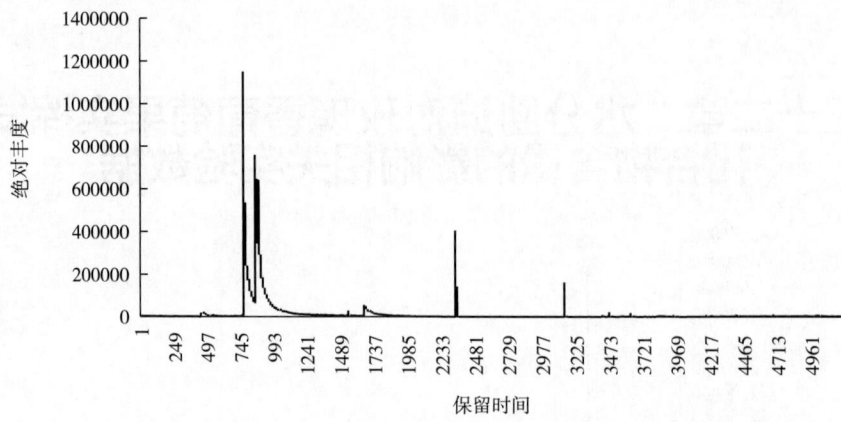

附图4　T3处理组赤霞珠葡萄果实挥发性物质GC-MS色谱图

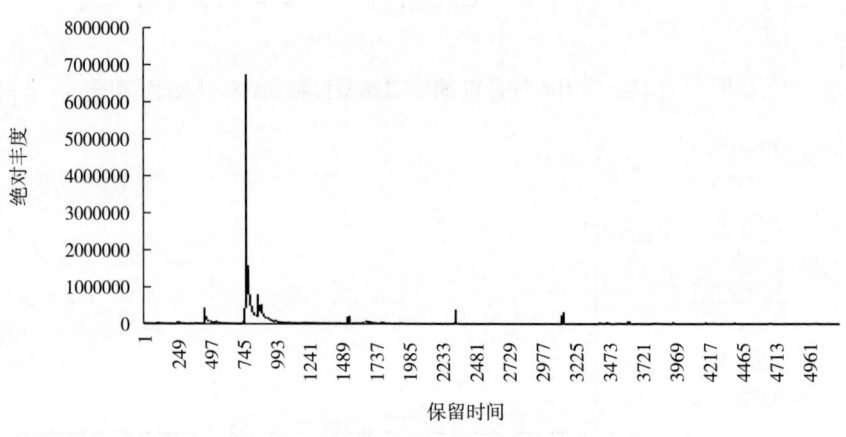

附图5　CK处理组赤霞珠葡萄果实挥发性物质GC-MS色谱图

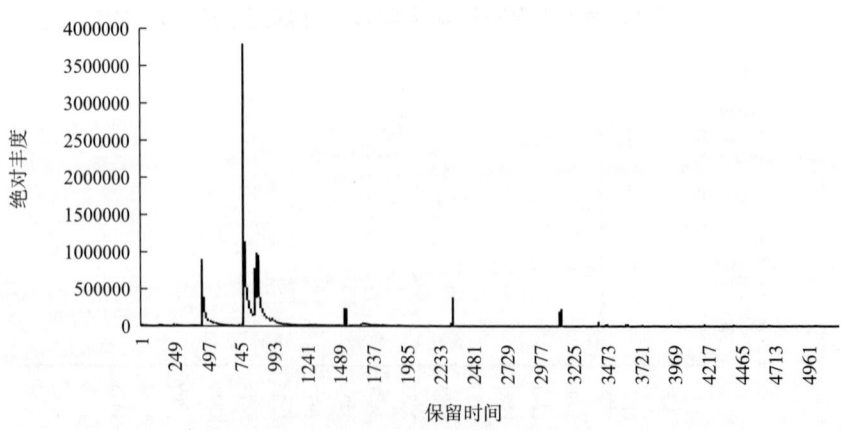

附图6　T1处理组赤霞珠葡萄果实挥发性物质GC-MS色谱图

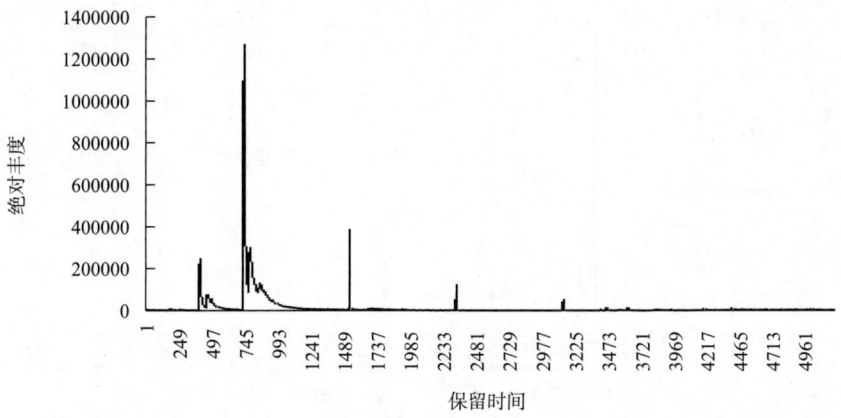

附图7　T2处理组赤霞珠葡萄果实挥发性物质GC-MS色谱图

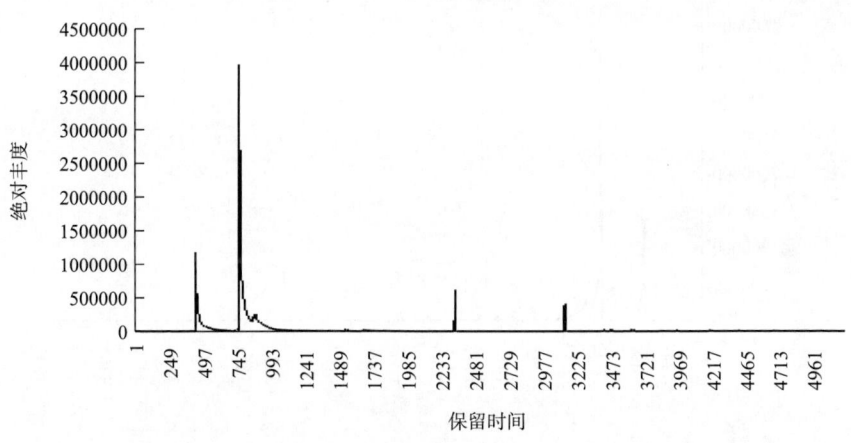

附图8　T3处理组赤霞珠葡萄果实挥发性物质GC-MS色谱图

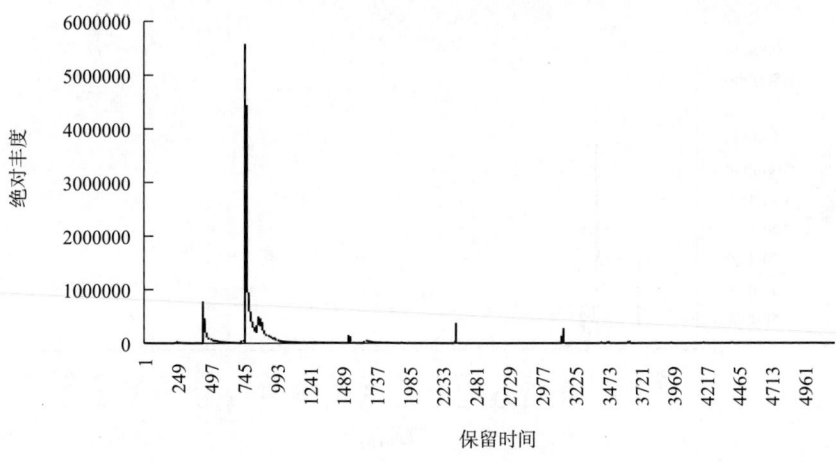

附图9　CK处理组赤霞珠葡萄果实挥发性物质GC-MS色谱图

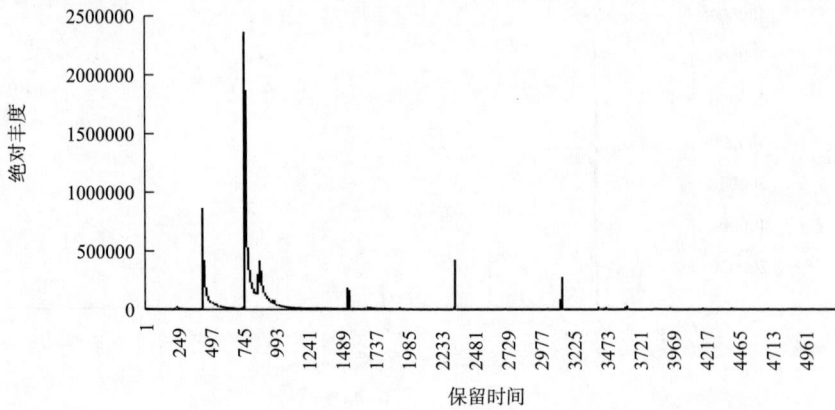

附图10　T1处理组赤霞珠葡萄果实挥发性物质GC-MS色谱图

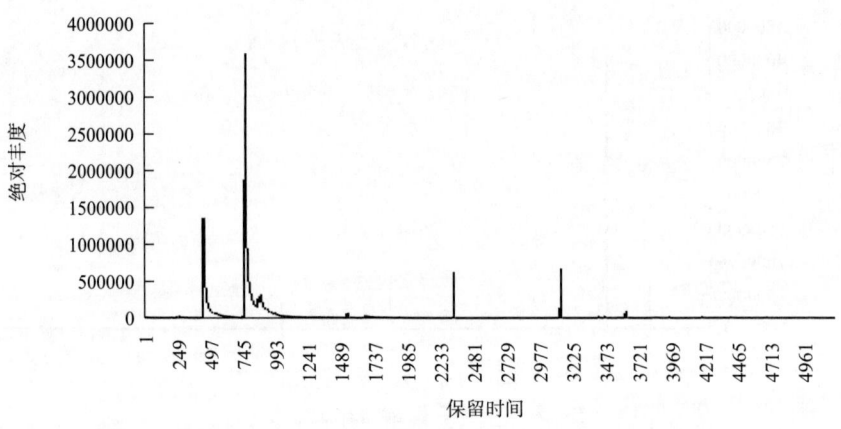

附图11　T2处理组赤霞珠葡萄果实挥发性物质GC-MS色谱图

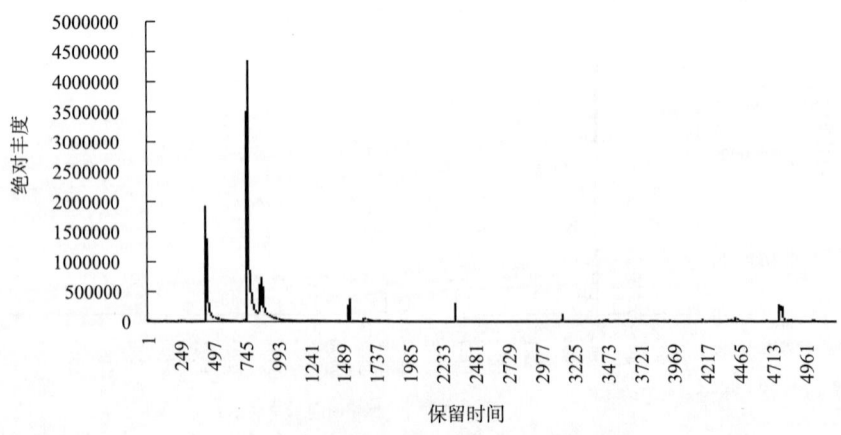

附图12　T3处理组赤霞珠葡萄果实挥发性物质GC-MS色谱图

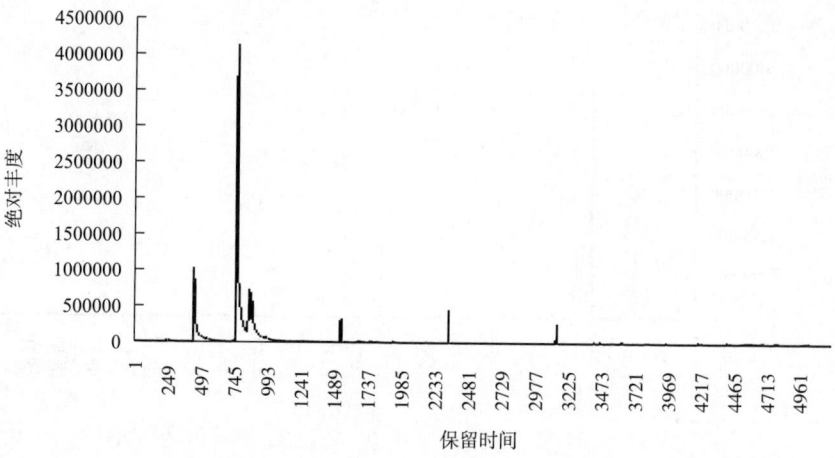

附图13　CK处理组赤霞珠葡萄果实挥发性物质GC-MS色谱图

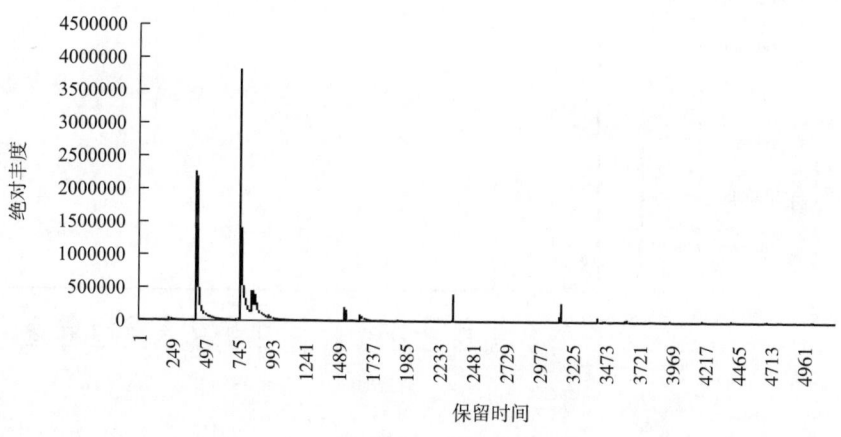

附图14　T1处理组赤霞珠葡萄果实挥发性物质GC-MS色谱图

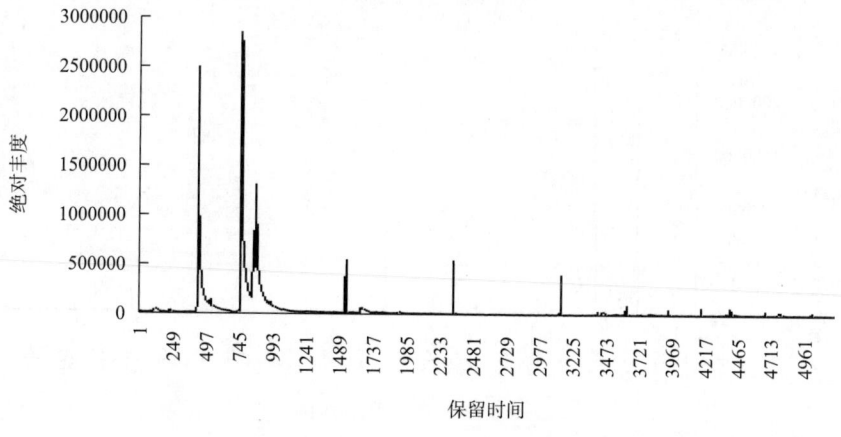

附图15　T2处理组赤霞珠葡萄果实挥发性物质GC-MS色谱图

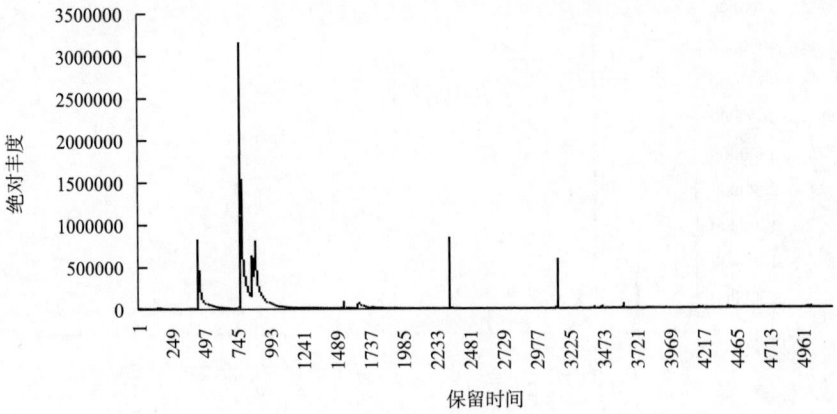

附图16　T3处理组赤霞珠葡萄果实挥发性物质GC-MS色谱图

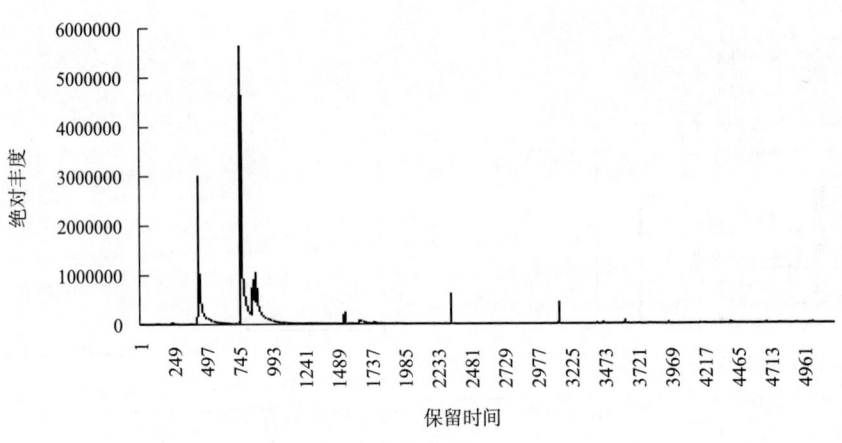

附图17　CK处理组赤霞珠葡萄果实挥发性物质GC-MS色谱图

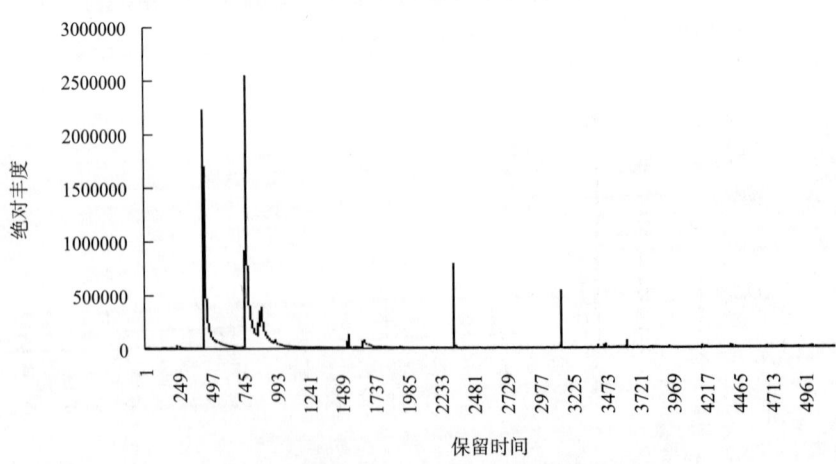

附图18　T1处理组赤霞珠葡萄果实挥发性物质GC-MS色谱图

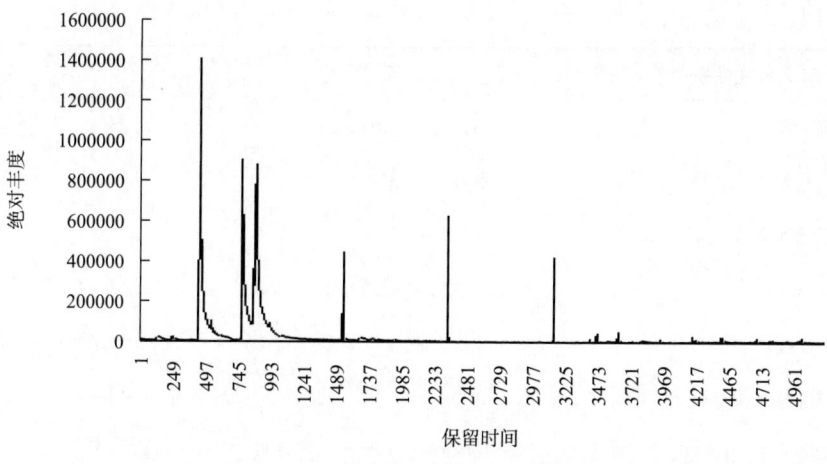

附图19　T2处理组赤霞珠葡萄果实挥发性物质GC-MS色谱图

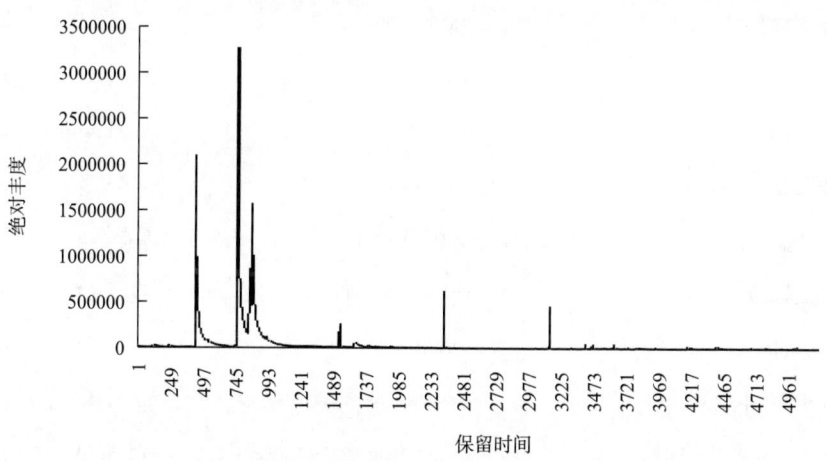

附图20　T3处理组赤霞珠葡萄果实挥发性物质GC-MS色谱图

附表1　赤霞珠葡萄果实中挥发性物质中英文对照表

| 序号 | 化合物名称 | 英文名称 | 化学式 | CAS号 |
| --- | --- | --- | --- | --- |
| 1 | 4-羟基-3-甲基正丁醛 | 4-hydroxy-3-methylbutanal | $C_5H_{10}O_2$ | 56805-34-6 |
| 2 | 3-甲氧基丙醛 | 3-methoxy-propanal | $C_4H_8O_2$ | 2806-84-0 |
| 3 | 2-丙烯醛 | 2-propanal | $C_3H_4O$ | 107-2-8 |
| 4 | $E,E$-2,4-己二烯-醛/山梨醛 | $E,E$-2,4-hexadienal alde hyde/sorbaldehyde | $C_6H_8O$ | 142-83-6 |
| 5 | 3-甲基丁醛 | 3-methylbutanal | $C_5H_{10}O$ | 590-86-3 |
| 6 | 2-己醛 | 2-hexanal | $C_6H_{12}O$ | 5362-50-5 |
| 7 | 2,6-二甲基-5-庚醛 | 2,6-dimethyl-5-heptanal | $C_9H_{16}O$ | 106-72-9 |

续表

| 序号 | 化合物名称 | 英文名称 | 化学式 | CAS号 |
| --- | --- | --- | --- | --- |
| 8 | 苯甲醛 | benzenecarbonal | $C_7H_6O$ | 100-52-7 |
| 9 | 2-己烯醇 | 2-hexenol | $C_6H_{12}O$ | 928-95-0 |
| 10 | 正己醇 | 1-hexanol | $C_6H_{14}O$ | 111-27-3 |
| 11 | 苯乙醇 | benzeneethanol | $C_8H_{10}O$ | 1960-12-8 |
| 12 | 1-丁醇 | 1-butanol | $C_4H_{10}O$ | 71-36-3 |
| 13 | 异戊醇/3-甲基-1-丁醇 | isoamylol | $C_5H_{12}O$ | 123-51-3 |
| 14 | 糠醇 | furfuryl alcohol | $C_5H_6O_2$ | 98-0-0 |
| 15 | 正庚醇 | 1-heptanol | $C_7H_{16}O$ | 111-70-6 |
| 16 | 2-戊醇 | 2-pentanol | $C_5H_{12}O$ | 31087-44-2 |
| 17 | 2-己醇 | 2-hexanol | $C_6H_{14}O$ | 626-93-7 |
| 18 | 4-戊烯醇 | 4-penenol | $C_5H_{10}O$ | 821-9-0 |
| 19 | 2-壬醇 | 2-nonanol | $C_9H_{20}O$ | 628-99-9 |
| 20 | 2,3-丁二醇 | 2,3-butandiol | $C_4H_{10}O_2$ | 6982-25-8 |
| 21 | 叔丁基甲醇 | tert-butylcarbinol | $C_5H_{12}O$ | 75-84-3 |
| 22 | 2-庚醇 | 2-heptanol | $C_7H_{16}O$ | 6033-23-4 |
| 23 | 4-甲基-4-戊烯-2-醇 | 4-methyl-4-penten-2-ol | $C_6H_{12}O$ | 2004-67-3 |
| 24 | 3,3-二甲基-1-丁醇 | 3,3-dimethyl-1-butanol | $C_6H_{14}O$ | 624-95-3 |
| 25 | 4-己烯-1-醇 | 4-hexen-1-ol | $C_6H_{12}O$ | 928-91-6 |
| 26 | 3-甲基戊醇 | 3-methyl-1-pentanol | $C_6H_{14}O$ | 42072-39-9 |
| 27 | 4-甲基-1-戊醇 | 4-methyl-1-pentanol | $C_6H_{14}O$ | 626-89-1 |
| 28 | 甲酸己酯 | formic acid, hexyl ester | $C_7H_{14}O_2$ | 629-33-4 |
| 29 | 叔丁基丙烯酸酯 | tert-butyl acrylate | $C_7H_{12}O_2$ | 1663-39-4 |
| 30 | 烯丙基丙酸酯 | allyl propionate | $C_6H_{10}O_2$ | 2408-20-0 |
| 31 | 丙烯酸甲氧基乙酯 | methoxyethyl acrylate | $C_6H_{10}O_3$ | 3121-61-7 |
| 32 | 羟乙酸丁酯 | butyl glycolate | $C_6H_{12}O_3$ | 7397-62-8 |
| 33 | 4-己烯酸丙酯 | 4-hexenyl propionate | $C_9H_{16}O_2$ | 0-0-0 |
| 34 | 甲酸异丁酯 | formic acid, butyl ester | $C_5H_{10}O_2$ | 592-84-7 |
| 35 | 2-丁烯酸己烯基酯 | vinyl 2-butenoate | $C_6H_8O_2$ | 14861-6-4 |

续表

| 序号 | 化合物名称 | 英文名称 | 化学式 | CAS号 |
|---|---|---|---|---|
| 36 | 3-甲氧基丙酸-3-己烯酯 | ethyl(Z)-hex-3-enyl carbonate | $C_9H_{16}O_3$ | 0-0-0 |
| 37 | 2-甲基甲酸丁酯 | formic acid, 2-methylbutyl ester | $C_6H_{12}O_2$ | 0-0-0 |
| 38 | 2-丙基甲酸戊酯 | formic acid, 2-propylpentyl ester | $C_9H_{18}O_2$ | 0-0-0 |
| 39 | 3,6-二甲基-1,4-二氧六环-2,5-二酮 | 3,6-dimethyl-1,4-dioxane-2,5-dione | $C_6H_8O_4$ | 95-96-5 |
| 40 | 大马烯酮 | damascenone | $C_{13}H_{18}O$ | 23726-93-4 |
| 41 | 2-丁烯酮 | 2-butenone | $C_4H_6O$ | 78-94-4 |
| 42 | 4-甲基-6-庚烯-3-酮 | 4-methyl-6-hepten-3-one | $C_8H_{14}O$ | 26118-97-8 |
| 43 | 3-甲基-2-环戊烯酮 | 3-methyl-2-cyclopentenone | $C_6H_8O$ | 2758-18-1 |
| 44 | 环己二酮/1,4-环己二酮 | tetrahydroquinone | $C_6H_8O_2$ | 637-88-7 |
| 45 | 丙酮 | acetone | $C_3H_6O$ | 67-64-1 |
| 46 | 柠檬烯 | limonene | $C_{10}H_{16}$ | 138-86-3 |
| 47 | 环辛四烯 | cyclooctatetraene | $C_8H_8$ | 629-20-9 |
| 48 | 3,3,5-三甲基-1-己烯 | 3,3,5-trimethyl-1-hexene | $C_9H_{18}$ | 74646-36-9 |
| 49 | 2-庚烯 | 2-heptene | $C_7H_{14}$ | 592-77-8 |
| 50 | 2,6-二甲基-1,5-庚二烯 | 2,6-dimethyl-1,5-heptadiene | $C_9H_{16}$ | 6709-39-3 |
| 51 | 1,8-壬二烯 | 1,8-nonadiene | $C_9H_{16}$ | 4900-30-5 |
| 52 | 反式-4-癸烯 | trans-4-decene | $C_{10}H_{20}$ | 19398-89-1 |
| 53 | 2-己烯 | 2-hexene | $C_6H_{12}$ | 7688-21-3 |
| 54 | 环戊烯 | cyclopentene | $C_5H_8$ | 142-29-0 |
| 55 | 叔丁基环己烷 | tert-butylcyclohexane | $C_{10}H_{20}$ | 3178-22-1 |
| 56 | 1-甲氧基己烷/己基甲醚 | 1-methoxyhexane | $C_7H_{16}O$ | 4747-7-3 |
| 57 | 异戊基甲醚 | isopentyl methyl ether | $C_6H_{14}O$ | 626-91-5 |
| 58 | 环己烷 | cyclohexane | $C_6H_{12}$ | 110-82-7 |
| 59 | 正戊烷 | neopentane | $C_5H_{12}$ | 463-82-1 |

附表2　几种花色苷标准品线性回归方程

| 花色苷组分 | 保留时间/min | 线性回归方程 | $R$值 |
| --- | --- | --- | --- |
| 花翠素-3-$O$-葡萄糖苷 | 11.941 | $y=-43223+66341x$ | 0.9998 |
| 花青素-3-$O$-葡萄糖苷 | 16.130 | $y=-76080+29147x$ | 0.9993 |
| 甲基花翠素-3-$O$-葡萄糖苷 | 17.517 | $y=-13649+4280.7x$ | 0.9998 |
| 花葵素-3-$O$-葡萄糖苷 | 20.373 | $y=-51275+24442x$ | 0.9994 |
| 甲基花青素-3-$O$-葡萄糖苷 | 22.149 | $y=66013+40968x$ | 0.9999 |
| 二甲花翠素-3-$O$-葡萄糖苷 | 23.104 | $y=44942+25342x$ | 0.9996 |

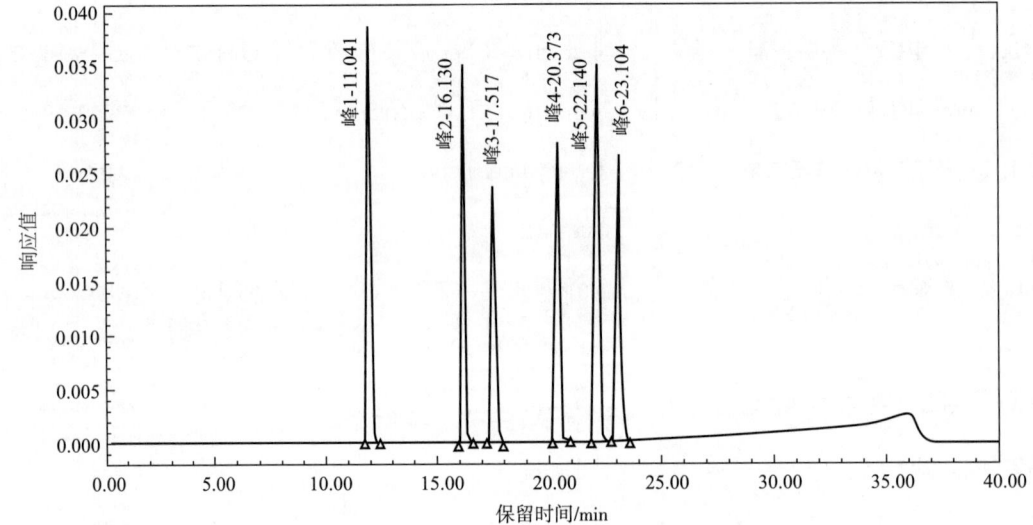

峰一：花翠素Dp-3-$O$-葡萄糖苷　　峰二：花青素Cy-3-$O$-葡萄糖苷　　峰三：甲基花翠素Pt-3-$O$-葡萄糖苷
峰四：花葵素-3-$O$-葡萄糖苷　　峰五：甲基花青素Pn-3-$O$-葡萄糖苷　　峰六：二甲花翠素Mv-3-$O$-葡萄糖苷

附图21　葡萄果皮花色苷标样的HPLC色谱图

附表3　三种糖标准品线性回归方程

| 标准品 | 保留时间/min | 回归方程 | $R$值 |
| --- | --- | --- | --- |
| 果糖 | 8.666 | $y=601948x-26418.3$ | $R=0.9996879$ |
| 葡萄糖 | 9.852 | $y=532986x-46477$ | $R=0.9991250$ |
| 蔗糖 | 15.025 | $y=633297x-63664.7$ | $R=0.9985763$ |

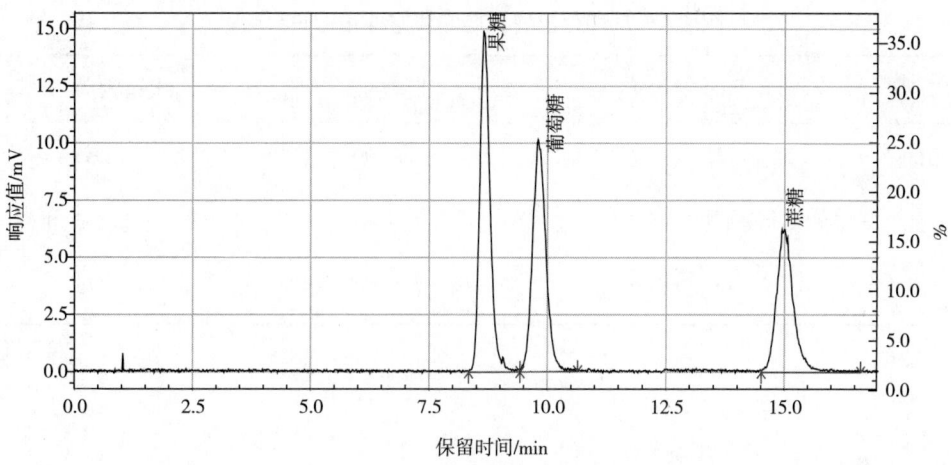

附图22　糖标准品色谱图和试验样品色谱图

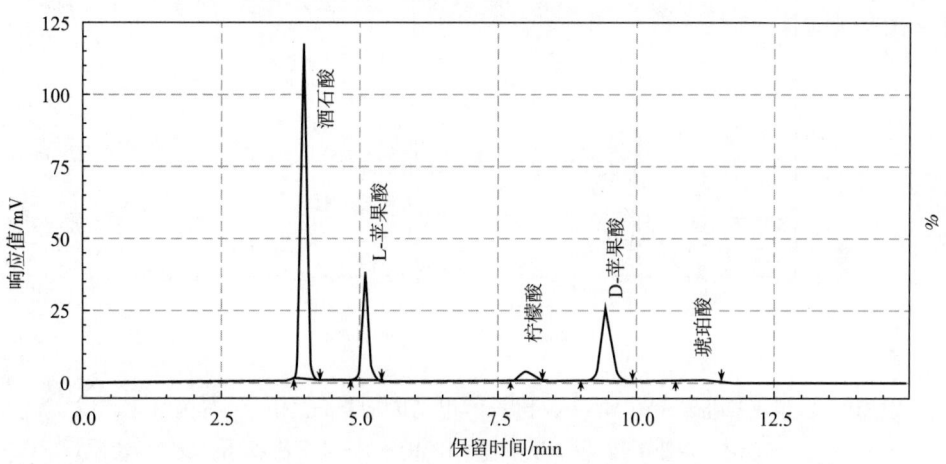

附图23　几种有机酸组分混标色谱图

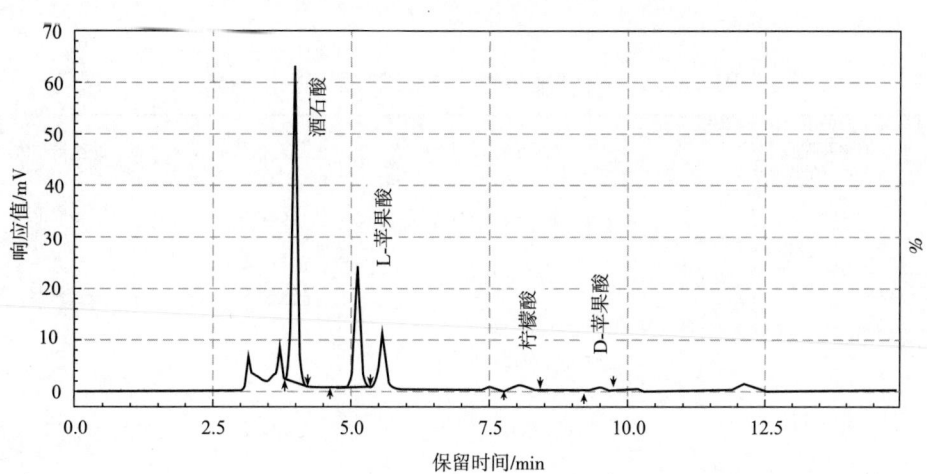

附图24　赤霞珠葡萄果实3种有机酸组分色谱图

附表4　几种有机酸标准曲线方程和相关系数

| 有机酸 | 标准曲线方程 | 相关系数 | 保留时间/min |
|---|---|---|---|
| 酒石酸 | $y=782.1x+2502.4$ | 0.9999 | 3.83 |
| 苹果酸 | $y=475.7x+1671.5$ | 0.9991 | 4.87（L型）、9.21（D型） |
| 柠檬酸 | $y=464.4x-93.6$ | 0.9999 | 7.74 |

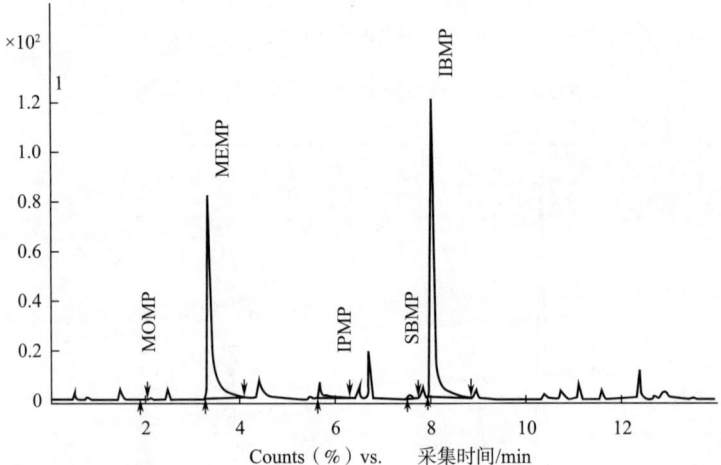

注：MOMP—2-甲氧基吡嗪　MEMP—3-甲基-2-甲氧基吡嗪　IPMP—3-异丙基-2-甲氧基吡嗪　SBMP—3-仲丁基-甲氧基吡嗪　IBMP—3—异丁基-2-甲氧基吡嗪

附图25　5种甲氧基吡嗪混合标准品和样品色谱图

附表5　几种甲氧基吡嗪标准曲线方程和相关系数

| 甲氧基吡嗪 | 标准曲线方程 | 相关系数 | 保留时间/min |
|---|---|---|---|
| MOMP | $y=6809.5x-645.6$ | 0.9997 | 1.99 |
| MEMP | $y=12315x-725.2$ | 0.9996 | 3.42 |
| IPMP | $y=267466x-15.3$ | 0.9997 | 5.33 |
| SBMP | $y=9228.1x+113.1$ | 0.9989 | 7.20 |
| IBMP | $y=58886x-294.9$ | 0.9989 | 7.77 |

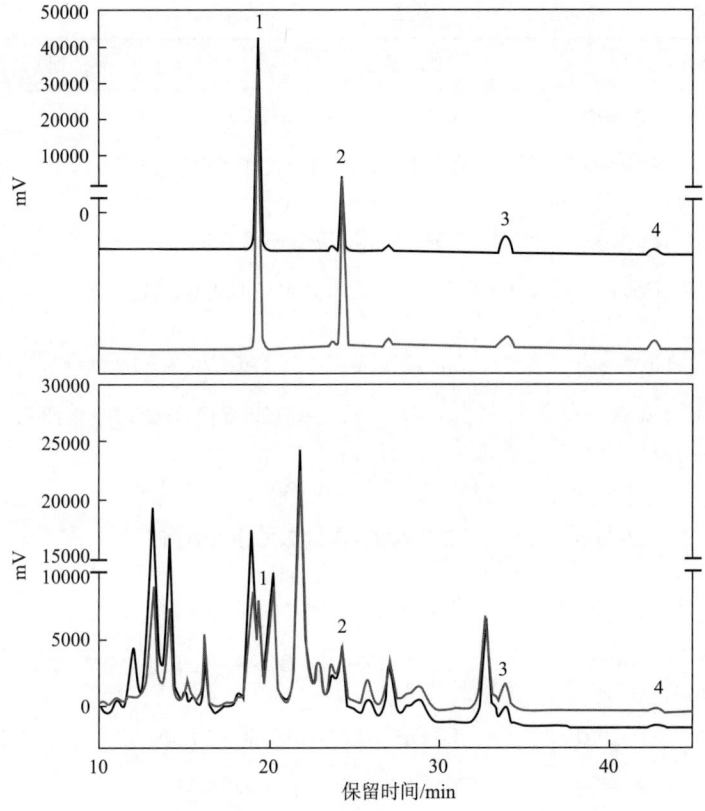

1—*trans*-piceid  2—*cis*-piceid  3—*trans*-resveratrol  4—*cis*-resveratrol

附图26　白藜芦醇标准品及试验样品色谱图

附表6　引物序列表

| 基因 | | 引物序列（5′→3′） | 登录号 |
| --- | --- | --- | --- |
| *Vvlis* | Forward | CTGTCACTTCCTCTTGTCTTCTC | AM428580.2 |
| | Reverse | TTACACGCAACCACAACAAGCAGC | |
| *VvECar* | Forward | CGCCACAAAGTACTCTTCAAATC | JF808010 |
| | Reverse | AATAATGCCTGGCCTCTAGC | |
| *CCD1* | Forward | GCTGGAGAAGCTGATAGTGAAG | NM_001280915.1 |
| | Reverse | TGGAGAGGCTGTGAAGAATCGTGC | |
| *VvHPLA* | Forward | CGGTGGCTTTACCATCTTCT | FJ861082.1 |
| | Reverse | TCTTAGCGGCAAACCGGAGTTACA | |

续表

| 基因 | | 引物序列（5′→3′） | 登录号 |
|---|---|---|---|
| *PAL* | Forward | CGATATGCTCTCAGGACTTCAC | EF192469 |
| | Reverse | GATCTCCCGTTCGATGGATTT | |
| *CHS1* | Forward | GACGTCCCAGGGTTGATTT | AB015872 |
| | Reverse | GCGATCCAGAACAAGGAGTT | |
| *F3′H* | Forward | GAGATCAACGGCTACCACATC | AB213605 |
| | Reverse | CCTGAATTCTAGTGGCTTCTCC | |
| *F3′5′H* | Forward | GCTGGCACTAGAATGGGAATAG | DQ786631 |
| | Reverse | CTCAACTCCATCCGGCATTT | |
| *DFR* | Forward | ATACGGCAGGGCCAATTT | X75964 |
| | Reverse | CGTGGGAGGAGCAAATGTAA | |
| *UFGT* | Forward | CTGGTAGCTGACGCATTCAT | DQ513314 |
| | Reverse | GTAAACATGGGTGGAGAGTGAG | |
| *MYBA1* | Forward | GGCTTCTGGAGAGATGCTTAT | AB097923 |
| | Reverse | CTCACCTCCCTGGATTTGTT | |
| *EF* | Forward | CAAGAGAAACCATCCCTAGCTG | AF176496 |
| | Reverse | TCAATCTGTCTAGGAAAGGAAG | |
| *Actin* | Forward | CTTGCATCCCTCAGCACCTT | EC969944 |
| | Reverse | TCCTGTGGACAATGGATGGA | |

# 参考文献

[1] 牛锦凤，王振平.宁夏地区酿酒葡萄品种抗寒性的比较[J].中外葡萄与葡萄酒，2005（03）：17-19+23.

[2] 王文举，张亚红，王姮等.生长调节剂对红地球葡萄抗寒性的影响[J].农业科学研究，2007（02）：89-90+93.

[3] 牛锦凤，马金萍，李国等.葡萄砧木品种抗寒性初报[J].中外葡萄与葡萄酒，2007（04）：50-51.

[4] 王振平.酿酒葡萄抗寒优质栽培技术研究.宁夏回族自治区，宁夏大学，2008-12-15.

[5] 王振平，王文举.一种葡萄埋土防寒区不下架埋土栽培方法.国家发明专利，专利号：ZL200810131726.3.

[6] 范永，代红军，单守明，闫梅玲，周明，王振平.外源刺激诱导白藜芦醇合成的研究进展[J].中外葡萄与葡萄酒，2009（05）：71-74.

[7] 李文超，孙盼，王振平.不同土壤条件对酿酒葡萄生理及果实品质的影响[J].果树学报，2012，29（5）：837-842.

[8] 周兴，王振平，代红军.不同施肥处理对"蛇龙珠"葡萄光和性能及品质的影响[J].北方园艺，2013（14）：1-4.

[9] 张燕，何芳芳，代红军.葡萄白藜芦醇的应用与研究进展[J].中外葡萄与葡萄酒，2014（02）：54-59.

[10] 代红军，范永，张燕.乙烯利和乙磷铝对酿酒葡萄果皮白藜芦醇含量的影响[J].北方园艺，2014（03）：1-5.

[11] 林聪，代红军，王振平.木醋液对酿酒葡萄"赤霞珠"品质及糖酸等物质积累的影响[J].北方园艺，2014（4）：17-21.

[12] 高彩琴，范永，代红军，王振平.水杨酸对"赤霞珠"葡萄中白藜芦醇诱导合成的影响[J].北方园艺，2014（06）：20-23.

[13] 张燕，任磊，代红军.浆果生长期水杨酸和乙烯利处理对梅鹿辄葡萄品质的影响[J].西北农业学报，2014，23（11）：110-117.

[14] 林聪，王振平，周兴，李文超，代红军.生物活性水对酿酒葡萄蛇龙珠品质和糖酸积累规律的影响[J].西北农林科技大学学报（自然科学版），2014（11）：99-105.

[15] 李春阳，马丹阳，肖东明，王世平，张文斌，王振平.宁夏葡萄黄河水自流微灌根域限制栽培的战略思考[J].中外葡萄与葡萄酒 2015（01）：46-49.

[16] 马文婷, 王振平. 脱落酸和乙烯利对'蛇龙珠'葡萄果实品质及花色苷的影响[J]. 西北农业学报, 2015, 24（05）: 81-88.

[17] 秦晨亮, 丁玲, 代红军. 赤霞珠葡萄果实发育过程中酚类物质含量与相关酶活性的关系[J]. 浙江农业学报, 2015, 27（11）: 1922-1926.

[18] 任磊, 靳韦, 肖东明, 马文婷, 孙茜, 王振平. 抗重茬微生态滴灌肥在玫瑰香葡萄上的应用效果[J]. 湖北农业科学, 2015（1）: 48-524.

[19] 董婕, 代红军. 不同副梢处理对酿酒葡萄生长及果实品质的影响[J]. 农业科学研究, 2015, 36（02）: 13-16.

[20] 马丽娟, 代红军. 树龄对蛇龙珠葡萄光合作用及果实品质的影响[J]. 农业科学研究, 2015（6）: 17-21.

[21] 肖东明, 王振平, 丁小玲. 不同低温胁迫下葡萄枝条抗寒生理指标的分析[J]. 湖北农业科学, 2015, 54（18）: 4509-4513.

[22] 胡宏远, 李双岑, 马丹阳, 王振平. 水分胁迫对赤霞珠葡萄果实品质的影响研究[J]. 节水灌溉, 2016（12）: 36-41+45.

[23] 胡宏远, 马丹阳, 李双岑, 王振平. 水分胁迫对赤霞珠葡萄主要抗旱生理指标及品质的影响[J]. 灌溉排水学报, 2016, 35（05）: 79-84.

[24] 胡宏远, 王振平. 水分胁迫对赤霞珠葡萄光合特性的影响[J]. 节水灌溉, 2016（02）: 18-22+27.

[25] 秦晨亮, 丁玲, 代红军. 24-表油菜素内酯对酿酒葡萄白藜芦醇诱导合成的影响[J]. 西北农业学报, 2016, 25（02）: 269-275.

[26] 张晓丽, 秦晨亮, 代红军. 半定量RT-PCR法检测赤霞珠葡萄白藜芦醇合酶STS基因的表达[J]. 湖北农业科学, 2016, 55（03）: 756-758+763.

[27] 代红军, 秦晨亮, 徐伟荣. 赤霞珠葡萄发育后期RT-PCR内参基因的筛选和验证[J]. 江苏农业学报, 2016, 32（03）: 668-673.

[28] 丁玲, 秦晨亮, 代红军. 水杨酸对蛇龙珠葡萄白藜芦醇诱导合成的影响[J]. 中外葡萄与葡萄酒, 2016,（04）: 18-22.

[29] 代红军, 秦晨亮, 丁玲. 水杨酸对'赤霞珠'葡萄总类黄酮、白藜芦醇含量及相关酶活性的影响[J]. 中国农业大学学报, 2016, 21（07）: 37-42.

[30] 柳巧祺, 秦晨亮, 代红军. 24-表油菜素内酯对"赤霞珠"葡萄品质及蔗糖代谢相关酶活性的影响[J]. 北方园艺, 2016,（15）: 38-41.

[31] 冉文婷, 王振平, 代红军. 不同种类的肥料对土壤质量和赤霞珠葡萄光合特性的影响[J]. 中外葡萄与葡萄酒.2016）（2）: 10-14.

[32] 刘璐, 代红军, 王振平. 胶冻样芽孢杆菌对赤霞珠葡萄光合作用及果实品质的影响[J]. 农业科学研究.2016（6）: 25-28.

[33] 李淑红, 王振平. 我国葡萄水肥一体化技术研究与应用 [J]. 中外葡萄与葡萄酒. 2016 (7): 70-72.

[34] 马丹阳, 孙美, 李双岑, 胡宏远, 王振平. 不同浓度营养液对赤霞珠葡萄N、P、K吸收量的影响 [J]. 湖北农业科学, 2016 (10): 5039-5042.

[35] 刘璐, 代红军, 王振平. 微生物肥料对"赤霞珠"葡萄生长及土壤质量的影响 [J]. 北方园艺, 2016 (17): 175-179.

[36] 马丹阳, 李双岑, 胡宏远, 孙美, 王振平. 不同养分供应量对"霞多丽"葡萄N、P、K吸收量及果实品质的影响 [J]. 北方园艺, 2016 (19): 13-17.

[37] 姬利洁, 王振平, 丁小玲, 孙美. 摘叶处理对酿酒葡萄果实品质影响的研究进展 [J]. 中外葡萄与葡萄酒, 2016 (01): 40-43.

[38] 胡宏远, 王振平. 干旱胁迫对赤霞珠葡萄叶片水分及叶绿素荧光参数的影响 [J]. 干旱区资源与环境, 2017, 31 (04): 124-130.

[39] 刘春艳, 谢岳, 李栋梅, 张静, 王振平. 基于主成分分析的酿酒葡萄果实评价 [J]. 北方园艺, 2017, (11): 13-17.

[40] 刘春艳, 张静, 李栋梅, 谢岳, 王振平. 葡萄酒风味物质研究进展 [J]. 食品工业科技, 2017, 38 (14): 310-313+320.

[41] 张燕, 何芳芳, 代红军. 酿酒葡萄浆果生长发育过程中白藜芦醇合成代谢研究 [J]. 农业科学研究, 2017, 38 (01): 14-21.

[42] 李栋梅, 齐慧, 胡宏远, 丁小玲, 马丹阳, 王振平. 叶面喷施酵母多糖对美乐葡萄果实品质的影响 [J]. 中外葡萄与葡萄酒, 2017 (5): 19-23.

[43] 席奔, 张敏敏, 柳巧祺, 代红军. 葡萄果实成熟期花色苷与白藜芦醇合成相关基因的表达 [J]. 西北植物学报, 2017, 37 (10): 2010-2016.

[44] 张静, 范永, 王振平. 贺兰山东麓不同酿酒葡萄品种成熟期白藜芦醇含量的差异 [J]. 北方园艺, 2017, (22): 32-36.

[45] 董业雯, 田晓燕, 裴帅, 王振平. 不同灌水量对风沙土葡萄园土壤全磷、速效磷淋洗作用的影响 [J]. 北方园艺, 2017 (13): 63-68.

[46] 孙美, 李栋梅, 董业雯, 裴帅, 丁晓玲, 王振平. 养分供应量对玫瑰香葡萄矿质元素和水分吸收的影响 [J]. 西北植物学报, 2017, 37 (3): 0526-0533.

[47] 白洁洁, 杨文莉, 王振平. 抗蒸腾剂对'美乐'葡萄叶片生理指标及果实品质的影响 [J]. 中外葡萄与葡萄酒, 2018, (05): 12-16+21.

[48] 谢岳, 王振平, 董业雯, 刘春艳. 不同灌水量对宁夏贺兰山东麓风沙土葡萄园土壤有效态微量元素的淋洗作用 [J]. 西北农业学报, 2018, 27 (6): 871-879.

[49] 李栋梅, 李春阳, 王世平, 王振平. 不同栽植密度对'霞多丽'葡萄光合特性和果实品质的影响 [J]. 西北农业学报, 2018, 27 (04): 571-575.

[50] 李文超, 马文婷, 王振平. 摘叶处理对贺兰山东麓葡萄酒产区低龄赤霞珠葡萄及葡萄酒品质的影响 [J]. 宁夏农林科技, 2018, 59 (06): 5-7.

[51] 吕丹桂, 谢岳, 徐伟荣, 王振平. 水分胁迫对赤霞珠葡萄果实花色苷生物合成的影响 [J]. 西北农业学报, 2019, 28 (08): 1274-1281.

[52] 席奔, 柳巧祺, 吕丹桂, 徐伟荣, 王振平, 代红军. 水分胁迫对葡萄果实白藜芦醇合成相关基因表达的影响 [J]. 核农学报, 2019, 33 (08): 1490-1500.

[53] 张艳霞, 吕丹桂, 刘竞择, 李栋梅, 王振平. 宁夏贺兰山东麓葡萄抗抽干能力与抗晚霜冻危害能力调查 [J]. 北方园艺, 2019 (19): 34-38.

[54] 柳巧祺, 席奔, 孙艳丽, 徐伟荣, 代红军. 外源6-BA对葡萄果实花色苷含量及相关基因表达的影响 [J]. 西北农林科技大学学报（自然科学版）, 2019, 47 (02): 112-118+125.

[55] Yanli Sun, Qiaozhen Liu, Ben Xi, Hongjun Dai, Study on the regulation of anthocyanin biosynthesis by exogenous abscisic acid in grapevine [J]. Scientia Horticulturae, 250 (2019) 294-301.

[56] 杨文莉, 白洁洁, 杨泽康, 王博, 代红军, 王振平. 生物菌肥施肥量对'美乐'葡萄光合及果实品质的影响 [J]. 中外葡萄与葡萄酒. 2019 (6): 6-13.

[57] 丁慧芳, 杨文莉, 代红军, 王振平. 淹水对'美乐'葡萄光合作用及根系生理特性的影响 [J]. 中外葡萄与葡萄酒, 2020: (2) 9-14.

[58] 乔子纯, 柳巧祺, 代红军. 外源6-BA对'美乐'葡萄花色苷合成的影响 [J]. 果树学报, 2020, 37 (5): 668-676.

[59] 郭旭烽, 张艳霞, 王振平. 喷施不同浓度酵母多糖对"霞多丽"品质的影响 [J]. 北方园艺. 2020 (16): 29-35.

[60] 王振平, 李栋梅, 王振莉. 一种研究葡萄需水需肥规律和养分生理实验体系及其使用方法. 发明专利, 专利申请号: 202010252768.3.